现代光学设计方法

（第4版）

李 林 黄一帆 王涌天◎著

MODERN OPTICAL DESIGN

(4RD EDITION)

北京理工大学出版社
BEIJING INSTITUTE OF TECHNOLOGY PRESS

内 容 简 介

本书首先介绍光学设计的基础知识和像差理论，然后以国外先进的光学设计软件 Zemax 作为基础，详细介绍采用 Zemax 设计新型光学系统的方法。本书紧密结合当前各应用领域的最新的一些光学系统，内容基本上可以分为 8 个部分。第 1 部分是光学系统的像质评价，这是设计一个光学系统所必备的基础知识。第 2 部分是光学自动设计的原理与程序，介绍了适应法和阻尼最小二乘法这两种常用的光学自动设计程序的特点和使用方法。第 3 部分是光学系统的公差分析与计算，介绍了公差分析计算软件的原理与编程特点。第 4 部分是典型光学系统设计，应用所介绍的光学设计程序对望远镜系统、显微镜物镜和照相物镜等进行了实际设计，并对所设计的例子进行了像质评价。第 5 部分是变焦距系统的原理与程序，讨论了变焦距系统的像差计算与自动设计问题。第 6 部分是空间光学系统，介绍了空间光学系统的特点与设计。第 7 部分涉及光学系统的环境温度分析与无热设计，讨论了环境温度对光学系统的影响及利用衍射光学元件进行无热设计的原理与方法。第 8 部分对偏振像差、非球面应用、计算机辅助光学装调、衍射光学元件、非成像光学系统、红外光学系统以及其他一些光电系统进行了介绍。

本书可作为从事光学设计的专业人员及高等院校光学专业教师和研究生的教学和参考用书。

图书在版编目（C I P）数据

现代光学设计方法 / 李林，黄一帆，王涌天著．—4 版．—北京：北京理工大学出版社，2022.10

工业和信息化部“十四五”规划专著

ISBN 978-7-5763-1765-7

Ⅰ．①现…　Ⅱ．①李…　②黄…　③王…　Ⅲ．①光学设计　Ⅳ．①TN202

中国版本图书馆 CIP 数据核字（2022）第 186778 号

出版发行 / 北京理工大学出版社有限责任公司
社　　址 / 北京市海淀区中关村南大街 5 号
邮　　编 / 100081
电　　话 / (010)68914775(总编室)
　　　　　(010)82562903(教材售后服务热线)
　　　　　(010)68944723(其他图书服务热线)
网　　址 / http://www.bitpress.com.cn
经　　销 / 全国各地新华书店
印　　刷 / 保定市中画美凯印刷有限公司
开　　本 / 787 毫米×1092 毫米　1/16
印　　张 / 37
字　　数 / 869 千字
版　　次 / 2022 年 10 月第 4 版　2022 年 10 月第 1 次印刷
定　　价 / 88.00 元

责任编辑 / 刘　派
文案编辑 / 李丁一
责任校对 / 周瑞红
责任印制 / 李志强

PREFACE 前言

随着科学技术的飞速发展，各种各样的新型光电仪器不断涌现，在信息、通信、工农业以及国防军事等诸多领域起着非常重要的作用。设计和研制这些新型光电仪器对于设计者来说是一种新的挑战，因为设计者需要掌握光学、机械、电子、控制以及计算机方面的多种知识，其中，光学设计是一门专业知识领域相对比较狭窄的学科。对于一个现代的光学设计工作者，一方面要求他牢固地掌握新型光学设计的像差理论知识；另一方面又要求他在设计实践中不断地积累经验，掌握各种各样新型光学系统的像差特性和设计方法，而且还需要具备熟练的计算机操作和光学设计软件使用能力。所有这些要求使得光学设计比较难以掌握，它是一门非常专业的学科。

以前的光学设计书籍介绍的内容大都只是基于像差理论而进行像差计算，设计实例较少。有的书籍虽然有一些例子，但涉及的系统较为传统，而且基本上是采用国内开发的DOS平台的光学设计软件进行设计。这些国内开发的DOS平台的光学设计软件功能较弱，使用界面不友好，操作复杂，图形功能弱，因此采用这些光学设计软件来设计高质量的新型光电仪器是一项非常费时间的工作，往往很难达到最好的成像质量。近年来，国内很多光电研制单位相继购买了国际上先进的光学设计软件，例如美国的Zemax、CODEV以及OSLO等，其中购买Zemax光学设计软件的最多，因为Zemax软件具有使用方便、功能齐全、价格低廉的特点，特别适合国内的光电仪器研制单位。但是，由于国内的光学设计工作者对这些光学设计软件不太熟悉，使用这些软件所采用的设计方法与传统的方法有较大的差异，因此往往不能很好地利用，造成了资源的浪费。相关设计人员非常希望能有一本紧密结合当前新的发展需求，既详细讲解光学设计理论知识和软件使用，又有具体光学系统设计实例的参考书籍。

本书正是针对这种状况编写的。本书首先介绍光学设计的基础知识和像差理论，然后以国外先进的光学设计软件Zemax作为基础，详细介绍采用Zemax设计新型光学系统的方法。虽然主要以Zemax软件来讨论，但由于不同的光学设计软件虽有差别，却都具有其基本共同点，因此在软件使用上仍具有普遍性。本书的特点是紧密结合当前各应用领域最新的一些光学系统来进行介绍，内容基本上可以分为8个部分。第1部分是光学系统的像质评价，这是设计一个光学系统所必备的基础知识。这部分首先详细地介绍了最常用的几何像差及相应的计算程序；然后介绍了另一个重要的像质评价指标——光学传递函数，讨论了两种光学传递函数程序的特点与使用方法。第2部分是光学自动设计的原理与程序，介绍了适应法和阻尼最小二乘法这两种常用的光学自动设计程序使用方法。第3部分是光学系统的公差分析与计算，介绍了公差分析计算软件的原理与编程特点。第4部分是典型光学系统设计，应用所介绍的光学设计程序对望远镜系统、显微镜物镜和照相物镜等进行了实际设计，并对所设计的例子进行了像质评价。第5部分是变焦距系统的原理与程序，讨论了变焦距系统的像差计算与自动设计问题。第6部分是空间光学系统，介绍了空间光学系统的特点与设计。第7部分涉及光学系统的环境温度分析与无热设计，讨论了环境温度对光学系统的影响及利用衍射光学元件进行无热设计的原理与方法。第8部分对偏振像差、非球面应用、计算机辅助光学装调、衍射光学元件、非成像光学系统、红外光学系统以及其他一些光电系统进行了介绍。对于应用光学和光学设计中的有关内容，本书直接引用，不再详细讨论，同时我们还假定读者已经基本掌握了这些有关知识，因为本书的前期必备知识就是应用光学和光学设计。本书中的计算实例结果中，没有标明单位，对于长度单位隐含为毫米(mm)，角度单位隐含为度（°）。本书可作为从事光学设计的专业人员及高等院校光学专业教师和研究生的参考书。

本书第1～6，8～11，13～15章由李林负责撰写；第7，16章由黄一帆负责撰写；第12章由王涌天负责撰写。作者所在的北京理工大学光电学院应用光学和光学设计教研组长期从事应用光学和光学设计的教学和科研工作，在20世纪60年代就已经开设了光学设计等相关课程，前后曾经编写过近20种不同版本的应用光学和光学设计教材，这些教材先后被国内十几所高等院校采用，是国内公认的经典教材。本书的出版得到了国家工业和信息化部“十四五”规划专著以及北京理工大学2016年“双一流”研究生精品教材项目资助。教研组的袁旭沧教授、陈晃明教授、安连生教授、李士贤教授等在应用光学和光学设计研究领域成果斐然，在国内外享有盛誉，本书中很多内容都直接或间接地受益于这些前辈的研究成果。常军教授、张晓芳教授、李博研究员、黄颖研究员的研究成果在第8章中得以体现。王学良、赵瑜、麦绿波、熊景杰、崔桂华、王煊、张波、曹银花、张颖、刘家国、郜广军、杜保林、宋席发、靳晓瑞、肖思、韩星、李岩、马斌、侯银龙、卢长文、徐博、石濮瑞、贺瑞聪、王翔、费继扬、赵尚男等同志在博士或硕士研究生论文中所做的工作对本书的完成起了重要作用，作者所在教研室的全体教师也给予了很大支持和帮助，李丁一对全书书稿进行了编辑修改，在此一并表示衷心的感谢！

清华大学教授、中国工程院院士金国藩先生和北京理工大学教授、中国工程院院士周立伟先生在百忙中审阅了全稿，对本书给予了高度的评价，并提出了宝贵的意见，在此也特向两位尊敬的前辈表示衷心的感谢。

现代光学设计是一门新兴的学科，它还将不断发展，本书中存在的不足之处，敬请读者不吝指正。

作　者

于北京理工大学

目　录
CONTENTS

第 1 章

光学系统像质评价方法

1.1 概述

任何一个光学系统不管用于何处，其作用都是把目标发出的光，按仪器工作原理的要求，改变它们的传播方向和位置，送达仪器的接收器，从而获得目标的各种信息，包括目标的几何形状、能量强弱等。因此，对光学系统成像性能的要求主要有两个方面：① 光学特性，包括焦距、物距、像距、放大率、入瞳位置、入瞳距离等；② 成像质量，光学系统所成的像应该足够清晰，并且物像相似，变形要小。有关第一方面的内容，即满足光学特性方面的要求，属于应用光学的讨论范畴；第二方面的内容，即满足成像质量方面的要求，则在光学设计部分进行详细介绍。

从物理光学或波动光学的角度出发，可见光是波长在 400～760 nm 的电磁波，光的传播是一个波动问题。一个理想的光学系统应能使一个点物发出的球面波通过光学系统后仍然是一个球面波，从而理想地聚交于一点。从几何光学的观点出发，人们把光看作是“能够传输能量的几何线——光线”，光线是“具有方向的几何线”，一个理想光学系统应能使一个点物发出的所有光线通过光学系统后仍然聚交于一点，理想光学系统同时满足直线成像直线、平面成像平面。但是实际上任何一个实际的光学系统都不可能理想成像。所谓像差就是光学系统所成的实际像与理想像之间的差异。由于一个光学系统不可能理想成像，因此就存在一个光学系统成像质量优劣的评价问题，从不同的角度出发会得出不同的像质评价指标。从物理光学或波动光学的角度出发，人们定义了波像差和传递函数等像质评价指标；从几何光学的观点出发，人们定义了几何像差等像质评价指标。有了像质评价的方法和指标，设计人员在设计阶段，即在制造出实际的光学系统之前，就能预先确定其成像质量的优劣，光学设计的任务就是根据对光学系统的光学特性和成像质量两方面的要求来确定系统的结构参数。本章将首先介绍用于检测阶段的像质评价指标——星点检验和分辨力检测，然后介绍用于设计阶段的像质评价指标——几何像差、垂轴像差、波像差、光学传递函数、点列图、点扩散函数、包围圆能量等。

1.2 光学系统的坐标系统、结构参数和特性参数

为了对光学系统进行像质评价，必须首先明确光学系统的坐标系统、结构参数和特性参数的表示方法。不同的光学书籍中的坐标系统、结构参数和特性参数的表示方法可能是不一样

的,在阅读比较时需特别加以注意。本书中,如不特别加以说明,所讨论的光学系统均为共轴光学系统。

1. 坐标系统、常用量的符号及符号规则

本书中所采用的坐标系与应用光学中所采用的坐标系完全一样,线段从左向右为正,由下向上为正,反之为负;角度一律以锐角度量,顺时针为正,逆时针为负。表1-1给出了光学系统中常用量的符号及符号规则,在下面将对一些量做必要的解释。

表1-1　光学系统中常用量的符号及符号规则

名　称	符号	符　号　规　则
物距	L	由球面顶点算起到光线与光轴的交点
像距	L'	由球面顶点算起到光线与光轴的交点
曲率半径	r	由球面顶点算起到球心
间隔或厚度	d	由前一面顶点算起到下一面顶点
入射角	I	由光线起转到法线
折射角	I'	由光线起转到法线
物方孔径角	U	由光轴起转到光线
像方孔径角	U'	由光轴起转到光线
物高	y	由光轴起到轴外物点
像高	y'	由光轴起到轴外像点
光线投射高	h	由光轴起到光线在球面的投射点
像方焦距	f'	由像方主点到像方焦点
物方焦距	f	由物方主点到物方焦点
像方焦截距	l'_{f}	由系统最后一面顶点到像方焦点
物方焦截距	l_{f}	由系统第一面顶点到物方焦点

对于角度和物、像距,用大写字母代表实际量,用小写字母代表近轴量。

2. 共轴光学系统的结构参数

为了设计出系统的具体结构参数,必须明确系统结构参数的表示方法。共轴光学系统的最大特点是系统具有一条对称轴——光轴,系统中每个曲面都是轴对称旋转曲面,它们的对称轴均与光轴重合,如图1-1所示。系统中每个曲面的形状用方程式(1-1)表示,所用坐标系如图1-2所示。

$$x=\frac{ch^2}{1+\sqrt{1-Kc^2h^2}}+a_4h^4+a_6h^6+a_8h^8+a_{10}h^{10}+a_{12}h^{12} \tag{1-1}$$

式中,$h^2=y^2+z^2$;c 为曲面顶点的曲率;K 为二次曲面系数;$a_4,a_6,a_8,a_{10},a_{12}$为高次非曲面系数。

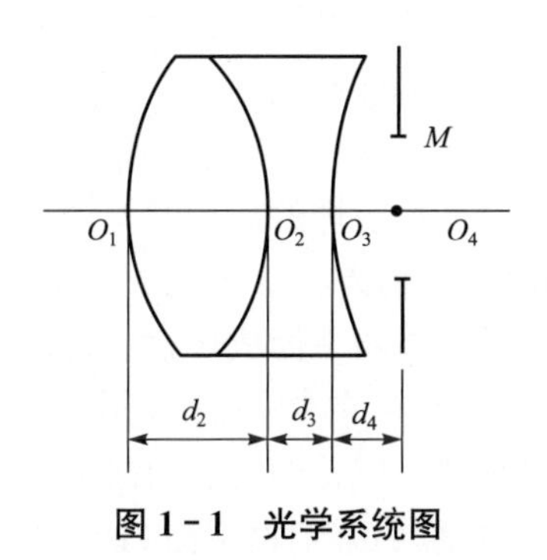

图 1-1　光学系统图

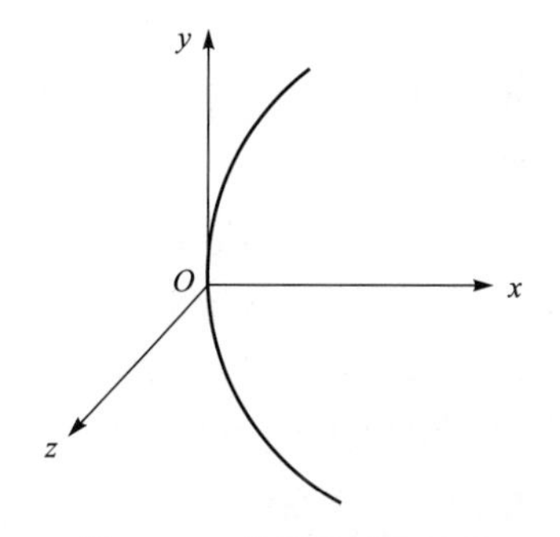

图 1-2　光学系统坐标系

式(1-1)可以普遍地表示球面、二次曲面和高次非曲面。公式右边第一项代表基准二次曲面,后面各项代表曲面的高次项。不同的基准二次曲面系数 K 值所代表的二次曲面如表 1-2 所示。

表 1-2　二次曲面面形

K 值	$K<0$	$K=0$	$0<K<1$	$K=1$	$K>1$
面形	双曲面	抛物面	椭球面	球面	扁球面

不同的面形,对应不同的面形参数,例如:

球面:$K=1, a_4=a_6=a_8=a_{10}=a_{12}=0$

二次曲面:$K\neq1, a_4=a_6=a_8=a_{10}=a_{12}=0$

实际光学系统中绝大多数表面面形均为球面,在计算机程序中为了简便直观,对球面只给出曲面半径 $r(r=1/c)$一个参数。平面相当于半径等于无限大的球面,在计算机程序中以 $r=0$代表,因为实际半径不可能等于零。对于非球面除给出曲面半径 r 外,还要给出面形参数 $K, a_4, a_6, a_8, a_{10}, a_{12}$的值。

如果系统中有光阑(图 1-1),则把光阑作为系统中的一个平面来处理。各曲面之间的相对位置,依次用它们顶点之间的距离 d 表示,如图 1-1 所示。

系统中各曲面之间介质的光学性质,用它们对指定波长光线的折射率 n 表示。大多数情况下,进入系统成像的光束包含一定的波长范围。由于波长范围通常是连续的,无法逐一计算每个波长的像质指标,为了全面评价系统的成像质量,必须从整个波长范围内选出若干个波长,分别给出系统中各介质对这些波长光线的折射率,然后计算每个波长的像质指标,综合判定系统的成像质量。一般应选出 3～5 个波长。当然对单色光成像的光学系统,只需计算一个波长就可以了。波长的选取随仪器所用的光能接收器的不同而改变。例如,用人眼观察的目视光学仪器采用 C(656.28 nm),D(589.30 nm),F(486.13 nm)3 种波长;用感光底片接收的照相机镜头,则采用 C,D,g(435.83 nm)这 3 种波长。

有了每个曲面的面形参数$(r, K, a_4, a_6, a_8, a_{10}, a_{12})$和各面顶点间距($d$)及每种介质对指定波长的折射率($n$),再给出入射光线的位置和方向,就可以应用几何光学的基本定律计算出该光线通过系统以后出射光线的位置和方向。确定了系统的结构参数,系统的焦距和主面位置也就相应确定了。

3. 光学特性参数

有了系统的结构参数，还不能对系统进行确切的像质评价，因为成像质量评价必须在给定的光学特性下进行。从光学设计的角度出发，应包括如下光学特性参数。

(1) 物距 L

同一个系统对不同位置的物平面成像时，它的成像质量是不一样的。从像差理论上说，我们不可能使同一个光学系统对两个不同位置的物平面同时校正像差。一个光学系统只能用于对某一指定的物平面成像。例如，望远镜只能对无限远或远距离物平面成像；显微镜物镜只能用于对指定倍率的共轭面(即指定的物平面)成像。离开这个位置的物平面，成像质量将要下降。因此在设计光学系统时，必须首先明确该系统是用来对哪个位置的物平面成像的。

表示物平面位置的参数是物距 L，它代表从系统第一面顶点 O_1 到物平面 A 的距离，符号是从左向右为正，反之为负，如图 1-3 所示。当物平面位在无限远时，在计算机程序中一般用 $L=0$ 代表。如果物平面与第一面顶点重合，则用一个很小的数值代替，如 10^{-5} mm，或更小。

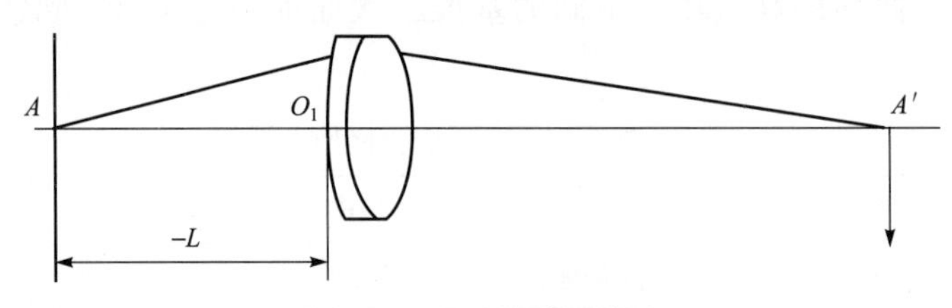

图 1-3　物平面表示方法

(2) 物高 y 或视场角 ω

实际光学系统不可能使整个物平面都清晰成像，只能使光轴周围的一定范围成像清晰。因此在评价系统的成像质量时，只能在要求的成像范围内进行。在设计光学系统时，必须指出它的成像范围。表示成像范围的方式有两种：当物平面位在有限距离时，成像范围用物高 y 表示；物平面位在无限远时，成像范围用视场角 ω 表示，如图 1-4(a)和图 1-4(b)所示。

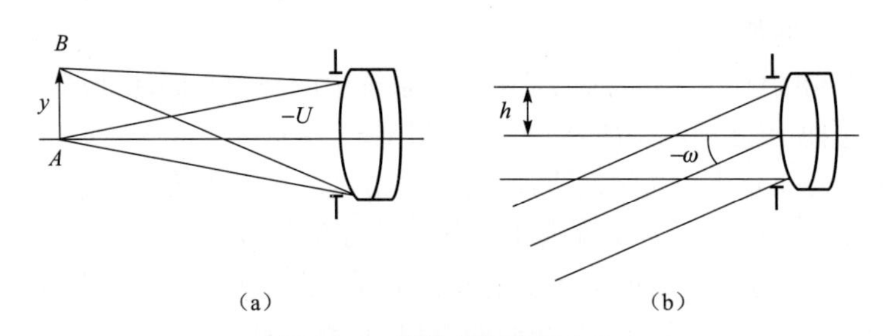

图 1-4　成像范围表示方法

(a) 物平面位在有限远；(b) 物平面位在无限远

(3) 物方孔径角正弦($\sin U$)或光束孔径高(h)

实际光学系统口径是一定的，只能对指定的物平面上光轴周围一定范围内的物点成像清晰，而且对每个物点进入系统成像的光束孔径大小也有限制，只能保证在一定孔径内的光线成像清晰，孔径外的光线成像就不清晰了，因此必须在指定的孔径内评价系统的像质。在设计光学系统时，必须给出符合要求的光束孔径。

当物平面位在有限距离时，光束孔径用轴上点边缘光线和光轴夹角 U 的正弦($\sin U$)表示；当物平面位在无限远时则用轴向平行光束的边缘光线孔径高(h)表示，如图 1-4 所示。

(4) 孔径光阑或入瞳位置

对轴上点来说，给定了物平面位置和光束孔径或光束孔径高，则进入系统的光束便完全确定，就可确切地评价轴上点的成像质量。但对轴外物点来说，还有一个光束位置的问题。如图 1-5 所示，两个光学系统的结构、物平面位置和轴上点光束的孔径角 U 都是相同的，但是限制光束的孔径光阑 M_1 和 M_2 的位置不同，轴外点 B 进入系统成像的光束就改变了。当光阑由 M_1 移动到 M_2 时，一部分原来不能进入系统成像的光线能进入系统了；反之，一部分原来能进入系统成像的光线则不能进入系统了。因此对应的成像光束不同了，成像质量当然也就不同。所以在评价轴外物点的成像质量时，必须给定入瞳或孔径光阑的位置。入瞳的位置用从第一面顶点到入瞳面的距离 l_z 表示，符号规则同样是向右为正，向左为负，如图 1-5(b)所示。如果给出孔径光阑，则把光阑作为系统中的一个面处理，并指出哪个面是系统的孔径光阑。在系统结构参数确定的条件下给出孔径光阑，就可以计算入瞳位置。在我们的程序中把入瞳到系统第一面顶点的距离作为系统的第一个厚度 d_1，它等于 $-l_z$。实际透镜的第一个厚度为 d_2，如图 1-1 所示。

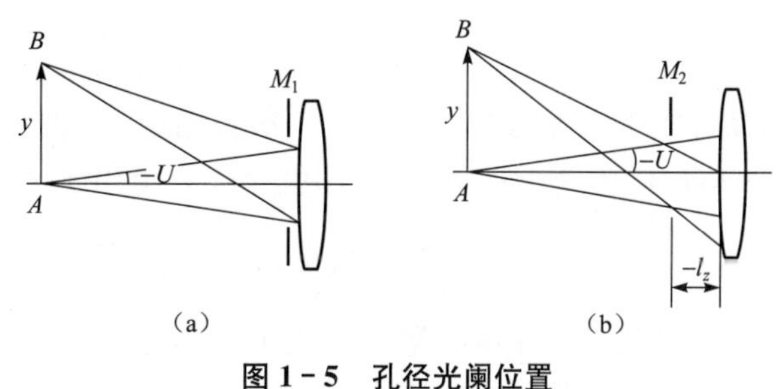

图 1-5　孔径光阑位置

(a) 给定孔径光阑；(b) 给定入瞳距离

(5) 渐晕系数或系统中每个面的通光半径

实际光学系统视场边缘的像面照度一般允许比轴上点适当降低，也就是轴外子午光束的宽度比轴上点光束的宽度小，这种现象叫作“渐晕”。允许系统存在渐晕有两个方面的原因：一方面是因为要把轴外光束的像差校正得和轴上点一样好往往是不可能的，为了保证轴外点的成像质量，把轴外子午光束的宽度适当减小；另一方面，从系统外形尺寸上考虑，为了减小某些光学零件的直径，也需要把轴外子午光束的宽度减小。为了使光学系统的像质评价更符合系统的实际使用情况，必须考虑轴外像点的渐晕。表示系统渐晕状况有两种方式：一种是渐晕系数法；另一种是给出系统中每个通光孔的实际通光半径。下面分别介绍。

渐晕系数法是给出指定视场轴外点成像光束的上下光的渐晕系数。如图 1-6 所示，孔径光阑在物空间的共轭像为入瞳，轴上点 A 的光束充满了入瞳，轴外点 B 的成像光束由于孔

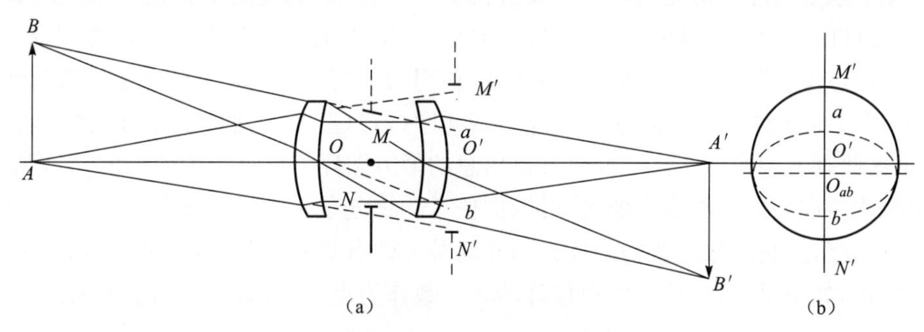

图 1-6　光学系统的渐晕

(a) 成像光束限制情况；(b) 成像光束截面

径光阑前后两个透镜通光直径的限制,使子午面内的上光和下光不能充满入瞳,因此存在渐晕。

从侧视图中可以看到实际通光情况,图1-6中直径为$M'N'$的圆为轴上点的光束截面,子午面内上光的宽度为$O'a$,下光的宽度为$O'b$,对应上、下光的渐晕系数为

$$K^{+}=\frac{O'a}{O'M},K^{-}=\frac{-O'b}{O'M}$$

这时实际子午光束的中心为O_{ab},一般我们把有渐晕的成像光束截面近似用一个椭圆代表,如图1-6(b)中虚线所示。椭圆的中心为a,b的中点O_{ab},它的短轴为

$$O_{ab}a=O_{ab}b=\frac{K^{+}-K^{-}}{2}O'M'$$

椭圆的长轴为弧矢光束的宽度,一般近似等于$O'M'$。用这样的椭圆近似代表轴外点的实际通光面积来进行系统的像质评价。

用渐晕系数来描述轴外像点的实际通光状况,显然有一定误差,如果需要对系统进行更精确的评价,则用另一种方式确定轴外点的实际通光面积。这就是给出系统中每个曲面的通光半径h,计算机通过计算大量光线确定出能够通过系统成像的实际光束截面。例如图1-6(a)所示的系统,直接给出第1～第5面(包括光阑面)的通光半径h_1～h_5,程序能自动把轴外点对应的实际光阑截面计算出来。这种方式主要是用于最终设计结果的精确评价。例如,在光学传递函数计算中经常使用。而在设计过程中,如在几何像差计算和光学自动设计程序中则多用渐晕系数法。

有了上面所说的系统结构参数和光学特性参数,利用近轴光线和实际光线的公式,用光路计算的方法即可计算出系统的焦距、主面、像面和像高等近轴参数,也能对系统在指定的工作条件下进行成像质量评价。这些参数就是我们在设计光学系统过程中进行像质评价所必需输入的参数。

1.3 检测阶段的像质评价指标——星点检验

任何一个实际的光学系统都不可能理想成像,即成像不可能绝对地清晰和没有变形,所谓像差就是光学系统所成的实际像与理想像之间的差异。由于一个光学系统不可能理想成像,因此就存在一个光学系统成像质量优劣的评价问题。成像质量评价的方法分为两大类,第一类用于在光学系统实际制造完成以后对其进行实际测量;第二类用于在光学系统还没有制造出来,即在设计阶段通过计算就能评定系统的质量。对于第一类像质评价方法,主要有"分辨力检验"和"星点检验"。由近代物理光学知道,利用满足线性与空间不变性条件的系统的线性叠加特性,可以将任何物方图样分解为许多基元图样,这些基元对应的像方图样是容易知道的,然后由这些基元的像方图样线性叠加得出总的像方图样。从这一理论出发,当光学系统对非相干照明物体或自发光物体成像时,可以把任意的物分布看成是无数个具有不同强度的、独立的发光点的集合,我们称点状物为物方图样的基元即点基元。这里,也可以理解为一个无限小的点光源物,如小星点,故可采用单位脉冲δ函数作为点基元,有如下数学关系:

$$O(u,v)=\iint_{-\infty} O(u_1,v_1)\delta(u-u_1,v-v_1)\mathrm{d}u_1\mathrm{d}v_1 \tag{1-2}$$

因系统具有线性和空间不变性，有如下物像关系式：

$$i(u',v')=\iint_{-\infty} O(u,v)h(u'-M_u u,v'-M_v v)\mathrm{d}u\mathrm{d}v \tag{1-3}$$

式中，$O(u,v)$，$i(u',v')$为像方图样；u，v 和 u'，v'分别对应物面和像面的笛卡儿坐标；M_u、M_v 为物像的横向放大率；$h(u'-M_u u,v'-M_v v)$为系统的点基元像分布，即(u,v)处的一个点基元物 $\delta(u,v)$的像。式(1－3)表示了线性空间不变系统的一个成像过程，即将任意物强度分布与该系统的点像分布卷积就得到像强度分布，点物基元像分布完全决定了系统的成像特性。只有当点物基元像分布仍为 δ 函数时，物像之间才严格保证点对应点的关系。

实际上每一个发光点物基元通过光学系统后，由于衍射和像差以及其他工艺疵病的影响，绝对的点对应点的成像关系是不存在的，因此卷积的结果是对原物强度分布起了平滑作用，从而造成点物基元经系统成像后的失真，因此采用点物基元描述成像的过程，其实质是一个卷积成像过程，通过考察光学系统对一个点物基元的成像质量就可以了解和评定光学系统对任意物分布的成像质量，这就是星点检验的基本思想。

对一个无像差衍射受限系统来说，其光瞳函数是一个实函数，而且在光瞳范围内是一个常数。因此衍射像的光强分布仅仅取决于光瞳的形状。在一般圆形光瞳的情况下，衍射受限系统的星点像的光强分布函数就是圆孔函数的傅里叶变换的模的平方，即艾里斑光强分布为

$$\frac{I}{I_0}=\left[\frac{2J_1(\varphi)}{\varphi}\right]^2 \tag{1-4}$$

式中，$\varphi=(2\pi/\lambda)h\theta=(\pi D/\lambda f')r$。

上式所代表的几何图形及各个量的物理意义如图 1－7 所示。图 1－8 是艾里斑的三维光强分布图及其局部放大图。表 1－3 给出了艾里斑各极值点的数据。至于焦面附近前后不同截面上的光强分布，也可通过类似的计算求出。

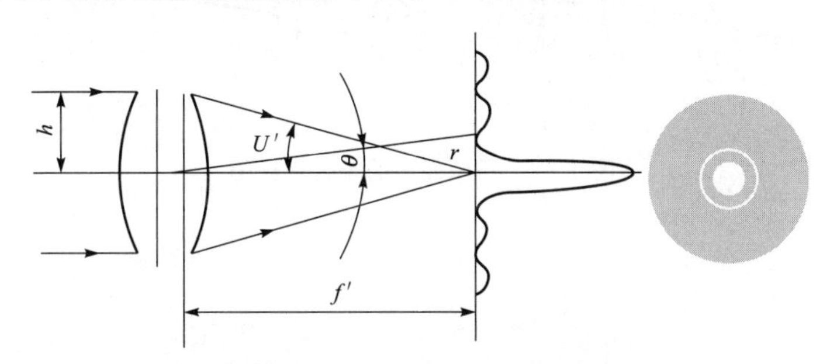

图 1－7　夫朗和费圆孔衍射图

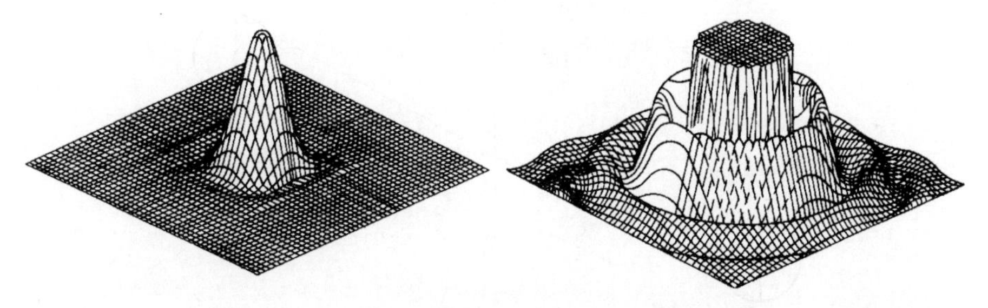

图 1－8　艾里斑的三维光强分布图及其局部放大局(在相对强度 0.03 处截断)

表 1-3 艾里斑各极值点数据

$\Psi=(2\pi/\lambda)h\theta$	θ/rad	I/I_0	能量分配/%	备注
0	0	1	83.78	中央亮斑
1.220π	$0.610\,\lambda/h$	0	0	第一暗环
1.635π	$0.818\,\lambda/h$	0.017 5	7.22	第一亮环
2.233π	$1.116\,\lambda/h$	0	0	第二暗环
2.679π	$1.339\,\lambda/h$	0.004 2	2.77	第二亮环
3.238π	$1.619\,\lambda/h$	0	0	第三暗环
3.699π	$1.849\,\lambda/h$	0.001 0	1.46	第三亮环

图 1-9 为子午面内的等强度线图。图 1-10 为焦点前后不同截面上的星点图。由图 1-9 和图 1-10 可以看出，一个具有圆形光瞳的衍射受限系统，不仅在焦面内应具有图 1-7 和图 1-8 所示的艾里斑分布规律，而且在焦点前后应具有对称的光强分布。

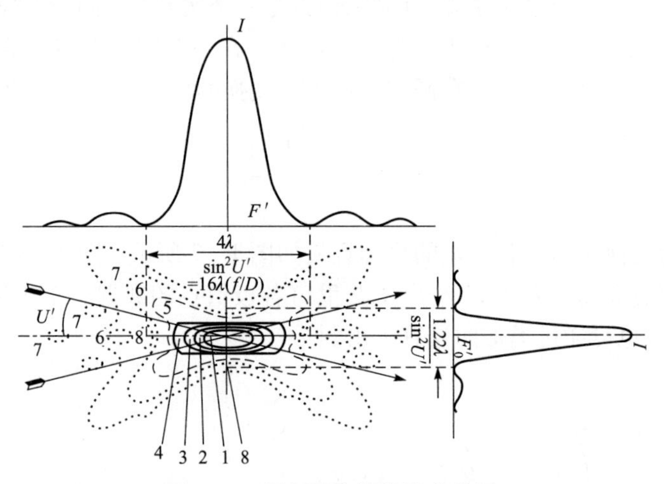

图 1-9 子午面内的等强度线图

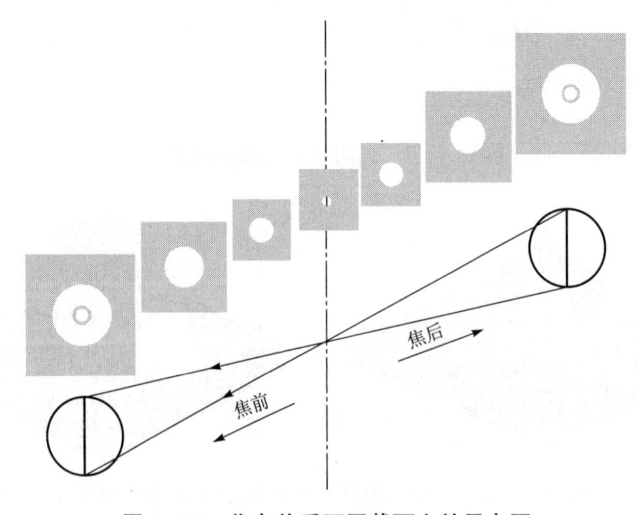

图 1-10 焦点前后不同截面上的星点图

显然，当光学系统的光瞳形状改变时，其理想星点像也应随之改变。例如，折反射光学系统的光瞳通常是圆环形的，其焦面上理想像的光强分布式为

$$\frac{I}{I_0}=\frac{1}{(1-\varepsilon^2)^2}\left[\frac{2J_1(\varphi)}{\varphi}-\varepsilon^2\frac{2J_1(\varepsilon\varphi)}{\varepsilon\varphi}\right]^2 \quad (1-5)$$

式中，ε 为环形孔的内外两个同心圆的半径之比。图1-11为具有不同开孔比 ε 时焦平面内的环形孔理想星点像的光强分布曲线；图1-12为其三维光强分布图。在光学仪器中偶尔也遇到方形或矩形光瞳的情况，如图1-13所示。这时焦平面内的理想星点像光强分布公式为

$$\frac{I}{I_0}=\left[\frac{\sin(\varphi/2)}{(\varphi/2)}\right]^2\left[\frac{\sin(\phi/2)}{(\phi/2)}\right]^2 \quad (1-6)$$

式中，$\varphi=(2\pi/\lambda)a\sin\theta_x$；$\phi=(2\pi/\lambda)b\sin\theta_y$；$a$，$b$ 分别为矩形光瞳长宽方向的宽度。

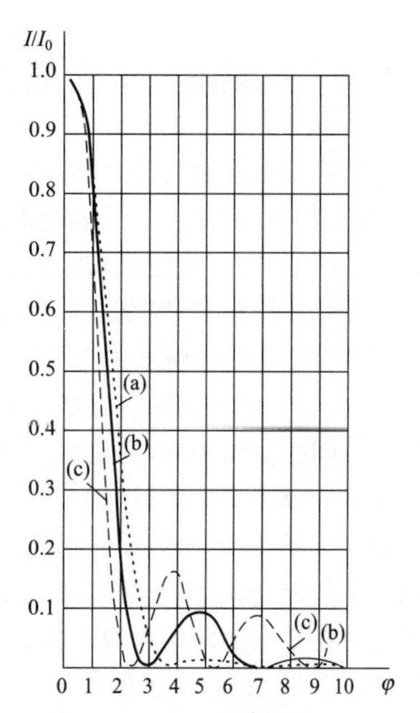

图1-11　环形孔理想星点像的光强分布曲线

(a) $\varepsilon=0$；(b) $\varepsilon=0.5$；(c) $\varepsilon\to1$

根据星点像判断光学系统的像质好坏，尤其是进一步“诊断”光学系统存在的主要像差性质和疵病种类，以及造成这些缺陷的原因，这在光学仪器生产实践中具有重要意义。但要能对星点检验结果作出准确可靠的分析、判断，不仅要掌握星点检验的基本原理，还要有丰富的实践经验，所以有关星点像的分析和像差判断必须在实践中不断地总结和积累。

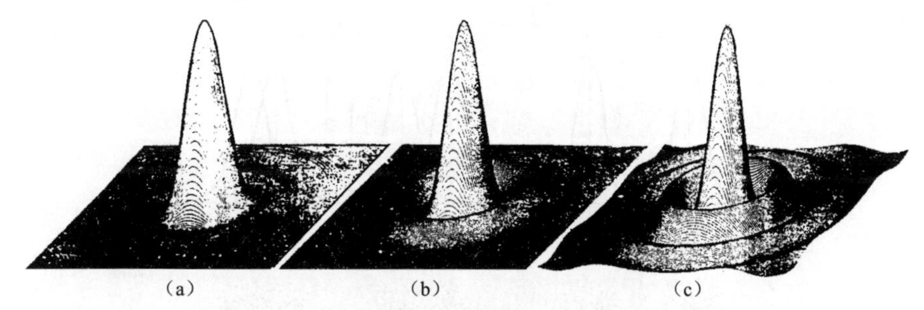

图1-12　环形孔理想星点像的三维光强分布图

(a) $\varepsilon=0$；(b) $\varepsilon=0.5$；(c) $\varepsilon=0.8$

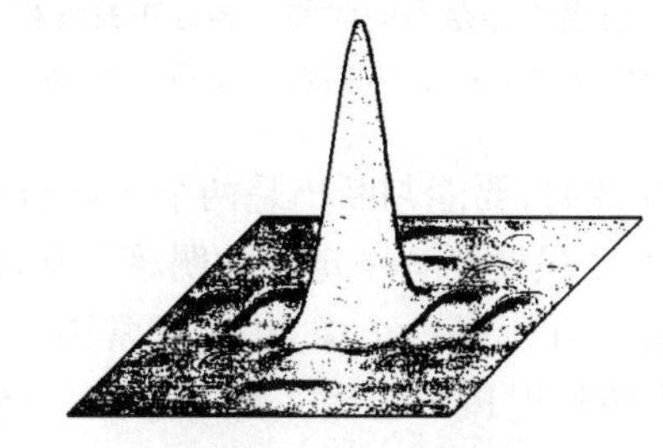

图1-13　方形光瞳理想星点像的三维光强分布图

1.4 检测阶段的像质评价指标——分辨力测量

光学系统成像的变形大小，可以通过测量像的几何尺寸得到，比较简单。对成像清晰度的评价问题则要复杂得多。最早用来评价光学系统成像清晰度的指标是分辨力。所谓分辨力就是光学系统成像时，所能分辨的最小间隔。测量分辨力所获得的有关被测系统像质的信息量虽然不及星点检验多，发现像差和误差的灵敏度也不如星点检验高，但分辨力能以确定的数值作为评价被测系统的像质的综合性指标，并且不需要多少经验就能获得正确的分辨力值。对于有较大像差的光学系统，分辨力会随像差变化而有较明显的变化，因而能用分辨力值区分大像差系统间的像质差异，这是星点检验法所比不上的。其测量设备几乎和星点检验一样简单。因此测量分辨力仍然是目前生产中检验一般成像光学系统质量的主要手段之一。

在光学系统(即无像差理想光学系统)中，由于光的衍射，一个发光点通过光学系统成像后得到一个衍射光斑；两个独立的发光点通过光学系统成像得到两个衍射光斑，考察不同间距的两发光点在像面上两衍射像可被分辨与否，就能定量地反映光学系统的成像质量。作为实际测量值的参照数据，应了解衍射受限系统所能分辨的最小间距，即理想系统的理论分辨力数值。两个衍射斑重叠部分的光强度为两光斑强度之和。随两衍射斑中心距的变化，可能出现如图1-14所示的几种情况。当两发光物点之间的距离较远，两个衍射斑的中心距较大时，中间有明显暗区隔开，亮暗之间的光强对比度 $k\approx1$，如图1-14(a)所示；当两物点逐渐靠近时，两衍射斑之间有较多的重叠，但重叠部分中心的合光强仍小于两侧的最大光强，即对比度 $0<k<1$，如图1-14(b)所示；当两物点靠近到某一限度时，两衍射斑之间的合光强将大于或等于每个衍射斑中心的最大光强，两衍射斑之间无明暗差别，即对比度 $k=0$，两者“合二为一”，如图1-14(c)所示。

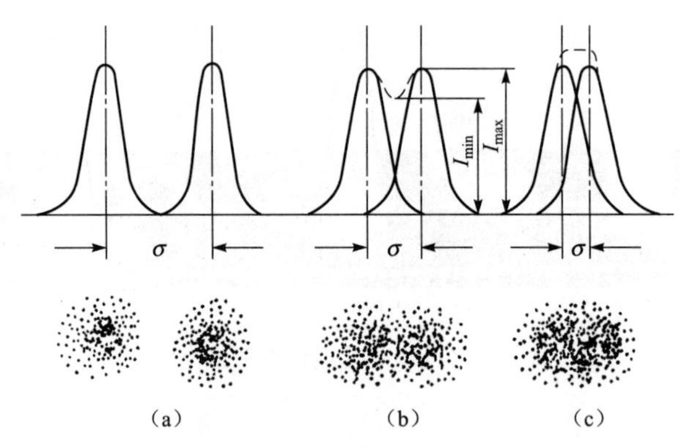

图1-14 两衍射斑中心距不同时的光强分布曲线和光强对比度

(a) 中心距 σ 等于中央亮斑直径 d；(b) σ 等于 $0.5d$；(c) σ 等于 $0.39d$ ($k_a=1, k_b=0.15, k_c=0$)

人眼观察相邻两物点所成的像时，要能判断出是两个像点而不是一个像点，则起码要求两衍射斑重叠区的中间与两侧最大光强处要有一定量的明暗差别，即对比度 $k>0$。k 值究竟为多大时人眼才能分辨出是两个像点而不是一个像点，这常常因人而异。为了有一个统一的判断标准，瑞利(Rayleigh)认为，当两衍射斑中心距正好等于第一暗环的半径时，人眼刚能分辨开这两个像点，如图1-15所示。

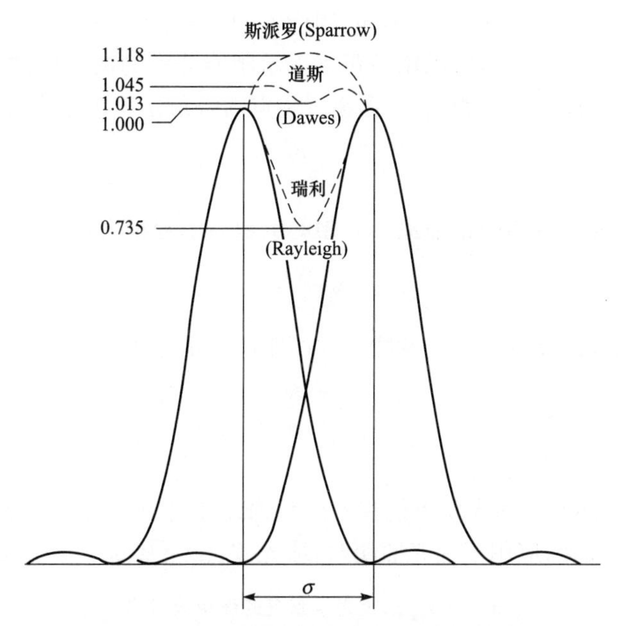

图 1-15　三种判据的部分合光强分布曲线

根据理想光学系统衍射分辨力公式，可求出这时两衍射斑的中心距为

$$\sigma_0=1.22\lambda\frac{f'}{D}=1.22\lambda F \tag{1-7}$$

这就是通常所说的瑞利判据。按照瑞利判据，两衍射斑之间光强的最小值为最大值的 73.5%，人眼很易察觉，因此有人认为该判据过于严格，于是提出了另一个判据——道斯(Dawes)判据，见图 1-15。根据道斯判据，人眼刚能分辨两个衍射像点的最小中心距为

$$\sigma_0=1.02\lambda F \tag{1-8}$$

按照道斯判据，两衍射斑之间的合光强的最小值为 1.013，两衍射中心附近的光强最大值为 1.045(设单个衍射斑中心最大光强为 1)。还有人认为，当两个衍射斑之间的合光强刚好不出现下凹时为刚可分辨的极限情况，如图 1-15 所示，这个判据称为斯派罗(Sparrow)判据。根据这一判据，两衍射斑之间的最小中心距为

$$\sigma_0=0.947\lambda F \tag{1-9}$$

两衍射斑之间的合光强为 1.118。图 1-16 给出了上述三种判据的三维合光强分布。

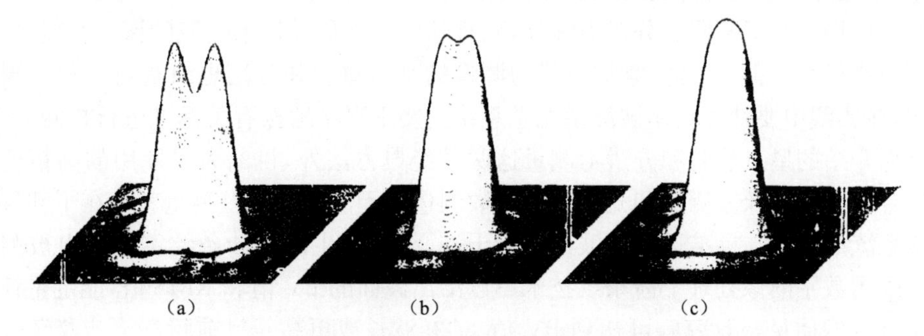

图 1-16　瑞利、道斯和斯派罗判据的三维合光强分布

实际工作中,由于光学系统的种类不同、用途不同,分辨力的具体表示形式也不同。例如望远系统,由于物体位于无限远,所以用角距离表示刚能分辨的两点间的最小距离,即以望远镜物镜后焦面上两衍射斑的中心距 σ_0 对物镜后主点的张角 α 表示分辨力:

$$\alpha=\frac{\sigma_0}{f} \tag{1-10}$$

照相系统以像面上刚能分辨的两衍射斑中心距的倒数表示分辨力:

$$N=\frac{1}{\sigma_0} \tag{1-11}$$

在显微系统中则直接以刚能分辨开的两物点间的距离表示分辨力

$$\varepsilon=\frac{\sigma_0}{\beta} \tag{1-12}$$

式中,β 为显微镜物镜的垂轴放大率。

表1-4列出了不同类型的光学系统按不同判据计算出的理论分辨力。表中,D 为入瞳直径(mm);NA 为数值孔径;应用于白光照明时,取光波长 $\lambda=0.55\times10^{-3}$ mm。

表1-4 三类光学系统的理论分辨力

系统类型	分辨力		
	瑞利判据	道斯判据	斯派罗判据
望远系统/rad	$\frac{1.22\lambda}{D}$	$\frac{1.02\lambda}{D}$	$\frac{0.947\lambda}{D}$
照相系统/mm^{-1}	$\frac{1}{1.22\lambda F}$	$\frac{1}{1.02\lambda F}$	$\frac{1}{0.947\lambda F}$
显微系统/mm	$\frac{0.61\lambda}{NA}$	$\frac{0.51\lambda}{NA}$	$\frac{0.47\lambda}{NA}$

以上讨论的各类光学系统的分辨力公式都只适用于视场中心的情况。对望远系统和显微系统而言,由于视场很小,因此只需考虑视场中心的分辨力。对照相系统,由于视场通常较大,除考虑视场中心的分辨力外,还应考虑中心以外视场的分辨力。

随着光学仪器的现代化,其光学系统不论是对成像质量要求,还是对使用性能的要求都越来越高,对不同光学系统(如摄影镜头、缩微摄影系统、空间侦察系统等)各专业部门和国家质量技术监督局均颁布了不同的分辨力标准,而且随着对外科学技术交流的深入发展,这些标准也在不断地修订和完善。因此,掌握分辨力测量的基本概念和方法也只是对分辨力测量有了初步了解,在实践中要针对具体被测量光学系统的要求严格地按有关标准进行检测。

除上面介绍的星点检验和分辨力测量这两种经典方法外,目前大量使用的高精度像质检测方法还有干涉法波像差测量和光学传递函数测量。干涉法波像差测量就是在干涉仪上通过被测光学系统的波面与标准透镜的波面进行干涉,根据产生的干涉条纹定量求出被测系统的波像差。采用数字图像处理干涉条纹技术可以给出波面的PV值和RMS值,能定量评价光学系统的综合成像质量,精度高,可达到PV值1/20波长或更高。目前瞬态干涉仪经软件算法图像处理可达到PV值1/100波长以上。光学传递函数测量需要采用专门的光学传递函数测量设备，是通过狭缝连续扫描不同频率的目标光栅所成的光栅像，通过傅里叶变换，得到调制传递函数（MTF）和位相传递函数（PTF），统称为光学传递函数（OTF）。目前采用的方法是用 CCD 采集星点像，代替人眼实现光电星点检测。经过采集星点像作为点扩散函数进行傅里叶变换，求出被检系统的调制传递函数，就可以准确定量地评测被检光学系统的成像质量。光学传递函数法是一种客观定量的检验方法，能够全面反映被测光学系统的成像质量，目前在国内外广泛采用，但是所用设备比较昂贵，对检验人员要求高。

1.5　几何像差的定义及其计算

用于设计阶段的像质评价指标主要有几何像差、垂轴像差、波像差、光学传递函数、点列图、点扩散函数、包围圆能量等。目前国内外常用的光学设计 CAD 软件中，主要使用几何像差和波像差这两种像质评价方法。为了评价一个已知光学系统的成像质量，首先需要根据系统结构参数和光学特性的要求计算出它的成像指标，本节介绍几何像差的概念和计算方法。

1. 光学系统的色差

前面曾经指出，可见光实际上是波长为 400～760 nm 的电磁波。不同波长的光具有不同的颜色，不同波长的光线在真空中传播的速度 c 都是一样的，但在透明介质（如水、玻璃等）中传播的速度 v 随波长而改变。波长长的光线，其传播速度 v 大；波长短的光线，其传播速度 v 小。因为折射率 $n=c/v$，所以光学系统中介质对不同波长光线的折射率是不同的。如图 1－17 所示，薄透镜的焦距公式为

$$\frac{1}{f'}=(n-1)\left(\frac{1}{r_1}-\frac{1}{r_2}\right) \tag{1-13}$$

因为折射率 n 随波长的不同而改变，因此焦距 f'也要随着波长的不同而改变，这样，当对无限远的轴上物点成像时，不同颜色光线所成像的位置也就不同。我们把不同颜色光线理想像点位置之差称为近轴位置色差，通常用 C 和 F 两种波长光线的理想像平面间的距离来表示近轴位置色差，也称为近轴轴向色差。若 l'_F和 l'_C 分别表示 F 与 C 两种波长光线的近轴像距，则近轴轴向色差 $\Delta l'_{FC}$为

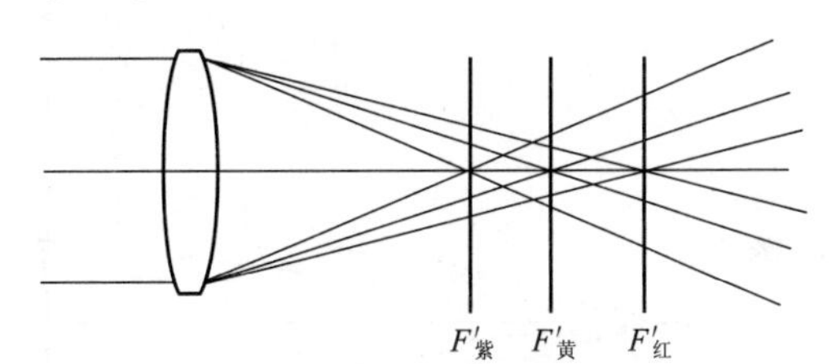

图 1－17　单透镜对无限远轴上物点白光成像

$$\Delta l'_{FC}=l'_F-l'_C \tag{1-14}$$

同样，如图 1－18 所示，根据无限远物体像高 y'的计算公式，当 $n'=n=1$ 时，有

$$y'=-f'\tan\omega \tag{1-15}$$

式中，ω 为物方视场角。

当焦距 f'随波长改变时，像高 y'也就随之改变，不同颜色光线所成的像高也不一样。这种像的大小的差异称为垂轴色差，它代表不同颜色光线的主光线和同一基准像面交点高度（即实际像高）之差。通常这个基准像面选定为中心波长的理想像平面，如 D 光的理想像平面。若 y'_{ZF}和 y'_{ZC}分别表示 F 和 C 两种波长光线的主光线在 D 光理想像平面上的交点高度，则垂轴色差 $\Delta y'_{FC}$为

$$\Delta y'_{FC}=y'_{ZF}-y'_{ZC} \tag{1-16}$$

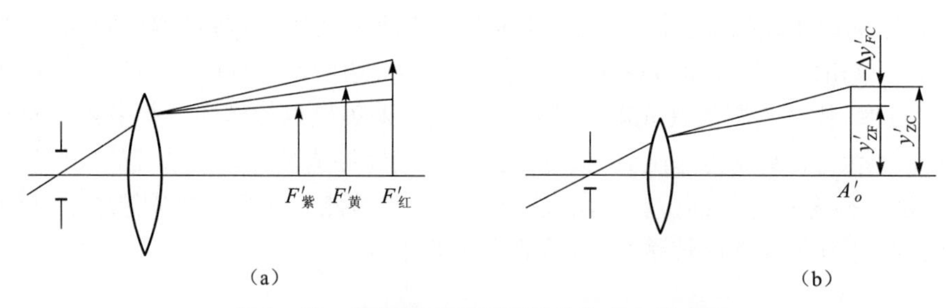

图 1-18　单透镜对无限远轴外物点白光成像

(a) 不同颜色光线像高差异;(b) 垂轴色差表示方法

2. 轴上像点的单色像差

下面讨论单色像差,即单一波长的像差。首先讨论轴上点的单色像差。在 1.2 节中指出,本书所讨论的是共轴光学系统,面形是旋转对称曲面。对于共轴系统的轴上点来说,由于系统对光轴对称,进入系统成像的入射光束和出射光束均对称于光轴,如图 1-19 所示。轴上有限远物点发出的以光轴为中心的、与光轴夹角相等的同一锥面上的光线(对轴上无限远物点来说,对应以光轴为中心的同一柱面上的光线),经过系统以后,其出射光线位在一个锥面上,锥面顶点就是这些光线的聚交点,而且必然位在光轴上,因此这些光线成像为一点。但是,由于球面系统成像不理想,不同高度的锥面(柱面)光线(它们与透镜的交点高度不同,也即孔径不同)的出射光线与光轴夹角是不同的,其聚交点的位置也就不同。虽然同一高度锥面(柱面)的光线成像聚交为一点,但不同高度锥面(柱面)的光线却不聚交于一点,这样成像就不理想。最大孔径的光束聚交于 $A'_{1.0}$;0.85 孔径的光线聚交于 $A'_{0.85}$,依此类推。

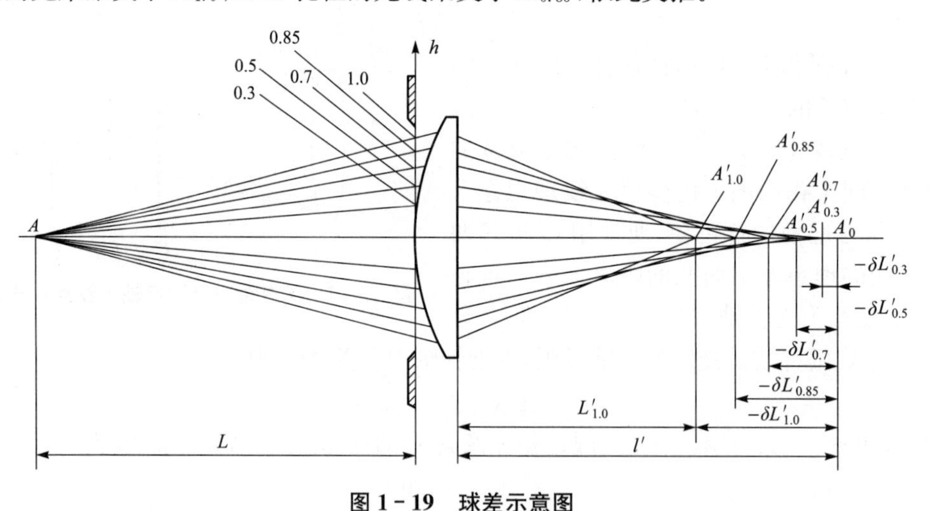

图 1-19　球差示意图

从图 1-19 可见,轴上有限远同一物点发出的不同孔径的光线通过系统以后不再交于一点,成像不理想。为了表示这些对称光线在光轴方向的离散程度,我们用不同孔径光线的聚交点对理想像点 A'_0 的距离 $A'_0A'_{1.0}$,$A'_0A'_{0.85}$,…表示,称为球差,用符号 $\delta L'$ 表示,其计算公式是

$$\delta L' = L' - l' \tag{1-17}$$

式中,L' 代表一宽孔径高度光线的聚交点的像距;l' 为近轴像点的像距,如图 1-19 所示。$\delta L'$ 的符号规则是:光线聚交点位在 A'_0 的右方为正,左方为负。为了全面而又概括地表示出不同

孔径的球差，我们一般从整个公式中取出 1.0，0.85，0.707 1，0.5，0.3 这 5 个孔径光束的球差值 $\delta L'_{1.0}$，$\delta L'_{0.85}$，$\delta L'_{0.7071}$，$\delta L'_{0.5}$，$\delta L'_{0.3}$ 来描述整个光束的结构。如果系统理想成像，则所有出射光线均交于理想像点 A'_0，球差 $\delta L'_{1.0}=\delta L'_{0.85}=\delta L'_{0.7071}=\delta L'_{0.5}=\delta L'_{0.3}=0$；反之，球差值越大，成像质量越差。

对于轴上点来说，仅有轴向色差 $\delta L'_{FC}$ 和球差 $\delta L'$ 这两种像差，用它们就可以表示一个光学系统轴上点成像质量的优劣。

3. 轴外像点的单色像差

对于轴外点来说，情况就比轴上点要复杂得多。对于轴上点，光轴就是整个光束的对称轴线，通过光轴的任意截面内光束的结构都是相同的，因此只需考察一个截面即可。而由轴外物点进入共轴系统成像的光束，经过系统以后不再像轴上点的光束那样具有一条对称轴线，只存在一个对称平面，这个对称平面就是由物点和光轴构成的平面，如图 1 - 20 中的 ABO 平面所示。轴外物点发出的通过系统的所有光线在像空间的聚交情况就要比轴上点复杂得多。为了能够简化问题，同时又能够定量地描述这些光线的弥散程度，我们从整个入射光束中取两个互相垂直的平面光束，用这两个平面光束的结构来近似地代表整个光束的结构。这两个平面，一个是光束的对称面 BM^+M^-，称为子午面；另一个是过主光线 BP 与 BM^+M^- 垂直的 BD^+D^- 平面，称为弧矢面，用来描述这两个平面光束结构的几何参数分别称为子午像差和弧矢像差。

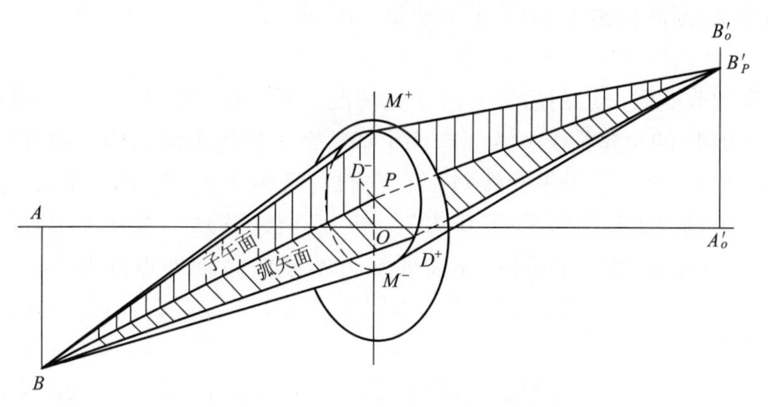

图 1 - 20　子午面与弧矢面示意图

(1) 子午像差

由于子午面既是光束的对称面，又是系统的对称面，位于该平面内的子午光束通过系统后永远位于同一平面内，因此计算子午面内光线的光路是一个平面的三角几何问题。可以在一个平面图形内表示出光束的结构，如图 1 - 21 所示。

图 1 - 21 为轴外无限远物点 B 点发来的斜光束的光路图。A'_o 是 A 点的理想像点，也表示理想像平面，B'_o 是 B 点在理想像平面上的理想像点，B'_p 是由 B 点发出的主光线在理想像平面上的交点。与轴上点的情形一样，为了表示子午光束的结构，我们取出主光线两侧具有相同孔径高的两条成对的光线 BM^+ 和 BM^-，称为子午光线对。该子午光线对通过系统以后当然也位于子午面内，如果光学系统没有像差，则所有光线对都应交在理想像平面上的同一点。由于有像差存在，BM^+ 和 BM^- 光线对的交点 B'_T 既不在主光线上，也不在理想像平面上。为了表示这种差异，我们用子午光线对的交点 B'_T 离理想像平面的轴向距离 X'_T 表示此光线对交点与理想像平面的偏离程度，称为"子午场曲"。用光线对交点 B'_T 离开主光线的垂直距离 K'_T 表

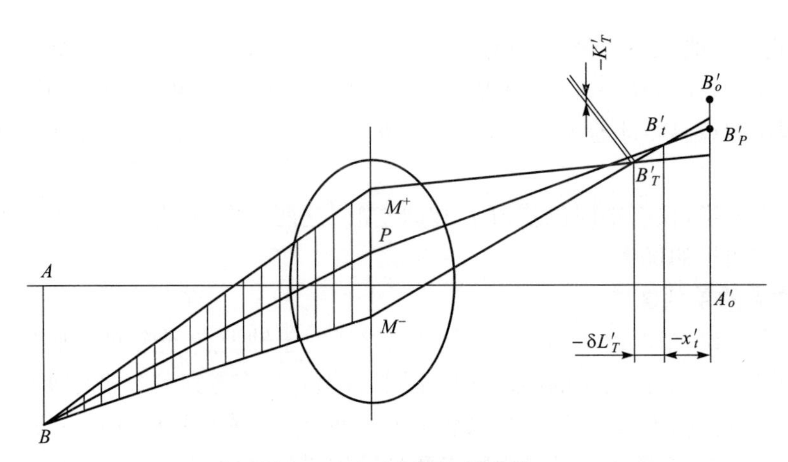

图1-21 子午面光线像差

示此光线对交点偏离主光线的程度,称为“子午彗差”。当光线对对称地逐渐向主光线靠近,宽度趋于零时,它们的交点 B'_T 趋近于一点 B'_t,B'_t 点显然应该位于主光线上,它离开理想像平面的距离称为“细光束子午场曲”,用 x'_t 表示。不同宽度子午光线对的子午场曲 X'_T 和细光束子午场曲 x'_t 之差($X'_T-x'_t$),代表了细光束和宽光束交点前后位置的差。此差值和轴上点的球差具有类似的意义,因此也称为“轴外子午球差”,用 $\delta L'_T$ 表示

$$\delta L'_T=X'_T-x'_t \tag{1-18}$$

它描述了光束宽度改变时交点前后位置的变化情况。X'_T,K'_T 和 $\delta L'_T$ 这 3 个量即可表示子午光线对 BM^+ 和 BM^- 的聚焦情况。为了全面了解整个子午光束的结构,一般取出不同孔径高的若干个子午光线对,每一个子午光线对都有它们自己相应的 X'_T,K'_T 和 $\delta L'_T$ 值。孔径高的选取和轴上点相似,取(±1,±0.85,$\pm0.707\,1$,±0.5,±0.3)h_m,其中 h_m 为最大孔径高。同时,为了了解整个像平面的成像质量,还需要知道不同像高轴外点的像差,一般取 1,0.85,0.707 1,0.5,0.3 这 5 个视场来分别计算出不同孔径高子午像差 X'_T,K'_T 和 $\delta L'_T$ 的值。

(2) 弧矢像差

弧矢像差可以和子午像差类似定义,只不过是在弧矢面内。如图 1-22 所示,阴影部分所在平面即为弧矢面,B'_o,B'_p,A'_o 的含义和图 1-21 子午面时相同。处在主光线两侧与主光线距离相等的弧矢光线对 BD^+ 和 BD^- 相对于子午面显然是对称的,它们的交点必然位于子午面内。与子午光线对的情形相对应,把弧矢光线对的交点 B'_S 到理想像平面的距离用 X'_S 表示,

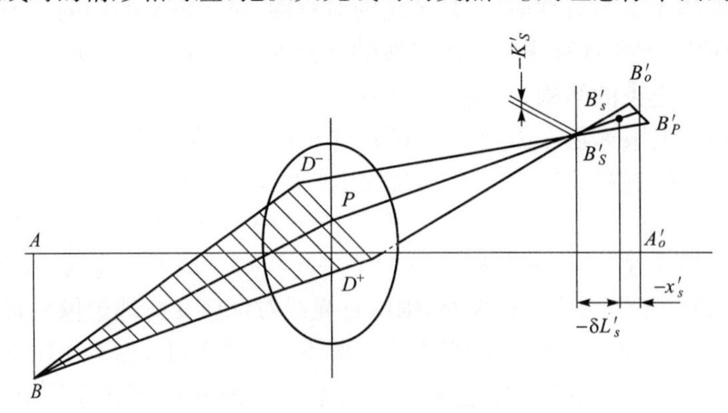

图1-22 弧矢面光线像差

称为“弧矢场曲”；B'_S到主光线的距离用K'_S表示，称为“弧矢彗差”。主光线附近的弧矢细光束的交点B'_s到理想像平面的距离用x'_s表示，称为“细光束弧矢场曲”；$X'_S-x'_s$称为“轴外弧矢球差”，用$\delta L'_S$表示，其计算公式是

$$\delta L'_S=X'_S-x'_s \tag{1-19}$$

由于弧矢像差和子午像差比较，变化比较缓慢，所以一般比子午光束少取一些弧矢光线对。另外，与子午光线一样，为了了解整个像平面的成像质量，还需要知道不同像高轴外点的像差，一般取 1，0.85，0.707 1，0.5，0.3 这 5 个视场计算出不同孔径高的弧矢像差X'_S，K'_S和$\delta L'_S$的值。

对于某些小视场大孔径的光学系统来说，由于像高本身较小，彗差的实际数值更小，因此用彗差的绝对数值不足以说明系统的彗差特性。一般改用彗差与像高的比值来代替系统的彗差，用符号SC'表示

$$SC'=\lim_{y\to 0}\frac{K'_S}{y'} \tag{1-20}$$

SC'的计算公式为

$$SC'=\frac{\sin U_1 u'}{\sin U' u_1}\cdot\frac{l'-l'_z}{l'-l'_z}-1 \tag{1-21}$$

其中，U_1是物方孔径角，u'是相应的像方孔径角。对于用小孔径光束成像的光学系统，它的子午和弧矢宽光束像差$\delta L'_T$，K'_T和$\delta L'_S$，K'_S不起显著作用。它在理想像平面上的成像质量由细光束子午和弧矢场曲x'_t，x'_s决定。x'_t和x'_s之差反映了主光线周围的细光束偏离同心光束的程度，我们把它称为“像散”，用符号x'_{ts}表示

$$x'_{ts}=x'_t-x'_s \tag{1-22}$$

像散$x'_{ts}=0$说明该细光束为一同心光束；否则为像散光束。$x'_{ts}=0$但是x'_t，x'_s不一定为 0，也就是光束的聚交点与理想像点不重合，因此仍不能认为成像符合理想。

对于一个理想的光学系统来说，不仅要求成像清晰，而且要求物像要相似。上面介绍的轴外子午和弧矢像差，只能用来表示轴外光束的结构或轴外像点的成像清晰度。实际光学系统所成的像即使上面所说的子午像差和弧矢像差都等于零，但对应的像高并不一定和理想像高一致。从整个像面来看，物和像的几何形状就不相似。我们把成像光束的主光线和理想像平面交点B'_p的高度$y'_z(A'_oB'_p)$作为光束的实际像高。y'_z和理想像高$y'_o(A'_oB'_o)$之差为$\delta y'_z(B'_oB'_p)$，如图 1-22 所示。

$$\delta y'_z=y'_z-y'_o \tag{1-23}$$

用它作为衡量成像变形的指标，称为畸变。

4. 高级像差

在像差理论研究中，把像差与y，h的关系用幂级数形式表示，最低次幂对应的像差称为初级像差，而较高次幂对应的像差称为高级像差。上面所讨论的都是实际像差，实际像差包含初级像差和高级像差。为了比较系统成像质量的好坏，以及便于像差的校正，下面给出一些在光学设计 CAD 软件中常用的高级像差的定义。在下面的定义中，下角标h代表孔径，y代表视场。

(1) 剩余球差$\delta L'_{sn}$

剩余球差$\delta L'_{sn}$等于 0.707 1 孔径球差与二分之一全孔径球差之差，即

$$\delta L'_{sn}=\delta L'_{0.707\,1h}-\frac{1}{2}\delta L'_{m} \tag{1-24}$$

(2) 子午视场高级球差 $\delta L'_{Ty}$

它等于全视场全孔径的轴外子午球差与轴上点全孔径球差之差,即

$$\delta L'_{Ty}=\delta L'_{Tm}-\delta L'_{m} \tag{1-25}$$

(3) 弧矢视场高级球差 $\delta L'_{Sy}$

它等于全视场全孔径的轴外弧矢球差与轴上点全孔径球差之差,即

$$\delta L'_{Sy}=\delta L'_{Sm}-\delta L'_{m} \tag{1-26}$$

(4) 全视场 0.707 1 孔径剩余子午彗差 K'_{Tsnh}

它等于全视场 0.707 1 孔径的子午彗差减去二分之一全视场全孔径子午彗差,即

$$K'_{Tsnh}=K'_{T0.707\,1h}-\frac{1}{2}K'_{Tm} \tag{1-27}$$

(5) 全孔径 0.707 1 视场剩余子午彗差 K'_{Tsny}

它等于全孔径 0.707 1 视场的子午彗差减去 0.707 1 乘以全视场全孔径子午彗差,即

$$K'_{Tsny}=K'_{T0.707\,1y}-0.707\,1K'_{Tm} \tag{1-28}$$

(6) 剩余细光束子午场曲 x'_{tsn}

它等于 0.707 1 视场的细光束子午场曲与二分之一全视场的细光束子午场曲之差,即

$$x'_{tsn}=x'_{t0.707\,1y}-\frac{1}{2}x'_{tm} \tag{1-29}$$

(7) 剩余细光束弧矢场曲 x'_{ssn}

它等于 0.707 1 视场的细光束弧矢场曲与二分之一全视场的细光束弧矢场曲之差,即

$$x'_{ssn}=x'_{s0.707\,1y}-\frac{1}{2}x'_{sm} \tag{1-30}$$

(8) 色球差 $\Delta L'_{FC}$

它等于两种色光的边缘色差与近轴色差之差,即

$$\Delta L'_{FC}=\Delta L'_{FCm}-\Delta l'_{FC} \tag{1-31}$$

(9) 剩余垂轴色差 $\Delta y'_{FC}$

它等于 0.707 1 视场垂轴色差与 0.707 1 乘以全视场垂轴色差之差,即

$$\Delta y'_{FC}=\Delta y'_{FC0.707\,1y}-0.707\,1\Delta y'_{FCm} \tag{1-32}$$

一个系统在像差校正完成以后,成像质量的好坏就在于其高级像差的大小。通常对于一定的结构形式,其高级像差的数值基本上是一定的。如果在像差校正完成以后,高级像差很大而导致成像质量不好,就必须更换结构形式。另外,像差校正完成以后,如果各种高级像差能够合理地平衡或匹配,则成像质量会有所提高。因此,在像差校正的后期,初级像差已经校正的情况下,为了使系统的成像质量更好,就要求对高级像差进行平衡。高级像差的平衡是一个比较复杂的问题,读者可参考有关书籍。

1.6 垂轴像差的概念及其计算

1.5 节所介绍的几何像差的特点是用一些独立的几何参数来表示像点的成像质量,即用单项独立几何像差来表示出射光线的空间复杂结构。用这种方式来表示像差的特点是便于了

解光束的结构，分析它们和光学系统结构参数之间的关系，以便进一步校正像差。但是应用这种方法的缺点是几何像差的数据繁多，很难从整体上获得系统综合成像质量的概念。这时我们用像面上子午光束和弧矢光束的弥散范围来评价系统的成像质量有时更加方便，它直接用不同孔径子午、弧矢光线在理想像平面上的交点和主光线在理想像平面上的交点之间的距离来表示，称为垂轴几何像差。由于它直接给出了光束在像平面上的弥散情况，反映了像点的大小，所以更加直观、全面地显示了系统的成像质量。

如图 1－23 所示，为了表示子午光束的成像质量，我们在整个子午光束截面内取若干对光线，一般取 $\pm 1.0h$，$\pm 0.85h$，$\pm 0.7071h$，$\pm 0.5h$，$\pm 0.3h$，$0h$ 这 11 条不同孔径的光线，计算出它们和理想像平面交点的坐标，由于子午光线永远位在子午面内，因此在理想像平面上交点高度之差就是这些交点之间的距离。求出前 10 条光线和主光线（0 孔径光线）高度之差即为子午光束的垂轴像差，即

$$\delta y' = y' - y'_z \tag{1-33}$$

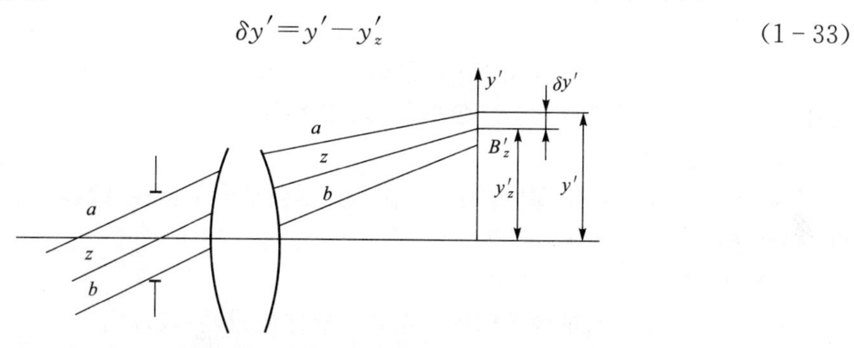

图 1－23　子午垂轴像差

对称于子午面的弧矢光线通过光学系统时永远与子午面对称，如图 1－24 所示。因此只需要计算子午面前或子午面后一侧的弧矢光线，另一侧的弧矢光线就很容易根据对称关系确定。弧矢光线 dd 经系统后与理想像平面的交点不再位于子午面上，因此其相对于主光线和理想像平面交点的位置用两个垂直分量 $\delta y'$ 和 $\delta z'$ 表示，$\delta y'$ 和 $\delta z'$ 即为弧矢光线的垂轴像差。和 dd 成对的弧矢光线 cc 与理想像平面的交点的坐标为（$\delta y'$，$-\delta z'$），所以只要计算出了 dd 的垂轴像差，cc 的垂轴像差也就知道了。

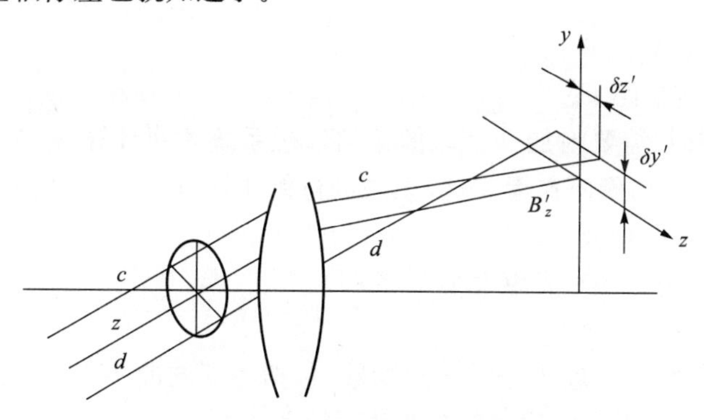

图 1－24　弧矢垂轴像差

为了用垂轴像差表示色差，可以将不同颜色光线的垂轴像差用同一基准像面和同一基准主光线作为基准点计算各色光线的垂轴像差。与前面计算垂轴色差时一样，我们一般采

用平均中心波长光线的理想像平面和主光线作为基准计算各色光光线的垂轴色差。为了了解整个像面的成像质量,同样需要计算轴上点和若干不同像高轴外点的垂轴像差。对轴上点来说,子午和弧矢垂轴像差是完全一样的,因此弧矢垂轴像差没有必要计算0视场的垂轴像差。

在计算垂轴像差$\delta y'$时以主光线为计算基准,这样做的好处是把畸变和其他像差分离开来。畸变只影响像的变形,而不影响像的清晰度。垂轴像差$\delta y'$以主光线为计算基准,它表示光线在主光线周围的弥散范围,$\delta y'$越小,光线越集中,成像越清晰,所以$\delta y'$表示成像的清晰度。而如果以理想像点作计算基准,就把畸变和清晰度混淆在一起了,不利于分析和校正像差。

1.7　几何像差计算程序ABR的输入数据与输出结果

本节利用北京理工大学光电工程系研制的SOD88软件包中的几何像差计算程序ABR来介绍像差计算程序所需要的全部数据及其输出结果。

1. 基本输入数据

几何像差计算程序ABR所需要的输入数据包括光学特性参数和光学结构参数。光学特性参数包括以下几个方面。

(1) 色光数N_c

为了计算每个波长的像差以评定系统的成像质量,一般选出3～5个波长,对于单色光成像的光学系统,只需计算一个波长就可以了,因此色光数输入可以是1,3或5。例如,对于最常用的目视光学仪器,色光数可选3,即以D光(589.30 nm)作为中心谱线校正单色像差,选择C光(656.28 nm)和F光(486.13 nm)作为两种消色差谱线。

(2) 系统总面数N_s

它不包括入瞳面和像面,如果给出光阑,则光阑也算一面。

(3) 光阑所在面序号N_p

如果给出入瞳位置,则$N_p=0$。

(4) 非球面个数N_{as}

若没有非球面,则$N_{as}=0$。

(5) 附加理想系统焦距F'_{ideal}

当计算无焦系统时,需要附加一个无像差的理想系统才能计算像差。例如,对于望远系统,组合系统焦距$f'=\infty$,像面在无穷远,无法进行像质评价,因此需输入理想系统焦距。如果是有焦系统,则$F'_{\text{ideal}}=0$。

(6) 物距L、视场角$\omega(y)$、光束大小$h(\sin U)$

此三项在1.2节中已经详细介绍。

除以上特性参数外,还需输入光学结构参数,包括各面的曲率半径r、间隔(或厚度)d及折射率n。如果有非球面则还要输入各个非球面的系数$K,a_4,a_6,a_8,a_{10},a_{12}$。由光学系统特性参数和结构参数构成的数据文件如表1-5所示。

表 1-5　输入数据文件

系统的标志数	$N_c, N_s, N_p, N_{as}, F'_{\text{ideal}}$
特性参数	$L, \omega(y), h(\sin U)$
结构参数	$r_1, d_1(-l_Z), n_1, n_{a1}, n_{b1}$ $r_2, d_2(-l_Z), n_2, n_{a2}, n_{b2}$ … $r_{Ns}, d_{Ns}, n_{Ns}, n_{aNs}, n_{bNs}$ $r_{Ns+1}, d_{Ns+1}, n_{Ns+1}, n_{aNs+1}, n_{bNs+1}$
非球面系数	$NO_1, K_1, a_{4.1}, a_{6.1}, a_{8.1}, a_{10.1}, a_{12.1}$ $NO_2, K_2, a_{4.2}, a_{6.2}, a_{8.2}, a_{10.2}, a_{12.2}$ … $NO_{Nas}, K_{Nas}, a_{4.Nas}, a_{6.Nas}, a_{8.Nas}, a_{10.Nas}, a_{12.Nas}$
其他附加数据	…

除以上单个结构参数外，有时也经常采用结组参数和组合参数。所谓结组参数，是指两个结构参数在改变时，保持大小相等、符号相同或大小相等、符号相反。而组合参数则是指在某两个面之间交换光焦度，或从某一面到另一面进行整组弯曲（即同时给一个曲率增量）。

2. 基本输出数据

下面给出一个望远镜物镜的计算例子。具体参数如下：

r	d	n	n_a	n_b	玻璃
75.15	0.00	1.000 000	1.000 000	1.000 000	AIR
−52.72	6.00	1.516 300	1.521 955	1.513 895	K9
−149.28	3.00	1.672 500	1.687 472	1.666 602	ZF2
0.00	0.00	1.000 000	1.000 000	1.000 000	AIR

$L=0.00$　　$\omega(y)=-4.00$　　$h(\sin U)=15.00$

孔径光阑与第一面重合。将以上参数输入计算机并运行像差计算程序 ABR，即可得到计算后的输出结果。输出结果的开始部分是打印出输入的光学特性参数和全部结果参数，然后输出系统的近轴参数：

$f=-119.929$　$l_f=-118.217$　$f'=119.929$　$l_f'=115.811$　$l'=115.811$

$y'=8.386$　$u'=.125\ 074$　$J=1.04\ 890$

$l_z=0.00$　$l'_z=-5.855$　$H_z(6)=0.00$　0.00　0.00　0.00　0.00　0.00

其中，f 和 f' 分别为物方和像方焦距，l_{f} 和 l_{f}' 分别为物方和像方焦截距，l' 为像距，y' 为像高，u' 为像方孔径角，J 为拉氏不变量。l_z 和 l'_z 分别为入瞳距离和出瞳距离，需要注意的是它们都是近轴量，即 0 视场的量。$H_z(6)$ 有 6 个数，代表 6 个视场的主光线与入瞳面交点离入瞳中心（光轴）的距离，它反映了系统的光阑球差的大小。在本例中光阑与第 1 面重合，所有视场的主光线均通过光阑中心,所以 $H_z(6)$均为 0。若光阑位置不在第 1 面,则由于存在光阑球差,各视场主光线不一定过入瞳中心,前 5 个量就不一定为 0,但是,第 6 个量因为对应着 0 视场,所以一定为 0,为完整起见,仍然显示出来。

接下来输出的是系统的轴上像差,即球差 $\delta L'$、正弦差 SC'、波色差 OPD_{ab}、a 光球差 $\delta L'_a$、b 光球差 $\delta L'_b$ 以及轴向色差 $\delta L'_{ab}$。不同的列从左往右为不同的归化孔径,依次为 1.0,0.85,0.707 1,0.50,0.30 和 0 孔径。虽然 0 孔径的中心波长的球差为零,但两消色差谱线 a 光和 b 光的球差却不为零,因此为完整起见,仍给出 0 孔径的值。

AXIAL ABERRATION

$\delta L'$	0.006 82	−0.049 65	−0.062 32	−0.045 76	−0.019 63	0.000 00
SC'	0.000 41	0.000 38	0.000 31	0.000 17	0.000 07	0.000 00
OPD_{ab}	0.000 10	−0.000 10	−0.000 16	−0.000 13	−0.000 06	0.000 00
$\delta L'_a$	0.157 17	0.052 03	0.003 01	−0.018 73	−0.015 83	−0.008 85
$\delta L'_b$	0.032 27	−0.006 74	−0.006 36	0.023 97	0.058 44	0.082 63
$\delta L'_{ab}$	0.124 90	0.058 77	0.009 37	−0.042 70	−0.074 27	−0.091 48

接下来输出的是系统的轴外像差,由于轴外像差可能既与视场有关,又与孔径有关,因此像差符号的下标中 h 代表孔径,而从上往下则代表不同视场的像差值。轴外像差有轴外 5 个视场的出瞳距离 l'_z、畸变 $\delta y'_z$、细光束子午场曲 x'_t、细光束弧矢场曲 x'_s、细光束像散 x'_{ts}、1 孔径轴外弧矢球差 $\delta L'_{S1h}$、0.707 1 孔径轴外弧矢球差 $\delta L'_{S0.707\,1h}$、1 孔径轴外弧矢彗差 K'_{S1h}、0.707 1 孔径轴外弧矢彗 $K'_{S0.707\,1h}$、1 孔径轴外子午球差 $\delta L'_{T1h}$、0.707 1 孔径轴外子午球差 $\delta L'_{T0.707\,1h}$、0.5 孔径轴外子午球差 $\delta L'_{T0.5h}$、1 孔径轴外子午彗差 K'_{T1h}、0.707 1 孔径轴外子午彗 $K'_{T0.707\,1h}$、0.5 孔径轴外子午彗差 $K'_{T0.5h}$、a 光畸变 $\delta y'_a$、b 光畸变 $\delta y'_b$ 和垂轴色差 $\Delta y'_{ab}$。不同的行从上往下为不同的归化视场,依次为 1.0,0.85,0.707 1,0.50 和 0.30 视场。

OFF AXIAL ABERRATION

l'_z	$\delta y'_z$	x'_t	x'_s	x'_{ts}	$\delta L'_{S1h}$	$\delta L'_{S0.707\,1h}$
−5.847 81	−0.001 43	−1.026 48	−0.484 22	−0.542 26	0.002 50	−0.064 35
−5.849 90	−0.000 88	−0.743 11	−0.350 33	−0.392 78	0.003 69	−0.063 79
−5.851 58	−0.000 51	−0.515 07	−0.242 70	−0.272 37	0.004 65	−0.063 34
−5.853 46	−0.000 18	−0.258 00	−0.121 50	−0.136 50	0.005 73	−0.062 83
−5.854 67	−0.000 04	−0.092 99	−0.043 77	−0.049 21	0.006 43	−0.062 51

K'_{S1h}	$K'_{S0.707\,1h}$	$\delta L'_{T1h}$	$\delta L'_{T0.707\,1h}$	$\delta L'_{T0.5h}$	K'_{T1h}	$K'_{T0.707\,1h}$
0.003 20	0.002 44	0.004 72	−0.064 05	−0.046 76	0.004 60	0.006 66
0.002 78	0.002 10	0.005 32	−0.063 56	−0.046 48	0.003 69	0.005 55
0.002 35	0.001 77	0.004 53	−0.057 90	−0.063 18	0.004 62	0.002 93
0.001 69	0.001 26	0.006 31	−0.062 75	−0.046 01	0.001 96	0.003 14
0.001 03	0.000 76	0.006 64	−0.062 48	−0.045 85	0.001 13	0.001 86

$K'_{T0.5h}$	$\delta y'_a$	$\delta y'_b$	$\Delta y'_{ab}$
0.004 28	−0.001 79	−0.001 15	−0.000 64
0.003 58	−0.001 18	−0.000 64	−0.000 54
0.002 94	−0.000 76	−0.000 31	−0.000 46

0.002 04	−0.000 36	−0.000 04	−0.000 32
0.001 21	−0.000 15	0.000 05	−0.000 19

接下来输出的是系统的高级像差，即剩余球差 $\delta L'_{sn}$、子午视场高级球差 $\delta L'_{Ty}$、弧矢视场高级球差 $\delta L'_{Sy}$、全视场 0.707 1 孔径剩余子午彗差 K'_{Tsnh}、全孔径 0.707 1 视场剩余子午彗差 K'_{Tsny}、剩余细光束子午场曲 x'_{tsn}、剩余细光束弧矢场曲 x'_{ssn}、色球差 $\Delta L'_{FC}$、剩余垂轴色差 $\Delta y'_{FC}$。

$\delta L'_{sn}$	$\delta L'_{Ty}$	$\delta L'_{Sy}$	K'_{Tsnh}	
−0.065 73	−0.002 1	−0.004 32	0.004 36	
K'_{Tsny}	x'_{tsn}	x'_{ssn}	$\Delta L'_{FC}$	$\Delta y'_{FC}$
−0.000 33	−0.001 83	−0.000 59	0.216 38	−0.0

接下来输出的是系统的垂轴像差，即子午垂轴像差(Meridian Lateral Aberration)$\delta y'_t$和弧矢垂轴像差(Sagittal Lateral Aberration)$\delta y'$,$\delta z'$。子午垂轴像差从左至右排列为归化孔径，依次为 1.0,0.85,0.707 1,0.5,0.3,0,−0.3,−0.5,−0.707 1,−0.85 和−1.0 孔径；从上往下排列为归化视场，依次为 1.0,0.85,0.707 1,0.5,0.3 和 0 视场。对于弧矢垂轴像差，每一条弧矢光线对应两个分量 $\delta y'$,$\delta z'$，由于弧矢光束对于子午面对称，只需要计算主光线一侧的弧矢光线就够了。因此从左至右依次为 1.0,0.85,0.707 1,0.5 和 0.3 归化孔径；从上往下排列仍然为归化视场，依次为 1.0,0.85,0.707 1,0.5 和 0.3 视场。因为轴上点对光轴对称，0 视场的子午和弧矢光线聚交情况是完全一样的，所以没有必要计算 0 视场的弧矢像差。

MERIDIAN LATERAL ABERRATION($\delta y'_t$)

1.0*h*	0.85*h*	0.707 1*h*	0.5*h*	0.3*h*	0*h*	−0.3*h*	−0.5*h*	−0.707 1*h*	−0.85*h*	−1.0*h*
−0.125 29	−0.109 34	−0.091 04	−0.063 58	−0.037 90	0	0.041 39	0.072 14	0.104 37	0.123 27	0.134 49
−0.089 87	−0.079 71	−0.066 55	−0.046 22	−0.027 38	0	0.030 30	0.053 38	0.077 64	0.091 22	0.097 25
−0.061 53	−0.056 08	−0.047 04	−0.032 40	−0.018 98	0	0.021 37	0.038 27	0.056 11	0.065 44	0.067 38
−0.029 83	−0.029 80	−0.025 40	−0.017 05	−0.009 62	0	0.011 29	0.021 14	0.031 69	0.036 24	0.033 74
−0.009 76	−0.013 38	−0.011 95	−0.007 49	−0.003 74	0	0.004 73	0.009 92	0.015 68	0.017 18	0.012 02
0.000 86	−0.005 31	−0.005 53	−0.002 87	−0.000 74	0	0.000 74	0.002 87	0.005 53	0.005 31	−0.000 86

SAGITTAL LATERAL ABERRATION($\delta y'$,$\delta z'$)

1.0*h*		0.85*h*		0.707 1*h*		0.5*h*		0.3*h*	
0.003 20	−0.060 95	0.003 01	−0.057 64	0.002 44	−0.048 92	0.001 40	−0.033 41	0.000 55	−0.019 01
0.002 78	−0.043 81	0.002 60	−0.043 13	0.002 10	−0.036 89	0.001 21	−0.024 94	0.000 47	−0.013 94
0.002 35	−0.030 06	0.002 19	−0.031 49	0.001 77	−0.027 23	0.001 01	−0.018 15	0.000 39	−0.009 88
0.001 69	−0.014 60	0.001 57	−0.018 40	0.001 26	−0.016 39	0.000 72	−0.010 51	0.000 28	−0.005 31
0.001 03	−0.004 71	0.000 95	−0.010 02	0.000 76	−0.009 44	0.000 44	−0.005 62	0.000 17	−0.002 38

接下来输出的是对指定视场和孔径的子午光线在系统每个面上的投射高(Ray Height)和在各面之间的光路长(斜厚度,Tilt Thickness)，作为设计者确定透镜口径和厚度的参考依据。每条光线由 $\omega(y)$确定视场，由 $h(\sin U)$确定孔径，HT 代表投射高，TT 代表斜厚度。

RAY HEIGHT AND TILT THICKNESS

$\omega(y)=$	0.000 0	$h(\sin U)=$	1.000 0
HT	15.000 0	14.837 3	14.684 7
TT	2.362 5	4.409 5	
$\omega(y)=$	1.000 0	$h(\sin U)=$	1.000 0
HT	15.107 3	15.052 4	15.079 1
TT	2.272 0	4.431 1	
$\omega(y)=$	1.000 0	$h(\sin U)=$	−1.000 0
HT	−14.895 7	−14.615 8	−14.284 4
TT	2.458 4	4.394 0	

不同的输入数据会导致不同的输出结果。以上只是常见的输入和输出数据,对于一些特殊的功能,请参考相应的说明书。

1.8 几何像差及垂轴像差的图形输出

要了解一个系统的成像质量需要计算很多像差,为了对成像质量有一个全面的、明确的认识,我们把前面计算的各种像差数据画成曲线。下面以1.7节的双胶合望远镜物镜为例,来说明一些常用的像差曲线。

1. 轴上点的球差和轴向色差曲线

把$\delta L'_D$,$\delta L'_F$,$\delta L'_C$ 3种像差曲线作在同一张图中,纵坐标代表归化的孔径h,横坐标代表球差$\delta L'$,如图1-25所示。从图中可以看出3种不同颜色的球差曲线随孔径的变化情况,也可以看出轴向色差的大小,C和F光线曲线沿横轴方向的位置之差就是轴向色差。根据这3条曲线就可以了解轴上点的成像质量。

2. 正弦差(相对彗差)曲线

如图1-26所示,纵坐标代表孔径h,横坐标代表正弦差SC',根据上一节的输出结果可以作出曲线。前面曾经指出,物点在近轴区域内,也就是小物体,用大孔径光束成像时,除了有

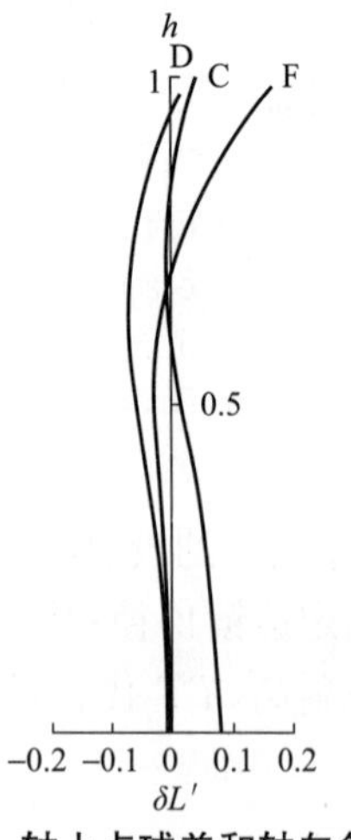

图1-25 轴上点球差和轴向色差曲线

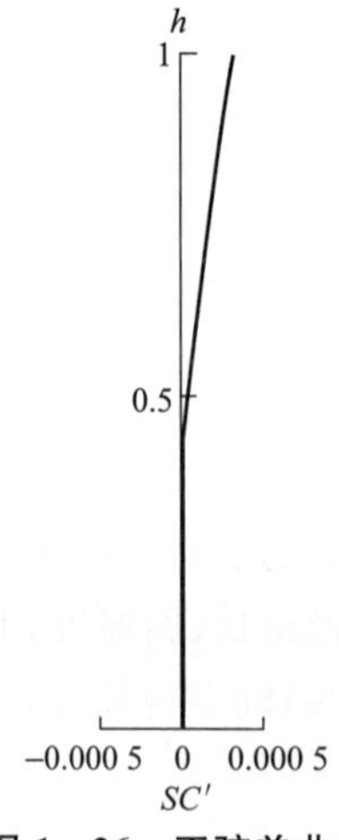

图1-26 正弦差曲线

球差和轴向色差外，还有彗差，通常用相对彗差即正弦差表示。正弦差曲线加上球差和轴向色差曲线，就代表了光轴附近也就是像面中心附近区域的成像质量。

3. 畸变和垂轴色差曲线

畸变和垂轴色差都是与主光线有关的像差，因此我们也把它们作在同一张图上，如图 1－27 所示。横坐标代表 $\delta y'_D$，$\delta y'_F$，$\delta y'_C$，纵坐标代表视场 ω，同样按归化视场分划。从图中可以看出每种颜色光线的畸变随视场变化的情况，同时也可以看出垂轴色差的大小，F 和 C 光曲线沿横轴方向的位置之差就是垂轴色差。需要注意的是，3 条曲线都过原点，这是因为当视场为 0 时，任何颜色光线均没有畸变。

4. 细光束像散曲线

细光束像散表示主光线周围细光束的聚交情况，$x'_{ts}=x'_t-x'_s$。如图 1－28 所示，横坐标为 x'_t 与 x'_s，纵坐标为视场 ω。图中，t 代表子午细光束场曲，s 代表细光束弧矢场曲。如果除中心谱线外，还计算了其他 2 种色光的像差，则 t 和 s 各有 3 条，分别对应 D，F 和 C 三种颜色光线的 x'_t，x'_s。需要注意的是，当视场为零即 $\omega=0$ 时，系统没有像散（轴上点只有球差和轴向色差），$x'_{ts}=x'_t-x'_s=0$，所以 $x'_t=x'_s$，x'_t 和 x'_s 应交于一点，也就是理想像点处。因此各色光 0 视场的 x'_t 和 x'_s 应交于各自的理想像点处，D 光的理想像平面就是过坐标原点的平面，所以 D 光 0 视场的 x'_t、x'_s 应过原点，F 和 C 光线的理想像点与 D 光的不重合，所以 F 和 C 光线 0 视场的 x'_t 和 x'_s 不过原点，其交点与原点的距离恰好就是 F 光和 C 光的 0 孔径轴向球差。

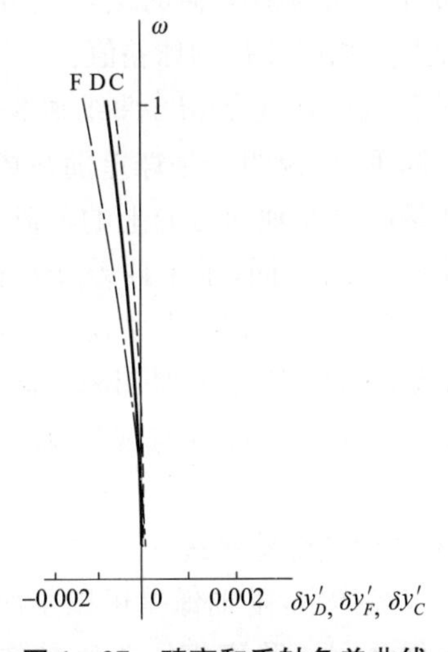

图 1－27　畸变和垂轴色差曲线

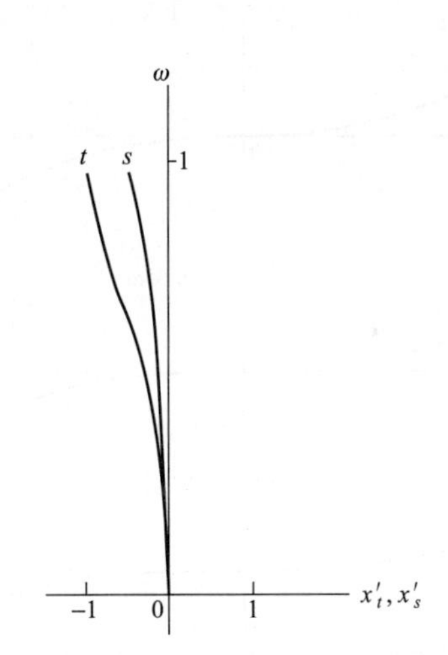

图 1－28　细光束像散曲线

畸变和垂轴色差代表了主光线的像差，再加上细光束像散曲线就表示了主光线周围细光束（也就是核心光束）部分的像差。但是实际成像光束必须有一定大小，否则成像太暗。成像光束有一定宽度，就会有宽光束像差。

5. 轴外点子午球差和子午彗差曲线

上面所讨论的像差都只与孔径或视场中的一个量有关，而轴外点的宽光束像差则与孔径和视场两个量都有关。图 1－29 和图 1－30 画出 3 个孔径（$1h$，$0.707\ 1h$，$0.5h$）的轴外点子午球差 $\delta L'_T$ 和子午彗差 K'_T 的曲线。

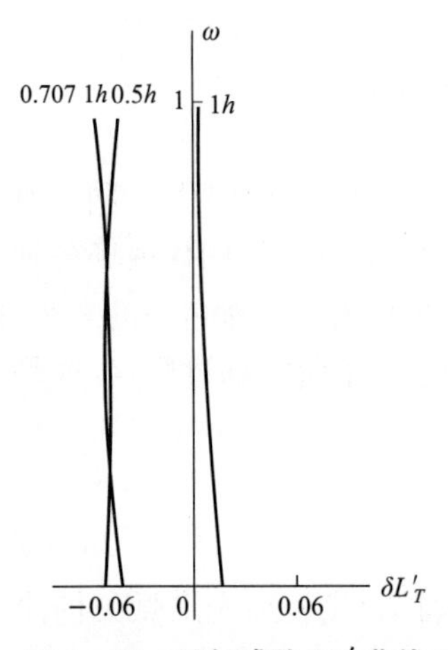

图1-29　子午球差 $\delta L'_T$ 曲线

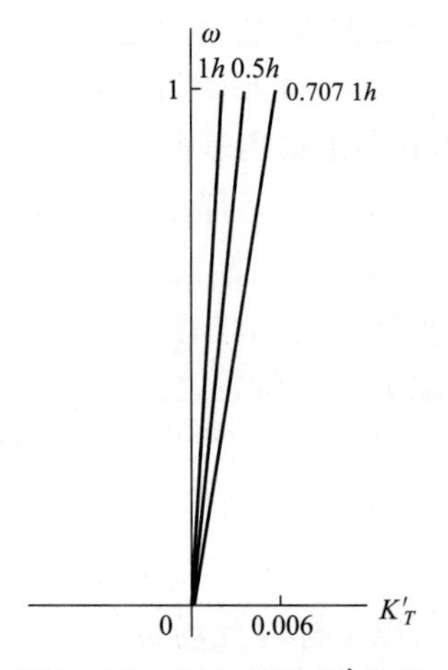

图1-30　子午彗差 K'_T 曲线

纵坐标代表视场 ω，横坐标代表 $\delta L'_T$ 和 K'_T。1.7节的输出数据中只给出了 1ω，0.85ω，$0.707\ 1\omega$，0.5ω 和 0.3ω 五个视场的 $\delta L'_T$ 和 K'_T，没有给出0视场的 $\delta L'_T$ 和 K'_T，那么曲线和横坐标应交于何处呢？当视场为0时，不同孔径光线的子午和弧矢彗差都为0，子午球差就是轴上点相应孔径高度处的球差。因此图1-30中各孔径的 K'_T 曲线应过原点0，而图1-29中各孔径的 $\delta L'_T$ 曲线与横坐标的交点应分别等于各自的轴上点相应孔径的球差值。

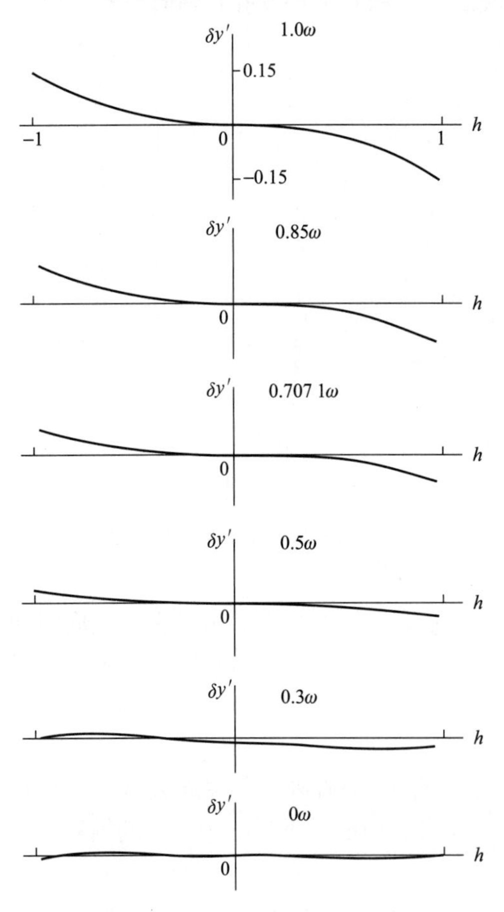

图1-31　子午垂轴像差曲线

在图1-29中，3条 $\delta L'_T$ 曲线基本平行，几乎与横坐标垂直，说明子午球差随视场变化不大。而3条曲线在轴向方向上的距离较大，也就是随孔径 h 的不同，子午球差变化比较大，这正是因为视场小、相对孔径较大的原因。3条 K'_T 曲线近似为直线，只是斜率不同，说明当视场不太大时，子午彗差与视场成一次方的关系。

6. 子午垂轴像差曲线

前面曾经指出，垂轴像差可以全面地反映系统的成像质量。我们把子午垂轴像差按不同视场、不同孔径作成曲线，即为光学设计中常用的子午垂轴像差曲线。如图1-31所示，从上到下按归化视场 1.0ω，0.85ω，$0.707\ 1\omega$，0.5ω，0.3ω 和 0ω 画出了6条曲线。每条曲线中，横坐标表示孔径 h，取相对口径 $\pm1.0h$，$\pm0.85h$，$\pm0.707\ 1h$，$\pm0.5h$，$\pm0.3h$ 和 $0h$；纵坐标表示子午垂轴像差 $\delta y'$。如果计算了其他2种色光的像差，则有3条曲线，分别代表3种颜色光线D，F和C的 $\delta y'$。

子午垂轴像差曲线在纵坐标上对应的区间表示了子午光束在理想像平面上的最大弥散范围，显然弥散范围越小越好。没有像差的理想曲线应该是一条与横坐标重合的直线。但是，仅有最大弥散范围还不足以全面反映系统的成像质量，还要看光能是否集中。如图 1-32 所示，两个图形曲线的最大弥散范围基本是一样的，但图 1-32(b)中光能均匀分布在像面上，而图 1-32(a)中绝大多数光能都集中在一起，只有少量光线离散较大。所以，虽然两个图形的最大弥散范围一样，但图 1-32(a)却比图 1-32(b)成像质量好，甚至即使图 1-32(a)的最大弥散范围再大些，成像质量仍比图 1-32(b)好。

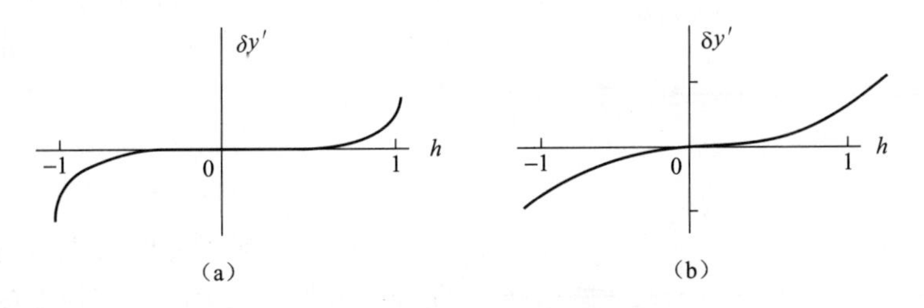

图 1-32　垂轴像差弥散范围

(a) 光能较为集中；(b) 光能较为分散

从图 1-31 中不同视场对应的像差曲线可看出子午垂轴像差随视场变化的规律。不同颜色曲线与纵坐标交点位置之差，表示垂轴色差的大小。当 $h=0$ 时的光线代表主光线，不同色光主光线在理想像平面上的交点高度之差即为垂轴色差 $\delta y'_{FC}=\delta y'_F-\delta y'_C$。

单项几何像差和垂轴像差都能表示系统的成像质量。子午光束具有 3 种几何像差：X'_T，x'_t 和 K'_T。子午垂轴像差曲线和这 3 种子午像差都表示子午光束的成像质量，只不过各自的表现形式不同，因此它们之间必然有一定的联系。也就是说，子午垂轴像差曲线的形状是由子午像差 X'_T，x'_t 和 K'_T 决定的。由子午垂轴像差曲线可以确定出 X'_T，x'_t 和 K'_T 的大小，反过来也可以由 X'_t，x'_t 和 K'_T 大致想像出垂轴像差曲线的形状。它们之间存在以下关系。

如图 1-33 所示，将子午光线对 a，b 连成一条直线，该直线的斜率与宽光束子午场曲 X'_T 成比例。当孔径改变时，连线的斜率也变化，表示 X'_T 随口径变化的规律。当 $h\rightarrow 0$ 时，连线斜率便成了过 0 点的切线斜率，这时 $X'_T\rightarrow x'_t$，所以在原点处的切线斜率正比于细光束子午场曲 x'_t。我们知道子午球差 $\delta L'_T=X'_T-x'_t$，所以子午光线对连线斜率与过原点处切线斜率的夹角正比于宽光束子午球差。显然夹角越大，子午球差越大。某对子午光线对连线和纵坐标的交点 D 到原点的距离，就是该口径对应的子午彗差 K'_T，交点高度越高，K'_T 越大。

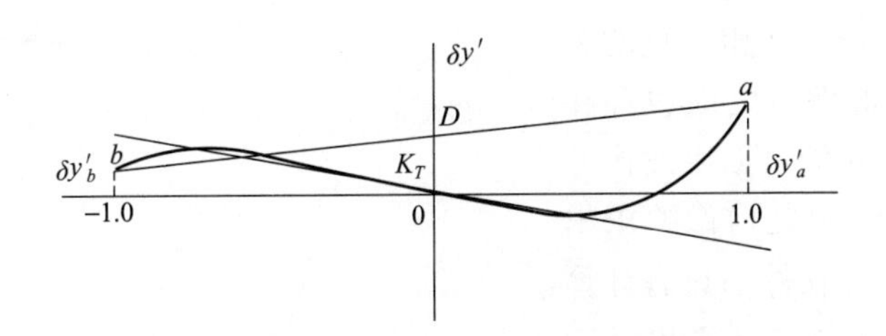

图 1-33　子午垂轴像差与几何像差的关系

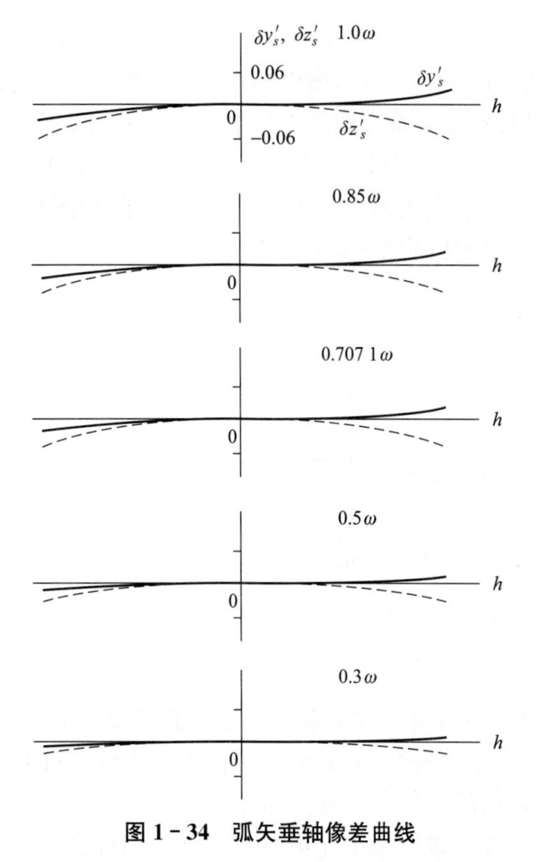

图1-34 弧矢垂轴像差曲线

7. 弧矢垂轴像差曲线

同样,弧矢垂轴像差可以全面地反映弧矢光束在理想像平面上的弥散情况。如图1-34所示,横坐标代表口径,纵坐标代表$\delta y'$,$\delta z'$,共作出了5个视场(1.0ω,0.85ω,$0.707\,1\omega$,0.5ω,0.3ω)的曲线。前面说过,由于弧矢光束对子午面对称,只需计算前半部$+h$。但为了清楚起见,还是把后半部$-h$也画上。前后两半部$\delta y'$,$\delta z'$的弧矢光线对的$\delta y'$,$\delta z'$有如下关系:

$$\delta y_{+h}=\delta y_{-h}$$
$$\delta z_{+h}=-\delta z_{-h}$$

与子午垂轴像差曲线类似,弧矢垂轴像差曲线和弧矢宽光束的几何像差的关系,与子午垂轴像差曲线和宽光束子午几何像差的关系是一样的。

上面讨论的像差曲线是经常用到的。在实际设计中,并不是所有的曲线都要画出,系统的光学特性要求不同,需要画出的曲线也不同,应根据情况灵活掌握。

1.9 用波像差评价光学系统的成像质量

前面介绍的是用几何像差作为评价光学系统成像质量的指标,几何像差的优点是计算简单,意义直观。现在介绍另一种用于评价光学系统质量的指标——波像差。

如果光学系统成像质量理想,则各种几何像差都等于零,由同一物点发出的全部光线均聚交于理想像点。根据光线和波面之间的对应关系,光线是波面的法线,波面是垂直于光线的曲面。因此在理想成像的情况下,对应的波面应该是一个以理想像点为中心的球面。如果光学系统成像不符合理想,存在几何像差,则对应的实际波面也不再是以理想像点为中心的球面,而是一个一定形状的曲面。我们把实际波面和理想波面之间的光程差作为衡量该像点质量的指标,称为波像差,如图1-35所示。

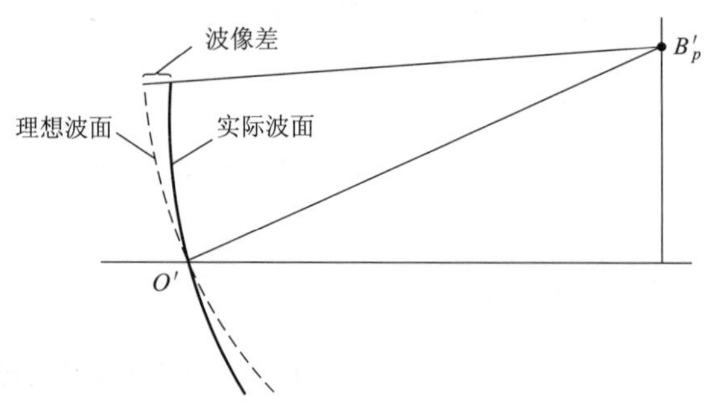

图1-35 波像差示意图

由于波面和光线存在互相垂直的关系,因此几何像差和波像差之间也存在着一定的对应关系。我们可以由波像差求出几何像差,也可以由几何像差求出波像差。一般光学设计软件都具有计算波像差的功能,可以方便地计算出已知光学系统的波像差。对像差比较小的光学系统,波像差比几何像差更能反映系统的成像质量。一般认为,如果最大波像差小于 1/4 波长,则实际光学系统的质量与理想光学系统没有显著差别,这是长期以来评价高质量光学系统的一个经验标准,称为瑞利标准。

在实际应用中,一般把主光线和像平面的交点作为理想球面波的球心,并使实际波面和理想波面在出瞳坐标原点重合,即出瞳坐标原点的波像差为零。

为了更确切地评价系统的质量,只根据整个波面上的最大波像差值是不够的,还必须知道瞳面内的波像差分布,了解不同波像差对应的波面面积。因此在有些光学设计软件中,需要输出波面的等高线图,或者整个波面的三维立体图,或打印出整个瞳面内的波像差分布值。

上述波像差显然只反映单色像点的成像清晰度,它不能反映成像的变形——畸变。如果要校正像的变形,仍利用前面的几何像差畸变进行校正。

对色差则采用不同颜色光的波面之间的光程差表示,称为波色差,用符号 W_c 表示。显然轴上点的 W_c 代表几何像差中的轴向色差,而轴外点的 W_c 则既有轴向色差也有垂轴色差。

1.10　光学传递函数

在现代光学设计中,光学传递函数是目前已被公认的最能充分反映系统实际成像质量的评价指标。它不仅能全面、定量地反映光学系统的衍射和像差所引起的综合效应,而且可以根据光学系统的结构参数直接计算出来。这就意味着在设计阶段就可以准确地预计到制造出来的光学系统的成像质量,如果成像质量不好就可以反复修改甚至重新设计,直到满足成像质量为止,这无疑会极大地提高成像质量、缩短研制设计周期、降低成本和减少人力、物力的浪费。

一个光学系统成像,就是把物平面上的光强度分布图形转换成像平面上的光强度分布图形。利用傅里叶分析的方法可以对这种转换关系进行研究,它把光学系统的作用看作是一个空间频率的滤波器,进而引出了光学传递函数的概念。这种分析方法是建立在光学系统成像符合线性和空间不变性这两个基本观念上的,所以首先引入线性和空间不变性的概念。

1. 线性和空间不变性

设光学系统的物平面上的强度分布函数是 $\delta_i(x)$,相应地在像平面上就会产生一个强度分布 $\delta_i'(x')$

$$\delta_i(x)\rightarrow\delta_i'(x')$$

如果此系统成像符合以下关系:

$$\sum a_i\delta_i(x)\rightarrow\sum a_i\delta'_i(x')$$

式中,a_i 为任意常数,这样的系统就称为线性系统。如果将物和像分别作为光学系统的输入和输出,则一般来说,在非相干光照明条件下,光学系统对光强分布而言是一线性系统。

所谓空间不变性就是系统的成像性质不随物平面上物点的位置不同而改变,物平面上图形移动一个距离,像平面上的图形也只是相应地移动一个距离,而图形本身不变。设

$$\delta_i(x)\rightarrow\delta_i'(x')$$

如果系统满足空间不变性,则以下关系成立:

$$\delta_i(x-x_0)\rightarrow\delta_i'(x'-x_0')$$

式中,$x_0'=\beta x_0$,β 为系统的垂轴放大率。通常把 β 归化等于 1,这个假定不会影响讨论的实质。

同时满足上面两个条件的系统称为空间不变线性系统。实际上,只有理想光学系统才能

满足线性空间不变性的要求。而实际的成像系统,由于像差的大小与物点的位置有关,一般不具有严格的空间不变性。但是,对于大多数成像质量良好的光学系统来说,成像质量即像差随物高的变化比较缓慢,在一定的范围内可以看作是空间不变的。如果系统使用非相干光照明,则系统也近似为一线性系统。因此,总是假定光学系统都符合线性和空间不变性,这是光学传递函数理论的基础。

空间不变线性系统的成像性质可以表述为:如果系统符合线性,就可以把物平面上任意的复杂强度分布分解成简单的强度分布,把这些简单的强度分布图形分别通过系统成像。因为系统符合线性,把它们在像平面上产生的强度分布合成以后就可以得到复杂图形所成的像。也就是说,系统的线性保证了物像的可分解性和可合成性。在傅里叶光学中,把任意的强度分布函数,分解为无数个不同频率、不同振幅、不同初位相的余弦函数,这些余弦函数称为余弦基元。这种分解的运算就是傅里叶变换。

设物平面图形的强度分布函数为 $I(y,z)$,则 $\widetilde{I}(\mu,v)$ 为把 $I(y,z)$ 分解成余弦基元后,不同空间频率的余弦基元的振幅和初位相

$$\widetilde{I}(\mu,v)=\iint I(y,z)\mathrm{e}^{-\mathrm{i}2\pi(\mu y+vz)}\mathrm{d}y\mathrm{d}z \tag{1-34}$$

在数学上 $\widetilde{I}(\mu,v)$ 称为 $I(y,z)$ 的傅里叶变换,在信息理论中,$\widetilde{I}(\mu,v)$ 称为 $I(y,z)$ 的频谱函数。原则上,知道了 $I(y,z)$ 就可以求出它的频谱函数 $\widetilde{I}(\mu,v)$;反过来,如果我们知道了一个图形的频谱函数也就可以把那些由频谱函数确定的余弦基元合成,得出物平面的强度分布 $I(y,z)$

$$I(y,z)=\iint \widetilde{I}(\mu,v)\mathrm{e}^{\mathrm{i}2\pi(\mu y+vz)}\mathrm{d}\mu\mathrm{d}v \tag{1-35}$$

这就是根据线性导出的系统的成像性质。

若把 $\mathrm{e}^{\mathrm{i}2\pi(\mu y+vz)}$ 称为一个频率为 (μ,v) 的余弦基元,则由上面知道物分布可以看作是大量余弦基元的线性组合,相应地对于像光强分布 $I'(y',z')$ 同样有

$$\widetilde{I}'(\mu,v)=\iint I'(y',z')\mathrm{e}^{-\mathrm{i}2\pi(\mu y'+vz')}\mathrm{d}y'\mathrm{d}z' \tag{1-36}$$

$$I'(y',z')=\iint \widetilde{I}'(\mu,v)\mathrm{e}^{\mathrm{i}2\pi(\mu y'+vz')}\mathrm{d}\mu\mathrm{d}v \tag{1-37}$$

从上面的分析知道,如果系统满足空间不变性,则一个物平面上的余弦分布,通过系统以后在像平面上仍然是一个余弦分布,只是它的空间频率、振幅和初位相会发生变化。空间频率的变化,实际上就代表物、像平面之间的垂轴放大率,关系比较简单。前面已经假定把它归一化成1,这样物像平面之间的空间频率不变,而只是振幅和位相发生变化。

2. 光学传递函数的定义及求法

(1) 光学传递函数的定义

现在假设余弦基元 $\delta(y)=\mathrm{e}^{\mathrm{i}2\pi\mu y}$ 对应的像分布为 $\delta'(y')$

$$\delta(y)=\mathrm{e}^{\mathrm{i}2\pi\mu y}\rightarrow\delta'(y')$$

可以推导出

$$\delta'(y')=\frac{1}{\mathrm{i}2\pi\mu}\cdot\frac{\mathrm{d}\delta'(y')}{\mathrm{d}y'} \tag{1-38}$$

并可解出

$$\delta'(y')=\mathrm{OTF}(\mu)\mathrm{e}^{\mathrm{i}2\pi\mu y'} \tag{1-39}$$

式中，$\mathrm{OTF}(\mu)$是与 y'无关的复常数，由光学系统的成像性质决定。上面是按一维形式得出的，对于二维形式，有

$$\delta'(y',z')=\mathrm{OTF}(\mu,v)\mathrm{e}^{\mathrm{i}2\pi(\mu y'+vz')} \tag{1-40}$$

由上面讨论的空间不变线性系统的成像性质，可以用物、像平面上不同频率对应的余弦基元的振幅比和位相差来表示。前者称为振幅传递函数，用 $\mathrm{MTF}(\mu,v)$表示；后者称为位相传递函数，用 $\mathrm{PTF}(\mu,v)$表示。二者统称为光学传递函数，用 $\mathrm{OTF}(\mu,v)$表示，它们之间的关系可以用复数的形式表示如下：

$$\mathrm{OTF}(\mu,v)=\mathrm{MTF}(\mu,v)\mathrm{e}^{\mathrm{iPTF}(\mu,v)} \tag{1-41}$$

这样，根据系统的叠加性质，物分布中任一频率成分 $\widetilde{I}(\mu,v)$的像$\widetilde{I'}(\mu,v)$应该为

$$\widetilde{I'}(\mu,v)=\mathrm{OTF}(\mu,v)\widetilde{I}(\mu,v) \tag{1-42}$$

或者

$$\mathrm{OTF}(\mu,v)=\frac{\widetilde{I'}(\mu,v)}{\widetilde{I}(\mu,v)} \tag{1-43}$$

可见 $\mathrm{OTF}(\mu,v)$表示了系统对任意频率成分$\widetilde{I}(\mu,v)$的传递性质，因此如果一个光学系统的光学传递函数已知，就可以根据式(1-42)由物平面的频率函数$\widetilde{I}(\mu,v)$求出像平面的频率函数$\widetilde{I'}(\mu,v)$，也就可以求出像平面的强度分布函数 $I'(y',z')$。

显然，一个理想的光学系统应该满足 $\mathrm{OTF}(\mu,v)\equiv1$。所以根据 $\mathrm{OTF}(\mu,v)$的值就可以说明光学系统成像质量的优劣。

(2) 两次傅里叶变换法

假设某一理想发光点所对应的像分布为 $P(y,z)$，$P(y,z)$也称为点扩散函数，若系统符合线性空间不变性质，则余弦基元 $\delta(y,z)=\mathrm{e}^{\mathrm{i}2\pi(\mu y+vz)}$所对应的像分布为

$$\begin{aligned}\delta'(y',z')&=\iint\mathrm{e}^{\mathrm{i}2\pi(\mu y+vz)}P(y'-y,z'-z)\mathrm{d}y\mathrm{d}z\\&=\iint\mathrm{e}^{\mathrm{i}2\pi[\mu(y'-y)+v(z'-z)]}P(y,z)\mathrm{d}y\mathrm{d}z\\&=\mathrm{e}^{\mathrm{i}2\pi(\mu y'+vz')}\iint P(y,z)\mathrm{e}^{-\mathrm{i}2\pi(\mu y+vz)}\mathrm{d}y\mathrm{d}z\end{aligned} \tag{1-44}$$

对比式(1-40)，有

$$\mathrm{OTF}(\mu,v)=\iint P(y,z)\mathrm{e}^{-\mathrm{i}2\pi(\mu y+vz)}\mathrm{d}y\mathrm{d}z \tag{1-45}$$

因此，光学传递函数 $\mathrm{OTF}(\mu,v)$也可以定义为点扩散函数的傅里叶变换。为了计算光学传递函数，必须根据光学系统的结构参数计算出点扩散函数，为此首先引出光瞳函数的概念。由单色点光源发出的球面波经光学系统后在出瞳处的复振幅分布称为光学系统的光瞳函数，可表示为

$$g(Y,Z)=\begin{cases}A(Y,Z)\mathrm{e}^{\mathrm{i}\frac{2\pi}{\lambda}W(Y,Z)}, & \text{在出瞳处}\\0, & \text{在出瞳外}\end{cases} \tag{1-46}$$

式中,Y,Z 为出瞳面坐标,$A(Y,Z)$为点光源发出的光波在出瞳面的振幅分布,$W(Y,Z)$为系统对此单色光波引入的波像差。假设出瞳面光能分布均匀,则 $A(Y,Z)\equiv$常数,为了方便规定 $A(Y,Z)\equiv 1$。可以推导出,在一定的近似条件下,点扩散函数可由光瞳函数的傅里叶变换的模平方求得

$$P(y',z')=\left|\iint g(Y,Z)\mathrm{e}^{-\mathrm{i}\frac{2\pi}{\lambda R}(Y\cdot y',Z\cdot z')}\mathrm{d}Y\mathrm{d}Z\right|^2 \tag{1-47}$$

式中,R 为参考球面的半径。这样,光学传递函数的计算只需首先计算出光瞳函数,然后根据式(1-47)和式(1-45)进行两次傅里叶变换,就可以得到各频率(μ,v)下的光学传递函数值,这就是计算光学传递函数的两次傅里叶变换法。

(3) 自相关法

将式(1-47)代入式(1-45),可直接由光瞳函数求得光学传递函数

$$\mathrm{OTF}(\mu,v)=\iint_{YZ}g(Y,Z)\cdot g^*(Y+\lambda R\mu,Z+\lambda Rv)\mathrm{d}Y\mathrm{d}Z \tag{1-48}$$

式中,$g^*(Y+\lambda R\mu,Z+\lambda Rv)$表示 $g(Y,Z)$的共轭。由上式,对光瞳函数直接进行自相关积分,也可得光学传递函数,这种计算方法即为计算光学传递函数的自相关法。

3. 光学传递函数的计算

(1) 两次傅里叶变换法光学传递函数的计算

由上面的讨论知道,子午传递函数 $\mathrm{OTF}_t(\mu)$和弧矢传递函数 $\mathrm{OTF}_s(v)$分别为

$$\mathrm{OTF}_t(\mu)=\mathrm{OTF}(\mu,0) \tag{1-49}$$

$$\mathrm{OTF}_s(v)=\mathrm{OTF}(0,v) \tag{1-50}$$

则由式(1-45)有

$$\begin{aligned}\mathrm{OTF}_t(\mu)&=\int\left[\int I(y',z')\mathrm{d}z'\right]\mathrm{e}^{-\mathrm{i}2\pi\mu y'}\mathrm{d}y'\\&=\int I_t(y')\mathrm{e}^{-\mathrm{i}2\pi\mu y'}\mathrm{d}y'\end{aligned} \tag{1-51}$$

同理

$$\begin{aligned}\mathrm{OTF}_s(v)&=\int\left[\int I(y',z')\mathrm{d}y'\right]\mathrm{e}^{-\mathrm{i}2\pi vz'}\mathrm{d}z'\\&=\int I_s(z')\mathrm{e}^{-\mathrm{i}2\pi vz'}\mathrm{d}z'\end{aligned} \tag{1-52}$$

式中,

$$I_t(y')=\int I(y',z')\mathrm{d}z' \tag{1-53}$$

$$I_s(z')=\int I(y',z')\mathrm{d}y' \tag{1-54}$$

分别称为子午线扩散函数和弧矢线扩散函数。在实际计算中,它们不必由上式求出,而可以直接由光瞳函数求出。线扩散函数与光瞳函数的关系为

$$I_t(y')=\lambda R\int\left|\int g(Y,Z)\mathrm{e}^{-\mathrm{i}\frac{2\pi}{\lambda R}Yy'}\mathrm{d}Y\right|^2\mathrm{d}Z \tag{1-55}$$

$$I_s(z')=\lambda R\int\left|\int g(Y,Z)\mathrm{e}^{-\mathrm{i}\frac{2\pi}{\lambda R}Zz'}\mathrm{d}Z\right|^2\mathrm{d}Y \tag{1-56}$$

这样,用两次傅里叶变换法计算光学传递函数的基本步骤如下:计算光学系统的波像差

$W(Y,Z)$，并确定光瞳函数的有效范围，即确定所选定的出瞳的形状，构造光瞳函数 $g(Y,Z)$，当然，这里假定 $A(Y,Z)\equiv 1$；对光瞳函数 $g(Y,Z)$ 按式(1-55)和式(1-56)进行傅里叶变换及积分运算，分别得到子午线扩散函数 $I_t(y')$ 及弧矢线扩散函数 $I_s(z')$。分别对 $I_t(y')$ 和 $I_s(z')$ 作傅里叶变换，即可得到子午和弧矢光学传递函数 $\mathrm{OTF}_t(\mu)$ 和 $\mathrm{OTF}_s(v)$。实际上，上面三点可以归结为：求波像差、确定光束截面内通光域、确定傅里叶变换算法。下面分别介绍。

① 利用样条函数插值计算波像差。前面已经讨论过了，无论是采用自相关法还是采用两次傅里叶变换法计算光学传递函数，都要首先计算光学系统的光瞳函数 $g(Y,Z)$。已经假定光束的通光面内振幅均匀分布，即 $A(Y,Z)\equiv 1$。这样，光瞳函数 $g(Y,Z)$ 的计算实际上变为波差函数 $W(Y,Z)$ 的计算及对实际光瞳函数的积分域(即所谓的光瞳边界)的确定。要提高光学传递函数的计算精度，首先要提高波差的计算精度，并精确地确定光束的通光区域。

通过在积分域内逐点计算均匀分布的各点对应的波像差值可以计算出整个系统的波像差，但计算量太大。通常采用的方法是在光瞳函数积分面内计算若干条抽样光线的波像差，然后用一个波像差逼近函数去拟合，再利用此逼近函数计算出积分面内所需求和点的波像差值。在波像差插值计算中，幂级数多项式是比较早且常用的波像差插值函数。为了提高波像差的插值精度，应该增加抽样光线的数量并提高多项式的次数，但高次多项式插值具有数值不稳定性，且插值过程不一定收敛。一般可以采用最小二乘法来确定用于波像差插值的幂级数多项式，但当次数增大时，用于求解其系数的法方程组的系数矩阵往往趋于病态，而且即使在插值节点处也仍然存在误差。为此，人们尝试进行改进，如利用切比雪夫多项式和泽尼克多项式等。由于它们基底的正交性，使得多项式求解的法方程组的条件得到改善，从而提高了波像差插值的精度。利用样条函数插值计算波像差也是一种很好的方法，通常采用的是三次样条函数作为波像差插值函数。有关利用样条函数计算波像差的具体问题请参考有关书籍。

② 确定光束截面内通光域。由于光阑彗差及拦光的影响，使得轴外视场的光束截面形状变得非常复杂。而通光域边界的计算精确与否，将直接影响到传递函数值的计算精度。为了提高光学传递函数的计算精度，有必要精确地确定出射光束截面内的通光域，也就是光瞳函数的积分域。对此，人们做过大量的工作，提出的很多方法大多是确定少量边界点，然后用近似曲线来拟合积分域的边界，例如 W. B. King 提出的椭圆近似法及投影光瞳法。另外，还有分段二次插值法、最小二乘曲线拟合法等。在国内的程序中，采用确定较多的通光域的边界点，然后直接用折线拟合边界。

③ 利用快速傅里叶变换法计算光学传递函数。利用常规的数值积分技术，用自相关法比用两次傅里叶变换法要快得多。自从 Cooley-Tukey 提出了傅里叶变换的快速计算方法(简称快速傅里叶变换，F、F、T)，则改变了这种状况。将快速傅里叶变换用于两次傅里叶变换法，通常只需自相关法所用时间的 1/5，使得两次傅里叶变换法计算光学传递函数变得实用化。根据前面的讨论，两次傅里叶变换法计算光学传递函数时，第一次傅里叶变换首先由瞳函数求出子午和弧矢的线扩散函数，第二次傅里叶变换由线扩散函数求出子午和弧矢的光学传递函数。在计算机上进行傅里叶变换的过程请参考有关书籍。

(2) 自相关法光学传递函数的计算

由前面的讨论知，子午传递函数 $\mathrm{OTF}_t(\mu)$ 和弧矢传递函数 $\mathrm{OTF}_s(v)$ 分别为

$$\mathrm{OTF}_t(\mu)=\frac{1}{S}\iint_A \mathrm{e}^{\mathrm{i}\frac{2\pi}{\lambda}\left[W\left(Y+\frac{1}{2}\lambda\mu R,Z\right)-W\left(Y-\frac{1}{2}\lambda\mu R,Z\right)\right]}\,\mathrm{d}Y\mathrm{d}Z \tag{1-57}$$

$$\mathrm{OTF}_s(\mu)=\frac{1}{S}\iint_A \mathrm{e}^{\mathrm{i}\frac{2\pi}{\lambda}\left[W\left(Y,Z+\frac{1}{2}\lambda\mu R\right)-W\left(Y,Z-\frac{1}{2}\lambda\mu R\right)\right]}\mathrm{d}Y\mathrm{d}Z \tag{1-58}$$

式(1-57)的积分域A如图1-36(a)所示,式(1-58)的积分域A如图1-36(b)所示。

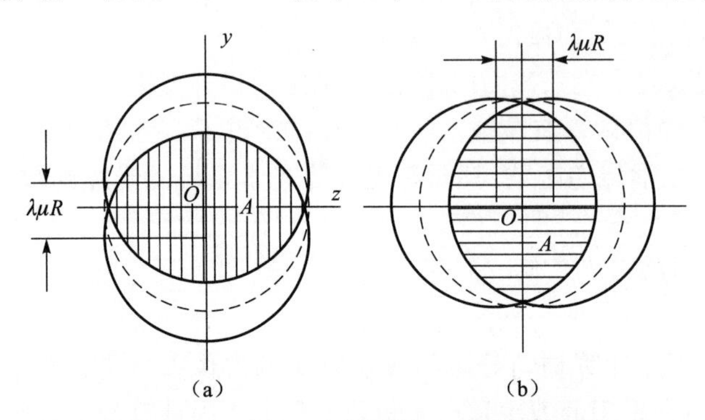

图1-36　式(1-57)和式(1-58)的积分域

自相关法光学传递函数的计算程序大体上可以分为以下三个部分。

① 计算实际出瞳的形状。实际光学系统中,轴外点的出瞳形状是比较复杂的,一般由两个或三个圆弧相交而成。光瞳形状可以用椭圆近似,也可以用阵列或者其他方法表示,但这些方法都比椭圆近似复杂得多,使用较少。

② 计算波像差函数。波像差通常采用多项式的形式,由于共轴系统的对称性,波像差的幂级数展开式中应不出现Z的奇次项,级数中的各项应由(Y^2+Z^2)和Y来构成,我们取初级、二级和三级共14种像差,加上常数项共有15项,它们的具体形式为

$$\begin{aligned}W=&A_{00}+A_{10}(Y^2+Z^2)+A_{01}Y+A_{20}(Y^2+Z^2)^2+A_{11}(Y^2+Z^2)Y+A_{02}(Y^2+Z^2)Y^2+\\&A_{30}(Y^2+Z^2)^3+A_{21}(Y^2+Z^2)^2Y+A_{12}(Y^2+Z^2)Y^2+A_{03}Y^3+A_{40}(Y^2+Z^2)^4+\\&A_{31}(Y^2+Z^2)^3Y+A_{22}(Y^2+Z^2)^3Y^2+A_{13}(Y^2+Z^2)Y^3+A_{04}Y^4\end{aligned} \tag{1-59}$$

实际光瞳的中心光线和像面的交点作为参考球面波的球心,参考球面波的半径等于像距L'。为了确定上述多项式中的15个系数,可采用计算抽样光线的方法,再利用最小二乘法求解,就可以确定波差多项式中的15个系数。有了15个系数,波差函数$W(Y,Z)$就完全决定了。

③ 在出瞳归化成单位圆时的传递函数计算公式。在计算波差函数时,把出瞳面上的坐标归化为单位圆,相当于前面传递函数计算公式中的瞳面坐标都除以实际出瞳半径h_{m},同时,为了书写简化,设

$$f=\frac{\lambda\mu R}{h_{\mathrm{m}}},k=\frac{2\pi}{\lambda}$$

将其代入式(1-57)和式(1-58)以后,得到出瞳并归一化成单位圆的公式如下:

$$\mathrm{OTF}_t(f)=\frac{1}{s}\iint_A \mathrm{e}^{\mathrm{i}k\left[W\left(Y+\frac{f}{2},Z\right)-W\left(Y-\frac{f}{2},Z\right)\right]}\mathrm{d}Y\mathrm{d}Z \tag{1-60}$$

$$\mathrm{OTF}_s(f)=\frac{1}{s}\iint_A \mathrm{e}^{\mathrm{i}k\left[W\left(Y,Z+\frac{f}{2}\right)-W\left(Y,Z-\frac{f}{2}\right)\right]}\mathrm{d}Y\mathrm{d}Z \tag{1-61}$$

由于采用了椭圆近似,并把椭圆归化成为单位圆,因此无论是轴上或轴外点,积分区域永远为两个圆的相交部分。

对于弧矢传递函数来说，计算公式为

$$\mathrm{OTF}_s(f)=\frac{2}{s}\iint\limits_{\frac{A}{2}}\cos K\left[W\left(Y,Z+\frac{f}{2}\right)-W\left(Y,Z-\frac{f}{2}\right)\right]\mathrm{d}Y\mathrm{d}Z \tag{1-62}$$

同样，也有

$$\mathrm{OTF}_t(f)=\frac{2}{s}\iint\limits_{\frac{A}{2}}\mathrm{e}^{\mathrm{i}K\left[W\left(Y+\frac{f}{2},Z\right)-W\left(Y-\frac{f}{2},Z\right)\right]}\mathrm{d}Y\mathrm{d}Z \tag{1-63}$$

1.11　点列图

按照几何光学的观点，由一个物点发出的所有光线通过一个理想光学系统以后，将会聚交在像面上一点，即这个物点的像点。而对于实际的光学系统，由于存在像差，一个物点发出的所有光线通过这个光学系统以后，其与像面交点不再是一个点，而是一弥散的散斑，称为点列图。点列图中点的分布可以近似地代表像点的能量分布，利用这些点的密集程度能够衡量系统成像质量的好坏，如图 1－37 所示。

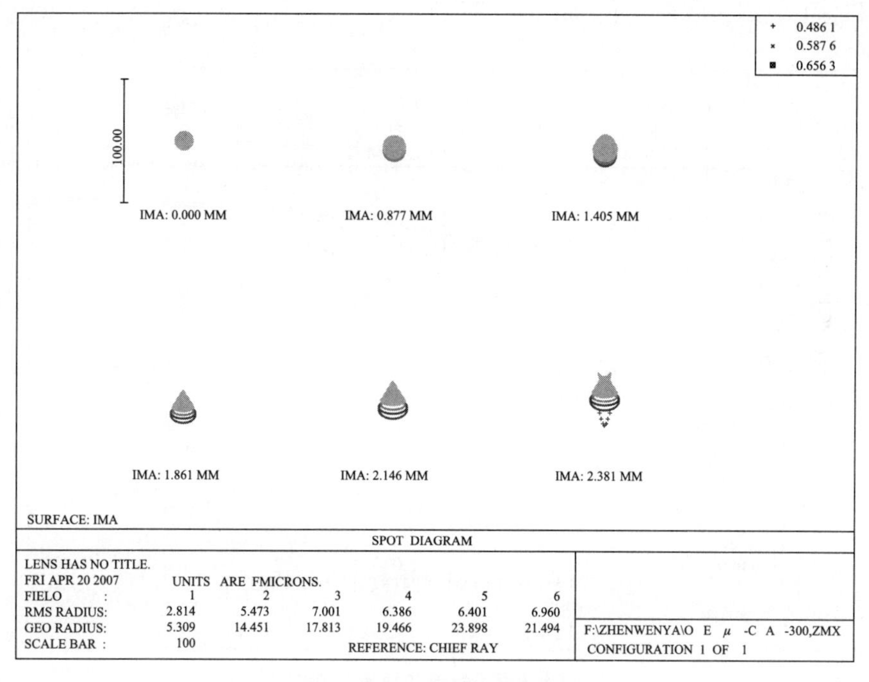

图 1－37　点列图示意图

点列图是一个物点发出的所有光线通过这个光学系统以后与像面交点的弥散图形，因此，计算多少抽样光线以及计算哪些抽样光线是需要首先确定的问题。通常可以参考光线作为中心，在径向方向等间距的圆周上均匀抽取光线。参考光线就是以此光线作为起始点，即零像差点。参考光线可以选取主光线，也可以选取抽样光线分布的中心，或者取 x 和 y 方向最大像差的平均点。

点列图原则上适用于大像差系统范围，显然追迹光线越多，越能精确反映像面上的光强分布,结果越接近实际情况,点列图的计算就越精确,当然计算的时间就越多。

点列图的分布密集状态可以用两个量来表示,一个是几何最大半径值,另一个是均方根半径值。几何最大半径值是参考光线点到最远光线交点的距离,换句话说,几何最大半径就是以参考光线点为中心,包含所有光线的最大圆的半径。很显然,几何最大半径值只是反映像差的最大值,并不能真实反映光能的集中程度。均方根则是每条光线交点与参考光线点的距离的平方,除以光线条数后再开方。均方根半径值反映了光能的集中程度,与几何最大半径值相比,更能反映系统的成像质量。

点列图适合用于大像差系统时的像质评价,光学设计软件例如 Zemax 中,可以同时显示出艾里斑的大小,艾里斑的半径等于 $1.22\lambda F$,其中字母 F 为系统的 F 数。如果点列图的半径接近或小于艾里斑半径,则系统接近衍射极限。此时采用波像差或光学传递函数来表示系统成像质量更为合适。

1.12 包围圆能量

包围圆能量以像面上主光线或中心光线为中心,以离开此点的距离为半径作圆,以落入此圆的能量和总能量的比值来表示,如图 1-38 所示。

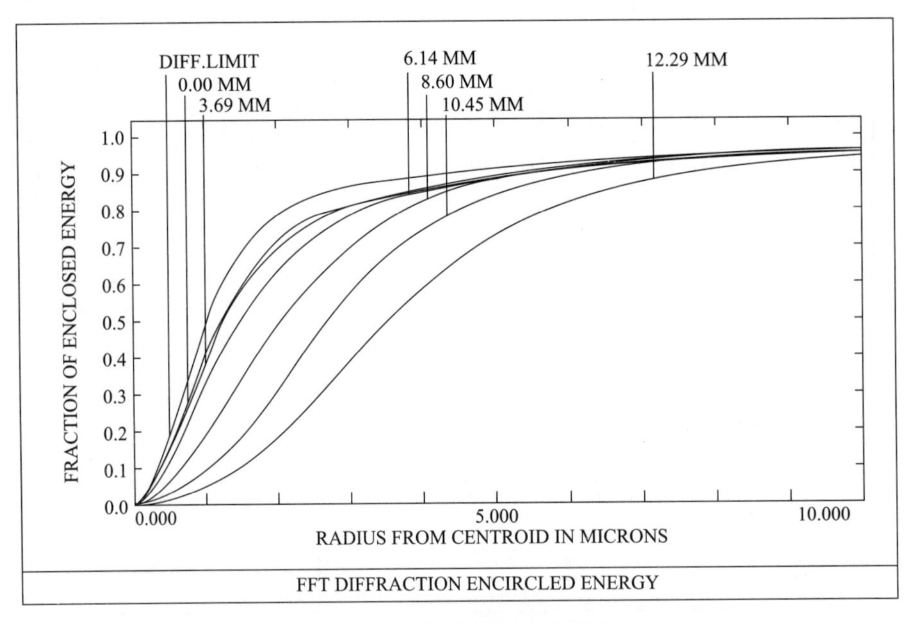

图 1-38 包围圆能量示意图

与点列图计算一样,追迹的光线越多,越能精确反映像面上的包围圆的能量分布,结果越接近实际情况,包围圆的计算就越精确。

第2章
光学自动设计原理和程序

2.1 概述

随着科学技术的飞速发展，光学系统设计在近50年的发展过程中，经历了由人工计算像差、人工修改结构参数进行设计到使用电子计算机和光学自动设计程序进行设计的巨大飞跃。目前，计算机辅助设计CAD在现代光学系统设计中应用已相当普遍，人们已经研制出功能比较完善的光学设计CAD软件。利用光学设计CAD软件，不仅节省了大批劳动力，缩短了设计周期，同时也有可能设计出质量更高、结构更简单的新型现代光学系统。

在第1章中我们介绍了对光学系统两方面的要求，即对光学特性和成像质量的要求，并具体介绍了用哪些参数来表示这些要求；同时也介绍了光学系统结构参数的表示方法。设计一个光学系统就是在满足系统全部要求的前提下，确定系统的结构参数。

在光学自动设计中，我们把对系统的全部要求，根据它们和结构参数的关系不同重新划分成两大类。

第一类是不随系统结构参数改变的常数，如物距L、孔径高H或孔径角正弦$\sin U$、视场角ω或物高y、入瞳或孔径光阑的位置，以及轴外光束的渐晕系数K^+、K^-等。在计算和校正光学系统像差的过程中这些参数永远保持不变，它们是和自变量(结构参数)无关的常量。

第二类是随结构参数改变的参数。它们包括代表系统成像质量的各种几何像差或波像差，同时也包括某些近轴光学特性参数，如焦距f'、放大率β、像距l'、出瞳距l'_z等。为了简单起见，今后我们把第二类参数统称为像差，用符号$F_1,\cdots,F_m$代表。系统的结构参数用符号$x_1,\cdots,x_n$代表。两者之间的函数关系可用下列形式表示：

$$\begin{aligned} f_1(x_1,\cdots,x_n)&=F_1 \\ &\vdots \\ f_m(x_1,\cdots,x_n)&=F_m \end{aligned} \tag{2-1}$$

式中，$f_1,\cdots,f_m$分别代表像差$F_1,\cdots,F_m$与自变量$x_1,\cdots,x_n$之间的函数关系。式(2-1)是一个十分复杂的非线性方程组，称为像差方程组。

光学设计问题从数学角度来看，就是建立和求解这个像差方程组的问题。也就是根据系统要求的像差值$F_1,\cdots,F_m$，从上述方程组中找出解$x_1,\cdots,x_n$，它就是我们要求的结构参数。但是实际问题十分复杂，首先是找不出函数的具体形式$f_1,\cdots,f_n$，当然更谈不上如何求解这个方程组了。我们只能在给出系统结构参数和前面的第一类光学特性常数的条件下，用数值计算的方法求出对应的函数值$F_1,\cdots,F_m$。以前的光学设计方法就是首先选定一个原始系统作为设计的出发点,该系统的全部结构参数均已确定,按要求的光学特性,计算出系统的各个像差值。如果像差不满足要求,则依靠设计者的经验和像差理论知识,对系统的部分结构参数进行修改,然后重新计算像差,这样不断反复,直到像差值 $F_1,\cdots,F_m$ 符合要求为止。因此设计一个比较复杂的光学系统往往需要很长的时间。

电子计算机出现以后,立即被引入光学设计领域,用它来进行像差计算,大大提高了计算像差的速度。但是结构参数如何修改,仍然要依靠设计人员来确定。随着计算机计算速度的提高,计算像差所需的时间越来越少。而分析计算结果和决定下一步如何修改结构参数成了光学设计者面临的主要问题。因此人们很自然会想到能否让计算机既计算像差,又能代替人自动修改结构参数呢? 由此引出了光学自动设计。

要利用计算机来自动修改结构参数,找出符合要求的解,关键的问题还是要给出像差和结构参数之间的函数关系。但是我们找不出像差和结构参数之间的具体函数形式。在这种情况下,工程数学中最常用的一种方法就是把函数表示成自变量的幂级数,根据需要和可能,选到一定的幂次,然后通过实验或数值计算的方法,求出若干抽样点的函数值,列出足够数量的方程式,求解出幂级数的系数,这样,函数的幂级数形式即可确定。最简单的情形是只选取幂级数的一次项,即把像差和结构参数之间的函数关系,近似用下列线性方程式来代替:

$$F=F_0+\frac{\partial f}{\partial x_1}(x_1-x_{01})+\cdots+\frac{\partial f}{\partial x_n}(x_n-x_{0n}) \tag{2-2}$$

式中,F_0 为原始系统的像差值;$(x_{01},\cdots,x_{0n})$ 为原始系统的结构参数;F 为像差的目标值;$\left(\frac{\partial f}{\partial x_1},\cdots,\frac{\partial f}{\partial x_n}\right)$ 为像差对各个自变量的一阶偏导数。

但是问题还没有解决,因为式(2-2)中的偏导数 $\left(\frac{\partial f}{\partial x_1},\cdots,\frac{\partial f}{\partial x_n}\right)$ 仍然是未知数,必须首先确定这些参数。求这些偏导数的方法是通过像差计算求出函数值对各个结构参数的差商 $\left(\frac{\delta f}{\delta x_1},\cdots,\frac{\delta f}{\delta x_n}\right)$,用差商来近似地代替这些偏导数。具体的步骤是把原始系统的某个结构参数改变一个微小增量 δx,使 $x=x_0+\delta x$,重新计算像差值得到相应的像差增量 $\delta f=F-F_0$。用像差对该自变量的差商 $\frac{\delta f}{\delta x}$ 代替微商 $\frac{\partial f}{\partial x}$。对每个自变量重复上述计算,就可以得到各种像差对各个自变量的全部偏导数。利用这些近似的偏导数值就能列出一个像差和自变量之间的近似的线性方程组

$$\begin{gathered}
F_1=F_{01}+\frac{\delta f_1}{\delta x_1}\Delta x_1+\cdots+\frac{\delta f_1}{\delta x_n}\Delta x_n \\
\vdots \\
F_m=F_{0m}+\frac{\delta f_m}{\delta x_1}\Delta x_m+\cdots+\frac{\delta f_m}{\delta x_n}\Delta x_n
\end{gathered} \tag{2-3}$$

式(2-3)称为像差线性方程组,用它来近似代替像差方程组(2-1)。这就是光学自动设计的基本出发点。

为了简单,我们用矩阵形式来表示上述方程组,设

$$\boldsymbol{\Delta x}=\begin{pmatrix}\Delta x_1\\ \vdots \\ \Delta x_n\end{pmatrix}=\begin{pmatrix}x_0-x_{01}\\ \vdots \\ x_n-x_{0n}\end{pmatrix},\boldsymbol{\Delta F}=\begin{pmatrix}\Delta F_1\\ \vdots \\ \Delta F_m\end{pmatrix}=\begin{pmatrix}F_1-F_{01}\\ \vdots \\ F_m-F_{0m}\end{pmatrix}$$

$$\mathbf{A}=\begin{pmatrix}\frac{\delta f_1}{\delta x_1}\cdots\frac{\delta f_1}{\delta x_n}\\ \vdots \\ \frac{\delta f_m}{\delta x_1}\cdots\frac{\delta f_m}{\delta x_n}\end{pmatrix}$$

这样像差线性方程组的矩阵形式为

$$\boldsymbol{A\Delta x}=\boldsymbol{\Delta F} \tag{2-4}$$

求解上述线性方程组，得到一组解 $\boldsymbol{\Delta x}$，然后用一个小于 1 的常数 p 乘 $\boldsymbol{\Delta x}$ 得到

$$\boldsymbol{\Delta x}_p=\boldsymbol{\Delta x}\cdot p$$

按 $\boldsymbol{\Delta x}_{\mathrm{p}}$ 对原系统进行修改，当 p 足够小时，总可以获得一个比原系统有所改善的新系统。因为当 p 足够小时，像差线性方程组能近似反映系统的像差性质。把新得到的系统作为新的原始系统，重新建立像差线性方程组进行求解。这样不断重复，直到各种像差符合要求为止。这就是目前绝大多数光学自动设计程序所采用的主要数学过程。

上述像差自动校正过程中最基本的原理，第一是线性近似，即用像差线性方程组代替实际的非线性像差方程组，用差商代替微商；第二是逐次渐近。线性近似只能在原始系统周围较小的自变量空间中才有意义，因此只能用逐次渐近的办法，使系统逐步改善。上述方法的另一个重要特点是必须首先给出一个原始系统，才可能在自变量空间的原始出发点处，用数值计算的方法建立近似的像差线性方程组，再按前面所述过程求解，使系统逐步得到改善。这样做实际上只能在原始系统的附近找出一个较好的解，而这个解不一定能满足要求，而且很可能不是系统的最好的解。

现在的各种光学自动设计方法只是求解像差线性方程组的方法不同，以及限制解向量大小的方法不同而已，它们的基本出发点都是相同的。正因为如此，光学自动设计并不是万能的，有它本身的缺陷和局限性。但是它和人工修改结构参数比较，已经前进了一大步。

2.2　阻尼最小二乘法光学自动设计程序

上节我们描述了光学自动设计的主要过程，当给出某个要求设计的光学系统的光学特性和像差要求之后，再选择一个适当的原始系统，用光路计算的方法，建立像差和结构参数之间近似的线性方程组

$$\boldsymbol{A\Delta x}=\boldsymbol{\Delta F}\quad \text{或者}\quad \boldsymbol{A\Delta x}-\boldsymbol{\Delta F}=\boldsymbol{0}$$

接着就要对上述方程组求解。线性方程组的求解似乎是一个简单的数学问题。但是实际并不简单，首先这个方程组中方程式的个数（像差数）m 和自变量的个数（可变的结构参数的个数）n 并不一定相等，有可能 $m>n$，也可能 $m\leqslant n$。求解这样方程组的问题，成了优化数学的问题。下面分别就这两种不同的情形，讨论方程组的求解问题。

当像差数 m 大于自变量数 n 时，式(2-4)是一个超定方程组，它不存在满足所有方程式的准确解，只能求它的近似解——最小二乘解。下面先介绍最小二乘解的定义。

首先定义一个函数组 $\varphi(\varphi_1,\cdots,\varphi_m)$，它们的意义如以下公式所示：

$$\varphi_1=\frac{\delta f_1}{\delta x_1}\Delta x_1+\cdots+\frac{\delta f_1}{\delta x_n}\Delta x_n-\Delta F_1$$
$$\vdots$$
$$\varphi_m=\frac{\delta f_m}{\delta x_1}\Delta x_1+\cdots+\frac{\delta f_m}{\delta x_n}\Delta x_n-\Delta F_m$$

$\varphi_1,\cdots,\varphi_m$ 称为“像差残量”，写成矩阵形式为

$$\boldsymbol{\varphi}=\boldsymbol{A}\boldsymbol{\Delta x}-\boldsymbol{\Delta F}$$

取各像差残量的平方和构成另一个函数 $\Phi(\boldsymbol{\Delta x})$

$$\Phi(\boldsymbol{\Delta x})=\boldsymbol{\varphi}^{\mathrm{T}}\boldsymbol{\varphi}=\sum_{i=1}^{m}\varphi_i^2$$

$\Phi(\boldsymbol{\Delta x})$在光学自动设计中称为“评价函数”，能够使 $\Phi(\boldsymbol{\Delta x})=0$ 的解(即$\varphi_1=\cdots=\varphi_m=0$)，就是像差线性方程组的准确解。当 $m>n$ 时，它实际上是不存在的。我们改为求 $\Phi(\boldsymbol{\Delta x})$的极小值解，作为式(2-4)的近似解，称为像差线性方程组的最小二乘解。因为评价函数 $\Phi(\boldsymbol{\Delta x})$越小，像差残量越小，越接近我们的要求。将 φ 代入评价函数得

$$\min\Phi(\boldsymbol{\Delta x})=\min\sum_{i=1}^{m}\varphi_i^2=\min[(\boldsymbol{A}\boldsymbol{\Delta x}-\boldsymbol{\Delta F})^{\mathrm{T}}(\boldsymbol{A}\boldsymbol{\Delta x}-\boldsymbol{\Delta F})]$$

根据多元函数的极值理论，$\Phi(\boldsymbol{\Delta x})$取得极小值解的必要条件是一价偏导数等于零，即

$$\Phi(\boldsymbol{\Delta x})=0 \tag{2-5}$$

这是一个新的线性方程组，它的方程式的个数和自变量的个数都等于 n。这个方程组称为最小二乘法的法方程组。下面我们运用矩阵运算和求导规则求解式(2-5)。有关矩阵运算和求导规则可参考本章末的附录。

$$\begin{aligned}\Phi(\boldsymbol{\Delta x})&=(\boldsymbol{A}\boldsymbol{\Delta x}-\boldsymbol{\Delta F})^{\mathrm{T}}(\boldsymbol{A}\boldsymbol{\Delta x}-\boldsymbol{\Delta F})\\&=[(\boldsymbol{A}\boldsymbol{\Delta x})^{\mathrm{T}}-\boldsymbol{\Delta F}^{\mathrm{T}}](\boldsymbol{A}\boldsymbol{\Delta x}-\boldsymbol{\Delta F})\\&=(\boldsymbol{\Delta x}^{\mathrm{T}}\boldsymbol{A}^{\mathrm{T}}-\boldsymbol{\Delta F}^{\mathrm{T}})(\boldsymbol{A}\boldsymbol{\Delta x}-\boldsymbol{\Delta F})\\&=\boldsymbol{\Delta x}^{\mathrm{T}}\boldsymbol{A}^{\mathrm{T}}\boldsymbol{A}\boldsymbol{\Delta x}-\boldsymbol{\Delta F}^{T}\boldsymbol{A}\boldsymbol{\Delta x}-\boldsymbol{\Delta x}^{\mathrm{T}}\boldsymbol{A}^{\mathrm{T}}\boldsymbol{\Delta F}+\boldsymbol{\Delta F}^{\mathrm{T}}\boldsymbol{\Delta F}\end{aligned}$$

运用矩阵求导规则求 $\Phi(\boldsymbol{\Delta x})$的一阶偏导数

$$\Phi(\boldsymbol{\Delta x})=2\boldsymbol{A}^{\mathrm{T}}\boldsymbol{A}\boldsymbol{\Delta x}-\boldsymbol{A}^{\mathrm{T}}\boldsymbol{\Delta F}-\boldsymbol{A}^{\mathrm{T}}\boldsymbol{\Delta F}=2(\boldsymbol{A}^{\mathrm{T}}\boldsymbol{A}\boldsymbol{\Delta x}-\boldsymbol{A}^{\mathrm{T}}\boldsymbol{\Delta F})=0$$

即

$$\boldsymbol{A}^{\mathrm{T}}\boldsymbol{A}\boldsymbol{\Delta x}-\boldsymbol{A}^{\mathrm{T}}\boldsymbol{\Delta F}=0 \tag{2-6}$$

上式即为有 n 个方程式 n 个自变量的最小二乘法的法方程组。只要方阵 $\boldsymbol{A}^{\mathrm{T}}\boldsymbol{A}$ 为非奇异矩阵，即它的行列式值不等于零，则逆矩阵$(\boldsymbol{A}^{\mathrm{T}}\boldsymbol{A})^{-1}$存在，式(2-6)有解，解的公式为

$$\boldsymbol{\Delta x}=(\boldsymbol{A}^{\mathrm{T}}\boldsymbol{A})^{-1}\boldsymbol{A}^{\mathrm{T}}\boldsymbol{\Delta F} \tag{2-7}$$

它就是评价函数中$(\boldsymbol{\Delta x})$的极小值解，也就是像差线性方程组(2-4)的最小二乘解。这种求超定方程组最小二乘解的方法称为最小二乘法。

要使$(\boldsymbol{A}^{\mathrm{T}}\boldsymbol{A})$非奇异，则要求式(2-4)的系数矩阵 $\boldsymbol{A}$ 不产生列相关，即像差线性方程组中不存在自变量相关。

在光学设计中，由于像差和结构参数之间的关系是非线性的。同时，在比较复杂的光学系统中作为自变量的结构参数很多，很可能在若干自变量之间出现近似相关的现象。这就使矩阵$(\boldsymbol{A}^{\mathrm{T}}\boldsymbol{A})$的行列值接近于零，$(\boldsymbol{A}^{\mathrm{T}}\boldsymbol{A})$接近奇异，按最小二乘法求出的解很大，大大超出了近似线性的区域，用它对系统进行修改，往往不能保证评价函数 $\Phi(\boldsymbol{\Delta x})$的下降，因此必须对解向量

的模进行限制。我们改为求下列函数的极小值解：

$$L=\Phi(\boldsymbol{\Delta x})+p\sum_{i}^{n}\Delta x_i^2$$

这样做的目的是，既要求评价函数 $\Phi(\boldsymbol{\Delta x})$ 下降，又希望解向量的模 $\sum_{i}^{n}\Delta x_i^2=\boldsymbol{\Delta x}^{\mathrm{T}}\boldsymbol{\Delta x}$ 不要太大。经过这样改进的最小二乘法，称为阻尼最小二乘法，常数 p 称为阻尼因子。上述函数 L 的极小值解的必要条件为

$$L=2\boldsymbol{A}^{\mathrm{T}}\boldsymbol{A}\boldsymbol{\Delta x}-2\boldsymbol{A}^{\mathrm{T}}\boldsymbol{\Delta F}-2p\boldsymbol{\Delta x}=0$$

或者

$$(\boldsymbol{A}^{\mathrm{T}}\boldsymbol{A}+p\boldsymbol{I})\boldsymbol{\Delta x}=\boldsymbol{A}^{\mathrm{T}}\boldsymbol{\Delta F} \tag{2-8}$$

上式为阻尼最小二乘法的法方程组。式中，$\boldsymbol{I}$ 为单位矩阵；p 为阻尼因子。解的公式为

$$\boldsymbol{\Delta x}=(\boldsymbol{A}^{\mathrm{T}}\boldsymbol{A}+p\boldsymbol{I})^{-1}\boldsymbol{A}^{\mathrm{T}}\boldsymbol{\Delta F} \tag{2-9}$$

以上公式中的逆矩阵 $(\boldsymbol{A}^{\mathrm{T}}\boldsymbol{A}+p\boldsymbol{I})^{-1}$ 永远存在。在像差线性方程组确定后，即 $\boldsymbol{A}$ 和 $\boldsymbol{\Delta F}$ 确定后，给定一个 p 值就可以求出一个解向量 $\boldsymbol{\Delta x}$。p 值越大，$\boldsymbol{\Delta x}$ 的模越小，像差和结构参数之间越接近线性，越有可能使 $\Phi(\boldsymbol{\Delta x})$ 下降。但是 $\boldsymbol{\Delta x}$ 太小，系统改变不大，$\Phi(\boldsymbol{\Delta x})$ 下降的幅度越小。因此必须优选一个 p 值，使 $\Phi(\boldsymbol{\Delta x})$ 达到最大的下降。具体的做法是，给出一组 p 值，分别求出相应的解向量 $\boldsymbol{\Delta x}$，用它们分别对系统结构参数进行修改以后，用光路计算的方法求出它们的实际像差值，并计算出相应的评价函数值 $\Phi=\sum_{i}^{m}\Delta F_i^2$，式中 ΔF_i 为系统实际像差和目标值的差，即实际的像差残量。比较这些 Φ 值的大小，选择一个使 Φ 达到最小的 p 值，获得一个新的比原始系统评价函数有所下降的新系统。然后把这个新系统作为新的原始系统，重新建立像差线性方程组，这样不断重复，直到评价函数 $\Phi(\boldsymbol{\Delta x})$ 不再下降为止。采用上述求解方法的光学自动设计方法称为"阻尼最小二乘法"。

阻尼最小二乘法最显著的特点是，它不直接求解像差线性方程组，而把各种像差残量的平方和构成一个评价函数 Φ。通过求评价函数的极小值解，使像差残量逐步减小，达到校正像差的目的。它对参加校正的像差数 m 没有限制，而且主要适用于 m 大于自变量数 n 的情形。在增加了阻尼项以后虽然也可以用于 $m\leqslant n$ 的情形，但仍然不能求得像差线性方程组的准确解。

要构成一个实用的光学自动设计程序，除了选定所用的数学方法而外，还有一系列问题需要解决。下面介绍北京理工大学光电工程系研制的SOD88软件的阻尼最小二乘法程序。

1. 像差参数的选定

必须先选定作为评价系统成像质量的像差参数，才有可能用数值计算的方法建立像差线性方程组，构成阻尼最小二乘法的评价函数。阻尼最小二乘法对像差参数的数量没有限制，因此在程序中可预先安排一组固定的像差参数，使用者不必考虑确定像差参数的问题。在SOD88软件的阻尼最小二乘法程序中，采用垂轴几何像差或波像差作为单色像差的质量指标，色差则用近似计算的波色差来控制。程序把被校正的光学系统按视场和孔径大小不同分成四类，对不同类别的系统规定了不同数量的像差。

(1) 第一类系统：一般光学系统

这类系统指视场和相对孔径都不大的系统，程序中规定除了计算轴上点的像差外，还计算

0.7 视场和 1.0 视场两个轴外像点的像差。轴上点计算子午面内 1.0 和 0.7 孔径的两条光线如图 2-1(a)所示。每个轴外点计算 8 条光线,它们在光瞳内的分布如图 2-1(b)所示。

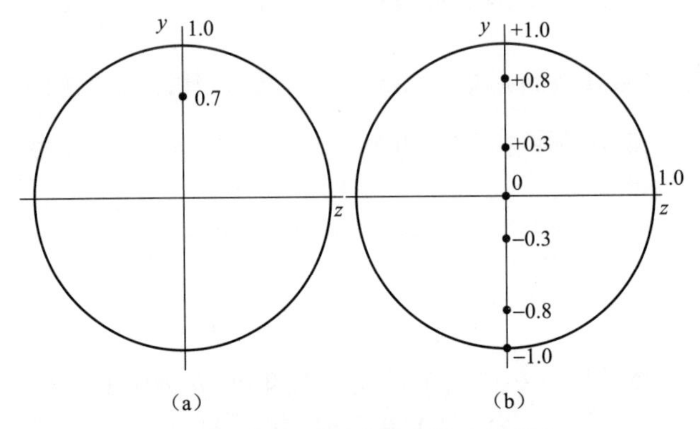

图 2-1 一般系统光瞳内的光线分布

每个轴外像点计算 8 条光线,两个视场计算 16 条光线,加上轴上像点的两条光线共 18 条光线。每条子午光线有一个几何像差和一个波色差,每条弧矢光线有两个几何像差和一个波色差。构成评价函数的像差共有 36 个,因为主光线只有一个几何像差——畸变,没有波色差。

(2) 第二类系统:大视场系统

这类系统相对孔径不大,但视场较大,为了更真实地反映整个视场内的成像质量,除轴上点外计算四个轴外像点,它们是 0.5,0.7,0.85,1.0 视场。每个像点计算的光线数和第一类系统相同。有两条轴上光线和 32 条轴外光线,共计 34 条光线。评价函数由 68 个像差构成。

(3) 第三类系统:大孔径系统

这类系统相对孔径较大,而视场不大。程序只计算轴上点和 0.7,1.0 视场两个轴外点。但对轴上点计算 4 条子午光线,如图 2-2(a)所示;对每个轴外点计算 11 条光线,如图 2-2(b)所示。共计算 4 条轴上光线,22 条轴外光线。有 58 个像差构成评价函数。

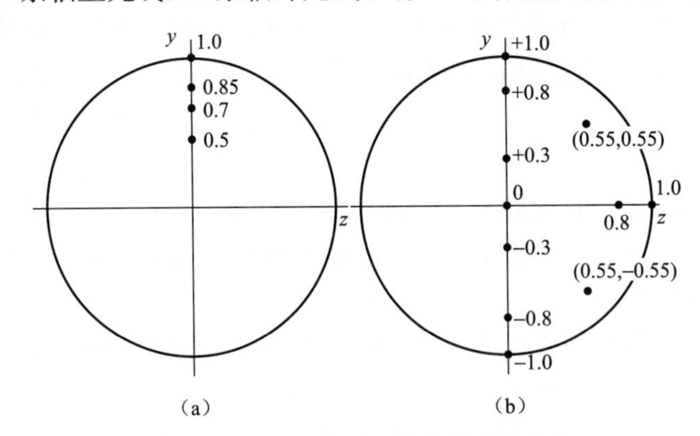

图 2-2 大孔径系统光瞳内的光线分布

(4) 第四类系统:大视场大孔径系统

这类系统视场和相对孔径都比较大。程序计算轴上点和 0.5,0.7,0.85,1.0 视场四个轴外点,对轴上点计算 4 条光线,每个轴外点计算 11 条光线,共 44 条轴外光线。评价函数由 108 个像差构成。

对轴外光束来说，允许有渐晕，本程序要求设计者给出 1.0 视场和 0.7 视场子午面内上、下光的渐晕系数。对大视场系统，其他两个视场的渐晕系数由给定的两视场的渐晕系数用线性插值的方法确定。对有渐晕的光束用椭圆近似的方法确定通光面积。抽样光线在子午和弧矢方向上的相对分布位置不变。椭圆近似的具体方法和 1.2 节中所述的完全相同。

使用本程序进行设计，只要选定系统的类型，参与校正的像差就确定了。上面所说的只是控制系统成像质量的像差，在 2.1 节中我们说过，除了像差以外，还有某些与结构参数有关的近轴参数和几何参数也需要参加校正，它们和像差一样进入评价函数。在我们的阻尼最小二乘法程序中，共有 10 个这样的参数：

① 焦距：f'。

② 垂轴放大率：β。

③ 共轭距：L_{conj}（物、像平面间的距离）。

④ 像距：l'。

⑤ 系统总长：OL（第一面到像面的距离）。

⑥ 镜筒长：TL（第一面到最后一面的距离）。

⑦ 玻璃总厚度最大值：GL_{max}。

⑧ 出瞳距：L'_{zm}。

⑨ 全视场主光线在出瞳面的投射高：H'_{stop}。

⑩ 最大离焦量：$\Delta L'_{max}$。

这 10 个参数中究竟哪些参与校正，必须由设计者根据具体的设计要求进行选择；另外，对每个参与校正的参数还必须给出它们要求的目标值，而不同于像差那样，目标值永远等于零。

2. 权因子

阻尼最小二乘法取各种像差残量 φ 的平方和构成评价函数 Φ，通过 Φ 的下降，使各种像差逐渐减小或向目标值靠近。但最终都不可能使 $\Phi=0$，只能达到某个极小值。此时各种像差残量在数值上应趋向一致。因为这对评价函数的下降是最为有利的。但是，对实际光学系统来说，我们并不希望各种像差在数值上都趋于相等，而是希望它们之间在数值上达到合理的匹配。例如，一般希望视场中心的像质好一些，轴上点的像差应该小一些。另外，不同种类的像差对成像质量的影响差别很大，如波色差或波像差达到 0.001 mm，就能对成像质量产生很大影响；而垂轴几何像差达到 0.01 mm，对成像质量可能影响很小；而近轴参数如焦距误差在 1 mm 以内就可能符合要求。为了使这些不同的像差达到合理匹配，我们把各种像差值乘以不同的系数，再进入评价函数，即

$$\Phi=\sum_{i=1}^{m}(\mu_i\varphi_i)^2$$

式中，μ_i 称为权因子。权因子增大，对应的像差在评价函数中的比重增加，评价函数 Φ 下降时将优先将这种像差减小。因此如果我们希望某种像差数值减小，就给它一个较大的权因子。当然权因子的大小是各种像差相对而言的，不能只看它们的绝对数值。

在程序中对参与校正的各种像差（包括近轴参数和几何参数）都根据一般情况给出一组固定的权因子，使各种像差达到基本匹配。但是随着系统要求不同，像差之间的匹配不可能完全符合设计要求，为此在程序中还增加了一个人工权因子 μ_p，即

$$\Phi=\sum_{i=1}^{m}(\mu_i\mu_p\varphi_i)^2 \tag{2-10}$$

设计者可以在程序中给出的固定权因子基础上，通过改变人工权因子 μ_p，达到改变总的权因子的目的，如果将人工权因子 μ_p 都取作 1，则相当于不使用人工权因子。

3. 边界条件

实际光学系统除了光学特性和成像质量的要求外，为了使系统能实际制造出来，对结构参数还有一些具体的限制。如为了保证加工精度在要求的通光口径内，正透镜的边缘厚度或负透镜的中心厚度不能小于一定的数值；透镜之间的空气间隔不能为负值。这类限制我们称之为边界条件。在阻尼最小二乘法程序中共有以下 3 种边界条件：

① 正透镜的最小边缘厚度、负透镜的最小中心厚度和透镜间的最小空气间隔 $d_{\min}$。

② 每个面上光线的最大投射高 $H_{\max}$。

③ 玻璃光学常数的限制。

在光学自动设计中，如果把玻璃材料作为自变量加入校正，则每种玻璃有两个自变量：一个是中心波长光线的折射率 n，另一个是色散 δ_n(两消色差光线的折射率差)。玻璃光学常数作为自变量参加校正时，都作为连续变量，因此校正得到的结果是理想的折射率和色散，还必须用相近的实际玻璃来代替。但是现有光学玻璃的 n 和 δ_n 有一定的范围限制，如果我们把现有光学玻璃的光学常数表示在一个以折射率 n 和色散 δ_n 为坐标的图上，如图 2-3 所示，则现有玻璃大体分布在一个三角形内。因此在校正过程中，必须把自变量 n 和 δ_n 限制在这三个角形内。这个玻璃三角形就是光学常数的边界。为了简化输入数据，程序中预先给出了一个玻璃三角形，这个三角形的三个顶点是由 QK1，LaK3，ZF7 三种实际玻璃构成的，而且分别按 C—F 消色差和 C—g 消色差两种情况给出了三角形三个顶点的坐标：(n_1, δ_{n1})；(n_2, δ_{n2})；(n_3, δ_{n3})，设计者只要选定其中的一种即可。如果光学系统的工作波长与消色差谱线不属于上面给定的两种情况，或者允许使用的玻璃光学常数的范围扩大或缩小，这时设计者可根据实际情况，自行给出三个顶点的坐标，三个顶点的顺序按 n，δ_n 递增的顺序排列。

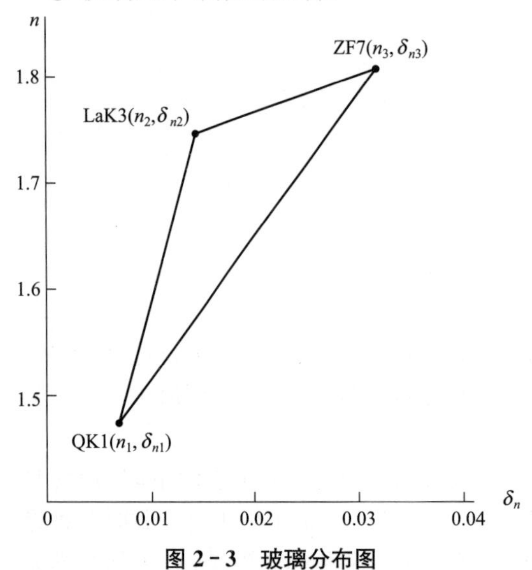

图 2-3 玻璃分布图

在阻尼最小二乘法程序中，对边界条件的处理方法是把它们和像差一样对待。当某个参数违背边界条件时，把它的违背量作为一种像差进入评价函数求解，当然也要给它适当的权因子，这些在程序中都是预先安排好的。使用者只需要确定加入哪些边界条件以及这些边界条件的有关参数即可。

4. 自变量

原则上，光学系统的全部结构参数都可以作为自变量加入校正，而且自变量越多，像差可能校正得越好。但是在实际设计中，有些自变量可能对像差影响很小，把它加入校正不仅对校正像差好处不大，反而可能给系统带来某些缺陷，如某些对像差很不敏感的透镜厚度或间隔，把它们加入校正，反而可能使这些透镜变得太厚或者系统长度过大。因此让哪些结构参数作为自变量加入校正，必须由设计者根据系统的具体情况来选定。根据不同情况，自变量可以分成以下几种形式。

（1）单个结构参数作为自变量

系统中每个结构参数都可以作为独立的自变量参加校正，如各个面的曲率、透镜的厚度、空气间隔、每种光学材料的折射率和色散、每个非球面的非球面系数等。

（2）由两个结构参数构成的结组变量

这类变量主要在设计对称式系统或折反射系统时使用，如对称式目镜，为了保持两胶合透镜组的对称，我们要求在校正像差过程中对应的曲率大小相等、符号相反，而要求对应的厚度大小相等、符号相同。所谓一对结组参数，指两个参数在改变过程中保持大小相等、符号相同或大小相等、符号相反。

（3）组合变量

属于这类变量有两种：第一种是保持系统的薄透镜光焦度不变，在两个指定的曲面之间交换光焦度，这两个曲面的曲率变化 Δc_1 和 Δc_2 之间符合以下关系：

$$\Delta c_1(n-n')_1=-\Delta c_2(n-n')_2$$

式中，$(n-n')_1$ 和$(n-n')_2$ 为这两个面前后的折射率差。一般都是在两个和空气接触的面之间交换光焦度。

第二种组合变量是保持薄透镜光焦度不变的条件下，连续地对若干个曲面的曲率改变相同的增量 Δc，称为透镜弯曲。

2.3　光学自动设计的全局优化

光学自动设计的优化结果往往不是最好的结果，换句话说，这个结果可能只是一个局部的极小值，而不是全局的最小值，这个问题在阻尼最小二乘法程序中是一个非常难于解决的问题。解决这个问题的方法是研究全局优化，即在自动设计中加入新的机制，使其能够自动跳出局部极小，继续在解空间的其他部分寻找更佳的结构。下面介绍国外和国内研究的思路及研究方法。

1. 模拟退火法

模拟退火法(Simulated Annealing)的思路来源于热力学与统计物理学中在给定温度的平衡状态下求物质的能态分布问题。由热力学与统计物理学知道，晶体的原子排列有序，处于一种稳定的晶格结构，这种晶格使它们的能态最低。如果将晶体加热，使其熔化，这样有序就被破坏，原子处于无规则的自由碰撞之中。然后缓慢降温。当温度较高时，原子有着足够的能量运动，重新组合分配，甚至可能出现一些能态偶尔上升的情况。这就是说，物质有可能跳出某些局部的低能态，而最终得到全局的最低能量状态。而当温度接近绝对零度时，原子基本上失去了运动及重组的能力。于是，整个晶体就被“冻结”了。这就是退火的物理过程，降温越慢，就越容易找到最低能态的最好结构。

设 $S=\{S_1,\cdots,S_n\}$为所有可能的组合或状态所构成的集合，$G:S\to R$ 为非负目标函数，即 $G(S_i)\geqslant 0$ 反映取状态 S_i 为解的评价函数，则组合优化问题可形式化地表述为寻找 $S^*\in S$，使

$$G(S^*)=\min G(S_i),\forall S_i\in S$$

模拟退火算法的基本思想为:把每种组合状态 S_i 看成某一物质体系的微观状态。而 $G(S_i)$看成该物质体系在状态 S_i 下的内能,并用控制参数 T 类比温度。让 T 从一个足够高的值慢慢下降,对每个 T,用 Metropolis 抽样法在计算机上模拟该体系在此 T 下的热平衡态,即对当前状态 S 在随机扰动下产生一个新状态 S',计算增量 $\Delta G'=G(S')-G(S)$,并以概率 $e^{-\Delta G/kT}$ 接受 S'作为新的当前状态。当重复如此随机扰动足够次数后,状态 S_i 出现为当前状态的概率将服从 Boltzmann 分布,即

$$f=Z(T)e^{-G(S_i)/kT} \tag{2-11}$$

式中,

$$Z(T)=\frac{1}{\sum_i e^{-G(S_i)/kT}} \tag{2-12}$$

式中,k 为玻耳兹曼常数。

简单地说,模拟退火算法中心思想就是:当迭代优化算法陷入某一局部极值时,给自变量一个随机扰动,使得有可能从此局部极值中跳出来。此时自变量向量具有固定大小,但其方向可以任意随机变化,由此可以引起评价函数的上升或下降。其算法为:

① “熔化”系统,即释放所有可改变的自变量,指定初始温度 T_0。

② 计算此时的能量,即 $E_0=f(x)$。

③ 扰动系统,给出 x 的增量 Δx,计算新的能量 E 和 $\Delta E=E-E_0$。

④ 如果 $\Delta E<0$,则接受该变化,转步骤⑥。

如果 $\Delta E>0$,则计算可能性 P,然后转步骤⑤。

$$P=e^{-\frac{\Delta E}{T}} \tag{2-13}$$

式中,T 为温度。

⑤ 给出一随机因子 R,R 在 0~1 之间。

如果 $P>R$,则接受该变化,转步骤⑥。

如果 $P\leqslant R$,则抛弃该变化,转步骤⑥。

⑥ 重复步骤③~⑤若干次。

⑦ 降低系统的温度 T。

⑧ 如果系统已“凝固”,则结束,否则回到步骤②。

模拟退火算法是一种通用的随机搜索算法,它可用于解决众多的优化问题,并已广泛应用于其他领域。当待解决的问题复杂性较高而且规模较大时,在对问题的领域知识知之甚少的情况下,采用模拟退火算法最合适,因为它不像其他确定型启发式算法那样,需要依赖于问题的领域知识来提高算法的性能。但从另一方面来说,如果已知有关待解决问题的一些知识后,模拟退火算法却无法充分利用它们。另外,在求解规模较大的实际问题时,模拟退火算法也往往存在收敛速度慢的缺点。

2. 随机抽样法

模拟退火法原则上可以跳出局部极值,然而通常很难顺利地找到全局极值,因为此算法对于内部参数很敏感,当系统的自变量空间变大时效率很低。随机抽样方法则是另一种常用的方法,它的算法如下:

① 给定一个初始结构。

② 从当前处，按指定的步长单位用 Monte Carlo 法随机给出一变化。

③ 计算此时的函数值。

④ 当函数值高于某一接受值时，转步骤⑥。

⑤ 与原结构比较，如是新结构，则记录下来，如是旧结构，但比较好一些，则更新，否则抛弃。

⑥ 记为当前位置，转步骤②循环，直至时间或循环次数超过给定值。

3. 区间穷举法

这种方法是另一种全局的搜索方法，其做法是，将光学参数如半径与间隔按整个取值单位分为 N 段，对每一个面的每一个参数都如此划分，然后将其按排列组合，计算出此时的评价函数，当 N 足够大时，就能计算找到很多好的结构。

4. 摆脱函数法

为了能够使系统跳出局部极值，从而得到一个更好的局部极值甚至是最好的全局最优极值点，日本东京高等工业学院（Tokyo Institute of Polytechnics）的一色真幸（Masaki Isshiki）教授提出了利用一个摆脱函数（escape function）跳出局部极值的方法。一色真幸将摆脱函数定义为

$$f_E=\sqrt{H}\exp\left[-\frac{1}{2W^2}\sum_{j=1}^{n}(x_j-x_{jL})^2\right] \tag{2-14}$$

式中，x_{jL} 的坐标为局部极值点处的局部坐标；H 为摆脱函数的高度；W 为其半径。一色真幸用此函数作为新的评价函数，这样此新评价函数所贡献的评价函数增量为

$$\phi_E=f_E{}^2=H\exp\left[-\frac{1}{W^2}\sum_{j=1}^{n}(x_j-x_{jL})^2\right] \tag{2-15}$$

把它加进总的评价函数中，就有可能使原有的局部低洼变得平坦，从而引导算法使系统向新的局部极值甚至全局最小极值点逼近，参见图 2-4。

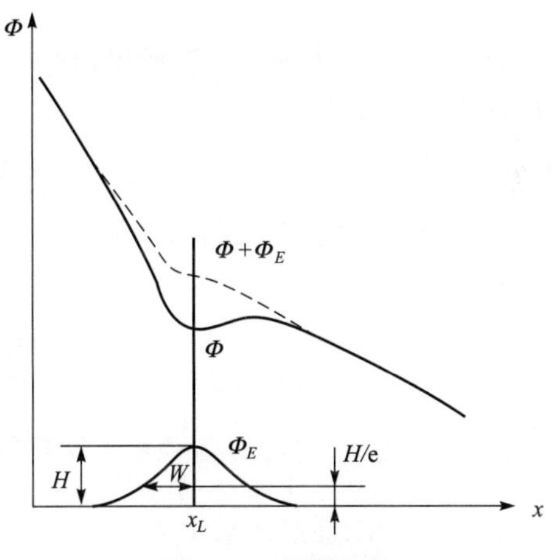

图 2-4　摆脱函数

5. 人工神经网络技术

神经网络的研究已有近 30 年的历史，它是由大量的处理单元（神经元、电子元件、光电元件等）广泛互连而成的网络。神经网络是在现代神经科学研究成果的基础上提出的，反映了人脑功能的基本特征。但它不是人脑的真实描写，而是某种抽象、简化与模拟。网络之间的信息处理由神经元之间的相互作用来实现，知识与信息的存储表现为网络元件互连间分布式的物理联系，网络的学习和识别取决于各神经元连接权系的动态演化过程。

从信号、信息的处理机制上来看，神经网络与传统的计算机有着根本的不同，它具有大规模并行模拟处理、连续时间动力和网络全局作用等特点，信息的存储体现在神经元之间连接的分布上，存储区和操作区合二为一。神经网络具有很强的自适应学习能力和容错能力，从而可以代替复杂耗时的传统算法，使信息处理过程更接近于人类思维活动。利用神经网络的高度并行运算能力，可以实时实现难以用数字计算和技术实现的最优信号处理算法。利用神经网

络分布式信息存储和并行处理的特点,可以避开模式识别方法中建模的过程,从而消除由于模型不符带来的影响,并实现实时识别,以提高识别系统的性能。充分将这些神经网络特性应用于控制领域,对于控制系统的智能化具有非常重要的意义。

美国加州理工学院物理学家 Hopfield 于 1982 年提出了一种新的神经网络模型,从而有力地推动了神经网络的研究。这种神经网络实际上是一种离散的随机模型,由 N 个神经构成互联网络,神经元的输出 $V_i(t+1)$取离散值 1 或 0,每个神经元可按下述规则改变状态:

$$V_i(t+1)=\text{sign}[H_i(t)]=\begin{cases}1, H_i(t)>0\\0,\text{其他}\end{cases} \tag{2-16}$$

$$H_i(t)=\sum_{j\neq i}W_{ij}V_i(t+1)-\theta_i \tag{2-17}$$

式中,W_{ij}是第 i 个与第 j 个神经元的连接权重;θ_i 是第 i 个神经元的阈值;$V_i(t)$是第 i 个神经元在 t 时刻的输出。该模型可以工作在异步和同步两种工作方式。

① 串行(异步)工作方式:在任一时刻 t,只有某一个神经元 i 的状态发生变化,而其他神经元的状态不变。

② 并行(同步)工作方式:在任一时刻 t,部分神经元或全部神经元同时改变状态。

如果网络从某一时刻以后,状态不再发生变化,则称该网络处于稳定状态,此时,

$$V(t+\Delta t)=V(t),\Delta t>0 \tag{2-18}$$

模型的条件是对称连接:$W_{ij}=W_{ji}$,并且无自身的反馈:$W_{ii}=0$。

Hopfield 网络的特点是具有联想功能。对于 $W_{ij}=W_{ji}$的对称连接,Hopfield 引入"能量"函数

$$E_1=-\frac{1}{2}\sum_i\sum_{j\neq i}W_{ij}V_iV_j-\sum_i\theta_iV_i \tag{2-19}$$

式中,V_i,V_j 是各个神经元的输出,神经网络的状态是各个神经元输出的组合,设第 m 个神经元的输出由 0 变为 1,有

$$\sum W_{mj}V_j+\theta_m>0$$

下面以此为例,来说明该神经元状态变化前后能量函数值 E 的计算。设变化前($V_m=0$)的能量函数值为 E_1

$$\begin{aligned}E_1&=-\frac{1}{2}\sum_i\sum_{j\neq i}W_{ij}V_iV_j-\sum_i\theta_iV_i\\&=-\frac{1}{2}\sum_{j\neq i,mi\neq m}\sum W_{ij}V_iV_j-\sum_{i\neq m}\theta_iV_i\end{aligned}$$

变化后($V=1$)的能量函数值为 E_2

$$\begin{aligned}E_2&=-\frac{1}{2}\sum_i\sum_{j\neq i}W_{ij}V_iV_j-\sum_i\theta_iV_i\\&=-\frac{1}{2}\sum_{j\neq i,mi\neq m}\sum W_{ij}V_iV_j-\sum_{i\neq m}\theta_iV_i-\sum_{j\neq m}W_{mj}V_j-\theta_m\end{aligned}$$

由此,即可求得能量函数值 E 的变化量 ΔE 为

$$\Delta E=E_1-E_2=-\left(\sum_{j\neq m}W_{mj}V_j+\theta_m\right) \tag{2-20}$$

根据跳变公式,由于此时神经元的输出是由 0 变为 1,括号中的值是正,则 $\Delta E<0$;同样,我们

可以算出输出由 1 变为 0 时，能量函数的变化值也是 $\Delta E<0$。也就是说，任意一个神经元当其输出发生变化时，能量函数值都是减小的。或者说，在神经网络的状态发生变化过程中，能量函数 E 总是单调下降的，即

$$\Delta E=\Delta V\frac{\partial E}{\partial V_i}=\Delta V_i\left[-\frac{1}{2}\sum_{i\neq j}W_{ij}V_j-\theta_i\right]\leqslant 0 \tag{2-21}$$

由于 E 有界，系统必然趋于稳定状态，并对应于 E 函数在 V 状态空间的局部最小值。适当选取神经元兴奋模式的初始状态，则网络的状态就将按照上述的运算过程，到达初始状态附近的极小点。因此，如果存储的样本是对应于网络的极小点（稳定点），则当输入其附近的模式时，网络将“想起”极小点处的样本，也就是说这种 Hopfield 神经网络模型是按照一定联想记忆装置进行工作的，具有联想记忆、模式识别、分类和误差自校正等智能功能。1985 年 Hopfield 曾用它来求解“巡回推销员问题”（TSP），就是一个成功的范例。

由于神经网络能量函数的极小点对应于系统的稳定平衡点，这样能量函数极小点的求解就转换成求解系统的稳定平衡点。随着时间的演化，网络的运动轨道在相空间中总是朝着能量函数减小的方向运动，最终到达系统的平衡点，即能量函数的极小点。因此，如果把神经网络动力系统的稳定吸引子考虑为适当的能量函数（或广义目标函数）的极小点，优化计算就是从一个最初的初猜点找到目标函数的极小点。这一初猜点就相当于神经网络动力系统的初始条件，随着系统流到达某一极小点。如果将“模拟退火法”用于该系统，则系统最终会到达所希望的最小点。计算也就在系统的流动过程中悄悄地完成了，这就是神经计算的基本原理。

神经网络优化计算的基本步骤可以描述如下：

① 选择一合适的问题表示方法，使神经元的输出与问题的解彼此对应。

② 构造计算能量函数，使其最小值对应于问题的最优解。

③ 由计算能量函数求得其对应的连接权值和偏置参数。

④ 构造相应的神经网络和电路方程。

⑤ 进行计算机仿真求解。

2.4　适应法光学自动设计程序

适应法光学自动设计方法适合于当像差数 m 小于自变量数 n 的情形。当像差线性方程组中，方程式的个数 m 小于自变量个数 n 时，方程组是一个不定方程组，有无穷多组解。这就需要从众多可能的解中选择一组较好的解。我们选用解向量的模为最小的那组解，因为解向量的模越小，像差和自变量之间越符合线性关系。这就相当于在满足像差线性方程组的条件下，求 $\Phi(\boldsymbol{\Delta x})=\sum\limits_{i}^{n}\Delta x_i^2=\boldsymbol{\Delta x}^{\mathrm{T}}\boldsymbol{\Delta x}$ 的极小值解。从数学角度来说，这是一个约束极值的问题。把像差线性方程组作为一个约束方程组，求函数 $\Phi(\boldsymbol{\Delta x})=\boldsymbol{\Delta x}^{\mathrm{T}}\boldsymbol{\Delta x}$ 的极小值：

$$\min\Phi(\boldsymbol{\Delta x})=\min(\boldsymbol{\Delta x}^{\mathrm{T}}\boldsymbol{\Delta x})$$

同时满足约束方程组

$$\boldsymbol{A\Delta x}=\boldsymbol{\Delta F}$$

上述问题可以利用数学中求约束极值的拉格朗日乘数法求解。具体的方法是构造一个拉格朗日函数 L

$$L=\Phi(\boldsymbol{\Delta x})+\boldsymbol{\lambda}^{\mathrm{T}}(\boldsymbol{A}\boldsymbol{\Delta x}-\boldsymbol{\Delta F})$$

拉格朗日函数 L 的无约束极值,就是 Φ 的约束极值。函数 L 中共包含有 $\boldsymbol{\Delta x}$ 和 $\boldsymbol{\lambda}$ 两组自变量,其中 $\boldsymbol{\Delta x}$ 为 n 个分量,而 $\boldsymbol{\lambda}$ 为 m 个分量,共有 $m+n$ 个自变量。根据多元函数的无约束极值条件为 $L=0$,即

$$\begin{cases}\dfrac{\partial L}{\partial x}=2\boldsymbol{\Delta x}+\boldsymbol{A}^{\mathrm{T}}\boldsymbol{\lambda}=0 & (1)\\[2ex] \dfrac{\partial L}{\partial \lambda}=\boldsymbol{A}\boldsymbol{\Delta x}-\boldsymbol{\Delta F}=0 & (2)\end{cases} \tag{2-22}$$

上述式(1)中实际上包含了 n 个线性方程式,而式(2)中包含 m 个像差线性方程式,因此方程组(2-22)实际上是一个有$(m+n)$个方程式和$(m+n)$个自变量的线性方程组,可以进行求解。由式(1)求解 $\boldsymbol{\Delta x}$ 得

$$\boldsymbol{\Delta x}=-\frac{1}{2}\boldsymbol{A}^{\mathrm{T}}\boldsymbol{\lambda} \qquad (3)$$

将 $\boldsymbol{\Delta x}$ 代入式(2)得

$$-\frac{1}{2}\boldsymbol{A}\boldsymbol{A}^{\mathrm{T}}\boldsymbol{\lambda}-\boldsymbol{\Delta F}=0$$

由上式求解 $\boldsymbol{\lambda}$ 得

$$\boldsymbol{\lambda}=-2\boldsymbol{A}^{\mathrm{T}}(\boldsymbol{A}\boldsymbol{A}^{\mathrm{T}})^{-1}\boldsymbol{\Delta F}$$

将 $\boldsymbol{\lambda}$ 代入 $\boldsymbol{\Delta x}$ 的式(3),得到

$$\boldsymbol{\Delta x}=\boldsymbol{A}^{\mathrm{T}}(\boldsymbol{A}\boldsymbol{A}^{\mathrm{T}})^{-1}\boldsymbol{\Delta F} \tag{2-23}$$

上式就是我们所要求的约束极值的解。解存在的条件是逆矩阵$(\boldsymbol{A}\boldsymbol{A}^{\mathrm{T}})^{-1}$存在,即$(\boldsymbol{A}\boldsymbol{A}^{\mathrm{T}})$为非奇异矩阵,这就要求像差线性方程组的系数矩阵 $\boldsymbol{A}$ 不发生行相关,即不发生像差相关。用上面这种方法求解像差线性方程组的光学自动设计方法称为“适应法”。

当像差数 m 等于自变量数 n 时,像差线性方程组有唯一解,系数矩阵 $\boldsymbol{A}$ 为方阵,以下关系成立

$$(\boldsymbol{A}\boldsymbol{A}^{\mathrm{T}})^{-1}=(\boldsymbol{A}^{\mathrm{T}})^{-1}\boldsymbol{A}^{-1}$$

代入式(2-23)得

$$\boldsymbol{\Delta x}=\boldsymbol{A}^{\mathrm{T}}(\boldsymbol{A}^{\mathrm{T}})^{-1}\boldsymbol{A}^{-1}\boldsymbol{\Delta F}=\boldsymbol{A}^{-1}\boldsymbol{\Delta F}$$

显然上式就是像差线性方程组的唯一解。因此式(2-23)既适用于 $m<n$ 的情形,也适用于 $m=n$ 的情形。由以上求解过程可以看到,使用适应法光学自动设计程序必须满足的条件是:像差数小于或等于自变量数;像差不能相关。

适应法像差自动校正程序的最大特点:① 参加校正的像差个数 m 必须小于或等于自变量个数 n;② 参加校正的像差不能相关。因为适应法求出的解,严格满足像差线性方程组的每个方程式。如果 $m>n$,或者某两种像差相关,像差线性方程组就无法求解,校正就要中断。这是适应法和阻尼最小二乘法的最大区别。

北京理工大学光电工程系于1984年首次在国内研制成功适应法光学自动设计程序,下面介绍SOD88中适应法程序的具体构成。

1. 像差参数的选定

根据适应法的特点,同时参加校正的像差参数不能太多,因此我们采用单项独立的几何像

差作为评价成像质量的指标。加上若干与结构参数有关的近轴参数，共有如表 2－1 所示的 48 种。

表 2－1　适应法程序 ADP 所控制的像差参数

像差序号	像差符号	打印符号	意　　义
1	$\delta L'_m$	*DLm*	轴上像点全孔径的球差
2	SC'	*SCm*	全孔径的正弦差
3	x'_{tm}	*Xtm*	全视场细光束子午场曲
4	x'_{sm}	*Xsm*	全视场细光束弧矢场曲
5	x'_{tsm}	*Xtsm*	全视场细光束像散，$x'_{tsm}=x'_{tm}-x'_{sm}$
6	$\delta y'_m$	*DYzm*	全视场畸变
7	$\Delta l'_{ab}$	*DLab*	0.707 1 孔径的轴向色差
8	$\Delta y'_{ab}$	*DYab*	全视场垂轴色差
9	$\delta L'_{sn}$	*DLsn*	剩余球差，$\delta L'_{sn}=\delta L'_{0.707\,1h}-\frac{1}{2}\delta L'_{1h}$
10	SC'_{sn}	*SCsn*	0.707 1 孔径的剩余正弦差：$SC'_{sn}=SC'_{0.707\,1}-\frac{1}{2}SC'_m$
11	x'_{tsn}	*Xtsn*	0.707 1 视场的剩余细光束子午场曲：$x'_{tsn}=x'_{t0.707\,1}-\frac{1}{2}x'_{tm}$
12	x'_{ssn}	*Xssn*	0.707 1 视场的剩余细光束弧矢场曲：$x'_{ssn}=x'_{s0.707\,1}-\frac{1}{2}x'_{sm}$
13	x'_{tssn}	*Xtssn*	0.707 1 视场的剩余细光束像散：$x'_{tssn}=x'_{ts0.707\,1}-\frac{1}{2}x'_{tsm}$
14	$\delta y'_{z0.707\,1w}$	*DYz*0.7	0.707 1 视场的畸变：$\delta y'_{z0.707\,1\omega}$
15	$\delta L'_{ab}$	*dDLab*	色球差：$\delta L'_{ab}=\Delta L'_{ab}-\Delta l'_{ab}$
16	$\Delta y'_{absn}$	*DYabsn*	0.707 1 视场的剩余垂轴色差 $\Delta y'_{absn}=\Delta y'_{ab0.707\,1}-0.707\,1\Delta y'_{abm}$
17	$\delta L'_{Tm}$	*DLT*(1,1)	全视场全孔径的轴外子午球差，$\delta L'_{Tm}=X'_{Tm}-x'_{tm}$
18	$\delta L'_{T0.707\,1h}$	*DLT*(1,2)	全视场 0.707 1 孔径的轴外子午球差
19	$\delta L'_{T0.707\,1y}$	*DLT*(2,1)	0.707 1 视场全孔径的轴外子午球差
20	$\delta L'_T$	*DLT*(2,2)	0.707 1 视场 0.707 1 孔径的轴外子午球差
21	K'_{Tm}	*KT*(1,1)	全视场全孔径的子午彗差
22	$K'_{T0.707\,1h}$	*KT*(1,2)	全视场 0.707 1 孔径的子午彗差
23	$K'_{T0.707\,1y}$	*KT*(2,1)	0.707 1 视场全孔径的子午彗差
24	K'_T	*KT*(2,2)	0.707 1 视场 0.707 1 孔径的子午彗差
25	$\delta L'_{Sm}$	*DLS*(1,1)	全视场全孔径轴外弧矢球差，$\delta L'_{Sm}=X'_{Sm}-x'_{sm}$
26	$\delta L'_{S0.7071h}$	*DLS*(1,2)	全视场 0.707 1 孔径轴外弧矢球差
27	K'_{Sm}	*KS*(1,1)	全视场全孔径弧矢彗差

续表

像差序号	像差符号	打印符号	意　义
28	$K'_{S0.7071h}$	$KS(1,2)$	全视场 0.707 1 孔径弧矢彗差
29	$\delta L'_{0.85}$	$DL0.85$	0.85 孔径的轴上球差
30	$\delta L'_{0.7071}$	$DL0.7$	0.707 1 孔径的轴上球差
31	$\delta L'_{0.5}$	$DL0.5$	0.5 孔径的轴上球差
32	$SC'_{0.85}$	$SC0.85$	0.85 孔径的正弦差
33	$SC'_{0.7}$	$SC0.7$	0.7 孔径的正弦差
34	$\delta L'_{mab}$	$DLabm$	全孔径的轴向色差
35	$x'_{t0.85}$	$Xt0.85$	0.85 视场的细光束子午场曲
36	$x'_{s0.85}$	$Xs0.85$	0.85 视场的细光束弧矢场曲
37	S_1	$S1$	初级球差系数 S_1
38	S_2	$S2$	初级球差系数 S_2
39	S_3	$S3$	初级球差系数 S_3
40	S_4	$S4$	初级球差系数 S_4
41	S_5	$S5$	初级球差系数 S_5
42	C_1	$C1$	初级轴向色差系数 C_1
43	C_2	$C2$	初级垂轴色差系数 C_2
44	φ	$1/F$	光焦度 φ
45	β	My	垂轴放大率 β
46	l'_{zm}	$1/Lzm$	实际出瞳距倒数 $1/l'_{zm}$
47	f'/l'	F/L	相对像距的倒数 f'/l'
48	$1/l'$	$1/L$	像距倒数 $1/l'$

在以上这些像差中 $\delta L'_T$,K'_T两类为轴外宽光束像差,它们分别有两个视场和两个孔径(归一化值为 1.0 和 0.707 1)的像差。在实际系统中轴外子午光束往往存在一定的渐晕,因此在自动校正中应该按指定的上、下光渐晕系数来校正这两像差,使校正结果更符合实际要求。因此程序要求给出全视场和 0.7 视场上、下光的渐晕系数:

全视场　　　　　　　　　　K_1^+,K_1^-

0.707 1 视场　　　　　　　$K_{0.7}^+$,$K_{0.7}^-$

这和前面阻尼最小二乘法中的渐晕系数相同。

在校正过程中,$\delta L'_T$和 K_T这两类像差都是按指定渐晕系数计算的,细光束像差 x'_t,x'_s则是对实际光束的中心光线计算的,在前面 1.2 节中已作说明。

上面这 48 个像差参数是程序可能控制的全部像差和近轴参数。和阻尼最小二乘法不同,并不是每次自动设计全部像差都加入校正,设计者必须根据系统要求的光学特性、成像质量和原始系统的像差情况,以及可用的自变量数逐个仔细地选定参加校正的像差。如何选择参加校正的像差是使用适应法程序的关键，今后我们还要作进一步说明。这里先介绍某些基本原则：

① 在能够控制系统光学特性和成像质量的条件下，参加校正的像差越少越好。

② 不能把相关的像差同时加入校正。这是使用适应法程序中最难处理的问题。在上面的 48 种像差参数中，有些参数是绝对相关的，例如 x'_{tm}，x'_{sm}，x'_{tsm} 三者中任意一个必然与其余两个相关；在物距一定的条件下 φ 和 β 是相关的等。这类相关像差根据它们的物理意义比较容易判断。程序中所以要列入这些相关像差是为了适应不同设计的具体需要，但绝不能把它们同时加入校正。最难的是那些并非绝对相关的像差，它们之间是否相关和系统的光学特性、结构形式、校正能力等一系列因素有关，需要设计者在设计过程中逐步进行判断。

③ 参加校正的像差数 m 应小于或等于自变量数 $n(m \leqslant n)$。

④ 可以把要求校正的全部像差逐步分批加入校正。先把容易校正的像差进入校正，然后分批加入其余的像差。

在选定了参加校正的像差之后，还要给出每种像差的目标值和公差，程序是根据目标值和公差对像差进行控制的。各种像差之间的匹配关系也是通过目标值和公差来实现的。因此适应法对像差的控制是准确的、直接的。而阻尼最小二乘法对像差的控制是通过权因子间接实现的，因而是不准确的。

像差公差分固定公差和可变公差两类。所谓固定公差就是不变的像差公差，像差进入公差带即认为满足要求。可变公差是当各种像差达到目标值或进入公差带以后，程序可以逐步收缩这些可变公差，使像差校正得尽可能好，以便充分发挥系统的校正能力。为了区别这两类公差，我们把固定公差给正值，可变公差给负值。

另外，第 47，第 48 这两个参数的目标值和公差的意义与一般的像差目标值和公差的意义不同。这两个像差参数都是用来控制系统像距的。实际系统对像距的要求有三种不同情况：

① 要求或小于某个上限值(即要求大于某个指定值)。这时，把它们的上限值作为它的目标值，公差给－1。

② 要求或大于某个下限值(即要求小于某个指定值)。这时，把它们的下限值作为它的目标值，公差给＋1。

③ 要求或等于指定值。这时，把该指定值作为它的目标值，公差给零。

2. 边界条件

和阻尼最小二乘法一样，为了保证系统能实际制造出来，需要对系统的某些参数设置边界条件。在适应法程序中共设置了三种边界条件。

(1) 负透镜的最小中心厚度和正透镜的最小边缘厚度

这两种不同的边界值，按系统中各厚度、间隔的顺序统一给出，无须对负透镜或正透镜进行区分，对负透镜必然指中心厚度，对正透镜必然指边缘厚度。

在确定正透镜最小边缘厚度时，必须确定透镜的通光孔径，本程序中用以下三条光线的最大投射高确定系统中每个面的通光口径：

① 轴上点边缘孔径的光线。

② 轴外点最大视场指定渐晕系数的子午上光线。

③ 轴外点最大视场指定渐晕系数的子午下光线。

因此该边界条件除了给出各个最小厚度以外，还必须同时给出全视场的渐晕系数这两个系数。他们可以和前面计算像差时给出的渐晕系数不一致。

(2) 透镜的最大中心厚度

为了限制系统的筒长或某些透镜的厚度,可以给出每个厚度、间隔的最大值作为边界条件。对某个厚度或间隔如不限制可以给一个很大的数值,但所给数据的个数和顺序不能改变。

(3) 玻璃光学常数

它和阻尼最小二乘法中光学常数的边界条件完全相同,采用一个玻璃三角形,具体的数据也和阻尼最小二乘法程序一样。

3. 自变量

适应法程序中自变量的类别和编码方法也和阻尼最小二乘法程序完全相同。

2.5 典型光学设计软件介绍

随着光学系统设计要求的不断提高和结构形式的日趋复杂,得心应手的计算机辅助光学设计软件已经成为专业设计人员不可缺少的工具。光学CAD发展数十年,国内外都开发了一些功能齐全或有一定特色、具有较大用户群的成熟软件包。在中国、俄罗斯等国,目前光学设计软件仍由大学或研究所研制,除了在前沿课题上由国家提供少量研究经费外,软件的维护、升级所需的人力、物力主要以成果转让的形式由用户单位提供支持。在知识产权保护系统较为完善的西方国家,则已经发展到以专业公司开发的商品化软件为主的阶段。

2.5.1 国内实用软件

近年来在国内得到广泛应用的国产光学设计软件有由北京理工大学研制的SOD88和GOSA-GOLD程序,由长春光机所研制的CIOES程序等。

1. SOD88

光学设计软件包SOD88适用于共轴光学系统,系统中的面形可以是球面,也可以是非球面,系统可以是折、反或折反射系统。软件包所包括的主要功能有以下几点:

① 几何像差计算和图形输出。软件包可以计算几何像差、垂轴像差和初级像差系数,并具有缩放焦距、修改结构参数、计算像差变化量表、按渐晕计算像差等功能。同时,可输出系统图、光路图、几何像差曲线图、垂轴像差曲线图等图形。

② 像差自动校正。软件包提供了两种像差自动校正功能:适应法和阻尼最小二乘法。对于适应法像差自动校正,程序使用独立的几何像差作为系统的质量指标,采用各个受控像差分别趋于各自的目标值的方法进行像差自动校正。可控制的像差(包括某些近轴参数)共有48种,校正可以分阶段进行,并提供了三种公差给定方法,使得系统的潜力得以充分挖掘。对于阻尼最小二乘法,程序采用垂轴像差或波像差的加权像差平方和构成评价函数,通过求评价函数的极小值解实现像差自动校正。程序对不同的系统设置了不同的抽样光线和不同的权因子,并可控制10种边界条件,使用者可根据不同要求选择。

③ 光学传递函数计算。软件包提供了两种传函计算功能:自相关法和两次傅里叶变换法。对于自相关法传函计算,程序可以计算系统的单色光或白光的子午和弧矢调制传递函数,可输出指定通光范围内的波像差分布,并可将通光范围用坐标和图形的方式打印出来。对于两次傅里叶变换法,程序应用快速傅里叶变换算法,可以计算截止频率范围内的64或128个

频率抽样点上的传函数值，并以此用插值法得到多达 15 个指定频率的传函值；同时，还可获得通光范围内的波像差分布和各视场的线扩散函数。程序可以计算具有中心遮光的系统，也可计算像面在无限远的系统。

④ 变焦系统计算。程序可以分别对 9 个焦距位置进行像差计算，系统中可以允许有 8 个可移动的透镜组，与定焦像差计算功能一样，变焦部分也具有修改结构参数和计算像差变化量表等功能。软件包还提供了变焦系统的适应法像差自动校正功能。它可以使各焦距的像差同时趋于零；也可以使具有后固定组的系统各焦距的像差趋于一致，然后再利用定焦系统的适应法像差自动校正程序进行校正。

⑤ 公差分析计算。软件包所提供的公差分析计算功能以给定的若干条光线的垂轴像差平方和作为系统的质量指标，根据使用者给出的系统类型、要求精度等数据，按一定规律对曲率、厚度或间隔、面偏角分配一组公差，然后用 Monte Carlo 法对指定公差内一定数量的产品进行模拟的随机抽样检验，得到以当前公差生产时预期的良品率，然后重复此过程，直到公差和良品率达到最合理的匹配为止。

⑥ 半径标准化。本功能可以把像差校正完成以后的曲率半径换成标准半径。程序提供了两种方法，一种是从标准半径库中找出和设计半径最接近的值进行直接代换；另一种是利用阻尼最小二乘法，从标准半径库的离散半径值中选择合适的半径，使得半径标准化后系统的评价函数不降低或降低最小，同时还把系统中的间隔、厚度归整到指定的小数点后有效位数。

除以上功能以外，软件包还提供了出图计算功能，可以计算出绘制光学图纸时所需要的数据。软件包还可绘制光学传递函数曲线图和点列图，供使用者选择。

2. GOLD

GOLD(原名 GOSA)是北京理工大学研制的复杂光学系统分析优化大型软件包。它可以对各种非对称、非常规复杂光学系统进行像质分析和结构优化，其适用范围基本上囊括了目前国内外用于光学系统(特别是成像系统)设计制造的各种技术。1992 年开始在国内推广使用，受到国防科研和光学工业领域众多用户的一致欢迎。

GOLD 软件带有方便的全屏幕输入用户界面，配有详尽的中、英文对照屏幕提示和大量图形输出。输入部分具有很强的自检功能，拒绝接受互相矛盾的错误输入；具有很强的编辑功能，允许随时修改或删除任何系统数据；带有玻璃图谱以便正确选用玻璃；可随时用三视图和三维图形显示系统结构以检验输入数据的正确与否。目前 GOLD 软件的主要计算功能包括以下几点：

① 光线追迹和像差分析。该软件可以追迹使用者指定的任意一条光线，并根据要求用数字或图形输出其在光学系统中的轨迹；可以计算系统的三级像差和实际像差并绘出像差曲线；可以用普通多项式或泽尼克(Zernike)多项式表示出瞳波面的波像差并验检该多项式拟合的精度。

② 系统结构的阻尼最小二乘法优化设计。GOLD 软件的优化计算可采用传统的几何像差平方和或建立在衍射理论基础上的像质指标作为评价函数；可选取复杂光学系统中任何种类的结构参数作为优化变量；可方便地处理多重结构系统、折反射系统、对称系统中常遇到的关联参数问题；可按要求控制系统的焦距、后工作距、放大率和其他各种高斯光学参量，以及三级像差系数、镜片中心及边缘厚度、系统总长、玻璃变化区域等；可在每一迭代中自动选取最佳像面位置；亦可自动寻找最佳阻尼因子和自变量空间解向量的最佳长度。

③ 像质指标计算和其他系统分析。可以对各种复杂光学系统计算点列图、点扩散函数和光学传递函数等各项像质指标,可根据要求用数字或图形输出计算结果;并提供了对鬼像和红外扫描成像系统中冷反射(Narcissus)的分析和控制手段。

④ 各种加工辅助功能。包括光学面有效通光口径的估算;加工公差的自动分配;光学元件加工图纸的自动绘制;衍射光学元件加工掩模板的自动设计等。

3. CIOES

CIOES是一套常用的光学设计软件系统。其特点是密切结合光学系统设计实践与特点,集长春光机所几十年光学设计之经验。软件功能包括光学系统初始结构的设定、像差分析、自动设计、像质评价、加工公差的估算、样板的匹配等。它通过图形显示、菜单技术、人机对话等方式把光学设计各阶段联系起来。另外,长春光机所还研制出了COLDB光学镜头数据库,包含有中、美、日、俄、英、法等国生产的镜头2 150个以及国内外10个厂家的无色玻璃数据1 200种。

2.5.2 国外著名软件

目前在国际上有较大影响的光学设计软件包括:美国ORA(Optical Research Associates)公司研制的CODE V和LightTools,Sinclair Optics公司研制的OSLO,Focus Software公司研制的Zemax,英国Kidger Optics公司研制的SIGMA,法国OPTIS公司研制的Solo,俄罗斯圣彼得堡光机学院研制的OPAL等。因篇幅有限,这里仅简要介绍其中实力最强的美国ORA公司和Focus Software公司研制的软件。

1. CODE V

CODE V是美国ORA公司研制的具有国际领先水平的大型光学设计软件,是目前世界上分析功能最全、优化功能最强的光学软件,为各国政府及军方研究部门、著名大学和各大光学公司广泛采用。在我国国内也有多个科研、教学和生产单位使用它成功地设计研制了变焦照相镜头、医疗仪器、光谱仪器、空间光学系统、激光扫描系统、全息平显系统、红外夜视系统、紫外光刻系统等。

CODE V具有十分强大的优化设计能力。软件中优化计算的评价函数可以是系统的垂轴像差、波像差或是用户定义的其他指标,也可以直接对指定空间频率上的传递函数值进行优化。经过改进的阻尼最小二乘优化算法用拉格朗日乘子法提供精确的边界条件控制。除了程序本身带有大量不同的优化约束量供选用外,用户还可以根据需要灵活地定义各种新的约束量。该软件还提供了实用化的全局优化模块(Global Synthesis),可以在优化进程中自动跳出局部极小,继续在解空间中寻找更佳设计,并在优化结束时把找到的满足设计要求的各种不同的结构形式一一列出,供使用者根据实际需要选择。

CODE V提供了用户可能用到的各种像质分析手段。除了常用的三级像差、垂轴像差、波像差、点列图、点扩展函数、光学传递函数外,软件中还包括了五级像差系数、高斯光束追迹、能量分布曲线、部分相干照明、偏振影响分析、鬼像和冷反射预测、透过率计算、一维物体成像模拟等多种分析计算功能。

对于空间光学系统,环境因素的影响不可忽视。CODE V软件具有计算压力变化、温度变化以及非均匀温度场对系统像质的影响的功能,用户可以在设计阶段对其加以控制。

CODE V带有先进的公差分析子程序,可以针对均方根波像差、衍射传函、主光线畸变或用户定义的评价指标进行自动公差分配。在公差计算中可以使用镜片间隔、像面位移、倾斜等各种补偿参数模拟系统装校过程中的调整，从而求出最经济的加工公差，降低制造成本。其他与系统制造有关的功能包括自动对样板、加工图纸绘制、成本估算，而且还提供了与干涉仪连接的接口。与干涉仪联用，可以实现对复杂光学系统的计算机辅助装调。

此外，CODE V还包含了与光学设计有关的各种功能模块，如多层膜系设计、照明系统设计、变焦系统凸轮设计、系统整体光谱响应分析、系统重量和成本估算等。该软件具有开放式的程序结构，可以通过IGES或DXF图形文件实现与机械CAD软件的接口，并带有一个在软件内部使用的现代高级编程语言Macro-PLUS，用户可以根据需要自行对软件进行各种扩充和修改。

2. LightTools

LightTools是ORA公司于1995年推出的一个全新的具有光学精度的交互式三维实体建模软件体系，用现代化的手段直接描述光学系统中的光源、透镜、反射镜、分束器、衍射元件、棱镜、扫描转鼓、机械结构以及光路。该软件首次把光学和机械元件集成在统一的体系下处理，把精美的实体图形和强大的非顺序面光线追迹功能结合在一起，为用户提供了一个"所见即所得"的设计工具，适用于系统建模、光机一体设计、复杂光路设置、杂光分析、照明系统设计分析、单位各部门间学术交流和数据交换、课题论证或产品推广等各环节。

① 系统建模。LightTools提供多种展现系统光机模型的方式和人机交互的手段。使用者可直接在系统的二维、三维线框图或三维实体模型图上进行各种操作。透镜、反射镜和棱镜等光学元件及各种机械件可以极快地以图形方式"画入"系统。图形交互式建模和修改功能包括元件或元件组的放置、移动、旋转、复制和缩放。操作时既可用鼠标拖动以实时观察修改对光路造成的影响，也可用键盘输入准确的数据。系统数据可以用表格的形式列出和修改。

② 光机一体化设计。LightTools在过去相互独立的光学和机械设计之间架起一座桥梁。在该软件中，光学和机械元件的形状的描述是通过对软件提供的一组尺寸可变的基本实体模型做布尔运算（与、或、异等）实现的。任何复杂形状的光学或机械部件均可以在软件中得到精确的展现和描绘，并以光学精度进行光线追迹。这种光机一体的考虑方法和非顺序光线追迹提供的大量信息，方便了遮光罩、镜筒和产品结构的设计。

③ 复杂光路设置。在光学设计中，LightTools可以和CODE V软件交换数据，配合使用。尤其适用于多光路或折叠光路系统、带有棱镜或复杂面形的系统的光路设置和视觉建模验证。

④ 杂光分析。非顺序面光线追迹功能可以直观地描述在系统中任意表面上或介质中发生的任何光学现象，如折射、反射、全反射、散射、多级衍射、振幅分割、光能损耗、材料吸收等，并根据需要自动实时衍生出多路光路分支。这样就解决了杂光分析、光能计算、鬼像预测等光学设计中的难题。

⑤ 照明系统设计分析。LightTools中可以精确地定义各种实际光源（如发光二极管、白炽灯、弧光灯、卤素灯等）的形状和发光特性，并用蒙特卡洛法进行上百万条光线追迹，以便精确确定某个指定表面上的照度和光强度。对非人眼接收的照明系统，可以把结果转换成辐射度单位。国外已利用LightTools成功地设计了多种照明系统，包括投影系统、平板显示器、仪表盘照明、内窥镜照明、报警灯、汽车前灯、车厢内部照明、指示牌照明等。

3. Zemax

Zemax是Focus Software公司推出的一个综合性光学设计软件。这一软件集成了包括光学系统定义、设计、优化、分析、公差等诸多功能,并通过简洁直观的用户界面,为光学系统设计者提供了一个方便快捷的操作手段。由于其优越的性价比,近年来Zemax在光学设计领域所占份额越来越大,在全球已经成为最广泛采用的软件之一。在我国,使用Zemax进行光学设计的技术人员也与日俱增。

Zemax主要可以实现以下几大功能:

① 光源及光学系统建模。Zemax采用简单的列表式输入界面,使用者可以方便地进行光源和光学系统的设定。Zemax支持多种不同类型的光源,如点光源、椭球体、圆柱体、激光二极管、白炽灯等,可以是单色光源,也可以是复色光源。光源的光学特性及结构形式都可以由用户定义。对于光学系统的建立,Zemax提供了近60种光学曲面面形供用户选择。主要类型有平面、球面、标准二次曲面、光锥面、轮胎面、渐变折射率面、二元光学面、光栅、全息衍射元件、菲涅尔透镜、波带板等。同时还支持用户自定义表面,用户只需要按照它的语法规定,用C++语言编写DLL文件与Zemax相连接,就可以建立自己需要的面形。用户可以根据需要对每个面形孔径形状、散射、倾斜/离轴和镀膜膜层进行设定。系统的工作波长和视场最多可达12个,各波长可以设定不同的权重,各视场可以自动设置和计算偏心和孔径渐晕因子。光学系统建立的过程中,可以借助软件提供的二维、三维外形图功能,进行及时调整,使之合理化。

② 像质分析和评价。利用定义光学系统的各种数据,Zemax可以进行像质计算分析。它提供了丰富的像质评价指标,如评价小像差系统的波像差、包围圆能量、MTF、PSF;评价大像差系统的点列图、弥散圆、几何像差评价方法等。另外,该软件还提供了偏振、镀膜、像面照度、几何位图、衍射像等分析计算功能。像质评价结果的表现形式多种多样,既有各种直观的图形表示方法,又有详细的数据报表。

③ 优化设计。Zemax提供的优化功能相当强大,它能够优化具有合理起始点和一组可变参数的镜头设计。Zemax采用的算法是阻尼最小二乘法。这种算法能够优化加权目标值组成的评价函数。系统提供了20种缺省的评价函数,如点列图RMS半径、MTF响应、包围圆能量等。目标值有200多种,包括光线和结构数据,也就是镜头和系统的各种边界条件。其他优化目标包括像差系数、宏计算等。通过对评价函数进行编制和定制,可以优化系统中任意参数,包括半径、厚度、玻璃、非球面系数、光栅栅距、孔径、波长、视场等。在优化过程中,Zemax对每个目标值进行控制,寻找最佳的系统结构,并且将得到的优化结构显示在镜头数据编辑器中,得到新的系统结构参数;如果不能满足要求,还可以进行人工干预,对一些参数进行局部调整,使设定的目标值满足像差的要求。

④ 公差分析。公差分析可用于估算调整和加工误差对系统性能的影响,Zemax提供了一个使用简单灵活、功能强大的公差推导和灵敏度分析工具。它可以用来分析的公差包括结构参数变量,如曲率、厚度、位置、折射率、阿贝数、非球面系数等;表面和透镜组的偏心分析;表面或透镜组上任意点的倾斜分析;面形不规则度分析和参数或外部数据值的变化分析。

公差操作数可以在公差数据编辑器上编辑。可以采用各种不同的公差标准,包括RMS光斑尺寸、RMS波像差、MTF响应、视轴差、用户自定义评价函数等。透镜的公差分析按以下步骤进行:在公差编辑器上进行定义和修正,添加补偿器,并设定补偿器的许用范围,选择一个适当的评价标准，选择需要的模式，进行灵敏度或反向灵敏度分析，修正缺省公差或增加新的公差以满足系统需求，运行公差分析，检验由公差分析产生的数据，并考虑公差平衡。

⑤ 结果数据、图形报表输出。为方便用户使用，Zemax 对计算分析结果提供了详细明晰的数据报表输出。主要的输出有表面数据、系统数据、规格数据和图形报告等。表面数据产生一个显示表面特性数据的文本框，这些数据包括表面和单元光焦度、焦距、边缘厚度、折射率及其他一些表面数据。系统数据是产生一个列出与系统有关参数的文本框，如光瞳位置与大小、倍率、F 数等。规格数据产生系统所有表面和整个镜头系统的数据，可用来显示数据编辑器中的内容。这一文件产生了镜头的许多详细资料，如光学特性、折射率、全局坐标、镜头体积等，它能够比较完整地描述一个镜头。图形输出可以产生一个同时显示 4～6 幅分析图形的报告窗口，便于进行比较分析，给报告、文档或文献适当地做一个总结。

⑥ 数据库。Zemax 中的数据库资源非常丰富，包括玻璃库、镜头库、样板库。玻璃库中既包含 Schott，Hoya，Ohara，Corning，Sumita 等公司的各类玻璃产品，也包括红外材料、光学塑料以及一些天然材料（如二氧化硅）、双折射材料库。通过玻璃库对话框可以方便地选择所需要的玻璃，一旦某种玻璃材料被选定，Zemax 会列出相应的 d 光折射率、阿贝数、耐酸碱性、耐潮程度、与 BK7 的大致价格比等参数值。所有数据都可以按照需要进行必要的修正调整。为适应不同需求，Zemax 也支持用户自定义玻璃库和材料。系统提供了 9 种色散公式，要定义新材料，可以选择其中一种，给定波长范围，并考虑实际温度和压力影响，按照给出的系数自动计算新材料在各波长处的折射率等参数值。

镜头库提供了国外十几家厂商的几千个镜头数据，供用户作为原始结构参考使用，每个镜头给出了通光直径 D 和焦距 f，还列出了形状代码、面形代码和系统所包含的元件数目。通过镜头库对话框，可以按照焦距快速查找，也可以将所选镜头的出射结构和有关详细数据罗列出来。

样板库提供了多个厂商的样板列表。Zemax 支持自动样板匹配。这一功能可以自动调整各面半径，以符合某一特定样板库的样板尺寸。与使用玻璃库一样，样板库可以根据具体需要进行选择，也可以自定义。

⑦ 顺序光线追迹与非顺序光线追迹。Zemax 同时支持顺序和非顺序光线追迹。顺序追迹是指光线严格按照顺序从物平面到第 1 面、第 2 面等进行追迹，这种顺序模式简单、运算速度快，在许多重要的场合极为有用。但是，有时候需要非顺序光线追迹。非顺序光线追迹指按照光线入射到不同元件或表面的实际顺序，而不是各元件在用户输入界面中的顺序，进行光线追迹。需要进行非顺序光线追迹的元件主要包括面元光学元件、棱镜、导光管、透镜阵列、反射镜、菲涅尔透镜等，有些分析，如杂散光分析，只能在完全非顺序的环境下完成。Zemax 中的非顺序光线追迹包括：定义布置多个光源、元件及探测器；确定实际的辐射度和光度学单位；自动确定光线通过各元件的顺序；自动确定反射、折射及全内反射；支持多种 3D 对象，包括衍射光学元件；可以对偏振光进行追迹和对任意薄膜进行计算；对散射光进行统计分析；为有效分析进行光束自动分离等。

Zemax 的使用方法详见本书第 15 章。

本章附录

本章中用到的某些矩阵运算公式。

(1) 两矩阵相乘的转置

$$(\boldsymbol{AB})^{\mathrm{T}}=\boldsymbol{B}^{\mathrm{T}}\boldsymbol{A}^{\mathrm{T}}$$

(2) 两个方阵相乘的求逆

$$(\boldsymbol{AB})^{-1}=\boldsymbol{B}^{-1}\boldsymbol{A}^{-1}$$

(3) 求矩阵和矩阵乘积的偏导数公式

设:$\boldsymbol{bX}$ 为列向量,$\boldsymbol{I}$ 为单位矩阵,$\boldsymbol{Q}$ 为对称方阵,对自变量 $\boldsymbol{x}$ 求偏导数。

$$(\boldsymbol{x})=\boldsymbol{I}$$

$$(\boldsymbol{x}^{\mathrm{T}}\boldsymbol{b})=\boldsymbol{b}$$

$$(\boldsymbol{b}^{\mathrm{T}}\boldsymbol{x})=\boldsymbol{b}$$

$$(\boldsymbol{x}^{\mathrm{T}}\boldsymbol{x})=2\boldsymbol{x}$$

$$(\boldsymbol{x}^{\mathrm{T}}\boldsymbol{Q}\boldsymbol{x})=2\boldsymbol{Q}\boldsymbol{x}$$

第3章
公差分析与计算

3.1 概述

前面几章讨论了光学系统的像质评价方法和评价指标，以及光学自动设计的原理与自动设计方法。利用前面所介绍的程序，设计者若方法得当，即可以设计出一个成像质量优良的光学系统。然而，对于光学设计者来说，除了在设计时保证系统达到技术条件中规定的全部要求外，另一项主要工作就是合理地给定光学系统各结构参数，如曲率、厚度或间隔、玻璃的折射率、色散以及偏心等的公差。一个光学系统的公差给得合理与否，将直接关系到产品的质量和生产成本的高低。随着科学技术的不断进步，对光学仪器的精度要求也不断提高，合理地设计公差越来越引起光学设计者的重视，这也是目前光学设计软件研究的一个重点。

以前，由于计算工具比较落后，公差计算是以几何像差作为评价指标的。一般选取几种几何像差，如球差、彗差、色差等作为评价指标。每一种几何像差可看作是以结构参数为自变量的函数，每一个自变量的改变将会引起像差函数产生一增量，将各个参量增量产生的像差增量按绝对值求和，把它控制在像差容限内，这样求出的参量增量就定为该参量的公差。这种计算公差的方法是比较保守的，它忽略了零件加工误差是服从一定的概率分布的。当人们注意到加工误差具有概率分布关系后，总像差的合成就不采用绝对值求和的方法，而是用各参量对像差贡献量的平方和开方。这样算出的公差比原方法计算的公差放宽了许多，而且也更加符合实际情况。日本人松君提出用等概率法分配各参量对像差的贡献量，即每一参量对像差增量的贡献都是一样的，这就是所谓的松君分配法。松君采用几何像差作为评价函数，因为几何像差是多指标评价函数，每一个评价指标都可分配出一套公差，他将这几套公差中最严重的定为最后的公差。这种方法的缺点是各种像差的容限并不能和系统最后的成像质量直接联系起来，且像差容限的确定只能依靠经验。

随着计算机技术的发展，人们开始研究公差自动分析设计的理论与方法，取得了一些成就。在北京理工大学研发的SOD88软件中，采用垂轴像差平方和作为光学公差计算的评价函数，用两个参量描述空间任意面倾角，用加工工艺平衡权因子的概率公式进行公差分配，并且采用计算机进行随机抽样模拟光学仪器的生产和装配过程，以此检验光学公差的合理与否，本章就来讨论这些问题。公差计算与设计的过程大致如下：

① 确定系统评价函数的允差限。

② 计算各种结构参数对评价函数的贡献量，即计算评价函数的变化量表。

③ 分配公差。

④ 用蒙特卡洛方法进行随机模拟检验,模拟生产和装配过程。

⑤ 用工具模拟检验的结果调整过程并重复步骤④、⑤,直到生产成本和成像质量达到合理的匹配。

3.2 公差设计中的评价函数

要评定一个光学系统成像质量的优良与否,需要确定相应的评价指标。在自动设计中,需要选择一个评价函数来表示系统成像质量的好坏;同样,在公差设计中,我们首先要解决的问题就是评价函数的确定。评价函数必须能够全面准确地反映成像质量的好坏,能正确地反映结构参量改变对像质的影响。公差是根据评价函数的变化量表,用概率公式来进行分配的。评价函数的容限,是公差分配的根据。评价函数的选择,不仅要求能充分反映系统的成像质量,而且还要求所选择的评价函数与结构参数之间的线性要好,此外还要考虑计算量的大小。

目前,在公差计算中常用的评价函数有几何像差、波像差和光学传递函数等。几何像差作为公差计算的评价函数,其最大的优点就是计算量小;同时,长期以来,光学工作者主要采用几何像差作为在设计阶段控制系统成像质量的依据,积累了一整套经验。然而,其缺点也很明显,就是几何像差是多指标评价函数,任何一种像差都不能全面地反映系统的成像质量。光学传递函数是最能充分反映系统成像质量的评价指标,但是由于求解光学传递函数计算量大,与光学系统结构参数之间的非线性关系严重等原因,到目前为止,还不能精确求解。另外,评价系统的实际成像质量,必须在它的最佳像面上进行,而不能在理想像面上评价,合理的公差评价也应在最佳像面上。尽管光学传递函数、波像差、相对中心强度等评价函数是单一指标函数,却无法用解析的方法一次求解出最佳像面的位置,而只能作多次搜索、反复试算,计算量会增大很多。此外,光学传递函数如果要同时反映色差和单色像差,还必须计算白光的传递函数,这样计算量更大,对于具有偏心的系统来说,传递函数的计算会更加复杂。

综上所述,为了克服目前常用的评价指标的缺点,有必要选择一个既能反映系统成像质量又能简便计算的单指标函数。我们采用垂轴像差平方和作为系统的综合评价指标。这一评价函数由半入瞳面内(因为系统对子午面对称)的24条光线(无渐晕)的垂轴像差平方和构成,如图3-1所示。

这样的布局,既使计算量不至过大,又能充分反映系统的成像质量。计算每条光线在像面上的垂轴像差δy_i,δz_i,得到垂轴像差平方和的表示式为

$$\begin{aligned} F(x_1,x_2,\cdots,x_n) &= (\delta y_1^2+\delta z_1^2)+(\delta y_2^2+\delta z_2^2)+\cdots+(\delta y_n^2+\delta z_n^2) \\ &= \sum_{i=1}^{n}(\delta y_i^2+\delta z_i^2) \end{aligned} \tag{3-1}$$

如图3-2所示,δy_i,δz_i分别表示瞳面上第i条光线在指定像面上相对于主光线在y、z方向偏离的距离,主光线由中心波长光过光栏中心的光线确定。x_i为系统的自变量,如曲率、面间隔、折射率、色散、面倾角等,n为追迹的光线数目。

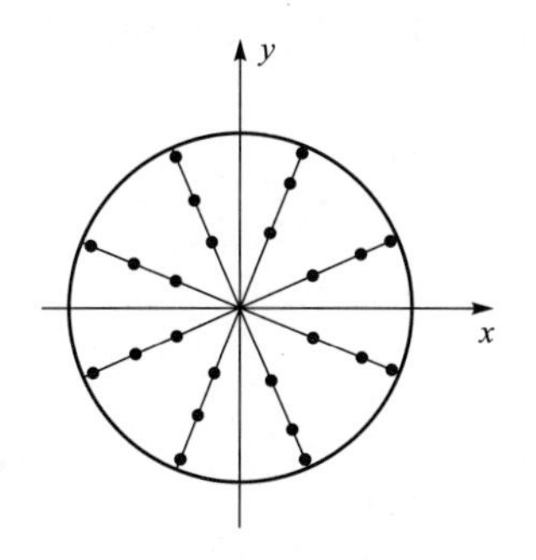

图3-1 抽样光线的分布

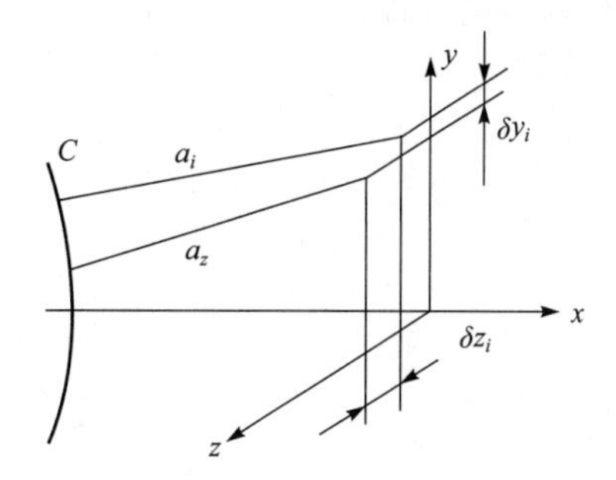

图3-2 垂轴像差计算

评价函数不仅应反映单色像差，还应反映色差；不仅考虑轴上点，还要考虑轴外点的成像质量。色差的问题可用消色差谱线光线的垂轴像差平方和加权因子求和，通过调整权因子的大小来控制。轴外点成像质量的控制，可对轴外视场的垂轴像差平方和加权求和。这样，总的评价函数为

$$F(x_1,x_2,\cdots,x_n)=\sum_{i=1}^{n}\mu_i(\delta y_i^2+\delta z_i^2) \tag{3-2}$$

式中，μ_i 为第 i 条光线的权因子，它是该条光线的色权因子和视场权因子之积。

从几何意义上说，垂轴像差平方和描述的是像点的弥散大小。伯尔宁·布里克斯(Berlyn Brixner)通过计算发现，波像差的均方根与垂轴像差的均方根成线性关系，即

$$\sqrt{W_1^2+W_2^2+\cdots+W_n^2}=k\sqrt{(\delta y_1^2+\delta z_1^2)+(\delta y_2^2+\delta z_2^2)+\cdots+(\delta y_n^2+\delta z_n^2)} \tag{3-3}$$

式中，k 为常数。因此，垂轴像差平方和的开方在一定程度上可以认为等价于波像差。用垂轴像差平方和作为评价函数具有以下优点：

① 垂轴像差平方和是单一指标的评价函数，避免了多指标评价函数的缺点。

② 垂轴像差平方和的计算量比较小。

③ 用垂轴像差平方和作为评价函数，最佳像面很容易求得，计算量很小，这就解决了公差设计中应按最佳像面评价像质这样的问题。

④ 它对各类系统的评价标准比较容易确定。

前面已指出，评价系统程序质量的好坏，应该以最佳像面为基准，而不能在理想像面上评价。下面，我们就来讨论垂轴像差平方和的最佳像面位置的求解过程。

假定某条光线在理想像面上相对主光线的垂轴像差为 $\delta y,\delta z$，该光线对 x,y,z 轴的方向余弦为 α,β,γ，光轴与 x 轴重合。(y,z) 为像平面上的坐标，$\alpha_z,\beta_z,\gamma_z$ 为主光线的方向余弦。再设 $\delta y^*,\delta z^*$ 为像面移动 $\mathrm{d}s$ 以后在新像面上的垂轴像差。如图3-3所示，它们的关系式为

$$\delta y^*=\delta y+\left(\frac{\beta}{\alpha}-\frac{\beta_z}{\alpha_z}\right)\mathrm{d}s \tag{3-4}$$

$$\delta z^*=\delta z+\left(\frac{\gamma}{\alpha}-\frac{\gamma_z}{\alpha_z}\right)\mathrm{d}s \tag{3-5}$$

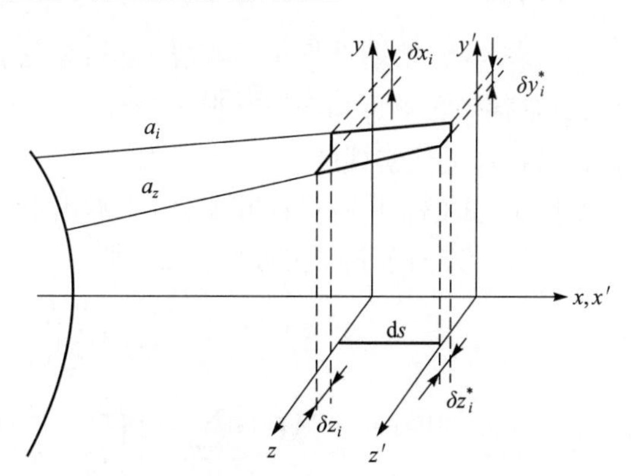

图3-3 像面位移与垂轴像差的关系

将加权以后,构成评价函数的所有光线在理想像面和新像面的垂轴像差关系列出为

$$\begin{cases}\delta y_1^* \sqrt{\mu_1}=\left[\delta y_1+\left(\dfrac{\beta_1}{\alpha_1}-\dfrac{\beta_z}{\alpha_z}\right)\mathrm{d}s\right]\sqrt{\mu_1}\\ \delta z_1^* \sqrt{\mu_1}=\left[\delta z_1+\left(\dfrac{\gamma_1}{\alpha_1}-\dfrac{\gamma_z}{\alpha_z}\right)\mathrm{d}s\right]\sqrt{\mu_1}\\ \vdots \\ \delta y_n^* \sqrt{\mu_n}=\left[\delta y_n+\left(\dfrac{\beta_n}{\alpha_n}-\dfrac{\beta_z}{\alpha_z}\right)\mathrm{d}s\right]\sqrt{\mu_n}\\ \delta z_n^* \sqrt{\mu_n}=\left[\delta z_n+\left(\dfrac{\gamma_n}{\alpha_n}-\dfrac{\gamma_z}{\alpha_z}\right)\mathrm{d}s\right]\sqrt{\mu_n}\end{cases} \tag{3-6}$$

令

$$\boldsymbol{\varphi}=\begin{bmatrix}\delta y_1^* \sqrt{\mu_1}\\ \delta z_1^* \sqrt{\mu_1}\\ \vdots \\ \delta y_n^* \sqrt{\mu_n}\\ \delta z_n^* \sqrt{\mu_n}\end{bmatrix},\boldsymbol{\Delta F}=\begin{bmatrix}\delta y_1\sqrt{\mu_1}\\ \delta z_1\sqrt{\mu_1}\\ \vdots \\ \delta y_n \sqrt{\mu_n}\\ \delta z_n \sqrt{\mu_n}\end{bmatrix},\boldsymbol{A}=\begin{bmatrix}\left(\dfrac{\beta_1}{\alpha_1}-\dfrac{\beta_z}{\alpha_z}\right)\sqrt{\mu_1}\\ \left(\dfrac{\gamma_1}{\alpha_1}-\dfrac{\gamma_z}{\alpha_z}\right)\sqrt{\mu_1}\\ \vdots \\ \left(\dfrac{\beta_n}{\alpha_n}-\dfrac{\beta_z}{\alpha_z}\right)\sqrt{\mu_n}\\ \left(\dfrac{\gamma_n}{\alpha_n}-\dfrac{\gamma_z}{\alpha_z}\right)\sqrt{\mu_n}\end{bmatrix} \tag{3-7}$$

则式(3-6)为

$$\boldsymbol{\varphi}=\boldsymbol{\Delta F}+\boldsymbol{A}\cdot \mathrm{d}s \tag{3-8}$$

新像面上的垂轴像差平方和评价函数为

$$\phi=\boldsymbol{\varphi}^{\mathrm{T}}\boldsymbol{\varphi}=(\boldsymbol{\Delta F}+\boldsymbol{A}\cdot \mathrm{d}s)^{\mathrm{T}}(\boldsymbol{\Delta F}+\boldsymbol{A}\cdot \mathrm{d}s) \tag{3-9}$$

那么最佳像面的位置应该是使评价函数最小的像面位置,即式(3-9)中 ϕ 取得极小值的 $\mathrm{d}s$,这就相当于对式(3-9)求最小二乘解。对式(3-9)求关于 $\mathrm{d}s$ 的导数为

$$\frac{\partial \boldsymbol{\phi}}{\partial \mathrm{d}s}=2\boldsymbol{A}^{\mathrm{T}}(\boldsymbol{\Delta F}+\boldsymbol{A}\cdot \mathrm{d}s)$$

令 $\dfrac{\partial \boldsymbol{\phi}}{\partial \mathrm{d}s}=0$,则有

$$\mathrm{d}s=-(\boldsymbol{A}^{\mathrm{T}}\boldsymbol{A})^{-1}\boldsymbol{A}^{\mathrm{T}}\cdot \boldsymbol{\Delta F} \tag{3-10}$$

可见,以垂轴像差平方和为综合评价指标,就可以通过解析的方法求出最佳像面的位置,这是其他评价指标无法实现的。

实际上,式(3-10)右边的 $(\boldsymbol{A}^{\mathrm{T}}\boldsymbol{A})^{-1}$ 不用求逆矩阵运算,因为 $\boldsymbol{A}^{\mathrm{T}}\boldsymbol{A}$ 是方向余弦的平方和,$(\boldsymbol{A}^{\mathrm{T}}\boldsymbol{A})^{-1}$ 等于方向余弦平方和的倒数,即

$$(\boldsymbol{A}^{\mathrm{T}}\boldsymbol{A})^{-1}=1\Big/\left\{\sum_{i=1}^{n}\mu_i\left[\left(\frac{\beta_i}{\alpha_i}-\frac{\beta_z}{\alpha_z}\right)^2+\left(\frac{\gamma_i}{\alpha_i}-\frac{\gamma_z}{\alpha_z}\right)^2\right]\right\} \tag{3-11}$$

$$\boldsymbol{A}^{\mathrm{T}}\boldsymbol{\Delta F}=\sum_{i=1}^{n}\mu_i\left[\left(\frac{\beta_i}{\alpha_i}-\frac{\beta_z}{\alpha_z}\right)\delta y_i+\left(\frac{\gamma_i}{\alpha_i}-\frac{\gamma_z}{\alpha_z}\right)\delta z_i\right] \tag{3-12}$$

式(3-11)和式(3-12)中的值在理想像面上都可以算出,只要将式(3-11)和式(3-12)

算出的结果代入式(3－10)，就可以求出最佳像面的位移 ds。

3.3　光学公差的概率关系

1. 线性概率误差理论的基本公式

当一个光学系统设计完成后，要实现这一系统，就要进行光学零件的加工制造。由于加工制造不可能加工到绝对的标称设计值，必然会带来一定的加工误差，使得加工出来的产品的成像质量与原设计值有一定差别。因此，为了保证加工出来的产品的成像质量，就必须给予每个零件一定的加工公差，使得最后的成像质量与原设计值相差不大，仍保持在一定的范围内。假设系统设计完成后，没有误差的系统的结构参数的设计值为 $X(x_{10},x_{20},\cdots,x_{m0})$，评价函数为 F_0，具有误差的实际生产的系统的结构参数为 $X(x_1,x_2,\cdots,x_m)$，评价函数为 F，则有

$$F_0=f(x_{10},\cdots,x_{m0}) \tag{3-13}$$

$$F=f(x_1,\cdots,x_m) \tag{3-14}$$

将 F 展开成泰勒(Taylor)级数，得

$$F=f(x_{10},\cdots,x_{m0})+\sum_{i=1}^{m}\frac{\partial f}{\partial x_i}(x_i-x_{i0})+\sum_{i=1}^{m}\sum_{j=1}^{m}\frac{\partial^2 f}{\partial x_i\,\partial x_j}(x_i-x_{i0})(x_j-x_{j0})+\cdots \tag{3-15}$$

虽然在光学加工中会带来一定的误差，但是一般来说都不会太大，否则制造出来的光学系统就将不能满足成像质量要求。因此上式中二次及二次以上各项相对于一次项来说小得多，为了简化公差的计算，将上式中二次及二次以上各项略去，则各结构参数误差对评价函数的贡献量之和为

$$\Delta F=F-F_0=\sum_{i=1}^{m}\frac{\partial f}{\partial x_i}(x_i-x_{i0})=\sum_{i=1}^{m}\frac{\partial f}{\partial x_i}\cdot\Delta x_i \tag{3-16}$$

式中，$\Delta x_i=x_i-x_{i0}$，是实际生产中各结构参数的加工误差。早期人们分配公差就是按式(3－16)，将个结构参数对评价函数的贡献量按绝对值相加，使它们之和不超过允许值。这种计算方法是比较保守的，给出的公差较紧。这种方法的缺陷是，没有考虑到零件制造误差的概率分布性。经研究，曲率、面间隔、面倾斜的加工误差近似服从某均值和方差的正态分布。

实际上，Δx_i 是随机变量，故 ΔF 也是随机变量。而且，各参量加工时，误差的产生是互不相关的，故 Δx_i 是相互独立的随机变量。式(3－16)的数学期望(即平均值)为

$$\mu_F=E[\Delta F]=E\left[\sum_{i=1}^{m}\frac{\partial f}{\partial x_i}\Delta x_i\right]=\sum_{i=1}^{m}\frac{\partial f}{\partial x_i}\cdot\mu_i \tag{3-17}$$

式中，μ_F 为 ΔF 的数学期望；μ_i 为 Δx_i 的数学期望。式(3－16)的方差(即随机变量与其数学期望差的平方的数学期望，它反映随机变量对其平均值的波动大小)为

$$\begin{aligned}\sigma_F^2&=E[(\Delta F-\mu_F)^2]\\&=E\left[\left(\sum_{i=1}^{m}\frac{\partial f}{\partial x_i}\Delta x_i-\sum_{i=1}^{m}\frac{\partial f}{\partial x_i}\mu_i\right)^2\right]\\&=\sum_{i=1}^{m}\left(\frac{\partial f}{\partial x_i}\right)^2\cdot\sigma_i^2\end{aligned} \tag{3-18}$$

式中，σ_F^2 为 ΔF 的方差；σ_i^2 为 Δx_i 的方差。式(3－18)即为光学系统结构参数误差对评价函数

贡献量的传递公式。由统计学知道,正态分布的随机变量的线性组合仍为正态分布的随机变量。事实上,由于评价函数与结构参数误差的关系往往是非线性的,所以 ΔF 的分布并非是严格的正态分布。而线性的好坏一般由系统的校正情况而定,非线性误差采用线性近似合成,这样做是为了使问题简化。如果加入二次项进行合成,就要对式(3-15)求至少包含二次项的方差,这一结果是相当复杂的,式中除了包含大量的结构参数相关微分项外,还有许多结构参数的二阶和四阶中心距,要将这些量都计算出来,计算量是相当大的。而用线性近似合成评价函数贡献量,分配出的公差,无非是得不到理论计算的良品率,使其值低于理论计算值,我们可以采用反复迭代的方法在此基础上加以修正。

由上面讨论,我们用线性关系式对公差作一初步分配,然后用模拟抽样检验的方法求出其良品率,根据良品率的大小再进一步对公差进行调整,达到加工难度和良品率之间的合理匹配。所谓公差分配,就是在给定了系统评价函数允差量后,如何确定各结构参数公差的问题。我们令评价函数允差量 $\Delta F_{允}$ 为 ΔF 的3倍方差,即

$$\Delta F_{允}=3\sigma_F \tag{3-19}$$

结构参数公差 T_i 为 Δx_i 的3倍方差,即

$$T_i=3\sigma_i \tag{3-20}$$

式(3-18)可以写成

$$\Delta F_{允}^2=\sum_{i=1}^{m}\left(\frac{\partial f}{\partial x_i}\right)^2 T_i^2 \tag{3-21}$$

如果随机变量严格服从正态分布,那么该随机变量将以99.73%的概率在3倍方差内取值。如果自变量 Δx_i 都服从正态分布,评价函数增量 ΔF 由 Δx_i 严格线性组合,那么 ΔF 也是正态分布的随机变量。假如 $\Delta F>\Delta F_{允}$($\Delta F_{允}=3\sigma_F$)时,就认为产品不合格。如果 Δx_i 的方差按3倍由式(3-21)合成 ΔF 的极限方差(3倍方差),则各结构参数的制造公差可看成其3倍方差,只要加工出的各零件的误差 Δx_i 以99.73%的概率在结构参数公差以内,评价函数的增量 ΔF 将以99.73%的概率在 $\Delta F_{允}$ 以内,也就是说产品合格率等于大于99.73%。实际上,Δx_i 和 ΔF 之间并非严格线性关系,Δx_i 的分布也非严格正态分布,合成的结果,99.73%的良品率是达不到的。

2. 加工工艺平衡权因子分配公差

公差计算中公差分配的原则就是既要满足成像质量要求,又要达到加工可行性的目的,也就是说达到成本与良品率之间的合理匹配。因此,在进行公差计算时,除了要求得到适当的良品率外,还要考虑到加工的工艺性问题。日本人松君采用的是等贡献量分配,即令式(3-21)右边的和式各项相等,使每一个结构参数对像差的贡献量相同,即

$$\left(\frac{\partial f}{\partial x_1}\right)^2 T_1^2=\left(\frac{\partial f}{\partial x_2}\right)^2 T_2^2=\cdots=\left(\frac{\partial f}{\partial x_m}\right)^2 T_m^2 \tag{3-22}$$

则

$$T_i=\frac{\Delta F_{允}}{\sqrt{m}\,\dfrac{\partial f}{\partial x_i}}\,(i=1,\cdots,m) \tag{3-23}$$

这种方法的优点是计算简单,但等贡献量匹配忽略了各种结构参数对像差的灵敏度问题,没有

考虑加工工艺性问题。这样分配出的公差,工艺能力不平衡。例如,假设若系统面间隔变化量为 0.01 mm 时,面间隔中最灵敏的一个量的像差增量为 dF,曲率变化一道圈时,曲率中最灵敏的一个量的像差增量为 5dF。如果按等贡献量分配,最灵敏面间隔的公差为 0.01 mm,最灵敏曲率的光圈公差为 0.2 道圈。显然,这样的结果是不合理的。为此,我们采用不等贡献量分配,用设置权因子来加以控制。设 C_i 为对应 T_i 的权因子,则有

$$C_i t=\frac{\partial f}{\partial x_i}T_i(i=1,\cdots,m) \tag{3-24}$$

将式(3-21)改写成

$$\Delta F_{允}^2=\sum_{i=1}^{m}C_i t^2 \tag{3-25}$$

$$t=\frac{\Delta F_{允}}{\sqrt{\sum_{i=1}^{m}C_i}} \tag{3-26}$$

将式(3-26)代入式(3-24),得

$$T_i=\frac{\sqrt{C_i}\,\Delta F_{允}}{\sqrt{\sum_{i=1}^{m}C_i}\cdot\frac{\partial f}{\partial x_i}},i=1,2,\cdots,m \tag{3-27}$$

由式(3-27)可以看出,T_i 与 $\sqrt{C_i}$ 成正比关系,与 $\frac{\partial f}{\partial x_i}$ 成反比关系。这就是说,权因子给得大,公差就分得宽,对于同一权因子,灵敏度高的结构参数,公差就严些,反之就松些。因为没有结构参数对垂轴像差平方和的解析式,式(3-27)的偏导数采用差分计算为

$$\frac{\partial f}{\partial x_i}=\frac{F-F_0}{x_i-x_{i0}}=\frac{\Delta F}{\Delta x_i},i=1,2,\cdots,m \tag{3-28}$$

设同类结构参数中最灵敏的像差增量为

$$\Delta F_{j\max}=\max(\Delta F_i)\left[i=(j-1)\frac{m}{5}+1,\cdots,j\,\frac{m}{5}\right] \tag{3-29}$$

式(3-29)中,j 表示结构参数种类,j 取 1,2,⋯,5 分别表示曲率,面间隔,⋯⋯,面倾斜等。新的权因子等于曲率的 $\Delta F_{1\max}$ 除各类结构参数的 $\Delta F_{j\max}$ 的平方为

$$C_j=\left(\frac{\Delta F_{j\max}}{\Delta F_{1\max}}\right)^2,j=1,\cdots,5 \tag{3-30}$$

将式(3-29)、式(3-28)、式(3-30)代入式(3-27),得

$$T_i=\frac{\sqrt{\left(\frac{\Delta F_{j\max}}{\Delta F_{1\max}}\right)^2}\cdot\Delta F_{允}}{\sqrt{\frac{m}{5}\sum_{j=1}^{5}\left(\frac{\Delta F_{j\max}}{\Delta F_{1\max}}\right)^2}\cdot\frac{\Delta F_i}{\Delta x_j}}$$

$$=\frac{\Delta F_{j\max}\cdot\Delta F_{允}\cdot\Delta x_j}{\sqrt{\frac{m}{5}\sum_{j=1}^{5}\Delta F_{j\max}}\cdot\Delta F_i} \tag{3-31}$$

当求各种结构参数最灵敏参数的公差时，即 $\Delta F_{j\max}=\Delta F_j$，则有

$$T_i=\frac{\Delta x_j \cdot \Delta F_{允}}{\sqrt{\frac{m}{5}\sum_{j=1}^{5}\Delta F_{j\max}}} \tag{3-32}$$

式(3-32)说明，每种结构参数最灵敏面的公差 T_i 与该种参数的增量 Δx_j 成正比，公式中的其他值对各种参量都是一样的。因此，最灵敏面的公差 T_i 由这种参数的增量 Δx_i 决定。由于上式右边 Δx_j 还乘有两个常数，所以，最灵敏面的公差不一定取在工艺能力的下限，有时可能低于下限。同时，不灵敏面的公差也许会太宽。例如，光圈宽到10道圈以上、面间隔公差在毫米级时这样宽的要求对加工并不带来明显的经济成本下降，然而给出这样宽的公差却要用一定的评价函数增量作为代价，这是很不合算的。因此，应该设置一个各种结构参数公差的上下限，对分配出的公差加以限制。使公差分配在工艺上、下限内。不同类型和档次的系统的公差差异很大，应分别规定不同的工艺上、下限。我们制定了12个工艺上、下限，它们的关系见表3-1。

表3-1 典型系统的工艺上下限

系统类型	精度	公差限	光圈 N	面间距/mm	面倾角/(′)
显微系统	1	上	0.5	0.005	0.1
		下	2	0.02	2.0
	2	上	1	0.01	0.5
		下	3	0.05	3.0
	3	上	2	0.02	1.0
		下	5	0.10	5.0
照相系统	1	上	1	0.01	0.2
		下	3	0.03	3.0
	2	上	2	0.02	0.5
		下	5	0.06	5.0
	3	上	3	0.05	3.0
		下	7	0.15	8.0
望远系统	1	上	2	0.05	2.0
		下	4	0.10	4.0
	2	上	3	0.10	3.0
		下	5	0.20	6.0
	3	上	4	0.10	5.0
		下	10	0.30	8.0

续表

系统类型	精度	公差限	光圈 N	面间距/mm	面倾角/(′)
聚光系统 目视系统	1	上	2	0.05	3.0
		下	4	0.10	6.0
	2	上	3	0.10	5.0
		下	6	0.30	8.0
	3	上	5	0.20	6.0
		下	15	0.50	15.0

在前面的讨论中，一直把折射率和色散的误差看作是随机误差。其实，在实际生产过程中，生产一批零件的材料是一次按规定类级投料的，同一种类级的材料几乎是同一炉的玻璃。各块零件的折射率几乎是相同的，色散也是如此。因此，折射率和色散的误差不应看作随机的，而应看作是系统误差。系统误差的大小是可以预先知道的，它的数值不是固定的就是有规律变化的，所以有可能减小或消除这种误差。

我们所使用的每种玻璃，即使是同一炉的玻璃，各块玻璃的折射率和色散也会出现偏差。生产某一类级的玻璃，按照国家标准，规定它的折射率和色散不能超过最大的允许偏差值$\pm\delta n_d$和$\pm\delta n_{FC}$，而某一块这类玻璃，其折射率和色散的实际偏差则分别取在$-\delta n_d\sim+\delta n_d$和$-\delta n_{FC}\sim+\delta n_{FC}$之间的某一数。若从最坏的情况考虑，分别取$-\delta n_d$和$+\delta n_d$，计算这一折射率具有误差的系统，取使评价函数增加最大的那一边界值(即取“+”或“−”)作为这块透镜的玻璃材料的折射率误差，同时对色散也作同样的处理。这样，按照先后顺序分别计算各块透镜的玻璃材料的误差可能引起的评价函数的最大增量为

$$\Delta F_i=\max[\Delta F(\delta n_{di}),\Delta F(-\delta n_{di})]+\max[\Delta F(\delta n_{FCi}),\Delta F(-\delta n_{FCi})],i=1,2,\cdots,N \tag{3-33}$$

$$\Delta F_{sum}=\sum_{i=1}^{N}\Delta F_i \tag{3-34}$$

式中，$\Delta F(\pm\delta n_{di})$，$\Delta F(\pm\delta n_{FCi})$为第$i$块透镜的折射率和色散，分别改变$\pm\delta n_{di}$，$\pm\delta n_{FCi}$时评价函数的增量；$N$为整个光学系统中所拥有的透镜片数；$\Delta F_{sum}$为各块透镜的玻璃材料的折射率和色散在规定类级后出现偏差时可能引起的评价函数最大增量之和。

显然，如果直接按式(3-33)和式(3-34)计算的结果作为由于玻璃材料的误差所造成的系统误差是很保守的。考虑到折射率的偏差在$-\delta n_d\sim+\delta n_d$和色散在$-\delta n_{FC}\sim+\delta n_{FC}$之间取值的随机性，可以把$\Delta F_{sum}$乘上$\frac{1}{\sqrt{N}}$后作为系统误差，从允许误差中去除，即

$$\Delta F'_P=\Delta F_P-\Delta F_{sum}\cdot\frac{1}{\sqrt{N}} \tag{3-35}$$

式中，ΔF_P为评价函数的允许误差；$\Delta F'_P$为去除玻璃材料的系统误差以后评价函数的允许误差；N为系统中透镜的片数。

以上讨论可用流程图3-4表示。

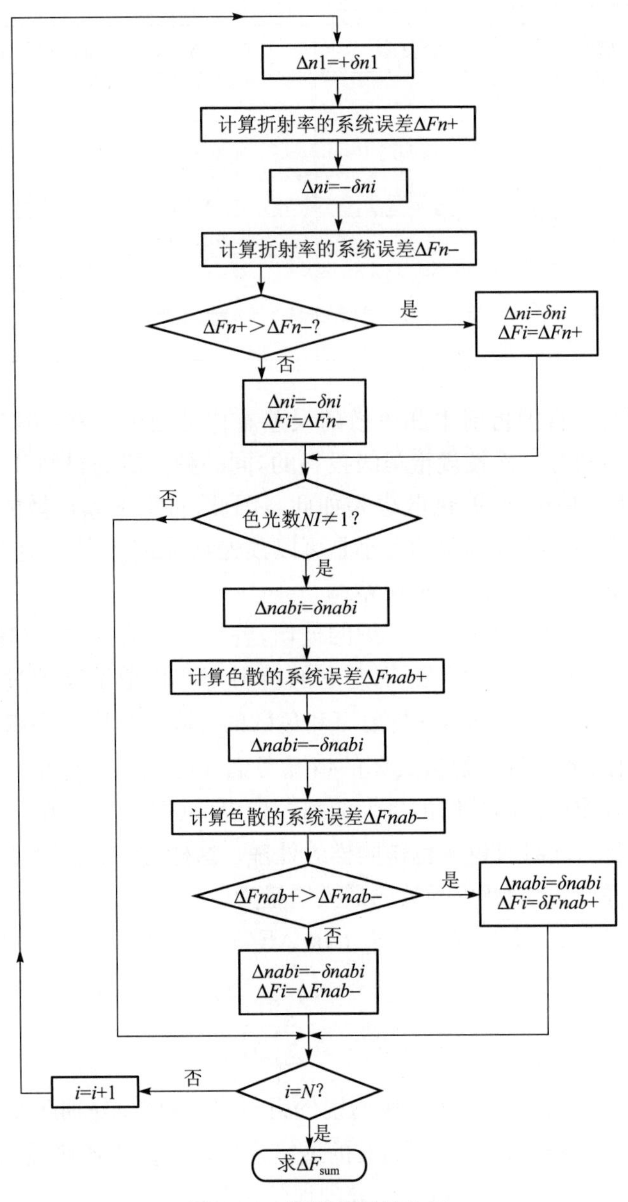

图3-4 折射率误差分析

3.4 公差设计中的随机模拟检验

当公差给定以后,就需要检验公差的分配是否合理可行。最可靠的方法当然是通过实际生产制造出产品来进行实物检验,尽管其结果是可靠的,但通常不可能一下就能保证公差给得合理,这就意味着给出的公差作废,将耗费大量的时间和人力、物力。我们采用了蒙特卡洛方法,在计算机上产生随机数来模拟零件制造和装配误差,检验产品的合格率。

1. 蒙特卡洛方法在公差检验中的应用

(1) 蒙特卡洛方法的基本思想

蒙特卡洛方法也称为随机模拟方法或统计试验方法。其基本思想是，为了求解数学、物理、工程技术以及生产管理等方面的问题，首先建立一个管理模型，使它的参数等于问题的解，然后通过对模型的观察和抽样试验来计算所求参数的统计特征，最后给出所求解的近似值。蒙特卡洛方法在求解实际问题中，大体有如下几个步骤：

① 对求解的问题建立简单而又便于实现的统计模型，使所求的解恰好是所建立的模型的管理分布或数学期望。

② 建立对随机变量的抽样方法，包括建立伪随机数的方法和建立对所遇到的分布产生随机变量的随机抽样方法。

③ 给出所求解的统计估计值及其方差或标准误差。

用蒙特卡洛方法进行随机模拟检验，需要产生各种概率分布的随机变量，而必须产生的随机变量是在[0,1]上均匀分布的随机变量，[0,1]上均匀分布的随机变量抽样值即为随机数。其他分布的随机变量抽样都是借助于随机数来实现的，因此，随机数是随机抽样必不可少的基本工具。

产生随机数有多种方法，其中在计算机上用数学方法产生随机数是目前广泛采用的方法。这种随机数是根据确定的递推公式求得的，存在着周期现象。一旦初值确定下来，所有的随机数就被唯一地确定了。这不满足真正随机数的要求，所以常称这种方法为伪随机数。这种方法的优点是借助于递推公式，只需要在计算机中存储一个或几个初值即可产生，速度快。对于实际应用来说，一方面要注意随机数的随机性要好，容易实现；另一方面也要注意随机数的周期要尽量的长。产生伪随机数有多种方法，其中常用的是乘同余法。其迭代公式为

$$x_{n+1}=\lambda x_n(\mathrm{mod}M) \tag{3-36}$$

$$r_n=x_n\cdot M^{-1} \tag{3-37}$$

式中，$M=2^S$，S 为计算机字长；当 $n=0$ 时，x_0 为迭代初值，最好随机地选取一个 $4q+1$ 型的数，q 为任意整数；λ 取成 5^{2K+1} 型的正整数，其中 K 为使 5^{2K+1} 在计算机上所能容纳的最大奇数。乘同余法具有随机性能好、指令少、省时、周期长等优点。

随机变量抽样是指由已知分布的总体中产生简单子样，产生伪随机数实际上就是由均匀分布的总体中产生简单子样，因此，它属于随机变量抽样中的一个特殊情况。随机变量的抽样方法很多，有直接抽样法、舍选抽样方法、复合抽样方法、近似抽样方法、变换抽样方法等。我们这里用到的是直接抽样方法和近似抽样方法。

① 连续型分布的直接抽样方法。连续型分布的一般形式为

$$F(x)=\int_{-\infty}^{x}f(x)\mathrm{d}x \tag{3-38}$$

式中，$f(x)$为密度函数，如果分布函数的反函数存在，则有连续型分布的直接抽样方法为

$$\xi_F=F^{-1}(r) \tag{3-39}$$

例如，r 为[0,1]上均匀分布的随机变量，由它产生$[a,b]$上均匀分布的随机变量 ξ_F，$[a,b]$上均匀分布的随机变量 ξ_F 的密度函数为

$$f(x)=\begin{cases}\dfrac{1}{b-a}, & x\in[a,b]\\ 0, & 其他\end{cases} \tag{3-40}$$

则

$$r=\int_{a}^{\xi_F}\frac{1}{b-a}\mathrm{d}x=\frac{\xi_F-a}{b-a} \tag{3-41}$$

故有

$$\xi_F=(b-a)\cdot r+a \tag{3-42}$$

② 用近似抽样方法产生正态分布的随机变量。近似抽样方法有多种多样，其中一种是根据连续型分布的直接抽样，对分布函数的反函数 $F^{-1}(r)$ 给出近似计算方法，用 $F^{-1}(r)$ 的近似值代替 $\xi_F=F^{-1}(r)$。对于正态分布来说，若 r 服从[0,1]上的均匀分布，则可构成随机变量为

$$x=\begin{cases}\sqrt{-2\ln r}, & 0<r\leqslant 0.5\\ \sqrt{-2\ln(1-r)}, & 0.5<r<1\end{cases} \tag{3-43}$$

令

$$\xi_F=\begin{cases}x-\dfrac{a_0+a_1x+a_2x^2}{1+b_1x+b_2x^2+b_3x^3}, & 0<r\leqslant 0.5\\ \dfrac{a_0+a_1x+a_2x^2}{1+b_1x+b_2x^2+b_3x^3}-x, & 0.5<r<1\end{cases} \tag{3-44}$$

其中，$a_0=2.515\ 517$，$a_1=0.802\ 853$，$a_2=0.010\ 328$；

$b_1=1.432\ 78$，$b_2=0.189\ 269$，$b_3=0.001\ 308$。

(2) 用蒙特卡洛方法进行公差检验

人们通过大量研究已经知道，零件的制造和装配误差是随机的，并服从一定均值 μ 和方差σ的正态分布，如图 3-5 所示。μ 和 σ 如何取值，应该根据实际情况而定。在生产过程中，光圈一般都控制在低光圈(负光圈)，因为负光圈的加工容易控制，并便于返修。因此曲率的误差分布可近似看成是均值 $\mu=-T_i/2$，方差 σ 使得 $3\sigma=T_i/2$ 的正态分布，面间距和面倾角的误差可以看作均值 $\mu=0$，方差 σ 使得 $3\sigma=T_i$ 的正态分布，面倾斜的方位角则服在[0°, 360°]上的均匀分布。

按照蒙特卡洛方法的基本步骤，建立了数学模型后，就应该产生伪随机数进行随机抽样。可以首先利用式(3-36)、式(3-37)迭代产生[0,1]上均匀分布的伪随机数，再利用式(3-42)进行随机抽样，即把伪随机数转化为服从不同概率分布的随机变量，作为各结构参数的随机误差，把这些结构参数的随机扰动量合成到对应的结构参数上，得到一个有加工和装配误差的新系统，相当于实际生产过程中的一个实物产品，然后利用线性近似方法，计算此系统的评价函数，并判断是否越出评价函数的允许值，在允限内的产品为合格产品，否则为废品。抽样完成一定数量的产品之后，把总的合格品个数除以总试验次数，即可得到按此种公差进行生产可能得到的良品率。

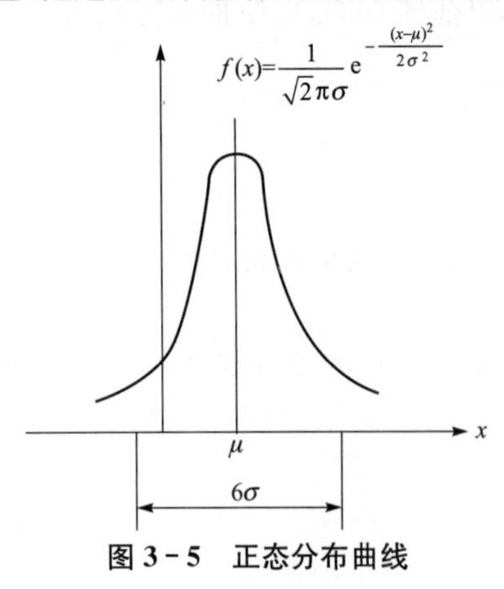

图 3-5　正态分布曲线

2. 调整装配过程的模拟

到目前为止，已经可以利用前面讨论的内容设计好系统并加工制造出需要的零件，最后一个步骤就是把加工好的零件装配起来，形成一个完整的仪器。装配过程是对空气间隔、面倾角公差的控制、检验和调整过程。所谓调整，

就是在装配一个产品时，通过改变结构中某一组元件的尺寸或位置，如某一空气间隔的大小或某一组透镜的偏心大小，以满足此产品的成像质量要求。在所有的结构参数中，曲率、折射率、色散、透镜厚度在装配时是固定的，而空气间隔和面倾角及其倾斜方位是可以调整的。我们把可以改变的参数称为调整环节，把调整环节的变化大小称为调整量。

调整有两个含义：一是如透镜厚度与空气间隔误差正负值的最优调整配合，使得对像差影响最小；二是可以有意识地调整某些调整环节，改变某些像差，达到特殊要求。调整环节的选择必须根据不同的系统和要求而定，可以是一个也可以是多个。如果要调整整个系统的偏心像差，可以通过调整某一透镜组的横向位置来实现；如果要调整整个系统的球差或彗差，可以通过变化某一个或两个空气间隔的大小来实现。那么，怎么样选择呢？哪个调整环节作为某个像差的调整环节，可以通过计算系统的像差变化量表得到。一般来说，某一像差的调整环节应该是对这种像差比较灵敏的，当然，还应该注意到调整机构设计的难易程度。

任何事物都有正反两个方面，调节装配法不需要任何补充加工，有了调整环节后，对光学零件的加工误差可以稍微放松。但是，由于增加了调整环节，结构较复杂，结构的稳定性较差，而且调整装配的技术要求也比较高。因此，调整装配必须具体情况具体分析，对于那些要求比较低、结构比较简单的系统，可能不需要进行调整；而对于那些较复杂且又有较高精度要求的系统，就必须考虑在装配过程中采用调整的措施。

调整环节的优配可以通过计算每种调整环节下的正负两种误差状态，求出在这种正负配合下调整环节对像差的影响。这种方法的计算量太大，是不现实的。这一问题可以通过正交试验法得到解决。正交试验法就是利用数理统计学观点，应用正交性原理，从大量的试验点中挑选适量的、具有代表性典型性的试验点，用正交表来合理安排试验的一种方法。它具有“均衡分散性”和“整齐可比性”。我们采用的是另一种方法，即利用最小二乘法求解，在计算机上直接进行模拟调整过程。下面详细讨论。

模拟调整装配过程可以采用与前面求解最佳像面时类似的方法，当加入调整环节后，式(3-4)、式(3-5)变为

$$\begin{cases}\delta y_i^* = \delta y_i + \dfrac{\partial \delta y_i}{\partial x_1}\cdot \Delta x_1' + \dfrac{\partial \delta y_i}{\partial x_2}\cdot \Delta x_2' + \cdots + \dfrac{\partial \delta y_i}{\partial x_k}\cdot \Delta x_k' + \left(\dfrac{\beta_i}{\alpha_i} - \dfrac{\beta_z}{\alpha_z}\right)\mathrm{d}s \\ \delta z_i^* = \delta z_i + \dfrac{\partial \delta z_i}{\partial x_1}\cdot \Delta x_1' + \dfrac{\partial \delta z_i}{\partial x_2}\cdot \Delta x_2' + \cdots + \dfrac{\partial \delta z_i}{\partial x_k}\cdot \Delta x_k' + \left(\dfrac{\gamma_i}{\alpha_i} - \dfrac{\gamma_z}{\alpha_z}\right)\mathrm{d}s\end{cases} \tag{3-45}$$

其中，$\Delta x_j'$ 为调整环节的调整量；$\dfrac{\partial \delta y_i}{\partial x_j}$，$\dfrac{\partial \delta z_i}{\partial x_j}$ 为垂轴像差对调整环节的灵敏度，这里以差商近似替代偏导数，即

$$\frac{\partial \delta y_i}{\partial x_j} = \frac{\Delta \delta z_i}{\Delta x_j} \qquad \frac{\partial \delta z_i}{\partial x_j} = \frac{\Delta \delta z_i}{\Delta x_j} \tag{3-46}$$

式中，$\Delta\delta y_i$，$\Delta\delta z_i$ 为调整环节作微量扰动时垂轴像差的改变量。当偏心作为调整环节时，则分别考虑子午和弧矢两个方向的调整作用，也就是说调整系统的偏心时，是从某元件的两个相互垂直的方向来完成的，因为任意方向的调整都可以分解到这两个互相垂直的方向上来。

式(3-45)加权以后得

$$\begin{cases}\delta y_i^* \sqrt{\mu_i}=\left[\delta y_i+\dfrac{\partial\delta y_i}{\partial x_1}\cdot\Delta x_1'+\dfrac{\partial\delta y_i}{\partial x_2}\cdot\Delta x_2'+\cdots+\dfrac{\partial\delta y_i}{\partial x_k}\cdot\Delta x_k'+\left(\dfrac{\beta_i}{\alpha_i}-\dfrac{\beta_Z}{\alpha_Z}\right)\mathrm{d}s\right]\cdot\sqrt{\mu_i}\\ \delta z_i^* \sqrt{\mu_i}=\left[\delta z_i+\dfrac{\partial\delta z_i}{\partial x_1}\cdot\Delta x_1'+\dfrac{\partial\delta z_i}{\partial x_2}\cdot\Delta x_2'+\cdots+\dfrac{\partial\delta z_i}{\partial x_k}\cdot\Delta x_k'+\left(\dfrac{\gamma_i}{\alpha_i}-\dfrac{\gamma_Z}{\alpha_Z}\right)\mathrm{d}s\right]\cdot\sqrt{\mu_i}\end{cases} \tag{3-47}$$

令

$$\boldsymbol{\varphi}=\begin{bmatrix}\delta y_1^*\cdot\sqrt{\mu_1}\\ \delta z_1^*\cdot\sqrt{\mu_1}\\ \vdots\\ \delta y_n^*\cdot\sqrt{\mu_n}\\ \delta z_n^*\cdot\sqrt{\mu_n}\end{bmatrix},\boldsymbol{\Delta F}=\begin{bmatrix}\delta y_1\cdot\sqrt{\mu_1}\\ \delta z_1\cdot\sqrt{\mu_1}\\ \vdots\\ \delta y_n\cdot\sqrt{\mu_n}\\ \delta z_n\cdot\sqrt{\mu_n}\end{bmatrix},\boldsymbol{\Delta X}=\begin{bmatrix}\Delta x_1'\\ \Delta x_2'\\ \vdots\\ \Delta x_k'\\ \mathrm{d}s\end{bmatrix} \tag{3-48}$$

$$\boldsymbol{A}=\begin{bmatrix}\dfrac{\Delta\delta y_1}{\Delta x_1}\cdot\sqrt{\mu_1} & \dfrac{\Delta\delta y_1}{\Delta x_2}\cdot\sqrt{\mu_1} & \cdots & \dfrac{\Delta\delta y_1}{\Delta x_k}\cdot\sqrt{\mu_1} & \left(\dfrac{\beta_1}{\alpha_1}-\dfrac{\beta_z}{\alpha_z}\right)\cdot\sqrt{\mu_1}\\ \dfrac{\Delta\delta z_1}{\Delta x_1}\cdot\sqrt{\mu_1} & \dfrac{\Delta\delta z_1}{\Delta x_2}\cdot\sqrt{\mu_1} & \cdots & \dfrac{\Delta\delta z_1}{\Delta x_k}\cdot\sqrt{\mu_1} & \left(\dfrac{\gamma_1}{\alpha_1}-\dfrac{\gamma_z}{\alpha_z}\right)\cdot\sqrt{\mu_1}\\ & & \vdots & & \\ \dfrac{\Delta\delta y_n}{\Delta x_1}\cdot\sqrt{\mu_n} & \dfrac{\Delta\delta y_n}{\Delta x_2}\cdot\sqrt{\mu_n} & \cdots & \dfrac{\Delta\delta y_n}{\Delta x_k}\cdot\sqrt{\mu_n} & \left(\dfrac{\beta_n}{\alpha_n}-\dfrac{\beta_z}{\alpha_z}\right)\cdot\sqrt{\mu_n}\\ \dfrac{\Delta\delta z_n}{\Delta x_1}\cdot\sqrt{\mu_n} & \dfrac{\Delta\delta z_n}{\Delta x_2}\cdot\sqrt{\mu_n} & \cdots & \dfrac{\Delta\delta z_n}{\Delta x_k}\cdot\sqrt{\mu_n} & \left(\dfrac{\gamma_n}{\alpha_n}-\dfrac{\gamma_z}{\alpha_z}\right)\cdot\sqrt{\mu_n}\end{bmatrix} \tag{3-49}$$

则式(3-47)变为

$$\boldsymbol{\phi}=\boldsymbol{\Delta F}+\boldsymbol{A}\cdot\boldsymbol{\Delta X} \tag{3-50}$$

$$\phi=\boldsymbol{\varphi}^{\mathrm{T}}\boldsymbol{\varphi}=(\boldsymbol{\Delta F}+\boldsymbol{A}\cdot\boldsymbol{\Delta X})^{\mathrm{T}}(\boldsymbol{\Delta F}+\boldsymbol{A}\cdot\boldsymbol{\Delta X}) \tag{3-51}$$

求式(3-51)的最小二乘解,即式(3-51)两边对 $\boldsymbol{\Delta X}$ 求导,并令其等于0,得

$$\boldsymbol{\Delta X}=-(\boldsymbol{A}^{\mathrm{T}}\boldsymbol{A})^{-1}\boldsymbol{A}^{\mathrm{T}}\cdot\boldsymbol{\Delta F} \tag{3-52}$$

式(3-52)即为求解调整过程中调整环节的调整量大小的公式。由于 ds 也包含在 $\boldsymbol{\Delta X}$ 中,因此,实际上像面位移也是一个调整环节。对于某些调整环节来说,是在一定范围内调整的。根据式(3-52)解出的调整量有可能超出调整范围,对于这样的调整环节,应该把它冻结在边界上。有了调整量就可以利用式(3-47)求出调整以后系统的垂轴像差大小,得到评价函数,然后再判断它是否超出允差限,并计算合格产品的个数和良品率,整个模拟过程就完成了。

3.5 公差设计中的偏心光路追迹

透镜偏心,对于共轴光学系统来说,是影响成像质量的诸多误差因素中比较严重的。为了能够合理地计算偏心光学系统的公差和进行随机模拟试验,必须解决偏心系统的光路追迹问题。

根据现行的国家标准,透镜的中心误差采用面倾角 χ 来表示,它指的是光学表面顶点处

的法线与基准轴的夹角。但现在大多数光学单位在生产上所沿用的仍然是传统的透镜中心偏c。以透镜成像为依据，在透镜绕外圆作定轴转动时，透镜的焦点像的扫描半径即为透镜的中心偏c。如图3-6所示，x_1x_2为系统的基准轴（由镜筒中心轴确定），AB和EF分别为透镜的第一和第二球面，c_1、c_2分别为第一和第二球面的球心，c_1c_2为偏心透镜的光轴，H'为偏心透镜的像方主点，r_1、r_2分别为第一和第二球面的半径，χ_1、χ_2分别为第一和第二球面的面倾角，传统的偏心c为MN。当透镜光轴c_1c_2绕后主点M旋转时，将得到第一、第二球面不同的χ_1、χ_2，但传统的算法对应的偏心c是相同的，由像差增量得知，面倾角不同时，对应的偏心像差增量是不同的，所以用c表示偏心不能全面地反映偏心量对像差的影响。偏心量这种度量的实质是规定和限制了透镜的光心（即透镜的后主点）对定位轴的偏离量。它说明了透镜光心的共轴状况，并不表明透镜光轴的共轴特性，换句话说，这种度量只反映了透镜光心的共轴性，而不能反映光学成像的共轴性。因此，这种中心偏的定义是含糊不清的，其作用效果也是不尽完善的，特别是对于高质量的精密系统显得更为突出，故传统的中心偏应尽量改为用面倾角来表示。在北京理工大学研发的SOD88软件中，偏心公差就是用面倾角来标定的。在公差分配完后，要对有误差的系统进行模拟检验，因为面倾角在空间均匀分布，就应该有计算空间任意方位面倾角的公式，本节就讨论这个问题。

1. 空间面倾斜和顶点偏心的坐标变换法

空间任意的面倾斜可以分解成在三维坐标系(x,y,z)中分别绕不同的轴旋转而得到的。如图3-7所示，假设(x,y,z)坐标先绕x轴旋转θ角，得到(x',y',z')坐标系，坐标变换式为

$$\begin{bmatrix} x' \\ y' \\ z' \end{bmatrix} = \begin{bmatrix} 1 & 0 & 0 \\ 0 & \cos\theta & \sin\theta \\ 0 & -\sin\theta & \cos\theta \end{bmatrix} \begin{bmatrix} x \\ y \\ z \end{bmatrix} \tag{3-53}$$

θ角表示面倾斜的方位，我们把它称为偏心的方位角。θ角有符号规则，其方向是面对x轴从旧坐标系(x,y,z)逆时针转到新坐标系(x',y',z')为正，反之为负。

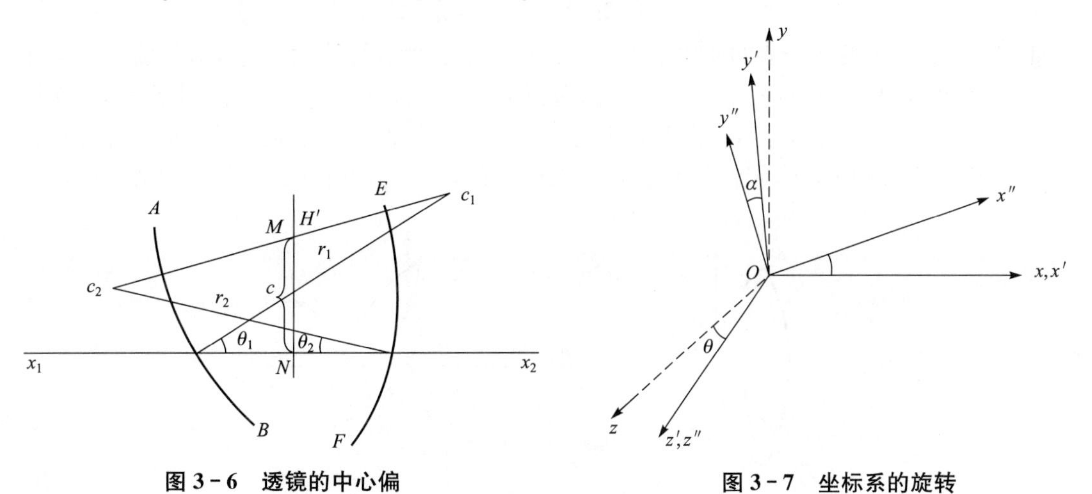

图3-6 透镜的中心偏　　图3-7 坐标系的旋转

再使(x',y',z')绕z'轴转α角，得到坐标系(x'',y'',z'')。其坐标变换式为

$$\begin{bmatrix} x'' \\ y'' \\ z'' \end{bmatrix} = \begin{bmatrix} \cos\alpha & \sin\alpha & 0 \\ -\sin\alpha & \cos\alpha & 0 \\ 0 & 0 & 1 \end{bmatrix} \begin{bmatrix} x' \\ y' \\ z' \end{bmatrix} \tag{3-54}$$

α 即为此面的面倾斜(偏心)的大小。

把式(3-53)代入式(3-54),即可得到由坐标系(x,y,z)直接转换到(x'',y'',z'')坐标系的变换式为

$$\begin{aligned} \begin{bmatrix} x'' \\ y'' \\ z'' \end{bmatrix} &= \begin{bmatrix} \cos\alpha & \sin\alpha & 0 \\ -\sin\alpha & \cos\alpha & 0 \\ 0 & 0 & 1 \end{bmatrix} \begin{bmatrix} x' \\ y' \\ z' \end{bmatrix} \\ &= \begin{bmatrix} \cos\alpha & \sin\alpha & 0 \\ -\sin\alpha & \cos\alpha & 0 \\ 0 & 0 & 1 \end{bmatrix} \begin{bmatrix} 1 & 0 & 0 \\ 0 & \cos\theta & \sin\theta \\ 0 & -\sin\theta & \cos\theta \end{bmatrix} \begin{bmatrix} x \\ y \\ z \end{bmatrix} \\ &= \begin{bmatrix} \cos\alpha & \sin\alpha\cos\theta & \sin\alpha\sin\theta \\ -\sin\alpha & \cos\alpha\cos\theta & \cos\alpha\sin\theta \\ 0 & -\sin\theta & \cos\alpha \end{bmatrix} \begin{bmatrix} x \\ y \\ z \end{bmatrix} = [\boldsymbol{T}] \begin{bmatrix} x \\ y \\ z \end{bmatrix} \end{aligned} \tag{3-55}$$

式中,

$$[\boldsymbol{T}] = \begin{bmatrix} \cos\alpha & \sin\alpha\cos\theta & \sin\alpha\sin\theta \\ -\sin\alpha & \cos\alpha\cos\theta & \cos\alpha\sin\theta \\ 0 & -\sin\theta & \cos\alpha \end{bmatrix} \tag{3-56}$$

是坐标系(x,y,z)中一点的坐标变换到(x'',y'',z'')坐标系中的变换公式。同样,方向余弦也可以利用式(3-55)由坐标系(x,y,z)直接转换到(x'',y'',z'')坐标系,即

$$\begin{bmatrix} \alpha'' \\ \beta'' \\ \gamma'' \end{bmatrix} = \begin{bmatrix} \cos\alpha & \sin\alpha\cos\theta & \sin\alpha\sin\theta \\ -\sin\alpha & \cos\alpha\cos\theta & \cos\alpha\sin\theta \\ 0 & -\sin\theta & \cos\alpha \end{bmatrix} \begin{bmatrix} \alpha \\ \beta \\ \gamma \end{bmatrix} = [\boldsymbol{T}] \begin{bmatrix} \alpha \\ \beta \\ \gamma \end{bmatrix} \tag{3-57}$$

图3-8所示为变换公式的使用过程。(x_0,y_0,z_0)为所要计算面(x,y,z)的前一面坐标,假定有一条光线 A 通过点(x_1,y_1,z_1),方向余弦为(α,β,γ),(x_1,y_1,z_1)点对于(x,y,z)坐标系的值为$((x_1-d),y_1,z_1)$,方向余弦不变。当(x,y,z)坐标系的曲面倾斜 α 角时,相当于(x,y,z)坐标系转到了(x'',y'',z'')坐标系。$((x_1-d),y_1,z_1)$点在(x'',y'',z'')坐标系的坐标

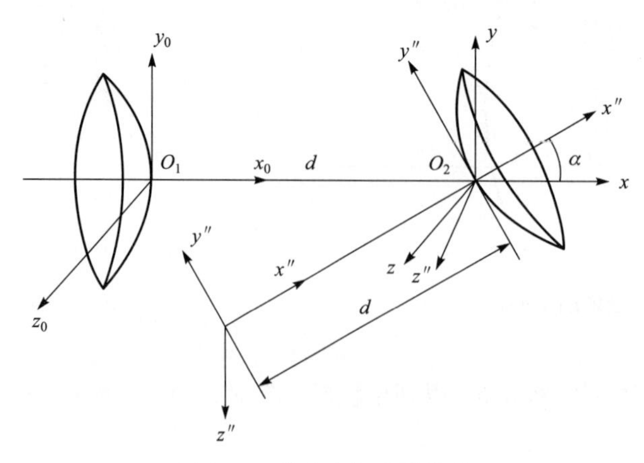

图3-8 旋转和平移的变换

值为(x_1'',y_1'',z_1'')，其方向余弦为$(\alpha'',\beta'',\gamma'')$，有

$$\begin{bmatrix} x_1'' \\ y_1'' \\ z_1'' \end{bmatrix} = [\boldsymbol{T}] \begin{bmatrix} x_1 - d \\ y_1 \\ z_1 \end{bmatrix} \tag{3-58}$$

$$\begin{bmatrix} \alpha'' \\ \beta'' \\ \gamma'' \end{bmatrix} = [\boldsymbol{T}] \begin{bmatrix} \alpha \\ \beta \\ \gamma \end{bmatrix} \tag{3-59}$$

由于光路追迹矢量公式计算中所给的初值是在(x'',y'',z'')坐标系沿负向移d距离处的坐标值，故矢量追迹公式的坐标值应为$((x_1''+d),y_1'',z_1'')$，方向余弦为$(\alpha'',\beta'',\gamma'')$。当用矢量公式计算完入射倾斜曲面光线的坐标和方向余弦后，为了便于后一面的计算，应将倾斜坐标系和方向余弦反变换到(x,y,z)坐标系。因此可对式(3-58)和式(3-59)进行逆变换得到，即

$$\begin{bmatrix} x \\ y \\ z \end{bmatrix} = [\boldsymbol{T}]^{-1} \begin{bmatrix} x'' \\ y'' \\ z'' \end{bmatrix} = [\boldsymbol{T}]^{\mathrm{T}} \begin{bmatrix} x'' \\ y'' \\ z'' \end{bmatrix} \tag{3-60}$$

$$\begin{bmatrix} \alpha \\ \beta \\ \gamma \end{bmatrix} = [\boldsymbol{T}]^{-1} \begin{bmatrix} \alpha'' \\ \beta'' \\ \gamma'' \end{bmatrix} = [\boldsymbol{T}]^{\mathrm{T}} \begin{bmatrix} \alpha'' \\ \beta'' \\ \gamma'' \end{bmatrix} \tag{3-61}$$

式中，$[\boldsymbol{T}]^{\mathrm{T}}$为$[\boldsymbol{T}]$的转置矩阵，由于直角坐标系中的变换矩阵为规化正交矩阵，故其逆矩阵$[\boldsymbol{T}]^{-1}$等价于其转置矩阵，有

$$[\boldsymbol{T}]^{-1} = [\boldsymbol{T}]^{\mathrm{T}} = \begin{bmatrix} \cos\alpha & -\sin\alpha & 0 \\ \sin\alpha\cos\theta & \cos\alpha\cos\theta & -\sin\theta \\ \sin\alpha\sin\theta & \cos\alpha\sin\theta & \cos\theta \end{bmatrix} \tag{3-62}$$

2. 顶点偏心的坐标变换

顶点偏心是指球面顶点在垂轴方向偏离光轴的大小。在进行调整装配的过程中，有可能把某一元件的偏心作为调整环节来调整整个系统的偏心，此时就会遇到整个光学元件垂直于光轴方向微量移动时的光路追迹问题。坐标系(x',y',z')分别在y,z方向上偏离原坐标系(x,y,z)一个微量y_D和z_D，即

$$\begin{cases} x' = x \\ y' = y - y_D \\ z' = z - z_D \end{cases} \tag{3-63}$$

改写为

$$\begin{bmatrix} x' \\ y' \\ z' \end{bmatrix} = \begin{bmatrix} x \\ y \\ z \end{bmatrix} - \begin{bmatrix} 0 \\ y_D \\ z_D \end{bmatrix} = \begin{bmatrix} x \\ y \\ z \end{bmatrix} - [\boldsymbol{T}_1] \tag{3-64}$$

式中，$[\boldsymbol{T}_1] = \begin{bmatrix} 0 \\ y_D \\ z_D \end{bmatrix}$为顶点偏心的大小，此时方向余弦不变。由式(3-53)、式(3-54)、式(3-55)和式(3-64)，综合两种情况，可以得统一变换式为

$$\begin{bmatrix} x'' \\ y'' \\ z'' \end{bmatrix} = \begin{bmatrix} \cos\alpha & \sin\alpha\cos\theta & \sin\alpha\sin\theta \\ -\sin\alpha & \cos\alpha\cos\theta & \cos\alpha\sin\theta \\ 0 & -\sin\theta & \cos\alpha \end{bmatrix} \left\{ \begin{bmatrix} x \\ y \\ z \end{bmatrix} - \begin{bmatrix} 0 \\ y_D \\ z_D \end{bmatrix} \right\}$$

$$= [\boldsymbol{T}] \left\{ \begin{bmatrix} x \\ y \\ z \end{bmatrix} - [\boldsymbol{T}_1] \right\} \tag{3-65}$$

$$\begin{bmatrix} \alpha'' \\ \beta'' \\ \gamma'' \end{bmatrix} = [\boldsymbol{T}] \begin{bmatrix} \alpha \\ \beta \\ \gamma \end{bmatrix} \tag{3-66}$$

综上所述,具有面倾斜和顶点位移的系统的坐标变换为

$$\begin{bmatrix} x'' \\ y'' \\ z'' \end{bmatrix} = [\boldsymbol{T}] \left\{ \begin{bmatrix} x-d \\ y \\ z \end{bmatrix} - [\boldsymbol{T}_1] \right\} \tag{3-67}$$

$$\begin{bmatrix} \alpha'' \\ \beta'' \\ \gamma'' \end{bmatrix} = [\boldsymbol{T}] \begin{bmatrix} \alpha \\ \beta \\ \gamma \end{bmatrix} \tag{3-66}$$

逆变换为

$$\begin{bmatrix} x \\ y \\ z \end{bmatrix} = [\boldsymbol{T}]^{\mathrm{T}} \begin{bmatrix} x''+d \\ y'' \\ z'' \end{bmatrix} + [\boldsymbol{T}_1] \tag{3-68}$$

$$\begin{bmatrix} \alpha \\ \beta \\ \gamma \end{bmatrix} = [\boldsymbol{T}] \begin{bmatrix} \alpha'' \\ \beta'' \\ \gamma'' \end{bmatrix} \tag{3-69}$$

3. 偏心球面光路追迹

用坐标变换的方法来计算面倾斜像差的好处是它能适用于非球面,但当计算光线较多时,特别是模拟检验时,每条光线经过每个面时都要调用正逆两次坐标变换子程序,计算量很大。这时通常采用专用的空间任意倾斜的矢量光路追迹公式。图3-9所示即为光线射入倾斜球面的向量关系。由图可知 $\boldsymbol{P}+a\boldsymbol{Q}=d\boldsymbol{i}+\boldsymbol{M}$

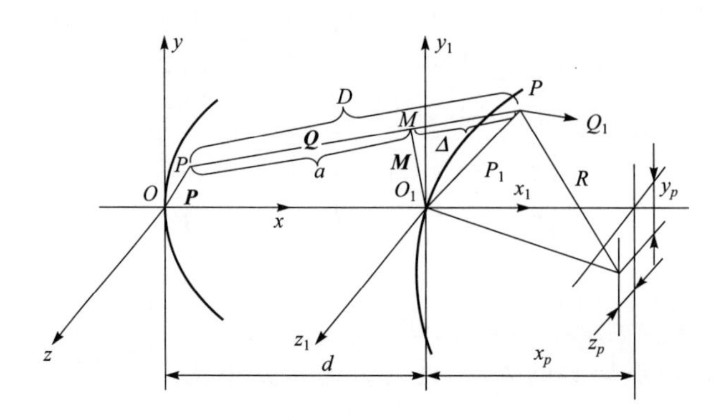

图3-9　光线射入倾斜球面的向量关系

用 $\boldsymbol{Q}$ 乘上式两边得

$$\boldsymbol{P}\cdot\boldsymbol{Q}+a=d\boldsymbol{i}\cdot\boldsymbol{Q}$$

因为 $\boldsymbol{M}\perp\boldsymbol{Q}$,所以 $\boldsymbol{M}\cdot\boldsymbol{Q}=0$,与共轴球面矢量公式类似,有

$$a=d\boldsymbol{i}\cdot\boldsymbol{Q}-\boldsymbol{P}\cdot\boldsymbol{Q}$$

$$a=\alpha d-(\alpha x+\beta y+\gamma z)$$

$$\begin{aligned}\boldsymbol{M}&=\boldsymbol{P}+a\boldsymbol{Q}-d\boldsymbol{i}\\&=\boldsymbol{i}(x-d+\alpha a)+\boldsymbol{j}(y+\beta a)+\boldsymbol{k}(z+\gamma a)\end{aligned}$$

$$M^2=(x-d+\alpha a)^2+(y+\beta a)^2+(z+\gamma a)^2$$

$$M_x=x-d+\alpha a$$

$$M_y=y+\beta a$$

$$M_z=z+\gamma a$$

由$\triangle O_1M_1P_1$ 得方程

$$\boldsymbol{M}+\Delta\boldsymbol{Q}=\boldsymbol{P}_1$$

离轴球面方程为

$$(x_1-x_p)^2+(y_1-y_p)^2+(z_1-z_p)^2=R^2$$

$$x_1^2+y_1^2+z_1^2+-2(x_1x_p+y_1y_p+z_1z_p)=0$$

$$\boldsymbol{P}_1^2-2(\boldsymbol{P}_1\cdot\boldsymbol{i}x_p+\boldsymbol{P}_1\cdot\boldsymbol{j}y_p+\boldsymbol{P}_1\cdot\boldsymbol{k}z_p)=0$$

将 $\boldsymbol{M}+\Delta\boldsymbol{Q}=\boldsymbol{P}_1$ 两边分别同乘 $\boldsymbol{i},\boldsymbol{j},\boldsymbol{k}$ 得

$$\begin{cases}\boldsymbol{P}_1\cdot\boldsymbol{i}=\boldsymbol{M}\cdot\boldsymbol{i}+\Delta\boldsymbol{Q}\cdot\boldsymbol{i}=M_x+\Delta\alpha\\\boldsymbol{P}_1\cdot\boldsymbol{j}=\boldsymbol{M}\cdot\boldsymbol{j}+\Delta\boldsymbol{Q}\cdot\boldsymbol{j}=M_y+\Delta\beta\\\boldsymbol{P}_1\cdot\boldsymbol{k}=\boldsymbol{M}\cdot\boldsymbol{k}+\Delta\boldsymbol{Q}\cdot\boldsymbol{k}=M_z+\Delta\gamma\end{cases}$$

由直角三角形$\triangle O_1M_1P_1$ 得

$$\begin{aligned}M^2+\Delta^2&=P_1^2\\&=2[(M_x+\Delta\cdot\alpha)x_p+(M_y+\Delta\cdot\beta)y_p+(M_z+\Delta\cdot\gamma)z_p]\end{aligned}$$

$$\Delta^2-2\Delta(\alpha x_p+\beta y_p+\gamma z_p)+[M^2-2(M_xx_p+M_yy_p+M_zz_p)]=0$$

$$\Delta_{1,2}=(\alpha x_p+\beta y_p+\gamma z_p)\pm\sqrt{(\alpha x_p+\beta y_p+\gamma z_p)^2-[M^2-2(M_xx_p+M_yy_p+M_zz_p)]}$$

将加根舍去,因加根表示的是远离球面后面那个面的关系,则有

$$\Delta=\Delta_2$$

$$\boldsymbol{P}_1=x_1\cdot\boldsymbol{i}+y_1\cdot\boldsymbol{j}+z_1\cdot\boldsymbol{k}=\boldsymbol{M}+\Delta\boldsymbol{Q}$$

$$D=a+\Delta$$

$$x_1=x-d+\alpha a+\Delta\cdot\alpha=x-d+\alpha D$$

$$y_1=y+\beta a+\Delta\beta=y+\beta D$$

$$z_1=z+\gamma a+\Delta\gamma=z+\gamma D$$

由$\triangle O_1P_1C$ 得

$$\boldsymbol{P}_1+\boldsymbol{N}R=\boldsymbol{R}$$

$$\boldsymbol{R}=\boldsymbol{i}\cdot x_p+\boldsymbol{j}\cdot y_p+\boldsymbol{k}\cdot z_p$$

$$\boldsymbol{N}=\frac{\boldsymbol{R}-\boldsymbol{P}_1}{R}$$

$$\alpha_N=\frac{1}{R}(x_p-x_1)=\alpha_p-x_1C$$

$$\beta_N=\frac{1}{R}(y_p-y_1)=\beta_p-y_1C$$

$$\gamma_N=\frac{1}{R}(z_p-z_1)=\gamma_p-z_1C$$

由折射定律,得

$$n\boldsymbol{Q}_1\times\mathbf{N}=n'\boldsymbol{Q}\times\mathbf{N}$$
$$(n'\boldsymbol{Q}_1-n\boldsymbol{Q})\times\mathbf{N}=0$$

由此得知$(n'\boldsymbol{Q}_1-n\boldsymbol{Q})$和 $\mathbf{N}$ 平行,即有

$$n'\boldsymbol{Q}_1-n\boldsymbol{Q}=g\mathbf{N}$$

两边点乘 $\mathbf{N}$,得

$$g=n'\cos I'-n\cos I$$

$$\cos I=\boldsymbol{Q}\cdot\mathbf{N}=\alpha\alpha_N+\beta\beta_N+\gamma\gamma_N$$
$$=\frac{\alpha}{R}(x_p-x_1)+\frac{\beta}{R}(y_p-y_1)+\frac{\gamma}{R}(z_p-z_1)$$

$$\cos I'=\sqrt{1-\frac{n^2}{n'^2}(1-\cos^2 I)}$$

由上式得

$$\boldsymbol{Q}_1=\frac{n}{n'}\boldsymbol{Q}+\frac{g}{n}\mathbf{N}$$

$$\alpha_1=\frac{n}{n'}\alpha+\frac{g}{n'R}(x_p-x_1)$$

$$\beta_1=\frac{n}{n'}\beta+\frac{g}{n'R}(y_p-y_1)$$

$$\gamma_1=\frac{n}{n'}\gamma+\frac{g}{n'R}(z_p-z_1)$$

当球面为平面或接近平面时,x_p,y_p,z_p 都趋于∞,应对 Δ 的加根Δ_1乘 Δ_2的分子分母得

$$\Delta_2=\frac{M^2-2(M_xx_p+M_yy_p+M_zz_p)}{(\alpha x_p+\beta y_p+\gamma z_p)+\sqrt{(\alpha x_p+\beta y_p+\gamma z_p)^2-[M^2-2(M_xx_p+M_yy_p+M_zz_p)]}}$$

用 $c=1/R$ 同乘Δ_2的分子分母得

$$\Delta_2=\frac{cM^2-2(M_x\alpha_p+M_y\beta_p+M_z\gamma_p)}{(\alpha\alpha_p+\beta\beta_p+\gamma\gamma_p)+\sqrt{(\alpha\alpha_p+\beta\beta_p+\gamma\gamma_p)^2-[M^2c^2-2c(M_x\alpha_p+M_y\beta_p+M_z\gamma_p)]}}$$

式中,

$$\alpha_p=\frac{x_p}{R};\beta_p=\frac{y_p}{R};\gamma_p=\frac{z_p}{R}$$

面倾斜的大小由 α_p 决定,方向由 β_p,γ_p 决定。

α_p,β_p,γ_p 与描述面倾斜的(α,θ)的关系如图 3-10 所示。其关系式为

$$\begin{cases}\alpha=\alpha_p \\ \alpha_p=\dfrac{x_p}{R},\beta_p=\dfrac{y_p}{R},\gamma_p=\dfrac{z_p}{R} \\ \cos\theta=\dfrac{y_p}{\sqrt{y_p^2+z_p^2}}=\dfrac{\beta_p}{\sqrt{\beta_p^2+\gamma_p^2}}\end{cases} \quad (3-70)$$

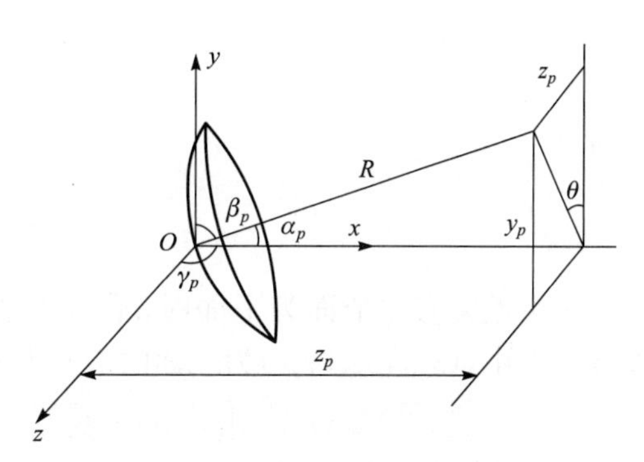

图 3-10 面倾斜与方向余弦的关系

将式(3-70)中 $\cos\theta$ 改写为

$$\cos^2\theta(\beta_p^2+\gamma_p^2)=\beta_p^2 \quad (3-71)$$

$$\alpha_p^2+\beta_p^2+\gamma_p^2=1 \quad (3-72)$$

将式(3-72)代入式(3-71)得

$$\beta_p=\cos\theta\sqrt{1-\alpha_p^2} \quad (3-73)$$

将式(3-73)代入式(3-72)得

$$\gamma_p^2=(1-\alpha_p^2)(1-\cos^2\theta)$$

$$\gamma_p=\sin\theta\sqrt{1-\alpha_p^2} \quad (3-74)$$

用矢量公式计算面倾斜时,将所给的倾斜参量(α,θ)代入式(3-73)和式(3-74)算出$(\alpha_p,\beta_p,\gamma_p)$,再将$(\alpha_p,\beta_p,\gamma_p)$代入矢量公式,就可追迹具有面倾斜时的光线。最新国标中要求在图纸上标注面倾角,但在实际生产过程中,对偏心的检验还在沿用过去的方法。因此,为了配合实际生产,应给出各透镜光轴对基准轴的倾斜角、方位角及中心位移。

设$(\alpha_{p1},\beta_{p1},\gamma_{p1})$和$(\alpha_{p2},\beta_{p2},\gamma_{p2})$分别为第一和第二球面过顶点的对称轴对$(x,y,z)$坐标的方向余弦,则有

$$x_{p1}=\alpha_{p1}\cdot R_1,\ y_{p1}=\beta_{p1}\cdot R_1,\ z_{p1}=\gamma_{p1}\cdot R_1 \quad (3-75)$$

$$x_{p2}=\alpha_{p2}\cdot R_2,\ y_{p2}=\beta_{p2}\cdot R_2,\ z_{p2}=\gamma_{p2}\cdot R_2 \quad (3-76)$$

倾斜透镜光轴的直线方程为

$$\frac{x-x_{p1}}{x_{p1}-(x_{p2}-d)}=\frac{y-y_{p1}}{y_{p1}-y_{p2}}=\frac{z-z_{p1}}{z_{p1}-z_{p2}}=k \quad (3-77)$$

过两球面间隔中点垂直基准轴的平面与斜光轴的交点 A 的坐标为

$$x=\frac{d}{2},y=\frac{(d/2-x_{p1})}{[x_{p1}-(x_{p2}+d)]}(y_{p1}-y_{p2})+y_{p1},z=\frac{(d/2-x_{p1})}{[x_{p1}-(x_{p2}+d)]}(z_{p1}-z_{p2})+z_{p1}$$

设

$$k_1=\frac{d/2-x_{p1}}{x_{p1}-(x_{p2}+d)}$$

则 A 点对基准轴的位移距 c 为

$$c=\sqrt{[k_1(y_{p1}-y_{p2})+y_{p1}]^2+[k_1(z_{p1}-z_{p2})+z_{p1}]^2} \quad (3-78)$$

透镜光轴的倾角和方位角为 α_c,θ_c。令

$$l=\sqrt{[x_{p1}-(x_{p1}+d)]^2+(y_{p1}-y_{p2})^2+(z_{p1}-z_{p2})^2}$$

$$\alpha_c=\frac{x_{p1}-(x_{p2}+d)}{l}$$

$$\beta_c=\frac{y_{p1}-y_{p2}}{l}$$

$$\gamma_c=\frac{z_{p1}-z_{p2}}{l}$$

则有

$$\cos\theta_c=\frac{\beta_c}{\sqrt{\beta_c^2+\gamma_c^2}} \tag{3-79}$$

如果透镜有一个面为平面时，平面或平凹透镜的斜光轴矢量由平面的法向矢量决定。图 3-11 中，$(\alpha_{p2},\beta_{p2},\gamma_{p2})$为平面的法向矢量，$R_2=\infty$，按上面的方法可求得

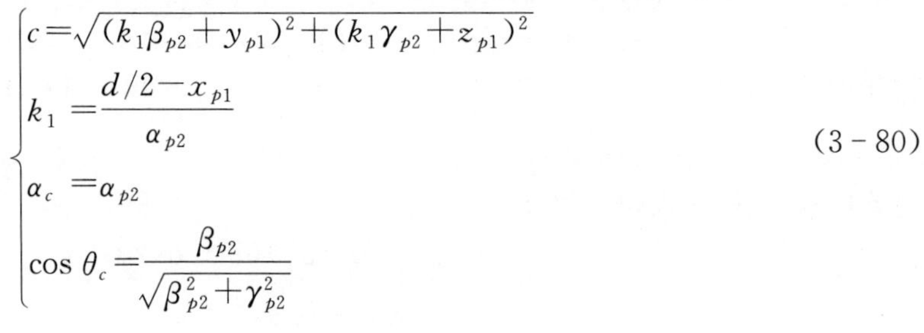

$$\begin{cases} c=\sqrt{(k_1\beta_{p2}+y_{p1})^2+(k_1\gamma_{p2}+z_{p1})^2} \\ k_1=\dfrac{d/2-x_{p1}}{\alpha_{p2}} \\ \alpha_c=\alpha_{p2} \\ \cos\theta_c=\dfrac{\beta_{p2}}{\sqrt{\beta_{p2}^2+\gamma_{p2}^2}} \end{cases} \tag{3-80}$$

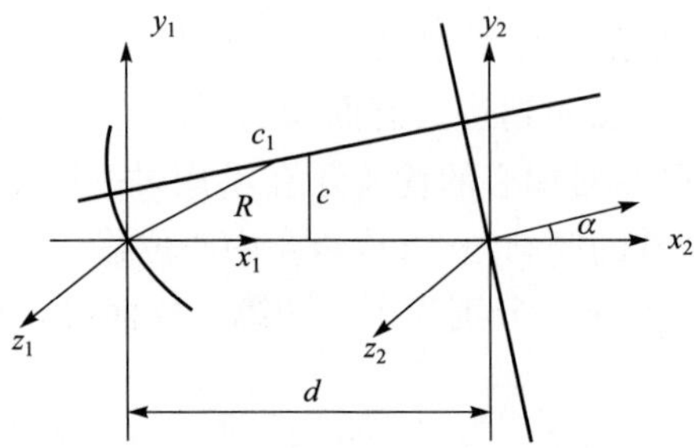

图 3-11　平面与曲面面倾斜的情形

当两个面都为平面时，只要求出两平面的夹角即可，设两平面的法向余弦为$(\alpha_1,\beta_1,\gamma_1)$和$(\alpha_2,\beta_2,\gamma_2)$，两平面的夹角为$\varphi$，则有

$$\cos\varphi=\alpha_1\alpha_2+\beta_1\beta_2+\gamma_1\gamma_2 \tag{3-81}$$

$(\alpha_1,\beta_1,\gamma_1)$和$(\alpha_2,\beta_2,\gamma_2)$可由两平面的倾斜参数$(\alpha_1,\theta_1)$和$(\alpha_2,\theta_2)$按式(3-73)和式(3-74)求得。

应用上面的公式即可求得当两个面的倾斜方位取一定值时透镜斜光轴的倾角和方位。实际上，面倾角公差给定后，倾斜方位在 360°范围内是均匀分布的。

第 4 章

目视光学系统

本章讨论经典的光学系统——目视光学系统的设计问题。目视光学系统的接收器为人眼，其设计特点是通常采用单项独立的几何像差作为像质评价指标，设计者可以像差理论来指导设计。因此，本章首先讨论像差理论中最具有实用价值的薄透镜系统初级像差理论，然后分别讨论望远镜物镜、显微镜物镜和目镜的设计问题。

4.1 薄透镜系统的初级像差理论

在使用光学自动设计前的长时期内，光学设计是通过设计者人工修改系统的结构参数，然后不断计算像差来完成的。为了加速设计过程，提高设计质量，人们对像差的性质、像差和光学系统结构参数的关系等进行了长期的研究，取得了很多有价值的成果，这就是像差理论，其中，薄透镜系统的初级像差理论是像差理论研究中最有实用价值的成果。今天，像差理论对光学自动设计过程中原始系统的确定、自变量的选择、像差参数的确定等一系列问题仍有其重要的指导意义。在像差理论指导下，光学自动设计能更充分发挥出它的作用。

光学系统的像差除了是结构参数的函数外，同时还是物高 y（或视场角 ω）和光束孔径 h（或孔径角 u）的函数。在光学自动设计中，我们在 y，h 一定的条件下，把像差和系统结构参数之间的关系用幂级数表示，并且仅取其中的一次项，建立像差和结构参数之间的近似线性关系。

在像差理论的研究中，把像差和 y，h 的关系也用幂级数形式表示。把最低次幂对应的像差称为初级像差，而把较高次幂对应的像差称为高级像差。在像差理论的研究中，具有较大实际价值的是初级像差理论。初级像差理论忽略了 y，h 的高次项，它只是实际像差的初级近似。在 y 和 h 不大的情形下，初级像差能够近似代表光学系统的像差性质。

1. 薄透镜系统的初级像差公式

如果一个透镜组的厚度和它的焦距比较可以忽略，这样的透镜组称为薄透镜组。由若干个薄透镜组构成的系统，称为薄透镜系统（透镜组之间的间隔可以是任意的）。对这样的系统在初级像差范围内，可以建立像差和系统结构参数之间的直接函数关系。利用这种关系，可以全面、系统地讨论薄透镜系统和薄透镜组的初级像差性质。甚至可以根据系统的初级像差要求，直接求解出薄透镜组的结构参数。厚透镜可以看作是由两个平凸或平凹的薄透镜加一块平行玻璃板构成的，如图 4－1 所示。因此任何一个光学系统都可以看作是由一个薄透镜系统加若干平行玻璃板构成的。长期以来薄透镜系统的初级像差理论，一直是光学设计者的有力

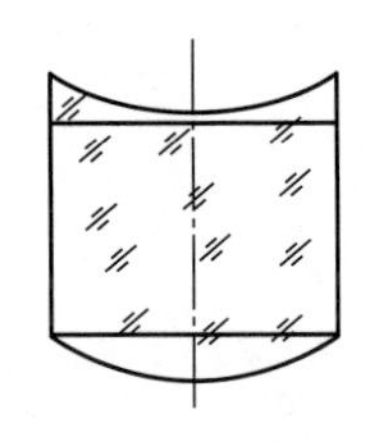

图4-1 厚透镜示意图

工具。

图4-2为由两个薄透镜组构成的薄透镜系统。该系统对应的物平面位置、物高(y)和光束孔径(u)是给定的，在系统外形尺寸计算完成以后每个透镜组的光焦度 φ 以及各透镜组之间的间隔 d 也都已确定。由轴上物点 A 发出，经过孔径边缘的光线 AQ 称为第一辅助光线，应用理想光学系统中的光路计算公式(或近轴光路公式)可以计算出它在每个透镜组上的投射高 h_1, h_2；由视场边缘的轴外点 B 发出经过孔径光阑中心 O 的光线 BP 称为第二辅助光线，它在每个透镜组上的投射高 h_{z1}，

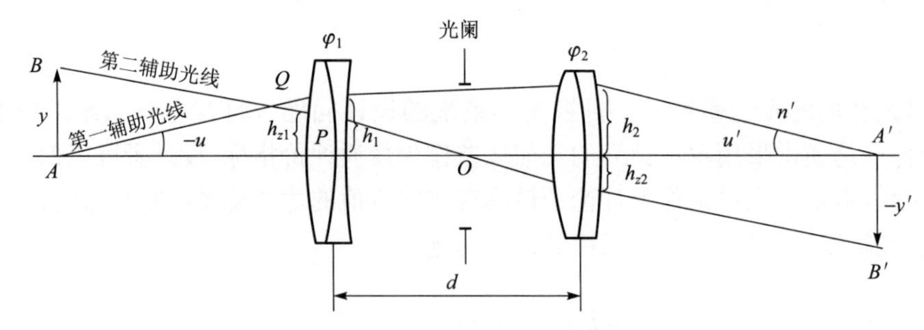

图4-2 第一、第二辅助光线示意图

h_{z2} 也可以用近轴公式计算出来。这样每个透镜组对应的 φ, h, h_z 都是已知的，我们称它们为透镜组的外部参数，它们和薄透镜组的具体结构无关。像差既和这些外部参数有关，当然也和透镜组的内部结构参数(r, d, n)有关。薄透镜系统初级像差方程组的作用是把系统中各个薄透镜组已知的外部参数和未知的内部结构参数与像差的关系分离开来，使像差和内部结构参数之间关系的讨论简化。下面直接给出方程组的公式：

$$S_{\mathrm{I}} = -2n'u'^2\delta L' = \sum hP \tag{4-1}$$

$$S_{\mathrm{II}} = -2n'u'K'_S = \sum h_z P - J\sum W \tag{4-2}$$

$$S_{\mathrm{III}} = -n'u'^2 x'_{ts} = \sum \frac{h_z^2}{h}P - 2J\sum \frac{h_z}{h}W + J^2\sum\varphi \tag{4-3}$$

$$S_{\mathrm{IV}} = -2n'u'^2 x'_p = J^2\sum\mu\varphi \tag{4-4}$$

$$S_{\mathrm{V}} = -2n'u'\delta y'_z = \sum \frac{h_z^3}{h^2}P - 3J\sum\frac{h_z^2}{h^2}W + J^2\sum\frac{h_z}{h}\varphi(3+\mu) \tag{4-5}$$

$$S_{\mathrm{I}C} = -n'u'^2\Delta L'_{FC} = \sum h^2 C \tag{4-6}$$

$$S_{\mathrm{II}C} = -n'u'\Delta y'_{FC} = \sum h_z h C \tag{4-7}$$

$S_{\mathrm{I}}, \cdots, S_{\mathrm{V}}$ 称为第一至第五像差和数；$S_{\mathrm{I}C}, S_{\mathrm{II}C}$ 称为第一和第二色差和数。以上公式中 n', u' 为系统最后像空间的折射率和孔径角，J 是系统的拉格朗日不变量，$J = n'u'y'$，它们都是已知常数，每个透镜组的外部参数 φ, h, h_z 也是已知的。在和式 $\sum$ 中，每个透镜组对应一项。因此以上方程组中每个透镜组共出现四个未知参数 P, W, C, μ，它们都和各个透镜组的内部结构参数有关，称为内部参数。这四个内部参数中最后一个参数 μ 最简单，它的公式为

$$\mu = \sum \frac{\varphi_i}{n_i}/\varphi \tag{4-8}$$

φ 是该薄透镜组的总光焦度，是已知的；φ_i 和 n_i 为该透镜组中每个单透镜的光焦度和玻璃的折射率。对薄透镜组来说，总光焦度等于各个单透镜光焦度之和，即 $\varphi=\sum\varphi_i$；另外，玻璃的折射率 n_i 变化不大，一般在1.5～1.7，因此 μ 近似为一个和薄透镜组结构无关的常数。通常取 μ 的平均值为0.7。

这样，每个薄透镜组的内部参数实际上只剩下 P，W，C 三个。其中 C 只和两种色差有关，称为“色差参数”。它的公式为

$$C=\sum\frac{\varphi_i}{v_i} \tag{4-9}$$

以上和式$\sum$中 φ_i 为该透镜组中每个单透镜的光焦度，v_i 为该单透镜玻璃的阿贝数。

$$v=\frac{n-1}{n_F-n_C} \tag{4-10}$$

它是光学玻璃的一个特性常数，n 为指定波长光线的折射率，(n_F-n_C)为计算色差时所用的两种波长光线的折射率差——色散。由式(4-9)看到，C 只与透镜组中各单透镜的光焦度和玻璃的色差有关，而和各单透镜的弯曲形状无关。其余的两个参数 P、W 决定系统的单色像差，称为“单色像差参数”。它们和透镜组中各个折射面的半径 r_i 和介质的折射率 n_i 有关。我们无法把 P、W 表示为(r_i,n_i)的函数，而用第一辅助光线通过每个折射面的角度来表示。它们的具体公式是

$$P=\sum\left(\frac{\Delta u_i}{\Delta(1/n_i)}\right)^2\Delta\frac{u_i}{n_i},\quad W=\sum\left(\frac{\Delta u_i}{\Delta(1/n_i)}\right)\Delta\frac{u_i}{n_i} \tag{4-11}$$

式中，

$$\Delta u_i=u_i'-u_i;\Delta\frac{1}{n_i}=\frac{1}{n_i'}-\frac{1}{n_i};\Delta\frac{u_i}{n_i}=\frac{u_i'}{n_i'}-\frac{u_i}{n_i} \tag{4-12}$$

式(4-11)中的和式$\sum$是对该薄透镜组中每个折射面求和的结果。如一个双胶合薄透镜组中有三个折射面。则 P、W 分别对这三个面求和。

由式(4-3)看到，如果系统消除了像散，$S_{\text{Ⅲ}}=0$，则 $x_{ts}'=0$，因此子午和弧矢场曲相等，即 $x_t'=x_s'$，这时的场曲称为 Petzval 场曲，用符号 x_p' 表示

$$x'_p=J^2\sum\mu\varphi/(-2n'u'^2) \tag{4-13}$$

如果 x_{ts}' 不等于零，则可以推导出

$$x_s'=x_p'+\frac{1}{2}x_{ts}',\quad x_t'=x_p'+\frac{3}{2}x_{ts}' \tag{4-14}$$

因此 x_t'，x_s'，x_p'，x_{ts}' 四者中只要确定了其中任意两个，其他两个也就随之确定了。

上述公式可以用来由初级像差直接求解薄透系统的结构参数，大体步骤是：

① 根据对整个系统的像差要求，求出相应的像差和数$(S_{\text{Ⅰ}},S_{\text{Ⅴ}},S_{\text{ⅠC}},S_{\text{ⅡC}})$，把已知的外部参数 φ，h，h_z，J 代入，列出只剩下各个透镜组的像差特性参数 P、W、C 的初级像差方程组。

② 求解初级像差方程组得到对每个薄透镜组要求的 P、W、C 值。

③ 由 P、W、C 求各个透镜组的结构参数。

利用初级像差方程组既可以求解薄透系统的结构参数，还可以用来讨论薄透镜组的像差

性质。前者可以直接作为光学自动设计的原始系统结构参数,后者可以用来指导我们如何选用原始系统的形式、自变量和像差参数等。

2. 薄透镜组像差的普遍性质

由一个或一个以上的单透镜组合成的透镜组,各个单透镜的厚度都比较小,而且它们之间的相互间隔也很小,因此整个透镜组的厚度不大,这样的透镜组称为薄透镜组。薄透镜组是复杂光学系统的基本组成单元,了解薄透镜组的像差性质是分析光学系统像差性质的基础。这一节利用前面的初级像差式(4-1)～式(4-7)讨论薄透镜组的像差性质。

(1) 薄透镜组的单色像差特性

① 一个薄透镜组只能校正两种初级单色像差。由初级像差公式可以看到,在五个单色像差方程式(4-1)～式(4-5)中,每个薄透镜组只出现两个像差特性参数 P,W。不同结构的薄透镜组对应不同的 P,W 值,它们是方程组中两个独立的自变量。利用这两个自变量,最多只能满足两个方程式,因此一个薄透镜组最多只能校正两种初级像差。当我们使用适应法自动设计程序进行像差校正时,一个薄透镜组不论它有多少自变量(透镜组中可能有多个曲率和玻璃光学常数可以作为自变量使用),但是它不能校正两种以上的初级单色像差(不包括高级像差)。

② 光瞳位置对像差的影响。当薄透镜系统中各个透镜组的光焦度和间隔不变,只改变孔径光阑(光瞳)的位置时,初级像差方程组中的 h,P,W 都不变,而 h_z 改变,从而引起像差的改变。

球差与光瞳位置无关。在 S_{I} 的式(4-1)中不出现 h_z,球差显然和光瞳位置无关。

彗差与光瞳位置有关,但球差为零时,彗差即与光瞳位置无关。在 S_{II} 的式(4-2)中,出现与 h_z 有关的项,因此一般来说彗差与光瞳位置有关,但是如果该薄透镜组的球差为零,则对应 $P=0$,这时 S_{II} 中与 h_z 有关的项 $h_zP=0$,因此 S_{II} 与光瞳位置无关。

像散与光瞳位置有关,但是如球差、彗差都等于零,则像散与光阑位置无关。由式(4-3)知,S_{III} 显然与光瞳位置 h_z 有关,但是当该薄透镜组的球差、彗差等于零,则 $P=W=0$,这时 S_{III} 就不再与 h_z 有关。

在像差与光瞳位置无关的情形,如果我们把入瞳或光阑位置作为一个自变量加入自动校正,实际上并不增强系统的校正能力。

光瞳与薄透镜组重合时,像散为一个与透镜组结构无关的常数。由式(4-3)看到,如果某个透镜组 $h_z=0$,则该透镜组的像散值为

$$x'_{ts}=\frac{S_{\mathrm{III}}}{-n'u'^2}=\frac{J^2\varphi}{-n'u'^2}=\frac{-n'}{f'}y'^2$$

由上式看到此时像散由薄透镜组的焦距 f' 和像高 y' 所决定,而与透镜组的结构无关。

当光瞳与薄透镜组重合时,畸变等于零。由式(4-5)看到,如果 $h_z=0$,则 S_{V} 中和该透镜组对应的各项均为零。

薄透镜组的 Petzval 场曲 x'_p 近似为一与结构无关的常量。由式(4-4)看到薄透镜组的 x'_p 为

$$x'_p=\frac{S_{\mathrm{IV}}}{-2n'u'^2}=\frac{J^2\mu\varphi}{-2n'u'^2}=\frac{-n'y'^2}{2f'}\mu$$

前面已经说过,μ 对薄透镜组来说近似为一个与结构无关的常数,大约等于 0.7。由上式

看到，x'_p显然也应该是一个与结构无关的常数。

(2) 薄透镜组的色差特性

① 一个薄透镜组消除了轴向色差必然同时消除垂轴色差。薄透镜组的两种色差由唯一的色差参数 C 确定，由式(4-6)看到，当轴向色差等于零时，$C=0$。由式(4-7)看到，垂轴色差也同时等于零。

② 欲使薄透镜组消色差，必须使用两种不同 v 值的玻璃。根据式(4-6)和式(4-7)，欲使薄透镜组消色差，必须满足 $C=0$，根据式(4-9)，有

$$C=\sum\frac{\varphi_i}{v_i}=0$$

如果薄透镜组中各个透镜均用同一 v 值的玻璃，则有

$$\sum\frac{\varphi_i}{v_i}=\frac{1}{v}\sum\varphi_i=0\text{ 或}\sum\varphi_i=0$$

薄透镜组的总光焦度等于各个透镜光焦度之和，要满足消色差条件，薄透镜组的总光焦度必须等于零，但光焦度为零的薄透镜组不能成像，没有实际意义。因此具有指定光焦度的消色差薄透镜组必须用两种不同 v 值的玻璃构成。

③薄透镜组的消色差条件与物体位置无关。消色差条件 $\sum\frac{\varphi_i}{v_i}=0$ 中不出现与物体位置有关的参数，因此一个薄透镜组对某一物平面消了色差，对任意物平面都没有色差。

上面是薄透镜组像差的某些普遍性质，这些性质虽由薄透镜组的初级像差公式导出，但实际上，对大多数厚度、间隔不是很大的透镜组而言，同样在一定程度上具有这些特性。这是我们使用光学自动设计程序进行像差校正时必须要注意的。

3. 像差特性参数 *P*,*W*,*C* 的归化

通过求解薄透镜系统的初级像差方程组，把系统的像差要求转变成对系统中每个薄透镜组的像差特性参数 P,W,C 求解，从而求解薄透镜组结构参数的问题。本节首先讨论 P,W,C 的归化。所谓归化就把任意物距、焦距、入射高时的像差特性参数，在保持透镜组几何形状相似的条件下，转变成焦距等于1、入射高等于1、物平面位在无限远时的像差特性参数。

(1) P,W 对入射高和焦距的归化

系统中的每个薄透镜组对应着不同的物距 l、焦距 f'和入射高 h。由于 $u=h/l$，因此不同的 l 就相当于不同的 u。如果我们把图4-3(a)中的透镜组的物距 l、透镜组中所有的半径 r、以及光线的投射高 h 按比例缩小 f'倍(同除 f')，得到新的结构参数，则新的透镜组对应焦距等于1，入射高等于 $h/f'=h\varphi$，两透镜组内部各折射面上的角度 u,u'都不会改变，根据 P,W 的式(4-11)、式(4-12)知，它们的值显然不会改变。如果我们保持焦距($f'=1$)和物距(l/f')不变，再把入射高 $h\varphi$ 放大到1，则光线的所有角度将增加($1/h\varphi$)倍。由式(4-11)和式(4-12)看到，P,W 将分别增加 $1/(h\varphi)^3$ 和 $1/(h\varphi)^2$ 倍。$f'=h=1$ 时的像差特性参数和入射角用$\overline{P}$,$\overline{W}$,$\overline{u}_1$ 表示，则有

$$\overline{P}=\frac{P}{(h\varphi)^3},\overline{W}=\frac{W}{(h\varphi)^2},\quad \overline{u}_1=\frac{u_1}{h\varphi}\tag{4-15}$$

如果我们能由$\overline{P}$,$\overline{W}$求出了透镜组的结构参数，只要把它放大 f'倍就得到了要求的 f',h,P,W 时透镜的结构参数了。

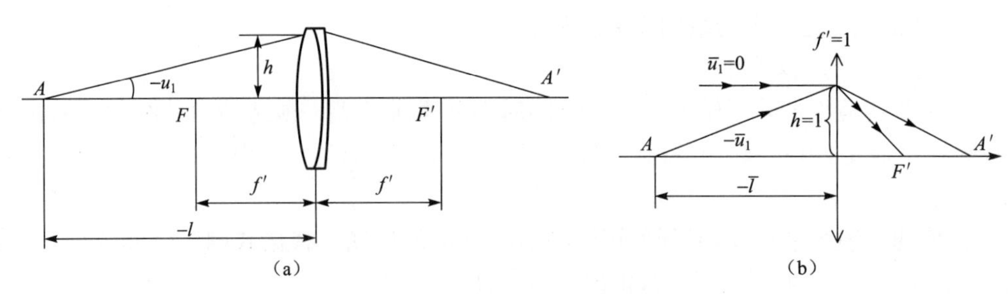

图 4-3　像差特性参数的归化

(2) $\bar{P}$,$\bar{W}$对物距的归化

在 $f'=h=1$ 的归化条件下,物距$\bar{l}$对应于第一辅助光线与光轴夹角$\bar{u}_1=h/l=1/\bar{l}$。$\bar{P}$,$\bar{W}$对物距归化也就是对$\bar{u}_1$ 归化。$\bar{P}$,$\bar{W}$对应的物距由$\bar{u}_1$ 表示,现在要找出当透镜的结构参数不变而将物平面变到无限远,即 $\bar{u}_1=0$ 时像差物性参数的变化,如图 4-3(b)所示。$f'=h=1$,$\bar{u}_1=0$ 的像差特性参数用$\overline{P_\infty}$,$\overline{W_\infty}$代表,我们直接给出两者之间的关系式:

$$\overline{P_\infty}=\bar{P}-\bar{u}_1(4\bar{W}-1)+\bar{u}_1^2(5+2\mu) \tag{4-16}$$

$$\overline{W_\infty}=\bar{W}-\bar{u}_1(2+\mu) \tag{4-17}$$

反之,由$\overline{P_\infty}$,$\overline{W_\infty}$求$\bar{P}$,$\bar{W}$,则有

$$\bar{P}=\overline{P_\infty}+\bar{u}_1(4\overline{W_\infty}-1)+\bar{u}_1^2(3+2\mu) \tag{4-18}$$

$$\bar{W}=\overline{W_\infty}+\bar{u}_1(2+\mu) \tag{4-19}$$

(3) C 的归化

根据式(4-9)

$$C=\sum\frac{\varphi_i}{v_i}$$

由上式看到 C 只与透镜组中各单透镜的光焦度有关,而和 h,l 无关,因此只需要对透镜组的焦距进行归化。如果把透镜组的焦距 f'归化为 1,只要把每个单透镜的焦距 f',都除以 f',光焦度 φ_i 则乘以 f',因此有

$$\bar{C}=C\cdot f' \tag{4-20}$$

利用式(4-16)~式(4-20),我们可以把任意焦距、入射高和物距的透镜组的像差特性参数 P,W,C 归化成 $f'=h=1$,$\bar{u}_1=0$ 时的像差特性参数$\overline{P_\infty}$,$\overline{W_\infty}$,$\bar{C}$。只要解决了由$\overline{P_\infty}$,$\overline{W_\infty}$,$\bar{C}$求透镜结构参数的问题,就能解决由 P,W,C 求透镜组结构数的问题,这样无疑使问题大为简化。

4. 双胶合透镜组结构参数的求解

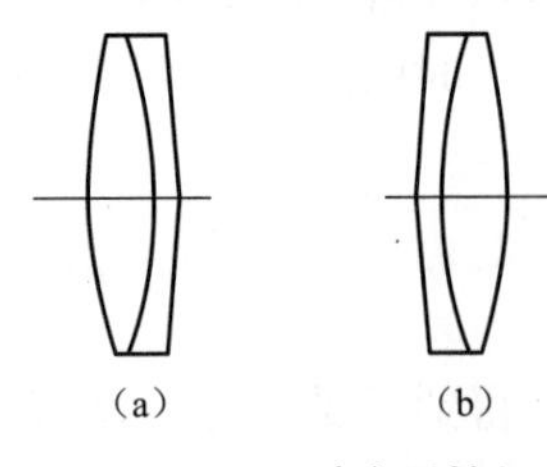

图 4-4　双胶合透镜组

除了单透镜外,最简单的薄透镜组是双胶合透镜组,如图 4-4 所示,(a)为冕玻璃在前,(b)为火石玻璃在前。单透镜不能满足任意的$\overline{P_\infty}$,$\overline{W_\infty}$,$\bar{C}$的要求,而双胶合透镜组能够同时满足这三个特性参数的要求。因此双胶合透镜组是薄透镜系统中用得最多的透镜组。下面讨论根据像差特性参数求解双胶合透镜组结构参数的方法。

根据色差参数的式(4-9),对双胶合透镜组有

$$\overline{C}=\sum \frac{\varphi}{v}=\frac{\varphi_1}{v_1}+\frac{\varphi_2}{v_2} \tag{4-21}$$

在归化条件下,透镜组总光焦度等于1,因此有

$$\varphi_1+\varphi_2=1 \tag{4-22}$$

由式(4-21)和式(4-22)求解得

$$\varphi_1=\left(\overline{C}-\frac{1}{v_2}\right)\Big/\left(\frac{1}{v_1}-\frac{1}{v_2}\right) \tag{4-23}$$

$$\varphi_2=\left(\overline{C}-\frac{1}{v_1}\right)\Big/\left(\frac{1}{v_2}-\frac{1}{v_1}\right) \tag{4-24}$$

当透镜组所用的两种玻璃以及色差特性参数$\overline{C}$确定以后,就可以利用式(4-23)和式(4-24)求出两个单透镜的光焦度 φ_1,φ_2。假定双胶合透镜组三个球面的曲率分别为 c_1,c_2,c_3,则根据以下公式

$$\varphi_1=(n_1-1)(c_1-c_2)$$

$$\varphi_2=(n_2-1)(c_2-c_3)$$

三个曲率中只要任意给定一个,就可以用上面的两个公式求出其他两个,透镜组的全部结构参数也就完全确定。所以双胶合透镜组的玻璃和$\overline{C}$确定后,只剩下一个代表透镜组弯曲形状的独立参数。和前面单透镜类似,我们取

$$Q=c_2-\varphi_1 \tag{4-25}$$

作为透镜组的形状参数。$\overline{P_\infty},\overline{W_\infty}$和 Q 之间的关系和单透镜相同,即

$$\overline{P_\infty}=P_0+2.35(Q-Q_0)^2 \tag{4-26}$$

$$\overline{W_\infty}=-1.67(Q-Q_0)+0.15 \tag{4-27}$$

$$\overline{P_\infty}=P_0+0.85(\overline{W_\infty}-W_0)^2 \tag{4-28}$$

以上公式中的 P_0,Q_0 意义也和单透镜相似,所不同的是这里 P_0 值由构成双胶合透镜组的两种玻璃的光学常数 n_1,v_1,n_2,v_2 和色差参数$\overline{C}$决定。用现有光学玻璃进行组合,P_0 值可以在由正到负的很大范围内变化,而不像单透镜那样限制在 1～2.5。因此由式(4-28),可根据$\overline{P_\infty},\overline{W_\infty}$求出相应的 P_0 值。一般来说,双胶合透镜组总能找到合适的玻璃组合,使 P_0 值符合要求。为了使设计者方便选择玻璃,我们从现有的光学玻璃产品中选择了常用的有代表性的 10 种冕玻璃和 10 种火石玻璃。分别按冕玻璃在前和火石玻璃在前进行组合,对每一个组合按 $\overline{C}=0.01,0.0,-0.01,-0.03,-0.05$ 计算出对应的 P_0,Q_0 值,列成表格,这些表格和20 种光学玻璃的名称以及它的光学常数 n_D,v 都列在本书最后的附录中,利用这些表格和前面有关的公式就可以根据$\overline{P_\infty},\overline{W_\infty},\overline{C}$求双胶合透镜组的结构参数。为了便于今后使用,我们将这些公式重新按实际计算步骤整理如下。

已知$\overline{P_\infty},\overline{W_\infty},\overline{C}$,找出玻璃材料和求出结构参数。

① 根据式(4-28),由$\overline{P_\infty},\overline{W_\infty}$求 P_0。

$$P_0=\overline{P_\infty}-0.85(\overline{W_\infty}-0.15)^2$$

② 根据 P_0 和$\overline{C}$查附录中的 P_0,Q_0 表(当$\overline{C}$值和表中给出的五个值不一致时,按$\overline{C}$值对 P_0 进行线性插值),找出同时符合 P_0 和$\overline{C}$的玻璃组合,并查出 Q_0。

③ 根据式(4-26),式(4-27),由$\overline{P_\infty}$,$\overline{W_\infty}$,Q_0 求 Q。

$$Q=Q_0\pm\sqrt{\frac{\overline{P_\infty}-P_0}{2.35}},Q=Q_0-\frac{\overline{W_\infty}-0.15}{1.67}$$

由前一个公式可以求出两个 Q 值,选取和下一个公式相近的一个解,然后求它们的平均值作为要求的 Q 值。

④ 根据式(4-23),由已经确定的玻璃光学常数和$\overline{C}$值求两个透镜的光焦度 φ_1,φ_2。

$$\begin{cases}\varphi_1=\left(\overline{C}-\frac{1}{v_2}\right)\Big/\left(\frac{1}{v_1}-\frac{1}{v_2}\right)\\ \varphi_2=1-\varphi_1\end{cases}\tag{4-29}$$

⑤ 根据 Q,φ_1,φ_2,求半径 r_1,r_2,r_3。

$$\frac{1}{r_2}=\varphi_1+Q\tag{4-30}$$

$$\frac{1}{r_1}=\frac{\varphi_1}{n_1-1}+\frac{1}{r_2}\tag{4-31}$$

$$\frac{1}{r_3}=\frac{1}{r_2}-\frac{\varphi_2}{n_2-1}\tag{4-32}$$

由以上公式求出的半径对应透镜组的焦距 $f'=1$,如果我们所要设计的透镜组在没有归化以前的焦距为 f',则还需要把前面求得的半径都乘以焦距 f',才能得到实际要求的结构参数。

5. 平行玻璃板的初级像差公式

前面讨论了薄透镜系统和薄透镜组的初级像差,在薄透镜系统中往往还有反射棱镜,反射棱镜展开以后相当于一定厚度的平行玻璃板;另外,在本章概述中曾经介绍过厚透镜可以看作由两个薄透镜加一块平行玻璃板构成,如图 4-5 所示。为了讨论这类系统的初级像差,除了前面已经介绍的薄透镜系统初级像差公式外,还需要知道平行玻璃板的初级像差。下面我们将不加推导给出平行玻璃板的 7 种初级像差公式,公式中有关参数的意义如图 4-5 所示。

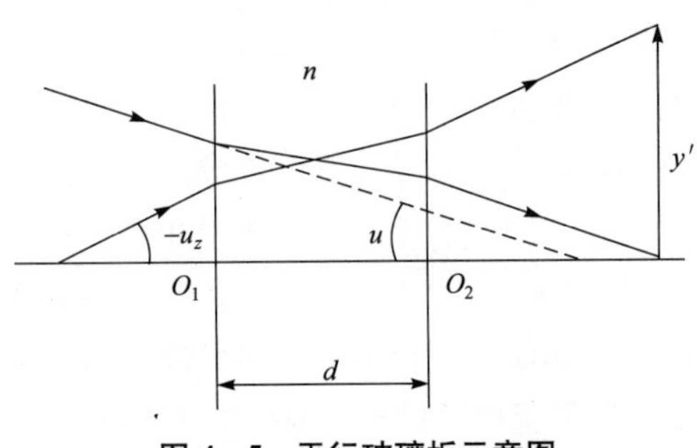

图 4-5 平行玻璃板示意图

玻璃板的厚度为 d,玻璃的折射率为 n,阿贝数为 v,第一辅助光线与光轴的夹角为 u,第二辅助光线与光轴的夹角为 u_z。7 种初级像差和数的公式如下:

(1) 球差

$$S_{\mathrm{I}}=-\frac{n^2-1}{n^3}du^4\tag{4-33}$$

(2) 彗差

$$S_{\mathrm{II}}=S_{\mathrm{I}}\left(\frac{u_z}{u}\right)\tag{4-34}$$

(3) 像散

$$S_{\mathrm{III}}=S_{\mathrm{I}}\left(\frac{u_z}{u}\right)^2 \tag{4-35}$$

(4) 场曲

$$S_{\mathrm{IV}}=0 \tag{4-36}$$

(5) 畸变

$$S_{\mathrm{V}}=S_{\mathrm{I}}\left(\frac{u_z}{u}\right)^3 \tag{4-37}$$

(6) 轴向色差

$$S_{\mathrm{IC}}=-\frac{d}{v}\frac{n-1}{n^2}u^2 \tag{4-38}$$

(7) 垂轴色差

$$S_{\mathrm{IIC}}=S_{\mathrm{IC}}\left(\frac{u_z}{u}\right) \tag{4-39}$$

由以上公式可以看到，平行玻璃板的初级像差只和玻璃板厚度 d，玻璃的光学常数 n，v 以及光束的孔径角 u，视场角 u_z 有关，而和像面到玻璃板的距离无关。因此如果在同一空间内有相同材料的若干块玻璃板，则可以合成一块进行计算，它的厚度等于各块玻璃板厚度之和，而且玻璃板的位置可以任意给定。

4.2　望远镜物镜设计

1. 望远镜物镜设计的特点

前面几章介绍了光学设计的基础知识和光学自动设计的基本方法。从本章开始介绍各类光学系统设计的具体方法和步骤。下面介绍望远镜物镜的设计特点。

各类光学系统的设计特点，主要是由它们的光学特性决定的，为此首先讨论光学特性。望远镜系统一般由物镜、目镜和棱镜或透镜式转像系统构成，望远镜物镜是整个望远系统的一个组成部分。对它的光学特性要求是在进行整个系统的外形尺寸计算时确定的。望远镜物镜的光学特性主要有以下特点：

(1) 相对孔径不大

在望远镜系统中，入射的平行光束经过系统以后仍为平行光束，因此物镜的相对孔径 $(D/f'_{物})$ 和目镜的相对孔径 $(D'/f'_{目})$ 是相等的。目镜的相对孔径主要由出瞳直径 D' 和出瞳距离 l'_z 决定。目前观察望远镜的出瞳直径 D' 一般为 4 mm 左右，出瞳距离 l'_z 一般要求 20 mm 左右，为了保证出瞳距离，目镜的焦距 $f'_{目}$ 一般不能小于 25 mm。因此目镜的相对孔径为

$$\frac{D'}{f'_{目}}=\frac{4}{25}\approx\frac{1}{6}$$

所以望远镜物镜的相对孔径 $D/f'_{物}$ 一般小于 1/5。

(2) 视场较小

望远镜物镜的视场角 ω 和目镜的视场角 ω' 以及系统的视放大率 Γ 之间有以下关系：

$$\tan\omega=\frac{\tan\omega'}{\Gamma}$$

目前常用目镜的视场 $2\omega'$ 大多在 70°以下，这就限制了物镜的视场不可能太大。例如，对

一个 $8^{\times}$ 的望远镜,由上式可求得物镜视场 $2\omega \approx 10°$。通常望远镜物镜的视场不大于 10°。

由于望远镜物镜的相对孔径和视场都不大,因此它的结构形式比较简单,要求校正的像差也比较少,一般主要校正轴向边缘球差 $\delta L'_m$,轴向色差 $\Delta L'_{FC}$ 和边缘孔径的正弦差 SC'_m,而不校正 x'_{ts},x'_p 和 $\delta y'_z$ 以及垂轴色差 $\Delta y'_{FC}$。

由于望远镜物镜要和目镜、棱镜或透镜式转像系统组合起来使用,所以在设计物镜时,应考虑到它和其他部分之间的像差补偿关系。在物镜光路中有棱镜的情形,棱镜的像差一般要靠物镜来补偿,由物镜来校正棱镜的像差。另外目镜中常有少量球差和轴向色差无法校正,也需要依靠物镜的像差给予补偿。所以物镜的 $\delta L'_m$,SC'_m,$\Delta L'_{FC}$ 常常不是校正到零,而是要求它等于指定的数值。

望远镜属目视光学仪器,设计目视光学仪器(包括望远镜和显微镜)一般对 F(486.13 nm)和 C(656.28 nm)光计算和校正色差,对 D(589.3 nm)光校正单色像差。

望远镜物镜的结构形式主要有 6 种,它们适用的光学特性和特点列在表 4-1 中。

表 4-1 望远镜物镜的结构形式及其适用的光学特性和特点

名称	结构形式	适用的光学特性和特点
双胶		视场角 $2\omega<10°$; 不同焦距适用的最大相对孔径 $f'/\frac{D}{f'}$ 为 $50/\frac{1}{3}$; $150/\frac{1}{4}$;$300/\frac{1}{6}$;$1\,000/\frac{1}{10}$
双一单		相对孔径 $\frac{D}{f'}$ 为 $\frac{1}{3}\sim\frac{1}{2}$; 透镜口径 $D\leqslant 100$ mm; 视场角 $2\omega<5°$
单一双		相对孔径 $\frac{D}{f'}$ 为 $\frac{1}{3}\sim\frac{1}{2.5}$; 透镜口径 $D\leqslant 100$ mm; 视场角 $2\omega<5°$
三分离		相对孔径 $\frac{D}{f'}$ 为 $\frac{1}{2}\sim\frac{1}{1.5}$; 视场角 $2\omega<4°$
对称式		适合于短焦距、大视场、小相对孔径使用; $f'<50$,$\frac{D}{f'}<\frac{1}{5}$,$2\omega<30°$

续表

名称	结构形式	适用的光学特性和特点
摄远		由正负两个分离薄透镜构成，系统长度小于焦距，系统的相对孔径受前组相对孔径的限制

2. 用初级像差求解双胶合望远镜物镜的结构参数

双胶合透镜组是能够同时校正 $\delta L'_m$，SC'_m 和 $\Delta L'_{FC}$ 三种像差的最简单的结构，是最常用的望远镜物镜。在使用光学自动设计的条件下，设计一个双胶合望远镜物镜已经是非常简单的事了。在进行光学自动设计前必须首先给出一个原始系统结构参数。可以从现有资料中找出一个光学特性相近的系统作为原始系统。也可以利用前面介绍的薄透镜系统初级像差公式，根据对系统的像差要求，直接求解结构参数，把它作为光学自动设计的原始系统，这样做往往可以使光学自动设计更加有效。下面结合具体实例，介绍求解双胶合望远镜物镜结构参数的方法。

设计一个 $10^{\times}$ 望远镜的物镜，根据望远系统外形尺寸计算的结果，对物镜提出的光学特性要求为：焦距 $f'=250\text{mm}$，通光直径 $D=40$ mm，视场角 $2\omega=6°$，入瞳与物镜重合 $l_z=0$。

物镜后面有一棱镜系统，展开成平行玻璃板后的总厚度为 150 mm，棱镜的玻璃材料为 K9。为了补偿目镜的像差，要求物镜系统（包括双胶合物镜和棱镜）的像差为

$$\delta L'_m=0.1\ \text{mm},SC'_m=-0.001,\Delta L'_{FC}=0.05\ \text{mm}$$

根据上述光学特性和像差要求，求解双胶合物镜的结构参数，整个系统如图 4－6 所示。

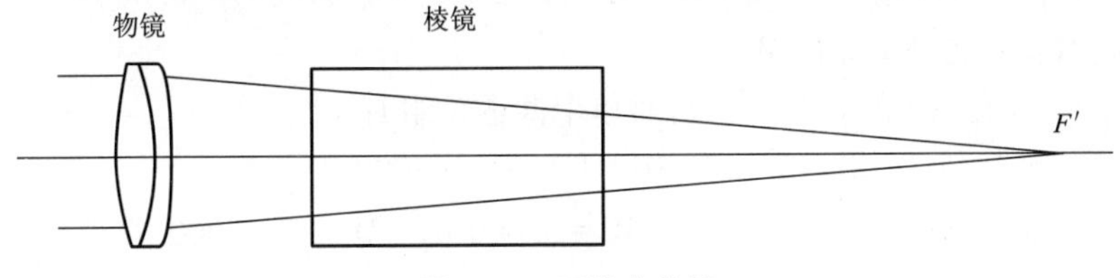

图 4－6　双胶合物镜

(1) 求 h，h_z，J

根据光学特性的要求，有

$$h=\frac{D}{2}=\frac{40}{2}=20$$

由于光阑与物镜重合，因此 $h_z=0$。

$$u'=\frac{h}{f'}=\frac{20}{250}=0.08$$

$$y'=-f'\tan\omega=-250\times\tan(-3°)=13.1$$

$$J=n'u'y'=1\times0.08\times13.1=1.05$$

(2) 计算平行玻璃板的像差和数 S_{I}，S_{II}，$S_{\text{I}C}$

平行玻璃板入射光束的有关参数为

$$u=0.08,\quad u_z=\tan(-3°)=-0.052\,4,\quad \frac{u_z}{u}=-0.655$$

根据已知条件,平行玻璃板本身的参数为

$$d=150\ \text{mm},\quad n=1.516\ 3,\quad v=64.1$$

将以上数值代入平行玻璃板的初级像差式(4-33)、式(4-34)和式(4-38)得

$$S_{\mathrm{I}}=-d\frac{n^2-1}{n^3}u^4=-150\times\frac{1.516\ 3^2-1}{1.516\ 3^3}\times0.08^4=-0.002\ 29$$

$$S_{\mathrm{II}}=S_{\mathrm{I}}\left(\frac{u_z}{u}\right)=-0.002\ 29\times(-0.655)=0.001\ 5$$

$$S_{\mathrm{I}C}=-d\frac{n-1}{vn^2}u^2=-150\times\frac{1.516\ 3-1}{64.1\times1.516\ 3^2}\times0.08^2=-0.003\ 36$$

(3) 列出初级像差方程式,求解双胶合物镜的$\overline{P_\infty}$,$\overline{W_\infty}$,$\overline{C}$:

根据整个物镜系统的像差要求,利用式(4-1)、式(4-2)和式(4-6),求出系统的像差和数S_{I},S_{II},$S_{\mathrm{I}C}$:

$$S_{\mathrm{I}}=-2n'u'^2\delta L'=-2\times0.08^2\times0.1=-0.001\ 28$$

$$S_{\mathrm{II}}=-2n'u'K'_S=-2n'u'(SC'\cdot y')=-2\times0.08\times(-0.001\times13.1)=0.002\ 1$$

$$S_{\mathrm{I}C}=-n'u'^2\Delta L'_{FC}=-0.08^2\times0.05=-0.000\ 32$$

以上为整个物镜系统的像差和数,它应等于物镜的像差和数加棱镜的像差和数,即

$$S_{系统}=S_{物镜}+S_{棱镜}$$

将上面求得的$S_{棱镜}$和$S_{系统}$代入,即可求得对双胶合物镜的像差和数要求为

$$S_{\mathrm{I}}=S_{\mathrm{I}系统}-S_{\mathrm{I}棱镜}=-0.001\ 28-(-0.002\ 29)=0.001\ 01$$

$$S_{\mathrm{II}}=S_{\mathrm{II}系统}-S_{\mathrm{II}棱镜}=0.002\ 1-0.001\ 5=0.000\ 6$$

$$S_{\mathrm{I}C}=S_{\mathrm{I}C系统}-S_{\mathrm{I}C棱镜}=-0.000\ 32-(-0.003\ 36)=0.003\ 04$$

① 列出初级像差方程,求P,W,C。

根据式(4-1),式(4-2),式(4-6),对单个薄透镜组有

$$S_{\mathrm{I}}=hP=20\times P=0.001\ 01,\quad P=0.000\ 05$$

$$S_{\mathrm{II}}=h_zP-JW=-1.05W=0.000\ 6,\quad W=-0.000\ 57$$

$$S_{\mathrm{I}C}=h^2C=(20)^2C=0.003\ 04,\quad C=0.000\ 007\ 6$$

② 由P,W,C求$\overline{P_\infty}$,$\overline{W_\infty}$,$\overline{C}$。

由于$h=20$,$f'=250$,因此有

$$h\varphi=0.08,\quad (h\varphi)^2=0.006\ 4,\quad (h\varphi)^3=0.000\ 512$$

根据式(4-29)和式(4-34)得

$$\overline{P}=\frac{P}{(h\varphi)^3}=\frac{0.000\ 05}{0.000\ 512}=0.098$$

$$\overline{W}=\frac{W}{(h\varphi)^2}=\frac{-0.000\ 57}{0.006\ 4}=0.089$$

$$\overline{C}=C\cdot f'=0.000\ 007\ 6\times250=0.001\ 9$$

由于望远镜物镜本身对无限远物平面成像,因此无须再对物平面位置进行归化

$$\overline{P_\infty}=\overline{P}=0.098,\overline{W_\infty}=\overline{W}=0.089,\overline{C}=0.001\ 9$$

根据P_0,$\overline{C}$选玻璃。

将上面求得的$\overline{P_\infty}$,$\overline{W_\infty}$代入式(4-28)求P_0

$$P_0=\overline{P_\infty}-0.85\times(\overline{W_\infty}-0.15)^2=0.098-0.85\times(0.089-0.15)^2=0.095$$

根据$\overline{C}=0.0019$，$P_0=0.095$，由附录查找适用的玻璃组合。

查表的步骤一般是根据要求的$\overline{C}$值用插值法求出不同玻璃组合的P_0，如果和要求的P_0之差在一定公差范围内，则这样的玻璃就能满足要求。对一般双胶合物镜P_0的公差在0.1左右。相对孔径越小，P_0允许误差越大，它对P的影响就越小。通常可以在表中查到若干对玻璃都能满足P_0，$\overline{C}$的要求，然后再在这些玻璃对中进行挑选。挑选的原则是要求玻璃的化学稳定性和工艺性好，球面的半径要大，以便于加工。一般Q_0绝对值比较小，两种玻璃v值相差比较大的玻璃，球面半径比较大。根据这些要求，我们从附表中找到一对较好的玻璃为K9－ZF1，它们的n_D，v，P_0，Q_0可从附表中得到：

$$\text{K9}:n_D=1.5163,\quad v=64.1$$

$$\text{ZF1}:n_D=1.6475,\quad v=33.9$$

$$\overline{C}=0.0019,1\quad P_0=0.13,\quad Q_0=-4.21$$

（4）求透镜组半径

① 根据式(4-23)求φ_1，φ_2。

$$\begin{aligned}\varphi_1&=\left(\overline{C}-\frac{1}{v_2}\right)\Big/\left(\frac{1}{v_1}-\frac{1}{v_2}\right)\\&=\left(0.0019-\frac{1}{33.9}\right)\Big/\left(\frac{1}{64.1}-\frac{1}{33.9}\right)\\&=1.986\end{aligned}$$

$$\begin{aligned}\varphi_2&=1-\varphi_1\\&=-0.986\end{aligned}$$

② 根据式(4-27)求Q。

$$Q=Q_0-\frac{\overline{W_\infty}-0.15}{1.67}=-4.21-\frac{0.13-0.15}{1.67}=-4.2$$

③ 根据式(4-29)、式(4-30)求半径。

$$\frac{1}{r_2}=\varphi_1+Q=1.986-4.2=-2.214$$

$$\frac{1}{r_1}=\frac{\varphi_1}{n_1-1}+\frac{1}{r_2}=\frac{1.986}{0.5163}-2.214=1.6326$$

$$\frac{1}{r_3}=\frac{1}{r_2}-\frac{\varphi_2}{n_2-1}=-2.214-\frac{-0.986}{0.6475}=-0.6912$$

由此得到：$r_1=0.6125$，$r_2=-0.4517$，$r_3=-1.4467$。以上半径对应焦距等于1，将它们乘以焦距$f'=250$，得到最后要求的半径为

$$r_1=153.1,\quad r_2=-112.93,\quad r_3=-361.68$$

（5）确定透镜厚度

透镜厚度除了与球面半径和透镜直径有关外，同时要考虑到透镜的固定方法、质量要求和加工难易等因素，可参考《光学设计手册》中有关光学零件中心和边缘厚度的规定，用实际口径作图确定，我们取$d_1=6$，$d_2=4$。这样双胶合物镜的全部结构参数为

$r_1=153.1$

$r_2=-112.93$　　6　　K9

$r_3=-361.68$　　4　　ZF1

至此,双胶合望远镜物镜的初级像差求解全部完成了,为了验证计算的正确性,可以进行一次实际像差的计算。在计算实际像差时,可以把棱镜对应的玻璃板也加入,对整个物镜系统进行计算,看系统的像差是否和要求的像差接近。物镜系统的全部结构参数为

r	d	n_D	n_F	n_C
		1	1	1
153.10	6	1.516 3	1.521 955	1.513 895(K9)
−112.93	4	1.647 5	1.661 196	1.642 076(ZF1)
−361.68	50	1	1	1
0.00	150	1.516 3	1.521 955	1.513 895(K9)
0.00		1	1	1

$D=40$,　$2\omega=6°$,　$L=\infty$,　$l_z=0$

按以上参数计算像差得到

$$f'=251.25,\quad \delta L'_m=-0.076,\quad SC'_m=-0.000\ 63,\quad \Delta L'_{FC}=0.106$$

从以上计算结果来看,虽然和要求的焦距及像差不完全一致,但相差并不大,说明以上的求解过程是正确的。之所以存在差别,一方面是因为我们在求解过程中假定透镜组是厚度等于零的理想薄透镜,而最后的实际透镜组加入了厚度;另一方面,实际的像差计算结果不仅包含初级像差而且包含高级像差。因此初级像差求解得到的系统往往不能直接使用,只能作为自动设计的原始系统。

3. 二级光谱色差

除了初级像差和高级像差以外,另外还有一种像差,在设计某些高性能、高质量的光学系统时需要加以考虑,这就是所谓的“二级光谱色差”。什么是二级光谱色差?前面我们采用两种指定波长的光线,如F,C光线像点位置之差表示光学系统的色差。当F,C光校正了色差以后,F,C光线像点便重合在一起,但是其他颜色光线的像点并不随F,C光像点的重合而全部重合在一点,因此仍有色差存在,这样的色差就叫二级光谱色差。图4-7就是当透镜组对F,C光线校正色差之后,像点位置随波长变化的曲线,图中F,C光线的像点重合在一起,其他颜色的光线也成对地重合在一起,但是它们的位置并不相同,而是分布在一定的范围之内。通常用两消色差光线像点位置和中间波长光线像点位置之差表示二级光谱色差的大小。如果系统没有完全消除色差,则用两消色差光线像点的平均位置和中间波长光线像点位置之差表示。在采用F,C校正色差时就用F,C像点和计算单色像差的D光像点位置之差

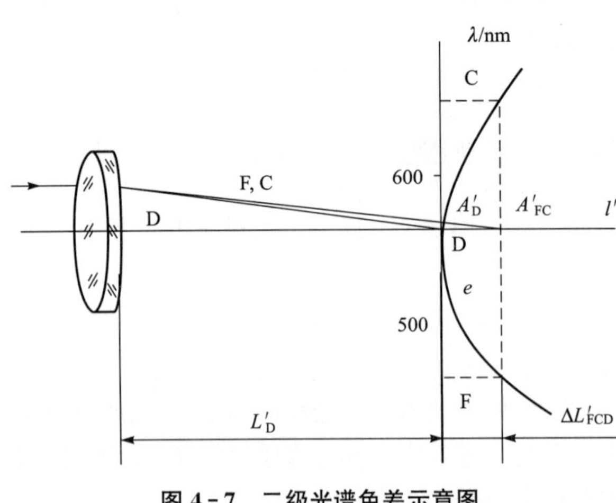

图4-7　二级光谱色差示意图

$\Delta L'_{FCD}$ 表示二级光谱色差。例如在上面的双胶合望远镜物镜设计结果中，可以计算出 0.707 1 h 的 D，F，C 三种颜色光线对应的像点位置分别为：$\delta L'_D=0.056\ 73$；$\delta L'_F=0.192\ 8$；$\delta L'_C=0.139\ 7$，系统没有完全校正色差 $\delta L'_{FC}=0.053\ 1$，二级光谱色差的计算公式为

$$\Delta L'_{FCD}=\frac{1}{2}(\delta L'_F+\delta L'_C)-\delta L'_D \tag{4-40}$$

将 $\delta L'_D=0.056\ 73$，$\delta L'_F=0.192\ 8$，$\delta L'_C=0.139\ 7$ 代入上式得

$$\Delta L'_{FCD}=\frac{1}{2}(0.192\ 8+0.139\ 7)-0.056\ 73=0.109\ 5$$

这就是上面设计的物镜的二级光谱色差。二级光谱色差产生的原因是冕玻璃和火石玻璃的折射率随波长的变化规律不同造成的。如上面的两种玻璃

$$\text{BaK7}:\frac{n_F-n_D}{n_F-n_C}=0.706\ 4,\quad \text{ZF2}:\frac{n_F-n_D}{n_F-n_C}=0.717\ 4$$

这两种玻璃对 F，C 的色散（n_F-n_C）和对 F，D 的色散（n_F-n_D）不成比例。当 F，C 消色差时，F，D 不能同时消色差。

我们把 $\frac{n_F-n_D}{n_F-n_C}$ 称为相对色散，用符号 P_{FD} 表示：

$$P_{FD}=\frac{n_F-n_D}{n_F-n_C} \tag{4-41}$$

要消除二级光谱色差，必须使用 P_{FD} 相等的两种玻璃消色差。但是一般玻璃 P 近似与 v 成比例，P 相等则 v 也近似相等。前面说过两种 v 值相同的玻璃是不能消色差的，要消色差必须用 v 值不同的玻璃，而且 v 相差越多越好，所以就无法消除二级光谱色差。二级光谱色差的数值和焦距之比近似为一常数：

$$\Delta L'_{FCD}=\frac{f'}{2\ 500} \tag{4-42}$$

我们上面设计的系统焦距 $f'=250$，代入上式得 $\Delta L'_{FCD}=0.1$，而实际像差的计算结果为 0.109 5。基本符合式（4-42）。

二级光谱色差对大多数光学系统来说并不很大，不致显著影响成像质量。但对于一些高倍率的望远镜或显微镜可能成为影响成像质量的主要像差，应设法校正，校正二级光谱色差的系统称为“复消色差”系统。它必须使用 v 值不同而 P 值近似相等的特殊光学材料，因此价格昂贵。

4. 望远镜物镜像差的公差

从前面的设计实例可以看到，我们不能把光学系统的像差完全消除，总有一定的残余像差存在。确定残余像差的允许值——公差，对设计和生产都有重要的意义。有了像差公差，设计者才能确定设计质量的优劣，才能制定出合理的加工装配误差。

显然，光学系统像差的公差是随系统的使用要求不同而改变的，所以长期以来，对不同用途系统的像差公差使用不同的标准。因此我们对各类光学系统分别介绍它们的像差公差。望远镜物镜属于目视光学仪器，目视光学仪器像差的公差有一套比较可靠的经验数据，我们直接介绍这些数据。

望远镜物镜像差的公差一般用波像差来衡量，实验证明当光学系统波像差小于 1/4 波长时，所成的像和没有像差的理想像几乎没有差别。长期以来，把波像差小于 1/4 波长作为制定

望远镜物镜像差公差的标准。人眼的成像质量接近理想,所以要求目视光学仪器的成像质量也和理想接近。为了使用方便我们直接给出波像差为1/4波长的各种几何像差的公差。在设计工作中,可以直接把系统的几何像差和对应的公差进行比较,而不必由几何像差变换成波像差。

(1) 像面位移的公差——焦深

假定光系统没有像差,理想成像于A'_0点,如图4-8所示。出射光束的波面是以A'_0为球心的球面W'。如果我们把接收像点的平面由A'_0向前或向后移动到A'_1或A'_2,在这些平面上接收到的像就不再符合理想,有波像差仍在,因为从轴上点A'_1或A'_2点到理想波面上各点就不再是等光程的了。波差小于$\lambda/4$对应的Δ值为

$$\Delta \leqslant \frac{\lambda}{n' u'^2_m} \tag{4-43}$$

Δ称为像面位移的公差,或称为"焦深"。

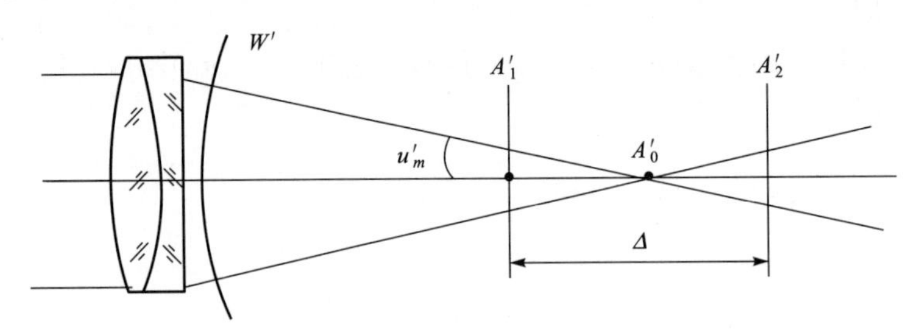

图4-8 焦深示意图

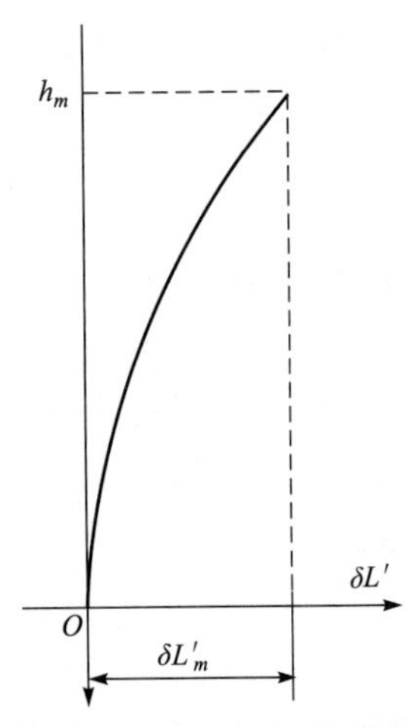

图4-9 初级球差示意图

(2) 球差的公差

由于波像差的大小不仅与光束的最大球差有关,而且和球差在整个孔径内的分布规律有关。下面我们给出两种最常见的球差分布情况下的公差公式。

① 初级球差的公差。初级球差与孔径h的平方成比例,球差随h的增加而增加,如图4-9所示。孔径边缘的球差$\delta L'_m$最大,和$\lambda/4$对应的边缘球差的公差为

$$\delta L'_m \leqslant 4\Delta \leqslant \frac{4\lambda}{n' u'^2_m}$$

以上公差公式适用于边缘球差没有校正,而且球差与h近似成抛物线关系的情形,即$\delta L'_{sn}$比较小的情形,它主要适用于相对孔径比较小的系统。

② 剩余球差的公差。如果系统对孔径边缘的光线校正了球差$\delta L'_m=0$,由于孔径高级球差的存在,孔径中间的光线仍有球差,如图4-10所示。一般在$0.7071h_m$左右剩余球差最大,波像差小于$\lambda/4$的剩余球差$\delta L'_{sn}$的公差为

$$\delta L'_{sn} \leqslant 6\Delta \leqslant \frac{6\lambda}{n' u'^2_m} \tag{4-44}$$

大多数实际光学系统的球差校正情况和上面这两种典型情况有差别,它们对球差进行了校正,但没有完全校正到零,如图4-11(a)、(b)所示。

它们的波像差是否小于$\lambda/4$,可以用上面这两种典型情况的公差为依据加以估计。

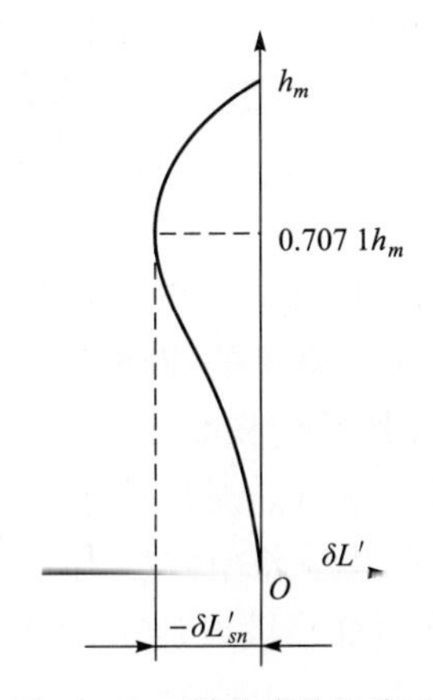

图4-10　剩余球差示意图

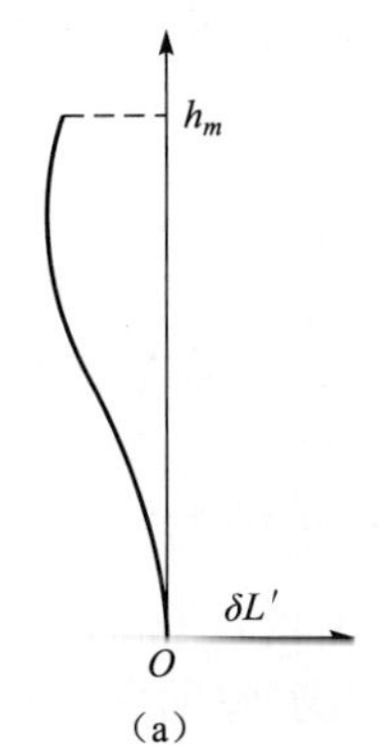

图4-11　实际球差示意图

(3) 轴向色差的公差

① 色球差的公差。色球差为不同颜色光线球差之差，它随孔径 h 变化的规律和初级球差相同，它的公差也应该和初级球差的公差相等。一般我们对 0.707 1 h 的光线校正色差，这时边缘和近轴仍有色差，如图4-12所示。边缘和近轴的色差近似大小相等，符号相反，两者的公差应等于初级球差公差的$\frac{1}{2}$。

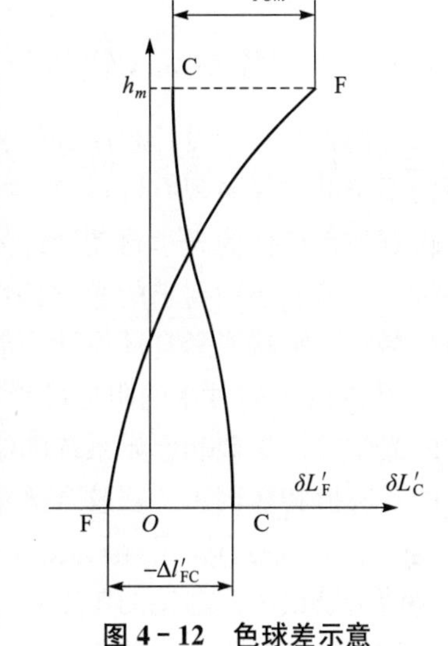

图4-12　色球差示意

② 初级色差公差。初级色差是一个和孔径 h 无关的常量，它相当于不同颜色光线的像面位移，如果两种光线的像点在焦深以内，则C、F两波面之间的波像差小于 $\lambda/4$，所以初级轴向色差的公差与像面位移的公差相等。

$$\Delta L'_{FC} \leqslant \Delta \leqslant \frac{\lambda}{n'u'^2_m} \tag{4-45}$$

$$|\Delta L'_{FCm}| = |\Delta L'_{FC}| \leqslant 2\Delta \leqslant \frac{2\lambda}{n'u'^2_m} \tag{4-46}$$

此时色差的公差等于初级球差的公差

$$\delta L'_{FC} = \Delta L'_{FCm} - \Delta l'_{FC} \leqslant 4\Delta \leqslant \frac{4\lambda}{n'u'^2_m} \tag{4-47}$$

③ 二级光谱色差的公差图。二级光谱色差和初级色差一样，相当于不同颜色光线的像面位移。它的公差和初级色差相同

$$\Delta L'_{FCD} \leqslant \Delta \leqslant \frac{\lambda}{n'u'^2_m} \tag{4-48}$$

前面我们说过，消除二级光谱色差必须使用特殊的光学材料，一般系统都不消除，因此，它们的二级光谱色差都要超出上面的公差。二级光谱色差在一个波长以内即认为比较好，在(1.5～2)λ 也可使用。

(4) 正弦差的经验公差

由于初级彗差和像高的一次方成比例，因此它对视场中心部分的成像质量影响较小，对视

场边缘影响最大;而一般望远镜对视场边缘的像质允许比中心视场的像质下降,因此通常不按整个视场内彗差小于$\lambda/4$来要求。实践证明,当$SC'<0.0025$即可满足一般使用要求,因此SC'的公差为

$$SC'\leqslant 0.0025 \tag{4-49}$$

以上即为望远镜物镜的三种主要像差(球差、轴向色差和正弦差)的公差。在一般设计工作中,考虑到加工装配误差,最好能把这些像差校正到公差的1/2,这样系统的成像质量更有保证。至于其他像差,如像散、场曲、垂轴色差等,一方面由于望远镜物镜的视场比较小,这些像差一般不会特别大;另一方面,由于望远镜物镜结构比较简单,通常不可能对这些像差进行校正,只能依靠目镜来补偿。所以在望远镜物镜设计中,一般不对这些像差单独提出公差要求,而只对整个望远系统提出要求。关于望远系统的像差公差,将在后面目镜设计中介绍。

4.3 望远镜物镜设计实例

4.3.1 用Zemax软件对双胶合望远镜物镜进行优化设计

使用光学自动设计程序进行光学设计,首先要给出一个原始系统。双胶合望远镜物镜的原始系统可以参考现有资料,把它缩放成要求的焦距即可。另一种方法是,用上节初级像差求解得到的系统作为光学自动设计的原始系统,这样往往可以更快地获得最后设计结果。下面将按照上节例子中要求的光学特性,并把求解所得的系统作为原始系统,用Zemax软件中的阻尼最小二乘法光学自动设计功能设计双胶合望远镜物镜。

用Zemax软件中的阻尼最小二乘法光学自动设计功能进行光学设计,除了要知道设计要求的光学特性参数和原始系统的结构参数外,还要决定自变量和要求校正的像差,以及每种像差的目标值和权因子。双胶合透镜组的自变量只有三个球面曲率c_1,c_2,c_3。薄透镜组的透镜厚度一般不作为自变量,因为微小的厚度变化对像差影响很小,而透镜厚度如果增加很多就不再是薄透镜组了。透镜的厚度直接根据要求的最小厚度确定。

对望远镜物镜的像差要求,如果采用适应法自动校正程序,则要求校正$\delta L'_m,SC'_m,\Delta L'_{FC}$这三种像差。除了这三个像差外,透镜组的光焦度$\varphi=1/f'$也是必须满足的一个像差参数,共校正四种像差。而自变量只有三个,违背了适应法要求像差数必须小于自变量数的基本要求。因此必须把玻璃的光学常数作为自变量才有可能同时校正这四个像差参数。在双胶合透镜的设计中,我们一般不采取把玻璃光学常数作为自变量一并加入校正的方式进行自动设计。因为这样设计的结果中,玻璃的光学常数为理想值,换成相近的实际玻璃后还必须重新校正,反而比较费事。通常是在求解初始结构参数时利用初级像差方程式来求解,这样求解出的初始结构参数就自动满足正确的玻璃配对,相当于一个隐形自变量。

而如果采用Zemax中的阻尼最小二乘法自动优化功能,则不需要校正单项独立的几何像差。程序中需要建立一个评价函数,把对系统的像差、结构以及光学特性的要求都加入到评价函数中,然后利用阻尼最小二乘法的算法使评价函数下降,评价函数的下降就意味着像差的下降,同时结构及光学特性的要求也逐步趋于各自的目标值。

在计算机桌面上单击Zemax图标,启动Zemax软件,进入Zemax界面,出现Lens Data Editor界面,单击Insert键,插入5行。然后在半径厚度相应列中键入上节求解出的半径、厚

度和玻璃，在输入玻璃时，必须保证在 Zemax 存放玻璃库的目录下存放有中国的玻璃库，程序会弹出一个窗口，询问是否加入中国玻璃库。需要注意的是，中国玻璃和国外玻璃有时会出现重名的情况，因此使用者应该在 General 菜单中的 Glass Catalogs 下去除别的玻璃库，只保留中国的玻璃库。

输完半径厚度和玻璃以后，接下来应该输入光学特性参数，单击 System 中的 General 菜单，在 Aperture 项中输入入瞳口径 40，然后单击 System 中的 Field data 菜单，输入 6 个入射角度值：3、2.55、2.1、1.5、0.9、0，分别对应 1、0.85、0.7、0.5、0.3 和 0 视场。然后单击 System 中的 Wavelength Data 菜单，输入 D、F、C 这 3 个波长值。

在 Lens Data Editor 中最后一行的间隔处单击右键，弹出一个对话框界面，选择 Marginal Ray Height，这样最后一个间隔就是系统的理想像距。然后可以单击界面中的 Layout 快捷键，观察系统的二维系统图，如图 4-13 所示。

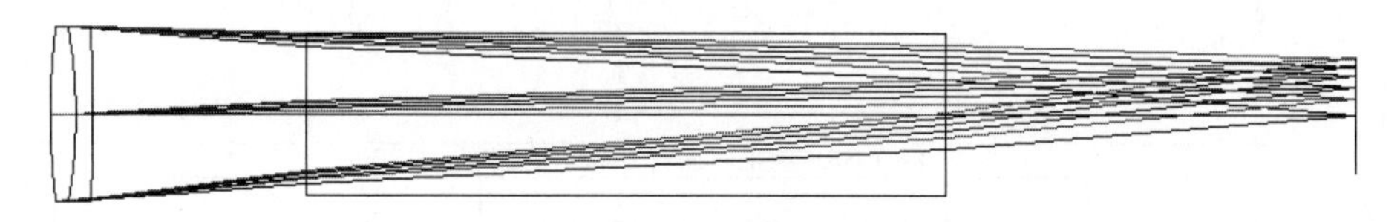

图 4-13　双胶合透镜初始系统图

也可以对系统进行大致的评价，例如点列图、光线扇形图等，如图 4-14、图 4-15 所示。

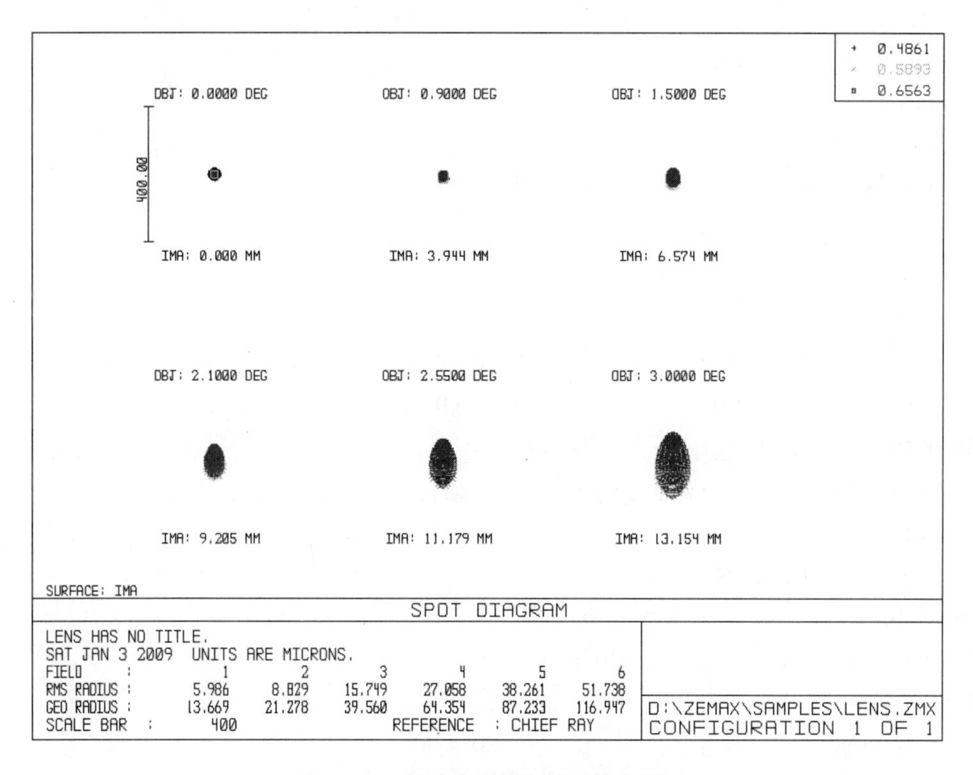

图 4-14　双胶合透镜初始系统点列图

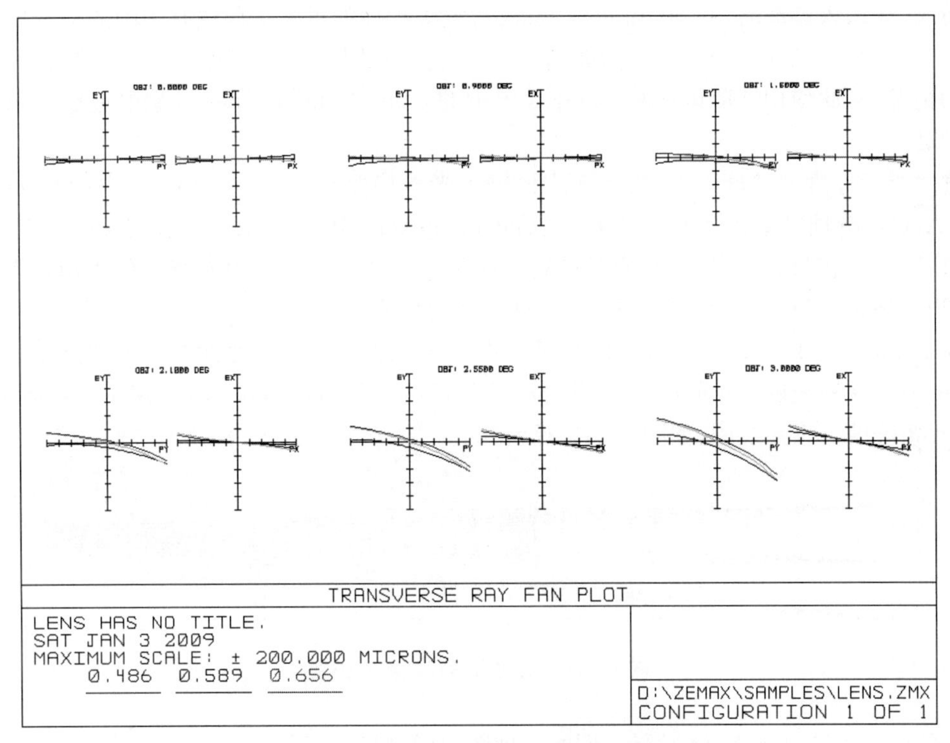

图 4-15 双胶合透镜初始系统光线扇形图

系统的光学特性参数为

Surfaces	:	6
Stop	:	1
System Aperture	:	Entrance Pupil Diameter = 40
Glass Catalogs	:	china
Ray Aiming	:	Off
Apodization	:	Uniform, factor = 0.000 00E+000
Effective Focal Length	:	251.083 3 (in air at system temperature and pressure)
Effective Focal Length	:	251.083 3 (in image space)
Back Focal Length	:	97.450 72
Total Track	:	307.450 7
Image Space F/#	:	6.277 082
Paraxial Working F/#	:	6.277 082
Working F/#	:	6.271 259
Image Space NA	:	0.079 403 34
Object Space NA	:	2e−009
Stop Radius	:	20
Paraxial Image Height	:	13.158 72
Paraxial Magnification	:	0

Entrance Pupil Diameter: 40
Entrance Pupil Position : 0
Exit Pupil Diameter : 40.276 03
Exit Pupil Position : −252.816
Field Type : Angle in degrees
Maximum Field : 3
Primary Wave : 0.589 3
Lens Units : Millimeters
Angular Magnification : 0.993 146 5
Fields : 6
Field Type: Angle in degrees

#	X−Value	Y−Value	Weight
1	0.000 000	0.000 000	1.000 000
2	0.000 000	0.900 000	1.000 000
3	0.000 000	1.500 000	1.000 000
4	0.000 000	2.100 000	1.000 000
5	0.000 000	2.550 000	1.000 000
6	0.000 000	3.000 000	1.000 000

Wavelengths : 3
Units: Microns

#	Value	Weight
1	0.486 133	1.000 000
2	0.589 300	1.000 000
3	0.656 273	1.000 000

可以看出，系统的焦距为 251.083，与要求的 250 非常接近，系统的像差也不大，系统的图形非常正常。这说明利用初级像差方程式来求解双胶合透镜是非常有效的，所求解的结构参数与理想的状态相差不大，利用这个初始结构来进行优化会很容易达到最优状态。

对系统进行优化设计，大体上分为 3 个步骤：

(1) 确定自变量

首先需要确定自变量，一般来说半径厚度或间隔，以及玻璃材料都可以选为自变量，但对每一个系统需要具体情况具体分析。对于双胶合透镜，厚度对校正像差基本上不起作用，因此不选择厚度作为自变量，玻璃材料一般在利用初级像差方程式求解结构参数时已经确定了，因此也不能选作自变量，因此只有半径可以作为自变量，其中，棱镜展开以后形成的玻璃平板的两个表面半径当然也不能作为自变量，所以实际上只有前三个半径可以作为自变量。

要把某个参数选作自变量，只需要将光标选在此参数处，然后单击右键，选择 variable 即可，选择完成后在此参数的右侧小方块中会显示 v，表示已经选为自变量。

(2) 建立评价函数

要建立评价函数，单击 Editors 中的 Merit Function Editor 菜单，弹出评价函数 Merit Function Editor 界面，然后单击 Default Merit Function，此时显示的评价函数是波像差均

方根，单击“确定”，然后插入一行，在 Type 列中键入 EFFL，在 Target 项中输入 250，在 Weight 项中输入 1，如果还有其他要求，则可以插入相应的行，键入需要控制的参数即可。

(3) 执行优化设计功能

现在可以开始进行优化设计。单击 Tools 中的 Optimization，选中 Auto Update，然后单击 Automatic，程序开始进行优化设计，在优化前评价函数是 0.997 258 888，经过短暂的优化后，评价函数下降为 0.767 576 217，优化完成。点列图如图 4-16 所示。

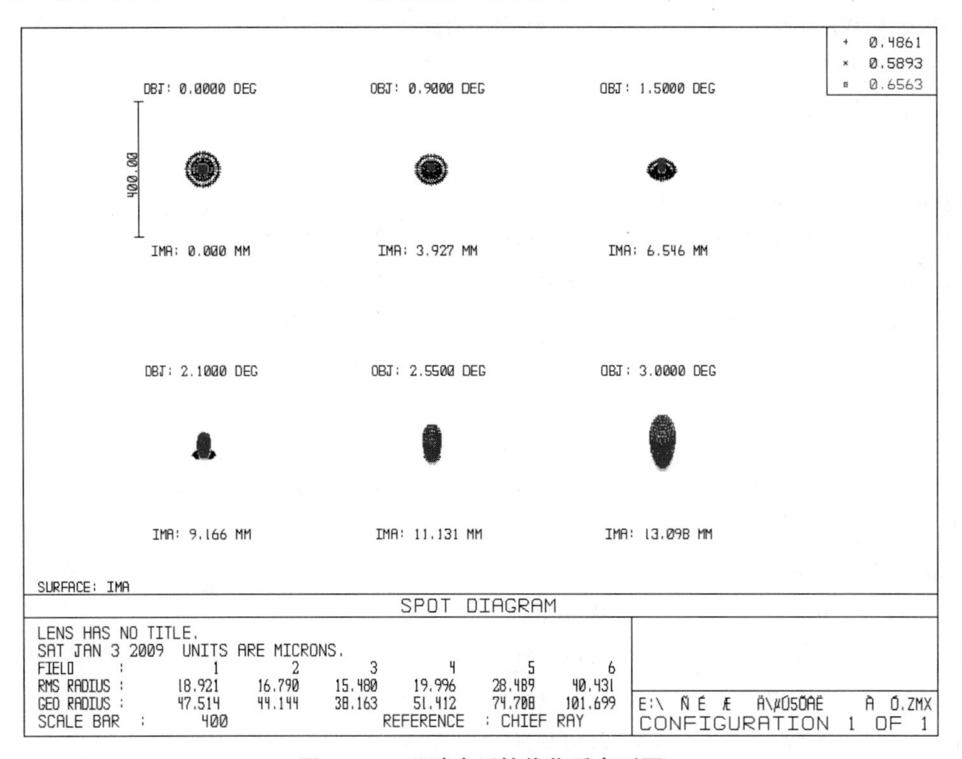

图 4-16 双胶合透镜优化后点列图

下面我们再调整一下参数，将系统最后一个间隔即像距选为自变量参加优化，这样就相当于在自动选择最佳像面，实际上，几乎任何一个系统都是在最佳像面上成像的。最后的点列图如图 4-17 所示。

系统的参数为

SURFACE DATA SUMMARY：

Surf	Type	Radius	Thickness	Glass	Diameter
OBJ	STANDARD	Infinity	Infinity		0
STO	STANDARD	192.980 9	6	K9	40.109 52
2	STANDARD	−100.188 5	4	ZF1	40.103 71
3	STANDARD	−243.680 9	50		40.263 45
4	STANDARD	Infinity	150	K9	37.351 17
5	STANDARD	Infinity	97.141 89		31.683 35
IMA	STANDARD	Infinity			26.399 25

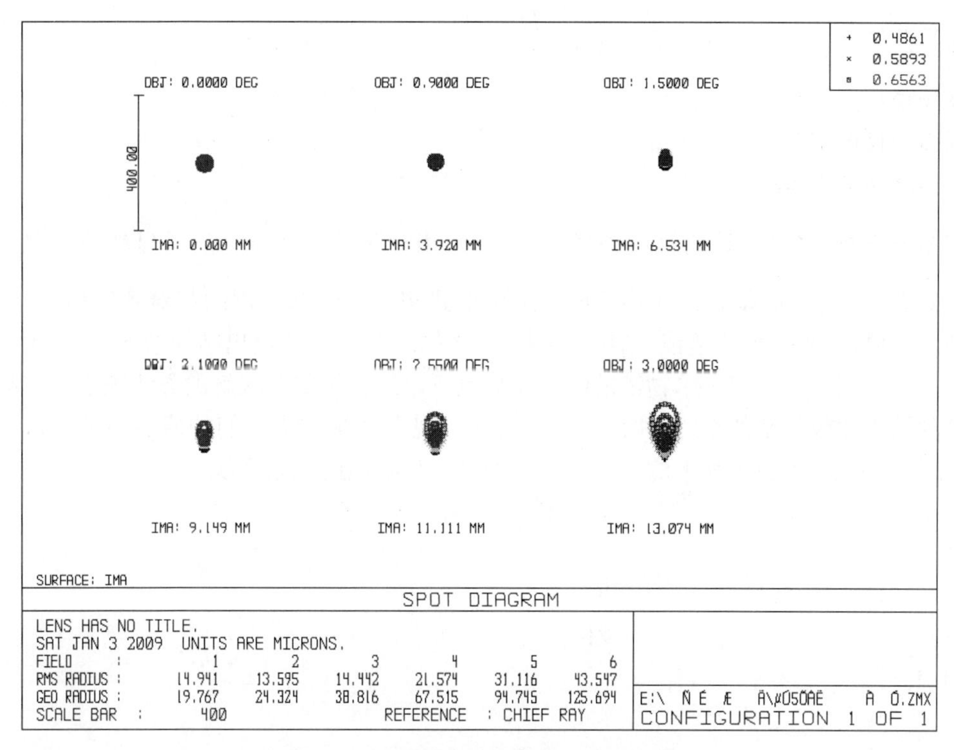

图4-17　双胶合透镜最终系统点列图

初级像差理论在双胶合透镜的整个设计过程中仍有其重要的指导意义，三种像差的选定是根据初级像差的分析确定的，它们和自变量(球面曲率 c)之间的关系近似为线性关系，这才保证用三个自变量(c_1,c_2,c_3)校正像差能够很快完成。而如果完全靠自动设计程序本身来解决将困难得多。从这里我们可以清楚地看到，在使用光学自动设计的条件下，加上像差理论的正确指导，可以使光学设计完成得又快又好。

4.3.2　大相对孔径望远镜物镜设计

前面介绍了相对孔径较小的双胶合望远镜物镜设计，从像差计算结果看到，上述双胶合物镜由于相对孔径和视场都比较小($D/f'=1/6.25;2\omega=6°$)，高级像差都不大。只要校正了边缘孔径的像差 $\delta L'_m,SC'_m,\Delta L'_{FC}$，那么其他孔径的剩余像差也很小。望远镜物镜的视场一般都不大，但某些高倍率的望远镜物镜相对孔径和焦距可能比较大。另外，在前面介绍的望远镜物镜中，虽然整个物镜系统的相对孔径不大，但是前部的正透镜组的相对孔径可能比较大。这些相对孔径比较大的透镜组，与孔径相关的剩余球差和剩余正弦差 $\delta L'_{sn},SC'_{sn}$ 较大；只校正了0.7071孔径的色差，边缘和近轴仍有较大的色差 $\delta L'_{FC}$。设计这样的物镜，只校正 $\delta L'_m,SC'_m$，$\Delta L'_{FC}$这三种像差就不够了。还必须根据系统的具体情况，校正某些过大的高级像差，这就必然要使系统的结构复杂化，设计过程也将比双胶合物镜复杂。本节将结合一个实例，说明具体的设计方法。

要求设计一个望远镜物镜，其光学特性如下：

焦距：　　　　$f'=120$ mm

通光孔径：　　$D=50\ \text{mm}$，　$\dfrac{D}{f'}=\dfrac{1}{2.4}$

视场角：　　$2\omega=4°$

入瞳与物镜重合：　　$l_z=0$

1. 原始系统的确定

根据光学特性的要求，物镜的视场角不大，而相对孔径达到$\dfrac{D}{f'}=\dfrac{1}{2.4}$，显然使用双胶合物镜已不能满足要求，根据表 4－1 中不同的结构形式望远镜物镜适用的相对孔径值，我们选用第 2 类双—单(双胶合加单透镜)结构。系统形式选定以后，还要给出结构参数，才能用作自动设计的原始系统。这种双—单物镜的结构参数也可以用初级像差求解的方法确定。实际工作中对这种结构比较复杂的系统，往往直接选用一个现有系统作为我们的原始系统。这里我们从《光学设计手册》中找了如下的一个双—单物镜作为我们的原始系统：

r	d	玻璃材料
82.2		
−57.81	5.5	K9
−4 742	3	ZF1
71.45	2.8	
0	3.5	K9

$f'=89.94$，　$\dfrac{D}{f'}=\dfrac{1}{3.2}$，　$2\omega=2°$，　$l_z=0$

上述系统的焦距(89.94)和设计要求($f'=120$)相差较多，首先把结构参数缩放成 $f'=120$，得出以下的原始系统结构参数：

r	d	n_D	n_F	n_C
		1	1	1
109.67	7.5	1.516 3	1.521 955	1.513 895 (K9)
−77.13	5	1.647 5	1.661 196	1.642 076 (ZF2)
−6 327	0.2	1	1	1
95.33	6	1.516 3	1.521 955	1.513 895 (K9)
0.00		1	1	1

$h=25$，　$\omega=-2°$，　$L=\infty$，　$l_z=0$

以上参数，球面半径 r 是按焦距比缩放得来的，厚度 d 则考虑到我们系统的孔径加大了，因此将三个透镜的厚度都适当加大了，而两个透镜组之间的间隔减小为 0.2，这是因为我们仍然将整个透镜组视为一个薄透镜组，为了减小透镜组的总厚度，我们取较小的数值 0.2 mm。玻璃材料保持不变，这就构成了我们设计的原始系统。要了解原始系统的像差情况，首先对它计算一次像差，得到有关像差参数，如表 4－2 所示。

表 4－2　原始系统像差参数数值

像差参数	f'	$\delta L'_m$	SC'_m	$\Delta L'_{FC}$	x'_{tm}	x'_{sm}	$\delta L'_{sn}$	SC'_{sn}	$\delta L'_{FC}$
数值	119.3	0.217	−0.000 91	−0.014 8	−0.26	−0.122	−0.071	0.000 28	0.178

由表 4-2 看到，原始系统焦距 $f'=119.3$，虽然和要求的 $f'=120$ 不完全相等，但已相当接近，其他像差都没有校正。

2. 第一阶段像差自动校正

该系统共有五个曲率可以作为自变量，要校正 $\varphi, \delta L'_m, SC'_m, \Delta L'_{FC}$ 这四个像差参数是完全可能的。问题是校正了三种橡差以后，高级像差是否需要进一步校正我们还不清楚，为此我们首先对 $\varphi, \delta L'_m, SC'_m, \Delta L'_{FC}$ 这四个像差参数进行校正，然后看它的高级像差大小。

(1) 自变量

我们取透镜组的五个曲率 c_1, c_2, c_3, c_4, c_5 作为自动校正的自变量，由于透镜组仍属薄透镜组，厚度对像差影响不大，均不作自变量使用。

(2) 边界条件

由于透镜组的相对孔径增大，正透镜的边缘厚度很可能在校正过程中变得太小，因此我们加入透镜最小厚度的边界条件，如表 4-3 所示。

表 4-3　最小厚度边界条件

序号	d_{min}/mm
2	3
3	5
4	0.2
5	2.5

表中序号 2 对应的 d_{min} 实际上是第一个正透镜的边缘最小厚度，因为在我们的程序中把 d_1 看作入瞳到第一面顶点的距离。后面序号 3,4 对应一个负透镜的中心厚度和空气间隔，它们直接等于原始系统的值，这是我们已经选定了的。第 5 个为最后一个单正透镜的边缘最小厚度。

(3) 加入校正的像差参数、目标值和公差(表 4-4)

表 4-4　像差参数目标值和公差

像差参数	目标值/mm	公差/mm
φ	0.008 333	0
$\delta L'_m$	0	0
SC'_m	0	0
$\Delta L'_{FC}$	0	−0.000 01

光焦度 φ 的目标值等于 $1/f'=0.008\,333$，其他三个像差的目标值均为零，前三个像差公差都给零，第四个 $\Delta L'_{FC}$ 也应该等于零，但是由于程序中自动规定了一个允许误差范围，像差进入允许误差范围即认为达到目标值，但有时可能误差比较大，为此我们可以把其中某一个像差赋给它一个很小的可变公差，当程序第一次达到目标值后会提示是否要收缩可变公差，如果觉得误差太大，可以收缩一次可变公差，而这个公差实际上很小，根本不起作用，而相当于让程序继续校正一次，再次校正以后的误差便缩小了。

按以上条件进入自适应校正程序以后很快就输出结果如下：

r	d	n_D	n_F	n_C
		1	1	1
111.74	10.26	1.516 3	1.521 955	1.513 895 (K9)
−72.74	5	1.647 5	1.661 196	1.642 076 (ZF2)
3 494	0.2	1	1	1
99.56	6	1.516 3	1.521 955	1.513 895 (K9)
−724.49		1	1	1

$h=25$，　$\omega=-2°$，　$L=\infty$，　$l_z=0$

有关像差如表 4-5 所示。

表 4-5　像差参数数值

像差参数	φ	$\delta L'_m$	SC'_m	$\Delta L'_{FC}$	x'_{tm}	x'_{sm}	$\delta L'_{sn}$	SC'_{sn}	$\delta L'_{FC}$
数值	0.008 333	0	0	0	−0.258	−0.122	−0.077	0.000 28	0.196

从表 4-5 中看到，校正以后的新系统，对加入校正的四个像差参数都已经完全达到目标值。表中后面三个剩余像差 $\delta L'_{sn}$，SC'_{sn}，$\delta L'_{FC}$中，SC'_{sn}比较小，不需要校正，$\delta L'_{FC}=0.196$ 最大，必须进行校正，$\delta L'_{sn}=-0.077$ 虽然比 $\delta L'_{FC}$小，但也需加以校正。

3. 第二阶段像差自动校正

经过第一阶段校正所得到的系统，有两种高级像差比较大，需要设法减小。我们首先分析一下该系统的结构特点，这个系统是由一个双胶合组和一个单透镜构成的，根据单透镜像差性质我们知道，单透镜是无法校正色差和球差的，它的像差要靠前面的双胶合组加以校正。要减小高级像差，则希望单透镜产生的像差越小越好。一般来说，在相同条件下，玻璃的折射率越高，球差越小；玻璃的色散越小，色差越小，因此我们希望单个正透镜的玻璃材料折射率尽量高，色散尽量低。原始系统中单透镜的玻璃材料是 K9($n_D=1.516\,3$，$v=64.1$)，它的色散已经是常用玻璃中最低的了，但折射率比较小。考虑到设计要求 $D/f'=1/2.4$，已经比较高，为了减小高级像差我们改用 ZK1($n_D=1.568\,8$，$v=62.93$)，它的折射率比 K9 高，色散也比 K9 稍高一点。我们直接把单透镜的玻璃由 K9 换成 ZK1，并按第一阶段自动校正时相同的自变量、像差参数和边界条件，重新进行一次自动校正，得到结果如下：

r	d	n_D	n_F	n_C
		1	1	1
115.09	10.26	1.516 3	1.521 955	1.513 895 (K9)
−73.03	5	1.647 5	1.661 196	1.642 076 (ZF2)
1 825.6	0.2	1	1	1
102.27	6	1.568 8	1.575 151	1.566 11(ZK1)
−903.37		1	1	1

$h=25$，　$\omega=-2°$，　$L=\infty$，　$l_z=0$

系统的主要像差如表 4-6 所示。

表 4-6　重新优化后的像差参数数值

像差参数	φ	$\delta L'_m$	SC'_m	$\Delta L'_{FC}$	x'_{tm}	x'_{sm}	$\delta L'_{sn}$	SC'_{sn}	$\delta L'_{FC}$
数值	0.008 333	0	0	0	−0.257	−0.121	−0.072	0.000 27	0.185 5

以上像差结果和表 4-5 基本相同，$\delta L'_{sn}$和$\delta L'_{FC}$略有减小，但效果并不十分显著，我们就把这个系统作为第二阶段像差自动校正的原始系统。

(1) 像差参数的选择

在第一阶段自动校正中已经加入校正的四个像差参数 φ，$\delta L'_m$，SC'_m，$\Delta L'_{FC}$，在第二阶段校正中它们必须继续参加校正，因为只有在保持这些基本像差达到校正要求的条件下，考察高级像差的大小才有意义。除了这四个像差之外，我们必须再加入两个数值较大的高级像差 $\delta L'_{sn}$和$\delta L'_{FC}$，其中 $\delta L'_{FC}$是重点。我们给这两个像差的目标值均为零，但它们的公差不能为零，因为高级像差一般不可能完全校正到零，而只能尽量减小，为此我们给 $\delta L'_{FC}$一个可变公差(−0.17)，其值比原始系统的像差值略小；给 $\delta L'_{sn}$一个固定公差(0.07)，其值和原始系统大致相等。我们希望在校正过程中，通过收缩可变公差使 $\delta L'_{FC}$逐渐缩小，而保证 $\delta L'_{sn}$至少不再增大，这样参加校正的全部像差参数和目标值、公差如表 4-7 所示。

表 4-7　第二阶段像差参数目标值和公差

像差参数	目标值/mm	公差/mm
φ	0.008 333	0
$\delta L'_m$	0	0
SC'_m	0	0
$\Delta L'_{FC}$	0	0
δL_{sn}	0	0.07
$\delta L'_{FC}$	0	−0.17

(2) 自变量

现在参加校正的有六种像差，仅仅使用原来的五个曲率作为像差校正的自变量显然已经不够，必须加入新的自变量，为此我们把前面双胶合组的两种玻璃的折射率和色散都作为自变量加入校正，这样共有九个自变量：

$$c_1, c_2, c_3, c_4, c_5, n_2, \delta n_2, n_3, \delta n_3$$

这就是第二阶段校正中所用的自变量。

(3) 边界条件

第一阶段校正中加入的透镜最小厚度的边界条件继续加入。现在自变量中增加了玻璃材料的光学常数，因此必须加入新的边界条件——玻璃三角形。如果不加边界条件，所得出的理想玻璃可能找不到相近的实际玻璃来代替。这样共有两种边界条件加入第二阶段校正。

按以上原始系统和有关条件进入适应法自动设计程序。程序很快使前四个像差达到目标值，后两种像差进入公差带，屏幕提示是否要收缩可变公差。这时我们开始逐步收缩可变公差。在这个过程中可能出现两种玻璃的光学常数均违背边界条件而被冻结，使自变量不足，程序中断校正。我们可以把最后一组结果作为新的原始系统,把它当前的像差值 $\delta L'_{FC}$ 作为新的可变公差重新进入校正。我们发现本系统在减小 $\delta L'_{FC}$ 的同时 δL_{sn} 自动随着下降,尽管由于它的像差值在公差范围之内而没有实际进入校正,因此程序实际上进入校正的像差只有五个。经过多次收缩公差以后,程序已不可能再减小 $\delta L'_{FC}$,达到了系统校正能力的极限,我们将结果输出如下:

r	d	n_D	n_F	n_C
		1	1	1
215.83	10.26	1.505 463	1.511 079	1.503 074
−87.40	5	1.798 251	1.819 358	1.789 891
−260.01	0.2	1	1	1
84.65	6.29	1.568 8	1.575 151	1.566 111
1 731.4		1	1	1

$h=25$, $\omega=-2°$, $L=\infty$, $l_z=0$

有关像差如表4-8所示。

表4-8　第二阶段优化后像差参数数值

像差参数	φ	$\delta L'_m$	SC'_m	$\Delta L'_{FC}$	x'_{tm}	x'_{sm}	$\delta L'_{sn}$	SC'_{sn}	$\delta L'_{FC}$
数值	0.008 39	−0.082	0.000 59	−0.054	−0.26	−0.122	−0.015	0.000 24	0.087

从表4-8看到,两种高级像差已大大下降,δL_{sn} 由 0.072 下降到 −0.015,$\delta L'_{FC}$ 由 0.185 下降到 0.087。但是现在系统中双胶合组的两种玻璃都是理想玻璃,必须用实际玻璃来代替。

4. 第三阶段像差自动校正

首先计算出两种理想玻璃的色散值:

$$n_2=1.505\ 463,\quad \delta n_2=0.008\ 00$$

$$n_3=1.798\ 251,\quad \delta n_3=0.029\ 47$$

原始系统两种玻璃的相应光学常数为

$$\text{K9:}\quad n_2=1.516\ 3,\quad \delta n_2=0.008\ 06$$

$$\text{ZF1:}\quad n_3=1.647\ 5,\quad \delta n_3=0.019\ 12$$

从这两种玻璃组合看到,为了校正 $\delta L'_{FC}$ 要求双胶合组玻璃的折射率差和色散差应该增加。在选用实际玻璃替代理想玻璃时,除了折射率、色散尽量接近外,还要同时考虑玻璃是否常用以及它们的物理化学性能。在兼顾这些因素的条件下,我们选用了以下两种玻璃来替代理想玻璃:

$$\text{K9:}\quad n_2=1.516\ 3,\quad \delta n_2=0.008\ 06$$

$$\text{ZF6:}\quad n_3=1.755,\quad \delta n_3=0.027\ 43$$

由于实际玻璃的折射率差和色散差都比理想玻璃小,因此 $\delta L'_{FC}$ 将有所增加。如果想进一步减小 $\delta L'_{FC}$,可以选用 K2−ZF7 玻璃组合,但这两种玻璃不常用。把 K9−ZF6 的折射率代替理想玻璃的折射率,并把两正透镜的厚度 10.26 和 6.28 规整为 10.5 和 6.5 作为原始系统,进行第三阶段自动校正,所使用的自变量为五个球面曲率,像差参数为四个,目标值、公差以及边界条件等都和第一阶段自动校正相同。很快得出结果如下:

r	d	n_D	n_F	n_C
		1	1	1
216.71	10.5	1.516 3	1.521 955	1.513 895 (K9)
−85.46	5	1.755	1.774 755	1.747 325 (ZF6)
−292.52	0.2	1	1	1
82.90	6.5	1.568 8	1.575 151	1.566 111(ZK1)
904.55		1	1	1

$h=25$，　$\omega=-2°$，　$L=\infty$，　$l_z=0$

有关像差如表 4-9 所示。

表 4-9　第三阶段像差参数数值

像差参数	φ	$\delta L'_m$	SC'_m	$\Delta L'_{FC}$	x'_{tm}	x'_{sm}	$\delta L'_{sn}$	SC'_{sn}	$\delta L'_{FC}$
数值	0.008 33	0	0	0	−0.264	−0.123	−0.018	0.000 24	0.099

比较表 4-9 和表 4-6，前四种参加校正的像差准确达到目标值，两种高级像差 $\delta L'_{sn}$ 由最初的−0.072 下降到−0.018，$\delta L'_{FC}$ 由 0.185 5 下降到 0.099。整个设计基本完成，最后将半径换成标准半径后计算一下像差。结果如下：

r	d	n_D	n_F	n_C
		1	1	1
216.8	10.5	1.516 3	1.521 955	1.513 895 (K9)
−85.51	5	1.755	1.774 755	1.747 325 (ZF6)
−292.4	0.2	1	1	1
82.99	6.5	1.568 8	1.575 151	1.566 111(ZK1)
903.6		1	1	1

有关像差如表 4-10 所示。

表 4-10(a)　第三阶段优化后像差数值

孔径比例	像差数值				
	$\delta L'_D$	$\delta L'_F$	$\delta L'_C$	$\Delta L'_{FC}$	SC'
1	0.002 9	0.098 1	0.048 8	0.049 3	0.000 02
0.707 1	−0.016 6	0.042 0	0.042 5	−0.000 5	0.000 25
0	0	0.022 3	0.072 1	−0.049 8	0

表 4-10(b)　第三阶段优化后像差数值

孔径比例	像差数值						
	x'_t	x'_s	x'_{ts}	$\delta L'_{T1h}$	K'_{T1h}	$\Delta y'_{FC}$	$\delta y'_z$
1	−0.263 7	−0.122 9	−0.140 9	0.008 6	−0.007 6	−0.002 4	−0.000 7
0.707 1	−0.132 0	−0.061 5	−0.070 5	−0.005 8	−0.005 5	−0.001 7	−0.000 2

$f'=120.093$， $l'=113.74$， $y_0'=4.194$， $l_z'=-14.841$

从以上设计过程中可以看到，对大孔径或大视场光学系统的设计难点主要是高级像差的校正问题。为了校正高级像差，这类系统的结构相对来说比较复杂，因此对它们来说，校正边缘视场和边缘孔径的像差是比较容易的。必须在校正边缘像差的前提下，进一步校正中间孔径和中间视场的像差，例如校正0.707 1视场和0.707 1孔径的像差，也就是校正高级像差。高级像差的校正和边缘像差不同，不可能完全校正到零，只能使它尽量减小。在适应法自动设计程序中采用逐步收缩可变公差的方法是一个十分有效的途径，它能使系统充分发挥校正能力，使剩余像差尽可能小，成像质量尽可能好。一定结构的系统所能使用的相对孔径和视场角是有限度的，它主要是由剩余像差允许的公差范围决定的，或者说是由它的高级像差决定的。在一定的相对孔径和视场角下，当焦距增加时，剩余像差也要按比例放大，所以系统的焦距越长，可用的相对孔径和视场角也就减小。

把玻璃材料的光学常数作为自变量加入校正是校正高级像差的重要手段。当它们加入校正时，必须同时加入边界条件——玻璃三角形，否则得出的理想玻璃找不到相近的实际玻璃而失去意义。在更换实际玻璃时，首先要弄清对高级像差校正有利的折射率和色散变化的趋势，再根据实际玻璃的常用性、理化性能等各种因素，综合考虑来选定。

作为比较，我们利用 Zemax 软件来进行优化设计。首先输入初始系统参数，系统图如图4-18所示。

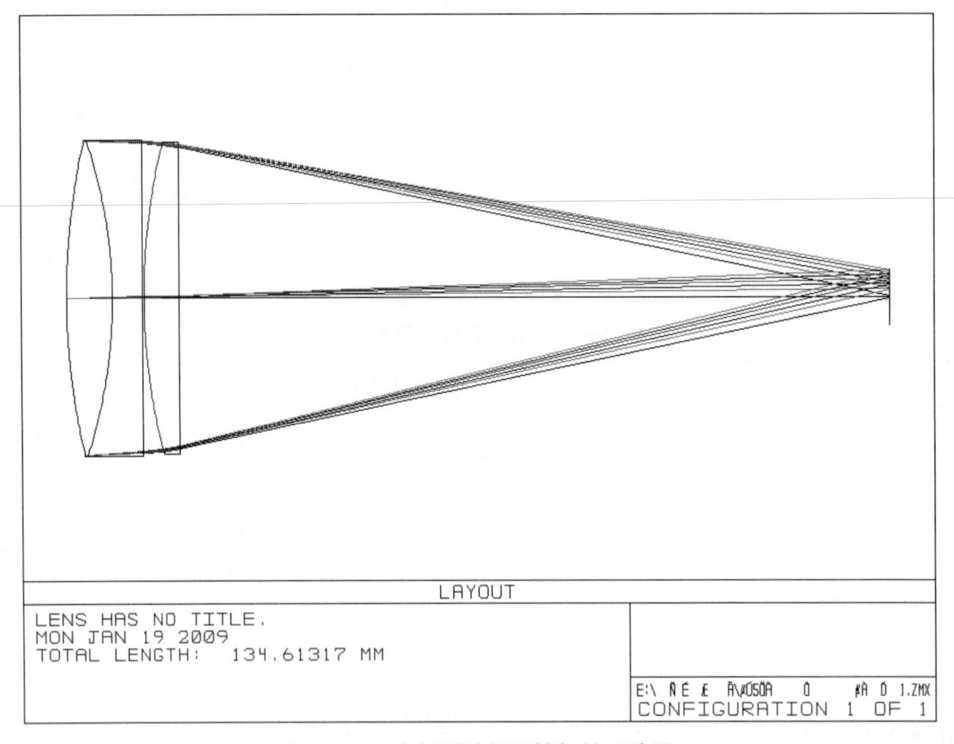

图4-18 大相对孔径透镜初始系统图

点列图如图4-19所示。

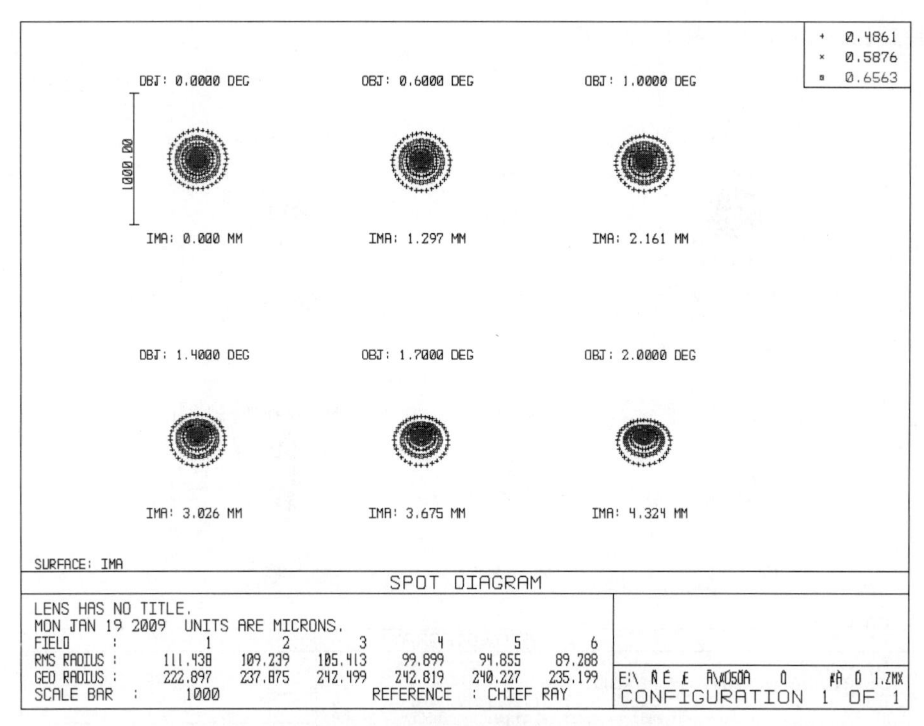

图 4-19　大相对孔径透镜初始点列图

下面利用优化功能做像差优化设计,自变量选择所有的半径和第一个厚度,优化后点列图如图 4-20 所示。

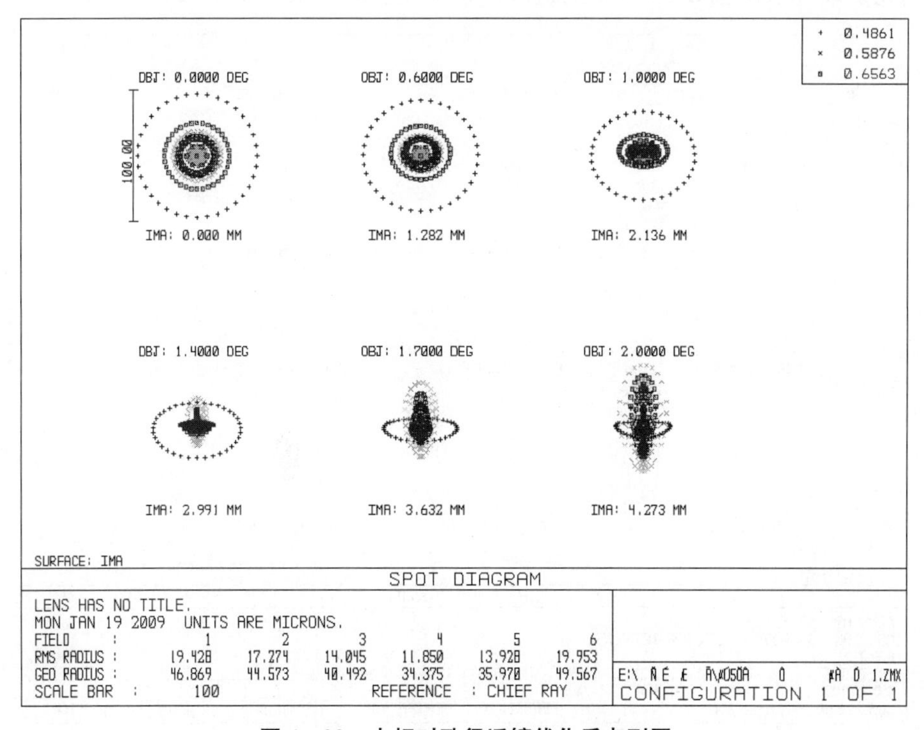

图 4-20　大相对孔径透镜优化后点列图

换玻璃以后的结果如图 4 - 21 所示。

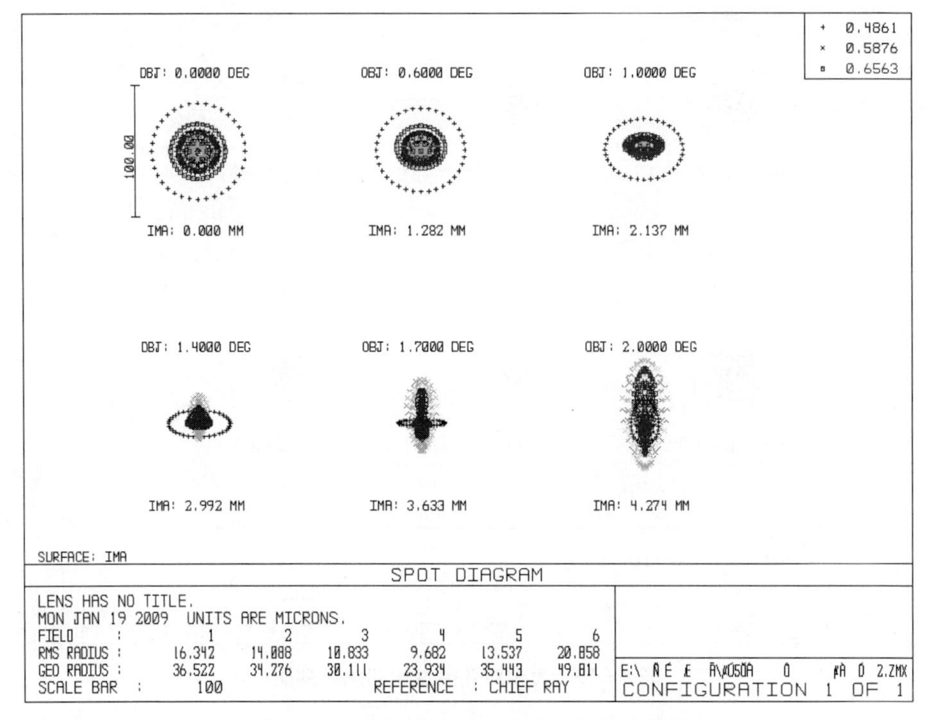

图 4 - 21 大相对孔径透镜最终优化点列图

采用光学设计软件包 SOD88 中的适应法程序校正的结果如图 4 - 22 所示。

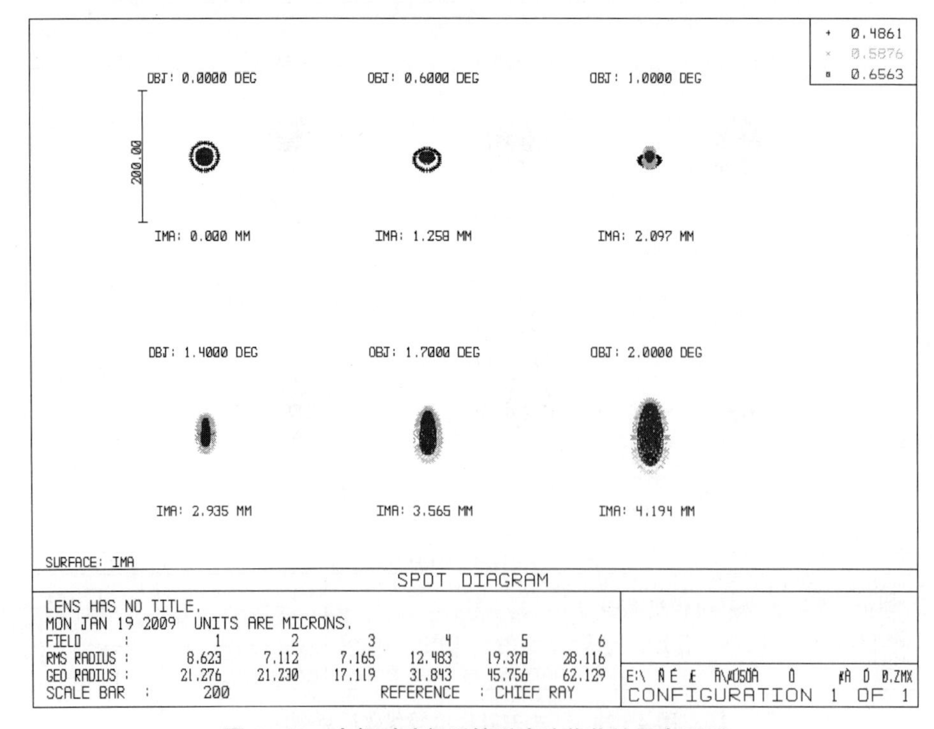

图 4 - 22 大相对孔径透镜适应法优化结果点列图

可见，两种方法都能取得较好的结果，适应法是对单个的几何像差进行校正，而 Zemax 是一个综合全面的像差控制，各有特色。

4.3.3　摄远物镜设计

前面介绍了最常用的双胶合望远镜物镜的设计方法，由于它的结构简单，校正像差的能力有限，基本上只考虑初级像差，因此它的初级像差求解过程和像差微量校正过程都比较简单。对于一些光学结构比较复杂的望远镜物镜，它们的初级像差求解过程就不像双胶合物镜那样容易了。另外，由于结构比较复杂，满足初级像差的解往往不是唯一的，因此又产生了一个如何选择解的问题，这就需要考虑高级像差。为了说明解决这些问题的方法，下面讨论一个相对孔径比较大、结构比较复杂的摄远物镜的设计。

假定对物镜光学特性的要求为：

焦距　　　　$f'=320$ mm

通光口径　　$D=60$ mm

视场　　　　$2\omega=1°$

这是一个用于大地测量仪器中的高倍率望远镜的物镜，为了减小仪器的体积和重量，同时达到内调焦的要求，系统采用摄远形式，要求系统的相对长度大约为 0.5。摄远型物镜由一个正光焦度的前组和一个负光焦度的后组组成，其特点是系统的长度比焦距短很多，适合于长焦距物镜的情形，系统的相对长度定义为系统的长度(系统第一面到像面的距离)与焦距的比值。按照上述要求，要设计这样一个内调焦望远镜的物镜，首先必须确定前后组的焦距以及两透镜组之间的间隔，也就是进行外形尺寸计算。关于测量仪器内调焦望远镜物镜外形尺寸计算的问题可参考有关测量仪器光学系统专著，这里不作详细讨论，直接引出系统的有关参数如下：

前组焦距：$f'_1=128$ mm

后组焦距：$f'_2=-35.6$ mm

两组之间的间隔：$d=106.7$ mm

对应的组合焦距和系统长度：$f'=320$ mm；$L=160$ mm

符合技术要求，下面首先确定透镜组的结构形式。

4.3.3.1　结构型式的选择

透镜组的结构形式是由它的光学特性确定的。首先看前组，前组透镜的光束口径就等于系统要求的通光口径，因此它的相对孔径为

$$\frac{D}{f'_1}=\frac{60}{128}=\frac{1}{2.1}$$

相对孔径接近 1/2，因此不可能采用简单的双胶合物镜，根据前面介绍的望远镜物镜形式，这里选用双—单形物镜作为系统的前组。

下面再看后组，首先求出后组的通光口径，由图 4-23 很容易看到：

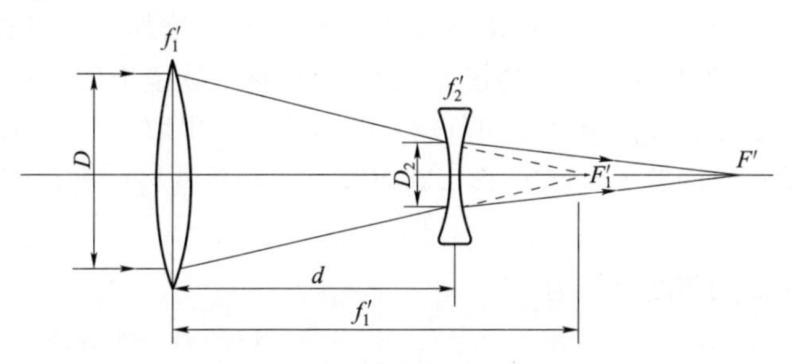

图 4-23　摄远物镜后组初始系统图

$$D_2=D\frac{f_2'-d}{f_2'}=60\times\frac{21.3}{128}\approx10$$

后组相对孔径为

$$\frac{D_2}{f_2'}=\frac{10}{35.6}=\frac{1}{3.56}$$

根据上述相对孔径的要求,完全可以采用简单的双胶合组。整个系统的结构形式如图 4-24 所示。

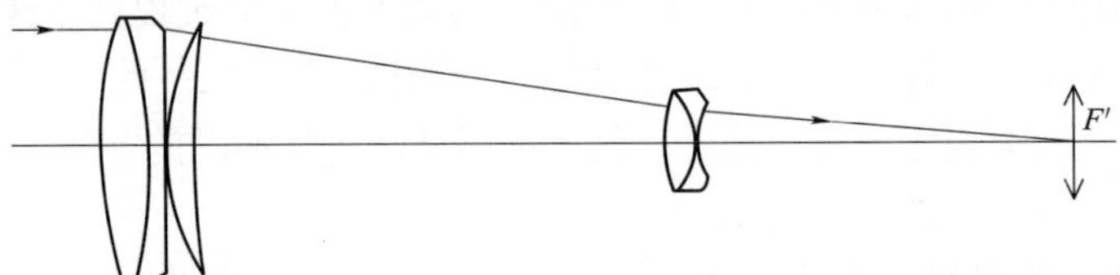

图 4-24　摄远物镜初始系统图

由于物镜要求的视场角很小($2\omega=1°$),所以不用考虑校正轴外像差,只需要校正球差、彗差和轴向色差,因此前后两组有可能各自独立校正上述三种像差。一般来说,在一个比较复杂的组合系统中,各组透镜应尽可能独立校正像差,这样系统的装配误差对成像质量影响较小。特别在内调焦望远镜物镜中,后组需要移动,独立校正像差比较有利,因此我们采取前后组分别校正像差的方案进行设计。

4.3.3.2　求初始结构

在系统的结构形式确定以后,就可以利用薄透镜的初级像差公式求解系统的初始结构,首先求前组,然后求后组。

1. 前组透镜的初级像差求解

前组透镜由一个双胶合透镜和一个单透镜组成,首先遇到的问题是:如何分配两个透镜组的光焦度。

(1) 光焦度分配

前组物镜要求的相对孔径接近 1/2,要求尽可能减小孔径高级球差和色球差,求这样一个透镜组的初始结构,应该怎样分配这两个透镜组的光焦度呢?对初级像差来说,不论光焦度如何分配,都有可能找到相应的解,但是光焦度分配的比例不同,高级像差也就不同。显然应该选择高级像差最小的分配比例,为了解决这个问题,可以采取几个不同的分配比例进行设计,最后比较它们高级像差的大小,从中找出高级像差最小的结果,这样做当然比较全面,但工作量很大。根据经验,这种物镜中光焦度主要应由单透镜来负担,而所以要采用双—单形式,就是因为单个双胶合物镜高级像差太大,利用增加一个单透镜的方法以减小双胶合物镜的高级像差,如果加入的单透镜光焦度过小,整个物镜组便和单个双胶合物镜差别不大,不能达到大量减小孔径高级球差和色球差的目的。这里取双胶合组和单透镜的光焦度比例为 1∶3,如果透镜组的总光焦度等于 1,则双胶合组和单透镜的光焦度分配为

$$\varphi_1=1/4;\quad \varphi_2=3/4;\quad \varphi=1$$

它们的焦距分别为

$$f_1'=4;\quad f_2'=4/3;\quad f'=1$$

透镜组的实际焦距要求为 128,对应双胶合组和单透镜的焦距分别为

$$f'_1=512;\quad f'_2=170.4;\quad f'=128$$

(2) 单透镜结构参数的求解

整个透镜组要求校正球差、彗差和轴向色差,在光焦度分配确定后,对单透镜来说,只需要选定玻璃材料和决定透镜形状。从满足初级像差的要求考虑,它们是可以任意确定的,因为总可以用双胶合物镜的球差、彗差和轴向色差来进行补偿,达到整个透镜组校正球差、彗差和轴向色差的目的,这里同样要根据尽量减小高级像差的原则来确定。为了减小整个透镜组的孔径高级球差和色球差,希望单透镜尽量少产生球差和色差,这样要求双胶合组补偿的球差和色差就小。一般来说,当初级像差在数量比较小的情况下互相抵消时,剩余的高级像差也小。下面就根据这个原则来确定单透镜的玻璃材料和透镜形状。

在透镜焦距一定的情况下玻璃的折射率越高,透镜的球差越小,色散越小,则色差也就越小,因此选择 ZK7($n_D=1.613, v=60.6$)作为单透镜的材料,它是重冕玻璃中折射率比较高、色散比较小而工艺性又比较好的一种玻璃。

至于透镜的形状,我们让它处于球差极小值,当物体位于有限距离时,球差为极值的$\overline{W}_\infty$为

$$\overline{W}_\infty=-2.35\,\overline{u}_1+0.15$$

单透镜对应的物平面位置为

$$l=f'_1$$

此时 $f'=f'_2$,因此

$$\overline{u}_1=\frac{f'}{l}=\frac{f'_2}{f'_1}=\frac{1}{3}$$

代入公式得到

$$\overline{W}_\infty=-2.35\,\overline{u}_1+0.15=-0.78+0.15=-0.63$$

由表 4-1 查得:

$$n=1.613\ 0, P_0=1.62, Q_0=-1.09$$

根据式(4-27),有

$$Q=Q_0-\frac{\overline{W}_\infty-W_0}{1.67}=-1.09-\frac{-0.78}{1.67}=-0.62$$

利用式(4-30)~式(4-31),使 $\varphi_1=1$,即求出单透镜的两个半径:

$$\frac{1}{r_2}=1+Q=1-0.62=0.38$$

$$\frac{1}{r_1}=\frac{1}{n-1}+\frac{1}{r_2}=\frac{1}{0.613}+0.38=2.07$$

再按要求的焦距 $f'=170.7$,求出实际半径为

$$r_1=84.8;\quad r_2=450$$

根据要求的通光口径和透镜的边缘厚度取

$$d=8$$

这样得到单透镜的全部初始结构参数如下:

r	d	n_D	n_F	n_C	
		1	1	1	
84.8	8	1.613	1.620 12	1.61	(ZK7)

450　　　　　　　　1　　　　　1　　　　　1

单透镜结构参数确定以后，就可以用薄透镜的初级像差公式求出单透镜的像差特性 P、W、C。

根据上面已经求得的结果

$$\overline{W}_{\infty}=-0.63,P_0=1.62$$

根据式(4-26)

$$\overline{P}_{\infty}=P_0+0.85\,(\overline{W}_{\infty}-0.15)^2=1.62+0.85\,(-0.63-0.15)^2=2.14$$

由于它的物平面位置不在无限远，因此必须由 $\overline{P}_{\infty}$ 求出 $\overline{P}$，根据公式

$$\overline{P}=\overline{P}_{\infty}+\overline{u}_1(4\,\overline{W}_{\infty}-1)+\overline{u}_1^2(3+2\mu)$$

将 $\overline{P}_{\infty}=2.14$，$\overline{u}_1=1/3$，$\overline{W}_{\infty}=-0.63$，$\mu=1/1.613=0.62$ 一并代入上式得到

$$\overline{P}=1.44$$

根据上面已知的结果，$f'=170.7$，$h=D/2=30$，因此

$$h\varphi=\frac{30}{170.7}=0.176$$

所以

$$P=\overline{P}\,(h\varphi)^3=1.44\,(0.176)^3=0.007\ 87$$

上面求出了 P，下面再根据 $\overline{W}_{\infty}$ 求 W，根据式(4-19)和式(4-15)，有

$$\overline{W}=\overline{W}_{\infty}+\overline{u}_1(2+\mu)=-0.63+\frac{1}{3}\times2.62=0.25$$

$$W=\overline{W}\,(h\varphi)^2=0.25\,(0.176)^2=0.008\ 1$$

下面再求 C，根据式(4-9)和式(4-20)得

$$\overline{C}=\frac{1}{v}=\frac{1}{60.6}$$

$$C=\frac{\overline{C}}{f'}=0.000\ 097$$

这样我们得出单透镜的三个像差特性参数为

$$P=0.007\ 87;\ W=0.008\ 1;\ C=0.000\ 097$$

(3) 双胶合组结构参数的求解

根据前组透镜校正球差、彗差、色差的要求，应使整个透镜组满足

$$S_{\mathrm{I}}=S_{\mathrm{II}}=S_{IS}=0$$

由 S_{I}、S_{II}、S_{IS} 的公式很容易看出，欲使透镜组满足以上条件，必须使该透镜组的像差特性参数

$$P=W=C=0$$

整个透镜组的 P、W、C 等于双胶合组和单透镜之和，因此双胶合组的 P、W、C 应和单透镜的 P、W、C 大小相等、符号相反。根据前面单透镜像差特性参数的计算结果，直接得到双胶合组要求的 P、W、C 为

$$P=-0.007\ 87;\ W=-0.008\ 1;\ C=-0.000\ 097$$

根据 P、W、C 的值即可求解双胶合组的结构参数，这和一般双胶合物镜的求解方法完全一样。由于双胶合组对应物平面位于无限远，因此

$$\overline{P}_{\infty}=\overline{P}=\frac{P}{(h\varphi)^3}=\frac{-0.007\ 87}{(30/512)^3}=-39.12$$

$$\overline{W}_{\infty}=\overline{W}=\frac{W}{(h\varphi)^2}=-2.38$$

$$\overline{C}=Cf'=-0.0495$$

由$\overline{P}_{\infty}$、$\overline{W}_{\infty}$利用式(4-28)即可求出 P_0：

$$P_0=\overline{P}_{\infty}-0.85\,(\overline{W}_{\infty}-W_0)^2=-44.37$$

式中，W_0 取 0.1，我们采取冕玻璃在前。

根据 $\overline{C}$ 和 P_0 即可进行玻璃选择。利用本书附录中的双胶合物镜 P_0 表，找出一对 P_0 和 $\overline{C}$ 符合要求，而且比较常用的玻璃组合如下：

BaK3－ZF6

$n_1=1.5467$	$n_2=1.755$	$C=-0.0495$
$v_1=62.8$	$v_2=27.5$	$P_0=-44.88$
$\varphi_1=4.201$	$\varphi_2=4.201$	$Q_0=-11.23$

要求$\overline{P}_{\infty}=-39.12$，$\overline{W}_{\infty}=-2.38$，根据这些参数就可以应用式(4-30)～式(4-32)求出透镜组的三个半径，这和前面的双胶物镜设计过程完全一样，具体过程从略，直接给出双胶合组的三个半径如下：

$$r_1=239.22,\qquad r_2=-92.35,\qquad r_3=-392.56$$

根据半径数值和通光口径的要求，确定透镜的厚度，得到前组的全部结构参数如下：

r	d	n_D	n_F	n_C
		1	1	1
239.22	13	1.5467	1.55282	1.54411(BaK3)
−92.35	5	1.755	1.77475	1.74732(ZF6)
−392.56	0.5	1	1	1
84.8	8	1.613	1.62012	1.61　(ZK7)
450		1	1	1

前组物镜初始结构的求解到此便全部完成了。从以上求解过程可以看到，对于一些结构比较复杂的薄透镜组，同样可以利用前面双胶合透镜组和单透镜的初级像差公式进行求解。但是能够满足初级像差的解是很多的，因此在求解过程中会遇到一些新问题，例如：光焦度的分配问题，如何预先确定其中某些透镜的材料和形状问题，等等。这些问题一般都要根据尽量减少高级像差的要求来确定。在过去手工计算时期，主要依靠设计者的经验，或者参考一些现有的结构。使用了电子计算机以后，有可能在较短时间内，有系统地按不同方案优化出若干种结构，从中找出高级像差的变化规律，最后选出高级像差最小的方案。这样做往往有可能达到提高现有结构形式的光学特性和成像质量的目的，而在手工计算时期这样的工作是很难完成的。

2. 后组透镜的初级像差求解

根据已经选定的结构形式，后组为一个双胶合透镜组，它的物平面位在有限距离，求解的方法和一般双胶合物镜完全相同。根据前面确定的像差校正方案，要求前后组独立校正球差、彗差和轴向色差，因此后组的三个像差特性参数必须等于零，即

$$P=W=C=0$$

首先对 $h\varphi$ 进行归化，根据 $h\varphi$ 的归化公式，显然有

$$\overline{P}=\overline{W}=\overline{C}=0$$

为了求出透镜的结构参数还必须将 $\overline{P}$、$\overline{W}$ 对物体位置进行归化，根据式(4-16)：

$$\overline{P}_\infty=\overline{P}-\overline{u}_1(4\overline{W}-1)+\overline{u}_1^2(5+2\mu)$$

$$\overline{W}_\infty=\overline{W}-\overline{u}_1(2+\mu)$$

对后组来说

$$f'=-35.6;l=f_1'-d=128-106.7=21.3$$

$$\overline{u}_1=\frac{f'}{l}=\frac{-35.6}{21.3}=-1.67$$

将 $\overline{P}=\overline{W}=0$，$\overline{u}_1=-1.67$ 代入$\overline{P}_\infty$、$\overline{W}_\infty$的公式得到

$$\overline{P}_\infty=16.17;\overline{W}_\infty=4.51$$

有了$\overline{P}_\infty$和$\overline{W}_\infty$以后就可以计算 P_0。这里首先要确定采取冕玻璃在前还是火石玻璃在前，因为它们对应的 W_0 值不同，我们同样根据减小整个系统高级像差的要求来决定。由于后组透镜焦距为负，因此它的孔径高级球差和色球差的符号与前组正透镜相反，但是后组透镜的相对孔径和焦距都比前组小得多，它的高级像差一般也要比前组小很多，虽然可以部分地抵消前组的高级像差，但效果不大，整个系统的高级像差总是和前组的高级像差符号相同。为了减小整个系统的高级像差，需要尽量增大后组的高级像差。现在后组的$\overline{W}_\infty=4.51$，对应的透镜形状大致如图 4-25(a)所示，对应的负透镜形状如图 4-25(b)所示。在消色差的负透镜组中，火石玻璃的光焦度为正，冕玻璃的光焦度为负，如果采取冕玻璃在前，整个胶合组的形状如图 4-26(a)所示；如果采取火石玻璃在前，则如图 4-26(b)所示。由图很容易看到，后一种情形，胶合面向前弯，轴向光束在胶合面上的入射角比较大；如果采取冕玻璃在前，则胶合面向后弯，光线的入射角比较小，而且对应的物平面位置比较靠近等明点，因此高级像差必然比较小，所以采取火石玻璃在前。此时对应的 $W_0=0.2$，连同$\overline{P}_\infty=16.17$，$\overline{W}_\infty=4.51$，一并代入式(4-28)，求得 P_0 值为

$$P_0=\overline{P}_\infty-0.85\,(\overline{W}_\infty-W_0)^2=0.37$$

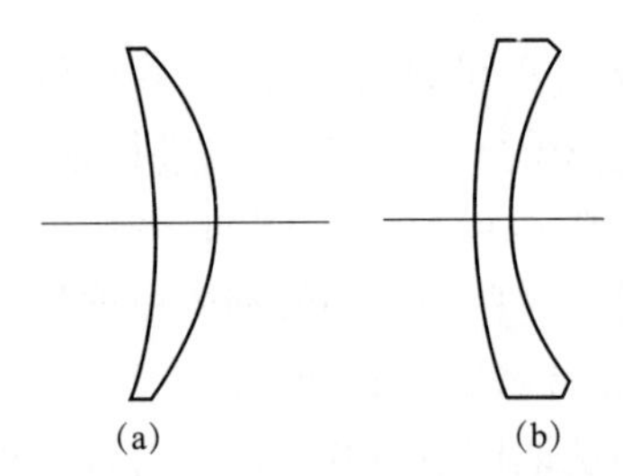

图 4-25　后组单透镜形状图

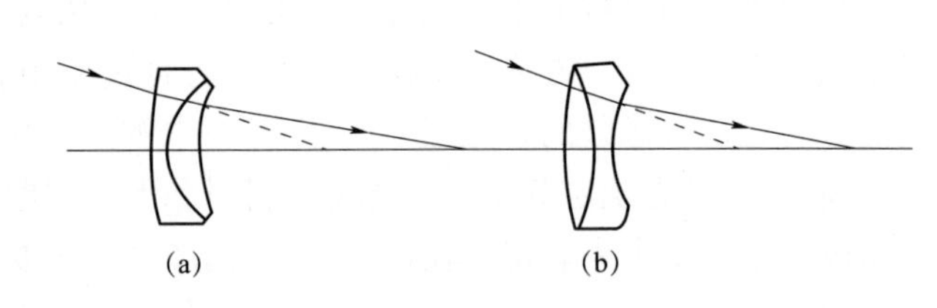

图 4-26　后组负透镜形状图

根据 $\overline{C}=0$，$P_0=0.37$，即可查表选玻璃，由附录中双胶合透镜参数表可以查得符合上述要求的玻璃有三对：

BaF7—ZK3：$P_0=0.43$，$\varphi_1=-1.8867$，$Q_0=6.71$

ZF1—BaK3：$P_0=0.35$，$\varphi_1=-1.1730$，$Q_0=5.0$

ZF2—K9：　$P_0=0.39$，$\varphi_1=-1.0094$，$Q_0=4.69$

上面已经说过，我们希望尽可能增大后组的高级像差(绝对值)，应该选取 φ_1 和 Q_0 尽量

大的玻璃对，所以我们取 BaF7—ZK3，有关的参数如下：

BaF7	ZK3	
$n_1=1.6146$	$n_1=1.5891$	$\overline{C}=0$
$v_1=40$	$v_1=61.2$	$P_0=0.43$
$\varphi_1=-1.8867$	$\varphi_2=2.8867$	$Q_0=6.71$

要求的 $\overline{P}_\infty=16.17$，$\overline{W}_\infty=4.51$，根据以上数据即可应用式(4－30)～式(4－32)求出后组透镜的半径，其过程和一般双胶物镜完全相同，这里不再重复，由此得到后组透镜的全部初始结构参数为：

r	d	n_D	n_F	n_C
		1	1	1
42	4	1.614	1.624 94	1.609 6(BaF7)
−15.986	1.5	1.589 1	1.595 86	1.586 24(ZK3)
13.27		1	1	1

这样整个系统的全部初始结构已经求解完成，下面就可以计算像差，进行像差微量校正。

4.3.3.3　像差的微量校正

由于我们希望前、后组尽可能独立校正像差，因此首先利用北京理工大学研制的适应法光学设计软件 SOD88 对它们分别进行像差微量校正，然后再合成整个系统校正像差。

1. 前组透镜的像差微量校正

首先按初级像差求解得到的前组结构参数和要求的光学特性对前组计算像差，前组的初始结构参数如下：

r	d	n_D	n_F	n_C
		1	1	1
239.22	13	1.546 7	1.552 82	1.544 11(BaK3)
−92.35	5	1.755	1.774 75	1.747 32(ZF6)
−392.56	0.5	1	1	1
84.8	8	1.613	1.620 12	1.61　(ZK7)
450		1	1	1

光学特性和有关参数为：

$h=30$；　$\omega=-0.5°$；　$l=\infty$；　$l_z=0$

计算有关像差数据如表 4－11 所示。

表 4－11　前组初始像差数值

孔径比例	像　差		
	$\delta L'$	SC'	$\Delta L'_{FC}$
1.0	0.069 2	−0.003 5	0.110 1
0.707 1	0.015 4	−0.001 3	0.049 7
0	0	0	−0.012 0

$f'=128.749$， $l'=120.350$， $y'_0=1.123$

由以上像差结果可以看到，球差、彗差和轴向色差虽然数量并不大，但是都没有完全消除，这是因为透镜组的相对孔径比较大，有一定量的高级像差，而且透镜组的总厚度也不是很小，所以实际像差和薄透镜的初级像差就有一定的差别，需要进一步校正。

对上述透镜组进行像差微量校正比较方便，按照下面的步骤进行，可以很快达到校正。

① 用改变双胶合组的胶合面半径校正色差。当胶合面半径 r_1 由 -92.35 变到 -93.7 时，轴向色差就达到了很好的平衡。这时的像差数据如表4-12所示。

表4-12 前组调整后像差数值

孔径比例	像差		
	$\delta L'$	SC'	$\Delta L'_{FC}$
1.0	−0.029 3	−0.002 9	0.057 4
0.707 1	−0.031 2	−0.001 1	0.000 2
0	0	0	−0.058 2

$f'=128.223$， $l'=119.825$， $y'_0=1.118$

② 用弯曲双胶合组校正球差。由于要保持透镜的光焦度不变，因此对已经校正好的色差可以基本不变。

当双胶合组的三个半径分别变为 $r_1=246.55$，$r_2=-92.65$，$r_3=-374.29$ 时，球差已校正得很好，轴向色差也变化很小，这时的像差结果如表4-13所示。

表4-13 前组再次调整后的像差数值

孔径比例	像差		
	$\delta L'$	SC'	$\Delta L'_{FC}$
1.0	−0.000 3	−0.002 8	0.060 0
0.707 1	−0.018 5	−0.001 0	0.001 3
0	0	0	−0.058 6

$f'=128.157$， $l'=119.867$， $y'_0=1.118$

③ 用弯曲单透镜校正彗差。因为单透镜的初始结构是按球差为极小值的条件求解的，因此当弯曲单透镜校正彗差时，球差必然变化很小，由于透镜的光焦度没有改变，色差也应基本保持不变。当然它们都不是绝对不变的，因此有可能要按上述步骤重复多次。这里，经过弯曲透镜校正彗差以后得到结构参数如下，像差结果见表4—14。

r	d	玻璃
246.55	13	BaK3
−92.65	5	ZF6
−374.29	0.5	
89.03	8	ZK7
601.60		

表4-14　前组像差数值

孔径比例	像差		
	$\delta L'$	SC'	$\Delta L'_{FC}$
1.0	−0.004 1	−0.000 6	0.074 2
0.707 1	−0.026 2	0	0.010 4
0	0	0	−0.053 0

$f'=128.439$，　$l'=120.346$，　$y'_0=1.120$

从以上结果看到，球差、色差变化不大，三种像差已同时达到校正。应用高级像差公式来计算两种主要的高级像差——孔径高级球差和色球差。

$$\delta L'_{sn}=\delta L'_{0.7071}-\delta L'_m/2=-0.026\ 2-0.004\ 1/2=-0.024$$

$$\delta L'_{FC}=\Delta L'_{FCm}-\Delta l'_{FC}=0.074\ 2-(-0.053)=0.127$$

这两种高级像差都相当大，特别是色球差，数值还相当大，必须依靠后组透镜进行补偿。

2. 后组透镜的像差微量校正

单独计算后组透镜的像差，可以按实际系统中光线进行的方向计算，如图4-27(a)所示；也可以把透镜组颠倒过来，把实际系统的像作为物，按反向光路进行计算，如图4-27(b)所示。现在我们按反向光路计算后组的像差。这样做的好处是：① 由于反向光路对应的物距比较大，因此在修改结构参数过程中，当透镜组的焦距发生少量改变时，对物像之间的放大率影响比较小；② 这样前后组分别计算得到的像差在同一空间内，便于了解它们之间的像差补偿情况。如果后组按实际系统中光线行进方向计算，则前组的像差还需要经过后组放大，求出放大以后前组对应的像差值，才能看出前后组之间的像差补偿情况。当后组按反向光路计算像差时，前后两组透镜的像差和整个系统的组合像差之间的关系十分简单：轴向像差为前后两组透镜像差之和，垂轴像差为前后两组透镜像差之差。下面做简单的证明。

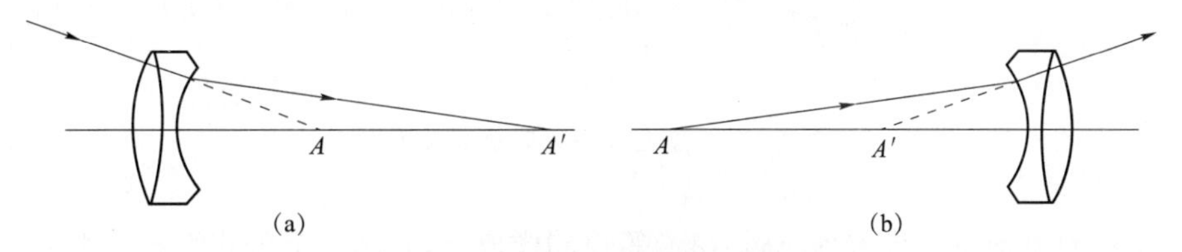

图4-27　后组透镜计算方向示意图

以球差为例，假定前后两组透镜都存在球差，但组合以后没有球差，如图4-28(a)所示。由图看到第一个透镜的球差 $\delta L'_1>0$；而第二个透镜如果按反向光路计算像差，如图4-28(b)所示，根据光路可逆定理很容易看到 $\delta L'_2<0$，两透镜组组合以后球差为零。

由此可知，当前组透镜按正向光路计算，后组按反向光路计算时，二者球差的符号相反则相互抵消，符号相同则互相叠加。整个系统的组合像差在两组透镜之间的空间衡量时，有

$$\delta L'=\delta L'_{前}(\text{正向光路计算})+\delta L'_{后}(\text{反向光路计算})$$

以上结论不仅对球差成立，对于其他轴向像差如 x'_t，x'_s，x'_{ts}，$\Delta L'_{FC}$，$\delta L'_T$，$\delta L'_S$ 等同样成立。

下面再看垂轴像差。以彗差为例，假定前后两组透镜都有彗差，而组合系统没有彗差，如图4-29(a)所示。由图看到前组透镜的彗差为正，$K'_{T前}>0$，如果把后组透镜按反向光路计算

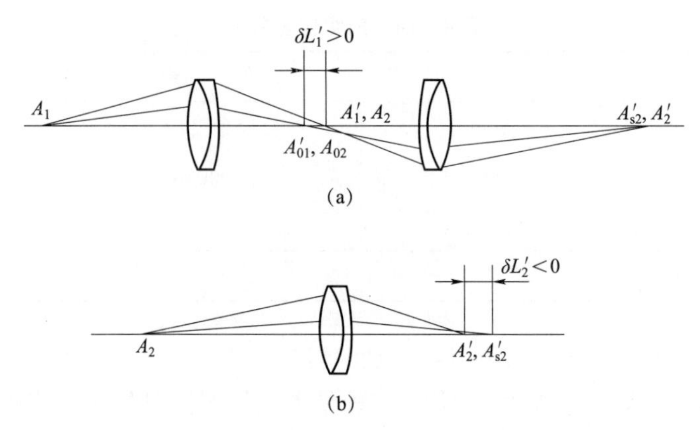

图 4-28　组合系统轴向像差关系图

像差,如图 4-29(b)所示,显然彗差同样为正,$K'_{T后}>0$。组合起来整个系统没有彗差,即前、后两组的彗差相互抵消。由此可知,当前组按正向光路计算,后组按反向光路计算,彗差同号则相互抵消,异号则相互叠加。整个系统的组合彗差在前后两组透镜共同的空间内衡量为

$$K'_T=K'_{T前}(\text{正向光路计算})-K'_{T后}(\text{反向光路计算})$$

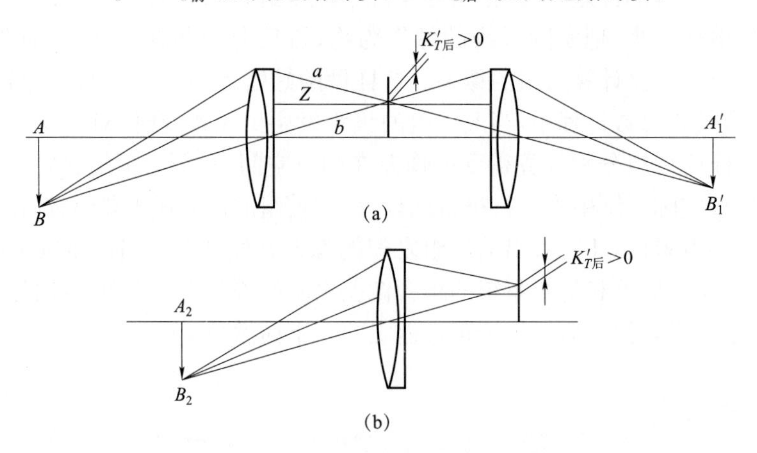

图 4-29　组合系统垂轴像差关系图

以上结论对其他垂轴像差如 $\Delta y'_{FC}$,$\delta y'_z$ 等也同样成立,利用这个公式很容易由前后组的像差求出系统的组合像差。如果前后组都按正向光路计算像差,则必须将前组的像差按后组的放大率求出它在最后像空间的贡献量,才能和后组的像差进行组合,这就比较麻烦。因此设计一些组合系统时,往往把后组透镜颠倒后按反向光路计算像差。

把后组透镜颠倒后的结构参数为:

r	d	n_D	n_F	n_C
		1	1	1
−13.27	1.5	1.589 1	1.595 86	1.586 24(ZK3)
15.986	4	1.614	1.624 94	1.609 6(BaF7)
−42		1	1	1

实际系统的像距和像高就成了它的物距和物高,由前面要求的光学特性知道:

$$l=-(L-d)=-(160-106.7)=-53.3$$
$$y=-f'\tan\omega=-320\tan 0.5°=2.79$$
$$\sin U=\frac{h}{f'}=\frac{30}{320}=0.0937$$

实际光阑位于后组透镜后方 106.7 的地方，按照以上结构参数和光学特性计算像差，结果如表 4 - 15 所示。

表 4 - 15　后组初步校正后像差数值

孔径比例	像　差		
	$\delta L'$	SC'	$\Delta L'_{FC}$
1.0	−0.189	0.001 32	−0.130
0.707 1	−0.071	0.000 23	−0.09
0	0	0	−0.053

$f'=-38.17$，　$l'=27.7$，　$y'_0=1.19$

由以上结果看到，球差和色差都比较大，我们首先用改变胶合面半径的方法校正色差，将 r_2 由 15.986 变为 24，色差达到校正，像差结果如表 4 - 16 所示。

表 4 - 16　后组校正后像差数值

孔径比例	像　差		
	$\delta L'$	SC'	$\Delta L'_{FC}$
1.0	0.001 86	−0.003 0	−0.022 4
0.707 1	0.006 61	−0.001 6	−0.001 06
0	0	0	0.016 8

$f'=-37.72$，　$l'=27.4$，　$y'_0=1.18$

下面计算一下它的孔径高级球差和色球差：

$$\delta L'_{sn}=0.00661-0.00186/2=0.0028$$
$$\delta L'_{FC}=-0.0224-0.0168=-0.0392$$

把后组的高级像差和前组的高级像差进行比较，前组的高级像差为

$$\delta L'_{sn}=-0.024$$
$$\delta L'_F-\delta L'_C=0.127$$

由此看到，虽然后组的两种轴向高级像差都和前组符号相反，可以部分地抵消前组的高级像差，但是前组的数量比后组大得多，效果不大。为了进一步改善系统的成像质量，希望进一步加大后组的高级像差。后组的高级像差不够大，主要是因为它的胶合面半径在校正色差过程中由原来的 15.986 变成了 24，由于胶合面半径过大，高级像差就小，如果能设法减小胶合面的半径就有可能增加后组的高级像差，对此两种可能的途径：

① 将后组胶合面变小以后，后组的色差由前组进行补偿，由于前组的光束口径比较大，为了补偿少量的色差，胶合面半径变化很小，不致严重影响高级像差。这样做的缺点是破坏了我们希望前后组尽可能独立校正像差的要求。

② 更换后组透镜的玻璃对,即采取 φ_1 和 Q_0 比前面更大的玻璃对。从双胶合透镜组表中找出如下的一对玻璃:

BaF8	ZK8	
$n_1=1.6259$	$n_2=1.614$	
$v_1=39.1$	$v_2=55.1$	$P_0=0.509$
$\varphi_1=-2.44$	$\varphi_2=3.44$	$Q_0=8.006$

根据$\overline{P}_\infty=16.17$, $\overline{W}_\infty=4.51$, $W_0=0.2$ 重新求得透镜组的结构参数如下:

r	d	玻璃
38.2		
−11.95	4	BaF8
13.5	1.5	ZK8

由以上参数可以看到,胶合面半径和第一次求得的结果比较又小了很多。和前面一样,我们把透镜组颠倒后按反向光路计算像差:

r	d	n_D	n_F	n_C
		1	1	1
−13.5	1.5	1.614	1.62187	1.61073(ZK8)
11.95	4	1.6295	1.63733	1.62132(BaF8)
−38.2		1	1	1

$l=-53.3$, $y=2.79$, $\sin U=0.0987$, $l'_z=106.7$

按上述结构参数和光学特性计算像差结果如表 4-17 所示。

表 4-17 后组重新优化后像差数值

孔径比例	像差		
	$\delta L'$	SC'	$\Delta L'_{FC}$
1.0	−0.200	0.00205	−0.2098
0.7071	−0.065	0.00027	−0.01203
0	0	0	−0.0629

$f'=-38.676$, $l'=27.5$, $y'_0=1.20$

由以上结果看到,球差和色差都比较大,需要进一步校正,我们仍然用改变胶合面半径校正色差,然后用弯曲透镜校正球差,最后达到如下结果:

r	d	n_D	n_F	n_C
		1	1	1
−15	1.5	1.614	1.62187	1.61073(ZK8)
15.88	4	1.6295	1.63733	1.62132(BaF8)
−54.41		1	1	1

$l=-60$, $y=2.79$, $\sin U=0.0937$, $l'_z=106.7$

像差结果如表 4-18 所示。

表 4-18　后组最终像差数值

孔径比例	像　差		
	$\delta L'$	SC'	$\Delta L'_{FC}$
1.0	0.012	0.000 454	−0.041 2
0.707 1	0.021	−0.000 078	0.009
0	0	0	0.044 6

$f'=-36.9$，　$l'=27.7$，　$y'_0=1.08$

各种像差都已经得到较好的校正，下面计算一下它的高级像差：

$$\delta L'_{sn}=0.021-0.012/2=0.015$$

$$\delta L'_{FC}=\delta L'_F-\delta L'_C=-0.0412-0.0446=-0.086$$

和原来的后组比较，孔径高级球差增加了 5 倍，色球差增加了一倍多。和前组的高级像差比较，虽然还不能完全抵消，但已能补偿它的大部分，组合以后的高级像差值为

$$\delta L'_{sn}=-0.024+0.015=-0.009$$

$$\delta L'_{FC}=\delta L'_F-\delta L'_C=0.127-0.086=0.041$$

从上面更换玻璃前后的结果中以看到，在一些比较复杂的薄透镜系统中，玻璃材料的选择对系统的质量有重要的作用；同样，解的选择是否恰当也会严重影响系统的质量。

3. 整个系统的最后校正

上面已经对前后两组分别进行了像差校正，在此基础上，就可以把它们组合起来计算像差，并进行最后校正，使整个系统的像差达到最好的平衡。在前后两组合成整个系统以前，必须首先把它们的焦距缩放成外形尺寸计算时确定的数值。由前面的结果看到，前组经过像差微量校正，最后的焦距为 $f'_1=128.44$，要求的数值为 $f'_1=128$，二者相差甚小，不必再进行缩放。后组的实际焦距 $f'_2=-36.9$ 和要求的焦距 $f'_2=-35.6$ 有相当的差别，为此将后组缩放，当焦距符合要求的数值时，后组透镜的半径为

$$r_1=52.4;r_2=-15.3;r_3=-14.46$$

由于焦距变化不大，因此透镜厚度不再缩放，然后根据前后两组透镜的主面位置，使由前组的像方主面到后组的物方主面之间的距离 $H'_1H_2=106.7$，这样把系统组合以后，得到系统的全部结构参数如下：

r	d	n_D	n_F	n_C
		1	1	1
246.55	13	1.546 7	1.552 82	1.544 11(BaK3)
−92.65	5	1.755	1.774 75	1.747 32(ZF6)
−374.29	0.5	1	1	1
89.03	8	1.613	1.620 12	1.610 0(ZK7)
601.6	93.53	1	1	1
52.4	4	1.625 9	1.637 33	1.621 32(BaF8)
−15.3	1.5	1.614	1.621 87	1.610 73(ZK8)
14.46	1	1	1	

$h=30$，　$\omega=-0.5°$，　$l=\infty$，　$l_z=0$

像差结果如表 4-19 所示。

表 4-19　全系统像差数值

孔径比例	像　差		
	$\delta L'$	SC'	$\Delta L'_{FC}$
1.0	0.036 6	−0.001 1	0.263 8
0.707 1	−0.060 7	0	0.132
0	0	0	−0.078 5

$f'=328.729$，　$l'=27.136$，　$y'_0=2.868$

首先我们看到系统组合焦距 $f'=328.729$ 和要求的数值 320 不符合，可以稍微调整前后二组透镜之间的间隔($d_7=93.53$)。

从像差结果来看，球差和正弦差都已经达到校正，这是因为前后两组的球差和正弦差都分别校正得很好；色差没有达到边缘和近轴大小相等、符号相反的最好平衡状态，这是因为前组的色差在单独校正时并没有完全平衡好，根据表 4-14 查得，它的色差为

$$\Delta L'_{FCm}=0.074,\ \Delta l'_{FC}=-0.053$$

二者虽然已经反号，但边缘色差过正。至于后组，由表 4-18 查得

$$\Delta L'_{FCm}=-0.041,\ \Delta l'_{FC}=0.044\ 6$$

基本上是平衡好的，所以整个系统的色差过正主要是由前组的色差引起的，因此采用改变前组的胶合面来校正色差。在校正色差过程中，球差和正弦差也会发生变化，再用弯曲透镜校正。这和前面前组的微量校正方法是完全相同的，详细过程不再重复，得到最后结果如下：

r	d	n_D	n_F	n_C
		1	1	1
263.79	13	1.546 7	1.552 82	1.544 11(BaK3)
−91.21	5	1.755	1.774 75	1.747 32(ZF6)
−342.94	0.5	1	1	1
89.03	8	1.613	1.620 12	1.610 0(ZK7)
601.6	93.91	1	1	1
52.4	4	1.625 9	1.637 33	1.621 32(BaF8)
−15.3	1.5	1.614	1.621 87	1.610 73(ZK8)
14.46		1	1	1

$h=30$，　$\omega=-0.5°$，　$l=\infty$，　$l_z=0$

像差结果如表 4-20、表 4-21 所示。

表 4-20　全系统优化后轴向像差

孔径比例	像　差				
	$\delta L'$	$\delta L'_F$	$\delta L'_C$	$\Delta L'_{FC}$	SC'
1.0	0.015 2	0.477 2	0.320 6	0.156 5	−0.001 6
0.707 1	−0.084 5	0.268 6	0.258 0	0.010 5	−0.000 2
0	0	0.192 8	0.396 9	−0.204 1	0

表 4-21　全系统优化后轴外像差

孔径比例	像差						
	x'_t	x'_s	x'_{ts}	$\delta L'_T$	K'_T	$\Delta y'_{FC}$	$\delta y'_z$
1.0	0.231	0.111	0.129	−0.018	−0.028	0.001 6	0.005 9
0.707 1	0.114	0.055	0.059	−0.001	−0.020	0.001 1	0.002 0

$f'=319.989$，　$l'=54.849$，　$y'_0=2.792$

上述结果的剩余球差和色球差数值比前面估算的高级像差值大很多倍，这是因为前面估算的高级像差值是在前组的像空间计算的，表中的像差值是在整个系统的像空间计算的，因此二者之间还相差一个后组的轴向放大率，表面上二者的数值相差很大，实际上是一致的。

下面我们采用 Zemax 软件来评价系统的成像质量，将系统的结构参数输入程序，系统图如图 4-30 所示。

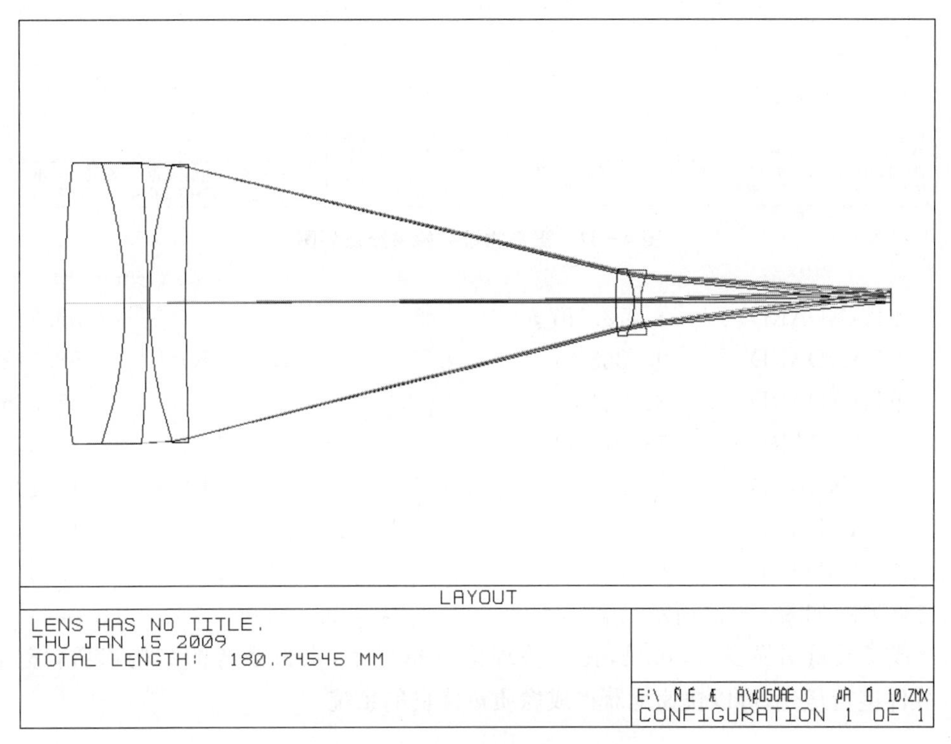

图 4-30　摄影物镜初始系统图

系统的点列图如图 4-31 所示。

我们可以利用 Zemax 的优化功能对系统进行优化。优化结果如下：

SURFACE DATA SUMMARY：

Surf	Type	Radius	Thickness	Glass	Diameter
OBJ	STANDARD	Infinity	Infinity		0
STO	STANDARD	193.578 6	13	BAK3	60.040 88
2	STANDARD	−103.115 6	5	ZF6	59.418 14

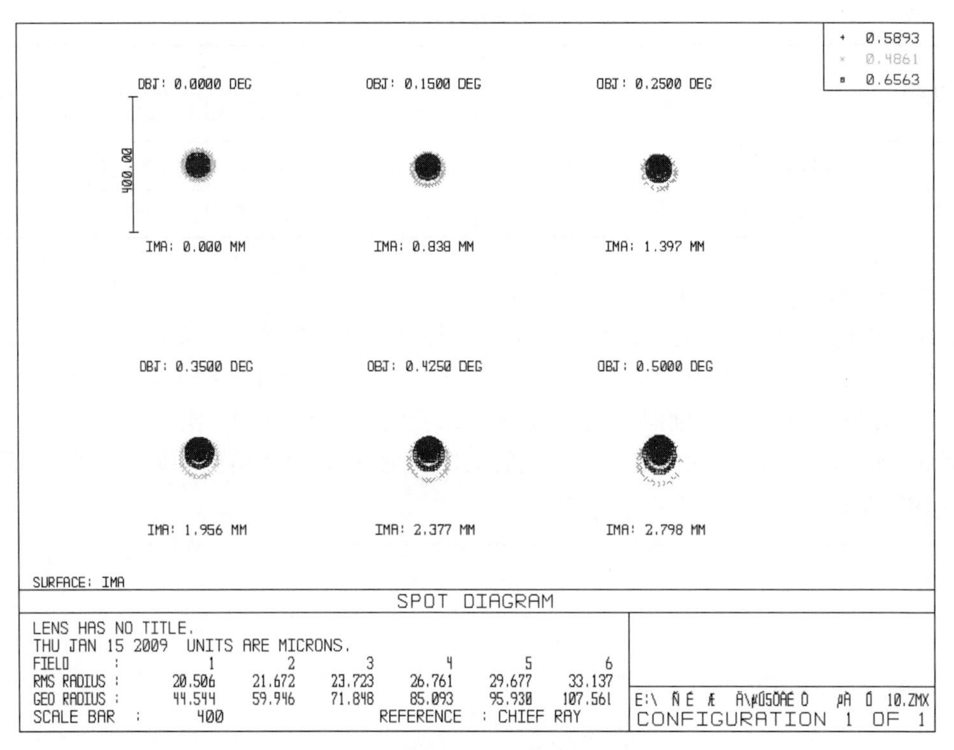

图 4-31　摄影物镜初始系统点列图

3 STANDARD	−473.597 5	0.5		59.311 41
4 STANDARD	98.363 45	8	ZK7	58.612 83
5 STANDARD	815.317 6	93.91		57.365 62
6 STANDARD	73.010 32	4	BAF8	14.031 91
7 STANDARD	−19.145 08	1.5	ZK8	13.139 69
8 STANDARD	16.022 04	54.089 84		11.760 36
IMA STANDARD	Infinity			5.630 176

系统点列图如图 4-32 所示。

系统成像质量明显变好，可见，在像差理论的指导下，求得系统的结构参数，然后利用 Zemax 软件进行优化，可以快速地获得成像质量优良的系统。

4.3.4　反射式物镜设计

反射式望远镜物镜在空间光学系统中有着广泛的应用，因此无论是在国内还是国外它都成了一个研究热点。对于空间光学系统，由于其物距非常大，而探测器的像元尺寸有限，如果要取得一定的分辨力，就需要增大系统的焦距，通常空间光学系统的焦距都会在几百毫米以上，长的可以达到数米甚至数十米。由于焦距长，要达到一定的相对孔径，物镜的口径就显得非常大，可以达几百毫米至数米。这样大的口径对于透射式系统来说是非常难以实现的，因此通常空间光学系统都采用反射式。另外，反射式系统的另一个优点是没有色差，适用于宽光谱系统。反射式光学系统通常有两镜式和多镜式，1990 年发射的“哈勃”望远镜是世界上最著名

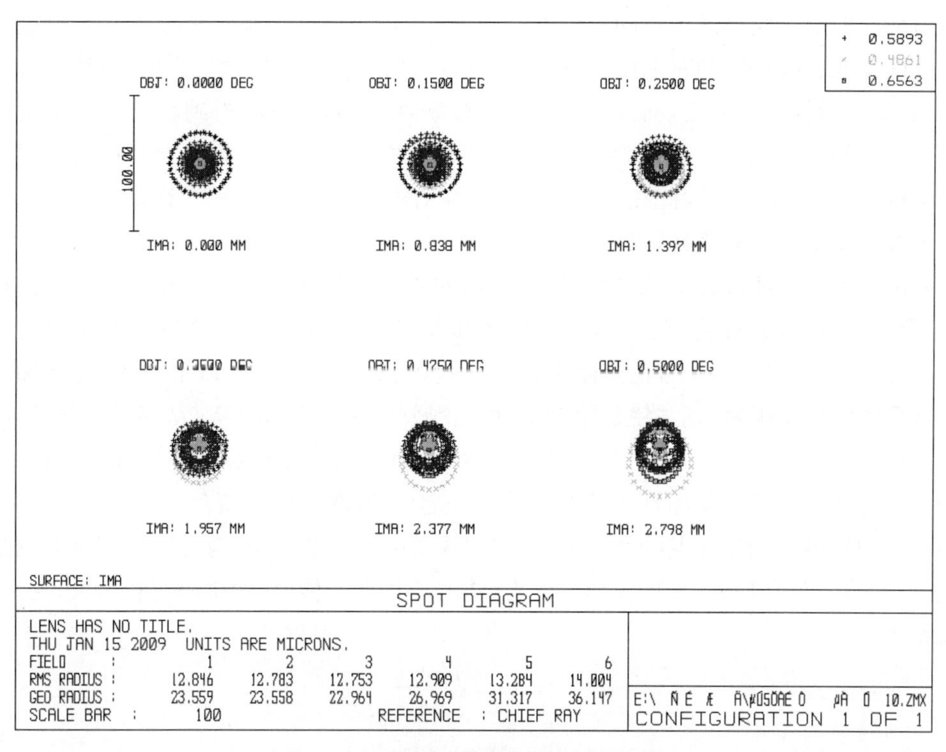

图 4-32 摄影物镜优化后系统点列图

的空间遥感器，它是主镜口径为 2.4 m 的两镜系统，在宇宙探测方面"哈勃"望远镜取得了巨大的成就。然而由于技术原因，"哈勃"望远镜于 2011 年被下一代空间遥感器"詹姆士·韦伯"代替。"詹姆士·韦伯"是主镜口径为 6.5 m 的三镜系统。

4.3.4.1 两镜系统设计

两镜系统由一个主镜和一个次镜组成，通常主镜和次镜都是二次曲面，其表达式为

$$y^2=2rx-(1-e^2)x^2 \tag{4-50}$$

其中，e^2 为面形参数，可以作为消像差的自变量；r 为镜面顶点的曲率半径。

对于望远镜系统，其物体位于无限远，同时一般光阑与主镜重合，因此有

$$l_1=\infty, u_1=0$$

定义两个与外形尺寸有关的参数：

$$\alpha=\frac{l_2}{f_1'}=\frac{2l_2}{r_1}\approx\frac{h_2}{h_1} \tag{4-51}$$

$$\beta=\frac{l_2'}{l_2}=\frac{u_2}{u_2'} \tag{4-52}$$

根据高斯公式，还可以写出

$$r_2=\frac{\alpha\cdot\beta}{1+\beta}\cdot r_1 \tag{4-53}$$

其中，α 表示次镜离第一焦点的距离，也决定了次镜的遮光比；β 表示次镜的放大倍数。主镜的焦距乘以 β 即为系统的焦距，或主镜的 F 数乘以 β 的绝对值即为系统的 F 数。

两镜系统的最大优点是主镜的口径可以做得较大,远超过透镜的极限尺寸,镀反射膜后,使用波段很宽,没有色差,同时采用非球面后,有较大的消像差的能力。因此,两镜系统结构比较简单,成像质量优良。但是,两镜系统也有一些缺点,例如不容易得到较大成像质量所需的视场,次镜会引起中心遮拦,有时遮拦比还较大,非球面与球面相比制造难度加大。但现在非球面加工技术越来越成熟,因此在空间光学系统中,两镜系统仍然是一个很好的选择。

1. 天文望远镜 R—C 系统设计

首先由仪器的总体设计要求,确定光学系统的通光口径及总的相对孔径。主镜的相对孔径的选择与多方面因素有关,在经典的卡塞格林及 R—C 系统中,主要与系统的相对孔径有关。若系统的焦距比较长,主镜的焦距可以长一些,相对孔径也就可以小一些,这样加工容易一些。若系统的焦距很短,则主镜焦距就必须取得较短,相对孔径变大,从缩短镜筒长度来说,主镜相对孔径越大越有利,但加工难度会相应增大,加工难度和相对孔径立方成正比。因此,主镜相对孔径数值的确定要综合几方面的因素来定,一般取 1∶3 左右。

另一个问题就是确定焦点的伸出量 Δ,在消像差的独立变量中,与外形尺寸有关的是 α 和 β。当 Δ 值较大,又要维持一定的 β 值不太大,势必要增大 α 值,从而中心遮拦增大。α、β、Δ 之间的关系为

$$\begin{cases} l_1=\dfrac{-f'_1+\Delta}{\beta-1} \\ \alpha=\dfrac{l_2}{f'_1} \end{cases} \tag{4-54}$$

主镜和次镜之间的间隔以及次镜的半径为

$$\begin{cases} d=f'_1(1-\alpha) \\ r_2=\dfrac{\alpha\cdot\beta}{\beta+1}\cdot r_1 \end{cases} \tag{4-55}$$

主镜的半径为

$$r_1=2\times\frac{\text{主镜口径}}{\text{主镜的相对孔径}} \tag{4-56}$$

现在假设我们要设计一个天文望远镜 R—C 系统,要求主镜口径为 2 160 mm,整个系统的相对孔径为 1∶9,系统的焦距为 19 440 mm,焦点需引出主镜之后,以便配接各种光谱和光度观测设备。这是一个典型的 R—C 系统,一般取主镜的相对孔径为 1∶3,故主镜焦距为

$$f'_1=\frac{2\ 160}{1/3}=-6\ 480(\text{mm})$$

对于焦点伸出量 Δ,考虑到主镜玻璃厚度及主镜轴向支撑系统占用的空间,由望远镜总体设计给出 $\Delta=1\ 250$ mm。因此可以算出次镜参数

$$l_2=\frac{6\ 480+1\ 250}{-3-1}=-1\ 932.5(\text{mm})$$

$$\alpha=\frac{-1\ 932.5}{-6\ 480}=0.298\ 225\ 3$$

$$\beta=\frac{19\ 440}{-6\ 480}=-3$$

根据消球差和彗差的条件，有

$$e_1^2=1+\frac{2\alpha}{(1-\alpha)\beta^2} \tag{4-57}$$

$$e_2^2=\frac{\frac{2\beta}{1-\alpha}+(1+\beta)(1-\beta)^2}{(1+\beta)^3} \tag{4-58}$$

将 α、β 的值代入得

$$e_1^2=1+\frac{2\times0.298\ 225\ 3}{(1-0.298\ 225\ 3)\times(-3)^2}=1.094\ 435\ 3$$

$$e_2^2=\frac{\frac{2\times(-3)}{1-0.298\ 225\ 3}+(1-3)[1-(-3)]^2}{(1-3)^3}=\frac{-8.549\ 752\ 5-32}{-8}=5.068\ 719$$

主镜和次镜的顶点曲率半径及间隔为

$$r_1=-2\times6\ 480=-12\ 960(\text{mm})$$

$$r_2=\frac{\alpha\beta}{\beta+1}\cdot r_1=\frac{0.298\ 225\ 3\times(-3)}{-3+1}\times(-12\ 960)=-5\ 797.5(\text{mm})$$

$$d=f_1'(1-\alpha)=-6\ 480\times(1-0.298\ 225\ 3)=-4\ 547.5(\text{mm})$$

将所有参数输入 Zemax 软件，取半视场角为 0.1°，系统图如图 4-33 所示。

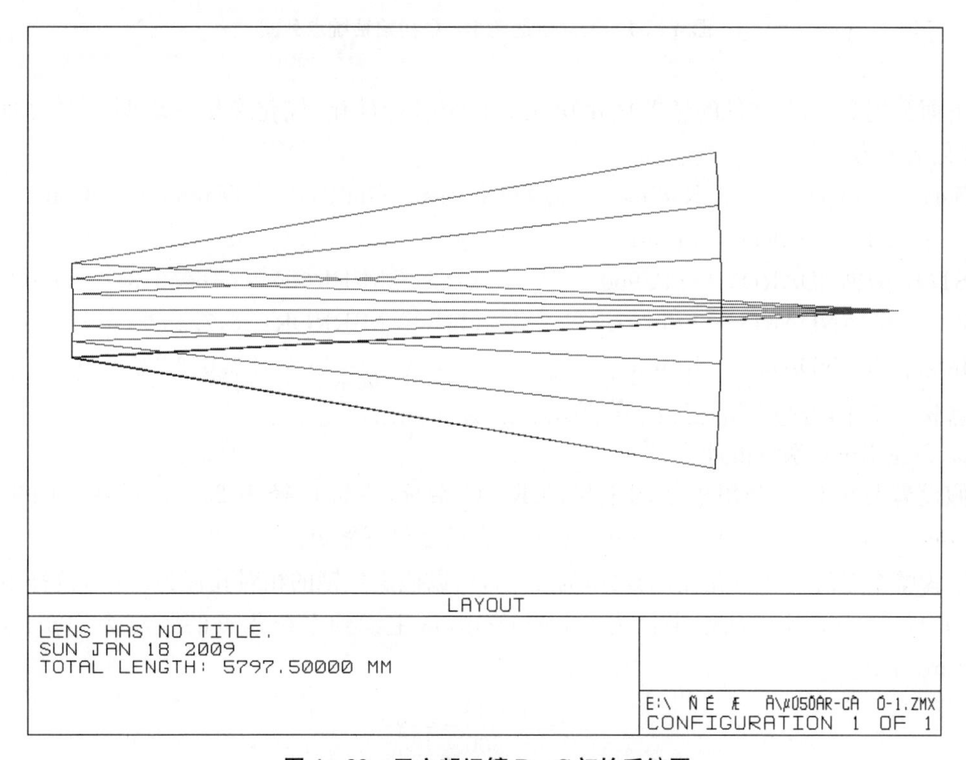

图 4-33　天文望远镜 R—C 初始系统图

系统的点列图如图 4-34 所示。

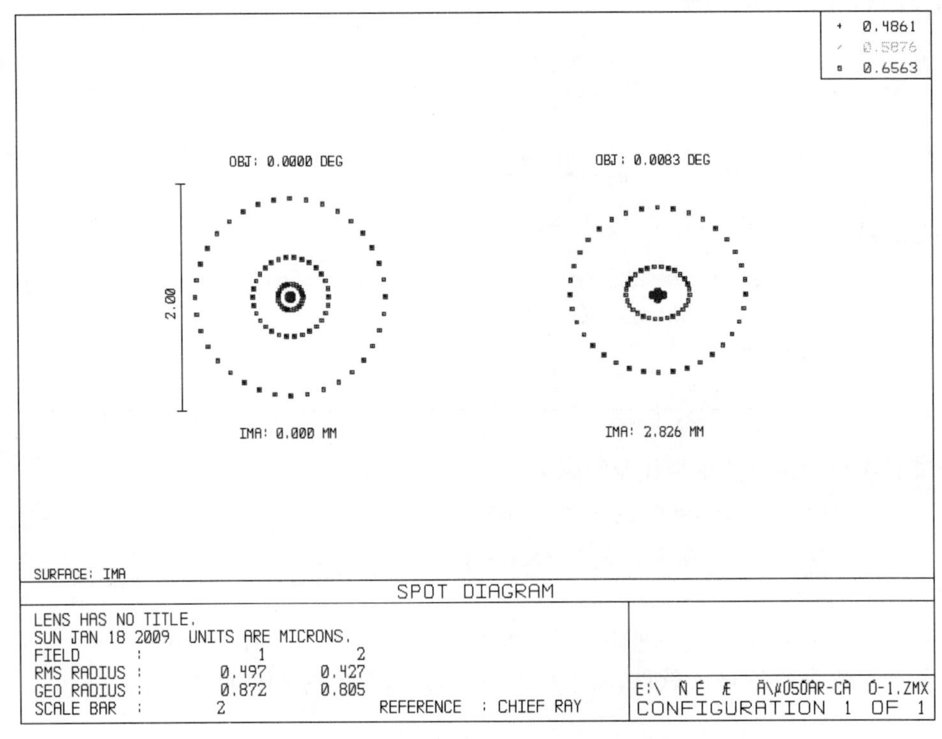

图 4-34　天文望远镜 R—C 初始系统点列图

下面利用 Zemax 软件的像差优化功能对系统进行优化，优化变量只取两个二次曲面系数，优化结果为：

Surf	Type	Radius	Thickness	Glass	Diameter	Conic
OBJ	STANDARD	Infinity	Infinity		0	0
STO	STANDARD	−12 960	−4 547.5	MIRROR	2 160.013	−1.094 753
2	STANDARD	−5 797.5	5 797.5	MIRROR	647.493 9	−5.072 767
IMA	STANDARD	Infinity			5.653 232	0

优化后系统的点列图如图 4-35 所示。

2. 卫星 R—C 系统设计

假设需要设计一个用于空间卫星的 R—C 系统，主镜口径为 250 mm，系统的焦距为 1 000 mm，焦点伸出量为 $\Delta=180$ mm，要求镜头长度尽可能短。

因为整个系统的相对孔径比较大，为 1∶4，所以假定主镜的相对孔径为 1∶2，这样主镜的焦距为 −500 mm，顶点曲率半径为 −1 000 mm，从主镜到系统焦点的距离为 500+180=680(mm)，因此

$$\beta=\frac{1\ 000}{-500}=-2$$

次镜的放大率为 2($\beta=-2$)，故次镜离主镜焦点的距离为

$$l_2=\frac{680}{-3}=-226.667(\text{mm})$$

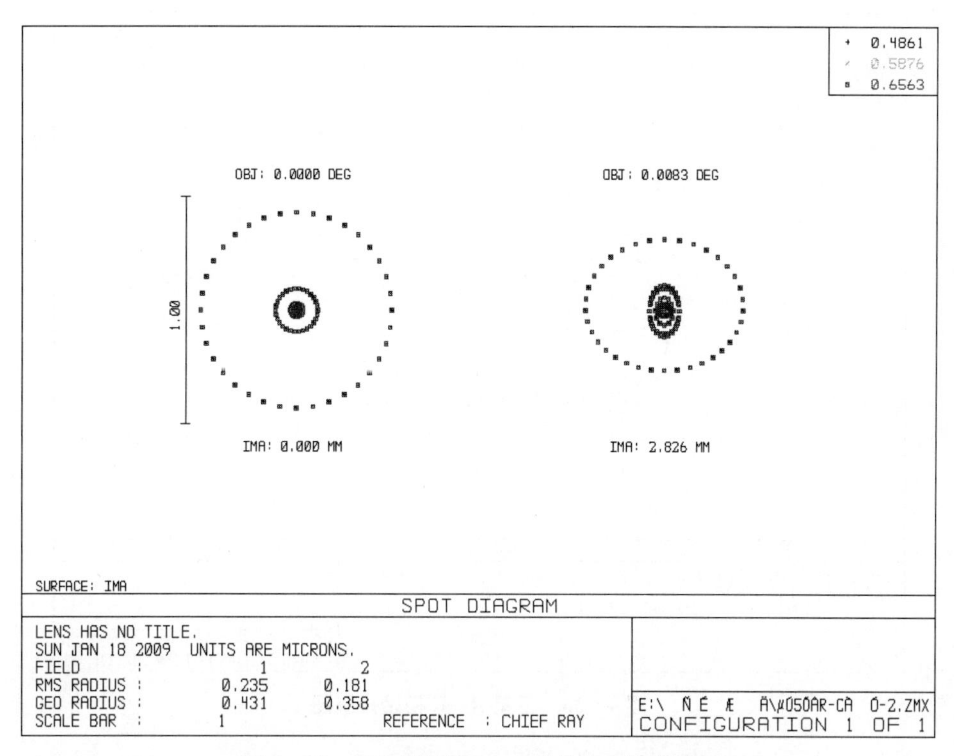

图 4-35　天文望远镜 R—C 优化后系统点列图

$$l_1=\frac{-f_1'+\Delta}{\beta-1}=\frac{-(-500)+180}{-2-1}=\frac{680}{-3}=-226.667$$

而

$$\alpha=\frac{l_2}{f_1'}=\frac{-226.667}{-500}=0.453\ 333\ 3$$

同样根据消球差和彗差的条件，有

$$e_1^2=1+\frac{2\alpha}{(1-\alpha)\beta^2}=1+\frac{2\times0.453\ 333\ 3}{(1-0.453\ 333\ 3)\times(-2)^2}=1.414\ 634\ 1$$

$$e_2^2=\frac{\frac{2\beta}{1-\alpha}+(1+\beta)(1-\beta)^2}{(1+\beta)^3}=\frac{\frac{2\times(-2)}{1-0.453\ 333\ 3}+(1-2)\times(1+2)^2}{(1-2)^3}=\frac{-7.317\ 072\ 7-9}{-1}$$
$$=16.317\ 073$$

由于卫星外形尺寸的限制，希望镜筒尽量短一些，次镜遮拦少些。现在 $\alpha=0.453$，中心遮拦损失达 20.6%，主镜和次镜之间的距离达 $-500+226.667=-273.333$(mm)。经再三验算，将主镜相对孔径提高到 1 : 1.2，即主镜焦距取 −300 mm，按同样的工程可以求出

$$\alpha=0.369\ 666\ 7,\beta=-3.333\ 263\ 2$$
$$e_1^2=1.105\ 567\ 6,e_2^2=4.281\ 678\ 6$$
$$r_1=-600\ \text{mm},r_2=-316.86\ \text{mm}$$
$$d=-189.10\ \text{mm}$$

将所有参数输入 Zemax 软件，取半视场角为 0.1°，系统图如图 4-36 所示。

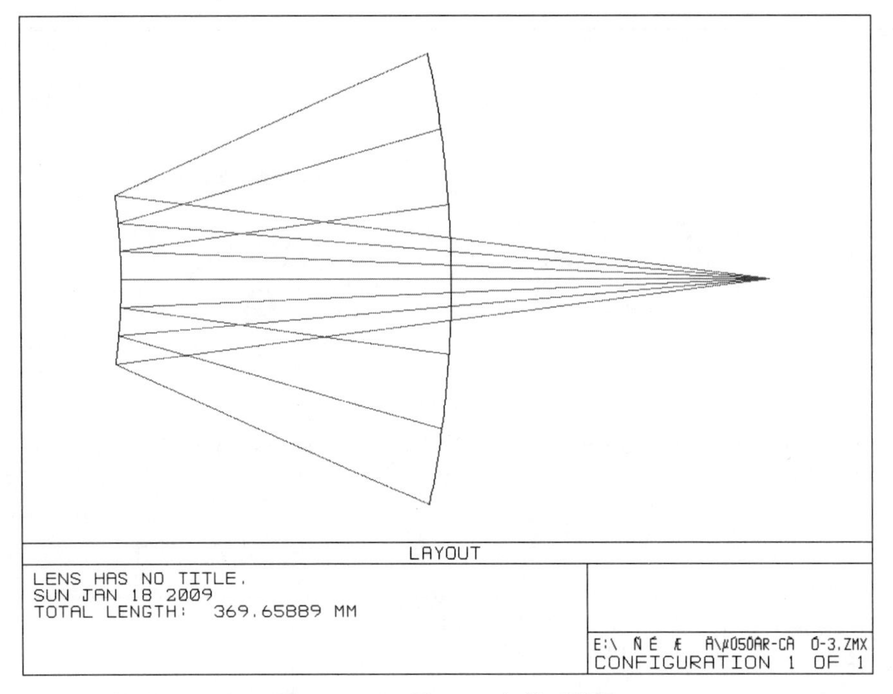

图 4-36　卫星 R—C 初始系统图

点列图如图 4-37 所示。

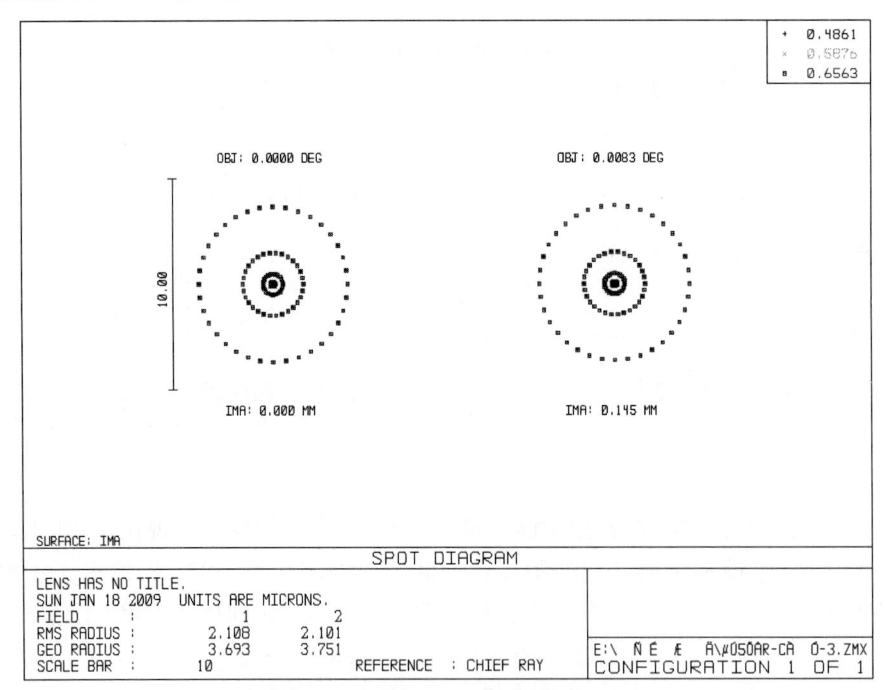

图 4-37　卫星 R—C 初始系统点列图

下面利用 Zemax 软件的像差优化功能对系统进行优化，优化变量只取两个二次曲面系数，优化结果为：

Surf	Type	Radius	Thickness	Glass	Diameter	Conic
OBJ	STANDARD	Infinity	Infinity		0	0
STO	STANDARD	−600	−189.1	MIRROR	250.003 8	−1.085 854
2	STANDARD	−316.86	369.658 9	MIRROR	93.991 08	−4.128 055
IMA	STANDARD	Infinity			0.293 994 4	0

优化后的点列图如图 4 - 38 所示。

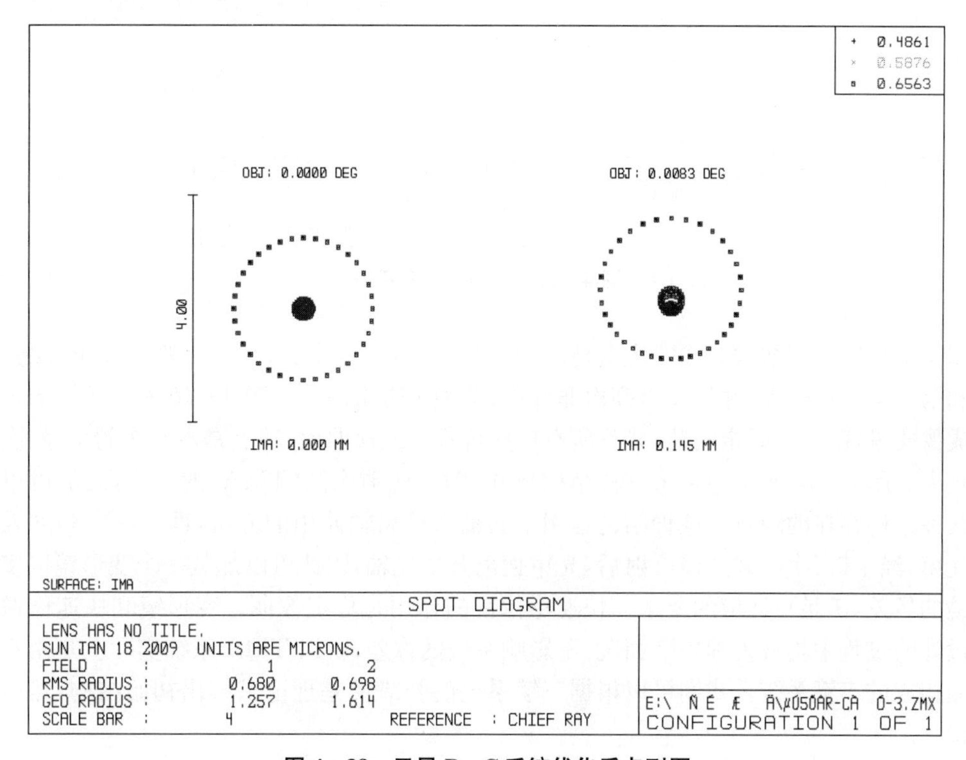

图 4 - 38　卫星 R—C 系统优化后点列图

4.3.4.2　三镜系统设计

对于空间光学系统，目前常用的有以下几种不同的结构形式：四镜系统、三镜四反射系统、三镜消像散系统，分别如图 4 - 39～图 4 - 41 所示。

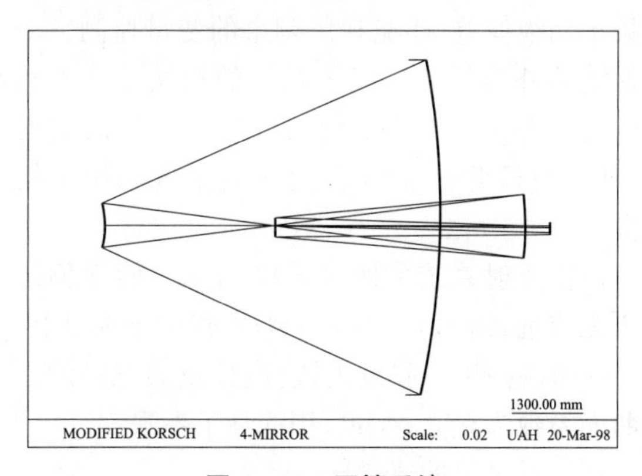

图 4 - 39　四镜系统

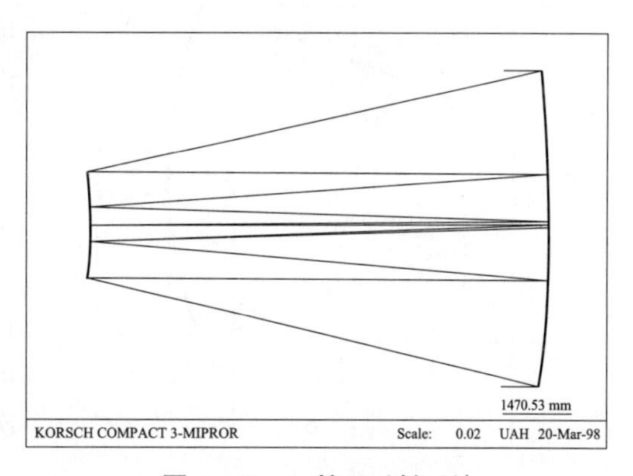

图 4 - 40　三镜四反射系统

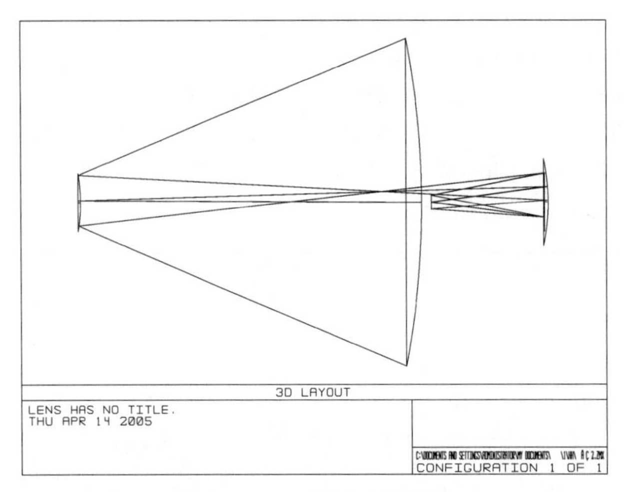

图 4-41　三镜消像散系统

图 4-39 所示的结构形式的优点是成像质量好，有实的出瞳；缺点是难以固定和装调，第三镜和第四镜口径较大，并且还是高次非球面，给加工带来困难。图 4-40 所示结构形式的优点是成像质量好，易于固定安装，并且所有反射镜都是二次曲面；缺点是没有实的出瞳，次镜口径也较大。图 4-41 所示的是第三种结构形式，即三镜消像散（TMA）的结构形式，可以避免以上两种结构存在的缺点。这种结构运用了共轴系统离轴使用的方法，即以一定角度入射的平行光束，经主镜、次镜和三镜反射后，光束偏离开主光轴，因此可以加装一个变形镜以实时校正主镜的像差，满足自适应的要求。快速稳像镜的作用是稳定像面。变形镜和快速稳像镜在光学设计的过程中均视为理想平面镜，不影响系统的像差，所以 TMA 系统实际上是由三个二次曲面构成的三镜系统。我们可以根据三镜系统的初级像差理论求解出初始结构，然后进行像差优化。

下面举一个例子。假设要设计的系统的性能参数为：焦距 35 m，口径 4 m，谱段为可见光，视场角为 1°×0.05°，面遮拦要求≤7%，必须平像面并且具有实的出瞳，处在主镜后面，外形尺寸尽量小，长度≤6 m，结构紧凑，成像质量要求波前误差接近衍射极限。

1. 光学系统初始结构的确定

三镜系统的自变量共有七个，不仅可以很好地校正初级像差，还能利用剩余的变量控制三个反射镜的外形尺寸。三镜系统的初始结构参数求解可以参阅潘君骅所著的《光学非球面的设计、加工与检验》一书，下面我们来求初始结构参数。

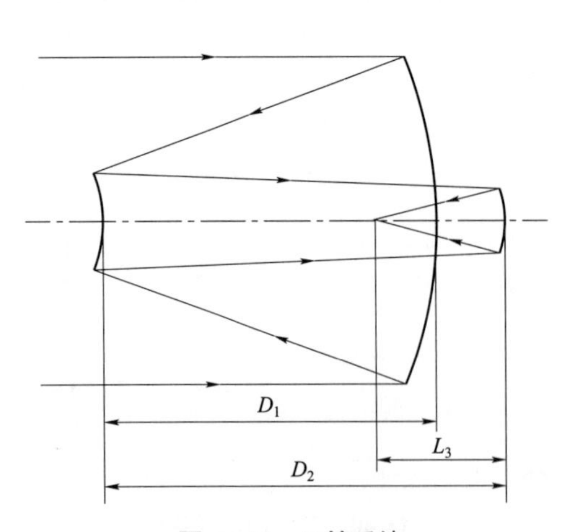

图 4-42　三镜系统

三镜反射系统如图 4-42 所示。假设物体位于无穷远，则 $l_1=\infty$，$u_1=0$，入瞳位于主镜上，即 $x_1=0$，$y_1=0$。假设主镜、次镜及第三镜的二次曲面系数为 e_1^2，e_2^2，e_3^2，引入如下参数：

副镜对主镜的遮拦比

$$\alpha_1=\frac{l_2}{f_1'}\approx\frac{h_2}{h_1} \tag{4-59}$$

第三镜对副镜的遮拦比

$$\alpha_2=\frac{l_3}{l_2'}\approx\frac{h_3}{h_2} \tag{4-60}$$

副镜的放大率

$$\beta_1=\frac{l_2'}{l_2}=\frac{u_2}{u_2'} \tag{4-61}$$

第三镜放大率

$$\beta_2=\frac{l_3'}{l_3}=\frac{u_3}{u_3'} \tag{4-62}$$

根据初级像差理论可以得出：

球差

$$S_{\mathrm{I}}=\frac{1}{4}[(e_1^2-1)\beta_1^3\beta_2^3-e_2^2\alpha_1\beta_2^3(1+\beta_1)^3+e_3^2\alpha_1\alpha_2(1+\beta_2)^3+\alpha_1\beta_2^3(1+\beta_1)(1-\beta_1)^2-\alpha_1\alpha_2(1+\beta_2)(1-\beta_2)^2] \tag{4-63}$$

彗差

$$S_{\mathrm{II}}=-\frac{e_2^2(\alpha_1-1)\beta_2^3(1+\beta_1)^3}{4\beta_1\beta_2}+e_3^2\frac{[\alpha_2(\alpha_1-1)+\beta_1(1-\alpha_2)](1+\beta_2)^3}{4\beta_1\beta_2}+\frac{(\alpha_1-1)\beta_2^3(1+\beta_1)(1-\beta_1)^2}{4\beta_1\beta_2}-\frac{[\alpha_2(\alpha_1-1)+\beta_1(1-\alpha_2)](1+\beta_2)(1-\beta_2)^2}{4\beta_1\beta_2}-\frac{1}{2} \tag{4-64}$$

像散

$$S_{\mathrm{III}}=-e_2^2\frac{\beta_2(\alpha_1-1)^2(1-\beta_1)^3}{4\alpha_1\beta_1^2}+e_3^2\frac{[\alpha_2(\alpha_1-1)+\beta_1(1-\alpha_2)]^2(1+\beta_2)^3}{4\alpha_1\alpha_2\beta_1^2\beta_2^2}+\frac{\beta_2(\alpha_1-1)^2(1+\beta_1)(1-\beta_1)^2}{4\alpha_1\beta_1^2}-\frac{[\alpha_2(\alpha_1-1)+\beta_1(1-\alpha_2)]^2(1+\beta_2)(1-\beta_2)^2}{4\alpha_1\alpha_2\beta_1^2\beta_2^2}-\frac{\beta_2(\alpha_1-1)(1-\beta_1)(1+\beta_1)}{\alpha_1\beta_1}-\frac{[\alpha_2(\alpha_1-1)+\beta_1(1-\alpha_2)](1-\beta_2)(1+\beta_2)}{\alpha_1\alpha_2\beta_1\beta_2}-\beta_1\beta_2+\frac{\beta_2(1+\beta_1)}{\alpha_1}-\frac{1+\beta_2}{\alpha_1\alpha_2} \tag{4-65}$$

像面弯曲

$$S_{\mathrm{IV}}=\beta_1\beta_2-\frac{\beta_2(1+\beta_1)}{\alpha_1}+\frac{1+\beta_2}{\alpha_1\alpha_2} \tag{4-66}$$

现在为了校正像差，令 $S_{\mathrm{I}}=0$，得

$$e_1^2=1+\frac{1}{\beta_1^3\beta_2^3}[e_2^2\alpha_1\beta_2^3(1+\beta_1)^3-e_3^2\alpha_1\alpha_2(1+\beta_2)^3-\alpha_1\beta_2^3(1+\beta_1)(1-\beta_1)^2+\alpha_1\alpha_2(1+\beta_2)(1-\beta_2)^2] \tag{4-67}$$

令 $S_{\mathrm{II}}=0$，得

$$e_2^2(\alpha_1-1)\beta_2^3(1+\beta_1)^3-e_3^2[\alpha_2(\alpha_1-1)+\beta_1(1-\alpha_2)](1+\beta_2)^3$$

$$=(\alpha_1-1)\beta_2^3(1+\beta_1)(1-\beta_1)^2-[\alpha_2(\alpha_1-1)+\beta_1(1-\alpha_2)](1+\beta_2)(1-\beta_2)^2-2\beta_1\beta_2 \tag{4-68}$$

令 $S_{\mathrm{III}}=0$，得

$$e_2^2\frac{\beta_2(\alpha_1-1)^2(1+\beta_1)^3}{4\alpha_1\beta_1^2}-e_3^2\frac{[\alpha_2(\alpha_1-1)+\beta_1(1-\alpha_2)]^2(1+\beta_2)^3}{4\alpha_1\alpha_2\beta_1^2\beta_2^2}$$
$$=\frac{\beta_2(\alpha_1-1)^2(1+\beta_1)(1-\beta_1)^2}{4\alpha_1\beta_1^2}-\frac{[\alpha_2(\alpha_1-1)+\beta_1(1-\alpha_2)]^2(1+\beta_2)(1-\beta_2)^2}{4\alpha_1\alpha_2\beta_1^2\beta_2^2}-$$
$$\frac{\beta_2(\alpha_1-1)(1-\beta_1)(1+\beta_1)}{\alpha_1\beta_1}-\frac{[\alpha_2(\alpha_1-1)+\beta_1(1-\alpha_2)](1-\beta_2)(1+\beta_2)}{\alpha_1\alpha_2\beta_1\beta_2}-$$
$$\beta_1\beta_2+\frac{\beta_2(1+\beta_1)}{\alpha_1}-\frac{1+\beta_2}{\alpha_1\alpha_2} \tag{4-69}$$

令 $S_{\mathrm{IV}}=0$，得

$$\beta_1\beta_2=\frac{\beta_2(1+\beta_1)}{\alpha_1}-\frac{1+\beta_2}{\alpha_1\alpha_2} \tag{4-70}$$

以上四个消像差公式中共有七个有自由变量，即 $e_1^2,e_2^2,e_3^2,\alpha_1,\alpha_2,\beta_1$ 和 β_2。其中后四个变量是与外形尺寸有关，如果只要求消除球差、彗差及像散，则外形尺寸完全可以自由安排。若要求像面是平的，则由式(4-58)来决定与外形尺寸相关的变量之间的关系。

从以上公式可以得出结构参数的计算公式如下：

$$r_1=\frac{2f}{\beta_1\beta_2} \tag{4-71}$$

$$r_2=\frac{2\alpha_1 f}{\beta_2(1+\beta_1)} \tag{4-72}$$

$$r_3=\frac{2\alpha_1\alpha_2 f}{1+\beta_2} \tag{4-73}$$

$$d_1=\frac{r_1}{2}(1-\alpha_1) \tag{4-74}$$

$$d_2=\frac{r_1}{2}\alpha_1\beta_1(1-\alpha_2) \tag{4-75}$$

其中，d_1 和 d_2 分别为主镜和次镜的间隔。

根据四个消像差公式和六个结构参数公式以及相应的性能要求，可以很方便编程计算出各面形的参数。需要注意的是，性能参数中要求的是面遮拦系数，而公式中的遮拦比为线遮拦系数，它们之间是平方的关系，即线遮拦系数必须小于 0.264。

2. 系统的像差优化

快速稳像镜是一理想平面镜，在系统优化的过程中可以不加入计算。但是变形镜必须加入，因为系统的孔径光阑与主镜重合，其共轭像面位置就是出瞳，也就是变形镜的位置，这样，在自适应光学中，变形镜才能校正主镜的误差。由于结构和光束位置的限制，变形镜也就是出瞳必须位于主镜和三镜之间。在优化的过程中加入变形镜，然后控制系统的出瞳，让出瞳与变形镜重合，即可满足要求。

假设系统探测器的像元尺寸为 0.007 mm，由此可以计算出系统计算传函的特征抽样频率为 72 lp/mm。视场角的设置为：x 方向 0，0.25，0.35，0.5(角度)，y 方向 0.3，0.3，0.3，

0.3(角度)。波长为 0.5～0.8 均匀设置。由于是反射系统,波长对优化过程没有影响。根据性能要求可以知道需要控制的参数还有:r_2/r_1 小于 0.264;总长度小于 6 000 mm。

在优化过程中,有两种优化方法。第一种方法是将光阑设在变形镜上,控制入瞳与主镜重合。第二种方法是把光阑设在主镜上,利用优化操作数将出瞳和变形镜控制在同一个位置,同时保持这个位置在主镜和三镜之间。这两种方法均能得到令人满意的效果。采用全局搜索的方式,经过长时间的优化,结果如图 4-43～图 4-45 所示。

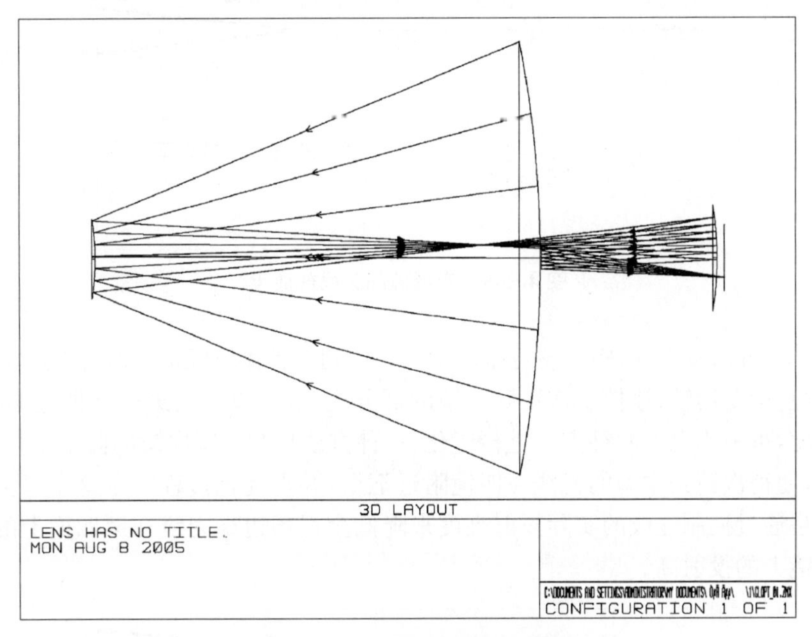

图 4-43　初步优化后的结构图

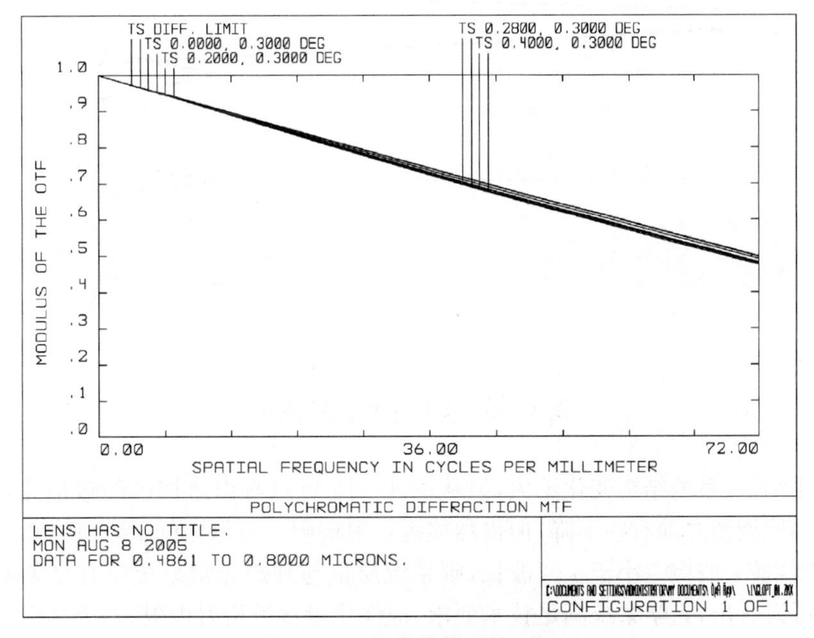

图 4-44　初步优化后的 MTF

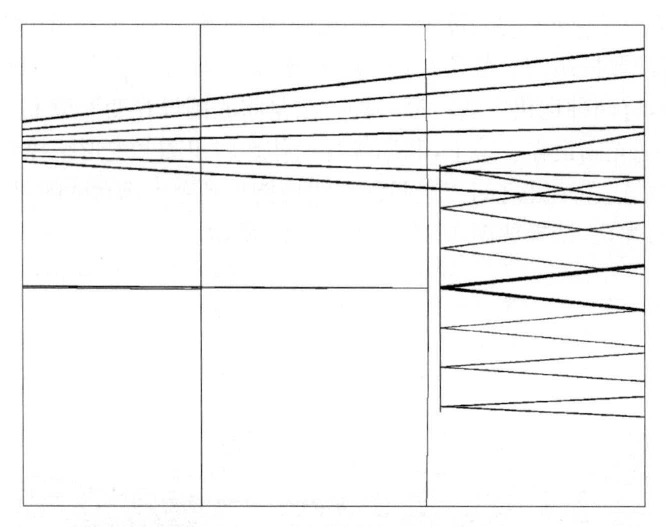

图 4-45　变形镜部分局部放大

由图 4-45 可以看出,结构比较匀称,由图 4-46 可知传函已经接近衍射极限,但从图 4-47 可看出第四镜(即变形镜)遮挡了次镜到三镜的部分光线,所以需要进一步调整结构。为了调整光束的高度,可采用以下两种方法进行优化:一种方法是对主镜次镜的曲率半径和主镜的厚度进行调整,使得次镜到主镜的光线在四镜附近汇聚,并在优化过程中令这个量为常数;另外一种方法就是通过控制光线的实际投射高度来降低全视场边缘光线在第四面上的投射高,或提高在第三镜上的投射高。

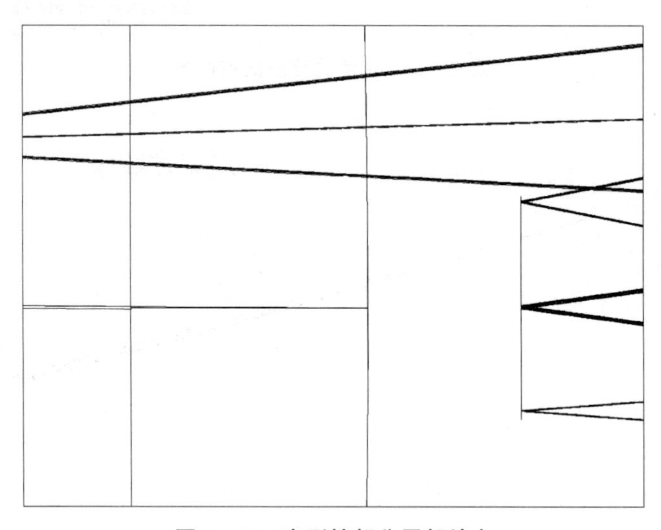

图 4-46　变形镜部分局部放大

最终优化结果:系统结构变化不大,但从图 4-46 可以看出遮挡已经被消除,由图 4-47 可以看出传函比调整之前有些下降,但仍然接近衍射极限。波像差的 PV 值为 0.764 个波长。根据瑞利准则,最大波像差小于 1/4 波长,则系统质量与理想光学系统没有显著差别。因此,从设计结果可以看出,光学系统满足技术要求,成像质量接近衍射极限,整个结构匀称紧凑,符合总体要求。

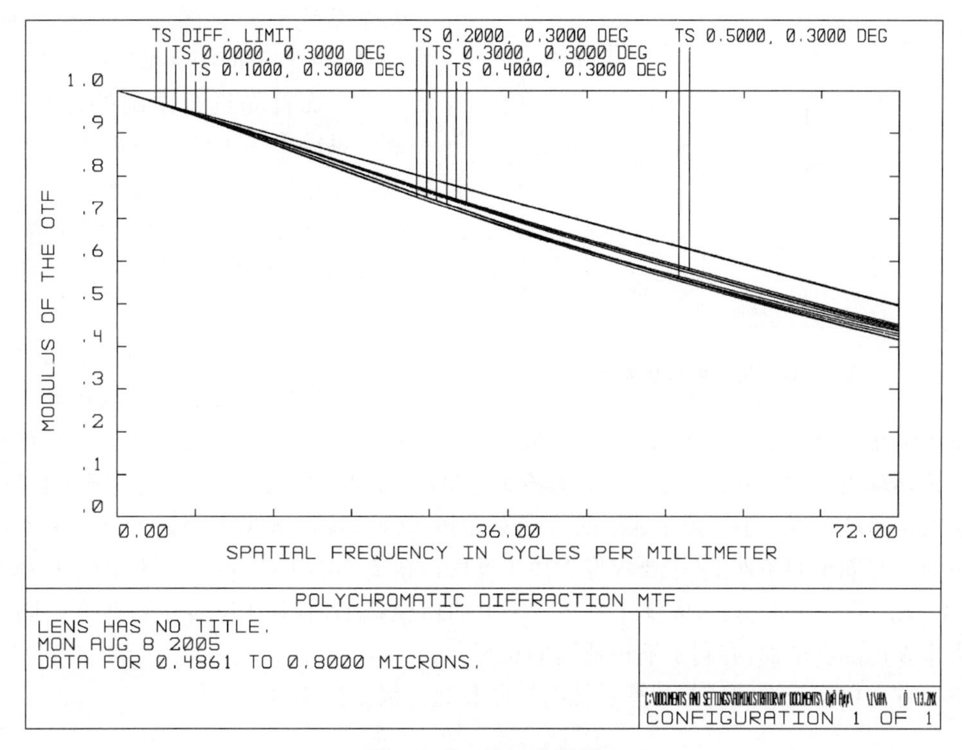

图 4－47　MTF 曲线图

4.3.5　折反射球面系统设计

折反射球面系统的设计，和一般球面折射系统的设计并无原则上的区别。所不同的只是折反射系统由于存在像面位置、中心遮光和轴外渐晕等一系列的特殊问题，因此在像差校正之前要首先计算系统的外形尺寸，解决各组透镜和反射镜的位置安排、口径大小、遮光筒尺寸和轴外渐晕大小等一系列问题，根据外形尺寸计算的结果然后进行像差设计。下面我们举一个具体例子，说明系统的全部设计过程。

要求设计一个折反射照相物镜，光学特性如下：

焦距：$f'=1\,000$ mm；

相对孔径：$\dfrac{D}{f'}=\dfrac{1}{8}$；

视场：$2\omega=2.5°$（幅面 36 mm×24 mm）。

另外要求系统的最后像平面离开主反射镜的距离不小于 70 mm，中心遮光比不大于 0.5。我们选择了图 4－48 的结构型式，它是由两个反射球面构成的卡塞格林系统，为了校正反射镜的球差和彗差，在平行光路中加入一个双透镜校正组。该校正组由同一种玻璃构成并自行消色差，因此整个校正组的组合光焦度为零。在最后像空间也加入了一个无光焦度的校正组，以校正像散等其他轴外像差。

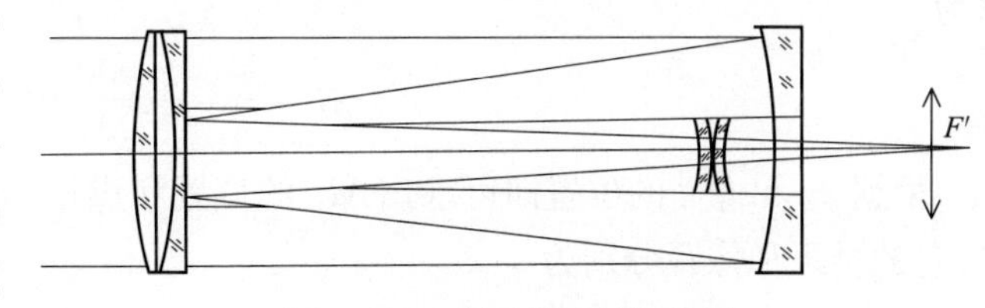

图 4－48　折反射系统初始图

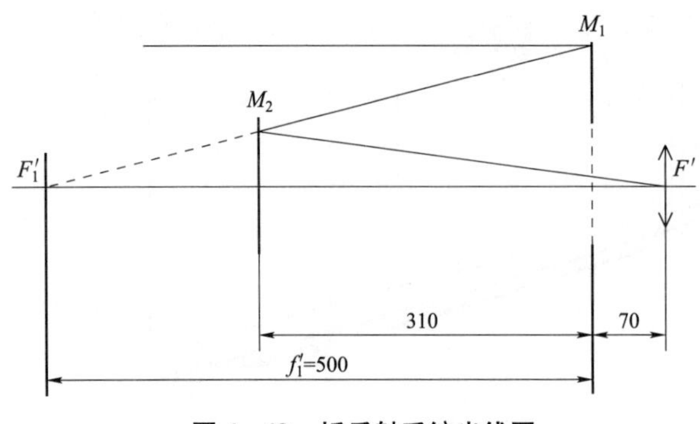

图 4-49 折反射系统光线图

整个系统中的全部透镜都由一种玻璃K9(n_D=1.516 3,v=64.1)构成。

下面首先进行系统的外形尺寸计算。系统中除了两个反射面之外,其余的两个透镜组都是无光焦度的,因此在外形尺寸计算时可以不考虑这两个透镜组,而只考虑两个反射球面,如图 4-49 所示。

根据整个系统消初级场曲的要求,这两个反射面的半径应该相等,考虑到一般系统中允许有少量的负场曲,反射镜 M_1 的半径可以比 M_2 的半径略小一些。因为 M_1 的场曲为正,M_2 的场曲为负,要使整个系统场曲为负,应使 M_2 的光焦度(指绝对值)比 M_1 大,因此它的半径就比 M_1 小。减小 M_2 的半径对缩短系统长度和减少中心遮光都是有利的,因为在像面位置固定的条件下(按要求像面离主反射镜距离不小于 70 mm),M_2 的半径越小,它离开 M_1 的距离就要求越远,成像光束在 M_2 上的口径就小,有利于减少中心遮光。同时 M_2 的放大率 β 也随着增加,有利于缩短系统的长度。

下面首先根据允许的场曲计算系统的场曲和数。根据公式(4-4)有

$$x_p'=\frac{-n'y'^2}{2}\pi$$

根据视场角和焦距求得像高为

$$y'=-f'\tan\omega=-1\ 000\tan(-1.25°)=22\ \text{mm}$$

假定系统允许的 x_p' 为−0.1~−0.2,代入上式得

$$\pi=0.000\ 41\sim0.000\ 82$$

由于系统要求满足的条件除了对总焦距和幅面大小而外,还有像面位置、中心遮光、杂光遮拦和轴外渐晕等一系列问题需要考虑,因此无法用解方程式的办法直接求出 r_1 和 r_2,而只能通过多次试算,逐步确定系统的各个参数。这里我们不叙述全部过程,只把最后采用的参数的计算过程说明如下。

1. 选定主反射镜的半径 r_1

主反射镜的半径是整个系统中最重要的一个参数,所以首先从它开始,可以参考一些类似结构,初步确定一个数值。当然不能一次选得正好,如果在往后计算中发现不合理可以再改变。我们取 r_1=1 000 mm,f_1'=500 mm。

2. 求第二反射面的半径 r_2

系统的总焦距 f'=1 000 mm,而第一反射面 M_1 的焦距为 f_1'=500 mm,因此 M_2 的放大率为

$$\beta_2=\frac{f'}{f_1'}=\frac{1\ 000}{500}=2$$

根据 β_2 和像面的位置即可求出 M_2 的位置和焦距。当 M_2 位在主反射镜前方 310 mm 处时,它的物距和像距分别为

$$l_2=-190\ \text{mm},l_2'=380\ \text{mm}$$

这时最后像面离开主反射镜的距离恰好等于 70 mm。根据物距和像距就可以求出 M_2 的半径 r_2。根据近轴光路计算基本公式，有

$$\frac{n'}{l'}-\frac{n}{l}=\frac{n'-n}{r}$$

将 $n_2'=1, n_2=-1, l_2=-190$ mm，$l_2'=380$ mm 代入上式，得

$$r_2=-762\ \text{mm}, f_2'=381\ \text{mm}$$

3. 验算场曲和数

定义场曲和数 $\pi=\sum\frac{\varphi}{n}$，则根据式(4-4)，令场曲和数 π 为

$$\pi=\sum\frac{\varphi}{n}=\frac{1}{381}-\frac{1}{500}=0.000\ 62$$

它恰好位于前面预定的数值范围 0.000 41～0.000 82 之内，因此符合要求。

4. 决定中心遮光比、遮光罩和遮光筒的尺寸

在确定中心遮光比、遮光罩、遮光筒尺寸时一般采用图解法。首先作出两个反射面，以及它们所成的像 y_1' 和 y'，如图 4-50 所示。图中光轴方向的比例尺和垂轴方向的比例尺不一致，轴向比垂轴小 1/2，这是为了作图方便，对最后结果并无影响，图 4-51 也是如此。

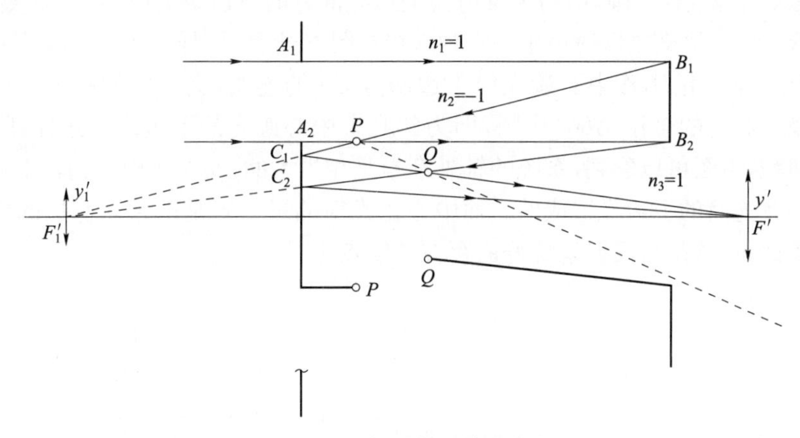

图 4-50　折反射系统光线图

主反射镜的口径为

$$D_1=\frac{f'}{8}=125\ \text{mm}$$

作出轴向边缘光线的光路 $A_1B_1C_1F'$，该光线在系统中显然不能受到阻拦。它在第二反射镜上 M_2 的口径为

$$D_{02}=\frac{D_1}{f_1'}\times l_2=\frac{125}{-500}\times(-190)=47.5(\text{mm})$$

显然中心遮光不能小于 47.5 mm。像面的对角线为 44 mm，主反射镜的中心开孔也必须大于 44 mm。中心遮光比究竟取多少，必须考虑杂光遮拦的问题，这就要通过作图来解决。根据要求，系统中心遮光比不能大于 0.5，我们取遮光直径等于 60 mm。作出该口径的轴向光路 $A_2B_2C_2F_1'$，如图 4-50 所示，它同样在系统中不允许受到遮拦。A_2B_2 和 B_1C_1 交于一点 P，B_2C_2 和 C_1F' 交于一点 Q。为了遮住不经过主反射镜而直接射向像面的杂光，可以在反射镜

M_2 上加一个遮光罩 A_2P,在 M_1 上加一个遮光罩 B_2Q。它们都不会阻碍轴向光束中除了中心遮光部分之外的成像光线到达像面。作 PQ 连线并延长,距离画面越远,则杂光遮拦越好;如果靠近画面则杂光遮拦不好,进入画面则更不允许。由图 4-50 很容易看到,如果中心遮光的直径减小,则遮光罩 A_2P 和遮光筒 B_2Q 的长度缩短,杂光遮拦就差。这也要通过几次试作才能得出一个最好的方案。从图上看到取中心遮光口径为 60 mm,既没超出允许的中心遮光比 0.5,而且 PQ 直线的延长线离画面还有相当的距离。主反射镜的中心开孔可以达到 60 mm,而画面对角线为 44 mm,因此有足够的空间作为安置中心遮光筒和像空间校正组使用。至此整个系统的全部外部尺寸都已经确定了。当然在实际设计过程中,上述过程可能要多次反复,因为我们不可能一次就把各种参数都选得完全适当,这里只是为了叙述简单,把中间过程都略去了。

5. 检验轴外渐晕

在系统尺寸确定以后,还需要检验轴外像点的渐晕,同样采用作图法。作图的步骤是首先作出系统图和轴外像点 B_1' 和 B_2',如图 4-51 所示。我们以主反射镜作为基准面,求轴外像点在主反射镜上的通光面积。在图的右侧作出主反射镜的外圆和中心孔。首先计算出通过入瞳下边缘点 N,以最大视场角入射的光线 NO_1,与主反射镜的交点 O_1,连 NO_1 直线,在右图上过 O_1 点以主反射镜直径作圆,即为主反射镜上通光部分的下边缘。由 B_2' 作 $B_2'Q_1$,交第二反射镜于一点 R,连 $B_1'R$ 交主反射镜于一点 O_3,在右图上过 O_3 同样以主反射镜直径作圆,即为成像光束的上边缘。由 B_1' 作中心遮光筒下边缘点 Q_2 的连线,交主反射镜于一点 O_2,过 O_2 点以主反射镜中心孔的直径($\phi 60$)作圆,即为斜光束中心遮光的下边缘。这样就决定了轴外像点的通光面积,由图可以看到,系统的轴外渐晕是相当大的,通光面积不到轴上点的一半,这主要是由中心遮光筒的上边缘造成的。而中心遮光筒的尺寸则是由杂光遮拦的要求决定的。轴外渐晕比较严重,这是折反射系统普遍存在的缺点之一。

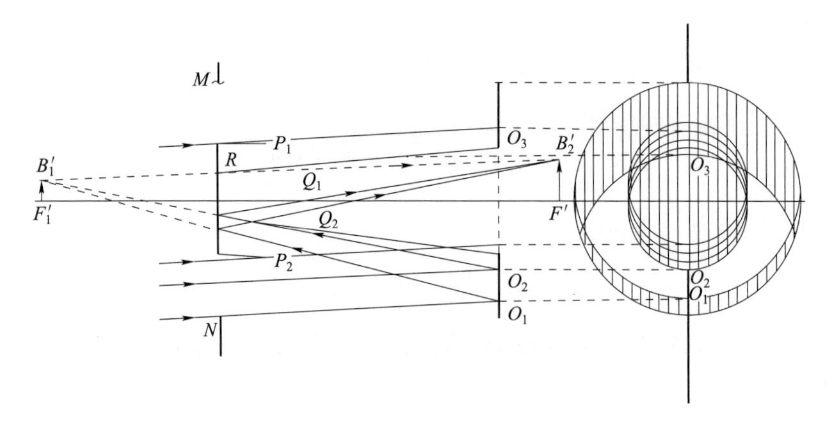

图 4-51　折反射系统光线图

6. 设计前、后校正组

外形尺寸计算完成以后,就可以开始设计较正透镜组,校正系统的像差,首先设计前校正组,然后设计后校正组。在着手校正像差以前首先单独计算一下反射系统的像差,一方面可以作为设计校正组的依据,同时也可以验证前面的计算结果。

	d	n
		1
$r_1=-100$	-310	-1
$r_2=-762$		1

入瞳与第二反射面重合，$l_z=-310$。像差结果如表 4-22 所示。

表 4-22　反射系统的像差

孔径比例	像　差							
	$\delta L'$	SC'	x'_t	x'_s	K'_T	$\delta L'_T$	K'_s	$\delta L'_s$
1.0	−2.23	0.001 6	−0.585	−0.294	0.11	−2.234	0.036	2.23
0.707 1	−1.114	0.000 8	−0.298	−0.147	0.077	−2.232	0.026	−2.23

$f'=997.38$，　$y'=21.76$，　$l'=379$

由以上像差结果看到反射系统的主要像差是 $\delta L'$，$K'_T(SC')$ 和 x'_{ts}，基本上都属于初级像差。根据 x'_p 和 x'_t，x'_s 的关系得

$$x'_p=x'_s-\frac{x'_t-x'_s}{2}=-0.149$$

和前面外形尺寸计算时预定的数值范围−0.1～−0.2 相符。系统的焦距和后截距也和要求的数值相差很少，说明前面的计算结果是正确的。

校正透镜组的设计方法，可以根据反射系统的像差，确定对校正透镜组的像差要求，然后用初级像差公式求解透镜组的初始结构，最后计算实际像差并进行最后校正；也可以直接给出一个初始结构，通过逐步修改校正像差来完成，这和一般透镜系统设计并无区别。对前校正组我们要求它校正系统的球差和彗差，而且自行消色差，同时为了简化系统的结构，要求最后一个面和第二反射镜重合，即校正透镜组的最后一个面的半径为 762 mm。这样校正透镜组只有三个可变半径，正好要求校正球差、彗差、色差三种像差。

接着加入后校正组，校正系统的像散，同时也要求校正组自行校正垂轴色差，并且尽可能少产生彗差。后校正组有四个半径作为自由参数，能够满足上述校正要求，具体过程从略，最后得到如下结果：

	d	n_D	n_F	n_C
		1	1	1
$r_1=968.644$	12	1.516 3	1.521 95	1.513 89
$r_2=1\,588.295$	4.165	1	1	1
$r_3=-577.773$	12	1.516 3	1.521 95	1.513 89
$r_4=-762$	310	1	1	1
$r_5=-1\,000$	−310	−1	−1	−1
$r_6=-762$	290	1	1	1
$r_7=-390.44$	4	1.516 3	1.521 95	1.513 89
$r_8=-1\,775.76$	0.1	1	1	1
$r_9=407.38$	4	1.516 3	1.521 95	1.513 89
$r_{10}=12\,267.21$	1	1	1	

把上述数据输入 Zemax 软件进行计算,系统图如图 4-52 所示。

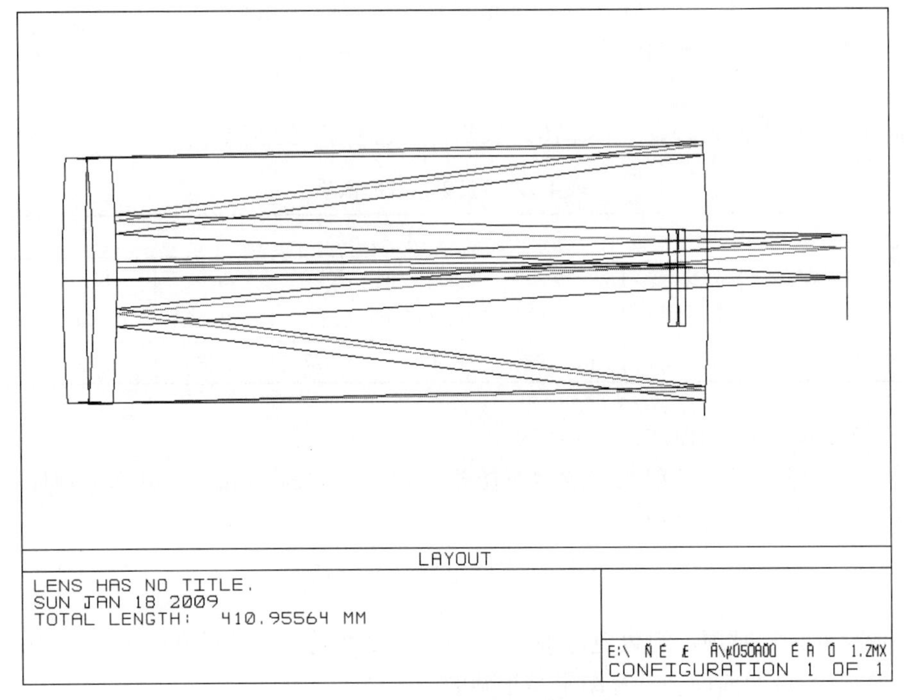

图 4-52　折反射系统初始系统图

点列图如图 4-53 所示。

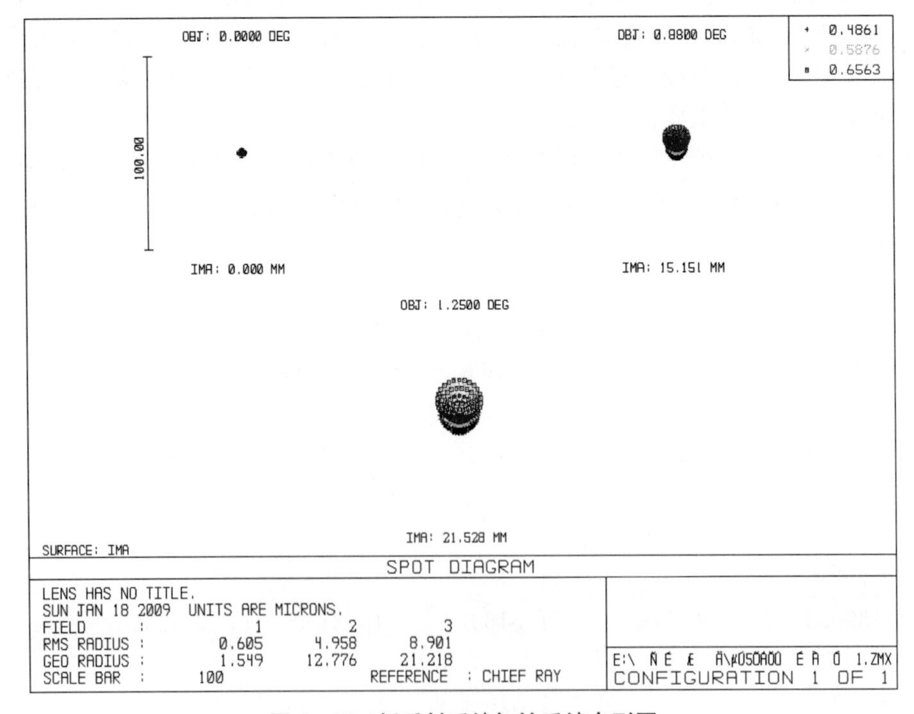

图 4-53　折反射系统初始系统点列图

MTF 曲线图如图 4 - 54 所示。

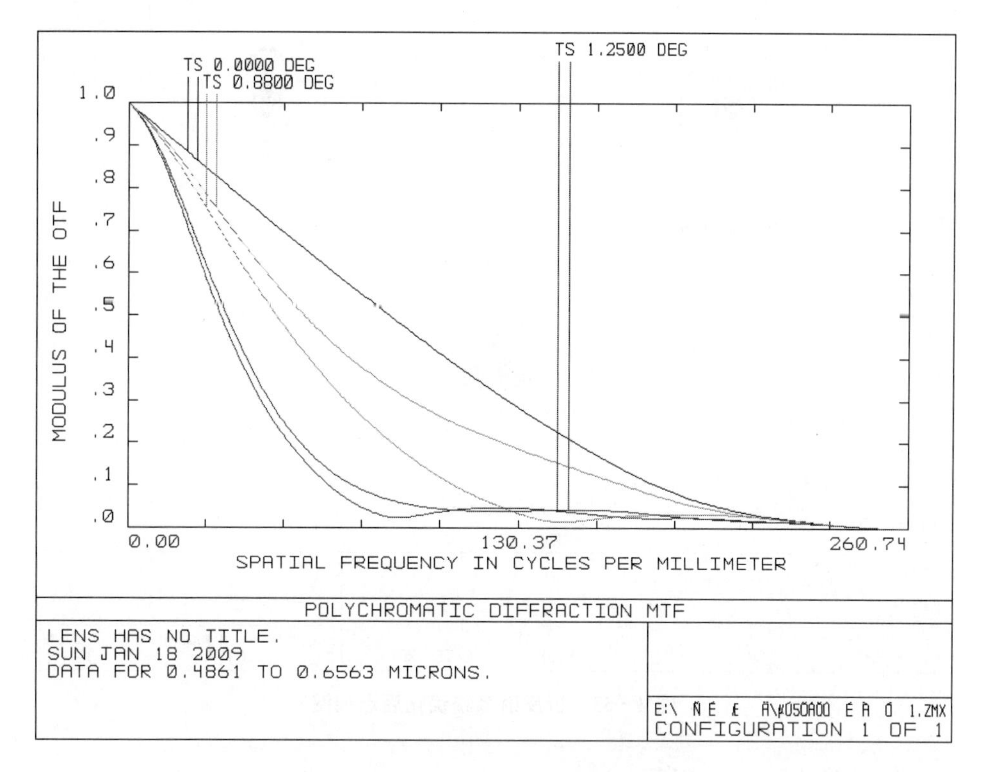

图 4 - 54　折反射系统初始系统 MTF 图

系统的焦距为 986.151 mm，与要求的 1 000 mm 有差异，像差也没有达到最佳。我们利用 Zemax 的优化功能对系统进行优化，优化的过程中只以校正镜半径作为变量，优化结果如下：

Surf	Type	Radius	Thickness	Glass	Diameter
OBJ	STANDARD	Infinity	Infinity		0
STO	STANDARD	808.210 8	12	K9	125.105 8
2	STANDARD	1 237.924	4.165		124.839 3
3	STANDARD	−560.557 8	12	K9	124.825 3
4	STANDARD	−747.929 1	310		125.932 7
5	STANDARD	−1 000	−310	MIRROR	139.557 1
6	STANDARD	−762	290	MIRROR	66.639 23
7	STANDARD	−400.742 9	4	K9	49.099 78
8	STANDARD	−1 123.044	0.1		49.107 72
9	STANDARD	145.801 2	4	K9	49.060 25
10	STANDARD	186.073 2	84.999 45		48.607 42
IMA	STANDARD	Infinity			43.645 17

点列图如图 4 - 55 所示。

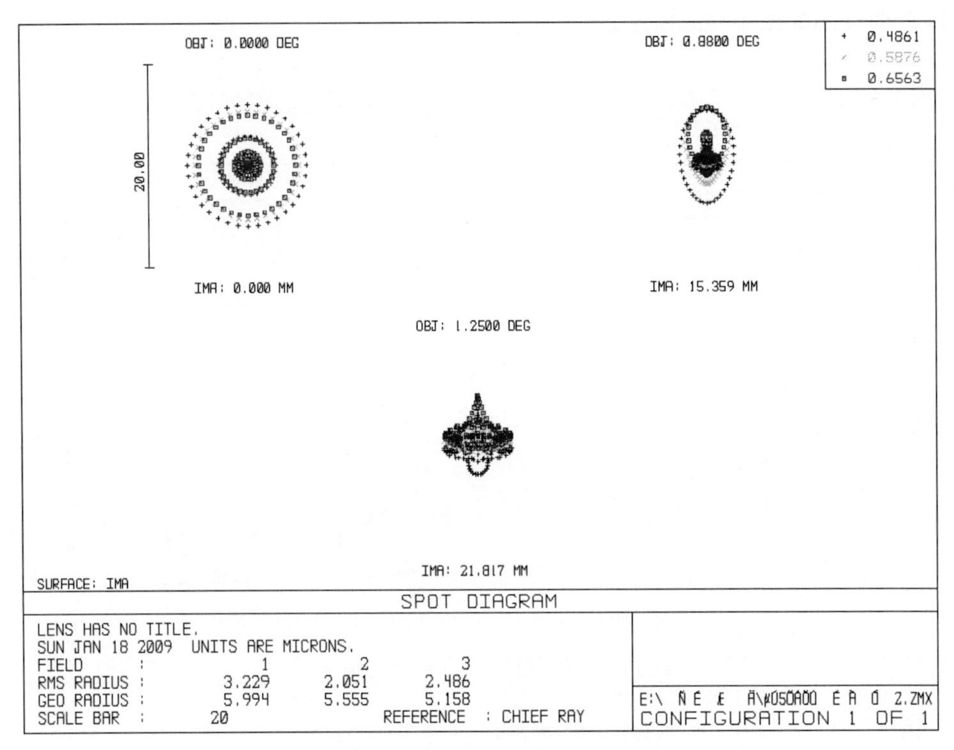

图 4-55 折反射系统优化后点列图

MTF 曲线图如图 4-56 所示。

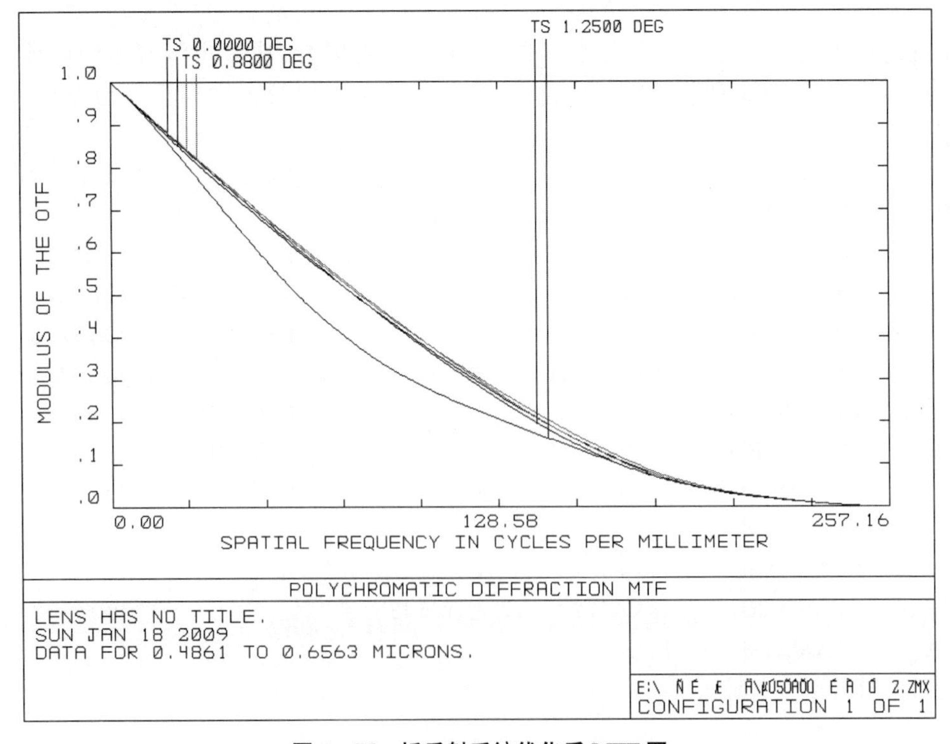

图 4-56 折反射系统优化后 MTF 图

系统的焦距严格为 1 000 mm。系统得到了良好的校正，满足要求。

4.4　显微镜物镜设计

1. 显微镜物镜设计的特点

正常人眼在明视距离能够区分的两点或两直线间的最小间隔为 0.08 mm，这就是人眼的鉴别率。一般来说，人眼或光学仪器的鉴别率，就是人眼或光学仪器能够区别两点或两线间的最小距离，此值越小则鉴别率(或称为分辨力、分辨力)越高。当长时间观察微小物体人眼很快就会疲劳。为了提高肉眼看不清或很难看清微小物体时的分辨能力，常常使用把物体放大成像的光学仪器来观察。最简单的目视光学仪器就是放大镜。但是放大镜要看清小于0.01 mm的物体是困难的，为了看清更小的物体就需要一种具有比放大镜更大的放大倍数和更高的分辨力的仪器，这就是显微镜。显微镜是用来帮助人眼观察近距离细小目标的一种目视光学仪器，它由物镜和目镜组合而成。显微镜物镜的作用是把被观察的物体放大为一个实像，位在目镜的物方焦面上，然后通过目镜成像在无限远供人眼观察，如图 4-57 所示。整个显微镜的性能——视放大率和衍射分辨力主要是由它的物镜决定的。在一架显微镜上通常都配有若干个不同倍率的物镜和目镜供互换使用。为了保证物镜的互换性，要求不同倍率的显微镜物镜的共轭距离——由物平面至像平面的距离相等。各国生产的通用显微镜物镜的共轭距离大约为 190 mm，我国规定为 195 mm。所以显微镜物镜的倍率越高，焦距越短。另有一种所谓“无限筒长”的显微镜物镜，被观察物体通过物镜以后，成像在无限远，在物镜的后面，另有一固定不变的镜筒透镜，再把像成在目镜的焦面上，如图 4-58 所示。

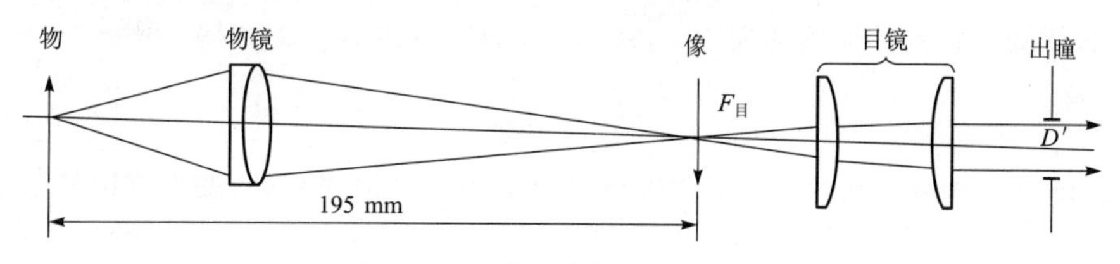

图 4-57　有限筒长显微镜物镜

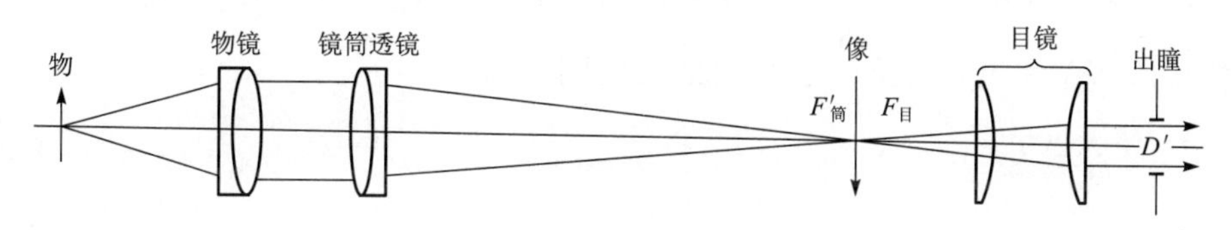

图 4-58　无限筒长显微镜物镜

镜筒透镜的焦距，我国规定为 250 mm。物镜的倍率按与镜筒透镜的组合倍率计算，即

$$\beta=\frac{-250}{f'_{物}} \tag{4-76}$$

(1) 显微镜物镜的光学特性

显微镜物镜的光学特性主要有两个——倍率和数值孔径。

① 显微镜物镜的倍率。显微镜物镜的倍率是指物镜的垂轴放大率 β。由于显微镜物镜是实物成实像，因此 β 为负值，但一般用正值(β 的绝对值)代表物镜的倍率。在共轭距 L 一定的

条件下,β 和物镜的焦距存在以下关系:

$$f'=\frac{-\beta}{(1-\beta)^2}L \tag{4-77}$$

式中,β 取负值。

对无限筒长的物镜,焦距和倍率之间的关系由式(4-76)确定。无论是有限筒长,还是无限筒长,β 越大(绝对值)则 f' 越短。所以物镜的倍率实际上决定了物镜的焦距。以无限筒长物镜为例,$20^{\times}$ 物镜的焦距 $f'=12.5$ mm,$100^{\times}$ 的物镜焦距只有 2.5 mm。所以显微镜物镜的焦距一般比望远镜物镜短得多。焦距短是显微镜物镜光学特性的一个特点。

② 显微镜物镜的数值孔径。数值孔径 $NA=n\sin U$ 是显微镜物镜最主要的光学特性,它决定了物镜的衍射分辨力,根据显微镜物镜衍射分辨力的公式

$$\delta=\frac{0.61\lambda}{NA} \tag{4-78}$$

式中,δ 代表显微镜物镜能分辨的最小物点间隔;λ 为光的波长,对目视光学仪器来说取平均波长 $\lambda=0.000\ 55$ mm;NA 为物镜的数值孔径。因此要提高显微镜物镜的衍射分辨力就必须增大数值孔径 NA。

显微镜物镜的倍率 β、数值孔径 NA、显微镜目镜的焦距 $f'_{目}$ 和系统出瞳直径 D' 之间满足以下关系:

$$D'=\frac{NA}{\beta}f'_{目}=\frac{NA\cdot 250}{\beta\cdot\Gamma_{目}} \tag{4-79}$$

式中,$\Gamma_{目}$ 为目镜的视放大率,$\Gamma_{目}=\frac{250}{f'_{目}}$。为了保证人眼观察的主观亮度,出瞳直径最好不小于 1 mm,显微镜目镜的标准倍率为 $10^{\times}$,将 $D'=1$,$\Gamma_{目}=10$ 代入上式得

$$NA=\frac{\beta}{25} \tag{4-80}$$

显微镜物镜的倍率和数值孔径之间应大致符合以上关系。倍率越高,要求物镜的数值孔径就越大。

例如,一个 $3^{\times}$ 的显微镜物镜,$NA=0.1$;$10^{\times}$ 的显微镜物镜 $NA=0.25\sim0.4$。对倍率较高的显微镜物镜 NA 取得比式(4-80)小,对应的出瞳直径 D' 将按比例下降,小于 1 mm。

数值孔径 NA 和相对孔径 $\frac{D}{f'}$ 之间近似符合以下关系:

$$\frac{D}{f'}=2NA \tag{4-81}$$

一个 $NA=0.25$ 的显微镜物镜 $\frac{D}{f'}\approx\frac{1}{2}$,高倍率的显微镜物镜(不包括浸液物镜)数值孔径最大可能达到 0.95,对应的相对孔径 $\frac{D}{f'}>\frac{1}{0.5}$。

③ 显微镜物镜的视场。显微镜物镜的视场是由目镜的视场决定的,一般显微镜物镜的线视场 $2y'$ 不大于 20 mm。对无限筒长的显微镜来说,镜筒透镜($f'=250$ mm)的物方视场角为

$$\tan\omega=\frac{y'}{f'_{筒}}=\frac{10}{250}=0.04,\omega=2.3^{\circ}$$

镜筒透镜的物方视场角就是物镜的像方视场角,因此物镜的视场角 $2\omega'$ 一般不大于 5°。

对有限筒长的显微镜物镜来说，也大致相当。

总之，显微镜物镜光学特性的特点是：焦距短，视场小，相对孔径大。

(2) 显微镜物镜设计中应校正的像差

根据显微镜物镜光学特性的特点，它的视场小，而且焦距短，因此设计显微镜物镜主要校正轴上点的像差和小视场的像差：球差($\delta L'$)、轴向色差($\Delta L'_{FC}$)和正弦差(SC')，与望远镜物镜相似。但是对较高倍率的显微镜物镜，由于数值孔径加大，相对孔径$\frac{D}{f'}$比望远镜物镜大得多，因此除了校正这三种像差的边缘像差而外，还必须同时校正它们的孔径高级像差，如孔径高级球差($\delta L'_{m}$)、色球差($\delta L'_{FC}$)、高级正弦差(SC'_{sn})。对于轴外像差，如像散、垂轴色差，由于视场比较小，而且一般允许视场边缘的像质下降，因此在设计中，只有在优先保证前三种像差校正的前提下，在可能的条件下才加以考虑。

对于某些特殊用途的高质量研究用显微镜，要求整个视场成像质量都比较清晰，除了校正球差、轴向色差和正弦差外，还要求校正场曲、像散和垂轴色差，这类显微镜物镜称为“平像场物镜”。

由于显微镜物镜属于目视光学仪器，因此它同样对F光和C光消色差，对D光校正单色像差。

2. 显微镜物镜的类型

这一节我们介绍常用显微镜物镜的类型、结构形式和设计特点。

显微镜的外形根据不同结构可以分为卧式、立式和倒置式等几类。

根据显微镜本身的用途来分类，主要有以下几大类：

(1) 生物显微镜

这是一种使用广泛、品种众多的一种显微镜，它应用在生物、医学、细菌学、化学物理及其他科学实验中，根据其结果和光学系统又可以分为很多种。

(2) 金相显微镜

金相显微镜主要用于金属的分析和实验，以及用于金属冶炼工厂和加工厂中。金相显微镜和其他显微镜的主要区别在于它只在反射光线中工作，工作台在物镜的上方。

(3) 偏光显微镜

偏光显微镜用于对岩石、矿物、熔渣、耐火材料和纺织材料，以及生物标本等的观察与研究。偏光显微镜与其他显微镜的主要区别在于它具有偏振元件，也就是备有起偏元件和检偏元件。

(4) 体视显微镜

又称作解剖镜或实体镜，是一种能看到实体像的显微镜，它除了和一般显微镜一样，能把被观察的物体加以放大之外，还能成正立的立体像，具有立体感觉，并且有较长的工作距离及宽阔的视野。主要用于动物、植物的解剖；农业、林业和栽培分析；植物保护、森林病虫的防治；生物解剖教学实验、考古、地质、石油行业对实物的观察与分析；冶金行业用来观察金属的断层和裂痕、焊口；公安刑侦部门用来破案；电子器件领域用来检查与装配仪表及细小精密零件的装配维修；同时，还广泛用于储藏、水产、纺织、医学等科研单位。它是从微观到宏观科研领域不可缺少的良好助手。

(5) 相衬显微镜

在显微镜观察中常常遇到衬度很低的细小物体，如某些生物组织或细菌，这类物体没有颜色和痕迹,与其周围介质的区别只是折射率不同,但差别也是很微小的。这类物体用普通显微镜观察是不行的,因此必须用一种特殊的方法即相衬法来观察,这就使上述物体变为可见的,随着工业的发展,这种方法在工业上得到了广泛的应用。建立在这种方法上的显微镜叫作相衬显微镜。

(6) 干涉显微镜

同相衬显微镜相似,用于观察上述类型的物体。它是用干涉的方法使上述物体成为可见的,干涉法不分物体细节的大小,均能得到应用,但仪器的调整比较困难。

(7) 荧光显微镜

主要用于细菌学、纺织、化学等部门分析研究。一些标本中的物质在蓝紫光或紫外线作用下而发出黄绿色或橙色光,由此可以用来研究物质的组成,一般通过滤色镜由光源中分出可激发荧光的波长光束,光源多数使用水银灯。

(8) 专用显微镜

指为了某些专门用途研制的显微镜,如比较显微镜等。

根据显微镜物镜校正像差的情况不同来分类,通常分为消色差物镜、复消色差物镜、平像场物镜和平像场复消色差物镜四大类。

(1) 消色差物镜

这是一种结构相对来说比较简单、应用得最多的一类显微镜物镜。在这类物镜中只校正轴上点的球差和轴向色差,以及正弦差,不校正二级光谱色差,所以称为消色差物镜。这类物镜根据它们的倍率和数值孔径不同,又分为低倍、中倍和高倍以及浸液物镜四类。

① 低倍消色差物镜。这类物镜的倍率为 $3^{\times}\sim4^{\times}$,数值孔径在 0.1~0.15,对应的相对孔径为 1/4~1/3。由于焦距比较短,相对孔径不大,视场又比较小,除校正边缘球差、正弦差和轴向色差,不需要校正高级像差。因此,这类物镜都采用最简单的双胶合组,如图 4-59(a)所示。它的设计方法和双胶合望远镜物镜的设计十分相似,不同的只是物平面不位在无限远。

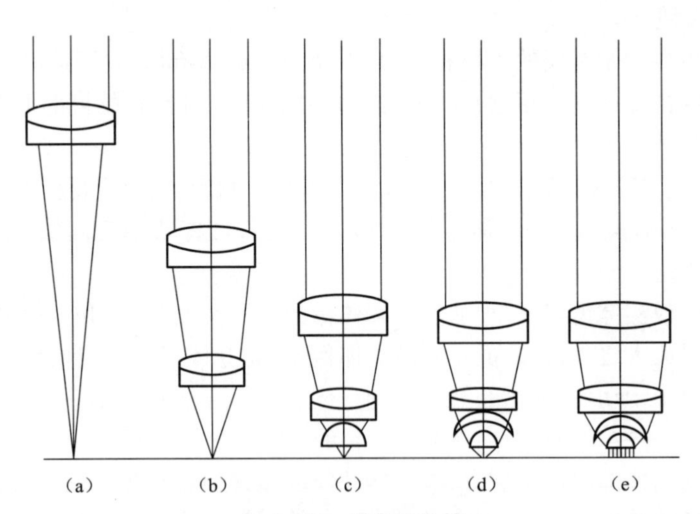

图 4-59 消色差物镜

② 中倍消色差物镜。这类物镜的倍率为 $8^{\times}\sim12^{\times}$,数值孔径为 0.2~0.4。由于物镜的数值孔径加大,相对孔径增加,采用单个双胶合组,它的孔径高级球差和色球差将超出公差,不

能符合要求，必须采用两个双胶合组，如图4-59(b)所示。每个双胶合组分别消色差，整个物镜同时校正轴向色差和垂轴色差。两个透镜组之间通常有较大的空气间隔，这是因为如果两透镜组密接，整个系统仍相当于一个薄透镜组，只能校正两种单色像差。如果两透镜组分离，则相当于两个分离薄透镜组构成的薄透镜系统，最多可能校正四种单色像差，增加了系统校正像差的能力。除了必须校正的球差和正弦差之外，还有可能校正像散，以提高轴外像点的成像质量。

③ 高倍消色差物镜。这类物镜的倍率为$40^{\times}\sim60^{\times}$，数值孔径为0.6～0.8。它们的结构如图4-59(c)和(d)所示。这类物镜可以看作是在上述中倍物镜基础上加上一个或两个单透镜构成的，单透镜的像差由后面的两个双胶合组进行校正，整个物镜的数值孔径就可以提高。

④ 浸液物镜。在前面的几种物镜中成像物体都位于空气中，物空间介质的折射率$n=1$，因此它们的数值孔径($NA=n\sin U$)不可能大于1，目前这类物镜的数值孔径最大为0.95。为了进一步增大数值孔径，很容易想到，如果把成像物体浸在液体中，物空间介质的折射率等于液体的折射率，因而可以大大提高物镜的数值孔径，这样的物镜称为浸液物镜，这类物镜的数值孔径可达到1.2～1.4，最高倍率一般不超过$100^{\times}$，这种物镜的结构如图4-59(e)所示。

(2) 复消色差物镜

在一般的消色差物镜中，物镜的二级光谱色差随着倍率和数值孔径的提高越来越严重。这和前面望远镜物镜中随着相对孔径的增大，二级光谱色差超出公差的情况是相似的。在高倍的消色差显微镜物镜中，二级光谱色差往往成为影响成像质量的主要因素。在一些高质量的显微镜物镜中就要求校正二级光谱色差。这种物镜称为“复消色差物镜”。图4-60(a)，(b)为一般消色差物镜和复消色差物镜的三种颜色光线的轴上球差曲线。显然，复消色差物镜的球差和色差要好得多。在显微镜物镜中校正二级光谱色差通常需要采用特殊的光学材料，早期的复消色差物镜中都采用萤石(CaF_2：$v=95.5$，$P_0=0.706$，$n=1.433$)，它和一般重冕玻璃(ZK)有相同的相对色散，同时又有足够的v值差和n值差。复消色差物镜的结构比相同数值孔径的消色差物镜复杂，因为它要求孔径高级球差和色球差也达到很好的校正，这从图4-60(b)可以明显地看到。

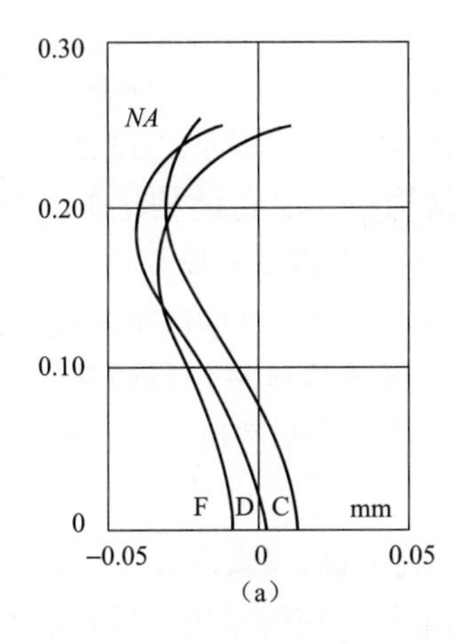

(a)

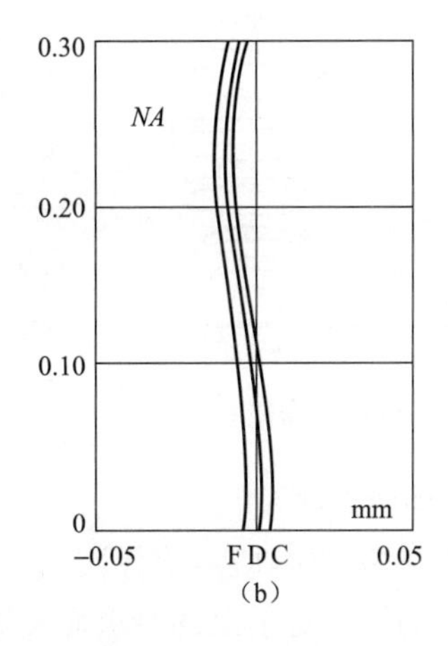

(b)

图4-60　一般消色差物镜和复消色差物镜的球差曲线

图4-61为不同倍率和数值孔径的复消色差物镜结构图。图中标有斜线的透镜,就是由萤石做成的。由于萤石的工艺性和化学稳定性不好,同时晶体内部有应力,目前已很少采用,而改用FK类玻璃做正透镜,用TF类玻璃做负透镜,它们的结构往往更复杂。

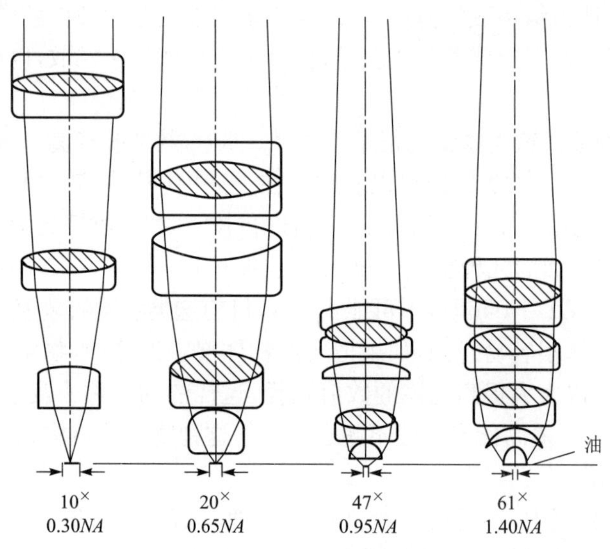

图4-61 复消色差物镜

(3) 平像场物镜

一般显微镜物镜由于没有校正场曲(x'_p),所成的像位在一个曲面上,因此在同一平面上不可能得到整个视场清晰的像。对人眼直接观察的显微镜可以用调焦的方法,观察视场内不同位置的像来弥补。但是对用于照相或摄像的显微镜来说,就不可能获得整个视场的清晰图像。因此高级显微镜要求显微镜物镜能在一个像平面上清晰成像,这就要求物镜校正场曲、像散、垂轴色差等各种轴外像差,这样的显微镜物镜称为"平像场物镜"。为了校正场曲,物镜中必须加入具有负光焦度的弯月形厚透镜,整个物镜的结构和一般物镜相比要复杂得多。图4-62(a)为一个中倍的平像场显微镜物镜,它的场曲主要是依靠第一个弯月形厚透镜来校正的。图4-62(b)为一个高倍的浸液平像场物镜,它的场曲是依靠中间的两个弯月形厚透镜来校正的。

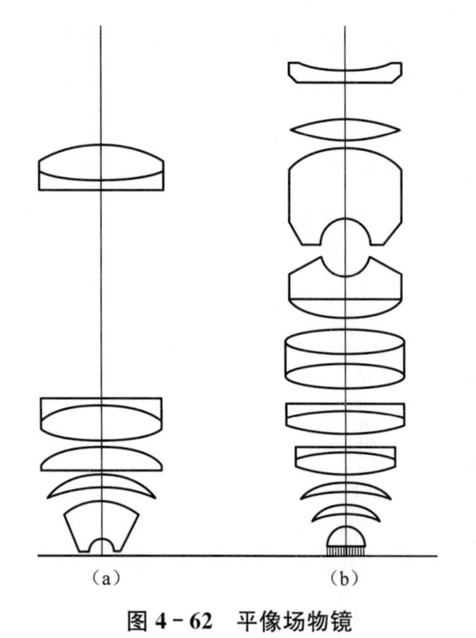

图4-62 平像场物镜

(4) 平像场复消色差物镜

在研究用高级显微镜中,既对成像质量的要求特别高,又要求整个视场同时清晰。平像场复消色差物镜就是为了满足了上述要求而发展起来的。它的结构形式基本上和平像场物镜相似,但必须在系统中使用特殊光学材料,以校正二级光谱色差。平像场复消色差物镜是当前显微镜物镜的发展方向。

4.5　显微镜物镜设计实例

4.5.1　低倍消色差显微镜物镜设计

低倍消色差显微镜物镜一般采用单个双胶合透镜组，它的设计方法和双胶合望远镜物镜类似，只是物平面不位在无限远而位在有限距离。使用适应法光学自动设计这样一个物镜，同样十分简单，下面我们结合一个设计实例进行介绍。

设计一个低倍显微镜物镜，它的光学特性为

$$\beta=-3^{\times},\quad NA=0.1,\quad 共轭距\ L=195\ \text{mm}$$

1. 求物镜的焦距、物距和像距

根据式(4-77)，有

$$f'=\frac{-\beta}{(1-\beta)^2}L$$

设计要求共轭距为195 mm，考虑到实际透镜组有一定主面间隔，我们取 $L=190$，$\beta=-3$ 代入上式得

$$f'=\frac{-(-3)}{[1-(-3)]^2}\times 190=35.625$$

物距 l 和像距 l' 分别为

$$l=-f'\left(1-\frac{1}{\beta}\right)=35.625\left(1+\frac{1}{3}\right)=-47.5$$

$$l'=\beta\cdot l=-3\times(-47.5)=142.5$$

设计显微镜物镜时，通常按反向光路进行设计，如图4-63所示。因为进行系统的像差计算时，物距 l（物平面到透镜组第一面顶点的距离）是固定的，在修改系统结构时，透镜的主面位置可能发生改变，上面计算出来的物平面到主面的距离 l 随之改变，当按正向光路计算像差时，由于 $|\beta|\gg 1$，轴向放大率则更大（$\alpha=\beta^2$）。因此共轭距和物镜的倍率将产生大的改变，偏离了物镜的光学特性要求。如果按反向光路计算，对应的垂轴放大率 $|\beta|\ll 1$，轴向放大率则更小，这样就能使共轭距和倍率变化很小。反向光路对系统的光学特性要求为

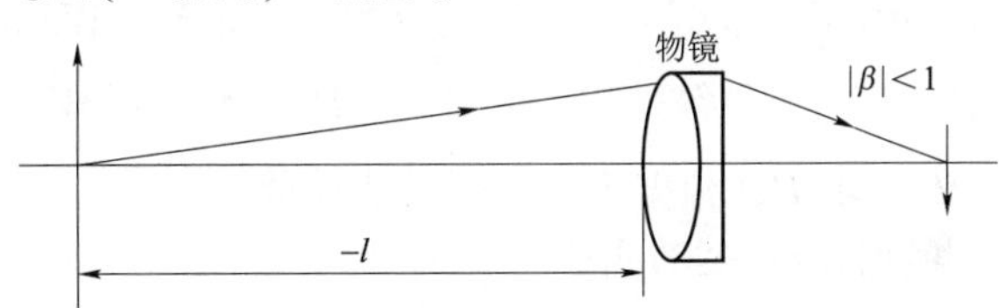

图4-63　低倍消色差显微镜物镜

$$l=-142.5,\ l'=47.5,\ \beta=\frac{1}{-3}=-0.333,\ \sin U=\frac{0.1}{-3}=-0.033\ 3$$

下面就按以上的光学特性进行设计。

2. 原始系统结构参数的初级像差求解

为了使读者熟悉有限物距双胶合组的初级像差求解方法，我们用初级像差求解的结构参数作为下一步像差自动校正的原始系统。

(1) 根据像差要求，求出 P,W,C

由于显微镜的物镜和目镜都要互换使用，因此设计显微镜的物镜和目镜时，一般都不考虑

它们之间像差的相互补偿,而采取分别独立校正,所以要求物镜的球差、正弦差和轴向色差都等于零,即要求

$$S_{\mathrm{I}}=S_{\mathrm{II}}=S_{IC}=0$$

根据薄透镜系统的初级像差式(4-1)、式(4-2)、式(4-7),对单个薄透镜组有

$$S_{\mathrm{I}}=hP=0$$
$$S_{\mathrm{II}}=h_zP-JW=0$$
$$S_{IC}=h^2C=0$$

由以上三个方程式很容易看到 P,W,C 的解为: $P=W=C=0$。

(2) 将 P,W,C 归化成$\overline{P_\infty},\overline{W_\infty},\overline{C}$

首先对 $h\varphi$ 进行归化,根据式(4-15)、式(4-20),有

$$\overline{P}=\frac{P}{(h\varphi)^3},\ \overline{W}=\frac{W}{(h\varphi)^2},\ \overline{C}=Cf'$$

由于 $P=W=C=0$,因此

$$\overline{P}=\overline{W}=\overline{C}=0$$

由于物平面位在有限距离,还要将 $\overline{P},\overline{W}$ 对物平面位置进行归化,根据式(4-16)、式(4-17),有

$$\overline{P_\infty}=\overline{P}-\overline{u_1}(4\overline{W}-1)+\overline{u_1^2}(5+2\mu)$$
$$\overline{W_\infty}=\overline{W}-\overline{u_1}(2+\mu)$$

其中,$\overline{u_1}$为

$$\overline{u_1}=\frac{u_1}{h\varphi}=\left(\frac{h}{l}\right)\Big/\left(\frac{h}{f'}\right)=\frac{f'}{l}=\frac{35.625}{-142.5}=-0.25$$

将 $\overline{P}=0,\overline{W}=0,\overline{u_1}=-0.25,\mu=0.7$ 代入$\overline{P_\infty},\overline{W_\infty}$的公式得

$$\overline{P_\infty}=0.15,\ \overline{W_\infty}=0.675$$

(3) 求 P_0,根据 $P_0,\overline{C}$ 查表选玻璃

根据式(4-28),有

$$P_0=\overline{P_\infty}-0.85\ (\overline{W_\infty}-0.15)^2=-0.08$$

根据 $\overline{C}=0$, $P_0=-0.08$ 查附录2找玻璃,对显微镜物镜,在反向光路的情形,一般取冕玻璃在前。由附录2查得一对相近的玻璃为BaK7−ZF3,它们的有关参数为

$$\text{BaK7:}\quad n_1=1.5688,\quad v_1=56$$
$$\text{ZF3:}\quad n_2=1.7172,\quad v_2=29.5$$
$$P_0=-0.11,\quad Q_0=-4.3$$

(4) 求半径

根据式(4-23)、式(4-22),有

$$\varphi_1=\left(\overline{C}-\frac{1}{v_2}\right)\Big/\left(\frac{1}{v_1}-\frac{1}{v_2}\right)=2.113$$
$$\varphi_2=1-\varphi_1=-1.113$$

根据式(4-27)求 Q:

$$Q=Q_0-\frac{\overline{W_\infty}-0.15}{1.67}=-4.3-0.3=-4.6$$

根据式(4－30)～式(4－32)求曲率：

$$\frac{1}{r_2}=\varphi_1+Q=-4.6+2.113=-2.49$$

$$\frac{1}{r_1}=\frac{\varphi_1}{n_1-1}+\frac{1}{r_2}=1.225$$

$$\frac{1}{r_3}=\frac{1}{r_2}-\frac{\varphi_2}{n_2-1}=-0.938$$

按焦距 $f'=35.625$ 缩放半径得到

$$r_1=\frac{35.625}{1.225}=29.08$$

$$r_2=\frac{35.625}{-2.49}=-14.31$$

$$r_3=\frac{35.625}{-0.938}=-38$$

根据求得的半径和通光口径的要求，确定两透镜的厚度分别为 $d_1=4$，$d_2=1.5$。得到整个物镜的参数为：

r	d	n_D	n_F	n_C
		1	1	1
29.08	4	1.568 8	1.575 969	1.565 821
－14.31	1.5	1.717 2	1.734 681	1.710 371
－38		1	1	1

光学特性参数为：

$l=-142.5$，　$y=-10$，　$\sin U=0.033$，　$l_z=0$

3. 进行像差自动校正

原始系统结构参数确定后，就可以决定自变量和像差参数，进入自动校正。

(1) 自变量

把透镜组的三个曲率 c_1，c_2，c_3 作为自变量，透镜厚度不作自变量使用。

(2) 像差参数、目标值和公差

和望远镜物镜相似，我们把三个要求校正的像差中的两个 SC'_m 和 $\Delta L'_{FC}$ 加入校正，球差不参加校正。和望远镜物镜不同的是，我们不把透镜组的光焦度作为像差参数加入校正，而把倍率$\beta=-0.033$ 作为第三个像差参数加入校正，以保证物镜在指定倍率下工作。实际上倍率一定，物距又确定的条件下，透镜组的光焦度就被确定了。以上三个像差参数的目标值和公差如表 4－23 所示。

表 4－23　像差参数的目标值和公差

像差参数	目标值	公差
β	－0.333	0
SC'_m	0	0
$\Delta L'_{FC}$	0	－0.000 01

按以上条件进入适应法光学自动设计程序很快得出结果如下：

r	d	n_D	n_F	n_C
		1	1	1
30.89	4	1.568 8	1.575 969	1.565 821
−13.95	1.5	1.717 2	1.734 681	1.710 371
−34.81		1	1	1

$l=-142.5$，　$y=-10$，　$\sin U=0.033$，　$l_z=0$

原始系统和自动设计结果的三种像差和倍率如表4-24所示。由表4-24的像差结果可以看出，由初级像差求解得到的原始系统各种像差数量都不大，倍率也基本符合要求。经过像差自动校正后加入校正的三个像差参数 β，SC'_m 和 $\Delta L'_{FC}$ 完全达到了目标值，而没有加入校正的球差 $\delta L'_m=-0.005\,6$，也很小，这说明由初级像差求解所选的玻璃是很合适的。如果球差过大不满足要求，可以用 P_0 的修正公式(4-26)进行修正以后重新找玻璃，这个过程和前面望远镜物镜设计中类似。这里由于球差 $\delta L'_m$ 已经很小，不必再进行修正。

表4-24　像差参数设计结果

像差参数	原始系统	设计结果
β	−0.333	−0.333
SC'_m	−0.001 22	0
$\Delta L'_{FC}$	0.023 4	0
$\delta L'_m$	0.041	−0.005 6

4. 验算共轭距、进行缩放

为了保证物镜的共轭距等于195 mm，必须对系统的共轭距进行验算：

$$L=-l+d_1+d_2+l'=142.5+4+1.5+46.1=194.1$$

以上共轭距和要求的值略有差别，将系统进行缩放，把系统半径和物距均乘以缩放系数 k：

$$k=\frac{195}{194.1}=1.004\,637$$

并将缩放以后的半径标准化，透镜厚度比较小，为取整不进行缩放，得到新系统如下：

r	d	n_D	n_F	n_C
		1	1	1
31.05	4	1.568 8	1.575 969	1.565 821
−13.996	1.5	1.717 2	1.734 681	1.710 371
−34.99		1	1	1

$l=-143.16$，　$y=-10$，　$\sin U=0.033$，　$l_z=0$

按以上参数计算像差如表4-25所示。

表 4-25　像差数值

像差	孔径比例		
	1	0.707 1	0
$\delta L'_D$	0.004 0	−0.036 2	0
$\delta L'_F$	0.088 2	−0.003 5	−0.011 7
$\delta L'_C$	0.014 3	−0.007 5	0.044 8
$\Delta L'_{FC}$	0.073 9	0.004 0	−0.056 5
SC'	−0.000 02	0.000 07	0
x'_t	−0.508 7	−0.255 6	—
x'_s	−0.242 8	−0.121 8	—
x'_{ts}	−0.265 8	−0.133 8	—
$\delta L'_{T1h}$	−0.001 1	0.001 5	—
K'_{T1h}	−0.001 8	−0.001 5	—
$\Delta y'_{FC}$	−0.000 05	−0.000 04	—
$\delta y'_z$	−0.001 3	−0.000 5	—

$f'=36.227$，　$l'=46.369$，　$y'_0=3.338$，　$\sin U=0.098\,85$

对以上系统验算共轭距：

$$L=-l+d_1+d_2+l'=143.16+4+1.5+46.339=195.029$$

和要求的值 195 几乎完全一致。整个设计就完成了。

4.5.2　中倍消色差显微镜物镜设计

中倍消色差显微镜物镜是具有代表性的物镜结构。高倍显微镜物镜可以看作是在中倍物镜基础上加上一个或两个前部单透镜构成的，中倍物镜结构是它的基础，掌握了它的设计方法也就给高倍物镜的设计作好了准备。本节介绍中倍消色差显微镜物镜的设计方法。

设计一个无限筒长的显微镜物镜，其光学特性要求为

$$\beta=-10^{\times},\quad NA=0.35,\quad 2\omega'=5^{\circ}$$

我们同样按反向光路进行设计，由于无限筒长物镜成像在无限远，反向光路相当于物平面在无限远，和设计一个望远镜物镜类似。物镜的焦距，根据式(4-76)，有

$$f'=\frac{-250}{\beta}=\frac{-250}{-10}=25(\text{mm})$$

反向光路轴向平行光束的孔径高为

$$H=f'\sin U=25\times0.35=8.75,\quad \omega=2.5^{\circ}$$

这样，按反向光路设计一个无限筒长的显微镜物镜就相当于设计如下的一个望远镜物镜：

$$f'=25,\ H=8.75$$

不过这个物镜的焦距比较短，但相对孔径很大，具体如下：

$$\frac{D}{f'}=\frac{2H}{f'}=\frac{2\times 8.75}{25}=\frac{1}{1.4}$$

下面我们仍用适应法程序进行设计。

1. 第一设计阶段：基本像差的自动校正

(1) 原始系统的确定

由于系统的相对孔径很大，而且焦距又比较短，透镜厚度和焦距之比已较大，厚度的影响已不能忽略。这类系统用薄透镜系统的初级像差求解已没有很大的实际意义，因此我们直接查找一个现有结构作为我们的原始系统：

r	d	玻璃
19	3.8	K9
−10.5	1.5	BaF7
−48.96	12.07	
9	3.5	ZK7
−7.185	1.5	ZF2
−110.21		

上述系统焦距 $f'=15$ mm，首先将系统按 $f'=25$ 进行缩放，得到结构参数如下：

r	d	n_D	n_F	n_C
		1	1	1
31.7	6	1.516 3	1.521 955	1.513 895
−17.5	2	1.614 0	1.624 944	1.609 604
−81.6	20	1	1	1
15	5	1.613 0	1.620 127	1.610 007
−12	1.5	1.672 5	1.687 472	1.666 602
−183.7		1	1	1

$l=\infty$，　$H=8.75$，　$\omega=-2.5°$，　$l_z=0$

(2) 像差参数、目标值和公差

对上述系统首先利用透镜组的六个曲率和两透镜组之间的间隔作为自变量，校正系统的边缘像差，把以下像差参数加入校正：

边缘球差 $\delta L'_m$：目标值为零，公差为零；

边缘正弦差 SC'_m：目标值为零，公差为零；

轴向色差 $\Delta L'_{FC}$：目标值为零，公差为零；

垂轴色差 $\Delta y'_{FCm}$：目标值为零，公差为 0.003；

像散 x'_{tsm}：目标值为零，公差为零；

光焦度 φ：目标值为 0.04，公差为零；

像距的倒数 $1/l'$：取像距最小值为 6，则 $1/l'$ 的目标值为 0.17，公差取−1，表示 0.17 为上限，$l'=6$ 为下限。

将以上参数列表，如表 4-26 所示。

表4-26　像差参数目标值和公差

序号	像差参数	目标值	公差
1	$\delta L'_m$	0	0
2	SC'_m	0	0
3	$\Delta L'_{FC}$	0	0
4	$\Delta y'_{FCm}$	0	0.003
5	x'_{tsm}	0	0
6	φ	0.04	0
7	$1/l'$	0.17	−1

前三种像差 $\delta L'_m$，SC'_m，$\Delta L'_{FC}$以及光焦度 φ 是必须进行校正的。由于系统是两个双胶合组成的分离薄透镜系统，最多有可能校正四种初级单色像差，为了改善物镜的轴外像质，我们把像散 x'_{tsm} 也加入校正。垂轴色差 $\Delta y'_{FCm}$ 虽然不一定需要校正到零，但也希望它不要过大，为此我们把它加入校正，但给它一个固定公差 0.003，在物镜的像面上（正向光路）放大 10 倍后等于 0.03。对中倍和高倍显微镜物镜来说物镜的工作距离（物平面到系统第一面顶点的距离）对应反向光路的像距 l' 也是一个很主要的性能参数，我们取 l' 不小于 6 mm，它的倒数约为 $1/l'=0.17$，由于 0.17 是一个上限值，所以它的公差取−1。把以上的七个像差参数作为第一设计阶段校正的基本像差。在这些像差参数达到校正后，再进一步校正它们的高级像差或剩余像差。

(3) 自变量

取六个曲率 c_1，c_2，c_3，c_4，c_5，c_6 以及两胶合组之间的间隔 d_4 作为自变量，这样共有七个自变量。加入校正的像差参数最多为七个（给公差的两个像差参数 $\Delta y'_{FCm}$ 和 $1/l'$ 不一定实际进入校正，因为它们可能始终保持在公差范围之内），没有超过自变量数。

(4) 边界条件

取第一个双胶合组的两个透镜的最小厚度为 2，第二个双胶合组的两个透镜的最小厚度为 1.5，透镜组之间的最小间隔为零，作为自动校正的边界条件。

按以上条件进入适应法自动设计程序，很快使全部像差参数达到校正，结果如下：

r	d	n_D	n_F	n_C
		1	1	1
30.09	6	1.516 3	1.521 955	1.513 895
−18.82	2	1.614 0	1.624 944	1.609 604
−123.54	21.29	1	1	1
15.45	5	1.613 0	1.620 127	1.610 007
−11.83	1.5	1.672 5	1.687 472	1.666 602
−84.91		1	1	1

$l=\infty$，　$H=8.75$，　$\omega=-2.5°$，　$l_z=0$

加入校正的像差参数在校正后的像差值,如表4-27所示。由表中最后一列自动设计的像差结果可以看到,七个像差参数已全部达到目标值或进入公差带,实际上由于$\Delta y'_{FCm}$和$1/l'$始终没有超出公差,因此它们并未实际进入校正。对于上述校正完成的系统我们看它的三个最主要的剩余像差值:

$$\delta L'_{sn}=-0.0477,\ SC'_{sn}=-0.0003,\ \delta L'_{FC}=0.0824$$

从这三个剩余像差看SC'_{sn}不大,$\delta L'_{sn}$和$\delta L'_{FC}$较大,特别是$\delta L'_{FC}$达到0.0824。对这两个高级像差必须进一步加以校正。

表4-27 像差参数设计值

序号	像差参数	目标值	公差	原始系统	自动设计结果
1	$\delta L'_m$	0	0	0.151 3	0
2	SC'_m	0	0	0.009 9	0
3	$\Delta L'_{FC}$	0	0	0.003 5	0
4	$\Delta y'_{FCm}$	0	0.003	−0.000 77	−0.001 6
5	x'_{tsm}	0	0	0.001 7	0
6	φ	0.04	0	0.040 27	0.04
7	$1/l'$	0.17	−1	0.100 6	0.099 09

2. 第二设计阶段:校正高级像差

(1) 原始系统

把第一设计阶段的设计结果作为第二设计阶段自动校正的原始系统。

(2) 像差参数、目标值和公差

第一设计阶段进入校正的七种像差,在第二设计阶段必须继续加入校正,因为校正高级像差必须在这些基本像差校正的前提下进行才有意义。否则高级像差减小了,但这些基本像差已经数值较大,当恢复这些基本像差的校正时,高级像差很可能又回到原来的大小,校正便失去实际意义。

除了前面这七个基本像差外,根据系统高级像差的实际情况,我们再把$\delta L'_{sn}$和$\delta L'_{FC}$这两种高级像差加入校正,它们的目标值都给零但是给以适当公差。$\delta L'_{FC}$当前值为0.0824,我们给一个可变公差−0.08,在校正中将通过逐步收缩公差使它减小。$\delta L'_{sn}$我们给一个固定公差0.05,因为在前面大孔径望远镜物镜设计中,我们发现,$\delta L'_{sn}$能自动随$\delta L'_{FC}$的下降而下降,所以先不对它作严格的限制。这样进入校正的像差参数共有九个,它们的目标值和公差如表4-28所示。

表4-28 像差参数目标值和公差

序号	像差参数	目标值	公差
1	$\delta L'_m$	0	0
2	SC'_m	0	0
3	$\Delta L'_{FC}$	0	0
4	$\Delta y'_{FCm}$	0	0.003
5	x'_{tsm}	0	0
6	φ	0.04	0

续表

序号	像差参数	目标值	公差
7	$1/l'$	0.17	−1
8	$\delta L'_{sn}$	0	0.05
9	$\delta L'_{FC}$	0	−0.08

(3) 自变量

现在加入校正的像差参数有九个，显然只使用透镜组的六个曲率和一个透镜组间隔这七个自变量已经不够，但系统已没有更多的几何参数自变量可供使用，因此我们只能把玻璃的光学常数作为自变量使用，系统有四个透镜，有四种玻璃，每种玻璃有两个自变量，这样增加了八个自变量，它们是

$$n_2, \delta n_2, n_3, \delta n_3, n_5, \delta n_5, n_6, \delta n_6$$

加上原来的七个自变量

$$c_1, c_2, c_3, c_4, c_5, c_6, d_4$$

共有15个自变量。

(4) 边界条件

除了前面已经加入的最小厚度边界条件外，由于现在自变量中加入了玻璃的光学常数，因此在边界条件中，必须同时加入玻璃三角形这一新的边界条件。

按以上条件，进入适应法像差自动校正程序，经过多次收缩公差反复校正，最后得到结果如下：

r	d	n_D	n_F	n_C
		1	1	1
34.7	6	1.509 883	1.515 584	1.507 458
−31.06	2	1.748 196	1.764 884	1.741 491
−101.15	36.79	1	1	1
8.64	5	1.620 604	1.628 476	1.617 296
−9.35	1.5	1.717 1	1.735 188	1.709 977
286.81		1	1	1

$l=\infty$，　$H=8.75$，　$\omega=-2.5°$，　$l_z=0$

进入校正的九个像差如表4-29所示。

表4-29　像差设计结果

序号	像差参数	目标值	公差	原始系统	自动设计结果
1	$\delta L'_m$	0	0	0	−0.001
2	SC'_m	0	0	0	−0.000 15
3	$\Delta L'_{FC}$	0	0	0	−0.001 2
4	$\Delta y'_{FCm}$	0	0.002	−0.001 6	−0.003 3
5	x'_{tsm}	0	0	0	−0.004
6	φ	0.04	0	0.04	0.040 03
7	$1/l'$	0.17	−1	0.099 1	0.170 3

续表

序号	像差参数	目标值	公差	原始系统	自动设计结果
8	$\delta L'_{sn}$	0	0.05	−0.047 7	−0.014 1
9	$\delta L'_{FC}$	0	−0.08	0.082 4	0.040 2

由表4-29看到，经过校正，前七个像差参数虽然没有完全达到目标值，但是和目标值十分接近。两种高级像差已大大减小。$\delta L'_{sn}$由−0.047降低到−0.014 1不到原来的1/3，$\delta L'_{FC}$则减少了一半多，由0.082 4下降到0.040 2。但此时玻璃的光学常数都是理想值，必须更换成实际玻璃。

3. 第三设计阶段：更换实际玻璃，进行像差的最后校正

(1) 原始系统

把上阶段校正结果中的理想玻璃更换实际玻璃，作为本设计阶段自动校正的原始系统。具体步骤和方法如下。

首先计算出每个理想玻璃的色散值。

第一块玻璃　$n=1.509\,883$，　$n_F-n_C=0.008\,126$

第二块玻璃　$n=1.748\,196$，　$n_F-n_C=0.023\,393$

第三块玻璃　$n=1.620\,604$，　$n_F-n_C=0.011\,078$

第四块玻璃　$n=1.717\,101$，　$n_F-n_C=0.025\,211$

在更换实际玻璃时，对胶合透镜组我们总是两种玻璃一起来考虑，尽量让这两种玻璃的折射率差和色散差保持不变，使该透镜组的像差性质基本不变。先看由第一、二透镜构成的胶合组。根据第一块透镜的n，n_F-n_C，它和K4、K5这两种玻璃比较接近。第二透镜的玻璃则和LaF4比较接近。但是LaF玻璃价格昂贵，工艺性不好，我们不打算采用，而改用ZF5，它的$n=1.739\,8$，$n_F-n_C=0.026\,28$。折射率比理想玻璃略低，色散比理想玻璃高。为了使胶合组的像差特性不变，我们把第一块玻璃用KF2代替，它的折射率$n=1.515\,3$，$n_F-n_C=0.009\,46$，色散同样比理想玻璃高。再看第二胶合透镜组，它的第一个透镜采用ZK9，$n=1.620\,322$，与理想玻璃十分接近，$n_F-n_C=0.010\,293$，比理想玻璃略低。第二个透镜采用ZF3，它的$n=1.717\,2$，与理想玻璃几乎完全一致，$n_F-n_C=0.024\,310$，也比理想玻璃略低，这样我们选定的实际玻璃是：

第一胶合组　KF2−ZF5

第二胶合组　ZK9−ZF3

把前面系统中理想玻璃的折射率换成实际玻璃的折射率就构成新的原始系统。

r	d	n_D	n_F	n_C
		1	1	1
34.7	6	1.515 3	1.521 976	1.512 516
−31.06	2	1.739 8	1.758 714	1.732 434
−101.15	36.79	1	1	1
8.64	5	1.620 322	1.627 568	1.617 275
−9.35	1.5	1.717 2	1.734 681	1.710 371
286.81		1	1	1

$l=\infty$，　$H=8.75$，　$\omega=-2.5°$，　$l_z=0$

(2) 像差参数、目标值和公差

把理想玻璃换成实际玻璃后，玻璃的光学常数不可能再作为自变量使用，系统可用的自变量只有六个曲率和一个间隔共七个自变量，和第一设计阶段相同。我们用这七个自变量使基本像差恢复校正，因此仍采用第一设计阶段的七个像差参数，如表 4-30 所示。

表 4-30　像差参数目标值个公差

序号	像差参数	目标值	公差
1	$\delta L'_m$	0	0
2	SC'_m	0	0.000 5
3	$\Delta L'_{FC}$	0	0
4	$\Delta y'_{FCm}$	0	0.003
5	x'_{tsm}	0	0.01
6	φ	0.04	0
7	$1/l'$	0.17	0

(3) 自变量

六个曲率：c_1，c_2，c_3，c_4，c_5，c_6。

两透镜组之间的间隔：d_4。

(4) 边界条件

透镜的最小厚度，与第一设计阶段相同。按以上条件进入像差自动校正后很快得出结果如下：

r	d	n_D	n_F	n_C
		1	1	1
39.89	6	1.515 3	1.521 976	1.512 516
−28.14	2	1.739 8	1.758 714	1.732 434
−76.34	37.18	1	1	1
8.726	5	1.620 322	1.627 568	1.617 275
−10.111	1.5	1.717 2	1.734 681	1.710 371
272.02		1	1	1

$l=\infty$，　$H=8.75$，　$\omega=-2.5°$，　$l_z=0$

进入校正的七个像差参数和两种高级像差的值如表 4-31 所示。

表 4-31　像差设计结果

序号	像差参数	目标值	公差	自动设计结果
1	$\delta L'_m$	0	0	0
2	SC'_m	0	0.000 5	0.000 4
3	$\Delta L'_{FC}$	0	0	0
4	$\Delta y'_{FCm}$	0	0.003	−0.002 6
5	x'_{tsm}	0	0.01	−0.009 1

续表

序号	像差参数	目标值	公差	自动设计结果
6	φ	0.04	0	0.04
7	$1/l'$	0.17	0	0.17
8	$\delta L'_{sn}$			−0.013 3
9	$\delta L'_{FC}$			0.041 6

由上表看到,七种基本像差参数均达到了目标值或进入公差带。两种高级像差和表4-29中理想玻璃的校正结果$\delta L'_{sn}=-0.014\,1$,$\delta L'_{FC}=0.040\,2$基本相同,说明我们所更换的实际玻璃是成功的。

最后把半径标准化后,重新全面计算一次像差,结果如表4-32所示。

r	d	n_D	n_F	n_C
		1	1	1
39.9	6	1.515 3	1.521 976	1.512 516
−28.12	2	1.739 8	1.758 714	1.732 434
−76.38	37.18	1	1	1
8.71	5	1.620 322	1.627 568	1.617 275
−10.116	1.5	1.717 2	1.734 681	1.710 371
271.6		1	1	1

$l=\infty$, $H=8.75$, $\omega=-2.5°$, $l_z=0$

表4-32(a) 设计结果

孔径比例	像差				
	$\delta L'_D$	$\delta L'_F$	$\delta L'_C$	$\Delta L'_{FC}$	SC'
1	−0.000 2	0.023 8	0.000 6	0.023 2	0.000 16
0.707 1	−0.013 4	−0.006 2	−0.006 4	0.000 2	−0.000 48
0	0	−0.006 4	0.011 9	−0.018 4	0

表4-32(b) 设计结果

孔径比例	像差						
	x'_t	x'_s	x'_{ts}	$\delta L'_{T1h}$	K'_{T1h}	$\Delta y'_{FC}$	$\delta y'_z$
1	−0.045 4	−0.035 4	−0.01	0.092 0	0.031 5	−0.000 29	−0.009 7
0.707 1	−0.023 4	−0.017 8	−0.005 6	0.036 9	0.012 5	−0.002 2	−0.003 4

$f'=24.953$, $l'=5.878$, $y'_0=1.089$, $u'_m=0.350\,7$

前面已经介绍了用适应法自动设计程序设计较小相对孔径和较大相对孔径的望远镜物镜和显微镜物镜。通过这些设计实例可以看到,利用适应法程序进行光学设计,设计者主要的工作是确定校正的像差参数和使用的自变量。望远镜物镜和显微镜物镜的共同特点是视场小,因此它们主要校正轴上点和光轴附近像点的像差即球差，轴向色差和正弦差（$\delta L'$，SC'，$\Delta L'_{FC}$）。对小相对孔径的物镜来说，高级像差比较小，因此只需要校正这三类像差的边缘像差（$\delta L'_m$，SC'_m，$\Delta L'_{FC}$）。对大相对孔径的物镜来说，除了边缘像差而外，还必须校正它们的高级像差。设计这类物镜时，首先校正边缘像差，然后根据系统高级像差的具体情况，选出其中最严重的高级像差继续进行校正。在大孔径望远镜物镜和显微镜物镜中主要的高级像差有两个——孔径高级球差（剩余球差 $\delta L'_{sn}$）和色球差（$\delta L'_{FC}$），其中尤以色球差最为严重。在适应法程序中通常采用逐步收缩公差的方式来尽可能减小高级像差，因为高级像差一般不可能完全校正到零。当色球差下降时，剩余球差往往自动下降，它们在一定程度上是相关的，所以实际上主要是校正色球差。校正色球差最有效的自变量是玻璃的光学常数。当光学常数作为自变量使用时，必须同时加入边界条件——玻璃三角形。光学常数由于违背边界条件而退出校正，造成自变量不足而中断校正时，可以把当时的校正结果作为新的原始系统，重新进入校正，这时光学常数又重新进入校正，这样反复进行，直到高级像差无法再减少为止。对以光学常数作为自变量的校正结果，在把理想玻璃换成实际玻璃以后，还须重新对基本像差进行一次校正。

4.6　目镜设计

1. 目镜设计的特点

目镜是望远镜和显微镜的一个组成部分，它的作用是把物镜所成的像，通过目镜成像在无限远，供人眼观察。它是一切目视光学仪器不可缺少的部件。

（1）目镜的光学特性

① 焦距短。望远镜物镜和目镜焦距之间存在以下关系：

$$f'_{物} = -\Gamma f'_{目}$$

当目镜的焦距 $f'_{目}$ 增加时，$f'_{物}$ 很快增加（因为 $|\Gamma| \gg 1$）。因此，一方面为了减小仪器的体积和重量，必须尽可能减小目镜的焦距；另一方面，仪器又要求一定的出瞳距离，这就要求目镜的焦距不能过小。一般望远镜目镜的焦距在 15～30 mm。

对显微镜的目镜来说，它的焦距和视放大率之间符合以下关系：

$$f'_{目} = \frac{250}{\Gamma}$$

显微镜目镜的视放大率 Γ 一般在 10 左右，显微目镜的焦距也在 25 mm 左右。因此无论是望远镜的目镜，还是显微镜的目镜，焦距短是它们的共同特点。

② 相对孔径比较小。由于目镜的出射光束直接进入人眼的瞳孔，人眼瞳孔的直径一般在 2～4 mm 变化，因此军用望远系统的出瞳直径一般在 4 mm 左右。显微镜的出瞳直径则为 1～2 mm。而目镜的焦距约为 15～30 mm，所以目镜的相对孔径一般小于 1∶5。

③ 视场角大。根据望远镜系统的视放大率 Γ 和物镜视场角 ω 以及目镜的视场角 ω' 的关系式

$$\tan \omega' = \Gamma \tan \omega$$

无论是增大望远镜的视放大率 Γ，还是增加视场角 ω，都要求增大目镜的视场角 ω'。对显微镜来说，要增加物镜的线视场必须增加目镜物方焦面的线视场，在目镜焦距一定的条件下，也要增加目镜的视场角 ω'。因此目镜的视场角一般都比较大，通常 $2\omega'$ 在 40°左右，广角目镜的视

场角在60°左右,某些特广角目镜甚至达100°。视场角大是目镜的一个最突出的特点。

④入瞳和出瞳远离透镜组。目镜的入瞳一般位于前方的物镜上,而出瞳则位于后方的一定距离上,如图4-64所示。

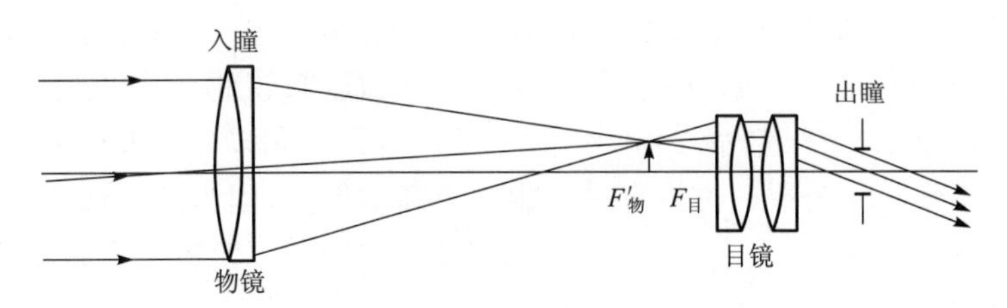

图4-64 目镜的入瞳和出瞳位置

因此目镜的成像光束,必然随着视场角的增加而远离透镜组的光轴,使目镜的透镜直径和它的焦距比较起来相当大,给像差校正带来困难。

由于目镜的上述光学特性,决定了它的像差性质和设计方法上的一系列特点。

(2) 目镜的像差和像差校正的特点

① 由于目镜的视场角比较大,出瞳又远离透镜组,轴外光束在透镜组上的投射高较大,在透镜表面上的入射角自然很大,因此轴外的斜光束像差如彗差、像散、场曲、畸变、垂轴色差都很大。为了校正这些像差,目镜的结构一般比较复杂。

② 由于目镜的焦距比较短,相对孔径又比较小,同时由于校正轴外像差的需要,目镜中的透镜数比较多。因此目镜的球差和轴向色差一般不大,不必特别注意校正就能满足要求。所以目镜的像差校正以轴外像差为主,其中尤其是影响成像清晰的几种像差,如彗差、像散、垂轴色差最重要。畸变由于不影响成像清晰,一般不作严格校正。通常在目镜中都有较大的畸变,随目镜视场大小而不同,大致数值如下。

$2\omega'$	$\delta y'_z$
40°	5%
60°~70°	10%
>70°	>10%

③ 目镜中场曲一般不进行校正。根据对光学系统消场曲条件的讨论,光学系统要校正场曲必须在系统中有相互远离的正透镜组和负透镜组,两者的光焦度符号相反,数值近似相等,如图4-65所示。

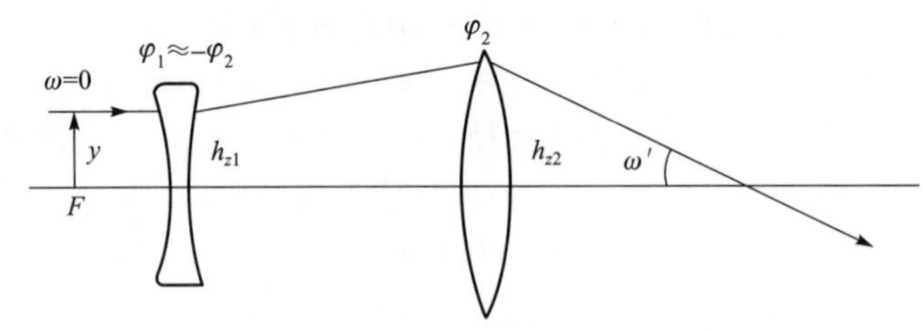

图4-65 校场曲的正负透镜分离结构

根据理想薄透镜系统中的光路计算公式,对图4-65中的系统有

$$\tan\omega' - \tan\omega = h_{z1}\varphi_1 + h_{z2}\varphi_2$$

目镜的物方视场角一般很小，我们假定 $\omega=0$，将 $\varphi_1=-\varphi_2$ 代入上式得

$$\tan\omega'=(h_{z1}-h_{z2})\varphi_2$$

由于 $\omega=0$，因此 $h_{z1}=y=f'\tan\omega'$，代入上式求解 h_{z2} 得

$$\frac{h_{z2}}{f_2'}=\tan\omega'\left(1+\frac{f'}{f_2'}\right)$$

式中，$\frac{f'}{f_2'}>1$。取 $\frac{f'}{f_2'}=1.2$，$2\omega'=30°$，代入上式得

$$\frac{h_{z2}}{f_2'}=1.27$$

正透镜组上主光线投射高，达到焦距的1.27倍，透镜的直径大约等于焦距的2.5倍。轴外像差特别是高级像差将变得很大，即使用若干透镜组合，轴外像差如彗差、像散、畸变、垂轴色差也无法达到很好的校正。所以在目镜中一般不校正场曲，在广角目镜中只是设法使场曲减小一些。

因此在目镜设计中，主要校正像散、垂轴色差和彗差这三种像差。初级彗差和光束孔径的平方成比例，由于目镜的出瞳直径较小，彗差不会太大，在这三种像差中它居于次要地位。因此目镜设计中最重要的是校正像散和垂轴色差这两种像差。

④ 在设计望远镜目镜时，需要考虑它和物镜之间的像差补偿关系。望远镜物镜的结构一般比较简单，只能校正球差、彗差和轴向色差，无法校正像散和垂轴色差。虽然由于物镜的视场较小，这些像差一般不会很大，为了使整个系统获得尽可能好的成像质量，物镜残留的像散和垂轴色差要求由目镜补偿。而在目镜中这两种像差是比较容易控制的。目镜的球差和轴向色差一般也不能完全校正，需要由物镜来补偿，因为在物镜中这两种像差也是很容易控制的。彗差则尽可能独立校正，有少量彗差无法完全校正，也可以用物镜的彗差进行补偿。这样虽然物镜和目镜都分别有一定的像差，但整个系统像差得到很好的校正，可以使系统的成像质量得到提高。

以上是在目镜和物镜尽可能独立校正像差的前提下，进一步考虑它们之间的像差补偿问题，这是对要求在物镜后焦面即目镜前焦面上安装分划镜的望远镜系统来说的。如果系统中不要求安装分划镜，则物镜和目镜的像差校正可以按整个系统综合考虑，使系统结构尽可能简化，如图4-66所示的一个望远镜系统，不需要安装分划镜，由于物镜的结构比较复杂，它除了校正球差、彗差和轴向色差而外，尚有可能校正某些轴外像差，如像散、垂轴色差。充分利用物镜校正像差的能力，可以使目镜的结构简化，系统中的目镜只有四片透镜、视场能达到60°，如果没有物镜的补偿作用，要独立校正像差是不可能的。

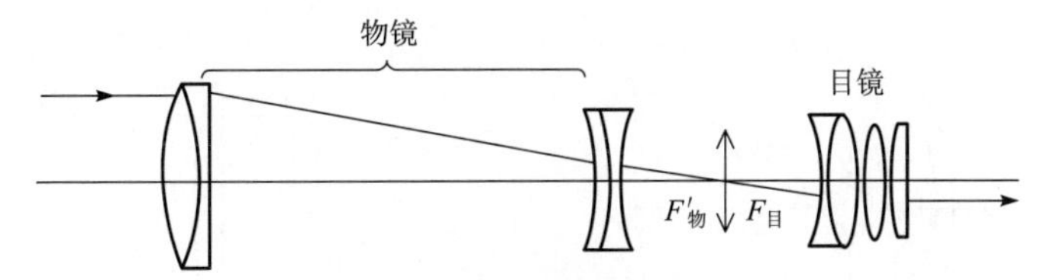

图4-66　不安装分划镜的望远镜

对显微镜目镜来说，由于不同倍率的物镜和目镜要求互换使用，因此难于考虑物镜和目镜的像差补偿问题，一般都采取独立校正像差。

⑤ 由于目镜是目视光学仪器的一个组成部分,因此和物镜一样采用F光和C光消色差,对D光或E光校正单色像差。

⑥ 在设计目镜时,通常按反向光路进行设计,如图4-67所示。假定物体位在无限远,入瞳在目镜的前方,在它的焦平面$F'_{目}$上计算像差。当物镜按正向光路计算像差,目镜按反向光路计算像差时,它们之间像差的组合关系为:

轴向像差:如$\delta L'$,$\Delta L'_{FC}$,x'_t,x'_s等,在光束孔径角相等的条件下为

$$\delta L'_{组合}=\delta L'_{物}(正向光路)+\delta L'_{目}(反向光路)$$

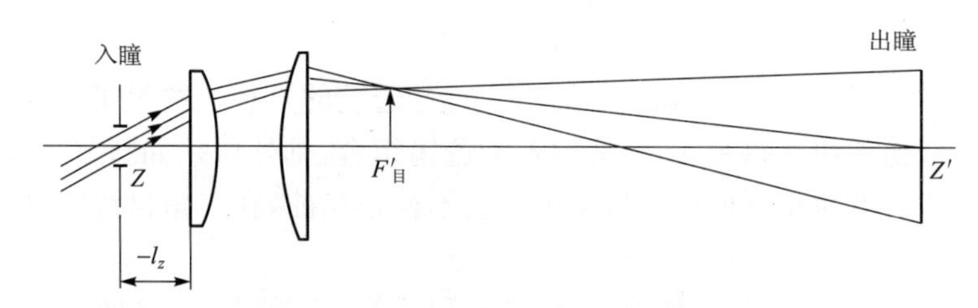

图4-67　目镜反向光路设计示意图

其他轴向像差的关系类似。

垂轴像差:如K'_T,$\Delta y'_{FC}$,$\delta y'_z$等,在像高相等的条件下为

$$K'_{T组合}=K'_{T物}(正向光路)-K'_{T目}(反向光路)$$

其他垂轴像差的关系类似。

以上公式可以用来计算物镜按正向光路设计、目镜按反向光路设计时系统的组合像差。由上述公式可知,当目镜按反向光路、物镜按正向光路计算像差时,轴向像差同号叠加,异号相消;垂轴像差则同号相消,异号叠加。

2. 常用目镜的型式和像差分析

上面介绍了目镜光学特性和像差校正的特点,下面根据这些特点来分析常用目镜的结构和像差性质。

(1) 简单目镜:冉斯登、惠更斯目镜

目镜中主要校正的单色像差是像散和彗差。在满足像差校正要求的前提下,光学系统的结构应尽量简单,单个透镜是最简单的实际光学系统。对物平面位在无限远的单透镜彗差、像散性质进行研究可知,有两种情形的单透镜能同时使彗差和像散等于零:第一种情形是透镜两面曲率之比近似为2∶1的弯月透镜,入瞳位在透镜后方$0.3f'$处,如图4-68(a)所示;第二种情形是透镜近似为平凸形,入瞳在透镜前方$0.3f'$处,如图4-68(b)所示。

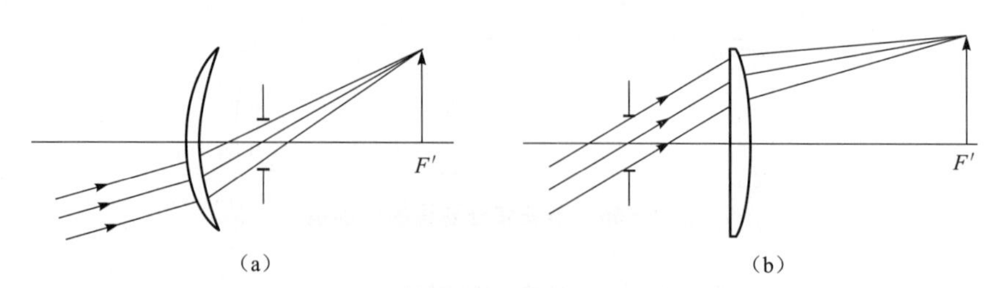

图4-68　同时使彗差和像散等于零的单透镜形式

按反向光路，目镜的成像要求是把无限远的物成像在焦平面上，同时要求入瞳位在透镜前方的一定距离上。上面第二种情况正好符合这些要求，又能使目镜中要求校正的像散、彗差同时为零，因此平凸形单透镜就是可能的最简单的目镜结构。

但是从整个望远系统来看，如图 4-69(a)所示，单个平凸透镜还不能作为目镜使用，因为由物镜进入系统的光束，如果直接进入平凸透镜成像，这时对应的出瞳距离大于焦距 f'，不符合单个平凸透镜像散、彗差为零时出瞳距(反向光路的入瞳距)等于 $0.3f'$ 的条件。为了符合这个条件必须在目镜焦面上加入一个场镜，如图 4-69(b)所示。

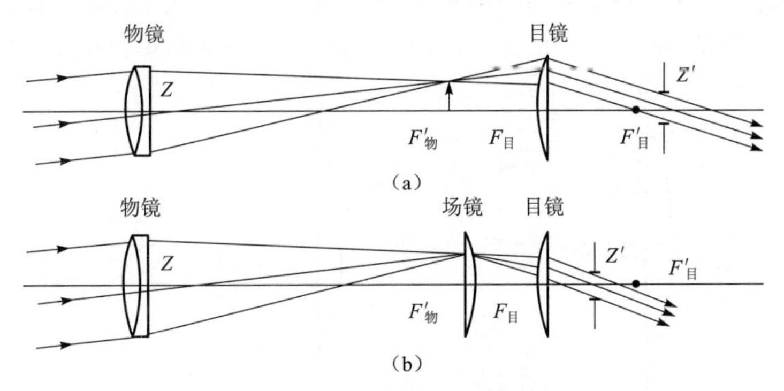

图 4-69　最简单的目镜结构

和像面重合的场镜，除了场曲而外不产生其他像差，为了加工简单，也做成平凸形。通常把场镜和成像透镜(接眼透镜)装在一起，把场镜看作是目镜的一部分，这样一个场镜加一个接眼透镜，并且都做成平凸形，就构成了一个能校正像散和彗差的最简单的目镜。

如果仪器要求在目镜物方焦面上安装分划镜，并满足目镜的视度调节要求，场镜和物方焦面之间必须有一定的工作距离，如图 4-70 所示。

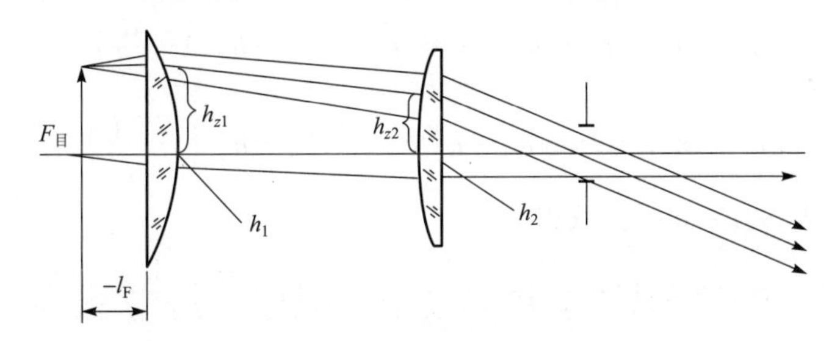

图 4-70　冉斯登目镜

这种最简单的目镜称为冉斯登目镜，它的主要缺点是垂轴色差无法较正，根据垂轴色差和数的公式(4-7)，对该目镜有

$$S_{\text{Ⅱ}C}=\sum hh_zC=h_1h_{z1}\frac{\varphi_1}{v_1}+h_2h_{z2}\frac{\varphi_2}{v_2}$$

由图 4-70 可以看到 h_1 和 h_2 同号，h_{z1}，h_{z2}，φ_1，φ_2 均大于零，因此 $S_{\text{Ⅱ}C}$ 不可能等于零。不过由于 h_1，h_2，h_{z2} 都不大，所以 $S_{\text{Ⅱ}C}$ 公式中的两项都不大，垂轴色差不致十分严重。为尽可能减小垂轴色差，玻璃的色散应尽量小(v 值尽量大)，一般都采用色散较小而又最常用的 K9 玻璃。

另外,由于系统中全是正透镜,它的球差和轴向色差比其他目镜大,这种目镜通常用于出瞳直径和出瞳距离都不大的实验室仪器中,它的可用的光学特性大约为

$$2\omega'=30°\sim40°,\frac{l'_z}{f'}\approx\frac{1}{3}$$

冉斯登目镜由于无法校正垂轴色差而使其使用受到限制。能否在这种简单结构基础上校正垂轴色差呢?我们看上面的 $S_{\text{Ⅱ}C}$公式,要使 $S_{\text{Ⅱ}C}=0$,必须使公式中的两项异号。在目镜中由于入瞳和出瞳均远离透镜组,因此 h_{z1} 和 h_{z2} 总是同号的,而接眼镜和场镜的光焦度 φ_1,φ_2 又均为正值,因此要使 $S_{\text{Ⅱ}C}$公式中的两项异号,必须使 h_1,h_2 异号,这就要求接眼镜和场镜分别位于实际像面的两侧,如图 4-71 所示,这就是另一种常用的简单目镜——惠更斯目镜。

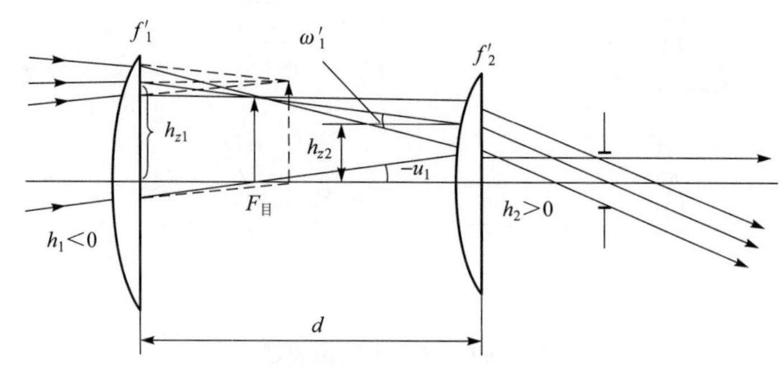

图 4-71　惠更斯目镜

下面我们来看如果要求 $S_{\text{Ⅱ}C}=0$ 应满足什么条件。假定两透镜的焦距分别为 f'_1,f'_2,透镜之间的间隔为 d,使用相同的玻璃材料 $v_1=v_2=v$;同时假定入射主光线和光轴平行,因为大多数仪器中目镜的入射主光线和光轴的夹角都比较小。

根据薄透镜系统中的光路计算公式,有

$$h_1=h_2+d\tan u'_1=h_2+d\left(\frac{h_2}{-f'_2}\right)=h_2\left(1-\frac{d}{f'_2}\right)$$

$$h_{z2}=h_{z1}-d\tan\omega'_1=h_{z1}-d\left(\frac{h_{z1}}{f'_1}\right)=h_{z1}\left(1-\frac{d}{f'_1}\right)$$

将以上公式代入 $S_{\text{Ⅱ}C}=0$ 的公式得

$$S_{\text{Ⅱ}C}=h_2\left(1-\frac{d}{f'_2}\right)h_{z1}\frac{1}{f'_1v}+h_2h_{z1}\left(1-\frac{d}{f'_1}\right)\frac{1}{f'_2v}=0$$

将上式化简以后得

$$d=\frac{f'_1+f'_2}{2}$$

这是由两个单正透镜构成的惠更斯目镜校正垂轴色差所必须满足的条件。

场镜的放置方向采取平面对着中间实像面,如图 4-71 所示。由于这种目镜能同时校正像散、彗差、垂轴色差,它的视场可达到 40°～50°,相对出瞳距离$\frac{l'_z}{f'}\approx\frac{1}{4}$,这种目镜的缺点是不能安装分划镜。惠更斯目镜被广泛用于观察显微镜中。

(2) 凯涅尔目镜

冉斯登目镜可以安装分划镜,能消除像散和彗差,但不能校正垂轴色差。很容易想到,如

果把冉斯登目镜中的接眼透镜换成胶合组，如图 4－72 所示，就能够校正垂轴色差，这就是凯涅尔目镜。由于目镜同时校正像散、彗差和垂轴色差，因此视场可达到 40°～50°，出瞳距离 l'_z 可以达到$\frac{1}{2}$焦距。

(3) 对称式目镜

对称式目镜是目前应用很广的一种中等视场的目镜，它的结构如图 4－73 所示。它由两个双胶合透镜组构成。虽然它的透镜总厚度相对焦距来说比较大，但我们仍可把它作为一个密接薄透镜组来近似地分析它的像差性质。由薄透镜组消色差条件知道，如果消除了垂轴色差，则同时消除轴向色差，因此对称式目镜中两种色差可以同时校正得比较好。一个薄透镜组可以校正两种单色像差，所以对称式目镜也能较好地校正像散和彗差。

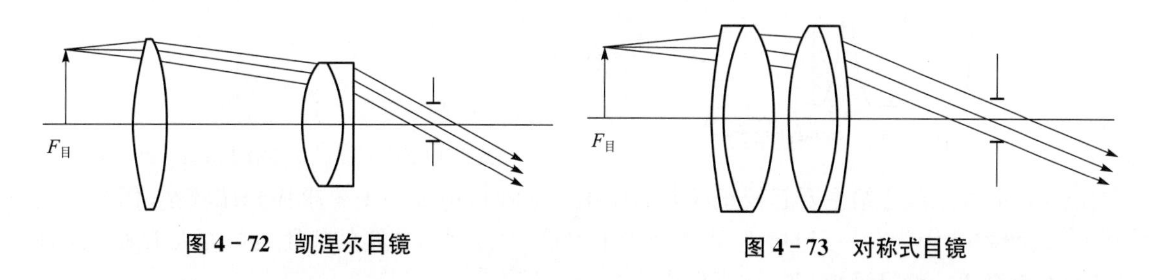

图 4－72　凯涅尔目镜

图 4－73　对称式目镜

大多数对称式目镜采取两个透镜组完全相同，这样加工比较方便。对称式目镜的视场大约为 40°，出瞳距离较大可以达到$\frac{3}{4}f'$。

目镜中一般不校正场曲，但是目镜的视场比较大，场曲往往成为影响成像质量的重要因素。场曲的大小仍然是衡量不同形式目镜优劣的重要指标。下面我们来分析一下场曲和哪些因素有关，这对我们在目镜设计中设法减少场曲有重要的指导意义。我们用场曲和数 $\pi=\sum\left(\frac{\varphi}{n}\right)$ 与系统组合光焦度 Φ 之比来衡量场曲的大小。由两个分离薄透镜组构成的光学系统，它的总光焦度为

$$\Phi=\varphi_1+\varphi_2-d\varphi_1\varphi_2$$

$$\pi=\sum\left(\frac{\varphi}{n}\right)=\frac{\varphi_1}{n_1}+\frac{\varphi_2}{n_2}\approx 0.7(\varphi_1+\varphi_2)=0.7(\Phi+d\varphi_1\varphi_2)$$

以上两者之比为

$$\frac{\pi}{\Phi}=0.7\left(1+\frac{d\varphi_1\varphi_2}{\Phi}\right)$$

由上式看到，当 φ_1，φ_2 均为正时，两透镜之间的间隔 d 增加，则场曲随之增大。当 φ_1 和 φ_2 一个为正另一个为负时，则 d 增加场曲减小。因此为了减少一个总光焦度为正的光学系统的场曲，就使系统中的正透镜尽量密接，而负透镜则应和正透镜尽量远离。前面介绍的四种目镜，它们都是由两个正透镜组构成的，对称式目镜的两个正透镜组密接，所以它的场曲最小，惠更斯目镜中两正透镜的间隔最大，场曲最大。不同目镜对应的$\frac{\pi}{\Phi}$值如下：

对称式目镜	$\frac{\pi}{\Phi}=0.6$
凯涅尔目镜	0.8
冉斯登目镜	1
惠更斯目镜	1.3

对称式目镜场曲比较小,也是它的一个优点。

总之,对称式目镜能同时校正垂轴色差和轴向色差,能校正像散和彗差,场曲又比较小,出瞳距离较大可达到 $3/4f'$,是一种较好的中等视场的目镜。

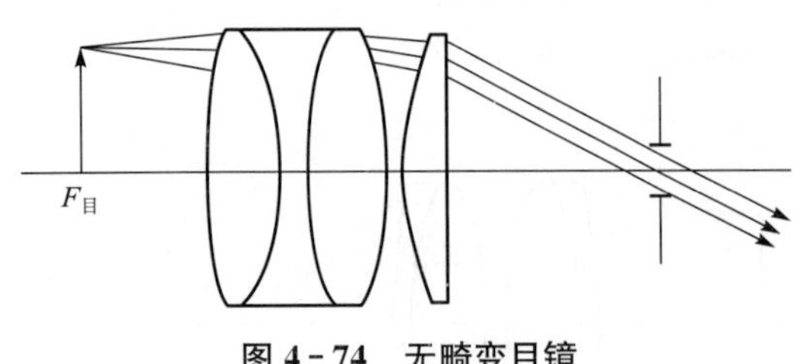

图 4-74 无畸变目镜

(4) 无畸变目镜

无畸变目镜是另一种具有较大出瞳距离的中等视场的目镜,它的结构如图 4-74 所示。它能达到的光学特性为

$$2\omega'=40°,\frac{l'_z}{f'}=\frac{4}{5}$$

这种目镜的接眼透镜通常也是一个平凸透镜。后面的三胶合组主要起校正像差的作用。这种目镜多用于要求体积比较小、倍率比较高的望远镜中,因为在一定的出瞳距离要求下目镜的焦距短,物镜的焦距也可大大缩短。这种目镜的畸变比一般目镜小,在 40°视场内为3%~4%。

(5) 广角目镜

上面这几种目镜的视场都在 40°左右,为了满足提高目视光学仪器的倍率和视场的要求,同时仪器的体积又尽量小,要求设计具有更大视场同时又有较大出瞳距离的目镜,这就是广角目镜。

增加目镜的视场首先遇到的障碍是场曲 x'_p,随着视场的增加,x'_p 按平方关系增加,严重影响大视场的成像质量,必须在广角目镜中设法减小。其次在出瞳距离一定的条件下,随着视场增加,轴外光束的投射高增加,各种高级像差增大,当目镜对视场边缘校正了像差,中间视场仍将有很大的剩余像差。根据前面对目镜校正场曲的分析,为了减小场曲,必须在系统中加入负透镜组,并且要求正、负透镜组远离,合理的位置是负透镜位在靠近物方焦面的一边,如图 4-75 所示。这样一方面能减小场曲,同时亦能增加出瞳距离。但是根据前面的分析,这将进一步增大正透镜上轴外光束的投射高,使轴外像差的校正变得更加困难。为了解决这些矛盾,必然使目镜的结构复杂化。目前比较常用的广角目镜有以下两种类型。

第一种类型:它的结构如图 4-75 所示。其中起成像作用的接眼正透镜组由两个单正透镜构成,代替简单目镜中的一个单透镜。前面的一个三胶合组中负光焦度是由中间的一个高折射率的负透镜产生的,它一方面既能减小场曲,又能增加出瞳距离。另一方面,三胶合组也起到帮助校正接眼透镜组像差的作用。这种目镜的光学特性是

$$2\omega'=60°\sim70°,\frac{l'_z}{f'}=\frac{2}{3}\sim\frac{3}{4}$$

这种目镜的接眼透镜通常由一个平凸透镜加一个等半径的双凸透镜构成,两透镜的光焦度大致相等,为了减少色差,这两个透镜应采用低色散的冕玻璃构成,视场角越大要求玻璃的折射率越高,对 70°视场的目镜一般采用折射率较高的 ZK 类玻璃,对 60°视场的目镜可以采用

折射率较低的K类玻璃。

目镜的垂轴色差和像散主要靠后面的三胶合组进行校正，因此中间的负透镜应采用高折射率($n>1.7$)和高色散的ZF类玻璃。两边的两个正透镜则用折射率和色散较低的K类玻璃。

第二种类型：这种目镜称为埃尔弗目镜，结构如图4-76所示。这种目镜的接眼正透镜组由一个双胶合组和一个单透镜构成。前面也是一个双胶合组，负光焦度是由前面一个凹面和胶合面产生的，它也起到协助校正接眼透镜组像差的作用，它的光学特性为

$$2\omega'=60°\sim65°,\frac{l'_z}{f'}=\frac{2}{3}$$

以上这两种广角目镜，由于都采取了减小场曲的措施，因此它们的$\frac{\pi}{\Phi}$都在0.5以下。

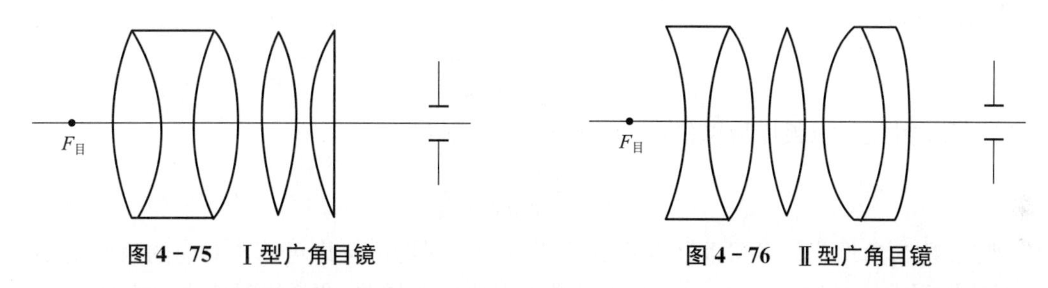

图4-75　Ⅰ型广角目镜　　**图4-76　Ⅱ型广角目镜**

3. 目视光学系统像差的公差

目视光学仪器包括望远镜和显微镜，它们都由物镜和目镜两部分组成，前面已介绍了物镜的像差公差。对望远镜目镜一般不单独提出公差要求，而直接对整个望远镜系统提出要求。下面首先介绍望远镜系统像差的公差。

(1) 望远镜系统像差的公差

望远镜系统像差的公差问题，在长期的生产实践中已积累了丰富的实践经验。对于质量要求较高的望远镜系统，像差公差的经验数值如下。

① 球差、轴向色差和正弦差。对整个望远镜系统的球差、轴向色差和正弦差，可以采取和望远镜物镜相同的公差要求，即按波像差小于$\lambda/4$作为像差公差的标准，考虑到加工和装配误差，望远镜的设计像差最好不超过上述公差的1/2。

② 像散和平均场曲的公差。对质量要求比较高的望远镜系统，要求平均场曲小于一个视度，像散小于两个视度，即

$$x'_{ts}\frac{1\,000}{f'^2_目}<2,\quad \frac{x'_t+x'_s}{2}\frac{1\,000}{f'^2_目}<1$$

以上要求一般在使用广角目镜的望远镜中难于完全满足。一般允许适当降低望远镜视场边缘的像质，在某些望远镜产品中，视场边缘的像散有的达成到4～5个视度，平均场曲达到2～3个视度。

③ 彗差和垂轴色差的公差。在望远镜中，子午彗差和垂轴色差的公差一般按像空间出射光束的平行度误差计算。对一个理想的望远镜系统，平行光束入射，仍为平行光束出射。如果存在像差，则出射光束不再是平行光束。因此可以用该光束的平行度误差来表示它的像差大小。一定的平行度误差$\Delta\omega$对应目镜焦面上一定的垂轴像差$\Delta y'$，如图4-77所示。

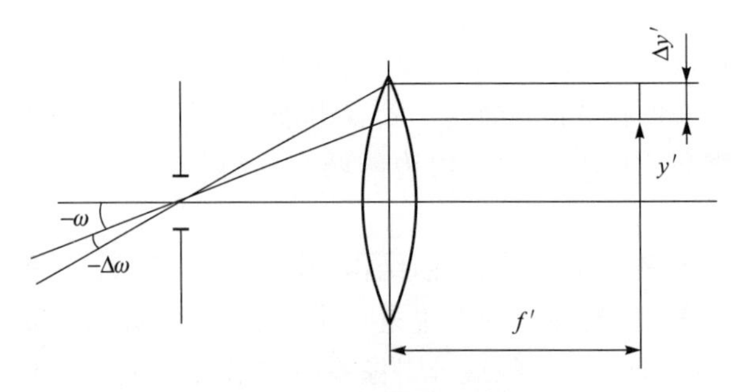

图 4-77　角像差示意图

根据像高和视场角关系的公式

$$y'=-f'\tan\omega$$

对上式取微分得

$$\Delta y'=\frac{-f'\Delta\omega}{\cos^2\omega}$$

以上公式中 $\Delta\omega$ 以弧度为单位，如果以分为单位则有

$$\Delta y'=\frac{-f'\Delta\omega}{3\,438\cos^2\omega}$$

我们把 $\Delta\omega$ 称为角像差。根据垂轴像差 $\Delta y'$，焦距 f'，视场角 ω 即可算出对应的角像差 $\Delta\omega$。

对质量要求较高的望远镜，彗差和垂轴色差对应的角像差，两者绝对值之和应小于 5′。这个要求也是比较严的，一般允许在视场边缘适当加大。某些产品中视场边缘的子午彗差和垂轴色差角像差绝对值之和甚至达到 8′～10′。

以上为望远镜系统主要像差的经验公差，这些公差是比较严的，能达到这些公差，望远镜的质量一般是没有问题的，适当超出这些公差，特别对边缘视场也是允许的。

(2) 显微镜系统像差的公差

由于显微镜的物镜和目镜都有若干种不同的倍率，根据需要互换使用，因此物镜和目镜之间不可能像望远镜那样进行仔细的像差补偿。因此一般不对整个显微镜系统进行综合像质评价，而是物镜和目镜分别评价像质。显微镜物镜像差的公差和望远镜物镜公差公式相同；显微镜目镜像差的公差，则可以按上面望远镜系统的像差公差来评价，通常允许比望远镜系统像差的公差适当加大。

4.7　目镜设计实例

4.7.1　冉斯登、惠更斯和凯涅尔目镜设计

这是三种比较简单的目镜，用适应法自动设计程序设计这样一类目镜比较简单。下面我们分别举实例介绍它们的设计方法。

1. 冉斯登目镜设计

要求设计一 10× 自准望远镜的目镜，结构如图 4-78 所示。光学特性要求如下：

焦距　　$f'=20$ mm

视场角　　$2\omega'=30°$

出瞳直径　　$D'=2.5\text{ mm}$

出瞳距离　　$l'_z=7\text{ mm}$

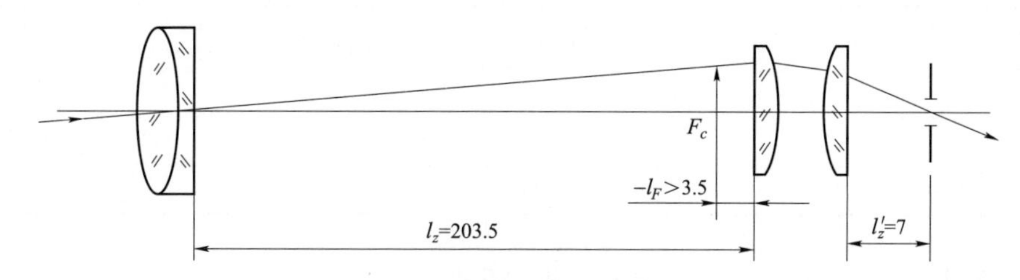

图4-78　冉斯登目镜

除了上面的要求外，为了在目镜焦面上安装分划镜和进行±5个视度的调节需要，目镜的物方焦截距 $l_F>3.5\text{ mm}$。望远镜的入瞳与物镜重合，则目镜的入瞳位在目镜前方的距离为

$$l_z=f'_{物}+l'_{F目}=10\times 20+3.5=203.5(\text{mm})$$

以上是对目镜的全部光学特性要求。下面按这些要求进行设计。

前文说过目镜一般按反向光路进行设计，对反向光路来说，上述目镜的焦距 $f'=20\text{ mm}$；物平面位在无限远，$l=\infty$；物方视场角 $2\omega=30°$；入瞳直径 $D=2.5\text{ mm}$；后截距 $l'_F=3.5\text{ mm}$；入瞳距 $l_z=-7\text{ mm}$；出瞳距 $l'_z=203.5\text{ mm}$。这是反向光路设计时相应的设计要求。

(1) 原始系统的确定

我们从文献[58]《光学设计手册》上选用了一个原始系统，并把它的焦距缩放为要求的焦距 $f'=20\text{ mm}$，有关参数如下：

r	d	n_D	n_F	n_C
		1	1	1
0	2.5	1.516 3	1.521 955	1.513 895
−12.8	17.3	1	1	1
16.1	2.5	1.516 3	1.521 955	1.513 895
0		1	1	1

$l=\infty$，　$\omega=-15°$，　$H=1.25$，　$l_z=-7$

(2) 自变量

冉斯登目镜只有三个自变量：两个曲率 c_1,c_2，一个透镜间隔 d_3。

(3) 像差参数、目标值和公差

三个自变量最多只能有三个像差参数加入校正，我们把以下三个设计要求加入校正：

$f'=20\text{ mm}$，　$l'_F=3.5\text{ mm}$，　$L'_{zm}=203.5\text{ mm}$

相应的像差参数、目标值和公差如表4-33所示。

表4-33　像差参数目标值和公差

序号	像差参数	目标值	公差
1	φ	0.05	0
2	$1/l'$	0.286	−0.000 1
3	$1/L'_{zm}$	0.004 914	00

不加入其他边界条件,按以上参数进入校正,立即得出结果如表4-34所示。

表4-34　像差参数设计结果

序号	像差参数	目标值	原始系统	设计结果
1	φ	0.05	0.050 03	0.05
2	$1/l'$	0.286	0.227 7	0.288
3	$1/L'_{zm}$	0.004 914	0.004 02	0.004 91

系统结构参数如下,有关像差结果如表4-35所示。

r	d	n_D	n_F	n_C
		1	1	1
0	2.5	1.516 3	1.521 955	1.513 895
−12.38	17.81	1	1	1
16.02	2.5	1.516 3	1.521 955	1.513 895
0		1	1	1

$l=\infty$,　$\omega=-15°$,　$H=1.25$,　$l_z=-7$

表4-35　像差结果

孔径比例	像差								
	$\delta L'$	SC'	$\Delta L'_{FC}$	x'_t	x'_s	$\delta L'_{T1h}$	K'_{T1h}	$\Delta y'_{FC}$	$\delta y'_z$
1	−0.200	−0.000 4	−0.266	0.052 3	−0.453	−0.221	−0.008 7	−0.045	−0.054
0.707 1	−0.100	−0.000 2	−0.265	0.035 6	−0.233	−0.209	−0.005 6	−0.031	−0.022

$f'=20$,　$l'_F=3.5\ \text{mm}$,　$y'_0=5.3$,　$L'_{zm}=203.5$

下面我们分析一下表4-35中的像差结果。首先看球差和轴向色差,由表4-35看到

$$\delta L'_m=-0.200,\quad \Delta L'_{FC}=-0.265$$

这两种像差在一般目镜中都是无法校正的,它只能靠物镜来补偿,它们的大小在不同目镜中有差别,在冉斯登目镜中,球差和轴向色差是比较大的,因为系统中全部是正透镜,没有负透镜。

垂轴色差 $\Delta y'_{FCm}=-0.045$,没有校正,在4.6节目镜的像差分析中已经说过这是冉斯登目镜的主要缺点。彗差很小,符合我们要求校正彗差的预期结果。

像散是目镜设计中要求校正的最重要的单色像差,从表4-35中看到,像散并不等于零而等于

$$x'_{ts}=x'_t-x'_s=0.052\ 3-(-0.453)=0.505\ 3$$

这似乎和我们校正像散的预期结果不符。实际上它正是我们在目镜设计中所希望的像散校正状态,下面作一详细说明。根据式(4-14),有

$$x'_p=x'_s-\frac{1}{2}(x'_t-x'_s)=\frac{3}{2}x'_s-\frac{1}{2}x'_t \tag{4-82}$$

将表4-35中的 x'_t, x'_s 代入上式,得

$$x'_p=\frac{3}{2}(-0.453)-\frac{1}{2}(0.052\ 3)=-0.7$$

场曲 x'_p 只和系统中透镜的光焦度 φ 有关，在光焦度不变的条件下，如果使像散为零，则有

$$x'_t = x'_s = x'_p$$

此时上述系统的子午和弧矢场曲都等于−0.7。如果使 $x'_t=0$ 代入式(4-82)，得

$$x'_s = \frac{2}{3}x'_p$$

这两种不同的像散校正状态，对应的弧矢和子午焦面位置如图4-79(a)、图4-79(b)所示，显然后一种校正状态比前一种校正状态的轴外成像质量要好。所以今后我们在目镜设计中往往采用 $x'_t=0$ 的像散校正状态，而不采用 $x'_{ts}=0$ 的校正状态。上面的设计结果 $x'_t=0.052\,3$，接近于零，比 $x'_p=-0.7$ 小得多。

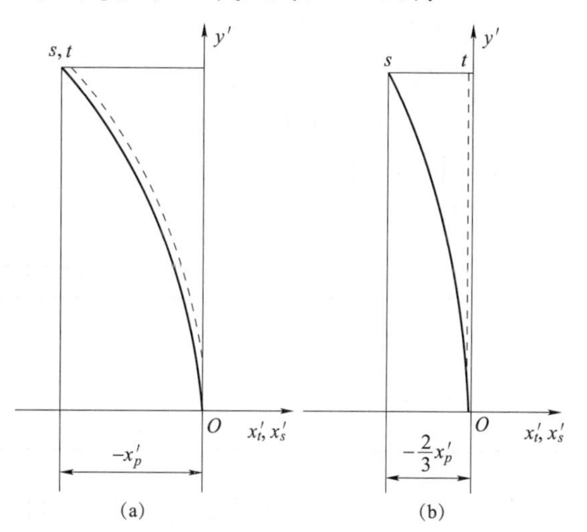

图4-79　像散校正状态

2. 惠更斯目镜设计

设计一个显微镜的10× 目镜，光学特性要求如下：

焦距　$f'=25$ mm；　视场角　$2\omega'=40°$

出瞳直径　$D'=2$ mm；　出瞳距离　$l'_z>6$ mm

目镜的入瞳在目镜前方150 mm处。按反向光路进行设计，相应的参数为：

$L=\infty$，　$\omega=-20°$，　$D=2$，　$L'_{zm}=150$，　$l_z>6$

下面就按上述要求设计惠更斯目镜。

(1) 原始系统的确定

我们从《光学设计手册》上选用了一个原始系统，并在它的后面虚设了两个平面，其中第五面为光阑面，第六面与实际目镜的最后一面重合。全部参数如下：

r	d	n_D	n_F	n_C
		1	1	1
0	2.5	1.516 3	1.521 955	1.513 895(K9)
−9.51	24.5	1	1	1
0	2.5	1.516 3	1.521 955	1.513 895(K9)
−16.71	150	1	1	1
0(光阑)	−150	1	1	1
0		1	1	1

最后加入的两平面，由于它们两边介质的折射率都等于1，因此这两个面实际上是不存在的，它们的加入对系统的光学特性和像差毫无影响。

加入第五个虚设平面(光阑面)的作用是，我们在计算像差时，指定该面为孔径光阑，主光线必然通过光阑中心，这就保证了对目镜出瞳距离 $L'_{zm}=150$ 的设计要求。这样做的好处是我们对目镜的入瞳位置不作强制性的规定，有利于系统的像差校正。因为目镜的入瞳位置本身要求并不严格，只要它不小于一个下限值即可。在目镜设计中我们大都采用这种方法，而不采用冉斯登目镜设计中，既规定了入瞳位置，又把出瞳距 L'_{zm} 作为一个像差参数加入校正。第

六个虚设平面的作用是把系统的最后一面由光阑面退回实际目镜的最后一面(第四面),这样像差计算中得出的像距、出瞳距、顶焦距等参数都和不加入这两个虚设平面的结果完全一致,免去换算的麻烦。

(2) 自变量

惠更斯目镜和冉斯登目镜一样只有三个自变量:两个球面曲率 c_2,c_4 和一个透镜间隔 d_4。

(3) 像差参数、目标值和公差

惠更斯目镜能够校正垂轴色差,所以我们把 $\Delta y'_{FC}$ 加入校正,另外目镜的光焦度也是必须加入校正的,它们的目标值和公差如表 4-36 所示。

表 4-36 像差参数目标值和公差

序号	像差参数	目标值	公差
1	φ	0.04	0
2	$\Delta y'_{FC}$	0	−0.000 1

按以上原始系统和像差要求进入适应法自动设计程序,立即得出设计结果如下,像差结果如表 4-37 所示。

r	d	n_D	n_F	n_C
		1	1	1
0	2.5	1.516 3	1.521 955	1.513 895(K9)
−9.42	24.52	1	1	1
0	3.5	1.516 3	1.521 955	1.513 895(K9)
−16.41		1	1	1

$l=\infty$, $\omega=-20°$, $H=1$, $l_z=-6.12$

表 4-37 像差结果

孔径比例	像差								
	$\delta L'$	SC'	$\Delta L'_{FC}$	x'_t	x'_s	$\delta L'_{T1h}$	K'_{T1h}	$\Delta y'_{FC}$	$\delta y'_z$
1	−0.460	−0.000 9	−0.595	−0.511	−1.659	−0.444	0.013	0	−0.477
0.707 1	−0.022 8	−0.000 4	−0.588	−0.276	−0.855	−0.451	−0.006	−0.004	−0.177

上面设计的结构参数中两个虚设面没有列出,因为它们对我们没有实际意义。从表 4-37 的像差结果来看,垂轴色差 $\Delta y'_{FC}$ 已达到完全校正,彗差也很小,像散虽然没有达到 x'_t 接近于零的最佳校正状态,但是 $x'_t=-0.511$ 已处于和场曲成较好的补偿补态。$x'_s=-1.659$,数值比较大,这是由于惠更斯目镜的场曲 x'_p 较大造成的。目镜的入瞳距 $l_z=6.12$,已满足大于 6 mm 的设计要求。有关半径标准化等这里不再重复。

3. 凯涅尔目镜设计

设计一个 $6^{\times}$ 望远镜的目镜,望远镜的入瞳与物镜重合,目镜的焦距 $f'=20$,出瞳直径 $D'=4$,出瞳距离 $l'_z=-10$,像方视场角 $2\omega'=45°$,设计目镜时不考虑和物镜的像差补偿。

目镜按反向光路进行设计时,相应的光学特性参数要求为:

焦距　$f'=20$ mm

视场角　$2\omega'=45°$

入瞳直径　$D=4$ mm

入瞳距离　$l_z=-10$

像方焦截距　$l'_F=3.5$

出瞳距离　$L'_{zm}=123.5(f'_{物}+l'_F)$

(1) 原始系统结构参数

选取如下的系统作为自动设计的原始系统：

r	d	n_D	n_F	n_C
		1	1	1
48	1.5	1.755	1.774 755	1.747 325(ZF6)
13.36	4.5	1.589 1	1.595 862	1.586 242(ZK3)
−16.14	16	1	1	1
21	4.5	1.516 3	1.521 955	1.513 895(K9)
0		1	1	1

$l=\infty$，　$\omega=-22.5°$，　$H=2$，　$l_z=-10$

(2) 自变量

凯涅尔目镜结构参数自变量共有六个：五个球面曲率 c_1, c_2, c_3, c_4, c_5；一个透镜间隔 d_4。玻璃的光学常数一般不作为自变量使用。

(3) 像差参数、目标值和公差

凯涅尔目镜校正像差的能力比较强，我们把如下的六个像差参数加入校正，它们的目标值和公差如表4-38所示。

表4-38　像差参数目标值和公差

序号	像差参数	目标值	公差
1	x'_{tm}	0	−0.000 01
2	$\Delta y'_{FCm}$	0	0
3	K'_{Tm}	0	0
4	φ	0.05	0
5	$1/l'_F$	0.286	0
6	$1/L'_{zm}$	0.008 1	0

以上像差参数中 φ，$1/l'_F$，$1/L'_{zm}$ 是工作条件规定的，另外三个像差 x'_{tm}，$\Delta y'_{FCm}$，K'_{Tm} 是目镜要求校正的像差，共六个像差参数，和自变量数相等。在目镜设计中，由于视场较大，因此我们校正彗差时，不像望远镜物镜和显微镜物镜那样通过正弦差 SC' 来控制彗差，而是直接将边缘视场的子午彗差加入校正。

按以上条件进入适应法自动校正以后很快得出设计结果如下：

r	d	n_D	n_F	n_C
		1	1	1
42.5	1.5	1.755	1.774 755	1.747 325(ZF6)

13.18	4.5	1.589 1	1.595 862	1.586 242(ZK3)
−15.20	15.18	1	1	1
31.76	4.5	1.516 3	1.521 955	1.513 895(K9)
−49.67		1	1	1

$l=\infty$， $\omega=-22.5°$， $H=2$， $l_z=-10$

表 4-39　像差参数设计结果

序号	像差参数	目标值	原始系统	设计结果
1	x'_{tm}	0	1.938 3	0
2	$\Delta y'_{FCm}$	0	0.009 3	0
3	K'_{Tm}	0	0.047 7	0
4	φ	0.05	0.047 75	0.05
5	$1/l'_F$	0.286	0.228 5	0.286
6	$1/L'_{zm}$	0.008 1	0.007 11	0.008 1

从表4-39的设计结果看,参加校正的六个像差参数已完全达到目标值。但是由于现在系统的视场角和光束孔径已经较大,$2\omega=45°$,$D=4$。只校正三种边缘像差,已不能保证系统的成像质量,必须全面地考察一下系统的像差,上述系统的有关像差如表4-40所示。

表 4-40　像差结果

孔径比例	像差								
	$\delta L'$	SC'	$\Delta L'_{FC}$	x'_t	x'_s	$\delta L'_{T1h}$	K'_{T1h}	$\Delta y'_{FC}$	$\delta y'_z$
1	−0.337	−0.003 1	0.034	0	−1.189	0.008	0	0	−0.395
0.707 1	−0.166 7	−0.001 5	0.033	−0.259	−0.642	−0.264	−0.036	−0.01	−0.156

$f'=20$， $l'_F=3.5$， $y'_0=8.28$， $L'_{zm}=123.5$

从表4-40的像差结果中,我们看到子午彗差K'_{T1h}在边缘视场虽然等于零,但是由于视场高级彗差的存在,0.707 1视场的彗差达到−0.036,比较大,要进一步校正视场高级彗差已没有足够的自变量。在高级像差无法减少的前提下,可以用改变边缘像差的校正状态来适当改善系统的成像质量,这种方法称为“像差平衡”,下面对这一问题作一说明。

上述系统在视场边缘彗差为零,而0.707 1视场处有一较大的彗差,因此0.707 1视场处成像质量不好。我们希望视场中央部分成像质量好,允许视场边缘的成像质量差一些。根据高级彗差公式

$$K'_{Tsny}=K'_{T(1h,0.707\,1y)}-0.707\ 1K'_{T(1h,1y)}$$

将表4-40中的K'_{T1h}的两个值代入上式得

$$K'_{Tsny}=-0.036$$

假定系统的K'_{Tsny}不变,因为小量改变结构高级像差基本不变,我们改变彗差的校正状态使$K'_{T(1h,1y)}=0.03$,代入高级彗差公式得

$$\begin{aligned}K'_{T(1h,0.707\,1y)}&=K'_{Tsny}+0.707\ 1K'_{T(1h,1y)}\\&=-0.036+0.021=-0.015\end{aligned}$$

这时，0.707 1 视场的预期彗差为−0.015，比原来降低一半多，因此视场中央部分的成像质量有较大的改善。但视场边缘的彗差等于 0.03，成像质量有所下降，这是允许的。而且一般光学系统视场边缘都有渐晕，实际的子午光束宽度比全孔径小，而初级彗差和孔径的平方成正比，因此，在有渐晕的情况下，实际子午彗差比 0.03 要小。例如，当子午渐晕系数为 0.707 1 时，实际彗差只有全孔径彗差的一半，为 0.015。这样整个视场内的成像质量显然比原来的系统改善了。这种像差平衡的方法，对其他像差同样可以应用。

我们把上面的设计结果作为原始系统，自变量和像差参数均不变，只是把 K'_{T1h} 的目标值由 0 改为 0.03，其他像差参数的目标值和公差均保持不变，重新进入自动校正，得出结果如下：

r	d	n_D	n_F	n_C
		1	1	1
33.96	1.5	1.755	1.774 755	1.747 325(ZF6)
12.34	4.5	1.589 1	1.595 862	1.586 242(ZK3)
−16.56	14.84	1	1	1
34.09	4.5	1.516 3	1.521 955	1.513 895(K9)
−41.49		1	1	1

$l=\infty$，　$\omega=-22.5°$，　$H=2$，　$l_z=-10$

由表 4－41 像差结果可以看到 $K'_{T(1h,1y)}$ 等于 0.03，但全视场 0.707 1 孔径的彗差 $K'_{T(0.707\,1h,1y)}$ 只有 0.011(没有列入表中)，$K'_{T(1h,0.707\,1y)}$ 已由−0.036 减小到−0.018，和前面预先估计的−0.015 略有出入，其他像差基本不变。从彗差来说，整个像面的成像质量无疑已得到提高。

表 4－41　像差结果

孔径比例	像差								
	$\delta L'$	SC'	$\Delta L'_{FC}$	x'_t	x'_s	$\delta L'_{T1h}$	K'_{T1h}	$\Delta y'_{FC}$	$\delta y'_z$
1	−0.281	−0.002 1	0.028	0	−1.19	0.127	0.03	0	−0.45
0.707 1	−0.140	−0.001 1	−0.027	−0.27	−0.65	−0.190	−0.018 8	−0.001	−0.175

由上面的结果可以看出像差平衡对高级像差比较大的大视场、大孔径系统来说具有十分重要的意义，在照相物镜设计一章中还将进一步讨论。

4.7.2　对称式目镜和无畸变目镜设计

1. 对称式目镜设计

对称式目镜是由两个双胶合组对称密接而成，两个双胶合组可以做成不同的形状，但是大多数对称式目镜都由两个完全相同的双胶合组构成，这样便于加工。由于对称式目镜近似为一密接薄透镜组，因此它消除了垂轴色差就同时消除轴向色差，所以它的两种色差能同时校正得比较好。像散和彗差也能同时得到校正，因此它的成像质量比较好。下面举一个设计实例。

设计一个 $4^{\times}$ 望远镜的目镜，目镜的焦距 $f'=25$ mm；视场角 $2\omega'=40°$；出瞳直径 $D'=4$ mm；出瞳距离 $l'_z>20$ mm；望远系统的入瞳与物镜重合；不考虑目镜与物镜之间的像差补偿。

按反向光路设计目镜时，它的设计要求为：

焦距　　　$f'=25$

视场角　　$2\omega=40°$

入瞳直径　$D=4$

入瞳距离　$|l_z|>20$

出瞳距离　$L'_{zm}=f'_{物}+l'_{F目}\approx100+20=120$

采用两个双胶合组完全对称的结构形式。

(1) 原始系统

选取如下的系统作为我们设计的原始系统:

r	d	n_D	n_F	n_C
		1	1	1
1 000	1.5	1.672 5	1.687 472	1.666 602(ZF2)
32.2	4.5	1.516 3	1.521 955	1.513 895(K9)
−21.3	14.84	1	1	1
21.3	4.5	1.516 3	1.521 955	1.513 895(K9)
−32.2	1.5	1.672 5	1.687 472	1.666 602(ZF2)
−1 000	120	1	1	1
0(光阑)	−120	1	1	1
0		1	1	1

系统最后加入了两个虚设的平面,第一个是光阑面,第二个面和实际系统最后一面顶点重合,这种方法在前面惠更斯目镜设计中已用过,这里不再重复。系统的光学特性为:$l=\infty$,$\omega=-20°$,$H=2$,孔径光阑在第七面。

(2) 自变量

为保持系统的完全对称必须使用组合变量,厚度不作为变量。系统仅有三个曲率的组合变量:

$$c_1=-c_6(-10\ 106),\ c_2=-c_5(-10\ 205),\ c_3=-c_4(-10\ 304)$$

(3) 像差参数、目标值和公差

三个自变量最多只能有三个像差参数进入校正,除了透镜光焦度 φ 以外,再把目镜中最主要的两种像差 x'_{tm} 和 $\Delta y'_{FCm}$ 加入校正,它们的目标值和公差如表 4-42 所示。

表 4-42　像差参数目标值和公差

序号	像差参数	目标值	公差
1	φ	0.04	0
2	x'_{tm}	0	−0.000 1
3	$\Delta y'_{FCm}$	0	0

不加入边界条件,进入适应法自动设计程序,很快输出结果如下:

r	d	n_D	n_F	n_C
		1	1	1
−1 203.5	2	1.672 5	1.687 472	1.666 602(ZF2)
32.25	8	1.516 3	1.521 955	1.513 895(K9)
−21.31	0.5	1	1	1

21.31	8	1.516 3	1.521 955	1.513 895(K9)
−32.25	2	1.672 5	1.687 472	1.666 602(ZF2)
1 203.5		1	1	1

$l=\infty$， $\omega=-20°$， $H=2$， $l_z=-24$(程序输出结果)

$f'=20$， $l'_F=18.44$， $y'_0=9.1$， $L'_{zm}=120$

像差结果如表 4-43 所示。

表 4-43 像差结果

孔径比例	像差								
	$\delta L'$	SC'	$\Delta L'_{FC}$	x'_t	x'_s	$\delta L'_{T1h}$	K'_{T1h}	$\Delta y'_{FC}$	$\delta y'_z$
1	−0.128	−0.002 1	−0.026	0	−0.81	−0.024	−0.001	0	−0.705
0.707 1	−0.064	−0.001	−0.027	−0.34	−0.51	−0.098	−0.022	−0.01	−0.269

由以上像差结果看到，加入校正的像差参数 φ、x'_{tm}、$\Delta y'_{FCm}$ 都准确达到目标值，$|l_z|>20$，全部达到设计要求。彗差虽没有加入校正，但实际上数值也很小，$\Delta L'_{FC}$ 和 x'_s 也比较小，所以对称式目镜的成像质量比较好。

2. 无畸变目镜设计

设计一个焦距 $f'=15$ 的无畸变目镜，正向光路的入瞳位在目镜前方约 160，目镜的像方视场角 $2\omega'=40°$，出瞳距离 $l'_z>12$ mm，出瞳直径 $D'=2$。按反向光路设计时，目镜的光学特性为：

焦距 $f'=25$

视场角 $2\omega=40°$

入瞳直径 $D=2$

入瞳距离 $|l_z|>12$

出瞳距离 $L'_z=160$

(1) 原始系统

选取以下系统作为自动设计的原始系统：

r	d	n_D	n_F	n_C
		1	1	1
0	4	1.613	1.620 127	1.610 007(ZK7)
−14.7	0.2	1	1	1
20.9	7	1.516 3	1.521 955	1.513 895(K9)
−11.0	2	1.672 5	1.687 472	1.666 602(ZF2)
11.0	7	1.516 3	1.521 955	1.513 895(K9)
−20.9	160	1	1	1
0(光阑)	−160	1	1	1
0		1	1	1

$l=\infty$， $\omega=-20°$， $H=1$

(2) 自变量

无畸变目镜的第一面一般取平面,因此不把 c_1 作为自变量,只把其他五个曲率作为自变量,它们是 c_2,c_3,c_4,c_5,c_6。透镜厚度也都不作为自变量。

(3) 像差参数、目标值和公差

把下列像差参数加入校正,它们的目标值和公差如表 4-44 所示。

表 4-44 像差参数目标值和公差

序号	像差参数	目标值	公差
1	φ	0.066 67	0
2	x'_{tm}	0	−0.000 1
3	$\Delta y'_{FCm}$	0	0
4	SC'_m	−0.001	0

在目镜设计中对彗差的控制,既可以控制 K'_T,也可以控制 SC',两者是等价的。前面都是控制的 K'_T,这里我们控制 SC',目标值−0.001 是根据原始系统的像差确定的,原始系统的 $SC'_m=-0.001\,3$, $K'_{Tm}=0.009\,9$,彗差已比较小,我们给一个比原始系统略小的目标值。

按以上参数进入适应法自动设计程序,得到像差结果如表 4-45。

表 4-45 像差参数设计结果

序号	像差参数	目标值	原始系统	设计结果
1	φ	0.066 67	0.057 52	0.066 67
2	x'_{tm}	0	0.344 5	0
3	$\Delta y'_{FCm}$	0	0.059 6	0
4	SC'_m	−0.001	−0.001 39	−0.001

系统的结构参数如下:

r	d	n_D	n_F	n_C
		1	1	1
0	4	1.613	1.620 127	1.610 007(ZK7)
−14.19	0.2	1	1	1
15.85	7	1.516 3	1.521 955	1.513 895(K9)
−11.99	2	1.672 5	1.687 472	1.666 602(ZF2)
13.68	7	1.516 3	1.521 955	1.513 895(K9)
−24.42		1	1	1

$l=\infty$, $\omega=-20^\circ$, $H=1$ $l_z=-12.27$(输出结果)

像差结果如表 4-46 所示。

表 4-46 像差结果

孔径比例	像差								
	$\delta L'$	SC'	$\Delta L'_{FC}$	x'_t	x'_s	$\delta L'_{T1h}$	K'_{T1h}	$\Delta y'_{FC}$	$\delta y'_z$
1	−0.055	−0.001 0	−0.046 7	0	−0.523	−0.043	−0.006 8	0	−0.321
0.707 1	−0.027	−0.000 5	0.046 5	−0.11	−0.295	−0.052	−0.008 7	−0.004 5	−0.119

$f'=15$，　$l'_F=4.24$，　$y'_0=5.26$，　$L'_{zm}=160$

由以上像差结果看 x'_t，$\Delta y'_{FC}$，K'_T 都达到了校正。出瞳距等于 12.27，大于设计要求的 12。

4.7.3　广角目镜设计

前面介绍了两种形式的广角目镜，它们的结构如图 4－75、图 4－76 所示。为了方便，我们把图 4－75 称为Ⅰ型广角目镜，把图 4－76 称为Ⅱ型广角目镜。在这两种不同结构的目镜中，作为校正像差的自变量，不考虑透镜的厚度和玻璃的光学常数，只用球面曲率就有八个。在前面各种目镜的设计中加入校正的像差参数，除了目镜的光学特性和某些外部工作条件（如光焦度 φ；出瞳距 L'_{zm}）外，考虑的像差只有 x'_t，$\Delta y'_{FC}$，K'_T（或 SC'）三种。现在系统有八个自变量，校正这些像差是比较容易的。是否可以再增加一些像差呢？我们首先想到的是畸变 $\delta y'_z$。在广角目镜中畸变可能超过 10%，如能适当减小还是有利的。但是实际经验证明，在目镜中畸变和彗差是相关的。彗差校正得越小，畸变就越大。或者说在一定结构形式的目镜中，彗差一定畸变也就确定了，如果把彗差和畸变同时加入校正，并分别给它们规定了目标值，往往都不能完成校正。因为适应法自动设计程序不允许相关像差同时进入校正，因此在校正广角目镜的像差时，仍然只校正 x'_t，$\Delta y'_{FC}$，K'_T（或 SC'）三种像差。畸变则根据校正结果，通过调整 K'_T（SC'）的目标值，使畸变、彗差得到兼顾。在广角目镜设计中，除了前面这三类像差的边缘像差而外，还需要注意这三种像差的视场高级像差，因为广角目镜的视场很大。

在光学设计中，对高级像差采取的措施是：① 尽量减小高级像差的数值，但是对一定结构形式的系统存在一个极限，不可能把它校正到零；② 改变边缘像差的目标值，使系统在整个视场内得到较好的像质，这就是所谓“像差平衡”。在前面 4.6 节中 3 中设计凯涅尔目镜时已经说过，像差平衡在广角目镜设计中显得尤为重要。下面我们举例说明两种广角目镜的设计方法。

1. Ⅰ型广角目镜设计

设计一个 10× 望远镜的目镜，目镜焦距 $f'=25$ mm，像方视场角 $2\omega'=60°$，出瞳直径 $D'=4$ mm，出瞳距离 $l'_z>20$ mm。望远镜的入瞳与物镜重合，不考虑补偿物镜的像差。

按反向光路设计目镜时，上述设计要求对应的光学特性要求为：

焦距：$f'=25$，视场角：$2\omega=60°$，入瞳直径：$D=4$，入瞳距离：$|l_z|>12$

出瞳距离：$L'_{zm}=f'_{物}+l'_{F目}=250+10=260$

下面按以上光学特性进行设计。

(1) 原始系统的选择

选择下列系统作为自动设计的原始系统：

r	d	n_D	n_F	n_C
		1	1	1
0	4.5	1.516 3	1.521 955	1.513 895(K9)
−26.6	0.2	1	1	1
53.3	5.5	1.516 3	1.521 955	1.513 895(K9)
−53.3	0.2	1	1	1
53.3	10	1.516 3	1.521 955	1.513 895(K9)
−26.6	2.5	1.755	1.774 755	1.747 325(ZF6)

26.6	10	1.516 3	1.521 955	1.513 895(K9)
−43.0	260	1	1	1
0(光阑)	−260	1	1	1
0		1	1	1

$l=\infty$，　$\omega=-30°$，　$H=2$

(2) 自变量

前面说过，广角目镜中可以使用的自变量较多，但是要求校正的像差比较少，因此我们考虑系统加工方便，不把全部曲率均作为独立自变量参加校正，首先让目镜的第一个面保持为平面，c_1 不作为自变量；其次把第三和第四面曲率结组，保持大小相等符号相反，其他各面作为独立变量，这样有

$$c_2, c_3=-c_4, c_5, c_6, c_7, c_8$$

共六个自变量。透镜厚度与玻璃光学常数均不作自变量。

(3) 像差参数、目标值和公差

把下列四个最基本的像差参数加入校正，它们的目标值和公差如表4-47所示。

表4-47　像差参数目标值和公差

序号	像差参数	目标值	公差
1	φ	0.04	0
2	x'_{tm}	0	−0.000 1
3	$\Delta y'_{FCm}$	0	0
4	SC'_m	−0.001	0

不加入任何边界条件，按以上参数进入像差自动校正，很快得出结果如表4-48所示。

表4-48　像差参数设计结果

序号	像差参数	目标值	原始系统	设计结果
1	φ	0.04	0.039 8	0.04
2	x'_{tm}	0	−0.336 3	0.009
3	$\Delta y'_{FCm}$	0	0.048 3	0
4	SC'_m	−0.001	−0.001 8	−0.001

相应的系统结构参数为：

r	d	n_D	n_F	n_C
		1	1	1
0	4.5	1.516 3	1.521 955	1.513 895(K9)
−30.74	0.2	1	1	1
54.63	5.5	1.516 3	1.521 955	1.513 895(K9)
−54.63	0.2	1	1	1
46.14	10	1.516 3	1.521 955	1.513 895(K9)

−33.0	2.5	1.755	1.774 755	1.747 325(ZF6)
33.3	10	1.516 3	1.521 955	1.513 895(K9)
−44.8		1	1	1

$l=\infty$， $\omega=-30°$， $H=2$， $l_z=-20.96$(输出结果)

系统的各种像差结果如表 4-49 所示。

表 4-49 像差结果

孔径比例	像差								
	$\delta L'$	SC'	$\Delta L'_{FC}$	x'_t	x'_s	$\delta L'_{T1h}$	K'_{T1h}	$\Delta y'_{FC}$	$\delta y'_z$
1	−0.111 6	−0.001 0	−0.087	−0.009	−1.849	−0.102	−0.029	0	−1.825
0.707 1	−0.055 7	−0.000 5	0.087	−0.1	−0.012	−1.055	−0.108	−0.025	−0.715

$f'=25, l'_F=7.52$，$y'_0=14.43$， $L'_{zm}=260$

由以上像差结果看到，系统的各种高级像差并不大，因此不必采取像差平衡的措施。但是畸变较大，已达到 12.6%，彗差 $K'_{T1h,1y}=-0.029$，没有完全校正，这是在前面给 $SC'_m=-0.001$的目标值造成的，我们之所以不把 SC'_m 的目标值给成零，就是因为如果把彗差完全校正，则系统的畸变将变得更大。现在的校正结果是使彗差和畸变都保持在允许的范围之内，而且目镜的彗差还可以在物镜中进行补偿。SC'_m 的目标值实际上是在若干次试校正以后确定的。

2. Ⅱ型广角目镜设计

在前面各种目镜的设计举例中，都没有考虑目镜和物镜之间的像差补偿问题。在 4.6 节中分析目镜设计的特点时曾说过，对需要安装分划镜的望远镜系统，物镜和目镜应尽可能独立校正像差。在此基础上对物镜和目镜中各自无法完全校正的某些像差，可以相互补偿，以提高整个系统的成像质量。在前面的设计举例中，只是为了简化，才没有考虑物镜和目镜的像差补偿。为了说明设计目镜时如何考虑它和物镜之间的像差补偿问题，在Ⅱ型广角目镜的设计中，要求它和 4.3 节中设计的双胶合望远镜物镜组成一个 $10^{\times}$ 的望远镜，光学特性为：

视放大率 $\Gamma=10^{\times}$

视场角 $2\omega=6°$

出瞳直径 $D'=4$ mm

出瞳距离 $l'_z\geqslant 20$ mm

望远镜入瞳与物镜重合。

在 4.6 节中已经说过，物镜要求目镜补偿的像差有两种——像散和垂轴色差。下面将结合设计过程来说明如何进行这两种像差的补偿。

首先确定目镜的光学特性。4.3 节设计的物镜光学特性为

$$f'_{物}=250\ \text{mm},\ 2\omega=6°,\ D=40\ \text{mm}$$

要求望远镜的倍率 $\Gamma=10^{\times}$，根据望远系统的公式

$$f'_{目}=\frac{f'_{物}}{\Gamma}=\frac{250}{10}=25(\text{mm})$$

系统的出瞳直径要求 $D'=4$，根据入瞳、出瞳直径关系的公式有

$$D=\Gamma\times D'=10\times 4=40(\text{mm})$$

正好符合前面物镜设计的条件。下面求目镜的视场角，由于广角目镜有较大的畸变，因此求目

镜的视场角时必须考虑畸变。目镜像方视场角的公式为

$$\tan\omega'=\Gamma\tan\omega(1+DT)$$

以上公式中 DT 为系统的相对畸变,假定它等于10%,将 Γ, ω, DT 代入上式得

$$\tan\omega'=\Gamma\tan\omega(1+DT)=10\times\tan 3°(1+10\%)=0.577,\ \omega'=30°$$

由此得到目镜按反向光路设计时的全部光学特性为:

焦距　　$f'=25\ \text{mm}$

视场角　　$2\omega=60°$

入瞳直径　　$D=4\ \text{mm}$

入瞳距离　　$|l_z|>20\ \text{mm}$

出瞳距离　　$L'_{zm}=f'_{物}+l'_{F目}=250+8=258(\text{mm})$

下面求出为了补偿物镜的像散、垂轴色差以及目镜应有的像差值。首先看垂轴色差。

由计算可得物镜正向光路的垂轴色差为

$$\Delta y'_{FC物}=-0.028\ 02$$

要求系统组合的垂轴色差 $\Delta y'_{FC}=0$,即

$$\Delta y'_{FC}=\Delta y'_{FC物}-\Delta y'_{FC目}=-0.028\ 02-\Delta y'_{FC目}=0$$

由此求得目镜反向光路的垂轴色差为

$$\Delta y'_{FC目}=-0.028\ 02$$

与物镜正向光路的垂轴色差相等。

下面再看像散,前面说过目镜中要求的像散校正状态为 $x'_t=0$,即有

$$x'_t=x'_{t物}+x'_{t目}=0$$

由计算可得物镜的 $x'_{t物}=-1.007\ 8$,代入上式得

$$x'_{t目}=1.007\ 8(反向光路)$$

与物镜正向光路的 x'_t 大小相等符号相反。

目镜的光学持性和像差值确定后就可以用适应法自动设计程序进行设计。

(1) 原始系统的选择

选取如下的结构作为自动设计的原始系统:

r	d	n_D	n_F	n_C
		1	1	1
100	2	1.755	1.774 755	1.747 325(ZF6)
37	10	1.516 3	1.521 955	1.513 895(K9)
−33	0.2	1	1	1
61	7	1.516 3	1.521 955	1.513 895(K9)
−61	0.2	1	1	1
37	10	1.589 1	1.595 862	1.586 242(ZK3)
−37	2	1.672 5	1.687 472	1.666 602(ZF2)
100		1	1	1

$l=\infty$,　$\omega=-30°$,　$H=2$,　$l_z=-20$

(2) 自变量

我们把系统的八个球面曲率 $c_1,c_2,c_3,c_4,c_5,c_6,c_7,c_8$ 均作为自变量参加校正。透镜的

厚度以及玻璃的光学常数均不作为自变量使用。

(3) 像差参数、目标值和公差

加入校正的像差参数，除了 $\varphi, x_t', \Delta y_{FC}'$ 这三个必须参加校正的像差参数而外，再加入一个出瞳距离的要求 $(1/L_{zm}')$。在前面设计 Ⅰ 型广角目镜和对称式、无畸变目镜时，为了保证目镜的出瞳位置，采取在系统后面虚设一个光阑面作为系统的出瞳，系统的入瞳则根据光阑位置由程序自动求出。为什么这里采取固定系统的入瞳位置 $(l_z=-20)$，而把 $(1/L_{zm}')$ 加入校正来保证系统的出瞳位置呢？这是因为 Ⅱ 型广角目镜的入瞳距一般只有 $\frac{2}{3}f'$，现在设计要求焦距 $f'=25$，而入瞳距离 $|l_z|>20$ mm，达到 $\frac{4}{5}f'$，一般结构难以满足，为此我们把入瞳固定在要求的最小值 20，而把 $1/L_{zm}'$ 作为像差参数加入校正，使系统同时满足出瞳位置和入瞳位置的要求。

上述参加校正的四个像差参数目标值、公差如表 4-50 所示。

表 4-50　像差参数目标值和公差

序号	像差参数	目标值	公差
1	φ	0.04	0
2	x_{tm}'	1	0
3	$\Delta y_{FCm}'$	−0.028	−0.000 01
4	$1/L_{zm}'$	0.001 388	0

表中，x_{tm}' 和 $\Delta y_{FCm}'$ 的目标值是根据物镜的像差补偿要求确定的。

(4) 边界条件

由于系统结构相对比较复杂，我们加入了最小厚度 d_{min} 的边界条件，如表 4-51 所示。

表 4-51　最小厚度边界条件

序号	2	3	4	5	6	7	8
d_{min}	2	1.5	0	2	0	1.5	2

按以上条件进入适应法自动设计程序，很快得出结果如下：

r	d	n_D	n_F	n_C
		1	1	1
89.07	2	1.755	1.774 755	1.747 325(ZF6)
41.37	10	1.516 3	1.521 955	1.513 895(K9)
−29.39	0.2	1	1	1
45.09	7	1.516 3	1.521 955	1.513 895(K9)
−105.1	0.2	1	1	1
32.42	10	1.589 1	1.595 862	1.586 242(ZK3)
−38.18	2	1.672 5	1.687 472	1.666 602(ZF2)
34.36		1	1	1

$l=\infty$，　$\omega=-30°$，　$H=2$，　$l_z=-20$

原始系统和设计结果的像差如表 4－52 所示。

表 4－52　像差参数目标值和公差

序号	像差参数	目标值	原始系统	设计结果
1	φ	0.04	0.041 1	0.04
2	x'_{tm}	1.0	3.049 4	1.0
3	$\Delta y'_{FCm}$	－0.028	－0.017 4	－0.028 01
4	$1/L'_{zm}$	0.003 88	0.010 03	0.003 88

由以上像差结果看到，四个像差参数已全部准确达到目标值。有关的各种像差如表 4－53 所示。

表 4－53　像差结果

孔径比例	像差								
	$\delta L'$	SC'	$\Delta L'_{FC}$	x'_t	x'_s	$\delta L'_{T1h}$	K'_{T1h}	$\Delta y'_{FC}$	$\delta y'_z$
1	－0.103	－0.000 68	－0.110	1.0	－1.206	－0.119	－0.032	－0.028	－1.716
0.707 1	－0.051	－0.000 34	－0.110	0.358	－0.66	－0.116	－0.023	－0.040	－0.704

$f'=25, l'_F=11.11,\ y'_0=14.4,\quad L'_{zm}=257.73$

把物镜和目镜的像差按组合系统即可求出系统的组合像差，如表 4－54 所示。

表 4－54　组合像差结果

孔径比例	像差								
	$\delta L'$	SC'	$\Delta L'_{FC}$	x'_t	x'_s	$\delta L'_{T1h}$	K'_{T1h}	$\Delta y'_{FC}$	$\delta y'_z$
1	0.046 6	－0.000 32	0.035 5	－0.007 8	－1.699	0.032	－0.008 8	0.0	1.711
0.707 1	0.005 7	－0.000 15	－0.056 9	－0.147	0.906 9	0.034	－0.006 9	0.020 2	0.702

可以看到目镜已完全补偿了物镜的 x'_{tm} 和 $\Delta y'_{FCm}$，而物镜的球差、彗差和轴向色差也部分补偿了目镜的这三种像差，使整个系统的这三种像差比目镜的像差减小了一半，虽然它们之间并没有达到完全补偿。这是因为我们在 4.3 节中设计望远镜时，尚不知道目镜的这三种像差的准确值，因而无法给出物镜设计的精确的目标值。如果要使这三种像差达到完全补偿，可根据目镜设计结果的像差值，确定物镜像差的目标值，重新修改物镜的设计结果。现在 $\delta L'$，SC'，$\Delta L'_{FC}$这三种像差已基本补偿，数值已经很小，没有必要再修改物镜的设计了。

第5章

照相物镜设计

5.1 照相物镜的光学特性

照相物镜的性能由焦距(f')、相对孔径(D/f')和视场角(2ω)这三个光学特性参数决定。照相物镜光学特性的最大特点是它们的变化范围很大。

焦距 f':照相物镜的焦距,短的只有几毫米,长的可能达到 2～3 m,甚至更长。

相对孔径 D/f':小的只有 1/10,甚至更小,而大的可能达到 1/0.7。

视场角 2ω:小的只有 $2°$～$3°$,甚至更小,大的可能达到 $140°$。

三个光学特性之间是相互制约的,如表 5-1 中的结构形式的照相物镜,它们都由四片透镜组成,在焦距相近的条件下视场大的相对孔径便小。如果要求在相对孔径不变的条件下增加视场角,或者在视场不变的条件下增大相对孔径,或者两者同时增大,都必须使系统的结构复杂化才可能办到。例如表 5-2 中的三种物镜是由六片透镜构成的,它们的光学特性比表 5-1 中的三种物镜提高了,但是在视场和相对孔径之间也是相互制约的。表 5-2 中的双高斯物镜当焦距为 50 mm 左右时,相对孔径和视场之间的关系如表 5-3 所示。

表 5-1 四片型物镜相对孔径和视场角的关系

名　称	形　式	相对孔径 D/f'	视场角 $2\omega/(°)$
托卜岗		1∶6.3	90
天塞		1∶3.5	50
松纳		1∶1.9	30

表 5-2 六片型物镜相对孔径和视场角的关系

名 称	形 式	相对孔径 D/f'	视场角 $2\omega/(°)$
鲁沙	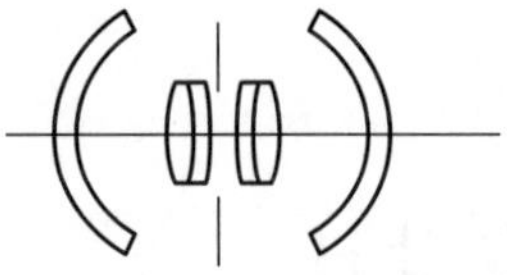	1∶8	120
双高斯	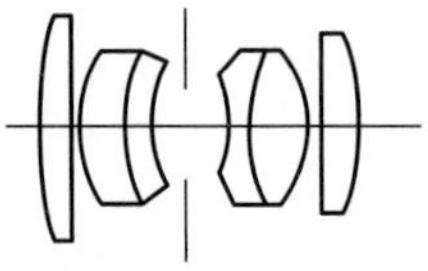	1∶2	40
蔡司依康	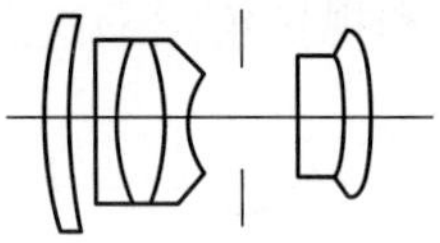	1∶1.5	30

表 5-3 同一类型物镜光学特性参数之间的关系

相对孔径 D/f'	视场角 $2\omega/(°)$	相对孔径 D/f'	视场角 $2\omega/(°)$
1∶2.5	60	1∶1.4	35
1∶2	40		

如果系统的焦距增加，则它的相对孔径和视场将随之下降。双高斯物镜当焦距达到100 mm以上，相对孔径只能达到1/2.5，视场角只能达到35°。另外，系统所能达到的光学特性和要求的成像质量有密切的关系。上面介绍的不同结构的光学特性是对一般成像质量来说的，如果成像质量要求特别高，则可用的光学特性就要下降。如用于精密复制的照相物镜相对孔径为1/4时，也采用双高斯结构。

5.2 照相物镜的基本类型

评价一个光学设计的好坏，一方面要看它的光特性和成像质量，另一方面还要看结构的复杂程度。在满足光学特性和成像质量要求的条件下，系统的结构最简单，这才算是一个好的设计。如何根据要求的光学特性和成像质量选定一个恰当的结构形式，是设计过程中十分重要的一环。这就需要对现有各种基本类型物镜的结构形式、它们的光学特性和像差特性有较全面的了解。照相物镜的结构形式很多，而且至今仍有新的形式不断出现。照相物镜，尽管种类繁多，实际上可以看作是在若干基本类型的基础上发展起来的。

由于照相物镜的视场和孔径都比较大，一个光学系统如果要求它对大视场和大孔径成像优良，则小视场和小孔径范围内光束的成像质量必然是优良的。小视场和小孔径范围内光束的成像性质可以用初级像差来表示，因此在照相物镜设计中校正初级像差是它必须首先满足的条件。所以设计照相物镜时往往首先校正初级像差，然后再从那些能够校正初级像差的结构中找出高级像差小的结构，或者在校正了初级差的基础上，用结构复杂化的方法进一步校正高级像差。

和前面已经讲过的几种光学系统比较起来，照相物镜在初级像差校正方面，明显的差别是要求校正场曲，而对于望远镜物镜、目镜和显微镜物镜，它们都是不需要校正场曲的。根据场曲和光学系统结构关系知道，能够校正场曲的最简单的光学系统结构有两种：一种是正负透镜分离的薄透镜系统，另一种是弯月形厚透镜。照相物镜根据它们校正场曲的方法不同，也可以分成两大类：一类是薄透镜系统，一类是厚透镜系统。下面对这两类系统分别进行讨论。

1. 薄透镜系统

能够校正场曲的最简单的薄透镜系统，是由一个正透镜和一个负透镜构成的分离薄透镜系统。根据正负透镜排列顺序的不同又分成两种，如图5-1(a)、(b)所示。根据薄透镜系统初级场曲的公式

$$S_{\mathrm{IV}}=J^2\sum\frac{\varphi}{n}$$

如果系统满足消场曲条件，则 $S_{\mathrm{IV}}=0$，因此

$$\sum\frac{\varphi}{n}=\frac{\varphi_1}{n_1}+\frac{\varphi_2}{n_2} \tag{5-1}$$

由于玻璃的折射率变化不大，为1.5～1.7，因此系统中正透镜和负透镜的光焦度绝对值应大致相等。

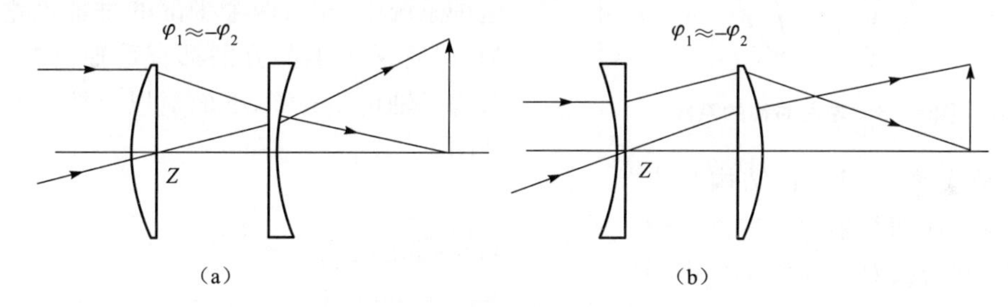

图5-1　薄透镜的两种形式

上面的这两种简单结构虽然可能校正场曲，但还不能校正全部初级像差。下面首先看只和薄透镜光焦度以及玻璃材料有关的两种色差。根据薄透镜系统的初级色差公式

$$S_{\mathrm{I}S}=h_1^2\frac{\varphi_1}{v_1}+h_2^2\frac{\varphi_2}{v_2} \tag{5-2}$$

$$S_{\mathrm{II}S}=h_1h_{z1}\frac{\varphi_1}{v_1}+h_2h_{z2}\frac{\varphi_2}{v_2} \tag{5-3}$$

从图5-1看到，无论是正透镜在前还是负透镜在前，轴向光线在正透镜上的投射高 $h_{正}$ 总要比负透镜上的投射高 $h_{负}$ 大，根据前面校正场曲的要求：$\varphi_{正}\approx-\varphi_{负}$，由式(5-2)可以看到，只要正透镜玻璃的色散小于负透镜，即 $v_{正}>v_{负}$，就有可能使 $S_{\mathrm{I}S}=0$，使系统满足校正初级轴向色差的要求，但是它们无法同时校正垂轴色差。这一点很容易说明，根据色差和光阑位置的关系，当轴向色差为零时，垂轴色差即和光阑位置无关，因此假定光阑和第一透镜重合，$h_{z1}=0$，这样式(5-3)中第一项为零，由于 h_2、h_{z2}、φ_2、v_2 都不为零，因此 $S_{\mathrm{II}S}$ 不可能为零，即

系统无法校正垂轴色差。

为了能够同时校正轴向色差和垂轴色差，最简单的办法是把上面系统中的两块单透镜用两个双胶合组代替，如图 5-2 所示。每个胶合组分别校正色差，整个系统也就同时校正了轴向色差和垂轴色差。另外，根据第 4 章中薄透镜的初级像差理论知道，每个薄透镜组可以校正两种单色像差，上述系统共有两个薄透镜组，可以校正四种单色像差，加上由光焦度分配已经满足的消场曲条件，上述系统有可能校正全部初级像差——五种单色像差和两种色差。它们是两种基本类型的照相物镜，前一种称为摄远物镜，后一种称为反摄远物镜。上面这两种系统采用了每个透镜组分别消色差的方法，达到同时校正轴向色和垂轴色差。另一种方法是在校正了轴向色差的基础上，利用结构的对称性来校正垂轴色差。

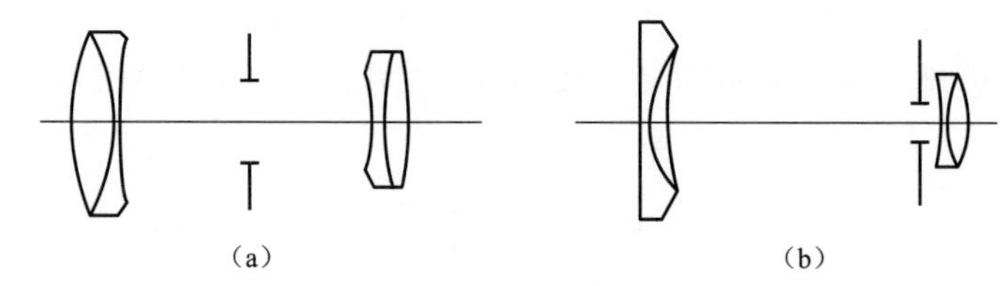

图 5-2 两个双胶合组构成的薄透镜系统

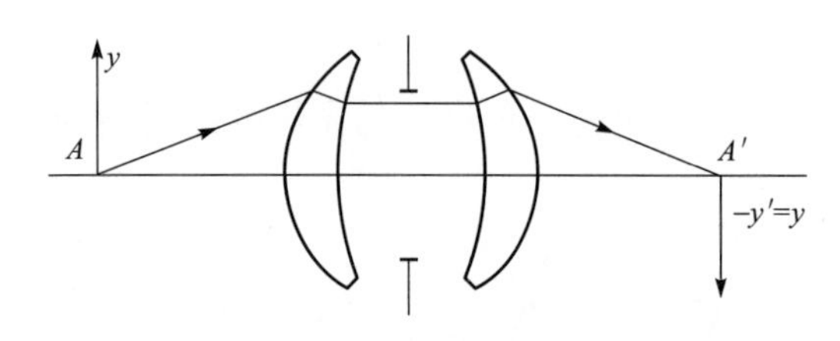

图 5-3 左右对称的系统

对一个光阑位于中央，左右两个半部结构完全对称，并且物像位置也对称的系统(即系统的垂轴放大率等于−1)，如图 5-3 所示，在这种系统中，左右两个半部的垂轴色差互相抵消，尽管两个半部分别都有垂轴色差，但整个系统垂轴色差为零，下面对以上性质作一简单证明。

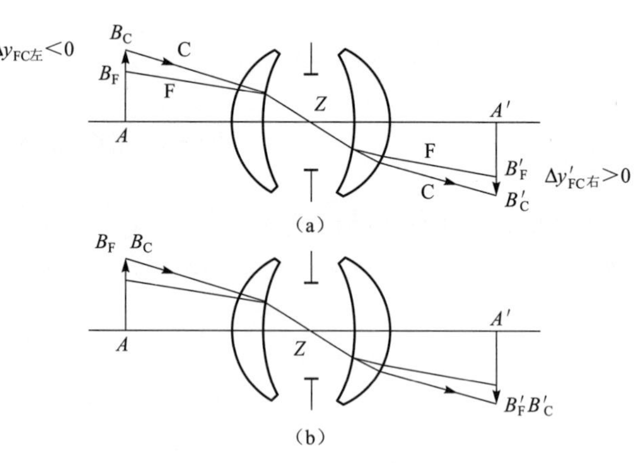

图 5-4 对称系统消垂轴色差情形

由于放大率等于−1，结构又完全对称，因此在两个半部系统之间像平面位于无限远，对应的成像光束为平行光束。假定两个半部系统之间同一视场角的 C、F 光束互相平行，即没有垂轴色差，通过右半部系统以后即产生垂轴色差，设垂轴色差大于零，如图 5-4(a)所示。按照光路可逆定理，当光束按反向光路通过左半部系统时，光路完全对称，垂轴色差应和右半部大小相等、符号相反，即 $\Delta y'_{FC左}=-\Delta y'_{FC右}$。由于系统的垂轴放大率 $\beta=-1$，假定把 B_F 点沿物平面移到 B_C，则它的共轭点 B'_F 也将相应地移动到 B'_C，如图 5-4(b) 所示。这时对应物方没有垂轴色差，像方也没有垂轴色差，即整个系统垂轴色差为零，而左右两个半部分别都有垂轴色差。这种关系不仅对垂轴色差成立，对其他垂轴像差如彗差、畸变也同样成立。而对于轴向像差如轴向色差、球差、像散和场曲，则左右两半部相互叠加，整个系统的组合像差为半部系统的 2 倍。下面以轴向色差为例加以证明。

和上面一样，仍然假定左右两个半部之间为无像差的平行光束，该光束分别接正、反向光路通过左右两个半部系统以后，对应的共轭点位置如图 5-5(a)所示。这时物点和像点都有色差。如果把 A_C 沿着光轴移动到 A_F，则 A_C' 相应地移动到 A_C''，如图 5-5(b)所示。由于系统的垂轴放大率等于 -1，根据轴向放大率和垂轴放大率之间的关系式有

$$\alpha=\beta^2=1$$

所以 $A_C'A_C''=A_CA_F=A_F'A_C'$，这时对应物点没有色差，整个系统的色差 $A_F'A_C''$ 为半部系统色差 $A_F'A_C'$ 的 2 倍，这和前面的结论完全相符。

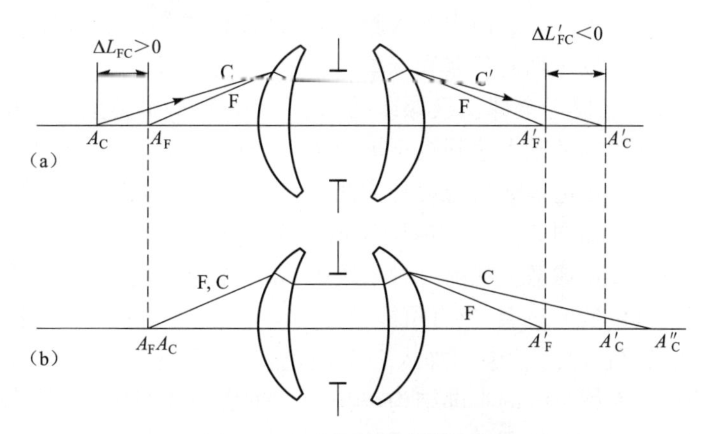

图 5-5　对称系统的轴向色差

综上所述，对于一个结构完全对称，放大率为 -1 的系统，彗差、畸变和垂轴色差左右两个半部大小相等符号相反，因而自动抵消；而球差、像散、场曲和轴向色差左右两部分相互叠加。因此设计一个对称系统，只需要设计一个物平面位于无限远校正球差、像散、场曲、轴向色差这四类像差的半部系统，按照对称的关系把左右两个半部合成以后，就可以得到校正所有像差的全系统。

如果物像不对称，即放大率不等于 -1，而结构是对称的话，以上关系仍然是近似成立的，因此只要稍微破坏系统的对称性，即可使各种像差达到校正。由于对称结构的这种特点，不仅使像差校正的工作大大简化，而且容易达到较高的成像质量，因此大部分照相物镜都采取近似对称结构。

把图 5-1 中能够校正场曲和轴向色差的两种最简单的薄透镜系统按结构对称的原理组成两种对称系统，如图 5-6 所示，它们同样是两种基本类型的照相物镜结构。前一种称为三片型，为了使结构简化，它把中间两个负透镜合成了一个，这是一种最简单的照相物镜型式；后一种称为鲁沙型，它是一种广角物镜的基本形式。上面这两种结构，显然都能够校正场曲、轴向色差和全部垂轴像差即垂轴色差、彗差和畸变，而且利用改变透镜的弯曲形状也能够校正其他两种轴向像差即球差、像散。

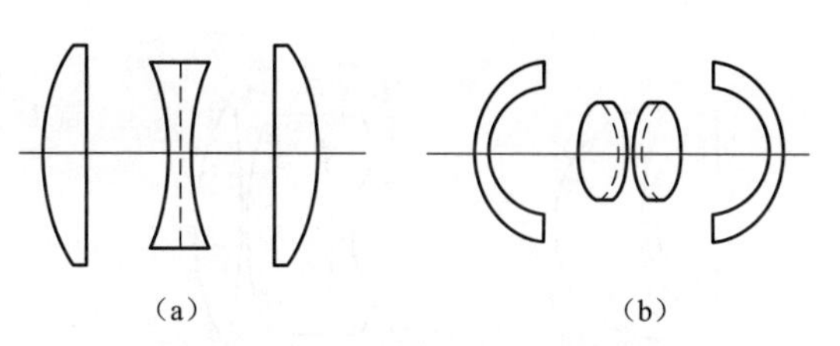

图 5-6　三片型和鲁沙型系统

上面是由薄透镜构成的四种基本类型的照相物镜，下面讨论厚透镜系统。

2. 厚透镜系统

单个厚透镜可看作是由两个分离薄透镜和一块玻璃平板组合而成,因此单个弯月形厚透镜是有可能校正场曲的,如图 5-7 所示。玻璃平板能产生一定的正的轴向色差,但数量一般不大,因此和厚透镜对应的薄透镜系统仍应近似满足 $S_{IS}=0$ 的条件;不过,根据前面的讨论,为了校正轴向色差,必须使正透镜玻璃的色散低于负透镜,而在单个厚透镜中这个条件无法满足。在单色像差中,单个厚透镜虽然可以用改变光阑位置校正像散,但无法校正球差,因此单个厚透镜仍不能作为对称系统的半部系统使用。为了使厚透镜达到校正轴向色差和球差的要求,有两种方式,一种是在单个厚透镜中加入胶合面,这样构成的物镜如图 5-8 所示,它利用厚透镜中的两个胶合面以校正轴向色差和球差,利用左右两半部结构对称校正全部垂轴像差,所以这样的结构是有可能校正全部初级像差的,它也是一种基本类型的照相物镜,称为达哥型。在单个弯月形厚透镜的基础上达到校正轴向色差和球差的另一种方式,是把和单个厚透镜相当的薄透镜系统中的正透镜或负透镜分成两个,其中一个组成厚透镜的一部分,另一个分裂出来,成为单个薄镜透,如图 5-9(a)和(b)所示。这两种系统都有可能校正球差,同时利用改变光阑位置也有可能校正像散。在前一种系统中,如果把单个负透镜采用较高色散的玻璃,而正的厚透镜采用较低色散的玻璃,也有可能校正轴向色差;后一种系统一般还不能使色差达到完全校正,往往还需要在厚透镜中间加入一个消色差的胶合面,如图 5-9(b)中的虚线所示。把这两种结构作为对称系统的半部结构,构成了两种基本类型的照相物镜,前一种称为托卜岗型,后一种称为双高斯型,如图 5-10 所示。

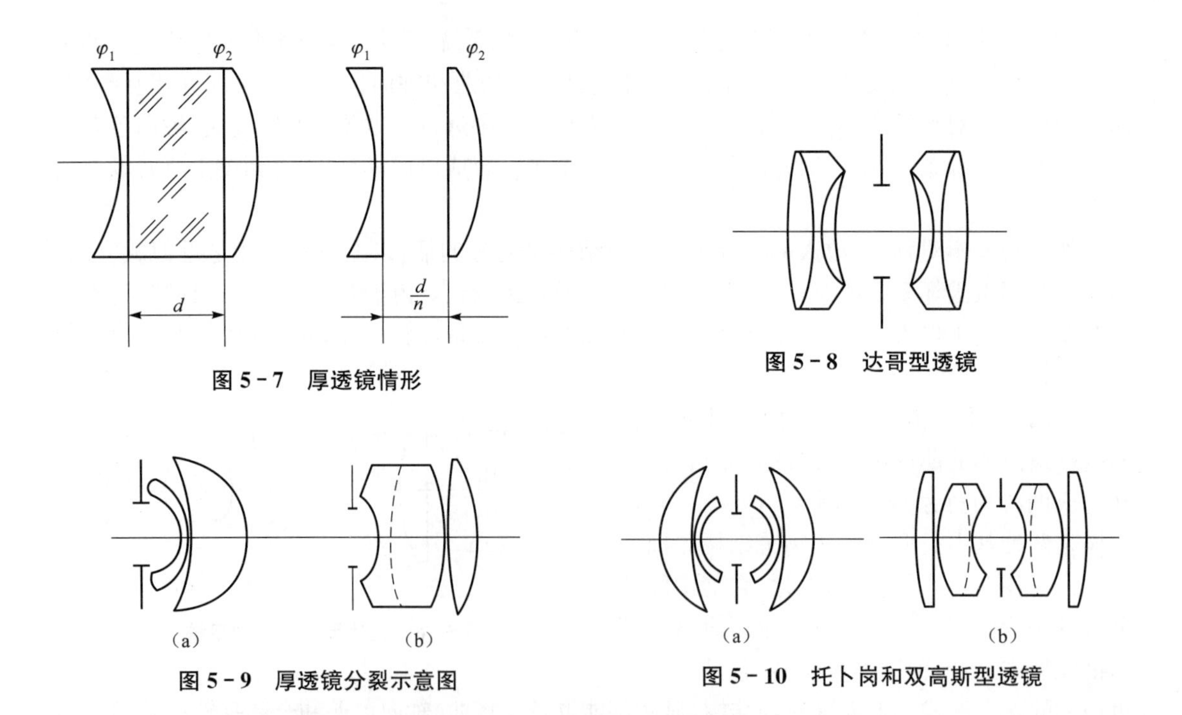

图 5-7 厚透镜情形

图 5-8 达哥型透镜

图 5-9 厚透镜分裂示意图

图 5-10 托卜岗和双高斯型透镜

上面所有这些能够校正初级像差的简单结构形式,就是照相物镜的基本类型,如表 5-4 所示,绝大多数照相物镜都可以看作是在这些基本类型的基础上发展起来的。了解照相物镜的设计方法,可以先从这些基本类型物镜的设计方法开始。

表 5-4　照相物镜的基本类型

名　称	形　式	相对孔径 $\frac{D}{f'}$	视场角 $2\omega/(°)$
摄远	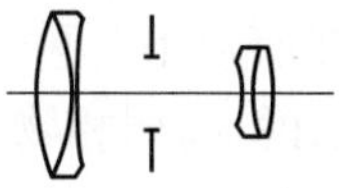	1∶8	20
反摄远	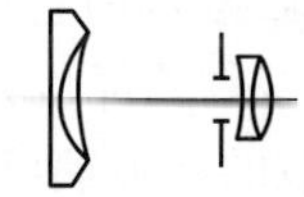	1∶20	80
三片	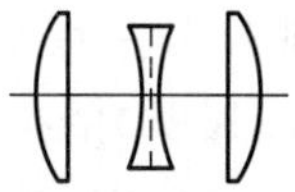	1∶4	40
鲁沙	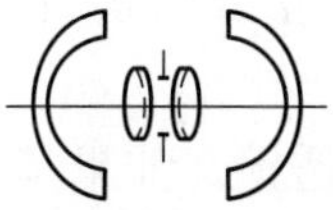	1∶8	120
达哥	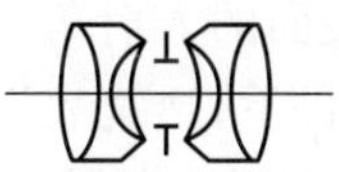	1∶8	60
双高斯	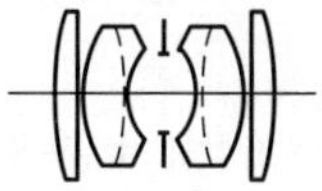	1∶2	40
托卜岗	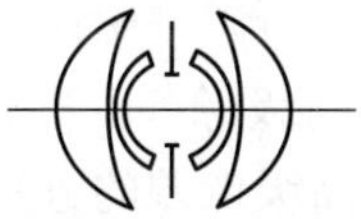	1∶6	90

5.3　基本类型照相物镜的演变形式

由于照相物镜的视场角和相对孔径都比较大，校正全部初级像差是它的基本要求，前面就是从较正初级像差的要求出发，得出了照相物镜的几种基本结构形式，它们就是照相物镜的基本类型。虽然照相物镜的形式很多，但多数可以看作是在这些比较简单的基本形式的基础上发展起来的。这些基本结构形式都能够校正全部初级像差，在系统能够较正初级像差的条件下，最后的剩余像差完全由高级像差决定，因此无论是提高系统的成像质量还是光学特性，都要求减小高级像差。基本类型照相物镜结构的主要演变方向，就是减小系统的高级像差。

设计照相物镜的基本方法是，首先根据要求的光学特性和成像质量选择一定的基本类型，然后找出它在要求的光学特性下高级像差最小的结构。对于一定的结构形式,减小它的高级像差总是有某个限度,如果已经达到了它可能的最好结果,但仍然达不到要求的成像质量,那就只能进一步把基本类型的结构复杂化以提高成像质量。究竟应该如何复杂化,首先取决于基本结构的高级像差特性,即高级像差的种类和大小;当然也和基本类型的结构形式有关。在照相物镜设计中,常用的减小系统高级像差的方法主要有以下几种。

① 在正透镜中使用折射率更高的冕玻璃。一般来说,在照相物镜的正透镜中采用高折射率低色散的冕玻璃,可以减小系统的高级像差,因为在要求校正场曲的条件下,提高正透镜的折射率,可以使系统中正透镜和负透镜的光焦度同时减小,同时折射率提高以后,即使光焦度不变,透镜表面的曲率半径也可以增大,这些对减小高级像差都是有利的。

从照相物镜发展的历史来看,开始正透镜是用一般的冕玻璃(K 类),折射率在 1.5 左右,可能达到的光学特性大大低于目前的水平,如三片型物镜的相对孔径只能达到 1/5 左右。后来正透镜采用重冕玻璃(ZK 类),折射率由 1.5 提高到 1.6,三片型照相物镜的相对孔径相应地提高到 1/4 左右。当稀土玻璃出现以后,镧冕玻璃(LaK 类)的折射率达到 1.7 左右,三片型物镜的正透镜采用这种玻璃,相对孔径就可达到 1/2.5。其他形式的物镜也都有这种相似的情况。新品种光学玻璃的出现是促进照相物镜发展的重要因素,它对于提高现有形式物镜的光学特性和成像质量起着极为重要的作用。

② 用两个或更多的透镜代替原有结构中的一个透镜。如果基本类型物镜中的某一种高级像差主要是由于其中的某个透镜产生的,产生高级像差的原因一般地说是由于光线在该透镜表面的入射角过大造成的。为了减小光线在透镜表面的入射角,可以把原来的一个透镜用两个或更多的透镜来代替,这样在总光焦度不变的条件下,透镜表面的半径增大,就有可能减少它所产生的高级像差。另外,由于透镜增多以后,总像差也就减小了,这样容易校正,同时校正以后剩余的高级像差也必然小。系统的高级像差减小,也就有可能提高成像质量或光学特性。

③ 在系统中引入一定符号的高级像差,以减小系统的组合高级像差。最常用的方法是在单个透镜中引入半径较小的胶合面,或者空气间隔较小的分离曲面(两曲面半径近似相等),也有的采取加入光焦度不大,但弯曲很厉害的单透镜。之所以采用这些方法,目的就是要在产生不很大的初级像差的条件下,产生较大的指定符号的高级像差。多数照相物镜可以认为是在基本类型物镜的基础上,采用上述的一种或多种减小高级像差的方法演变而来的。

由于照相物镜光学特性的变化范围如此之大,为了满足这些不同的要求,照相物镜的结构形式种类繁多。经过了长期的发展演变,目前常用的结构形式主要有以下几类。

1. 三片型物镜及其复杂化形式

简单的三片型物镜如图 5 - 11 所示。它是一种结构最简单的照相物镜,当焦距在 50 mm 左右时,相对孔径可达 1/3.5,视场角 50°。它被广泛应用于价格较低的照相机上。

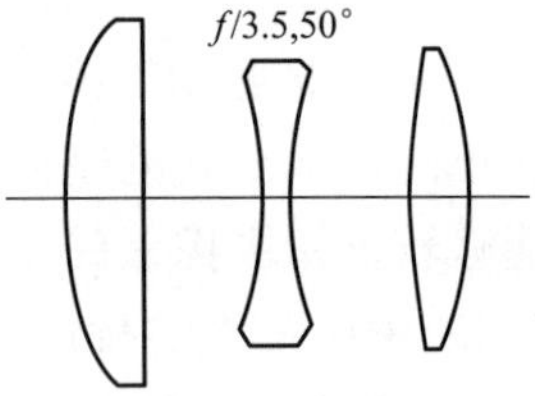

$f/3.5,50°$

图 5 - 11　三片型物镜

这种物镜的复杂化形式分两类。一类是把前、后两个正透镜中的一个分成两个,如图 5 - 12(a)、(b)所示,它们主要是为了增大物镜的相对孔径。另一类是把前、后两个正透镜中的一个或两个用双胶合透镜组代替,如图 5 - 12(c)、(d)所示,它们主要是为了增加相对孔径和视场,同时改善边缘视场的成像质量。

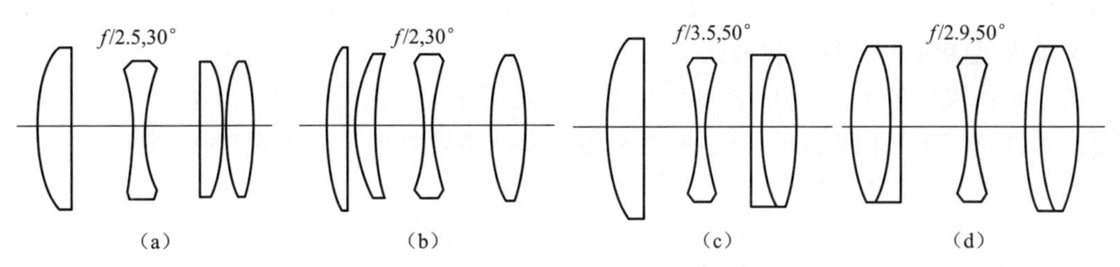

图 5-12 三片型物镜的复杂化形式

2. 双高斯物镜及其复杂化形式

双高斯物镜是具有较大视场($2\omega=40°$)的物镜中相对孔径最先达到 1/2 的物镜。它是目前多数大孔径物镜的基础,它的复杂化形式主要是为了增大物镜的相对孔径,如图 5-13(a)、(b)、(c)所示。把中间两个胶合厚透镜中的一个或两个变成分离透镜可适当提高物镜的视场,如图 5-13(d)所示。

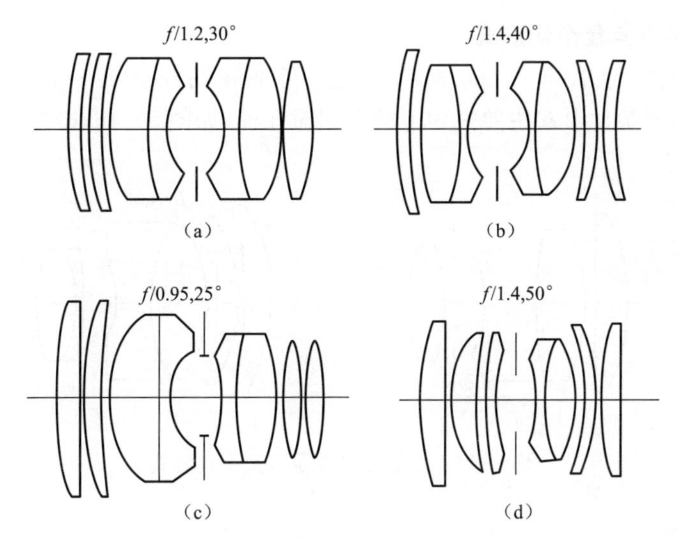

图 5-13 双高斯物镜的复杂化形式

3. 摄远物镜及其复杂化形式

这种物镜由一个正光焦度的前组和一个负光焦度的后组构成,如图 5-14(a)所示。这种物镜主要用于长焦距物镜中,它的系统长度可以小于焦距。但是这种系统的相对孔径比较小,为 1/6,视场角达到 $2\omega=30°$。它的复杂化形式是把前、后两个双透镜组的一个或两个,用三透

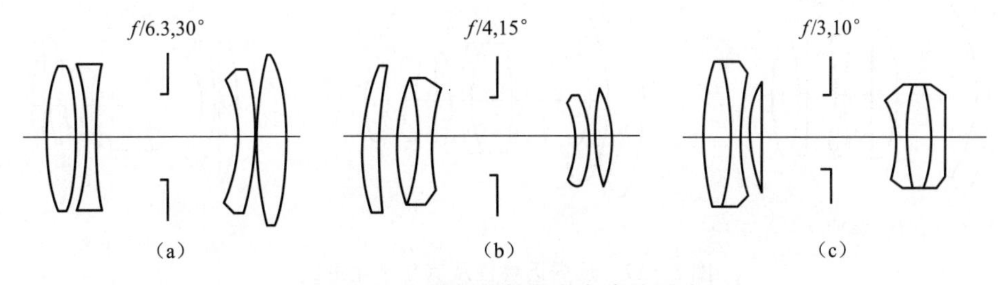

图 5-14 摄远物镜及其复杂化形式

镜组来代替,如图 5－14(b)、(c)所示,以增大相对孔径或提高成像质量。

4. 鲁沙型物镜及其复杂化形式

鲁沙物镜视场角可达 120°,相对孔径 1/8,主要用于航空测量照相机,如图 5－15(a)所示。它是一系列特广角照相物镜的基础,它的复杂化形式主要是为了增大相对孔径和改善成像质量,如图 5－15(b)、(c)、(d)所示。

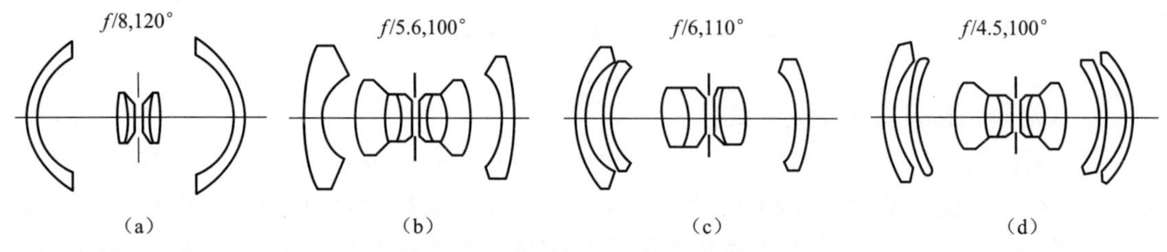

图 5－15　鲁沙型物镜及其复杂化形式

5. 松纳型物镜及其复杂化形式

简单的松纳型物镜如图 5－16(a)所示,它是一系列视场较小($2\omega<30°$)、相对孔径较大的物镜的基础。它的复杂化形式主要是为了增大相对孔径,如图 5－16(b)所示。

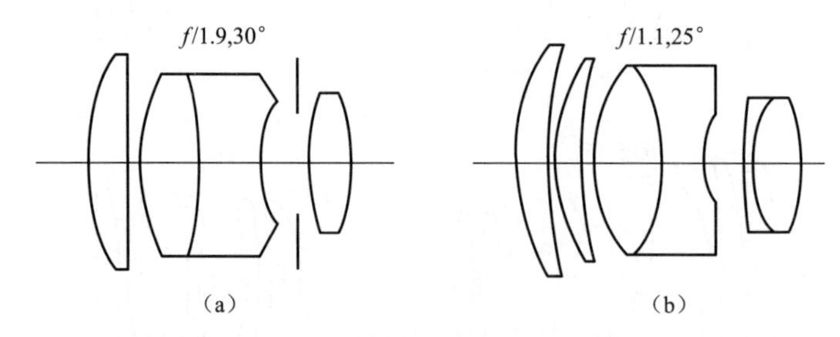

图 5－16　松纳型物镜及其复杂化形式

6. 反摄远物镜

反摄远物镜是一类照相物镜的统称,它们共同的特点是有一个负光焦度的前组和一个正光焦度的后组,至于前组和后组的具体结构,种类繁多。这类物镜近年来得到很大发展,它能同时实现大视场和大相对孔径。它的发展使照相物镜的光学特性提高了一大步,图 5－17 是它的几种有代表性的结构。这类系统的长度比较大,系统的后工作距离 l'_F 也比较大。

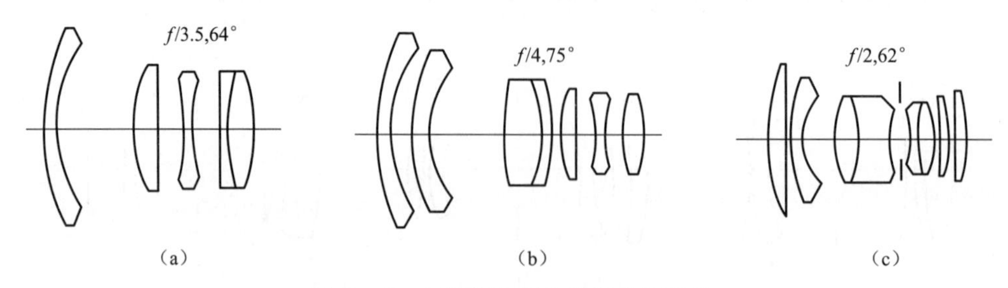

图 5－17　反摄远物镜及其复杂化形式

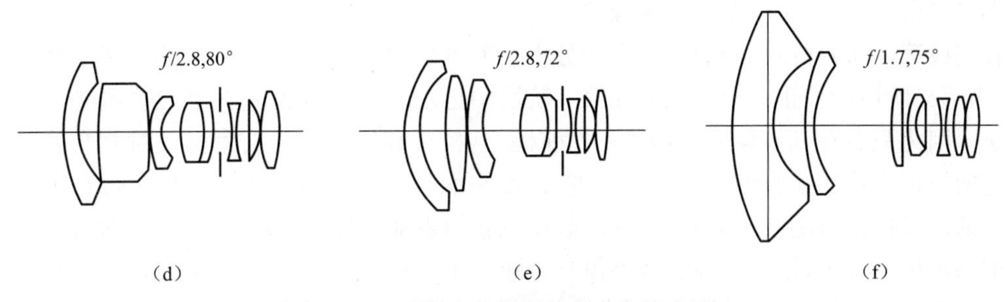

图 5-17 反摄远物镜及其复杂化形式(续)

上面我们介绍了目前较常用的一些照相物镜的结构形式及其相应的光学特性,作为我们设计照相物镜时选择原始系统的参考。

5.4 照相物镜设计的特点

由于照相物镜的光学特性变化范围很大,视场和相对孔径一般都比较大,需要校正的像差也大大增加,结构也比较复杂,它的设计比前面讲过的几种系统要困难得多。不同结构、不同光学特性的照相物镜中,需要校正的像差不同,设计方法和步骤也有差别。本节将对照相物镜设计中有普遍性的问题作一些分析和说明。

1. 原始系统结构形式的确定

原始系统的选定是光学自动设计的基础和关键。由于照相物镜中高级像差比较大,结构也比较复杂,因此照相物镜设计的原始系统一般都不用初级像差求解的方法来确定,而是根据要求的光学特性和成像质量从手册、资料或专利文献中找出一个与设计要求比较接近的系统作为原始系统。上节我们所以要介绍各种不同的结构形式和它们适用的光学特性,就是为了使大家在选择原始系统时做到心中有数,知道什么样的光学特性和像质要求,大体上应该选用什么样的结构形式,再去有目的地寻找所需要的原始系统。

2. 像差校正

在原始系统确定以后就要校正像差,究竟需要校正哪些像差,在不同光学特性和不同结构形式的系统中是不同的。我们必须通过像差计算来确定。为此我们把照相物镜的像差校正大体分成三个阶段来进行。

第一阶段:首先校正“基本像差”。

在照相物镜设计中所谓的基本像差一般指那些全视场和全孔径的像差,如:

① 轴上点孔径边缘光线的球差 $\delta L'_m$ 和正弦差 SC'_m。

② 边缘视场像点的细光束子午场曲 x'_{tm} 和弧矢场曲 x'_{sm}。

③ 轴上点的轴向色差 $\Delta L'_{gC}$ 和全视场的垂轴色差 $\Delta y'_{gCm}$。在照相物镜中一般对 g(635.83 nm)和 C(656.28 nm)这两波长的光线消色差,而不像目视光学仪器那样对 F,C 光消色差,因为感光材料对短波比人眼敏感。

④ 畸变只对那些特殊用途的照相物镜如用于照相测量的物镜,才作为基本像差一开始就加入校正,一般物镜中不加入校正。

由于照相物镜的结构比较复杂,校正上面这些基本像差并不困难。

第二阶段:校正剩余像差或高级像差。

在完成第一阶段校正的基础上,全面分析一下系统像差的校正状况,找出最重要的高级像差,作为第二阶段的校正对象。当然在第一阶段中已加入校正的像差在第二阶段必须继续参加校正。因为只有在基本像差达到校正的前提下,校正高级像差才有意义。对剩余像差或高级像差的校正采取逐步收缩公差的方式进行,使它们校正得尽可能小。在校正过程中某些本来不大的高级像差可能会增大起来,这时必须把它们也加入校正,或者在无法同时校正的情况下采取某种折中方案,使各种高级像差得到兼顾。第二校正阶段往往是整个设计成败的关键。如果系统无法使各种高级像差校正到允许的公差范围之内,只能放弃所选的原始系统,重新选择一个高级像差较小的原始系统,回到第一阶段重复上述校正过程,直到各种高级像满足要求为止。

第三阶段:像差平衡。

在完成了第二校正阶段后,各种高级像差已满足要求。根据系统在整个视场和整个光束孔径内像差的分布规律,改变基本像差的目标值,重新进行基本像差的校正,使整个视场和整个光束孔径内获得尽可能好的成像质量,这就是"像差平衡"。

对多数照相物镜来说,一般允许视场边缘像点的像差比中心适当加大,同时允许子午光束的宽度小于轴上像点的光束宽度,即允许视场边缘有渐晕。因此在校正像差过程中,可以把轴外光束在子午方向上截去一部分像差过大的光线,使它们不能通过系统到达像面成像,这就是轴外光束的拦光,也就是"渐晕"。

5.5 数码相机物镜设计特点

数码相机又称为数字相机,其实质是一种非胶片相机,它采用CCD(电荷耦合器件)或CMOS(互补金属氧化物半导体)作为光电转换器件,将被摄物体以数字形式记录在存储器中。数码相机与传统照相机的主要区别在于它们的接收器,传统相机的接收器是感光胶片,而数码相机的接收器是CCD或CMOS。

CCD与CMOS的结构不同,CCD仅能输出模拟信号,输出信号还需经后续地址译码器、A/D转换器、图像信号处理器等芯片处理,并且还需提供三组不同电压的电源和同步时钟电路控制,集成度非常低。CMOS将数码相机上的所有部件芯片的功能集中到一块芯片上,如光敏元件、图像信号放大器、信号读取电路、A/D转换器、图像信号处理器及控制器等,只需一块芯片就可以实现数码相机上的所有功能,使得数码相机整体成本低,速度更快。CCD在同步时钟控制下,以行为单位一位一位输出数据。CMOS在采集信号的同时就可取出信号,同时处理电路单元的图像信息,可以使耗电更省,CCD需要三组电源处理RGB三原色的数据信息,CMOS只需一组电源,没有静态电量的消耗,只有接通电路才有电量消耗,它的耗电量只是CCD的1/10左右,大大节省了耗电量,但是消除噪声的能力稍差。

数码相机是集光学、机械、电子于一体的现代高技术产品,它集成了影像信息的转换、存储和传输等多种部件,具有数字化存取模式、与计算机交互处理和实时拍摄的特点。因此数码相机有如下特性:① 立即成像。数码相机属于电子取像,可立即在液晶显示器、计算机显示器或电视上显示,可实时监视影像效果,也可随时删除不理想的图片。② 与计算机兼容。数码相机存储器里的图像输送到计算机后通过影像处理软件,可从事剪切、编辑、打印等,并可将影像存储在计算机中。③ 电信传送。数码相机可将图像信号转换为电子信号，经电信传输网或内部网进行传输。

数码相机光学系统的设计与传统相机既有相似之处也有明显的区别，CCD或CMOS的成像特性给数码相机的光学系统提出了一些新的结构和性能的要求。数码相机镜头的作用与传统机相镜头一样，将景物清晰地成在CCD(CMOS)感光器上，并具备对焦、光圈和快门功能。因此，镜头是数码相机的核心部件之一。

由于数码相机的成像接收器件为CCD或CMOS，通常CCD或CMOS的面积较小，如1/3英寸(1英寸约等于2.54 cm)的CCD尺寸为6.4 mm×4.8 mm，其对角线为8 mm，因此数码相机光学系统的焦距一般较小，在几毫米至十几毫米，而相应的其视场一般较大。由于感光器件是离散器件，当景物像的空间频率高于感光器件的奈奎斯特频率时，在像面上有可能出现莫尔条纹的干扰图像，为消除或减少这一现象，在光学系统中可加入一低通滤波器。此外，为消除CCD对红外光的感应，使成像在人眼的色觉范围内，在系统中还加入截止大于0.76 μm的红外滤光片(膜)。有时为降低CCD噪声，还加入蓝色滤镜(膜)。这样，就要求光学系统具有一定的后工作距离。所以，数码相机基本上是典型的广角短焦距镜头，在结构上一般采用的是反摄远型，即负－正结构，负组在前，正组在后。反摄远型系统的特点是后工作距离比一般系统的物镜大很多，可以满足较长工作距离的要求；同时，反摄远型物镜的前组负透镜可以减小物镜内部斜光束的倾斜角，使主光线在物镜内部和光轴的倾斜角大大小于物方和像方的视场角，容易在比较大的视场内获得良好的成像质量。另外，反摄远型物镜的像方视场角比物方视场角小，因此像面的光照度比相同物方视场角的一般类型系统要均匀得多。

由于普通数码相机的CCD比传统相机的胶片小得多，一般只有1/3～2/3 in，所以对镜头的分辨力要求比较高。无论对光学系统的成像质量还是对镜头结构和运动精度的要求都很高。200万像素级的镜头，其分辨力通常都会超过200线对/mm。

数码相机的曝光宽容度由面阵感光器件的暗电流噪声和饱和电荷量决定，它比传统的光化学胶片的曝光宽容度要小，因此数码相机的光圈和快门的曝光精度要求高，而且在逐行扫描的CCD中必须使用机械式快门。

数码相机按其档次不同，其镜头基本结构可分为单反镜头和普通镜头。按其焦距不同，又可分为单焦距式、双焦距式和变焦距式。单反镜头与胶卷式单反相机镜头一样，同一厂家的镜头可以拆换。有的单反数码相机就直接使用胶卷式相机的单反镜头，单反镜头一般用于质量较高或专业型的高档数码相机中。普通镜头与一般胶卷式傻瓜相机镜头类似，其中单焦距式和双焦距式的结构比较简单，制造容易，成本低，一般用于中、低档数码相机中。而变焦距式镜头结构复杂，但因它兼有远摄(长焦)和广角(短焦)功能，使用灵活自如，成为中、高档数码相机镜头的基本结构。目前数码相机变焦距式镜头的市场占有率最大，是购买者首选的数码相机机种。

数码相机变焦镜头的变倍范围为2～10倍，而3倍的光学变焦为最多，相当于35 mm胶卷相机的镜头焦距为35～105 mm。

数码相机变焦镜头的基本结构是由变焦组、补偿组和微距组组成。变焦组和补偿组按设计规律作伸缩运动，完成变焦和稳定像面功能。变焦有分级变焦和连续变焦两种形式，主要由控制电路确定。微距组用作相机拍摄特近景物时的附加透镜组，其调节运动同时兼作对焦时的微量移动。这些运动透镜组的运动均由数码相机的控制电路，经由电动机和传动机构来驱动。其中变焦组和补偿组的运动互相关联，通常用同一个电动机带动；而微距组(兼作对焦)的运动比较独立，用另外一个电动机带动。

当相机不拍摄时，为了尺寸最紧凑，镜头将收缩到最短位置。为此依据变倍范围不同，镜头的镜筒分成 2～3 节可伸缩的镜筒。由于机构运动的需要，这些伸缩镜筒除了带动镜组沿光轴运动而收缩外，有时镜筒自身又绕光轴作旋转运动。只有那些自动开关镜头盖(入口为长方形)的相机中，前面第一节镜筒不宜有旋转运动。图 5-18 为一典型的数码相机示意图。

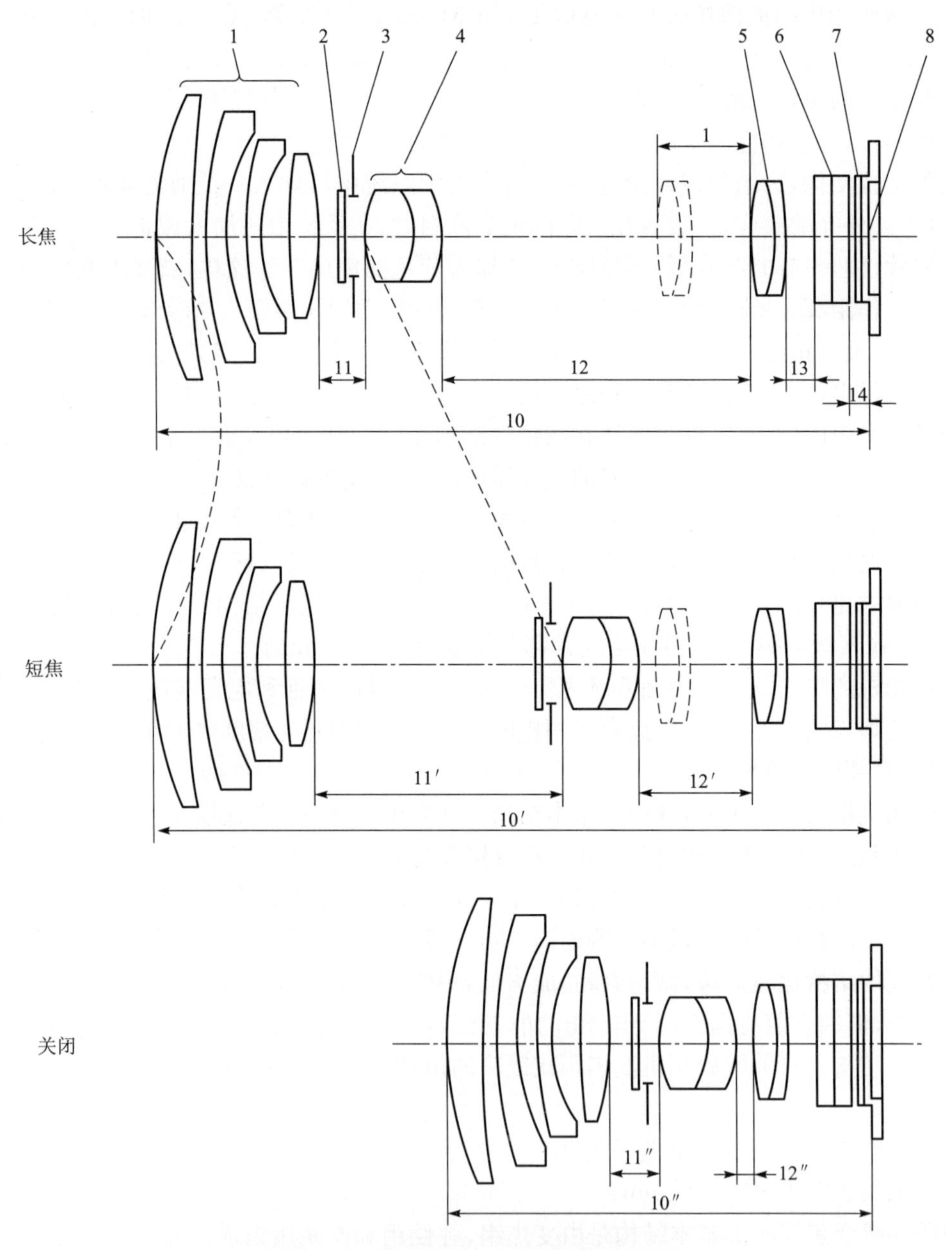

图 5-18　数码相机镜头光学系统示意图

1—光学补偿组；2—中性滤光片；3—快门和光阑；4—光学变焦组；
5—微距和对焦组；6—低通滤波组；7—CCD 玻盖片；8—CCD 感光面

数码相机光学系统的像差设计与传统的照相机光学系统设计基本上是一样的，需要校正球差、彗差、像散、场曲、畸变、轴向色差和垂轴色差。与传统的照相机物镜相比，数码相机的镜头结构要复杂一些，因为数码相机需要较大的相对孔径、较短的焦距和较长的后工作距离，给像差校正带来了一定的困难。

由于数码相机物镜设计比传统的照相机物镜设计难度要大，成像质量要求也要高得多，因此很多数码相机物镜都采用了非球面。采用非球面有很多好处，如可以提高成像质量，提高镜头的光学性能，使镜头小型化和轻量化，减少镜头数量，缩小外形尺寸，减轻重量，降低镜头成本等。当然，采用非球面要求掌握先进的非球面的设计和加工技术。

对于传统的照相机镜头，由于底片分辨力的限制，成像质量无须像目视光学系统那样好，一般认为照相物镜的像差公差可以比目视光学系统大得多。标准35 mm照相机物镜的分辨力国家标准轴上为40线对/mm，轴外为25线对/mm，MTF在全孔径时30线对/mm轴上为0.30，轴外为0.15。而对于数码相机物镜来说，成像质量明显要比传统相机物镜高得多。由于数码相机是成像在二维光电阵列上，图像信息由离散的光电探测器获取。根据奈奎斯特定理，一个光电成像器件能够分辨的最高空间频率等于它的采样频率的一半。例如，对于1/3 in的CCD，假定其像元的尺寸大小为8 μm，则其分辨力应该为$\frac{1}{2}\times\frac{1}{0.008}=62.5$线对/mm。很显然，这个要求比传统相机物镜的要求要高得多了。

由于数码相机的接收器是二维光电阵列，是由离散的光电探测器获取，因此通常不采用单项独立的几何像差作为像质评价指标，因为设计中像质评价是在最佳像平面上，而最佳像平面与理想像平面一般不重合，在最佳像平面上单项几何像差没有定义。对于像CCD这样的光电器件，我们通常采用垂轴像差、波像差或光学传递函数来作为像质评价指标。采用最多的仍然是MTF，一般认为，在最大频率处，如果轴外点最大视场的子午和弧矢振幅传递函数MTF大于0.3，轴上点MTF大于0.5，则成像质量已经相当好了，可以满足要求。

变焦距系统在使用过程中，由于它的焦距可以在一定范围内以不同的速度不间断地进行改变，因此它能在成像物体不变的情况下，获得可缓可急并连续地改变成像画面景别的效果，从而产生强烈的真实感和艺术上的不同表现力。如果变焦距镜头能够达到较满意的成像质量，则可代替在变焦范围内的任一个定焦距镜头，从而带来使用上的方便。

利用系统中若干透镜组的移动，使系统的焦距在一定范围内改变的光学系统称为变焦距系统。由于系统焦距的改变，必然使物像之间的倍率发生变化，所以变焦距系统也称为变倍系统。多数变焦距系统除了要求改变物像之间的倍率之外，还要求保持像面位置不变，即物像之间的共轭距不变。

对一个确定的透镜组来说，当它对固定的物平面作相对移动时，对应的像平面的位置和像的大小都将发生变化。当它和另一个固定的透镜组组合在一起时，它们的组合焦距将随之改变。显然，变焦距系统的核心是可移动透镜组倍率的改变。对单个透镜组来说，要它只改变倍率而不改变共轭距是不可能的，但是有两个特殊的共轭面位置能够满足这个要求，即所谓的“物像交换位置”。在满足物像交换的特殊位置上，物像之间的共轭距不变，但倍率改变了处在物像交换条件下像面的位移量最小。在变焦距系统中起主要变倍作用的透镜组称为“变倍组”，它们大多工作在$\beta=-1^{\times}$的位置附近，称为变焦距系统设计中的“物像交换原则”。

要使变倍组在整个变倍过程中保持像面位置不变是不可能的，要使像面保持不变，必须另外增加一个可移动的透镜组，以补偿像面位置的移动，这样的透镜组称为“补偿组”。在补偿组移动过程中，它主要产生像面位置变化，以补偿变倍组的像面位移，而对倍率影响很小。实际应用的变焦距系统，它的物像平面是由具体的使用要求决定的，一般不可能符合变倍组要求的物像交换原则。例如，望远镜系统的物平面和像平面都位在无限远，照相机的物平面同样位在物镜前方远距离处。为此，必须首先用一个透镜组把指定的物平面成像到变倍组要求的物平面位置上，这样的透镜组称为变焦距系统的“前固定组”。如果变倍组所成的像不符合系统的使用要求，也必须用另一个透镜组将它成像到指定的像平面位置，这样的透镜组称为“后固定组”。大部分实际使用的变焦距系统均由前固定组、变倍组、补偿组和后固定组4个透镜组构成，有些系统根据具体情况可能省去这4个透镜组中的1个或2个。

目前实际应用的几种典型变焦距系统有：① 用双透镜组构成的变倍组；② 由一个负的前固定组加一个正的变倍组构成的低倍变焦距物镜；③ 由前固定组加负变倍组以及负补偿组和后固定组构成的变焦距系统；④ 由前固定组加负变倍组和正补偿组构成的变焦距系统；⑤ 由前固定组加一个负变倍组和一个正变倍组构成的变焦距系统。这些将在下一章讨论。

在数码相机变焦距物镜中，最常采用的是第②种，即由一个负的前固定组加一个正的变倍组构成的变焦距物镜。我们知道，照相物镜要求把远距离目标成一个实像，这类系统要实现变焦距，则必须有一个将远距离目标成像在变倍组$-1^{\times}$的物平面位置上的前固定组。为了使系统最简单，我们不再在变倍组后加后固定组，由于系统要求成实像，因此，必须采用正透镜组作变倍组，前固定组采用负透镜组。这样，一方面可以缩短整个系统的长度，另一方面整个系统构成一个反摄远系统，有利于轴外像差的校正，使系统能够达到较大的视场。在变倍过程中，前固定组同时还起到补偿组的作用。这种系统所能达到的变倍比比较小，因为变倍组的移动范围受到前固定组像距的限制，主要用于低倍变焦距的照相物镜和投影物镜中。

5.6 照相物镜像差的公差

照相物镜把景物成像在感光底片上经曝光产生影像，由于底片分辨力的限制，照相物镜所成的像，无须像目视光学系统那样，要求成像质量接近理想。因此一般认为照相物镜像差的公差可以比目视光学系统大得多。由于底片的质量差别很大，不同使用要求对物镜成像质量的高低要求不一。因此对照相物镜来说，很难找到一个统一的标准作为制定像差公差的依据。长期以来照相物镜像差的公差问题一直没有完全解决，主要是通过现有产品的像差和新设计系统的像差进行比较，根据现有产品的成像质量来估计新设计系统的成像质量。这个方法看起来比较原始，但它是建立在实践基础上的，有较高的可靠性，长期以来为大多数人采用，目前它仍不失为一个重要手段。

不同用途照相物镜质量要求的差别很大。如高质量的航空照相和卫星照相用照相物镜要求接近理想成像，而普通廉价照相机的成像质量要求低得多。下面我们给出一般中等质量照相物镜像差公差的大致范围，供读者参考。

1. 轴上球差的公差

目视光学系统球差的公差以波差小于$\lambda/4$为像差公差的标准。对照相物镜来说波差小于$\lambda/2$，即可认为是一个高质量的设计，因此可以把波像差小于$\lambda/2$作为照相物镜轴上球差公差的标准，相应的球差公差公式为

初级球差 $\delta L'_m \leqslant \frac{8\lambda}{n' u_m'^2} \sim \frac{16\lambda}{n' u_m'^2}$

剩余球差 $\delta L'_{sn} \leqslant \frac{12\lambda}{n' u_m'^2} \sim \frac{24\lambda}{n' u_m'^2}$

表 5－5 列出了常用相对孔径对应的球差公差值。

表 5－5　常用相对孔径对应的球差公差值

相对孔径 D/f'	$\delta L'_m$	$\delta L'_{sn}$
1∶1.4	0.04～0.08	0.05～0.10
1∶2	0.08～0.16	0.1～0.2
1∶2.8	0.16～0.32	0.2～0.4
1∶4	0.32～0.64	0.4～0.8

相对孔径越大，像差校正越困难，而且照相机经常在较小孔径使用，使用最大孔径的机会比较少，因此表 5－5 中球差的公差值对特大相对孔径的物镜来说(如相对孔径大于 1∶2)还允许超过。

2. 轴外单色像差的公差

照相幅面的形状一般为长方形或正方形。如图 5－19 所示。照相物镜的视场一般按对角线视场计算，图中的圆相当于 0.7 视场，整个画面的绝大部分面积已包含在 0.7 视场的圆内。因此评价照相物镜的轴外像差主要是在 0.7 视场内，0.7 视场以外像质允许下降。

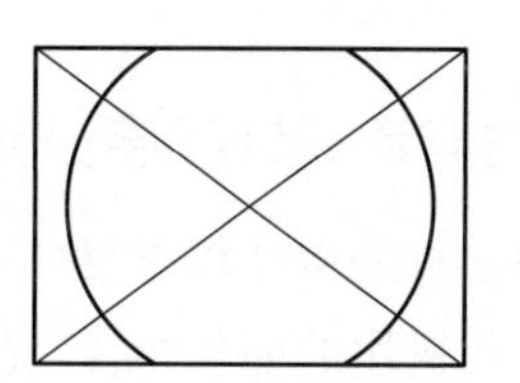
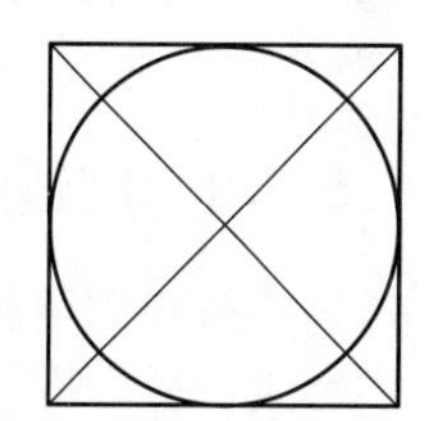

图 5－19　照相幅面示意图

评价照相物镜的轴外像差，一般不按各种单项像差分别制定公差，而直接根据子午和弧矢垂轴像差曲线对轴外点进行综合评价。前面已给出了轴上点球差的公差，在评价轴外点的像差时，首先作出轴上点和轴外点的子午和弧矢垂轴像差曲线，把轴上点的垂轴像差作为评价轴外点垂轴像差的标准，而且重点考察 0.7 视场内的像差。

对垂轴像差曲线一般应从两个方面来考察：一方面看它的最大像差值，它表示最大弥散范围；另一方面看光能是否集中，如果大部分光线的像差比较小，光能比较集中，即使有少量光线像差比较大也是允许的。轴外像点的像差当然不可能校正得和轴上像点一样好，只要整个光束中有 70％～80％的光线的像差和轴上点相当，就可以认为是较好的设计了。

子午光束可以用渐晕的方法来减小实际成像光束的像差。弧矢光束一般无法拦光，它的成像光束宽度和轴上点相同，因此弧矢垂轴像差一般比子午垂轴像差还要大些。一般要求代表弧矢彗差的曲线最大像差值应小于同一视场的子午垂轴像差，代表弧矢场曲和弧矢球差的曲线允许比同一视场的子午垂轴像差适当加大。

利用垂轴像差曲线评价像差时，还应考虑像面位移的影响。像面位移后的垂轴像差相当于把各视场的像差曲线对同一斜率的直线来计算垂轴像差。

3. 色球差公差

照相物镜一般都能把轴上点指定孔径光线的色差校正得比较好(如 0.707 1 孔径的光

线),但是色球差不可能完全校正。在不同形式的物镜中差别很大,如在双高斯物镜中色球差很小,而在反摄远物镜中色球差比较大。由色球差形成的近轴和边缘色差最好不超过边缘球差 $\delta L'_m$ 的公差。

4. 垂轴色差

垂轴色差对成像质量影响较大,应尽可能严格校正,一般要求在0.7视场内垂轴色差不超过0.01～0.02。边缘视场允许适当超出。

5. 畸变

一般照相物镜要求畸变小于2%～3%。

以上像差公差的参考数据是针对一般照相机的物镜来说的,对特种用途的照相机应按具体使用要求确定。目前比较好的方法是使用光学传递函数,通常考察在特征频率下MTF的值是否大于一定的值。如对于CCD相机,假设其CCD探测器像元尺寸为0.01 mm,则此相机的特征频率就是50线对/mm,一般来说,如果在50线对/mm处整个视场的MTF均大于0.2,则可以满足使用要求。当然,具体情况应当具体分析,如果对成像质量要求比较严,则MTF值应相应提高才能满足要求。

5.7 照相物镜设计实例

5.7.1 用适应法自动设计程序设计反摄远物镜

这一节我们用适应法自动设计程序设计一个反摄远物镜,作为第一个设计实例。

要求设计一个135相机用的照相物镜,光学特性要求为:

焦距 $f'=37$ mm

相对孔径 $\dfrac{D}{f'}=\dfrac{1}{2}$

视场角 $2\omega=60°$

像方焦截距 $l'_F>30$ mm

下面按实际设计过程说明设计方法和步骤。

1. 原始系统的确定

根据光学特性和像方焦截距的设计要求,我们从专利资料中选用了如图5-20所示的反摄远物镜。专利中给出的光学特性为:

$$f'=1,\ \frac{D}{f'}=\frac{1}{2},\ 2\omega=62°,\ l'_F=1.1$$

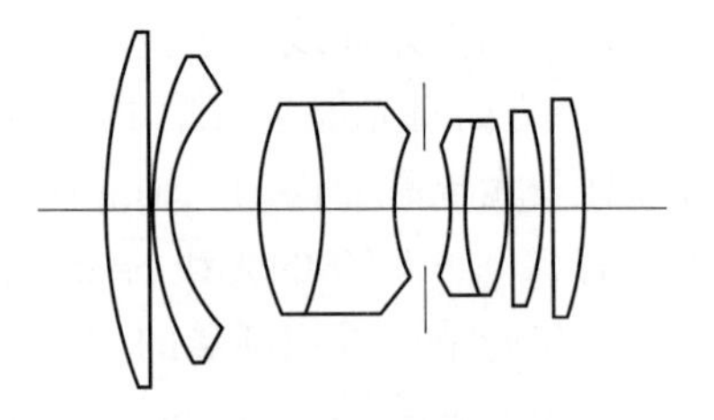

图5-20 反摄远物镜

结构参数为:

r	d	n_D	v
		1	
3.211 7	0.108 33	1.713	53.9
0	0.002 78	1	
1.388 9	0.061 11	1.516 8	64.2

0.477 8	0.311 11	1	
0.894 5	0.227 78	1.675 5	41.9
−1.527 8	0.291 67	1.514 54	54.62
0.944 4	0.147 22	1	
−0.599 2	0.027 78	1.784 77	26.1
1.077 5	0.194 44	1.744 43	49.4
−0.717 2	0.002 78	1	
−3.055 6	0.083 33	1.766 84	46.2
−1.069 1	0.002 78	1	
3.611 1	0.069 44	1.744	44.9
−2.195 8		1	

以上专利数据是按 $f'=1$ 给出的，首先要把它缩放成要求的焦距 $f'=37$。把上面结构参数中的半径、厚度和空气间隔都乘以37，就得到焦距的结构参数如下：

r	d	n_D	v	n_D*	v*
		1			
119	4.02	1.713	53.9	1.638 4	55.5(ZK11)
0	0.1	1			
51.3	2.26	1.516 8	64.2	1.516 3	64.1(K9)
17.7	11.5	1			
33.05	8.43	1.675 5	41.9	1.701 66	41(ZBaF20)
−56.6	10.78	1.514 54	54.62	1.568 8	56(BaK7)
34.9	5.45	1			
−22.19	1.1	1.784 77	26.1	1.717 2	29.5(ZF3)
39.8	7.2	1.744 43	49.4	1.656 8	51.1(ZBaF3)
−26.6	0.1	1			
−113	3.08	1.766 84	46.2	1.638 4	55.5(ZK11)
−39.55	0.1	1			
133.7	2.56	1.744	44.9	1.638 4	55.5(ZK11)
−81.3		1			

以上数据中后面括弧内为根据专利给出的 n_D，v 值，从国产玻璃产品目录中查出的相应的玻璃牌号。系统中使用了一块LaK玻璃和三块LaF玻璃，由于镧玻璃价格昂贵，化学稳定性和工艺性较差，不采用，改用一般玻璃代替。这样系统中的四块正透镜的折射率下降，可能会使系统的成像质量有所降低。下面我们把每个透镜更换玻璃的理由说明如下：

第1透镜：原来用的是LaK7($n_D=1.713$，$v=53.9$)，我们把它换成ZK11 ($n_D=1.6384$，$v=55.5$)，它是重冕玻璃中折射率最高的，色散和LaK7接近。

第2透镜：原来用的是K9，保持不变。

第3透镜：原来用的是ZbaF11($n_D=1.66755$，$v=41.9$)，改用ZBaF20($n_D=1.70166$，$v=41$)，色散近似不变，折射率略有提高。

第4透镜：原来的是KF2($n_D=1.51454$，$v=54.62$)，这种玻璃也不常用。现改用BaK7

(n_D=1.568 8,v=54.62),色散和KF2相近,折射率略有提高,以保持胶合面两边的折射率差不变,胶合面两边折射率差对像差影响较大,在更换玻璃时尽可能保持不变。

第7、8透镜:这两块透镜原来都是用的LaF玻璃、现在都改用ZK11(n_D=1.638 4,v=55.5),它的折射率和色散都比原来的玻璃低得多(n_D=1.766 84,v=46.2;n_D=1.744,v=44.9)。希望通过改变第5、6两块透镜的玻璃进行补偿。

第5、6透镜:由于第7、8两个正透镜的色散降低了,为了保持色差不变,第5个负透镜玻璃的色散也要降低,我们用ZF3(n_D=1.717 2,v=29.5)代替原来的ZF13(n_D=1.784 7,v=26.1),第6透镜改用ZBaF3(n_D=1.656 8,v=51.1),折射率和色散都比原来的玻璃LaF7(n_D=1.744 43,v=49.4)降低了,以保持胶合面两边的折射率差和色散差不变。

为了便于对照,把我们选用的玻璃光学常数一起标在上面的结构参数右边,用*表示,后面括号中为相应的名称。

在玻璃材料确定以后,还要把更换玻璃的各透镜的半径作相应的改变,使每个折射面对应的光焦度不变。我们把系统中的每个折射面都看作是一个平凸或平凹的薄透镜,在更换玻璃后,保持它们的光焦度不变,并让它们之间的厚度和间隔不变,这样可以使系统的特性变化不大。根据平凸或平凹薄透镜光焦度公式,欲保持各个折射面的光焦度不变,新的玻璃折射率n^*及球面曲率c^*和原来的n,c之间应符合以下关系:

$$c^*(n^*-1)=c(n-1)$$

根据上式得到新半径r^*和原半径r之间的关系如下:

$$r^*=r\frac{n^*-1}{n-1} \tag{5-4}$$

系统中胶合面的半径保持不变,因为我们在更换玻璃时,让胶合面两边的折射率差基本不变。把前面经过焦距缩放后得到的半径按式(5-4)求出新的半径,并在光阑所在的空间插入一个光阑平面,让光阑两边的空气间隔相等。这样得出了设计开始的实际原始系统结构参数如下:

r	d	n_D	n_g	n_C
		1	1	1
106.5	4	1.638 438	1.652 891	1.635 060
0	0.1	1	1	1
51.3	2.3	1.516 3	1.521 955	1.513 895
17.7	11.5	1	1	1
34.75	8.43	1.701 658	1.723 617	1.696 728
−56.6	10.8	1.568 8	1.581 552	1.565 821
38.55	2.72	1	1	1
0(光阑)	2.73	1	1	1
−20.2	1.1	1.717 2	1.749 258	1.710 371
39.8	7.2	1.656 8	1.673 064	1.653 058
−23.48	0.1	1	1	1
−94	3.1	1.638 438	1.652 891	1.635 060
−32.81	0.1	1	1	1

116.51　　3.6　　1.638 438　　1.652 891　　1.635 060

−70.9　　　　1　　1　　1

上述结构参数中，厚度 d 作了适当归整，最后一个透镜的厚度原来是 2.56，太薄，我们把它增加到 3.6。

对上述结构参数按以下光学特性计算像差：

$l=\infty, \omega=-30°$, $H=9.25$，光阑位在第 8 面。

有关像差结果如表 5－6 所示。

表 5－6　像差结果

孔径比例	像差								
	$\delta L'$	SC'	$\Delta L'_{gC}$	x'_t	x'_s	$\delta L'_{T1h}$	K'_{T1h}	$\Delta y'_z$	$\delta y'_{gC}$
1	−0.547	0.002 2	−0.047	1.87	0.628	−0.115	−0.04	−0.424	0.015
0.707 1	−0.478	0.001 0	−0.280	0.935	0.021	−0.446	0.034	−0.225	−0.014

$f'=37.4$，　$l'_F=42.94$，$y'_0=21.59$

从上面的像差结果可以看到，虽然我们更换了原来专利数据的几乎全部光学玻璃，而且光学常数有很大的改变，但是我们采用了相应改变透镜的曲率半径，保持每个面对应的薄透镜光焦度不变，结果系统的像差数量并不很大，为以后的像差校正创造了有利条件，说明前面这种更换玻璃的方法是成功的。这样自动设计的原始系统便确定了。

2. 第一像差校正阶段

确定了原始系统以后就可以开始进行基本像差的校正。

(1) 自变量

把除了虚设的光阑平面以外的所有 14 个面的曲率都作为自变量加入校正：

$$c_1, c_2, c_3, c_4, c_5, c_6, c_7, c_9, c_{10}, c_{11}, c_{12}, c_{13}, c_{14}, c_{15}$$

透镜的厚度和间隔则作了适当选择，把那些薄透镜的厚度和透镜之间微小的空气间隔均不作为自变量，只把厚透镜的厚度和大的空气间隔作为自变量：

$$d_5, d_6, d_7, d_8, d_9, d_{10}（第一个透镜厚度为\ d_2）$$

(2) 像差参数、目标值和公差

首先把七个基本像差参数加入校正，它们的目标值和公差如表 5－7 所示。

表 5－7　像差参数的目标值和公差

序号	像差参数	目标值	公差
1	φ	0.027	0
2	$\delta L'_m$	0	0
3	K'_{Tm}	0	0
4	x'_{tm}	0	0
5	x'_{sm}	0	0
6	$\Delta L'_{gC}$	0	−0.000 01
7	$\Delta y'_{gCm}$	0	0

除了光焦度 φ 的目标值等于设计要求的 0.027 外，其他像差目标值均给零，公差也都给零，$\Delta L'_{gC}$ 的公差给一个很小的数—0.000 01 是为了减少最后设计结果的误差而加入的一个可变公差。

(3) 边界条件

由于系统比较复杂，而且不少厚度、间隔作为自变量使用，因此必须加入透镜最小厚度的边界条件，具体数值如表 5-8 所示。

表 5-8 最小厚度边界条件

序号	2	3	4	5	6	7	8	9	10	11	12	13	14	15
d_{min}	2	0.1	2	0	2	2	0.5	0.5	1	2	0.1	1.5	0.1	1.5

按条件进入适应法自动校正，很快得出结果如表 5-9 所示。

表 5-9 像差参数的设计结果

序号	像差参数	目标值	原始系统	设计结果
1	φ	0.027	0.026 74	0.027
2	$\delta L'_m$	0	−0.547	0
3	K'_{Tm}	0	−0.04	0
4	x'_{tm}	0	1.87	0
5	x'_{sm}	0	0.628	0
6	$\Delta L'_{gC}$	0	−0.280	0
7	$\Delta y'_{gCm}$	0	0.014 8	0

结构参数为：

r	d	n_D	n_g	n_C
		1	1	1
126.76	4.4	1.638 438	1.652 891	1.635 060
−996.45	0.1	1	1	1
58.39	2.3	1.516 3	1.521 955	1.513 895
18.11	11.71	1	1	1
35.81	8.14	1.701 658	1.723 617	1.696 728
−57.75	10.54	1.568 8	1.581 552	1.565 821
43.81	3.03	1	1	1
0	2.83	1	1	1
−19.03	1.1	1.717 2	1.749 258	1.710 371
35.79	6.77	1.656 8	1.673 064	1.653 058
−23.51	0.1	1	1	1
−94.98	3.13	1.638 438	1.652 891	1.635 060
−31.76	0.1	1	1	1
114.69	3.6	1.638 438	1.652 891	1.635 060
−68.30		1	1	1

上述系统的基本像差已达到校正，为了确定第二校正阶段的像差参数，必须对系统进行一次全面的像差计算，有关像差的结果如表5-10所示。

表5-10(a)　像差结果

孔径比例	像差				
	$\delta L'$	SC'	$\delta L'_g$	$\delta L'_C$	$\Delta L'_{gC}$
1	0	0.001 23	0.488	−0.028	0.516
0.707 1	−0.323	0.000 66	−0.274	−0.274	0
0	0	0	−0.175	0.087	−0.262

表5-10(b)　像差结果

孔径比例	像差								
	x'_t	x'_s	x'_{ts}	$\delta L'_{T1h}$	K'_{T1h}	$\delta L'_{S1\omega}$	$K'_{S1\omega}$	$\delta y'_z$	$\Delta y'_{gC}$
1	0	0	0	0.195	0	1.133	−0.101	−0.538	0
0.707 1	0.115	−0.224	0.339	0.018	0.015	0.240	−0.045	−0.267	−0.019

$f'=37.03$，　$l'_F=44.46$，　$y'_0=21.38$

从以上像差结果来看，数值较大的高级像差有如下几种，它们必须在下一阶段进行校正：

剩余球差　　$\delta L'_{sn}=-0.323$

色球差　　$\delta L'_{gC}=\Delta L'_{gCm}-\Delta l'_{gC}=0.778$

弧矢球差　　$\delta L'_{Sm}=1.133$

另外，畸变 $\delta y'_z=-0.538$，已超出2%的公差，要求在下一阶段加以校正。

3. 第二像差校正阶段

① 原始系统：把第一阶段的校正结果作为第二阶段校正的原始系统。

② 自变量和边界条件：与第一校正阶段相同。

③ 像差参数、目标值和公差：第一阶段加入校正的七个基本像差参数，在第二阶段校正中继续加入校正，目标值和公差不变。畸变 $\delta y'_z$ 已超出公差，需要加入校正，我们把目标值给零，给一个固定公差0.4，正好和2%相当。

三种较大的高级像差 $\delta L'_{sn}$，$\delta L'_{gC}$，$\delta L'_{Sm}$ 必须加入校正，它们的目标值给零，给它们一个可变公差，公差值与原始系统当前的像差值近似相等，以便在校正过程中用逐步收缩公差的方式进行校正。

除了上面这11种像差之外，还有几种高级像差，虽然目前数量还不大，但在校正过程中很可能会增大起来，它们是 x'_{tsn}，x'_{ssn}，$\Delta y'_{gCsn}$，我们把它们也加入校正，给一个与当前像差值相近的固定公差。彗差在基本像差参数中我们加入校正的是 K'_{Tm}，由于系统的视场比较大，当 $K'_{Tm}=0$ 时，中间视场的彗差值可能太大，因此，增加一个 SC'_m，以控制中心视场的彗差，也给它一个固定公差。这样共有15种像差参数加入校正，它们的目标值公差如表5-11所示。

表 5-11　像差参数的目标值和公差

序号	像差参数	目标值	公差
1	φ	0.027	0
2	$\delta L'_m$	0	0
3	K'_{Tm}	0	0
4	x'_{tm}	0	0
5	x'_{sm}	0	0
6	$\Delta L'_{gC}$	0	0
7	$\Delta y'_{gCm}$	0	0
8	$\delta y'_z$	0	0.4
9	$\delta L'_{gC}$	0	−0.78
10	$\delta L'_{sn}$	0	−0.32
11	$\delta L'_{Sm}$	0	−1.1
12	x'_{tsn}	0	0.1
13	x'_{ssn}	0	0.3
14	$\Delta y'_{gCsn}$	0	0.025
15	SC'_m	0	0.001 5

按以上参数进入适应法自动设计程序，经过几次收缩公差以后，高级像差已不能进一步下降，输出结果如下：

r	d	n_D	n_g	n_C
		1	1	1
65.23	6.6	1.638 438	1.652 891	1.635 060
437.96	0.1	1	1	1
64.76	2.3	1.516 3	1.521 955	1.513 895
19.11	12.88	1	1	1
91.08	8.99	1.701 658	1.723 617	1.696 728
−120.28	12.25	1.568 8	1.581 552	1.565 821
45.24	1.36	1	1	1
0	3.24	1	1	1
−18.99	1.1	1.717 2	1.749 258	1.710 371
34.56	7.26	1.656 8	1.673 064	1.653 058
−23.72	0.1	1	1	1
−121.18	3.18	1.638 438	1.652 891	1.635 060
−36.65	0.1	1	1	1
83.91	4.4	1.638 438	1.652 891	1.635 060
−61.99		1	1	1

参加校正的15个像差参数的数值如表5-12所示。

表 5-12　像差参数的设计结果

序号	像差参数	目标值	公差	原始系统	设计结果
1	φ	0.027	0	0.027	0.027
2	$\delta L'_m$	0	0	0	0.006
3	K'_{Tm}	0	0	0	0
4	x'_{tm}	0	0	0	−0.016
5	x'_{sm}	0	0	0	−0.006
6	$\Delta L'_{gC}$	0	0	0	0
7	$\Delta y'_{gCm}$	0	0	0	0
8	$\delta y'_z$	0	0.4	−0.538	−0.426
9	$\delta L'_{gC}$	0	−0.78	0.778	0.497
10	$\delta L'_{sn}$	0	−0.32	−0.323	0.179
11	$\delta L'_{Sm}$	0	−1.1	1.13	0.727
12	x'_{tsn}	0	0.1	0.115	0.065
13	x'_{ssn}	0	0.3	−0.224	−0.30
14	$\Delta y'_{gCsn}$	0	0.025	−0.019	−0.025
15	SC'_m	0	0.001 5	0.001 23	0.000 78

系统有关的各种像差如表 5-13 所示。

表 5-13(a)　像差结果

孔径比例	像差				
	$\delta L'$	SC'	$\delta L'_g$	$\delta L'_C$	$\Delta L'_{gC}$
1	0.006	0.000 78	0.316	0.002	0.314
0.707 1	−0.177	0.000 19	−0.133	−0.133	0
0	0	0	−0.113	0.070	−0.183

表 5-13(b)　像差结果

孔径比例	像差								
	x'_t	x'_s	x'_{ts}	$\delta L'_{T1h}$	K'_{T1h}	$\delta L'_{S1\omega}$	$K'_{S1\omega}$	$\delta y'_z$	$\Delta y'_{gC}$
1	−0.016	−0.006	−0.01	0.02	0	0.727	−0.099	−0.426	0
0.707 1	0.057	−0.303	0.360	−0.045	0.018	0.202	−0.051	−0.220	−0.025

$f'=37.04$，　$l'_F=41.179$，　$y'_0=21.39$

4. 第三像差校正阶段

在第二像差校正阶段中，已经把各种高级像差校正到尽可能小，而且能够满足设计要求，就可以进入像差校正的第三阶段——像差平衡。像差平衡的目的是在高级像差基本不变的条件下,通过改变基本像差的目标值,来达到改善系统成像质量的要求。第三校正阶段的原始系统就是第二阶段的校正结果,自变量和边界条件也和第二阶段相同,只是像差参数、目标值和公差需要改变,下面进行说明。

第三校正阶段的像差参数选择可以分成两种不同的情况:第一种情况是如果系统的高级像差比较稳定(结构参数少量改变,高级像差保持基本不变),则可以只把第一校正阶段的基本像差参数加入校正,根据高级像差的大小和符号,由像差平衡的要求,给它们一个适当的目标值,一般公差给零,进入校正以后即可很快得到要求的结果。第二种情况是系统的高级像差不稳定,必须在改变基本像差目标值的同时,把高级像差仍加入校正,即参加校正的像差数基本上和第二校正阶段相同,只改变它们的目标值和公差。对高级像差(或剩余像差)把它们第二校正阶段达到的像差值作为它们的固定公差,也就是说我们希望在第三校正阶段中它们不要增大。对基本像差则按像差平衡的要求改变它们的目标值。我们现在的系统属于第二种情况,加入校正的像差参数的目标值和公差如表5-11所示。

以上像差参数和第二校正阶段比较,只少了一个K'_{Tm},因为在第二阶段中发现视场高级彗差不大,而且比较稳定,因此不用把K'_{Tm}和SC'_m同时加入校正,两者中有一个加入校正即可。把SC'_m加入校正,而且把它的目标值取为0.0075,与当前像差值0.0078基本一致。由表5-13(a)$\Delta L'_{gC}$一列看到,边缘的轴向色差$\Delta L'_{gCm}=0.314$,近轴$\Delta l'_{gC}=-0.183$,为了使边缘和近轴色差近似相等,把0.7071孔径色差的目标值,由0改为-0.05。表5-13(b)中$\Delta y'_{gCm}=0$,$\Delta y'_{gC,0.7071y}=-0.025$,中间视场的垂轴色差太大,把$\Delta y'_{gCm}$的目标值由零改为0.02,以减小视场中央部分的垂轴色差。其他三种基本像差$\delta L'_{Sm}$,x'_{tsn},x'_{ssn}的目标值不变(表5-14中序号2、4、5)。表5-14中第8~14号像差的目标值均为零,公差均改为固定公差,数值大约和系统的当前像差值相当或者略有增大。

表5-14　像差参数的目标值和公差

序号	像差参数	目标值	公差
1	φ	0.027	0
2	$\delta L'_m$	0	0
3	SC'_m	0.000 75	0
4	x'_{tm}	0	0
5	x'_{sm}	0	0
6	$\Delta L'_{gC}$	−0.05	0
7	$\Delta y'_{gCm}$	0.02	0
8	$\delta y'_z$	0	0.45
9	$\delta L'_{sn}$	0	0.2
10	$\delta L'_{Sm}$	0	0.75
11	x'_{tsn}	0	0.1
12	x'_{ssn}	0	0.3
13	$\Delta y'_{gCsn}$	0	0.025
14	$\delta L'_{gC}$	0	0.5

按以上参数进入适应法自动设计程序,输出结果如下：

r	d	n_D	n_g	n_C
		1	1	1
63.94	6.83	1.638 438	1.652 891	1.635 060
412.26	0.1	1	1	1
66.12	2.3	1.516 3	1.521 955	1.513 895
19.27	12.78	1	1	1
39.47	10.1	1.701 658	1.723 617	1.696 728
113.5	12.42	1.568 8	1.581 552	1.565 821
42.90	1.37	1	1	1
0	3.16	1	1	1
−18.96	1.1	1.717 2	1.749 258	1.710 371
34.43	7.0	1.656 8	1.673 064	1.653 058
−23.58	0.1	1	1	1
−123.36	3.18	1.638 438	1.652 891	1.635 060
−36.65	0.1	1	1	1
78.10	4.4	1.638 438	1.652 891	1.635 060
−62.41		1	1	1

输出像差结果如表5-15所示。

表5-15(a) 像差结果

孔径比例	像差				
	$\delta L'$	SC'	$\delta L'_g$	$\delta L'_C$	$\Delta L'_{gC}$
1	−0.006	0.000 66	0.225	0.003	0.223
0.707 1	−0.158	0.000 23	−0.159	−0.108	−0.050
0	0	0	−0.143	0.074	−0.216

表5-15(b) 像差结果

孔径比例	像差								
	x'_t	x'_s	x'_{ts}	$\delta L'_{T1h}$	K'_{T1h}	$\delta L'_{S1\omega}$	$K'_{S1\omega}$	$\delta y'_z$	$\Delta y'_{gC}$
1	0.010	0.007	0.003	0.013	0.008	0.695	−0.098	−0.434	0.02
0.707 1	0.054	−0.325	−0.325	−0.042	0.017	0.205	−0.049	−0.218	−0.011

$f'=37.042$， $l'_F=39.79$， $y'_0=21.39$

由以上像差结果看到各种像差在整个孔径和整个视场内达到了较好的平衡。为了全面地了解系统的像差情况,作出各种像差曲线如图5-21所示。整个设计过程到此结束。

上面把整个像差校正过程分成三个阶段,这是按照比较规范的步骤来进行的。实际设计中不一定完全按三个阶段来进行,可以把其中的两个阶段甚至三个阶段进行合并。例如,根据

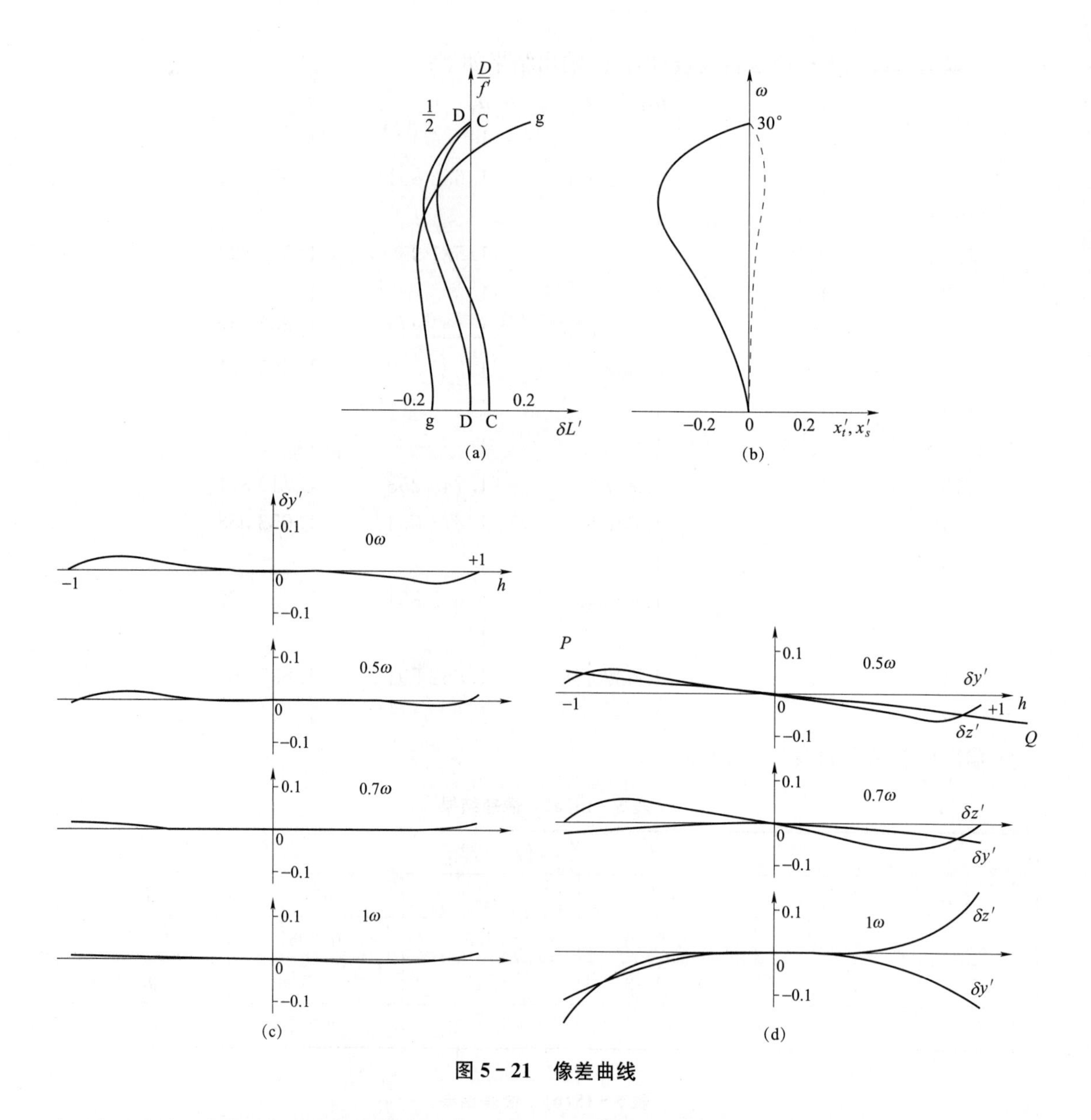

图 5-21　像差曲线

原始系统高级像差的大小和像差平衡的要求，一开始就把基本像差给出适当的目标值，或者在收缩高级像差的同时，也收缩基本像差的公差，让它们始终处于较好的像差平衡状态。另外，不同阶段像差参数的选择，不可能一次选得完全准确，需要在校正过程中，随时注意各种像差的变化，和系统的校正能力，改变加入校正的像差参数，以及它们的目标值和公差。

5.7.2　用阻尼最小二乘法自动设计程序设计双高斯物镜

要求用阻尼最小二乘法自动设计程序，设计一个具有下列光学特性的双高斯物镜：

焦距　　　$f'=50$

视场角　　$2\omega=60°$

相对孔径　$\dfrac{D}{f'}=1/2.5$

1. 第一次自动校正

(1) 原始系统的选择

上述光学特性的要求，比典型的双高斯物镜的视场大，但相对孔径小，选用双高斯结构可以满足要求。由于阻尼最小二乘法程序对加入校正的像差参数不受限制，可以把像差以外较多的近轴参数、几何参数和边界条件加入校正。不论采用什么样的原始系统，程序总能进行迭代，使系统在满足近轴参数、几何参数和边界条件的前提下，使评价函数收缩到一个局部极小值。我们采用如下的一个原始系统，其结构参数为：

r	d	n_D	n_F	n_C
		1	1	1
26.92	6.0	1.638 438	1.652 891	1.635 060(ZK11)
76	0.1	1	1	1
15.7	5.3	1.613	1.625 606	1.610 007(ZK7)
52	2.5	1.624 2	1.646 779	1.619 252(F5)
10.1	7.5	1	1	1
0	7.6	1	1	1
−13.3	1.8	1.624 2	1.646 779	1.619 252(F5)
0	6.9	1.613	1.625 606	1.610 007(ZK7)
−17.2	0.1	1	1	1
64.1	6.0	1.638 438	1.652 891	1.635 060(ZK11)
−47.4		1	1	1

这是一个典型的双高斯物镜，光学特性为

$$f'=50,\quad 2\omega=40°,\quad \frac{D}{f'}=1:2$$

现在要把它改为 $f'=50, 2\omega=60°, \frac{D}{f'}=1:2.5$ 的设计，两者光学特性相差较大，在阻尼最小二乘法程序中，使用它作为原始系统是允许的。由于焦距和设计要求一致，所以不用对系统进行缩放，而且玻璃材料不变，直接把它作为自动设计的原始系统。

(2) 构成评价函数的像差和权因子

系统按第二类广角系统进行设计；采用垂轴几何像差构成评价函数；单色像差和色差同时校正；采用加法型阻尼(乘法型阻尼一般很少采用)。

子午光束的渐晕系数：

全视场　　$K^+=0.65, K^-=-0.65$

0.7视场　　$K^+=0.9,\ K^-=-0.9$

加入校正的近轴参数只有一个：焦距 $f'=50$。

不使用人工权因子。第一次校正一般均不采用人工权因子。

(3) 自变量

把系统的10个曲率均作为自变量加入校正(光阑平面不作自变量)：

$$c_1, c_2, c_3, c_4, c_5, c_7, c_8, c_9, c_{10}, c_{11}$$

透镜厚度除了两个微小的空气间隔 $d_3=d_{10}=0.1$ 不作为自变量外，其他全部厚度间隔均作为自变量加入校正：

$$d_2, d_4, d_5, d_6, d_7, d_8, d_9, d_{11}$$

共有8个。这样共有18个自变量加入校正。透镜玻璃的光学常数不作为自变量。

(4) 边界条件

加入校正的唯一边界条件是透镜的最小厚度，它们的数值如表5-16所示：

表5-16　最小厚度的边界条件

序号	2	3	4	5	6	7	8	9	10	11
d_{min}	2	0.1	1.5	1.5	0.5	0.5	1.5	1.5	0.1	2

按以上条件进入阻尼最小二乘法自动设计程序进行自动校正。原始系统的像差很大，并且大量违背边界条件，评价函数 $\Phi=7\,546.054$，其中违背边界条件占6 730.808，经过了25次迭代以后，评价函数不再下降，达到2.985，其中违背边界条件占0.03，说明系统已基本上不违背边界条件。这时便退出校正，输出设计结果如下：

r	d	n_D	n_F	n_C
		1	1	1
30.69	5.36	1.638 438	1.652 891	1.635 060(ZK11)
122.95	0.1	1	1	1
16.93	4.54	1.613	1.625 606	1.610 007(ZK7)
41.47	1.49	1.624 2	1.646 779	1.619 252(F5)
12.5	4.17	1	1	1
0	5.86	1	1	1
−18.37	1.49	1.624 2	1.646 779	1.619 252(F5)
−130.33	4.36	1.613	1.625 606	1.610 007(ZK7)
−22.78	0.1	1	1	1
132.43	11.92	1.638 438	1.652 891	1.635 060(ZK11)
−46.32		1	1	1

$L=\infty$，　$\omega=-30°$，　$H=10$

为了更清楚地了解系统的像质，用像差计算程序(ABR)对上述系统计算像差，结果如表5-17所示。

表5-17(a)　像差结果

孔径比例	像差				
	$\delta L'$	SC'	$\delta L'_F$	$\delta L'_C$	$\Delta L'_{FC}$
1	−0.094	−0.001 9	−0.041	−0.060	0.019
0.707 1	−0.089	−0.000 9	−0.050	−0.054	0.003
0	0	0	0.023	0.037	−0.014

表5-17(b) 像差结果

孔径比例	像差								
	x'_t	x'_s	x'_{ts}	$\delta L'_{T1h}$	K'_{T1h}	$\delta L'_{S1\omega}$	$K'_{S1\omega}$	$\delta y'_z$	$\Delta y'_{FC}$
1	−1.31	−0.90	−0.42	1.86	0.188	1.817	0.029	−0.038	−0.001
0.707 1	−0.499	−0.90	0.40	1.57	0.038	0.683	−0.006	0.017	−0.001

$f'=50.09$, $l'_F=27.72$, $y'_0=28.92$, $u'=0.2$

由以上像差结果看到,该系统轴上点球差.色差都校正得很好,但轴外像点的单色像差太大,需要进一步校正。

2. 第二次自动校正

在第一次自动校正结果的基础上,希望改善轴外点的成像质量,为此引入人工权因子进行第二次校正。第二次自动校正的原始系统为第一次自动校正的最后结果,像差参数、自变量都和第一次自动校正相同。

边界条件和第一次校正有些不同,因为从第一次校正的输出结果看到,中间两个胶合厚度都比规定的最小厚度 $d_{min}=1.5$ 略小点,说明减小厚度对像差校正是有利的。我们把 d_{min} 改为1,这样最小厚度边界条件如表5-18所示:

表5-18 最小厚度的边界条件

序号	2	3	4	5	6	7	8	9	10	11
d_{min}	2	0.1	1	1	0.5	0.5	1	1	0.1	2

引入人工权因子的目的是使各种像差达到更合理的匹配,现在系统存在的主要问题是轴上像差很好,而轴外像差不好,为此希望通过人工权因子来减小轴外像差。我们采用的视场人工权因子如表5-19所示。

表5-19 各视场的权因子

视场 $\tan\omega$	0	0.5	0.7	0.85	1
人工权因子	0.5	0.7	1	1.5	1.5

不使用孔径人工权因子,1和0.7孔径的权因子都等于1。

弧矢人工权因子:由于轴外点的子午光束可以用拦光的方法去掉那些像差过大的光线(渐晕),而弧矢光束无法拦光,现在弧矢光束的像差较大,因此给弧矢像差的权因子等于2。

畸变人工权因子:现在系统的畸变很小,不用校正得如此好,因此给畸变权因子等于0.3。

色差权因子等于1。

采用了人工权因子并改变了边界条件后,进行第二次自动校正,经过27次迭代,评价函数不再下降得出校正结果如下:

r	d	n_D	n_F	n_C
		1	1	1
27.62	5.36	1.638 438	1.652 891	1.635 060(ZK11)
77.56	0.1	1	1	1
14.93	3.71	1.613	1.625 606	1.610 007(ZK7)
26.44	0.99	1.624 2	1.646 779	1.619 252(F5)
10.89	7.32	1	1	1
0	9.97	1	1	1
−21.1	0.99	1.624 2	1.646 779	1.619 252(F5)
1 092.6	5.97	1.613	1.625 606	1.610 007(ZK7)
−21.92	0.1	1	1	1
292.82	7.2	1.638 438	1.652 891	1.635 060(ZK11)
−41.81		1	1	1

$L=\infty$, $\omega=-30°$, $H=10$

主要像差如表 5-20 所示。

表 5-20(a) 像差结果

孔径比例	像差				
	$\delta L'$	SC'	$\delta L'_F$	$\delta L'_C$	$\Delta L'_{FC}$
1	0.155	0.002 3	0.189	0.196	−0.007
0.707 1	−0.077	0.000 2	−0.049	−0.039	−0.009
0	0	0	0.017	0.038	−0.021

表 5-20(b) 像差结果

孔径比例	像差								
	x'_t	x'_s	x'_{ts}	$\delta L'_{T1h}$	K'_{T1h}	$\delta L'_{S1\omega}$	$K'_{S1\omega}$	$\delta y'_z$	$\Delta y'_{FC}$
1	−0.757	−1.788	1.031	0.656	−0.110	1.922	0.0	0.015	0.03
0.707 1	−0.109	−1.046	0.937	0.803	0.055	0.650	−0.028	−0.003	−0.002

$f'=50.065$, $l'_F=28.931$, $y'_0=28.905$, $u'=0.2$

由以上像差结果可以看到,通过人工权因子的使用,使轴外像点的子午像差有了较大的改善,x'_t和$\delta L'_{T1h}$都大大减小了。但是弧矢像差并没有减小,$x'_s=-1.788$,$\delta L'_{S1\omega}=1.922$,反而比校正前更大了。我们已经把弧矢像差的人工权因子增加到 2,为什么像差反而增大了呢?这是因为我们现在是按第二类广角系统进行校正的,轴外像点对弧矢光束只计算一条全孔径的光线,这条光线的弧矢垂轴像差分量$\delta z'$,由于x'_s和$\delta L'_S$近似大小相等符号相反,因此该光线的$\delta Z'$很小,但是中间孔径的光线像差仍然很大。而在第二类系统中不计算中间孔径的弧矢光线,因而它们的像差在评价函数中得不到反映,系统必须进一步校正。

3. 第三次自动校正

为了减小弧矢光束的像差,我们把系统类型改为第四类——大视场、大孔径系统进行校正，在这类系统中每个轴外像点计算两条弧矢光线（1；0.8 孔径）同时还计算两条空间光线（$Y=\pm 0.55$，$Z=0.55$），因此有更多的弧矢像差进入评价函数。为了更有利于弧矢像差的校正，我们再适当增加子午光束的拦光，把渐晕系数改变为

全视场　$K=\pm 0.5$

0.7 视场　$K=\pm 0.5$

人工权因子也相应作些调整。视场人工权因子如表 5-21 所示。

表 5-21　各视场的权因子

视场 $\tan\omega$	0	0.5	0.7	0.85	1
人工权因子	1	1	1.5	1.5	2

孔径人工权因子如表 5-22 所示。

表 5-22　各孔径的权因子

孔径	0.5	0.7	0.85	1
人工权因子	0.7	0.7	1	2

这里主要是加大了边缘孔径的权因子，因为根据上次校正结果，轴上点边缘孔径球差，比 0.707 1 孔径球差大了一倍，我们希望减小边缘孔径的球差。

弧矢人工权因子不变，等于 2；畸变人工权因子等于 0.3；色差人工权因子等于 1。边界条件保持不变。

把上次的校正结果作为原始系统，按以上条件进行第三次自动校正，经过 10 次迭代以后得出结果如下：

r	d	n_D	n_F	n_C
		1	1	1
28.96	7.30	1.638 438	1.652 891	1.635 060(ZK11)
91.32	0.1	1	1	1
15.67	4.68	1.613	1.625 606	1.610 007(ZK7)
32.3	0.99	1.624 2	1.646 779	1.619 252(F5)
11.00	7.53	1	1	1
0	7.68	1	1	1
−19.01	1.98	1.624 2	1.646 779	1.619 252(F5)
307.65	6.79	1.613	1.625 606	1.610 007(ZK7)
−21.45	0.1	1	1	1
114.24	8.79	1.638 438	1.652 891	1.635 060(ZK11)
−47.07		1	1	1

$L=\infty$，　$\omega=-30°$，　$H=10$

主要像差如表 5-23 所示。

表 5-23(a) 像差结果

孔径比例	像差				
	$\delta L'$	SC'	$\delta L'_F$	$\delta L'_C$	$\Delta L'_{FC}$
1	−0.087	0.001 62	−0.054 8	−0.046 9	−0.008
0.707 1	−0.109	0.000 23	−0.076 2	−0.071 6	−0.005
0	0	0	0.028 2	0.036 3	−0.008

表 5-23(b) 像差结果

孔径比例	像差				
	x'_t	x'_s	x'_{ts}	$\delta y'_z$	$\Delta y'_{FC}$
1	−1.985	−1.193	−0.792	−0.475	0.007
0.85	−0.486	−0.889	0.403	−0.229	0.009 9
0.707 1	−0.006	−0.687	0.693	−0.116	0
0.5	0.139	−0.401	0.539	−0.037	−0.007

表 5-23(c) 像差结果

孔径比例	像差					
	$\delta L'_{T1h}$	$\delta L'_{T0.707\,1h}$	K'_{T1h}	$\delta L'_{S1\omega}$	$\delta L'_{S0.707\,1\omega}$	$K'_{S1\omega}$
1	−0.133	−0.085	0.066	1.586	0.620	−0.043
0.85	0.355	0.116	−0.023	1.077	0.400	0.010
0.707 1	0.50	−0.165	0.028	0.690	0.232	0.006
0.5	0.381	0.099	0.065	0.287	0.056	0.015

$f'=50.289,\quad l'_F=27.24,\quad y'_0=29.03,\quad u'=0.199$

为了更全面了解系统的成像质量,给出主要像差曲线如图 5-22 所示,系统的结构图如图 5-23 所示。

从表 5-23 和图 5-22 可以看到,系统轴上点的球差、色差校正得很好。从图 5-22(c)子午垂轴像差曲线来看,适当拦光以后子午垂轴像差在 0.85 视场内还是比较好的,但全视场较差,只是画面的四角很小面积内像质差一些,这是允许的。从弧矢垂轴像差曲线来看,弧矢像差没有子午像差校正得好。畸变小于 2%。垂轴色差校正得很好。

上面我们分别用适应法和阻尼最小二乘法设计了两个不同的照相物镜。在实际设计工作中,这两种方法可以配合使用。例如,阻尼最小二乘法对原始系统处理边界条件的能力比较强,可控制的近轴参数和几何参数也比较多,对原始系统的要求比较低,因此在校正基本像差的第一校正阶段比较有效。而针对特定的高级像差进行逐步收缩和像差的最后平衡适应法比较直接、迅速,而阻尼最小二乘法只能通过改变人工权因子来逐步改善。总之,它们在不同情况下各有优缺点,设计者可根据具体情况灵活选用。

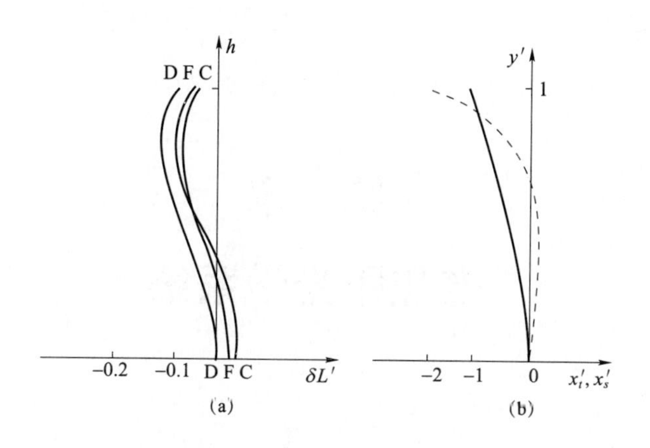

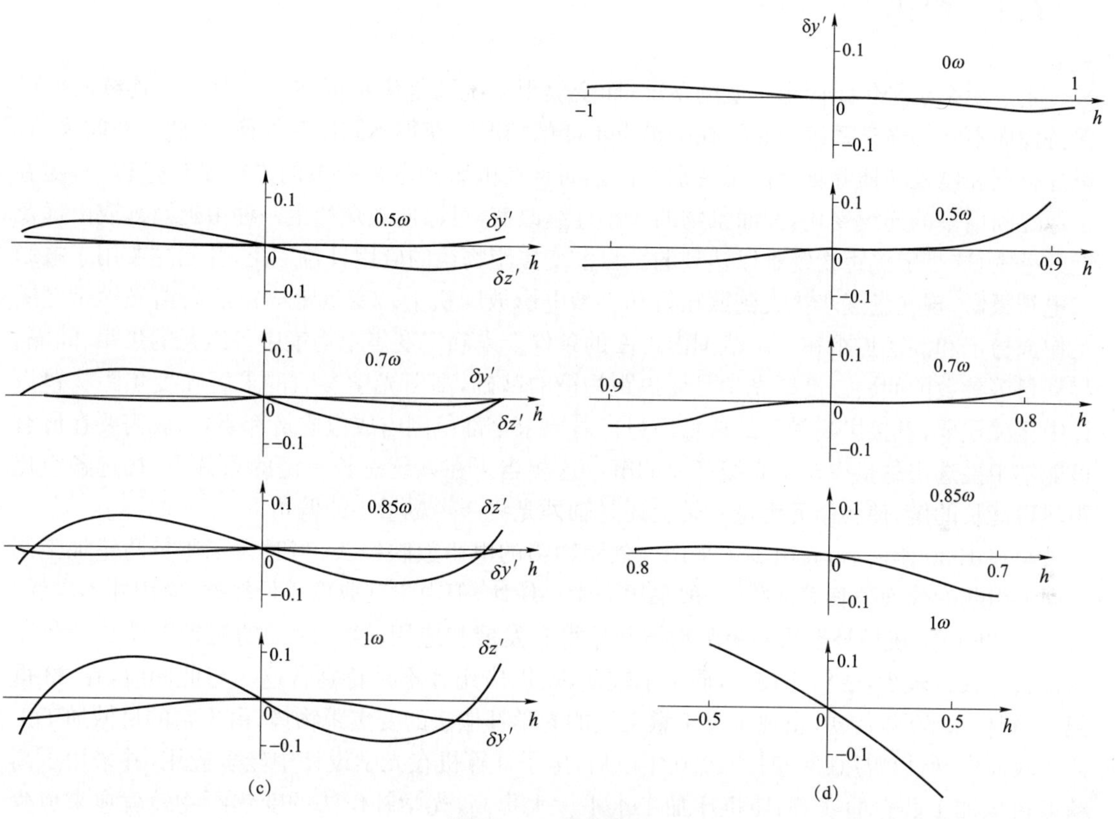

图5-22 像差曲线

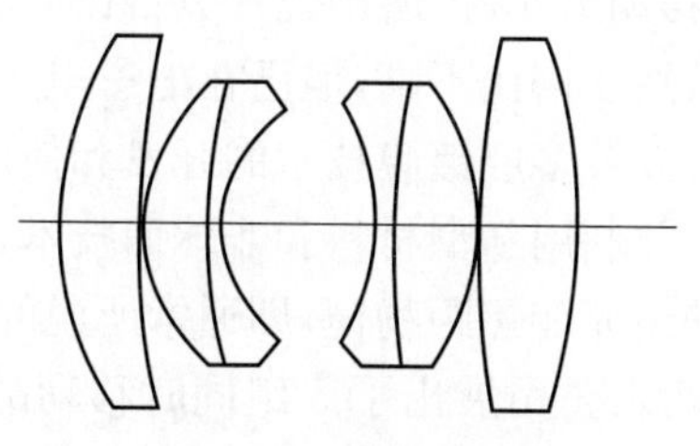

图5-23 双高斯物镜

第6章
变焦距光学系统

6.1 概述

定焦距系统是焦距固定不变的系统，而变焦距系统则是焦距可在一定范围内连续改变而保持像面不动的光学系统。它能在拍摄点不变的情况下获得不同比例的像，因此在新闻采访、影片摄制和电视转播等场合使用特别方便。而且在电影和电视拍摄的连续变焦过程中，随着物像之间倍率的连续变化，像面景物的大小连续改变，可以使观众产生一种由近及远或由远及近的感觉，这是定焦距物镜难以达到的。目前变焦距物镜的应用日益广泛，开始主要用于电影和电视摄影，现在已逐步扩大到照相机和小型电影放映机上。变焦距物镜的高斯光学是在满足像面稳定和满足焦距在一定范围内可变的条件下来确定变焦距物镜中各组元的焦距、间隔、移动量等参数的问题。高斯光学是变焦距物镜的基础，高斯光学参数的求解在变焦距物镜设计中至关重要，直接影响最后的成像质量。若要求全部范围内成像质量都要好，就需要在所有可能解中挑选出尽量少产生高级像差的解。这相当于在系统总长一定的条件下，挑选各组焦距尽可能长的解，使各组元无论对轴上还是轴外光线产生尽量小的偏角。

早在1930年前后，就出现了采用变焦距物镜的电影放映镜头，当时为了避免凸轮加工制造误差引起的像面位移等缺陷，一般采用光学补偿法，但由于其成像质量较差，应用并不广泛。1940—1960年，机械补偿法变焦距物镜开始得到发展和应用，这一时期的机械补偿法变焦距物镜镜片数目较少，变倍比较小，质量也较差，所以应用并不是特别普遍。与此同时，在20世纪40年代末50年代初，出现了真正意义上的光学补偿法的变焦距物镜，由于它的机械加工工艺比较简单，所以曾风靡一时。1960年以后，电子计算机在光学设计中较多应用，并采用了高精度机床加工凸轮曲线等，使机床加工水平大大提高，光学补偿法的变焦距物镜就愈来愈少了，取而代之的是较高质量的机械补偿法的变焦距物镜。1960—1970年，这一时期的机械补偿法变焦距物镜一般只有两个移动组元，但所用镜片数目比以前明显增加了，大大提高了镜头的像质，这个阶段的变焦镜头虽然变倍比不高，但已在电影电视中普遍使用。1970年以后，除了计算机自动设计技术的普及，以及多层镀膜技术的开发和使用外，还利用高精度数控技术加工变焦距物镜的复杂凸轮机构，并利用新型材料和非球面技术，不但大大改进了二移动组元变焦距物镜，还促使开发了多移动组元变焦距物镜，即通常所说的光学补偿法和机械补偿法相结合的变焦距物镜。1980年，小西六公司展出了5组同时移动的$F4.6/28\sim135$ mm高倍广角变焦镜物镜，1983年正式产品推出，从而揭开了全动型高倍率镜头的序幕，这种镜头采用新的变焦和调焦方式，体积小，性能优越，质量较高。从变焦镜头的发展来看，人们为了解决二移动组元变倍比较小的问题，从1970年到现在，一直致力于开发多移动组元的变焦镜头，现在，由于新材料的使用和新技术的进步，有的变焦镜头已赶上了定焦镜头的成像质量。但是变焦镜头与定焦镜头相比，在某些方面还是存在着差距，例如，相对孔径不够大，体积不够小等。但我们相信，随着光学工业的发展，将会出现一批更新型、更高质量的变焦镜头。

6.2　变焦距系统的分类及其特点

对于变焦距系统来说，由于系统焦距的改变，必然使物像之间的倍率发生变化，所以变焦距系统也称为变倍系统。多数变焦距系统除了要求改变物像之间的倍率之外，还要求保持像面位置不变，即物像之间的共轭距不变。

对一个确定的透镜组来说，当它对固定的物平面作相对移动时，对应的像平面的位置和像的大小都将发生变化。当它和另一个固定的透镜组组合在一起时，它们的组合焦距将随之改变。如图6-1所示，假定第一个透镜组的焦距为f'_1，第二个透镜组对第一透镜组焦面F'_1的垂轴放大率为β_2，则它们的组合焦距f'为

$$f'=f'_1\cdot\beta_2$$

当第二透镜组移动时，β_2将改变，像的大小将改变，像面位置也随之改变，因此系统的组合焦距f'也将改变。显然，变焦距系统的核心是可移动透镜组倍率的改变。

对单个透镜组来说，要它只改变倍率而不改变共轭距是不可能的，但是有两个特殊的共轭面位置能够满足这个要求，即所谓的“物像交换位置”，如图6-2所示。这种情况下，第二透镜组位置的物距(绝对值)等于第一透镜组位置的像距，而像距(绝对值)恰恰为第一透镜组位置的物距，前后两个位置之间的共轭距离不变，仿佛把物平面和像平面作了一个交换，因此称为“物像交换位置”。

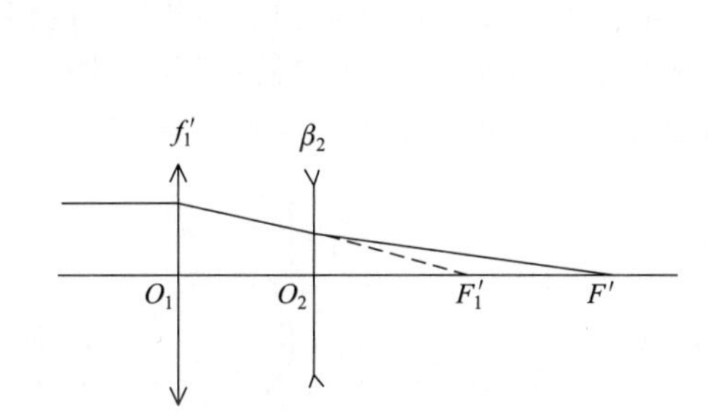

图6-1　两透镜组的相互关系

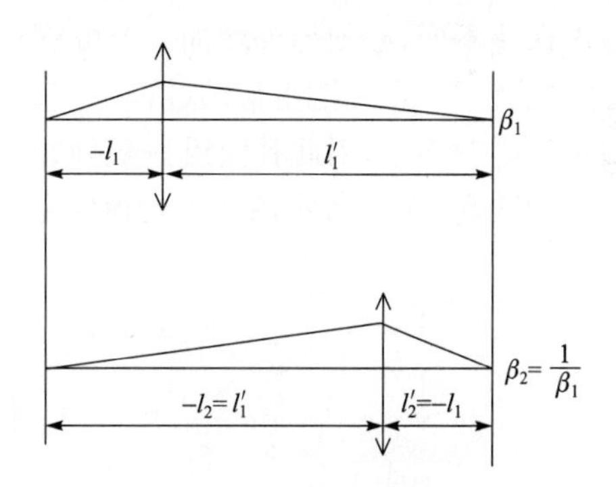

图6-2　物像交换位置

透镜组的倍率由

$$\beta_1=\frac{l'_1}{l_1}$$

变到

$$\beta_2=\frac{l'_2}{l_2}=\frac{-l_1}{-l'_1}=\frac{1}{\beta_1}$$

前、后两个倍率β_1与β_2之比称为变倍比，用M表示为

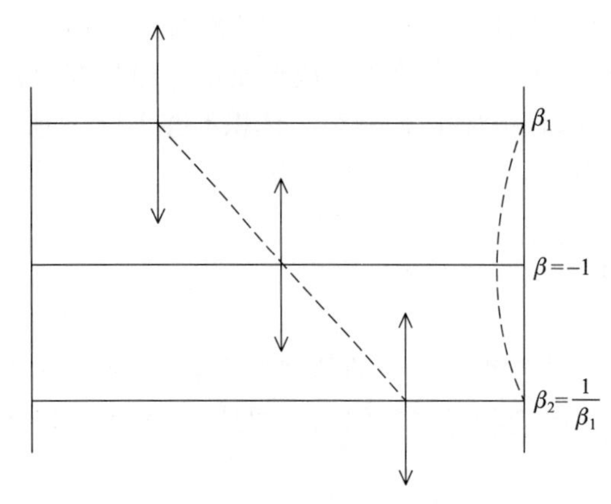

图6-3　物像交换位置之间的像面位置

$$M=\frac{\beta_1}{\beta_2}=\beta_1^2$$

由此可知，在满足物像交换的特殊位置上，物像之间的共轭距不变，但倍率改变了β_1^2倍。对于由β_1到β_2的其他中间位置，随着倍率的改变，像的位置也要改变，如图6-3所示。

图中虚线表示透镜位置和像面位置中间的关系，当透镜处于$-1^{\times}$（表示垂轴放大率或视放大率时，通常在放大率数值右上加上标×，本书各章也采用这种表示法）位置时，物像中间的距离最短。此时的共轭距L_{-1}为

$$L_{-1}=l'-l=2f'-(-2f')=4f'$$

当倍率等于β时，共轭距L_β为

$$L_\beta=l'-l=(f'+x')-(f+x)=(f'-\beta f')-\left(f-\frac{f}{\beta}\right)=\left(2-\beta-\frac{1}{\beta}\right)f'$$

由$-1^{\times}$到β时相应的像面位移量为

$$\Delta L=L_{-1}-L_\beta=\left(2+\beta+\frac{1}{\beta}\right)f'$$

由上式看到，倍率等于$1/\beta$时的像面位移量显然是相等的，这就是说，“物像交换位置”在变倍比M相同的条件下，处在物像交换条件下像面的位移量最小。在变焦距系统中起主要变倍作用的透镜组称为“变倍组”，它们大多工作在$\beta=-1^{\times}$的位置附近，称为变焦距系统设计中的“物像交换原则”。

由上面的分析可以看到，要使变倍组在整个变倍过程中保持像面位置不变是不可能的，要使像面保持不变，必须另外增加一个可移动的透镜组，以补偿像面位置的移动，这样的透镜组称为“补偿组”。在补偿组移动过程中，它主要产生像面位置变化，以补偿变倍组的像面位移，而对倍率影响很小，因此补偿组一般处在远离$-1^{\times}$的位置上工作。例如，对正透镜补偿组一般处于如图6-4(a)所示的4种物像位置；对负透镜补偿组，则处于如图6-4(b)所示的4种

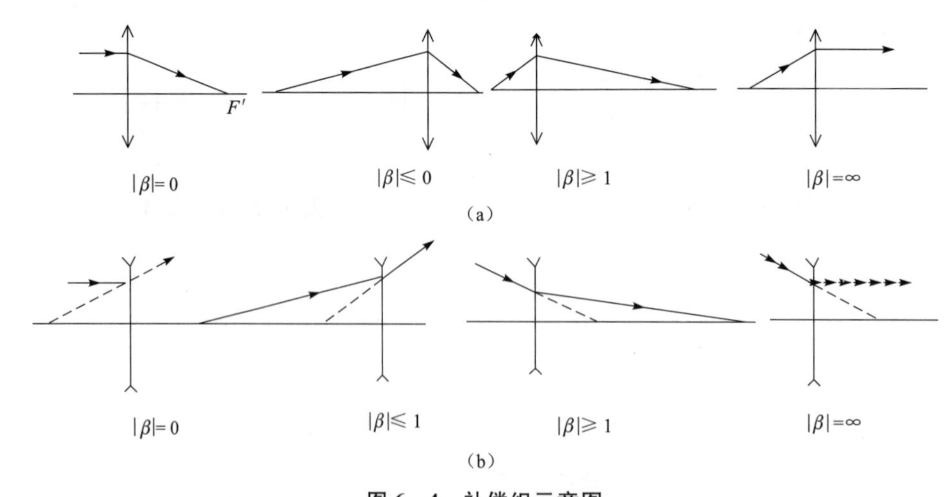

图6-4　补偿组示意图

(a) 正透镜补偿组；(b) 负透镜补偿组

物像位置。实际系统中究竟采用哪一种，则要根据具体使用要求和整个系统的方案而定。

实际应用的变焦距系统，它的物像平面是由具体的使用要求来决定的，一般不可能符合变倍组要求的物像交换原则。例如，望远镜系统的物平面和像平面都位在无限远，照相机的物平面同样位在物镜前方远距离处。为此，必须首先用一个透镜组把指定的物平面成像到变倍组要求的物平面位置上，这样的透镜组称为变焦距系统的“前固定组”。如果变倍组所成的像不符合系统的使用要求，也必须用另一个透镜组将它成像到指定的像平面位置，这样的透镜组称为“后固定组”。大部分实际使用的变焦距系统均由前固定组、变倍组、补偿组和后固定组4个透镜组构成，有些系统根据具体情况可能省去这4个透镜组中的1个或2个。

变焦距物镜根据其变焦补偿方式的不同大体上可分为机械补偿法变焦距物镜和光学补偿法变焦距物镜，以及在这两种类型基础上发展起来的其他一些类型的变焦距物镜。

1. 机械补偿法变焦距物镜

机械补偿法变焦距物镜一般由典型的前固定组、变倍组、补偿组、后固定组4组透镜组成。机械补偿法变焦距物镜的变倍组一般是负透镜组，而补偿组可以是正透镜组也可以是负透镜组，前者称为正组补偿，后者称为负组补偿，如图6－5和图6－6所示。机械补偿变焦距物镜的变倍组和补偿组的合成共轭距，在变焦运动过程中是一个常量，理论上像点是没有漂移的，而且各组元分担职责比较明显，整体结构也比较简单。近年来，随着机械加工技术的发展，机械补偿系统中凸轮曲线的加工已不像过去那么困难，加工精度也越来越高，所以，目前此种类型变焦距物镜得到了广泛的应用。以下为常用的几种变焦距形式。

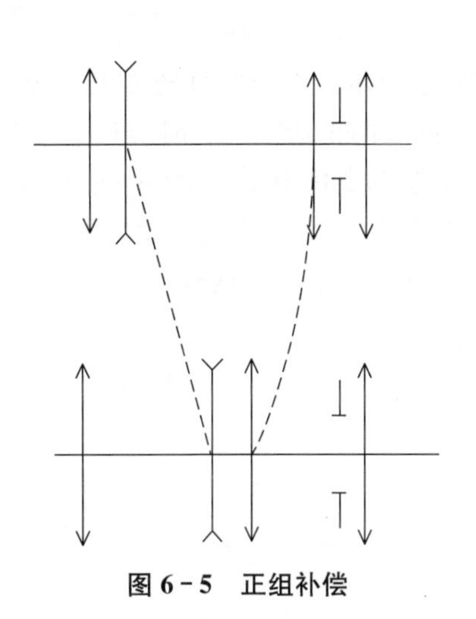

图6－5　正组补偿

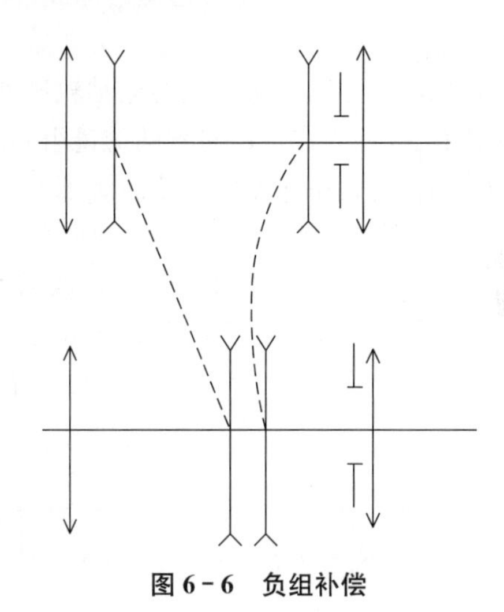

图6－6　负组补偿

(1) 用双透镜组构成变倍组

上面说过采用变倍组移动时，除了符合物像交换条件的两个倍率像面位置不变外，对其他倍率，像面将产生移动。我们很容易想到，如果变倍组由两个光焦度相等的透镜组组合而成，在变倍过程中，两透镜组作少量相对移动以改变它们的组合焦距，就可达到所有倍率像面位置不变的要求，如图6－7所示。

图6－7中，变倍组由两个正透镜构成，符合物像交换原则的物像是实物和实像，图中标出的β和$1/\beta$两个倍率符合物像交换原则，两透镜组的相对位置相同，在其他倍率，两透镜组间

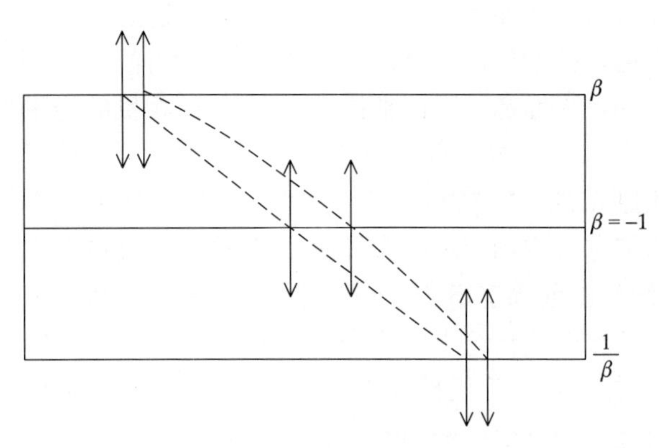

图 6-7　双正透镜组变倍组

隔少量改变。图中画出的一条直线和一条曲线代表不同倍率时两透镜组的移动轨迹，在 $-1^{\times}$ 位置两透镜组的间隔最大，它们的组合焦距最长。

这种系统被广泛应用于变倍望远镜中，由于望远镜的物平面位置在无限远，首先用一个物镜组将无限远物平面成像在变倍系统的物平面上，变倍系统的像位在目镜的前焦面上，通过目镜成像于无限远供人眼观察。望远镜物镜和目镜相当于整个变焦距系统的前固定组和后固定组，如图 6-8 所示。

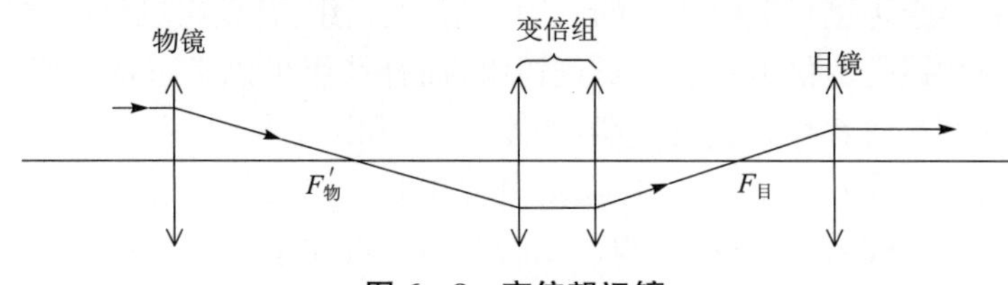

图 6-8　变倍望远镜

如果变倍组采用两个负透镜组构成，符合物像交换条件的物和像是虚物和虚像，如图 6-9 所示。

在变倍过程中，两透镜组的运动轨迹如图 6-9 中虚线所示。由于两负透镜组组合间隔越小，焦距越长，所以在 $-1^{\times}$ 位置两透镜组间的间隔最小。前面两正透镜组合时 $-1^{\times}$ 位置间隔最大，因为两正透镜组间隔越大，焦距越长。为了构成一个完整的变焦距系统，图 6-9 中的变倍组的前面要加上一个前固定组，将实物平面成像在变倍组的虚物平面上，在变倍组的后面，也要加上一个后固定组把变倍组的虚像平面成像到系统指定的像平面位置上。这种系统最多的应用是前面加正透镜组的前固定组，后面加正透镜组的后固定组构成一个变倍的望远系统。它被广泛应用在无限筒长的显微系统的平行光路中，使整个系统达到变倍的目的，如图 6-10 所示。

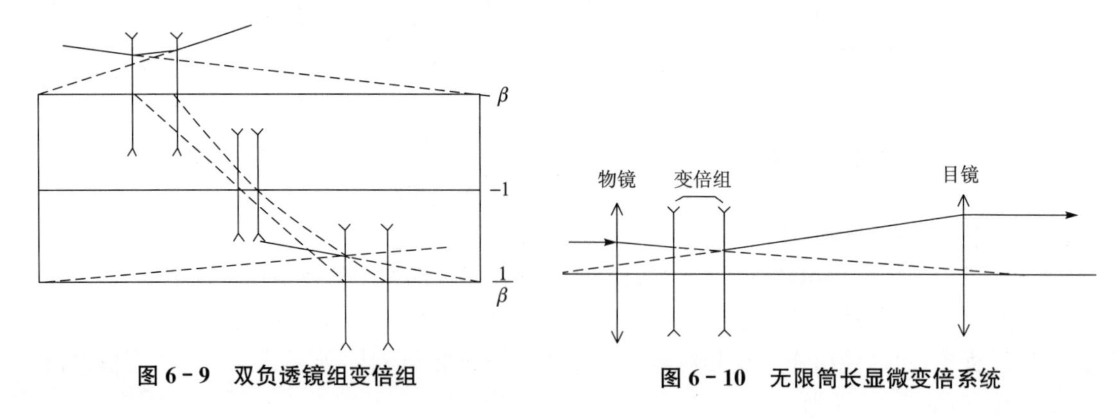

图 6-9　双负透镜组变倍组　　　图 6-10　无限筒长显微变倍系统

(2) 由一个负的前固定组加一个正的变倍组构成的低倍变焦距物镜

照相物镜要求把远距离目标成一个实像，这类系统要实现变焦距，则必须有一个将远距离目标成像在变倍组$-1^{\times}$的物平面位置上的前固定组。为了使系统最简单，不再在变倍组后加后固定组，由于系统要求成实像，因此，必须采用正透镜组作变倍组，前固定组采用负透镜组。这样，一方面可以缩短整个系统的长度，另一方面整个系统构成一个反摄远系统，有利于轴外像差的校正，使系统能够达到较大的视场，如图6-11所示。在变倍过程中，前固定组同时还起到补偿组的作用，它们的运动轨迹同样在图中用虚线表示。该系统所能达到的变倍比比较小，因为变倍组的移动范围受到前固定组像距的限制，主要用于低倍变焦距的照相物镜和投影物镜中。

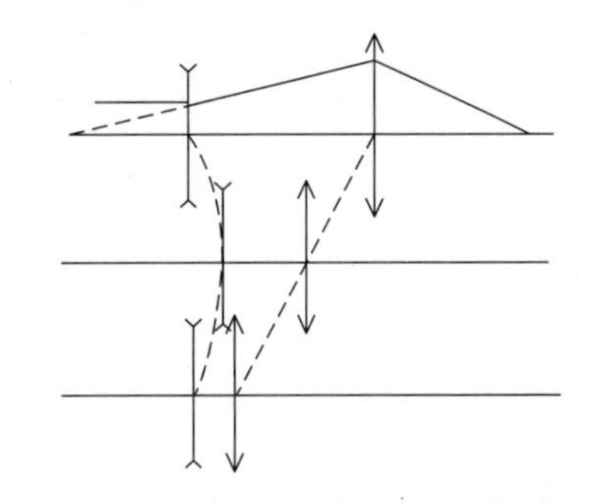

图6-11　负、正透镜组构成的变倍组

(3) 由前固定组、负变倍组、负补偿组和后固定组构成的变焦距系统

这种系统如图6-12所示，前固定组是正透镜组，把远距离的物成像在负变倍组的虚物平面上，通过变倍组成一个虚像，再通过负补偿组成一缩小的虚像，最后经过正透镜组的后固定组形成实像。变倍组工作在$-1^{\times}$位置左右，补偿组工作在远离$-1^{\times}$，$|\beta| \ll 1$的正值位置。

(4) 由前固定组、负变倍组和正补偿组构成的变焦距系统

这种系统根据补偿组工作倍率的不同，又可分为以下两类。

第一类是补偿组工作在$|\beta| \ll 1$的位置上，如图6-13所示。

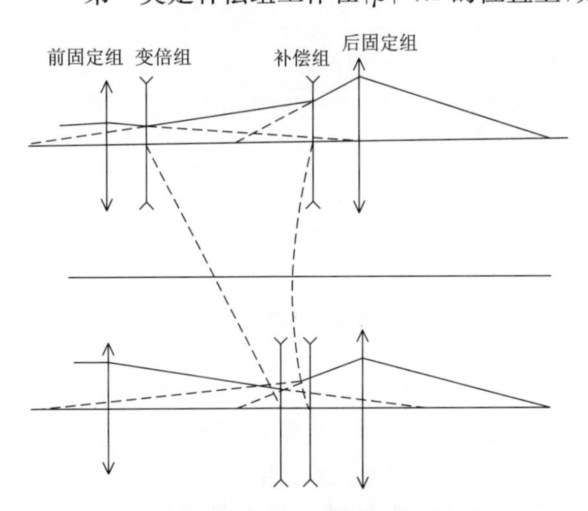

图6-12　正的前、后固定组加负的变倍和补偿组构成的变焦系统

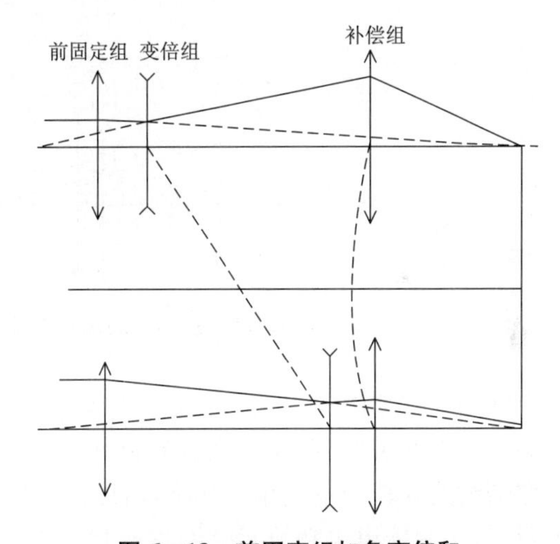

图6-13　前固定组加负变倍和正补偿组构成的变焦距系统($|\boldsymbol{\beta}| \ll 1$)

第二类是补偿组工作在$|\beta| \gg 1$位置上，如图6-14所示。它们的最大差别是补偿组的运动轨迹相反。

根据实际情况，可以在第一类系统后面加一个负的后固定组，也可以在第二类系统后面加一个正的后固定组。

(5) 由前固定组、一负变倍组和一正变倍组构成的变焦距系统

这类系统的最大特点是有两个工作在$-1^{\times}$位置左右的变倍组，其中一个为负透镜组，另一个为正透镜组。在移动过程中，两个变倍组同时起变倍作用，系统总的变倍比是这两个变倍组变倍比的乘积，因此系统可以达到较高的变倍比。系统的构成如图6-15所示。

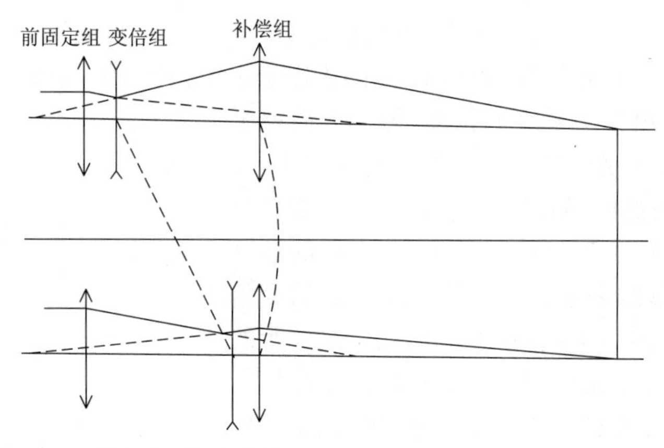

图 6-14　前固定组加负变倍和正补偿组构成的变焦距系统($|\boldsymbol{\beta}| \gg 1$)

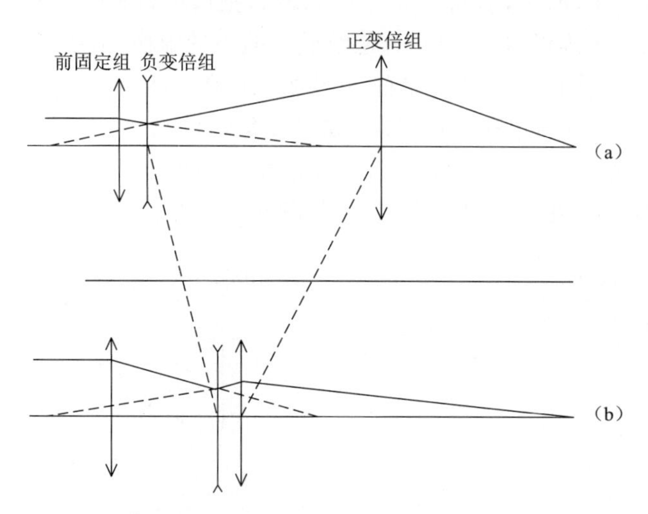

图 6-15　前固定组加负变倍组和正变倍组构成的变焦距系统

在图 6-15 中(a)的位置,负变倍组$|\beta|<1$,正变倍组$|\beta|$也小于 1,当负变倍组向右移动,即向$-1^{\times}$位置靠近时,它的共轭距减小,像点也同时向右移动,为了保证最后像面位置不变,正变倍组的共轭距也应相应减小,所以正变倍组也应向$-1^{\times}$位置靠近。当负变倍组到达$-1^{\times}$位置时,正变倍组也必须同时到达$-1^{\times}$位置。因为当负变倍组越过$-1^{\times}$位置继续向右移动时,共轭距开始加大,为了保持最后像面不变,正变倍组的共轭距也应相应加大,所以正变倍组必须和负变倍组同时越过$-1^{\times}$位置,否则不能保持正变倍组运动的连续性。在图 6-15(b)的位置,正、负变倍组的倍率均大于 1,这样,整个系统的变倍比和单个变倍组相比便大大增加了。因此,这种系统一般用于变倍比大于 10 甚至达到 20 的变焦系统中,正、负变倍组光焦度的绝对值一般比较接近。

以上为最常用的一些变焦距系统的形式,在前面的图形中,变倍组的起始和终止位置都符合物像交换原则,实际系统中根据具体使用情况或整个系统校正像差的方便,变倍组可以采用对$-1^{\times}$不完全对称的运动方式,适当偏上或偏下。

2. 光学补偿法变焦距物镜

光学补偿法变焦距物镜是在变焦运动过程中用若干组透镜作线性运动来实现变焦距,它们作同向且等速移动，在移动过程中，各组元共同完成变倍和补偿任务，使像面达到稳定的状态，但实际上在变焦运动过程中，光学补偿法变焦距物镜只能在某些点做到像面稳定，所以在全范围内它的像面是有一定漂移的。正是由于这个原因，纯粹的光学补偿变焦距物镜在目前已很少使用。图 6－16 是一种双组元联动的光学补偿法变焦距物镜。

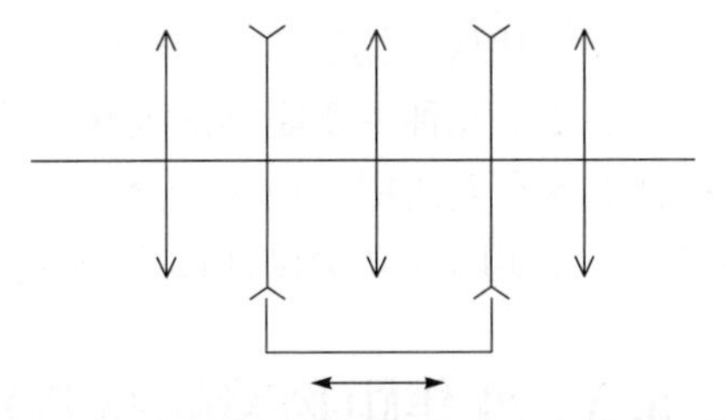

图 6－16　双组元联动光学补偿变焦距系统

光学补偿法变焦距物镜仅要求一个线性运动来执行变焦的职能，避免了机械补偿法中曲线运动所需的复杂结构。这类系统的组成次序是依次交替地固定组元和移动组元，而且固定组元与移动组元光焦度反号，在系统内部没有实像。另外，若不计入后固定组，像面稳定点的个数与组元数是相等的，即在这几个点像面位置相同，在其余各点均有像面位移。

3. 光学机械补偿混合型变焦距系统

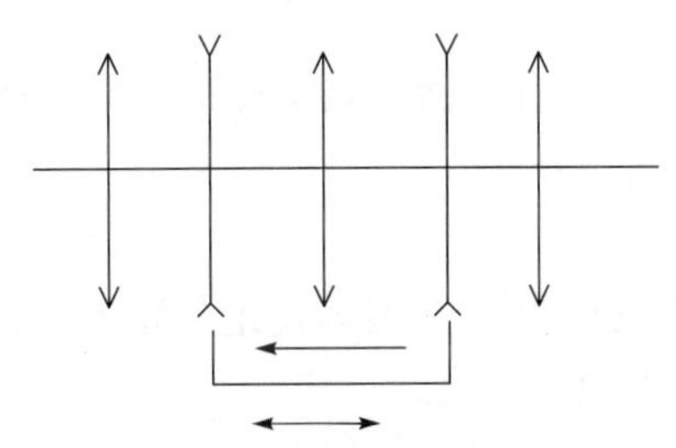

图 6－17　光学机械补偿混合型变焦距系统

这种类型的变焦距物镜是在光学补偿法的基础上发展起来的，由于光学补偿法变焦距系统仍存在一定的像面位移，为了补偿这些像面位移，可使其中另一组元作适当地非线性移动来进行补偿，这样就构成了光学机械补偿混合型变焦距系统，如图 6－17 所示，也有人称之为机械补偿双组联动型变焦距系统。

光学机械补偿混合型变焦距系统由若干组元联动实现变倍目的，另有一组元作非线性运动来补偿像面的位移，使像面严格稳定。各移动组元分工并不明确，在有的情况下，是由某一单组元执行变倍职责，而双组联动仅起补偿像面的作用。它的光焦度分配比较均匀，对像差的校正比较有利。各组元光焦度交替出现正负，系统内部无实像。

4. 全动型变焦距物镜

这种变焦距物镜在变焦运动过程中，各组元均按一定的曲线或直线运动，若按其职能来分，可认为第一组元为补偿组，其余组元为变倍组。全动型变焦距物镜系统有这样一些特点：① 它摆脱了系统内共轭距为常量这一约束条件，使各组元按最有利的方式移动，以达到最大限度的变焦效果；② 第一组元用作调焦，其余组元对变倍比均有贡献；③ 像差的校正必须全系统同时进行；④ 光阑一般设在后组之前，当后组元作变焦运动时，为使光阑指数不变，则必须连续改变光阑直径，使得机械结构进一步复杂；⑤ 由于执行变倍的组元比较多，可以选四组或五组的结构，所以各组元倍率的变化可以比较小，各组元的光焦度分配可以比较均匀；⑥ 它的镜筒设计要比以上几种类型的变焦距系统复杂，但随着加工工艺的提高，这种复杂度也随之降低。图 6－18 是一个四组元全动型变焦距物镜。

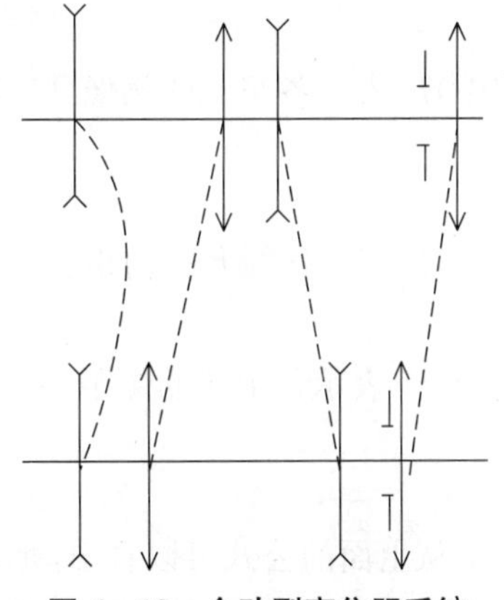

图 6－18　全动型变焦距系统

在某些情况下，有的光学设计者在全动型基础上加一个后固定组，这样可以使全动型在运动过程中相对孔径保持不变，而且在校正像差过程中，可先使前面若干组元的像差趋于一致,再利用后固定组产生与前若干组元符号相反的像差来进行全系统的像差校正。

以上便是几种主要类型的变焦距物镜。光学补偿法变焦距物镜由于它本身存在的缺陷,现在已很少有人使用。而对于全动型变焦距物镜,由于加工工艺等因素的制约,在目前应用并不广泛。在实际的光学设计过程中,绝大多数是机械补偿法变焦距系统。

6.3 变焦距物镜的高斯光学

求解变焦距物镜高斯光学参数,实际上是确定变焦距系统在满足像面稳定和焦距在一定范围内可变的条件下系统中各组元的焦距、间隔、位移量等参数。这些高斯光学参数的确定需要通过建立数学模型来解决,这里我们选择系统内各组元的垂轴放大率$\beta_i(i=1,2,3,\cdots,n)$作为自变量,因为用$\beta_i$做自变量可以表示出系统及系统内各组元的其他参量,使方程的建立更加容易,形式比较规则,从而更便于分析,而且它可以直接反映变焦过程中的一些特征点,如β_i倍,-1倍,$1/\beta_i$倍。

若一变焦距物镜由n个透镜组组成,用$F_1,F_2,\cdots,F_n$表示第$1,2,\cdots,n$组元的焦距值,$\beta_1,\beta_2,\cdots,\beta_n$表示第$1,2,\cdots,n$组元的垂轴放大率。那么可以得到

$$F=F_1\beta_2\beta_3,\cdots,\beta_n \tag{6-1}$$

式中,F表示系统总焦距值。由上式可知,变焦距物镜的合成焦距F为前固定组焦距F_1和其后各透镜组垂轴放大率的乘积。F之变化即$\beta_2,\beta_3,\cdots,\beta_n$乘积之变化。

$$\Gamma=\frac{F_{\mathrm{L}}}{F_{\mathrm{S}}}=\frac{\beta_{2\mathrm{L}}\beta_{3\mathrm{L}}\cdots\beta_{n\mathrm{L}}}{\beta_{2\mathrm{S}}\beta_{3\mathrm{S}}\cdots\beta_{n\mathrm{S}}} \tag{6-2}$$

式中,Γ表示系统的变倍比,也称“倍率”,$\Gamma\geqslant10$,称为高变倍比,否则称为低变倍比。下标L表示长焦距状态,S表示短焦距状态。

$$\gamma_i=\frac{\beta_{i\mathrm{L}}}{\beta_{i\mathrm{S}}},i=1,2,\cdots,n \tag{6-3}$$

式中,γ_i表示各组元的变倍比。

由式(6-2)和式(6-3)可得

$$\Gamma=\gamma_1\gamma_2\cdots\gamma_n,i=1,2,\cdots,n \tag{6-4}$$

此式表明了系统变倍比与各组元变倍比之间的关系:

$$L_i=\left(2-\beta_i-\frac{1}{\beta_i}\right)\cdot F_i,i=1,2,\cdots,n \tag{6-5}$$

式中,L_i表示各组元的物像共轭距。

$$l_i=\left(\frac{1}{\beta}-1\right)\cdot F_i,i=1,2,\cdots,n \tag{6-6}$$

式中,l_i表示各组元的物距。

$$l'_i=(1-\beta_i)F_i,i=1,2,\cdots,n \tag{6-6'}$$

式中,l'_i表示各组元的像距。

$$d_{i,i+1}=(1-\beta_i)\cdot F_i+\left(1-\frac{1}{\beta_{i+1}}\right)\cdot F_i \tag{6-7}$$

从上面的公式可以看出,垂轴放大率β_i作为自变量是可以表达出其他参数的,因此在求解高斯光学过程中,就围绕着垂轴放大率来讨论变焦距系统的最佳解。

1. 机械补偿法变焦距物镜高斯光学

前面讲过，变焦距物镜高斯光学参数的确定在变焦距系统设计过程中至关重要，必须要建立变焦距系统方程，并求解方程以确定这些参数。在给定光学系统特性参数后，为了在选择初始参数时确保方程有解，首先应该分析一下变焦距系统的运动过程。在以往的研究中，很多人采用高斯括号和连分数法对这一过程进行分析，但是这些方法都比较烦琐，难于运算，不直观，所以我们用数学解析式来分析变焦运动过程。下面讨论机械补偿变焦距物镜的高斯光学。

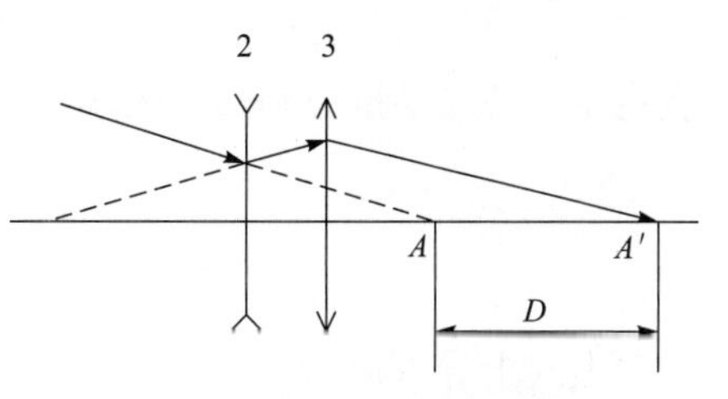

图 6－19　变焦运动过程

首先看一下变焦距运动过程的示意图 6－19，为达到变焦目的，变倍组需沿光轴作线性移动，设其放大率由 β_{20} 变为 β_2，此时像点移动了，为满足像点不动的要求，补偿组需作相应的沿轴移动，使补偿组放大率从 β_{30} 变为 β_3，此时变焦距物镜的变倍比

$$\Gamma=\frac{\beta_2\beta_3}{\beta_{20}\beta_{30}}=\frac{\beta}{\beta_{20}\beta_{30}} \tag{6-8}$$

欲满足像点位置不变，必须使图 6－19 中的点 A 到点 A' 之距离 D 为常量，即变倍组和补偿组在移动过程中合成共轭距为常量。因此可以得到

$$L_2+L_3=\left(2-\beta_{20}-\frac{1}{\beta_{20}}\right)\cdot F_2+\left(2-\beta_{30}-\frac{1}{\beta_{30}}\right)\cdot F_3 \tag{6-9}$$

式中，β_{20}，β_{30} 对应初始位置（长焦距状态或短焦距状态）的垂轴放大率。

实现变焦后

$$L_2+L_3=\left(2-\beta_2-\frac{1}{\beta_2}\right)\cdot F_2+\left(2-\beta_3-\frac{1}{\beta_3}\right)\cdot F_3 \tag{6-10}$$

式中，β_2，β_3 对应某一新位置的放大率。对式(6－9)和式(6－10)整理得

$$\left(\beta_2+\frac{1}{\beta_2}-\beta_{20}-\frac{1}{\beta_{20}}\right)\cdot F_2+\left(\beta_3+\frac{1}{\beta_3}-\beta_{30}-\frac{1}{\beta_{30}}\right)\cdot F_3=0 \tag{6-11}$$

由式(6－11)和式(6－9)可得

$$\beta_3^2-b\beta_3+1=0 \tag{6-12}$$

式中，$b=-\dfrac{F_2}{F_3}(1/\beta_2-1/\beta_{20}+\beta_2-\beta_{20})+(1/\beta_{30}+\beta_{30})$。式(6－12)适用于当给定初值 β_{20} 和 β_{30} 后，再任选一个 β_2 来求满足像面稳定的 β_3。解式(6－12)得

$$\beta_3=\frac{b\pm\sqrt{b^2-4}}{2} \tag{6-13}$$

通过式(6－11)还可以得到

$$a\beta_2^2-b\beta_2+C=0 \tag{6-14}$$

式中，$a=F_2+F_3/\beta$，$b=(1/\beta_{20}+\beta_{20})F_2+(1/\beta_{30}+\beta_{30})F_3$，$C=F_2+\beta F_3$，$\beta=\beta_2\beta_3$。解方程 (6－14)得

$$\beta_2=\frac{b\pm\sqrt{b^2-4ac}}{2a},\beta_3=\beta/\beta_2 \tag{6-15}$$

式(6－15)一般用于已知初始值 β_{20}、β_{30}，并给定变倍比 Γ 时，求出相应的 β_2 和 β_3。由式

(6-13) 可以发现β_3的两个根是互为倒数的,即$\beta_{31}=1/\beta_{32}$,这也就是保持共轭距不变的“物像交换”位置,因而对应于一个β_2必同时存在两个β_3值β_{31}和β_{32},都可以实现像面补偿。

当确定了β_{20},β_{30},β_2和β_3后,假设F_2,F_3,d_{12},d_{23},d_{34}均为系统的初始参数,那么,很容易求出系统的其余高斯参数。

可以把变焦过程理解为一个连续的微分过程。设在变焦过程中,变倍组和补偿组偏离初始状态位置的移动量分别用x和y表示,而且规定自左向右为正,反之为负。由几何光学知

$$\begin{cases} l=F\cdot\left(\dfrac{1}{\beta}-1\right) \\ l'=F(1-\beta) \end{cases} \tag{6-16}$$

对上式求导可得

$$\begin{cases} \mathrm{d}l=F\mathrm{d}\left(\dfrac{1}{\beta}\right) \\ \mathrm{d}l'=F\mathrm{d}(\beta) \end{cases} \tag{6-17}$$

因此,变倍组偏离初始状态位置的移动量x可由下式求得:

$$x=-\mathrm{d}l_2=F_2\cdot\left(\frac{1}{\beta_{20}}-\frac{1}{\beta_2}\right) \tag{6-18}$$

同理,补偿组偏离初始状态的移动量y由下式求得:

$$y=-\mathrm{d}l_3'=F_3(\beta_3-\beta_{30}) \tag{6-19}$$

另外,

$$F_1=d_{12}+\left(\frac{1}{\beta_{20}}-1\right)\cdot F_2 \tag{6-20}$$

$$\beta_4=\frac{F}{F_1\cdot\beta_2\cdot\beta_3} \tag{6-21}$$

$$\begin{aligned} l_4'&=\beta_4 l_4=\beta_4(l_3'-d_{34}) \\ &=\beta_4[(1-\beta_3)F_3-d_{34}] \end{aligned} \tag{6-22}$$

$$F_4=\frac{l_4'}{1-\beta_4} \tag{6-23}$$

式(6-18)~式(6-23)中的高斯光学参数是在假定F_2,F_3,d_{12},d_{23},d_{34}均为系统的初始参数的前提下解出的,下面就讨论一下如何确定F_2,F_3,d_{12},d_{23},d_{34}这些参数的问题。

首先,在考虑焦距分配时,一般是取规划值,例如,通常令$F_2=-1$,然后根据总的焦距的需要再进行按比例地缩放即可,也就是说,对实际系统要在规划值下求出的解乘上一个放大因子。其次,d_{12},d_{23},d_{34}的选择应该遵循在各组元不相碰的条件下取最小值的原则,这样可以缩短整个系统的长度。最后,由高斯光学物像公式可得

$$\beta_3=\frac{F_3}{F_3+l_3}=\frac{F_3}{F_3+(1-\beta_2)F_2-d_{23}} \tag{6-24}$$

由上式看出,F_3,β_{20},β_{30}是相关的,F_3的选取有较大的余地,并且与d_{23}的关系比较大。但是F_3不宜过长或过短,过长时补偿像面位移需要的补偿量太大,过短时补偿组负担的相对孔径太大,设计比较困难。下面分析一下变倍曲线与补偿曲线的关系。对式(6-11)微分可得

$$\frac{1-\beta_2^2}{\beta_2^2}F_2\mathrm{d}\beta_2+\frac{1-\beta_3^2}{\beta_3^2}F_3\mathrm{d}\beta_3=0 \tag{6-25}$$

写成导数形式

$$\frac{d\beta_3}{d\beta_2}=\frac{(\beta_2^2-1)}{\beta_2^2}\cdot\frac{\beta_3^2}{(1-\beta_3^2)}\cdot\frac{F_2}{F_3} \tag{6-26}$$

当$\frac{d\beta_3}{d\beta_2}=0$，即$\beta_2=\pm1$时，$\beta_3$取极值。$\beta_2=1$无意义，所以$\beta_3$的极值发生在$\beta_2=-1$时，它的物理意义是明显的，由式(6-5)知，变倍组的共轭距为

$$L_2=\left(2-\beta_2-\frac{1}{\beta_2}\right)\cdot F_2$$

对其求导得

$$\frac{dL_2}{d\beta_2}=\frac{1-\beta_2^2}{\beta_2^2}F_2 \tag{6-27}$$

可知，当$\beta_2=-1$时，变倍组的共轭距L_2有最大值，即$|L_2|$有最小值，也就是说，此时变倍组共轭距最短，共轭距变化最大。同时，在变焦过程中，变倍组与补偿组的合成共轭距是不变的，即补偿组共轭距的变化正好抵消了变倍组共轭距的变化，所以当$\beta_2=-1$时，补偿组的共轭距也达到极值，移动量也达最大。图6-20即为变倍曲线和补偿曲线的示意图，可以帮助我们更好地理解$\beta_2=-1$这一特征点。根据图可看出，对应于一个β_2同时存在两个β_3值，β_{31}和β_{32}都可实现像面补偿，当$|\beta_2|$由小到大递增时，$|\beta_{31}|$先由大到小递减，当$\beta_2=-1$时，$|\beta_{31}|$出现了极值，随后便由小到大递增了。$|\beta_{32}|$则正好与$|\beta_{31}|$相反。

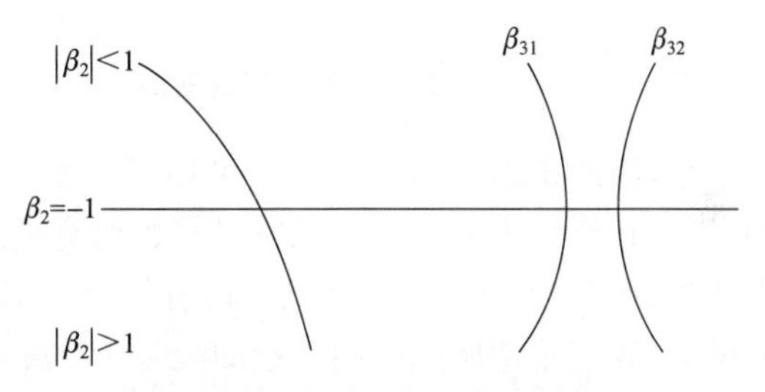

图6-20　变倍、补偿曲线示意图

至此，围绕机械补偿法变焦距系统共轭量不变式(6-11)进行了一系列的推导，得出了求解高斯光学参数的数学模型，并讨论了变倍曲线和补偿曲线的关系，还特别研究了$\beta_2=-1$这一特征点。下面分析机械补偿法变焦距系统各组元的运动情况，机械补偿法变焦距系统分为正组补偿系统和负组补偿系统两种，由于这两种系统存在差别，所以分别对它们的运动作一下分析。

(1) 正组补偿

变焦距系统焦距的连续变化和像面稳定是通过变倍组和补偿组的移动(即改变它们之间的空气间隔)来实现的。首先看一下变倍组元的运动情况，机械补偿系统中，变倍组元一般是沿光轴作线性运动，变倍组的物点(即被摄物体经前固定组所成的像)保持不动，而物点经变倍组后所成的像则随着变倍组的移动而移动。变倍组的运动轨迹及变倍组物像点的运动轨迹如图6-21所示。其中，β_{20}表示初始位置，A表示物点，A'表示像点。从图中可以看到，在整个运动过程中，A始终保持不变，当变倍组由初始位置β_{20}向A移动时，变倍组垂轴放大率β_2的绝对值$|\beta_2|$由小到大递增，系统的焦距值也由短向长变化，此时像点A'由左向右移动，当$\beta_2=-1$时，A、A'之间的

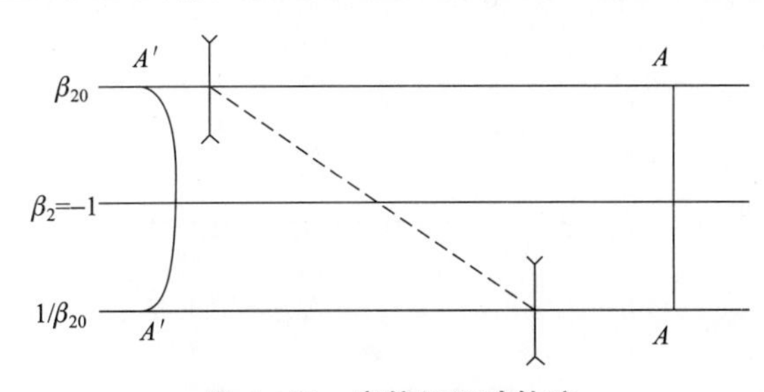

图6-21　变倍组运动轨迹

距离(即变倍组的共轭距)达到最小值。变倍组继续向右移动时，A'开始向左移动，当$\beta_2=1/\beta_{20}$时，A'回到初始位置，$\beta_2=\beta_{20}$，$\beta_2=1/\beta_{20}$这两个位置称为变倍组的物像交换位置，在这两个位置变倍组有相同的共轭距而倍率互为倒数。假设系统只有一个变倍组移动，在变倍组的移动过程中，焦距值发生变化，但除了变倍组的两个物像交换位置像平面是一致外，其余焦距位置的像平面则有偏移，这样的系统在系统变倍比较大且焦距较长、质量要求较高时是不能使用的。为了补偿由变倍组的运动引起的像面位移，补偿组需要作一定的非线性运动，下面就讨论补偿组的运动情况。

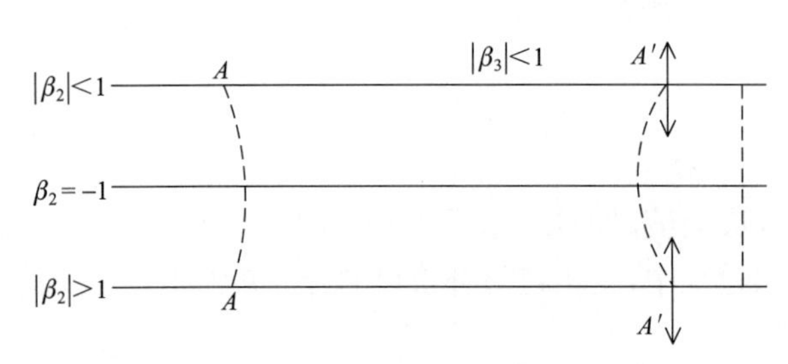

图6-22 补偿组运动轨迹

对于补偿组来说，它的物点就是变倍组的像点，是一个动点，它的像应该保持在光轴上某一点不动，这样才能保证最后的像面稳定。补偿组及它的物像点的运动轨迹如图6-22所示。

根据图6-22可知，当$|\beta_2|$由小到大递增时，$|\beta_3|$也由小到大递增，当$\beta_2=-1$时，$|\beta_3|$出现了极值，随后便由大到小递减，因此正组补偿往往取上半段，因为下半段几乎对变焦比无贡献。这里提出了一个问题，正组补偿是否可以向下取段对倍率也有贡献呢？答案是可能的，前面说过，一般补偿曲线有两条，如图6-23所示，在1 2段补偿组的倍率是递增的，另外，在$2'3'$段补偿组的倍率也是递增的，我们希望所选取的补偿曲线是1 2段及$2'3'$段，这样整个变倍过程补偿组对倍率都有贡献。但如图6-23所示，补偿曲线不平滑，由1 2段向$2'3'$段过渡时中间断裂。假如这两条曲线在2 $2'$(即$\beta_2=-1$)处相切，则曲线是可以平滑地连接起来，这就是所谓的"平滑换根"问题。这时要求β_3在2 $2'$处有等价的值。由式(6-13)，当

$$b^2=4 \quad \Rightarrow \quad b=\pm 2$$

时，β_3有重根，$\beta_3=\pm 1$，$\beta_3=+1$无意义，取$\beta_3=-1$的解。所以$\beta_3=-1$便是切点，在此时换根，倍率是增加的，曲线亦平滑变化。这从简单的考虑也可以发现：两个根既要相等又要互为倒数，那只有$\beta_3=\pm 1$。此时补偿曲线就如图6-24所示，图中实线所示就是满足"平滑换根"的正组补偿曲线。在实际设计中，怎样才能保证补偿曲线平滑地换根呢？通常有两种方法，一种方法是尝试法，以逐次逼近的方式最后达到比较平滑的换根曲线；另一种方法就是根据前面推导的公式直接求出所需结果。前面曾说过，若要实现补偿曲线的平滑换根，当$\beta_2=-1$时，必须有$\beta_3=-1$，那么从这个条件出发，便可以推导出平滑换根的充要条件。由式(6-24)

$$\beta_3=\frac{F_3}{F_3+l_3}=\frac{F_3}{F_3+(1-\beta_2)F_2-d_{23}}$$

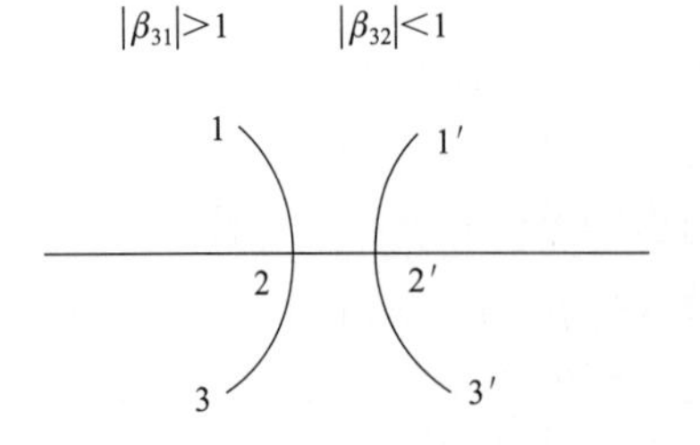

图6-23 补偿曲线示意图

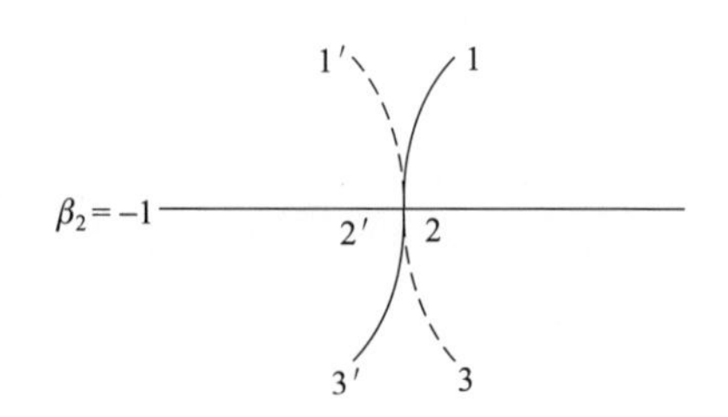

图6-24 平滑换根示意图

现在把条件 $\beta_2=-1,\beta_3=-1$ 代入公式得

$$2F_3=d_{23}-2F_2 \quad \Rightarrow \quad F_3=\frac{d_{23}}{2}-F_2 \tag{6-28}$$

式中，d_{23} 表示 $\beta_2=-1$ 时变倍组和补偿组之间的间隔。实际上，式(6－28)就是实现平滑换根的充要条件。

接下来讨论一下当不取满足平滑换根条件下的 F_3 时变倍组和补偿组之间的关系及对变焦距系统的影响。对于一般情况，即 $F_2=-1,F_3\neq 1,\beta_2=-1,d_{23}\neq 0(\beta_2=-1$ 时)。在这种情况下，当取 F_3 满足 $|\beta_{30}|<1$ 时，(β_{30} 是 $\beta_2=-1$ 时 β_3 的值) F_3 应满足

$$|\beta_{30}|=\frac{F_3}{d_{23}-2F_2-F_3}\leqslant 1 \tag{6-29}$$

即

$$F_3\leqslant\frac{d_{23}}{2}-F_2 \tag{6-30}$$

若变倍组向左移动，$|\beta_2|$ 单调下降，而 $|L_2|$ 单调增加，为了保持像面的稳定，补偿组必须作相应的移动，此时，补偿组应该是向右移动，所以 $|\beta_3|$ 也单调下降，参考图 6－24，在这种情况下，补偿组只能沿 $|\beta_{32}|$ 轨迹移动，变倍组和补偿组均对系统倍率的变化有贡献。

若当 $F_3>\frac{d_{23}}{2}-F_2$ 时，$|\beta_{30}|>1$，当变倍组向左移动时，补偿组只能沿着 $|\beta_{31}|$ 轨迹移动，此时 $|\beta_2|$ 单调下降，$|\beta_3|$ 却单调上升，所以在这种情况下，补偿组不仅对变倍无贡献，而且还抵消了一部分变倍组对倍率的贡献。因此，对于正组补偿系统，当取 $\beta_2=-1$ 的上半段时，F_3 取值应满足

$$F_3\leqslant\frac{d_{23}}{2}-F_2 \tag{6-31}$$

当取规划值 $F_2=-1$ 时，上式变为

$$F_3\leqslant\frac{d_{23}}{2}+1 \tag{6-32}$$

这里，d_{23} 也是规划值。对于一般的正组补偿系统，F_3 的值多取 1～1.3。

现在考察一下正组补偿向下取段的情况：

当 $F_3<\frac{d_{23}}{2}-F_2$ 时，若变倍组向右运动，$|\beta_2|$ 单调上升，此时，补偿组只能向右运动，所以 $|\beta_3|$ 单调下降，可见此时补偿组只起到了补偿像面的作用，但同时也抵消了一部分变倍组的倍率变化，这也是为什么一般正组补偿只取上半段的原因。

当 $F_3>\frac{d_{23}}{2}-F_2$ 时，若变倍组向右移动，$|\beta_2|$ 单调上升，$|\beta_3|$ 也单调上升，也就是说，此时变倍组和补偿组对变倍都有贡献。这似乎是一种可取的方案，但这将会带来一个问题，由式 (6－18) 和式(6－19)，并把 $F_2=-1$ 代入，可得到变倍组和补偿组位移量的另一种表达形式

$$x=\frac{1}{\beta_2}(1+\beta_2) \tag{6-18$'$}$$

$$y=(1+\beta_2)F_3 \tag{6-19$'$}$$

由于 $F_3>\frac{d_{23}}{2}-F_2$，$|\beta_2|>1$，同时运动时补偿组的位移量将会大于变倍组的位移量，这将

会使系统的长度增加，所以一般正组补偿系统向下取段的较少。

当 $F_3=\frac{d_{23}}{2}-F_2$ 时，就构成“平滑换根”系统。

图6－25～图6－27分别表示上面三种情况补偿曲线。

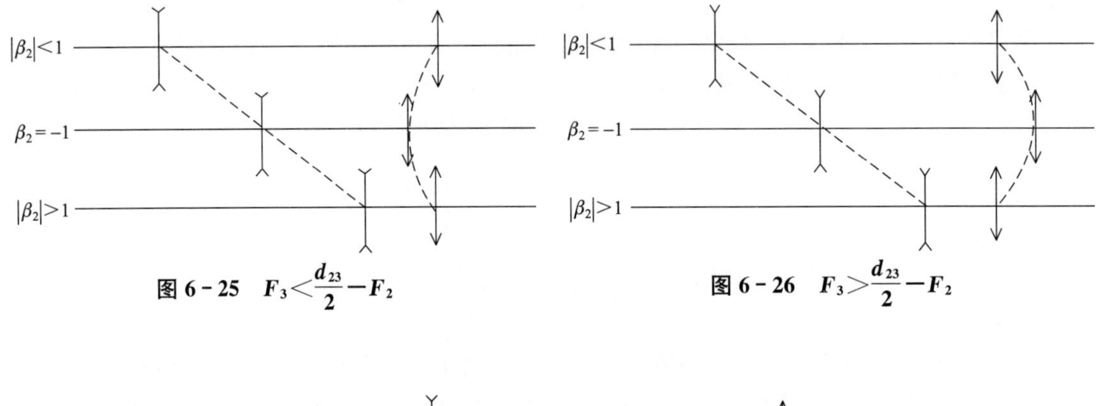

图6－25　$F_3<\frac{d_{23}}{2}-F_2$　　**图6－26　$F_3>\frac{d_{23}}{2}-F_2$**

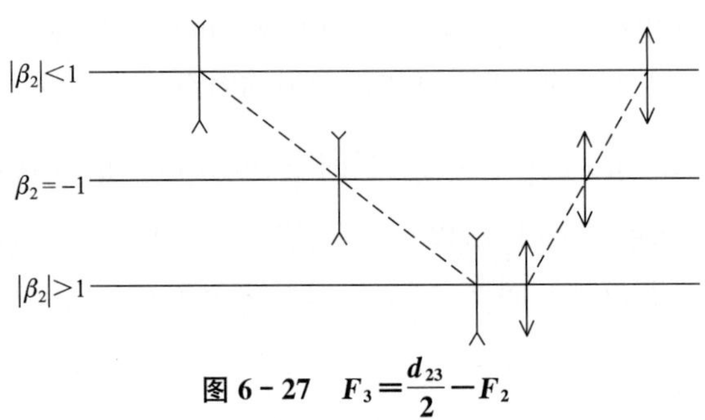

图6－27　$F_3=\frac{d_{23}}{2}-F_2$

通过以上分析，现在可以讨论一下 β_2 的选取问题。一般来说，对于大倍率系统，可以优先考虑取满足平滑换根的解，β_2 的选取可对称选段或略偏上，对于倍率要求不高的系统，β_2 的选段应使变倍组在－1倍上半段运动。

对正组补偿法变焦距系统的各组元的运动情况作了上述描述后，就可以更加详细地论述 F_3 和 d_{23} 的取值问题了。对于正组补偿系统来说，F_3 和 d_{23} 的取值应注意配合，对－1倍上半段取值的系统，应使 F_3 的值满足的条件是：$\beta_2=-1$ 时，$F_3\leqslant\frac{d_{23}}{2}-F_2$（$d_{23}$ 是 $\beta_2=-1$ 时的取值），而且 F_3 的值最好是比较接近 $\frac{d_{23}}{2}-F_2$，若 F_3 过小，容易出现补偿组对倍率变化的贡献太小，而且补偿组所负担的相对孔径较大。当取 d_{23} 尽可能小又保证变倍组与补偿组在变焦运动过程中不相碰时，最好就取 $F_3=\frac{d_{23}}{2}-F_2$，这种情况下，变倍组与补偿组对变倍比的贡献大小比较一致，它非常接近最速变焦路线。一般来说，对－1倍以上取段的正组补偿系统来说，F_3 的取值通常为1～1.3比较合适。对于“平滑换根”系统，F_3 的取值必须为 $F_3=\frac{d_{23}}{2}-F_2$，因此 F_3 的选取完全由 d_{23} 来确定，而 d_{23} 的取值又根据变倍组与补偿组在运动中不相碰来选取。一般来说，若对称取段，令中焦位置时 $\beta_2=-1$，那么当变倍比大时，d_{23} 要取得大一些，当

变倍比小时 d_{23} 要取得小一些。

(2) 负组补偿

负组补偿变焦距系统变倍组元的运动情况与正组补偿系统相同,但负组补偿补偿组的运动轨迹要比正组补偿的简单一些,因为对于负组补偿来说,它不存在换根问题。它的补偿组的物实际上是变倍组提供的虚物,所以它的像也是虚像。图 6-28 描述了负组补偿系统物像关系。

理论上,负组补偿系统也应该有两条补偿曲线,这两条曲线也应该满足物像交换原则,即 $\beta_{31}=1/\beta_{32}$,但是从图 6-28 可以看出,$F_3<0$,$\beta_2<0$,所以不论 F_3 取什么值,总有 $x_3<0$,且 $|x_3|>|F_3|$,根据牛顿公式,$\beta_3=F_3/x_3$,因此总有关系式:$0<\beta_3<1$。所以,负组补偿的补偿曲线只有一条,若它也有两条曲线,β_{31},β_{32},既要满足 $\beta_{31}=1/\beta_{32}$,又要满足 $0<\beta_3<1$,那么这是不可能的,图 6-29 描述了负组补偿变焦距系统变倍组曲线与补偿组曲线的关系。

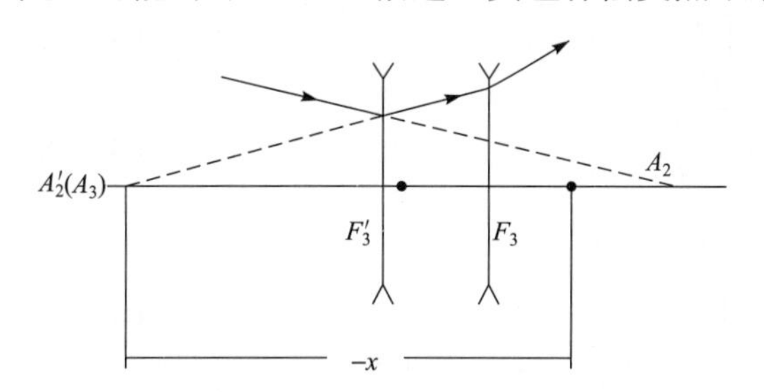

图 6-28　负组补偿变焦距系统物像关系

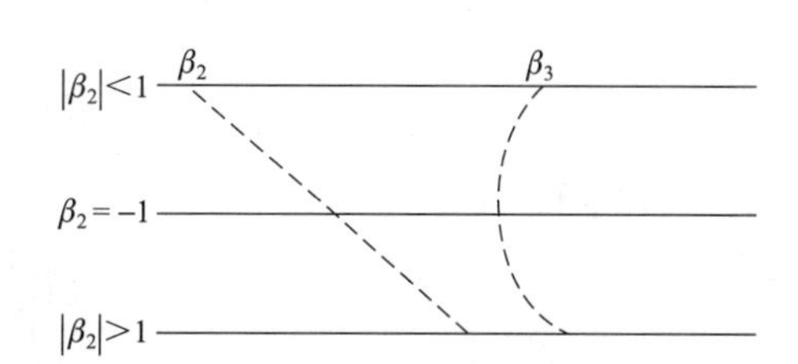

图 6-29　负组补偿系统变倍组与补偿组曲线

从上图可以看出,负组补偿系统与正组补偿系统有一个共同点,那就是当 $\beta_2=-1$ 时,补偿组的位移量也达到极大值。

对于负组补偿系统,在变焦运动过程中,对倍率产生贡献的主要是变倍组,补偿组一般只是起着补偿像面稳定的作用,所以实际的负组补偿变焦距系统大都是变倍组的 -1 倍位置处于变倍运动的中间对称选段,使它满足物像交换原则,因为补偿组比较靠近光阑,它的通光孔径主要由光阑来决定,当变倍组取物像交换原则时,它的相对孔径在长短焦距状态下是一致的,一般只要求它不产生较大的球差就行。在这种情况下,系统的变倍比完全由变倍组决定,即

$$\Gamma=\frac{\beta_{2L}}{\beta_{2S}} \tag{6-33}$$

式中,下标 L 表示长焦距值状态,S 表示短焦距值状态。

对于 F_3 的取值一般为 -3 左右,不宜过长或过短,取得过长,补偿组的移动量变大,系统长度也增大,头部变得略粗,对系统的小型化和凸轮曲线都不利;取得过短,补偿组负担的相对孔径增大,不利于像差的校正。此外,F_3 绝对值小的系统后工作距离略长。不过,总的来说,负组补偿系统 F_3 的选值要比正组补偿系统的范围大一些,它对整个系统的影响明显不如正组补偿那么敏感。

对于 d_{23} 的选取有一问题要注意,看起来最长焦距时,变倍组在最右面,可能认为在最长焦距位置时变倍组和补偿组最易相碰,留的间隔是根据长焦距位置时不相碰来考虑,但这样可能会出问题,因为变倍组与补偿组的间隔一般来说是在次长焦距时最小。这主要是在次长焦距附近位置,变倍组移动较慢而补偿组移动较快,反而在最长焦距时间隔大了,所以考虑长焦

距时的 d_{23} 时要留有一些余量。

由式(6-7)可得

$$d_{23}=(1-\beta_2)\cdot F_2+\left(1-\frac{1}{\beta_3}\right)\cdot F_3 \tag{6-34}$$

在变焦过程中，β_2，β_3 不断变化，同时又满足

$$\left(\beta_2+\frac{1}{\beta_2}\right)\cdot F_2+\left(\beta_3+\frac{1}{\beta_3\cdot F_3}\right)=C(\text{常数}) \tag{6-35}$$

根据拉格朗日条件极值，设

$$u(\beta_2,\beta_3)=(1-\beta_2)F_2+\left(1-\frac{1}{\beta_3}\right)F_3+\lambda\left[c-\left(\frac{1}{\beta_2}+\beta_2\right)F_2-\left(\beta_3+\frac{1}{\beta_3}\right)F_3\right] \tag{6-36}$$

对上式求偏导数

$$\frac{\partial u}{\partial\beta_2}=-F_2+\lambda\left[\left(\frac{1}{\beta_2^2}-1\right)F_2\right] \tag{6-37}$$

$$\frac{\partial u}{\partial\beta_3}=-\frac{1}{\beta_3^2}F_3+\lambda\left[\left(\frac{1}{\beta_3^2}-1\right)F_3\right] \tag{6-38}$$

令上两式为零得

$$\lambda\left(\frac{1}{\beta_2^2}-1\right)=1 \tag{6-39}$$

$$\lambda\left(\frac{1}{\beta_3^2}-1\right)\beta_3^2=1 \tag{6-40}$$

两式相除整理得

$$1-\beta_3^2=1-\frac{1}{\beta_2^2} \tag{6-41}$$

即

$$(\beta_2\beta_3)^2=1 \tag{6-42}$$

至此，可知，d_{23} 的极值点发生在 $\beta_2\beta_3=\pm1$ 处，但对负组补偿系统来说，$\beta_2<0$，$\beta_3>0$，所以，d_{23} 的极小值必然在 $\beta_2\beta_3=-1$ 处。

不过，有的负组补偿系统由于变倍比较小或偏上取段，使得整个系统即便处于长焦状态时，$|\beta_2\beta_3|$ 仍小于1，那么在这种情况下，d_{23} 的最小值便处于长焦距状态下了。

2. 双组元联动型变焦距物镜高斯光学

双组元联动型变焦距物镜是基于光学补偿法的原理，从典型的光学补偿系统逐步演变而来的。它一般是有两个组元采取联动的方式(习惯上我们把它叫作变倍组)，即按同一轨迹移动，而另一组元作相应的运动(一般是非线性运动)，综合运动的结果达到连续变倍过程中的像面稳定。图6-30就是一种最常见的双组元联动系统。其实这种系统也是机械补偿变焦距系统的一种，它与前面讨论的机械补偿系统的特性非常相似，所以这里只是简单地讨论一下双组元联动型物镜与前面讲述的机械补偿物镜数学模型的不同之处。

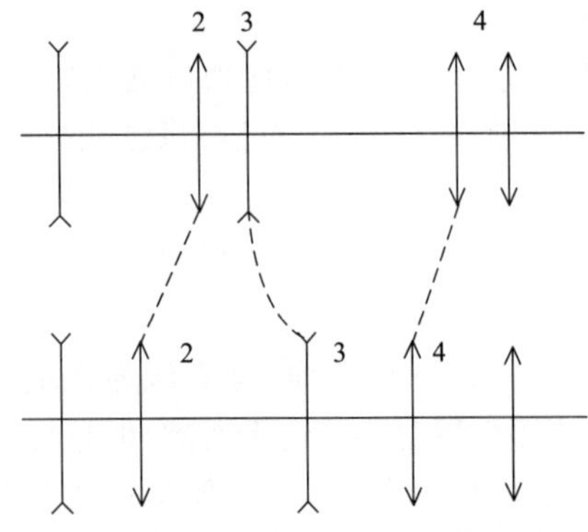

图6-30　双组元联动变焦距系统

与机械补偿系统一样，双组元联动变焦距系统变

焦过程中变倍组和补偿组的合成共轭距是不变的，这同样也是建立数学方程的基础。还是规定下标0表示初始位置时的状态，位移及补偿量的符号规定同前面一样。

首先建立合成共轭距不变式

$$\begin{aligned}L_2+L_3+L_4&=\left(2-\beta_2-\frac{1}{\beta_2}\right)\cdot F_2+\left(2-\beta_3-\frac{1}{\beta_2}\right)\cdot F_3+\left(2-\beta_4-\frac{1}{\beta_4}\right)\cdot F_4\\&=\left(2-\beta_{20}-\frac{1}{\beta_{20}}\right)\cdot F_2+\left(2-\beta_{30}-\frac{1}{\beta_{30}}\right)\cdot F_3+\left(2-\beta_{40}-\frac{1}{\beta_{40}}\right)\cdot F_4\\&=\text{常量}\end{aligned}\tag{6-43}$$

整理上式得

$$\left(\beta_2+\frac{1}{\beta_2}-\beta_{20}-\frac{1}{\beta_{20}}\right)\cdot F_2+\left(\beta_3+\frac{1}{\beta_3}-\beta_{30}-\frac{1}{\beta_{30}}\right)\cdot F_3+\left(\beta_4+\frac{1}{\beta_4}-\beta_{40}-\frac{1}{\beta_{40}}\right)\cdot F_4=0\tag{6-44}$$

由上式同样可导出

$$\beta_3 - b\beta_3+1=0 \quad 或 \quad \beta_3=\frac{b\pm\sqrt{b^2-4}}{2}\tag{6-45}$$

其中，

$$b=-\frac{F_2}{F_3}\left(\frac{1}{\beta_{20}}-\frac{1}{\beta_2}+\beta_{20}-\beta_2\right)-\frac{F_4}{F_3}\left(\frac{1}{\beta_{40}}-\frac{1}{\beta_4}+\beta_{40}-\beta_4\right)+\left(\frac{1}{\beta_3}+\beta_3\right)$$

对式(6-44)微分可得

$$\frac{d\beta_3}{d\beta_2}=\frac{\left[1-\frac{1}{(\beta_2\beta_4)^2}\right]F_2}{\left(\frac{1}{\beta_3^2}-1\right)F_3}\tag{6-46}$$

可知$\frac{d\beta_3}{d\beta_2}=0$的充分必要条件是$|\beta_2\beta_4|=1$，同样去掉$\beta_2\beta_4=-1$的情况。不难断定在$\beta_2\beta_4=1$点$\beta_3$曲线获得极值，即此时补偿组的移动量达到极值。由式(6-45)知，当$b=-2$即$\beta_3=-1$时，补偿组的两条曲线相切，此时才可以实现“平滑换根”。

下面是变倍组和补偿组的位移量的表达式

$$x=\left(\frac{1}{\beta_{20}}-\frac{1}{\beta_2}\right)F_2=(\beta_4-\beta_{40})F_4\tag{6-47}$$

$$y=\left(\frac{1}{\beta_{20}}-\frac{1}{\beta_2}+\beta_{20}-\beta_2\right)F_2+\left(\frac{1}{\beta_{3S}}-\frac{1}{\beta_3}\right)F_3\tag{6-48}$$

进一步可得各组元之间的间隔

$$\begin{cases}d_{12}=d_{120}+x, d_{23}=d_{230}-x+y\\d_{34}=d_{340}+x-y, d_{45}=d_{450}-x\end{cases}\tag{6-49}$$

由于双组元联动变焦距系统与前面的机械补偿系统基本类似，这里就不再详细论述，下面将着重讨论一下全动型变焦距系统的高斯光学。

3. 全动型变焦距物镜高斯光学

相对于前面讨论的机械补偿系统，全动型变焦距物镜是一种比较新型的变焦距系统，它的特点就是在变焦运动过程中每个组元都按一定的轨迹运动，以充分发挥每个组元的变倍功能，使结构小型化。全动型系统的高斯光学基本公式与前面介绍的基本相同，只是再加一个组元的移动量公式。设一全动型变焦距系统有 n 个组元，现在对它的基本公式进行整理如下。

系统总焦距值 F 为

$$F=F_1\beta_2\beta_3\cdots\beta_n \tag{6-50}$$

系统的变倍比 Γ 为

$$\Gamma=\frac{F_L}{F_S}=\left(\frac{\beta_{2L}\beta_{3L}\cdots\beta_{nL}}{\beta_{2S}\beta_{3S}\cdots\beta_{nS}}\right) \tag{6-51}$$

各组元的变倍比 γ_i 为

$$\gamma_i=\frac{\beta_{iL}}{\beta_{iS}},i=1,2,\cdots,n \tag{6-52}$$

各组元的物象共轭距 L_i 为

$$L_i=\left(2-\beta_i-\frac{1}{\beta_i}\right)\cdot F_i,i=1,2,\cdots,n \tag{6-53}$$

各组元的物距 l_i 为

$$l_i=\left(\frac{1}{\beta_i}-1\right)\cdot F_i,i=1,2,\cdots,n \tag{6-54}$$

各组元的像距 l'_i 为

$$l'_i=(1-\beta_i)F_i,i=1,2,\cdots,n \tag{6-55}$$

各组元之间的间隔 $d_{i,i+1}$ 为

$$d_{i,i+1}=(1-\beta_i)F_i+\left(1-\frac{1}{\beta_{i+1}}\right)F_{i+1} \tag{6-56}$$

系统后截距 l'_n 为

$$l'_n=(1-\beta_n)F_n \tag{6-57}$$

各组元的位移量 X_k 为

$$X_k=\sum_{i=k}^{n-1}(d_{i,i+10}-d_{i,i+1})+l'_{n0}-l'_n \tag{6-58}$$

式中，$d_{i,i+10}$，l'_{n0} 为初始量。

由式(6-43)知，系统的变倍比与 F_1 无关，所以，习惯上选第一组元作补偿像面位移和调焦的运动，选第二组元到第 n 组元作变倍运动，以达到最大的变焦效果。由于全动型变焦距系统的每个组元都在运动，我们自然会想到一个问题，那就是各组元的运动轨迹应该怎样才能使垂轴放大率变化的最快，这也就是所谓的最速变焦路线问题。

为考察最速变焦路线，首先引入一个广义哈密顿算子

$$\nabla=\sum_{i=2}^{n}\frac{\partial}{\partial\beta_i}\boldsymbol{k}_i \tag{6-59}$$

再将变焦距物镜的焦距函数 $F=F(\beta_2\beta_3\cdots\beta_n)$ 作为一个 $n-1$ 维变量的数量场函数，即

$$F=F(\beta_2\beta_3\cdots\beta_n) \tag{6-60}$$

将广义哈密顿算子作用到焦距函数上，就可以求出焦距函数的梯度矢量

$$\nabla F=\mathrm{gradF}(\beta_1,\beta_2\cdots\beta_n)=\sum_{i=2}^{n}\frac{\partial F}{\partial\beta_i}\boldsymbol{k}_i \tag{6-61}$$

其中任一项分量为

$$\frac{\partial F}{\partial \beta_i}=F_1\cdot\beta_2\beta_3\cdots\beta_n=\frac{F}{\beta_i} \tag{6-62}$$

求出该梯度的模为

$$|\nabla F|=\sqrt{\sum_{i=2}^{n}\left(\frac{\partial F}{\partial \beta_i}\right)^2}=F\sqrt{\sum_{i=2}^{n}\left(\frac{1}{\beta_i}\right)^2} \tag{6-63}$$

可求出其中任意一个分量的方向余弦 $\cos\alpha_i$ 为

$$\cos\alpha_i=\frac{\partial F/\partial\beta_i}{|\nabla F|}=\frac{F/\beta_i}{F\sqrt{\sum_{i=2}^{n}\left(\frac{1}{\beta_i}\right)^2}}=\frac{1}{\beta_i\cdot\sqrt{\sum_{i=2}^{n}\left(\frac{1}{\beta_i}\right)^2}} \tag{6-64}$$

此时梯度场方向指向

$$\cos\alpha_2:\cos\alpha_3:\cdots:\cos\alpha_n=\frac{1}{\beta_2}:\frac{1}{\beta_3}:\cdots:\frac{1}{\beta_n} \tag{6-65}$$

由于在梯度场中，沿梯度方向是变化最快的，所以在选取 β_i 时应尽量使它靠近梯度场的方向甚至直接落在梯度场的方向上，根据式(6-65)，应选择 β_i 之间同号且成比例变化，它的物理意义是很明显的，在变焦运动过程中，各组元的垂轴放大率应该是同号而且按比例同时单调上升或单调下降，若令各组元的放大率 β_i 在运动过程中保持相等且均取负值(因为取负值系统内无实像，有利于缩短系统长度)，那么它是能够满足最速变焦路线的，而且由于各个组元同时通过 -1 倍位置，所以可以实现“平滑换根”，当各个组元这样选择时，我们称它为“等倍变焦”系统。由于各个组元倍率均为负值，所以，系统的最后一个组元只能选择正光焦度的组元，才能保证系统最后具有实像。

下面研究一下全动型变焦距系统的光学长度问题。由于全动型变焦距系统的共轭距在变焦运动中是变化的，所以系统的长度也是变化的，我们所希望的是系统的长度尽量短一些。首先看一下系统光学长度公式

$$S=F_1+\sum_{i=2}^{n}\left(2-\beta_i-\frac{1}{\beta_i}\right)F_i \tag{6-66}$$

若选等倍变焦，令 $\beta=\beta_2=\beta_3=\cdots\beta_n$，则系统的光学长度 S 变为

$$S=F_1+\left(2-\beta-\frac{1}{\beta}\right)\sum_{i=2}^{n}F_i \tag{6-67}$$

令 $u=2-\beta-1/\beta$，则

$$S=F_i+y\sum_{i=2}^{n}F_i \tag{6-68}$$

下面对 u 求导并令其为 0

$$u'_\beta=\frac{1-\beta^2}{\beta^2}=0$$

得 $\beta=-1$，又因为

$$u''_\beta|_{\beta=-1}=\frac{-2}{\beta^3}=2 \tag{6-69}$$

所以 u 在 $\beta=-1$ 时有最小值，此时系统的长度为

$$S_0=F_1+4\sum_{i=2}^{n}F_i \tag{6-70}$$

S_0 即系统能达到的最小值,为了使 S 的极大值能达到可能的最小值,选择 $\beta_L\beta_S=1$ 的解(β_L表示系统在长焦状态下各组元的垂轴放大率,β_S表示系统在短焦状态下各组元的垂轴放大率)。在 $\beta_L=1/\beta_S$条件下,有

$$S_L=F_1+\left(2-\beta_L-\frac{1}{\beta_L}\right)\sum_{i=2}^{n}F_i=F_1+\left(2-\beta_S=\frac{1}{\beta_S}\right)\sum_{i=2}^{n}F_i=S_S \tag{6-71}$$

综上所述,我们把满足条件

$$\beta=\beta_2=\beta_3=\cdots=\beta_n$$
$$\beta_S=1/\beta_L$$

的系统就称为"等倍变焦"全动型系统,并且系统有最小的筒长。全动型变焦距物镜的高斯光学公式可以进一步简化如下。

系统总焦距值 F

$$F=F_1\beta^{n-1} \tag{6-50$'$}$$

系统的变倍比 Γ

$$\Gamma=\frac{F_L}{F_S}=\left(\frac{\beta_L}{\beta_S}\right)^{n-1} \tag{6-51$'$}$$

各组元的变倍比 γ_i

$$\gamma_i=\frac{\beta_{iL}}{\beta_{iS}},i=1,2,\cdots,n \tag{6-52$'$}$$

各组元的物象共轭距 L_i

$$L_i=\left(2-\beta-\frac{1}{\beta}\right)\cdot F_i,i=1,2,\cdots,n \tag{6-53$'$}$$

各组元的物距 l_i

$$l_i=\left(\frac{1}{\beta}-1\right)\cdot F_i,i=1,2,\cdots,n \tag{6-54$'$}$$

各组元的像距 l_i'

$$l_i'=(1-\beta)F_i,i=1,2,\cdots,n \tag{6-55$'$}$$

各组元之间的间隔 $d_{i,i+1}$

$$d_{i,i+1}=(1-\beta)\cdot F_i+\left(1-\frac{1}{\beta}\right)\cdot F_{i+1} \tag{6-56$'$}$$

系统后截距 l_n'

$$l_n'=(1-\beta_n)F_n \tag{6-57$'$}$$

各组元的位移量 x_k

$$x_k=\sum_{i=k}^{n-1}(d_{i,i+10}-d_{i,i+1})+l'_{n0}-l'_n \tag{6-58$'$}$$

全动型变焦距物镜初始参数的选择问题非常重要,对于 F_1 的选取,由式(6-51′)可知

$$\beta_L=-\sqrt{\Gamma^{\frac{1}{n-1}}}=-\left(\frac{F_L}{F_S}\right)^{\frac{1}{2(n-1)}} \tag{6-72}$$

根号前取负号是为了保证 $\beta<0$,由式(6-50′)可得

$$F_1=-\frac{F_L}{\beta_L^{(n-1)}} \tag{6-73}$$

F_2 的选取：分 $F_2>0$ 和 $F_2<0$ 两种情况讨论。并且假定在变焦运动过程中 d_{12} 的最小值为 d_{12S}。

当 $F_2>0$ 时，$F_1<0$，由式 $d_{1,2}=F_1+(1-1/\beta)F_2$ 得

$$d_{1,2}=-|F_1|+(1+1/|\beta|)F_2$$

因此，$d_{12S}=-|F_1|+(1+1/|\beta_L|)F_2$，又由于 $\beta_L=1/\beta_S$，则

$$F_2=\frac{d_{12S}-F_1}{1-\beta_S} \tag{6-74}$$

同理可得，当 $F_2<0$ 时

$$F_2=\frac{d_{12S}-F_1}{1-\beta_L} \tag{6-75}$$

对于其他组元，也可以得出类似的结论。

当 $F_i>0$ 时

$$F_{i+1}=\frac{d_{i,i+1S}-(1-\beta_S)F_i}{1-\beta_L} \tag{6-76}$$

当 $F_i<0$ 时

$$F_{i+1}=\frac{d_{i,i+1S}-(1-\beta_L)F_i}{1-\beta_S} \tag{6-77}$$

由以上公式可知，如果选择“等倍变焦”全动型变焦距系统，那么，根据系统的最长及最短焦距值，以及各组元的最小间隔，可求出各组元的焦距值 $F_1,F_2,\cdots,F_n$。实际上，对于 F_L,F_S 确定的“等倍变焦”全动型变焦距系统，$|F_1|$ 是一个常数，因为

$$\beta_L=-\sqrt{\Gamma^{\frac{1}{n-1}}}=-\left(\frac{F_L}{F_S}\right)^{\frac{1}{2(n-1)}}$$

$$F_1=\frac{F_L}{\beta^{n-1}}=\frac{F_L}{\left[-\left(\frac{F_L}{F_S}\right)^{\frac{1}{2(n-1)}}\right]^{n-1}}=(-1)^{n-1}\sqrt{F_LF_S} \tag{6-78}$$

上式说明，对于“等倍变焦”系统，若系统长短焦距值确定，并取 $\beta_L=1/\beta_S$ 后，F_1 的绝对值也就确定了，它是系统长焦值与短焦值的几何平均值。

如果令各组元之间的间隔最小值都取相同的值 d_0，那么 n 组元全动型系统各个组元的焦距值有什么样的特性？下面分 n 为偶数和奇数两种情况来讨论。

当 n 为奇数时，全动型系统的最后一组元必为正光焦度，所以，$F_2<0$，根据式(6-75)得

$$F_2=\frac{d_0-F_1}{1-\beta_L} \tag{6-79}$$

由式(6-77)得

$$F_3=\frac{d_0-(1-\beta_L)F_2}{1-\beta_S} \tag{6-80}$$

将式(6-79)代入式(6-80)得

$$F_3=\frac{d_0-(d_0-F_1)}{1-\beta_S}=\frac{F_1}{1-\beta_S} \tag{6-81}$$

由式(6-76)得

$$F_4=\frac{d_0-(1-\beta_S)F_3}{1-\beta_L}=\frac{d_0-F_1}{1-\beta_L} \tag{6-82}$$

由归纳法可得

$$\begin{cases} F_1=\sqrt{F_L \cdot F_S} \\ F_2=F_4=\cdots=F_{2k}=\dfrac{d_0-F_1}{1-\beta_L} \qquad [k=1,2,3,\cdots,2/(n-1)] \\ F_3=F_5=\cdots=F_{2k+1}=\dfrac{F_1}{1-\beta_S} \end{cases} \tag{6-83}$$

同理,当 n 为偶数时有

$$\begin{cases} F_1=\sqrt{F_L \cdot F_S} \\ F_2=F_4=\cdots=F_{2k}=\dfrac{d_0-F_1}{1-\beta_S} \qquad [k=1,2,3,\cdots,2/(n-1)] \\ F_3=F_5=\cdots=F_{2k+1}=\dfrac{F_1}{1-\beta_L} \end{cases} \tag{6-84}$$

对于全动型变焦距系统来说,各组元之间最小间隔的取值原则是以各组元在变焦运动过程中不相碰的条件下取最小值,所以它们可调整的范围很小。因此,由上面的公式,可得出结论:当一个"等倍变焦"全动型系统的长、短焦距值确定后,各个组元的焦距值也基本上被锁定在某一范围之内。

全动型变焦距系统高斯光学还有以下特性:

① 在任意两个相邻的组元中,正光焦度组元焦距绝对值大于负光焦度组元焦距绝对值。由式(6-56′)知

$$d_{i,i+1}=(1-\beta)\cdot F_i+\left(1-\frac{1}{\beta}\right)\cdot F_{i+1}$$

令 $\beta=-1$,代入上式可得

$$F_{i+1}=\frac{d_{i,i+1}}{2}-F_i \tag{6-85}$$

因为 $d_{i,i+1}>0$,所以若 $F_i<0$,则 $|F_{i+1}|>|F_i|$;若 $F_i>0$,则 $|F_{i+1}|<|F_i|$,证明了结论。

② 由公式 $l'_n=(1-\beta_n)F_n$ 知,当 $|\beta|$ 增大时,后截距与 $|\beta|$ 呈线性关系作远离像面的运动。

③ 由式(6-56′)可推导出系统中间任意组元的位移量公式

$$X_k=(\beta+\beta_0)F_k+\left(\beta+\frac{1}{\beta}-\beta_0-\frac{1}{\beta_0}\right)\sum_{i=k+1}^{n}F_i \tag{6-86}$$

把初始值 $\beta_0=-1$ 代入上式可得

$$X_k=(\beta+1)F_k+\left(\beta+\frac{1}{\beta}+2\right)\sum_{i=k+1}^{n}F_i \tag{6-87}$$

由上式分析可知,在变焦元运动过程中,当 $|\beta|$ 由小变大时,正组元将由初始位置向左移动,负组元将由初始位置向右移动,它们的运动轨迹如图 6-31 所示。

④ 由于系统长度在 $\beta=-1$ 时达到最小值,所以第一组元不论是正组元还是负组元,它的运动轨迹都如图 6-32 所示。

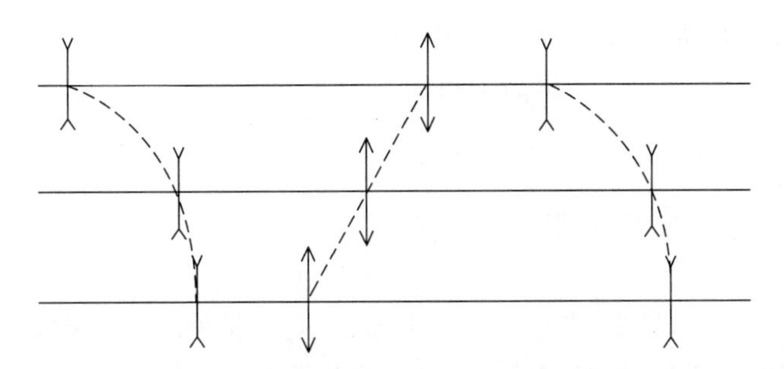

图 6-31　全动型系统正、负组元的轨迹

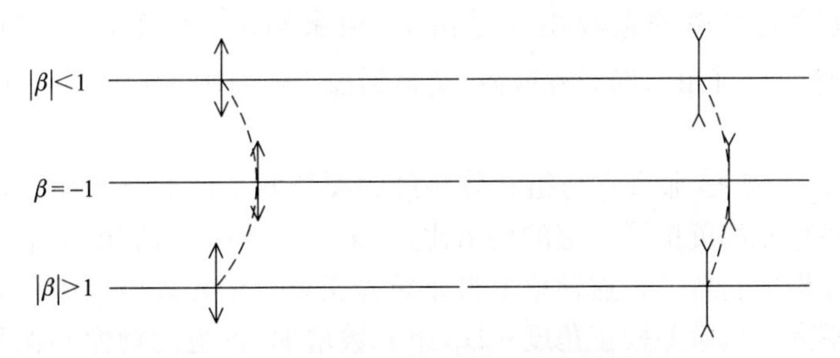

图 6-32　全动型系统第一组元的运动轨迹

⑤ 对“等倍变焦”全动型系统，若令 $\beta_S=1/\beta_L$，则系统的最大光学长度 $S_{max}=S_L=S_S$，S_L，S_S 分别表示系统在长、短焦距下的光学长度。

⑥ 全动型二组元系统的光学长度始终大于它的最长焦距值 F_L。证明如下。

由于二组元系统的光学长度 S 为

$$S=F_1+\left(2-\beta-\frac{1}{\beta}\right)\cdot F_2 \tag{6-88}$$

把 $d_{12}=F_1+\left(1-\frac{1}{\beta}\right)\cdot F_2$ 代入上式可得

$$F_2=\frac{d_{12}-F_1}{1-1/\beta} \tag{6-89}$$

代入式(6-88)得

$$S=F_1+d_{12}-F_1-\beta\cdot d_{12}+\beta\cdot F_1=F+(1-\beta)d_{12} \tag{6-90}$$

在长焦距状态下，光学长度为

$$S_L=F_L+(1-\beta_L)\cdot d_{12L} \tag{6-91}$$

从上式可以看出，全动型二组元系统的光学长度始终大于系统的焦距值，证明了上面的结论。

⑦ 全动型三组元系统的光学长度在适当条件下有可能小于系统最长焦距值。取“等倍变焦”，并令 $\beta_S=1/\beta_L$，则三组元系统的最大光学长度为

$$S_L=F_1+\left(2-\beta_L-\frac{1}{\beta_L}\right)\cdot(F_2+F_3) \tag{6-92}$$

假设各组元之间的最小间隔均取 d_0，将式(6-79)及式(6-81)代入(式 6-92)得

$$S_L=F_1(1+\beta_S-\beta_L)+(1-\beta_S)d_0 \tag{6-93}$$

对于三组元系统，$F_L=F_1\beta_L^2$，构造这样一个函数

$$u(\beta_L)=\beta_L^2-1-\beta_S+\beta_L$$

$$=\beta_L^2-1-\frac{1}{\beta_L}+\beta_L \tag{6-94}$$

对上面的函数求导并令其等于零，得下列方程

$$2\beta_L^3+\beta_L+1=0 \tag{6-95}$$

解上面方程得 $\beta_L=-1$，易知，当 $\beta_L>-1$ 时，函数 $u(\beta_L)$ 是单调递减函数，如果 $|\beta_L|>1$，$|\beta_L|$ 越大，函数 $u(\beta_L)$ 的值越大，即 F_L 与 $F_1(1+\beta_S-\beta_L)$ 的差越大，且 $F_L>F_1(1+\beta_S-\beta_L)$。因此很容易会想到，当 $|\beta_L|$ 比较大时，系统的长焦距值可能会大于系统的光学长度。

⑧ 全动型垂轴放大率的选段主要是由 F_1 值来确定。例如，对二组元系统来说，当 $|F_1|=\sqrt{F_L\cdot F_S}$ 时，$\beta_S=1/\beta_L$，即对称取段，满足物像交换原则，当 $|F_1|=\sqrt{F_L\cdot F_S}$ 时，β 取段偏上。

⑨ 如果组元数比较大，那么它与组元数小的同类技术条件的系统相比，系统的长度变化不大。这是由于各组元都负担了一定的变倍比，对某一组元来说，它的变倍比相对也小了，所以它在系统中的导程也变短了。这种单个组元导程变短与组元数增加综合的结果，使全系统的长度几乎保持不变。从像差校正角度考虑，组元数增加，各组元物像共轭距变化不大，相对孔径及光线的偏折角变化都不大，有利于像差的校正；不过组元数太多，又使凸轮曲线的设计要困难一些。一般来说，单个变倍组元的变倍比多在 1.5～2。

6.4 变焦距物镜高斯光学实例

1. $\Gamma=10^{\times}$ 正组补偿变焦距物镜换根解

变倍组及补偿组的移动情况如图 6-33 所示。取变倍组 $F_2=-1$，在 -1 倍时，$l_2'=-2$，取 -1 倍位置时变倍组与补偿组的间隔 $d_{23}=0.8$，这个间隔要适当取大些，因为还准备向下取段，而向下取段时，两组间隔要减小。此时 $l_3=-2.8$，当补偿组倍率 $\beta_3=-1$ 时，应取 $F_3=1.4$。这样由 -1 倍位置开始换根的要求，得出了焦距值和间隔的数值。

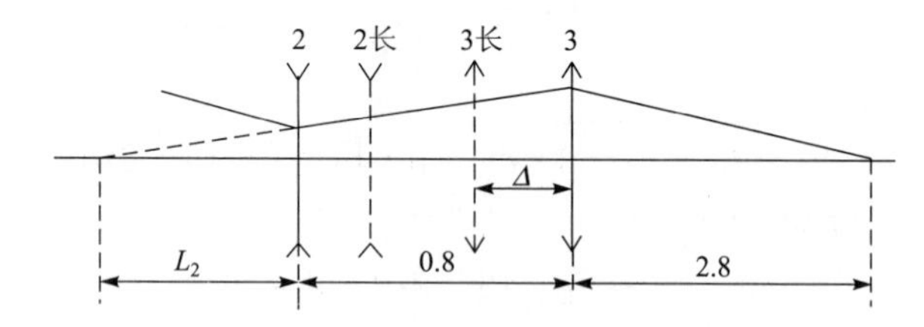

图 6-33　变倍组及补偿组的移动情况

下面要确定长焦距位置时的高斯光学参数，试选 $\beta_{2L}=-1.2$，此时

$$l_2=\frac{1-\beta_2}{\beta_2}F_2=1.833\ 33 \tag{6-96}$$

$$l_2'=\beta_2 l_2=-2.2 \tag{6-97}$$

变倍组需向后移动 $2-1.833\ 33=0.166\ 67$，设此时补偿组需向前移动 Δ 来保持像面的稳定，则

$$l_3=-2.83333+\Delta \tag{6-98}$$

$$l_3'=2.8+\Delta \tag{6-99}$$

由$\frac{1}{l_3'}-\frac{1}{l_3}=\frac{1}{F_3}$求出 $\Delta=0.23333$，而

$$\beta_{3L}=\frac{l_3'}{l_3}=-7.14286$$

$$\beta_{2L}\cdot\beta_{3L}=1.4 \tag{6-100}$$

由 $\Gamma=10^{\times}$得

$$\beta_{2S}\cdot\beta_{3S}=0.14 \tag{6-101}$$

由式(6-15)可求出(式(6-15)是通过短焦距求长焦距，若想通过长焦距求短焦距，只要以 $1/\Gamma$ 代替 Γ 即可)

$$\beta_{2S}=-0.346617,\beta_{3S}=-0.403904$$

其余的参数易于求得，计算结果如表 6-1 所示。

表 6-1　一些参数的计算结果

参数	短焦位置	−1 倍位置	长焦位置
β_2	−0.346 617	−1	−1.2
L_2	3.885 03	2	1.833 33
L_2'	1.346 617	−2	−2.2
β_3	−0.403 904	−1	−1.166 67
L_3	−4.866 18	−2.8	−2.6
L_3'	1.965 47	2.8	3.033 33
F_2	−1	−1	−1
F_3	1.4	1.4	1.4
X	0	1.885 3	2.051 7
Y	0	−0.834 53	−1.067 786
d_{23}	3.519 56	0.8	0.4

2. 35～80 mm 135 照相机变焦距物镜高斯光学求解

要求换根求解(对称取段，中焦位置时 $\beta_2=-1$)，$\Gamma=80/35=2.286$，取变倍组焦距 $F_2=-1$，在 $\beta_2=-1$ 位置时，变倍组与补偿组的间隔 $d_{230}=0.6$，短焦距位置时，$d_{23S}=1.07467$，$\beta_2=-0.8024$，那么根据“平滑换根”的充要条件即式(6-28)，令 $F_3=d_{230}/2-F_2=1.3$。

根据 6-1 节的公式计算相关的高斯光学参数，得到的结果如表 6-2 所示。

表 6-2　一些参数的计算结果

参数	短焦位置	−1 倍位置	长焦位置
β_2	−0.802 4	−1	−1.245 28
β_3	−8.243 3	−1	−1.213 1

续表

参数	短焦位置	−1倍位置	长焦位置
F_2	−1	−1	−1
F_3	1.3	1.3	1.3
X	0	0.246 3	0.443 89
Y	0	0.228 37	−0.505 39
d_{23}	1.074 67	0.6	1.254

从表中的数据可以看出，确实在$\beta_2=-1$处实现了平滑换根，即$\beta_2=-1$时$\beta_3=-1$。本例就是采用公式，即“平滑换根”的充要条件直接来计算相关的初始参数，这种方法要比尝试法更简便。同样，我们在编写计算机应用程序时也是采用此方法，结果证明此方法是简便而且可行的。

3. 变焦距电视摄像镜头高斯光学设计

光学系统的光学性能和技术条件如下。

变焦范围：200～600 mm

相对孔径：$D/f'=1/6$

幅面尺寸：16 mm

镜筒长度：(从光学系统第一面顶点到像面距离)为500～600 mm，尽可能缩短

相对畸变：$\dfrac{\delta y'_z}{y'}\leqslant 0.5\%$

变焦距镜头的设计首先是要根据光学性能，如焦距变化范围、相对孔径、幅面大小和外形尺寸的要求选择变焦距镜头的结构形式，并确定系统中每个透镜组的焦距和变倍组的移动范围，即确定结构形式和进行高斯光学计算。

高斯光学计算对不同的结构形式并没有统一的计算模式，我们要根据不同的形式和具体的要求找出不同的计算方法。本例中对几种可能的结构形式分别作了计算，通过分析对比，以期得到简单、合理又满足要求的最佳方案。我们列出了图6-34所示的3种结构形式，假定前固定组焦距f'_1分别为250 mm，400 mm两种情况，又分别假定补偿组的垂轴放大率$|\beta_3|$分别为1/4，1/3，∞(即光线从补偿组平行出射)3种情况。利用几何光学物像关系式计算得出表6-3中的各种结果。

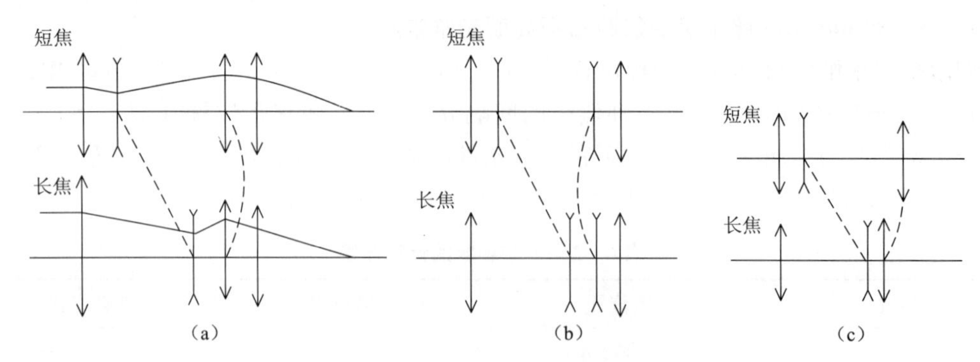

图6-34　3种初始结构形式

(a) 正、负、正、正结构形式；(b) 正、负、负、正结构形式；(c) 正、负、正结构形式

表 6-3　变焦距电视摄像镜头高斯光学计算结果比较表

参数＼类型	a						b				非物像交换原则
编号	1	2	3	4	5	6	7	8	9	10	11
β_3	$-1/3$	$-1/4$	∞	$-1/3$	$-1/4$	∞	1/3	1/4	1/3	1/4	$\beta_{2短}=\beta_{2长}=-\beta_{3短}=\beta_{3长}=-1$
f'_1/mm	250	250	250	400	400	400	250	250	400	400	600
f'_2/mm	−82.45	−82.45	−82.45	−131.93	−131.93	−131.93	−82.45	−82.45	131.926	−131.93	211.8
f'_3/mm	62.5	49.967	250	100.076	80	400	−125	−83.36	−200	−133.38	222.4
f'_4/mm	−66.375	−36.032	346.4	−130.98	−66.398	346.41	93.759	80.89	134.3	118.47	
D_1/f'_1	1/2.5	1/2.5	1/2.5	1/4	1/4	1/4	1/2.5	1/2.5	1/4	1/4	1/6
D_2/f'_2	1/1.6	1/1.6	1/1.6	1/2.54	1/2.54	1/2.54	1/1.6	1/1.44	1/2.54	1/2.54	1/3
$D_{\rm I}/f'_3$	1/1.1	1/0.87	1/4.3	1/1.73	1/1.4	1/6.9	1/2.2	1/1.59	1/3.5	1/2.3	1/3
D_4/f'_4	1/1.9	1/1.3	1/6	1/3.76	1/2.45	1/6	1/1.16	1/0.92	1/1.7	1/1.35	
q(导程)/mm	95.21	95.21	95.21	152.375	152.375	152.375	95.21	95.21	152.375	152.375	$q1=155$，$q=97$
L(总长)/mm	387.121	341.277	524.077	493.566	447.89	630.667	661.17	706.96	767.942	813.456	679

本系统外形尺寸的突出特点是镜筒长度短、导程短，因此我们首先找出镜筒长度和导程长度的关系。从表 6-3 中可得出以下结论：

① f'_1 对导程 q 影响很大。f'_1 确定后，导程 q 便基本确定，要使导程 q 小，f'_1 应取较小的数值。

② 相同的 f'_1，相同 $|\beta_3|$ 的条件下，变焦距形式不同，镜筒的长度不同。图 6-14(a)型较短，(b)型较长，(c)型也较长。

③ 同一变倍类型条件下，f'_1 相同、$|\beta_3|$ 不同的镜筒长度也不同。图 6-14(a)型中 $|\beta_3|$ 越小，镜筒长度越小；(b)型中，$|\beta_3|$ 越大，镜筒长度越小。

从以上分析可见，为了减小总长度和导程，应选取符合物像交换原则的(a)型，且 f'_1 应尽可能小。当 $f'_1=400$ mm 时，导程 $q=152.3$ mm，在 1 s 内完成变焦距过程有一定的难度；当 $f'_1=250$ mm 时，导程 $q=95.21$ mm，导程已很短，1 s 内完成变焦距已不费力；如 f'_1 再取小，导程 q 会进一步变短，但各组相对孔径加大，会导致结构的复杂和像质的下降。从表 6-3 中可以看出，如仅从导程和总长考虑，应选取(a)型中 $\beta_3=-1/3$ 或 $\beta_3=-1/4$，这时的导程 $q=95.21$ mm，总长分别为 387.121 mm 和 341.277 mm，但它们对应的补偿组相对孔径分别为 1/1.1 和 1/0.87，都难以实现。如选用(a)型中第 3 组 $\beta_3=\infty$，前固定组相对孔径 $D_1/f'_1=1/2.5$，$D_2/f'_2=1/1.6$，$D_3/f'_3=1/4.3$，$D_4/f'_4=1/6$，相对孔径明显降低，易于实现。虽然镜筒长度524.077 mm较上两组长些，但上述计算中后固定组是按单组薄透镜计算的，若后固定组采用摄远型，前主面前移，总长缩短到500 mm以下不会有困难。$\beta_3=\infty$，即补偿组和后固定组之间为平行光，便于装配调整，光阑放在平行光路中，变焦距过程中口径大小不变，保证整个变焦距镜头在长、中、短各焦距位置的相对孔径不变。根据以上分析，综合考虑各种因素，本系统采用负组变倍，正组补偿，符合物像交换原则 $D_1/f'_1=1/2.5$，$f'_1=250$ mm，$\beta_3=\infty$ 的方案。

下面确定各透镜组结构形式。

① 前固定组。$f'_1=250$ mm，$D_1/f'_1=1/2.5$，$2\omega=0.76°\sim2.29°$，属于视场较小，有一定相对孔径要求的透镜组，选用双一单结构。

② 变倍组。$f'_2=-82.45$ mm，$D_2/f'_2=1/1.6$，由于相对孔径较大，为减小孔径高级球差采用单一双型结构。

③ 补偿组。$f'_3=250$ mm，$D_3/f'_3=1/4.3$，对这样长的焦距而言，相对孔径也略大一些。一般情况下，双胶合结构在 $f'=200\sim300$ mm时可用的 $D/f'=1/5\sim1/6$，否则高级像差的加大会导致像质变差。这里也采用双一单型结构。

④ 后固定组。$f'_4=346.4$ mm，$D_4/f'_4=1/6$，按它的光学性能要求，用双胶合是可行的，但考虑到要减小总长，应采用摄远型物镜。如图6-35所示。

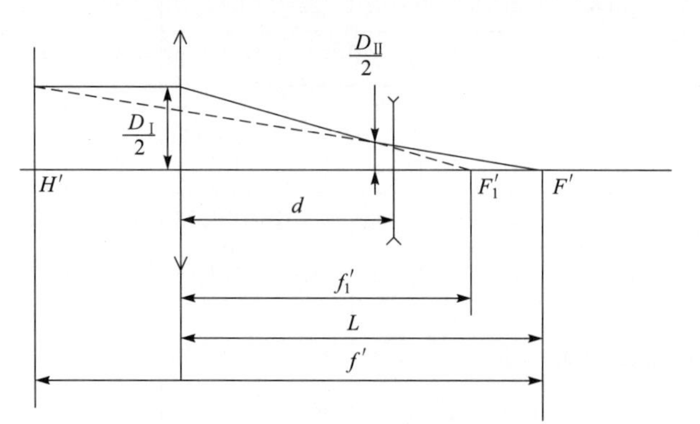

图6-35 后固定组采用摄远型物镜

令第一组到像面的距离为 L，总焦距为 f'，则 $K=L/f'$ 称为摄远比。由几何关系和高斯光学可以得出不同 K 值时的 L，f'_{II}，d，D_I 和 D_{II}/f'_{II}，如表6-4所示。

表6-4 不同 K 值时的 L，f'_{II}，d，D_I 和 D_{II}/f'_{II}

K	0.55	0.6	0.7	0.8
L/mm	190.52	207.84	242.48	277.12
f'_{II}/mm	−34.64	−69.28	−138.56	−207.848
d/mm	155.88	138.56	103.92	69.28
D_I/mm	5.73	11.54	23.09	34.64
D_{II}/f'_{II}	1/6	1/6	1/6	1/6

从表6-4可见，K 值越小，总长 L 越短，后组焦距 f'_{II} 越小。但后组焦距 f'_{II} 过短，不利于平衡整个系统的场曲，兼顾场曲的校正和总长的减小，取 $K=0.7$ 较为合适。

如表6-4所列，摄远型后固定组焦距 $f'_4=346.41$ mm，$D_4/f'_4=1/6$，$D_4=\frac{1}{6}\times346.41=57.73$ (mm)，根据经验，一般前组相对孔径约为整组相对孔径的2倍，即 $D_I/f'_I=1/3$，$f'_I=3\times57.73=173.2$ (mm)，则有

前组：$f'_{\mathrm{I}}=173.2$ mm，$D_{\mathrm{I}}/f'_{\mathrm{I}}=1/3$，采用双一单结构；

由表 6-2 可知，后组 $f'_{\mathrm{II}}=-138.56$ mm，$D_{\mathrm{II}}/f'_{\mathrm{II}}=1/6$，可采用双胶合透镜组。

根据高斯光学的计算结果就可以进行像差校正，像差校正的结果如表 6-5 所列。

表 6-5 长焦、中焦、短焦主要像差

类型	$\delta L'_m$	SC'	$\Delta L'_{FC0.7}$	$\Delta y'_{FCm}$	$\Delta y'_z/y'$	$\delta L'_{sn}$	$\delta(\Delta L'_{FC})$
长焦	0.009 8	0	0.012 8	0.000 01	0.3%	−0.036 6	−0.200 0
中焦	0.030 1	0.000 7	0.003 5	−0.001 4	0.3%	−0.101 0	−0.087 0
短焦	0.065 8	0.000 7	0.101 0	−0.003 7	0.3%	−0.158 0	0.291 0

整个系统除二级光谱色差较大(0.6)外，其他像差都很小，足以满足使用要求，整个系统实际长度仅为 461 mm。

6.5 体视变倍显微镜

体视变倍显微镜是一种特殊的变焦距系统，是人眼睛的辅助工具，主要用于观察近处物体的微小细节，目前它大量地应用于各种科学和技术领域中，是一种极为重要的光学仪器。

许多光学仪器都要用眼睛来观察，显微镜就是其中之一，人眼是这类仪器的光能接收器。因此在使用中必然要涉及，应当对其特性有所了解。

人眼本身就是一个光学系统。外表大体为球形，直径约为 25 mm。当注视某一物体时，眼睛能自动地使该物体落在黄斑上。黄斑中心与水晶体中心连线称为视轴。眼睛视场可达 150°，但只在视轴周围 6°～8°周围内能清晰识别。

当观察某一物体时，必须使它在视网膜上形成一个清晰的像。眼球内，眼睛光学系统和视网膜间的距离认为是不变的，为了使远近不同的物体都能成像在视网膜上，必须随着物体距离远近的改变而改变水晶体的焦距，当肌肉用力时水晶体曲率增大，可看清近物，当肌肉放松时，水晶体曲率变小，可看清远物。眼睛这种本能地改变光焦度(或焦距)的能力，称为视度调节。此外，人眼还能在不同亮暗程度的条件下工作。眼睛所感受的光亮度的变化范围非常大，其比值可达 $10^{12}:1$。人眼可以改变瞳孔的直径，以适应不同的亮度情形，这种能力称为眼睛的瞳孔调节。

眼睛能分辨开两个很靠近的点的能力，称为眼睛的分辨力。刚刚能分辨开的两点对眼睛所张的角度，称为极限分辨角。眼睛的分辨力与极限分辨角成反比。

根据物理光学中衍射理论可知，极限分辨角为

$$\alpha=\frac{1.22\lambda}{D}$$

若 α 以秒表示，D 用毫米表示，则对波长为 0.000 55 mm 的光而言，眼睛的极限分辨角为

$$\alpha=\frac{1.22\times0.000\ 55}{D}\times206\ 265\approx\frac{140}{D}''$$

对眼睛来说 D 就是瞳孔直径大小，白天 D 约为 2 mm，此时 $\alpha=70''$。根据实际上的大量统计，$\alpha=50''\sim120''$，在良好的照明下可以认为 $\alpha=60''=1'$。

眼睛除了能感受到物体的大小、形状、亮暗及表面颜色以外，还能产生远近的感觉以及分

辩不同物体在空间的相对位置。这种对物体远近的估计就是空间深度感觉。对物体位置在空间分布以及对物体的体视感觉,即为立体视觉,简称体视。如果使用单目显微镜时就不能产生体视,因而影响观察效果,因此体视显微镜必须用双目观察系统。

当用双眼观察物点 A 时,则双眼的视轴对向 A 点,两视轴之间的夹角 α 称为“视差角”,它在两眼中的像 a_1 和 a_2 均落在黄斑上。和 A 点距离相等有一点 B,假定它在两视网膜上的像为 b_1 和 b_2。显然 A 点和 B 点对两眼所张的角度相等,即 $\alpha_A=\alpha_B$。视网膜上两像点之间的距离 $a_1b_1=a_2b_2$,并且 b_1 和 b_2 位在黄斑同一侧。如果 A、B 两点的距离不等,则 $\alpha_A\neq\alpha_B$,B 点的像 b_1 和 b_2 将位于黄斑不同侧,如图 6-36(a)所示;或者,虽然位于黄斑同侧,但 $a_1b_1\neq a_2b_2$,如图 6-36(b)所示。也就是说 B 点在两视网膜上的像 b_1 和 b_2 不对应,因此视觉中枢就产生了远近的感觉。这种感觉称为双眼立体视觉,它能够精确地判定两物点的相对位置。人们以立体视觉的原理设计了体视显微镜。

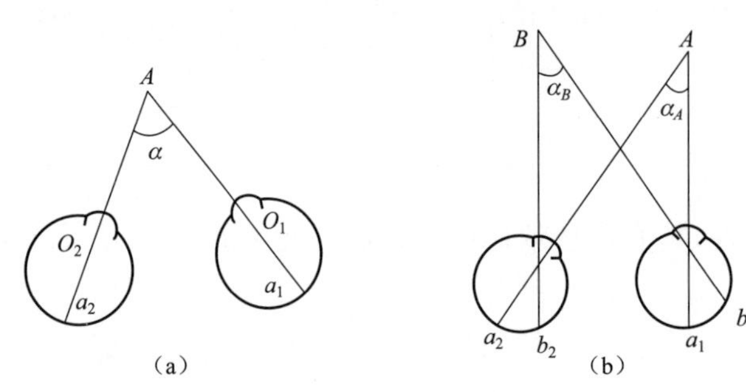

图 6-36 立体视觉示意图

体视显微镜的光学系统结构,可分为连续变倍体视显微镜与间隔变倍体视显微镜。另外,总体结构形式又可分为左右两系统光轴平行的体视显微镜和有夹角的体视显微镜两种。

最早出现的体视显微镜为间隔变倍显微镜,德国蔡司厂于 1900 年即有此类产品,采用的是间隔式调焦,左右光学系统光轴平行。它的优点是生产制造简单,成本低廉,价格便宜;缺点是所观察的倍数是间隔的,一般只能观察如 $10^{\times}$、$16^{\times}$、$25^{\times}$、$40^{\times}$、$63^{\times}$、$100^{\times}$等倍数。如果想观察 $11^{\times}$、$12^{\times}$、$14^{\times}$、$15^{\times}$,则此类显微镜无法达到。同理,也观察不到 $63^{\times}\sim100^{\times}$的倍数,因为它只有有限个固定倍数挡位,这就给某些情况下的使用带来不便。这种产品蔡司东德耶那、瑞士威尔特、美国 AO 有限公司、日本奥林巴斯公司都生产过。随着科技的蓬勃发展和科研、教育、生产部门的需要,在 20 世纪 60 年代初期,日本奥林巴斯(OLYMPUS)在国际上首先研制成功了第一台连续变倍体视显微镜,倍率的变化是利用光学系统内伽利略系统正负两个透镜位置的相对连续变化而连续改变的,可得到 160 倍间的任意放大倍数。随后,此种连续变倍体视镜像雨后春笋一样遍及西欧,如 WILD 公司、西德 OPTON(原蔡司)、东德耶那公司、美国 AO 有限公司等。由于科学技术的发展,当前国际上一般学生做实验用的体视显微镜也用连续变倍代替了以前的显微镜,近年来连续变倍显微镜更和投影屏、摄影、自动曝光装置以及电视等技术融合在一起,使体视显微镜技术与应用有了进一步的发展。

体视变倍显微镜设计中需要注意的问题有:变焦系统的设计(高斯光学设计,凸轮曲线,像差优化);棱镜系统或平面镜系统设计;像倾斜的校正。下面给出一个设计实例:设计 16 倍体视变倍显微镜。

系统整体采用积木式结构,前部物镜、变倍部分、后接望远系统(镜筒透镜)之间均为无穷远平行光,以便于各类功能部件(同轴照明、微分干涉等)的接入,为仪器性能扩展留出较大的空间。变倍系统采用平场复消色差设计,在目视光学系统与 CCD 或 CMOS 器件之间,按照要求高者的指标进行像差评价,追求极限分辨力,确保最佳成像质量。

变倍物镜采用正、负、正、负形式,薄透镜系统图如图 6-37 所示。

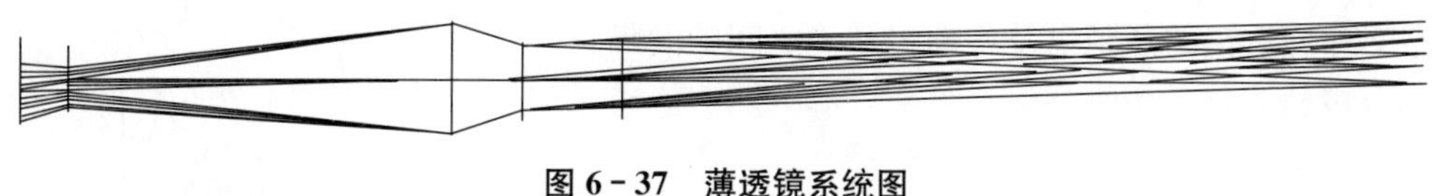

图 6-37　薄透镜系统图

四个透镜的焦距分别为 $f'_1=100.8$，$f'_2=-17.8$，$f'_3=25$，$f'_4=-19.5$。经过反复的设计与验算，最终的系统如图 6-38 所示。

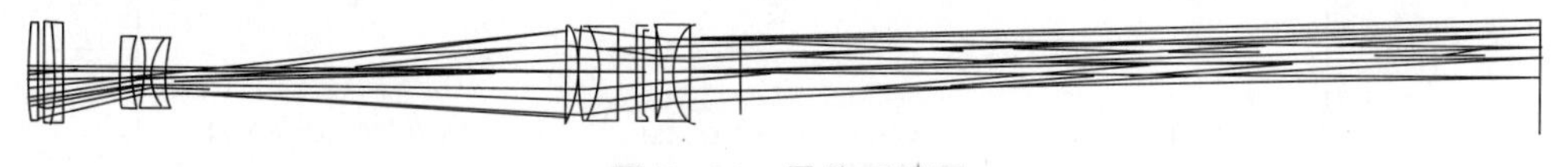

图 6-38　最终系统图

变焦曲线如图 6-39 所示。

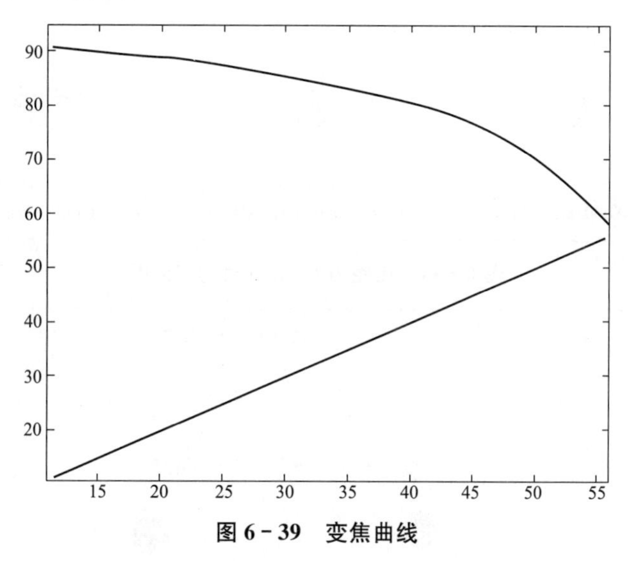

图 6-39　变焦曲线

三焦距下的点列图：

焦距 68 mm 时，如图 6-40 所示；

焦距 275 mm 时，如图 6-41 所示；

焦距 1 145.9 mm 时，如图 6-42 所示。

6.6　变焦距物镜设计方法和设计实例

在 6.4 节我们讨论了变焦距物镜高斯光学的计算实例，在变焦距光学设计中最困难的是高斯光学的设计和计算。本节我们利用光学设计软件的多重结构功能来进行变焦距光学系统的高斯光学设计和计算。

假定所要设计的变焦距系统的焦距为：50～500 mm，像面大小为 8 mm，F 数为 3～5。

光学设计软件 Zemax 具有多重结构的功能，利用多重结构功能可以实现变焦距的设计。在系统的构成中，将前固定组、变倍组、补偿组和后固定组用理想透镜来代替。对于高斯光学计算，可以利用多重结构将每一重结构看作是一个焦距状态，然后利用优化功能，优化出各焦距状态下理想透镜的焦距以及各理想透镜之间的间隔。

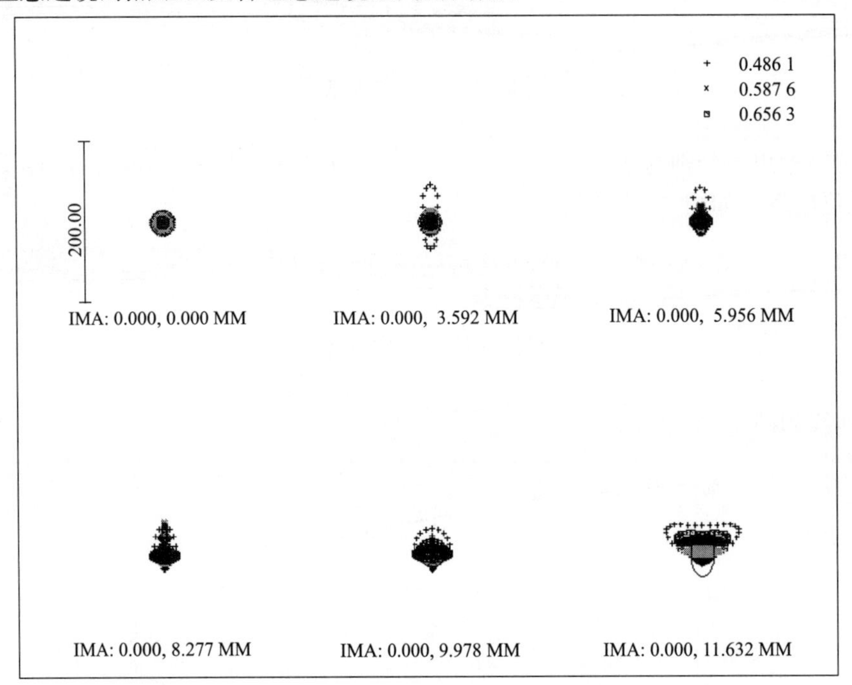

图 6-40　焦距为 68 mm 时的点列图

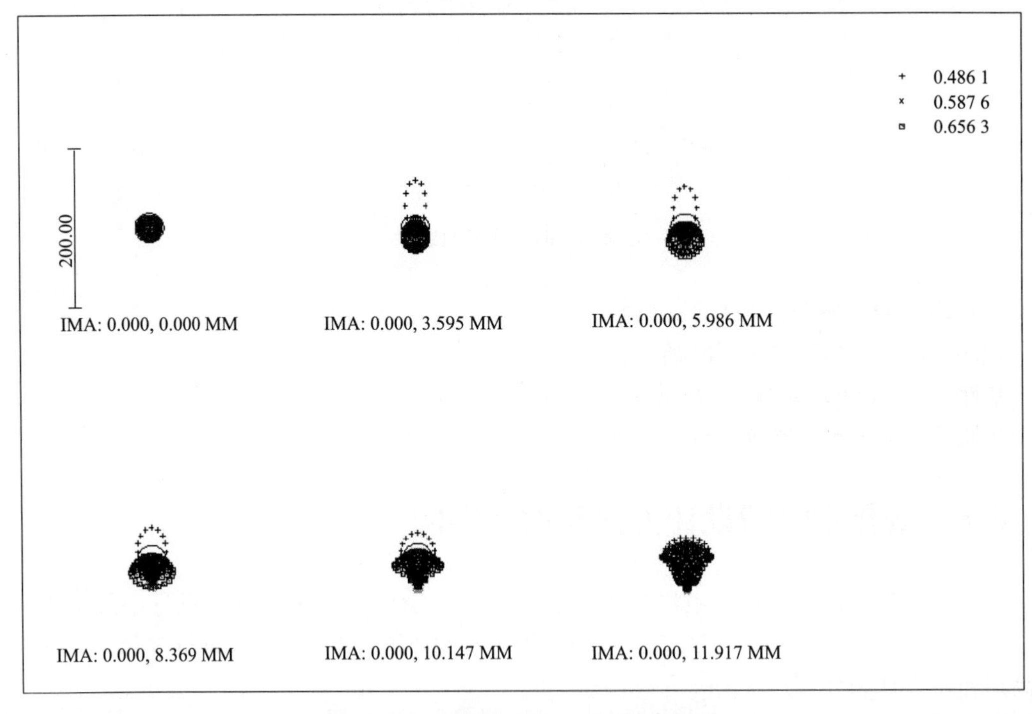

图 6-41　焦距为 275 mm 时的点列图

首先,手工调整各理想透镜的焦距,大致符合需要设计的短焦或长焦,然后建立多重结构,例如三重结构,分别对应短焦、中焦和长焦。在多重结构中,多重结构的参量为各理想透镜之

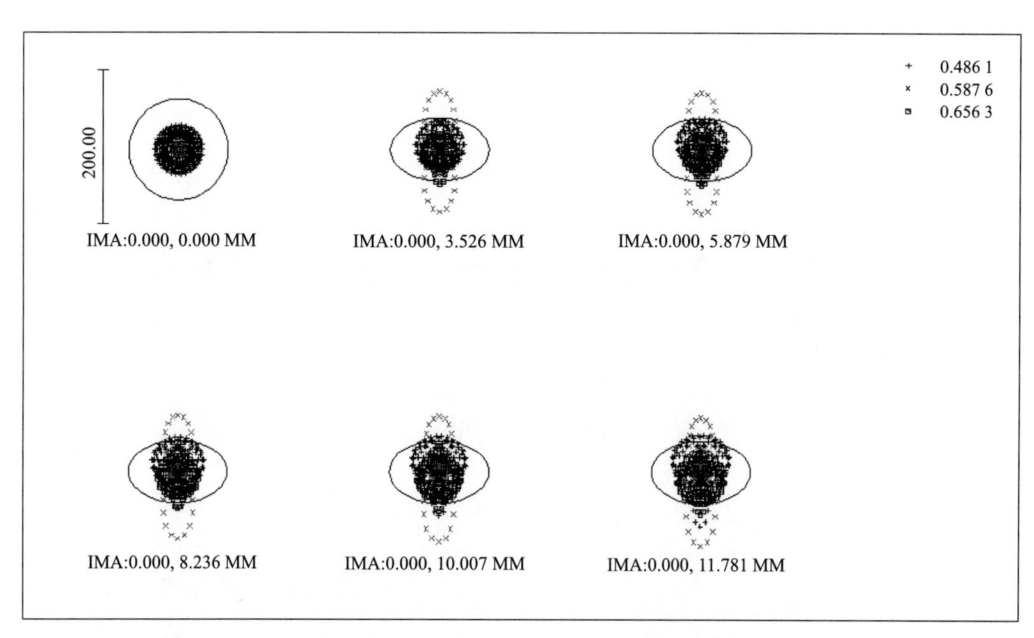

图 6-42　焦距为 1 145.9 mm 时的点列图

间的间隔，共有 3 个。然后将各理想透镜之间的间隔和各理想透镜的焦距都设为变量，建立评价函数，评价函数中第 1 重结构对应短焦，设定焦距控制在 50 mm；第 2 重结构对应中焦，设定焦距控制为 300 mm；第 3 重结构对应长焦，设定焦距控制为 600 mm。同时，每重结构还需要设定控制总长、最小间隔和像距。

设定好评价函数以后，就可以进行优化，在优化的过程中，需要随时监控图形的变化，适时调整各理想透镜的焦距，直到满足要求为止。优化出的结果如图 6-43 所示，图 6-43(a)是短焦的状态，图 6-43(b)是中焦的状态，图 6-43(c)是长焦的状态：

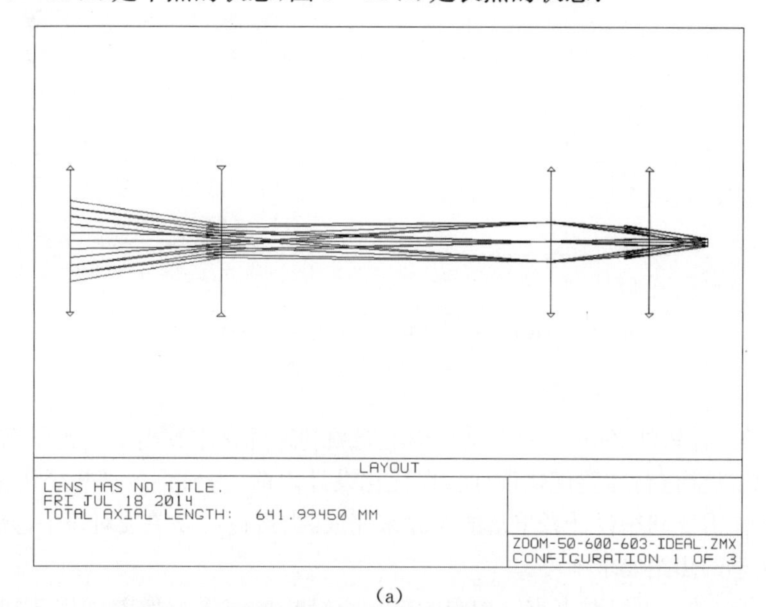

(a)

图 6-43　Zemax 多重结构中求解的高斯光学结构

(a) 短焦状态

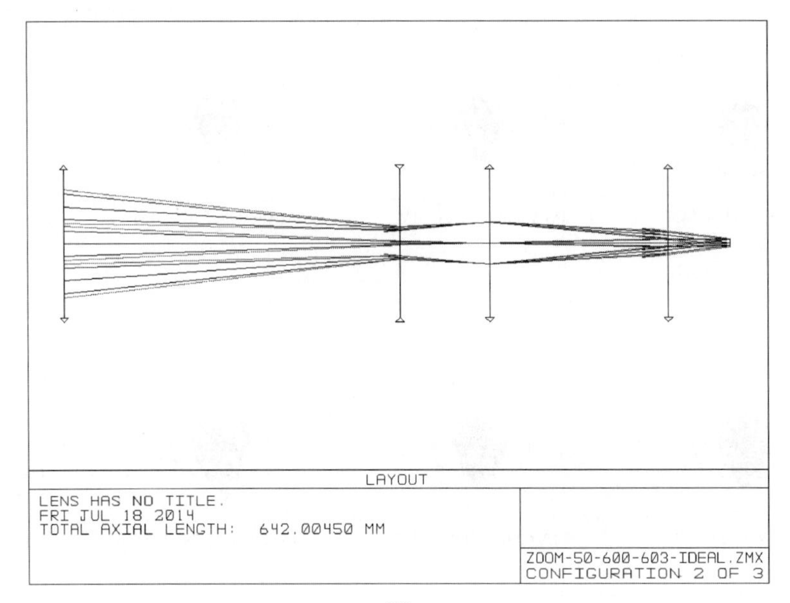

(b)

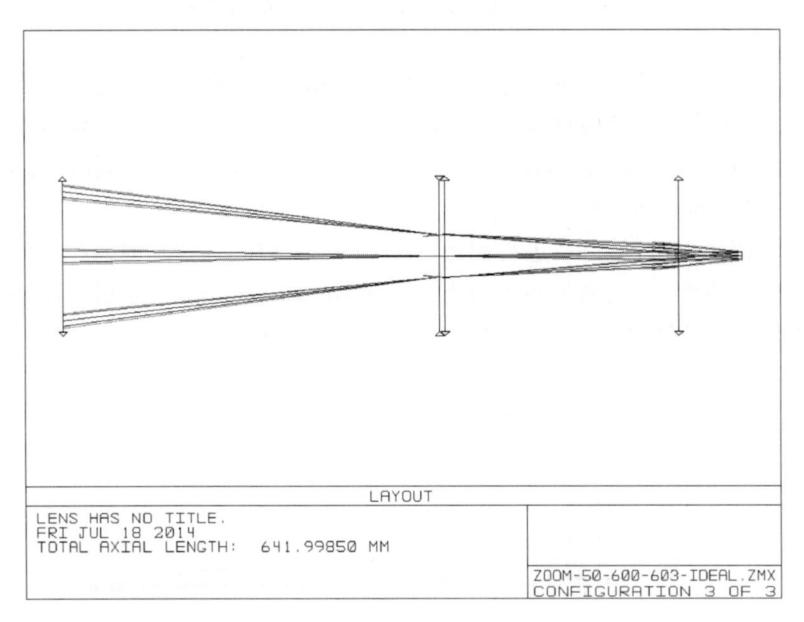

(c)

图 6-43 Zemax 多重结构中求解的高斯光学结构(续)

(b) 中焦状态;(c) 长焦状态

在利用光学设计软件 Zemax 的多重结构功能顺利地优化求解出高斯光学后,就可以利用 Zemax 中的优化功能进行像差优化设计。在优化设计之前,需要将各理想透镜变为真实的透镜组,这部分工作需要利用设计者丰富的经验来完成,当然也可以单独对每个透镜进行初步优化,满足高斯光学的焦距要求即可。

软件中的优化功能可以对多重结构中的每一重结构同时进行像差优化,因此需要设计者在每重结构中确定各自的控制参数,主要包括光学近轴参数、边界透镜以及总长等需要控制的参数。通常,优化设计工作不可能一蹴而就,很可能是一个艰苦而漫长的过程,设计者需要运用自己的光学设计理论知识和实践经验反复对系统进行优化设计,才能获得满意的结果。在对上述高斯光学结果变为实际透镜组并进行优化设计以后,得到的结果如图 6 - 44 所示,图 6 - 44(a) 是短焦的状态,图 6 - 44(b)是中焦的状态,图 6 - 44(c)是长焦的状态。系统的 MTF 曲线图如图 6 - 45 所示,图 6 - 45(a)是短焦情况下的 MTF 曲线图,图 6 - 45(b)是中焦情况下的 MTF 曲线图,图 6 - 45(c)是长焦情况下的 MTF 曲线图。

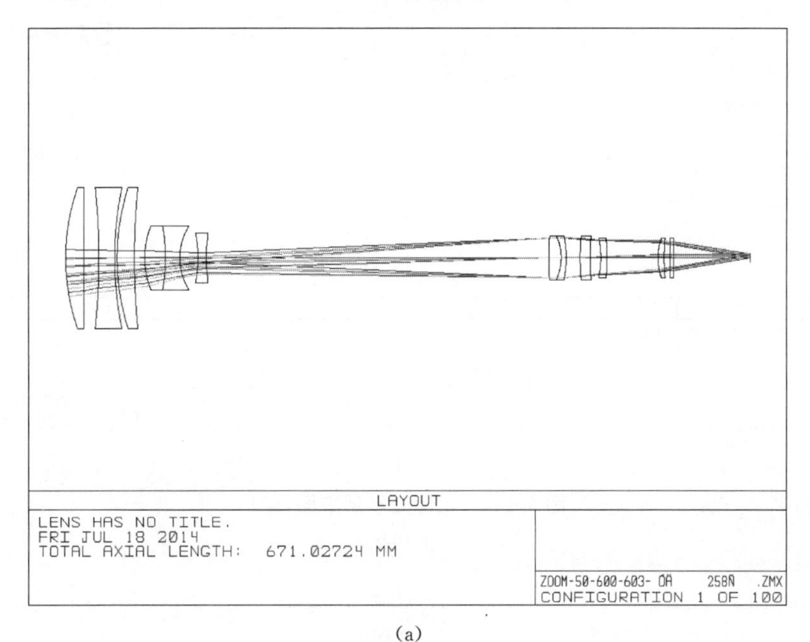

(a)

(b)

图 6 - 44　实际光学系统图

(a) 短焦状态;(b) 中焦状态

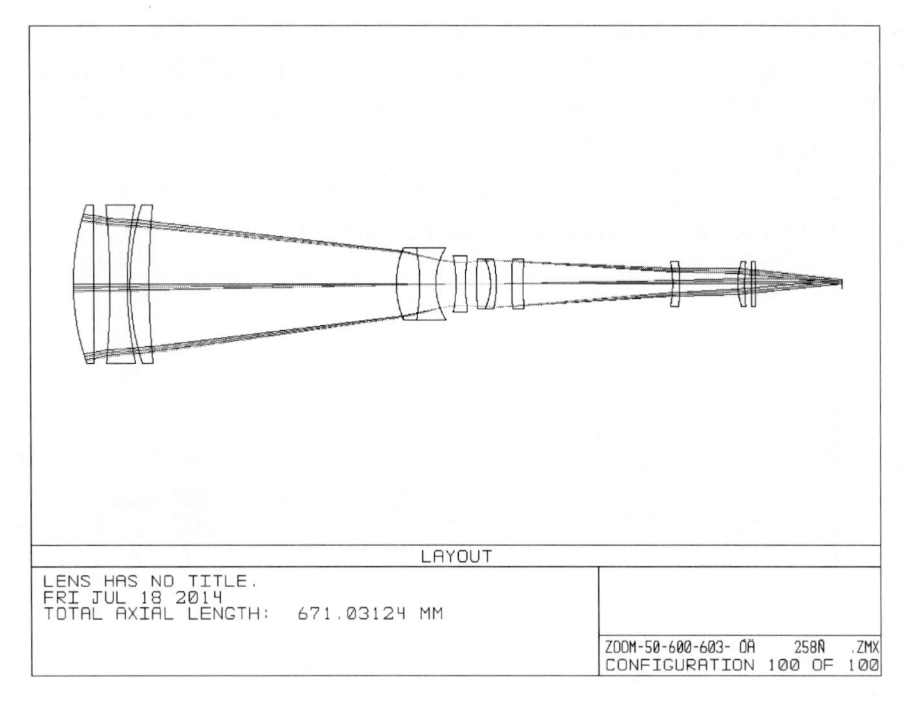

(c)

图 6-44 实际光学系统图(续)

(c) 长焦状态

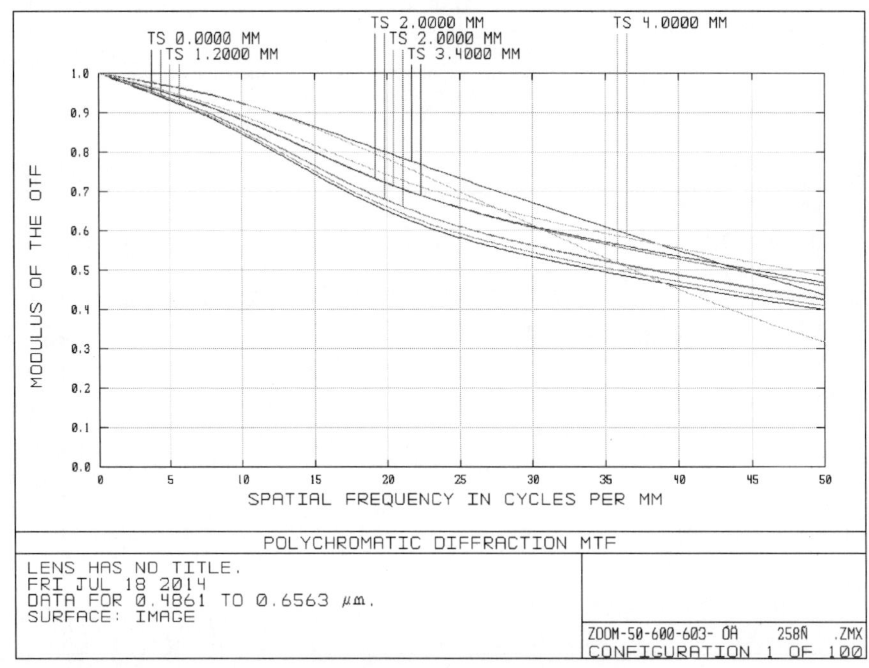

(a)

图 6-45 实际光学系统的 MTF 曲线图

(a) 短焦情况下的 MTF 曲线图

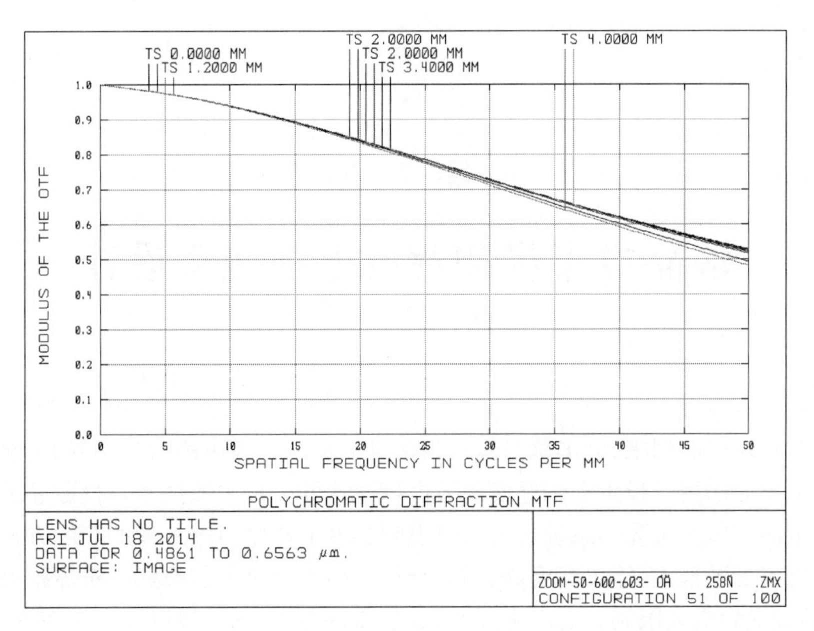

(b)

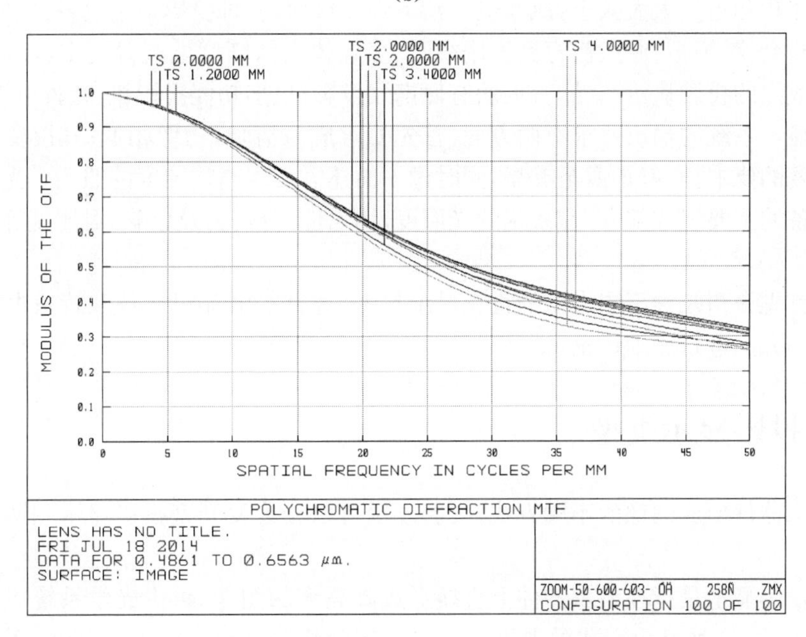

(c)

图 6-45 实际光学系统的 MTF 曲线图(续)

(b) 中焦情况下的 MTF 曲线图;(c) 长焦情况下的 MTF 曲线图

第7章

液晶投影仪和背投电视镜头设计

随着信息化时代的到来，大屏幕显示作为信息输出的有效手段，在人们的生活和工作中发挥着越来越重要的作用。投影显示是实现大屏幕显示的一种主流技术。投影显示技术就是将显示器件产生的图像经过光学系统放大后投射到屏幕上产生清晰图像的显示方式。这种显示方式的主要优点是屏幕大、输出亮度高、图像分辨力高等。早期的投影系统体积大，重量大，成本高，应用场合受到很大限制。近年来，随着显示器件、光源的发展以及光学系统的不断优化，投影设备的体积和重量大大减小，成本也不断下降。目前，各种投影显示设备已经广泛运用到从国防、交通、会议、模拟训练、教育到家用视听、多媒体高清晰度电视等诸多领域。市场上也出现了很多成熟的投影显示产品，常见的有便携式投影机、多功能投影机、背投电视等。

对投影显示系统的输出要求有两方面：首先要求成像清晰，物像相似；其次要满足一定的像平面光照度的要求，也就是像足够亮，同时像平面还需实现高均匀度的照明。光学系统作为投影显示设备的重要组成部分，在系统的光照度，均匀性、分辨力及色彩、对比度等方面起着决定性的作用。

本章将首先介绍几种不同类型的投影显示技术，并针对液晶投影仪和背投电视光学系统的设计特点和方法进行详细讨论。

7.1 投影显示类型

根据显示器件形成图像的不同方式，投影显示可以分为发光型投影显示和调制型投影显示两类。

发光型投影显示是指在显示器件上直接形成高亮度的图像，再由光学系统成像在屏幕上观看的显示方式，这种显示方式的典型代表是阴极射线管(Cathode Ray Tube，CRT)投影显示。在这种显示方式中，输入信号被分解到R(红)、G(绿)、B(蓝)三个CRT管的荧光屏上，荧光粉在高压作用下发光，经过光学系统放大和会聚，在大屏幕上显示出彩色图像。CRT技术成熟，显示的图像色彩丰富，还原性好，具有丰富的几何失真调整能力；但是由于CRT投影机的显示和发光亮度均由CRT来完成，亮度和图像分辨力相互制约，直接影响CRT投影机的亮度值；同时，CRT投影机由红、绿、蓝三个投影管分别显示，安装调试过程非常复杂，机身体积较大，只适合安装在环境光较弱且相对固定的场所，目前已逐渐被采用新技术的投影机取代。

调制型投影显示是基于微显示技术的投影显示系统，它结合了光学和成熟的半导体技术，目前被普遍认为是一种实用化的实现大尺寸高分辨力显示的优良途径。调制型投影显示类型中，显示器件本身不发光，而是根据输入信号改变显示媒质的某些电光特性，如反射率、投射率、折射率、双折射效应、散射等，经外加光源照射，将显示器件上的信息转变为图像经光学系统读出并投影在屏幕上。这一类型的显示器件又称为空间光调制器(Space Light Modulator，SLM)。根据所采用的显示器件不同，调制型投影显示设备主要分为 LCD 液晶投影仪、DLP 投影仪以及 LCOS 投影仪等。

1. LCD 液晶投影仪(Liquid Crystal Devise)

LCD 液晶投影仪采用液晶面板作为成像器件，通过分光系统将光源发出的光分解成红、绿、蓝三色后，投射到液晶板上，经信号调制后的透射光重新合成为彩色光，通过透镜成像并投射到屏幕上。

按照采用的液晶板片数，LCD 投影仪分为单片机和三片机。其中，三片机最为常见，它采用 3 片液晶板，分别作为红、绿、蓝三原色的成像部件，由于其颜色还原性好，分辨力高，性能稳定，已经成为 LCD 投影仪的主要工作形式。在 7.2 节将详细介绍三片式 LCD 投影仪的各部分组成及工作原理。

2. DLP 数字光处理器(Digital Light Processor)投影仪

DLP 投影仪近年来与 LCD 投影仪一起成了投影显示领域的主流产品。DLP 以 DMD(Digital Micromirror Device，数字微反射镜)作为成像器件。DMD 是美国德州仪器公司(TI)的技术专利。它是一种复杂的光开关器件，通常由多达几百万个铰接安装的微镜阵列组成，每个微镜对应一个像素。在 DLP 投影系统中，由输入信号来控制这些微镜反射面的倾斜程度，从而控制反射光的反射方向，微镜向光源倾斜时，光反射到镜头上，相当于光开关的“开”状态；当微镜向光源反方向倾斜时，光反射不到镜头上，相当于光开关的“关”状态。这些不同的开关状态就代表了图像中不同像素点的亮暗情况，然后通过光学系统成像在大屏幕上。

DLP 技术以反射式 DMD 为基础，是一种纯数字的显示方式。根据所用 DMD 的片数，DLP 投影机可分为单片机、两片机、三片机等。其中，三片式 DLP 投影系统可实现非常高的图像质量或非常高的亮度，但成本较高，所以现在市场上绝大部分的 DLP 投影机都是采用单片 DMD 芯片。

3. LCOS(Liquid Crystal on Silicon)投影仪

这类投影仪的成像器件 LCOS 被称为硅基液晶。与传统的 LCD 液晶相类似，LCOS 也是利用液晶在外加电场的作用下分子排列方向发生变化，实现对输入光的调制。所不同的是，LCD 是制作在玻璃基片上，而 LCOS 是采用 CMOS 技术在单晶硅上制作而成。同时，LCD 是一种透射式的器件，而 LCOS 属于反射式的显示器件，因而可以获得较高的光能利用率。LCOS 投影仪的最大优点是分辨力比 LCD 和 DLP 都要高，可以产生非常细腻清晰的图像，具有非常好的发展前景。

如果根据投影仪、观察者与屏幕的相对位置关系进行分类，投影系统又可以分为正投影系统(Front Projection)和背投影系统(Rear Projection)两种形式。正投影是观察者和投影仪位于屏幕的同一侧，从投影仪投射出来的光照射到屏幕正面显像，如图 7-1 所示。这种方式较易获得非常大的画面，亮度高，可达 3 000～10 000 lm 以上，被广泛应用于会议、家庭影院、数字影院、多媒体教室等场合。

背投影是指投影仪和观察者分别位于屏幕两侧的投影系统，从投影仪投射出来的光信号经过反射,投射到半透明的屏幕,透射光在屏幕背面显像并进入人眼,如图 7-2 所示。背投影被广泛应用于大尺寸背投电视机。在这一类系统中,由于投影仪与屏幕通常做成一体化,光路是封闭的,视觉效果受外界光影响小,因此对系统亮度的要求不高,通常在 400～1 000 lm。

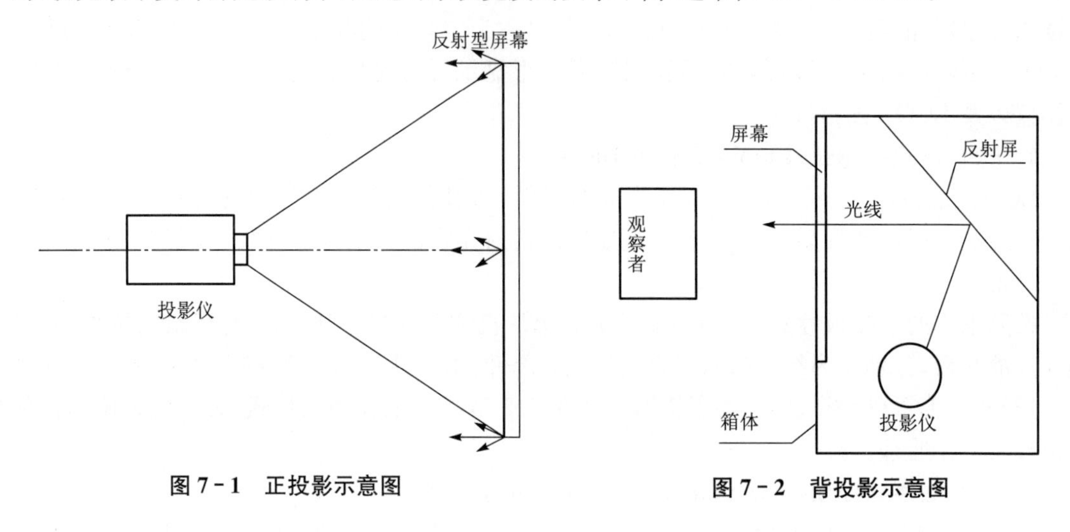

图 7-1 正投影示意图

图 7-2 背投影示意图

7.2 液晶投影仪的工作原理

在投影显示技术中,高温多晶硅 LCD 液晶投影技术是发展较早且最为成熟的一种,这一技术在投影仪中得到了非常广泛的应用,其产品涵盖了从高端到中、低端投影仪的几乎所有市场领域。本节以常见的三片式液晶投影仪为例,介绍它的基本工作原理。

液晶投影机主要由光源、液晶板及驱动电路、光学系统(包括照明系统、分色合色系统、投影成像系统)等部分构成,如图 7-3 所示。

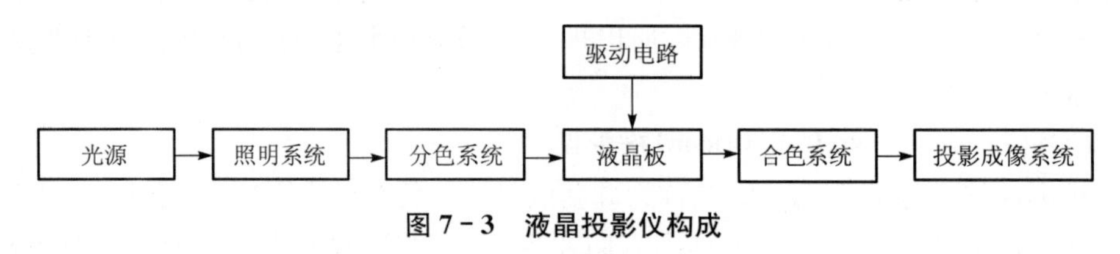

图 7-3 液晶投影仪构成

1. 光源

液晶投影仪采用液晶作为成像器件,由于液晶本身不发光,属于被动式显示,必须外加光源以实现对光的调制。同时,由于投影仪要在像面上获得高亮度和良好的色彩再现,因此光源的选择非常重要。液晶投影仪通常采用高亮度、高色温、长寿命、低造价及色温稳定性好的光源以及与之一体化的反光碗作为光源系统。目前普遍采用的光源有金属卤素灯、超高压汞灯等。金属卤素灯成本低、价格便宜;缺陷是发热量很大、半衰期很短。超高压汞灯属于冷光源,可以克服金属卤素灯发热量大、半衰期短的缺陷。根据不同的生产工艺,超高压汞灯有 UHP(Philips 技术),UHE(Epson 技术)等不同种类,其中,UHP 主要用于高档投影仪,而 UHE 以其价格优势被广泛应用在中档投影仪中。

2. 液晶板及驱动电路

液晶投影仪采用液晶作为成像器件。液晶本身不发光，工作性质受温度影响很大，其工作温度为－55～＋77 ℃。液晶分子间作用力小，在电场作用下，分子排列会发生变化，导致液晶对光的透射率和反射率也发生变化，从而影响它的光学性质，这一过程称为液晶的电光效应。正是基于这种电光效应，液晶投影仪可以通过驱动电路将图像信号转换成电信号，去精确控制相应像素的液晶，产生具有不同灰度层次及颜色的图像。

3. 光学系统

图 7－4 为典型的三片式液晶投影仪光学系统示意图。

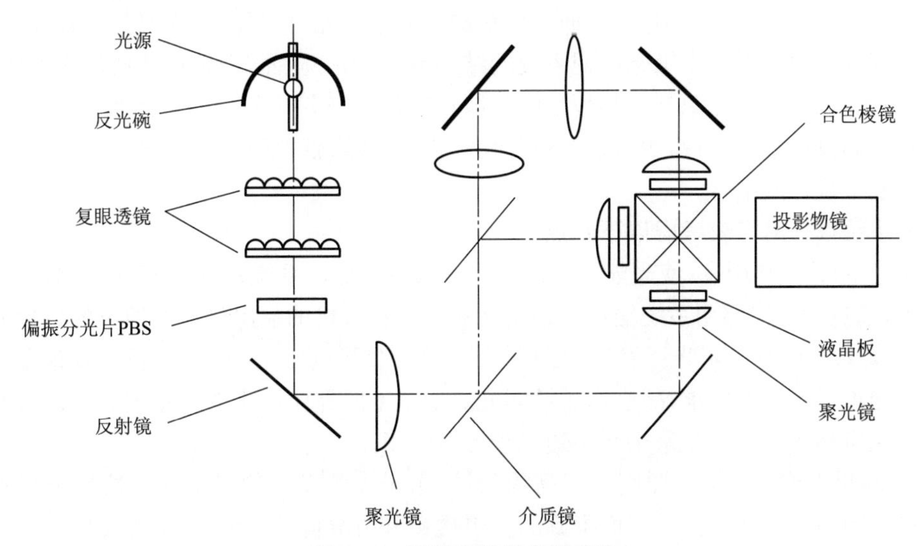

图 7－4 液晶投影仪光学系统

图 7－4 中，由光源发出的白色强光经反光碗后，再通过复眼照明系统、偏振转换系统和分光镜将分成红、绿、蓝三色光，这三种颜色的光线在精确的位置上分别透射过 RGB 三色液晶面板；图像信号源经过模/数转换加载到液晶板上，信号源控制每一个液晶体中光线的通过与否以及通过光线的多少。三种颜色再经过系统中的合色棱镜合光，最后由投影物镜放大成像到屏幕上形成彩色图像。

这一工作过程中，照明系统、分色合色系统和投影透镜构成了投影仪的核心，共同实现投影显示，通常称为“光学引擎”。投影显示系统光学引擎的方案有很多种，其区别主要体现在所采用的分色合色系统不同。在三片式 LCD 液晶投影仪中，采用的是二向色滤光镜进行分光、合色棱镜进行合像。如图 7－4 所示，采用两片二向色镜，两次分色形成 R、G、B 三基色光束。每束光再经反射镜与聚光镜控制传输的方向，使单色光分别投射到对应的三块液晶板上，形成单色图像；合色棱镜由四块直角棱镜胶合而成，主要作用是将从液晶板输入的单色光像合成为彩色图像，并将形成的彩色光像输送到投影物镜系统，进而放大成像到屏幕上供使用者进行观察或测量。

光学引擎的另外两个组成部分，即照明系统和投影透镜决定了整个系统的大部分性能，如光能利用率、照明均匀性、放大率、分辨力等。对它们的设计既包括经典的传统光学设计理论，又包含了非成像光学及照明光学和成像光学的匹配。下面分别对照明系统和投影透镜的设计进行介绍。

7.3 液晶投影仪照明系统的设计

照明系统是投影显示光学引擎的重要组成部分。由于投影显示是通过光调制器在均匀的照明面上调制图像,并将图像放大显示,最终屏幕上得到的亮度、均匀性、颜色特性等指标都与照明系统直接相关。照明系统的分析和设计一直是投影显示的研究重点,其关键是提高光能利用率和照明均匀性。

液晶投影仪中,照明系统的作用就是收集光源发出的光能,并使光源在液晶板上形成亮度均匀的照明光斑。这一过程中,一方面可以从成像光学出发,根据液晶板对数值孔径及照明光斑的尺寸等方面的要求初步确定照明系统的结构参数;另一方面,应根据非成像光学的相关理论,从光源的发光特性、光源与液晶板之间的能量匹配等条件出发,将能量利用率和照明均匀性作为主要的设计指标,对照明系统进行优化。因此,投影仪照明系统的设计体现了成像光学与非成像光学设计的结合。

照明系统设计时需要考虑以下几点:

① 提高光源的利用率,使光能尽可能多地进入后续成像系统;同时,充分考虑系统的各项能量损失,通过设计使照明系统输出光通量能够满足投影机的输出最大光通量的指标要求。

② 照明系统应具有将光源发出的圆形光束进行整形的能力,以满足投影仪液晶板 4∶3 或 16∶9 的矩形形状的要求,减小由于照明光斑形状不匹配而产生的能量损失;液晶投影仪经常采用的光斑整形的方法是采用复眼透镜和方棒透镜。

③ 液晶投影仪要求输出照度具有高均匀性,由于光源发出的光束通常情况下都不均匀,需要通过照明系统实现匀光。上面提到的复眼透镜和方棒除了可以完成光束整形外,另一个重要的作用就是提供均匀的照明。

④ 照明系统需设计成为像方远心光路。由于液晶面板的光学特性,在大角度光束照明时会引起图像颜色的反转以及对比度的下降,所以照射在液晶板上的光束的主光线应该平行于光轴,且光束孔径角需约束在一定范围以内。而与照明系统匹配的投影物镜,其相对孔径直接关系到像平面光照度,要获得足够的照度,又要求系统有较大的孔径,这就需要设计者权衡考虑,采取合理的结构形式。目前液晶投影仪的 F 数通常都在 1.6~2.8。

⑤ 选择正确的结构形式。液晶投影照明系统通常采用复眼柯勒照明的结构形式。如前所述,采用复眼透镜阵列能够将圆形光斑转换为液晶板所需要的矩形光斑,又能够有效地提高系统的照明均匀性。

图 7-5 为这一典型结构形式示意图。系统采用了双排复眼透镜阵列,每排复眼透镜阵列由一系列相同的矩形小透镜组成。光源发出的光经过抛物面反射聚光镜后成为近似的准直光束,投射在第一排复眼透镜上,并通过第一排复眼的各个小透镜成像到第二排复眼透镜上,这样就在第二排复眼透镜上形成多个二次光源。同时,由于第二排复眼透镜位于第一排复眼的像方焦平面上,它的每个小透镜又将第一排复眼对应的小透镜成像于无穷远,再通过后续聚光透镜组成像于液晶板表面。第二排复眼透镜上的多个二次光源又通过后续透镜组成像在投影物镜的入瞳上,从而形成柯勒照明结构。由于整个宽光束被分为多个细光束照明,而每个细光束的均匀性必然优于整个宽光束的均匀性,而且对称位置上的细光束相互叠加,使细光束的不均匀性又能获得进一步的补偿,因而可以获得较好的均匀照明。

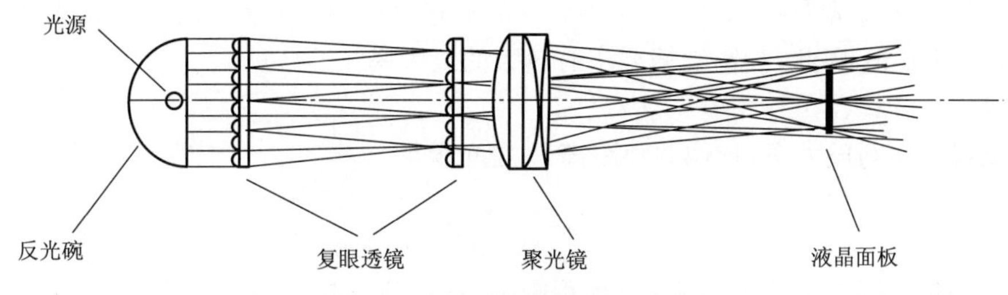

图7-5　液晶投影仪照明系统

照明系统中复眼透镜的设计是一个较为复杂的过程,设计参数较多,主要需考虑以下四个问题。

(1) 全口径

为充分利用光能,复眼透镜阵列应具有一定的大小。其大小主要由光源的发光面尺寸及照明系统的孔径角决定。

(2) 小透镜个数

为了充分发挥透镜阵列的作用,应选择适当的小透镜数目。透镜个数太少,失去了利用小透镜将宽光束分裂为细光束的作用;个数增加能改善高斯光束的照明均匀性,但增加太多又会提高加工的成本和难度,又由于照明系统像差的影响,并不能使照明均匀性获得更进一步的提高。因而应当根据光源的发光特性及照明均匀性的要求来确定小透镜的数目。

(3) 透镜阵列的形状和排列

复眼透镜需实现将光源的圆光斑转化为矩形光斑的作用,因此小透镜的长宽比要与液晶板的长宽比例相同,即4∶3或16∶9。同时,透镜阵列的排列方式应从三方面考虑:能量利用率、照明均匀性及液晶板的形状。图7-6为一种典型的透镜阵列排列。

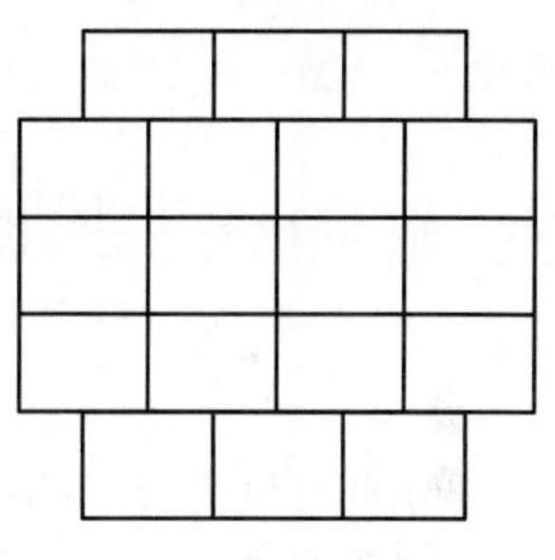

图7-6　透镜阵列示意图

(4) 小透镜焦距及口径

小透镜的口径应满足使整个液晶板面获得照明,因而液晶板的尺寸也就确定了小透镜的相对孔径。根据成像关系,可以确定其焦距。

7.4　液晶投影仪投影物镜的设计

液晶投影仪中,投影物镜组作为成像部分将液晶面板上的图像信息放大成像到屏幕上进行显示。系统的放大率、投影光束的大小、光能量分布以及屏幕上的成像质量都取决于投影物镜。由于液晶投影仪的光学引擎是一个有机的整体,在设计投影物镜组时,应充分考虑它与照明系统和分色合色系统的匹配,保证与照明系统的光瞳衔接,保证像平面的光照度;同时还要保证成像清晰,物像之间变形要小。

液晶投影物镜的光学特性通常用放大率、焦距、视场角、相对孔径和工作距离表示。

1. 放大率

放大率由屏幕尺寸和液晶板尺寸决定,即$\beta=\dfrac{y'}{y}$。

液晶面板尺寸通常采用 0.9/0.7/0.55 in 的规格，而投影屏幕的尺寸通常采用的有 72/100/120/150/200 in，因此，投影物镜要求有较大的放大率。

2. 焦距

投影物镜焦距与放大率，物像共轭距离 L 之间满足

$$f'=\frac{\beta}{(\beta-1)^2}L$$

在液晶面板和屏幕尺寸固定之后，焦距越短，投影机与影幕的距离就越近，反之就越远。根据不同焦距，投影物镜主要有长焦、标准、短焦三种，焦距值通常为 50～210 mm。近年来，为适应特殊场合要求，也出现了超短焦和超长焦镜头的投影镜头。这些不同焦距的镜头可以同时配备在一台投影仪上，使用时可以根据不同场合方便地进行更换。

3. 视场角

视场角满足 $\tan\omega'=\frac{y'}{l'}=\frac{y'}{f'(1-\beta)}$，当屏幕尺寸一定时，焦距越长，视场角越小；反之视场角越大。因此，在短距离大屏幕的投影条件下，需要采用短焦距的投影镜头。

通常情况下，正投投影物镜的视场角一般在 60°以下。随着短距离大屏幕的投影要求不断提出，大视场角的镜头日益增多。用于球幕显示的鱼眼投影镜头，其视场角可达 120°以上。

4. 相对孔径

投影仪离开投影屏幕的距离要远大于投影物镜的焦距，可以近似地认为投影物位于物镜的物方焦平面处，所以物方孔径角为

$$\sin U=\frac{D}{2f'}$$

而 $\sin U'\approx\frac{\sin U}{\beta}$，代入像平面轴上点光照度普遍公式 $E'_0=\tau\pi L\sin^2U'$，得

$$E'_0=\frac{1}{4}\tau\pi L\left(\frac{D}{f'}\right)^2\cdot\frac{1}{\beta^2}$$

由此可见，投影系统像平面光照度与物镜相对孔径平方成正比，因此相对孔径是投影物镜的一个重要光学性能。为保证一定的屏幕光照度，投影物镜一般都采用大相对孔径的镜头。

5. 工作距离

投影仪工作距离指物平面到投影物镜第一面的距离。工作距离的大小直接影响到投影仪的使用范围。在液晶投影仪中，从液晶面板到投影物镜之间的工作距离应该满足合色棱镜的尺寸要求。

投影物镜工作时类似于倒置的照相物镜。因此，在进行结构形式的考虑时，可以参考照相物镜的形式，也可以在一些典型照相物镜的形式上加以改进，如选用匹兹瓦尔型物镜、天塞物镜、双高斯物镜等。

设计时应主要考虑以下方面：

① 常见的用于礼堂、影院、教室等进行投影观察、演示讲解的正投影液晶投影仪，由于投影距离较长，一般采用中、长焦镜头。这一类镜头相对孔径较大，视场相对较小，因此主要校正球差、彗差、轴向色差。

② 短焦镜头主要应用在投影距离受限制的特殊场合，由于视场增大，除上述像差之外，系统还需校正像散、场曲、畸变。由于大视场的情况下，像平面边缘光照度按 $\cos^4\omega$ 的规律显著

下降，为了克服这一缺点，可以考虑适当加入光阑彗差，使斜光束的口径加大，从而实现整个视场均匀照明。对于三片式系统，因为 R、G 和 B 三原色的图像分别投影到屏上，因此边缘色差、倍率色差和各个颜色的畸变都要求严格控制。

③ 为与照明系统相匹配，液晶投影仪中投影物镜一般采用物方远心光路。

④ 液晶投影仪应当保证有较长的后工作距离。后工作距离是指由透镜最后一面到像面之间的距离。为满足这一要求，通常可以采用反摄远物镜的形式。反摄远物镜的基本结构由一个负的前组和一个正的后组构成，如图 7－7 所示。这种物镜的后工作距离比一般物镜大得多。反摄远物镜的另一个优点是由于前组透镜对光束起发散的作用，轴外光束通过后和光轴的倾斜角大大减小，使后组透镜对应的视场角减小，对像差校正有利，可以获得较高的成像质量。

根据投影仪不同光学特性的要求，反摄远物镜可以采用不同的结构形式。在进行像差校正时，前组和后组透镜作为整体一起校正像差。反摄远物镜的结构形式多种多样，这就要求对各种结构形式作具体分析，以便在尽可能校正好像差的前提下，实现结构形式的简单化和结构尺寸的小型化。

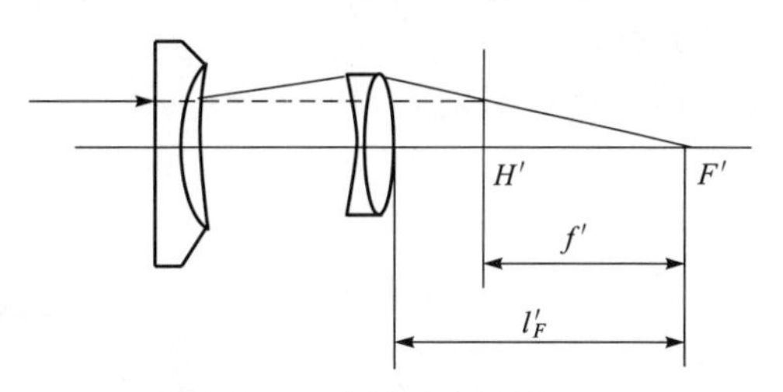

图 7－7　反摄远物镜示意图

7.5　背投电视镜头设计特点

背投电视是综合利用了投影原理和反射原理的电视显像设备。投影仪被安装在电视机身内的底部，信号经过反射投射到半透明的屏幕背面成像。由于投影仪和屏幕合为一体，使用者无须对系统进行光学调整，像使用普通电视机一样简单。此外，由于投影机封闭在一个箱体内，投射到屏幕上的光线不会受到外界光线影响，因此，在较暗或较亮的环境下都可以完好地显示图像。

就投影镜头的光学设计而言，背投电视镜头与正投投影仪镜头的设计原则是一致的。所不同的是，背投电视为了缩短机身尺寸，一般要尽可能减小投影镜头到屏幕中心的后工作距离，这就意味着要采用短焦距的投影镜头。背投电视镜头焦距一般在 35 mm 以下。短焦距必然导致大的视场角。通常情况下，背投电视镜头的视场角可达 70°以上，较正投物镜要大得多。同时，要保证一定的像面光照度，又需要投影物镜采用大相对孔径。因而背投物镜的结构复杂程度要比正投物镜高，设计难度也要增加。

对于这一类大相对孔径、大视场的光学系统，必须对球差、位置色差、倍率色差、子午彗差、弧矢彗差、场曲、像散、畸变等都给予很好的校正。同时，由于视场角增大，还应该注意边缘光线高级像差的校正和像面照度的均匀性问题。

在采用反摄远结构的投影镜头中，因为背投电视镜头大视场角的特点，所以系统的正透镜组可以采用对称型的初始结构，如双高斯及其复杂化形式，这样可以较好地消除垂轴像差。

另外，对于背投电视来说，外观尺寸是一个很重要的指标。一般来说，系统应该有一个适当的高度及一个最小的机箱厚度。为了达到这些目标，可以使用一个具有高反射率的大反射镜来折返系统的光学路径，通过调整反射镜的位置及角度来控制系统的高度及厚度。为了不使反射镜的尺寸过大，反射镜的位置必须远离屏幕，这又必然导致系统的厚度变厚。因此，在反射镜尺寸与系统厚度之间必须有一个折中的选择。经过光学设计软件的优化，可以得到一组最佳化的反射镜尺寸大小与摆放角度来满足使用要求。

背投式投影对于反射镜有很高的要求,因此反射镜的设计在背投电视光学系统中也是一个关键因素。对反射镜的要求首先是不能变形,其次是反射率要高。背投式投影一般采用前膜面反射镜。这种反射镜的光能损失小,反射率可达94%以上,且单面反射的图像质量较好。

图7-8给出了一个投影镜头的设计实例。该系统的主要指标为:

相对孔径:$D/f'=1/2.6$

视场角:73°

放大倍率:56.7倍

焦距:13 mm

后工作距≥36.5 mm

畸变<0.5%

分辨力:35线对处,MTF≥0.4

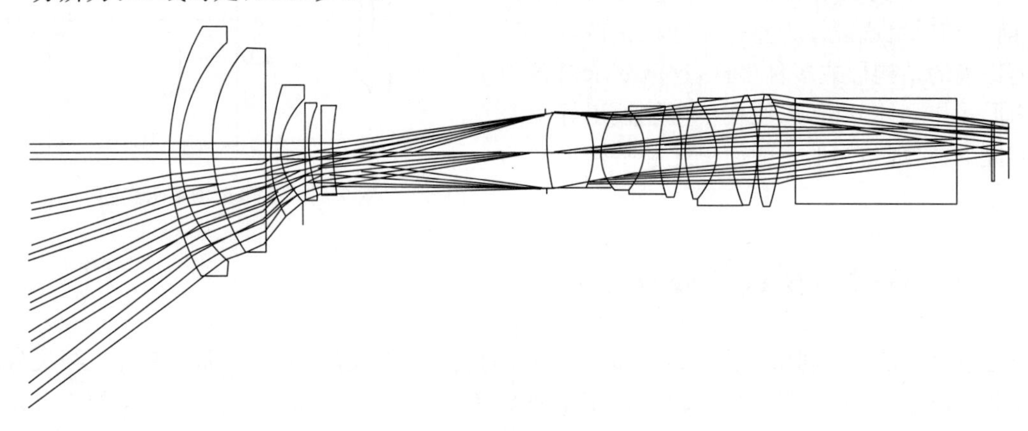

图7-8 投影镜头实例

MTF曲线图如图7-9所示。

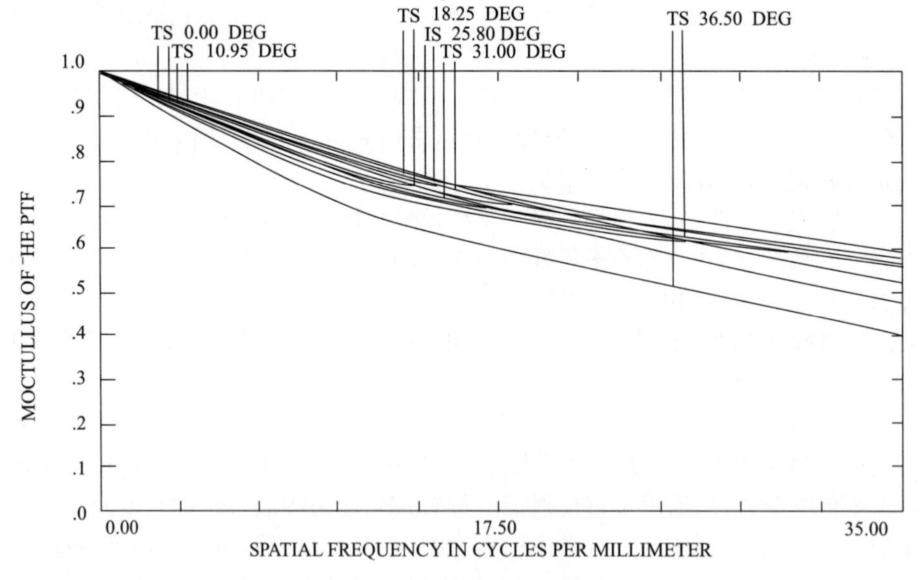

图7-9 投影镜头MTF曲线

投影物镜的场曲和畸变曲线如图 7 - 10 所示。

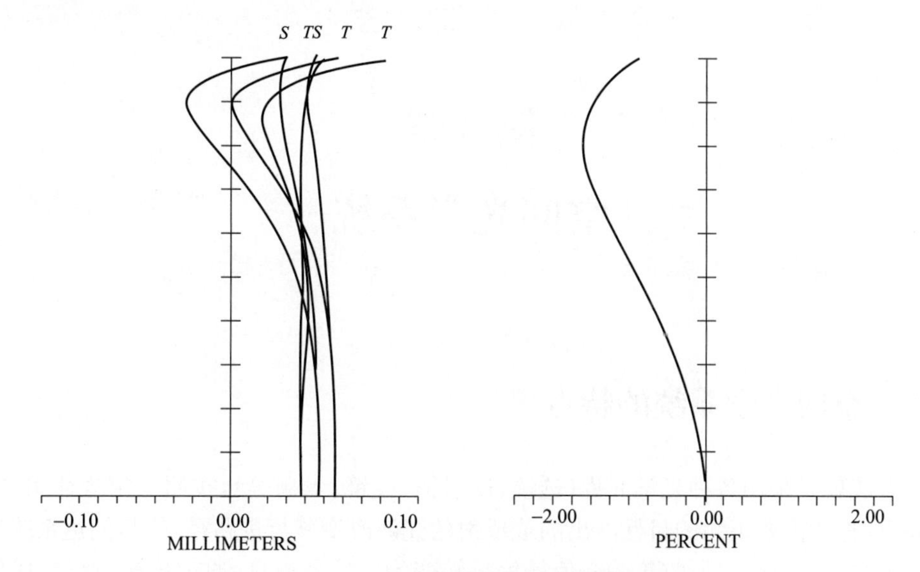

图 7 - 10　投影物镜的场曲和畸变曲线

第8章

空间光学系统

8.1 空间光学系统的特点

光学系统就是采用各种光学元件(透镜、反射镜、棱镜、光栅等),按照一定规律组合,满足一定的要求,将所需要观测的目标发出的或反射的光波改变其行进路径,使其到达系统探测器的靶面,通过光电转换,将所收集的光信号信息转变为电信号信息,通过传输、存储、成像并分析这些信息,从而获得有关所需观测目标的各种信息,这些信息包括形状、色度、光谱以及能量强弱等。而对于空间光学系统来说,它的作用主要是应用各种传感仪器,利用不同波段及不同类型的光学设备,接收来自地球或天体的可见光、红外线、紫外线和软 X 射线等电磁波信息,对所获得的信息进行收集、处理并最后成像,从而对地球上的物体或天体进行探测和识别,探测它们的存在和位置,识别它们的形状和特性,研究它们的结构,探索它们的运动和演化规律。空间光学系统就是搭载在卫星上的光学系统,由于设计的方法基本相同,对于搭载在飞机上的光学系统也可以归为空间光学系统。空间光学系统工作在大气层和大气外层空间,对空间和地球进行观测与研究。

前面已经指出,任何一个空间光学系统不管用于何种平台,其作用都是把所要观测的目标发出的或反射的光波按空间光电仪器工作原理的要求改变它们的传播方向和位置,到达仪器的探测器,在这个过程中,光波是一个载体,它携带了关于目标的各种信息。经过探测器的光电转换后,所携带目标信息的光信号转换成电信号,通过分析处理这些电信号,从而获得目标的各种信息,例如目标的几何形状、光谱、能量强弱等信息。因此,空间光学系统需要满足在改变目标光波的传播方向和空间位置,以及使光波到达探测器靶面的过程中,尽量不改变光波波面原有的球面波形状,如果有改变的话应该使改变量尽量的小,使在探测器靶面上所成的像尽量接近理想,以保证所获得的目标信息的真实性。所以,空间光学系统成像性能的要求主要有两个方面:① 光学特性,包括焦距、物距、像距、放大率、入瞳位置、入瞳距离等;② 成像质量,光学系统所成的像应该足够清晰,并且物像相似,变形要小。

通常,对地球观测主要是利用仪器通过可见光和红外大气窗口探测并记录云层、大气、陆地和海洋的一些物理特征,从而研究它们的状况和变化规律。在民用上解决资源勘查(包括矿藏、农业、林业和渔业等)、气象、地理、测绘、地质的科学问题,在军事上为侦察、空间防御等服务。

而对空间(天体)观测和研究,主要是利用不同波段及不同类型的光学设备,接收来自天体的可见光、红外线、紫外线和软 X 射线,探测它们的存在,测定它们的位置,研究它们的结构,探索它们的运动和演化规律。例如，对太阳观测主要是研究太阳的结构、动力学过程、化学成分及太阳活动的长期变化和快速变化。而对太阳系内的行星、彗星以及对银河系的恒星等天体的紫外线谱、反照率和散射的观测，则可以确定它们的大气组成，从而建立其大气模型。

空间观测光学系统从空间对天体进行观测时，摆脱了在地面进行观测时大气带来的种种影响和限制，是观测技术上的一大进步。众所周知，地球表面包裹着稠密的大气层，这层大气限制着人们从地面和低空间对天空的观测和研究。太阳是强大的辐射体，它的辐射度最大值处于波长为 0.47 μm 处，而辐射能的 46%在 0.4～0.7 μm 即可见光谱段。当太阳光经过大气层时，由于大气的种种作用，使它的能量衰减，投射到地面的太阳光的短波部分被截止在 0.3 μm 处，X 射线和 γ 射线就更难到达地面，在红外波段上，波长越长吸收越强。同时，即使在大气窗口可见光 0.3～0.7 μm 和近红外几个波段的太阳光也还要受到大气折射和湍流的影响，致使光学仪器的空间分辨力大大下降。

在空间对空观测和研究超越了大气层这个屏障，可进行全天时的巡天观测，实现了可见光、红外线、紫外线、X 射线和 γ 射线全电磁波段探测，提高了测量精度。例如，美国的空间望远镜只有 2.4 m 的口径，其分辨力比地面 5 m 口径的海尔望远镜高 10 倍左右。

目前，在红外波段使用的空间观测光学系统主要是红外望远镜。在紫外波段使用的空间观测设备主要有太阳远紫外掠射望远镜、远紫外太阳单色光照相仪、远紫外分光计——太阳单色光分光计、紫外线光谱仪、紫外宽带光度计等。它们所用的探测器与可见光观测仪器类似，有照相乳胶、光电倍增管和像增强器。还可以使用气态电离室和正比计数器。在 X 射线波段上使用的仪器主要有各种 X 射线望远镜、太阳 X 射线分光计、太阳 X 射线单色光照相仪，以及各种类型的 X 射线探测器等。

空间对地观测是从空中利用空间观测光学系统对地球进行观测，观测对象包括大气空间及地球体。可以获取地面传输到空间遥感器的波谱反射、辐射能量信息、大气状态的信息以及遥感器定标信息，还可以获得轨道参数、姿态参数、遥感器数据及其他几何参数信息。我们知道，任何物体都能借助反射太阳光或通过自身辐射来反映自身存在的信息，因此通过遥感技术和地面的信息处理能探测和识别物体的种类是相当广泛的，在军用、民用和科学研究方面具有重要作用。例如，军事上及早发现敌方洲际导弹的发射，可提供足够的战前准备时间；及时预报气象情况，为卫星侦察、战役准备和例行的军事活动服务；识别和发现敌方军事活动和军事目标，提供军事测绘所需要的数据和资料。民用上，包括资源调查；地质结构研究；编制地图、土地利用图、植物分类图、海洋沼泽植被分布图；估测牧草的密度及长势；调查农作物的长势、病虫害、灌溉、产量情况；探测牧场及森林火灾；监视鱼群活动；调查水利资源、洪水情况；监视火山、地震活动情况、环境污染；从事海洋研究，等等。

空间光学系统通常采用多光谱遥感技术。所谓多光谱遥感是利用多通道传感器，把地面物体辐射的电磁波分割成若干较窄的谱段带（或波谱）进行同步扫描，取得同一地物不同波段的影像特征，从而获取大量的信息。多光谱遥感技术的特点是每一个波段并不是单一的波长，而是具有一定宽度的波段。多光谱遥感技术不但可以获得丰富的信息特征，而且可以进行多种影像增强手段，在军事侦察、气象预测、地球资源考察等领域具有广泛的应用价值。

对于空间光学系统来说，在无像差光学系统中或者系统的像差足够小时，光学系统口径的衍射决定了系统的最高分辨力。衍射对系统分辨力的影响由如下艾里斑直径来表征：

$$d=\frac{2.44\lambda f'}{D}$$

其中,λ 为波长,f'为光学系统焦距,D 为光学系统口径。光学系统的成像质量最好能做到衍射受限,即像斑直径最小为衍射极限。系统焦距 f'与探测器像元尺寸 dx 有如下的关系:

$$f'\frac{D_s}{H}=dx$$

式中,H 为卫星轨道高度,D_s 为观测目标线分辨力。地面覆盖宽度为

$$Q=2\cdot H\cdot\tan\omega$$

式中,Q 为地面覆盖宽度,ω 为系统的半视场角。在波长、卫星高度和探测器像元尺寸确定后,空间分辨力与光学系统相对孔径有关,当光学系统口径取一个可以实施的值时,在相同的轨道高度条件下,增大焦距可以提高地面分辨力,增大系统的视场角可以扩大对地面的覆盖宽度。CCD 光敏面的尺寸、光学系统的焦距以及视场之间的关系如下:

$$\begin{cases}2\alpha=A\times 57.3/f'\\2\beta=B\times 57.3/f'\end{cases}$$

其中,CCD 光敏面的尺寸为 $A\times B$,光学系统的焦距为 f',视场为 $\alpha\times\beta$,57.3 是弧度和角度之间的转换常数。

8.2　空间光学系统的典型结构型式

根据焦距、相对孔径、视场以及成像波段的要求,空间光学系统可分为折射式、折反射式和反射式等型式。

1. 折射式光学系统

折射式光学系统采用折射元件构成,如图 8-1 所示。适用于视场大、焦距较短及通光口径不大、波段比较窄时的情形。折射式光学系统的特点是折射式光学系统型式多样,易选择。但是在超宽光谱段的情况下消色差比较难,光学玻璃质量保证难度较大,尤其是在红外波段时,可供选择的透红外的材料比较少,而且价格昂贵。

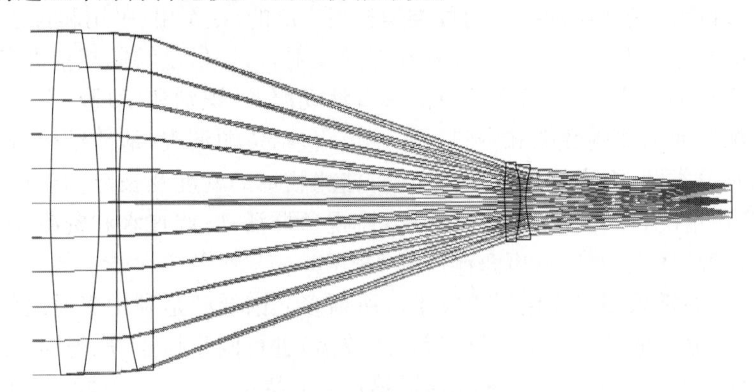

图 8-1　折射式光学系统

2. 折反射式光学系统

折反射式系统通常具有反射式主镜和次镜,同时还有少量的折射透镜,如图 8-2 所示。折反射系统具有外形尺寸小、孔径和视场较大的优点。整个光学系统的光焦度主要由反射镜产生,而用无光焦度的多块折射元件校正像差,扩大视场,因此不会带来太大的色差。与折射

式光学系统相比较或光焦度很小，折反射式光学系统的超宽光谱段的消色差设计比较容易解决。折反射式光学系统最典型的代表有施密特类和卡塞格林类系统。

折反射式光学系统的优点：① 因为光焦度几乎都是由反射面产生的，而反射面不产生色差，因此二级光谱很小，一般不存在二级光谱校正问题；② 能用低膨胀系数的玻璃做反射镜，同时用低膨胀系数金属做反射镜的支撑材料，因此可使光学系统对环境温度的变化不太敏感；③ 因光波经反射镜面反射前后的介质（通常为空气）相同，因此在气压变化时反射镜对像面位移影响较小，而折射元件的光焦度很小，因此折反射系统对环境气压变化亦不敏感；④ 比较适用于大视场的光学系统。

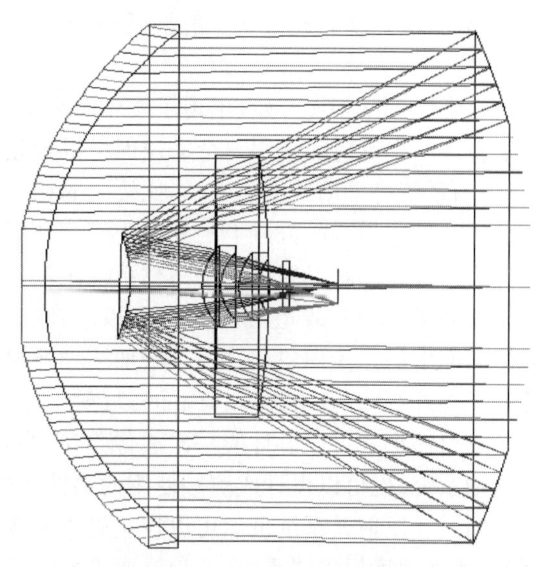

图 8－2　折反射式光学系统

折反射式光学系统的缺点：① 有中心遮拦、不仅会损失光通量，而且会降低中、低频的 MTF 值，为了保证光通量，须再加大相对孔径；② 反射面面形加工精度比折射面要求约高 4 倍；③ 装调困难，同心度不易保证。

3. 纯反射式光学系统

空间光学系统多采用反射式型式，纯反射式光学系统全为反射面，目前纯反射式光学系统在航天遥感的应用中备受关注，越来越多地用于地面分辨力为米级和亚米级航天相机上。空间光学系统的物距非常大，如果要取得一定的地面分辨力，就需要增大系统的焦距，通常空间光学系统的焦距都会在几百毫米以上，长的可以达到数米甚至数十米。由于焦距长，要保证探测器靶面上有足够的能量就需要达到一定的相对孔径，物镜的口径就必须相应地增大，可以达几百毫米甚至数米。这样大的口径对于采用玻璃的透射式来说是非常难以实现的，因此通常空间光学系统都采用反射式。反射式空间光学系统主要的结构型式有两反射系统、三反射系统和多反射系统，图 8－3 是最为常见的两反射镜系统，图 8－4 是离轴三反射镜系统。

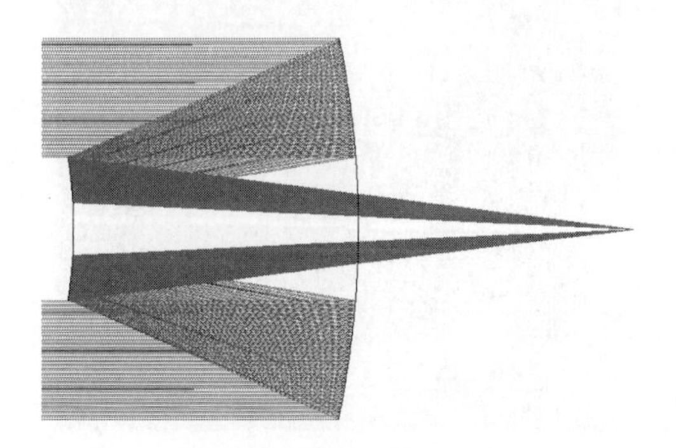

图 8－3　两镜反射式系统

图 8－4　离轴三反射式系统

纯反射式光学系统的主要特点：① 不存在任何色差，可用于宽谱段成像，特别适用于长焦距相机和光谱成像相机；② 通光口径可以很大，光波在空间传播，不通过光学玻璃，易于解决由材料引起的问题,一般大尺寸光学系统必须用纯反射式系统;③ 结构紧凑,所需光学元件较少,便于用反射镜折叠光路,减小了系统的外形长度,且可采用超薄镜坯(如 SIC)或轻量化技术,大大减小反射镜的质量;④ 离轴反射光学系统具有无遮拦、光学传递函数 MTF 值高等优点。

从 20 世纪 70 年代开始,出现了三反射镜系统。即在卡塞格林系统次镜后再加进一个第三反射镜。三个反射面采用三个非球面可以校正球差,彗差和像散等三种像差。对小相对孔径,小视场系统可采用二次曲面;对比较大的相对孔径和比较大的视场,为校正高级像差可采用二次(或四次)加 6 次方以上的高次曲面。利用非球面方程中 6 次方以上的高次项可有效地校正高级像差。和两反射镜卡塞格林系统比较,三反射镜形式一个突出的优点是可以设置防止直接射到像面的消杂光光阑,因此可以不必在主镜上加消杂光筒,就有利于避免轴外视场因杂光筒而产生的拦光现象。这不仅增加了轴外视场的光通量,使像面照度均匀,更重要的是大大提高了轴外视场的成像质量,因而三反射镜形式有利于获得较大的视场。

三反射镜形式可以设计成一次成像系统,也可以设计成二次成像系统;可以设计成轴对称的共轴系统,也可以设计成离轴使用的共轴系统。如果对畸变无要求,也可以设计成非共轴系统。同轴三反射式系统虽然可以校正更多的像差,有更多的自由度,但是存在严重的中心遮拦,像面的光照度损失严重,在信噪比要求高的场合下,不能满足要求。通过加大离轴视场角,可以将中心遮拦从孔径中消除,这样视场和反射镜的通光孔径就完全离轴了,于是就形成了视场和孔径都离轴的共轴系统。离轴系统的自由度更多,因此可以达到更大的视场,一般离轴三反射式系统为条形视场,特别适合于航天系统,因为航天器相对于地面在沿轨方向有运动,在这个方向视场可以相对减小。而在穿轨方向具有较大视场,从而不需要光机扫描系统,实现了系统的轻量化。通过反射镜小量的倾斜和位移,可以获得 10°～20°的视场。离轴三反射式系统的设计一般先设计同轴系统,然后选择适当的离轴量,避免中心遮拦,再采用光学设计软件进行优化,从而达到较好的成像质量。

但是,反射式光学系统用的反射非球面的加工是比较困难的,而且离轴全反射式光学系统结构设计、装校难度也比较大。

空间光学系统的特点是焦距长,口径大,有一定的视场,因此像面的尺寸一般较大;但是现有的探测器靶面的尺寸有限,有可能无法满足要求。解决这一难题的方法有三种:采用更大靶面尺寸的探测器,采用扫描的方法,采用探测器靶面拼接的方法。

如图 8-5 所示,采用反射扫描镜,即可获得较大的视场。

很多时候也可以采用采用探测器靶面拼接的方法,如图 8-6、图 8-7 所示。拼接主要有两种,即机械拼接和光学拼接。

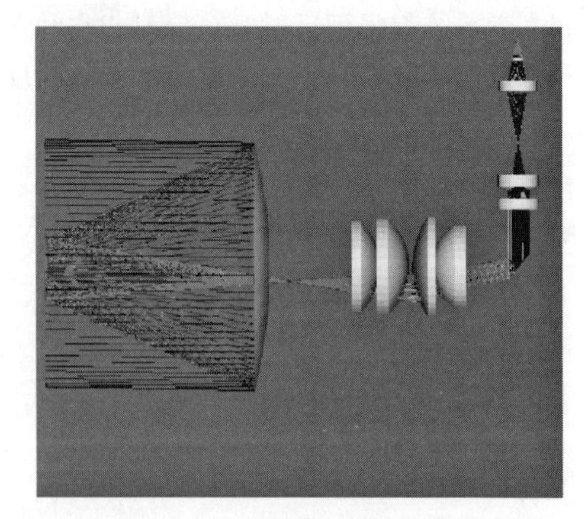

图 8-5 反射镜扫描扩大视场

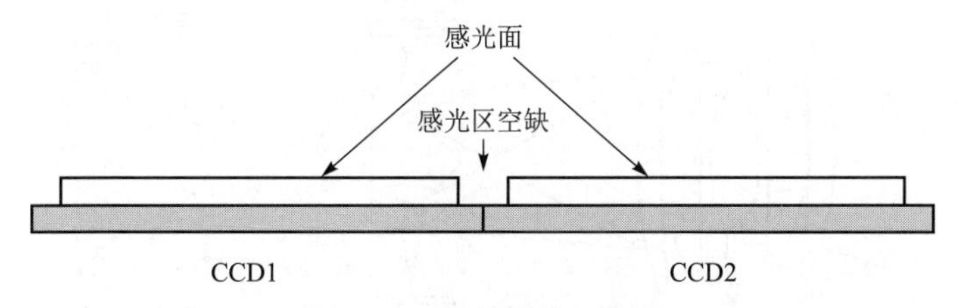

图 8-6　机械拼接示意图

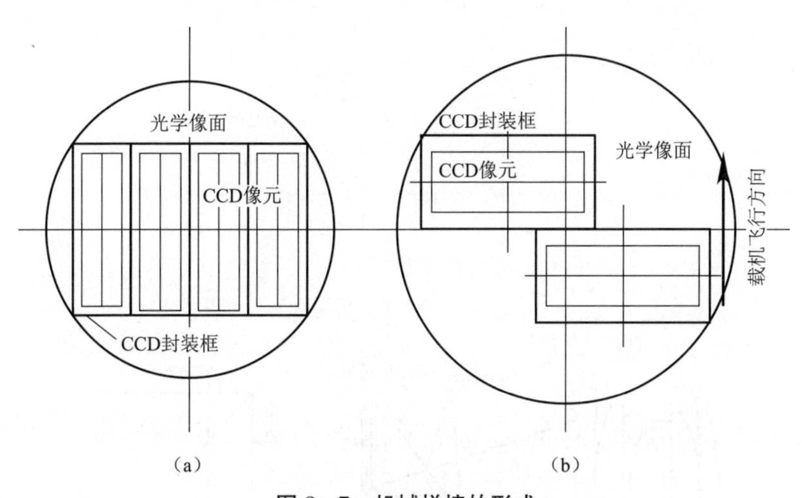

图 8-7　机械拼接的形式

(a) 机械直接拼接；(b) 机械交错拼接

图 8-8、图 8-9、图 8-10 是光学拼接示意图。机械拼接总会有拼接缝，有拼接盲区，而且对拼接技术要求很高。因此人们对光学拼接方法进行了大量的研究，光学拼接可采用平行玻璃板、反射镜或棱镜作为拼接元件。

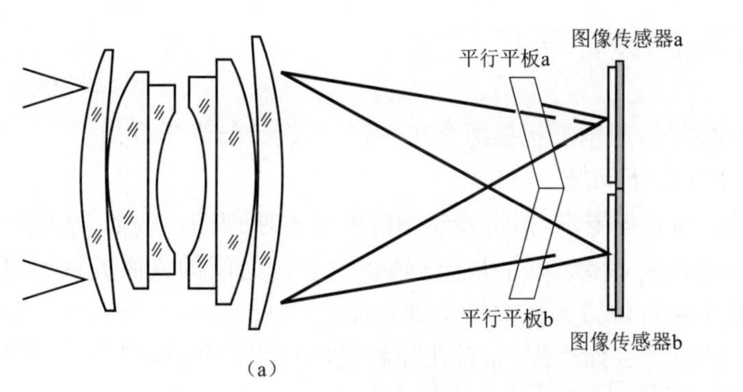

图 8-8　平行玻璃板拼接示意图

(a)两块平板玻璃拼接；(b)九块平板玻璃拼接

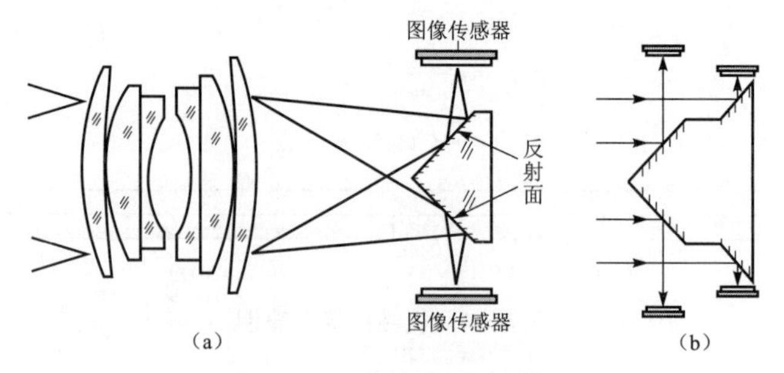

图 8-9　反射镜拼接示意图

(a)利用棱镜实现两传感器拼接;(b)利用棱镜实现四传感器拼接

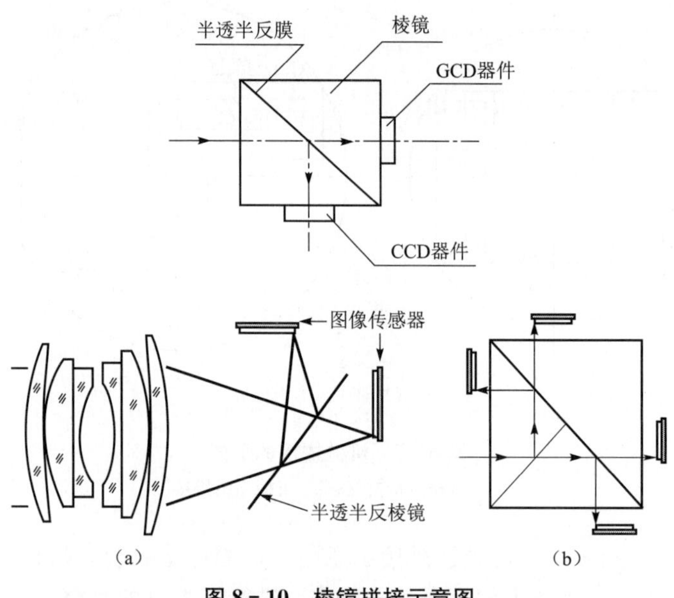

图 8-10　棱镜拼接示意图

(a)半反半透实现两传感器拼接;(b)半反半透实现四传感器拼接

8.3　空间光学系统的设计流程

通常,设计一个空间光学系统,原则上包括两个步骤:初步设计与光学设计。

在初步设计环节,主要解决以下问题:

① 根据光学特性和外形、体积等要求,拟定光学系统的结构原理图。例如,系统中采用透射式还是反射式?如果采用透射式,系统包括几个透镜组?它们之间的成像关系如何?用什么型式的棱镜系统?各个光学零件位置大体如何安排?等等。

② 确定每个透镜组的光学特性,如焦距、相对孔径和视场角等,同时确定各个透镜组的相互间隔。

③ 选择系统的成像光束位置,并计算每个透镜的通光口径。

④ 根据成像质量和光学特性的要求,选定系统中每个透镜组的型式。

在光学设计环节,主要解决如下问题:

① 在初步设计的基础上，确定所有的参数，包括所有的曲率半径、厚度或空气间隔、玻璃材料等。确定这些参数的原则是要保证系统的成像质量满足要求，同时又要保证初步设计的结果基本不变。

② 在保证系统成像质量优良的前提下，满足整个系统的外形尺寸和重量的要求。

③ 在保证系统成像质量优良和系统外形重量满足要求的前提下，使系统中每个元件的工艺性尽可能好，也就是使系统的公差尽可能宽松，加工性能好。

④ 同时还要考虑后续的装调和检测的便利性。

8.4　反射式空间光学系统设计

随着空间相机技术的发展，宽谱段、高分辨力的需求日益增大。折射式光学系统由于受到光学材料的品种、透过率及尺寸的限制，具有一定的局限性。反射式光学系统由于没有色差，适用于宽谱段、多光谱、长焦距及大口径的光学系统，因此在空间光学系统中得到广泛应用。常用的反射式空间光学系统通常包括两反射镜式系统、三反射镜式系统及多反射镜系统等。

8.4.1　两反射镜式光学系统

1. 两反射镜式光学系统特点

两反射镜式系统由两个反射镜组成，通常将入射光线到达的第一个反射镜称为主镜，另一反射镜称为次镜。孔径光阑通常位于主镜。两反射镜系统结构型式相对简单，体积较小，与校正镜配合使用，可以很好地校正轴外像差，在一定程度上增大了有效视场范围，是空间相机中常用的光学系统型式之一。

两反射镜系统通常分为同轴两反射镜系统和离轴两反射镜系统。由于同轴两反射镜系统主镜存在中心孔，所以杂散光抑制是此类系统需要特别注意的问题。

同轴两反射镜系统根据消像差情况可以构造出多种结构型式，其中常用的主要有以下几种：

① 牛顿系统，次镜为平面镜；

② 经典卡塞格林系统，次镜为凸面反射镜；

③ 格里高利系统，次镜为凹面反射镜；

④ R-C 系统，次镜为凸面反射镜，主次镜均为双曲面。

离轴两反射镜系统是把次镜移出入射光路，避免遮拦，提高光学系统成像质量。

牛顿系统成像质量较好，但视场有限，体积较大，常用作中短焦距的平行光管，如图 8-11 所示。

图 8-12 是经典卡塞格林系统，只消除球差，主镜为凹的抛物面，次镜是凸的双曲面。由于这种系统有严重的彗差与场曲，限制了它的视场范围。但是该系统没有中间像，筒长短，结构紧凑。

图 8-13 为格里高利系统，其主镜为凹的抛物面，次镜为凹的椭球面。它也有严重的彗差与场曲，同样限制了视场的大小。由于主次镜之间形成了中间像，从而使系统结构加大，限制了此种结构在空间光学系统中的应用。

Ritchey-Chretien 系统，简称 R-C 系统。R-C 系统是经典卡塞格林型的等晕系统，球差和彗差均为零。R-C 系统的两个非球面反射镜都是双曲面镜。

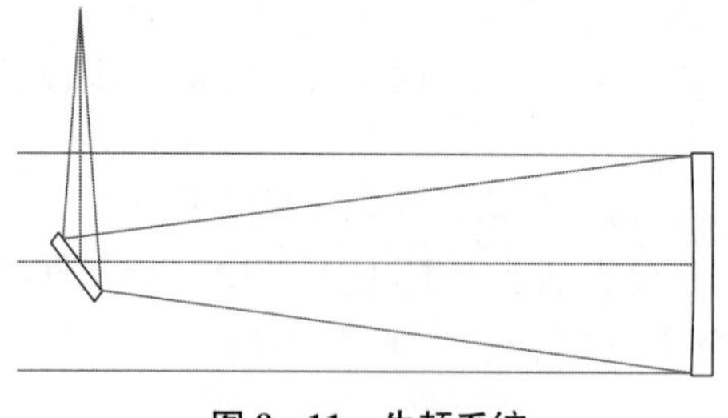

图 8-11　牛顿系统

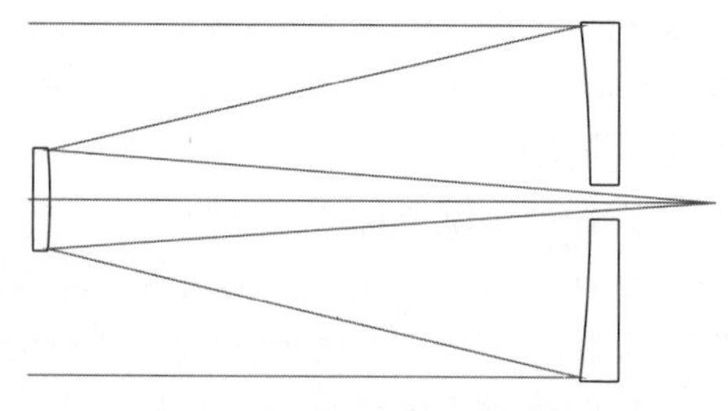

图 8-12　经典卡塞格林系统

为了扩大视场，提高像质，避免中心遮拦，可以将次镜避开入射光线，形成离轴两反射镜式系统，如图 8-14 所示。此类系统也常被用作平行光管。

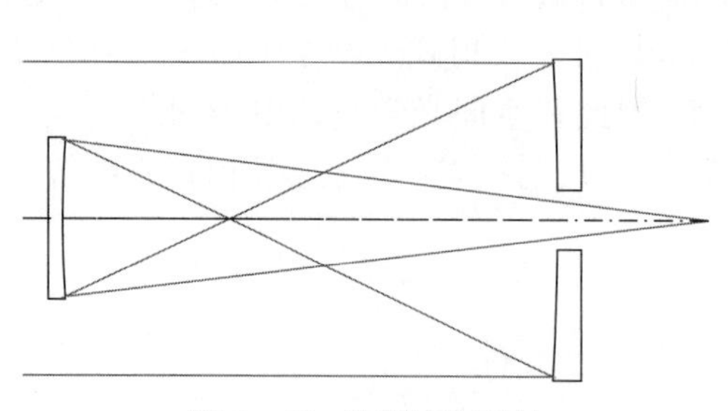

图 8-13　格里高利系统

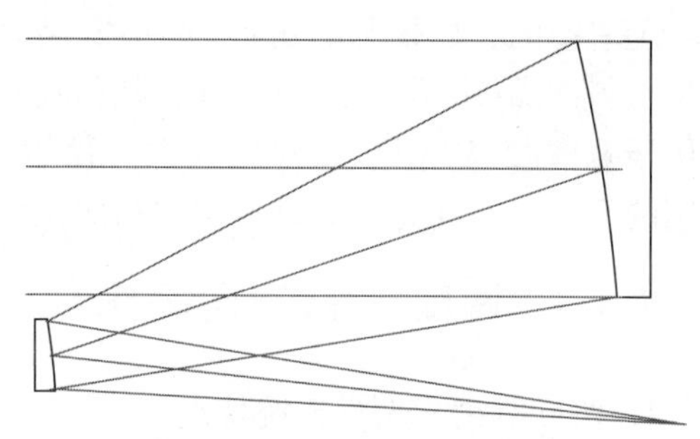

图 8-14　离轴两反射镜系统

两反射镜系统的视场角通常很小，为了扩大视场，提高轴外视场的像质，一种常用的方法是在两反射镜系统后面增加透镜组，如图 8-15 所示，透镜组镜片数量通常为 2～4 片。为了适应空间环境，第一片透镜通常采用具有耐辐照性能的光学材料。

为扩大两反射镜系统的观测范围，可以在系统前端增加摆镜，通过摆镜的扫描，扩大系统对地观测幅宽，如图 8-16 所示。

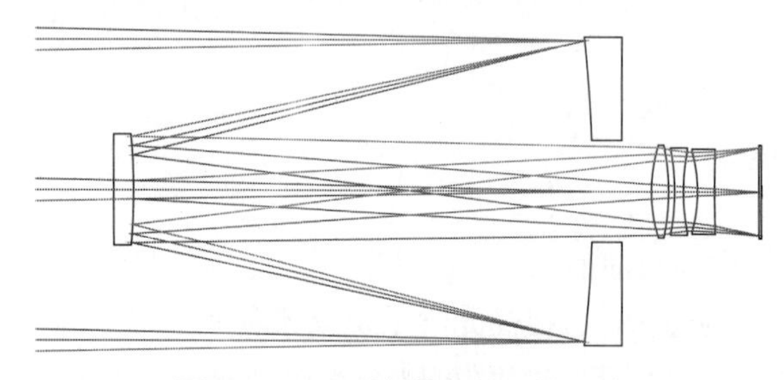

图 8-15　两反射镜加校正镜系统

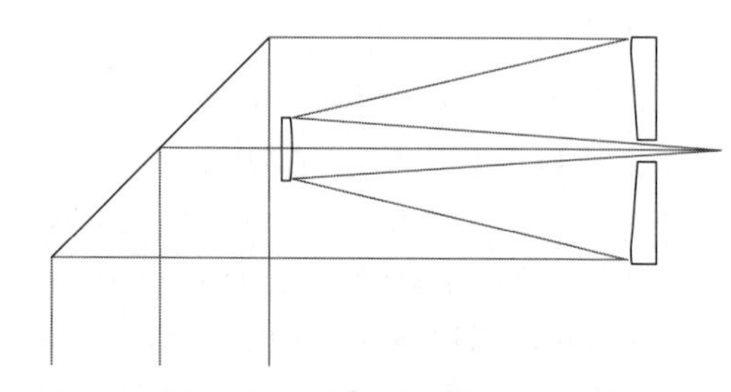

图 8-16　两反射镜加摆镜系统

2. 两反射镜光学系统的设计

如图 8-17 所示，假设主镜和次镜都是二次曲面，其表达式可写为

$$y^2=2Rx-(1-e^2)x^2 \tag{8-1}$$

其中，e^2为二次曲面系数，R 为顶点曲率半径。作为望远镜系统，假定物体位于无穷远，即 $l_1=\infty$，$u_1=0$。光阑位于主镜，即 $x_1=y_1=0$。定义 α 和 β 如下：

$$\alpha=\frac{l_2}{f_1'}=\frac{2l_2}{R_1} \tag{8-2}$$

$$\beta=\frac{l'_2}{l_2} \tag{8-3}$$

利用高斯光学公式可以导出

$$R_2=\frac{\alpha\beta}{1+\beta}R_1 \tag{8-4}$$

$$d=f'_1(1-\alpha) \tag{8-5}$$

$$l_2=\frac{-f'_1+\Delta}{\beta-1} \tag{8-6}$$

以 R-C 系统为例，两反射镜系统的设计步骤如下：

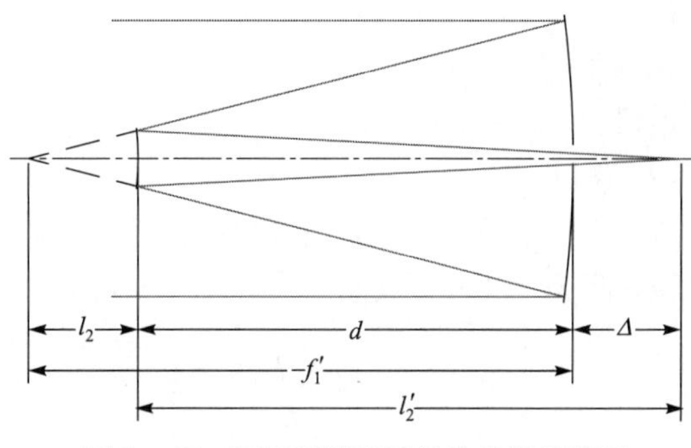

图 8-17　两反射镜系统结构参数示意图

① 根据空间相机总体指标，确定光学系统的焦距和相对口径。

② 选择主镜的相对口径。

由于光学系统的入瞳在主镜，因此主镜的口径已经确定，主要是选择主镜的焦距，即确定相对口径。主镜的相对口径越大，筒长越短，对减小相机尺寸越有利，但加工难度增加，加工难度和相对口径的立方成正比。所以主镜的相对口径要综合上述几个方面考虑。通常大口径的望远镜主镜相对口径为 1/2 甚至更大。相对口径确定后，主镜的焦距 f'_1 即可确定。

③ 确定焦点的伸出量 Δ。

根据实际系统的使用要求，初步确定 Δ。Δ 值影响 α 和 β，从而和主镜的相对口径也有关。当 Δ 值较大，而 β 值维持在不太大时，则必须增大 α 值，从而使中心遮拦增大。如果不想增大中心遮拦，只能增大主镜的相对口径，或者允许增大 β 值。

④ 确定 β 值。

β 等于系统焦距与主镜焦距之比。在 R-C 系统中，β 是负值。

⑤ 确定 α 值。

β 和 Δ 确定后，如图 8-7 所示，次镜的位置也就定了，如式(8-6)。

⑥ 计算次镜的顶点曲率半径 R_2 及两镜间距 d，如式(8-4)、式(8-5)。主镜的顶点曲率半径 R_1 由主镜的焦距决定，即

$$R_1=2f'_1 \tag{8-7}$$

⑦ 算出主镜及次镜的面形系数 e_1^2 和 e_2^2。因为 R—C 系统要求消球差和彗差，所以三级像差系数 $S_I=S_{II}=0$，将 α 及 β 值代入三级像差公式，即可算出 e_1^2 和 e_2^2。

$$e_1^2=1+\frac{2\alpha}{(1-\alpha)\beta^2} \tag{8-8}$$

$$e_2^2=\frac{\frac{2\beta}{1-\alpha}+(1+\beta)(1-\beta)^2}{(1+\beta)^3} \tag{8-9}$$

⑧ 优化设计。将上述用高斯光学和三级像差理论解出的初始结构代入光学设计软件，对系统进行优化设计，直至得到满足指标要求的光学系统结构参数。

3. 设计实例

由于两反射镜系统的视场角通常不大，为了增大视场，在空间相机实际使用过程中，通常会在像面前增加透镜校正组达到校正轴外像差的目的。

(1) 光学系统性能参数

焦距：2 240 mm

F 数:8

视场角:2.0°

谱段:0.45～0.90 μm

(2) 设计过程

按照上面的设计步骤解出两反射镜系统的初始结构参数,假定 $\Delta=60$,取主镜焦比为 1∶2,则主镜焦距为−560,顶点曲率半径为−1 120。$\beta=2\ 240/-560=-4$

$$l_2=\frac{-f'_1+\Delta}{\beta-1}=\frac{560+60}{-4-1}=-124$$

$$\alpha=\frac{l_2}{f'_1}=\frac{-124}{-560}=0.221$$

$$d=f'_1(1-\alpha)=-436$$

$$e_1^2=1.035\ 55 \qquad e_2^2=3.158\ 342$$

现在 $\alpha=0.221$,中心遮拦比较大,镜间距比较长。考虑到改善的可能性,将主镜焦比提高到 1∶1.2,即主镜焦距取−336,按照同样过程可以求出:

$$\alpha=0.154, \beta=-4.67$$

$$d=-284.35$$

$$R_1=-672, R_2=-121.53$$

$$e_1^2=1.008\ 17, e_2^2=1.917\ 035$$

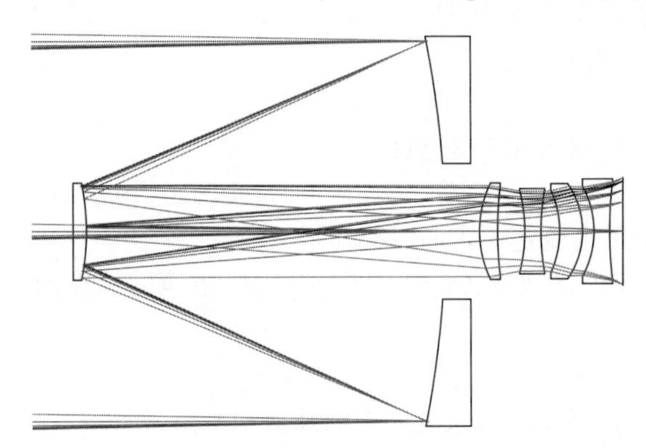

图 8-18　两镜加校正镜光学系统示意图

将上述参数代入光学设计软件,作为光学系统的初始结构参数。由于光学系统视场角较大,为了提高轴外视场的像质,可以在像面前合适位置加入透镜组。

优化光学系统。由于视场角较大,根据像质优化需求,加入了四个透镜,使优化后的传递函数设计值接近衍射极限。考虑到光学系统在空间的应用,第一片透镜材料需选用耐辐照光学材料。

(3) 设计结果

如图 8-18 所示,经过优化后,光学系统主要结构参数下:

$$d=-274.9$$

$$R_1=-691.95, R_2=-172.47$$

$$e_1^2=1.058\ 7, e_2^2=2.563\ 1$$

8.4.2　同轴三反射镜光学系统

同轴三反射镜光学系统是空间光学系统中常用的光学系统型式之一,适用于长焦距、视场角不大、体积紧凑的空间相机系统。

同轴三反射镜光学系统通常指系统由物理同轴的三个非球面反射镜组成,为了减小系统体积,常加入平面折转镜折转光路。这种型式的光学系统通常为具有中间实像的二次成像系统。由于系统存在中心遮拦，使光学系统传递函数下降，视场角越大，遮拦越大，传递函数下降越严重。因此，同轴三反射镜光学系统的视场角一般在3°左右。随着焦距加长，视场角会随之变小。另外，主次镜之间的镜间距变化对光学系统的后截距和焦距影响比较大，因此，此类光学系统在空间相机应用时，尤其要考虑温度适应性和结构材料的匹配性。

同轴三反射镜光学系统根据一次像面位置的不同以及后截距的长短不同，可以有多种结构布局，常用的结构型式如图8-19和图8-20所示。对于条带视场的系统，当系统偏场使用时，在相对于光轴对称的位置(附近)摆放另一个条带视场，如图8-21所示，在光学系统的一次像面位置附近加入一块中心开孔的折转镜，形成双通道成像系统。也可在共用主次镜后，在一次像面附近将其中一个通道折转到不同方向并复杂化，实现不同的功能需求。为了实现低畸变或满足其他任务需求，有时也使用没有偏场的光学系统型式。

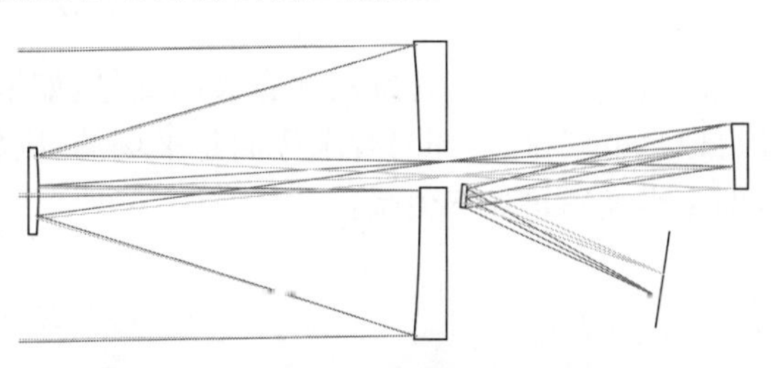

图8-19　同轴三反射镜光学系统型式Ⅰ

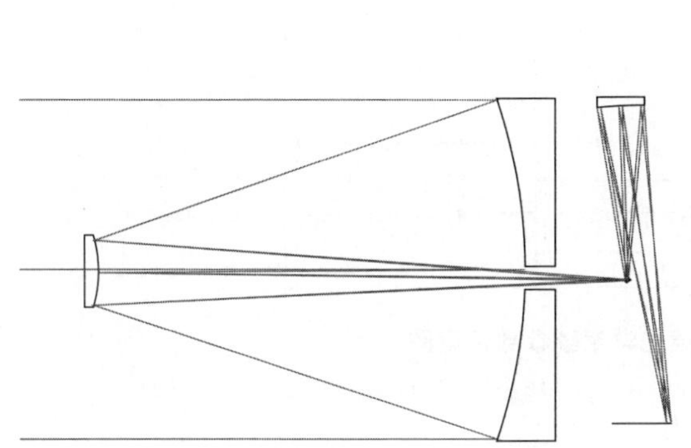

图8-20　同轴三反射镜光学系统型式Ⅱ

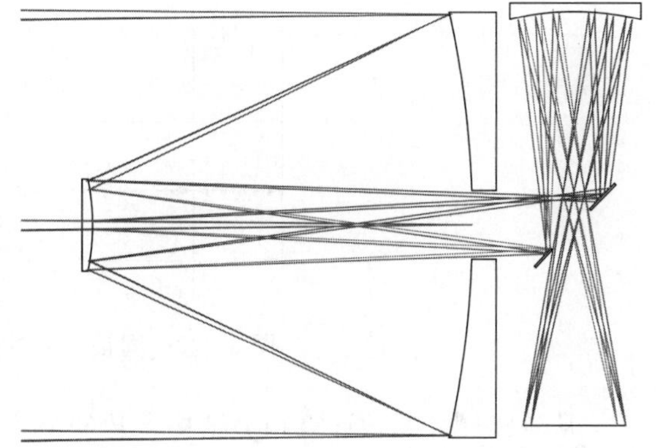

图8-21　同轴三反射镜双通道光学系统

如图8-22所示，作为望远镜系统，假定物体位于无穷远，即$l_1=\infty$，$u_1=0$，同时假定孔径光阑位于主镜上。主镜、次镜、三镜的顶点曲率半径分别为R_1、R_2、R_3；二次曲面系数分别为e_1^2、e_2^2、e_3^2；引入参数如下：

次镜对主镜的遮拦比：$\alpha_1=\dfrac{l_2}{f'_1}\approx\dfrac{h_2}{h_1}$

三镜对次镜的遮拦比：$\alpha_2=\dfrac{l_3}{l'_2}\approx\dfrac{h_3}{h_2}$

次镜的放大率：$\beta_1=\dfrac{l'_2}{l_2}$

三镜的放大率：$\beta_2=\dfrac{l'_3}{l_3}$

令$h_1=1$，光学系统焦距$f'=1$，主次镜间距为d_1，次三镜间距为d_2，归一化条件下，利用高斯光学公式可以导出

$$R_1=\frac{2}{\beta_1\beta_2},R_2=\frac{2\alpha_1}{\beta_2(1+\beta_1)},R_3=\frac{2\alpha_1\alpha_2}{1+\beta_2}$$

$$d_1=\frac{R_1}{2}(1-\alpha_1)=\frac{1-\alpha_1}{\beta_1\beta_2},$$

$$d_2=\frac{R_1}{2}\alpha_1\beta_1(1-\alpha_2)=\frac{\alpha_1(1-\alpha_2)}{\beta_2}$$

$$l'_3=\alpha_1\alpha_2$$

α_1、α_2、β_1、β_2是与轮廓尺寸有关的变量，如果只要求系统消除球差、彗差和像散，则轮廓尺寸可以自由安排；若同时要求像面是平场的，则四个变量中只有三个是自由的。此时，三个顶点曲率半径满足如下关系：

$$\frac{1}{R_1}-\frac{1}{R_2}+\frac{1}{R_3}=0$$

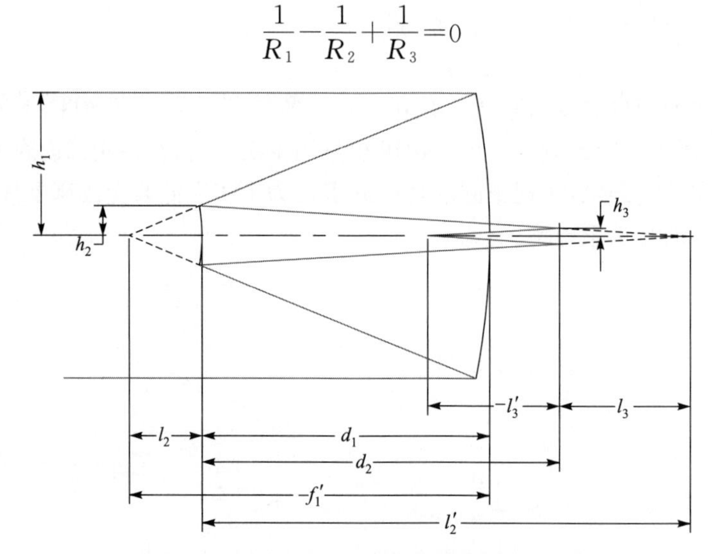

图8-22　同轴三反射镜光学系统参数示意图

从轮廓尺寸系数计算相关结构参数的公式为

$$R_1=\frac{2}{\beta_1\beta_2}f',R_2=\frac{2\alpha_1}{\beta_2(1+\beta_1)}f',R_3=\frac{2\alpha_1\alpha_2}{1+\beta_2}f'$$

$$d_1=\frac{1-\alpha_1}{\beta_1\beta_2}f',d_2=\frac{\alpha_1(1-\alpha_2)}{\beta_2}f'$$

设计步骤为：

① 根据空间相机总体指标，确定光学系统的焦距和相对口径。

② 选择光学系统型式。

根据相机总体对结构尺寸的要求，选取合适的光学系统型式。如果轴向尺寸限制严格，选取如图8-20所示型式。

③ 初步解出合理的轮廓尺寸。

根据上节的定义可知，α_1、α_2、β_1、β_2是与轮廓尺寸有关的变量。参考式(4-59)～(4-75)，通过编制简单的程序，可以不断调整试算不同的α_1、α_2、β_1、β_2数值，解出合适的顶点曲率半径R_1、R_2、R_3和镜间距d_1、d_2，使解出的系统结构合理，便于实现。

④ 通过光学设计软件，解出非球面系数e_1^2、e_2^2、e_3^2。

将顶点曲率半径和镜间距代入光学设计软件，将三个反射镜的非球面系数设置为变量，在保证光学系统焦距的同时，通过校正球差、彗差、像散和场曲，即可得到非球面系数值。

⑤ 详细优化光学系统。

根据光学系统的指标要求，设置优化边界条件，详细优化光学系统，使之满足像质及轮廓尺寸等全部要求。

(6) 优化光学系统结构布局

根据相机整体结构，在成像质量不下降的前提下，微量调整反射镜参数和位置，优化光学系统结构布局。

1. 同轴三反射镜光学系统设计实例 1

下面给出同轴三反射镜光学系统设计第一个实例，光学系统性能参数如下：

焦距：1 140 mm

F 数：8

视场角：2.95°

谱段：0.45～0.90 μm

设计过程为：

① 光学系统选型。

为了减小轴向尺寸，选取如图 8-20 所示结构型式。结构构型主要考虑以下几个方面因素：三镜放在两镜合成焦点之后，α_2 取负值，β_2 取正值；为了减小平面折转镜的尺寸，使之位于一次像面附近；一次像面位于主镜背后，同时考虑到留出主镜厚度；为减小径向尺寸，三镜和焦面位置尽量不超出主镜口径外边缘；像面平像场。

② 按照上节设计步骤求解系统的结构参数，得到镜间距、顶点曲率半径及非球面系数：

$$d_1 \approx 111.5, d_2 \approx 221$$

$$R_1 = -283.75, R_2 = -77.86, R_3 = -105.7$$

$$e_1^2 = 0.973, e_2^2 = 2.184\,8, e_3^2 = 0.535\,6$$

设计结果如图 8-23 所示。

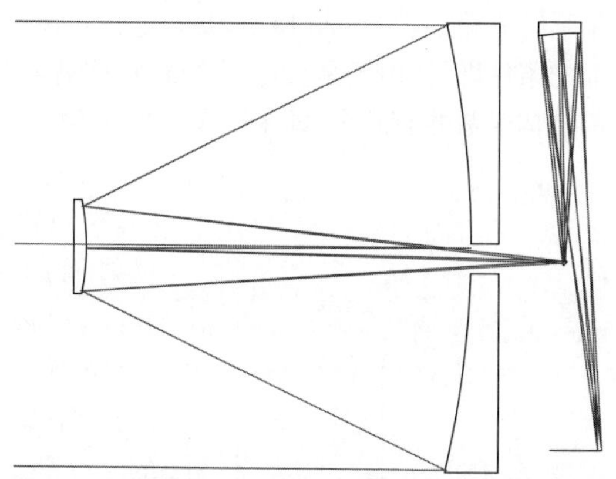

图 8-23　同轴三反射镜光学系统设计实例光路图

2. 同轴三反射镜光学系统设计实例 2

下面讨论同轴三反射镜光学系统设计第二个实例——空间轻型大视场离轴 TMA 相机镜头的光学系统设计实例。

1. 技术指标和参数要求

光谱范围：0.45～0.9 μm

镜头焦距：4 515 mm

光学系统 F 数：10.37

视场角：9.1°(垂直飞行方向)×0.25°(沿飞行方向)

光学系统透过率：>0.81(全谱段平均)

调制传递函数 MTF≥0.39(f_N =71.4 lp/mm)

畸变：<0.1%

像面照度：不均匀度<1%

平像场

工作温度：(20±2)℃

光学系统长度：<2 m

光学元件的径向间隔：≥60 mm

2. 光学系统结构形式的选择结果

光学设计者要根据项目任务的技术参数要求并综合考虑各种光学系统类型所具有的光学性能、给定的具体技术条件以及国内的光学加工工艺水平等情况，来确定符合条件的光学系统类型。所选择的光学系统类型对光学系统设计以及最终结果是极其重要的。

基于本项目所提出的技术指标和参数要求，焦距很长，入瞳口径大，应该选择反射式光学系统。两镜反射系统结构比较简单，但是两反射镜系统由副镜引起的中心遮拦无法避免，且设计两反射镜系统时自由变量只有四个，像差校正和轮廓尺寸之间的矛盾限制了设计的自由度，难以提高大口径大视场光学系统的像质。因此，本项目选择三镜离轴式反射系统。三镜离轴式反射系统有三个曲率半径和多个非球面系数，像差校正能力相对于两镜系统有所加强，可以满足本项目的要求。本项目采用同轴的三反射镜系统偏视场使用，三个反射镜实际上仍然是同心系统，利于装调。

3. 三反射消像差光学系统初始结构参数求解

离轴三反射镜光学系统的初始系统可以采用求解同轴三反射镜系统得到的初步参数，然后偏视场使用。三反射镜光学系统光路如图 8-24 所示，要确定其共轴三反射镜系统的结构参数，只要给定三个有关结构方面的条件即可，由于是长焦距系统，往往需要对系统的总长度有一定的要求。共轴三反射镜系统的结构参数共有八个，即主镜 M_1、次镜 M_2 和第三反射镜 M_3 的曲率半径 r_1、r_2 和 r_3，主镜到次镜的距离 d_1，次镜到三镜的距离 d_2，以及三个反射面的二次非球面系数 $-e_1^2$、$-e_2^2$、$-e_3^2$。引入如下参数：次镜对主镜的遮拦比 α_1，第三反射镜对次镜的遮拦比 α_2，次镜的放大率 β_1，第三镜的放大率 β_2，对于反射系统有 $n_1=n'_2=n_3=1$，$n'_1=n_2=n'_3=-1$，令 $h_1=1$，$\theta=-1$。l_2、l'_2、l_3 和 l'_3 依次为次镜的物距、像距及三镜的物距、像距，三反射系统的特性参数由四个轮廓参数 α_1、α_2、β_1、β_2 决定。根据第 4 章中的式(4-59)～式(4-75)，可

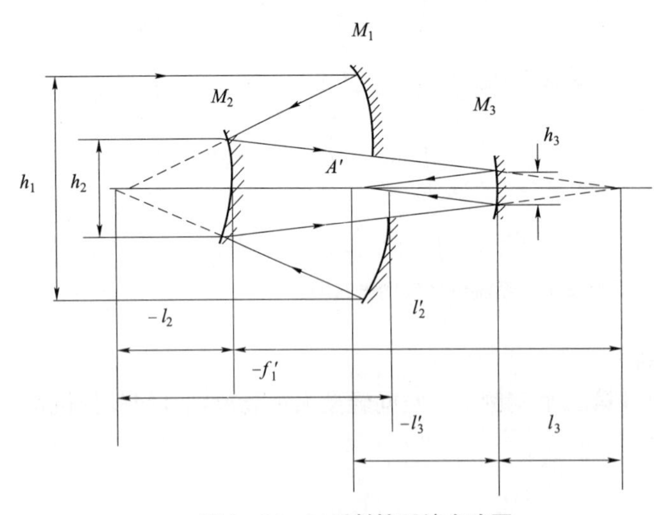

图 8-24　三反射镜系统光路图

以求出三个反射镜的曲率半径和二次非球面系数 $r_1, r_2, r_3, d_1, d_2, -e_1^2, -e_2^2, -e_3^2$。

4. 设计结果

(1) 光学系统视场

光学系统采用同轴三反离轴使用,在弧矢方向的视场角为±4.55°,在子午方向上中心视场为4.4°,上下±0.125°,各视场分布如表8-1所示。

表8-1 视场分布

弧矢视场/(°)	子午视场/(°)
0	4.4
2.5	4.4
3.5	4.4
4.55	4.4
0	4.525
2.5	4.525
3.5	4.525
4.55	4.525
0	4.275
2.5	4.275
3.5	4.275
4.55	4.275

没有加指向反射镜时系统的二维图如图8-25所示。

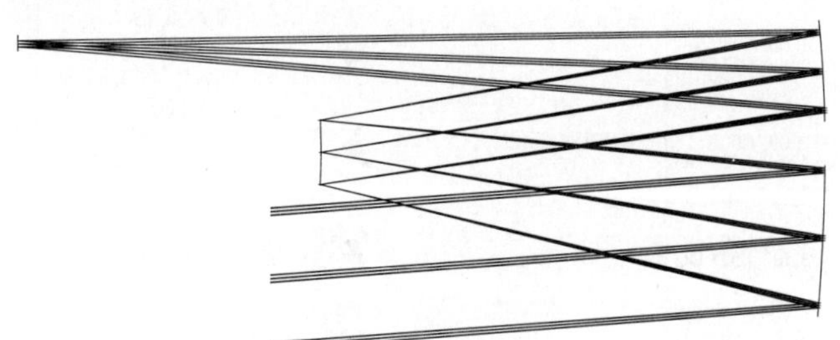

图8-25 没有加指向反射镜时的系统图

加了指向反射镜时系统的二维图如图8-26所示。

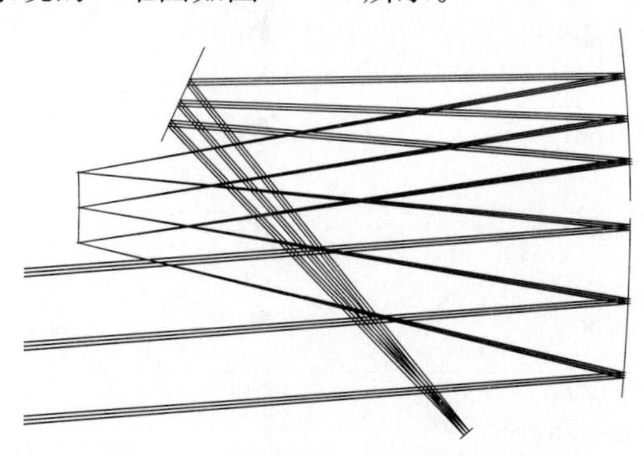

图8-26 加指向反射镜时的系统图

系统的三维图如图 8－27 所示。

图 8－27　系统的三维图

(2) 光学系统像质评价

系统的点列图如图 8－28 所示。

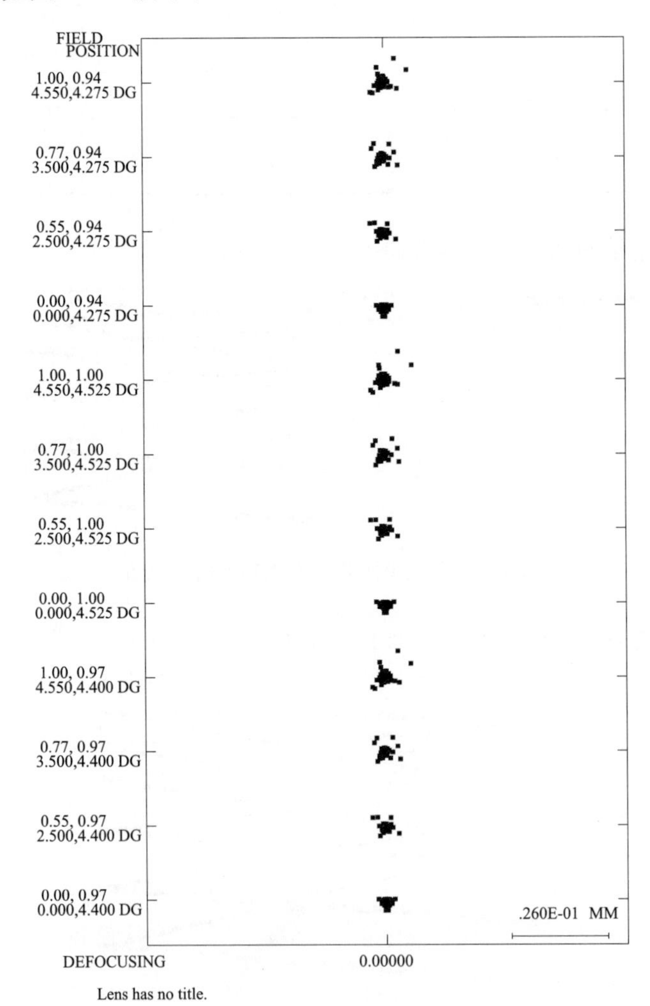

图 8－28　系统的点列图

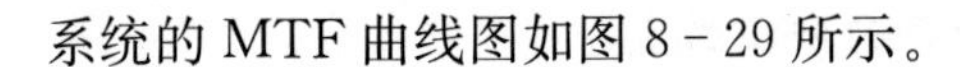
系统的 MTF 曲线图如图 8-29 所示。

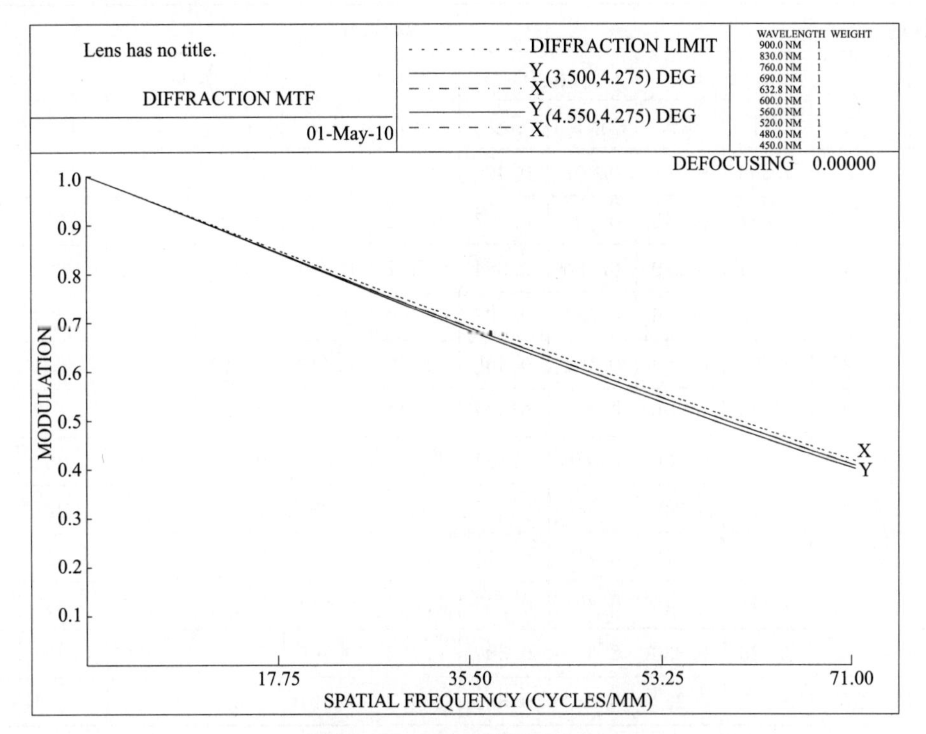

图 8-29　系统的 MTF 曲线图

系统的 MTF(71.4 lp/mm)具体数值如表 8-2 所示。

表 8-2　MTF 数值

弧矢视场/(°)	子午视场/(°)	子午方向	弧矢方向
0	4.4	0.413	0.416
2.5	4.4	0.412	0.414
3.5	4.4	0.407	0.408
4.55	4.4	0.400	0.400
0	4.525	0.413	0.417
2.5	4.525	0.411	0.413
3.5	4.525	0.406	0.408
4.55	4.525	0.398	0.398
0	4.275	0.411	0.415
2.5	4.275	0.412	0.414
3.5	4.275	0.408	0.409
4.55	4.275	0.401	0.401

系统像面离焦时的 MTF(71.4 lp/mm)数值如表 8-3 所示。

表 8-3　系统像面离焦时的 MTF 数值

视场		离焦/mm									
弧矢	子午	−0.1		−0.05		0		0.05		0.1	
		子午	弧矢	子午	弧矢	子午	弧矢	子午	弧矢	子午	弧矢
0	4.4	0.368	0.368	0.407	0.409	0.413	0.416	0.384	0.388	0.327	0.329
2.5	4.4	0.337	0.342	0.390	0.393	0.412	0.414	0.399	0.399	0.354	0.351
3.5	4.4	0.324	0.329	0.380	0.384	0.407	0.408	0.399	0.398	0.359	0.355
4.55	4.4	0.338	0.336	0.384	0.383	0.400	0.400	0.381	0.382	0.333	0.334
0	4.525	0.362	0.363	0.404	0.406	0.413	0.417	0.388	0.392	0.334	0.335
2.5	4.525	0.333	0.340	0.387	0.392	0.411	0.413	0.400	0.399	0.357	0.353
3.5	4.525	0.323	0.330	0.379	0.384	0.406	0.408	0.398	0.397	0.359	0.354
4.55	4.525	0.340	0.340	0.385	0.385	0.398	0.398	0.377	0.378	0.327	0.327
0	4.275	0.374	0.372	0.410	0.411	0.411	0.415	0.379	0.384	0.319	0.323
2.5	4.275	0.341	0.345	0.393	0.395	0.412	0.414	0.397	0.397	0.351	0.348
3.5	4.275	0.326	0.330	0.382	0.384	0.408	0.409	0.400	0.399	0.359	0.356
4.55	4.275	0.335	0.333	0.383	0.382	0.401	0.401	0.385	0.386	0.338	0.340

从离焦情况下的 MTF 值来看,像面离焦应该控制在±0.05 mm 范围内,成像质量才不会有较大的下降。

系统的场曲和畸变曲线图如图 8-30 所示。

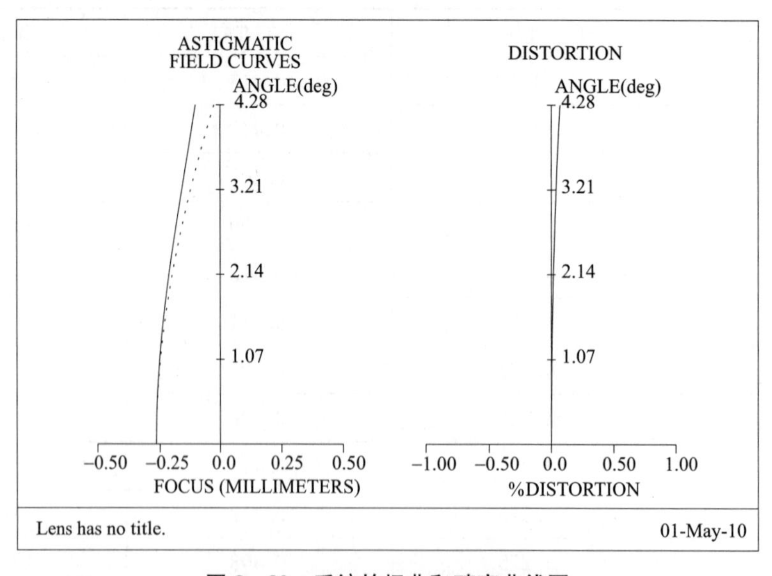

图 8-30　系统的场曲和畸变曲线图

系统的畸变值如表 8-4 所示。

表 8-4　各视场下的畸变值

相对视场	视场角/(°)	相对畸变/%
0.00	0.00	0.000 00
0.10	0.43	0.000 66
0.20	0.86	0.002 62
0.30	1.28	0.005 92
0.40	1.71	0.010 57
0.50	2.14	0.016 59
0.60	2.57	0.024 03
0.70	3.00	0.032 93
0.80	3.42	0.043 36
0.90	3.85	0.055 37
1.00	4.28	0.069 04

像面上的相对照度值如表 8-5 所示。

表 8-5　相对照度值

视场	X Angle/(°)	Y Angle/(°)	相对照度值/%
1	0	4.4	100.000
2	2.5	4.4	99.960
3	3.5	4.4	99.960
4	4.55	4.4	99.824
5	0	4.525	99.960
6	2.5	4.525	99.960
7	3.5	4.525	99.960
8	4.55	4.525	99.824
9	0	4.275	100.000
10	2.5	4.275	99.960
11	3.5	4.275	99.960
12	4.55	4.275	99.824

可见，在像面各视场照度不均匀度<1%，满足要求。

5. 公差分析结果

经过反复调整和计算，公差分配如表 8-6 所示。

表 8-6　主镜作为基准时的公差分配表

名　称	单　位	公差范围
主镜光圈		±5
次镜光圈		±1
三镜光圈		±5
四镜光圈		±5
主镜半径	mm	±0.5
次镜半径	mm	±0.5
三镜半径	mm	±0.75
0°方向主镜面形不规则度		0.3(相当于 rms<0.03λ)
0°方向次镜面形不规则度		0.2(相当于 rms<0.02λ)
0°方向三镜面形不规则度		0.3(相当于 rms<0.03λ)
0°方向四镜面形不规则度		0.3(相当于 rms<0.03λ)
45°方向主镜面形不规则度		0.3(相当于 rms<0.03λ)
45°方向次镜面形不规则度		0.2(相当于 rms<0.02λ)
45°方向三镜面形不规则度		0.3(相当于 rms<0.03λ)
45°方向三镜面形不规则度		0.3(相当于 rms<0.03λ)
主镜二次曲面系数		±0.000 42
主镜四次非球面系数		$\pm 2\times 10^{-16}$
次镜二次曲面系数		±0.035
三镜二次曲面系数		±0.000 34
主镜次镜间隔	mm	±0.5
次镜三镜间隔	mm	±0.15
三镜四镜间隔	mm	±0.5
次镜 y 向偏心	mm	±0.04
次镜 x 向偏心	mm	±0.04
三镜 y 向偏心	mm	±0.05
三镜 x 向偏心	mm	±0.05
次镜绕 x 轴旋转	(″)	±3
次镜绕 y 轴旋转	(″)	±3
三镜绕 x 轴旋转	(″)	±2
三镜绕 y 轴旋转	(″)	±2
四镜绕 x 轴旋转	(″)	±10
四镜绕 y 轴旋转	(″)	±10

在以上分配公差的情况下，可能的 MTF(71.4 lp/mm)值如表 8－7 所示。

表 8－7　分配了公差后的 MTF 值

相对视场		方位角/(°)	MTF 设计值	有公差后的 MTF 值	像面补偿
0.00	0.97	0.0	0.413 5	0.367 1	1.955 646
0.55	0.97	90.0	0.410 6	0.363 8	1.955 646
0.77	0.97	0.0	0.406 9	0.358 8	1.955 646
1.00	0.97	90.0	0.398 4	0.339 7	1.955 646
0.00	1.00	0.0	0.414 2	0.369	1.955 646
0.55	1.00	90.0	0.409 7	0.362	1.955 646
0.77	1.00	0.0	0.406 3	0.357 6	1.955 646
1.00	1.00	90.0	0.396 7	0.336 3	1.955 646
0.00	0.94	0.0	0.412 3	0.364 2	1.955 646
0.55	0.94	90.0	0.411 1	0.364 9	1.955 646
0.77	0.94	0.0	0.407 6	0.360 2	1.955 646
1.00	0.94	90.0	0.399 4	0.342	1.955 646

对于温度变化所引起的系统结构参数的改变，导致成像质量的变化问题，在温度变化处于一个恒定状态时可以认为整个系统按热膨胀系数进行整体线性比例缩放。

根据设计的要求，工作温度为(20±2)℃，反射镜的材料如果采用碳纤维环氧复合材料，其热膨胀系数为 5×10^{-7} ℃，当温度改变为 22 ℃时，改变量为 $2\times5\times10^{-7}=1\times10^{-6}$，即比例系数为 1.000 001。此时结构参数改变为如表 8－8 所示。

表 8－8　温度为 22 ℃时的光学系统参数

半径/mm	间隔/mm	二次曲面系数	四次非球面系数
－6 331.806 331 8	－1 656.001 656	－3.41	-7.37×10^{-13}
－2 490.202 490 2	1 656.001 656	－1.423	
－4 075.204 075 2	－1 500.001 5	－0.291	
∞	1 155.878 672 587 5		

当温度改变为 18 ℃时，改变量为 $2\times5\times10^{-7}=1\times10^{-6}$，即比例系数为 0.999 999。此时结构参数改变为如表 8－9 所示。

表 8－9　温度为 18 ℃时的光学系统参数

半径/mm	间隔/mm	二次曲面系数	四次非球面系数
－6 331.793 668 2	－1 655.998 344	－3.41	-7.37×10^{-13}
－2 490.197 509 8	1 655.998 344	－1.423	
－4 075.195 924 8	－1 499.998 5	－0.291	
∞	1 155.876 360 832 48		

在温度改变±2 ℃时 MTF 的实际值如表 8-10 所示。

表 8-10 温度变化时的 MTF 数值(71.4 lp/mm)

弧矢视场/(°)	子午视场/(°)	20 ℃		22 ℃		18 ℃	
		子午	弧矢	子午	弧矢	子午	弧矢
0	4.4	0.413	0.416	0.413	0.416	0.413	0.416
2.5	4.4	0.412	0.414	0.412	0.414	0.412	0.414
3.5	4.4	0.407	0.408	0.407	0.408	0.407	0.408
4.55	4.4	0.400	0.400	0.400	0.400	0.400	0.400
0	4.525	0.413	0.417	0.413	0.417	0.413	0.417
2.5	4.525	0.411	0.413	0.411	0.413	0.411	0.413
3.5	4.525	0.406	0.408	0.406	0.408	0.406	0.408
4.55	4.525	0.398	0.398	0.398	0.398	0.398	0.398
0	4.275	0.411	0.415	0.411	0.415	0.411	0.415
2.5	4.275	0.412	0.414	0.412	0.414	0.412	0.414
3.5	4.275	0.408	0.409	0.408	0.409	0.408	0.409
4.55	4.275	0.401	0.401	0.401	0.401	0.401	0.401

可见,温度工作温度改变±2 ℃时,系统的成像质量没有改变。

8.4.3 离轴三反射镜光学系统设计

离轴三反射镜系统由于没有中心遮拦,可以实现接近衍射极限的像质,视场相比同轴三反射镜系统大,因此在大幅宽的空间相机中得到广泛应用。但是在同种指标下,离轴系统的体积通常比同轴系统大。

离轴三反射镜系统可以分为有中间像型式和无中间像型式,如图 8-31 和图 8-32 所示。有中间像的离轴三反射镜系统的视场角比无中间像的系统视场角小,光学系统特性与同轴三反射镜近似。这种型式系统的孔径光阑通常放在主镜或者根据使用需要放在主镜之前,三镜的尺寸会比较大。无中间像的离轴三反射镜系统孔径光阑通常放在次镜,这种型式的系统视场角可以做得比较大,系统为像方准远心光路,镜间距变化对系统的后截距和焦距的影响不敏感,温度适应性强,因此无中间像的离轴系统除了适用于大幅宽的空间相机,也适用于空间测绘相机。

离轴三反射镜光学系统的初始结构和同轴三反射镜一样,可以利用同轴三反射镜的求解公式,解出初始结构,然后将同轴系统转换为离轴系统。

设计步骤为:

① 根据空间相机总体指标,确定光学系统的焦距和相对口径。

② 选择光学系统型式。

根据相机视场角以及性能要求,选取离轴光学系统型式。如果视场角不大,或者要与红外探测器冷屏匹配,一般选取有中间像的系统型式。对于视场角比较大的系统,选取无中间像的型式,这时如果仍有与红外探测器冷屏匹配的需求,可以在一次像面后加中继系统实现。

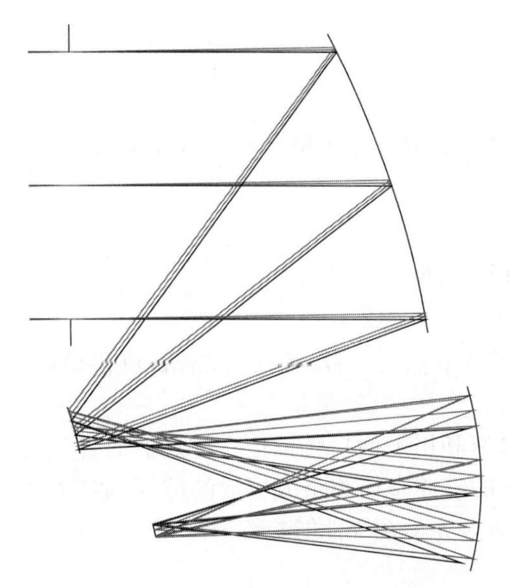

图 8-31　有中间像的离轴三反射镜系统

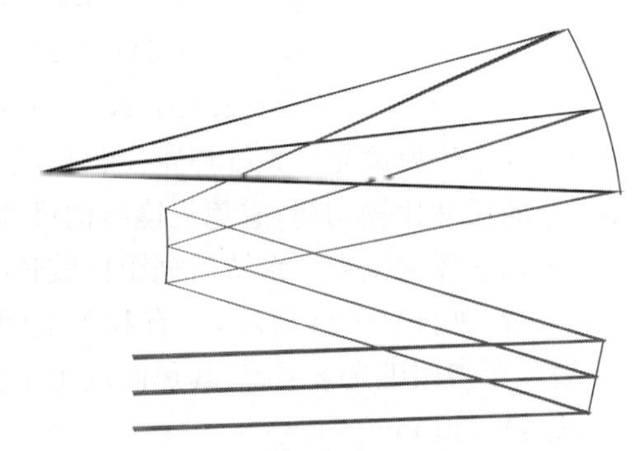

图 8-32　无中间像的离轴三反射镜系统

③ 初步解出合理的轮廓尺寸。

根据8.4.2节的定义可知，α_1、α_2、β_1、β_2是与轮廓尺寸有关的变量。如图8-22所示，三个反射镜的顶点曲率半径都是负值，d_1 都是负值，d_2 都是正值，l'都是负值。对于无中间像系统，α_1、α_2、β_1、β_2都是正值，有中间像系统，α_1、β_2是正值，α_2、β_1是负值。通过编制简单的程序，可以不断调整试算不同的 α_1、α_2、β_1、β_2数值，解出合适的顶点曲率半径 R_1、R_2、R_3 和镜间距 d_1、d_2，使解出的系统结构合理，便于工程实现。对于图8-31所示系统，α_1在0.394左右，α_2在1.17左右，d_1 取0.442左右，有比较合理的解；对于图8-32所示系统，当 $\alpha_1=0.14$，$\alpha_2=-1.9$ 时，$|d_1|$ 和 d_2 几乎相等。

④ 将同轴系统转换为离轴系统。

将顶点曲率半径和镜间距代入光学设计软件，对于有中间像的型式，可以把孔径光阑沿垂直于光轴的方向移动，直到次镜不再受到遮挡。对于无中间像的型式，可用偏视场或者使反射镜倾斜的方式得到离轴系统。

⑤ 通过光学设计软件，解出非球面系数 e_1^2、e_2^2、e_3^2。

将三个反射镜的非球面系数设置为变量，在保证光学系统焦距的同时，通过校正球差、彗差、像散和场曲，即可得到非球面系数值。

⑥ 详细优化光学系统。

根据光学系统的指标要求，设置优化边界条件，详细优化光学系统，使之满足像质及轮廓尺寸等全部要求。

⑦ 优化光学系统结构布局。

根据相机整体结构，在成像质量不下降的前提下，微量调整反射镜参数和位置，优化光学系统结构布局。

下面给出一个设计实例。光学系统性能参数如下：

焦距：742 mm

F 数:10

视场角:13°×1.4°

谱段:0.45～0.90 μm

由于视场角比较大,选择无中间像系统型式,孔径光阑位于主镜。光学系统图如图 8-33 所示,主要结构参数如下:

$$d_1=-308.3, d_2=308.3$$

$$R_1=-1\ 254.6, R_2=-453.9, R_3=-709.9$$

$$e_1^2=2.191\ 1, e_2^2=0.984\ 1, e_3^2=0.012\ 1$$

当离轴三反射镜光学系统焦距比较长或视场角比较大时,可以把孔径光阑放在次镜,使主镜和三镜的尺寸比较均衡,避免三镜结构尺寸过大。

当离轴三反射镜光学系统后截距比较长时,可以利用平面折转镜把系统焦面放置到比较合理的位置,如图 8-34 所示,更有利于空间相机的整体布局和杂散辐射的抑制,如“资源三号”卫星多光谱相机光学系统,其焦面位于主镜下方。光学系统性能参数为:

焦距:1 750 mm

视场角:4.0°×0.3°

相对孔径:1/9

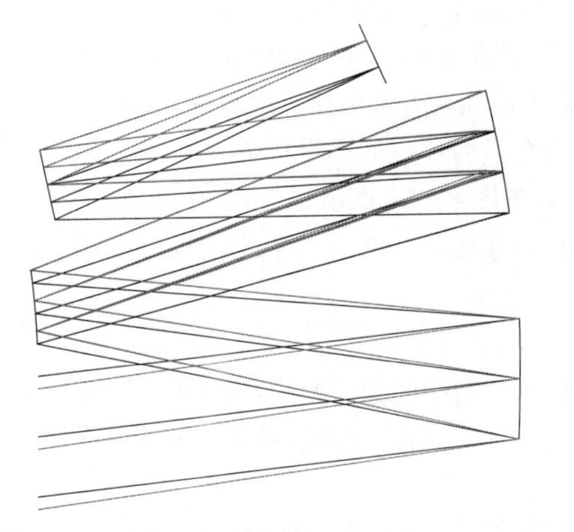

图 8-33　离轴三反射镜光学系统设计实例光路图

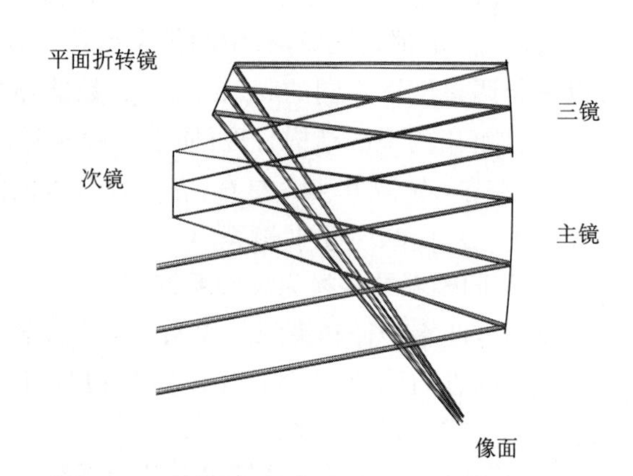

图 8-34　“资源三号”卫星多光谱相机光学系统

8.4.4 多反射镜光学系统

当同轴三反射镜或者离轴三反射镜光学系统已经不能满足系统指标要求时,或者系统需要实现更复杂的功能时,会在三反射镜系统的基础上对系统复杂化,比如将平面镜优化为球面镜或非球面镜;或者利用视场分光,将系统分为多个通道,每个通道各自完成某个指标要求,光学系统即转变为复杂的多反射镜系统,如图 8-35～图 8-38 所示。这些复杂系统的设计通常以同轴三反射镜或离轴三反射镜作为基本结构,在此基础上实现更多的功能需求。

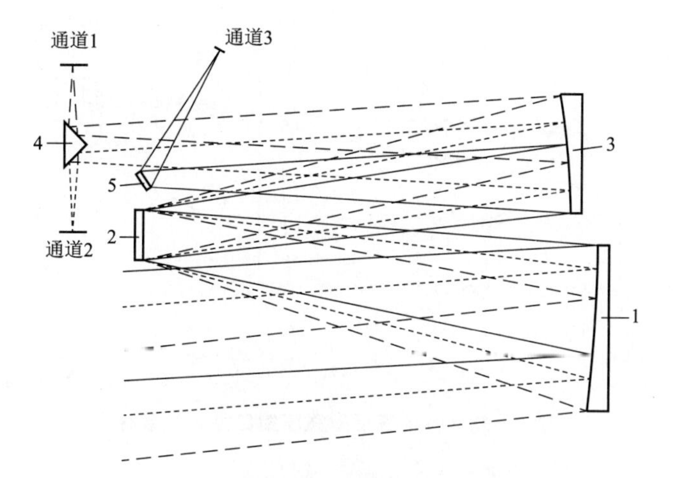

图 8-35　一种空间三通道多光谱集成光学系统

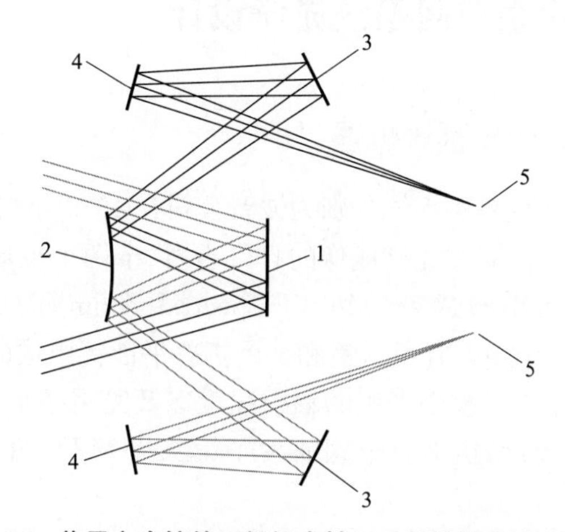

图 8-36　共用主次镜的双视场离轴三反射镜集成式光学系统

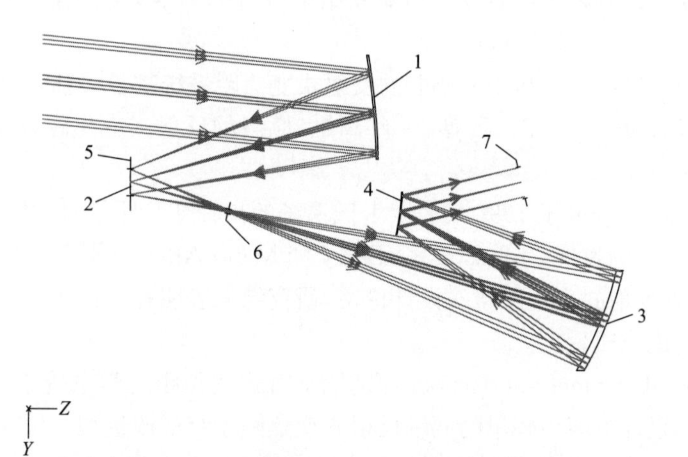

图 8-37　一种二维大视场压缩口径光学系统

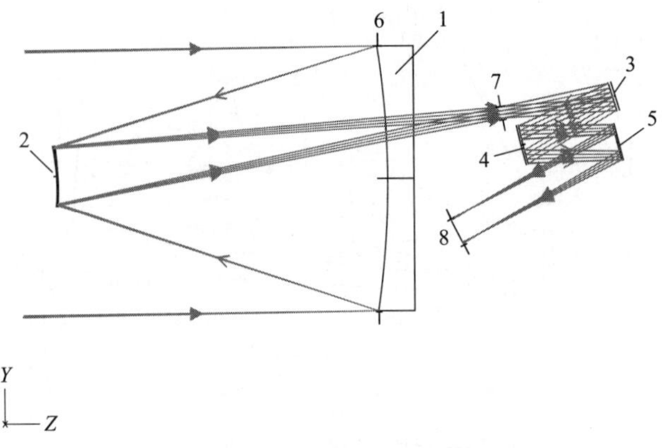

图 8-38 一种五反射镜压缩口径光学系统

8.5 反射式变焦距空间系统光学设计

8.5.1 反射式变焦光学系统概述

最早出现的两个反射式变焦距系统分别为波音公司在1980年初,为了实现对飞机的全时段、全方位的监控,即一种可以对多光谱成像的且具有宽、窄两个视场的望远系统而开发的第一代反射式多光谱段变焦距望远镜(Multi－spectral Zoom Telescope,MZT)。第二年,Walter E. Woehl搭建了一个由6片反射镜和一个折叠平面镜组成的离轴全反射式变焦距系统,由于Woehl设计初衷是为了改变光源的辐射强度以及光束整形的目的,决定了他的系统并不适用于大视场成像。此后,由波育公司研发了第二代MZT,并在美国的Santa Harbara中心取得初步成功。

1989年,一种连续满足齐明条件的四球面反射镜变焦距望远镜被设计出来。1990年,R. Barry Johnson在他的一篇文章中较详细地介绍了波育公司MZT的第一代和第二代产品的设计构思,给出了相应的设计结构形式。

但是,以上用于目标跟踪和图像获取的反射式变焦距系统都是共轴的,越来越不能满足实际的发展需求,所以从20世纪末开始,一些离轴、倾斜的反射式变焦距系统设计和专利开始出现。

Thomas H. Jamieson于1995发表了卡氏系统的离轴变焦距设计,从而较以前同轴变焦距系统有了更进一步的发展;Johnson R. Barry和Mann Allen分别在1995、1997年SPIE会议上发表了无遮拦反射式变焦距镜头设计论文,研究结果表明存在比Jamieson更好的结构形式,能达到更好的成像质量。

Berge Tatian和Tsunefumi Tanaka分别就反射式变焦距光学系统于2001年和2003年申请了美国专利,设计方案为较早的共轴反射式变焦距系统的改进型。

2009年,德国弗劳恩霍夫研究所的Kristof Seidl,Jens Knobbe和Heinrich Gruger设计制造出了一种通过改变变形镜的中心曲率来实现变焦距的大视场离轴反射式变焦距系统。

与国外相比,国内对反射系统的研究起步较晚,目前与西方发达国家相比有较大的差距,而对变焦光学系统的研究起步更晚，变焦技术的差距更大。目前，我国对全反射式光学系统已开展研究的有航天508所、长春光机所、西安光机所、苏州大学、北京理工大学等单位，研制成功了多种宽谱段成像相机。同时，为了充分发挥全反射光学系统具有的宽谱段、大视场、高分辨力成像的特点，已有众多学者在大视场反射光学系统设计方面做了大量的工作，力争在现代工业或机载遥感等领域都能得到广泛应用。例如，浙江大学顾培夫教授课题组研究的大视场投影镜头，Johnson研究的光谱仪或超光谱仪，北京理工大学光电学院研究的大视场、大孔径红外镜头。最新型的极紫外光刻镜头常采用宽谱段、小体积、大视场和先进的离轴反射式变焦距光学系统，且随着国际非球面加工和检测技术的不断发展，这类系统将得到更广泛的应用。

现在，变焦距光学系统设计都是采用光学自动设计软件中的多重结构功能来完成的。在Zemax软件中，提供了多重结构的模块，实际设计中的具体步骤为：

① 首先确定一个基本的初始系统。设计者可以从专利或镜头库中挑选一个和需要设计的变焦距系统的参数比较接近的镜头数据作为初始系统，输入程序，作为第1重结构。通常，第1重结构会选作变焦距系统的短焦，因此，可能需要进行一些初始的设计或调整，使此时的焦距或倍率等于或接近短焦的参数。当然，也可以选作长焦。

② 利用软件中的多重结构功能模块构建多重结构。所谓的多重结构指的是所设计的系统的不同的状态，在变焦距系统设计中，指的是不同的焦距或倍率，也就是一种焦距或倍率对应着一重结构。通常，把变焦距系统设计成3重结构，对应着短焦、中焦和长焦三种结构。在步骤①中，初始系统已经调整成第1重结构，因此，现在需要的是利用多重结构建模界面建立其余的结构。不同结构之间的差异可能会有孔径（F数）、视场、波长、空气间隔、玻璃材料、非球面系数等。一般普通的变焦距系统采用改变不同结构的空气间隔来满足短焦、中焦和长焦的要求。至于不同结构时的空气间隔，则需要利用高斯光学计算的结果。

③ 建立变焦距光学系统多重结构像差校正的评价函数。

构建了多重结构以后，就可以建立相应的校正像差的评价函数。在构建评价函数的界面，程序会自动建立对每重结构校正像差的评价函数，设计者需要注意的是添加对每重结构控制的参量，例如焦距、倍率、最小边缘透镜厚度、最小边缘空气厚度、最小中心透镜厚度、最小中心空气厚度、最大中心透镜厚度、最大透镜口径等。

④ 对变焦距系统进行光学自动像差校正。

建立好评价函数后，就可以进行自动优化设计了。程序提供的是阻尼最小二乘法光学自动设计方法，对设计者的要求不高，只要按照上面的步骤进行，程序都能够进行优化。但是，阻尼最小二乘法程序的特点是很容易陷入局部极值，也就是说很显然像差没有校正好，但却无法继续优化，或无法继续减小评价函数的值。此时，就需要设计者运用丰富的光学设计知识和像差理论知识来进行人工干预，使系统跳出局部极值，达到或接近全局最优。另一种方法是利用软件提供的全局优化功能来寻找全局最优。

变焦距光学系统的设计是一个比较困难的工作，需要设计者花费大量的时间和心血才能完成；同时，设计者还应当对光学系统的工艺性和装调环节加以考虑，使所设计的系统既满足成像质量同时又具有很好的工艺性和易于装调。

8.5.2 共轴反射式变焦距系统

1. 单个球面反射镜的成像规律

为了达到简化公式的目的,只考虑反射镜位于空气中的情况。我们用下标 j 来表示反射镜在系统中的先后顺序,这里认为系统一共包含有 n 个反射镜。

反射镜的焦距值 f_j 和光焦度 φ_j:

$$f_j=\frac{R_j}{2},j=1,2,\cdots,n \tag{8-10}$$

$$\varphi_j=\frac{(-1)^j}{f_j}=\frac{2(-1)^j}{R_j},j=1,2,\cdots,n \tag{8-11}$$

其中,R_j 是第 j 个反射镜的中心曲率半径,方向为从反射镜顶点到其曲率中心,本书默认线段从左向右为正,从右向左为负的符号规则。

反射镜的物像关系式:

$$\frac{1}{l'_j}+\frac{1}{l_j}=\frac{2}{R_j}=\frac{1}{f'_j},j=1,2,\cdots,n \tag{8-12}$$

其中,l'_j 是第 j 个反射镜的像距,其数值大小和符号规则为:由反射镜顶点算起到其像平面的距离,从左向右为正,从右向左为负;l_j 是第 j 个反射镜的物距,其数值大小和符号规则为:由反射镜顶点算起到其物平面的距离,从左向右为正,从右向左为负。

反射镜的垂轴放大率 β_j:

$$\beta_j=-\frac{l'_j}{l_j},j=1,2,\cdots,n \tag{8-13}$$

将式(8-13)代入式(8-12),整理后,得到由垂轴放大率和焦距表示的像距和物距分别为

$$l'_j=f'_j(1-\beta_j),j=1,2,\cdots,n \tag{8-14}$$

$$l_j=f'_j\left(1-\frac{1}{\beta_j}\right),j=1,2,\cdots,n \tag{8-15}$$

反射镜的物像共轭距 L_j 为

$$L_j=l'_j-l_j=\left(\frac{1}{\beta_j}-\beta_j\right)f'_j,j=1,2,\cdots,n \tag{8-16}$$

这里,物像共轭距的数值大小和符号规则为:由反射镜的物平面算起到其像平面的距离,从左向右为正,从右向左为负。

为了对单个反射镜的成像规律有一个直观的认识,可以将反射镜固定不动,通过移动物平面的方法来考察反射镜的垂轴放大率、物像共轭距与物距变化之间的关系:

$$\beta_j=\frac{f'_j}{f'_j-l_j},j=1,2,\cdots,n \tag{8-17}$$

$$L_j=\frac{f'^2_j}{l_j-f'_j}-l_j+f'_j,j=1,2,\cdots,n \tag{8-18}$$

由式(8-17)可知,当物体位在反射镜的焦距处时,其垂轴放大率趋近于无穷,这与单个透镜的规律相同。但是对式(8-18)求极值的结果表明,反射镜的物像共轭距不存在极小值,这与单个透镜是不同的。

由上面的两个式子可以得到图8-39。

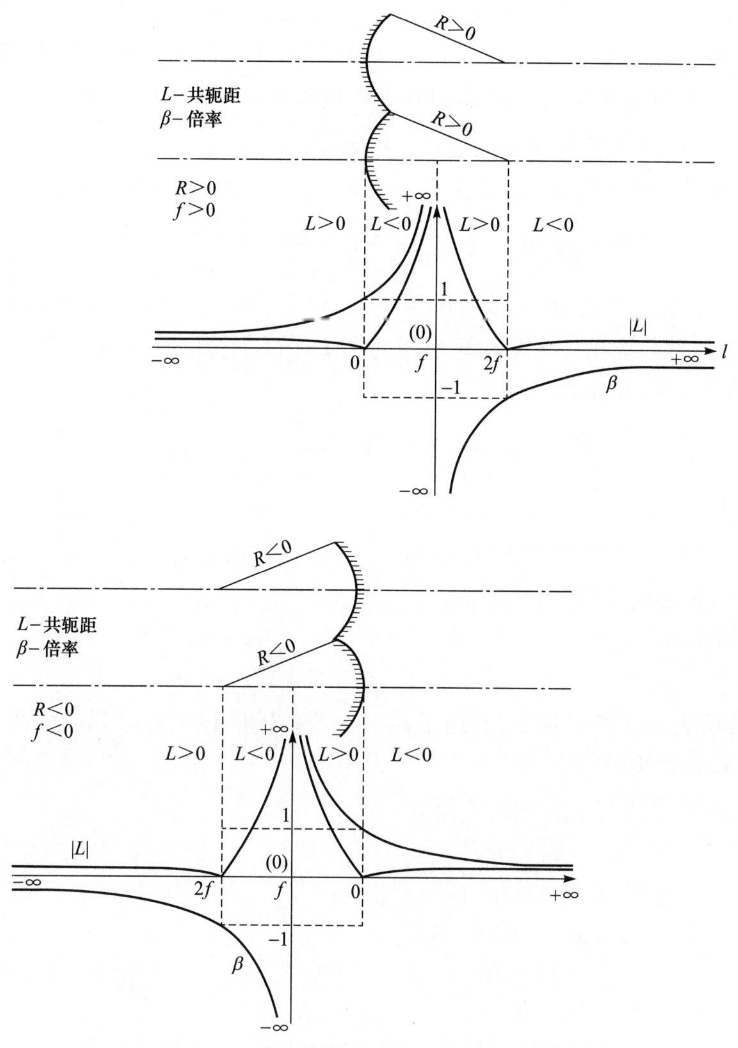

图 8－39　共轭距和垂轴放大率关系示意图

8.5.3　反射式变焦距系统的高斯光学参数

反射式变焦距系统的高斯光学参数包括系统的焦距值、变倍比、各个反射镜之间的间隔、光线在各个反射镜上的投射高等。为了能够方便地使用在上小节中推导出的公式，也为了能够更容易地建立方程，这里选择各个反射镜的垂轴放大率 β_j 作为自变量来对各个高斯光学参数进行表示。另外，使用垂轴放大率表示高斯光学参数在形式上比较规则，更便于分析，从而可以直接地反映出系统在变焦距过程中的一些特征。

在对变焦距系统进行讨论时，我们需要为 β_j 添加另一个下标 i，表示系统处在第 i 个焦距值下，这里认为系统共有 k 个焦距状态。下面列出相关公式，以证明用垂轴放大率 β_{ji} 可以表示出反射式变焦距系统的高斯光学参数。

系统的焦距值 F'_i：

$$F'_i=(-1)^n f'_1\beta_{2i}\beta_{3i}\cdots\beta_{ni},i=1,\cdots,k \tag{8-19}$$

其中，f'_1 是系统中第一个反射镜的焦距值。由此可知，系统的焦距值实际上等于系统中第一个反射镜的焦距值与其后各反射镜的垂轴放大率的乘积，而其符号是由系统中包含有反射镜的个数决定的。F'_i 的变化就是 $\beta_{2i}\beta_{3i}\cdots\beta_{ni}$ 乘积的变化。

系统的变倍比 Γ：

$$\Gamma=\frac{F'_L}{F'_S}=\frac{(-1)^n f'_1\beta_{2L}\beta_{3L}\cdots\beta_{nL}}{(-1)^n f'_1\beta_{2S}\beta_{3S}\cdots\beta_{nS}}=\frac{\beta_{2L}\beta_{3L}\cdots\beta_{nL}}{\beta_{2S}\beta_{3S}\cdots\beta_{nS}} \tag{8-20}$$

其中，下标 L 表示长焦距状态，S 表示短焦距状态，如 F'_L 和 F'_S 分别为系统的长焦距值和短焦距值；β_{jL} 和 β_{jS} 分别为系统在长焦距和短焦距时第 j 个反射镜的垂轴放大率。

各个反射镜之间的间隔 $d_{(j,j+1)i}$：

$$d_{(j,j+1)i}=l'_{ji}-l_{(j+1)i}=f'_j(1-\beta_{ji})-f'_{j+1}\left(1-\frac{1}{\beta_{(j+1)i}}\right),j=1,2,\cdots,n-1,i=1,2,\cdots,k \tag{8-21}$$

$d_{(j,j+1)i}$ 的数值大小和符号规则为：由第 j 个反射镜的顶点算起到第 $j+1$ 个反射镜的顶点的距离，从左向右为正，从右向左为负。

系统的后截距 $d_{(n,I)i}$：

$$d_{(n,I)i}=f'_n(1-\beta_{ni}),i=1,2,\cdots,k \tag{8-22}$$

$d_{(n,I)i}$ 的数值大小和符号规则为：由最后一个反射镜的顶点算起到系统像平面的距离，从左向右为正，从右向左为负。

入射角 i_{ji}，入射光线与主光轴的夹角 u_{ji}：

$$i_{ji}=\frac{l_{ji}-R_j}{R_j}u_{ji},j=1,2,\cdots n,i=1,2,\cdots,k \tag{8-23}$$

出射角 i'_{ji}，出射光线与主光轴的夹角 u'_{ji}：

$$i'_{ji}=\frac{l'_{ji}-R_j}{R_j}u'_{ji},j=1,2,\cdots n,i=1,2,\cdots,k \tag{8-24}$$

i_{ji} 和 i'_{ji} 的符号规则为：由光线起转到法线，顺时针为正，逆时针为负；u_{ji} 和 u'_{ji} 的符号规则为：由主光轴起转到光线，顺时针为正，逆时针为负。并且这四个角都以弧度为单位。

又由 $i_{ji}=-i'_{ji}$，以及 $u'_{ji}=u_{ji}+i_{ji}-i'_{ji}=u_{ji}+2i_{ji}\,(j=1,2,\cdots n)\,(i=1,2,\cdots,k)$，同时代入式 (8-21)、式(8-23)、式(8-24)，得到 u'_{ji} 与 u_{ji} 之间的迭代关系：

$$u'_{ji}=u_{ji}\left(\frac{l_{ji}}{f'_j}-1\right)=\frac{y_{ji}}{f'_j}-u_{ji},j=1,2,\cdots n,i=1,2,\cdots,k \tag{8-25}$$

$$u_{j+1}=u'_j,j=1,2,\cdots,n-1 \tag{8-26}$$

其中，y_{ji} 是光线在第 j 个反射镜上的投射高。其符号规则为：从下向上为正，从上向下为负。

另外，根据三角学的数量关系和一阶近似的定义，如图 8-40 所示，可以得到各个反射镜的投射高的递推公式为

$$\begin{aligned}y_{(j+1)i}&=y_{ji}-u'_{ji}d_{(j,j+1)i}\\&=y_{ji}-u'_{ji}\left[f'_j(1-\beta_{ji})-f'_{j+1}\left(1-\frac{1}{\beta_{(j+1)i}}\right)\right],j=1,2,\cdots,n-1,i=1,2,\cdots,k\end{aligned} \tag{8-27}$$

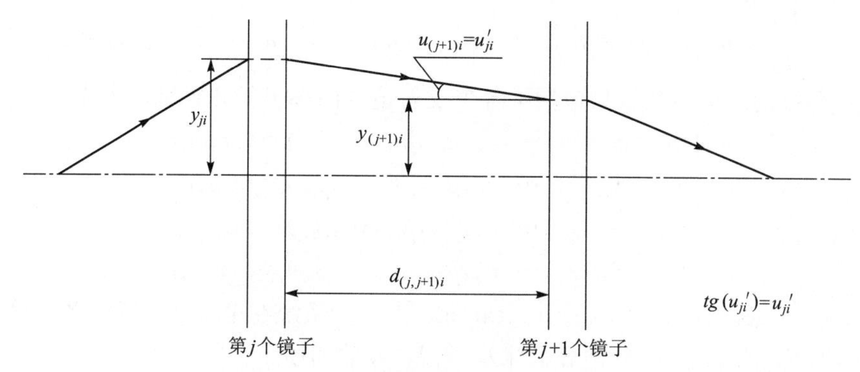

图 8-40 投射高的数量关系和一阶近似

8.5.4 反射式光学系统的赛德尔像差公式

在透射式光学系统中，赛德尔和数代表了光学系统的 5 种初级像差在各个折射面上的分布形式，所以赛德尔和数不仅与系统的视场物距等光学参数有关，还与光学系统的结构参数(r,d,n)有着密切的关系。反射式光学系统可看为是特殊的折射式光学系统，可由透射光学系统的赛德尔像差公式获得反射式光学系统的赛德尔像差表达式。在光学设计中，经常使用PW 形式的赛德和数进行初级像差的计算，本书也采用此形式的赛德尔公式进行反射式光学系统赛德尔像差公式的推导。

我们将孔径光阑设在主镜上，系统对无限远物体成像，根据下面的一组公式加和号右面的算式就可以计算出系统在第 i 个位置时，各个反射镜的塞德尔像差系数，其相加的结果就是系统在第 i 个位置的塞德尔像差系数。

$$S_{1i}=\sum_{j=1}^{n}h_{ji}P_{ji} \tag{8-28}$$

$$S_{2i}=\sum_{j=1}^{n}h_{zji}P_{ji}-J_i\sum_{j=1}^{4}W_{ji} \tag{8-29}$$

$$S_{3i}=\sum_{j=1}^{n}\frac{(h_{zji})^2}{h_{ji}}P_{ji}-2J_i\sum_{j=1}^{4}\frac{h_{zji}}{h_{ji}}W_{ji}+J_i^2\sum_{j=1}^{4}\frac{1}{h_{ji}}\Delta\frac{u_{ji}}{n_j} \tag{8-30}$$

$$S_{4i}=J_i^2\sum_{j=1}^{n}\frac{\Delta n_j c_j}{n_j n_j'} \tag{8-31}$$

如前所述，下标 j 表示系统中的第 j 个反射镜，其中，

$$P_{ji}=n_j^2\ (h_{ji}c_j-u_{ji})^2\Delta\frac{u_{ji}}{n_j} \tag{8-32}$$

$$W_{ji}=-n_j(h_{ji}c_j-u_{ij})\Delta\frac{u_{ji}}{n_j} \tag{8-33}$$

$$J_i=n_n'u_{ni}'y_I \tag{8-34}$$

式中，h_j、h_{zj} 分别表示边缘光线和主光线在第 j 个反射镜上的投射高；u_j、u_{zj} 分别表示边缘光线和主光线在到达第 j 个反射镜之前与主光轴的夹角。将前面有个角度和投射高的公式添加下标 i 以后，可以得到下面的一组公式：

$$u_{ji}'=\frac{h_{ji}}{f_j'}-u_{ji},\quad h_{ji}=h_{(j-1)i}-u_{(j-1)i}'d_{(j-1,j)i},\quad u_{ji}=u_{(j-1)i}',j=2,3,4 \tag{8-35}$$

$$u'_{zji}=\frac{h_{zji}}{f'_j}-u_{zji},\quad h_{zji}=h_{zj-1|i}-u'_{z|j-1|i}d_{j-1,jji},\quad u_{zji}=u'_{z(j-1)i},j=2,3,4 \tag{8-36}$$

简化后,系统的结构参数就只包括了各个反射镜的曲率半径和垂轴放大率:

$$\begin{cases}S_{1i}=S_{1i}(r_1,\cdots,r_n,\beta_{2i},\beta_{3i},\cdots,\beta_{ni})=\text{target}_{1i}\\ S_{2i}=S_{2i}(r_1,\cdots,r_n,\beta_{2i},\beta_{3i},\cdots,\beta_{ni})=\text{target}_{2i}\\ S_{3i}=S_{3i}(r_1,\cdots,r_n,\beta_{2i},\beta_{3i},\cdots,\beta_{ni})=\text{target}_{3i}\\ S_{4i}=S_{4i}(r_1,\cdots,r_n,\beta_{2i},\beta_{3i},\cdots,\beta_{ni})=\text{target}_{4i}\end{cases} \tag{8-37}$$

其中,$\text{target}=[\text{target}_{1i},\text{target}_{2i},\text{target}_{3i},\text{target}_{4i}]^T$ 表示系统在第 i 个位置时各个像差的残余量或者目标值,S_1、S_2、S_3、S_4 分别表示球差、彗差、像散和场曲。

8.5.5 共轴反射式变焦距系统设计实例

假计设计一个共轴三反射镜变焦光学系统,设计指标如表 8-11 所示。

表 8-11 共轴三反变焦光学系统设计指标

参数	长焦	短焦
焦距	50 mm	25 mm
视场	2°	4°
F 数	5	
波长	486~850 nm	

由于反摄远型反射变焦光学系统与传统的卡塞格林和格里高利反射系统相比而言具有大视场的优点,且整个光学系统工作在 480~850 nm 宽波段范围内,符合空间光学系统对宽谱段大视场的要求,故本系统选择反射远型结构。

首先,利用微分变焦和初级像差理论相结合的方法进行初始结构的求解,为了快速获得反摄远型反射变焦光学系统的有效初始结构,求解中加入特殊的约束条件:

$$\begin{cases}\varphi_1=-1/f'_1<0\\ \varphi_{231}=\varphi_2+\varphi_3-d_{231}*\varphi_2*\varphi_3>0\\ \varphi_{232}=\varphi_2+\varphi_3-d_{232}*\varphi_2*\varphi_3>0\end{cases} \tag{8-38}$$

其中,φ_1 为第一面反射镜的光焦度,φ_{231},φ_{232} 分别为长焦和短焦时次镜三镜的组合光焦度。

为了很好地校正像差,令两重结构的初级像差都为 0。利用带约束条件的最小二乘法进行方程组求解,获得如下一组满足条件的初始结构参数,如表 8-12 所示。

表 8-12 反摄远型三反射镜变焦光学系统初始结构参数

反射镜元件	半径/mm	间距/mm	
		短焦(25)	长焦(50)
主镜	45.469 9	−104.253 0	−72.450 5
次镜	245.733 8	140.804 9	165.437 7
三镜	956.880 4	−14.954 1	−65.389 5

利用光学设计软件 Zemax 进行仿真,初始结构的示意图如图 8-41 所示。

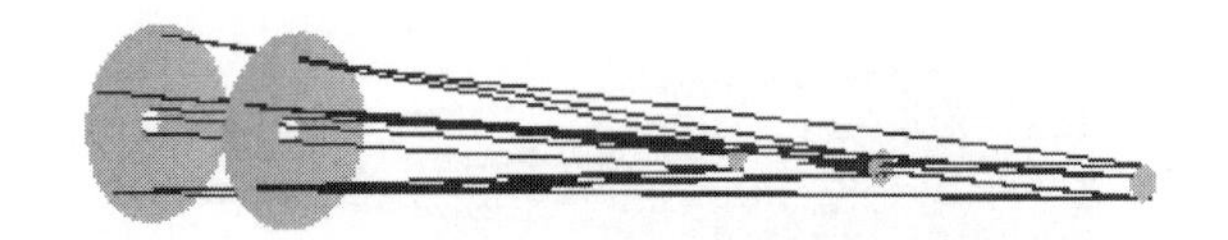

图 8 - 41　共轴三反射镜变焦光学系统初始结构示意图

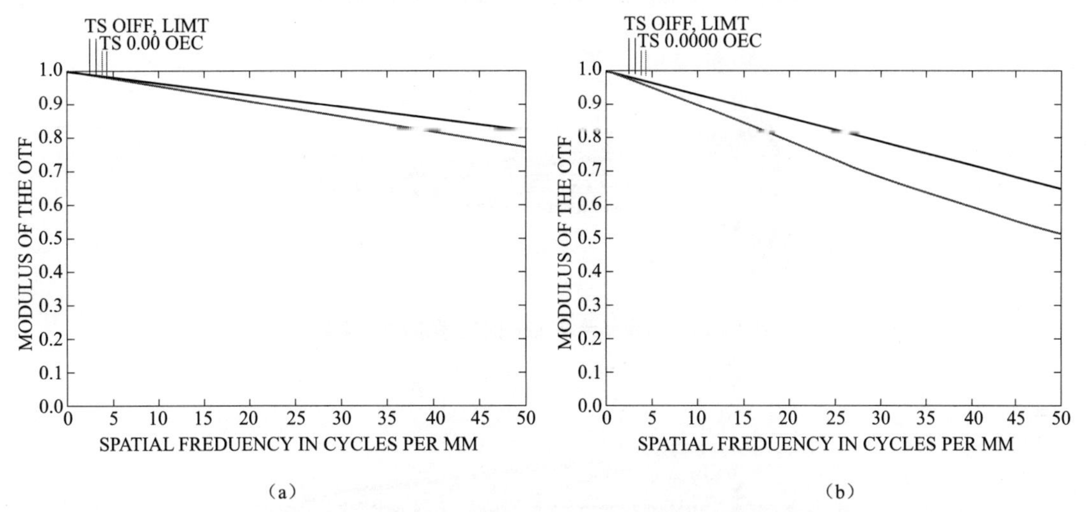

图 8 - 42　共轴三反射镜变焦光学系统初始两重结构 MTF

(a) f=25 mm;(b) f=50 mm

由图 8 - 42 初始结构的 MTF 可知,经由特殊约束条件所求得的初始结构像质优良。当系统处于短焦时 MTF 接近衍射极限,当系统处于长焦时系统像质较短焦时有所下降;但当 60 lp/mm 时 MTF>0. 5,像质优良。

由图 8 - 42 可知,初始结构仅处于 0 视场,经 Zemax 仿真,当视场增大时像质明显下降,因此,为满足共轴系统的大视场条件,需利用 Zemax 软件进行共轴三反射镜变焦距系统的优化设计。

由于球面系统的变量较少,自由度有限,很难获得优良的像质。随着光学加工技术的不断提高,非球面镜的加工和检测已经有了突飞猛进的发展。故在系统设计时,常常引入非球面光学零件来提高光学系统的性能,同时使传统的大型光学系统得到简化,使光学系统的应用范围更广。

因此现采用非球面对初始结构进行优化,经优化获得如图 8 - 43～图 8 - 45 所示变焦光学系统,系统结构参数如表 8 - 13 所示。

表 8 - 13　反摄远型共轴三反射镜变焦光学系统结构参数

反射镜元件		半径/mm	间距/mm		非球面系数
			长焦	短焦	
主镜 Conic		45. 470	−82. 448	−114. 236	Conic:0. 462
次镜 Spherical		245. 734	162. 471	142. 916	
三镜 Even aspherical		956. 880	−68. 222	−16. 879	6th 4. 03E−009

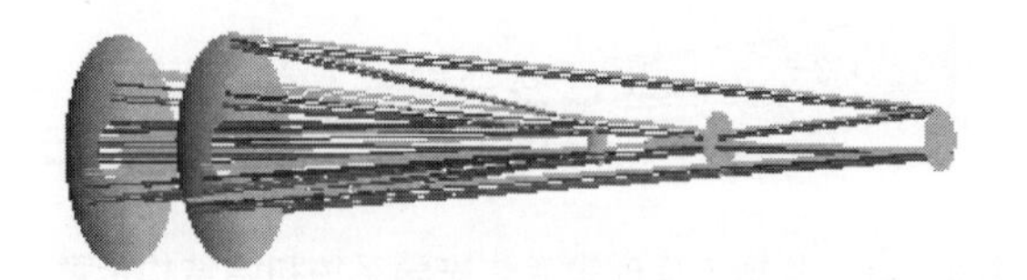

图 8-43　优化后共轴三反射镜变焦光学系统原理图

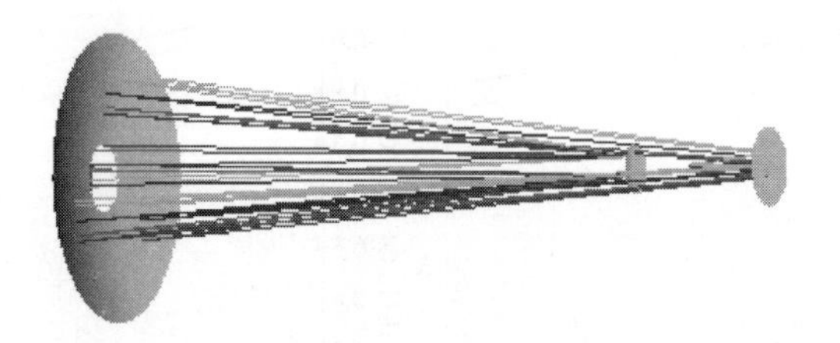

图 8-44　短焦 f=25 mm 时光学系统示意图

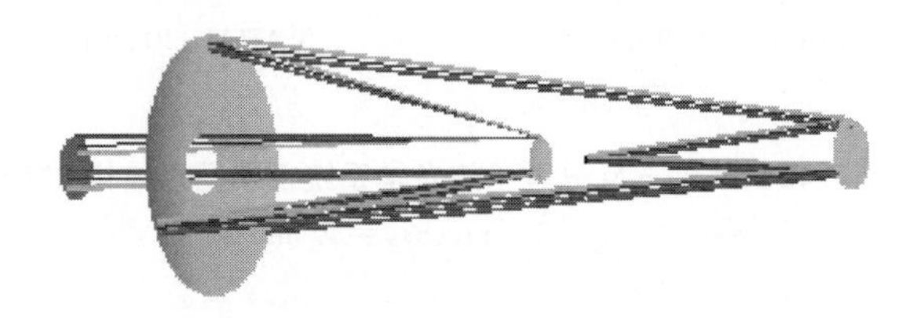

图 8-45　长焦 f=50 mm 时光学系统示意图

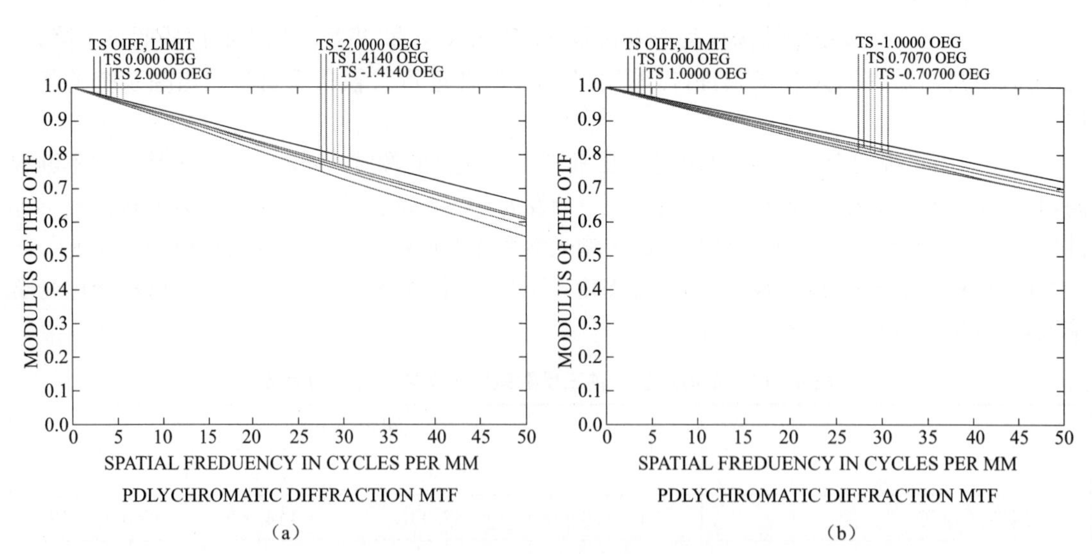

图 8-46　共轴三反射镜变焦光学系统 MTF

(a) f=25 mm；(b) f=50 mm

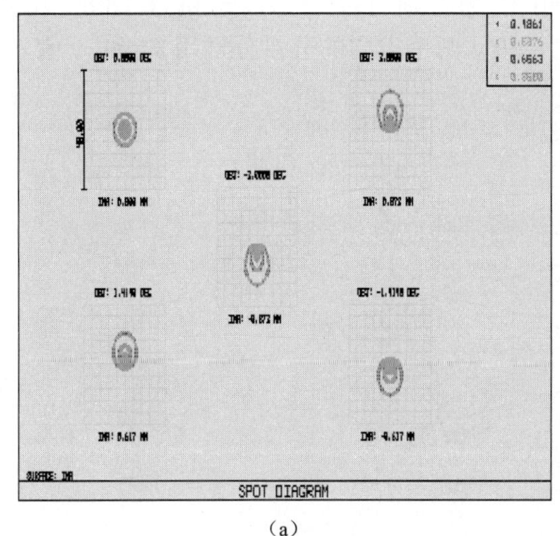

（a）

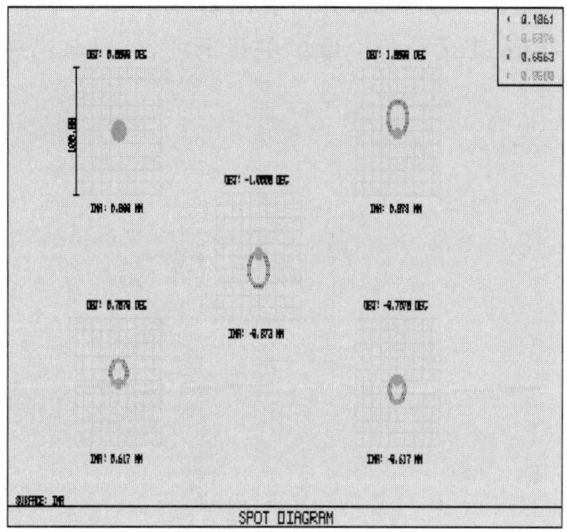

（b）

图 8 - 47　共轴三反射镜变焦光学系统点列图

(a) $f=25$ mm；(b) $f=50$ mm

由图 8 - 46 和图 8 - 47 可知，当光学系统短焦（$f=25$ mm）时，系统视场为$\pm 2°$，全视场都接近衍射极限，像质良好；当光学系统处于长焦（$f=50$ mm）时，系统视场为$\pm 1°$，全视场几乎达到衍射极限。

8.5.6　离轴反射变焦光学系统

1. 离轴反射光学系统概述

传统的共轴反射式变焦距系统由于存在中心遮拦，很难满足大视场角的要求。为了避免中心遮拦，必须对系统的某些反射镜进行偏心和倾斜，也就是采用离轴结构。由于离轴系统并不存在着一个旋转对称轴，因此各个像差的零点并不重合于零视场的中心处，而是发生了一定量的偏移，所以传统的塞德尔像差理论并不适用于此类系统。

在进行离轴光学系统设计时，目前的研究结果表明，一个有效的方法是使用矢量像差理论。矢量像差理论给出偏心和倾斜系统每种像差的特点和变化规律，使设计者对设计结果有一定的判别能力，从而有效地指导设计过程。因此，对于离轴系统而言，离轴像差理论在设计的初始阶段具有重要的理论意义。

2. 矢量像差理论

对于旋转对称系统，其第 j 面的三阶波像差可以采用下面的极坐标塞德尔多项式来描述：

$$W_j(H,\rho,\rho\cos\phi)=W_{040j}\rho^4+W_{131j}H\rho^3\cos\phi+W_{222j}H^2\rho^2(\cos\phi)^2+W_{220j}H^2\rho^2+W_{311j}H^3\rho\cos\phi \tag{8-39}$$

其中，H 是归一化的场点高度（实际场点高度除以像高），ρ 是出瞳处归一化的孔径高度（实际孔径高度除以出瞳半径），ϕ 表示出瞳处的孔径角。则整个系统的波像差为各个光学表面的波像差之和，这里假设系统共有 n 个表面：

$$W_{\text{Total}}=\sum_{j=1}^{n}W_j \tag{8-40}$$

为了给出波像差的矢量表达式，首先要将场点高度和孔径高度定义成矢量。用 $\boldsymbol{H}$ 表示场点高度的矢量形式，并且其沿着 x 和 y 两个方向的分量分别用 H_x 和 H_y 表示，如图 8－48 所示；用 $\boldsymbol{\rho}$ 表示孔径高度的矢量形式，并且其沿着 x 和 y 两个方向的分量分别用 ρ_x 和 ρ_y 表示，如图 8－48 所示。

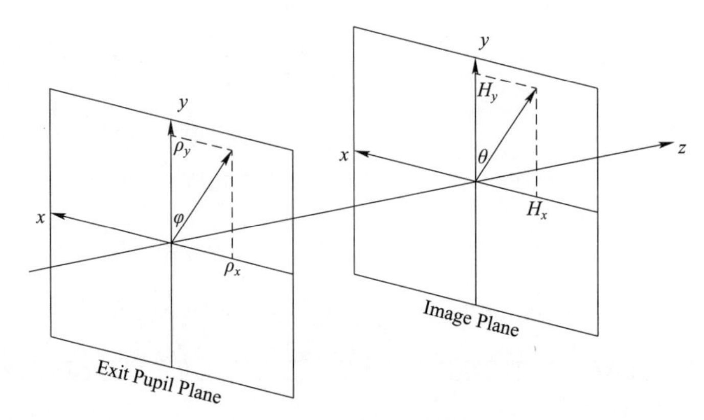

图 8－48　$\boldsymbol{H}$ 和 $\boldsymbol{\rho}$ 的定义

因此，共轴系统中第 j 面的三阶波像差的极坐标塞德尔多项式的矢量表达式为

$$W_j(\boldsymbol{H},\boldsymbol{\rho})=W_{040j}(\boldsymbol{\rho}\cdot\boldsymbol{\rho})^2+W_{131j}(\boldsymbol{\rho}\cdot\boldsymbol{\rho})(\boldsymbol{H}\cdot\boldsymbol{\rho})+ W_{222j}(\boldsymbol{H}\cdot\boldsymbol{\rho})^2+W_{220j}(\boldsymbol{\rho}\cdot\boldsymbol{\rho})(\boldsymbol{H}\cdot\boldsymbol{H})+W_{311j}(\boldsymbol{H}\cdot\boldsymbol{H})(\boldsymbol{H},\boldsymbol{\rho}) \tag{8-41}$$

对偏心和倾斜光学系统，第 j 个光学表面的波像差的中心在像平面上并不重合于 $H=0$，而是存在着一个偏移矢量σ_j，它是连接第 j 面入瞳中心和其曲率中心的直线在像平面上的投影。因此在离轴系统中第 j 面的三阶波像差塞德尔多项式的矢量表达式变为

$$\begin{aligned}W_j(\boldsymbol{H},\boldsymbol{\rho})=&W_{040j}(\boldsymbol{\rho}\cdot\boldsymbol{\rho})^2+W_{131j}(\boldsymbol{\rho}\cdot\boldsymbol{\rho})[(\boldsymbol{H}-\boldsymbol{\sigma}_j)\cdot\rho]+\\&W_{222j}[(\boldsymbol{H}-\boldsymbol{\sigma}_j)\cdot\rho]^2+W_{220j}(\boldsymbol{\rho}\cdot\boldsymbol{\rho})[(\boldsymbol{H}-\boldsymbol{\sigma}_j)\cdot(\boldsymbol{H}-\boldsymbol{\sigma}_j)]+\\&W_{311j}[(\boldsymbol{H}-\boldsymbol{\sigma}_j)\cdot(\boldsymbol{H}-\boldsymbol{\sigma}_j)][(\boldsymbol{H}-\boldsymbol{\sigma}_j)\cdot\boldsymbol{\rho}]\end{aligned} \tag{8-42}$$

与共轴系统相似，整个系统的波像差仍为各个光学表面的波像差之和：

$$\begin{aligned}W_{Total}=&\sum_{j=1}^{n}W_j=\sum_{j=1}^{n}W_{040j}\ (\boldsymbol{\rho}\cdot\boldsymbol{\rho})^2+\sum_{j=1}^{n}W_{131j}(\boldsymbol{\rho}\cdot\boldsymbol{\rho})[(\boldsymbol{H}-\boldsymbol{\sigma}_j)\cdot\boldsymbol{\rho}]+\\&\sum_{j=1}^{n}W_{222j}\ [(\boldsymbol{H}-\boldsymbol{\sigma}_j)\cdot\boldsymbol{\rho}]^2+\sum_{j=1}^{n}W_{220j}(\boldsymbol{\rho}\cdot\boldsymbol{\rho})[(\boldsymbol{H}-\boldsymbol{\sigma}_j)\cdot(\boldsymbol{H}-\boldsymbol{\sigma}_j)]+\\&\sum_{j=1}^{n}W_{311j}[(\boldsymbol{H}-\boldsymbol{\sigma}_j)\cdot(\boldsymbol{H}-\boldsymbol{\sigma}_j)][(\boldsymbol{H}-\boldsymbol{\sigma}_j)\cdot\rho]\end{aligned} \tag{8-43}$$

3. 矢量像差理论的应用

通过前面的讨论我们可以发现，矢量像差理论在描述离轴系统的初级像差时并没有另外定义任何新的初级像差，而是在共轴系统初级波像差矢量形式的计算公式中引入了偏移矢量 $\boldsymbol{\sigma}_j$。而$\boldsymbol{\sigma}_j$ 是连接第j 面入瞳中心和其曲率中心的直线在像平面上的投影，并且这条直线就是第 j 面引入的像差的对称轴。由于偏移矢量$\boldsymbol{\sigma}_j$ 的引入，使得各初级像差在像平面上的分布发生了变化，比如，彗差的中心不再是 $\boldsymbol{H}=0$，而是 $\boldsymbol{H}=\boldsymbol{a}_{131}$；而像散则出现了两个零点 $\boldsymbol{H}=\boldsymbol{a}_{222}\pm \mathrm{i}\boldsymbol{b}_{222}$，而且一般情况下，这两个零点也不和 H=0 重合。所以从数学的角度讲，偏移矢量 $\boldsymbol{\sigma}_j$ 是使得离轴系统与共轴系统初级像差存在着差异的根本原因，它不仅使彗差和像散的零点位置发生了偏移，还会增加像差的零点位置。因此，在进行离轴反射式变焦距系统设计的过程中，

有必要对偏移矢量 $\boldsymbol{\sigma}_j$ 和像差中心进行考察，以找出其与各个光学表面的偏心和倾斜量之间的关系。

(1) 偏移矢量和像差中心的解析表达式

偏移矢量可以通过公式来求得，$\boldsymbol{\sigma}_j$ 是一个关于 h_j、u_j、h_{zj}、u_{zj} 和矢量 $\boldsymbol{\beta}_{0j}$ 的函数。另外，在离轴系统中，各个像差的中心位置的计算公式中都包含有 $\boldsymbol{\sigma}_j$，各个像差的中心位置同样是关于 h_j、u_j、h_{zj}、u_{zj} 和矢量 $\boldsymbol{\beta}_{0j}$ 的函数。

由于变焦距系统存在着多重结构(假设共有 k 重结构)，所以需要给各重结构不同光学表面的偏移矢量 $\boldsymbol{\sigma}_j$，以及相关的自变量再添加一个下标 i，以表示第 i 重结构。这样就有

$$\boldsymbol{\sigma}_{ji}=\boldsymbol{\sigma}_{ji}(h_{ji},u_{ji},h_{zji},u_{zji},\boldsymbol{\beta}_{0ji}),j=1,2,\cdots,n,i=1,2,\cdots,k \tag{8-44}$$

这里注意到，如果在变焦过程中只改变系统中各个反射镜之间的间隔并维持各个反射镜的偏心和倾斜不变，那么第 j 个光学表面的等效倾斜在第 i 重结构中的计算公式为

$$\boldsymbol{\beta}_{0ij}=\boldsymbol{\beta}_{ji}+c_{ji}\sigma v_{ji}=c_j\sigma\boldsymbol{c}_{ji}=c_j(\sigma cx_{ji}+\sigma cy_{ji})(\sigma cz_{ji}=0) \tag{8-45}$$

又由于在变焦距的过程中，各个反射镜的偏心和倾斜不变，显然有 $\sigma cx_{ji}=\sigma cx_{ji+1}$ 和 $\sigma cy_{ji}=\sigma cy_{ji+1}$，即 $\boldsymbol{\beta}_{0ji}$ 不会因为系统的焦距发生变化而改变，则有

$$\boldsymbol{\sigma}_{ji}=\boldsymbol{\sigma}_{ji}(h_{ji},u_{ji},h_{zji},u_{zji},\boldsymbol{\beta}_{0j}),j=1,2,\cdots,n,i=1,2,\cdots,k \tag{8-46}$$

另外，彗差中心和两个像散中心可以根据式(8-44)、式(8-45)、式(8-46)来计算。同样，在变焦距系统中需要为 $\boldsymbol{a}_{131}$、$\boldsymbol{a}_{222}$、$\boldsymbol{b}_{222}$ 添加下标 i，于是有

$$\begin{cases}\boldsymbol{a}_{131i}=\boldsymbol{a}_{131i}(W_{131i},W_{131ji},\boldsymbol{\sigma}_{ji})\\ \boldsymbol{a}_{222i}=\boldsymbol{a}_{222i}(W_{222i},W_{222ji},\boldsymbol{\sigma}_{ji})\\ \boldsymbol{b}_{222i}=\boldsymbol{b}_{222i}(W_{222i},W_{222ji},\boldsymbol{\sigma}_{ji})\end{cases},j=1,2,\cdots,n,i=1,2,\cdots,k \tag{8-47}$$

根据式(8-39)～式(8-41)可知，W_{131i}、W_{131ji}、W_{222i}、W_{222ij} 同样是 h_{ji}、u_{ji}、h_{zji}、u_{zji} 的函数，结合式(8-47)，得到

$$\begin{cases}\boldsymbol{a}_{131i}=\boldsymbol{a}_{131i}(h_{ji},u_{ji},h_{zji},u_{zji},\boldsymbol{\beta}_{0j})\\ \boldsymbol{a}_{222i}=\boldsymbol{a}_{222i}(h_{ji},u_{ji},h_{zji},u_{zji},\boldsymbol{\beta}_{0j})\\ \boldsymbol{b}_{222i}=\boldsymbol{b}_{222i}(h_{ji},u_{ji},h_{zji},u_{zji},\boldsymbol{\beta}_{0j})\end{cases},j=1,2,\cdots,n,i=1,2,\cdots,k \tag{8-48}$$

于是，各个像差的中心位置最终是关于 h_{ji}、u_{ji}、h_{zji}、u_{zji} 和矢量 $\boldsymbol{\beta}_{0j}$ 的函数。

由于像差中心是关于 h_{ji}、u_{ji}、h_{zji}、u_{zji} 和矢量 $\boldsymbol{\beta}_{0j}$ 的函数，而 h_{ji}、u_{ji}、h_{zji}、u_{zji} 在不同焦距值的情况下一般是不同的，而且这四个变量也是计算共轴系统塞德尔像差系数的必需量，所以在设计的初始阶段，在完成初级像差校正的同时，一般很难再对这四个变量做出约束，这就给离轴反射式变焦距系统的设计带来了困难。

但是如果给定一个共轴反射式变焦距系统以后，那么 h_{ji}、u_{ji}、h_{zji}、u_{zji} 就是已知的，此时 $\boldsymbol{a}_{131i}$、$\boldsymbol{a}_{222i}$、$\boldsymbol{b}_{222i}$ 就只是 $\boldsymbol{\beta}_{0j}$ 的函数了，如式(8-47)所示。

而矢量 $\boldsymbol{\beta}_{0j}$ 不随系统焦距的变化而变化，是一个相对独立的变量。因而可以充分地利用该变量的灵活性，通过对反射镜进行适当地偏心和倾斜，以达到在消除系统遮拦的同时，对系统的波像差进行有效控制的目的。

$$\begin{cases}\boldsymbol{a}_{131i}=\boldsymbol{a}_{131i}(\boldsymbol{\beta}_{0j})=\boldsymbol{a}_{131i}(\boldsymbol{\beta}_j,\sigma\boldsymbol{v}_j)\\ \boldsymbol{a}_{222i}=\boldsymbol{a}_{222i}(\boldsymbol{\beta}_{0j})=\boldsymbol{a}_{222i}(\boldsymbol{\beta}_j,\sigma\boldsymbol{v}_j)\\ \boldsymbol{b}_{222i}=\boldsymbol{b}_{222i}(\boldsymbol{\beta}_{0j})=\boldsymbol{b}_{222i}(\boldsymbol{\beta}_j,\sigma\boldsymbol{v}_j)\end{cases},j=1,2,\cdots,n,i=1,2,\cdots,k \tag{8-49}$$

(2) 离轴变焦距系统中像差的校正

可以发现,如果使彗差的中心位在像散两个零点连线的中心上,那么就可以有效地降低系统波像差的 $P-V$ 值,从而达到校正系统波像差的目的,如图 8-49 所示。

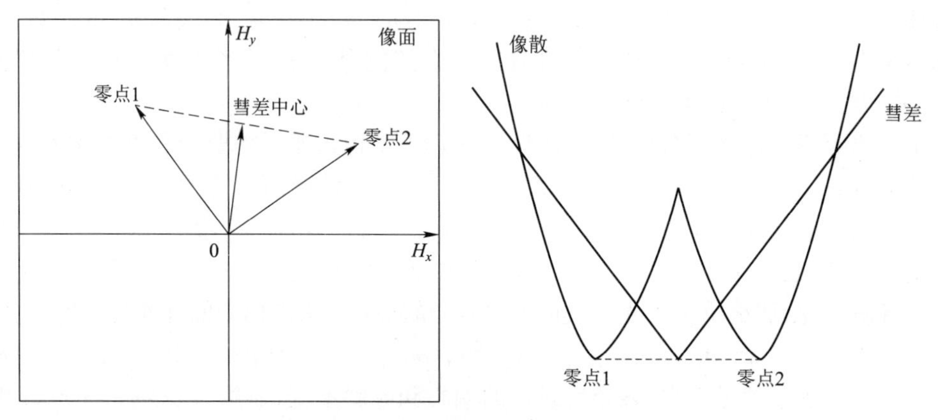

图 8-49 彗差和像散的校正示意图

根据上述结论和式(8-49)可知,在消除系统遮拦的约束条件下,通过求解下面的一个 $k\times n$ 阶方程组,就可以得到一组合理的偏心和倾斜量,使得系统可以同时校正彗差和像散:

$$\boldsymbol{a}_{131i}(\boldsymbol{\beta}_j,\sigma\boldsymbol{v}_j)=\boldsymbol{a}_{222i}(\boldsymbol{\beta}_j,\sigma\boldsymbol{v}_j),j=1,2,\cdots,n,i=1,2,\cdots,k \tag{8-50}$$

4. 离轴三反射式变焦光学系统设计

(1) 离轴三反射式变焦光学系统设计方法

目前,对于离轴反射式变焦距系统的设计,一般是先按照共轴三反射式变焦距系统的形式来计算系统的初始结构,再将系统离轴化处理来消除遮拦,这就需要知道各个镜子的偏心和倾斜量。

根据前面的矢量像差理论,对三个镜子分别进行偏心和倾斜,来消除遮拦,并校正系统的彗差和像散。

根据式(8-45),将倾斜量引入到各个镜子,这时倾斜量成为标量,这是因为镜子是沿着 Y 方向偏心,而绕着 X 轴倾斜的,为了避免遮拦,分别对每个镜子进行偏心、倾斜,找出取值范围值,再根据式(8-50),建立下列方程,进行系统的彗差和像散的校正,得出可行性解:

$$\boldsymbol{a}_{131i}(\boldsymbol{\beta}_j,\sigma\boldsymbol{v}_j)=\boldsymbol{a}_{222i}(\boldsymbol{\beta}_j,\sigma\boldsymbol{v}_j),j=1,2,\cdots,n,i=1,2,\cdots,k \tag{8-51}$$

$$\boldsymbol{\beta}_{0ji}=\boldsymbol{\beta}_{ji}+c_{ji}\sigma v_{ji}=c_j\sigma\,\boldsymbol{c}_{ji}=c_j(\sigma cx_{ji}+\sigma cy_{ji})(\sigma cz_{ji}=0) \tag{8-52}$$

对前面优化后的共轴三反射式系统的各个镜子加入以上偏心和倾斜量,再进行优化。在优化的过程中,先将所有反射镜的半径和间隔设置为变量。值得注意的是,优化时,若同时将所有倾斜和偏心量设为变量,系统会减小离轴量趋于同轴系统,且使反射镜间隔增大来达到提高成像质量的目的,因此需要选取部分参数来优化。在不能满足设计要求的情况下,为了更好地平衡系统的高阶像差,再将各个反射镜设置成高次非球面,高次非球面系数作为变量进行优化。这是一个需要不断尝试的过程。经过反复地优化设计,最后实现符合条件的离轴反射式变焦距系统。

在这种方法的指导下,在同轴反射远型三反射式变焦光学系统的基础上可以进行离孔径、离视场,同时离孔径离视场的离轴三反射式变焦距系统设计,下面给出离孔径离视场的离轴三反射式变焦距系统设计的设计实例。

(2) 离视场离孔径三反射式变焦光学系统设计

在共轴三反射式变焦光学系统的基础上同时进行视场偏置和孔径偏离设计，获得既离孔径又离视场型三反射式变焦光学系统，如图 8-50～图 8-54 所示，光学系统结构参数如表 8-14 所示，光学系统技术参数如表 8-15 所示。

表 8-14　反摄远型离孔径离视场型三反射式变焦光学系统结构参数

反射镜元件	半径/mm	间距/mm		非球面系数
		长焦	短焦	
主镜 Conic	52.429	−29.429	−62.330	Conic:0.910
次镜 Conic	202.103	162.200	100.000	Conic:0.037
三镜 Even aspherical	−135.154	−116.928	−16.826	4th 2.609E−008 6th 2.475E−012

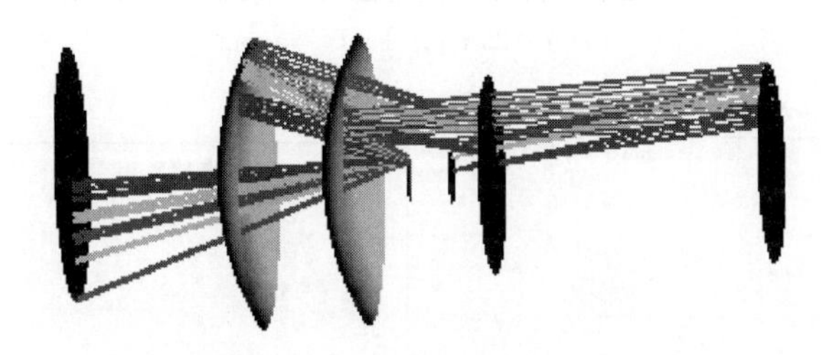

图 8-50　反摄远型离孔径离视场型三反射式变焦光学系统

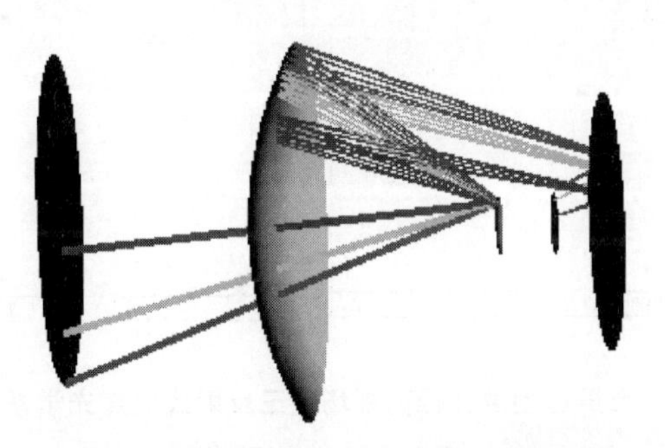

图 8-51　反摄远型离孔径离视场型三反射式变焦光学系统：短焦 $f=25$ mm

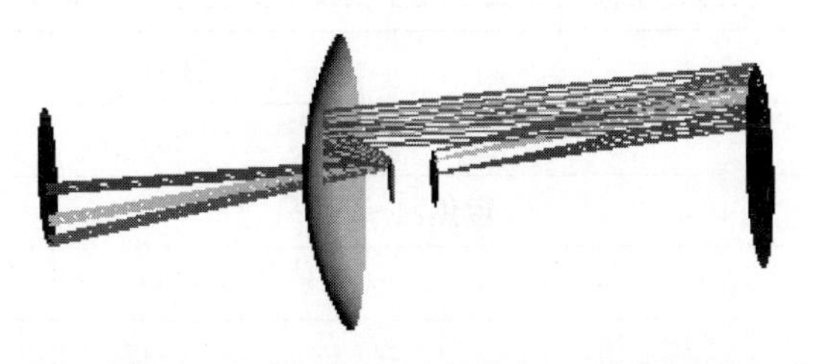

图 8-52　反摄远型离孔径离视场型三反射式变焦光学系统：长焦 $f=50$ mm

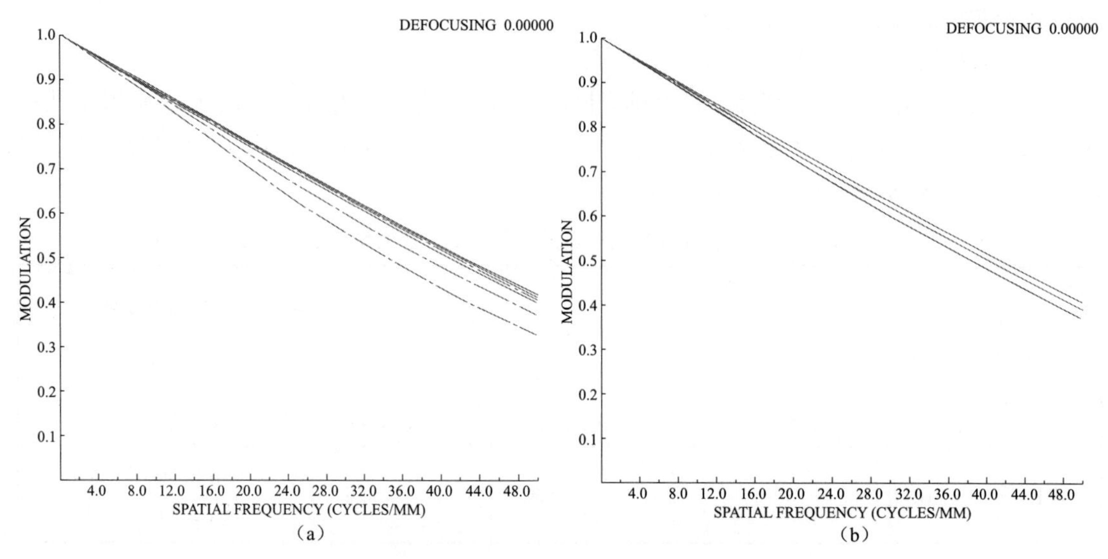

图 8-53　反摄远型离孔径离视场型三反射式变焦光学系统 MTF

(a) f=25 mm;(b) f=50 mm。

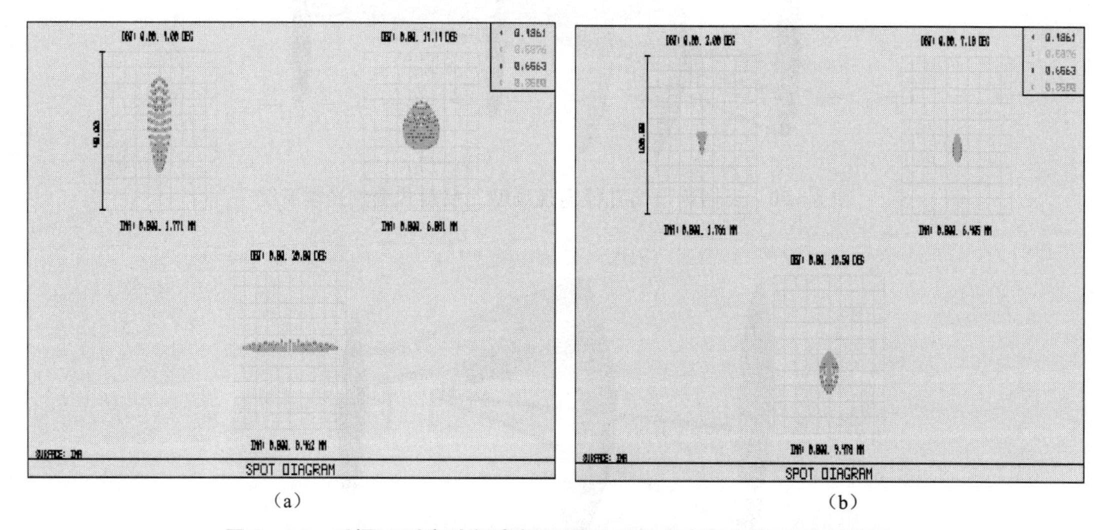

图 8-54　反摄远型离孔径离视场型三反射式变焦光学系统点列图

(a) f=25 mm;(b) f=50 mm。

表 8-15　反摄远型离孔径离视场型三反射式变焦光学系统技术参数

参数	技术参数	
焦距/mm	25～50	
视场/(°)	短焦:4～20	长焦:2～10
工作波长/nm	486～850	
F 数	15	
孔径偏离/mm	6	

反摄远型离孔径离视场型三反射式变焦光学系统的视场范围为 9°～17°，远远大于共轴系统和单纯的离孔径系统的视场；且与单一的视场偏置型系统比较有无遮拦的优点，孔径也较视场偏置型系统有所提高，是设计离轴反射变焦光学系统的一个重要方向。

8.6　反射镜材料

反射镜是反射式系统中的光学元件，其误差是自重引起的镜面变形和镜体温度梯度产生的热膨胀变形。对镜坯的具体要求通常包括：热综合性质好；密度小，质量轻；强度大，不因力学应力而变形；容易进行光学加工，且可加工成光学表面；材料本身及内部无缺陷；易镀膜，且膜层牢固；不因环境作用而发生性能变化，无毒安全。

反射镜材料的选择主要考虑比刚度及热变形系数，比刚度越大、热变形系数越小则材料越好。

几种常用反射镜材料的性能见表 8－16。

表 8－16　几种常用反射镜材料的性能

性能	SiC	ULE	Zerodur	熔石英
密度 $\rho/(\mathrm{g\cdot cm^{-3}})$	3.05	2.2	2.5	2.2
弹性模量 E/GPa	390	67.6	92	72
比刚度 $E/\rho/(\times 10^6\mathrm{N\cdot m\cdot g^{-1}})$	130	31	37	32
导热率 $\lambda(\mathrm{J/\cdot m^{-1}\cdot K^{-1}})$	185	1.31	1.67	1.4
线膨胀系数 $\alpha/(\times 10^{-6}\cdot\mathrm{K^{-1}})$	2.5	0.03	0.05	0.55
热变形系数 $\alpha/\lambda/(\times 10^{-8}\mathrm{m\cdot W^{-1}})$	1.4	2.3	3.0	40
热扩散系数 $D/(\times 10^{-4}\mathrm{m^2\cdot s^{-1}})$	0.86	0.007 7	0.007 8	0.008 5

反射式光学系统因其特有的优势，在空间相机中得到广泛应用。随着空间探测需求的发展，反射式光学系统向着多谱段、复杂化、集成化等方向发展。随着非球面光学加工和检测技术的发展，反射镜的面型也变得多样化，由二次非球面发展到高次非球面，甚至有些系统已经采用了自由曲面。

8.7　空间有限载荷全链路分析

8.7.1　概述

空间光学系统光学遥感的原理是：电磁波与被观察目标相互作用，使其载有目标的信息，通过空间光学系统获取载有目标信息的电磁波并进行处理，得到含有目标信息的遥感数据，最后通过遥感信息模型反演出目标物体所包含的信息。

光学遥感的目的是远距离获取用户所需要的目标信息，这一过程通常包含遥感数据获取、处理和信息提取（或分析、解译）等部分。有些信息可以比较容易地从遥感数据中提取出来，而有些信息则先要对遥感数据进行比较复杂的处理和分析计算才能得到。因此，遥感的过程包括正演过程和反演过程,正演过程指的是遥感数据的获取、测量和处理过程;而反演过程指的是遥感数据的解译过程,主要是应用遥感信息模型分析遥感数据,从而获得目标信息的过程。

随着对遥感认识的不断提高,人们更加注重把遥感作为一个系统来研究,利用系统论的思想和方法来研究和优化遥感的各个环节。从系统分析和优化设计角度出发,把对用户最终得到的遥感信息有影响的各个环节作为一个整体来研究,称为遥感系统,遥感的任务是由遥感系统实现的。遥感系统由遥感数据获取系统和遥感数据反演系统组成,遥感系统的输入是载有目标信息的电磁波,输出是目标所含的有关信息。就航天光学遥感而言,遥感系统涉及的主要环节包括照明源或能量源、大气、目标、卫星平台、遥感器、数据传输、数据处理、数据分析或解译、数据显示以及用户或观察者等。

成像链路是指对从遥感图像中提取的目标信息有影响的一系列作用和现象,它包含了整个成像过程的各个环节。成像链路由景物(目标与背景)开始,直到提取信息的认知阶段。成像链路始于景物中感兴趣的物体就是目标,目标的特性(大小、形状、光谱特征)都会对从图像中提取信息产生影响,目标环境的特征影响目标的对比度或目标与背景的可分离性。在成像链中,一些因素与成像过程有关而与遥感器无关,因素包括大气的影响、成像几何的影响以及"与能量有关"的因素。大气影响包括由传输损失造成的能量衰减、大气湍流和气溶胶散射引起的图像模糊以及与大气有关的畸变。成像几何的影响包括距离和角度,如增加目标到遥感器的距离会明显降低信息提取能力。"与能量有关"的因素用来描述除大气以外的那些能够影响目标与背景能量关系进而影响对比度的因素,比如太阳照射角度对可见光成像的影响。

图 8-55 所示为航天光学成像遥感链路较为详细的组成及各组成部分的作用和影响。图中,MTF 为空间光学系统的调制传递函数,τ 为光学系统透过率,ρ 和 R 分别为探测器的响应度和探测器间距,n 为噪声,als 为混叠,BD 为量化位数等。从"景物"到"图像复原"组成了航天光学遥感成像链路,其始端是景物,终端是图像。从"光学系统"到"图像重构"组成了航天空间光学成像系统,其输入是来自成像条件下景物的辐射,即表征景物的辐亮度空间分布,输出是图像,其中的成像条件指的是大气和照明。对于成像遥感而言,遥感系统由成像系统和信息

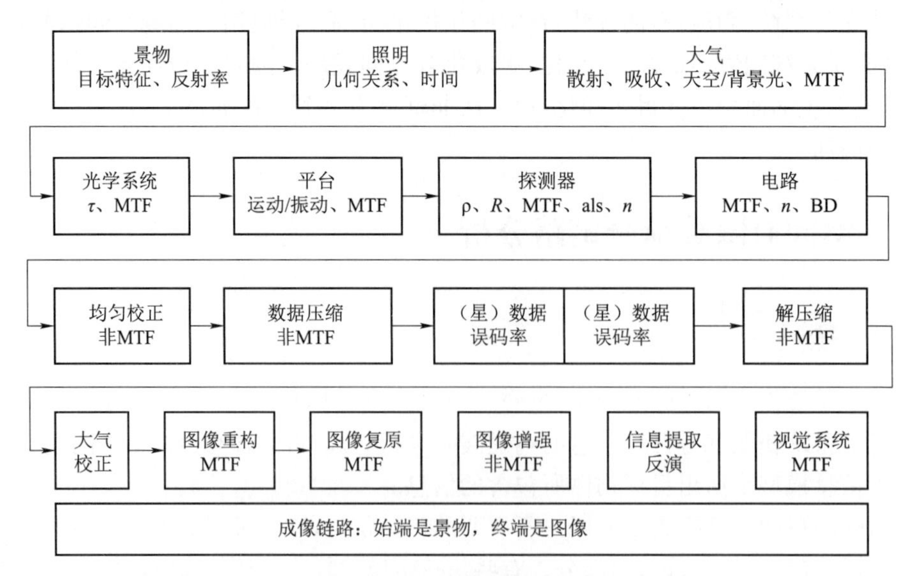

图 8-55　航天光学遥感成像链路组成框图

提取部分共同组成。信息提取部分的作用是从遥感图像数据中提取景物中的有关信息，这就是遥感中的"反演"。从"光学系统"到"信息提取"组成了航天空间光学成像遥感系统，其输入与航天空间光学成像系统的输入相同，输出是从中提取的信息。

表征景物的是景物的目标特性，如形状、大小和反射率等。对于可见光成像，照明源是太阳，对其进行描述的是太阳常数、光谱特性以及成像的几何关系等。大气由于其吸收和散射特性，对成像的影响表现为目标光的衰减，背景光和天空光的引入，抬高了成像的底电平，可以使用 MTF 表征大气的部分影响。光学子系统对成像的影响主要表现为透过率和 MTF。探测器的作用是完成光电转换，对成像的影响表现为采样、MTF 和引入噪声。成像电路的主要影响表现为 MTF 和引入噪声。航天器平台运动的影响，包括振动的影响也表现为 MTF。均匀性校正的作用是对光学子系统、探测器和成像电路在成像中引入的辐亮度空间分布不均匀性和非线性进行校正，可以在卫星上进行，也可以在地面进行。遥感数据的压缩和解压缩，以及数据传输中的调制、解调制和编译码都会影响成像性能，但这种影响不是 MTF 表征的。图像重构和图像复原是成像链路的重要组成部分，因为，从卫星上传下来的只是"0""1"数据，只有通过图像重构才能获得图像，通过图像复原使图像得以改善。大气校正对于像质提高和遥感数据定量化有重要意义。人的视觉系统，由于在实际上参与了图像观测，因此也是成像链路的组成部分。

8.7.2　空间光学遥感成像链路建模与仿真

航天光学遥感的目的是为用户提供高质量的图像，从而获取用户所需的目标信息。因此，像质的预估与评价是贯穿于整个航天光学成像遥感的一项重要任务，不同阶段的像质预估和评价的目的和作用不同。成像链路建模与仿真是实现像质预估与评价的主要手段和工具，在航天光学遥感成像任务确定和具体设计实施过程中发挥着重要作用。

在方案论证阶段，利用成像链路建模与仿真方法可以对航天光学成像遥感系统特别是航天光学遥感器的像质进行评价和预测，预估其可能达到的性能(特别是像质)，以确定图像质量是否满足要求，系统是否优化到最优，力求在满足各种条件的情况下能够提供相对较好的图像质量。成像仿真对于减少昂贵的设计反复和加工制造装调、确保系统研制一次成功都具有非常重要的意义。

在制造阶段，通过实际测量结合成像链路仿真可以确定航天光学遥感器的像质是否满足技术要求。而在在轨运行阶段，通过实测和成像链路仿真分析可以判定航天光学遥感器是否按照所期望的状态进行工作，满足任务要求的程度如何，与其他航天光学遥感器相比工作状态和性能指标是否超越或者不足。

国外一些航天遥感技术成熟的国家近年来始终把光学遥感系统成像链路仿真、优化设计方法和平台建设列为国家航天技术发展的关键项目，已经形成了规范化、标准化的研究基础，形成了日益完备的优化设计方法和平台以及相关系列化产品，在多个遥感成像系统中得到了应用。通过多年的探索与实践，已经有不断发展更新的优化设计方法及优化软件，美国结合其军用、民用、商用遥感卫星的发展，提出了一系列的 CONOP(Concept Operation)、SSAD(Space System Analyses and Design)以及总体性能仿真、应用仿真系统，促进了遥感卫星系统的设计、制造、应用水平提高。

目前典型的光学遥感成像链路建模与仿真软件包括：美国 Ball 航空技术集团研制的

TRADES软件(Toolkit for Remote-Sensing Analysis,Design,Evaluation and Simulation)、美国Multigen-Paradigm公司推出的Vega系列功能比较齐备的商业化遥感成像仿真工具包、法国OKTAL公司开发的SE-WORKBENCH多传感器仿真软件、美国NGAS(Northrop Grumman Aerospace Systems)公司研制的用于仿真从紫外到长波红外(0.2～25 μm)的地球观测辐射计和成像遥感器的EVEREST(环境产品验证与遥感测试平台)、美国ITT公司(原柯达公司KODAK)研发的系统仿真软件Physique、法国Alcatel公司研制的系统级仿真预估软件ASSSI-O(Alcatel Space System Simulator for Image-Optical)等。

1. 空间光学遥感成像链路建模

从建模方法的角度,航天光学遥感系统建模与仿真方法包括基于成像质量的建模方法、基于成像环节的建模方法、基于仿真功能的建模方法和基于成像因素的建模方法。

基于成像质量的建模方法是基于空间响应、时间响应、光谱响应等建立各种成像质量的仿真模型,并依此划分仿真模块。基于成像环节的建模方法是基于成像链路的各个环节对成像质量的影响进行建模并依此划分仿真模块。基于仿真功能的建模方法是基于不同的成像功能,比如实现成像、实现光线追迹、实现格式变换等类似功能来进行建模并划分仿真模块,功能的划分主要是依据遥感物理成像机理。基于成像因素的建模方法是基于各个影响成像质量的物理因素进行建模,如目标特性、噪声等,并依此进行仿真模块的划分。成像链路建模是指对成像链路中的各个环节根据其对成像的影响机理建立数学模型。成像仿真结果与实际情况的符合程度取决于仿真模型,如果模型不合适,则仿真效果就不好。因此,要求模型能够比较准确地描述它所代表的对象。为了提高仿真精度,一方面要设法提高模型的精度,另一方面要尽可能多地利用相关系统的实测数据或经验数据。

2. 空间光学遥感成像链路仿真

成像链路的仿真是指根据成像链路中各环节的模型,对整个成像过程及成像效果进行模拟。通过成像链路仿真,可以将成像链路中各环节对图像的影响用比较直观的方式展现出来。

常用的成像仿真方法包括物理仿真、混合仿真(半物理仿真)和数学仿真等。

在20世纪四五十年代,由于计算机技术的限制,只有依靠物理仿真,在美国亚利桑那大学光学中心建立了世界上第一个航空航天遥感器物理仿真系统。在地面实验室里利用人造光源提供各种辐亮度和各个光谱谱段的照明条件,布置了不同背景下的各种大小尺寸靶标和军用目标模型(包括飞机、坦克、火炮等),可以模拟卫星在轨飞行情况下的环境条件以及目标的运动等,采用可控制位置和运动模式的相机对目标按照预定的程序进行照相,以验证相机的设计参数和成像质量。

在20世纪60年代,美国发射多颗地球环境探测卫星,获得了大量地表、大气和地球环境的数据,这些数据为仿真实验室提供了接近真实的模型数据。20世纪60—90年代,美国多次发射的地球地理环境探测、校验和测绘卫星,用于监视和补充数据资料,以用来修正数学模型。随着计算技术的迅猛发展,20世纪90年代后期,国外在航天光学遥感系统软件仿真技术研究方面开始飞速发展,开发了多款系统仿真软件,并在相应的光学遥感卫星设计、研制等方面得到广泛应用。

航天光学遥感系统需要场景源,从场景源的获取方法上,有基于图像的仿真方法和基于库的仿真方法。基于图像的仿真方法主要是利用高分辨力的航空机载图像和航天遥感图像,利用高精度反演技术获得地面场景源;基于库的仿真方法是利用测量得到的或其他手段获取的高精度的地面反射率、发射率、纹理等数据，利用三维场景建模技术、纹理映射技术等构建高精度的地面场景源。基于图像的仿真方法的仿真流程如图 8－56 所示。

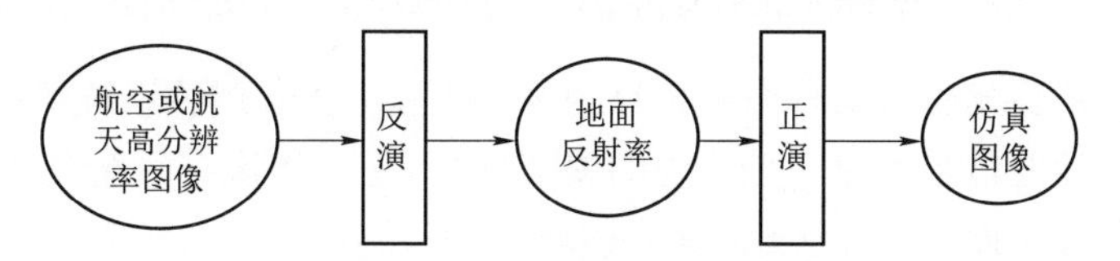

图 8－56　基于图像的仿真流程

根据场景辐射、反射特性的计算方法，基于库的仿真方法又包括三种：第一种是根据理论模型，建立辐射反射方程，通过求解方程得到场景辐射和反射分布；第二种是以实测数据为依据，采用特征匹配、粘贴等方法得到景物特征分布；第三种是理论与实验相结合的方法，建立半经验模型。比如 SE－WORKBENCH 就属于第一种类型，JRM 属于第三种。从仿真技术的实现方法看，航天光学遥感系统仿真用到了诸多数学方法，比如光线追迹法、Monte Carlo 法、坐标变换法、傅里叶变换法、数值积分法、插值法、随机生成法等。

随着空间对地观测技术的迅速发展以及近十年来遥感卫星的商业化，航天光学遥感成像系统成像链路建模与仿真技术已经得到普遍认可，人们已经开始重视仿真技术在设计、制造、组装、集成和整个系统的运行和维护中的作用。在提高遥感产品品质、分析成像的各个环节对数据获取的影响方面，系统仿真技术起着至关重要的技术支撑。

成像链路建模与仿真技术的发展趋势包括以下几个方面：

（1）仿真技术与图像预估评价技术一体化

仿真与预估评价相辅相成，仿真是图像预估评价的源头，预估评价是仿真结果的一个检验方法，二者最终都将为遥感器的指标论证、优化设计、图像算法验证等服务。前期的仿真软件通常将二者分离，然而随着光学遥感技术需求的推动，二者一体化是该技术领域的发展趋势。

（2）航天光学遥感系统各个环节考虑因素越来越全面

目前国外遥感系统建模与仿真已经将地面处理纳入其中，目前已经包含整个遥感成像链路的所有环节，而且每个环节的模型越来越精细，涵盖的因素越来越多，模型越来越全面。

（3）航天光学遥感系统建模与仿真精度越来越高

场景、大气、遥感器平台、光学系统、探测器、电子学系统、热控系统、数传系统的建模精度不断提高，结合大气传输的成型理论和软件，更加精确地构建出传感器获取图像的整个成像过程。

（4）仿真软件功能一体化趋势明显

能够建立辐射质量、几何质量、光谱质量一体化的仿真模型，能够实现同时进行辐射质量退化、几何质量退化和光谱质量退化的建模及仿真分析。此外，还开发了数学理论和工程实际相结合的高精度仿真分析软件，在工程应用中更加有效地发挥实质性的作用。

（5）航天光学遥感系统仿真技术向着分布式仿真方向发展

航天光学遥感技术是个多学科交叉的综合技术，未来面向此领域的仿真需要将分布在各个应用领域的人员和资源集成为一个大型仿真环境。它将打破各个领域的界限，使人们在仿真环境里对拟定的设想和任务进行研究、分析，以支持航天遥感复杂大系统的设计、运行、评估、研制、开发等工作。现代建模技术、计算机技术、网络技术、虚拟现实技术等技术的发展，为建立这种跨学科具有虚拟环境的仿真系统提供了强有力的技术支撑。

8.7.3 空间光学遥感系统像质评价、像质预估与全链路优化设计

航天光学成像链路建模与仿真的主要目的之一是航天光学遥感系统的优化设计。航天光学遥感系统优化设计的最基本原则是系统的整体优化,主要体现在系统各组成部分之间技术指标的科学合理分配上面。

前面已经指出,遥感的目的是向用户提供信息,包含了正演和反演的过程,因此航天光学遥感系统的优化设计应该以为用户提供高质量有价值的信息为最终目的,针对整个成像链路,并综合考虑图像复原、图像增强等来进行全链路的优化。

1. 像质评价

图像质量的含义为:图像以适合图像分析人员观测的形式,再现目标信息所包含的程度。一幅图像表示的是一个场景或一个目标。

航天光学遥感图像质量评价是借助于一些指标或标准来进行的。由于胶片式相机出现较早,因此,很多像质评价标准起初是针对胶片相机开发的。采样成像型光学遥感器出现后,又引入了新的评价指标,如地面采样距离等。两者结合,形成了现有的像质评价指标。目前,航天光学遥感图像质量评价方法大致可以分为三类,即基于成像系统性能的图像质量评价方法、基于任务的图像质量评价方法和基于图像统计特性的图像质量评价方法,其中最后一种侧重于定性评价。

2. 空间光学遥感系统成像链路优化设计

在传统的光学遥感器设计中,用户、卫星总体和遥感器研制方互相独立,没有从全链路优化的角度进行设计,导致遥感器的总体性能和图像品质不高。由于没有充分考虑地面图像处理的作用(图像复原、图像增强等),整个成像系统的性能主要由光学遥感器来保证,从而认为遥感器的 MTF 越高越好。对于采样型成像系统,图像品质是由链路中各个环节综合保证的,片面追求高 MTF 成为高分辨力遥感器发展的瓶颈,制约了空间高分辨力对地遥感光学卫星成像系统的发展。需要创新设计理念,通过航天光学遥感系统成像链路的优化设计,保证以最小的成本实现最优的像质,满足用户的需求。

(1) 传统设计方法

传统设计方法是将用户需求的技术指标通过分析转换成图像质量技术指标,继而转换成成像质量技术指标,在工程设计的基础上分配到大气、遥感器和卫星平台等分系统中。

根据以往的经验,传统的遥感器系统设计首先从用户需求地面像元分辨力(GSD)开始,确定好轨道高度,选择已有性能好的器件,计算焦距大小,按照国军标的 MTF 和信噪比指标值,确定满足要求的光学系统口径,再根据幅宽大小,得到光学系统视场角范围,进行光学系统和遥感器设计,如图 8-57 所示。

传统设计方法首先在环节上是单一和孤立的,遥感器设计时只考虑遥感器本身对成像质量的影响而忽略了平台、大气等其他因素的影响。其次,在指标分析时,以 MTF 和信噪比作为指标依据设计遥感器。最后遥感器优化流程是星地分离的,在满足指标要求时按照设计值开展遥感器的设计与工程研制。由于在环节、指标和流程等诸多方面的不足和弊端直接导致光学遥感器的研制难度急剧加大,给后续的加工、制备、装调、运输以及整星的研制和发射带来困难。

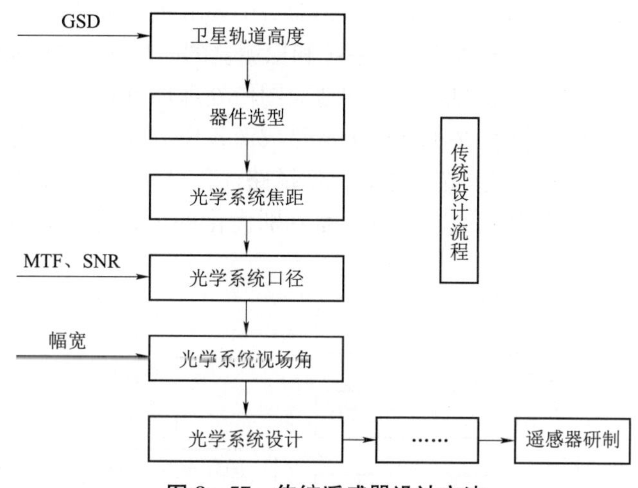

图 8-57 传统遥感器设计方法

(2) 全链路成像系统优化设计方法

航天任务需求对遥感器的要求越来越高，为获得高品质的遥感图像，必须提出一个综合全链路各个环节因素的设计方法以满足优化的目的和要求。光学遥感全链路设计方法和传统设计方法的比较如表 8-17 所示。

表 8-17 传统设计方法和全链路优化设计方法综合比较

方法	传统设计方法	全链路设计方法
考虑环节	单一、孤立	综合考虑全链路
涉及指标	GSD、幅宽、MTF 和 SNR	GSD、幅宽、MTF 和 SNR、混叠
优化流程	星地分离	星地一体化

传统设计方法只考虑了 GSD、幅宽、MTF 和 SNR，而且 MTF 和 SNR 只考虑星上环节，忽略了图像混叠的产生，影响图像品质。因此在设计指标时需要围绕用户需求，通过星地一体化设计，综合遥感器研制水平和最终成像质量效果，进行优化设计。

如前所述，不同的用户需求对像质评价的评价方法和指标要求不同，基于成像系统性能的图像质量评价表征方法既包含了单一核心指标如 GSD、MTF、SNR、混叠等，也包含了 MTF×SNR 和信息密度等综合评价指标。基于任务的图像质量评价方法则通过国家图像解译度分级标准(NIIRS)来评价，而通用图像质量方程(GIQE)建立了上述成像系统性能单一核心指标与 NIIRS 的关系，并考虑了调制传递函数补偿(MTFC)的影响，因此也可以根据用户对 NIIRS 的要求进行系统优化设计。

全链路指标设计与各环节的关系包括：

① GSD 由卫星轨道高度、遥感器探测器像元尺寸、光学系统口径和光学系统焦距决定，可分解到遥感器和卫星平台环节；

② 系统 MTF 由大气、遥感器、卫星平台、地面图像处理和压缩算法等决定，这些参数可分解到光学遥感链路多个环节，包括大气、遥感器、卫星平台，数传和地面处理等；

③ SNR 与目标特性、大气传输、遥感器综合性能、卫星轨道运行、成像时刻、数据传输、地

面图像处理过程等有密切联系,参数与光学遥感器每个环节密不可分;

④ 图像混叠的产生是受遥感器的光学系统和探测器的匹配所影响,地面图像处理也会在一定程度影响图像混叠,图像混叠与遥感器和地面图像处理环节有关。

因此在开展指标分析设计时,必须结合全链路成像各环节进行,然后通过光学遥感全链路优化流程设计得出最优指标。航天光学遥感成像链路优化设计方法结合星地一体的全链路设计思想,最大程度发挥系统优势,针对单一指标分别优化的全链路系统优化流程如图 8-58 所示。

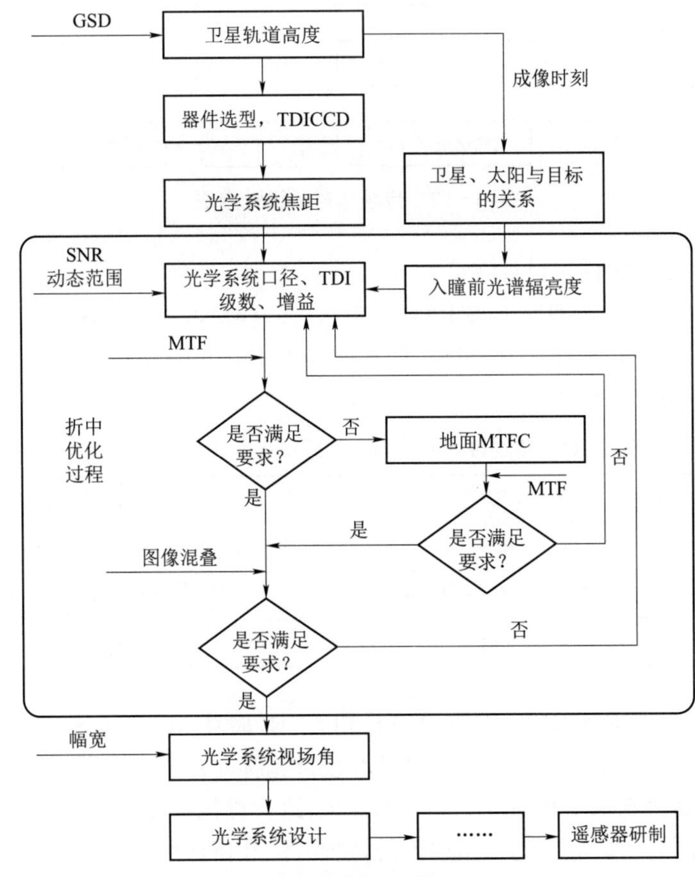

图 8-58　光学遥感全链路优化设计方法

光学遥感全链路优化设计的步骤为:

① 针对高分辨力成像要求,优选高性能器件;

② 确定器件像元尺寸后,根据分辨力和轨道高度的要求,得到光学系统焦距;

③ 由系统 SNR 要求,结合探测器水平和光学系统水平,分析卫星不同时刻不同成像目标位置、入瞳前光谱辐亮度的范围,初步确定光学系统口径;

④ 结合 MTFC 等地面处理手段判断当前系统 MTF 是否满足要求,MTF 指标满足要求后将进一步判断图像混叠是否在可允许范围内,整个过程需要折中和优化;

⑤ 综合图像混叠、MTF、SNR 和 GSD 要求等,优化得到最佳光学系统口径;

⑥ 通过仿真分析与指标评价来验证全链路优化设计的效果。

针对综合性评价指标，通过建立多变量多约束条件的在轨成像系统优化设计数学模型，根据约束条件对变量进行优化、对目标函数进行求解。

多变量多约束条件的在轨成像系统优化设计的内涵是基于全链路成像机理与模型，综合考虑各种退化要素的影响，在基于任务和工程研制的多个约束条件下，优化成像系统的参数匹配关系，使得像质最优(体现为综合评价指标最优)。优化的对象是光学系统、探测器、电子学系统、卫星平台等系统关键参数，优化的目标是在多个约束条件下成像系统的信息含量获取最大化。多变量是指成像系统的焦距、口径、像元尺寸、量化位数、卫星平台允许的像移等关键参数，多约束是指面向任务需求的成像质量要求以及基于工程研制的要求，如为满足某一项任务需求，信噪比需大于某一阈值。多变量多约束优化设计方法研究思路是，首先根据成像质量表征参量研究，得到目标函数和约束条件的表征模型，进而得到优化设计数学模型，通过多环节优化匹配得到各环节参数之间的定性分析，多变量一体化求解可得到多变量的最终最优值，确定优化设计方法的最终定量求解方法。

8.8 空间自适应光学设计

8.8.1 自适应光学概述

对于空间光学系统来说，人们总是希望寻求获得接近衍射极限水平的光波质量，但传统光学技术无法解决动态波前扰动对光波质量的影响问题。如在探知太空的天文观测活动中，地基天文望远镜的分辨力由于受到大气湍流的影响，即使口径增大，设计、加工水平提高，也无法获得衍射极限的水平。为解决该问题，光学工作者创立了一个光学新分支——自适应光学(Adaptive Optics，AO)，目前世界上大型的望远镜系统都采用了自适应光学系统，自适应光学的出现为改善光学仪器成像质量、提高光波质量提供了新的研究方向。

经过近60年的发展，在传统自适应光学基础上，又涌现出了激光导星自适应光学(Laser Guide Star Adaptive Optics，LGSAO)，多层共轭自适应光学(Multi-Conjugate Adaptive Optics，MCAO)，激光层析自适应光学(Laser Tomography Adaptive Optics，LTAO)，近地层自适应光学(Ground Layer Adaptive Optics，GLAO)，超级自适应光学(Extreme Adaptive Optics，XAO)和多目标自适应光学(Multi-Object Adaptive Optics，MOAO)等技术，已经应用于天文学、军事及空间光学领域。如在天文学领域，用于克服大气湍流形成的波前动态扰动，提高光学仪器的分辨力及信噪比。在军事应用领域，用于侦察、识别、跟踪、指向，提高高能束到达靶标的能量密度。在空间光学领域，用于遥感、战略防御、通信等系统，以克服设计、制造及热、结构变形等误差。

自适应光学在校正光学系统动态误差方面具有独特的优势。由于波前误差源的时频和空频特性各异，相应的自适应光学系统所采用的波前传感和校正方法不同、校正器件亦是种类繁多。因此自适应光学需要集成光、机、电、热、计算机、控制等多门学科的专门知识，是一门以多学科为基础，以实际波前误差为根据，实时校正波前误差的学科。人们通常把校正低频误差源的光学系统称为主动光学(Active Optics)系统，主动光学的研究内容与自适应光学极其相似，两者的主要区别是误差源、传感器和校正器不同。前者的误差源主要是如系统内部误差、温度与重力变形、加工与安装误差等低频误差，频带通常低于0.1 Hz，但是幅度可以远大于几个波长。但是,二者的共同点是主要的,特别是在0.1 Hz附近的低频区,二者是重叠的,更难区分。

空间对地遥感系统成像质量一方面取决于光学系统自身的设计、制造、装调,另一方面与系统热变形、力学变形、遥感器平台抖动等诸多影响因素有关。为了实现空间光学遥感器高分辨力成像的目标,必须对系统中误差源的特性以及对像质的影响进行详细分析,同时采取必要的措施将误差限制在可以接受的范围以内。空间对地遥感中的自适应光学主要用于在空间环境下实时探测和主动校正热变形、力学变形,分块镜共相位误差、光轴抖动等误差。当对系统的像质要求很高时,采用自适应光学系统(主动光学)校正波前误差是较为常用的解决办法,在有些情况下甚至是唯一可行的解决办法。

8.8.2 自适应光学基本原理

自适应光学的核心内容是实时地校正光束的波前畸变,以提高光学系统的成像质量。其基本原理是相位共轭(Phase Conjugation),存在相位误差的光场可表示为

$$W_1 = |A| e^{i\varphi} \tag{8-53}$$

其中,φ是由扰动造成的光场相位起伏。自适应光学系统的作用是在系统中产生与入射光场共轭的调制:

$$W_2 = |A| e^{-i\varphi} \tag{8-54}$$

于是,上述两个光场叠加的结果使相位误差得以补偿并输出近似原始光场的光场。自适应光学通常只校正相位误差,对原始光场的振幅没有影响。在某些振幅误差也较大的场合,校正效果会受到影响,但对大多数应用,仅仅校正相位误差已经足够满足实际需要了。

根据相位共轭的工作原理,自适应光学系统可以分为校正式自适应光学系统、非线性光学式自适应光学系统和解卷积式自适应光学系统。其中校正式自适应光学系统已趋成熟,得到实际应用。校正式自适应光学系统又可分为相位共轭自适应光学系统、成像补偿自适应光学系统、高频振动自适应光学系统和像清晰化自适应光学系统。其中,相位共轭和高频振动自适应光学系统用于发射激光的系统,目的是使目标上的功率密度最大;而成像补偿和像清晰化自适应光学系统用于成像系统,目的是使影像最清晰。

8.8.3 自适应光学系统组成

校正式自适应光学系统采用波前传感器实时测量入射光的位相,通过可以任意变形的光学元件产生可控的光学相移,实时补偿入射光的波前像差,使入射光经波前校正器后输出平面波/球面波。目前校正式自适应光学系统已趋于成熟,应用也最为广泛。典型的校正式自适应光学系统组成如图8-59所示。

传统的校正式自适应光学系统主要由波前传感器(Wavefront Sensor, WFS)、波前校正器(变形镜, Deformable Mirror, DM, 快速倾斜镜, tip-tilt mirror)和控制单元(Control System)三部分构成,波前传感器用于测量波前误差,控制单元根据波前误差信息驱动变形镜施加校正。

8.8.4 自适应光学系统误差源

以采用超薄超轻可展开式分块主动主镜的空间对地遥感系统为例来说明,由于其工作于空间环境,且采用分块式主镜的特点,当光学系统在轨工作时,会受到大气湍流、热、力、光学设

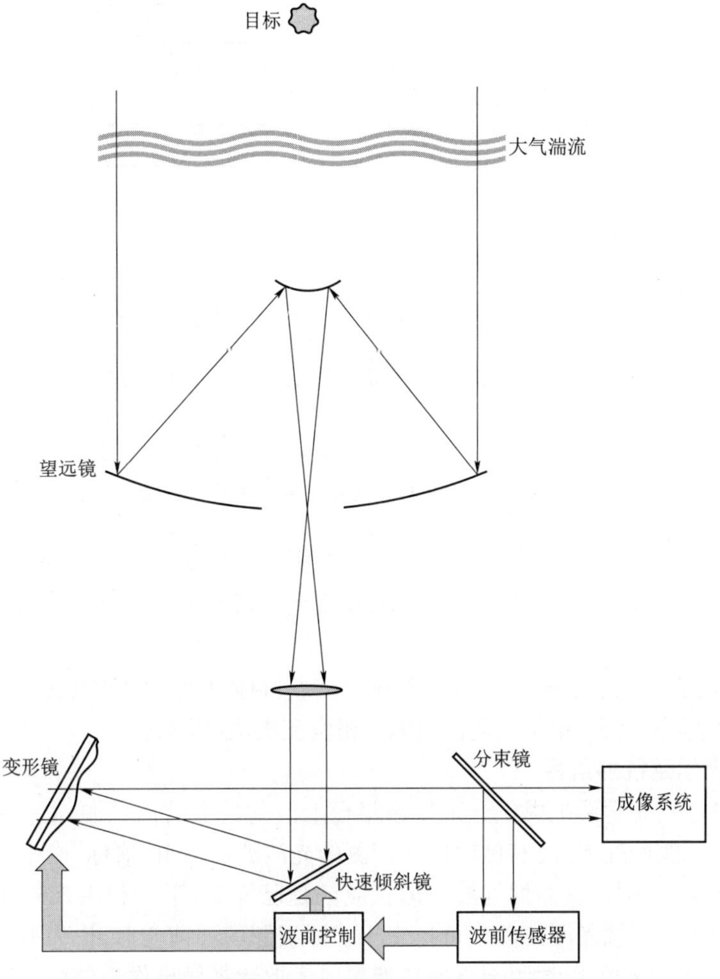

图 8-59 典型的用于天文观测的校正式自适应光学系统
(由波前传感器、波前校正器和波前控制三部分构成)

计、加工、装调、检测、卫星体扰动等诸多因素影响。

卫星上天前,遥感成像光学系统含有设计、调整和制造误差。上天后,一方面,由于发射过程的加速过载、冲击和振动,以及主镜展开,会使分块镜的位置误差增大;另一方面,卫星在轨工作时,空间环境,如热、力、卫星平台抖动等会对系统像质产生影响。此外,系统对地观测,大气湍流存在大气扰动对系统分辨力亦会产生影响。空间自适应光学系统误差源如图 8-60 所示。

8.8.5 自适应光学波前传感

波前传感器是自适应光学系统重要的组成部分,起着系统伺服回路波前误差传感的作用。它通常通过实时连续测定望远镜入瞳面上动态入射波前的相位畸变,为波前校正器实时提供控制信号,使光学系统达到或接近衍射受限的像质水平。

由于不同应用场合下光学系统误差源所造成的波前相位扰动的时间和空间带宽范围大,波前传感器必须具有足够高的时间和空间分辨力。对于用作星体与微弱目标观察的自适应望

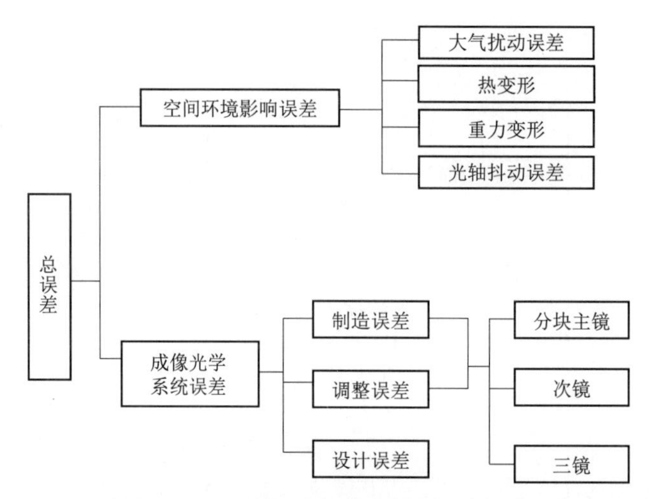

图 8－60　空间自适应光学系统主要误差源

远镜系统，还由于在一个子孔径和一次采样时间内所能利用的来自目标或人造信标的光能量极其有限(通常在光子计数的水平)，因此要求波前传感器必须达到或接近光子噪声受限探测能力。

目前，空间自适应光学系统中应用较普遍的是点目标夏克—哈特曼传感法(S－H 法)、扩展目标夏克-哈特曼波前法、相位恢复法(PR)、相位变更法(PD)等。

1. 自适应光学系统的信标

信标是为自适应光学系统提供光束传输路径上波前畸变的信息源，是实现波前误差探测和控制的前提。一般情况下，波前传感器所探测的光波波前需由"信标"产生，如果在传播途径中没有受到任何干扰，则传感器处的波前形状应该是已知的，于是利用该已知波前作为基准，根据实际探测到的受干扰光波波前便可得知干扰所引起的波前变形，作为波前校正的依据。

对于对空观测遥感器，通常用天空的自然星或人造激光导星作为信标，因为只有这种点光源性质的信标才能产生简单、确定的基准波前，如平面波或球面波。与之相应的波前传感及处理理论和方法已相当成熟。但是对于空间对地遥感器，由于在感兴趣的被观察地域范围(视场)内一般不存在点光源信标，这时获取符合自适应光学要求的信标将很困难。

考虑到空间对地遥感器具有对空和对地两个工作阶段，因此常用的信标可分为自然星信标和地物信标两种。自然星信标是利用行星或者恒星测量星光经过传输途径及光学系统后的波前畸变。作为信标的自然星星等是可以根据探测信噪比的要求和恒星在天空的密度进行确定的。如果选择的星等不足以符合所需要，则可通过适当增大曝光时间来改善 SNR。

地物目标是一种扩展信标，空间对地遥感器转入对地工作时，地物目标易于获取，因此，在自适应光学实际应用中是一种较为可行的信标选择。采用地物扩展目标时，波前传感器的传感特性受地物目标特征的影响，如目标的空间频率、结构特征等。

采用不同信标时，波前传感和处理方法也会随之不同。

2. 直接波前传感方法

直接传感方法即直接探测入瞳面被测波前的特征量。根据传感波前的方式可分为区域传感和模式传感两种。区域传感是将波前在空间进行划分，探测出各个子区域的整体(平均)倾斜或整体(平均)曲率，继而根据各个子区域获得的波前特征量重构出整个波前分布。由于光波沿其传播方向的光强变化同光波波前的斜率和曲率相关，因此该类方法在数学模型上主要分为两类。一类是通过测量波前斜率获得波前相位信息，典型的有剪切干涉法、夏克—哈特曼(S—H)法、金字塔波前传感法以及由这些方法派生出来的其他类似方法。另一类是通过测量波前曲率获得波前相位信息，典型的有波前曲率传感法。而模式传感方法是将整个光瞳面相位分布在模式上分解成各阶波前，设法探测出各阶模式系数，继而由各阶系数重构出整个波前分布，典型的有整体倾斜传感器、离焦传感器、光学全息传感器等。

(1) 点目标夏克-哈特曼波前传感方法

在光学测量中，德国的哈特曼于1900年提出根据几何光学原理测定物镜几何像差或反射镜面形误差的经典哈特曼法。在被检物镜(或反射镜)前放一块开有按一定规律排列的小孔的光阑，称为哈特曼光阑。光束通过此光阑后被分割成许多细光束，在被测物镜焦面前后两垂直光轴的截面上测出各细光束中心坐标，根据几何关系就可求得被检物镜的几何像差或被检反射镜的面形误差。该经典方法目前在大型天文望远镜主反射镜面形误差的检验中仍经常采用。

经典哈特曼法中焦面前后截得的光斑直径较大，光斑中心坐标的测量精度较低，且只利用了光阑上开孔部分的光线，光能损失较大。故夏克(R. K. Shack)于1971年对此方法做了改进，把哈特曼光阑换成一阵列透镜，以提高光斑中心坐标的测量精度和光能利用率。这种改进后的哈特曼法称为夏克—哈特曼法(S—H 法)。根据 S—H 原理设计制造的波前传感器就称为夏克—哈特曼波前传感器，或简称 S—H 波前传感器，如图 8-61 所示。通过在阵列透镜的焦面上测出畸变波前所成像斑的质心坐标与参考波前质心坐标之差，根据几何关系就可以求出畸变波前上被各阵列透镜分割的子孔径范围内波前的平均斜率，继而可求得全孔径波前的光程差或相位分布。

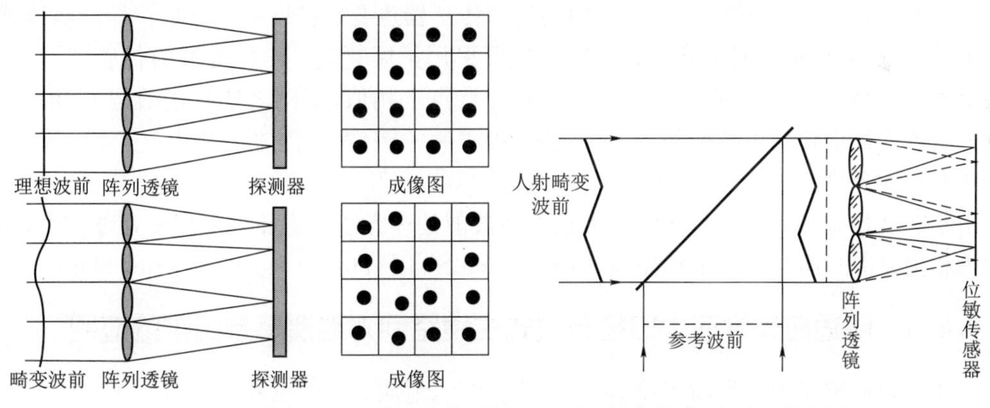

图 8-61　夏克—哈特曼波前传感器原理(左:基本构成;右:探测原理)

在作天文观测或航天目标侦察用的自适应望远镜中，由于可用的参考星或激光导星的光强很弱，所以波前传感器必须具有在极弱光条件下工作的能力。例如，每个子孔径(约 ϕ100 mm)每毫秒仅接收和处理几十到上百个光电子信息。如采用光电倍增管或四象限探测器之类的光敏元件作为波前传感器的光敏元件，由于子孔径数的不断增加，使结构变得越来越复杂，或由于灵敏度不能满足要求，都难以实际应用。随着光子计数像增强器、高帧频低噪声面阵电荷耦合器件(CCD)和大容量高速数字信号处理电路的发展，建立在像增强 CCD 探测器基础上的S—H传感器技术日益得到广泛应用。

进入阵列透镜的光束在像增强器的阴极面上形成一阵列衍射光斑,荧光屏面上将得到一亮度增强了的阵列光斑,此阵列光斑再通过透镜或锥形光纤束耦合到高帧频面阵CCD上。根据光斑质心的定义可写出离散采样情况下光斑质心的计算公式为

$$\begin{cases} X_c = \sum_{i,j}^{L,M} x_i P_{i,j} \Big/ \sum_{i,j}^{L,M} P_{i,j} \\ Y_c = \sum_{i,j}^{L,M} y_i P_{i,j} \Big/ \sum_{i,j}^{L,M} P_{i,j} \end{cases} \tag{8-55}$$

式中,X_c和Y_c为光斑质心坐标,x_i,y_i分别为CCD各单元中心点的坐标;$P_{i,j}$为第(i,j)个CCD单元接收的光能量,L和M为x和y方向上的透镜数量。如把CCD各单元接收的光信号通过A/D变换后送入计算机,即可按上式求出各个子孔径光斑的质心坐标。

虽然S—H传感器技术可溯源于经典的哈特曼法,但由于它具有光能利用率高(几乎100%)、测量动态范围大、不存在2π不定性问题、可用于白光波前探测等特点,已成为现有自适应光学系统中主要的波前传感方法。随着高灵敏度、高量子效率、低噪声的新型阵列式光电探测器件,如像增强CCD、光子计数雪崩光电二极管阵列等的不断问世,S—H波前传感技术不断改进,在子孔径数很多和参考光很弱的自适应光学系统中,S—H波前传感器已成为使用最广泛的一种波前传感器。

(2)扩展目标夏克—哈特曼波前传感方法

点目标夏克—哈特曼波前传感法在自适应光学中得到了广泛应用。它具有结构紧凑、性能稳定、适于白光测量、光能利用率高、适于实时波前探测等优点。

当自适应光学系统无法获取点光源作为信标时,可采用扩展目标夏克—哈特曼波前传感方法。在太阳自适应光学望远镜中,采用的波前传感器主要是扩展夏克—哈特曼波前传感器,在遥感成像中,对地观测时的波前传感器也主要采用扩展夏克—哈特曼波前传感器。其与点目标夏克—哈特曼波前传感方法在结构、原理和特点上相似,不同之处是在结构上,扩展目标夏克—哈特曼波前传感方法增加了视场光阑,以限制子图像尺寸,在原理上,波前局部斜率计算方法有较大差别。

由于扩展目标夏克—哈特曼波前传感器在波前处理方法上主要采用相关处理方法,因此,也称为相关夏克—哈特曼波前传感器(Correlating Shack-Hartmann Wavefront Sensor)。

8.8.6 自适应光学在大口径分块式主镜空间对地遥感系统中的应用

空间对地遥感作为一种新兴技术,在农业、林业、地质、海洋、气象、水文、军事、环保等领域发挥着越来越重要的作用。然而随着空间遥感技术的不断发展和空间探测精度的不断提升,人们对空间光学遥感器的分辨力要求也不断提高。

为了提高遥感系统精度,研究发现,光学系统的通光口径与系统的角分辨力之间是反比关系。因此,增大光学遥感器的口径成为提高遥感系统分辨力的一个重要手段。除此之外,光学系统的聚光能力与光学遥感器口径的平方成正比关系,所以增大口径对于遥感和暗弱目标的识别至关重要。因此,在满足运载火箭的承受能力和包络尺寸限制的前提下,反射镜口径的最大化是满足空间光学遥感器高分辨力与高信息收集能力的最佳技术路线。

但随着系统口径的增大,反射镜的重量将会以其口径三次方的比例递增,反射镜的加工制

造也会变得十分困难，而且系统口径会受到运载火箭包络尺寸的限制，这就大大提高了空间对地遥感系统的制造和发射成本。为了解决大口径空间对地遥感系统主镜制造和发射成本的问题，大口径分块式主镜的概念被提出。在大口径分块式主镜空间对地遥感系统中，主镜镜片不仅要减轻重量，而且和单块主镜相比，主镜是分块的，采用展开式结构设计。展开式主镜一般都采用多块六边形离轴抛物镜拼接成一块等效口径的主镜，利用铰链结构控制单元镜的收拢与张开。主镜在发射时被折叠为一个可接受的尺寸，发射后在轨道上按要求的方式展开、锁定，在自适应光学系统的控制下"拼接"成一个共相位主镜。大口径分块式主镜空间对地遥感系统的建立，将会极大推进我国高分辨力对地遥感系统的研究进程，提升我国的空间侦察与监视能力，显著提高我国的空间军事力量，为未来实现高轨高分辨力对地遥感体系的建立奠定基础。通过大口径分块式主镜空间对地遥感系统，可获得高分辨力的空间遥感图像资料，对于国家安全和生产活动都具有重要的意义。

大口径分块式主镜空间对地遥感系统由于是从空间对地进行观测，且采用超薄超轻可展开式分块主动主镜，光学系统上天后，主镜边缘分块镜展开，由此会带来较大的分块镜位置误差，对系统像质产生严重影响。当光学系统在轨工作时，由于卫星内部设备发热和太阳辐照、空间微重力环境及卫星发射时的加速过载、冲击和振动，也会通过成像光学系统对像质产生重要影响。此外，遥感器在空中运行过程中，由于机械部件的运动以及其他干扰因素引起的不规则抖动，会造成光学系统的抖动，从而造成成像质量的下降。由此可见，若没有实时在轨测控，成像光学系统无法保证所需的像质要求。因此，在大口径分块式主镜空间对地遥感中，采用自适应光学系统对上述因素引起的波前误差进行校正，保证所需的像质要求是十分有必要的。

整个光学系统多采用偏场同轴三反消像散光学系统，它由非球面分块主镜、次镜、三镜组成，结构紧凑，具有较强的消像差能力。当其在轨工作时，由于受振动、冲撞、空间微重力环境以及热环境等各种因素的影响，系统成像质量下降，必须采取自适应光学技术进行在轨检测与校正。

图 8-62 所示即为大口径、超薄超轻、可展开分块式主镜（中心镜固定）同轴三反射镜空间对地光学遥感器。引起空间对地遥感系统成像质量下降的主要因素有地面和空间的重力环境不同引起的镜面变形、卫星自身发热及天体的热辐射引起的镜面变形、对地观测时大气湍流引起的波前误差、卫星平台的抖动导致光学系统视轴的不稳定、光学系统各镜之间的相对位置误差、光学系统主镜拼接镜的共相位误差以及光学系统各镜面加工后的残余面形误差。

因此，空间自适应光学系统主要校正误差源为光学系统展开误差（主镜共相位误差、各个镜子间的位置误差）、镜面加工误差、镜面热变形及力学变形、光轴抖动等。而校正系统则包括主动主镜、主动次镜、变形镜及像稳定镜。主动主镜是在分块主镜背面布置面形和位置致动器，用于校正其面形误差和位置误差。主动次镜则是在次镜后放置六自由度调整装置，使其具有六自由度位置调整能力，用于实现整个光学系统的基准光轴调整。变形镜用于校正系统残余误差，快速倾斜镜则用于校正像运动误差。

图 8-62 所示的空间自适应光学系统的工作模式分为两个阶段。

第一阶段，卫星上天后，捕获一个合适的自然星，以其为信标，完成基准光轴调整，分块镜扫描捕获、合像，分块镜共相位粗调整，分块镜面形调整，分块镜共相位精调整与全系统波前校正等自适应光学预校正任务。在上述校正过程中，一直伴随着光轴抖动校正。在系统上天后的预校正阶段，以自然星为信标，采用像运动传感器获取抖动信息，并控制快速倾斜镜实现光

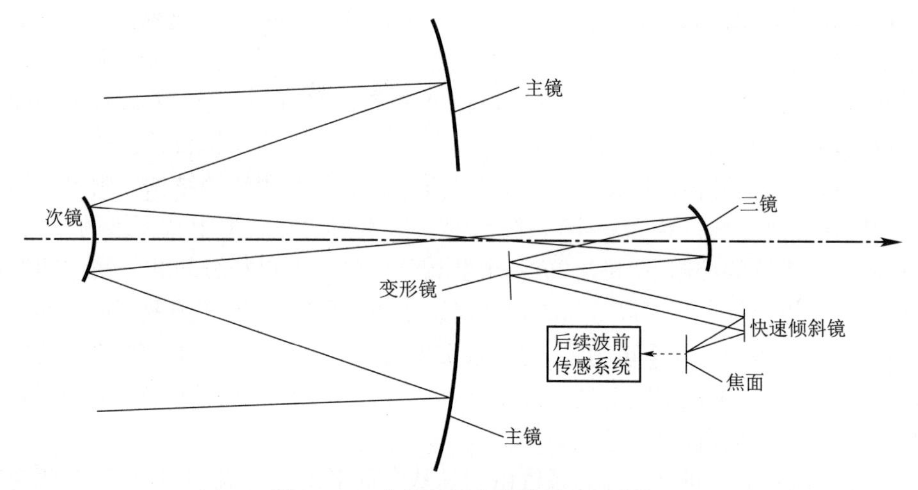

图 8-62　空间自适应光学系统示意图

轴抖动校正。自适应光学预校正分为 6 个步骤:

① 基准光轴调整。光学系统上天后,次镜相对主镜中心镜存在 X、Y、Z 三个方向的平移及倾斜误差。基准光轴调整就是以主镜中心分块镜和次镜、三镜构成的光学系统为对象,通过调整放置于次镜后的六自由度调整装置,实现中心分块主镜光轴、次镜光轴与后续光学系统光轴三者重合。并将三者的位置误差调整到一定的误差范围内,使中心成像光斑接近衍射极限。基准光轴调整以自然星为信标,可采用灵敏度矩阵反演法或随机平行梯度下降算法实现。

② 分块镜扫描捕获、合像。主镜展开后,边缘分块镜存在较大的分块镜平移误差(piston)和分块镜倾斜误差(tilt),此时它们的像可能落在探测视场外,因此,须设计适当的扫描函数,控制分块镜位置作动器对主镜边缘分块镜进行扫描捕获,使其进入视场。之后将分块镜逐一与中心固定镜合像,采用焦面阵列传感器进行探测,使各光斑强度叠加,piston 误差控制在分块镜的焦深内。

③ 分块镜共相位粗调整。当某边缘分块镜与中心固定镜合像后,采用边缘传感器探测两者的共相位误差,并控制位置致动器将分块镜 piston 误差调至一定范围内。之后将已经完成共相位粗调整的该边缘分块镜移开,进行下一块分块镜的合像及共相位粗调整工作。依次循环,完成所有分块镜共相位粗调整。

④ 边缘分块主镜面形校正。对已完成共相位粗调整的分块镜,采用相位恢复或夏克—哈特曼传感器获取分块镜面形误差信息,由分块镜面形致动器将分块镜面形剩余误差调整到一定范围内。逐块循环,完成所有边缘分块镜面形校正。

⑤ 分块镜共相位精调整。把已经完成共相位粗调整和面形校正的某一边缘分块镜移入视场,同中心分块镜合像并进行共相位精调整,共相位检测采用色散瑞利干涉法。校正由位置致动器执行,当校正完成后,该分块镜不再移出视场,而直接将下一块分块镜移入,进行共相位精调整。依此类推,完成所有分块镜的共相位精调整。

⑥ 全系统波前校正。完成上述五步调整后,以自然星为信标,以相位恢复或夏克—哈特曼为波前探测器,以变形镜为执行元件,进行全系统波前误差校正。

在完成第一阶段工作后,空间光学遥感器转入对地探测第二阶段工作。此阶段中,自适应光学系统的信标与第一阶段不同,以地面扩展目标为信标。采用扩展目标相关夏克—哈特曼探测方法，以变形镜为执行元件，完成全系统波前校正。第二阶段工作中同样伴随光轴抖动校正，此时抖动校正的信标亦来自地物扩展信标，执行器仍采用快速倾斜镜。

综上所述，大口径分块式主镜空间对地遥感自适应光学系统具有自然星信标自适应光学预校正与地物扩展目标信标自适应光学校正两阶段、多步骤级联的校正工作模式。

第9章

其他光学系统

9.1 激光扫描系统和 $f\theta$ 镜头

激光扫描系统是将时间信息转变为可记录的空间信息的一种系统。它首先使某种信息通过光调制器对激光进行调制，调制后的激光通过光束扫描器在空间改变方向，再经聚焦镜头在接收器上成一维或二维扫描像。

激光扫描系统广泛应用在激光打印机、传真机、印刷机和用于制作半导体集成电路的激光图形发生器以及激光扫描精密计量设备中。下面以激光打印机为例，说明激光扫描系统的工作原理。图 9-1 所示为激光打印机的基本工作过程，图 9-2 为激光打印机的结构示意图。经计算机处理后的文件信息输送到激光打印机的光调制器，用来控制光束的开与关。经过调制的激光束通过光束扫描器和聚焦透镜在感光鼓上形成静电图像，显影后，光敏鼓上的像转印到印刷纸上，最后图像在印刷纸上定影。

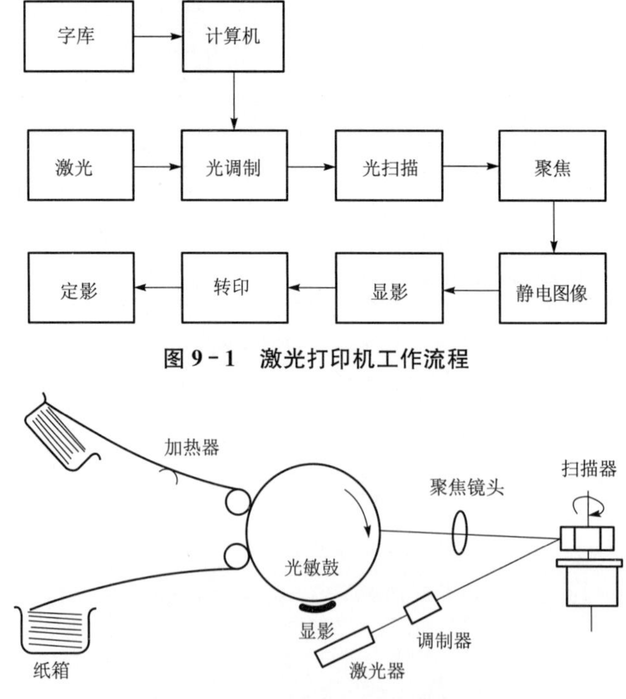

图 9-1　激光打印机工作流程

图 9-2　激光打印机结构示意图

在激光扫描系统中，一个关键部件是实现光束空间扫描的扫描器，光束扫描器的形式较多，目前普遍采用的是旋转多面体，图9-3所示为典型的旋转多面体扫描器。多面体由多个反射面组成，在电机带动下按箭头方向旋转，激光束被多面体的反射镜面反射后，经透镜聚焦为一个微小的光斑投射到接收屏上。多面体旋转时，每块反光镜表面在接收屏上产生的扫描线都是按 x 轴方向移动的，要想在屏上产生 y 轴方向的扫描，屏本身必须按图中 y 轴方向以预设定的恒定速度移动。在激光打印机中目前几乎都采用多面体调整旋转的扫描方式，多面转镜的加工要求非常严格，反射面的平面度影响聚焦光斑直径，反射镜面的位置准确度影响扫描线的位置准确度。为降低光学加工成本，多面旋转体也可采用铝、铜等材料，通过超精密切削机械加工而成。

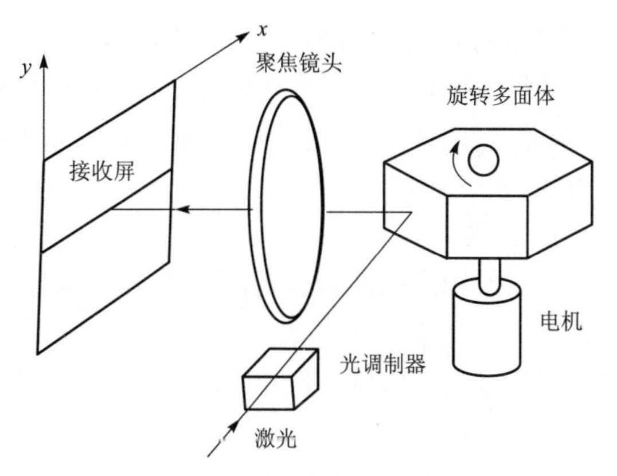

图9-3　旋转多面体扫描器

激光扫描系统的另一个重要部件是聚焦镜头。聚焦镜头的位置可以在光束扫描器之前，也可在之后。当镜头位在扫描器之前时，如图9-4(a)所示，由激光器发出的激光束首先经聚焦镜头聚焦，然后由置于焦点前的扫描器使焦点像呈圆弧运动。由于像面是圆弧形的，与接收面不一致，故这种方案不甚理想。当聚焦镜头位在扫描器之后时，如图9-4(b)所示，扫描后的光束以不同方向射入聚焦镜头，在其后焦面上形成一维扫描像，像面是平的，但该镜头设计较困难，要求当激光束随扫描器旋转而均匀转动时，在像面上的线扫描速度必须恒定，即像面上像点的移动与扫描反射镜转动之间必须保持线性关系，所以称该镜头为线性成像镜头。

线性成像镜头具有如下特点：

① 扫描光束的运动被以时间为顺序的电信号控制，为了使记录的信息与原信息一致，像面上的光点应与时间一一对应，即如图9-4(b)所示，理想像高 y' 与扫描角 θ 呈线性关系：$y'=-f'\cdot\theta$（θ 角符号规定以光轴转向光线，逆时针为负，顺时针为正）。但是，一般的光学系统，其理想像高为 $y'=-f'\tan\theta$，显然，理想像高 y' 与扫描角 θ 之间不再呈线性关系，即以等角速度偏转的入射光束在焦平面上的扫描速度不是常数。为了实现等速扫描，应使聚焦透镜产生一定的负畸变，即其实际像高应比几何光学确定的理想像高小，对应的畸变量

$$\Delta y'=-f'\theta-(-f'\tan\theta)=f'(\tan\theta-\theta) \quad (9-1)$$

具有上述畸变量的透镜系统，对以等角速度偏转的入射光束在焦面上实现线性扫描，其像高 $y'=f\cdot\theta$，所以这种线性成像物镜又称 $f\theta$ 镜头。

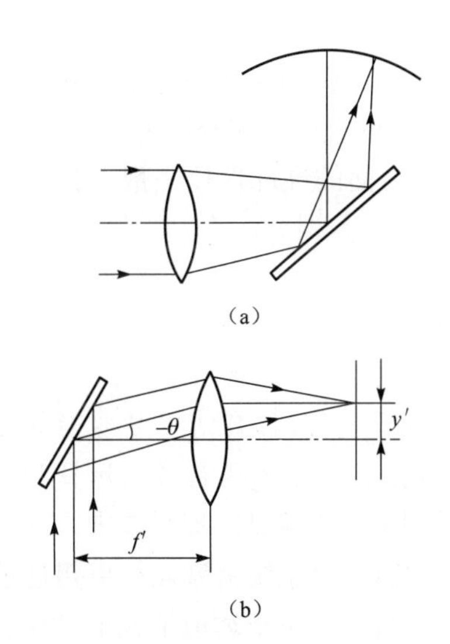

图9-4　聚焦镜头光束扫描示意图

② 单色光成像，像质要求达到波像差小于 $\lambda/4$，而且整个像面上像质要求一致，像面为平面，且无渐晕存在。

③ 像方远心光路。入射光束的偏转位置（扫描器位置）一般置于物空间前面焦点处，构成像方远心光路，像方主光线与光轴平行。如果系统校正了场曲，就可在很大程

度上实现轴上、轴外像质一致,并提高照明均匀性。

线性成像物镜光学参数的确定,由使用要求出发,再考虑光信息传输中各环节(光源、调制器、偏转器、记录介质)的性能来确定线性成像物镜的光学参数。下面简要介绍两个参数的确定方法。

1. *F* 数

由于使用高亮度的激光光源,所以不同于一般摄影物镜由光照度确定 F 数,而是根据记录的光点尺寸来确定 F 数。光学系统的几何像差小到可以忽略,成像质量由衍射极限限定,即像点尺寸由衍射斑的直径所决定。衍射斑直径 d 与相对孔径 D/f' 的关系为

$$d=\frac{K\lambda}{D}f'=K\lambda F \tag{9-2}$$

式中,D 是由镜头通光口径、扫描器通光直径和激光束的有效直径所确定;K 是与实际通光孔径形状有关的常数,$K=1\sim3$。若通光孔为圆孔,则衍射光斑为艾里斑,其直径为 $d=2.44\lambda F$。

该光点尺寸随激光扫描仪的不同使用场合而不同。用于制作半导体集成电路的激光图形发生器,光点尺寸为 0.001~0.005 mm;用于高密度存储及图像处理的为 0.005~0.05 mm;用于传真机、印刷机、打字机、汉字信息处理等的为 0.05 mm 以上。

2. f'

由要求扫描的像点排列的长度 L 和扫描角度 θ 决定,用下式求焦距,即

$$f'=\frac{L}{2\theta}\times\frac{360^\circ}{2\pi} \tag{9-3}$$

当扫描长度 L 一定时,f' 与 θ 呈反比关系。在 F 数一定时,尽可能用大的 θ 角,小的 f'。这样可减小透镜和反射镜尺寸,从而使扫描棱镜表面角度的不均匀性和扫描轴承不稳定而造成的不利影响减小。又由于入射光瞳位于扫描器上,在实现像方远心光路时,f' 小可以使物镜与扫描器之间的距离减小,仪器轴向尺寸减小。但 L 一定时,f' 小,θ 就大,这对光学设计带来困难,使光学系统复杂,加工制造成本增大;反之,仪器纵向尺寸加大,使用不便。实际工作中,经常要反复几次,才能最后确定。

大多数线性成像物镜属于小相对孔径(一般 F 数为 5~20)、大视场的远心光学系统。线性成像物镜的设计要求具有一定的负畸变,在整个视场上有均匀的光照度和分辨力,不允许轴外渐晕的存在,并达到衍射极限性能。玻璃材料的质量与透镜表面的准确性比一般透镜更为严格。

9.2 光学信息处理系统和傅里叶变换镜头

光学镜头可以作为成像和传递信息的工具,又可以作为计算元件,具有傅里叶变换的能力,为这个目的而设计的镜头叫作傅里叶变换镜头。傅里叶变换镜头由于具有进行运算和处理信息的能力,而且运算速度为光速,信息容量大,因此,广泛用于光学信息处理系统中。

图 9-5 所示为一个用于空间滤波的光学信息处理基本系统,整个系统由激光扩束望远镜和两个傅里叶变换镜头串联而成。激光器发出的激光束首先经过一扩束望远镜把光束口径扩大到被处理面(输入面)的尺寸,被处理面经过第一个傅里叶变换镜头的傅里叶变换作用,得到

其频谱。频谱再经第二个傅里叶变换镜头的傅里叶变换作用又合成输入物面的像。当采用两个相同的傅里叶变换镜头时，输出图像与输入物面尺寸同样大小。如果在频谱面上加进另一个起选频作用的光学器件，那么输出图像便能得到改造，从而实现了光学信息处理的功能。

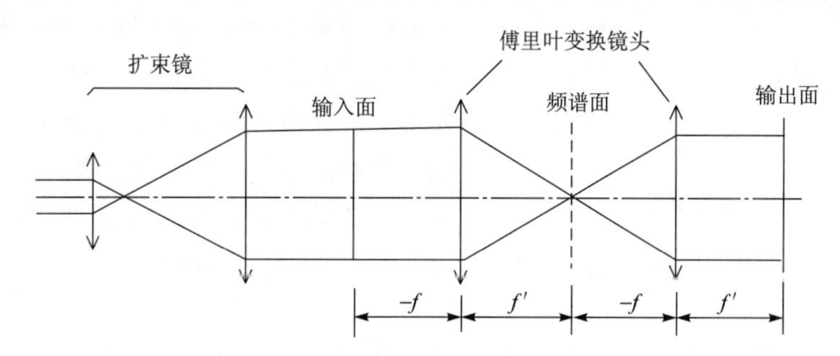

图 9－5　空间滤波的光学信息处理系统

为了获得严格的傅里叶变换关系，应把被处理面放在透镜的前焦点上，频谱面和输出面置于傅里叶变换镜头相应的后焦面上。

光学信息处理系统中傅里叶变换镜头所能传递的信息容量为

$$W=2h_1\times N_{\max} \tag{9-4}$$

式中，$2h_1$ 为输入面的直径(mm)；$N_{\max}$为能处理的最高空间频率(lp/mm)。

如图 9－6 所示，$2h_1$相当于常规光学系统中的物面直径，$N_{\max}$相当于分辨力。由衍射决定的相干光学系统的截止空间频率，即最高分辨力

$$N_{\max}=\frac{\sin U}{\lambda}=\frac{h_2}{\lambda f'} \tag{9-5}$$

式中，h_2 为频谱面半径(mm)；f'为傅里叶变换镜头的焦距(mm)；λ 为光波波长(mm)。

将式(9－5)代入式(9－4)，得

$$W=\frac{2h_1h_2}{\lambda f'} \tag{9-6}$$

h_1 相当于几何光学中的物高 y，h_2/f'相当于几何光学中的孔径角U，所以信息容量W 实际上等价于几何光学中的拉赫不变量 $J=nuy$。对于信息系统，J 表示能传递的信息量大小；对于成像系统，J 表示传递能量的大小。而从光学设计角度看，J 表征了光学系统本身设计、制造的难度。综上所述，表征傅里叶变换镜头性能高低的参数主要是两个，一是被处理面的大小，二是能处理的最高空间频率。

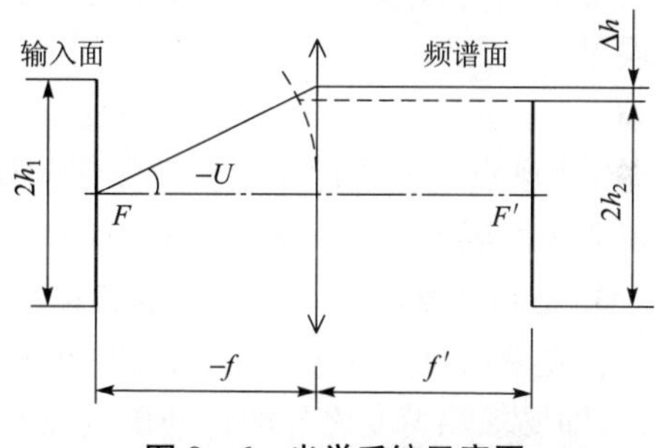

图 9－6　光学系统示意图

和普通成像镜头相比，傅里叶变换镜头具有以下特点。

1. 必须对两物像共轭位置校正像差

如图 9－7 所示，平行光照射输入面上的物体(如光栅)时发生衍射。不同方向的衍射光束经傅里叶变换透镜后，在后焦面(频谱面)上形成夫琅和费衍射图样。所以第一对物像共轭位置是以输入面衍射后的平行光作为物方，对应的像方是频谱面。换言之，傅里叶变换镜头必须使无穷远来的平行光束在后焦面上完善地成像，如图 9－7 中实线所示。第二对必须控制像差

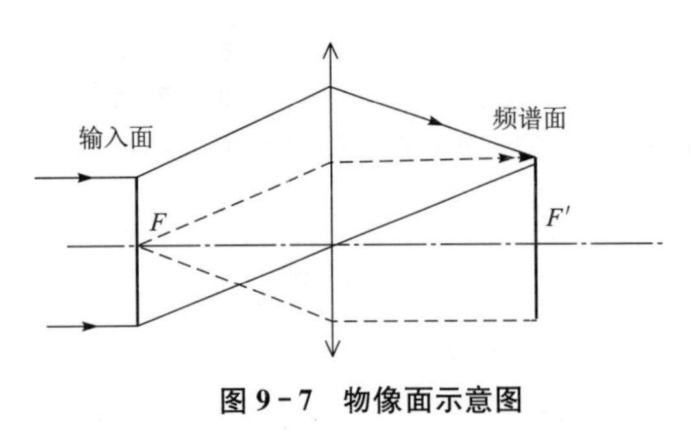

图 9-7　物像面示意图

的共轭平面是以输入面作为物体，对应的像在像方无穷远，如图 9-7 中虚线所示。

为了减少杂散光的影响，宜在输入面和频谱面上放置光阑，以控制输入面和频谱面的大小，使之既能保证所需要的直径，又能减少杂光，而且不能使傅里叶变换透镜本身的外径起拦光作用。输入面和频谱面中的任一个都要视为孔径光阑，而另一个视为视场光阑，与此对应有两种处理方法。

① 设“物”在无穷远，孔径光阑在前焦面，出瞳在像方无穷远(像方远心光路)，频谱面为视场光阑。

② 设“物”在前焦面，孔径光阑在后焦面，入瞳在物方无穷远(物方远心光路)，输入面为视场光阑。

两种处理方法的几何光路与最终效果完全相同。无论按何种方法必须同时对两个共轭面校正像差，也即一个傅里叶变换镜头具有两对成像质量优良的共轭面。

2. 必须补偿谱点位置的非线性误差

常规透镜在几何成像时的理想像高为

$$h_2' = -f' \tan U$$

式中，U 为视场角；h_2' 为对应 U 视场角时的理想像高。

而在光学信息处理系统中，频谱面上的频谱分布实际上是平行光经物体后产生的衍射图像。由夫琅和费衍射理论，某一衍射角 U 所对应的衍射斑，即谱点位置为

$$h_2 = -f' \sin U$$

h_2 便是傅里叶变换镜头要求的像高。显然，傅里叶变换镜头的实际像高不等于理想像高，存在误差

$$\Delta h = f'(\sin\theta - \tan\theta) \tag{9-7}$$

称 Δh 为谱点的非线性误差。为保证频谱的准确分布，必须让傅里叶变换镜头能产生一个与谱点非线性误差大小相等符号相反的畸变值(图 9-6)。

3. 必须严格校正畸变之外的各种像差

在光学信息处理系统中，频谱图像和输出像面要清晰，要求各级衍射光束必须具有准确的光程，即要求除畸变之外的各种单色像差的波差控制在 $\lambda/4$ 以内，而且对物面和光阑面都要按此标准校正像差。如果傅里叶变换镜头的工作波长需要变换，则应使不同波长具有同样的球差校正，使用时可按不同波长选用不同的焦面位置。

输入面与频谱面的直径决定了傅里叶变换镜头的相对孔径和视场。为此把相对孔径和视场控制在适当范围内，以保证整个像面上的优良像质。目前大多数傅里叶变换镜头的焦距都较长，通常在 300～1 000 mm。由于光学信息处理的空间滤波系统从输入面到输出面的总长为 $4f'$，傅里叶变换镜头的长焦距会导致系统结构过于庞大。所以，长焦距的傅里叶变换镜头都采用正组在前负组在后的摄远型结构。为了同时校正物面像差和频谱面像差，可采用图 9-8 所示的对称结构

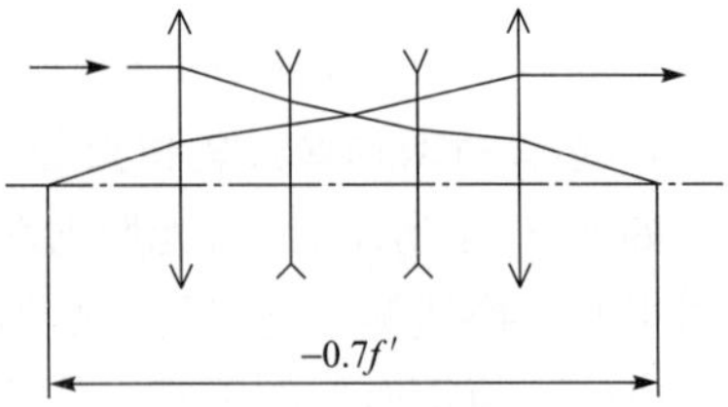

−0.7f′

图 9-8　对称结构

形式，该四组元对称摄远型的前焦点到后焦点距离可以缩小到 0.7 f'左右。这类对称摄远型的优点是总长度短，可供消像差的变数多，有利于提高像质或扩大孔径和视场。缺点是结构复杂，价格昂贵，尤其是片数较多时，由于镜片表面污点、玻璃内部缺陷和杂光等引起的相干噪声将更加严重。因此，在焦距不太长，孔径和视场较小时，可以采用单个组元来构成傅里叶变换镜头。

9.3　红外光学系统

通常红外辐射波段是指其波长在 0.75～1 000 μm 的电磁波。人们将其划分为近、中、远红外三部分。近红外指波长为 0.75～3.0 μm；中红外指波长为 3.0～20 μm；远红外则指波长为 20～1 000 μm。由于大气对红外辐射的吸收，只留下三个重要的“窗口”区，即 1～3 μm、3～5 μm和 8～13 μm 可让红外辐射通过，因而在军事应用上，又分别将这三个波段称为近红外、中红外和远红外。8～13 μm 还称为热波段。在自然界中，任何温度高于绝对零度(0 K 或 −273 ℃)的物体都在向外辐射各种波长的红外线，物体的温度越高，其辐射红外线的强度也越大。根据各类目标和背景辐射特性的差异，就可以利用红外技术在白天和黑夜对目标进行探测、跟踪和识别，以获取目标信息。

红外技术始于第二次世界大战前。20 世纪 50 年代初期开始表现出战场技术能力，例如夜视。20 世纪 50 年代后期，红外技术开始在导弹武器制导方面发挥突出作用，一个著名的例子是使用硫化铅(PbS)探测器的“响尾蛇”空空导弹，当时其先进战斗力令人称道。20 世纪 50 年代以后，红外技术在军事中的应用大量扩展，在侦察、夜视、制导、通信、搜索、跟踪、监视、告警、导航等领域都表现出独特的能力和作用。到 20 世纪 80 年代，红外的应用达到了高峰，尤其是随着航天技术的发展，天基红外遥感为美国获得全球的信息优势提供了技术手段。

20 世纪 90 年代以来，情况发生了深刻变化。红外探测装备在近十多年来的一系列局部战争中的出色表现，使美军“拥有了黑夜”，为成功实现“外科手术式的精确打击”和“低伤亡率”做出了重要贡献。红外探测系统已经进入全面的、大规模的应用阶段。更重要的是，红外技术已经在一些影响全球军事力量格局、改变大国均势的重大战略体系(如弹道导弹防御计划)中起到关键作用，这得益于红外焦平面列阵器件技术的进步。尽管扫描型焦平面的应用使第一、二代红外成像仪的性能有了很大提高，但是，使用较大规模的凝视型焦平面的第三代热像仪具有更大的优点：更小巧、更坚固可靠、更省电、灵敏度也更高。20 世纪 90 年代红外焦平面器件的发展十分迅猛，目前已经做出了 2 048×2 048 元锑化铟(InSb)和碲镉汞(HgCdTe，即 MCT)中、长波焦平面器件，据说，正在研制的 4 096×4 096 元超大规模焦平面也已取得重要进展。当今世界上已经或准备投入使用、正在研制或计划研制的使用焦平面成像制导的导弹项目有几十种。以后，红外焦平面技术将向着大面阵、高分辨、智能化方向发展。随着红外焦平面技术的发展，导致了红外成像系统的更新换代，尤其在军事领域日益发挥越来越引人注目的作用。基于红外焦平面技术的红外侦察、预警探测、精确制导、光电对抗等应用，都从根本上提高了武器系统的战术技术指标。

非制冷焦平面在军方也极受重视。由于不用制冷，并且随着技术水平的不断提高，下一代红外技术也完全可能是微小型廉价的非制冷焦平面列阵技术，非制冷焦平面器件将开拓出巨大的军、民用市场,超轻量、超低功耗、超低成本的新型非制冷成像传感器集群的实现和应用将把红外技术提升到更高的台阶。

总的来看,红外武器装备中红外探测器是其关键核心器件。红外探测器的性能决定了红外武器装备的性能,国外第一代红外探测器除现有装备外已停止发展,目前第二代红外探测器(即以4×288为代表的红外焦平面探测器)、第三代红外探测器(即大面阵凝视型红外焦平面探测器)已相当成熟并已大量装备和更新第一代红外装备,同时对第四代红外探测器(即多色和智能化凝视型红外焦平面探测器)进行开发研究和装备试验。实际上,先进的红外焦平面技术已成为一个国家红外武器装备实力的重要标志。

红外系统通常由光学接收器、光电探测器、信号处理与显示器三大部分组成,整个系统涉及大气传输特性、光电探测器件和光电转换等多种知识和技术。

9.3.1 红外光学系统的功能和特点

红外光学系统的基本功能是接收和聚集目标所发出的红外辐射并传递到探测器而产生电信号。对于红外成像系统,由于红外探测器光敏面积很小,如单元锑化铟仅为$\phi 0.1$ mm,在红外物镜焦距一定的条件,对应的物方视场角极小。因此,为了实现对大视场目标和景物成像,必须利用光机扫描的方法。红外成像系统中常含有扫描元件,从而实现大视场的搜索与成像。

对于红外探测系统,利用调制盘将目标的辐射能量编码成目标的方位信息,从而确定辐射目标的方位。对于红外观察和瞄准系统,除了物镜系统外,在红外变像管后面装有目镜,可以用于人眼的观察测量与瞄准。

红外光学系统具有如下特点:

① 红外光学系统通常是大相对孔径系统。红外系统的目标一般较远,辐射能量也较弱,所以红外物镜应有较大的孔径,以收集较多的红外辐射;为了在探测元件上得到尽可能大的照度,物镜焦距应较短,这就使红外光学系统相对孔径一般都较大。

② 红外光学系统元件必须选用能透红外波段的锗、硅等材料,或者采用反射式系统。可见光学系统中使用的普通光学玻璃透红外性能很差,最高也只能透过3 μm以下的辐射,对于中远红外区域,必须采用某些特殊玻璃如含有氧化锆(ZrO)和氧化镧(La_2O_3)的锗酸盐玻璃、晶体如蓝宝石(Al_2O_3)和石英(SiO_2)、热压多晶、红外透明陶瓷和光学塑料如TPX塑料等。必须要根据使用波段的要求和材料的物理化学性能确定所用的材料。表9-1~表9-4是几种常用红外材料的折射率。

表9-1 锗(Ge)的折射率(适用波段2~14 μm)

波长/μm	2.2	2.998	3.419	4.258	4.866	6.238	8	9.72	11.04	12.2	13.02	14.21
折射率	4.092	4.045 3	4.033 6	4.021 7	4.017	4.009 2	4.005 4	4.002 6	4.002	4.001 8	4.001 6	4.001 5

表9-2 硅(Si)的折射率(适用波段1~10 μm)

波长/μm	1.357	1.395	1.661	1.813	2.153	2.714	3	4	5	8	10	11
折射率	3.497 5	3.492 9	3.469 6	3.460 8	3.447 6	3.435 8	3.432	3.425 5	3.422 3	3.418 4	3.417 9	3.417 6

表 9-3 砷化镓(GaAs)的折射率(适用波段 2～14 μm)

波长/μm	4	8	10	11	13	13.7	14.5	15	17	19	21.9
折射率	3.31	3.34	3.135	3.045	2.97	2.895	2.82	2.73	2.59	2.41	2.12

表 9-4 硒化锌(ZnSe)的折射率(适用波段 0.6～18 μm)

波长/μm	0.62	1	3.8	5	7	9	10.6	13	14.6	16.6	17.8	18.2
折射率	2.599 4	2.489 2	2.433 9	2.429 5	2.421 8	2.412 2	2.402 8	2.385	2.370 5	2.348 7	2.333 3	2.327 8

红外材料的特点是折射率高，会聚光线的能力强。因为红外的波长比可见光波长长，材料折射率高，因此校正像差的能力强，容易达到衍射极限。随着红外技术的发展，目前已能制造出上百种能透过一定红外波段的光学材料，但是真正满足一定使用要求，物理化学性能又好的材料也只有二三十种。所以很多红外光学系统仍然采用反射元件。反射系统没有色差，工作波段不受限制，对材料的要求不高，镜面反射率可以很高，系统通光口径可以做得较大，焦距可以很长，因此许多红外光学系统采用反射式的结构。但反射式视场小，有中心遮拦，在有些场合也不太适用。

③ 红外光学系统的接收器为红外探测器。与可见光光学系统不同，它的接收器不是人眼或感光胶片，而是能接收红外信号的光敏元件，如锑化铟、碲镉汞等，因此红外系统最终的像质不能简单地以光学系统的分辨力来判定，而要考虑探测器的灵敏度、信噪比等光电器件本身的特性。对于红外光学系统，目前国外多采用点像能量分布(点扩散函数)的方法或者红外光学传递函数的方法评价成像质量。

9.3.2 红外物镜

红外物镜的作用是将目标和红外辐射接收和收集进来并传递给红外探测器。它的主要类型有透射式、反射式和折反射式三种。

1. 透射式物镜

(1) 单透镜

单折射透镜是最简单的折射物镜，它可应用于像质要求不太高的红外辐射计中。这种物镜一般应满足最小球差条件，球差和正弦差均较小，孔径像差较小，但不适合用于大视场。当红外工作波段宽时，色差也较严重，它适用于工作波段不宽，且配上干涉滤光片使用。某红外辐射计中所用锗物镜就是一个单个弯月形物镜，与之配合的探测器表面又加入了浸没透镜，热敏电阻探测器紧贴在浸没物镜上，如图 9-9 所示。

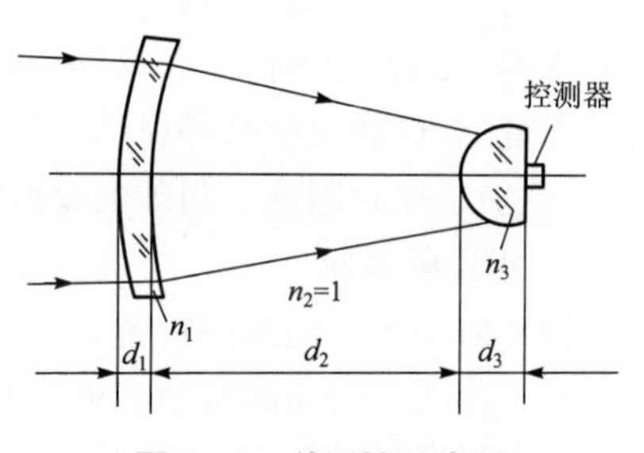

图 9-9 单透镜示意图

(2) 双胶合物镜和双分离物镜

双胶合物镜中正透镜用低色散材料，负透镜用高色散材料，除了能校正球差、正弦差并保证光焦度外，还可以校正色差，但实际上可用的红外材料不多，通常把两个透镜分开，中间有一定的空气间隔，r_2 和 r_3 也可以不相等，这就可以在较大范围内选用材料。通常，在近红外区采用氟化钙和玻璃,中远红外区采用硅和锗作为透镜材料。图 9-10 为用热压氟化镁(MgF_2)和热压硫化锌(ZnS)做成的双分离消色差物镜,在 3.0～5.5 μm 波段使用。这种物镜的缺点是装调较困难。

(3) 多组元透镜组

为了达到较大的视场和相对孔径,红外物镜必须复杂化,要增加透镜个数,并采用合理的结构形式,如图 9-11 所示。

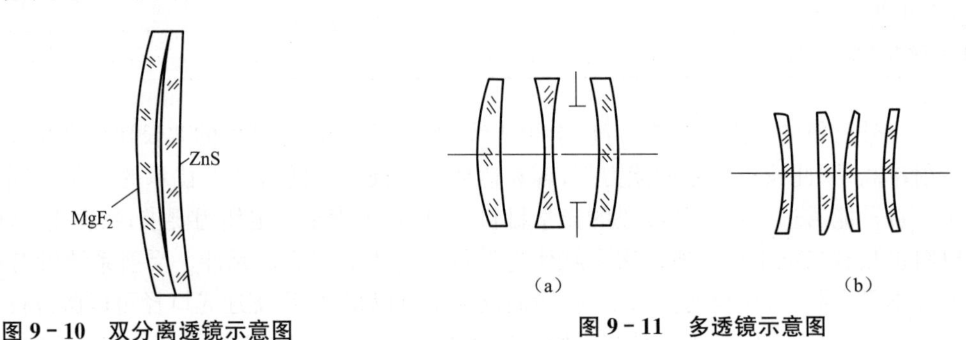

图 9-10 双分离透镜示意图

图 9-11 多透镜示意图

2. 反射式物镜

红外光学系统很多都采用反射式,主要原因是红外透射材料较少,选择余地不大;另外,红外系统工作波段通常较宽,用透射式物镜色差校正比较困难。而反射式物镜完全没有色差,且对反射镜本身的材料要求不高,所以反射式物镜在红外光学系统中应用广泛。但反射式物镜视场小,体积大,这是它的缺点,常用的反射镜有球面和非球面反射镜。

(1) 单球面反射镜

如果将孔径光阑置于球心处,轴外视场主光线通过孔径光阑中心,也就是通过球心,因此任意视场主光线均可视为光轴,各视场成像质量与轴上点相同,没有彗差、像散和畸变,但存在球差和场曲,像面为球面。实际使用中,常将球面镜本身作为光阑位置,各种单色像差均会存在,当视场加大时,像质迅速变坏,因此它适合于视场较小、相对孔径较大的情况。

(2) 单非球面反射镜

常使用的是二次曲面反射镜,由二次曲面方程知,二次曲面镜都有两个焦点,它们之间是等光程的,视场不大时,可以得到较好的像质。常用的单非球面反射镜有抛物面反射镜、双曲面反射镜、椭球面反射镜和扁球面反射镜等。二次曲面镜小视场成像优良,比球面反射镜要好得多,但加工比较困难。当球面反射镜不能满足要求时,常使用二次曲面镜。

3. 折反射系统

折反射系统有施米特物镜、马克苏托夫物镜和同心系统。在红外光学系统中也有时用到类似马克苏托夫物镜的曼金物镜,如图 9-12 所示。

曼金折反射镜是由一个球面反射镜和一个与它相贴的弯月形折射透镜组成。弯月形物镜也是用来校正球面反射镜的像差,主要是球差和彗差,但色差较大,有时为了校正色差,把弯月物镜做成双胶合消色差物镜。

对于制冷型红外探测器,一般是被封装在真空杜瓦瓶内,在器件光敏面前放置了冷屏、冷滤光片,有时还需要对筒壁和光阑进行冷却,其作用都是尽量降低来自视场外的背景辐射。如图 9-13 所示。

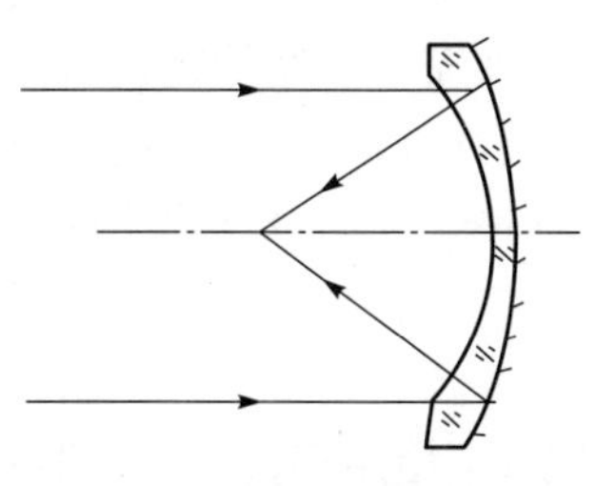

图 9-12　曼金物镜示意图

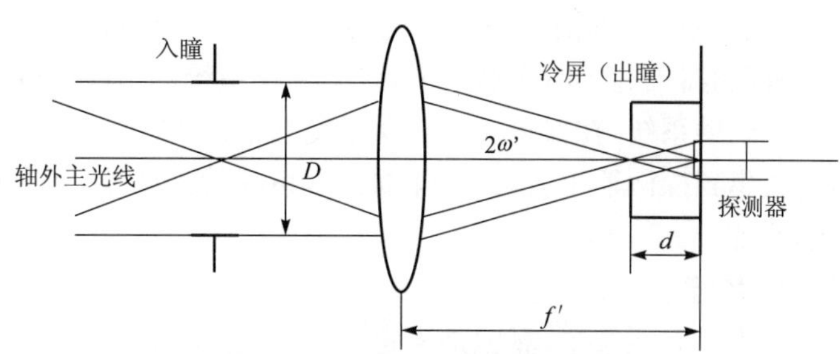

图 9-13　红外光学系统的冷屏

为提高冷屏的屏蔽效率，可将冷屏选作孔径光阑（即出瞳），或者说使出瞳与冷屏重合。探测器中心对冷屏孔的张角应与 F 数（或数值孔径）匹配。另外，冷屏中心对探测器的张角应大于像方视场角，否则探测器不再是视场光阑。红外系统存在冷反射的问题，即被冷却的探测器在系统中经过各种表面的反射，还有可能成像在像面附近，影响了系统的质量，必要时也应该进行冷反射的计算。

由于红外波长较长，衍射效应是不能忽视的，波长越长，影响越明显。例如一个 F 数为 2、波长 4 μm 的中波红外光学系统，艾里斑直径约为 20 μm，大致能与目前探测器的尺寸匹配。同样 F 数的长波红外系统，如工作波长为 15 μm（如卫星红外地平仪的情况），艾里斑直径增加为 73 μm 就可能比最小探测器要大。要使衍射斑不溢出，可增大探测器面积，但要付出增加噪声的代价。也可减小 F 数，但像差又会增加。

由于存在衍射现象，即使是无像差的理想光学系统，它对两个非常靠近的相同亮度的物点的分辨本领也不是没有限制的，超过一定限度，两个衍射斑几近重合，就无法分辨了。瑞利提出一个判断准则：如果一个像的艾里斑的圆心与另一个像的第一暗环重合，则认为这两个像是可分辨的。因此，刚好能分辨开两个点源的最小分辨角为

$$\alpha=\frac{1.22\lambda}{D} \tag{9-8}$$

以上结果是受衍射限制的理想系统所能达到的极限分辨力，实际系统由于存在像差，分辨本领还要差。

上面关于衍射限制系统角分辨力与 λ/D 成正比的关系式，对光学系统和雷达天线都是成立的。由于雷达波长约是红外波长的上千倍，红外系统能以较小的孔径获得相当高的角分辨力。若雷达和红外搜索装置用来跟踪同一群飞机，则有可能雷达不能确定这群飞机的数目，而红外系统却能容易地确定飞机的数目甚至每架飞机发动机的数目。雷达的长处是全天候工作、能获取距离信息，红外的优点在于被动探测、很高的角分辨力，两者相辅相成，成为现代电子对抗战必不可缺的侦察手段。

各种红外物镜，从设计角度看红外物镜的设计与可见光光学系统没有本质的区别，但在设计折射式和折反射式物镜时，要特别注意光学材料的选择，因为透镜系统的像差和色差与材料的折射率 n 及色散有关，不同材料对不同波段有不同的透过率，这些都要精心考虑，设计时要参考有关的材料手册。

9.3.3　辅助光学系统

红外系统接收器为对红外光敏感的探测器如碲镉汞、锑化铟等。探测器尺寸一般都比较

小,若光学系统的焦距 f' 较长,视场 ω 较宽,入瞳直径 D 较大时,要求探测器尺寸也相应地加大,但探测器尺寸大时噪声就大,整个红外系统的信噪比降低。因此就需要在红外物镜后面加入一些辅助系统;在保持 f'、ω、D 不变的情况下尽可能缩小探测器尺寸,或者说把光能尽可能多地收集到探测器中去,这些辅助光学系统就是场镜、光锥和浸没透镜。它们也常称为探测器光学系统。

1. 场镜

在可见光系统中,场镜是经常用到的,特别是光路很长的情况下,不使用场镜,系统的体积就会很大,或者有较大的渐晕。场镜通常加在像平面附近,它是在不改变光学系统光学特性的前提下,改变成像光束位置,在红外光学系统中场镜经常应用。在大多数红外辐射计、红外雷达系统中,需要在光学系统焦平面上安放调制盘,探测器放在焦后附近,这样在探测器上接收的光束就要增大,或者说探测器就要加大;如果在焦后放一场镜,使全视场主光线折向探测器中心,就可以用较小的探测器接收整个光束,且整个探测器照度均匀,如图 9-14 所示。

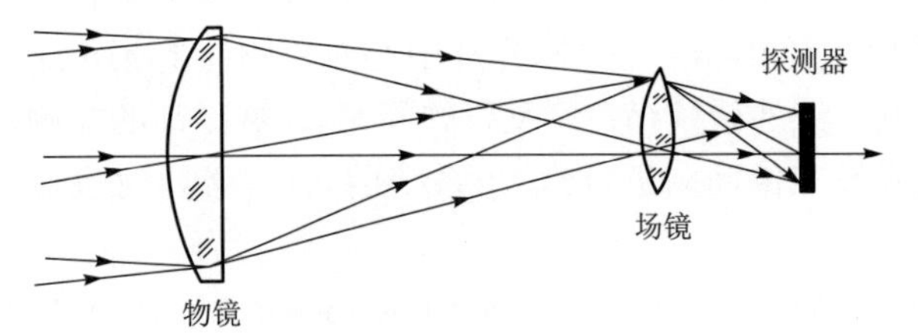

图 9-14　场镜示意图

2. 光锥

光锥为一种空心圆锥或由一定折射率材料形成的实心圆锥,光锥内壁具有高反射率。它的大端放在光学系统焦平面附近,收集光线并依靠光锥内壁多次反射传递到小端,小端口放置探测器,这样就可以用较小尺寸的探测器收集进入大端范围的光能。实心光锥光线传播情况如图 9-15 所示。实际使用中也采用场镜与光锥的组合结构,如图 9-16 所示,图(a)为空心光锥加场镜,图(b)为将场镜与实心光锥做成一体。来自物镜的大角度光线先经场镜会聚再进入光锥大端,将减小进入光锥的入射角,或者说组合结构的临界入射角将高于单个光锥的临界入射角,有利于收集更大范围内的光能。

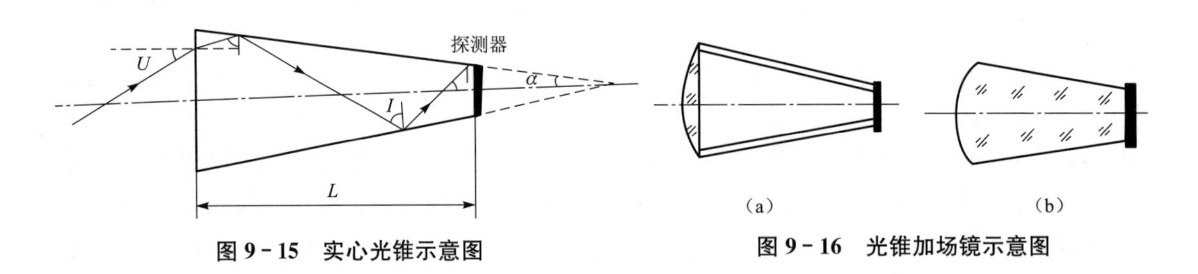

图 9-15　实心光锥示意图　　**图 9-16　光锥加场镜示意图**

3. 浸没透镜

浸没透镜是粘接在探测器表面的高折射率球冠状透镜。前表面为球面,后表面为平面,平面与探测器表面光胶或粘接,如图 9-17 所示。它与高倍显微镜中的浸液物镜类似,浸液物镜是将标本浸在高折射液体中,提高了物镜的数值孔径 NA 值,使更多的光能进入物镜,提高了像的照度和分辨力。红外系统探测器前加入的浸没透镜一般用 Ge、Si 等高折射率红外材料做成,它可以有效地缩小探测器的尺寸,从而提高信噪比。

浸没透镜的加入改变了光线进行的方向,像的位置发生了变化,如图 9-18 所示。加入浸没透镜前的像点位置 A 和加入浸没透镜后的像点位置 A' 之间应该满足共轭点方程式。由于浸没透镜的后表面与探测器粘接，所以浸没透镜的成像可以看作是单个折射球面成像问题。如图 9－18 所示，设球面半径为 r，浸没透镜厚度为 d，球面顶点到 A 和 A' 的距离分别为物距 L 和 L'，可以写出单个球面折射的物像关系式

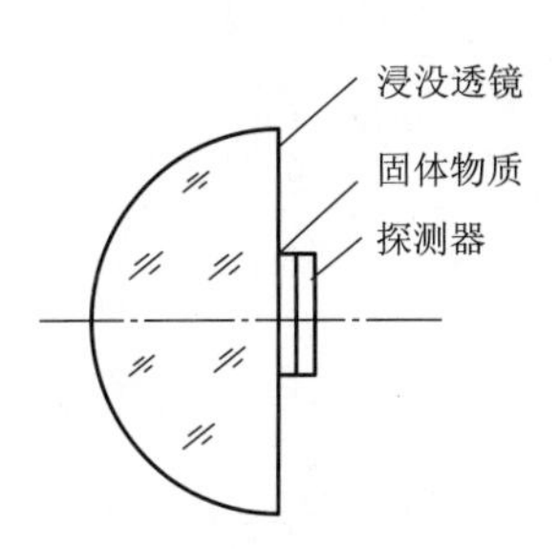

图 9－17　浸没物镜示意图

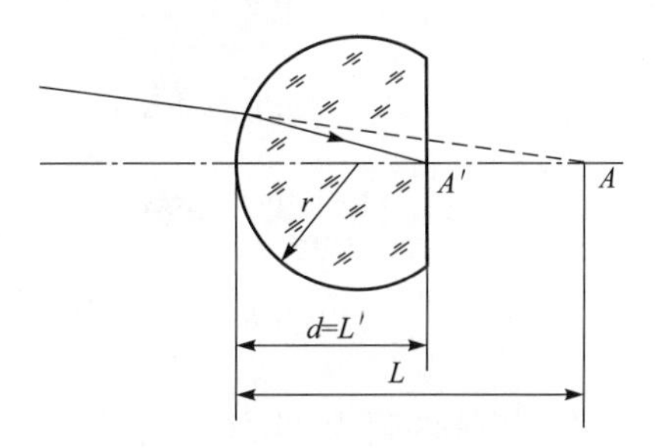

图 9－18　浸没物镜物像关系

$$\frac{n'}{L'}-\frac{n}{L}=\frac{n'-n}{r}$$

式中，物方折射率 $n=1$，像方折射率 $n'=n$，像点要成在浸没透镜的后表面即探测器表面处，所以 $L'=d$，上式可写成

$$\frac{n}{d}-\frac{1}{L}=\frac{n-1}{r}$$

根据垂轴放大率公式又可写出

$$\beta=\frac{y'}{y}=\frac{nL'}{n'L}=\frac{d}{nL}$$

联立上面两式，消去 L，即可得到浸没透镜结构参数和放大率的关系式

$$\beta=1-\frac{n-1}{n}\cdot\frac{d}{r}$$

或

$$d=\frac{n}{n-1}(1-\beta)r$$

单个折射球面一般是有像差的，适当选择共轭点位置可以消除宽光束小视场的像差。但实际上还是要考虑和主光学系统像差的匹配，使包括浸没透镜的整个系统达到最好的校正。

9.4　共形光学设计

一个光电制导的导弹导引头的整流罩具有两个作用：① 保证内部的光学系统不受外罩干扰，正常成像；② 满足具有空气动力学性能的小阻力弹体形状要求。在实际情况下，这两方面是彼此矛盾的，通常不可能同时满足。如果希望光学系统不受或少受外罩的影响正常成像，就要求整流罩是一个两表面和成像光学系统光轴垂直的平行玻璃板，或者是同心的两个球面，如图 9－19 所示。

传统制造飞机窗体和导弹整流罩的技术只能制造出平面和球面，飞行器的窗体有时会分割成多个部分使常规的光学系统满足大视场的要求，导弹的整流罩的形状也往往是球面的一部分。这些传统的外形显然有着很多的弊端：飞行器不同部分的窗体使得其容易引起涡流并

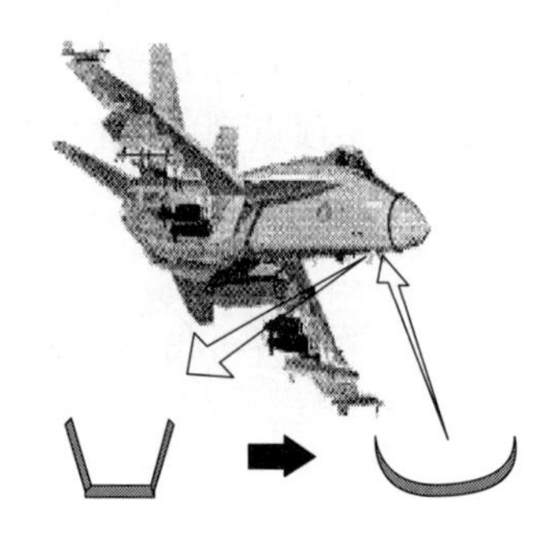
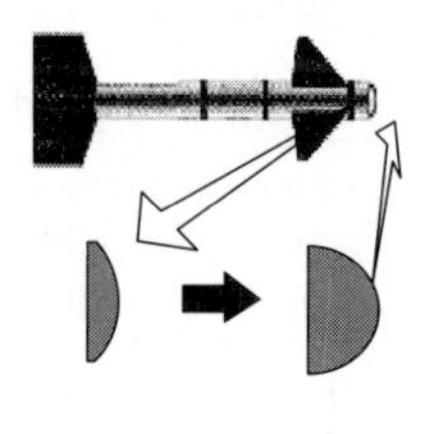

图9-19　传统的整流罩

增加了整个机体的阻力，半球形的导弹整流罩所受到的阻力较大，导弹前端顶部所受到的阻力大概占整个导弹所受阻力的50%，特别是通过多个部分成像会降低整个系统的分辨力。因此，要求飞行器和导弹的设计者更多地考虑飞行器窗体和导弹整流罩的形状，使其满足空气阻力、涡流控制、雷达回波面积以及大视场成像等要求。然而，符合空气动力学最佳面形的表面一般是流线型子弹头形状的，这样的表面会给光学系统动态成像带来像差，造成分辨力的下降。

所谓共形设计，就是在满足空气动力学最佳面形表面的前提下，设计一个校正系统，校正不规则流线型整流罩带来的像差，使得光学系统成像质量不受或少受影响，满足使用要求。

1. 共形光学窗口对光学系统的影响

共形光学窗口对光学系统的影响主要有以下几个方面：

① 由于共形光学窗口必须采用光学材料折射透光，必然会带来各种像差，理论上说，只要采用玻璃等折射材料做成各种光学元件，由于成像不理想，都会产生像差，特别是会产生色差，使成像质量下降。

② 由于共形光学窗口通常不是旋转对称的光学表面，而且有可能与成像光学系统的光轴不垂直，因此会带来严重的非对称像差。

③ 由于大多数导引头都要求光学系统旋转，以获得较大的视场，这样，有可能在旋转光学系统时，对应着共形光学窗口的不同的曲率表面，产生严重的非预测像差。

2. 共形光学窗口消像差研究

如果导弹的整流罩外形是球面的一部分并且旋转的中心与球面曲率中心重合，则像差就不会随着视角的变化而变化。而共形光学窗口则会给光学设计工作带来严重的问题，在窗体和整流罩的外形改变后，共形光学窗口引入了大量的像差，而且像差是视角的函数。通常可以在共形光学窗口和成像光学系统之间加入一个校正系统，校正共形光学窗口带来的像差，使得进入成像光学系统的光束与没有共形光学窗口时一样，或即使有变化，变化也非常小。可以采用的校正系统结构通常有如下几种。

(1) 固定校正系统

固定校正系统是在共形光学系统窗口后面加入一个轴对称的校正元件，如图9-20所示。

固定校正装置减小了前端光学系统的像差，后端的成像系统可以帮助校正剩余的球差和散焦。我们可以使用多于一个的校正装置。用两个校正器时，不同的材料可以用来改善色差和隔离外部的热源。

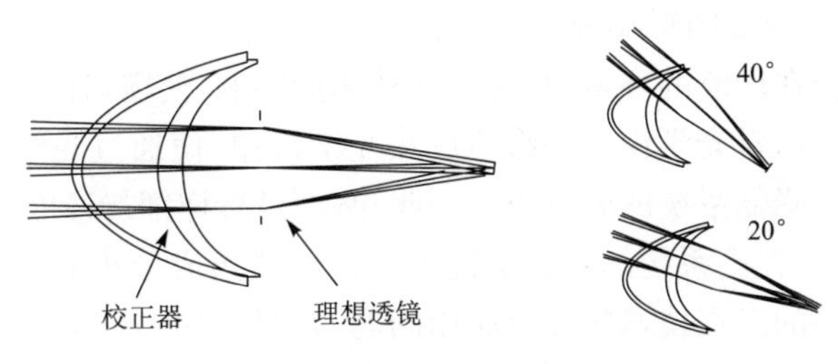

图 9－20　固定校正系统

(2) Zernike 光楔

这种校正方法依赖于一对成形的雷斯莱棱镜(Risley Prism Pair)。表面面形由 Zernike 多项式来表示,如图 9－21 所示。

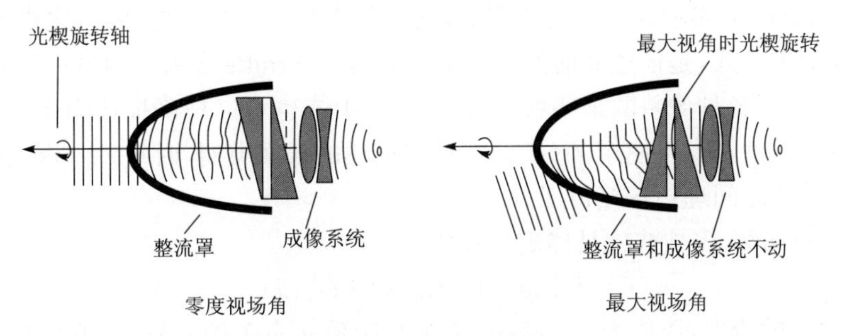

图 9－21　Zernike 光楔

如果两个棱镜表面的表面形状可以用 Zernike 多项式表示出来,那么由这两个面引起的像差也可以用相关的 Zernike 多项式表示出来,这对于光学设计者校正像差有重要的指导意义。

(3) 可变形反射镜

我们可以在一个成像系统中使用可变形反射镜来动态地校正共形整流罩带来的像差。可变形反射镜由电子机械装置控制,能够产生期望的表面形状,以达到校正像差的目的。图9－22所示是一个使用可变形反射镜的共形系统。

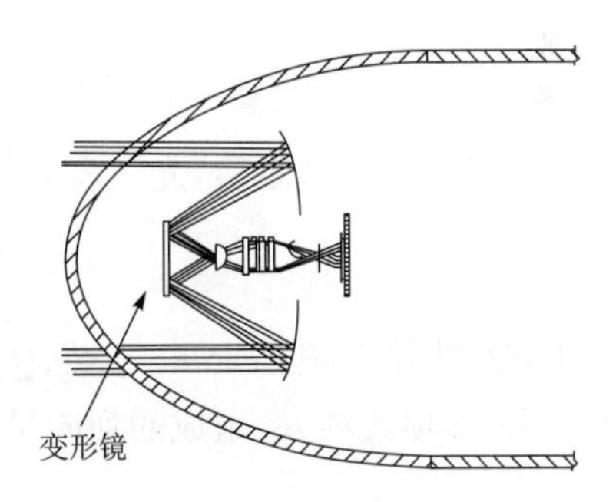

图 9－22　可变形反射镜系统

共形光学校正系统设计的一个关键技术是表面类型的选择。在共形设计中表面类型的选择是一个很重要的手段,具有足够自由度的表面类型可以更好地提高光学系统的性能,提供适当的校正自变量。在构造优化函数对系统进行像差优化的过程中,最初可以采用球面面形的校正器件作为固定校正器,然后将校正器的表面转换为二次曲面,如果需要可以考虑高次项的非球面,例如可能会用到 10 次项的多项式。

共形光学设计必须采用光学设计软件来完成,常用的光学设计软件有 CodeV、Zemax 和 OSLO,这些软件都提供了强大的功能,例如系统建模、成像质量分析、像差自动优化以及全局优化功能等,可以满足共形设计的要求。

3. 共形光学窗口热应变的影响分析

共形光学窗口工作在严酷的环境中，受空间外热流影响，使窗口的结构产生一定的温度变化，形成较大的温度梯度，对光学窗口必将造成热光学误差，使通过光学窗口的光波前发生畸变，最终影响成像质量，降低系统的分辨力。因此，必须进行详细严谨的热光学分析，以便有针对性地改进系统的设计，提高系统的热光学性能。光机热集成分析的方法能够合理、有效、准确地解决空间光学仪器的工程技术的综合应用问题，是目前对空间光学仪器进行分析的常用方法。光机热集成分析通过数据转换接口程序将热、结构和光学分析程序集成一体，实现对在多种载荷作用下光机系统的快速综合性能评估，各个分析模块之间的数据传输是集成分析的关键。热分析通常包括以下几个方面。

(1) 确定各分析模块的接口工具

各分析模块的接口工具通常采用的是 Zernike 多项式。Zernike 多项式由 F. Zernike 在 1934 年构造。Zernike 多项式是互为正交、线性无关而且可以唯一地、归一化描述系统圆形孔径的波前畸变的表达式，是描述波前像差的常用工具。Zernike 多项式的每一项都对应很明确的物理含义，对应于各种像差的某些项。Zernike 多项式也可以精确描述畸变光学表面，目前流行的光学设计软件都支持使用 Zernike 多项式描述的表面类型，因此 Zernike 多项式成为结构分析与光学分析之间理想的接口工具。

极坐标的 Zernike 多项式的具体表达式如下：

$$U_n^l(\rho,\theta)=R_n^l(\rho)\cdot\Theta_n^l(\theta) \tag{9-9}$$

式中，n 为多项式的阶数，取值为 0,1,2,…；l 为与阶数 n 有关的序号，其值恒与 n 同奇偶性，且绝对值小于或等于阶数。令式(9-9)中 $l=n-2m$，则 R_n^{n-2m} 和 Θ_n^{n-2m} 的表达式为

$$R_n^{n-2m}=\begin{cases}\sum_{s=0}^{m}(-1)^s\dfrac{(n-s)}{s!\ (m-s)!\ (n-m-s)!}\rho^{n-2s} & ,n-2m\geqslant 0\\ R_n^{|n-2m|} & ,n-2m<0\end{cases} \tag{9-10}$$

$$\Theta_n^{n-2m}=\begin{cases}\cos(n-2m)\theta & ,n-2m\geqslant 0\\ -\sin(n-2m)\theta & ,n-2m<0\end{cases} \tag{9-11}$$

在基底函数选定后，光学表面的第 i 个采样点的变形量 Z_i 可表示为如下的形式：

$$Z_i=\sum_{k=1}^{\infty}Q_kU_n^{n-2m}(\rho_i,\theta_i)=\boldsymbol{Q}^{\mathrm{T}}\cdot\boldsymbol{U}_i \tag{9-12}$$

式中，$\boldsymbol{Q}_k$ 为第 k 项 Zernike 系数；$\boldsymbol{Q}^{\mathrm{T}}$ 为 Q_k 组成的列向量的转置。$\boldsymbol{U}_i$ 为在第 i 个采样点上的 Zernike 多项式项 u_k 组成的列向量。

$$k=\frac{n(n+1)}{2}+m+1 \tag{9-13}$$

实际拟合时，k 只取能够满足拟合精度的有限项。

(2) 结构分析结果数据的处理

光学软件能够接受的表面变形有两种，一种是基于矢高(sag based)的变形，另一种是基于表面法向(surface normal based)的变形。基于矢高的变形是指变形后的表面相对于初始表面在平行于光轴方向的位移，而基于光学表面法向的变形是指变形后的表面相对于初始表面在初始表面法向方向的位移。然而通过有限元分析等仿真软件获得的光学表面变形数据是基于笛卡儿坐标系、柱坐标系或球坐标系的，而在外载荷作用下的光学表面通常有垂直于光轴方

向的位移，因此不能简单地把光学表面变形与有限元分析得到的 Z 向位移等同，而必须通过一定的算法把有限元分析得到的变形数据转化为基于矢高或基于表面法向的变形数据。

(3) Zernike 多项式拟合

Zernike 多项式在单位圆上是正交的，通常情况下，Zernike 多项式在离散点上不是正交的，只有当采样点足够多，并且在单位圆上均匀分布时，Zernike 多项式才趋于正交。然而实际情况往往不能满足这个条件，导致构造的方程组往往是严重病态的，造成计算错误，使拟合失败。这时我们必须创建一组在采样点上正交的多项式，Gram-Schmidt 正交化方法是常用的手段之一。

假设 $\boldsymbol{U}$ 为由 U_i 构成的 $k\times s$ 的矩阵，其中 U_i 和 k 的含义同式(9－12)，s 为采样点的总个数，$\boldsymbol{V}$ 为在所有采样点集合上正交的，且为 Zernike 多项式线性组合的一组基底函数系，即

$$\boldsymbol{V}=\boldsymbol{C}\boldsymbol{U} \tag{9-14}$$

式中，$\boldsymbol{C}$ 是系数元素 C_{ij} 组成的 $k\times k$ 的方阵。$\boldsymbol{V}$ 的每一个行向量均满足方程

$$\sum_{\delta}V_{r1}\cdot V_{r2}=\begin{cases}0, & r_1\neq r_2\\ 1, & r_1=r_2\end{cases} \tag{9-15}$$

式中，δ 为所有采样点的集合。

由 Gram-Schmidt 正交化方法给出 $\boldsymbol{U}$ 和 $\boldsymbol{V}$ 的关系如下：

$$V_i=\frac{U_i-\sum\limits_{r=1}^{i-1}V_r\cdot\sum\limits_{\delta}U_i\cdot V_r}{\left[\sum\limits_{\delta}U_i^2-\sum\limits_{r=1}^{i-1}\left(\sum\limits_{\delta}U_i\cdot V_r\right)^2\right]^{1/2}} \tag{9-16}$$

而系数矩阵 $\boldsymbol{C}$ 的各元素 C_{ij} 的表达式如下：

$$C_{ij}=\begin{cases}0 & ,i<j\\ \left[\sum\limits_{\delta}U_i^2-\sum\limits_{r=1}^{i-1}\left(\sum\limits_{\delta}U_i\cdot V_r\right)^2\right]^{-\frac{1}{2}} & ,i=j\\ -\sum\limits_{r=1}^{i-1}C_{ii}C_{rj}\left(\sum\limits_{\delta}U_i\cdot V_r\right) & ,i>j\end{cases} \tag{9-17}$$

式(9－16)和式(9－17)中，$\boldsymbol{U}_i$ 表示矩阵 $\boldsymbol{U}$ 的行向量，$\boldsymbol{V}_i$ 表示矩阵 $\boldsymbol{V}$ 的行向量。于是，式(9－12)的矩阵形式可以表示为

$$\boldsymbol{Z}=\boldsymbol{Q}^{\mathrm{T}}\boldsymbol{U}=\boldsymbol{Q}^{\mathrm{T}}\boldsymbol{C}^{-1}\boldsymbol{V}=\boldsymbol{B}^{\mathrm{T}}\boldsymbol{V} \tag{9-18}$$

$$\boldsymbol{B}^{\mathrm{T}}=\boldsymbol{Q}^{\mathrm{T}}\boldsymbol{C}^{-1} \tag{9-19}$$

由式(9－18)可得超定方程组

$$\boldsymbol{V}^{\mathrm{T}}\boldsymbol{B}=\boldsymbol{Z}^{\mathrm{T}} \tag{9-20}$$

$$\boldsymbol{V}\boldsymbol{V}^{\mathrm{T}}\boldsymbol{B}=\boldsymbol{V}\boldsymbol{Z}^{\mathrm{T}} \tag{9-21}$$

由矩阵 $\boldsymbol{V}$ 的正交性，$\boldsymbol{V}\boldsymbol{V}^{\mathrm{T}}=\boldsymbol{I}$，可得超定方程组的最小二乘解为

$$\boldsymbol{B}=\boldsymbol{V}\boldsymbol{Z}^{\mathrm{T}} \tag{9-22}$$

由式(9－19)，要求的 Zernike 多项式的拟合系数 Q 可由下式求得：

$$\boldsymbol{Q}^{\mathrm{T}}=\boldsymbol{B}^{\mathrm{T}}\boldsymbol{C}$$

$$\boldsymbol{Q}=\boldsymbol{C}^{\mathrm{T}}\boldsymbol{B} \tag{9-23}$$

至此，就完成了从数据处理到 Zernike 多项式拟合的全过程，最后将拟合得到的 Zernike 多项式系数写到一个光学软件可以读取的文件，把镜面变形耦合到原始系统，对载荷作用下的光学系统做进一步的分析。

(4) 数据传输的自动化

为了减少工作量，提高分析效率，避免手动输入数据可能带来的失误，在编制接口程序时可以考虑采用自动化技术。

以 CodeV 为例，CodeV API 采用了 Windows 标准的 COM 接口，凡是支持 Windows COM 的应用程序(如 Microsoft Excel、Word、PowerPoint、Visual Basic 和 MATLAB 等)都可以把 CodeV 9.3 及以上的版本作为 COM 服务器并与它进行通信。

通过接口程序把光学表面变形耦合到原始系统并保存到新的文件后，就可以在 CodeV 中打开保存的文件，进行进一步的光学分析。另一个广泛使用的光学设计软件 Zemax 与其他应用程序通信采用的是 DDE(动态数据交换)技术，也可以实现数据交换。

符合空气动力学的导引头整流罩都是流线型的面形，这些共形面形窗口破坏了光学系统的对称性，与导引头成像光学配合时会带来严重的像差，使成像质量下降。共形光学设计采用在整流罩和成像光学系统之间加入校正系统，用校正系统校正整流罩所带来的像差，可以消除共形窗口的影响，获得良好的成像质量。

9.5 计算机直接制版镜头

计算机直接制版(Computer To Plate，CTP)是指经过计算机将数字页面直接输出到印刷版材上的工艺过程。这一技术不仅省去了经过激光照排输出软片和人工拼、晒版等传统印前工艺程序，节省了中间环节所需的设备和材料，避免了网点的损耗、变形、伸缩的弊病，减少了颜色和层次的损失，而且在印刷过程中缩短了墨色调校与套准调整时间及水墨平衡时间，提高了产品质量和工作效率。

CTP 技术实际上是印刷产业技术数字化发展的一个必然结果。CTP 已经不再是一个孤立的设备或器材，而是一个完整的系统工程，需要配套的数字化环境、控制管理技术和设备器材之间的协调作用才能发挥所具有的潜能和优势。数字化工作流程及管理将成为 CTP 技术运行的必要条件和关键。

CTP 技术实现了数字式整页版面向印版的直接转移，而无须激光照排的照排胶片输出、拼版、拷贝及晒版等工艺。也就是说，在计算机荧光屏上看到的编辑排版的版面，经直接制版系统输出 PS 印版，立即供胶印机印刷。这对于激光照排机、胶片冲洗机、PS 版晒版机、PS 版显影机和照排胶片及现行的 PS 版是一个重大的进步，因而受到世人关注。

CTP 工作流程所覆盖的范围已经从前端设备一直延伸到印刷机，甚至要延伸到印后工序，实现了印刷生产系统的高度整合和生产流程的综合管理和控制。在这种高度整合的生产系统中，传统的印前、印刷和印后工序由计算机网络(数字媒体)连接成为一个整体(系统的无缝链接)，各种设备和器材都作为整合系统的组建在系统级别上进行集中统一管理和控制，所有生产信息和产品资源在系统各个组建实现无缝传输、交换和共享。数字化工作流程及管理将成为 CTP 技术运行的必要条件。

目前，直接制版可分成以下两类。

第一类是在机直接制版，这种系统将版材固定在印刷机滚筒上，在照排的同时就完成印版套准版面和油墨设定，印版照排制版完成即可开印，省略了上版套准版面等操作，开机周期短，但计算机直接制版系统利用率低，印刷过程中空闲不用。

第二类是脱机直接制版，这种系统可以为多台印刷机制作印版，因此，可以做到计算机直接制版系统和印刷机的最大限度利用。从目前国外推出的直接制版系统而言，脱机直接制版在数量上占了绝对多数。

工作时，由激光器产生的单束原始激光，经多路光学纤维或复杂的高速旋转光学裂束系统分裂成多束（通常是200～500束）极细的激光束，每束光分别经声光调制器按计算机中图像信息的亮暗等特征，对激光束的亮暗变化加以调制后，变成受控光束。再经聚焦后，几百束微激光直接射到印版表面进行刻版工作，通过扫描刻版后，在印版上形成图像的潜影。经显影后，计算机屏幕上的图像信息就还原在印版上供胶印机直接印刷。

每束微激光束的直径及光束的光强分布形状，决定了在印版上形成图像的潜影的清晰度及分辨力。微光束的光斑越小，光束的光强分布越接近矩形（理想情况），则潜像的清晰度越高。扫描精度则取决于系统的机械及电子控制部分。而激光微束的数目则决定了扫描时间的长短。微光束数目越多，则刻蚀一个印版的时间就越短。目前，光束的直径已发展到4.6 μm，相当于可刻蚀出600 lpi的印刷精度。光束数目可达500根。刻蚀一个对开印版的可在3 min内完成。另一方面，微光束的输出功率及能量密度（单位面积上产生的激光能量，单位为J/cm^2）越高，则蚀刻速度也越快。但是功率过高也会产生缩短激光的工作寿命、降低光束的分布质量等负面影响。

在计算机直接制版系统中，将受控光束聚焦到表面的光学系统——直接制版大数值孔径成像物镜是整个系统的核心。成像物镜成像质量的好坏与否直接关系到印版上形成图像的潜影的清晰与否及分辨力的高低，是直接决定最终印刷质量好坏与否的关键。

下面是计算机直接制版镜头的一个实例。系统的放大倍率为0.25，波长为0.83 μm，物方数值孔径为0.17，像方数值孔径为0.56。

系统示意图如图9-23所示。

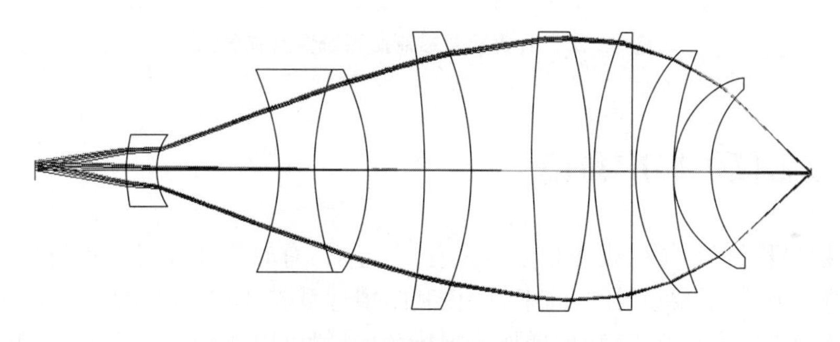

图9-23　计算机直接制版系统示意图

光学传递函数MTF曲线图如图9-24所示。

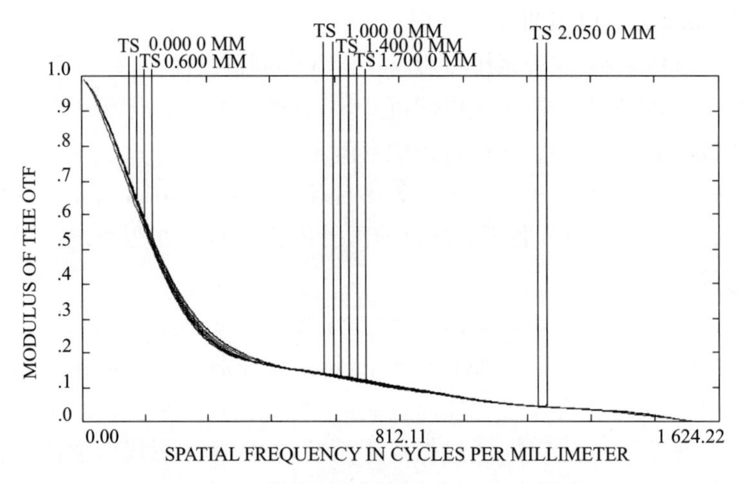

图 9-24 计算机直接制版系统 MTF 曲线图

像点弥散图如图 9-25 所示。

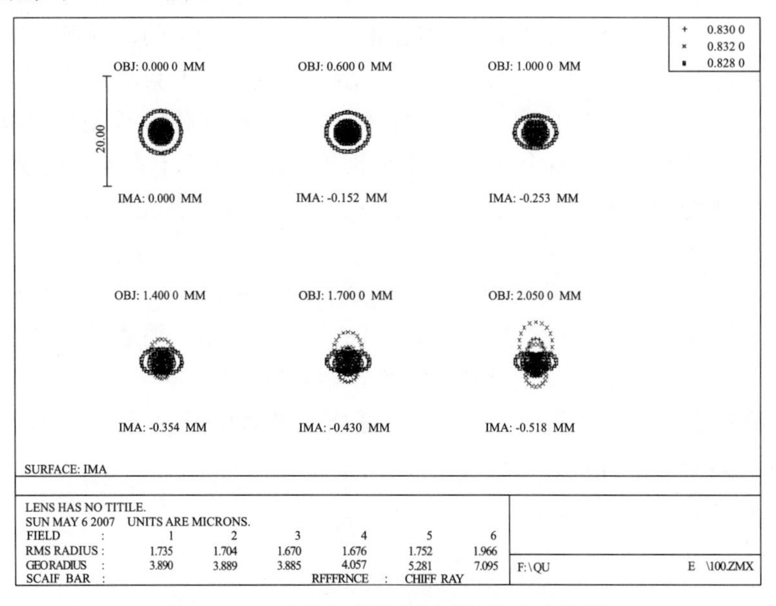

图 9-25 计算机直接制版系统像点弥散图

9.6 投影仪扩展广角镜头

现有的液晶投影仪系统的视场角通常只有 40°左右,有时不能满足大视场角的要求,需要进行优化改造。为此,需要设计一个倒置的伽利略望远系统,使由液晶投影仪出射的光束经伽利略望远系统后仍然为平行光束,但增加了视场角,一般可以达到 180°左右,克服普通投影仪视场角小的缺点,满足广角投影的要求。

下面是一个实例。液晶投影仪系统的焦距为 16.41 mm,像面像高为 12.5 mm,出瞳直径为 7 mm,出瞳距离为−61 mm。现在需要设计一伽利略望远系统,要求入瞳和出瞳与液晶投影仪互相配合,同时要求出射视场角 $2\omega=180°$。

所设计的系统图如图 9 - 26 所示。

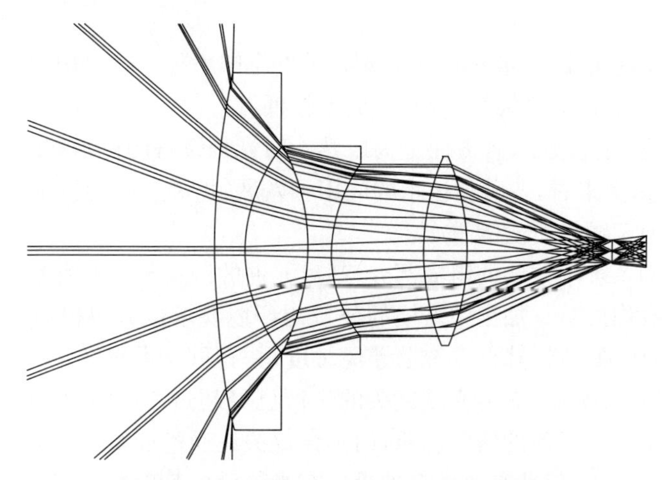

图 9 - 26　投影仪扩展广角系统示意图

系统的像点弥散图如图 9 - 27 所示。

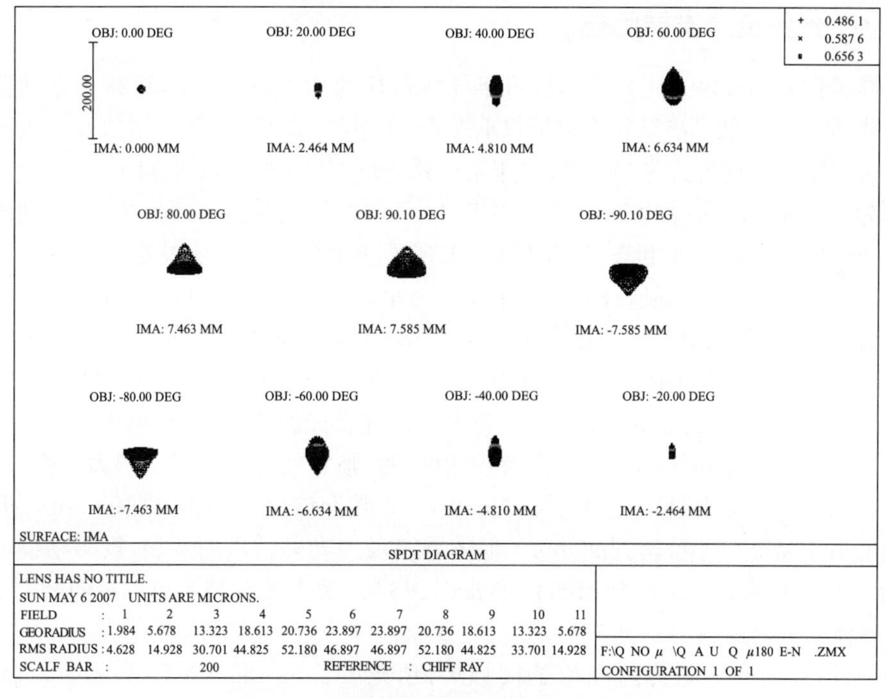

图 9 - 27　投影仪扩展广角系统像点弥散图

9.7　光刻机系统设计方法和设计实例

信息技术是 21 世纪重要支柱型产业,半导体工业是信息技术的基础。光刻是目前最成熟、经济的半导体制造方法,是光学工程、精密机械及自动化等相关技术研究的中心。随着各种光刻辅助、增强技术的应用和发展,光刻技术的应用前景愈加广阔,使得光刻成为半导体工业争相研究的热点。

半导体技术的飞速进步,主要依赖于光刻技术的不断发展。这是因为:

① 光刻技术容易进行大规模快速制造,成本较低。

② 光刻技术开始研究较早,各方面最为成熟。对光刻设备的更新和改造所需成本较小。

③ 从发展的前途上来看,各种新技术的应用和发展,扩展了光刻技术的应用前景,从而使得光刻技术成为目前工业界研发的重心。

光刻物镜是光刻系统中重要的组成部分,其对元件的制造与装调有着极其严格的要求,以保证实际系统的高成像质量。加工中严格的公差与环境要求也大幅提高了光刻物镜的成本,探索有效途径,提高成像质量,降低系统公差灵敏度,具有重要意义。

在国际上,数值孔径为0.75的光刻镜头的生产已经超过10年。但下一代光刻设备供应商围绕降低制造成本建立了新的研究思路,而不仅仅关注通过最新工艺提高分辨力。在我国,光刻设备的研制刚刚起步,仍然需要更多的投入在光刻设备基础性研究上。在这种前提下,本课题提供了及时、崭新、极具难度的设计数据,以比较和分析非球面与自由曲面在光刻物镜设计中的应用,验证Forbes非球面的有效性,并探索降低高像质系统公差灵敏度的方法。

9.9.1 光刻技术发展历程

工业界早期采用接触式光刻技术进行半导体器件的加工,1957年,接触式光刻技术实现了特征尺寸为20 μm的动态随机存储器(DRAM)的制造。随后,半导体制造业引入掩模与硅片间具有一定距离的接近式光刻技术,应用接近式光刻,分别于1971年和1974年成功制造了特征尺寸为10 μm和6 μm的DRAM。1977年,等倍投影光刻技术研发成功,并制出造特征尺寸为4 μm的DRAM。20世纪80年代后,出现了使用折射式微缩投影光学系统的分布式光刻机,并迅速成为半导体制造技术中的主流。最早的分布式光刻机,以波长436 nm的高压汞灯g线为光源,投影光学系统的数值孔径为0.28～0.30。此后,工作波长为365 nm的i线光刻机被运用到在16 Mb DRAM制造工艺中,*NA* 为0.50～0.55。在光刻物镜系统所要求 *NA* 提高到0.6后,波长为248 nm的KrF准分子激光器光源成为主流,可用于64 Mb和256 Mb DRAM的制造。通过采用相移掩模、斜入射照明、临界效应修正等分辨力增强技术,光刻机的最小特征尺寸理论上可以达到工作波长的1/2。按照该比例,主流的193 nm ArF准分子激光光刻的最小特征尺寸可达到90 nm。但随着浸没式光刻技术的发展,投影物镜数值孔径目前达到了1.3,在未来将会达到1.7,使得波长193 nm光源光刻技术可以延伸至特征尺寸为32 nm半导体器件的制造中。

随着时间推移,光刻机先后经历了接触式、曝光波长由436 nm (g线),365 nm(i线),48 nm(KrF)减小到目前常见的193 nm(ArF),并向波长157 nm,波长13.5 nm的极端紫外光发展。

波长157 nm的F_2光源虽然波长更短,但目前F_2光源光刻所需的激光器技术仍不完善,对应的抗蚀技术有待进一步解决,可选择的光学材料极为稀少。所以,目前光刻技术的进步仍然很大程度上取决于波长193 nm光刻技术的发展。

目前工业界主要采用微缩投影光刻机,其基本组成为曝光光源、照明系统、掩模台、投影物镜系统以及工件台,其图形转移基本步骤有晶片准备、涂胶、曝光、显影和去胶等。光刻机结构示意如图9-28所示。

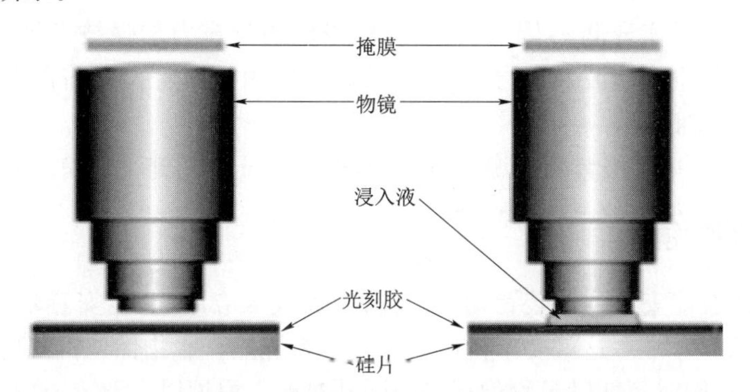

图9-28　光刻机结构示意图，左方为干式系统，右方为浸没式系统

光刻机光学系统可以抽象为投影系统，将光源照亮的掩模图样，经过镜头投射到涂有光致抗蚀剂的硅晶片上成像。当镜头和光致抗蚀剂之间用浸没液体填充时，称为浸没光刻。

光学系统的主要指标分辨力和焦深，是决定光刻机性能的极为重要的两个参数。分辨力决定了掩模图形在硅片上成像时的最小可分辨线宽。从工艺性出发，希望微缩投影光学系统具有尽可能大的焦深。理论分辨力(R)和焦深(DOF)分别由夫琅和费(Fraurahafer)公式9-24和瑞利(Rayleigh)公式9-25给出。

$$R=k_1\frac{\lambda}{NA} \tag{9-24}$$

$$\mathrm{DOF}=k_2\frac{\lambda}{(NA)^2} \tag{9-25}$$

提高分辨力可以通过减小照明光波长和增加物镜数值孔径实现。减小工作波长和增大数值孔径都会使焦深变小，焦深和数值孔径的平方成反比，这就意味着单纯地追求大数值孔径会使焦深急速减低。

波长193 nm浸入式光刻技术逐步成为光刻加工的研究重心，这是因为它将传统光刻机的光学镜头与晶圆之间的介质空气替代为水，以增大镜头数值孔径(NA)，从而提高分辨力，延伸了波长193 nm光刻技术的应用。193 nm浸入式光刻技术应解决的技术问题有：

① 研发高折射率光刻胶。

② 研发高折射率的浸入液体。水折射率为1.44，研发折射率为1.6～1.7的浸入液体能进一步提高系统NA。

③ 研发高折射率的光学材料。研发折射指数大于1.65的透镜材料并同时满足物镜设计的吸收和双折射要求，以提高系统像差校正能力。

④ 研究控制由于浸入液环境污染引起的缺陷的方法。

由瑞利公式可知，对应32 nm节点，当选择波长193 nm光源时，相应的k_1值可为0.22，NA为1.35，进一步提高光刻分辨力的主要技术途径有3个：

① 通过使用折射率更高的溶液和玻璃材料不断提高193 nm波长下的数值孔径。对于干法光刻，物镜与涂有抗蚀剂的硅晶片之间的介质为空气，折射率理论最大值为1，目前干法光刻系统的NA可达0.93。为进一步提高投影光刻系统的NA，可在物镜与硅晶片间充满水或者其他高折射率液体，即浸没式光刻，如此可使光学光刻系统的NA突破1的限制。

② 使用现有数值孔径和波长，通过减小工艺因子 k_1 也可提高系统分辨力。k_1 主要由分辨力增强技术确定。为了实现低 k_1 因子，目前广泛采用的分辨力增强技术包括离轴照明、相移掩模、邻近效应校正、空间滤波、双曝光技术以及偏振照明技术等。目前在光刻中采用这些技术可使工艺因子 k_1 值低于 0.3。

③ 在真空环境下采用极紫外光源、使用反射光学系统将光刻波长缩短至 13.5 nm 附近。

9.9.2 光刻物镜

光刻系统要求既能安置滤波装置，实现波前工程技术应用，又能安置暗场同轴对准装置，达到整台光刻机的高套准。这就要求投影成像光学系统能克服物像位置偏离和倾斜引起的倍率误差与对准误差，同时还能满足物像视场的同轴对准。根据以上要求，具有对称性的双远心光路结构光学系统是最好选择。

双远心结构原理如图 9-29 所示，前组透镜 G_1 的后焦点 F_1' 和后组透镜 G_2 的前焦点 F_2 重合，光学系统光阑位于重合处。这样，出瞳和入瞳均位于无穷远，系统的入射主光线和出射主光线也都平行于光轴。若将物置于前组透镜 G_1 的前焦点 F_1 处，像则位于后组透镜 G_2 的后焦点 F_2 处，且边缘光线在前后组之间为平行光，光瞳面为物的频谱面。采用这种结构，不仅物、像面有位移和倾斜时，光学系统的成像倍率保持不变，还可以满足安置滤波装置和对准装置的要求。但这种结构前后组都是正透镜，光学系统设计时，无法校正像面弯曲。必须在系统中加入负透镜组以校正场曲，但仍要保持双远心，这样既可满足像面弯曲校正，也可有效控制成像系统畸变，同时达到高精度对准要求。

1. 折射式投影光刻物镜

折射式光刻系统从 20 世纪 60 年代中期开始发展，最初的等倍投影光刻物镜如图 9-30 所示，由 4 片左右的透镜组成，结构较为简单，加工与装调难度较低。系统波长为 436 nm，数值孔径 0.2，波前差为 18 μm，能对 75 mm 口径的圆晶片全视场成像。

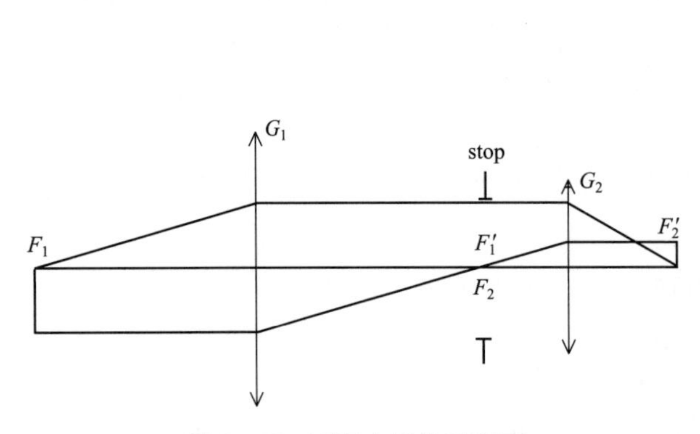

图 9-29 双远心结构示意图

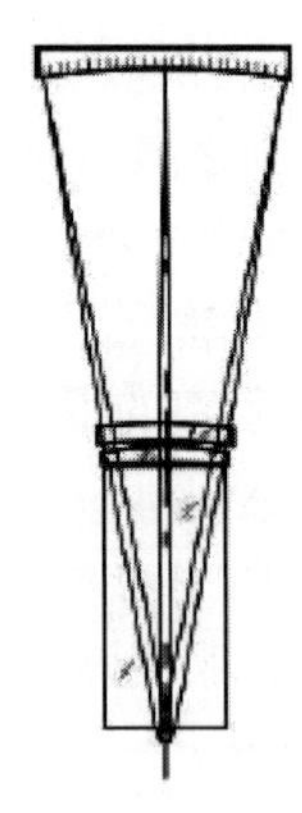
图 9-30 圆晶片为 75 mm 的 1∶1 投影光学系统

如图 9-31 所示，由于光刻物镜的像质要求越来越高，干式光刻数值孔径逐步从 0.3 增大到 0.85，光刻物镜的结构逐步向复杂化发展，现在较为普遍的 193 nm 准分子激光分步光刻机的透射式物镜多为 20 到 30 多片透镜组成，结构非常复杂。且随着曝光波长越来越短，可供选择的材料大幅减少，像差更加难以校正，对折射式系统的设计提出了更大的挑战。

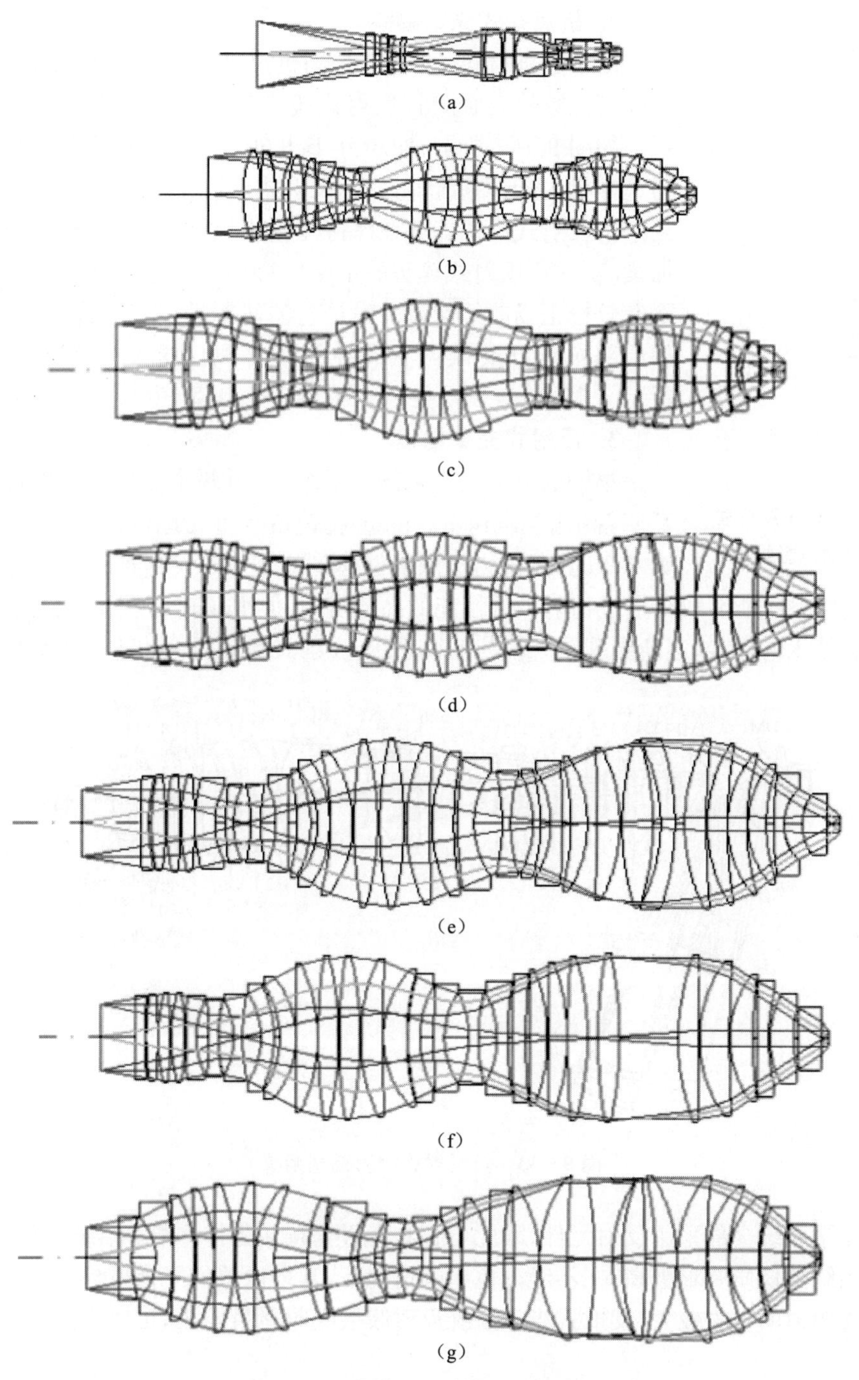

图 9-31　折射式光刻系统发展进程

(a) $NA=0.3$, $y_{imax}=10.6$ mm, $\lambda=436$ nm (g 线); (b) $NA=0.54$, $y_{imax}=12.4$ mm, $\lambda=365$ nm (i 线);
(c) $NA=0.57$, $y_{imax}=15.6$ mm, $\lambda=365$ nm (i 线) JP—H8—190047(A)
(d) $NA=0.55$, $y_{imax}=15.6$ mm, $\lambda=248$ nm (KrF) JP—2000—56218(A);
(e) $NA=0.68$, $y_{imax}=13.2$ mm, $\lambda=248$ nm (KrF) JP—2000—121933(A);
(f) $NA=0.75$, $y_{imax}=13.2$ mm, $\lambda=248$ nm (KrF) JP—2000—231058(A);
(g) $NA=0.85$, $y_{imax}=13.8$ mm, $\lambda=193$ nm (ArF) JP—2004—252119(A)

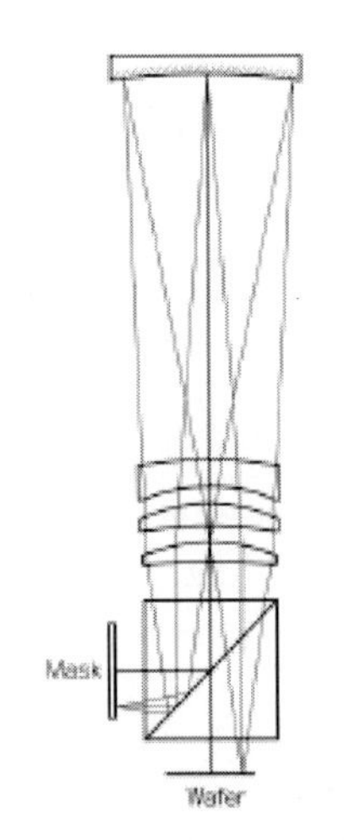

图 9-32 Bell 实验室 1∶1 扫描投影物镜

2. 折反射式光刻物镜

由于受到材料、工艺与光刻机尺寸的限制，折射式镜头很难实现较高的数值孔径，折/反射式镜头是能使镜头更加紧凑的一种选择。如图 9-32 所示，1976 年 Bell 实验室完成的等放大率扫描投影物镜样机内光学系统即为折/反射式。

折反射式系统能够在保持光刻机尺寸不变的条件下，使镜头更加紧凑。折/反射式镜头的主要优势在于能够在不引入色差的情况下有效校正场曲等像差。但是它的研制需要克服许多设计难题，比如局部光斑以及偏振状态控制等。现代折反射系统如图 9-33 所示。

3. 反射式光刻物镜

早期的反射式光刻物镜系统中，由两个非球面反射镜组成的施瓦茨希尔德(Schwarzschild)物镜占有重要地位(图 9-34)。在 NA 为 0.1 时，分辨力极限能够达到 0.06 μm。这种利用两片反射镜的微缩投影光学系统能够取得接近衍射极限性能的高分辨力，但视场较小，无法满足实用化产量要求。随着技术的进步，逐渐出现了三镜与四镜系统，反射式光刻目前也进入了商用化初期。

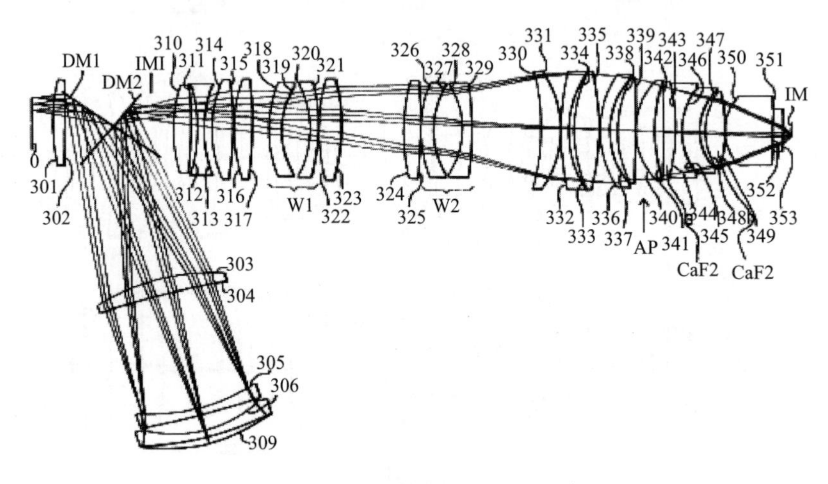

图 9-33 折反射式投影曝光系统

由于光学系统全部采用反射元件，因此不存在色差影响，减小了光学系统的设计的难度。因为光刻系统的像质要求极高，在不考虑色差的情况下，其余像差的平衡更易实现。玻璃材料对短波长光辐射的吸收较大，反射式光学系统反射膜层吸收能量较少，可以提高像面光照度及分辨力。

但是反射系统的反射镜面形精度要求高，加工困难，同时成像质量易受温度变化等环境影响。在反射镜表面涂制的金属反射膜层的稳定性较差，随着时间的推移反射率将逐渐下降；同时，反射型系统对于装调公差高度灵敏，在实际使用中保持高像质较为困难。由于镜片较少，需要使用多个非球面校正像差，且一般非球面度较高，因而进一步加剧了加工、装调与检测的难度。

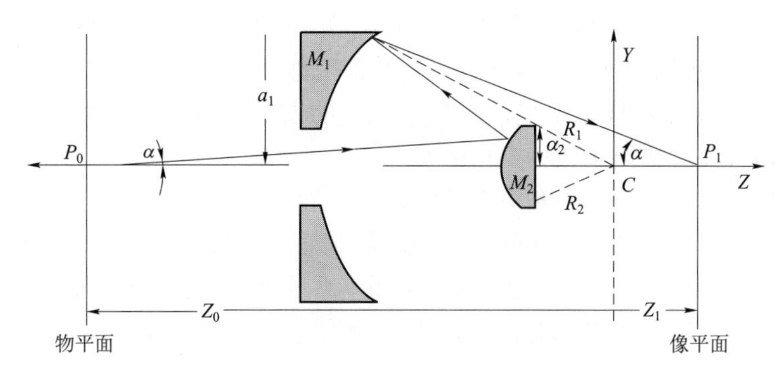

图 9-34 二非球面反射镜微缩投影光刻系统

9.9.3 全球面光刻物镜设计

下面讨论一个分辨力 90 nm、ArF 光源全球面曝光系统光学设计。全球面光刻物镜指标要求如表 9-5。

表 9-5 光刻物镜指标要求

参　数	指　标
中心波长/nm	193.368
半高全宽 FWHM/pm	≤0.32
像方(硅片)视场	26 mm×10.5 mm
缩小倍率	−0.25
数值孔径取值范围	0.5～0.75
焦面偏移(沿 Z 向)/nm	<45
像散/nm	<30
畸变/nm	<1
均方根波像差/nm	≤3(单色)
掩模处的远心度/mrad	≤1
硅片处的远心度/mrad	≤1
掩模面工作距离/mm	>60 (含机械壳)
硅片处工作距离/mm	>8 (含机械壳)
总长(掩模到硅片)/mm	<1 300
光学镜片最大通光口径/mm	<290

分辨力 90 nm ArF 光源光刻曝光系统光学设计是世界性的难题。光刻机光学系统设计相当于设计一个大数值孔径、平像场、复消色差显微物镜,其技术难点为:

① 数值孔径大,工作距离要求长,轴外光线在物镜上的投射高大,因此像差难以校正。

② 波长短,普通透可见光玻璃不能采用,只有几种光学材料可供选择,色差难以校正。

③ 轴外像差大,对大多数像差,例如场曲和畸变,其造成的分辨力降低在远离光轴处最大。设计出能在整个视场中保持高像质的系统非常困难。

④ 像质要求高,通常高像质系统采用波像差评价成像质量,光学传递函数 MTF 达到衍射极限,这对于各阶像差都提出了极为严格的要求。

设计思路如下:首先通过对光刻机系统的像差特性进行研究,确定像差的大致公差容限。使用光学设计软件 CODE V 或 Zemax 进行光刻物镜系统的设计与优化。得到较好的优化结果之后,进行像差特性分析与公差分析,进一步调整系统参数,进行新一轮调整与优化。基本的结构参数确定后,进行系统整体的杂散光分析,优化系统结构,分析镀膜与喷漆工艺,抑制杂散光。

在深紫外领域,可以使用的材料多为光学晶体,需要选用应力双折射较小、成本低、容易加工的材料。最后确定为融石英和氟化钙等少数材料并需保证其高纯度、无气泡。

熔石英折射率数据如表 9-6 所示,氟化钙(CaF_2)数据如表 9-7 所示。

表 9-6 熔石英折射率数据

波长/nm	折射率
192.806	1.561 121 1
193.306	1.560 326 1
213.000	1.535 19

表 9-7 氟化钙折射率数据

波长/nm	折射率
157.63	1.558 4
158.13	1.557 1
193.306	1.501 454 8
228	1.476 80

通过查找相关文献,经过对比研究,选取一个具有三个非球面的系统作为初始结构。实际系统所要求的结构参数、像质指标与选取的初始系统都存在一定差异,需要根据实际情况对系统参数进行调整,然后优化设计,在设计过程中对比分析,反复优化,直到满足结构参数要求。然后,逐渐去除非球面,利用设计软件构造优化方程组,对各种结构参数与像差指标进行控制、优化得到最优解,实现设计要求。

在逐步去除非球面,并经过反复优化设计后,系统结构如图 9-35 所示。

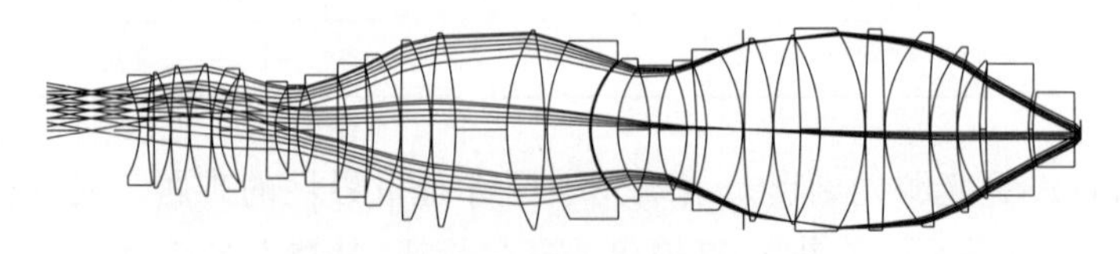

图 9-35 初始全球面光刻系统结构

光学调制传递函数(MTF)是确定物镜分辨力的直接评价标准。系统MTF已基本达到衍射极限。全视场范围MTF情况如图9-36所示,设计的光刻物镜可以在最佳(理想)像面上达到125 nm的分辨力(4 000 lp/mm, MTF≈40%),通过分辨力增强技术可以实现90 nm分辨力光刻。

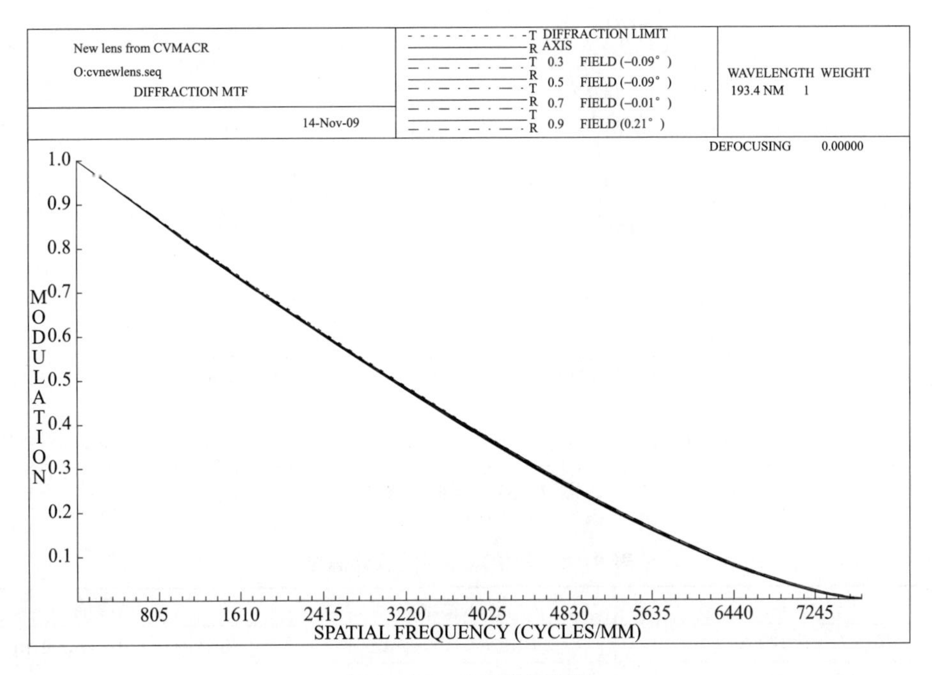

图9-36 光学传递函数

光线从掩模上的一点射出并聚焦在硅片的一点上,但是这个点不一定与其他点处在同一焦平面。像散导致水平方向和垂直方向聚焦在不同的位置,最佳焦点偏离理想像面位置,场曲随之产生。像散和场曲导致环带每一个场点x方向和y方向聚焦位置偏离理想像面。

存在散光和场曲时,从掩模上的点射出并聚焦在硅片的点落在理想像平面的前面或后面。而在只存在畸变的情况下,这些点落在与光轴垂直的平面上,但是与光轴距离与理想像不同。存在畸变时,图像清晰,但是有错位。

系统场曲与畸变如图9-37所示,焦面偏移在弧矢与子午方向上都小于45 nm,用最大偏离值和最小偏离值的差来表示总偏离,即$F_{tot}=F_{max}-F_{min}$,其总偏离值$F_{tot}=30$ nm。畸变随视场变化,边缘畸变最大处为7×10^{-8},故全视场最大畸变为1 nm。

理想像可以看作是光波会聚在一点,理想情况下为球面波,但是因为透镜存在像差,实际的图像波前可能与理想球面波有小量的偏差。一个像差得到很好修正的光学系统,其成像质量由均方根(RMS)波像差来衡量。全球面光刻物镜以质心为参考时单色均方根波像差最小值为0.022 0λ(4.25 nm),最大值为0.024 3λ(4.69 nm)。

以中心光线为参考时单色波像差最小值为0.011 8λ(2.27 nm),最大值为0.035 4λ,为(6.83 nm)。初始全球面设计结果如表9-8所列。

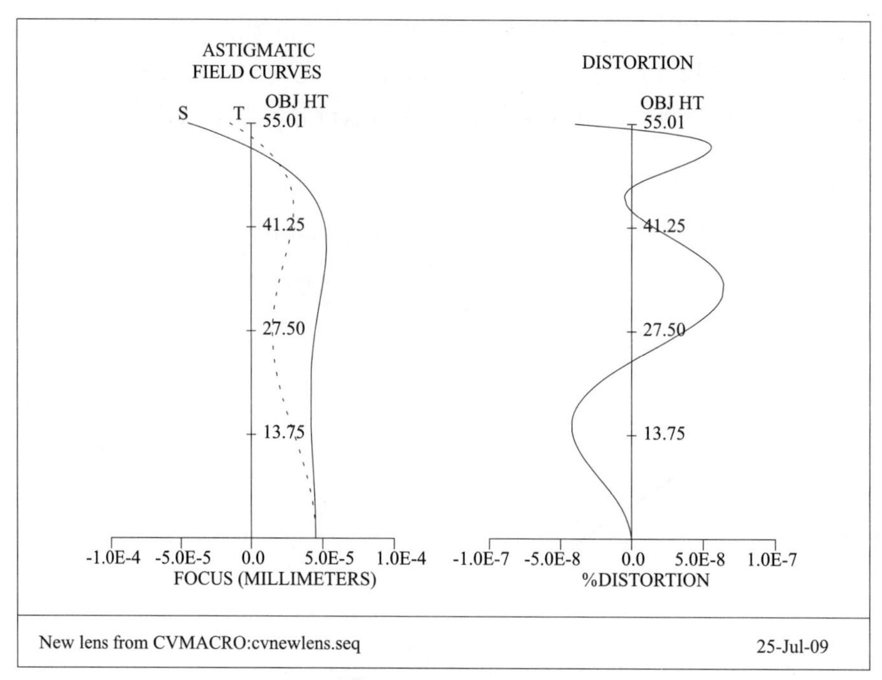

图 9-37 场曲与畸变

表 9-8 初始球面系统设计总结

项　　目	指标要求	实际数值
像方(硅片)视场	26 mm×10.5 mm	圆形视场直径 28.04 mm
缩小倍率	−0.25	−0.25
数值孔径取值范围	0.5～0.75	0.75
掩膜面工作距离/mm	>60(含机械壳)	75,离透镜边缘 62
硅片处工作距离/mm	>8(含机械壳)	9
总长(掩膜到硅片)/mm	<1 300	1 300
光学镜片最大通光口径/mm	<290	276
掩膜处的远心度/mrad	≤7	最大 7
硅片处的远心度/mrad	≤1.5	最大 1.5
焦面偏移(沿 Z 向)/nm	<45	45
畸变位置相对理想位置的偏差/nm	<±1	最大 1
均方根波像差(单色)/nm	≤3	6.83
像散(宽光束、细光束)/nm	<30	最大 30

初始球面系统各项结构参数符合指标要求,但系统波像差远大于指标所要求的 3 nm。故需要增加新的自由度才能满足要求。增加自由度的方法主要有添加非球面与添加镜片等,所添加的非球面或镜片在整体系统中的相对位置,对于不同种类像差的校正作用有着显著不同。初始全球面系统像差主要由依赖于视场的像差分量主导,故在原系统第一面前添加一片球面镜以提高像质。增加镜片并进行深度优化后系统如图 9-38 所示。

系统场曲与畸变如图 9-39 所示,系统焦面偏移在弧矢面与子午面上都小于 45 nm,像散小于 30 nm。畸变随视场变化,边缘畸变最大处为 7×10^{-8},故全视场最大畸变为 1 nm。

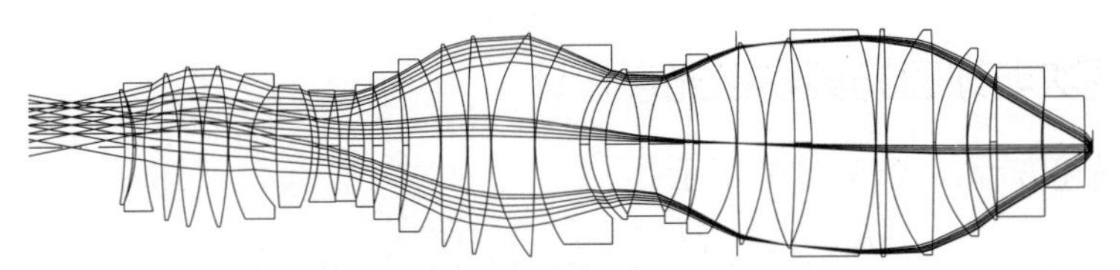

图 9-38　增加镜片后的全球面系统

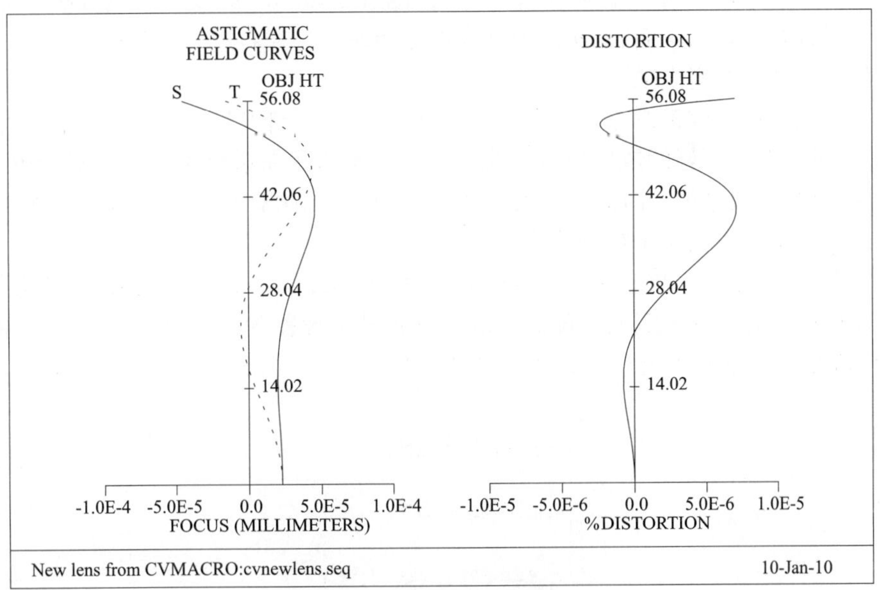

图 9-39　场曲与畸变

初始全球面物镜以质心为参考的单色均方根波像差最小值为 0.005 6λ(1.08 nm)，最大值为 0.012 0λ(2.3 nm)。以中心为参考时单色波像差最小值 0.006λ(1.15 nm)，最大值为 0.014λ(2.7 nm)。改进后全球面系统设计结果如表 9-9 所示。

表 9-9　球面系统设计总结

项　　目	指标要求	实际数值
像方(硅片)视场	26 mm×10.5 mm	圆形视场直径 28.04 mm
缩小倍率	−0.25	−0.25
数值孔径取值范围	0.5～0.75	0.75
掩膜面工作距离/mm	>60 (含机械壳)	68，离透镜边缘 62
硅片处工作距离/mm	>8 (含机械壳)	10.68
总长(掩膜到硅片)/mm	<1 300	1 300
光学镜片最大通光口径/mm	<290	276
掩膜处的远心度/mrad	≤7	最大 7
硅片处的远心度/mrad	≤1.5	最大 1.5
焦面偏移(沿 Z 向)/nm	<45	22
畸变位置相对理想位置的偏差/nm	<±1	最大 1
均方根波像差(单色)/nm	≤3	2.7
像散(宽光束、细光束)/nm	<30	最大 30

9.9.4 偶次非球面光刻物镜光学设计

非球面的描述方程如式(9-26)所示：

$$z=\frac{ch^2}{1+\sqrt{1-Kc^2h^2}}+a_4h^4+a_6h^6+a_8h^8+a_{10}h^{10}+a_{12}h^{12} \quad (9-26)$$

式中，$h^2=x^2+y^2$，c 为曲面顶点的曲率，K 为二次曲面系数，a_4、a_6、a_8、a_{10}、a_{12}为高次非曲面系数。

上式可以普遍地表示球面、二次曲面和高次非曲面。公式右边第一项代表基准二次曲面，后面各项代表非球面的高次项。

非球面在光学系统校正像差中具有显著优点，它增加了自变量，系统校正像差的能力得到加强，因此有可能获得更好的成像质量并简化系统。非球面在系统中的位置对于校正不同种类像差至关重要，一般来说，非球面位置接近系统的孔径光阑有利于校正依赖于光阑的像差，远离孔径位置能够校正依赖于视场的像差。

对于复杂系统，在应用数个非球面时，不同的位置非球面组合数量极大，需要有效的方法辅助选取非球面位置。这里定义非球面系统的五种基本像差为球差 S_{I}、彗差 S_{II}、像散 S_{III}、场曲 S_{IV} 与畸变 S_{V}，球面系统对应的基本像差分别为 S'_{I}、S'_{II}、S'_{III}、S'_{IV}、S'_{V}。它们之间的关系如下：

$$\begin{cases} S_{\mathrm{I}}=S'_{\mathrm{I}}+\Delta S_{\mathrm{I}} \\ S_{\mathrm{II}}=S'_{\mathrm{II}}+\Delta S_{\mathrm{I}}\left(\dfrac{h_p}{h}\right) \\ S_{\mathrm{III}}=S'_{\mathrm{III}}+\Delta S_{\mathrm{I}}\left(\dfrac{h_p}{h}\right)^2 \\ \Delta S_{\mathrm{IV}}=0 \\ S_{\mathrm{V}}=S'_{\mathrm{V}}+\Delta S_{\mathrm{V}}\left(\dfrac{h_p}{h}\right)^3 \end{cases} \quad (9-27)$$

其中，h_p 为在每个表面那个中心光线高度，h 为边缘光线高度。

决定非球面初级像差的两个关键变量为初级球差变化 ΔS_{I} 以及中心光线高度与边缘光线高度的比值 h_p/h，命名为非球面挑选因子。从以上像差公式中，可以知道球差与彗差能够更好地被具有较小非球面挑选因子的表面校正，像散与畸变能够在具有较大非球面挑选因子的表面上得到有效消除。

系统各个表面的非球面挑选因子如图9-40所示。

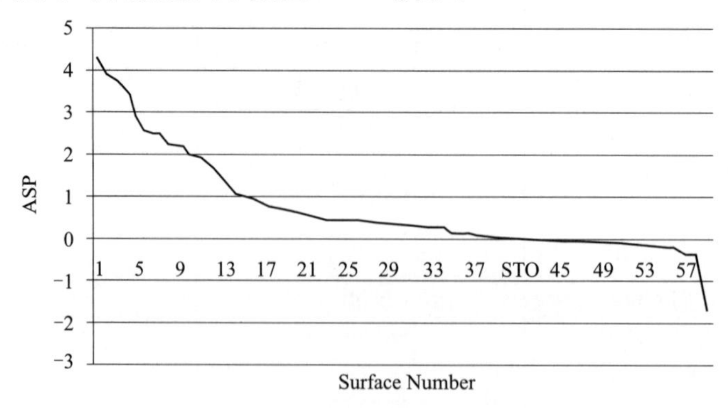

图9-40 系统各表面非球面挑选因子

非球面挑选因子在系统光阑面达到 0，在第一面具有最大值 4.3。因此，球差与彗差在靠近系统孔径光阑处容易消除，靠近像面与物面的非球面能够更有效地降低像散与畸变。

边缘 Zernike 多项式所描述的波像差与光学系统各阶像差具有对应关系，可以全面地衡量系统像质，边缘 Zernike 系数前 11 项含义如表 9-10 所示。

光刻系统允许调焦与对准，但是像面不能倾斜，要求严格的平视场，所以对于边缘 Zernike 系数的倾斜项也要进行控制。

增加新镜片与增加非球面都是为光学系统在某一位置增加新的设计自由度，故其位置选择方法相似。首先对初始球面光刻物镜使用 Zernike 多项式分析像质，确定影响较大的像差项，再根据在不同位置新增镜片对不同像差的校正作用，辅助挑选新增镜片位置。

根据表 9-11，初始球面系统的 $Z3$、$Z5$、$Z9$ 等依赖于视场和孔径的像差项均较大。从图 9-41 中可以看出，像面倾斜、像散、彗差、球差均对整体系统波像差有较大影响。图中 X 方向为物方 X 方向视场大小，Y 方向为物方 Y 方向视场高度。考虑到系统畸变要求极为严格，仅为 1 nm，因此在依赖于视场与依赖孔径的像差都较大时，首先校正依赖于视场像差。在第一面具有最大的非球面挑选因子 4.3，因此在第一面前增加一片镜片，以有效校正依赖于视场的各种像差。

表 9-10　Zernike 系数含义

项目	像差含义	Zernike 边缘多项式
$Z1$	平移	1
$Z2$	X 向倾斜	$\rho\cos\theta$
$Z3$	Y 向倾斜	$\rho\cos\theta$
$Z4$	离焦	$2\rho^2-1$
$Z5$	0°或 90°像散	$\rho^2\cos2\theta$
$Z6$	45°像散	$\rho^2\sin2\theta$
$Z7$	X 轴三阶彗差	$(3\rho^2-2)\rho\cos\theta$
$Z8$	Y 轴三阶彗差	$(3\rho^2-2)\rho\sin\theta$
$Z9$	三阶球差	$6\rho^4-6\rho^2+1$
$Z10$	X 向椭圆彗差	$\rho^3\cos3\theta$
$Z11$	Y 向椭圆彗差	$\rho^3\sin3\theta$

在增加镜片并进行深度优化后，像差大幅度改善，波像差由 6.8 nm 降低为 2.7 nm，具体各项 Zernike 像差结果如图 9-42 所示。通过对比可以发现，在增加镜片后，$Z2$、$Z3$ 像面倾斜，$Z7$、$Z8$ 彗差以及 $Z5$、$Z6$ 像散均大幅好转，由于系统依赖于视场的像差得到了良好校正，系统有更多的自由度余量可以用于平衡依赖于孔径的像差，所以 $Z9$ 项球差也有显著减小。

表 9-11　初始球面系统 Zernike 像差

项　　数	视场 1	2	3	4	5	6
z1，平移	−0.020 5	0.029 5	0.079 5	−0.025 4	0.024 7	0.074 8
z2，x 倾斜	0	0	0	0	0	0
z3，y 倾斜	0	0	0	0.039 3	0.043 9	0.048 5
z4，离焦	−0.044	−0.004 4	0.035 2	−0.042 3	−0.002 7	0.036 9

续表

项　　数	视场 1	2	3	4	5	6
z5，3 阶像散	0	0	0	0.017 6	0.017 6	0.017 6
z6，3 阶 45° 像散	0	0	0	0	0	0
z7，3 阶 x 彗差	0	0	0	0	0	0
z8，3 阶 y 彗差	0	0	0	0.015 6	0.015 5	0.015 4
z9，3 阶球差	−0.002 8	−0.011 1	−0.019 4	0.001 9	−0.006 4	−0.014 8
z10	0	0	0	0	0	0
z11	0	0	0	−0.001 1	−0.001 1	−0.001 1
z12，5 阶像散	0	0	0	0.002 6	0.002 6	0.002 6
z13，5 阶 45° 像散	0	0	0	0	0	0
z14，5 阶 x 彗差	0	0	0	0	0	0
z15，5 阶 y 彗差	0	0	0	0.001 6	0.001 6	0.001 6
z16，5 阶球差	0.023	0.024 7	0.026 4	0.017 9	0.019 6	0.021 3
z17	0.000 1	0.000 1	0.000 1	−0.000 1	−0.000 1	−0.000 1
z18	0	0	0	0	0	0
z19	0	0	0	0	0	0
z20	0	0	0	−0.000 5	−0.000 5	−0.000 5
z21，7 阶像散	0	0	0	0.000 3	0.000 3	0.000 3
z22，7 阶 45° 像散	0	0	0	0	0	0
z23，7 阶 x 彗差	0	0	0	0	0	0
z24，7 阶 y 彗差	0	0	0	−0.001 3	−0.001 3	−0.001 3
z25，7 阶球差	−0.011 8	−0.012 1	−0.012 5	−0.011 9	−0.012 2	−0.012 6
z26	0	0	0	0	0	0
z27	0	0	0	−0.000 1	−0.000 1	−0.000 1
z28	0.000 2	0.000 2	0.000 2	0	0	0
z29	0	0	0	0	0	0
z30	0	0	0	0	0	0
z31	0	0	0	0.001 1	0.001 1	0.001 1
z32，9 阶像散	0	0	0	0.001 4	0.001 4	0.001 4
z33，9 阶 45° 像散	0	0	0	0	0	0
z34，9 阶 x 彗差	0	0	0	0	0	0
z35，9 阶 y 彗差	0	0	0	−0.004 8	−0.004 8	−0.004 8
z36，9 阶球差	−0.000 7	−0.000 7	−0.000 6	0.001 2	0.001 3	0.001 4
z37，11 阶球差	0.008 1	0.008 1	0.008 1	0.007 4	0.007 4	0.007 4
RMS 复色	0.027 3	0.011 8	0.024 7	0.033 7	0.025 5	0.035 4
(倾斜去除)	0.027 3	0.011 8	0.024 7	0.027 3	0.013 1	0.025 9
RMS 拟合误差	0.001 3	0.001 3	0.001 3	0.001 3	0.001 3	0.001 3

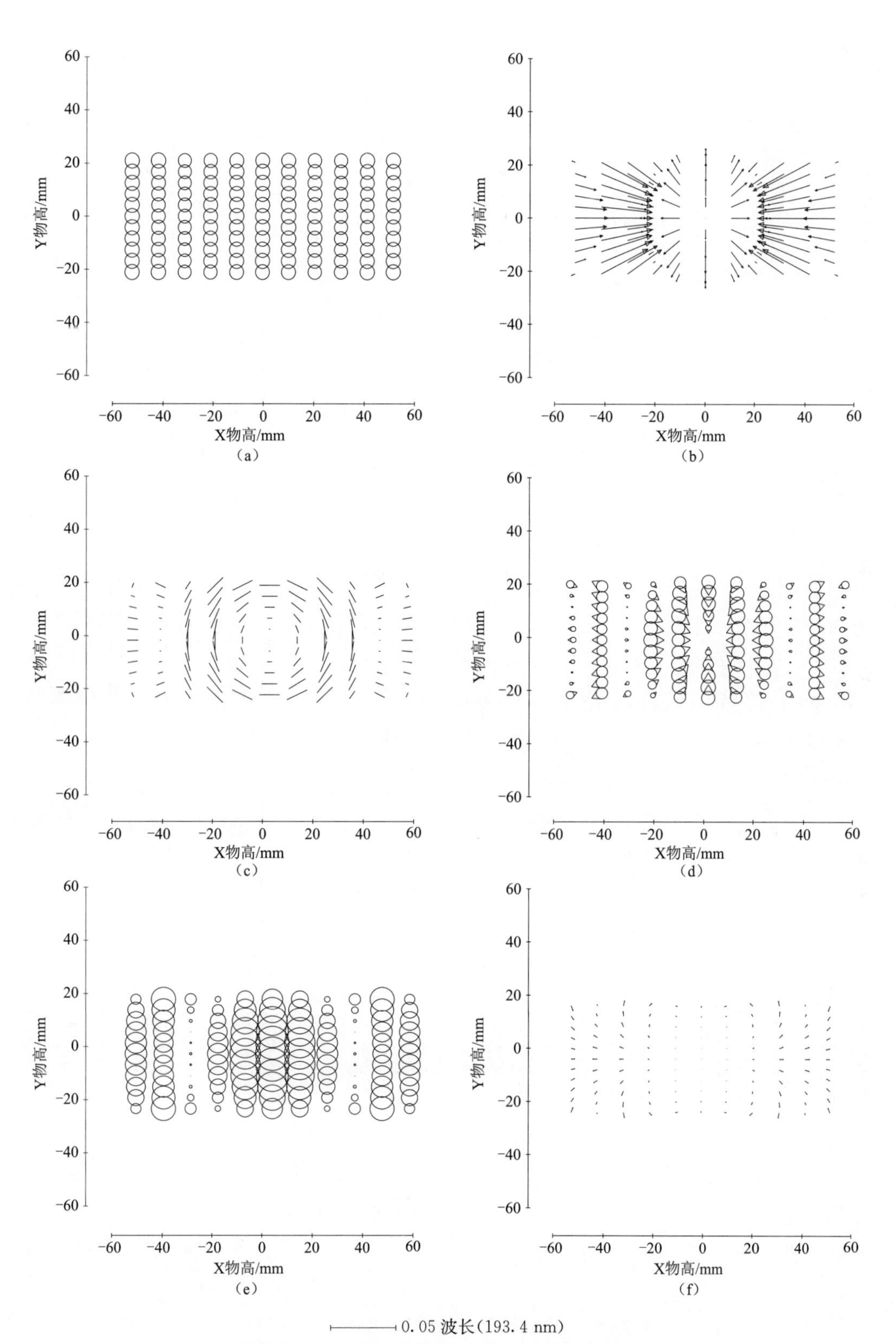

0.05 波长(193.4 nm)

图 9-41　初始球面系统分项 Zernike 波像差图

(a) 总体波像差;(b) 像面倾斜 $Z2$ $Z3$;(c) 像散 $Z5$ $Z6$;(d) 彗差 $Z7$ $Z8$;(e) 球差 $Z9$;(f) 椭圆彗差 $Z10$ $Z11$

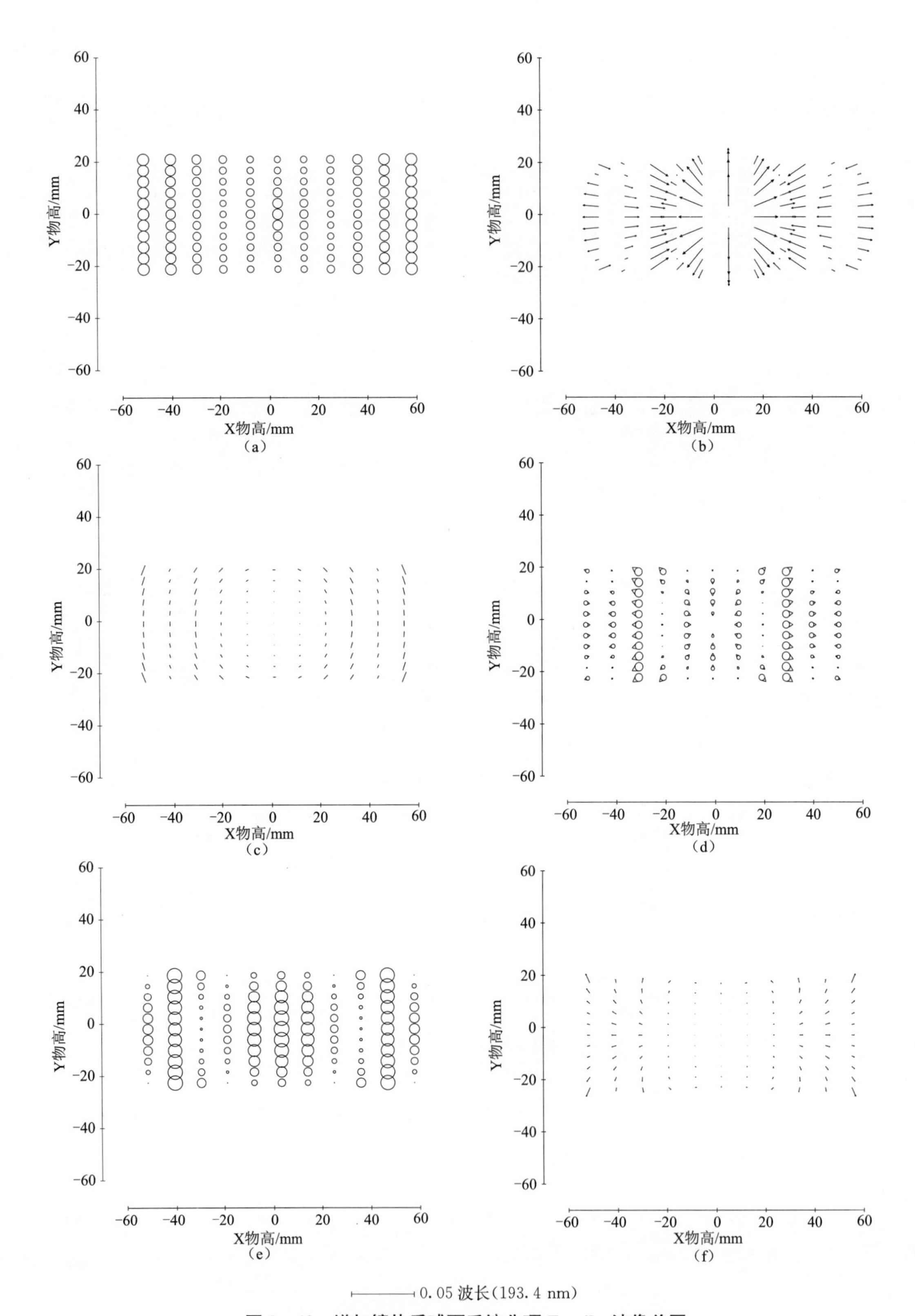

图 9-42　增加镜片后球面系统分项 Zernike 波像差图

(a) 总体波像差;(b) 像面倾斜 $Z2$ $Z3$;(c) 像散 $Z5$ $Z6$;(d) 彗差 $Z7$ $Z8$;(e) 球差 $Z9$;(f) 椭圆彗差 $Z10$ $Z11$;

非球面位置是影响非球面的像差校正作用的主要因素，从设计角度出发，曲面曲率、元件光焦度、材料折射率以及光学表面光线入射角度等因素对校正各种像差也有着重要作用。从加工角度，材料的加工难度、元件口径以及元件公差灵敏度对于非球面位置的挑选也有重要影响。一般来说，具有较大像差的表面对于制造公差会更为敏感。在像差较大表面增加非球面也能够有效降低此表面引入的部分种类像差。

在实际应用过程中，需要挑选出数个可能的非球面位置，对系统进行试探性优化，选取使像质改善较大的非球面位置作为最终位置并进行深度优化。此方法与 Yabe 提出的全局搜索方法相比，可以有效缩小备选非球面位置范围，使用较少的时间，选取有效非球面位置。

添加镜片后全球面系统的波像差如表 9-12 所示，其最小单色波像差为 0.008 0λ，最大为 0.018 8λ。经过对于球面系统 Zernike 各项系数的分析，我们发现影响较大的系数是 $c16$ 和一些低阶彗差与球差。$c16=\rho^4\cos[4\theta]$表示的是 Tetrafoil x，ρ^4 表示该像差高度依赖孔径，因此系统整体需要进一步校正球差与彗差。

球差与彗差在孔径光阑附近能够得到较好的校正，因此我们选择了 35 面(ASP 1)与 40 面(ASP 2)应用非球面来校正各阶球差与彗差。具体结构如图 9-43 所示。

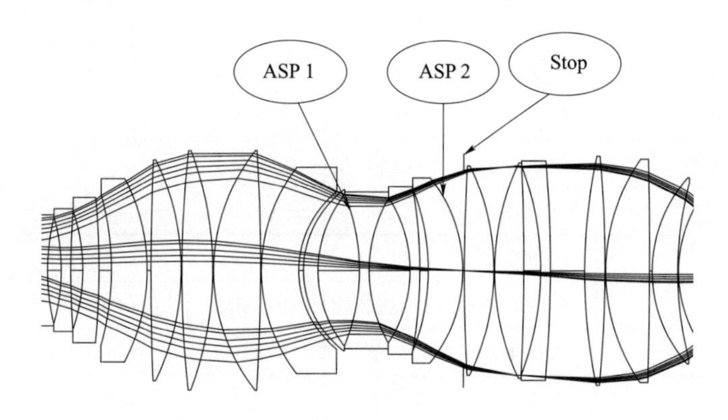

图 9-43 在球面系统基础上新添非球面位置

加入两面 10 次非球面后单色波像差大幅改善，优化后非球面系统与球面系统 Zernike 各项系数比较如图 9-44 所示。

表 9-12 添加镜片后全球面系统波像差

项 数	视场 1	2	3	4	5	6
z1，平移	0.006 9	0.013 9	0.009 4	−0.004 4	−0.000 7	0.006 4
z2，x 倾斜	0.000 0	0.000 0	0.000 0	0.000 0	0.000 0	0.000 0
z3，y 倾斜	0.000 0	0.026 0	0.006 8	0.026 1	0.010 5	−0.017 3
z4，离焦	−0.007 7	0.001 7	0.006 3	0.006 5	0.012 6	0.005 2
z5，3 阶像散	0.000 0	0.002 5	0.007 2	0.006 8	0.003 0	0.012 4
z6，3 阶 45° 像散	0.000 0	0.000 0	0.000 0	0.000 0	0.000 0	0.000 0
z7，3 阶 x 彗差	0.000 0	0.000 0	0.000 0	0.000 0	0.000 0	0.000 0
z8，3 阶 y 彗差	0.000 0	−0.002 4	0.008 9	0.009 8	−0.003 1	−0.007 2
z9，3 阶球差	−0.000 9	0.000 8	0.005 9	0.012 7	0.012 2	0.007 8

续表

项　　数	视场1	2	3	4	5	6
z10	0.000 0	0.000 0	0.000 0	0.000 0	0.000 0	0.000 0
z11	0.000 0	0.002 0	−0.000 1	0.002 3	0.003 5	−0.005 1
z12，5阶像散	0.000 0	0.000 9	0.000 0	−0.001 5	0.001 1	0.001 1
z13，5阶45°像散	0.000 0	0.000 0	0.000 0	0.000 0	0.000 0	0.000 0
z14，5阶x彗差	0.000 0	0.000 0	0.000 0	0.000 0	0.000 0	0.000 0
z15，5阶y彗差	0.000 0	−0.005 9	0.003 3	0.003 4	−0.013 5	−0.007 3
z16，5阶球差	0.016 8	0.014 3	0.008 1	−0.000 8	−0.006 0	−0.000 5
z17	0.001 9	0.000 8	−0.005 2	−0.020 9	−0.044 4	−0.034 5
z18	0.000 0	0.000 0	0.000 0	0.000 0	0.000 0	0.000 0
z19	0.000 0	0.000 0	0.000 0	0.000 0	0.000 0	0.000 0
z20	0.000 0	0.002 4	−0.003 7	−0.006 9	0.012 4	0.009 7
z21，7阶像散	0.000 0	−0.000 4	−0.000 6	−0.000 5	−0.001 8	−0.003 9
z22，7阶45°像散	0.000 0	0.000 0	0.000 0	0.000 0	0.000 0	0.000 0
z23，7阶x彗差	0.000 0	0.000 0	0.000 0	0.000 0	0.000 0	0.000 0
z24，7阶y彗差	0.000 0	−0.010 8	0.015 5	0.013 9	−0.002 0	0.007 6
z25，7阶球差	−0.002 5	−0.003 0	−0.003 9	−0.004 9	−0.006 7	−0.010 3
z26	0.000 0	0.000 0	0.000 0	0.000 0	0.000 0	0.000 0
z27	0.000 0	−0.002 0	0.003 2	0.004 6	−0.001 6	0.014 8
z28	0.001 2	0.001 1	0.000 5	−0.000 4	−0.001 0	−0.001 0
z29	0.000 0	0.000 0	0.000 0	0.000 0	0.000 0	0.000 0
z30	0.000 0	0.000 0	0.000 0	0.000 0	0.000 0	0.000 0
z31	0.000 0	0.001 9	−0.003 6	−0.005 0	0.006 8	0.009 1
z32，9阶像散	0.000 0	0.002 3	0.004 2	0.003 9	0.001 6	0.003 9
z33，9阶45°像散	0.000 0	0.000 0	0.000 0	0.000 0	0.000 0	0.000 0
z34，9阶x彗差	0.000 0	0.000 0	0.000 0	0.000 0	0.000 0	0.000 0
z35，9阶y彗差	0.000 0	−0.007 1	0.007 9	0.005 0	0.001 4	0.006 4
z36，9阶球差	0.001 7	0.002 1	0.002 0	0.001 0	0.000 2	0.000 6
z37，11阶球差	0.005 6	0.004 9	0.003 7	0.002 3	0.001 1	0.000 6
RMS复色	0.008 0	0.014 8	0.009 4	0.017 5	0.018 8	0.017 5
(倾斜去除)	0.008 0	0.007 1	0.008 8	0.011 7	0.018 1	0.015 2
RMS拟合误差	0.004 0	0.000 7	0.000 9	0.000 9	0.001 4	0.002 0

我们又在较为靠近像面的57面(倒数第二元件后表面)加入10阶非球面，以平衡大孔径大视场系统造成的像差校正困难，像质继续改善，以中心光线为参考波像差小于1 nm，优化后具有三个非球面的结构如图9－45所示，其Zernike波像差如表9－13所示。

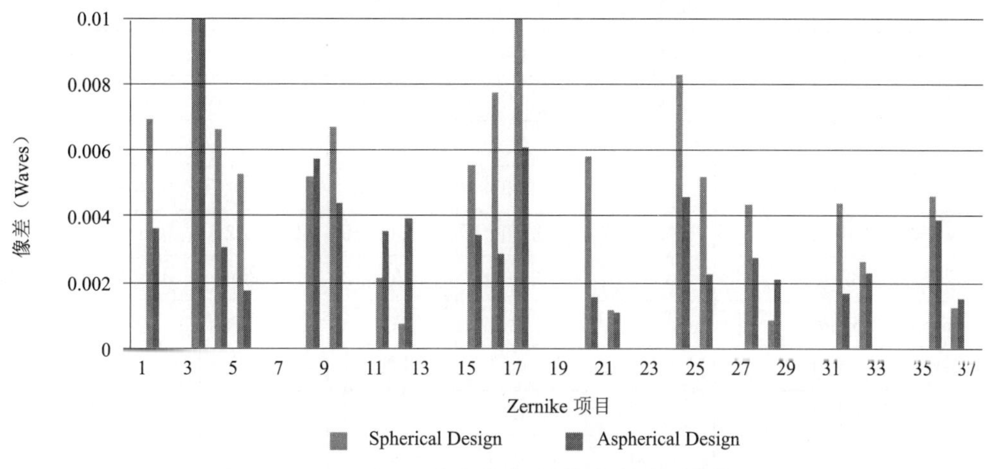

图 9-44　Zernike 系数在光瞳附近添加非球面前后对比

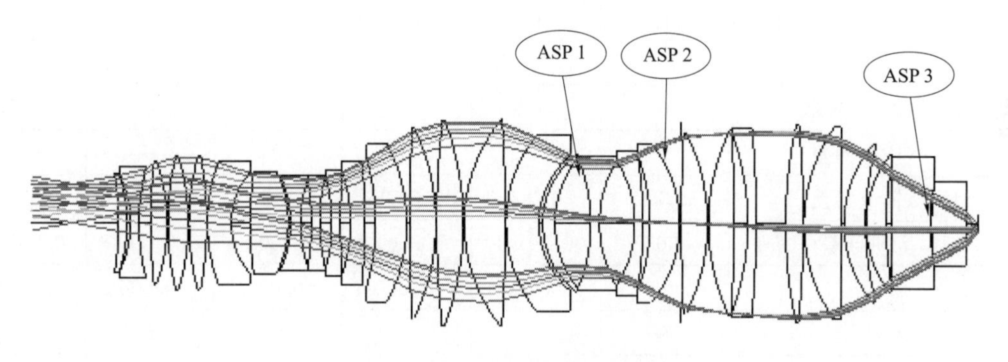

图 9-45　三非球面系统结构

通过继续对系统 Zernike 波像差进行分析，可以发现，第 $Z3$、第 $Z5$ 项与第 $Z27$ 项较大，并与视场相关，所以在靠近物面位置第三面增加非球面。应用相似方法分析像质，确定位置范围，比较接近非球面对像质的影响，确定所选用的最终位置。不断优化后得到了满足指标要求波像差小于 0.5 nm 的八非球面系统，结构如图 9-46 所示。最终选取的非球面及其优化顺序为 35、40、57、3、2、58、12、21。最终八非球面系统 Zernike 波像差如表 9-14 所示。

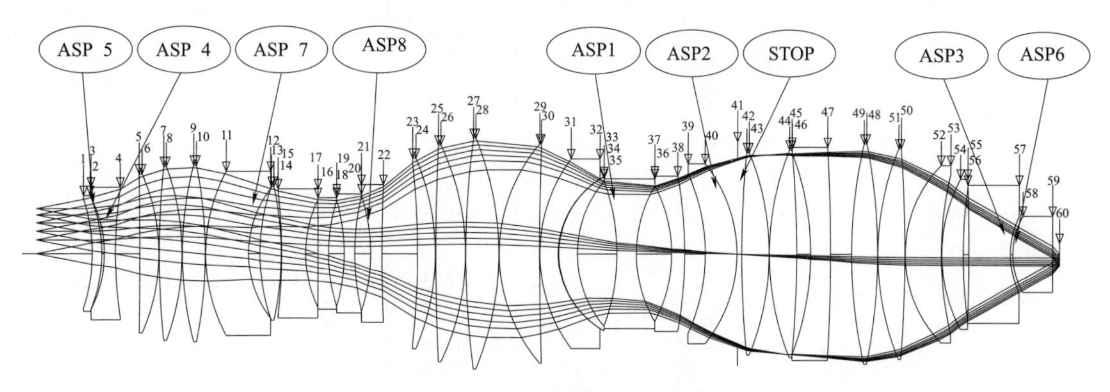

图 9-46　八非球面系统结构

表 9-13 三非球面系统 Zernike 波像差

项　　数	视场 1	2	3	4	5	6
z1，平移	0.001 3	−0.000 1	−0.003 3	−0.003 8	0.003 6	0.000 1
z2，x 倾斜	0	0	0	0	0	0
z3，y 倾斜	0	0.009 4	0.000 3	−0.004	0.003 5	−0.007 1
z4，离焦	−0.000 2	−0.000 1	−0.000 6	0.000 2	0.003 1	−0.001 8
z5，3 阶像散	0	−0.001 8	−0.002 3	−0.000 3	0.003 1	−0.002 5
z6，3 阶 45° 像散	0	0	0	0	0	0
z7，3 阶 x 彗差	0	0	0	0	0	0
z8，3 阶 y 彗差	0	0.001 3	−0.002 4	−0.004 8	−0.001 9	0.002 6
z9，3 阶球差	−0.000 6	−0.000 3	0.001 1	0.002 2	−0.000 3	−0.000 7
z10	0	0	0	0	0	0
z11	0	0	−0.001 3	−0.004 1	−0.002 3	0.001 1
z12，5 阶像散	0	0.001 7	0.002 2	0.001 3	−0.000 2	−0.004
z13，5 阶 45° 像散	0	0	0	0	0	0
z14，5 阶 x 彗差	0	0	0	0	0	0
z15，5 阶 y 彗差	0	−0.000 3	0.001 5	0.001 9	−0.002 6	−0.005 3
z16，5 阶球差	0.003 1	0.001 3	−0.001 1	−0.002 5	−0.000 8	0.001 2
z17	0.000 1	−0.000 1	−0.000 6	−0.003 1	−0.006 9	−0.001 1
z18	0	0	0	0	0	0
z19	0	0	0	0	0	0
z20	0	−0.000 4	−0.001 4	−0.002 3	−0.003 1	−0.005 6
z21，7 阶像散	0	0.000 1	0	−0.000 7	−0.002 8	−0.003
z22，7 阶 45° 像散	0	0	0	0	0	0
z23，7 阶 x 彗差	0	0	0	0	0	0
z24，7 阶 y 彗差	0	−0.002 6	−0.003 2	−0.001 9	0.001 1	0.001 5
z25，7 阶球差	−0.001 7	−0.001 4	−0.000 9	−0.000 1	0.001 4	0.003
z26	0	0	0	0	0	0
z27	0	0	−0.000 1	−0.000 2	0.000 5	0.004 3
z28	0.000 1	0.000 1	0.000 5	0.000 9	−0.000 1	−0.003
z29	0	0	0	0	0	0
z30	0	0	0	0	0	0
z31	0	−0.000 4	−0.001 8	−0.004 5	−0.008 3	−0.009 6
z32，9 阶像散	0	0.000 9	0.002	0.002 9	0.001 5	−0.000 9
z33，9 阶 45° 像散	0	0	0	0	0	0
z34，9 阶 x 彗差	0	0	0	0	0	0

续表

项　　数	视场 1	2	3	4	5	6
z35，9 阶 y 彗差	0	−0.002 3	−0.003 9	−0.004 9	−0.003 8	−0.001 2
z36，9 阶球差	−0.000 7	−0.000 5	−0.000 3	0	0.000 2	0.000 1
z37，11 阶球差	0.001 4	0.000 8	−0.000 1	−0.001 1	−0.002	−0.002 1
RMS 复色	0.001 4	0.004 9	0.002 3	0.004	0.004 6	0.005 7
（倾斜去除）	0.001 4	0.001 5	0.002 3	0.003 5	0.004 3	0.004 5
RMS 拟合误差	0.000 4	0.000 5	0.000 6	0.000 7	0.001 1	0.001 6

表 9-14　八非球面系统波像差

项　　数	视场 1	2	3	4	5	6
z1，平移	−0.001 1	−0.001 9	−0.002 7	−0.001 8	−0.000 2	0.002 5
z2，x 倾斜	0	0	0	0	0	0
z3，y 倾斜	0	0.003 7	0.002 5	0.003 9	−0.003 1	−0.003
z4，离焦	0.001 2	−0.000 5	−0.000 9	0.000 1	0.001 4	0.000 3
z5，3 阶像散	0	0.000 2	−0.000 3	0.000 1	0	−0.000 8
z6，3 阶 45° 像散	0	0	0	0	0	0
z7，3 阶 x 彗差	0	0	0	0	0	0
z8，3 阶 y 彗差	0	0.001 3	−0.000 3	−0.001 8	−0.001 1	0.001 5
z9，3 阶球差	−0.000 1	−0.000 8	−0.000 3	0.000 3	0.000 8	−0.000 2
z10	0	0	0	0	0	0
z11	0	0.001 1	0.000 9	−0.000 6	−0.001 4	−0.000 1
z12，5 阶像散	0	0.002 2	0.002 5	0.002 3	0.000 3	−0.001 6
z13，5 阶 45° 像散	0	0	0	0	0	0
z14，5 阶 x 彗差	0	0	0	0	0	0
z15，5 阶 y 彗差	0	0.001	0.001 5	−0.000 2	−0.001	−0.000 4
z16，5 阶球差	0.001 1	0.000 9	0.000 3	−0.000 5	−0.000 6	0.001 1
z17	0.000 1	0.000 2	0.000 5	−0.001 9	−0.002 5	−0.000 3
z18	0	0	0	0	0	0
z19	0	0	0	0	0	0
z20	0	−0.000 7	−0.001 3	−0.000 8	−0.000 9	0.000 4
z21，7 阶像散	0	−0.000 5	−0.000 6	−0.000 1	0.000 5	−0.000 7
z22，7 阶 45° 像散	0	0	0	0	0	0
z23，7 阶 x 彗差	0	0	0	0	0	0
z24，7 阶 y 彗差	0	−0.002	−0.002 4	−0.001 7	−0.001 4	−0.000 8
z25，7 阶球差	−0.001	−0.000 8	−0.000 4	0.000 2	0.000 9	0.001

续表

项　　数	视场1	2	3	4	5	6
z26	0	0	0	0	0	0
z27	0	0	−0.000 2	−0.000 6	0.001	0.001 5
z28	0.000 1	0	−0.000 1	−0.000 2	−0.001 1	−0.002 4
z29	0	0	0	0	0	0
z30	0	0	0	0	0	0
z31	0	−0.000 1	0	−0.000 2	−0.000 3	−0.002 4
z32，9阶像散	0	0.000 3	0.000 6	0.001	0.000 8	0.000 5
z33，9阶45°像散	0	0	0	0	0	0
z34，9阶x彗差	0	0	0	0	0	0
z35，9阶y彗差	0	−0.001 1	−0.002	−0.002 5	−0.002	−0.002
z36，9阶球差	−0.001	−0.000 9	−0.000 6	0	0.000 6	0.001
z37，11阶球差	0.001 4	0.001	0.000 3	−0.000 5	−0.001 3	−0.001 8
RMS复色	0.001	0.002 3	0.001 9	0.002 4	0.002 3	0.002 2
(倾斜去除)	0.001	0.001 4	0.001 4	0.001 4	0.001 7	0.001 6
RMS拟合误差	0.000 6	0.000 8	0.000 8	0.000 8	0.000 8	0.001 1

如图9－47与表9－15所示，系统焦面偏移在弧矢与子午面上都小于45 nm，像散最大为39 nm。畸变随视场变化，边缘畸变最大处为5×10^{-8} nm，故全视场最大畸变为0.7 nm。

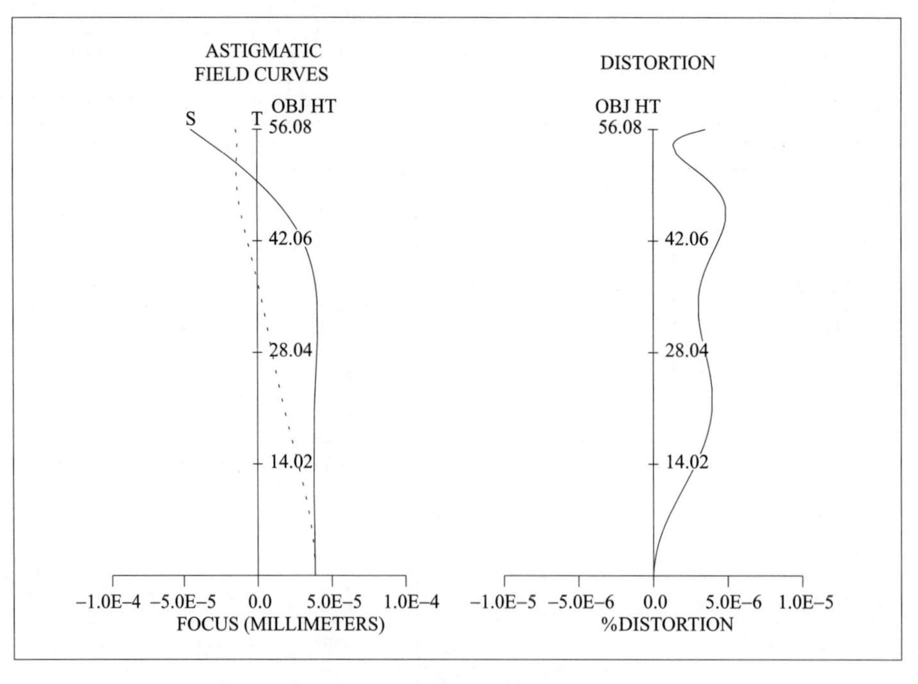

图9－47　三非球面系统场曲与畸变

表 9 - 15　三非球面系统场曲与像散参数

相对视场	物高/mm	X—FOCUS/mm	Y—FOCUS/mm	像散/mm
0	0	0.000 039	0.000 039	0
0.1	5.61	0.000 038	0.000 037	0.000 001
0.2	11.22	0.000 038	0.000 031	0.000 007
0.3	16.82	0.000 038	0.000 024	0.000 014
0.4	22.43	0.000 039	0.000 016	0.000 023
0.5	28.04	0.000 04	0.000 01	0.000 03
0.6	33.65	0.000 04	0.000 004	0.000 036
0.7	39.26	0.000 036	—0.000 003	0.000 039
0.8	44.86	0.000 022	—0.000 011	0.000 033
0.9	50.47	—0.000 006	—0.000 014	0.000 008
1	56.08	—0.000 045	—0.000 015	—0.000 03

三非球面光刻物镜以中心光线为参考单色均方根波像差最小值为 0.001 4λ(0.2 nm)，最大值为 0.005 6λ(1 nm)。其系统总结如表 9 - 16 所示。

表 9 - 16　三非球面系统总结

项　　目	指标要求	实际数值
中心波长/nm	193.368	193.368
像方(硅片)视场	26 mm×10.5 mm	圆形视场直径 28.04 mm
缩小倍率	—0.25	—0.25
数值孔径取值范围	0.5～0.75	0.75
掩模面工作距离/mm	>60（含机械壳）	65 离透镜边缘 62
硅片处工作距离/mm	>8（含机械壳）	9
总长(掩模到硅片)/mm	<1 300	1 300
光学镜片最大通光口径/mm	<290	290
掩模处的远心度/mrad	≤1	最大 3.87
硅片处的远心度/mrad	≤1	最大 0.286
焦面偏移(沿 Z 向)/nm	<45	45
畸变位置相对理想位置的偏差/nm	<±0.5	最大 0.7
均方根波像差(单色)/nm	≤0.5	0.2～1.1
像散(宽光束、细光束)/nm	<30	最大 39

下面对八非球面系统进行像质评价。如图 9 - 48 与表 9 - 17 所示，系统焦面偏移在弧矢与子午面上都小于 45 nm，像散最大为 29 nm。畸变随视场变化，边缘畸变最大处为 3.5×10^{-8} nm，故全视场最大畸变为 0.5 nm。

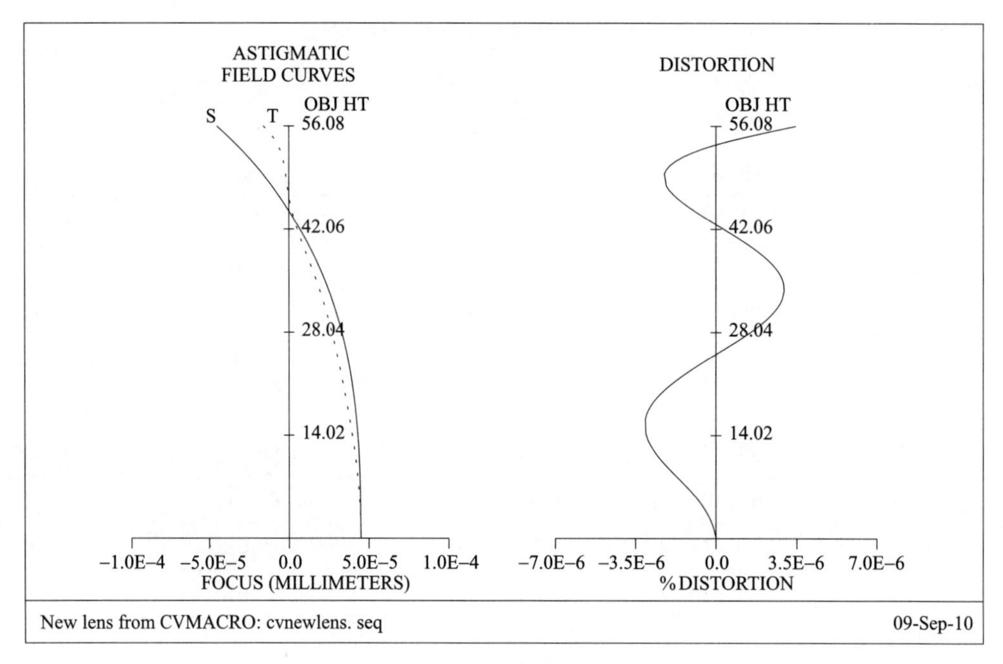

图 9-48　8 非球面系统场曲与畸变

表 9-17　8 非球面系统场曲与像散参数

相对视场	物高/mm	X—FOCUS/mm	Y—FOCUS/mm	像散/mm
0	0	0.000 045	0.000 045	0
0.1	5.61	0.000 045	0.000 044	−0.000 001
0.2	11.22	0.000 044	0.000 042	−0.000 002
0.3	16.82	0.000 042	0.000 038	−0.000 004
0.4	22.43	0.000 039	0.000 033	−0.000 006
0.5	28.04	0.000 033	0.000 027	−0.000 006
0.6	33.65	0.000 025	0.000 019	−0.000 006
0.7	39.26	0.000 014	0.000 01	−0.000 004
0.8	44.86	−0.000 001	0.000 002	0.000 003
0.9	50.47	−0.000 02	−0.000 003	0.000 017
1	56.08	−0.000 045	−0.000 016	0.000 029

以 Zernike 系数表征的波像差是衡量系统质量的重要标准，八非球面系统的波像差最小单色波像差为 0.001λ(0.193 nm)，最大为 0.002 4λ(0.463 nm)。

八非球面系统各项参数总结如表 9-18 所示。

表 9-18　八非球面系统总结

项　　目	指标要求	实际指标
中心波长/nm	193.368	193.368
像方(硅片)视场	26 mm×10.5 mm	圆形视场直径 28.04 mm

续表

项 目	指标要求	实际指标
缩小倍率	−0.25	−0.25
数值孔径取值范围	0.5～0.75	0.75
掩模面工作距离/mm	＞60（含机械壳）	70.75 离透镜边缘 60
硅片处工作距离/mm	＞8（含机械壳）	9
总长(掩模到硅片)/mm	＜1 300	1 300
光学镜片最大通光口径/mm	＜290	最大 281
掩模处的远心度/mrad	≤1（物方）	最大 3.87
硅片处的远心度/mrad	≤1（像方）	最大 0.286
焦面偏移(沿 Z 向)/nm	＜45	最大 45
畸变位置相对理想位置的偏差/nm	＜±0.5	最大 0.5
均方根波像差(单色)/nm	≤0.5	0.19～0.46
像散(宽光束、细光束)/nm	＜30	最大 29

第 10 章
非球面和自由曲面的应用

科学技术的飞速发展对光电仪器中的光学系统要求越来越高。新一代光电仪器系统，不仅要求高成像质量和宽光谱范围，还要实现轻量化和小型化，比如下一代轻型宽谱段高分辨力空间侦察卫星相机、基于共形光学的新型导弹整流罩、各种飞行员和单兵作战信息系统头盔显示器、多谱段光电稳瞄系统和战略激光武器等，均需要能够反映新颖设计概念的非球面光学元件。非球面光学零件具有优良的光学性能，它能够很好地校正多种像差，改善成像质量。非球面在光学系统中的应用主要受到两个方面的束缚：一是非球面的设计，二是非球面的加工测量。进入 21 世纪以来，非球面的设计与加工测量已经取得了显著的进展，我国已经有很多单位可以加工和测量非球面，因此非球面在新型的光电仪器中已经得到了广泛的应用。

10.1 非球面的表示方法

第 1 章已经指出，为了设计出系统的具体结构参数，必须明确系统结构参数的表示方法。共轴光学系统的最大特点是系统具有一条对称轴——光轴，系统中每个曲面都是轴对称旋转曲面，它们的对称轴均与光轴重合。国内的光学设计软件，如北京理工大学研制的 SOD88 软件中，系统中每个曲面的形状用方程(10-1)表示，所用坐标系如图 10-1 所示。

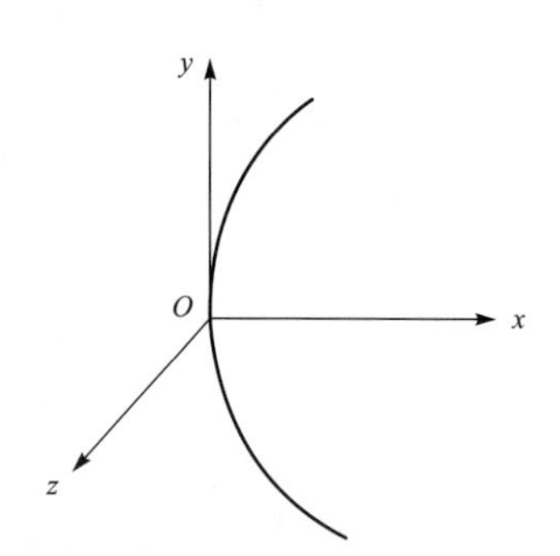

图 10-1 光学系统坐标系

$$x=\frac{ch^2}{1+\sqrt{1-Kc^2h^2}}+a_4h^4+a_6h^6+a_8h^8+a_{10}h^{10}+a_{12}h^{12} \tag{10-1}$$

式中，$h^2=y^2+z^2$，c 为曲面顶点的曲率，K 为二次曲面系数，$a_4, a_6, a_8, a_{10}, a_{12}$ 为高次非曲面系数。

方程(10-1)可以普遍地表示球面、二次曲面和高次非曲面。公式右边第一项代表基准二次曲面，后面各项代表曲面的高次项。基准二次曲面系数 K 值不同所代表的二次曲面如表 10-1 所示。

表 10-1 二次曲面面形

K 值	$K<0$	$K=0$	$0<K<1$	$K=1$	$K>1$
面形	双曲面	抛物面	椭球面	球面	扁球面

不同的面形，对应不同的面形系数，例如：

球面：$K=1, a_4=a_6=a_8=a_{10}=a_{12}=0$。

二次曲面：$K\neq 1, a_4=a_6=a_8=a_{10}=a_{12}=0$。

二次曲面图形如图 10－2 所示。

在不同的光学设计软件中，非球面的表示略有不同，在 Zemax 软件中，非球面的表示有如下几种。

偶数次非球面：旋转对称的多项式非球面是在一个球面(或是用二次曲面确定的非球面)基础上加上一个多项式的增量来描述的。偶数次非球面仅用径向坐标值的偶数次幂来描述非球面。标准基面用曲率半径和二次曲面系数确定。面形坐标由式(10－2)确定：

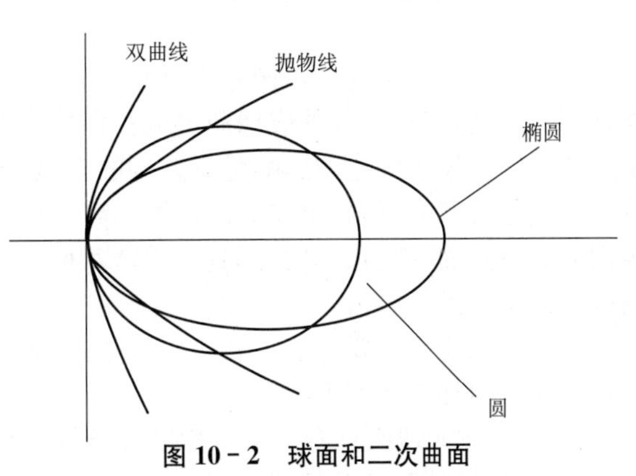

图 10－2　球面和二次曲面

$$z=\frac{cr^2}{1+\sqrt{1-(1+k)cr^2r^2}}+\sum_{i=1}^{8}\alpha_i r^{2i} \tag{10-2}$$

式中，r 为径向坐标，$\alpha_1\sim\alpha_8$ 为高次非球面系数。

奇数次非球面：奇数非球面与偶数非球面相似，只是采用径向坐标 r 值的奇数次幂来描述非球面。面形坐标由(10－3)式确定：

$$z=\frac{cr^2}{1+\sqrt{1-(1+k)cr^2r^2}}+\sum_{i=1}^{8}\beta_i r^{i} \tag{10-3}$$

式中，$\beta_1\sim\beta_8$ 为高次非球面系数。

双曲率面：双曲率面由 YZ 平面内定义的一条曲线绕平行于 Y 轴的轴旋转且与 Z 轴相交而生成。定义双曲率面需要 YZ 平面中的基底半径，二次曲面常数和多项式非球面系数。YZ 平面的曲线定义由(10－4)确定：

$$z=\frac{cy^2}{1+\sqrt{1-(1+k)c^2y^2}}+\sum_{i=1}^{8}\alpha_i y^{2i} \tag{10-4}$$

式中，$\alpha_1\sim\alpha_8$ 为高次非球面系数。这条曲线与偶数次非球面方程相似，只是这里省略了 16 次方项，且方程中的自变量为 y 而不是 r。然后这条曲线绕到距顶点距离为 R 的轴旋转，R 为旋转半径，可正也可为负。如果要描述一个在 X 方向为平面的柱面透镜，只需令 $\alpha_1=0$ 即可，此时 Zemax 认为半径无穷大。如果 YZ 面内的半径设为无穷大，则认为在 X 方向有光焦度、在 Y 方向无光焦度，因此可以在 Y 或 Z 任意方向上描述柱面。其他 α 参数用于设定任意的非球面系数。如果要求一个在 X 方向的非球面，那么可以用两个坐标变换面将系统绕 Z 轴旋转即可。

双二次曲面：双二次曲面与双曲率面相似，只是二次曲面常数以及 X、Y 方向的基底半径值可能不同。双二次曲面可以直接定义 R_x, R_y, K_x 和 K_y。双二次曲面的坐标方程为

$$\begin{cases} z=\dfrac{c_x x^2+c_y y^2}{1+\sqrt{1-(1+k_x)c_x^2x^2-(1+k_y)c_y^2y^2}} \\ c_x=\dfrac{1}{R_x}, c_y=\dfrac{1}{R_y} \end{cases} \tag{10-5}$$

式中

X 方向的半径值如果设为 0,则 Zemax 软件中 X 方向的半径值被认为是无穷大。

10.2 非球面的特性

非球面在光学系统校正像差中具有显著的优点,它增加了自变量,校正像差的能力得到加强,因此有可能获得更好的成像质量或在保持成像质量不变的情况下简化系统。非球面在系统中的位置对校正像差的影响是有差别的,一般来说,非球面接近系统的孔径光阑则对校正系统的球差是有利的,而如果非球面位置远离孔径光阑,则有利于校正系统的轴外像差。但是非球面表面各处曲率变化率大、不具有旋转对称性,传统的光学设计方法、数控加工技术很难在精度及效率上满足要求。

非球面的应用主要受加工和检验的限制,光学非球面的特性使得其加工和检验远比球面困难。非球面加工有如下特点:

① 大多数非球面只有一个对称轴,面形比较复杂,一般只能单件加工。

② 对于非球面来说,其表面上各点曲率不同,抛光时面形修正难度大。

③ 球面光学零件加工中的定心磨边技术比较成熟,精度较好,而对于非球面来说,其对另一平面或球面的偏斜无法用磨边来纠正,因而球面的方法对非球面光学零件不适用。

球面光学零件的检验中,通常采用样板来检验光圈,方便简捷,精度很好,而光学非球面的检验不像球面那样容易实现,一般不能用样板法。非球面的检测主要有如下方法:

① 接触法测量。如采用三坐标测量仪来进行测量。这种测量方法采用直接接触进行逐点测量,相对来说测量的效率比较低,容易损伤被测面,测量精度也不高。

② 非接触法测量。这类方法包括激光扫描测量法、阴影法、干涉法等。激光扫描测量法易于实现仪器化,控制比较简单;采用刀口仪来进行阴影法测量需要较好的测量技术和测量经验,不能完全定量,只能确定一个范围,测量效率比较低,但其设备简单、直观,适用于现场检测。干涉法测量可以做到灵敏度高,随着补偿镜、计算全息、移相、外差、锁相、条纹扫描等先进技术的出现,这种测量方法成为非球面检测的主要方法。

光学非球面的加工方法通常有以下几种。

去除加工法:包括研磨法、磨削法、切削、离子抛光法等。

模压成型法:包括热压成型法、注射成型法、浇铸成型法。

附加法:包括镀膜法、复制法。

复合法:由玻璃球面镜和树脂非球面镜复合而成。

在光学系统的设计过程中,是全部采用球面还是部分采用非球面,采用多少非球面合适,需要设计者具体情况具体分析。球面的加工和检验简单,成本低,但校正像差的能力低,因此系统中可能会使用较多的透镜,系统比较复杂;而采用非球面,可以增加校正像差的自变量,也就是增加校正像差的能力。但是非球面的加工和检验比较复杂,加工成本昂贵,而且加工的精度有可能达不到要求的精度,甚至由于加工的误差抵消掉采用非球面所带来的好处。通常,如果使用非球面将使得系统大为简化,外形体积和重量大大减小,这是值得的。

10.3 反射二次非球面的应用

反射式光学系统有很多优点,如:没有色差,适合于紫外、可见光和红外等宽光谱情形;反射式光学系统口径可以做得很大，而折射式光学系统口径不可能做太大；同时，反射式光学系统可以折叠光路，在系统不太长的外形下，焦距可以很长，而对于折射式系统来说，通常系统的长度会大于焦距，如果焦距很长，则系统就会更长，对于空间光学系统等情形往往难于满足要求。对于反射面，通常都是利用二次曲面满足等光程的条件，二次曲面包括以下几种。

椭球面：对两个定点距离之和为常数的点的轨迹，是以该两定点为焦点的椭圆。因此椭球面对两个焦点符合等光程条件。

双曲面：到两个定点距离之差为常数的点的轨迹，是以该两点为焦点的双曲面。因此双曲面对内焦点和外焦点符合等光程条件，其中一个是实的，一个是虚的。

抛物面：到一条直线和一个定点的距离相等的点的轨迹，是以该定点为焦点，该直线为准线的抛物面。因此抛物面对焦点和无限远轴上点符合等光程。

这样，我们可以根据具体情况，合理地选择这些二次曲面，符合等光程的条件，满足光学系统的要求。需要注意的是，二次曲面满足等光程的条件只是针对轴上点才成立，对轴外点不符合等光程条件，因此，这些反射二次曲面系统的视场一般不能过大。如果视场过大，成像质量不能得到保证，只有加入折射式系统才有可能获得良好的成像质量。反射式系统通常采用两镜和三镜系统，两镜系统如图 10－3 所示。

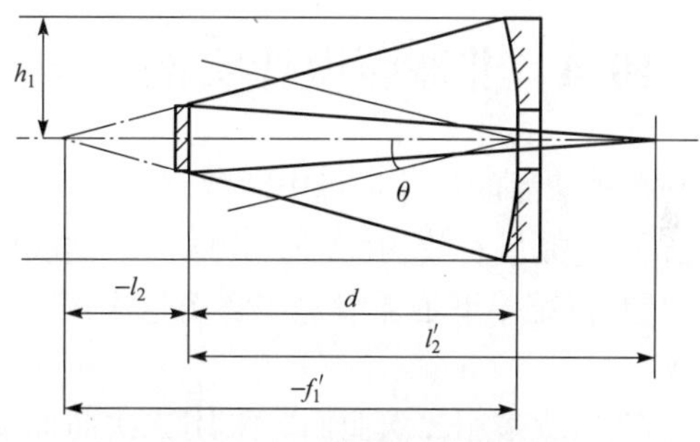

图 10－3　两镜系统示意图

常用的两镜系统有以下几种。

① 经典卡塞格林系统(Cassegrain)。经典卡塞格林系统中，主镜为凹的抛物面，副镜为凸的双曲面，抛物面的焦点和双曲面的虚焦点重合，经双曲面后成像在其实焦点处。卡塞格林系统的长度较短，主镜和副镜的场曲符号相反，有利于扩大视场。

② 格里高利系统(Gregory)。格里高利系统的主镜为凹的抛物面，副镜为凹的椭球面，抛物面的焦点和椭球面的一个焦点重合，经椭球面后成像在其另一个实焦点处。

③ R－C 系统。最早的卡塞格林系统和格里高利系统因为轴外像差没有校正，使用上受到某些限制，为此，Chrétien 提出了主镜和次镜都为双曲面的方法。使球差和彗差同时得到校正的改进形式的卡塞格林系统由 Ritchey 实现，故称为 R－C 系统，如图 10－4 所示。目前，很多大型天文望远镜最常用的就是 R－C 系统。

④ 马克苏托夫系统。马克苏托夫系统的主镜和副镜均为椭球面，主镜椭球面的一个焦点与次镜椭球面的一个焦点重合，如图 10－5 所示。

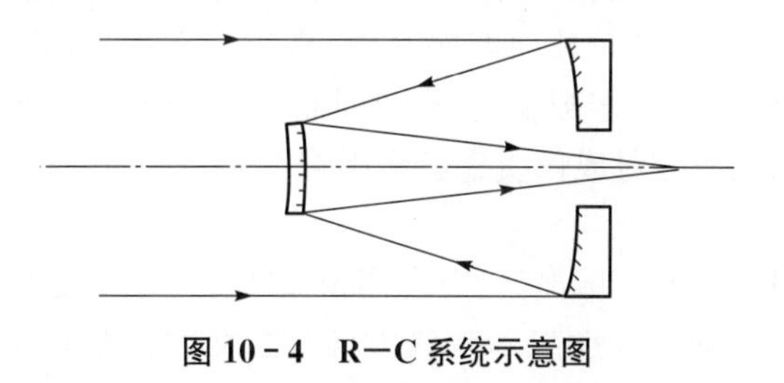
图 10－4　R－C 系统示意图

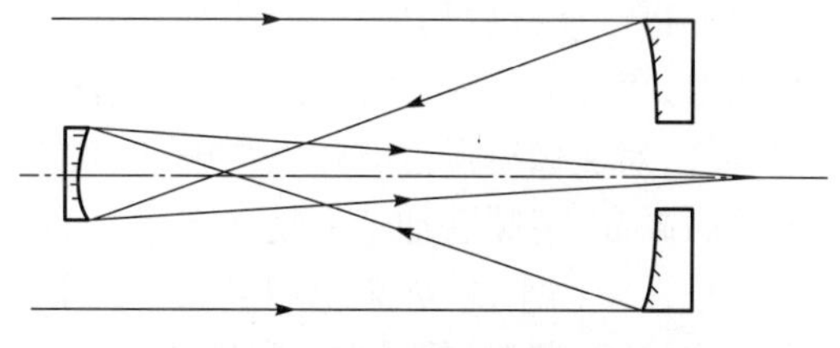
图 10－5　马克苏托夫系统示意图

⑤ 无焦系统。无焦系统的主镜副镜均为抛物面，两个抛物面的焦点重合，使得入射平行光仍然以平行光出射，可用于优质激光扩束系统，如图 10－6 所示。但是此系统的缺点是中心

有遮拦,影响了光能的利用,为克服此缺点,可以采用离轴的抛物面。当然,离轴抛物面并不是非共轴,两个抛物面仍然是共轴,只是离轴使用,避开中心遮拦。

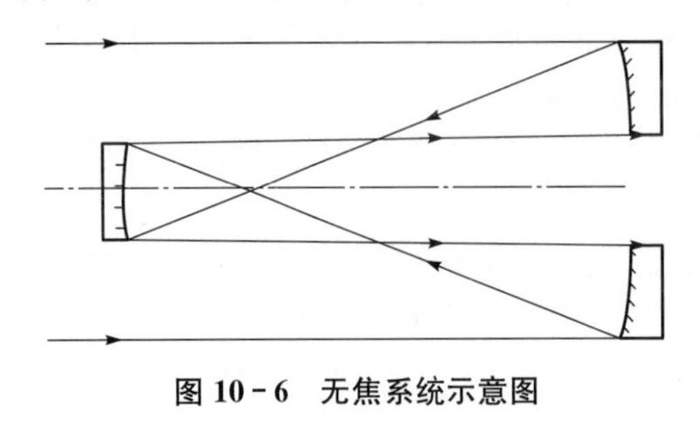

图 10-6　无焦系统示意图

需要指出的是,反射式系统由于通常只有两个或三个反射表面,因此广泛地使用甚至有时必须使用非球面,如果上面所介绍的反射系统不能满足轴外视场成像质量的要求,可以将这些反射面改为高次非球面,当然,高次非球面的加工和检验比二次非球面要复杂得多,需要综合考虑。另外,反射式系统与折射式系统的一个区别是反射式系统的加工和装调公差要比折射式系统的严,难度也相应加大。通常折射式系统的加工、偏心和倾斜等误差控制在一定范围内即可获得很好的成像质量,而对于反射式系统,这些可能会引起成像质量的严重下降,这是需要设计和装调人员注意的问题。

10.4　非球面设计实例

在非球面的设计过程中需要注意的问题有:

① 选择最有效的面加上非球面。到底应该在哪些表面上加上非球面,这是一个非常困难的问题,很难一下子弄清楚。解决这个问题可以采用试探的方法,看看加在哪个表面最佳,最有效。

② 尽量采用二次曲面。采用二次曲面能够满足要求不加工高次项,因为高次非球面的加工检验复杂得多。

③ 需要计算与最接近球面的非球面度。设计好非球面以后,通常还要设计和计算出最接近球面。所谓最接近球面就是与非球面差别最小的球面,最接近球面与非球面的差别大小反映了非球面加工的难度。

④ 需要设计非球面的检验光路。有时,需要光学设计者设计出非球面加工后的检验光路,指导光学加工和检验人员。

⑤ 非球面的加工问题。光学设计者需要了解采用哪种非球面加工方法,在设计上可能会有所变化。

非球面对于校正像差是非常有效的,但是需要精心设计。有时候,把二次曲面系数和所有的高次非球面系数都作为自变量加入校正,并不一定能得到一个好的结果。二次曲面系数和非球面四次系数对于初级像差的作用是一样的。通常,只选择它们中的一个,而不是两个一起作为自变量。比较好的做法是,先选择二次曲面系数(或非球面四次系数)作为自变量,然后,如果需要,再加入六次、八次或十次等高次项系数。在大多数情况下,非球面十次项系数已经不需要了,对成像质量没有什么影响,事实上,八次系数对成像质量已经影响不大了。另外,非球面次数越高,意味着加工的精度要求越高,难度越大。

对于一个面来说,如果采用高达十次非球面系数的非球面,可以在四条光线交点高度处将球差完全校正到零。但是,有可能在这四条光线之间的高度处球差较大,因此,在设计非球面时应该选择比球面更多的光线数目。下面是几个设计实例。

1. 光纤成像透镜

这是一个光纤成像透镜,物像对称,物方和像方的数值孔径均为 0.22,光纤芯径为

0.36 mm,波长为 0.808 μm。在本例中,第一面采用非球面,加上二次和四次非球面系数。系统图如图 10－7 所示。

其光学传递函数 MTF 曲线如图 10－8 所示。

其像点弥散图如图 10－9 所示。

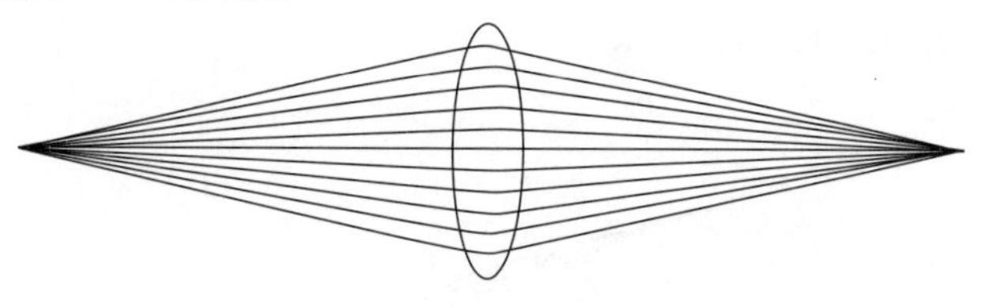

图 10－7　光纤成像透镜示意图

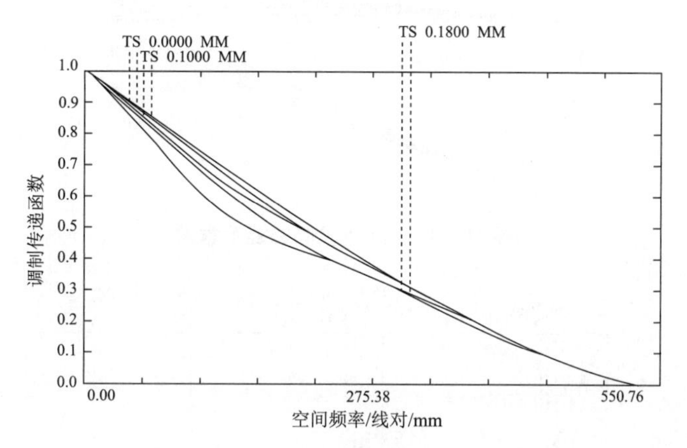

图 10－8　光纤成像透镜 MTF 曲线图

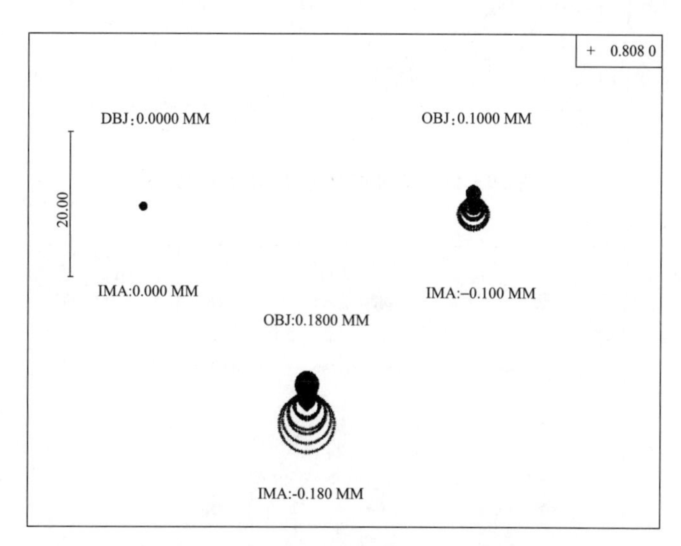

图 10－9　光纤成像透镜像点弥散图

可见成像质量满足要求。如果不采用非球面,要获得这样的成像质量是不可能的。

2. 红外成像透镜

这是一个红外成像透镜,波段为 8～14 μm,焦距 100 mm,相对孔径 1∶1,全视场角为 10.3°。在第一透镜的第二面上加入了非球面。系统图如图 10－10 所示。

其光学传递函数 MTF 曲线图如图 10－11 所示。

其像点弥散图如图 10－12 所示。

成像质量满足要求。

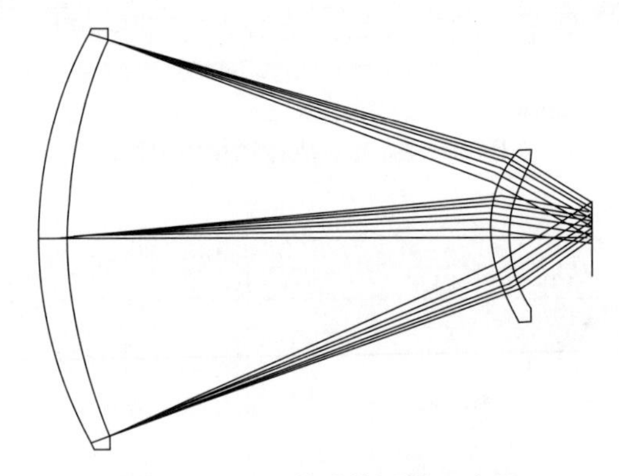

图 10－10　红外成像透镜示意图

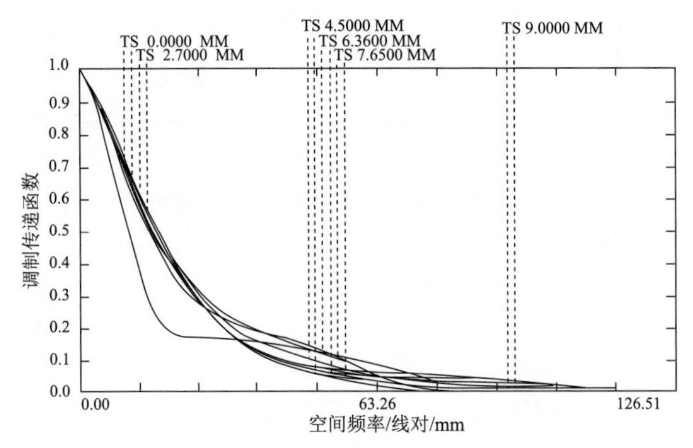

图 10－11　红外成像透镜 MTF 曲线图

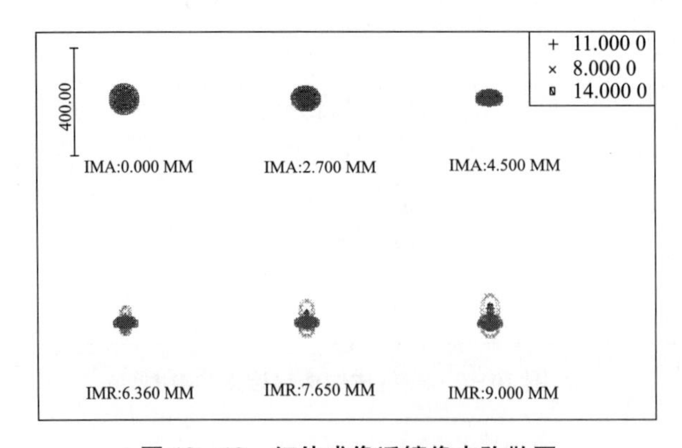

图 10－12　红外成像透镜像点弥散图

3. 相机手机成像透镜

这是一个相机手机成像透镜，波段为可见光，焦距 4 mm，相对孔径 1∶3.5，全视场角为 40°。系统中只用了两片塑料透镜，均加入了非球面。系统图如图 10-13 所示。

其光学传递函数 MTF 曲线图如图 10-14 所示。

其像点弥散图如图 10-15 所示。

成像质量也满足要求。

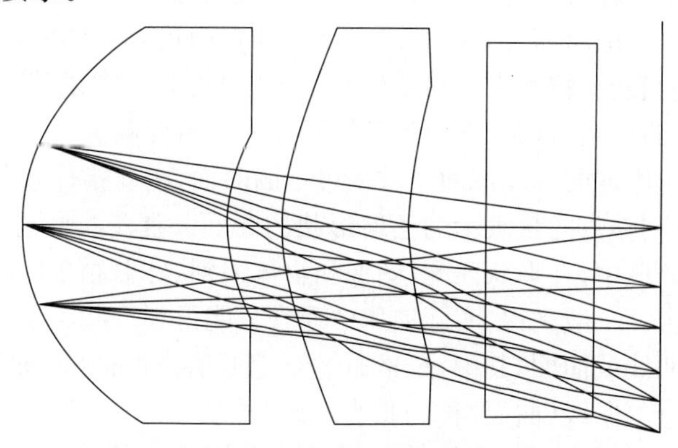

图 10-13　相机手机成像透镜示意图

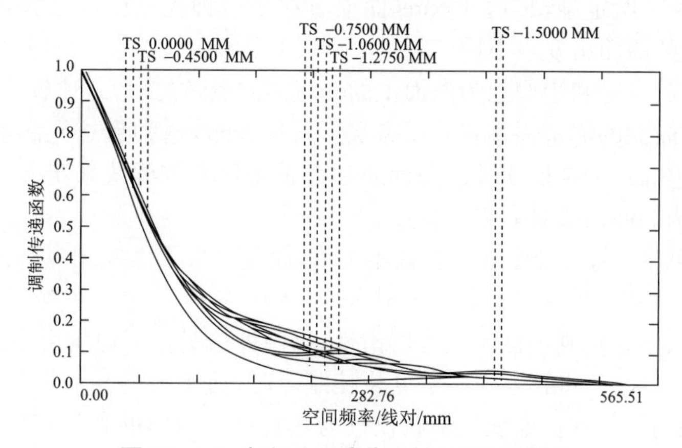

图 10-14　相机手机成像透镜 MTF 曲线图

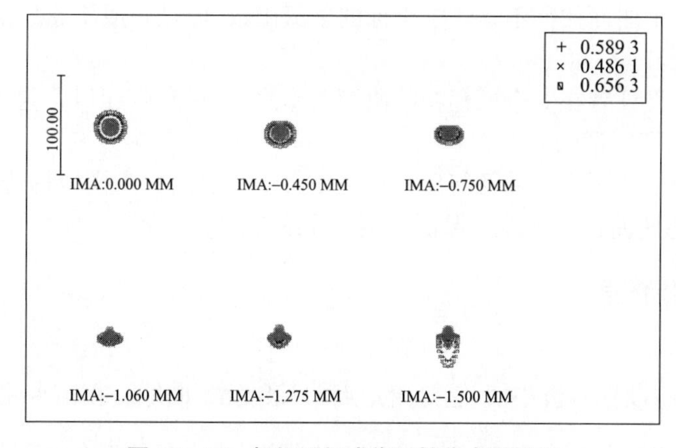

图 10-15　相机手机成像透镜像点弥散图

10.5 自由曲面

近年来,人们开始对自由曲面进行研究,并设想将自由曲面应用在成像光学系统和非成像光学系统,如照明系统中。自由曲面与普通的曲面不同,它很难用连续的函数表示。一般采用离散数据点的方式表示,曲面构造拟合就是利用这些数据点集,寻找形式比较简单、性能良好的曲面的数学表达式。自由曲面具有高度的灵活性和自由度,因此在光学系统中采用自由曲面作为透镜或反射面的表面,将大大提高系统性能,增强校正像差的能力,同时也会大大简化系统的结构,因此自由曲面是目前光学设计领域研究的前沿课题。

自由曲面是指无法用球面或非球面系数来表示的曲面,主要指任意非传统曲面、非对称曲面、微结构阵列曲面和用参数向量表示的任何形状的曲面。在工程物理、医学成像、计算机视觉和计算机图形学等领域中,在形状匹配、图像和物体识别、外形测量等研究中,经常需要进行自由曲面的构造和拟合。一般来说,实际应用中通常只能得到一些离散的型值点,要求利用这些型值点构造相应的曲线或曲面,其中,严格通过给定型值点的曲线(曲面)称为插值曲线(曲面),不完全通过型值点的曲线(曲面)称为拟合曲线(曲面)。在CAD/CAM中常用的曲面设计方法有B样条曲面、Bezier曲面、Ball曲面、Coons曲面方法等。前三种方法获得的都是拟合曲面,即一般不通过给定型值点。Coons曲面方法是一种人-机对话式的曲面设计方法,与给定的型值点构造的曲面出发点不同。

自由曲面拟合通常是利用假想为曲面上的一组离散点,寻找形式比较简单、性能良好的曲面的解析表达式。曲面的解析表达式采用参数形式来表示,这种形式允许多值曲面用统一的形式来表示,且和坐标系的选取无关。曲面通常都采用数学方程式来定义。作为一个优良的数学表示,由它建构的曲面应具有以下特性:

① 缩小变化特性。有些数学表示往往不平滑,而是放大了由控制点所描绘的曲面中的细小不规则处;而另一些则可能相反,总是平滑所给定的控制点。前一种数学表示使得曲面产生高阶振荡,后一种数学表示则使曲面失去圆滑性,这两种情况在工程应用中都不太理想。

② 几何不变性。在不同的坐标系中度量控制点时,所生成的几何形状必须保持不变,这种性质称为坐标轴的无关性。曲面的形状仅仅与其特征多边形的各顶点(控制点)有关,而不依赖于坐标系的选择。

③ 多值性。一个曲面往往不是一个坐标的单值函数,但是一般不希望给定的函数带有多值性。

④ 局部控制。设计者在一个已存在的曲面上修改某个控制点时,希望曲面只在控制点附近的区域改变形状,即所谓的局部控制能力,而不是整个形状都被改变。

⑤ 连续性的阶。实际应用的几何形状往往是由多个曲面片来模拟构造的,为了保证达到设计者的要求,这些曲面在连续处要保证一定的连续性。

10.5.1 曲线构造

1. 样条曲线

样条曲线的均方曲率有极小值,它是给定点的“最光滑”曲线。在笛卡儿坐标系下,最小能量曲线是使两端点间的积分$\int \frac{y''^2 \mathrm{d}x}{(1+y'^2)^{5/2}}$最小的曲线,从这个积分中确定出的曲线$y=y(x)$

是一个没有初等解的变分问题。如果假设在整个样条上 $|y'| \ll 1$，就将问题转化为较简单的 $\int y''^2 \mathrm{d}x$ 的极小值问题。可以证明其解为一个分段三次函数，有二阶的连续导数，也就是数学上的一个三次样条。

设在平面坐标系 XOY 中给出了 n 个型值点 $p_j(x_j, y_j)(j=1,2,\cdots,n)$，不失一般性，可设 $a=x_1<x_2<\cdots<x_n=b$，称满足下述条件的函数 $S(x)$ 为给定点列的三次样条函数：

① $S(x_j)=y_j, j=1,2,\cdots,n$；

② $S(x)$ 在 $[a,b]$ 上有连续的一阶及二阶导数；

③ $S(x)$ 在每个子区间 $[x_i, x_{i+1}]$ 上都是三次多项式。

由于 $S(x)$ 在每个子区间 $[x_j, x_{j+1}]$ 上都是三次多项式，从而它一定可写成如下形式：

$$S(x)=S_j(x)=a_j+b_j(x-x_j)+c_j(x-x_j)^2+d_j(x-x_j)^3$$
$$x_j \leqslant x \leqslant x_{j+1}; j=1,2,\cdots,n-1$$

式中，a_j, b_j, c_j, d_j 为待定系数。因为

$$S(x_j)=y_j$$

故有

$$a_j=y_j$$

为了将 c_j 和 d_j 用 b_j 表示出来，考察任意一段多项式

$$S_j(x)=y_j+b_j(x-x_j)+c_j(x-x_j)^2+d_j(x-x_j)^3$$

以及它的一阶导数

$$S'_j(x)=b_j+2c_j(x-x_j)+3d_j(x-x_j)^2$$

因为 $S_j(x)$ 和 $S'_j(x)$ 在 x_{j+1} 处连续，故有

$$S_j(x_{j+1})=S_{j+1}(x_{j+1}) \text{ 和 } S'_j(x_{j+1})=S'_{j+1}(x_{j+1})$$

从而有

$$y_j+b_j(x_{j+1}-x_j)+c_j(x_{j+1}-x_j)^2+d_j(x_{j+1}-x_j)^3=y_{j+1}$$

和

$$b_j+2c_j(x_{j+1}-x_j)+3d_j(x_{j+1}-x_j)^2=b_{j+1}$$

若令

$$x_{j+1}-x_j=h_{j+1}$$

则以上二式可写成

$$c_j=\frac{y_{j+1}-y_j}{h_{j+1}^2}-\frac{b_j}{h_{j+1}}-d_j h_{j+1}$$

和
$$2c_j=\frac{b_{j+1}-b_j}{h_{j+1}}-3d_j h_{j+1}$$

由此二式解出 c_j 和 d_j：

$$c_j=\frac{3(y_{j+1}-y_j)}{h_{j+1}^2}-\frac{2b_j}{h_{j+1}}-\frac{b_{j+1}}{h_{j+1}} \quad (j=1,2,\cdots,n-1)$$

$$d_j=\frac{-2(y_{j+1}-y_j)}{h_{j+1}^3}+\frac{b_j+b_{j+1}}{h_{j+1}^2} \quad (j=1,2,\cdots,n-1)$$

然后将上述 c_j 与 d_j 的表达式代入三次样条函数 $S(x)$ 的表达式，则

$$S(x)=S_j(x)=y_j+b_j(x-x_j)+\left[\frac{3(y_{j+1}-y_j)}{h_{j+1}^2}-\frac{2b_j}{h_{j+1}}-\frac{b_{j+1}}{h_{j+1}}\right](x-x_j)^2+$$
$$\left[\frac{-2(y_{j+1}-y_j)}{h_{j+1}^3}+\frac{(b_j+b_{j+1})}{h_{j+1}^2}\right](x-x_j)^3$$
$$(x_j\leqslant x\leqslant x_{j+1};j=1,2,\cdots,n-1)$$

由此可以看出,只要确定了 b_j $(j=1,2,\cdots,n)$,则三次样条函数就可以确定。由 $S(x)$的二阶导数在节点 x_j 处的连续性,有

$$S''_{j-1}(x_j)=S''_j(x_j)$$

根据 $S(x)$的表达式求出 $S''_{j-1}(x_j)$ 及 $S''_j(x_j)$ 代入上式,得到

$$6\frac{y_{j-1}}{h_j^2}-6\frac{y_j}{h_j^2}+2\frac{b_{j-1}}{h_j}+4\frac{b_j}{h_j}=-6\frac{y_j}{h_{j+1}^2}+6\frac{y_{j+1}}{h_{j+1}^2}-4\frac{b_j}{h_{j+1}}-2\frac{b_{j+1}}{h_{j+1}},j=2,3,\cdots,n-1$$

若令

$$\frac{h_{j+1}}{h_j+h_{j+1}}=\lambda_j,\mu_j=1-\lambda_j=\frac{h_j}{h_j+h_{j+1}}$$
$$C_j=\lambda_j\frac{y_j-y_{j-1}}{h_j}+\mu_j\frac{y_{j+1}-y_j}{h_{j+1}}$$

则上式可简写成

$$\lambda_jb_{j-1}+2b_j+\mu_jb_{j+1}=3C_j\ (j=2,3,\cdots,n-1)$$

上式是关于 $b_j(j=1,2,\cdots,n)$ 的 $n-2$ 个方程,要唯一地确定一组 b_j ,还需给出两个条件,因此,必须再附加两个方程。一般按要求在端点给出,称为端点条件。

经过以上的讨论,三次样条函数的解题步骤概括如下:

① 根据实际问题确定所用的端点条件。

② 求解建立的关于 b_j 或 c_j 的方程组,得出节点上的 b_j 或 c_j 。

③ 把解出的 b_j 或 c_j 代回相应的样条函数的表达式,从而可以利用它求出任意一点的函数值或导数值。

2. B-样条

考虑两端具有 $S(x)=S'(x)=S''(x)=0$ 的三次样条函数 $S(x)$ 的构造。一个B样条被认为是最小支撑的样条,它的支撑就是使样条取非零值的跨度个数。先讨论截断幂函数基样条,所谓截断幂函数是指如下的一种幂函数:对任意正整数 p,

$$Z_+^p=\begin{cases}Z^p,Z>0\\0,Z\leqslant 0\end{cases}$$

对于区间$[a,b]$上固定网格 Δ 上的任一样条函数 $S(x)$,其在第 j 个子区间 $[x_j,x_{j+1}]$ 上都可以表示成以下的形式:

$$S(x)=a_1+b_1(x-x_1)+c_1(x-x_1)^2+\sum_{i=1}^{j}d_i(x-x_i)^3\ ,x_j\leqslant x\leqslant x_{j+1}\quad(10-6)$$

若引进截断幂函数 $(x-x_i)^3$,则网格 Δ 上的任一样条函数 $S(x)$在前 j 个子区间 $[x_1,x_2]$, $[x_2,x_3]$,…,$[x_j,x_{j+1}]$ 上可统一地表示为

$$S(x)=a_1+b_1(x-x_1)+c_1(x-x_1)^2+\sum_{i=1}^{j}d_i(x-x_i)^3,x_1\leqslant x\leqslant x_{j+1}\quad(10-7)$$

因此,可以推出,它在网格 Δ 上的整体表达式为

$$S(x)=a_1+b_1(x-x_1)+c_1(x-x_1)^2+\sum_{i=1}^{n-1}d_i(x-x_i)^3\ ,x_1\leqslant x\leqslant x_n \quad (10-8)$$

若令

$$a=a_1-b_1x_1+c_1x_1$$
$$b=b_1-2c_1x_1$$
$$c=c_1$$

则上式又变为

$$S(x)=\tilde{a}+\tilde{b}x+\tilde{c}x^2+\sum_{i=1}^{n-1}d_i(x-x_i)^3\ ,x_1\leqslant x\leqslant x_n \quad (10-9)$$

这时

$$1,x,x^2,(x-x_1)^3,(x-x_2)^3,\cdots,(x-x_{n-1})^3$$

也是所规定的样条函数线性空间中的一组基样条。

构造这种三次 B 样条的具体算法如下：定义在区间$[a,b]$上固定网格 Δ 的任一样条函数都能表示成形如式(10-9)的形式，下面继续变化这种形式。当 $x\geqslant x_{k+3}$ 时，把式(10-9)中的前 $k+3$ 项合并到第 $k+3$ 项到第 $k+3$ 项中去($k=1,2,\cdots,n-4$)，也就是

$$S(x)=\tilde{a}+\tilde{b}x+\tilde{c}x^2+\sum_{i=1}^{n-1}d_i(x-x_i)^3=\sum_{j=0}^{3}a_j(x-x_{k+j})^3+\sum_{i=k+4}^{n-1}d_i(x-x_i)^3 \quad (10-10)$$

比较上式中的系数，得矩阵

$$\begin{bmatrix}1 & 1 & 1 & 1\\ x_k & x_{k+1} & x_{k+2} & x_{k+3}\\ x_k^2 & x_{k+1}^2 & x_{k+2}^2 & x_{k+3}^2\\ x_k^3 & x_{k+1}^3 & x_{k+2}^3 & x_{k+3}^3\end{bmatrix}\begin{bmatrix}a_0\\ a_1\\ a_2\\ a_3\end{bmatrix}=\begin{bmatrix}\sum_{i=1}^{k+3}d_i\\ \sum_{i=1}^{k+3}d_ix_i-\dfrac{\tilde{c}}{3}\\ \sum_{i=1}^{k+3}d_ix_i^2+\dfrac{\tilde{b}}{3}\\ \sum_{i=1}^{k+3}d_ix_i^3-\tilde{a}\end{bmatrix}$$

由于这个方程的系数矩阵的行列式是 Vandermonde 行列式，而且网格点 $x_k,x_{k+1},x_{k+2},x_{k+3}$ 互不相等，所以这个行列式非 0。因此，$a_j(j=0,1,2,3)$ 有唯一确定的解。也就是说，由式(10-9)到式(10-10)的转换是可行的。根据式(10-10)，当 $x\leqslant x_{k+4}$，即有

$$S(x)=\sum_{j=0}^{3}a_j(x-x_{k+j})^3$$

将此式记为 $S_k(x)$，可以看出，当 $x\leqslant x_k$，它所表示的函数恒为 0，即

$$S_k(x)=0\ (x\leqslant x_k)$$
$$S_k(x)\neq 0\ (x_k\leqslant x\leqslant x_{k+4})$$

在 $x=x_k$ 处，函数 $S(x)$是连续的且有连续的一阶及二阶导数。令函数在 $x>x_{k+4}$ 时也恒为 0，在 $x=x_{k+4}$ 处连续且有连续的一阶及二阶导数，即令

$$S_k(x)=\begin{cases}\sum_{j=0}^{3}a_j(x-x_{k+j})^3 & (x\leqslant x_{k+4})\\ 0 & (x>x_{k+4})\end{cases}$$

且有

$$S_k(x_{k+4})=S'_k(x_{k+4})=S''_k(x_{k+4})=0$$

由以上公式及条件经计算化简得

$$\begin{bmatrix}(x_{k+4}-x_k)^3 & (x_{k+4}-x_{k+1})^3 & (x_{k+4}-x_{k+2})^3 & (x_{k+4}-x_{k+3})^3\\ (x_{k+4}-x_k)^2 & (x_{k+4}-x_{k+1})^2 & (x_{k+4}-x_{k+2})^2 & (x_{k+4}-x_{k+3})^2\\ (x_{k+4}-x_k) & (x_{k+4}-x_{k+1}) & (x_{k+4}-x_{k+2}) & (x_{k+4}-x_{k+3})\end{bmatrix}\begin{bmatrix}a_0\\ a_1\\ a_2\\ a_3\end{bmatrix}=\begin{bmatrix}0\\ 0\\ 0\end{bmatrix}$$

这个方程是齐次方程,四个未知数三个方程,方程必有非0解。若令

$$W(x)=\prod_{j=0}^{4}(x-x_{k+j})$$

则上述方程的非0解可简写成

$$a_j=\frac{c}{W'(x_{k+j})},j=0,1,2,3$$

这样,就确定了表达式 $S_k(x)$ 中的系数 $\{a_j\}(j=0,1,2,3)$,这样的 $S_k(x)$ 称作(三次)B样条。它只在相邻的四个子区间内不为0,因此有显著的局部化意义。当 $k=1,2,\cdots,n-7$ 时,在每个点 $x=x_{k+3}$ 处都有四条B样条,欲对每一点皆能如此,可根据需要人为地在首末两端向外各扩充出去三个点,这样 $\{S_k(x)\}$ $(k=-2,-1,0,1,2,\cdots,n-1)$ 共计 $n+2$ 个B样条可以构成一组样条基,使得区间 $[a,b]$ 上固定网格 Δ 的任何样条函数 $S(x)$ 可以唯一地表示成

$$S(x)=\sum_{k=-2}^{n-1}\gamma_k S_k(x)$$

的形式。若给定节点上的一组型值点 (x_j,y_j) $(j=1,2,\cdots,n)$,则

$$S(x_j)=\sum_{k=-2}^{n-1}\gamma_k S_k(x_j)=y_j,j=1,2,\cdots,n$$

再附加上两个端点条件,共有 $n+2$ 个未知量和 $n+2$ 个方程,可以唯一地定出 $\{\gamma_k\}(k=-2,-1,0,1,\cdots,n-1)$。这样就可以根据一组型值点方便地拟合出性质优良的样条曲线。

上述三次B样条的构造算法虽然较为直观,却也略显繁琐。实际应用中,采用递推关系来方便地构造B样条。B样条的递推关系式为

$$\begin{cases}B_{i,0}(u)=\begin{cases}1, & u\in[u_i,u_{i+1}]\\ 0, & 其他\end{cases}\\ B_{i,k}(u)=\dfrac{u-u_i}{u_{i+k}-u_i}B_{i,k-1}(u)+\dfrac{u_{i+k+1}-u}{u_{i+k+1}-u_{i+1}}B_{i+1,k-1}(u),i=1,2,\cdots,n\end{cases}$$

利用以上递推关系式可以方便地写出 n 次B样条曲线的矢量方程

$$\boldsymbol{r}(u)=\sum_i \boldsymbol{d}_i\boldsymbol{B}_{i,n}(u)$$

式中,$\boldsymbol{d}_i$ 称为B样条曲线的控制顶点。为了拟合给定的数据点 P_i,可以使

$$\boldsymbol{r}(u_j)=\sum_i \boldsymbol{d}_i B_{i,n}(u_j)=\boldsymbol{P}_j,j=1,2,\cdots,q$$

上式为一线性方程组，若方程的个数 q 与未知系数 d_i 的个数 p 相等，则线性方程组可以写成矩阵形式

$$\boldsymbol{BD}=\boldsymbol{P}$$

此时，$\boldsymbol{B}$ 为 $p\times p$ 阶非奇异矩阵，其带宽 $\leqslant n+1$，矩阵 $\boldsymbol{D}$、$\boldsymbol{P}$ 均为 $p\times 1$ 阶矩阵。通过求解线性方程组，可解出唯一的定点 d_i，就得到了插值 B 样条曲线。若线性方程组的个数 q 大于未知系数 d_i 的个数 p，则矩阵 $\boldsymbol{B}$ 为 $q\times p$ 阶矩阵，此时可以根据最小乘法原理，得到使

$$\sum_i \| r(u_i)-P_i \|^2=\min$$

的最佳平方逼近的 B 样条曲线，应有

$$\underset{\boldsymbol{D}}{\text{grad}}[(\boldsymbol{P}-\boldsymbol{BD})^{\mathrm{T}}(\boldsymbol{P}-\boldsymbol{BD})]=2\boldsymbol{B}^{\mathrm{T}}\boldsymbol{BD}-2\boldsymbol{B}^{\mathrm{T}}\boldsymbol{P}=0$$

即

$$\boldsymbol{B}^{\mathrm{T}}\boldsymbol{BD}=\boldsymbol{B}^{\mathrm{T}}\boldsymbol{P}$$

式中，$\boldsymbol{B}^{\mathrm{T}}$ 为 $\boldsymbol{B}$ 的转置矩阵，$\boldsymbol{B}^{\mathrm{T}}\boldsymbol{B}$ 为对称非奇异矩阵，并且 $\boldsymbol{B}^{\mathrm{T}}\boldsymbol{B}$ 的带宽 $\leqslant 2n+1$，通过求解方程组 $\boldsymbol{B}^{\mathrm{T}}\boldsymbol{BD}=\boldsymbol{B}^{\mathrm{T}}\boldsymbol{P}$，可以解出全部的顶点 $\boldsymbol{d}_i(i=1,2,\cdots,p)$，这样就得到了拟合数据点 $\boldsymbol{P}_i$ 的逼近曲线。

三次 B 样条与其他的基样条相比，有着明显的局部化意义。三次 B 样条至多在相邻的 5 个点上，亦即 4 个子区间上它是非 0 的，在其他子区间上一概为 0。这样就带来许多方便之处，特别是在修改型值点时，只在这些子区间内受到影响，而不会波及全局。另外，与截断幂函数基样条相比，它的系数矩阵是带状的，给计算上提供了许多便利条件。同时，三次 B 样条与有限元法关系密切，同时也是构造、拟合曲面的一种有效工具。

3. NURBS 曲线

NURBS(non uniform rational B-spline)，即非均匀有理 B 样条，实际上是把曲面的问题转化为曲线的问题。因此，先讨论曲线的数学表示。B 样条曲线方程曲线为

$$\boldsymbol{r}(u)=\sum_i \boldsymbol{d}_i B_{i,n}(u)$$

如果上式中基函数 $B_{i,n}(u)$ 的节点是均匀分布的，则 $\boldsymbol{r}(u)$ 称为有理 B 样条曲线；如果是非均匀的，则称为非均匀有理 B 样条曲线。基函数的均匀分布，即节点矢量在参数轴上的均匀选择，使生成曲线有一些局限性(比如节点区间对应的曲线长不等)，基函数参数的非均匀分布可以改变这一情况。可适当选择使对应曲线段等长或接近等长，从而给出较好的控制。

NURBS 曲线有以下几个特点：

① B 样条曲线的所有优点都在 NURBS 曲线中保留。

② 透视不变性。控制点经过透视变换后所生成的曲线或曲面与原先生成的曲线或曲面的再变换是等价的。

③ 球面等二次曲面的精确表示。其他 B 样条方法只能近似地表示球面等形状，而 NURBS 不仅可以表示自由曲线或曲面，还可以精确地表示球面等形状。

④ 更多的形状控制自由度。NURBS 给出更多的控制形状的自由度可用来生成各种形状。

4. 用坐标矢量以及导矢量表示的空间样条曲线

用参数 t 的矢量方程 $\boldsymbol{P}=\boldsymbol{P}(t)$ 来表示曲线，引入空间直角坐标系后，矢量 $\boldsymbol{P}$ 的终点用坐标 (x,y,z) 表示，那么曲线上点的每一个坐标都将是参数 t 的数量函数，即

$$\begin{cases} x = x(t) \\ y = y(t) \\ z = z(t) \end{cases} \quad (0 \leqslant t \leqslant 1) \tag{10-11}$$

称它为空间曲线的参数方程,写成矢量形式即

$$\boldsymbol{P}(t) = \{x(t), y(t), z(t)\}$$

而曲线上的切矢量由

$$\boldsymbol{P}'(t) = \{x'(t), y'(t), z'(t)\}$$

来计算。设空间给出了 n 个点 $P_j(x_j, y_j, z_j)(j=1,2,\cdots,n)$,其对应的坐标矢量为 $\boldsymbol{P}_j(j=1,2,\cdots,n)$,现在要求过这些点作一条光滑曲线,使在每相邻两点间为参数 t 的三次多项式,而在整体上有连续的一阶级二阶导矢量。不失一般性,考虑由点 P_{j-1} 到点 P_j 的一段,设所求空间曲线为

$$\boldsymbol{P}_j(t) = \boldsymbol{A} + \boldsymbol{B}t + \boldsymbol{C}t^2 + \boldsymbol{D}t^3, 0 \leqslant t \leqslant 1; j = 2,3,\cdots,n \tag{10-12}$$

式中,$\boldsymbol{A}, \boldsymbol{B}, \boldsymbol{C}, \boldsymbol{D}$ 是待定的常矢量。将上式对 t 求导,得

$$\boldsymbol{P}'_j(t) = \boldsymbol{B} + 2\boldsymbol{C}t + 3\boldsymbol{D}t^2$$

$$\boldsymbol{P}''_j(t) = 2\boldsymbol{C} + 6\boldsymbol{D}t$$

于是有

$$\begin{cases} \boldsymbol{P}_j(0)\boldsymbol{A} = \boldsymbol{P}_{j-1} \\ \boldsymbol{P}_j(1) = \boldsymbol{A} + \boldsymbol{B} + \boldsymbol{C} + \boldsymbol{D} \\ \boldsymbol{P}_j(0) = \boldsymbol{B} \\ \boldsymbol{P}_j(1) = \boldsymbol{B} + 2\boldsymbol{C} + 3\boldsymbol{D} \\ \boldsymbol{P}''_j(0) = 2\boldsymbol{C} \\ \boldsymbol{P}''_j(1) = 2\boldsymbol{C} + 6\boldsymbol{D} \end{cases} \tag{10-13}$$

由方程组(10-13)中的前4个方程可以解出

$$\boldsymbol{A} = \boldsymbol{P}_j(0) = \boldsymbol{P}_{j-1}$$

$$\boldsymbol{B} = \boldsymbol{P}'_j(0)$$

$$\boldsymbol{C} = 3[\boldsymbol{P}_j(-1) - \boldsymbol{P}_j(0)] - \boldsymbol{P}'_j(1) - 2\boldsymbol{P}'_j(0) = 3(\boldsymbol{P}_j - \boldsymbol{P}_{j-1}) - \boldsymbol{P}'_j(1) - 2\boldsymbol{P}'_j(0)$$

$$\boldsymbol{D} = -2[\boldsymbol{P}_j(1) - \boldsymbol{P}'_j(0)] + \boldsymbol{P}'_j(0) + \boldsymbol{P}'_j(1) = -2(\boldsymbol{P}_j - \boldsymbol{P}_{j-1}) + \boldsymbol{P}'_j(0) + \boldsymbol{P}'_j(1)$$

将它们代入 $\boldsymbol{P}(t)$ 的表达式并加以整理,有

$$\boldsymbol{P}(t) = \boldsymbol{P}_j(t) = \boldsymbol{P}_{j-1}(1 - 3t^2 + 2t^3) + \boldsymbol{P}_j(3t^2 - 2t^3) + \boldsymbol{P}'_j(0)(t - 2t^2 + t^3) + \boldsymbol{P}'_j(1)(-t^2 + t^3),$$

$$0 \leqslant t \leqslant 1; j = 2,3,\cdots,n$$

这就是所求的过 n 个点 $P_j(x_j, y_j, z_j)(j=1,2,\cdots,n)$,用坐标矢量及一阶导矢量表示的三次参数样条曲线。

5. Bezier-Bernstein 曲线

空间有两点 P_0 和 P_1,设以 $\boldsymbol{P}_0$ 和 $\boldsymbol{P}_1$ 表示它们的位置矢量,则此二点所连直线的矢量方程为

$$\boldsymbol{P}(u) = \boldsymbol{P}_0(1-u) + \boldsymbol{P}_1 u, 0 \leqslant u \leqslant 1 \tag{10-14}$$

显然 $\boldsymbol{P}(0) = \boldsymbol{P}_0$,$\boldsymbol{P}(1) = \boldsymbol{P}_1$,而方程

$$\boldsymbol{P}(u) = \boldsymbol{P}_0(1-u)^2 + \boldsymbol{P}_1 u^2, 0 \leqslant u \leqslant 1 \tag{10-15}$$

则是过 P_0 和 P_1 的二次曲线。对于任意的矢量 $\boldsymbol{A}$,方程

$$\boldsymbol{P}(u)=\boldsymbol{P}_0(1-u)^2+\boldsymbol{A}(1-u)u+\boldsymbol{P}_1u^2,0\leqslant u\leqslant 1 \tag{10-16}$$

也是过 P_0 和 P_1 两点的二次曲线，因为，对于这个方程来说，不论 $\boldsymbol{A}$ 为何值，恒有

$$\boldsymbol{P}(0)=\boldsymbol{P}_0,\boldsymbol{P}(1)=\boldsymbol{P}_1$$

若给定空间三点 P_0,P_1,P_2，则二次曲线

$$\boldsymbol{P}(u)=\boldsymbol{P}_0(1-u)^2+2\boldsymbol{P}_1(1-u)u+\boldsymbol{P}_2u^2,0\leqslant u\leqslant 1 \tag{10-17}$$

既过 P_0 和 P_2，两点又于 P_0 处切于 P_0P_1，于 P_2 处切于 P_1P_2，其证明如下。

显然，$\boldsymbol{P}(0)=\boldsymbol{P}_0,\boldsymbol{P}(1)=\boldsymbol{P}_2$，且因

$$\boldsymbol{P}'(u)=-2\boldsymbol{P}_0(1-u)+2\boldsymbol{P}_1[-u+(1-u)]+2\boldsymbol{P}_2u \tag{10-18}$$

故

$$\boldsymbol{P}'(0)=2(\boldsymbol{P}_1-\boldsymbol{P}_0)=2\boldsymbol{P}_0\boldsymbol{P}_1$$

$$\boldsymbol{P}'(1)=2(\boldsymbol{P}_2-\boldsymbol{P}_1)=2\boldsymbol{P}_1\boldsymbol{P}_2$$

若给定空间 4 个点 P_0,P_1,P_2,P_3，用 $\boldsymbol{P}_0,\boldsymbol{P}_1,\boldsymbol{P}_2,\boldsymbol{P}_3$ 表示其位置矢量，则曲线

$$\boldsymbol{P}(u)=\boldsymbol{P}_0(1-u)^3+3\boldsymbol{P}_1(1-u)^2u+3\boldsymbol{P}_2(1-u)u^2+\boldsymbol{P}_3u^3,0\leqslant u\leqslant 1$$

过 P_0 和 P_3 点，且于 P_0 处切于 P_0P_1，于 P_3 处切于 P_2P_3。

由此推广下去，若给空间 $n+1$ 个点 $P_j(j=0,1,2,\cdots,n)$，以 $\boldsymbol{P}_j(j=0,1,2,\cdots,n)$ 表示其位置矢量，则曲线

$$\begin{aligned}\boldsymbol{P}(u)=&\ \boldsymbol{P}_0(1-u)^n+\boldsymbol{P}_1C_n^1(1-u)^{n-1}u+\boldsymbol{P}_2C_n^2(1-u)^{n-2}u^2+\cdots+\\&\boldsymbol{P}_jC_n^j(1-u)^{n-j}u^j+\cdots+\boldsymbol{P}_nu^n,0\leqslant u\leqslant 1\end{aligned} \tag{10-19}$$

过两端点 P_0 及 P_n 且在该两端点处各自切于P_0P_1 及$P_{n-1}P_n$，其中，

$$\mathrm{C}_n^j=\frac{n(n-1)(n-2)\cdots(n-j-1)}{j\ !}=\frac{n\ !}{j\ !\ (n-j)!}$$

曲线方程也可写成

$$\boldsymbol{P}(u)=\sum_{j=0}^{n}C_n^j(1-u)^{n-j}u^j\boldsymbol{P}_j=\sum_{j=0}^{n}\boldsymbol{P}_jB_{\underset{n}{j}}(u),0\leqslant u\leqslant 1 \tag{10-20}$$

式中，

$$\mathrm{B}_{jn}(u)=\mathrm{C}_n^j(1-u)^{n-j}u^j,j=0,1,2,\cdots,n$$

是著名的 Bernstein 函数。上述函数表示的曲线称为由多边形 $P_0P_1P_2\cdots P_n$ 定义的 Bezier-Bernstein 曲线。

如果给定 $n+1$ 个点 $Q_0,Q_1,\cdots,Q_n$，要作一条曲线通过这些点，那么，使用 Bezier-Bernstein 曲线时，应该如何确定多边形的顶点呢？通常我们是取参数 $u=\dfrac{j}{n}$ 与点 $Q_j(j=0,1,2,\cdots,n)$ 对应的办法来确定定点 P_i 的位置的。因此，由式(10-20) 可列出以下方程组：

$$\begin{cases}\boldsymbol{Q}_0=\boldsymbol{P}_0\\ \boldsymbol{Q}_i=\boldsymbol{P}_0\left(1-\dfrac{i}{n}\right)^n+\mathrm{C}_n^1\boldsymbol{P}_1\left(1-\dfrac{i}{n}\right)^{n-1}\dfrac{i}{n}+\cdots+\mathrm{C}_n^n\boldsymbol{P}_n\left(\dfrac{i}{n}\right)^n\\ (i=1,2,\cdots,n-1)\\ \boldsymbol{Q}_n=\boldsymbol{P}_n\end{cases}$$

由以上方程组可解出 $\boldsymbol{P}_0,\boldsymbol{P}_1,\cdots,\boldsymbol{P}_n$，即得到顶点，于是由式(10-19) 就得到一条

Bezier-Bernstein 曲线。这样定出的曲线必然过所给定的点 $Q_0, Q_1, \cdots, Q_n$。

10.5.2 自由曲面构造方法

1. Coons 曲面构造方法及特点

曲线网格把曲面分成拓扑矩形曲面片集合，每一片以两条 u 曲线和两条 v 曲线为边界。如图 10-16 所示，这里假定 u 和 v 沿有关边界从 0 变到 1，于是，$\boldsymbol{r}(u,v)$，$0<u, v<1$ 表示曲面片的内部，而 $\boldsymbol{r}(u,0)$，$\boldsymbol{r}(u,1)$，$\boldsymbol{r}(0,v)$，$\boldsymbol{r}(1,v)$ 表示四条已知的边界曲线。这样，定义曲面片的问题就成为寻找一个较好性能的函数 $\boldsymbol{r}(u,v)$，当 $u=0$，$u=1$，$v=0$，或 $v=1$ 时，它化为正确的边界曲线。先考虑较简单的，仅给定两条边界 $\boldsymbol{r}(0,v)$ 和 $\boldsymbol{r}(1,v)$，如果我们在 u 方向使用线性插值法，就得到直纹面

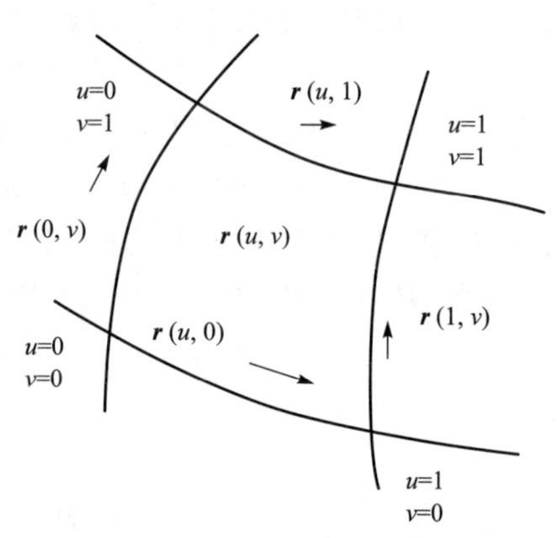

图 10-16 Coons 曲面构造

$$\boldsymbol{r}_1(u,v)=(1-u)\boldsymbol{r}(0,v)+u\boldsymbol{r}(1,v) \tag{10-21}$$

另一方法是在 v 方向进行线性插值，它给出了拟合另外两条边界的一个曲面

$$\boldsymbol{r}_1(u,v)=(1-v)\boldsymbol{r}(u,0)+v\boldsymbol{r}(u,1) \tag{10-22}$$

考虑 $\boldsymbol{r}_1+\boldsymbol{r}_2$，它表示一个曲面片，它的每一边界是所要求的边界曲线与该曲线两端点间的线性插值式之和。容易证实相应于 $v=0$ 的边界不是 $\boldsymbol{r}(u,0)$，而是

$$\boldsymbol{r}(u,0)+[(1-u)\boldsymbol{r}(0,0)+u\boldsymbol{r}(1,0)]$$

因此，如果求得一个曲面片 $\boldsymbol{r}_3(u,v)$，其边界不需要线性插值式，则可以组成 $\boldsymbol{r}_1+\boldsymbol{r}_2-\boldsymbol{r}_3$ 来恢复原来的边界曲线。r_3 不难作出，其 $v=0$ 和 $v=1$ 的边界必须分别是

$$(1-u)\boldsymbol{r}(0,0)+u\boldsymbol{r}(1,0),(1-u)\boldsymbol{r}(0,1)+u\boldsymbol{r}(1,1)$$

而在 v 方向进一步插值就得出

$$\boldsymbol{r}_3(u,v)=(1-u)(1-v)\boldsymbol{r}(0,0)+u(1-v)\boldsymbol{r}(1,0)+(1-u)v\boldsymbol{r}(0,1)+uv\boldsymbol{r}(1,1) \tag{10-23}$$

由式(10-21)～式(10-23)得出的曲面 $\boldsymbol{r}=\boldsymbol{r}_1+\boldsymbol{r}_2-\boldsymbol{r}_3$ 可以很方便地表示成矩阵形式

$$\boldsymbol{r}(u,v)=[(1-u)u]\begin{bmatrix}\boldsymbol{r}(0,v)\\ \boldsymbol{r}(1,v)\end{bmatrix}+[\boldsymbol{r}(u,0)\quad \boldsymbol{r}(u,1)]\begin{bmatrix}1-v\\ v\end{bmatrix}+$$
$$[(1-u)u]\begin{bmatrix}\boldsymbol{r}(0,0) & \boldsymbol{r}(0,1)\\ \boldsymbol{r}(1,0) & \boldsymbol{r}(1,1)\end{bmatrix}\begin{bmatrix}1-v\\ v\end{bmatrix} \tag{10-24}$$

接连将 $u=0$，$u=1$，$v=0$ 和 $v=1$ 代入，立即可以肯定式(10-20)确定的曲面片的边界就是原来的 4 条曲线。

设以 $\boldsymbol{P}(u,v)(0\leqslant u, v\leqslant 1)$ 表示某个曲面片的矢量方程，这个曲面片由 4 条边界围成。又已知 4 个角点的坐标以及 $\boldsymbol{P}(u,v)$ 在这 4 个角点处对 u 和 v 一阶偏导矢量分别为

$$\boldsymbol{P}(0,0),\boldsymbol{P}(0,1),\boldsymbol{P}(1,0),\boldsymbol{P}(1,1)$$
$$\boldsymbol{P}_u(0,0),\boldsymbol{P}_u(0,1),\boldsymbol{P}_u(1,0),\boldsymbol{P}_u(1,1)$$
$$\boldsymbol{P}_v(0,0),\boldsymbol{P}_v(0,1),\boldsymbol{P}_v(1,0),\boldsymbol{P}_v(1,1)$$

现在要求出此曲面片的近似方程，即要求出 $\boldsymbol{P}(u,v)$ 的具体表达式。为此，令

$$f_0(t)=1-3t^2+2t^3, f_1(t)=3t^2-2t^3$$

$$g_0(t)=t-2t^2+t^3, g_1(t)=-t^2+t^3$$

过点 $\boldsymbol{P}(0,0)$ 和 $\boldsymbol{P}(0,1)$ 作样条曲线

$$\boldsymbol{Q}_0(v)=\boldsymbol{P}(0,0)f_0(v)+\boldsymbol{P}(0,1)f_1(v)+\boldsymbol{P}_v(0,0)g_0(v)+\boldsymbol{P}_v(0,1)g_1(v), 0\leqslant v\leqslant 1$$

同样过点 $\boldsymbol{P}(1,0)$ 和 $\boldsymbol{P}(1,1)$ 作样条曲线

$$\boldsymbol{Q}_1(v)=P(1,0)f_0(v)+\boldsymbol{P}(1,1)f_1(v)+\boldsymbol{P}_v(1,0)g_0(v)+\boldsymbol{P}_v(1,1)g_1(v), 0\leqslant v\leqslant 1$$

另外，过曲线 $\boldsymbol{Q}_0(v)$ 与 $\boldsymbol{Q}_1(v)$ 上任一对对应点 $\boldsymbol{Q}_0(v_i)$ 与 $\boldsymbol{Q}_1(v_i)$ 也可以作出同样形式的样条曲线

$$\boldsymbol{S}(u)=\boldsymbol{Q}_0(v_i)f_0(u)+\boldsymbol{Q}_1(\boldsymbol{v}_i)\boldsymbol{f}_1(\boldsymbol{u})+\left.\frac{\partial \boldsymbol{P}}{\partial u}\right|_{\substack{u=0\\ v=v_i}} g_0(u)+\left.\frac{\partial \boldsymbol{P}}{\partial u}\right|_{\substack{u=1\\ v=v_i}} g_i(u), 0\leqslant u\leqslant 1$$

记

$$\left.\frac{\partial \boldsymbol{P}}{\partial u}\right|_{\substack{u=0\\ v=v_i}}=\boldsymbol{P}_u(0,v_i), \qquad \left.\frac{\partial \boldsymbol{P}}{\partial u}\right|_{\substack{u=1\\ v=v_i}}=\boldsymbol{P}_u(1,v_i)$$

则

$$\boldsymbol{S}(u)=\boldsymbol{Q}_0(v_i)f_0(u)+\boldsymbol{Q}_1(v_i)f_1(u)+\boldsymbol{P}_u(0,v_i)g_0(u)+\boldsymbol{P}_u(1,v_i)g_1(u), 0\leqslant u\leqslant 1$$

此曲面片可看成是曲线 $\boldsymbol{S}(u)$ 通过 $\boldsymbol{Q}_0(v)$ 与 $\boldsymbol{Q}_1(v)$ 上所有的对应点，由 $\boldsymbol{S}_0(u)$ 运动到 $\boldsymbol{S}_1(u)$ 所产生的。因此，当 v_i 遍历 0～1 所有值时，就得到所要求的曲面，即

$$\boldsymbol{P}(u,v)=\boldsymbol{Q}_0(v)f_0(u)+\boldsymbol{Q}_1(v)f_1(u)+\boldsymbol{P}_u(0,v)g_0(u)+\boldsymbol{P}_u(1,v)g_1(u), 0\leqslant u,v\leqslant 1$$

从以上算法可看出，Coons 曲面是根据给定的边界条件，即 4 条边界曲线、4 边上的导矢、跨界曲率等由混合函数综合而成的曲面。Coons 曲面方法是一种人-机对话式的曲面设计方法，与给定的型值点构造的曲面的出发点不同。构造 Coons 曲面需要较大的数据量，并且由于需要大量导矢、跨界曲率等混合数据，构造出来的曲面虽然通过人-机对话的方式可以得到很好的修正，但却需要很大的计算量。并且由于边界曲线的复杂性以及构造曲面时所需数据的多样性，在准确地再现曲面方面能力较弱。

2. Bezier 曲面构造方法及特点

设空间给定一组网格点 $P_{ij}(i,j=0,1,2,3)$，它们的位置矢量用 $\boldsymbol{P}_{ij}$ 表示。根据前面论述，多边形 $P_{00}P_{01}P_{02}P_{03}$，$P_{10}P_{11}P_{12}P_{13}$，$P_{20}P_{21}P_{22}P_{23}$ 和 $P_{30}P_{31}P_{32}P_{33}$ 各定义一条三次 Bezier-Bernstein 曲线如下：

$$\boldsymbol{P}_0(v)=\sum_{j=0}^{3}\boldsymbol{P}_{0j}B_3^j(v), \boldsymbol{P}_1(v)=\sum_{j=0}^{3}\boldsymbol{P}_{1j}B_3^j(v)$$

$$\boldsymbol{P}_2(v)=\sum_{j=0}^{3}\boldsymbol{P}_{2j}B_3^j(v), \boldsymbol{P}_3(v)=\sum_{j=0}^{3}\boldsymbol{P}_{3j}B_3^j(v) \qquad (0\leqslant v\leqslant 1)$$

固定 v 的值，令 $v=v^*(0\leqslant v^*\leqslant 1)$，于是在上述 4 条曲线上分别得到点 $\boldsymbol{P}_0(v^*)$，$\boldsymbol{P}_1(v^*)$，$\boldsymbol{P}_2(v^*)$ 和 $\boldsymbol{P}_3(v^*)$。而这 4 个点所形成的多边形又可定义一条三次 Bezier-Bernstein 曲线

$$\boldsymbol{Q}(u)=\sum_{i=0}^{3}\boldsymbol{P}_i(v^*)\mathrm{B}_3^i(u), 0\leqslant u\leqslant 1$$

这是曲面上的一条母线。当 v^* 遍历 0～1 所有值时，这条母线运动就形成了一张曲面，此曲面的方程为

$$\boldsymbol{F}(u,v)=\sum_{i=0}^{3}\boldsymbol{P}(v)B_3^i(u)=\sum_{i=0}^{3}\sum_{j=0}^{3}\boldsymbol{P}_{ij}B_3^j(v)B_3^i(u), 0\leqslant u,v\leqslant 1$$

将方程写成矩阵形式

$$\boldsymbol{F}(u,v)=[B_3^0(u)\quad B_3^1(u)\quad B_3^2(u)\quad B_3^3(u)]\boldsymbol{S}\begin{bmatrix}B_3^0(v)\\B_3^1(v)\\B_3^2(v)\\B_3^3(v)\end{bmatrix},0\leqslant u,v\leqslant 1$$

式中，

$$\boldsymbol{S}=\begin{bmatrix}\boldsymbol{P}_{00} & \boldsymbol{P}_{01} & \boldsymbol{P}_{02} & \boldsymbol{P}_{03}\\\boldsymbol{P}_{10} & \boldsymbol{P}_{11} & \boldsymbol{P}_{12} & \boldsymbol{P}_{13}\\\boldsymbol{P}_{20} & \boldsymbol{P}_{21} & \boldsymbol{P}_{22} & \boldsymbol{P}_{23}\\\boldsymbol{KP}_{30} & \boldsymbol{P}_{31} & \boldsymbol{P}_{32} & \boldsymbol{P}_{33}\end{bmatrix}$$

需注意，这里的4条基线只有$\boldsymbol{P}_0(v)$和$\boldsymbol{P}_3(v)$在曲面上。其余2条$\boldsymbol{P}_1(v)$和$\boldsymbol{P}_2(v)$不在曲面上。对于给定的16个点，只有P_{00}，P_{03}，P_{30}和P_{33}在曲面上，其余的点都不在曲面上。一般地，若给定网格点$P_{ij}(i=0,1,2,\cdots,m;j=0,1,2,\cdots,n)$，仍以$\boldsymbol{P}_{ij}$表示其位置矢量，则可推出该网格点所定义的Bezier-Bernstein曲面的方程为

$$\boldsymbol{F}(u,v)=\sum_{i=0}^{m}\sum_{j=0}^{n}\boldsymbol{P}_{ij}B_m^i(u)B_n^j(v),0\leqslant u,v\leqslant 1$$

将其写成矩阵形式即为

$$\boldsymbol{F}(u,v)=\left[B_m^0(u)\quad B_m^1(u)\quad \ldots\quad B_m^m(u)\right]\boldsymbol{S}\begin{bmatrix}B_n^0(v)\\B_n^1(v)\\\cdots\\B_n^n(v)\end{bmatrix}$$

式中，

$$\boldsymbol{S}=\begin{bmatrix}\boldsymbol{P}_{00} & \boldsymbol{P}_{01} & \boldsymbol{P}_{02} & \cdots & \boldsymbol{P}_{0n}\\\boldsymbol{P}_{10} & \boldsymbol{P}_{11} & \boldsymbol{P}_{12} & \cdots & \boldsymbol{P}_{1n}\\\boldsymbol{P}_{20} & \boldsymbol{P}_{21} & \boldsymbol{P}_{22} & \cdots & \boldsymbol{P}_{2n}\\ & & \cdots & & \\\boldsymbol{P}_{m0} & \boldsymbol{P}_{m1} & \boldsymbol{P}_{m2} & \cdots & \boldsymbol{P}_{mn}\end{bmatrix}$$

设计者在构造Bezier曲面时，不需要规定梯度和扭矢，相对于Coons曲面的构造，所需数据量和构造曲线所需的计算量较少。可以说，Bezier曲线算法是一种直观、易与调整、高效率的曲线拟合方法。这种方法能使设计者在工程设计中能较直观地了解所给条件与设计出的曲线之间的联系，能方便地控制输入参数(控制点)以改变曲线的形状。但由于Bezier曲线是构造Bezier曲面的基础，存在Bezier曲线局部改变影响全局的缺点，即局部控制点的改变将影响整个曲面的形状，当实际需要仅对曲面的局部作出改变时，Bezier曲面算法不是最佳选择。

3. B样条曲面构造方法及特点

设对于给定的有序空间点列$\boldsymbol{P}_{i,k}(i=1,2,\cdots,p;k=1,2,\cdots,q)$，可以分别按下标$i$和$k$的顺序，构造单增的参数序列$\{u_i\}$或$\{v_k\}$。再由这两族参数序列分别构造两族B样条基函数$\{B_{i,n}(u)\}$和$\{B_{k,m}(u)\}$。这样B-样条曲面可以表示为

$$\boldsymbol{r}(u,v)=\sum_{i}\sum_{k}\boldsymbol{d}_{ik}B_{i,n}(u)B_{k,m}(v)\qquad(10-25)$$

由于上式可以改写成

$$\boldsymbol{r}(u,v)=\sum_i\left[\sum_k \boldsymbol{d}_{ik}B_{k,m}(v)\right]B_{i,n}(u)=\sum_k\left[\sum_i \boldsymbol{d}_{ik}B_{i,n}(u)\right]B_{k,m}(v)$$

可以分以下两步来计算控制顶点 $\boldsymbol{d}_{ik}$：

① 按照B样条曲线的拟合方法，先对所有 p 行点列 $\boldsymbol{P}_{i,k}$ 分别作一元函数拟合，得到了 p 条B样条曲线，对应的参数 $u=u_i$，$(i=1,2,\cdots,p)$，即

$$\boldsymbol{d}_i(v_k)=\sum_j \boldsymbol{d}_{i,j}B_{j,m}(v_k)=\boldsymbol{P}_{i,k},i=1,2,\cdots,p$$

对于每一个 i 都可以计算出 q 个 $\boldsymbol{d}_{i,j}(i=1,2,\cdots,p;j=1,2,\cdots,q)$；

② 再对 q 列空间点列 $\boldsymbol{d}_{i,j}$ 的每一列 $v=v_k$ 进行一元B样条函数拟合，即

$$\sum_j \boldsymbol{d}_{jk}B_{j,n}(u_i)=\boldsymbol{d}_{i,i}$$

这样就可以求出全部的 $\boldsymbol{d}_{i,j}(i=1,2,\cdots,p;j=1,2,\cdots,q)$，可以得到B样条拟合曲面。可以证明，当交换一元B样条函数拟合的顺序，能够得到同样的拟合曲面。

B样条顶点技术能很好地逼近复杂曲面，并且方法简单、使用灵活，效果很好。虽然运用B样条可以很好地拟合自由曲面，但B样条的缺点还是存在的：它无法准确完美地拟合构造一些基本曲面(如圆柱体、球体)。

4. NURBS 曲面构造方法及特点

在CAD系统中，在构造三维形体时，通常是通过一族截交线沿某个方向排列而形成一种连续的形体表示。它将描述自由型曲线曲面的B样条方法与精确表示二次曲线及二次曲面的数学方法相互统一起来，具有B样条曲面所有的功能。同时，NURBS曲面还提供了一种“重量的功能”去更改在曲面表层上控制点的影响力，当重量的功能是一个定值，NURBS曲面就相当于一个B样条曲面。NURBS曲面克服了B样条曲面在基本曲面模型上碰到的问题，如圆锥、圆柱、球体等基本的曲面都可以用NURBS曲面来精确地表现。NURBS曲面模组化技术是目前最新的曲面数学。

前面所讨论的NURBS曲线的大多数性质可推广到NURBS曲面上。NURBS曲面同样可以通过一个特征多面体来定义，即

$$\boldsymbol{r}(u,v)=\sum_{i=0}^{n}\sum_{j=0}^{m}\boldsymbol{d}_{i,j}B_{i,k}(u)B_{j,l}(v) \tag{10-26}$$

NURBS曲面与有理B样条曲面的区别在于参数分布的不均匀性。NURBS区面不仅拥有有理B样条曲面的所有优点，而且由于参数的不均匀性，对于有理B样条方法不善于呈现的基本曲面，NURBS方法也给予了很好的解决。

10.5.3 其他常用的自由曲面

1. 双曲率面

双曲率面(Toroid Surface)，又称镯面、马鞍面，X 双曲率面的曲面方程可写为

$$z=\frac{c_y y^2+S(2-c_y S)}{1+((1-c_y S)^2-(c_y y)^2)^{1/2}} \tag{10-27}$$

它是将已在 $X-Z$ 平面上生成的曲线绕与 X 轴相距 $r_y=1/c_y$ 的平行轴旋转而得，式中 S 由生成曲线的形状决定

$$S=\frac{c_x x^2}{1+(1-(1+k_x)c_x^2 x^2)^{1/2}}+\sum_{i=1}^{p}A_i x^{2(i+1)}$$

其中,c_x、c_y分别是曲面在$X-Z$和$Y-Z$平面内的曲率半径,k_x为二次曲面系数,A_i为非球面系数。多数情况下生成曲线为一曲率为c_x的圆弧,但也允许用复杂的高次曲线作为生成曲线。可见双曲率面也有旋转对称轴,但是它与光学系统的光轴并不重合。

如果X和Y方向的曲率半径相等并且$k_x=A_i=0$,双曲率面就简化成球面。柱面是一类特殊的双曲率面,其中一个方向的曲率半径为无穷大。

Y双曲率面的定义与X双曲率面的定义相同,只是生成曲线定义在$Y-Z$面,旋转轴与Y轴平行。

完成一次$2(p+1)$阶双曲率面的计算时间复杂度为:

$$T_{\text{Toroid}}=(8+2p)\times t_{\text{add}}+(9+2p)\times t_{\text{mul}}+(6+p)\times t_{\text{mod}}+2t_{\text{sqrt}}$$

其中,t_{add}表示一次加法或减法所用的时间;t_{mul}表示一次乘法或除法所用的时间;t_{sqrt}表示一次开方所用的时间;t_{mod}代表一次幂运算所用的时间。

2. 复曲面

复曲面在弧矢、子午面内分别具有独立的曲率半径、二次曲面系数,因而不具有旋转对称性,但有两个对称面,分别为$Y-Z$平面和$X-Z$平面。其数学描述方程如式(10-28)所示:

$$z=\frac{c_x x^2+c_y y^2}{1+[1-(1+k_x)c_x^2x^2-(1+k_y)c_y^2y^2]^{1/2}}+\sum_{i=1}^{p}A_i[(1-B_i)x^2+(1+B_i)y^2]^{i+1} \tag{10-28}$$

其中,c_x是曲面在$X-Z$平面内的曲率半径,c_y是曲面在$Y-Z$平面内的曲率半径,k_x是曲面在弧矢方向的二次曲面系数,k_y是曲面在子午方向的二次曲面系数,A_i是关于Z轴旋转对称的4,6,8,10,…阶非球面系数,B_i是4,6,8,10,…阶非旋转对称系数。完成一次$2(p+1)$阶复曲面计算的时间复杂度为

$$T_{\text{AAS}}=(7+5p)\times t_{\text{add}}+(7+3p)\times t_{\text{mul}}+(6+3p)\times t_{\text{mod}}+t_{\text{sqrt}}$$

3. *XY* 多项式曲面

p阶XY多项式曲面是在二次曲面的基础上增加了最高幂数不大于p的多个x^my^n单项式,其描述方程为

$$z=\frac{c(x^2+y^2)}{1+[1-(1+k)c^2(x^2+y^2)]^{1/2}}+\sum_{m=0}^{p}\sum_{n=0}^{p}C_{(m,n)}x^my^n,1\leqslant m+n\leqslant p \tag{10-29}$$

其中,c是曲率,k是二次曲面系数,$C_{(m,n)}$是单项式x^my^n的系数。$p=10$时,方程为10阶XY多项式曲面。完成一次p阶XY多项式曲面计算的时间复杂度为

$$T_{\text{XYP}}=\left(6+\frac{(p+3)\cdot p}{2}\right)\times t_{\text{add}}+[4+(p+3)\cdot p]\times t_{\text{mul}}+[5+(p+3)\cdot p]\times t_{\text{mod}}+t_{\text{sqrt}}$$

4. 复曲面基底 *XY* 多项式曲面

复曲面基底XY多项式曲面是本书作者针对实际设计过程中存在的难题,以及现有光学设计软件中曲面描述方式的不足,为简化光学设计流程以及提高优化设计的效率而提出的。该面形方程有效地结合了复曲面和XY多项式曲面各自的优势,能够为光学设计提供更多的设计自由度,提高曲面间的转换效率和精度,为逐步逼近优化算法做好铺垫。由于它是在复曲面基底项上增加XY多项式曲面中的多项式而得到的,因此将该曲面命名为复曲面基底XY多项式曲面,简称为AXYP曲面。

$$z=\frac{c_x x^2+c_y y^2}{1+[1-(1+k_x)c_x^2x^2-(1+k_y)c_y^2y^2]^{1/2}}+\sum_{m=0}^{p}\sum_{n=0}^{p}C_{(m,n)}x^m y^n, 1\leqslant m+n\leqslant p$$

(10－30)

其中，c_x、c_y 分别是曲面在子午方向和弧矢方向的顶点曲率半径，k_x、k_y 分别是子午和弧矢方向的二次曲面系数，$C_{(m,n)}$ 是多项式 $x^m y^n$ 的系数，p 为多项式的最高幂数。完成一次 p 阶 AXYP 曲面计算所需的时间复杂度为

$$T_{\mathrm{AXYP}}=\left(7+\frac{(p+3)\cdot p}{2}\right)\times t_{\mathrm{add}}+[7+(p+3)\cdot p]\times t_{\mathrm{mul}}+[6+(p+3)\cdot p]\times t_{\mathrm{mod}}+t_{\mathrm{sqrt}}$$

考虑到很多实际系统中只有一个对称面的情形，可将 AXYP 曲面进一步改造成关于 $Y-Z$ 平面对称的 $X-$AXYP 曲面和关于 $X-Z$ 平面对称的 $Y-$AXYP 曲面。

$X-$AXYP 曲面对应的 p 阶曲面方程可以描述为

$$z=\frac{c_x x^2+c_y y^2}{1+[1-(1+k_x)c_x^2x^2-(1+k_y)c_y^2y^2]^{1/2}}+\sum_{m=0}^{p/2}\sum_{n=0}^{p}C_{(m,n)}x^{2m} y^n, 1\leqslant 2m+n\leqslant p$$

(10－31)

即在原有 AXYP 曲面方程的基础上去掉了所有关于 x 的奇次幂项式。

$Y-$AXYP 曲面对应的 p 阶曲面方程可以描述为

$$z=\frac{c_x x^2+c_y y^2}{1+[1-(1+k_x)c_x^2x^2-(1+k_y)c_y^2y^2]^{1/2}}+\sum_{m=0}^{p}\sum_{n=0}^{p/2}C_{(m,n)}x^{m} y^{2n}, 1\leqslant m+2n\leqslant p$$

(10－32)

即在原有 AXYP 曲面方程的基础上去掉了所有关于 y 的奇次幂项式。

完成一次 p 阶 $X-$AXYP 或 $Y-$AXYP 曲面计算的时间复杂度为

$$\begin{aligned}T_{X\text{-AXYP}}=&\left[7+\mathrm{int}\left(\frac{p^2}{4}+p\right)\right]\times t_{\mathrm{add}}+\left[7+\mathrm{int}\left(\frac{p^2}{4}+p\right)\times 2\right]\times t_{\mathrm{mul}}+\\&\left[6+\mathrm{int}\left(\frac{p^2}{4}+p\right)\times 2\right]\times t_{\mathrm{mod}}+t_{\mathrm{sqrt}}\end{aligned}$$

其中，int 为取整函数，只取整数部分。

在最高幂数均为 10 的情况下，AXYP 曲面比复曲面多 57 个变量，比 XY 多项式曲面多 2 个变量，但光线追迹速度与 XY 多项式曲面大致相同。更为重要的是，它能够从复曲面和 XY 多项式曲面平滑转换而成。同时，$Y-$AXYP 和 $X-$AXYP 曲面也能够实现向 XY 多项式曲面的高精度转换，并能够帮助实现复曲面向 XY 多项式曲面的高精度转换。

5. 梯形畸变校正曲面

梯形畸变校正曲面(Keystone-Distorted Surface，KD 曲面)是由美国 ORA 公司的 J. R. Rogers 提出的一种自由曲面[35]，可用于校正由有光焦度的离轴反射镜产生的梯形畸变。它与传统轴对称非球面的描述方法几乎一致，但是对 x 和 y 分别做了不同程度变形，它的描述方程如式(10－33)所示：

$$z=\frac{cr^2}{1+[1-(1+k)c^2r^2]^{1/2}}+\sum_{i=1}^{p}A_i r^{2(i+1)} \tag{10－33}$$

其中，$x'=\dfrac{\alpha x}{1-\varphi y}$，$y'=\dfrac{y}{1-\varphi y}$，$r^2=x'^2+y'^2$；$z$ 是曲面的矢高，c 是顶点曲率半径，k 是二次曲面系数，A_i 为高阶非球面系数。式中，(x, y)的变换及梯形扭曲不仅作用于各项非球面系数，

还对球面的基底项做了相应的调整。α 为 x 与 y 的变形比例因子,只作用于 x。φ 为梯形畸变参数,它能够消除有光焦度的倾斜反射面所引入的梯形畸变。整个曲面对(x, y)展开后不再具有旋转对称性,但是当变形因子 $\alpha=1$,$\varphi=0$ 时,该曲面简化成普通的非球面。

完成一次 $2(p+1)$阶 KD 曲面运算的时间复杂度为

$$T_{\mathrm{KD}}=(7+2p)\times t_{\mathrm{add}}+(10+2p)\times t_{\mathrm{mul}}+(3+p)\times t_{\mathrm{mod}}+t_{\mathrm{sqrt}}$$

6. Forbes 曲面

Forbes 曲面是美国 QED 公司著名光学专家 G. W. Forbes 提出的一种正交曲面[32],目的在于改进传统非球面的描述方法。它通过正交基函数系的方法来定义偏离球面的非球面系数项,使各项系数都具有十分明确的物理含义,并且具有唯一性。无论使用多少项非球面系数进行拟合,各项系数都是固定不变的。它的方程描述如下:

$$z=\frac{c(x^2+y^2)}{1+[1-(1+k)c^2(x^2+y^2)]^{1/2}}+D_{\mathrm{con}}[(x^2+y^2)/R_{\max}] \tag{10-34}$$

其中,$D_{\mathrm{con}}(u)=u^4\sum a_m Q_m^{\mathrm{con}}(u^2)$,零阶到五阶非球面系数项由以下正交基函数构成:

$$Q_0^{\mathrm{con}}(x)=1, Q_1^{\mathrm{con}}(x)=-(5-6x), Q_2^{\mathrm{con}}(x)=15-14x(3-2x)$$

$$Q_3^{\mathrm{con}}(x)=-\{35-12x[14-x(21-10x)]\}$$

$$Q_4^{\mathrm{con}}(x)=70-3x\{168-5x[84-11x(8-3x)]\}$$

$$Q_5^{\mathrm{con}}(x)=-[126-x(1\,260-11x\{420-x[720-13x(45-14x)]\})]$$

$$u^2=(x^2+y^2)/R_{\max}^2$$

$D_{\mathrm{con}}(u)$是偏离基准球面的非球面多项式,$R_{\max}$为光学元件的直径。与标准的简单多项式选取,如 $Q_m^{\mathrm{con}}(x)=x^m$ 不同的是,Forbes 非球面系数项 $D_{\mathrm{con}}(u)$的基函数系 Q 是经过优选的标准雅可比多项式正交函数系,有效避免了传统非球面各系数之间的相关性,进而避免曲面拟合过程中因格莱姆矩阵出现病态异常而导致求解失败。该非球面能够描述矢高非常大的非球面面形,为非球面的设计、加工和检测提供了极大的便利。

完成一次 Forbes 曲面运算的时间复杂度为

$$T_{\mathrm{Forbes}}=27\times t_{\mathrm{add}}+32\times t_{\mathrm{mul}}+24\times t_{\mathrm{mod}}+t_{\mathrm{sqrt}}$$

7. 标准泽尼克(Zernike)多项式曲面

Zernike 多项式是诺贝尔物理学奖获得者 F. Zernike 提出的一种曲面,它由一系列在圆域内正交的基函数组成[81]。正交特性意味着只要是定义在圆域内的函数,用泽尼克多项式进行拟合后的系数是唯一和固定不变的,即无论在拟合时使用多少项,各项的系数值并不会发生改变。这是光学应用中需要的一个特性,也是它得到普遍应用的主要原因。

方程(10-35)所述的10阶泽尼克多项式曲面是在二次曲面的基础上增加了最高幂数为10阶的标准泽尼克多项式:

$$z=\frac{c(x^2+y^2)}{1+[1-(1+k)c^2(x^2+y^2)]^{1/2}}+\sum_{j=1}^{66}C_{j+1}Z_j \tag{10-35}$$

其中,c 是曲面的顶点曲率,k 是二次曲面系数,Z_j 为第 j 项泽尼克多项式,C_{j+1} 为第 j 项泽尼克多项式的系数。泽尼克多项式在圆域内具有正交性,而且容易与经典的塞德尔像差建立联系。

完成一次10阶泽尔尼克多项式曲面运算的时间复杂度为

$$T_{\mathrm{Zernike}}=166\times t_{\mathrm{add}}+315\times t_{\mathrm{mul}}+890\times t_{\mathrm{mod}}+t_{\mathrm{sqrt}}$$

8. 高斯基函数复合曲面

高斯基函数复合曲面(Gaussian-based freeform surface,简称为 Gauss 曲面)是美国中佛罗里达大学的 O. Cakmakci 等提出的一种局部面形可控的自由曲面,它可以是在二次曲面的基础上叠加一组线性拓扑形状分布的高斯曲面,也可以抛离球面基底项直接由一系列高斯函数组合而成。

$$z=\frac{c(x^2+y^2)}{1+[1-(1+k)c^2(x^2+y^2)]^{1/2}}\sum_{i=1}^{m}\sum_{j=1}^{n}\phi_{i,j}(x,y)w_{i,j} \tag{10-36}$$

其中,$\phi_{i,j}(x,y)=e^{-\frac{1}{2}[(x-x_i)^2+(y-y_j)^2]}$;$w_{i,j}$ 为每个基函数的权重系数。

在抛离二次曲面基底后的方程可描述为

$$z(x,y)=\sum_{i=1}^{m}\sum_{j=1}^{n}\phi_{i,j}(||\boldsymbol{x}-\boldsymbol{c}_i||)w_{i,j} \tag{10-37}$$

其中,$\boldsymbol{x}$ 代表的是空间任一点的投影矢量$(x,\ y)$,$\boldsymbol{c}_i$ 代表的是第 i 个高斯基函数相对曲面原点的偏移量$(x_i,\ y_i)$。

$$\boldsymbol{\Phi}=\begin{pmatrix}\phi_{0,0}(x,y) & \phi_{0,1}(x,y) & \cdots & \phi_{0,n}(x,y)\\ \phi_{1,0}(x,y) & \phi_{1,1}(x,y) & \cdots & \phi_{1,n}(x,y)\\ \cdots & \cdots & \ddots & \cdots\\ \phi_{m,0}(x,y) & \phi_{m,1}(x,y) & \cdots & \phi_{m,n}(x,y)\end{pmatrix}$$

在已知曲面面形和高斯基函数分布的情况下,可以反向求解出高斯基函数复合曲面的权重函数:

$$\boldsymbol{\omega}=(\boldsymbol{\Phi}^{\mathrm{T}}\boldsymbol{\Phi})^{-1}\boldsymbol{\Phi}^{\mathrm{T}}\boldsymbol{Z} \tag{10-38}$$

式(10-37)和式(10-38)所示的两种高斯基函数复合曲面是通过将一组离散分布的高斯基函数曲面线性叠加形成的,用它对曲面进行拟合后,在高斯基函数的中心位置$(x_i,\ y_i)$上的拟合精度很高。该表达式采用矩阵集合代替级次展开,对于像差的控制力更强,与 Zernike 圆域正交的描述方式相比,高斯基函数自由曲面对于矩形或其他形状的非球面描述能力更强,很容易实现面形的局部控制。然而目前高斯基函数复合曲面的研究还不完善,高斯基函数的密度、基函数 σ 的选取对该类型自由曲面的设计有着至关重要的作用。对于不同形状、大小的曲面,需要的高斯基函数分布的密度各不相同,而且不能保证精度。目前有关基函数及其分布密度的选取没有合适的结论,使它的推广应用受到了一定的限制。完成一次高斯基函数复合曲面运算的时间复杂度为

$$T_{\mathrm{Gauss}}=m\times n\times(3\times t_{\mathrm{add}}+2\times t_{\mathrm{mul}}+3\times t_{\mathrm{mod}})+t_{\mathrm{sqrt}}$$

其中,m,n 分别为高斯基函数复合曲面在两个垂直方向上基函数的数目。

10.6　自由曲面设计方法和设计实例

10.6.1　基于自由曲面的头盔式显示系统设计

典型的头盔显示系统通过固定装置将显示系统固定在观察者的头部,在观察者眼睛前方形成一幅完整图像而使人产生沉浸感,虚拟现实系统多采用该种设备。头盔显示系统的基本原理就是利用凸透镜在一焦距内可成与物同侧的正立放大虚像,再通过人脑对左、右眼的图像

合成产生立体图像。

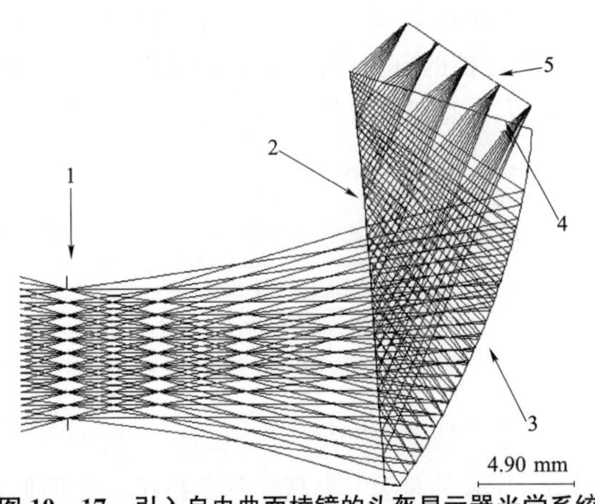

图 10-17　引入自由曲面棱镜的头盔显示器光学系统

为了进一步简化光学系统，可以在设计中引入自由曲面棱镜的概念，其关键设计思路是：整个光学系统的核心是一个具有 3 个自由曲面的棱镜，而头盔显示器图像源的图像就是经过该棱镜 3 个离轴的光学表面不断地反射和折射最后成像在人眼的。北京理工大学光电学院程德文在自由曲面头盔显示器设计方面做了大量深入的研究，设计出了实用的自由曲面头盔显示器。下面介绍具体的设计。

所设计的自由曲面头盔显示器的结构如图 10-17 所示。

头盔显示器光学系统的实际光路是由微型液晶显示器件 5 发出光线，先经过第三表面 4 透射进入自由曲面棱镜，然后在第一表面 2 内侧上发生全反射，经过第二表面 3 反射，最后再次经过表面 2 透射至人眼。但是从方便光学设计的角度出发，可以采用反向光路设计方式，即光线从人眼出发，经过自由曲面棱镜折反射然后到达图像显示器，为方便描述，元件及表面序号从出瞳(眼球)开始，1 为出瞳，即人眼位置；从观察者侧到像源方向，依次为棱镜的第一表面 2、第二表面 3 和第三表面 4，其中第一表面 2 相对于观察者侧为凹面形状的透射面；第二表面 3 相对于观察者侧为凹面形状的反射面，起放大图像的作用，外侧镀有反射膜层；第三表面 4 相对于观察者侧为凹面形状的透射面。

系统的特性参数如表 10-2 所示。头盔显示器光学系统与传统的目镜类似，出瞳位于透镜的外侧，都具有焦距短、视场角大、入瞳和出瞳远离透镜组等特点。由于它的出瞳远离透镜组，视场角又比较大，轴外光线在透镜前表面上的入射高和入射角均会很大，造成轴外视场的像差如彗差、像散、场曲、畸变和垂轴色差等都很大。为了校正这些像差导致目镜的结构比较复杂。由于畸变不影响成像清晰度，随着现有图像预处理和所示技术的不断提高，光学系统对畸变一般不做严格的校正，而是交由电路或者软件处理。

表 10-2　自由曲面头盔显示器的特性参数

特性参数	参数值
OLED 尺寸/mm	对角线 15.5
所示区域/(mm×mm)	12.7×9.0
分辨力	852×600
结构形式	自由曲面折反射棱镜
有效焦距/mm	15
出瞳直径/mm	8
出瞳距/mm	>17(18.25)
$F/\#$	1.875
非球面总数	3

续表

特性参数	参数值
结构形式	自由曲面透镜
非球面总数	2
波长/nm	656.3～486.1
视场角/(°)	45°H×32°V
渐晕	0.15 上下边缘
畸变	<10%最大边缘视场
成像质量	30 lps/mm 处 MTF>10%

考虑到自由曲面棱镜加工的难度和实验样品数量的需求，决定使用注塑的方式进行加工。通过金刚石车床加工出单个自由曲面模芯，同时完成注塑成型模具的设计，使 3 个自由曲面模芯镶嵌在模具内闭合后能够形成精确的楔形棱镜腔体，以便于将树脂光学材料压注成型。因此，在玻璃材料方面宜选用树脂光学材料，因为现有玻璃材料的压注工艺还不成熟，不能保证压注效果，而且价格也非常昂贵。同时，由于系统仅含一片光学元件，为尽可能地减小色差，需要选择色散小(阿贝数较大)的玻璃材料，最终选用的是在树脂光学材料中具有冕牌玻璃之称的聚甲基丙烯酸甲酯(PolymethylMethacrylate，PMMA)，它的阿贝数为 57.2，在波长 587.6 nm 处的折射率为 1.492。

在经过大量的比较分析后，选取了一个初始结构，图 10－18(a)表示的是系统的二维结构图，图 10－18(b)表示的是以全孔径评估的传递函数曲线图，图 10－18(c)和图 10－18(d)表示的是以 3 mm 出瞳直径计算的垂轴像差曲线。从传递函数曲线图可以看出，系统的传递函数在 12 lp/mm 以后几乎接近于零。更为严重的是，调整后系统的有效出瞳距离大幅缩短，减小到 14 mm；在第一个全反射面上光线的入射角远远小于临界角，从微显示器发出的光线无法按正常的预定光路进行传播进入位于出瞳处的人眼，因此需要重新进行优化设计。

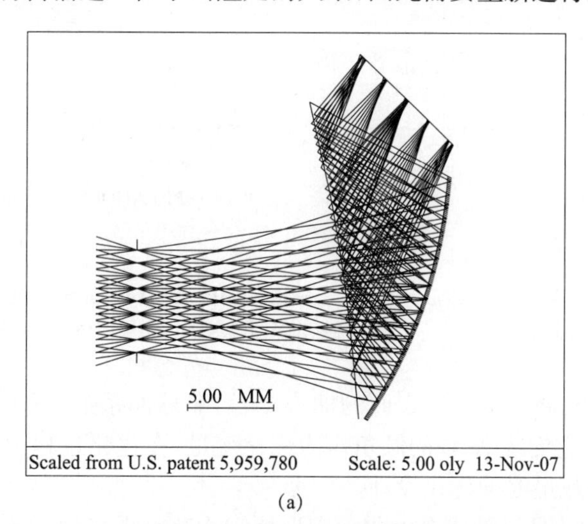

(a)

图 10－18　焦距缩放和视场、出瞳直径调整后的初始光学系统

(a) *YZ* 平面内初始结构二维视图

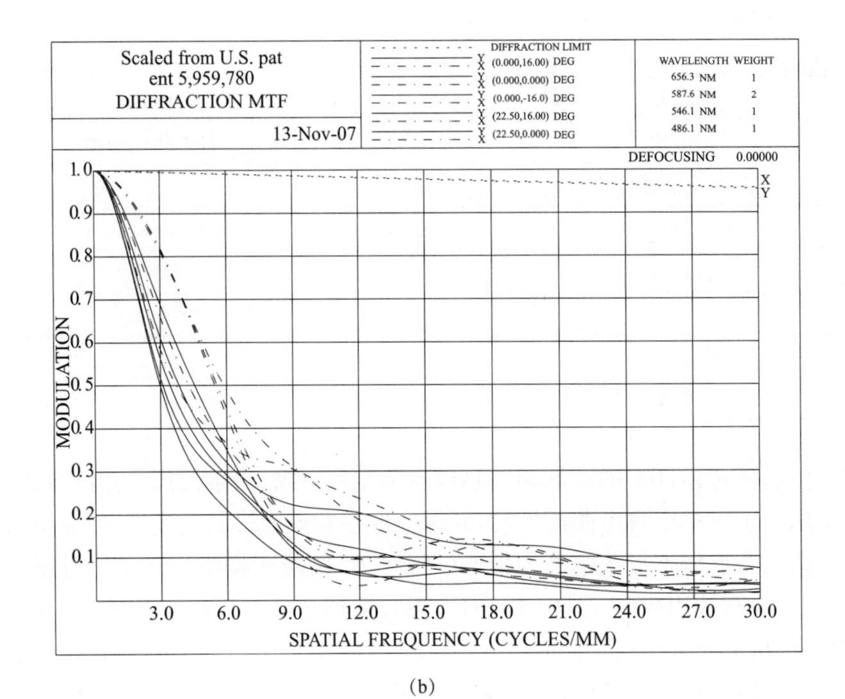

(b)

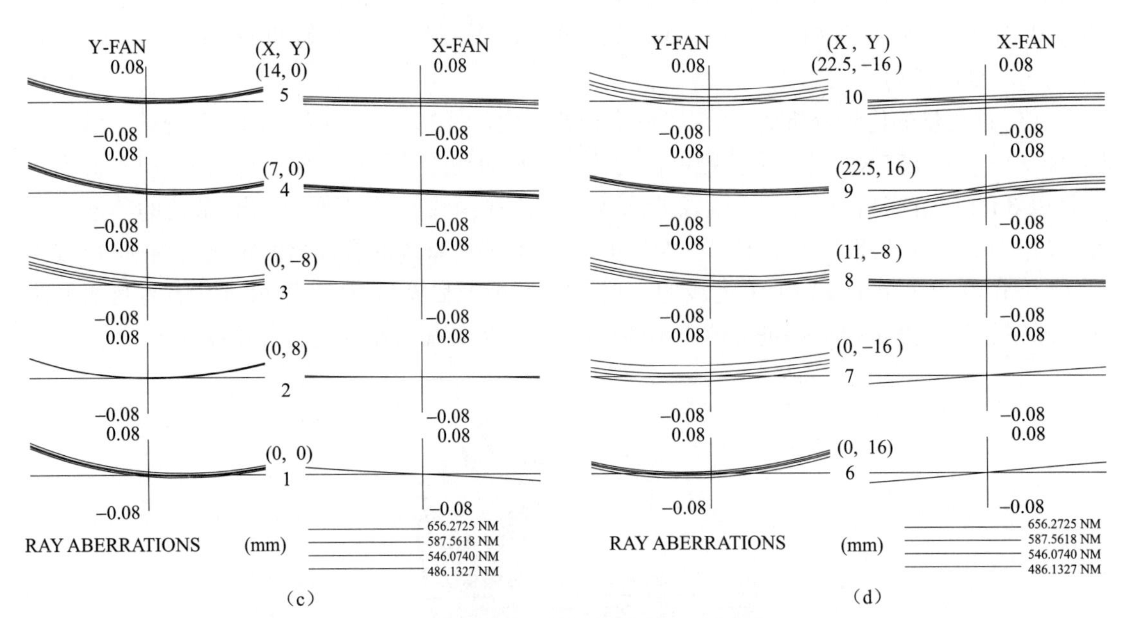

(c) (d)

图 10-18 焦距缩放和视场、出瞳直径调整后的初始光学系统(续)

(b) 传递函数曲线图;(c) 中心视场的垂轴像差曲线图;(d) 边缘视场的垂轴像差曲线图

在优化设计过程中,将棱镜三个表面的曲率半径、非球面系数,三个光学表面及像面在 Y 和 Z 方向的偏心,以及它们绕 X 轴的倾角作为优化变量,在优化过程中加入本节提出的5种约束条件进行控制,完成最终的优化设计。

图 10-19(a)所示的是浸没式自由曲面楔形棱镜头盔显示光学系统设计结果的二维平面图,图 10-19(b)所示的是该系统的网格畸变图,可以看出系统呈梯形和桶形畸变,最大畸变发生在像面的左右上角,达到了12%,需要进行电子畸变预处理。

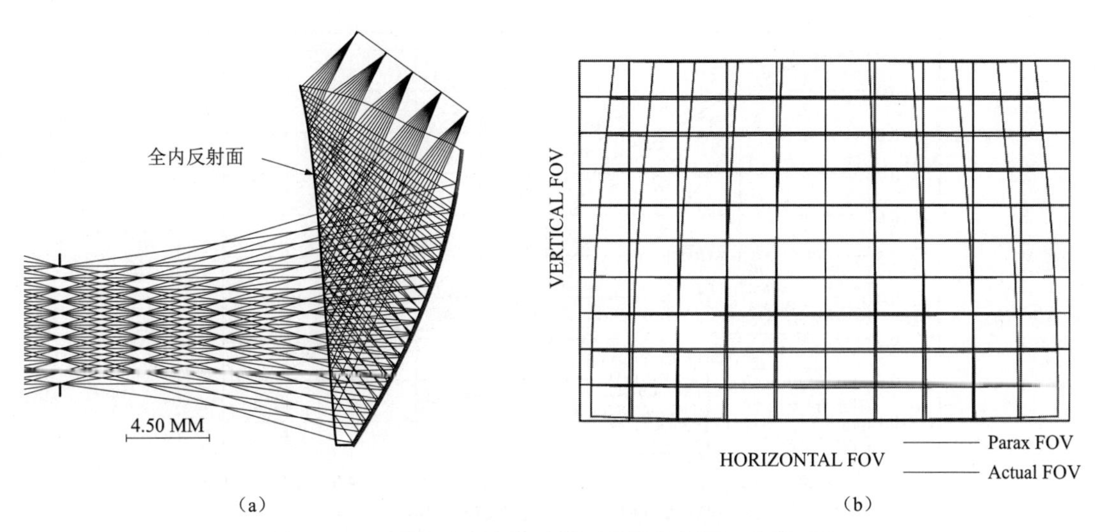

图 10-19　浸没式自由曲面楔形棱镜头盔显示光学系统

(a) 二维设计结构图；(b) 网格畸变图

图 10-20 给出了浸没式自由曲面楔形棱镜头盔显示光学系统设计结果的成像质量和像差曲线图，与图 10-18 相比，成像质量有了明显的改善，以 3 mm 出瞳直径评价时，在空间频率 30 lp/mm 处的 MTF 值基本上优于 0.2，系统的垂轴像差比优化前提高了 1 倍，满足人眼的观察需求。

另外，考虑到增强现实头盔要求能够清楚地看到外界场景，并且能和虚拟场景相互融合，研究证明如果直接通过以上描述的单个自由曲面棱镜观察外界场景，外界图像会发生严重的倾斜和变形，影响其与虚拟场景的相互融合，因此必须增加附加棱镜来补偿光线的偏移和倾斜，即在前面介绍的自由曲面棱镜上，增加另外一个自由曲面棱镜辅助透镜作补偿，如图 10-21 所示，采用这种形式的光学系统能够很好地消除光线的偏移和倾斜。

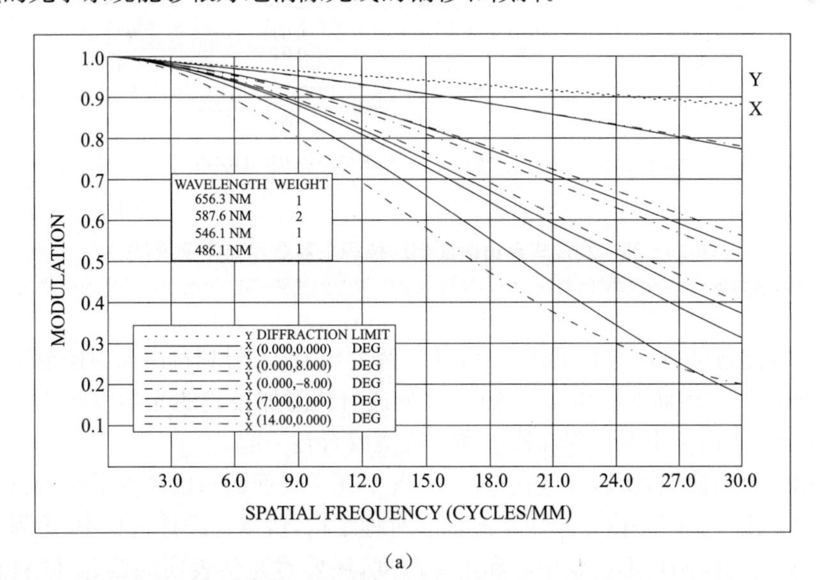

(a)

图 10-20　浸没式自由曲面楔形棱镜头盔显示光学系统

(a) 中间视场的传递函数曲线图

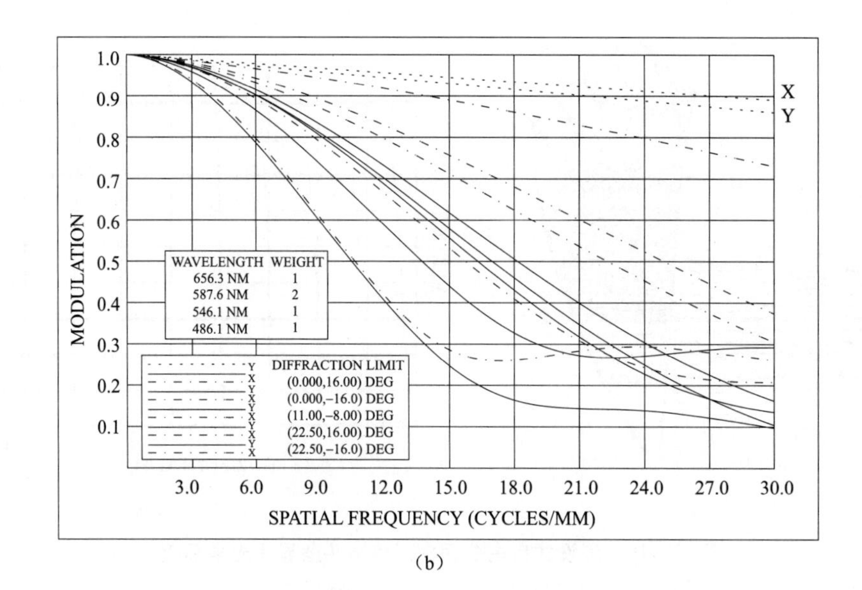

(b)

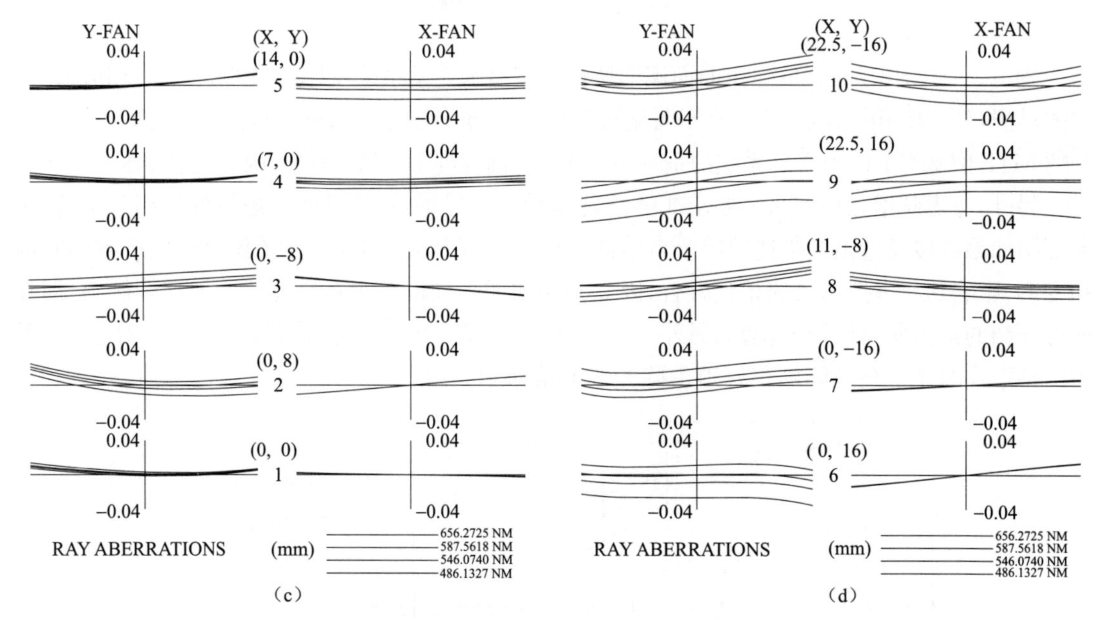

(c) (d)

图 10-20 浸没式自由曲面楔形棱镜头盔显示光学系统(续)

(b) 边缘视场的传递函数曲线图;(c) 中心视场的垂轴像差曲线图;(d) 边缘视场的垂轴像差曲线图

从反向光线追迹的方向进行描述,光线从出瞳处出发,入射到自由曲面棱镜第一表面 2 透射到第二表面 3,第二表面 3 为半反半透面,部分透射到附加棱镜的光学表面 6 上进入附加棱镜,最后通过光学表面 7 出射。附加棱镜和主透镜胶合在一起。

由于使用了自由曲面,所以在优化设计时,各个光学表面的自由曲面系数为校正各种像差提供了更大的自由度。但是由于采用了离轴非对称结构,所以在设计过程中,边界条件的复杂性大大增加,所需的控制量不仅是中心和边缘厚度,还要对光学表面的偏心、倾斜和光学表面的相对位置进行约束。因此需要采用新的结构控制方法,以保证系统的合理性和可行性,包括各边缘光线的位置约束和全反射条件控制等。

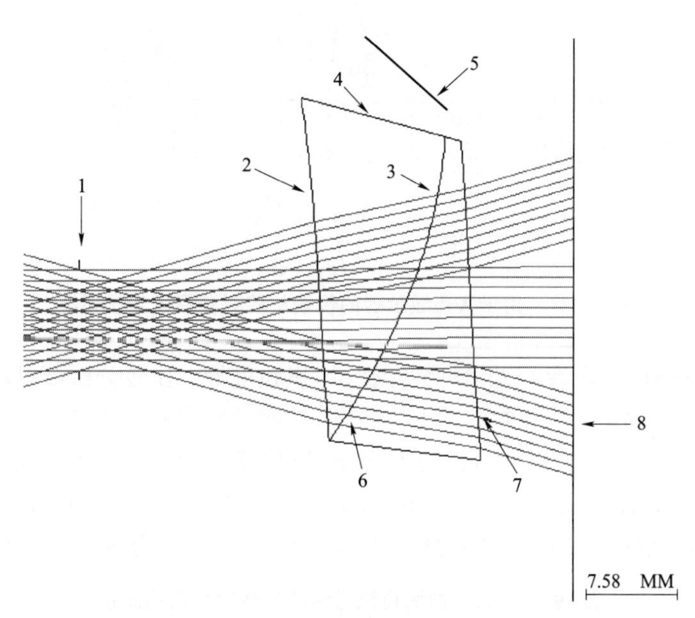

图 10-21　附加了棱镜的头盔显示器的光学结构图

表 10-3 列举了现有部分同类结构产品的主要技术参数，这些系统的焦距相对较长，出瞳直径小。综合体现在 F 数上，是本设计的 2.2～4.8 倍，而且本设计研制出的样机的视场角远远大于这些设计的视场角，充分体现了本章设计的难度。

表 10-3　现有部分同类产品的主要技术参数比较

参数	Eye—Trek FMD	Z800 3Dvisor	i—Visor	ProView SL40	本设计
模型视图					
对角视场/(°)	37	39.5	42	40	53.5
出瞳距离/mm	23	27	22	30	18.25
出瞳直径/mm	4	4	3	5	8
有效焦距/mm	21	22	26.7	20.6	15
像面尺寸/in	0.55	0.61	0.81 *	0.59	0.61
$F/\#$	5.25	5.5	8.9	4.1	1.875

在完成与同类结构的比较分析后，将本设计的超薄型自由曲面楔形目镜与传统旋转对称式结构的目镜进行对比分析。图 10-22 所示的目镜是常见并用于头盔显示器的光学系统。它与自由曲面棱镜式目镜的光学特性参数基本相同，且使用同一种微型图像源。

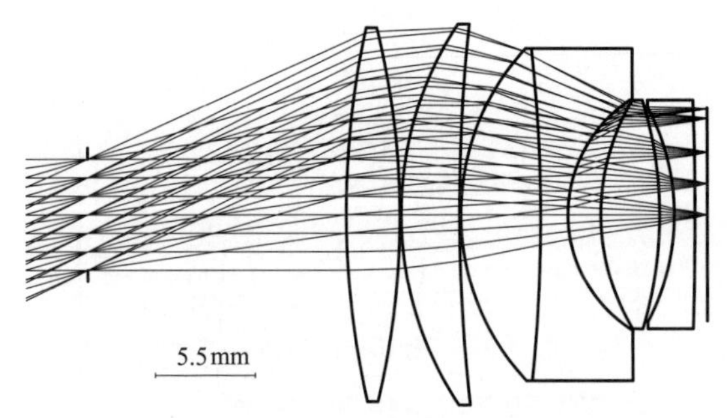

图 10-22 用于头盔显示器的传统旋转对称目镜光学系统

表 10-4 分别列出了两者的光学特性参数、体积和重量。比较分析可以得知，自由曲面目镜和旋转对称式目镜的光学特性参数基本一致，但是前者的体积和重量都要明显优于后者，自由曲面目镜的总长降到了旋转对称目镜的 1/2，重量更是降到了旋转对称目镜的 1/7，如果考虑目镜的机械结构，自由曲面在体积重量方面的优势更为突出。同时，自由曲面棱镜式结构很容易实现光学透射功能，而这对于传统旋转对称结构的目镜而言，实现透射功能是非常困难的。

表 10-4 自由曲面目镜与传统旋转对称目镜比较

光学参数	自由曲面目镜	旋转对称目镜
视场角/(°)	53.5	52
出瞳距/mm	18	18
出瞳孔径/mm	8	7
焦距/mm	15	15
重量/g	5	35
总长/mm	12	25
是否具有光学透射功能	是	否

10.6.2 自由曲面在光刻机镜头上的应用

边缘 Zernike 多项式能够准确拟合系统波像差，并且边缘 Zernike 多项式每一项均与系统某种像差相关。H. H. Hopkins 于 1950 年左右提出了一种完整的 5 阶与 7 阶球差波像差展开式[式(10-39)]，奠定了现代光学设计的像差分析基础。

$$\left\{\begin{aligned}W=&\Delta W_{20}\rho^2+\Delta W_{11}H\rho\cos\varphi+W_{040}\rho^4+W_{131}H\rho^3\cos\varphi+\\&W_{220S}H^2\rho^2+W_{222}H^2\rho^2\cos^2\varphi+W_{311}H^3\rho^2\cos\varphi+\\&W_{060}\rho^6+W_{151}H\rho^4\cos^2\varphi+W_{240}H^2\rho^4+W_{242}H^2\rho^4\cos^2\varphi+\\&W_{331}H^3\rho^3\cos\varphi+W_{333}H^3\rho^3\cos^3\varphi+W_{420M}H^4\rho^2+W_{422}H^4\rho^2\cos^2\varphi+\\&W_{511}H^5\rho\cos\varphi+W_{080}\rho^8\end{aligned}\right. \tag{10-39}$$

孔径光阑决定了能够进入光学系统的光束口径，因此决定了光学系统 F 数的大小。在光阑面，各视场光束将充满整个孔径，轴对称系统轴上视场只会有球差。当在孔径光阑附近添加自由曲面时，其对像差的校正不依赖于视场。因此光学设计人员可以通过自由曲面在轴上视场添加依赖于视场的像差，在离轴系统中可以去除由表面倾斜所引入的轴上彗差。远离孔径光阑的表面，其光束在表面上的有效面积随着视场不同而逐渐远离中心，靠近孔径边缘，自由曲面能够对不同视场起到不同的校正作用。

以第 8 章 8.9 节中所述的全球面光刻物镜作为初始结构，为提高采样与优化精度，将视场按实际使用区域增加为 11 个，并进行初步优化，再在系统视场依赖最大的第一表面添加 Zernike 多项式表面，进行深度优化。

如图 10－23 所示，与全球面系统相比，在远离孔径光阑位置添加自由曲面的系统，其总体波像差有所降低，三阶彗差与椭圆彗差均有显著减小，但球差基本没有变化，仍然保持在较大水平。

值得关注的是，图 10－23(c)中边缘 Zernike 波像差像散分量，左方使用方形区域围出范围像散大小与方向和右方对称视场明显不同，远离孔径光阑的自由曲面能够打破系统像差对称性，从而相对独立地影响、校正每一视场像差。

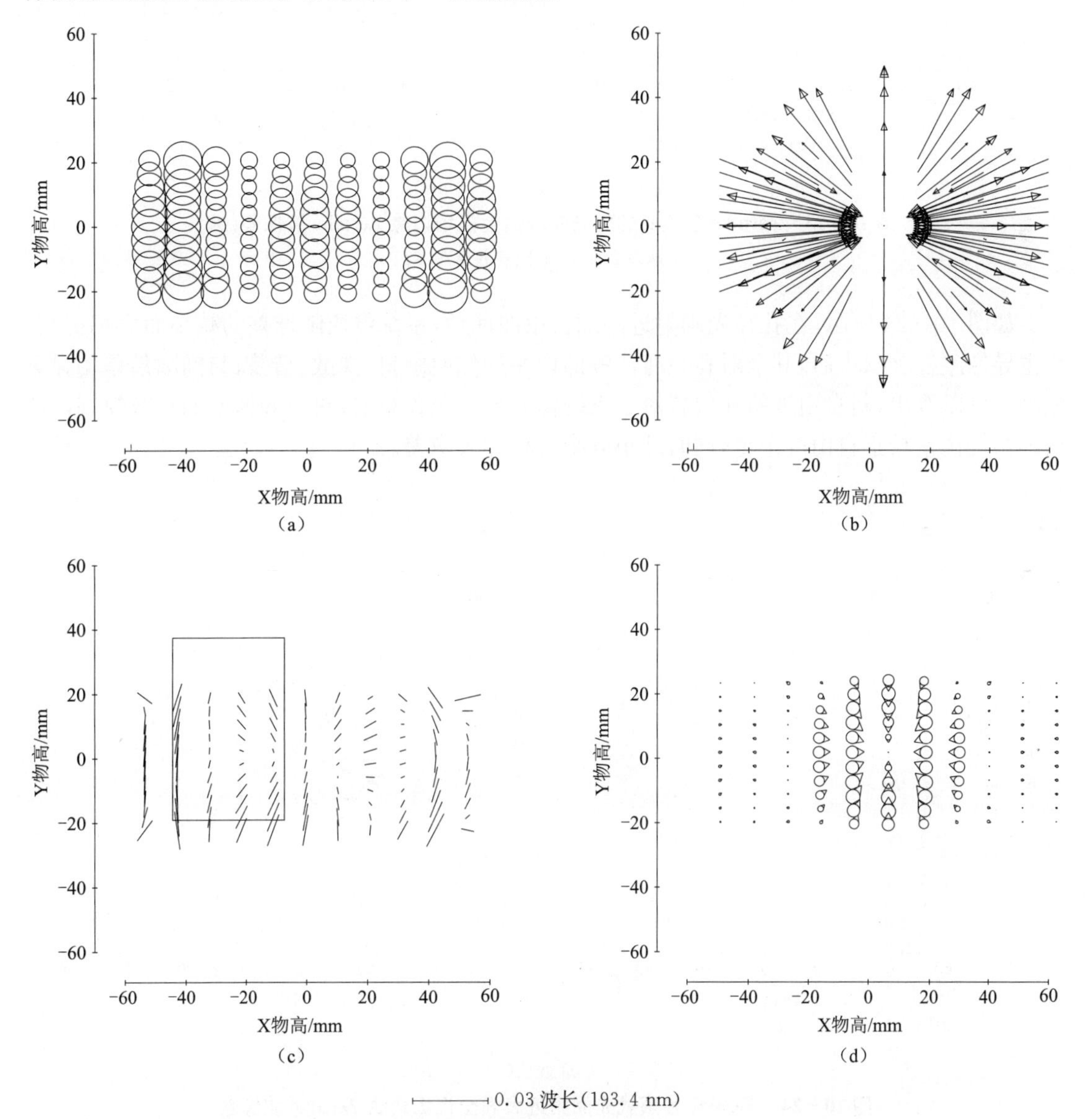

图 10－23　Zernike 多项式远离光阑表面全视场边缘 Zernike 波像差

(a) 总体波像差；(b) 像面倾斜 $Z2$ $Z3$；(c) 像散 $Z5$ $Z6$；(d) 彗差 $Z7$ $Z8$

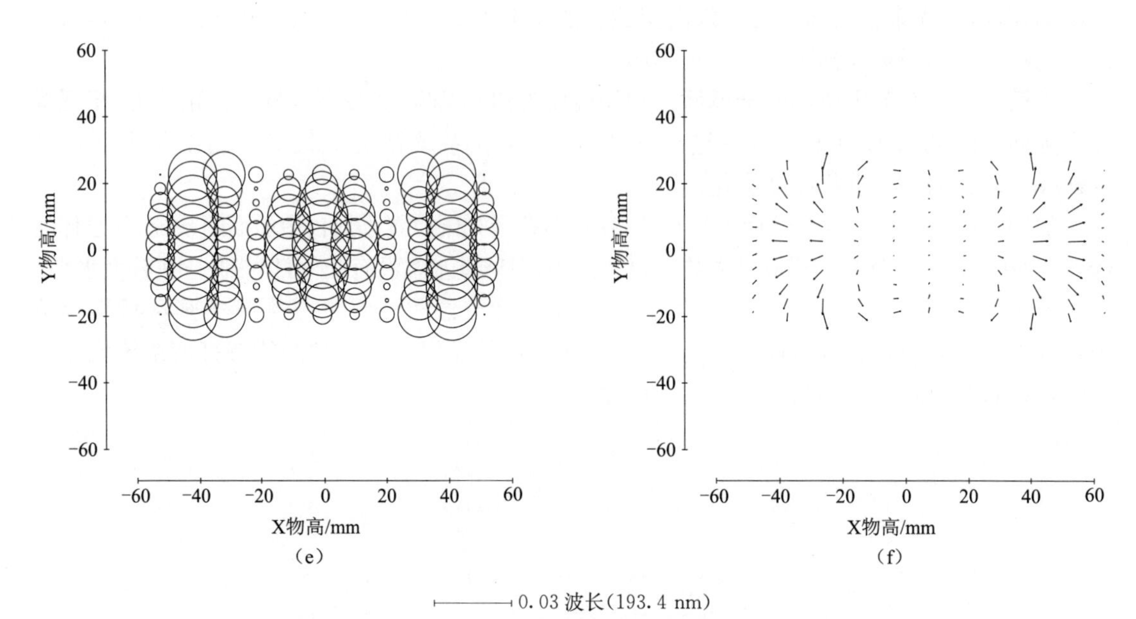

图 10-23　Zernike 多项式远离光阑表面全视场边缘 Zernike 波像差(续)

(e) 球差 $Z9$;(f) 椭圆彗差 $Z10$ $Z11$

如图 10-24 所示,在孔径光阑附近添加自由曲面后,系统像质随球差的减小而大幅提高,在主导像差显著减小后,其余对孔径有依赖的像差如像面倾斜、像散、彗差、与椭圆彗差均显著减小。可以看出,新自由度所在位置对于系统像差校正至关重要,对主导像差的有效控制能够增加系统像差校正自由度余量,同时减小其余各种相关像差。

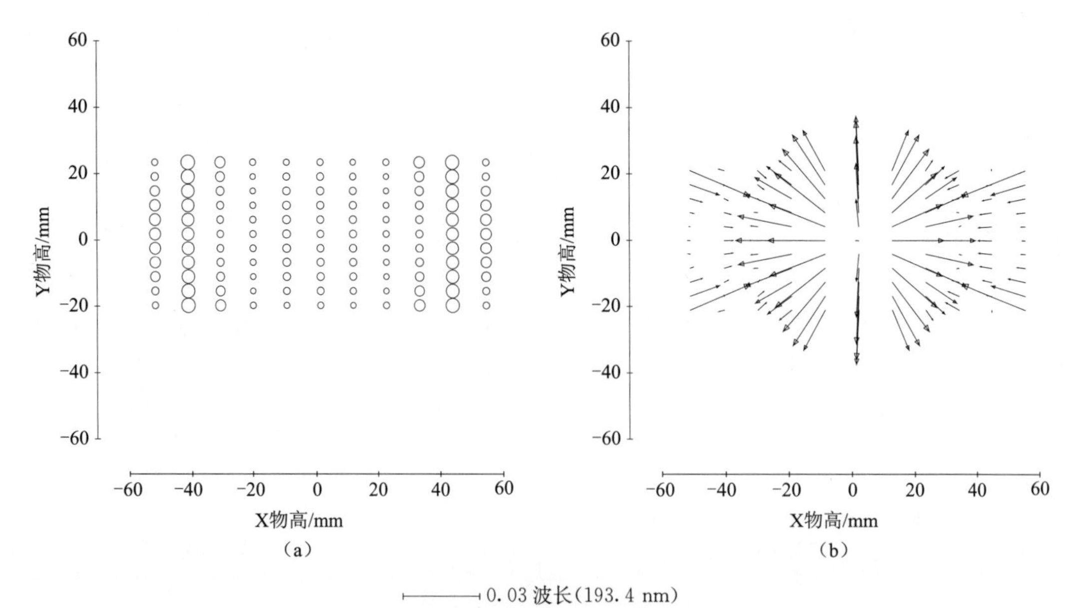

图 10-24　Zernike 多项式光阑附近表面全视场边缘 Zernike 波像差

(a) 总体波像差;(b) 像面倾斜 $Z2$ $Z3$

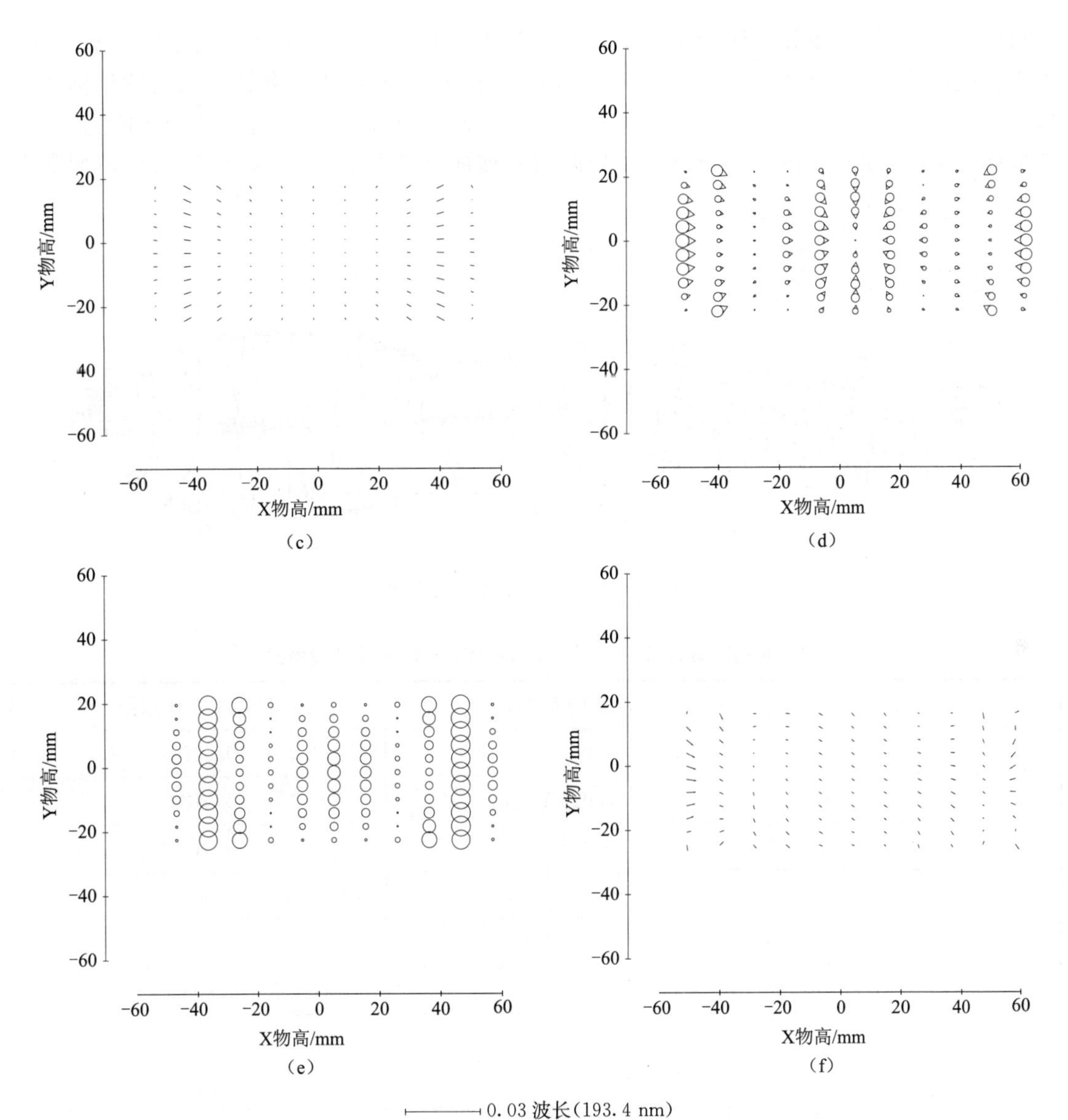

图 10 - 24　Zernike 多项式光阑附近表面全视场边缘 Zernike 波像差(续)

(c) 像散 $Z5$ $Z6$;(d) 彗差 $Z7$ $Z8$;(e) 球差 $Z9$;(f) 椭圆彗差 $Z10$ $Z11$

球面与非球面轴对称系统对于视场依赖的像差分量在轴上位置为零,增加自由曲面后,如图 10 - 23 与图 10 - 24 所示,两系统对于视场有依赖的各种像差分项,轴上位置均大于零,自由曲面能够改变轴上视场的各类像差分布特性。

在全球面系统基础上,首先在孔径光阑前表面添加 Zernike 曲面校正球差,再在远离光阑的系统第一面添加 Zernike 曲面控制各种依赖于视场的像差,最终系统结构如图 10 - 25 所示。使用偶次非球面在相同位置以相同顺序添加非球面,作为对比系统。两系统以中心光线为参考波像差如表 10 - 5 所示,大多视场波像差有所降低,Zernike 多项式系统最终像质不再具有轴对称性。在优化过程中,使用权重性约束(Weighted Constraint)控制畸变,权重性约束能够有效控制非线性变化像差,如畸变等。使用权重性约束的一般方法是:首先设置约束最终目标值,调整权重使其对评价函数的贡献与像差对评价函数贡献基本处于同一数量级,再进行优化使其逐步收敛至要求值。在设计过程中,两系统畸变约束具有相同的目标值与权重,因此最终结果在一定程度上反映了非球面与Zernike曲面对于畸变的校正能力,最终结果如表10-6所示,在第2～6视场,与偶次非球面系统相比,Zernike曲面系统畸变降低了1～2个数量级。

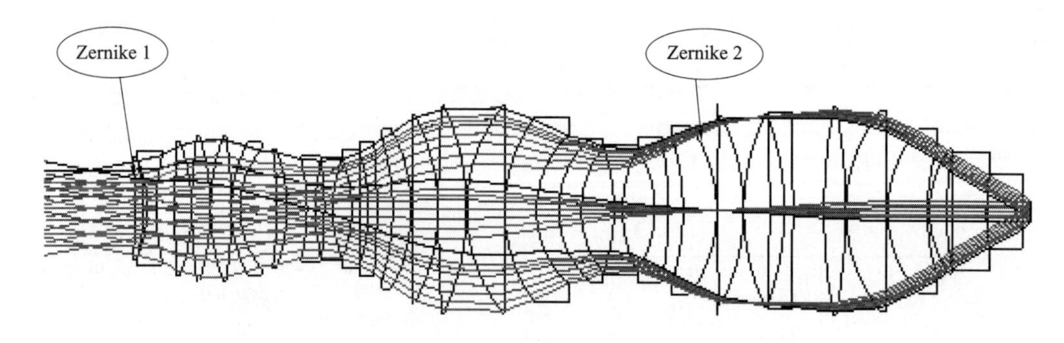

图10-25 Zernike多项式曲面

表10-5 偶次非球面与Zernike曲面系统各视场波像差

视场	偶次非球面系统	Zernike曲面系统
1	0.003 2	0.002 5
2	0.016 1	0.012 2
3	0.016 9	0.012 5
4	0.010 7	0.006 3
5	0.003 6	0.004 2
6	0.003 3	0.006 0
7	0.007 3	0.005 4
8	0.015 8	0.014 7
9	0.015 8	0.014 5
10	0.015 8	0.013 4
11	0.015 8	0.013 2

表10-6 偶次非球面与Zernike曲面系统各视场畸变

畸变分量	视场	偶次非球面	Zernike曲面
Y方向	F2	−5.00E−07	8.68E−09
X方向	F2	0.00E+00	0.00E+00
Y方向	F3	−4.90E−07	3.87E−09
X方向	F3	−4.90E−07	−4.89E−09

续表

畸变分量	视场	偶次非球面	Zernike 曲面
Y 方向	F4	0.00E+00	0.00E+00
X 方向	F4	−4.57E−07	−2.26E−08
Y 方向	F5	−1.36E−07	−9.01E−09
X 方向	F5	−1.36E−07	2.68E−09
Y 方向	F6	3.73E−08	1.84E−09
X 方向	F6	3.73E−08	3.87E−08
Y 方向	F7	0.00E+00	0.00E+00
X 方向	F7	−4.27E−08	−5.45E−08
Y 方向	F8	1.12E−08	−1.98E−08
X 方向	F8	1.12E−08	3.11E−08
Y 方向	F9	1.12E−08	−1.44E−08
X 方向	F9	1.12E−08	1.42E−08
Y 方向	F10	1.12E−08	1.12E−09
X 方向	F10	1.12E−08	1.32E−08
Y 方向	F11	1.12E−08	1.23E−08
X 方向	F11	1.12E−08	−2.85E−09

第 11 章
空间热环境及杂散光影响分析

空间光学系统环境影响因素主要是指热环境和光照环境。空间光学系统的热环境即环境温度会影响到空间光学系统的光机结构，产生热位移或热变化，导致整个光机结构偏离原有的设计理论状态，造成成像质量或探测精度的下降。热环境分析也称为热光学分析。空间光学系统的光照环境指的是杂散辐射，杂散辐射也称为杂散光，即非成像光路的光线在像面上所引起的杂散辐射。杂散辐射或杂散光会造成对比度下降、分辨力降低、信噪比降低以及鬼像等，给正常成像造成严重干扰。因此，空间热环境以及杂散光分析计算与防护是目前空间光学系统研究的热点。

11.1 热分析概述

光机热一体化技术是一种结合光学学科、机械学科、热学学科的交叉综合分析技术，其分析过程就是在这三者基础上进行优化设计的循环过程，如图 10－1 所示。光机热分析包括稳态及瞬态热分析，考虑空间仪器内部及外部环境对空间仪器的影响，热分析中机械分析部分主要考虑力学分析，包括静动态、振动、冲击等状态下的分析；而光学分析部分主要考虑力与热对光学成像质量带来的影响，主要分析光学传递函数、点列图以及包围圆能量的变化。

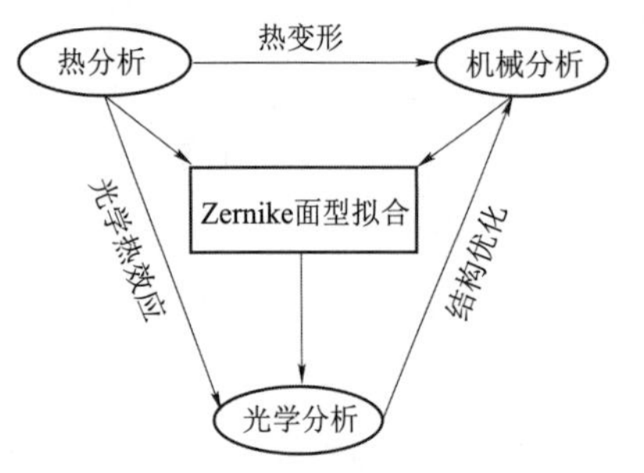

图 11－1　光机热分析流程

空间光学系统处于太空环境中，将会受到来自太阳以及来自地球的辐射，其本身内部也会有热功耗。在整个轨道周期内，光机各部位所接收的热流是剧烈变化且不均衡的，入射到空间光学系统各部位的辐射热流也不同，这些因素将导致空间光学系统的温度梯度不均匀且随时间发生变化，温度导致的热应力会导致空间光学系统的器件发生热膨胀及形变，从而导致成像质量的变化。通过分析光学系统受力、热影响而造成的偏心、离焦、倾斜、面形改变以及梯度折射率等变化，就可了解哪些因素对成像质量影响较大，从而提出解决措施及优化方案。

近年来，随着计算机技术和交叉学科的迅猛发展以及光学设计软件和有限元仿真软件的不断完善，光机热一体化设计也得到了迅速的发展。利用光机热一体化技术，可以预先模拟复杂的太空环境，全面考虑光机热的影响，减少大量实体实验，以达到保证仪器正常工作以及节约成本的目的。

11.2　光机热分析理论及有限元方法

空间光机系统在轨运行时，与外部环境和内部环境均有热交换。为此需要在能量守恒定律、稳态和瞬态热分析、热传导、热辐射等基本理论的基础上，根据热传递数值模拟的有限元方法，来分析研究热分析仿真及实体试验。

11.2.1　热分析基本理论与方法

在热分析过程中，首先需要仿真分析一个系统与其所处热环境中的热交换，然后得到其各部分的温度分布及其他参数，包括热量增减、热流密度大小和热梯度大小等。要研究热分析必须先了解一些基本理论与方法。

1. 能量守恒定律

能量守恒定律阐述了能量不能被创造也不会凭空消失，只会发生能量转移或者能量在形式上的转化，如动能转化为热能。如果将宇宙空间看作为一个封闭空间，那么整个宇宙空间的总能量是处于一个守恒的状态。对于一个封闭系统的能量转移过程，可用式(11-1)表示：

$$Q-W=\Delta U+\Delta KE+\Delta PE \tag{11-1}$$

式中，Q 表示整个系统产生的热量，W 代表做功的部分，ΔU、ΔKE、ΔPE 分别代表系统的内能、动能和势能。当仅考虑传热时，系统的动能和势能可以视作为零。在工程领域，热分析一般分为稳态热分析和瞬态热分析。稳态热分析是分析系统的最终状态，假定系统最终达到动态平衡，即进入系统的热量等于流出系统的热量，整个系统处于能量守恒状态。瞬态热分析是分析系统的瞬时状态，定义热流密度 $q=\mathrm{d}U/\mathrm{d}t$，溢入和溢出的热传递变化率等于系统内能的变化。

2. 传热方式

只要有温差的存在，就会有传热现象。热学中主要有热传导、热对流和热辐射三种传热方式。

(1) 热传导

热传导产生的必要条件是温差，在物体无相对位移的情况下，存在温差的物体接触时，高温物体的热量会传向低温物体。对于同一物体，热量从温度高的地方向温度低的地方传导。热流与温度梯度的关系，如式(11-2)所示：

$$q=-\lambda A\left(\boldsymbol{i}\,\frac{\partial T}{\partial x}+\boldsymbol{j}\,\frac{\partial T}{\partial y}+\boldsymbol{k}\,\frac{\partial T}{\partial z}\right) \tag{11-2}$$

式(11-2)即著名的傅里叶定律，其中 T 为温度，q 为热流密度，A 为垂直于热流方向的横截面积，$(\boldsymbol{i},\boldsymbol{j},\boldsymbol{k})$为空间三个方向的基本向量，$\lambda$ 为介质的热导率。图 11-2 表示的是热流在铜柱中的热传导过程，热流从温度高的 T_1 端面向温度低的 T_2 端面传导。

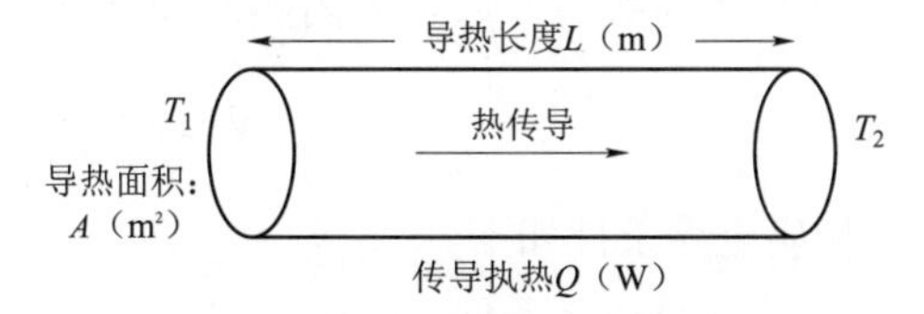

图 11-2　热传导过程示意图

(2) 热对流

热对流指的是当流体宏观移动时冷热流体相互掺混而导致的热量迁移的现象。外界施加的强迫力及流体存在温差是使流体产生运动的

原因。外界强迫力主要来自水泵或者风机,而温差主要是使流体密度产生差异导致流体运动。对流换热方程,如式(11-3)所示:

$$q=h(T_s-T_b) \tag{11-3}$$

式中,h 为表面传热系数,单位为 $W/(m^2k)$,T_s 为表面温度,T_b 为周围流体的温度。

(3) 热辐射

热传导与热对流需要有介质才能发生,而热辐射不需要任何介质就能发生。一切绝对零度以上的物体都具有辐射能力,无论物体温度高低,物体都在往外发射电磁波和辐射能量。高温物体辐射能力强,故热量总是从高温物体辐射给低温物体。黑体模型就是人们提出的用以研究辐射换热的模型。黑体辐射热流密度 q_b 与温度的关系如式(11-4)所示:

$$q_b=\sigma T_b^4 \tag{11-4}$$

式中,T_b 为黑体表面温度,σ 为黑体辐射常数,$\sigma=5.67\times10^{-8}\ w/(m^2k^4)$。当实际物体表面温度与黑体表面相同时,实际物体发射辐射的能力要比黑体弱,因此人们在黑体辐射的基础上乘以一个称为发射率 ε 的系数来描述实际物体的发射热辐射能力,如式(11-5)所示:

$$q=\varepsilon\sigma T_b^4 \tag{11-5}$$

物体不仅会辐射热而且会吸收外来的辐射热。黑体全部吸收外来辐射,物体吸收的辐射为在黑体吸收的基础上乘以系数 α,如式(11-6)所示:

$$q=G\alpha \tag{11-6}$$

式中,q 为外来辐射热流;环境对表面的投射辐射热流为 G;α 为外来辐射被吸收的部分,称为吸收比。

如果物体表面的温度为 T_w,环境温度为 T_{sur},环境对表面的投射辐射热流为 G,则物体表面单位面积与环境间的净辐射热交换可表示为式(11-7)

$$q=\varepsilon\sigma T_w{}^4-\alpha G=\varepsilon\sigma(T_w{}^4-T_{sur}{}^4) \tag{11-7}$$

式中,q 为物体表面净辐射热流,ε 为发射率,σ 为黑体辐射常数。

人们通常使用传热微分方程及边界条件研究温度的分布规律。传热微分方程如下:

① 物质参数为常数,有内热源时瞬态传热微分方程如式(11-8)所示:

$$\frac{\partial T}{\partial \tau}=\alpha\left(\frac{\partial^2 T}{\partial x^2}+\frac{\partial^2 T}{\partial y^2}+\frac{\partial^2 T}{\partial z^2}\right)+\frac{q_v}{\rho c} \tag{11-8}$$

式中,τ 表示时间,T 表示温度,q_v 为外来热流密度,ρ 为物质密度,c 为比热容,α 为热扩散率。热扩散率反映了材料传热能力,数值越大表示在该材料中温度扩散速度越快。

② 物质参数为常数且无内热源时瞬态传热微分方程如式(11-9)所示:

$$\frac{\partial T}{\partial \tau}=\alpha\left(\frac{\partial^2 T}{\partial x^2}+\frac{\partial^2 T}{\partial y^2}+\frac{\partial^2 T}{\partial z^2}\right) \tag{11-9}$$

③ 物质参数是常数且无内热源稳态导热时传热微分方程如式(11-10)所示:

$$\nabla^2 T=\frac{\partial^2 T}{\partial x^2}+\frac{\partial^2 T}{\partial y^2}+\frac{\partial^2 T}{\partial z^2}=0 \tag{11-10}$$

相应边界条件如下:

① 第一类边界条件。

第一类边界条件是边界温度已知,用 s 表示边界面,T_w 为边界面上的温度,$T|_s=T_w$。

② 第二类边界条件。

第二类边界条件是表面热流已知，用 s 表示边界面，q_w 为边界面上的热流密度，$q|_s=q_w$。

③ 第三类边界条件。

第三类边界条件是换热条件已知，用 t_w 表示边界面温度，t_f 表示环境温度，λ 表示介质的热导率，T 表示温度，n 表示方向矢量，h 表示表面传热系数，则 $-\lambda\left(\frac{\partial T}{\partial n}\right)_w=h(t_w-t_f)$，它表示了物体的边界面处的热流密度已知。

11.2.2　空间光机系统的热交换

空间光机系统的热环境包括空间光机系统的外部热环境和内部热环境，外部热环境主要包括来自太阳以及地球的辐射等。空间光机系统与内外热环境的换热关系如图 11－3 所示。

图 11－3　空间光机系统的热交换示意图

热交换关系是热分析的基础，对于在轨道上运行的空间光机系统，其吸收辐射与发射出去的辐射及内能变化，保持总体平衡，即太阳辐射、地球反照、地球辐射、空间背景辐射、光机系统内热源辐射这些辐射均是给空间光机系统加热。根据能量守恒定律，吸收辐射与发射辐射之差等于内能变化对应部分的辐射，如式(11－11)所示：

$$Q_1+Q_2+Q_3+Q_4+Q_5=Q_6+Q_7/\alpha \tag{11-11}$$

式中，Q_1 为太阳辐射直接加热，Q_2 为地球反照辐射加热，Q_3 为地球红外辐射加热，Q_4 为空间背景辐射加热，Q_5 为空间光学系统的内热源辐射，Q_6 为空间光学系统向空间的辐射，Q_7 为空间光学系统内能的变化，α 表示辐射转化为内能的转换率。

11.2.3　有限元分析法

物体由于热胀冷缩的作用，体积会随着温度的变化而发生变化。当物体不能自由膨胀时，就会产生热应力。约束可能来自外界环境施加的约束，也可能来自本身的约束，物体各处的热膨胀系数不相同而导致相互挤压。来自自身的约束，即有温度梯度引起热应力的情况较为常见。温度不仅造成物体的结构变形，还会影响材料的力学性能，如材料的弹性模量、泊松比、热膨胀系数等物理量会随着温度变化而变化，而这些物理量的变化也会影响到物体的应力分析结果。

热分析的过程其实就是计算热传递的过程，把光机模型划分为细小的模块进行热分析，称为有限元分析。在有限元分析软件出现之前，研究工作者一般根据热传递理论来分析计算光机系统各部位在综合各种热条件的情况下达到平衡后的温度。随着计算机技术飞速发展,有限元分析方法被广泛应用于各领域来解决力学、热学问题,用计算机代替了繁杂的人工计算劳动,不再需要用人工来分析计算一个复杂的热力学问题。

1. 有限元法基本概念

有限元分析(Finite Element Analysis, FEA),其本质是一种微分理论。最初是在20世纪五六十年代提出,运用的是变分原理和加权余量法,它是将待求解区域划分成很多细小的空间网状的区域,这些网格称为单元,然后对小网格进行求解,这就把繁杂问题简单化了。有限元分析的思想是把复杂物理问题转化为简单的数学模型,列出数学方程、边界方程以及条件方程,通过求解这些方程,最终得到实际物理问题的解。

1851年,人们在求解闭合曲面围成的微小面积时,对其使用正三角形离散化,并用有限差分表达式表示整个离散化面积。当时没有把这种思想普遍化,提升到理论高度,应用到其他方面。1941年,人们使用结构力学分析方法对平面弹性问题和板弯曲问题进行了研究,当时采用简单的子结构来替代物体,这是使用有限元方法的雏形。1943年,Courant在研究中把空心轴的横截面积划分成许多三角形,并对三角形网点上的应力值进行线性插值,标志着有限元分析方法的开始。20世纪50年代初,有限元分析法在航空工业中得到长足的发展。在设计机翼时,传统方法采用分析低展弦比方法,但是精度太低。为提高精度,美国人Turner和英国人Taig用三角形法对机翼表面进行了建模,而德国的Argyris在他的论文中明确提出了有限元分析的概念。后来,人们提出了各种新型单元来分析应力,有限元分析法被认为是一个具有广泛用途的数学方法。1965年,人们利用有限元方法分析了物体之间的热传导。20世纪70年代初,随着计算机技术的飞速发展,有限元分析软件开始出现,有限元分析方法越来越多地应用于工程领域。今天,各类有限元软件种类繁多,有限元分析方法已成为工程技术领域不可或缺的工具。

2. 有限元法求解步骤

有限元分析方法求解步骤一般分为前置处理阶段、求解阶段和后置处理阶段。前置处理阶段主要是机械建模,并对模型采用对应的单元进行网格划分。机械建模时,需对模型进行抽象并简化,如对称模型可以只考虑其一半,这样可以大大加快求解速度。在这阶段还需确定模型各部件材料的各种特性参数和模型所要分析的边界条件。网格划分一般根据模型的形状进行划分,尽量追求划分均匀。计算求解阶段是提交任务分析,在有限元软件后台依靠有限元微分公式进行计算完成。后置处理阶段指的是处理有限元软件分析的结果,把它转化成需要的图形和表格。具体的步骤如下:

① 创建几何模型,可以在有限元软件part部分建模,也可以在外部导入。此步骤主要确定模型的几何形状及各部件的材料特性。

② 将模型进行离散化,将模型划分为有限个单元,这些单元可以是形状一样的单元也可以是混合的单元。一般来说,规则的物体划分为统一单元,不规则的物体划分为以某种单元为主,另一种单元为辅的形式。在工程中,网格划分越细,离散域近似程度越好,其精度也越高,但是如果划分太细,计算工作量会增大,对求解速度不利,因此在做网格划分时要根据部件是否为关键部件加以区分,跟所求解的部件紧密相关的,网格可以划分得细些,其他部件可以划分得粗些。

③ 确定模型满足的微分方程，使用微分方程描述要求解的物理问题，描述模型的状态变量及所处的边界条件。

④ 建立划分网格时所使用的有限元方程。建立该单元坐标下的函数，对该单元中各个状态变量的离散关系进行数学描述。

⑤ 联立微分方程及有限元方程，对联合方程组进行求解。有限元软件主要采用迭代法求解各个节点处的状态变量。如果达到收敛条件则跳出运算过程，并给出计算结果。有限元方法的计算结果均是物理问题的近似解，在得到计算结果后还需要评估近似解是否在允许的误差范围之内。

3. 理性有限元方法

理性有限元方法与常规有限元方法不同之处在于理性有限元方法主要使用多项式插值求单元刚度矩阵，而非重点考虑力学要求。把力学方程的基本解作为基底函数进行插值，利用解析和数值方法求解理性的单元刚度关系。其优点在于对不同材质、不同单元的特性，插值解能够自动适应。

1997 年，人们使用数学方法推导了平面理性元的收敛公式，同时把它应用于多种单元的结构，并且推导了不协调单元的收敛公式。1999 年，孙卫明在求解厚板弹性弯曲问题时，提出了一种结合解析、数值方法的理性有限元法。该方法既满足单元的力学要求又满足结构的几何要求，求得的结果精度很高，刚度矩阵积分也很精确。2000 年，纪峥在四节点的基础上推导出了八节点曲边平面理性元，他采用四次多项式对平面弹性力学单元位移进行插值，求得的解精度较高，求解速度较快，并且具有很好的稳定性。

4. 热弹性分析

在热应力分析中，可对应力分析问题进行简化处理，这种热应力分析称为热弹性分析。

(1) 物体是连续体

热弹性分析认为物体由连续微元体组成，相邻微元体间没有间隙，因此载荷作用在物体上时产生的应变、位移等均为连续函数。对弹性力学来说，连续介质是其力学分析的基础。

(2) 物体是均匀介质且各向同性

物体的材料是均匀介质并且各向同性是指在物体内部各处材料的性质相同且与方向相关的物理性质也相同，如弹性模量、泊松比等均为定值，不随坐标和方向的改变而改变。线弹性热分析还遵循两条规律，第一是物体满足完全弹性的情况，对物体加载荷时产生变形，但卸载载荷后就能完全恢复。在这种情况下，应力与应变成线性关系，服从弹性定律。第二是物体的变形是小变形，这种情况指的是相对于物体尺寸来说，变形值很小。因此在考虑物体的有限元方程时，可认为物体形状不变，在计算变形位移时只计算一次项，而变形较大时计算变形位移时就需要考虑二次项。

5. 热弹性基本方程

温差和热应力的共同作用引起物体的热变形，对于均匀介质且各向同性的物体来说，在不受约束的情况下，物体会发生正应变，如式(11 - 12)所示：

$$\varepsilon_x=\varepsilon_y=\varepsilon_z=\alpha T;\gamma_{xy}=\gamma_{yz}=\gamma_{zx}=0 \tag{11-12}$$

式中，ε 表示相应方向上的正应变，γ 表示相应方向上的剪应变，α 是线膨胀系数，T 是温度变化。而对于一般情况，温度变化会使微元体发生体积变化，微元体间会发生相互挤压，根据胡

克定律,其相应方向上的正应变、剪应变如式(11－13)、式(11－14)所示:

$$\begin{cases}\varepsilon_x=\dfrac{\partial u_x}{\partial x}=\dfrac{1}{2G}\left(\sigma_x-\dfrac{u}{1+u}\Theta_s\right)+\alpha T\\ \varepsilon_y=\dfrac{\partial u_y}{\partial y}=\dfrac{1}{2G}\left(\sigma_y-\dfrac{u}{1+u}\Theta_s\right)+\alpha T\\ \varepsilon_z=\dfrac{\partial u_z}{\partial z}=\dfrac{1}{2G}\left(\sigma_z-\dfrac{u}{1+u}\Theta_s\right)+\alpha T\end{cases} \tag{11-13}$$

$$\gamma_{xy}=\frac{\tau_{xy}}{2G},\gamma_{yz}=\frac{\tau_{yz}}{2G},\gamma_{zx}=\frac{\tau_{zx}}{2G} \tag{11-14}$$

式中,ε 表示相应方向上的正应变,γ 表示相应方向上的剪应变,α 是线膨胀系数,T 是温度变化,G 为剪切模量,σ 为应力分量,Θ_s 为三个应力分量之和,$\Theta_s=\sigma_x+\sigma_y+\sigma_z$,$2G=E/(1+u)$。设 $e=\varepsilon_x+\varepsilon_y+\varepsilon_z$,式(11－13)和式(11－14)可以写成

$$\begin{cases}\sigma_x=2G\varepsilon_x+\lambda e-\beta T\\ \sigma_y=2G\varepsilon_y+\lambda e-\beta T\\ \sigma_z=2G\varepsilon_z+\lambda e-\beta T\end{cases} \tag{11-15}$$

$$\tau_{xy}=G\gamma_{xy},\tau_{yz}=G\gamma_{yz},\tau_{zx}=G\gamma_{zx} \tag{11-16}$$

式中,$\beta=\alpha E/(1-2\mu)$;$\lambda=\mu E/(1+\mu)(1-2\mu)$,在圆柱坐标下有

$$\begin{cases}\sigma_r=\dfrac{E}{1+\mu}\left(\dfrac{\partial u_r}{\partial r}+\dfrac{\mu}{1-2\mu}\cdot e\right)-\beta T\\ \sigma_\theta=\dfrac{E}{1+\mu}\left(\dfrac{u_r}{r}+\dfrac{1}{r}\cdot\dfrac{\partial u_\theta}{\partial\theta}+\dfrac{\mu}{1-2\mu}\cdot e\right)-\beta T\\ \sigma_z=\dfrac{E}{1+\mu}\left(\dfrac{\partial u_z}{\partial z}+\dfrac{\mu}{1-2\mu}\cdot e\right)-\beta T\\ \tau_{r\theta}=G\left(\dfrac{\partial u_\theta}{\partial r}+\dfrac{1}{r}\cdot\dfrac{\partial u_r}{\partial\theta}-\dfrac{u_\theta}{r}\right)\\ \tau_{zr}=G\left(\dfrac{\partial u_r}{\partial z}+\dfrac{1}{r}\cdot\dfrac{\partial u_z}{\partial r}\right)\end{cases} \tag{11-17}$$

式中,E 为电场强度,ε 表示相应方向上的正应变,γ 表示相应方向上的剪应变,α 是线膨胀系数,T 是温度变化,G 为剪切模量,σ 为应力分量,μ 为泊松比。联系平衡方程和广义胡克定律,消去应变分量及应力分量,得到热弹性的位移方程,如式(11－18)所示:

$$\begin{cases}(\lambda+2G)\dfrac{\partial e}{\partial r}-2G\left(\dfrac{1}{r}\dfrac{\partial\omega_z}{\partial\theta}-\dfrac{\partial\omega_\theta}{\partial r}\right)-(3\lambda+2G)\alpha\dfrac{\partial T}{\partial r}=0\\ (\lambda+2G)\dfrac{\partial e}{\partial\theta}-2G\left(\dfrac{\partial\omega_{rz}}{\partial z}-\dfrac{\partial\omega_r}{\partial r}\right)-(3\lambda+2G)\dfrac{\alpha}{r}\dfrac{\partial T}{\partial\theta}=0\\ (\lambda+2G)\dfrac{\partial e}{\partial r}-\dfrac{2G}{r}\left(\dfrac{1}{r}\dfrac{\partial(r\omega_\theta)}{\partial r}-\dfrac{\partial\omega_{rz}}{\partial\theta}\right)-(3\lambda+2G)\alpha\dfrac{\partial T}{\partial z}=0\end{cases} \tag{11-18}$$

对于式(11－18),温度分布已知,微分方程容易求解。但解决实际问题时需使用应力函数及位移函数等来解决物体的热变形问题。

11.3　热变形的光学系统面型拟合算法

空间热环境会导致空间光学系统透镜表面的面型发生变形，变形后透镜的面型的拟合一直是一个难题。我们以 Zernike 多项式为基础，提出了热变形后的透镜面型的拟合算法，结合施密特正交方法和最小二乘法求取 Zernike 系数。

11.3.1　Zernike 多项式

空间光机系统在空间热环境的影响下，透镜面型会发生相对位移，同时受热应力的作用，透镜面型会发生变化，最终影响了光学系统的成像性能。对于面型变形较小的光学元件，常用波面误差来评价产生形变的透镜的成像质量。变形导致透镜的波面误差形状复杂，不易用数学函数描述，但变形后的波面一般是光滑且连续的，所以可以考虑将透镜面型的变形使用一个完备的线性无关的基底函数来表示。

从几何光学出发，使用光线追迹分析透镜的像差时，可以对像差函数进行幂级数展开。从波动光学出发，研究像差的衍射理论时，可以对像差函数在单位圆内部使用相互正交的多项式函数进行展开。Zernike 多项式就是常用的表示波像差的多项式函数，具有以下优点：

① Zernike 多项式可以归一化，单位圆上具有正交性，这样可以使拟合的系数相互独立，可以避免偶然因素造成求解误差。

② Zernike 多项式能够表示光学透镜的面型矢高，并且能表示光学系统的初级像差，与塞德尔像差也有对应关系，从而有利于计算系统的像差并评价系统的成像性能。

③ Zernike 多项式对应的 Zernike 系数的物理意义明确，Zernike 系数已成为结构分析与光学分析的常用接口。

Zernike 多项式拟合的指导思想是将一个任意形状的表面视为由无穷多个基面构成的线性组合。在直角坐标系下，一个规则的球面和二次曲面可以由式(11 - 19)中的第 1 部分表示，第 2 与第 3 部分的系数为 0。而规则的非球面可以由式(11 - 19)的第 1 部分与第 2 部分共同表示，第 3 部分系数为 0。基于球面变形的不规则面可以由第 1 和第 3 部分表示。

$$z=\frac{cr^2}{1+\sqrt{1-(1+k)c^2r^2}}+\sum_{i=1}^{8}\alpha_i r^{2i}+\sum_{i=1}^{N}a_i Z_i(\rho,\theta) \tag{11-19}$$

式中，c 为曲率，r 为半径值，k 为二次曲面系数，α_i 表示偶次非球面系数，a_i 表示 Zernike 系数，$Z(\rho,\theta)$表示 Zernike 多项式。

如果光学系统的镜片受热之前为球面和二次曲面，受热变形时基于球面和二次曲面的表面发生了变形。故在表示变形后的面型可选择式(11 - 19)中的第 1 和第 3 部分。用球面和二次曲面系数以及 Zernike 系数表示变形后的面型，对于式(11 - 19)第 3 部分中的 N 取 37 项。表 11 - 1 列出了 37 项的具体表达式。

表 11 - 1　Zernike 多项式与 Zernike 系数

项数	Zernike 多项式	Zernike 物理意义	Zernike 系数
1	1	常数项	a_1
2	$\rho\cos\theta$	倾斜 x	a_2

续表

项数	Zernike 多项式	Zernike 物理意义	Zernike 系数
3	$\rho\sin\theta$	倾斜 y	a_3
4	$2\rho^2-1$	离焦	a_4
5	$\rho^2\cos2\theta$	像散 x	a_5
6	$\rho^2\sin2\theta$	像散 y	a_6
7	$(3\rho^2-2)\rho\cos\theta$	彗差 x	a_7
8	$(3\rho^2-2)\rho\sin\theta$	彗差 y	a_8
9	$6\rho^4-6\rho^2+1$	初级球差	a_9
10	$\rho^3\cos3\theta$	三叶草形状波像差 x	a_{10}
11	$\rho^3\sin3\theta$	三叶草形状波像差 y	a_{11}
12	$(4\rho^2-3)\rho^2\cos2\theta$	二级像散 x	a_{12}
13	$(4\rho^2-3)\rho^2\sin2\theta$	二级像散 y	a_{13}
14	$(10\rho^4-12\rho^2+3)\rho\cos\theta$	二级彗差 x	a_{14}
15	$(10\rho^4-12\rho^2+3)\rho\sin\theta$	二级彗差 y	a_{15}
16	$20\rho^6-30\rho^4+12\rho^2-1$	二级球差	a_{16}
17	$\rho^4\cos4\theta$	三阶三叶草像差 x	a_{17}
18	$\rho^4\sin4\theta$	三阶三叶草像差 y	a_{18}
19	$(5\rho^2-4)\rho^3\cos3\theta$	二级三叶草像差 x	a_{19}
20	$(5\rho^2-4)\rho^3\sin3\theta$	二级三叶草像差 y	a_{20}
21	$(15\rho^4-20\rho^2+6)\rho^2\cos2\theta$	三级像散 x	a_{21}
22	$(15\rho^4-20\rho^2+6)\rho^2\sin2\theta$	三级像散 y	a_{22}
23	$(35\rho^6-60\rho^4+30\rho^2-4)\rho\cos\theta$	三级彗差 x	a_{23}
24	$(35\rho^6-60\rho^4+30\rho^2-4)\rho\sin\theta$	三级彗差 y	a_{24}
25	$70\rho^8-140\rho^6+90\rho^4-20\rho^2+1$	三级球差	a_{25}
26	$\rho^5\cos5\theta$	五角形波像差 x	a_{26}
27	$\rho^5\sin5\theta$	五角形波像差 y	a_{27}
28	$(6\rho^2-5)\rho^4\cos4\theta$	五阶三叶草像差 x	a_{28}
29	$(6\rho^2-5)\rho^4\sin4\theta$	五阶三叶草像差 y	a_{29}
30	$(21\rho^4-30\rho^2+10)\rho^3\cos3\theta$	六阶三叶草像差 x	a_{30}
31	$(21\rho^4-30\rho^2+10)\rho^3\sin3\theta$	六阶三叶草像差 y	a_{31}
32	$(56\rho^6-105\rho^4+60\rho^2-10)\rho^2\cos2\theta$	四级像散 x	a_{32}
33	$(56\rho^6-105\rho^4+60\rho^2-10)\rho^2\sin2\theta$	四级像散 y	a_{33}
34	$(126\rho^8-280\rho^6+210\rho^4-60\rho^2+5)\rho\cos\theta$	四级彗差 x	a_{34}
35	$(126\rho^8-280\rho^6+210\rho^4-60\rho^2+5)\rho\sin\theta$	四级彗差 y	a_{35}

续表

项数	Zernike 多项式	Zernike 物理意义	Zernike 系数
36	$252\rho^{10}-630\rho^{8}+560\rho^{6}-210\rho^{4}+30\rho^{2}-1$	四级球差	a_{36}
37	$924\rho^{12}-2772\rho^{10}+3150\rho^{8}-1680\rho^{6}+420\rho^{4}-42\rho^{2}+1$	五级球差	a_{37}

式(11-19)表示透镜的一个面型，当 r,c,k 已知且二次曲面系数与 Zernike 系数均为 0 时，方程表示一个标准球面；当二次曲面系数不为 0，Zernike 系数为 0，方程表示的是一个二次非球面；当二次曲面系数为 0，Zernike 系数不为 0，则方程表示的是基于球面变化的不规则面。表 11-1 中，Zernike 系数 $a_1=0$ 表示此面没有平移，系数 a_1 为正表示沿光轴正方向平移，为负表示向光轴负方向平移，a_2、a_3 分别表示此面在子午面倾斜和弧矢面倾斜。图 11-4 给出了 a_1 为负面型向左平移及 a_2 为负在子午面内向顺时针方向倾斜的情形。

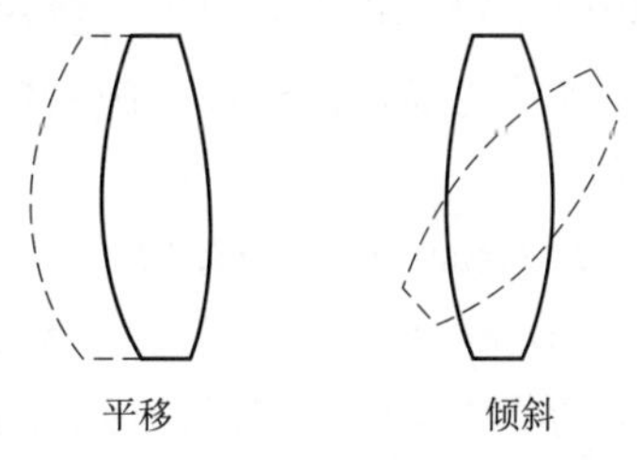

图 11-4　Zernike 系数代表的平移和倾斜

11.3.2　面型拟合算法

1. 代表面型的 Zernike 系数方程的导出

上面介绍了 Zernike 系数的含义，基于球面和二次曲面变形的面型的非球面系数为 0，故式(11-19)可以写为

$$z=\frac{cr^2}{\sqrt{1-(1+k)c^2r^2}}+\sum_{i=1}^{N}a_iZ_i(\rho,\theta) \tag{11-20}$$

式中，z 表示当前面型，c 是曲率，r 是半径值，k 为二次曲面系数，a_i 表示 Zernike 系数，$Z(\rho,\theta)$ 表示 Zernike 多项式，$\frac{cr^2}{\sqrt{1-(1+k)c^2r^2}}$ 代表变形前的球面和二次曲面，$\sum_{i=1}^{N}a_iZ_i(\rho,\theta)$ 代表面型的变化。因此面型变形表达式等于当前面型与变形前面型之差，如式(11-21)所示：

$$\Delta z=z-\frac{cr^2}{\sqrt{1-(1+k)c^2r^2}}=\sum_{i=1}^{N}a_iZ_i(\rho,\theta) \tag{11-21}$$

式中，Δz 表示面型的变化，(ρ,θ) 是极坐标量（$x=\rho\cos\theta$，$y=\rho\sin\theta$）。光学系统经过热应力分析后可以得到透镜面上每个网格点上的变形前坐标 (x,y,z) 及变形后坐标 (x',y',z')，经计算可以得到变形量 $\Delta z=z'-z$。

因此式(11-21)左边已知，而右边 Zernike 多项式 $Z_i(\rho,\theta)$ 可以根据计算点的极坐标值 (ρ,θ) 计算出 $Z_1\sim Z_{37}$ 项，这样就可以求得 Zernike 系数 $a_1\sim a_{37}$，其计算公式如式(11-22)所示：

$$\begin{cases}\Delta z_1=a_1z_1(\rho_1,\theta_1)+a_2z_2(\rho_1,\theta_1)+\cdots+a_{37}z_{37}(\rho_1,\theta_1)\\ \Delta z_2=a_1z_1(\rho_2,\theta_2)+a_2z_2(\rho_2,\theta_2)+\cdots+a_{37}z_{37}(\rho_2,\theta_2)\\ \vdots\\ \Delta z_n=a_1z_1(\rho_n,\theta_n)+a_2z_2(\rho_n,\theta_n)+\cdots+a_{37}z_{37}(\rho_n,\theta_n)\end{cases} \tag{11-22}$$

令 $X=\begin{bmatrix}a_1\\a_2\\\vdots\\a_{37}\end{bmatrix}$, $A=\begin{bmatrix}Z_1(\rho_1,\theta_1) & Z_2(\rho_1,\theta_1) & \cdots & Z_{37}(\rho_1,\theta_1)\\Z_1(\rho_2,\theta_2) & Z_2(\rho_2,\theta_2) & \cdots & Z_{37}(\rho_2,\theta_2)\\\vdots & \vdots & \vdots & \vdots\\Z_1(\rho_n,\theta_n) & Z_2(\rho_n,\theta_n) & \cdots & Z_{37}(\rho_n,\theta_n)\end{bmatrix}$, $Y=\begin{bmatrix}\Delta Z_1\\\Delta Z_2\\\vdots\\\Delta Z_n\end{bmatrix}$

则式(11-22)可写为式(11-23)形式：

$$\boldsymbol{AX}=\boldsymbol{Y} \tag{11-23}$$

实际求解过程中在透镜表面上取的抽样点数(n)远远超过 37 个点，则式(11-23)是超定方程组。对于超定方程组，在数学上有几种解决方法，一种是通用而简洁的最小二乘法，第二种是被认为稳定性更好的施密特(Gram－Schmidt)正交化方法，此外还有 Householder 变换方法。

2. Gram－Schmidt 方法

Gram－Schmidt 正交法常被用来处理 Zernike 多项式的正交性问题。Gram－Schmidt 正交法的实质是将一组线性无关的向量变换成一组单位正交向量。在二维坐标空间内，正交是相互垂直的，在多维空间内可用向量的内积为零来表示正交。可以在定义域内选定一组 Zernike 多项式函数，再对它进行 Gram－Schmidt 正交，求出一组在定义域内离散正交且线性组合的基底函数系 V，如式(11-24)所示：

$$\boldsymbol{U}=\boldsymbol{CV} \tag{11-24}$$

式中，$\boldsymbol{C}$ 是 $C_{i,j}$ 的方阵。$\boldsymbol{V}$ 中的每个元素的关系如式(11-25)所示：

$$\sum_{\sigma}V_{r_1}V_{r_2}W=\begin{cases}0,\ r_1\neq r_2\\1,\ r_1=r_2\end{cases} \tag{11-25}$$

式中，σ 为全体所取数据点(节点)的集合，W 是非负权函数。W 的作用是使权较大的区域近似更为准确，工程中多以相对面积的大小为权值。一般情况下取 $W=1$ 即可。也可用权函数来消除当数据点均匀选取有困难时所引起的数据非均匀分布的影响。具体正交化过程如下：

设$(\boldsymbol{a}_1,\boldsymbol{a}_2,\cdots,\boldsymbol{a}_{\mathrm{n}})$为任一组向量，$(\boldsymbol{b}_1,\boldsymbol{b}_2,\cdots,\boldsymbol{b}_n)$为一组需要得到的标准正交基，则

① 标准化第一个向量，令 $\boldsymbol{b}_1=\dfrac{\boldsymbol{a}_1}{|\boldsymbol{a}_1|}$。

② 标准化第二个向量，令 $\boldsymbol{b}_2=\boldsymbol{a}_2-\dfrac{\boldsymbol{a}_2\cdot\boldsymbol{b}_1}{\boldsymbol{b}_1\cdot\boldsymbol{b}_1}\boldsymbol{b}_1$。

③ 利用递归公式，正交化每个向量 $\boldsymbol{b}_n=\boldsymbol{a}_n-\dfrac{\boldsymbol{a}_n\cdot\boldsymbol{b}_1}{|\boldsymbol{b}_1\cdot\boldsymbol{b}_1|}\boldsymbol{b}_1-\dfrac{\boldsymbol{a}_n\cdot\boldsymbol{b}_2}{|\boldsymbol{b}_2\cdot\boldsymbol{b}_2|}\boldsymbol{b}_2-\cdots-\dfrac{\boldsymbol{a}_n\cdot\boldsymbol{b}_{n-1}}{|\boldsymbol{b}_{n-1}\cdot\boldsymbol{b}_{n-1}|}\boldsymbol{b}_{n-1}$。

对于式(11-22)，记 $\boldsymbol{p}_i=(Z_1(\rho_i,\theta_i),Z_2(\rho_i,\theta_i),Z_3(\rho_i,\theta_i),\cdots,Z_{37}(\rho_i,\theta_i))$。$(\boldsymbol{p}_1,\boldsymbol{p}_2,\cdots,\boldsymbol{p}_n)$即为正交化前的那组向量。按照以上的正交化过程，记 $\boldsymbol{t}_i=(Z_1(\rho_i,\theta_i),Z'_2(\rho_i,\theta_i),Z'_3(\rho_i,\theta_i),\cdots,Z'_{37}(\rho_i,\theta_i))$，$(\boldsymbol{t}_1,\boldsymbol{t}_2,\cdots,\boldsymbol{t}_n)$为需要得到的标准正交基。

① 标准化第一个向量，令$\boldsymbol{t}_1=\dfrac{\boldsymbol{p}_1}{|\boldsymbol{p}_1|}$。

② 标准化第二个向量，令$\boldsymbol{t}_2=\boldsymbol{p}_2-\dfrac{\boldsymbol{p}_2\cdot\boldsymbol{t}_1}{|\boldsymbol{t}_1\cdot\boldsymbol{t}_1|}\boldsymbol{t}_1$。

③ 利用递归公式，标准化每个向量 $\boldsymbol{t}_n = \boldsymbol{p}_n - \dfrac{\boldsymbol{p}_n \cdot \boldsymbol{t}_1}{|\boldsymbol{t}_1 \cdot \boldsymbol{t}_1|}\boldsymbol{t}_1 - \dfrac{\boldsymbol{p}_n \cdot \boldsymbol{t}_2}{|\boldsymbol{t}_2 \cdot \boldsymbol{t}_2|}\boldsymbol{t}_2 - \cdots - \dfrac{\boldsymbol{p}_n \cdot \boldsymbol{t}_{n-1}}{|\boldsymbol{t}_{n-1} \cdot \boldsymbol{t}_{n-1}|}\boldsymbol{t}_{n-1}$。

这样就将各项系数相关的 Zernike 多项式正交化为各项系数不相关的 Zernike 多项式了。由 $\boldsymbol{p}_i = (Z_1(\rho_i,\theta_i), Z_2(\rho_i,\theta_i), Z_3(\rho_i,\theta_i), \cdots, Z_{37}(\rho_i,\theta_i))$，则式(11－23)中的 $\boldsymbol{A}$ 可写为 $\boldsymbol{A} = \begin{bmatrix} \boldsymbol{p}_1 \\ \boldsymbol{p}_2 \\ \vdots \\ \boldsymbol{p}_n \end{bmatrix}$，将得到的标准基记为 $\boldsymbol{B}$，则 $\boldsymbol{B} = \begin{bmatrix} \boldsymbol{t}_1 \\ \boldsymbol{t}_2 \\ \vdots \\ \boldsymbol{t}_n \end{bmatrix}$。记从 $\boldsymbol{A}$ 到 $\boldsymbol{B}$ 的正交变换过程为 $\boldsymbol{AC} = \boldsymbol{B}$，可得 $\boldsymbol{A} = \boldsymbol{BC}^{-1}$，则式(11－5)可写为，$\boldsymbol{BC}^{-1}\boldsymbol{X} = \boldsymbol{Y}$。

将 Zernike 多项式进行正交化的目的是避免各项之间相互影响，从而避免在求取 Zernike 系数时，各项系数相互干扰。

3. 最小二乘法求 Zernike 系数

最小二乘法常用于线性回归分析，其思想是求解一个近似函数 $\varphi(x)=0$，使其尽可能满足选取的若干个点。在数据处理中，通常要求一个 $\varphi(x)$ 满足所有给定数据使其值为 0，即要求近似函数 $\varphi(x)$ 在所有点处的偏差 δ_i 都严格等于 0，在实际数据处理时，这种情况很难满足。但是为了尽可能表示该近似函数符合所给点的变化趋势，可以要求所有的偏差值 δ_i 都较小。为实现这一目的，人们提出了最大偏差 $\max|\delta_i|$ 最小方法以及偏差平方和 $\sum \delta_i^2$ 最小方法。

这种按照最小二乘原则选择近似函数的方法就称为“最小二乘法”。在拟合透镜的面型变形时，由于要求解满足所有点的函数解不存在，所以可以利用最小二乘法原理求解满足使所有偏差最小的函数解。先确定面型偏差 δ_i，当面型偏差最小时，此时的 Zernike 系数即为函数解。根据式(11－21)，可写出 Zernike 系数方程的残差方程，如式(11－26)所示：

$$\begin{cases} v_1 = \Delta z_1 - [a_1 z_1(\rho_1,\theta_1) + a_2 z_2(\rho_1,\theta_1) + \cdots + a_{37} z_{37}(\rho_1,\theta_1)] \\ v_2 = \Delta z_2 - [a_1 z_1(\rho_2,\theta_2) + a_2 z_2(\rho_2,\theta_2) + \cdots + a_{37} z_{37}(\rho_2,\theta_2)] \\ \vdots \\ v_n = \Delta z_n - [a_1 z_1(\rho_n,\theta_n) + a_2 z_2(\rho_n,\theta_n) + \cdots + a_{37} z_{37}(\rho_n,\theta_n)] \end{cases} \tag{11-26}$$

式中，v_i 表示残差估计量，Δz_i 表示第 i 个网格点沿光轴 z 方向的变形量，$Z_j(\rho_i,\theta_i)$ 表示第 i 网格点第 j 项 Zernike 多项式量。对式(11－26)求其残差的平方和，如式(11－27)所示，F 表示残差平方和的目标函数。

$$F = \sum_{i=1}^{n} v_i^2 \tag{11-27}$$

对于残差平方和这样的目标函数，一般方法是对未知量分别求偏导数，并令其为 0，如式(11－28)所示：

$$\frac{\partial F}{\partial a_i} = 0, i = 1, 2 \cdots, 37 \tag{11-28}$$

通过求目标函数的解来求得 Zernike 系数，而这个系数又是面型变形的参数，在光学设计软件 Zemax 中通过加入这些系数就可以得到变形后的面型。拟合变形面型的整个流程为在热分析软件中采集热分析结果(变形前后透镜面上的坐标),透镜每个面都提取了足够多的点,转成矩阵形式,根据以上推导的算法利用 Matlab 可以求出 Zernike 系数。在求得每个透镜每一面的 Zernike 系数后,就可代入光学设计软件中,分析光学系统的光学性能。

4. 实例计算

下面分析计算一个航天星敏感器,其光学系统由 8 片透镜组成,每片透镜有两个面。我们需要计算每个透镜形变面的 Zernike 系数。这里选取光学系统的第八片透镜的第一个面为例来计算 Zernike 系数。

首先,在热分析中获得了透镜的原始面的所有网格点的坐标及变形后面型所有网格点的坐标。由于面型上点数据较多,截取部分网格点显示如表 11-2 所示。

表 11-2 第八片透镜的第一面部分网格点坐标及光轴方向变化量

Part Instance	Node ID	x	y	Δz
ZHUANG—PART—35	8	72.703 5	−58.416 2	0.360 7e−06
ZHUANG—PART—35	93	72.593 7	−57.760 6	0.63e−06
ZHUANG—PART—35	92	72.500 8	−57.104 6	0.698 3e−06
ZHUANG—PART—35	91	72.424 8	−56.448 3	0.531 3e−06
ZHUANG—PART—35	90	72.365 7	−55.791 8	0.492 e−06
ZHUANG—PART—35	89	72.323 4	−55.135	0.459 1e−06
ZHUANG—PART—35	88	72.298 1	−54.478 2	0.443 2e−06
ZHUANG—PART—35	1	72.289 6	−53.821 2	0.439 3e−06
ZHUANG—PART—35	28	72.298 1	−53.164 3	0.443 4e−06
ZHUANG—PART—35	29	72.323 4	−52.507 4	0.459 6e−06
ZHUANG—PART—35	30	72.365 7	−51.850 7	0.493 4e−06
ZHUANG—PART—35	31	72.424 8	−51.194 1	0.536 3e−06
ZHUANG—PART—35	32	72.500 8	−50.537 8	0.709 9e−06
ZHUANG—PART—35	33	72.703 5	−58.416 2	0.360 7e−06
ZHUANG—PART—35	2	72.593 7	−57.760 6	0.63e−06
ZHUANG—PART—35	126	72.500 8	−57.104 6	0.698 3e−06

根据每行的坐标(x,y)所对应的极坐标($x=\rho\cos\theta$,$y=\rho\sin\theta$)计算系数矩阵

$$\boldsymbol{A}=\begin{bmatrix} Z_1(\rho_1,\theta_1) & Z_2(\rho_1,\theta_1) & \cdots & Z_{37}(\rho_1,\theta_1) \\ Z_1(\rho_2,\theta_2) & Z_2(\rho_2,\theta_2) & \cdots & Z_{37}(\rho_2,\theta_2) \\ \vdots & \vdots & \vdots & \vdots \\ Z_1(\rho_n,\theta_n) & Z_2(\rho_n,\theta_n) & \cdots & Z_{37}(\rho_n,\theta_n) \end{bmatrix}$$

根据 $\boldsymbol{AX}=\boldsymbol{Y}$,计算 Zernike 系数矩阵 $\boldsymbol{A}$。

如前面所述,使用最小二乘法近似求取 Zernike 系数,为了避免各系数间的相互影响使用 Gramm—Schmidt 方法进行了正交化。星敏感器光学系统的第八片透镜第一面的 Zernike 系数结果如表 11-3 所示。

表 11-3　第八片透镜的第一面 Zernike 系数

a_1	5.98E−04	a_{21}	2.41E−05
a_2	−7.20E−04	a_{22}	−7.79E−05
a_3	5.12E−04	a_{23}	2.51E−05
a_4	5.10E−04	a_{24}	4.31E−05
a_5	−1.47E−04	a_{25}	−1.04E−04
a_6	8.08E−05	a_{26}	−6.52E−05
a_7	1.98E−05	a_{27}	3.59E−05
a_8	−3.52E−05	a_{28}	6.12E−05
a_9	−4.53E−05	a_{29}	−3.92E−05
a_{10}	4.55E−05	a_{30}	−2.12E−05
a_{11}	−3.73E−05	a_{31}	4.11E−05
a_{12}	6.88E−05	a_{32}	7.48E−04
a_{13}	2.38E−05	a_{33}	−2.06E−05
a_{14}	5.06E−05	a_{34}	−5.44E−04
a_{15}	3.07E−05	a_{35}	3.76E−04
a_{16}	−4.51E−05	a_{36}	1.04E−04
a_{17}	1.28E−04	a_{37}	−1.10E−06
a_{18}	−2.69E−05		
a_{19}	−1.59E−04		
a_{20}	4.05E−05		

表 11-3 是第八片透镜的第一面的 Zernike 系数，把每片透镜每个面的 Zernike 系数计算完后导入 Zemax 中即可分析光学系统由于热变形带来的成像质量变化。

11.4　不规则折射率在光机热一体化技术中的影响

折射率与温度相关，对于同一透镜的各部分来说，如果它们的温度分布不规则，则折射率分布就会不规则。人们很早就开始了对折射率分布的研究，尤其在制作光学梯度折射透镜领域做了很多工作。近年来，径向梯度折射率透镜在光盘读写、复印机扫描、信息通信、聚焦成像方面取得了长足的发展。

11.4.1　梯度折射率

20 世纪 60 年代末，人们利用离子交换技术使玻璃棒能够产生折射率渐变效应。这一工艺的实现，使得折射率渐变的研究得到了迅猛的发展。人们由此开始了光在非均匀介质中的传播规律、光在非均匀介质中的成像规律的研究，同时开始研究各种非均匀折射率材料、改进渐变折射率透镜的制作工艺以及研究如何检测渐变折射率，产生了一门新的学科——梯度折射率光学。

20 世纪 80 年代，梯度折射率的光学理论研究取得了进展。人们在均匀介质的光线追迹方法上发展了梯度折射率光线追迹方法，而且根据梯度折射率的特点还提出了光波面截距追迹方法以及平行于光轴的光线追迹方法。对于光程的计算，Arai、Rinmer和Sharma分别提出了各种计算方法。这些方法的提出加深了人们对梯度折射率材料的了解，明确了梯度折射率透镜的设计方法。

目前，在许多重要研究领域，都可以见到梯度折射率光学器件。在光纤通信领域，分光器、光开关就用到了变折射率透镜；在医疗领域，变折射率内窥镜被用于进行肠胃检查；在复印机、打印机上也用到变折射率透镜；变折射率透镜及变折射率介质制造的变焦距镜头已广泛应用于工业及安全部门作为检测手段。国际学术界对梯度折射率光学一直非常重视，国外著名的光学期刊 Applied Optics 定期会刊登关于梯度折射率光学的研究工作，我国一些研究部门也对梯度折射率光学做了相应的研究。

1. 光机热分析中的梯度折射率

现在，人们已经可以利用光学设计软件仿真设计梯度折射率透镜，然后对它进行加工生产，加工过程一般通过离子交换技术形成梯度折射率分布。梯度折射率透镜能够在一块透镜上实现折射率的特殊分布，能使光线较快聚焦，因此能够在简单结构的状态下实现复杂的传统光学系统的功能。这个特性使得梯度折射率透镜具有体积小、质量轻、光路短的特点，并且由于梯度折射率透镜便于批量生产、易于集成，使得梯度折射率透镜在国防、医学、光纤通信等领域应用广泛。

虽然在光学设计领域梯度折射率已经得到了应用，但在空间光机热分析中，目前人们仍然把折射率当作是一个常数，而仅考虑面型变化带来的影响。人们没有考虑在各网格点处的温度不同时而导致折射率不同这种情况，目前也还没有可靠的评估折射率随温度变化而给光学系统成像质量带来影响的方法。

折射率与温度、压强有关，当压强一定时，折射率随温度变化而变化。在空间光学系统热分析中，由于空间热环境的影响，透镜的每个网格点上的温度均不相同，导致它们在每个网格点上的折射率不同，这必然会给光学系统成像带来影响。折射率如果均匀变化，则可以用数学公式来表示，但如果各点的温度非均匀变化，则各点的折射率均不同，此时折射率分布就可能无法用常规方法来表示，这给折射率拟合带来困难。本书的做法是利用有限元方法得到镜片每个网格点温度，计算其折射率，利用 Zemax 软件中的梯度折射率面型方法求出相应的系数，从而进行仿真分析。

2. 梯度折射率分布

常用的介质梯度折射率符合一些数学规律，可以使用数学函数来描述这些介质的梯度折射率分布。人们总结出了5种梯度折射率分布模型，并用数学表达式描述它们，这些数学描述均在笛卡儿坐标系下进行，一般记 z 方向为光轴方向。

(1) 轴向梯度分布

轴向梯度折射率分布指的是折射率沿光轴方向变化，因此折射率分布函数可写为关于 z 的函数 $n=n(z)$，垂直于光轴的平面上，折射率相同。几种典型的轴向梯度折射率分布形式如式(11-29)所示：

$$\begin{cases} n(z)=n(0)+az \\ n^2(z)=n^2(0)+az \\ n^2(z)=n^2(0)[1-a^2z^2] \\ n^2(z)=n^2(0)[1+a^2z^2] \end{cases} \tag{11-29}$$

式中，a 是分布常数，z 代表光轴方向，$n(0)$表示在原点处的折射率。

(2) 径向梯度分布

折射率径向梯度分布指的是折射率沿径向变化，折射率函数可写为关于 r 的函数 $n=n(r)$，$r=\sqrt{x^2+y^2}$。在以光轴为中心旋转对称的圆柱面上，折射率相同。径向梯度折射率分布在日常设计中应用较为广泛，其表达式如式(11-30)所示：

$$n(r)=n_0+n_1r^2+n_2r^4+\cdots \tag{11-30}$$

式中，n_0表示折射率在原点处的折射率值，n_i表示半径偶次方折射率系数。具有这种折射率特性的透镜被人们称为 Wood 透镜，另外还有一些特殊的径向梯度分布函数，其数学表达式如式(11-31)所示：

$$\begin{cases} n^2(r)=n_0^2[1-a^2(x^2+y^2)] \\ n^2(r)=n_0^2[1+a^2(x^2+y^2)] \end{cases} \tag{11-31}$$

式中，a 表示分布常数，n_0表示原点处折射率。

(3) 层状梯度分布

层状梯度折射率分布指的是折射率沿 x 方向或 y 方向变化，层状折射率分布函数可写为关于 x 的函数形式 $n=n(x)$或关于 y 的函数形式 $n=n(y)$。介质的折射率分布如果在 x 方向呈层状分布，那么在 x 方向对光线有会聚或发散的作用。如果是在 y 方向呈层状分布，那么在 y 方向上对光线有会聚或发散的作用。几种特殊的层状梯度分布函数如式(11-32)所示：

$$\begin{cases} n^2(x)=n_0^2[1-a^2x^2] \\ n^2(x)=n_0^2[1+a^2x^2] \\ n=n_0\operatorname{sech}(ax) \\ n=n_0e^{ax} \end{cases} \tag{11-32}$$

式中，a 表示分布常数，n_0表示原点处折射率。

(4) 球梯度分布

球状梯度折射率分布指的是折射率呈球体分布，即折射率分布函数是关于球心距离 ρ 的函数，可写为 $n=n(\rho)$，其中 $\rho=\sqrt{x^2+y^2+z^2}$，在同一球面上折射率相同。人们认为地球大气层近似符合球梯度分布。

(5) 圆锥状梯度分布

圆锥状梯度分布指的是折射率对三个轴向皆有梯度，但在 x 方向与 y 方向的梯度变化相同，在相对于 z 轴对称的圆锥面上，折射率相同。自然界中，昆虫的眼睛部分符合圆锥分布。

3. 热致折射率不均匀分布

在非均匀介质中光线的传播方程，如式(11-33)所示：

$$\frac{\mathrm{d}}{\mathrm{d}s}\left(n\frac{\mathrm{d}\boldsymbol{r}}{\mathrm{d}s}\right)=\nabla n \tag{11-33}$$

式中，$\mathrm{d}s$ 为微弧长，n 代表光线在介质中某点处的折射率分布函数，∇n 为折射率梯度，$\boldsymbol{r}$ 为单位矢量。式(11-33)是梯度折射率的光线方程。根据此公式，人们推导出了各种表示渐变折射率的表达式，Zemax 软件中对应给出了 10 种梯度折射率分布，使用者可以根据情况选用。

11.4.2 不规则折射率面分布拟合算法

人们已经进行了温度与折射率的关系的研究。空气的折射率与温度、大气压强、光波波长相关,如式(11 - 34)、式(11 - 35)所示:

$$n_{\text{ref}}=1+\left[6432.8+\frac{2949\ 810\lambda^2}{146\lambda^2-1}+\frac{25\ 540\lambda^2}{41\lambda^2-1}\times 1.0\times 10^{-8}\right] \tag{11-34}$$

$$n_{\text{air}}=1+\frac{(n_{\text{ref}}-1)P}{1-(T-15)\times 3.478\ 5\times 10^{-3}} \tag{11-35}$$

式中,T 为温度,单位为摄氏度,P 为相对大气压强,λ 为波长,单位为μm。根据式(11 - 34),代入光波 λ,即可求得 n_{ref},将 n_{ref}代入式(11 - 35),再将大气压强 P 及温度 T 代入即可求得空气折射率 n_{air}。

在常温温度和一个标准大气压下,空气折射率定义为 1。其他折射率均是相对于空气的折射率。透镜玻璃在常温及一个标准大气压下的折射率 n_0 指的是相对于空气的折射率。透镜玻璃的绝对折射率随温度的变化如式(11 - 36)所示:

$$\Delta n_{\text{abs}}=\frac{n_0^2-1}{2n_0}\left[D_0\Delta T+D_1\Delta T^2+D_2\Delta T^3+\frac{E_0\Delta T+E_1\Delta T^2}{\lambda^2-\lambda_{tk}^2}\right] \tag{11-36}$$

式中,Δn_{abs}为绝对折射率变化量,n_0是玻璃在参考温度下的相对折射率,ΔT 是温度相对于玻璃相对参考温度的改变,D_0、D_1、D_2、E_0、E_1、λ_{tk}为常量,由肖特公司提供。

仍然以前面 10.3.2 节的星敏感器光学系统举例,它由 8 片透镜组成。光波从一个端面入射,通过这 8 片透镜到达 CCD,在这个 8 片透镜中,绝大部分位置的折射率变化缓慢,由于温度分布的不均匀,在某些局部的折射率形成了较大的梯度,这些折射率变化没有规律。针对这种情况,将其进行三维空间离散化,根据透镜的形状大小及结构复杂性布种子数,进行网格划分,如图 11 - 5 所示。使用有限元方法及三维点阵来计算每片透镜空间的每个点的折射率及其梯度。

根据实际热环境条件设定仿真热环境条件,使用的有限元力学热学分析软件是 ABAQUS。热环境设定在标准大气压下,从室温 25℃升高至 50℃,内部器件还有些部分产生一些热量。根据此热环境,对整个星敏感器进行热分析,最终获得光学系统的镜片的各个网格点上温度。

设定初始及边界条件、载荷条件及材料特性。在此基础上,进行星敏感器的热分析,得到了透镜的各个网格点的温度值,如图 11 - 6 所示。

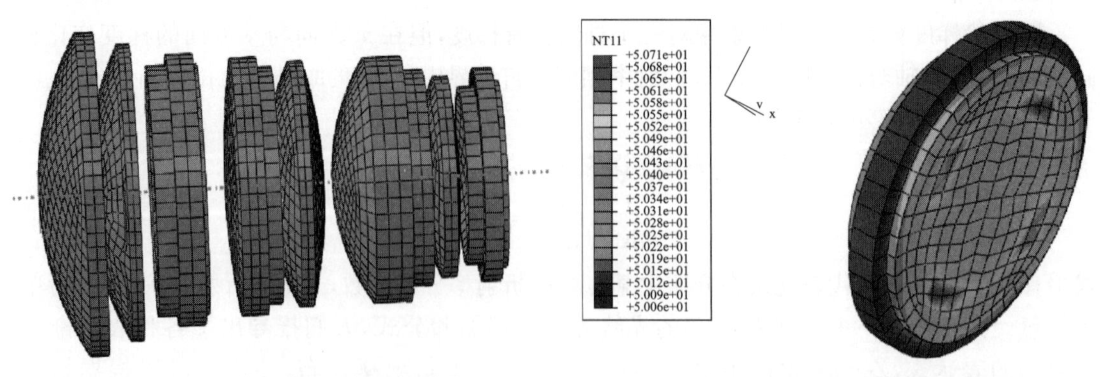

图 11 - 5 光学系统结构的网格划分

图 11 - 6 光学系统的第 8 片透镜的温度分布图

图 11－6 中透镜上的 4 块区域温度较高，这是与 8 个热源位置以及控温点的位置有关系，图中只能定性看到这些位置温度各不相同。我们截取了一些网格点上的温度值，定量计算了温度不同带来的折射率变化，如表 11－4 所示，表中列出了星敏感器光学系统 8 片透镜中的其中一片透镜的某些网格点温度值，在此基础上应用温度与折射率关系公式计算了这些网格点温度对应折射率的值。

表 11－4　不同温度下网格点的折射率变化值

网格点	温度值/℃	折射率变化值/$\times10^{-6}$
40	50.073 8	0.102 3
39	50.073 6	0.102
38	50.073 4	0.101 7
37	50.073 1	0.101 3
36	50.072 7	0.100 8
35	50.072 3	0.100 2
34	50.071 7	0.099 4
33	50.071 1	0.098 6
32	50.070 3	0.097 5
31	50.069 3	0.096 1

在求得透镜网格各个点的折射率后，需要将透镜上所有网格点上的折射率拟合成系数，应用到光线追迹中，才能将此不同位置的折射率分布加进去。在 Zemax 中，选择 Gradient 4 来拟合此透镜面型。Gradient 面由三维坐标表达，如式(11－37)所示：

$$n=n_0+n_{x1}x+n_{y1}y+n_{z1}z+n_{x2}x^2+n_{y2}y^2+n_{z2}z^2 \tag{11-37}$$

式中，n_0 是透镜在标准大气压标准温度下的折射率值，n_{x1}，n_{y1}，n_{z1} 分别是指 x，y，z 方向线性系数，n_{x2}，n_{y2}，n_{z2} 分别指 x，y，z，方向的二次系数，n 为根据温度值计算得到的折射率值，x，y，z 是取得 n 值处网格点的坐标。我们取样大量网格点，列出矩阵方程可求得 n_{x1}，n_{y1}，n_{z1}，n_{x2}，n_{y2}，n_{z2}。

由于求 6 个未知数，只需要 6 个方程，也就是 6 个点。取大量的点求解时必然是矛盾方程，故需要求其近似值。我们采取最小二乘法求其近似值，使用残差法平方和求其最小值。

首先列出求折射率系数的一般方程，如式(11－38)所示：

$$\begin{cases} n_1-n_0=x_1n_{x1}+y_1n_{y1}+z_1n_{z1}+x_1^2n_{x2}+y_1^2n_{y2}+z_1^2n_{z2} \\ n_2-n_0=x_2n_{x1}+y_2n_{y1}+z_2n_{z1}+x_2^2n_{x2}+y_2^2n_{y2}+z_2^2n_{z2} \\ \vdots \\ n_t-n_0=x_tn_{x1}+y_tn_{y1}+z_tn_{z1}+x_t^2n_{x2}+y_t^2n_{y2}+z_t^2n_{z2} \end{cases} \tag{11-38}$$

式中，$n_1\sim n_t$ 为对应坐标点$(x_1,y_1,z_1)\sim(x_t,y_t,z_t)$根据温度值计算得到的折射率值，$n_0$ 是透镜在标准大气压标准温度下的折射率值，n_{x1}，n_{y1}，n_{z1} 分别是指 x，y，z 方向线性系数，n_{x2}，n_{y2}，n_{z2} 分别指 x，y，z，方向的二次系数。把式(11－38)写成矩阵形式，如式(11－39)所示：

$$\boldsymbol{AX}=\boldsymbol{Y} \tag{11-39}$$

式中，$\boldsymbol{X}=\begin{bmatrix} n_{x1} \\ n_{x1} \\ n_{z1} \\ n_{x2} \\ n_{x2} \\ n_{z2} \end{bmatrix}$，$\boldsymbol{A}=\begin{bmatrix} x_1 & y_1 & z_1 & x_1^2 & y_1^2 & z_1^2 \\ x_2 & y_2 & z_2 & x_2^2 & y_2^2 & z_2^2 \\ & & & \vdots & & \\ x_t & y_t & z_t & x_t^2 & y_t^2 & z_t^2 \end{bmatrix}$，$\boldsymbol{Y}=\begin{bmatrix} n_1-n_0 \\ n_2-n_0 \\ \vdots \\ n_t-n_0 \end{bmatrix}$

根据式(11－38)，可写出求折射率的残差方程，如式(11－40)所示：

$$\begin{cases} v_1=n_1-n_0-(x_1n_{x1}+y_1n_{y1}+z_1n_{z1}+x_1^2n_{x2}+y_1^2n_{y2}+z_1^2n_{z2}) \\ v_2=n_2-n_0-(x_2n_{x1}+y_2n_{y1}+z_2n_{z1}+x_2^2n_{x2}+y_2^2n_{y2}+z_2^2n_{z2}) \\ \vdots \\ v_t=n_t-n_0-(x_tn_{x1}+y_tn_{y1}+z_tn_{z1}+x_t^2n_{x2}+y_t^2n_{y2}+z_t^2n_{z2}) \end{cases} \tag{11-40}$$

式中，v_i 为残差估计值。根据最小二乘法原理，可利用求极值的方法来导出满足上式的条件，从而由残差方程组来推导出正规方程组。首先建立目标函数，如式(11－41)所示：

$$F=\min\sum_{i=1}^{t}v_i^2 \tag{11-41}$$

式中，F 表示残差平方和的目标函数。对目标方程进行求导，在其拐点处取得极值，此时的 n_{x1}，n_{y1}，n_{z1}，n_{x2}，n_{y2}，n_{z2} 值即为我们所需要的梯度折射率系数。经过此方法求得一个透镜的 n_{x1}，n_{y1}，n_{z1}，n_{x2}，n_{y2}，n_{z2}。求得每个透镜的系数后，就可以进一步分析此光学系统因为热效应导致折射变化最终导致的折射率变化。把折射率系数添加到 Gradient 面里，这样，温度不均匀分布导致各个网格点折射率不同，折射率带来的影响就被添加到透镜中了。

11.5 杂散光分析概述

杂散光，又称为杂光，或者杂散辐射。杂散光主要是针对成像(或目标)光束而言的一种概括性的说法，常被定义为光学系统中除了成像(或目标)光线外，扩散到探测器(或成像)表面上的其他非目标(或非成像)光线以及经散射或非正常光路传递到探测器的目标光线，把产生杂散光的物体称为杂光源。

在不同的光学系统中，杂散辐射的表现也不尽相同。比如在相机系统中，离焦的“鬼像”、透镜或透镜支撑结构的散射形成的眩光就是杂散辐射的一种。在红外系统中，比较典型的杂光现象叫“水仙效应”，它是随着扫描角度的变化由探测器的异常背景辐射造成的。在空间遥感器中，位于视场外的太阳、地球、月亮等明亮星体辐射经光机系统散射或衍射在焦平面上引起杂光；在武器系统和电光攻击系统中也是可以引起杂光的，这种情况的杂光能量能够干扰或损伤光学系统。

按光源与光学系统的相对位置，可分为外光源和内光源。从外光源发出的光线形成的杂光称为外杂光，从内光源发出的光线形成的杂光称为内杂光。对空间相机影响较大的外光源主要有太阳、地球、月亮、地球大气、空气中的微粒以及空间中其他明亮的物体和激光武器，内光源主要有遥感器中的小电机、温控热源和温度较高的光学表面和结构表面。在低温红外光学系统中内光源的影响更大一些，而在常温可见光系统中一般不考虑内光源的辐射影响。空间遥感器的杂散辐射环境如图 11－7 所示。

杂散光对光学系统的危害主要表现在三个方面：

① 降低像面对比度和调制传递函数。

② 使整个画面的层次减少，清晰度降低，甚至会形成杂光斑点，严重地影响了光学系统的性能。

③ 在某些高能激光系统中，杂散光可能在系统中产生光能相对集中的微小区域，位于微小区域附近的光学元件将产生热变形，造成不同程度的损伤，并由此产生波前畸变，严重影响光束质量和传输特性。消杂散光的目的是减弱或消除到达光学系统像面的各种杂散辐射，提高像质，提升遥感器的探测能力。

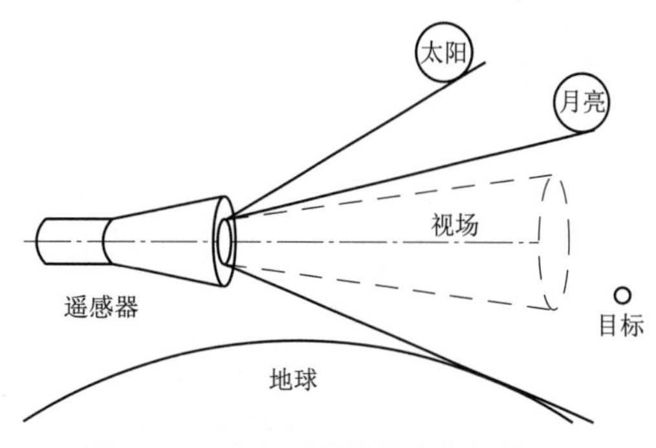

图 11－7　空间遥感器的杂散辐射环境

国内外许多空间遥感器都曾遭受各种杂散光的影响。如美国的 GOES－I/M、欧盟 Meteosat－5/7 系列的成像仪，都曾受到过太阳直接照射的强辐射影响，GOES－I/M 还曾因无法规避太阳的强辐射而暂时关机。日本已经建立了辐射查找表来为 GMS－5 抑制杂散光对数据的影响。我国的 FY－2 卫星的 VISSR 通道，同样由于受杂散光的干扰，其定量化的应用水平受到一定限制。

为了确保空间遥感器的有效工作时间，满足对空间探索的更高要求，有必要针对典型的空间遥感器研究其潜在的各种杂散辐射，提出有效的防护措施，为我国未来的高性能空间遥感器的设计提供参考。

杂散辐射分析的流程如图 11－8 所示，步骤如下：

① 根据遥感器的工作环境分析对其产生主要影响的辐射源。

② 建立遥感器仿真模型，根据技术要求设置各个元件材料、表面属性。

③ 对于外部辐射，根据辐射理论计算出辐射源在遥感器入瞳处的等效辐射亮度或者辐照度；根据等效辐射亮度或辐照度值建立外部辐射源，采用光线追迹方法分析辐射源在光学系统中的光路，找出典型或者关键杂光光路，计算这些光路在像面上引起的杂光辐照度（或者其他指标数值），与技术要求的限制值比较，低于限制值，则认为此杂光光路对像质的影响可以忽略，如果高于限制值，则采取防护措施对杂光光路进行遮挡或者抑制，然后重复图中步骤 c_3～c_4，检验防护措施的有效性，直至杂光量级低于技术要求限制值。

④ 对于内部辐射，根据辐射理论（主要是灰体辐射理论）计算第 i 个辐射元件的辐射功率，把该辐射元件作为辐射源，其他元件仍然作为光学或者结构元件，采用光线追迹方法分析辐射源通过光学系统传输到达像面上的光路，计算这些光路在像面上引起的杂光辐照度（或者其他指标数值），计算第 $i+1$ 个辐射元件的辐射功率，并作为辐射源，把第 i 个元件和其他元件仍作为光学或结构元件，重复图中步骤 d_2～d_4，计算此辐射元件在像面上的杂光辐照度，重复图中步骤 d_2～d_4，直至所有潜在的影响像质的辐射元件计算完毕。把所有辐射元件在像面上的杂光辐照度累加，得到总杂光辐照度数值，与技术要求的限制值比较，低于限制值，认为内部辐射对像质的影响可以忽略；如果高于限制值，找出主要的贡献辐射元件，对其光路作详细分析，并采取相应的防护措施对辐射光路进行遮挡或者抑制，然后重复图中步骤 d_2～d_5，检验

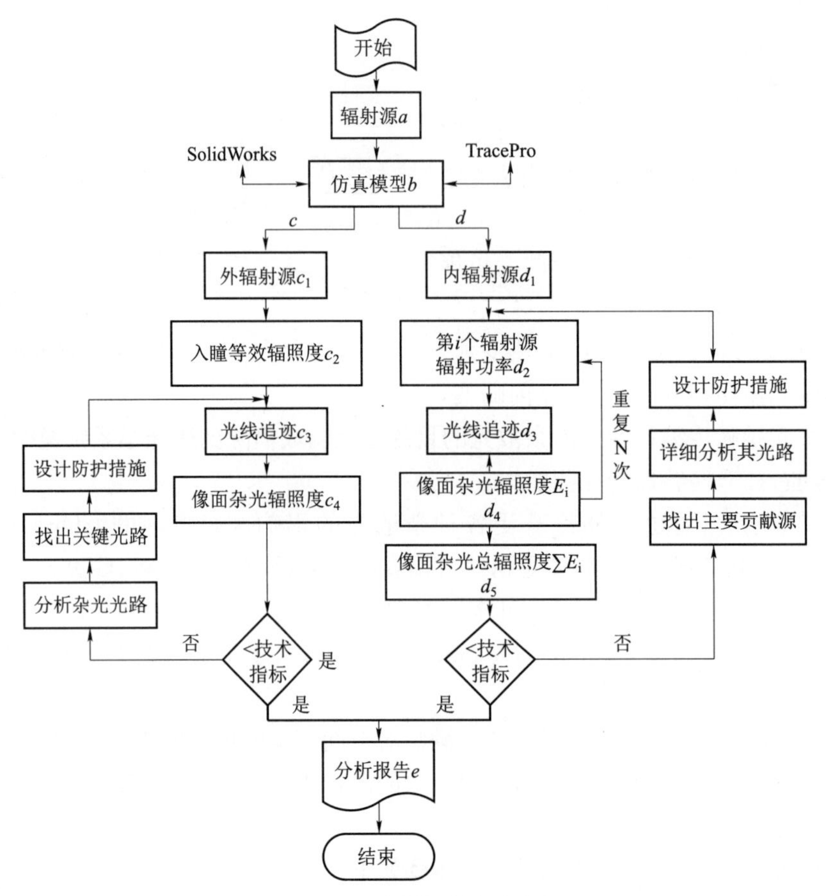

图 11-8　杂散辐射研究流程

防护措施的有效性,直至像面残余辐射量级低于技术要求限制值。

⑤ 总结空间遥感器的杂散辐射特点,给出有效的杂散辐射防护措施,提出光机设计中可以借鉴的建议,为今后同类型的空间遥感器设计提供参考。

11.6　空间遥感器的杂光水平评价方法

用来衡量空间遥感器杂光水平的评价方法有很多,彼此之间的差异很大,适用的范围也不同。工程实践中常使用光线追迹软件来仿真分析空间遥感器的杂散辐射,大多情况下是每位工程师根据自己的习惯选择一种衡量杂光水平的指标作为仿真的输出结果,这就造成采用不同评价指标的输出结果之间不具有可比性,失去了相互验证之功能。因此,有必要提出一个适合软件输出的、统一的杂光水平评价方法。

综述文献资料,杂光系数和点源透射率是被常用于衡量光学系统杂光水平的两个评价方法,杂光系数是杂光实验测量最常用的结果表示方式,点源透过率是杂光分析软件常用的输出结果形式。

11.6.1　杂光系数

1. 杂光系数定义

空间相机系统通常具有一定的杂散辐射抑制能力，空间相机的这种能力常用杂光系数(ν)来描述。杂光系数定义为像面或者探测器表面接收到的杂散光通量与像面或者探测器表面上的总光通量(包括目标光线通量和杂散光通量)之比，数学表达式为

$$\nu=\frac{E_s}{E_s+E_o}=\frac{\nu_s}{\nu_s+\nu_o} \tag{11-42}$$

其中，E_s 为像面或者探测器表面接收到的杂散光的光通量，E_o 为像面或者探测器表面接收到的目标光束的光通量，ν_s 为经非正常光路到达像面或者探测器表面的光线比例，ν_o 为经正常光路到达像面或者探测器表面的光线比例。这里，正常光路是指镜头设计者制定的理想光线传播路径，经这种光路到达像面的光线是目标的有效光线；如果到达像面的光线不是经过上述定义的正常光路进行传播的，就认为是经非正常光路传播的，这种光线就是杂散光。到达像面的光线数与光源发射光线的总数之比称为像面接收的光线比例。从定义可知，杂光系数的数值越小，则表明空间相机的杂散辐射抑制能力越强。

在用杂光分析软件计算空间相机的杂光系数时，通常有几个因素会对计算精度产生影响：

① 热物性参数的不确定性，比如反射表面的吸收率、透射元件的折射率和透射率等参数在计算过程中所用的值与实际值存在偏差；

② 光机系统结构简化造成的误差，为了降低模型复杂度、减少计算时间会简化相机的实际结构，对计算精度也会产生影响；

③ 实验条件的限制将对计算精度产生影响。

需要指出的是，当用测试仪器来测量一个已装调好的相机的杂光水平时常使用杂光系数来衡量。从杂光系数的定义可知，计算杂光系数需要把杂散光引起的像面光通量与目标引起的像面光通量区分开来，但是从实际操作来讲，这是很难办到的，有些情况下几乎是不可能的，比如部分目标光束也会经过非正常光路到达像面，那么这部分光线即使是从目标发出的但也属于杂散光。另外，用不同的测试仪器测出的同一台相机的杂光系数，或者同一测试仪器多次测量同一台相机的杂光系数往往不完全相同，总是存在一些偏差，实际测试过程中也是采用多次测试取平均值的方法。因此，杂光系数这一衡量相机系统消除杂散辐射能力的指标适用范围很小，很难推广，不便在杂光分析软件中实现，只能作为相机系统消除杂散辐射能力的一个定性分析，而不能作为定量计算。

11.6.2　点源透射率

1. 点源透射率定义

光学系统对轴外点光源的杂光抑制能力通常用点源透过率(PST)来衡量，其定义为：离轴角为 θ 的点光源经过光学系统在探测器上形成的辐照度 $E_d(\theta)$ 与光源在光学系统入瞳处的等效辐照度 $E_i(\theta)$ 之比，数学表达式为

$$\mathrm{PST}(\theta)=\frac{E_d(\theta)}{E_i(\theta)} \tag{11-43}$$

点源透过率是一个可测的能够表征光学系统消杂光水平的指标，它与点光源的辐射强度

无关,与探测器和系统入瞳的尺寸也是无关的,而且结果是个无量纲的数值。通过测得离轴点源在系统入瞳和探测器上的辐照度,便可根据式(11-43)计算得到点源透过率的值。

3. 几种点源透过率的衍生方法

(1) 归一化点源辐射透过率

归一化点源辐射透射率(Point Source Normalized Irradiance Transmittance,PSNIT)可以用来描述光学系统的离轴响应,它是离轴角 θ 的函数,也可以看作光学系统的辐射传导函数。PSNIT 定义为探测器上的辐照度与光源在入口处的辐照度之比。为方便计算,一般将光源在入口处的辐照度归一化为 1W/mm^2,则探测器上的辐照度即是系统的点源辐射透射率。根据定义,PSNIT 的计算公式为

$$\text{PSNIT}(\theta)=\frac{E_d}{E_e} \tag{11-44}$$

式中,E_d 为探测器上的辐照度,E_e 为入口处的辐照度。

有的学者也把 PSNIT 称为归一化探测器辐照度(Normalized Detector Irradiance,NDI),因为从 PSNIT 的实际计算来讲一般是将光源在入口处的辐照度归一化为 1W/mm^2,则 PSNIT 的结果就是探测器上的辐照度。用这种评价函数来评价光学系统的杂光水平是比较适当的,因为它描述了一个辐射透过率,与探测器的大小是相对独立的。

(2) 点源能量透过率

点源能量透过率(Point Source Power Transmittance,PSPT),或称为系统衰减比。PSPT 定义为探测器上的残余能量与以特定离轴角入射到系统中的能量之比,PSPT 将随着探测器大小的变化而变化。另外,有时很难定义一个合适的入口,所以分子的量就很难去定义。需要特别注意的是,该衰减量级通常是一个正数,而不是往往被误认为的负数。计算公式为

$$\text{PSPT}(\theta)=\frac{\Phi_e}{\Phi_d} \tag{11-45}$$

式中,Φ_e 为进入系统的能量,Φ_d 为探测器上残余的能量。

(3) 点源抑制比和离轴抑制比

点源抑制比(Point Source Rejection Ratio,PSRR)定义为将离轴点源归一化到轴上点源后的探测器上的能量,它也是离轴角 θ 的函数。也有学者称这一概念为离轴抑制比(Off—Axis Rejection,OAR),定义是相同的。“拒绝”(Rejection)一词用在此处似乎不太适当,因为根据定义,这个词描述的是能量的透过率,即能量通过系统后在探测器或像面上的残余能量,所以它与抑制掉的杂散光没什么关系。此外,作为评价函数,其随探测器大小的不同其变化也是很大的。探测器的大小如果增大1倍,OAR 将会因为同样的因素而增加1倍,即使系统的性能并没有以任何方式明显恶化。根据定义,点源抑制比的计算公式为

$$\text{PSRR}(\theta)=\frac{\Phi_d}{\Phi_e}=\frac{E_d A_d}{E_e A_e}=\frac{A_d}{A_e}\text{PSNIT}(\theta) \tag{11-46}$$

式中,Φ_d 为探测器上的能量,Φ_e 为光源在入口处的归一化能量,E_d 为探测器上的辐照度,E_e 为光源在入口处的归一化辐照度,A_d 为探测器的面积,A_e 为入口的面积,从式(11-46)可知,PSRR 与 PSNIT 之间差了一个系数 A_d/A_e。

(4) 衍射抑制比

衍射抑制比(Diffraction Reduction Ratio,DRR)最初由 Noll 定义,为完善遮挡系统三次

衍射后的衍射辐照度与入口孔径单次衍射后的衍射辐照度之比，即

$$\mathrm{DRR}=\frac{E_t}{E_s} \tag{11-47}$$

式中，E_t 为三次衍射后的衍射辐照度，E_s 为入口孔径单次衍射后的衍射辐照度。

这个定义适合于完善遮挡的光学系统，即那些采用了视场光阑和利奥光阑对的二次成像光学系统。根据 Caldwell，DRR 的公式可以写成

$$\mathrm{DRR}_c=\frac{2}{[\pi k r\delta\ (1-\alpha)^2]^2} \tag{11-48}$$

式中，k 为波数 $2\pi/\lambda$，r 为孔径光阑在利奥光阑平面上成的像的半径，δ 为视场光阑的角半径(弧度)，α 为利奥光阑的相对孔径大小。

$$\alpha=\frac{c}{r} \tag{11-49}$$

式中，c 为利奥光阑半径。也可以定义为

$$\alpha=1-\frac{a}{r} \tag{11-50}$$

式中，a 为利奥光阑小于标准尺寸的大小

由于公式本身的近似性和只在焦平面中心才有效的条件，限制了估算探测器上的衍射辐照度。后来，Johnson 给出了一个衍射抑制比，该抑制比是探测器位置的函数，跟离轴角 β 有关。

如图 11-9 所示，衍射抑制比跟三个系统光阑的尺寸都有关系。增大孔径光阑和视场光阑，将减小衍射抑制比，也会减小焦平面上的衍射能量。减小利奥光阑，也可以减小衍射抑制比和焦平面上的衍射能量，但同时也减小了光学系统的光通量。从上述分析可知，衍射抑制比适用范围有限，仅能用来衡量光学系统的衍射能量抑制效果，做不到更广泛、更综合的杂光抑制水平评价，也不适合编制在通用的杂光分析软件中。

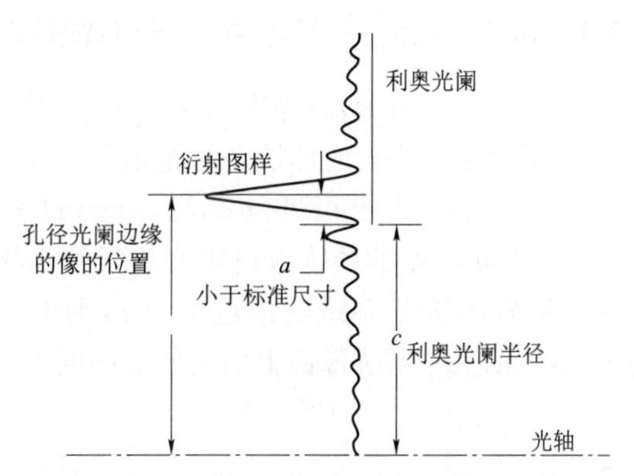

图 11-9　衍射抑制比中的利奥光阑参数

4. 改进的点源透过率

前面提到的各种衡量光学系统杂散辐射抑制水平的指标，主要存在以下几点不足：

① 适用范围有限，比如杂光系数大多用于测量仪器测量实物光学系统的结果，衍射抑制比只能描述完善遮挡的光学系统的衍射抑制能力。

② 参数量不方便确定，比如点源透射率要求计算光学系统入瞳处的辐照度，而对于有些光学系统来说，入瞳所在的位置是非球面镜面或没有实面，入瞳处的辐照度不方便计算，还有些指标需要计算入口处的参数量，而有的光学系统入口并不好定义。

③ 参数选择不太合理，比如点源能量透过率和点源抑制比都是把入口和像面上的能量作比较，能量受影响的因素较多，当系统其他条件不变而入口位置不同时，即使系统的杂光水平没有变化，计算的结果可能也会有差异。

基于上述考虑，本书作者在点源透过率(PST)的基础上提出改进的点源透过率评价指标，

称为 APST(Advanced Point Source Transmittance),定义为离轴角为 θ 的光源经光学系统在像面(焦平面)上形成的辐照度 $E_f(\theta)$ 与光源在光学系统遮光罩入口处的等效辐照度 $E_e(\theta)$ 之比,如图 11-10 所示,数学表达式为

$$\mathrm{APST}(\theta)=\frac{E_f(\theta)}{E_e(\theta)} \tag{11-51}$$

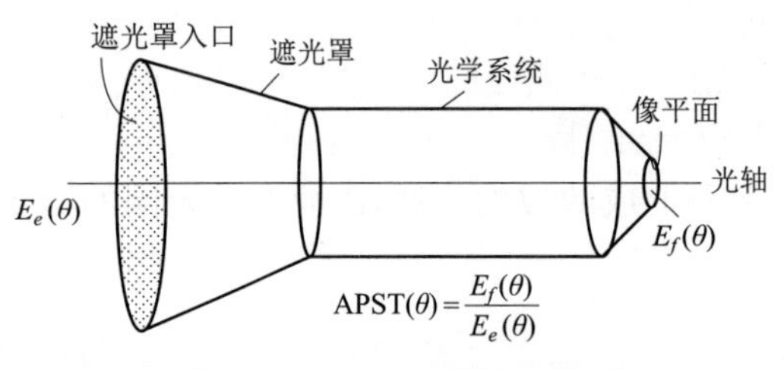

图 11-10 APST 计算示意图

根据目前大多数学者计算光学系统杂光水平实际采用的方法,该定义中的光源可以是点光源、grid 光源或者面光源等形式;入口明确定义为光学系统遮光罩入口面,如果系统没有遮光罩,入口则定义在距离光源最近的系统第一面处,计算时确保每一个离轴角下光源光束覆盖整个入口面,使得入口面处的辐照度形成均匀分布;如果光学系统是轴对称的,则 APST 只包含一个自由度天顶角 θ,如果是非轴对称的,则还需要考虑方位角 φ 的影响;定义中采用辐照度的比值,消除了入口面或者像面大小对计算结果的影响。

11.6.3 杂光系数与点源透过率的关系

如图 11-11 所示,将亮度均匀光屏上的每一个微小面元 dS 当作 PST 计算中的点光源,dS 是光屏上半径为 r 的环带上的面元,

$$\mathrm{d}S=r\cdot\mathrm{d}r\cdot\mathrm{d}\alpha \tag{11-52}$$

令该面元与光学系统入口中心连线和系统光轴的夹角为 θ,光学系统的透过率为 τ,则由 PST 的定义,该面元在系统像面上引起的辐照度为

$$\mathrm{d}E_d(\theta)=\tau\cdot\mathrm{PST}(\theta)\cdot\mathrm{d}E_i(\theta) \tag{11-53}$$

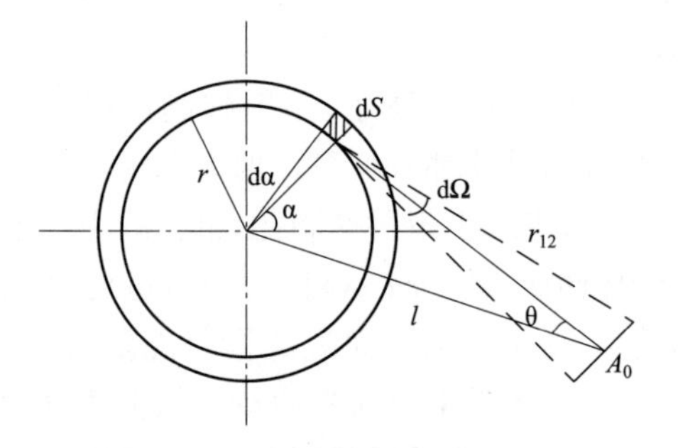

图 11-11 亮度均匀光屏在系统入口处的辐照度

由于光屏亮度均匀,因此可将光屏视为朗伯面,令垂直于该面元的光学系统入口对该面元所张的立体角为 dΩ,面元 dS 的辐射亮度为 L,那么,根据辐射度学,可以计算该面元在该立体角范围内发出的辐射通量

$$\mathrm{d}\Phi=L\cdot\mathrm{d}S\cdot\mathrm{d}\Omega\cdot\cos\theta \tag{11-54}$$

从图 11-11 可知

$$r_{12}=\frac{l}{\cos\theta} \tag{11-55}$$

$$r=l\cdot\tan\theta \tag{11-56}$$

$$\mathrm{d}r=\frac{l}{\cos^2\theta}\mathrm{d}\theta \tag{11-57}$$

将式(11-56)和式(11-57)代入式(11-55),得

$$\mathrm{d}S=l^2\ \frac{\sin\theta}{\cos^3\theta}\mathrm{d}\theta\mathrm{d}\alpha \tag{11-58}$$

垂直于该面元的光学系统入口面积为 A_0，那么

$$d\Omega=\frac{A_0}{r_{12}^2} \tag{11-59}$$

将上述相关公式代入式(11－54)，得

$$d\Phi=L\cdot A_0\cdot\sin\theta\cdot d\theta\cdot d\alpha \tag{11-60}$$

系统入口处的辐照度 $dE_i(\theta)$为

$$dE_i(\theta)=\frac{d\Phi}{A_0}=L\cdot\sin\theta\cdot d\theta\cdot d\alpha \tag{11-61}$$

将式(11－53)在整个环带上积分，可计算出离轴角为 θ 的入射光在像面上的照度

$$E_d(\theta)=\int_0^{2\pi}\tau\cdot \mathrm{PST}(\theta)\cdot L\cdot\sin\theta\cdot d\theta\cdot d\alpha=2\pi L\cdot\tau\cdot\mathrm{PST}(\theta)\cdot\sin\theta\cdot d\theta \tag{11-62}$$

若光屏上黑斑对光学系统入口中心的角半径为 ω_0，那么此时光屏在像面上的照度为

$$E_B=\int_{\omega_0}^{\pi/2}E_d(\theta)d\theta=2\pi L\tau\int_{\omega_0}^{\pi/2}\mathrm{PST}(\theta)\cdot\sin\theta\cdot d\theta \tag{11-63}$$

上式中的辐照度 E_B 就是光屏上有黑斑时像面上的辐照度。

在计算光屏上无黑斑时像面上的辐照度之前，假设被测光学系统的焦距为 f'，相对孔径为 $1/F$，像方孔径角为 U'，入瞳直径为 D，光屏的辐亮度为 L，根据辐射度学理论可以计算此时光学系统像面中心的辐照度

$$E=\pi L\tau\cdot\sin^2U' \tag{11-64}$$

对于摄影物镜和望远物镜，相对孔径 $D/f\approx 2\sin U'$，所以无黑斑的光屏在像面上的辐照度为

$$E=\frac{\pi L\tau}{4F^2} \tag{11-65}$$

根据定义，杂光系数 ν 可以写成

$$\nu=\frac{E_B}{E}=\frac{2\pi L\tau\int_{\omega_0}^{\pi/2}\mathrm{PST}(\theta)\sin\theta d\theta}{\pi L\tau/4F^2}=8F^2\int_{\omega 0}^{\pi/2}\mathrm{PST}(\theta)\sin\theta d\theta \tag{11-66}$$

式(11－66)给出了杂光系数 ν 与点源透过率 PST 之间的函数关系。

11.7　杂散辐射防护设计

杂散辐射的防护分析是研究造成系统对比度或成像质量降低的各种杂散辐射，包括它的来源、传输路径和像面上的分布。杂散辐射防护分析包括实验和理论研究等几个专业的领域，这些领域包括：

① 光学设计；

② 机械设计，包括系统元件的形状和尺寸确定和优化；

③ 每个表面在不同角度下的散射和反射特性；

④ 对有些系统来说还要考虑热辐射特性；

⑤ 还可能涉及光谱特性、空间分布、偏振等。

每个领域只专注某一方面的研究,而杂散辐射分析则需要将各领域的问题集中考虑,具有很大的难度。

探测器技术、光学设计软件、衍射极限的光学设计、制造技术和测试等方面的发展都要求传感器具有较低水平的杂散辐射。提倡将满足这一要求的杂散辐射防护分析纳入到初期的方案设计中。因为在初始方案中所接受的决定,一般是经过努力论证的,往往不会轻易撤销,有益于系统性能的保障。如果在整个系统设计完成之后再额外考虑杂散辐射的防护措施是比较困难的,也不如在初期方案设计中就考虑杂散辐射的抑制效果。

11.7.1 关键表面和被照射表面

杂散辐射分析一般采用反向分析方法,即从探测器平面向前分析。从探测器平面向前看,能够"看到"的表面是探测器能量的贡献源,称这些表面为关键表面。因此,从另外一个角度来讲,杂散辐射防护就是尽量减少探测器视场内的关键表面数量。

1. 真实空间的关键表面

许多卡塞格林望远镜的次镜遮光罩都设计成锥形(图 11-12),然而,这种锥形次镜遮光罩的一部分可以被探测器直接"看到"。大部分的杂光能量可以从探测器"看到"它的方向入射在次镜遮光罩上,即使给次镜遮光罩添加具有良好涂层的挡光环结构,对探测器的能量贡献仍然很大。如果将锥形变得更加接近于圆柱形,则形成关键表面的锥表面量将减少,而且在探测器上的投影面积也会减小(图 11-13),也就达到了减小到达探测器杂光能量的目的。

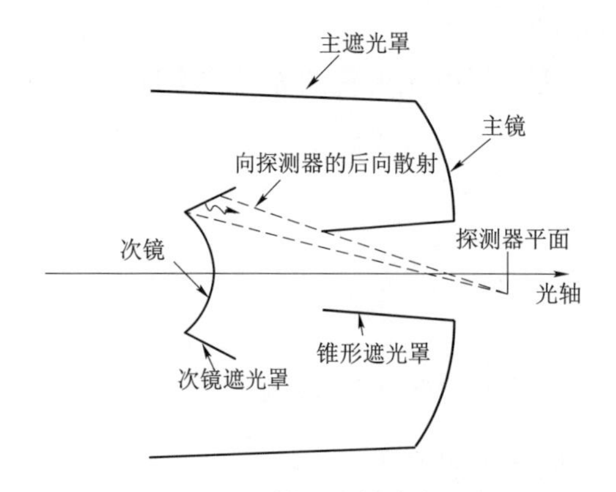

图 11-12 锥形次镜遮光罩向探测器的直接散射

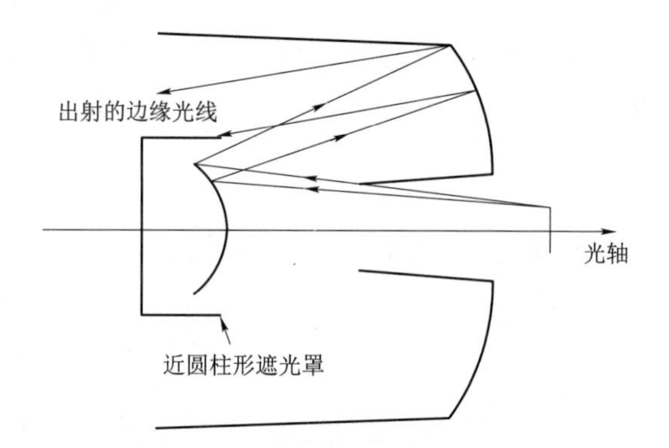

图 11-13 近似圆柱形次镜遮光罩减少关键表面量

次镜遮光罩制作成圆柱形,其圆柱的外表面也有可能会被探测器"看到"。探测器的大小是有限的,从主镜出射的扇形光束有可能再入射到望远镜的视场内。尽管圆柱形次镜遮光罩不能被从探测器上的轴上点"看到",但是轴外的点在一定角度内也有光束,因此一个圆柱形的次镜遮光罩可能会从某一离轴位置被探测器"看到"。

2. 被成像的关键表面

被成像的表面(表面的像如果能被探测器"看到",此表面就叫作被成像的表面)通常也是关键表面,也可以被探测器"看到"。从图 11-14 可知,从次镜反射的是探测器和锥形遮光罩内壁的像,在有些系统中,锥形遮光罩的外壁也有可能在反射中被探测器"看到",这些都是被成像的关键表面。如果想去除这些像，可以通过采用在次镜上加中心遮拦，或者给锥形遮光罩加一个与像平面共心的球面镜等措施来消除这些影响。

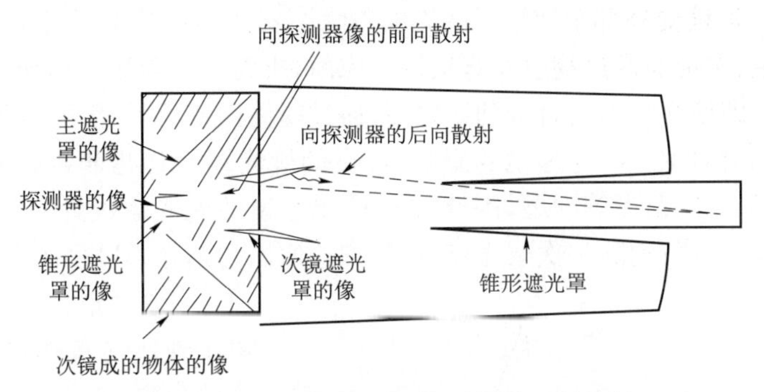

图 11－14　次镜遮光罩向探测器的反射散射

3. 被照射表面

在物空间从杂光源位置往系统里看，此时能够看到的表面是直接接收杂光能量的表面，称之为被照射表面。如果被照射表面的部分区域可以被探测器“看到”，那么就要首先考虑消除这些路径。因为这些路径是唯一只经过一次散射就能到达探测器的路径，与其他杂光路径相比通常是最严重的。图 11－15 表示了从杂光源到卡塞格林望远镜的锥形遮光罩内壁的一次散射路径，可以通过延伸主遮光罩镜筒、增加次镜遮光罩直径的遮挡比例，或者通过减小视场将次镜遮光罩和锥形遮光罩互相延伸等措施来减小这些路径的辐射，如图 11－16 所示。

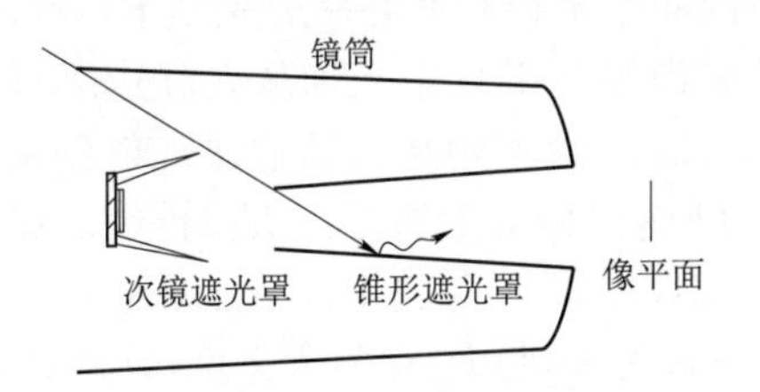

图 11－15　经过一次散射的光路路径

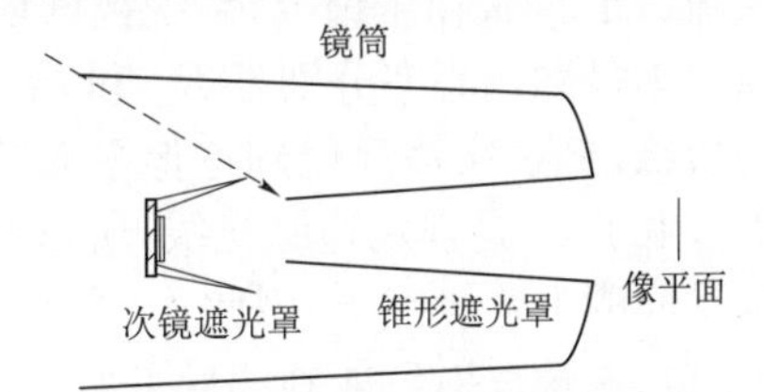

图 11－16　增加遮拦比阻挡直接进入锥形遮光罩内的光路

11.7.2　遮光罩和挡光环设计

光学系统形式不同，遮光罩也可以做成不同形状，如立方体形、立方锥形、圆锥或圆柱形等筒状结构。当涂料的消光能力不足时，就需设计带有挡光环结构的遮光罩装置。挡光环是安置在遮光罩内壁上的能够散射光的特殊结构，起到改善遮光罩内壁散射特性的功能。遮光罩普遍安置在望远镜入口与第一个光学元件（受保护对象）之间，用来阻止视场外的光线直接入射到第一个光学元件上，外光源的能量不是很强时，遮光罩的杂光抑制作用非常明显，通常系统的性能也是非常优良的。当杂光源具有非常巨大的能量时，比如太阳，从遮光罩内壁散射回来的杂光将变得不可忽视。

1. 遮光罩设计

R－C 望远镜具有大口径、无色差、反射波段宽的特点，同时解决了卡塞格林系统没有校正轴外像差的不足。由于消除了彗差，R－C 望远镜的可用视场比其他形式的卡塞格林望远镜更大一些,并且像斑呈对称的椭圆形。如果采用弯曲底片,视场会更明显地增大,像斑则呈圆形。凭借各种优势,R−C望远镜已被广泛应用于空间光学遥感器系统中。

然而,R−C望远镜受外部杂散辐射的影响较大。对于R−C望远镜来说,系统的外部杂散辐射可能不经主、次镜而通过物空间直接进入像面,成为一次杂光,降低成像质量,严重时会将整个图像湮没。即使光线不会直接到达像面,通过镜筒内壁反射、散射引起的杂光也相当严重。为减少杂散辐射对R−C望远镜的影响,优良的遮光罩设计是非常必要的。由于R−C系统存在中心遮拦、一次杂光等问题,因此,R−C望远镜的遮光罩设计一般应遵循以下三条原则:尽量减小中心遮拦;消除一次杂光;尽量使到达像面的杂光经过多次衰减。

(1) 内遮光罩设计

由于外遮光罩的最小长度取决于内遮光罩的参数,因此遮光罩的计算应该先计算内遮光罩的各参数,然后根据内遮光罩的参数计算得到外遮光罩所需最短的长度。主镜和次镜上的内遮光罩通常为圆锥形,它们应能阻挡外遮光罩的反射光线和以任意角度直接入射的光线到达像平面。图11-17是通过光线追迹的方法得到内遮光罩的边缘点B_1、B_2的光路示意图。

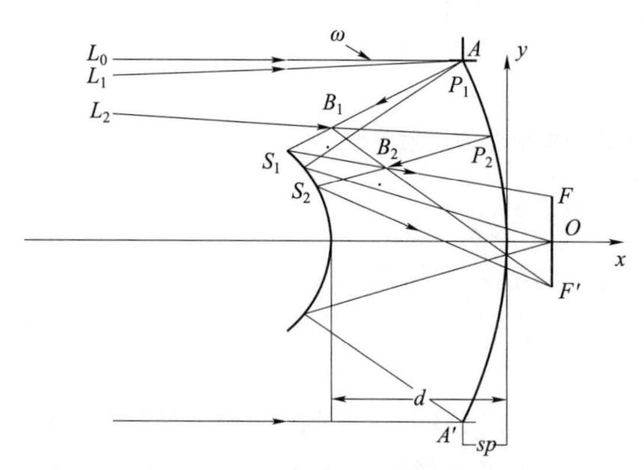

图11-17 望远镜中主要光线的路径

入瞳AA'设置在主镜上,系统视场角为2ω,主镜的曲率半径和偏心率分别是R_1和e_1^2,次镜的曲率半径和偏心率分别是R_2和e_2^2。光线L_0以0°视场角平行于光轴从入瞳边缘入射到主镜的边缘,经过次镜反射到达像平面的中心点O;L_1以ω视场角从入瞳边缘入射到主镜边缘点P_1,由于L_1是视场边缘光线,所以经主镜反射后到达次镜的上边缘点S_1,再经次镜反射到达像平面的上边缘点F,因此L_1确定了主镜、次镜和像平面的上边缘;L_2是以ω视场角入射,经主镜、次镜反射后能到达像平面下边缘点F'的一条光线,与L_1有两个交点,分别是B_1和B_2,点B_1,B_2即是次镜和主镜内遮光罩的边缘点。如果B_1,B_2和F'位于同一条直线上,此时点B_1,B_2确定的内遮光罩尺寸和口径是最佳值。因为如果B_1B_2的延长线交于FF'中间一点,则此时B_1B_2附近方向的杂光可以直接入射到像平面,没有满足阻挡直接入射到像平面上的杂光的条件;如果B_1B_2的延长线交于FF'延长线上,此时虽然能阻挡直接入射到像平面上的杂光,但是遮光罩设计得过大了,不利于遥感器的轻量化要求。

根据上述分析,在xy平面内利用二次曲面光路计算公式推导出遮光罩设计公式:
入射光线L的方程

$$y=\tan\alpha(x-x_0)+y_0 \tag{11-67}$$

主镜横截面AA'方程

$$y^2=(e_1{}^2-1)x^2+2R_1x \tag{11-68}$$

L在主镜上的投射点的坐标为(s_1,h_1)

$$s_1=\frac{(y_0+\tan\alpha x_0)}{(R_1+\tan\alpha y_0+\tan^2\alpha x_0)\left[1+\frac{\sqrt{R_1{}^2+2R_1\tan\alpha(y_0+\tan\alpha x_0)+(e_1{}^2-1)(y_0+\tan\alpha x_0)^2}}{|R_1+\tan\alpha y_0+\tan^2\alpha x_0|}\right]} \tag{11-69}$$

$$h_1 = \tan\alpha(s_1 - x_0) + y_0 \tag{11-70}$$

主镜反射光线方程

$$y = \tan\left(2\arctan\frac{h_1}{R_1 + (e_1{}^2 - 1)s_1} - \alpha\right)(x - s_1) + h_1 \tag{11-71}$$

次镜方程

$$y^2 = (e_2{}^2 - 1)(x - d)^2 + 2R_2(x - d) \tag{11-72}$$

L 在次镜上的投射点的坐标为(s_2, h_2)

$$s_2 = \frac{h_1 - k(d - s_1)}{(R_2 + kh_1 + k^2 d - k^2 s_1)\left[1 + \frac{\sqrt{R_2{}^2 + 2R_2 k[y_1 + k(d - s_1)] + (e_2{}^2 - 1)[y_1 + k(d - s_1)]^2}}{|R_2 + kh_1 + k^2 d - k^2 s_1|}\right]} \tag{11-73}$$

$$h_2 = k(s_2 - s_1) + h_1 \tag{11-74}$$

$$k = \tan\left(2\arctan\frac{h_1}{R_1 + (e_1{}^2 - 1)s_1} - \alpha\right) \tag{11-75}$$

$$h_i = y_2 - (f_s + s_2)\tan\left\{2\left[\arctan\frac{h_1}{R_1 + (e_1{}^2 - 1)s_1} - \arctan\frac{h_2}{R_2 + (e_2{}^2 - 1)s_2}\right]\right\} \tag{11-76}$$

以上公式就组成了 R－C 望远镜的光线追迹方程组，通过这个光线追迹方程组可以求得光线在主镜、次镜上投射点坐标(s, h)，以及在像平面上的投射高 h_i。字符下脚标约定如下：第一个脚标 0——起始点，1——主镜，2——次镜，第二个脚标表示光线序号。

因此，L_0的起点 $x_{00} = 0, y_{00} = D/2, i = 0$，根据以上公式可以方便地求得 L_0在主镜、次镜上的投射点(s_{10}, h_{10})、(s_{20}, h_{20})，以及在像面上的投射高 h_{i0}

L_1的起点 $x_{01} = s_{10}, y_{01} = D/2, i = \omega$，根据以上公式可以方便地求得 L_1在主镜、次镜上的投射点 $P_1(s_{11}, h_{11})$、$S_1(s_{21}, h_{21})$，以及在像面上的投射高 h_{i1}

L_2的起点 $x_{02} = s_{10}, y_{02} = d_1, i = -\omega$，根据以上公式可以方便地求得 L_2在主镜、次镜上的投射点 $P_2(s_{12}, h_{12})$、$S_2(s_{22}, h_{22})$，以及在像面上的投射高 h_{i2}，其中只有 d_1 未知。

然后分别求直线 P_1S_1与 L_2P_2和 S_1F 与 S_2P_2的交点 $B_1(X_1, Y_1)$，$B_2(X_2, Y_2)$

根据内遮光罩尺寸和口径的最佳值限制条件，B_1，B_2，F'应该在同一条直线上，即

$$\frac{Y_1 + h_{i2}}{X_1 - f_s + d} = \frac{Y_2 + h_{i2}}{X_2 - f_s + d} \tag{11-77}$$

根据式(11－77)即可求出 d_1，此时点 $B_1(X_1, Y_1)$，$B_2(X_2, Y_2)$可以唯一确定，那么主镜遮光罩直径 $D_p = 2Y_2$，长度 $L_p = X_2$；次镜遮光罩直径 $D_s = 2Y_1$，长度 $L_s = X_1 - d$。

(2) 外遮光罩设计

从理论上来讲，外遮光罩越长对杂散光防护越有利，但是轻量化的航天遥感器对尺寸和重量的要求非常严格，因此外遮光罩不能无限地延长。为了阻止直接辐射到像面上的视场外的杂光源，目前在工程上一般要求外遮光罩的边缘至少要与主镜、次镜内遮光罩上边缘点位于同一条直线上，在此基础上，可以在工程要求的范围内延长外遮光罩长度。

如图 11－18 可知，外部杂光源(太阳、月亮、地球)从外遮光罩边缘点 B_3以小于或者大于虚线的入射角辐射，都将入射到主镜或次镜遮光罩的外壁；外部杂光源即使沿着直线 B_1B_2辐

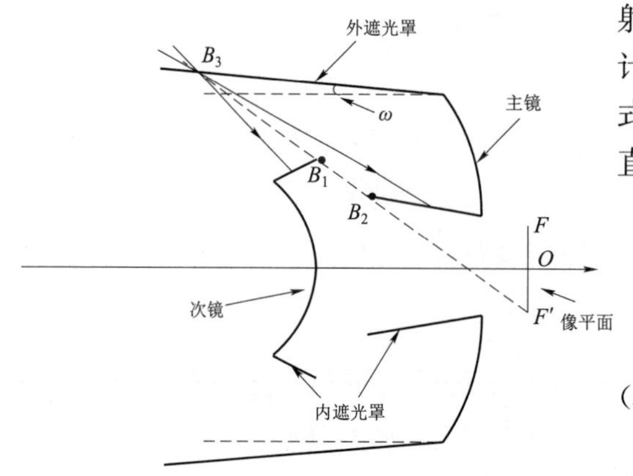

图 11-18　带锥角的外遮光罩长度计算

射进入内遮光罩内部，由于内遮光罩的完善设计，也不能直接到达像面。

式(11-77)确定了点 B_1、点 B_2 的坐标，因此直线 B_1B_2 的方程为

$$y=-\frac{y_2-y_1}{x_2-x_1}(x-x_1)+y_1 \tag{11-78}$$

L_0 在主镜上的投射点 P_1 的坐标为 (s_{10},h_{10})，因此直线 B_3P_1 的直线方程为

$$y=-\tan\omega(x-s_{10})+h_{10} \tag{11-79}$$

式(11-78)、式(11-79)联立，可求得直线 B_1B_2 与直线 B_3P_1 的交点 B_3 坐标

$$x=\frac{\tan\omega s_{10}+h_{10}-y_1-(y_2-y_1)x_1/(x_2-x_1)}{\tan\omega-(y_2-y_1)/(x_2-x_1)} \tag{11-80}$$

$$y=-\tan\omega\left[\frac{h_{10}-y_1-(y_2-y_1)(x_1-s_{10})/x_2-x_1}{\tan\omega-(y_2-y_1)/x_2-x_1}\right]+h_{10} \tag{11-81}$$

上述 (x,y) 即是外遮光罩的边缘点 B_3 坐标。

2. 挡光环设计

挡光环的作用是使外部杂散辐射在到达主镜之前至少经过两次以上的反射，有利于在遮光罩和挡光环表面涂消光漆的前提下大大衰减到达主镜的杂散辐射能量。为了满足反射两次以上的条件，一种常用的挡光环设计方案如图 11-19 所示。

图 11-19 中，L_b 是遮光罩的长度，D_p 是主镜的口径，BC 是挡光环的高度，BF 是挡光环的间距。由于三角形 ΔADE 和 ΔABC 是相似三角形，因此

$$\frac{AB}{AD}=\frac{BC}{BC+D_p}$$

同理可得

$$\frac{AF}{AH}=\frac{FG}{FG+D_p}$$

$$BC=FG$$

$$AD+AH=DH=L_b \tag{11-82}$$

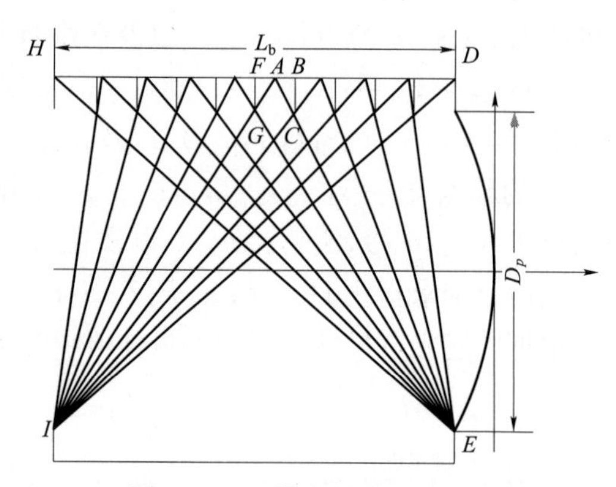

图 11-19　挡光环的设计方案

由上述公式可得

$$BF=\frac{L_b\times BC}{BC+D_p} \tag{11-83}$$

式(11-83)就是挡光环间隔与挡光环高度、遮光罩长度和主镜口径的关系式。

作者在以前的研究中发现，挡光环的结构形式对杂散光抑制效果也起关键作用。在分析挡光环旧的结构形式基础上，设计了一种结构更加合理、对杂散光抑制能力更强的新型挡光环结构形式。图 11-20(a)、(b)、(c)为三种典型的旧结构形式挡光环。

作图法，以上三种旧方案挡光环抑制杂散光的示意图如图 11-21～图 11-24 所示，假设

水平向右为镜筒内部的方向。

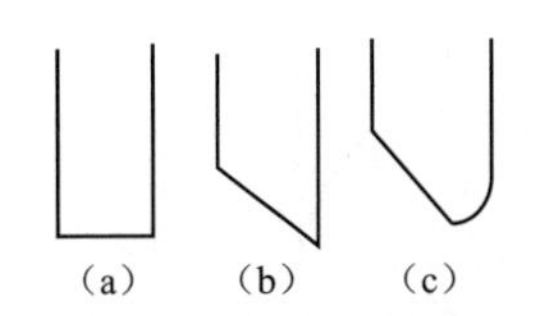

图 11-20　三种典型的挡光环结构形式

(a) 直面型挡光环；(b) 斜面型挡光环；
(c) 圆弧型挡光环

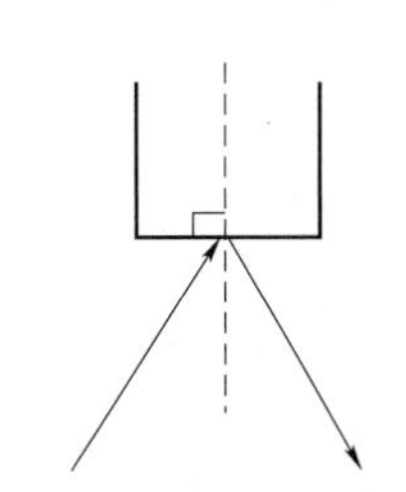

图 11-21　直面型挡光环边缘处的光线

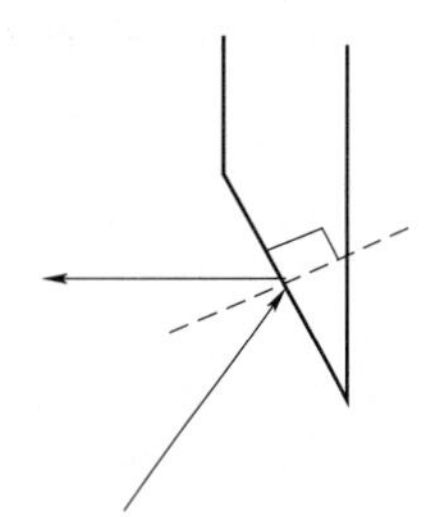

图 11-22　斜面型挡光环边缘处的光线

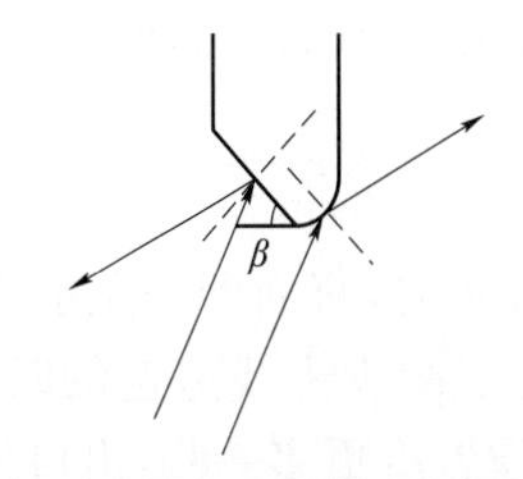

图 11-23　圆弧型挡光环边缘处的光线

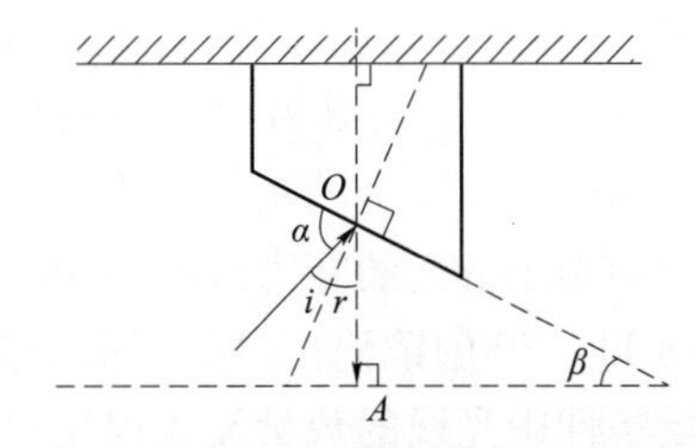

图 11-24　斜面型挡光环抑制杂光的角度示意图

由图 11-21 可知，任何角度和方向的入射光线入射到挡光环边缘时，光线都会向镜筒内部方向反射；由图 11-24 可知，只有位于垂直于筒壁的垂线 OA 右侧的反射光线才指向镜筒的内部，即反射角大于 r 的反射光线有可能会经镜筒进入光学系统，并最终到达像面影响成像质量。很明显，图 11-24 中 α 角范围内入射的光线经挡光环斜面反射后，反射光线则指向镜筒的内部，即 α 角是挡光环斜面无法抑制的角度，根据示意图可知

$$\alpha=90^\circ-i \tag{11-84}$$

$$i=r \tag{11-85}$$

$$r=\beta \tag{11-86}$$

$$\alpha=90^\circ-\beta \tag{11-87}$$

即这种斜面型挡光环损失的杂散光抑制的角度范围为 $90^\circ-\beta$，β 为挡光环斜面与镜筒壁之间的夹角。由图 11-23 可知，该圆弧型挡光环损失的杂散光抑制范围是圆弧区域和斜面处的 $90^\circ-\beta$ 角度范围。

从挡光环旧设计方案的杂散光抑制示意图(图 11-21～图 11-24)可以看出，面型是影响挡光环抑制杂散光效果的重要因素，所以在新的设计中应找到一种面型使得入射到挡光环边缘的光线尽可能向镜筒外部反射。根据这一思想，提出球形曲面结构的挡光环。

由于经球心的入射光线都与球面的法线重合，所以只有经球面的入射光线，其反射方向才与入射方向不同。但是，球面的每一条法线都把球面平分，所以经球面的入射光线，其反射光线也一定交于球面，且与入射光线分别位于两个半球内，如图 11-25 所示。因此，只要保证挡光环内侧边缘与球体相切，形成的面型就满足反射光线指向镜筒外部的要求，最终形成符合要求的挡光环，如图 11-26 所示。

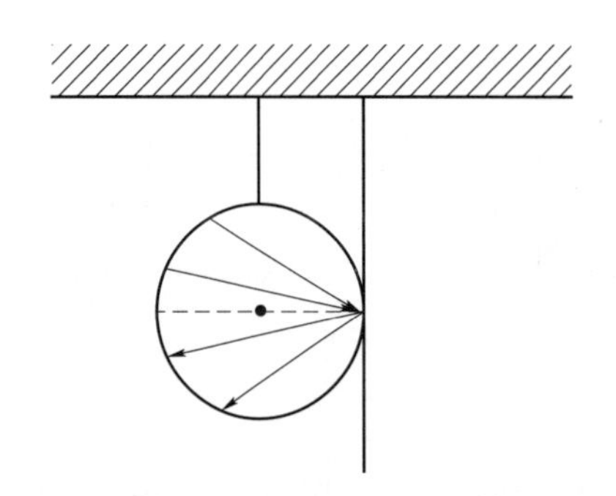

图 11-25　球形曲面光线反射示意图

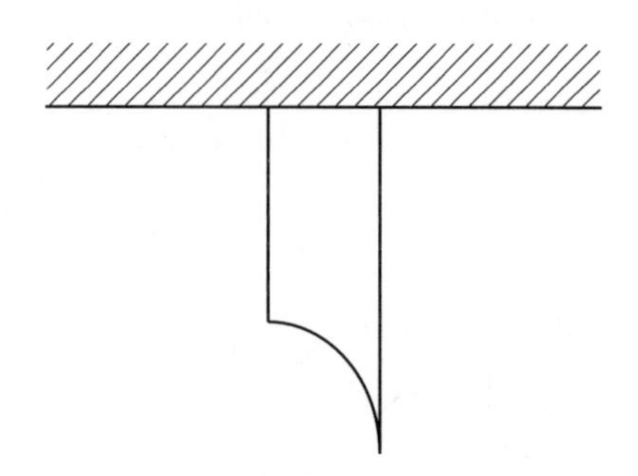

图 11-26　球面结构的挡光环示意图

下面我们将三种已有结构的挡光环和新结构的挡光环分别在 Tracepro 中建立对应的镜筒模型，来模拟实际的杂散光抑制效果。四个镜筒的大小和通光口径都相同，挡光环按照梯度形式布置，光线追迹初始条件为：光线数 4 681 条，初始能量 46.81 W，镜筒和挡光环所有表面的吸收率为 80%，透射率为 0，表面反射率为 20%。

根据四种镜筒模型的实际光线追迹结果(图 11-27～图 11-30)可知，带有球形曲面挡光环的镜筒抑制杂散光的能力最好，斜面型的次之，圆弧型的较次之，直面型的杂散光抑制能力最差。图 11-30 中镜筒出口处杂散光能量为 0，这是因为为了减少光线追迹的时间，在光线追迹初始条件中光线的数量设置得比较少，如果把光线数量设置得更多一些，出口处的杂散光能量则会大于 0，但是在四种模型的初始条件设置一样的情况下对分析杂散光抑制能力的强弱是没有影响的，不会影响它们杂散光抑制能力的高低趋势。

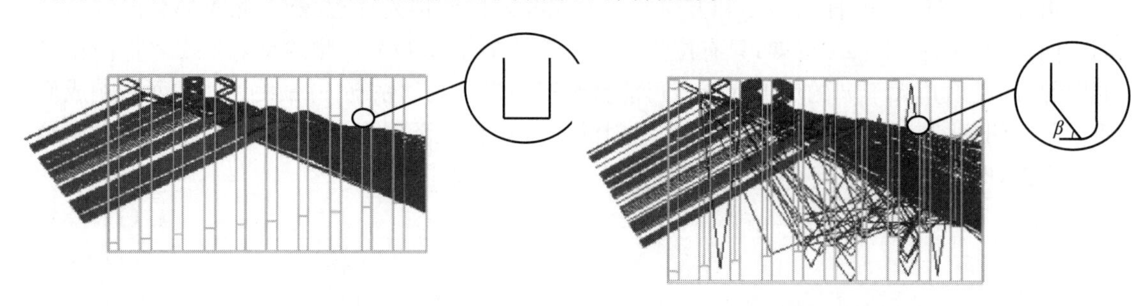

图 11-27　直面型挡光环的光线追迹结果，镜筒出口处杂散光能量为 1.157 3 W

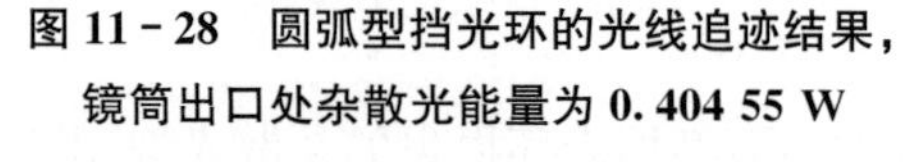

图 11-28　圆弧型挡光环的光线追迹结果，镜筒出口处杂散光能量为 0.404 55 W

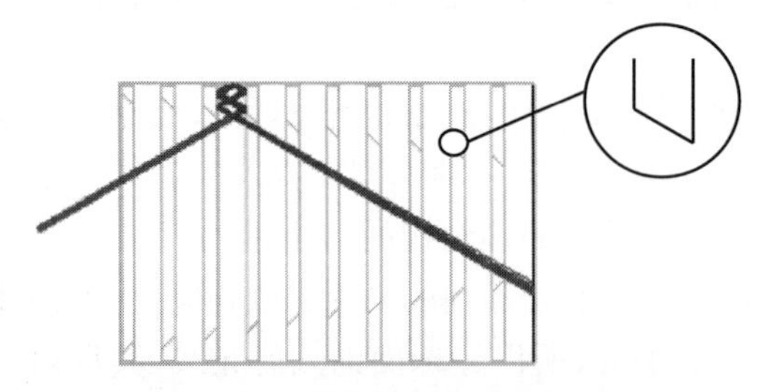

图 11-29　斜面型挡光环的光线追迹结果，镜筒出口处杂散光能量为 0.000 105 6 W

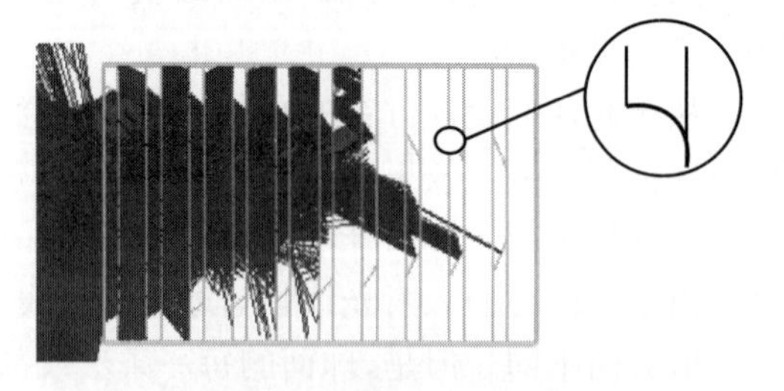

图 11-30　球形曲面挡光环的光线追迹结果，镜筒出口处杂散光能量为 0

11.7.3　光阑的设计与使用

所有的光学系统都至少有一个孔径，叫孔径光阑。有的光学系统可能还有视场光阑和利奥(Lyot)光阑。每一种光阑类型在杂散辐射抑制方面的作用都是不一样的，其在光学系统中的不同位置也会明显影响系统的性能。用光阑的组合抑制杂散辐射，是杂散辐射防护问题首先应当考虑的措施。

(1) 孔径光阑

孔径光阑能够限制入射光束的大小，有时候光学设计人员会通过移动孔径光阑来平衡像差，在杂散辐射防护设计中孔径光阑也起到同样的重要作用。在光学系统中，除了光学元件、中心遮拦、视场渐晕的物体之外，孔径光阑前面空间中的所有非成像物体都不能被探测器“看到”，而在孔径光阑到像面之间的各种表面对探测器是可见的，即孔径光阑限制了关键表面的数量。但是，有些情况下孔径光阑前面的表面可以被“看到”，这超越了孔径光阑的能力。图 11－31 和图 11－32 分别是两镜反射系统和三镜折射系统，这两个系统的孔径光阑都放置在第一面镜子上，并且为了满足视场光阑决定的视场容量都加大了第二面镜子的尺寸。由于加大第二面镜子尺寸的缘故，第一和第二面镜子间的主遮光罩部分会被“看到”，于是就变成了关键表面。

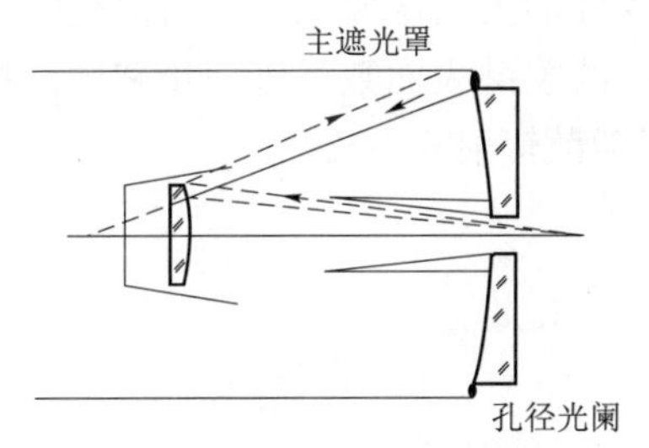

图 11－31　增大尺寸的次镜使得主遮光罩的部分成了关键表面

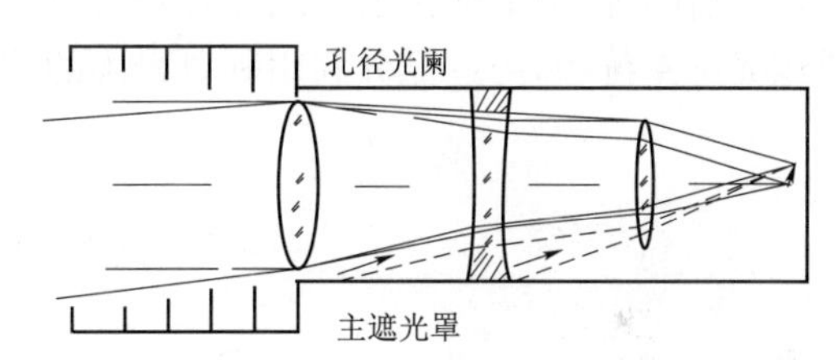

图 11－32　增大尺寸的第二面镜子使得主遮光罩的部分成了关键表面

如果沿着光路将孔径光阑向探测器平面移动，则光学系统的杂散辐射抑制能力将会增强。如果将孔径光阑移动到第二面镜子上，第一和第二面镜子间的镜筒变得不可见，就彻底将遮光罩从探测器的视场中消除掉了，使之变成非关键表面。通过移动孔径光阑可以降低系统的点源透过率 PST(图 11－33)，在杂散辐射防护设计中有时也会考虑这种措施。

(2) 视场光阑

在光学系统中的中间像面处放置一个孔径可以起到限制视场的作用，这种孔径叫作视场光阑。视场光阑可以阻止视场外的杂光直接在超出视场光阑孔径的系统上成像。与孔径光阑相反，视场光阑后的镜筒表面不能从视场外的物空间看到，即视场光阑限制了被照射表面的面积。视场光阑后面的光学元件超出视场外的关键部分可能通过视场光阑从像面区域“看到”，必须用孔径光阑阻挡这样的光路，如图 11－34 所示。虽然对于某些设计，视场光阑由于系统像差的存在而不是 100%有效的，但小尺寸的视场光阑将有效地减少杂光数量。视场光阑并没有减少关键表面，而是限制了被照射物体能量的传输。

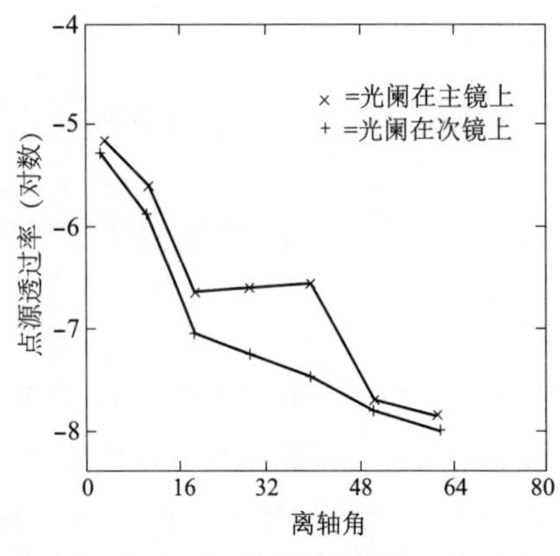

图 11-33 光阑在不同位置时的两镜系统的 PST 曲线

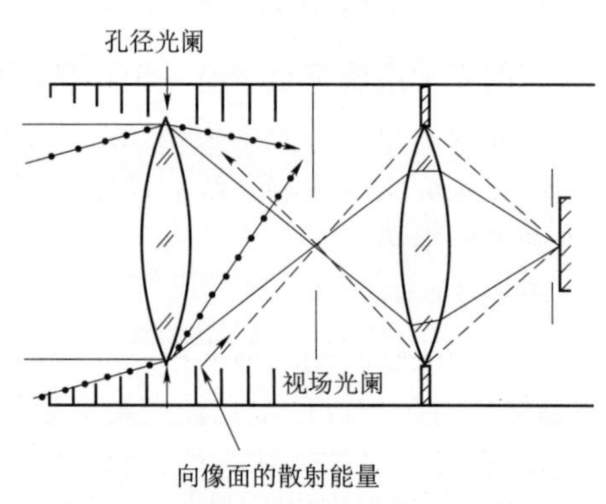

图 11-34 视场外的能量可能到达像面

(3) 利奥光阑

一个被安置在孔径光阑的像面位置的约束孔径,称为利奥光阑或消杂光光阑,与孔径光阑具有相同的作用。一般利奥光阑比孔径光阑的像略微小一些,这样利奥光阑可以阻挡从孔径光阑和视场光阑组合中通过的衍射能量,最终只有二阶和更高阶小的衍射能量到达像面,满足光学系统中的衍射能量限制条件。利奥光阑限制了视场外的关键区段到达它后面空间的目标上,而且在光路上更加接近探测器,因此被接收器"看到"的关键表面数量进一步减少。在二次成像光学系统中,可以充分利用利奥光阑的特点来抑制杂散辐射。

第 12 章
衍射光学元件

12.1 概述

在光学系统中应用最广泛的是基于折射和反射原理的光学元件，如透镜、棱镜、反射镜等。在 20 世纪 80 年代之前，基于光波衍射理论的衍射元件在成像系统中的应用较少，全息光学元件作为战斗机平视显示器上的合束器是为数不多的成功实例之一。全息元件制作工艺复杂，成本高昂，较难推广到其他应用领域。

自从美国麻省理工学院林肯实验室提出二元光学的概念后，衍射光学元件在国际上得到迅速发展。这种新型衍射元件表面带有浮雕结构，在设计波长上可以形成极高的衍射效率。在二元光学发展的早期，人们采用大规模集成电路的生产方法制作二阶相位型元件；随着高分辨力掩模板制作技术的发展和掩模套刻对准精度的提高，得以加工多阶相位二元光学元件以提高衍射效率；20 世纪 90 年代发展起来的激光和电子束直写技术，进一步消除了掩模套刻对准误差和离散化相位的影响，使在曲面表面上制作具有连续分布表面浮雕结构的衍射光学元件成为可能。

在成像系统中，衍射光学元件与传统的折射、反射元件混合使用，综合平衡，给系统的设计引入了新的自由度，为提高系统性能、简化系统结构、减轻系统重量提供了新的可能性。如 2000 年 9 月日本佳能公司发表了用于 35 mm 照相机上的使用多层衍射光学元件的 400 mm 长焦距摄远镜头，用衍射光学元件作为复消色差元件来消除长焦距镜头中的二级光谱色差，有效地降低了光学系统的尺寸和重量。

我国学者也对衍射光学元件在成像系统中的应用做了大量探讨，其中多数为对设计方案的研究。在实际完成研制的几个系统中，对衍射光学元件的制作分别采用了多层掩模刻蚀、多层掩模镀膜、旋转掩模镀膜等工艺。这些工艺都要求衍射面的基底为平面。因此上述各个设计虽然通过加入衍射元件获得了新的优化自由度，却由于衍射浮雕结构(通常为环带)所在的光学面的曲率需要固定为 0，不得不损失这一对系统像质有重要影响的设计变量。

对于红外热成像系统，由于对锗、硫化锌、砷化镓等常用红外材料都可以采用金刚石车床车削工艺加工，因此可以相对容易地将衍射元件制作在曲面基底上。在国际上，衍射光学元件首先在红外成像系统中实现广泛应用，除了金刚石车削可提供便利的加工条件外，更是因为红外波段可供设计者选择的材料种类不多，色差的校正比较困难，而具有相同符号光焦度的折射元件和衍射元件产生的色差符号相反，可以利用这一特性帮助校正系统色差；红外材料的价格高,密度大,衍射元件的应用可以有效降低成本,减轻系统重量;红外材料的热膨胀系数和折射率温度系数较大,工作环境温度对红外系统成像质量影响大,衍射光学元件还可以有效地帮助实现无热化设计。近年来,我国已有多个研究和生产单位引进了金刚石车床设备,为衍射光学元件在红外系统中的实际应用创造了条件。

12.2　衍射光学元件的实际光线和近轴光线追迹

为了实现对含有衍射元件的成像系统的自动设计,必须能够对其中的衍射光学元件进行光线追迹和像差计算。本节导出了适用于各种衍射光学元件的光线追迹公式。这些公式形式简单,呈类似 Snell 定律的形式;然而它们是通用的,可以实现对制作在任意形状表面上的全息元件或二元光学等浮雕型衍射元件的光线追迹,同时计算衍射引入的相位变化对波像差的影响。

在描述全息光学元件时,需要给出记录波长 λ 以及物点 O 和参考点 R 的空间坐标。有时,为了校正系统中的像差,需要使用非球面波前构造全息元件,与使用球面波前的差别可通过引入一个相位多项式来修正。因此,设计由非球面波构造的全息元件时,首先要对最终使用该元件的成像光学系统进行优化,从而得到所需要的全息面相位多项式系数;然后利用 Hayford 的方法设计该全息元件的制造光路,以便获得可以产生上述相位函数的非球面波前。

当全息元件的物点 O 和参考点 R 重合时,全息面干涉图案将是不变的,并且衍射相位函数将由相位多项式唯一决定。这样的设置可以用来描述浮雕型衍射光学面。因此,同样的公式也适用于二元光学元件,在结构优化中可以变化相位多项式的系数,帮助获取所需的成像质量。

1. 实际光线追迹公式

计算采用图 12-1 所示的直角坐标系。衍射面(全息面)的顶点作为坐标系的原点 A,$P(X,Y,Z)$是全息面上的任意一点,$\boldsymbol{r}_R$,$\boldsymbol{r}_O$ 分别表示参考点 $R(X_R,Y_R,Z_R)$和物点 $O(X_O,Y_O,Z_O)$到 P 点连线的单位矢量,$\boldsymbol{r}'_R$和 $\boldsymbol{r}'_O$分别对应在 P 点入射光(重现光)和衍射光(出射光)的单位矢量。在 P 点,R、O、R'和O'波前的相位满足下述关系:

$$\Phi'_O=\Phi'_R\pm(\Phi_O-\Phi_R) \tag{12-1}$$

式中,$\pm$号分别对应系统中使用的衍射级($+1$ 或-1 级)。式(12-1)对 P 点附近的点 $V(X+\delta X,Y+\delta Y,Z+\delta Z)$ 点也成立,即

$$\delta\Phi'_O=\delta\Phi'_R\pm(\delta\Phi_O-\delta\Phi_R) \tag{12-2}$$

参见图 12-2,由矢量几何可知,上式中的各 $\delta\Phi$ 满足下述关系:

$$\delta\Phi_G=\frac{2\pi}{\lambda_G}(GV-GP)=\frac{2\pi}{\lambda_G}\left\{\left(L_G-\frac{\boldsymbol{i}}{k}N_G\right)\delta X+\left(M_G-\frac{\boldsymbol{j}}{k}N_G\right)\delta Y\right\} \tag{12-3}$$

式中,下标 G 代表 R、O、R'、O'各下标,(L_G,M_G,N_G)是矢量 $\boldsymbol{r}_G$ 的方向余弦,$(\boldsymbol{i},\boldsymbol{j},\boldsymbol{k})$表示全息面上 P 点法线的方向余弦,λ_G 代表 $\delta\Phi_O$、$\delta\Phi_R$ 的记录波长 λ 或 $\delta\Phi'_O$、$\delta\Phi'_R$ 的重现波长 λ。

如果在全息记录中采用非球面参考波前,应在 $\delta\Phi_R$ 中加入一额外项

$$\begin{aligned}\delta\Phi_R&=\frac{2\pi}{\lambda_R}\{(RV-RP)+\Omega_R(V)-\Omega_R(P)\}\\&=\frac{2\pi}{\lambda_R}\left\{\left(L_R-\frac{\boldsymbol{i}}{k}N_R\right)\delta X+\left(M_R-\frac{\boldsymbol{j}}{k}N_R\right)\delta Y\right\}+\\&\quad\frac{2\pi}{\lambda_R}\{\Omega_R(X+\delta X,Y+\delta Y)-\Omega_R(X,Y)\}\end{aligned} \tag{12-4}$$

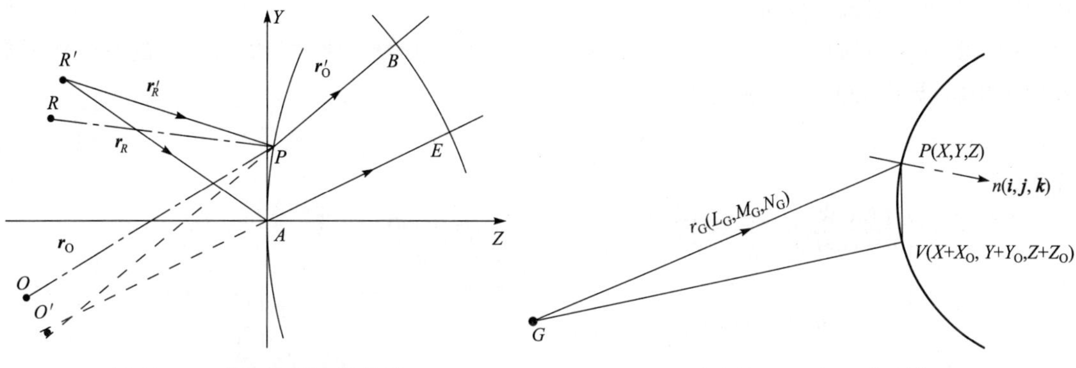

图 12-1　全息表面光线追迹

图 12-2　$\delta\Phi_G$ 的计算

式中，$\Omega_R(X,Y)$是以光程差描述参考波前偏离理想球面相位的多项式。相似地，若记录物波为非球面波前，对于 $\delta\Phi_O$ 的表达式将是

$$\begin{aligned}\delta\Phi_O&=\frac{2\pi}{\lambda_O}\{(RV-RP)+\Omega_O(V)-\Omega_O(P)\}\\&=\frac{2\pi}{\lambda_O}\left\{\left(L_O-\frac{\boldsymbol{i}}{k}N_O\right)\delta X+\left(M_O-\frac{\boldsymbol{j}}{k}N_O\right)\delta Y+\right.\\&\left.\quad\frac{2\pi}{\lambda_O}\{\Omega_O(X+\delta X,Y+\delta Y)-\Omega_O(X,Y)\}\right\}\end{aligned}\tag{12-5}$$

将式(12-3)，式(12-4)和式(12-5)代入式(12-2)，引入新的相位多项式

$$\Omega(X,Y)=\Omega_O(X,Y)-\Omega_R(X,Y)=\sum_m\sum_n C_{mn}X^mY^n\tag{12-6}$$

代表 $\Omega_O(X,Y)$和 $\Omega_R(X,Y)$的组合效果，并且利用以下关系式

$$\Omega(X+\delta X,Y+\delta Y)-\Omega(X,Y)=\frac{\partial\Omega}{\partial X}\delta X+\frac{\partial\Omega}{\partial Y}\delta Y\tag{12-7}$$

可以得到以 δX 和 δY 表示的一个表达式。由于这个表达式对于 $P(X,Y,Z)$点附近的任意点 $V(X+\delta X,Y+\delta Y,Z+\delta Z)$ 均成立，因而 δX 和 δY 前面的系数必须分别相等。因此可得到下面两个公式：

$$\begin{aligned}L'_O-\frac{\boldsymbol{i}}{k}N'_O&=L'_R-\frac{\boldsymbol{i}}{k}N'_R\pm\frac{\lambda'}{\lambda}\left\{\left(L_O-\frac{\boldsymbol{i}}{k}N_O\right)-\left(L_R-\frac{\boldsymbol{i}}{k}N_R\right)+\frac{\partial\Omega}{\partial X}\right\}\\M'_O-\frac{\boldsymbol{j}}{k}N'_O&=M'_R-\frac{\boldsymbol{j}}{k}N'_R\pm\frac{\lambda'}{\lambda}\left\{\left(M_O-\frac{\boldsymbol{j}}{k}N_O\right)-\left(M_R-\frac{\boldsymbol{j}}{k}N_R\right)+\frac{\partial\Omega}{\partial Y}\right\}\end{aligned}\tag{12-8}$$

定义两个新的变量 μ 和 Q 如下：

$$\mu=\frac{\lambda'}{\lambda},Q=\frac{N'_O-N'_R\pm\mu(N_R-N_O)}{k}\tag{12-9}$$

重新整理式(12-8)可得出光线追迹的表达式

$$\begin{cases}L'_Q=L'_R\pm\mu\left(L_O-L_R+\dfrac{\partial\Omega}{\partial X}\right)+\boldsymbol{i}Q\\M'_Q=M'_R\pm\mu\left(M_O-M_R+\dfrac{\partial\Omega}{\partial Y}\right)+\boldsymbol{j}Q\\N'Q=N'_R\pm\mu(N_O-N_R)+\boldsymbol{k}Q\end{cases}\tag{12-10}$$

其中第三个公式来源于变量 Q 的定义。

式(12-10)中的 Q 是由式(12-9)定义的,是一个未知量。将式(12-10)中的三个式子平方后再相加,导出 Q 的如下表达式:

$$Q=-b+\sqrt{b^2-2c} \tag{12-11}$$

式中,

$$\begin{cases} b=\cos\Gamma_R \pm\mu(\cos I_O-\cos I_R)\pm\mu\sum \boldsymbol{i}\dfrac{\partial \Phi}{\partial X} \\ c=\mu\left\{\mu(1-\cos\theta_{OR})\pm\mu\sum\left[(L_O-L_R)\dfrac{\partial\Omega}{\partial X}+0.5\left(\dfrac{\partial\Omega^2}{\partial X}\right)\right]\pm\right. \\ \quad\left.\left(\cos\theta_O-\cos\theta_R+\sum L'_R\dfrac{\partial\Omega}{\partial X}\right)\right\} \end{cases} \tag{12-12}$$

式中,各求和符号对 X、Y 两个坐标有效(因为 $\dfrac{\partial\Omega}{\partial Z}=0$),并且

$$\begin{cases} \cos I_O=\boldsymbol{i}L_O+\boldsymbol{j}M_O+\boldsymbol{k}N_O \\ \cos I_R=\boldsymbol{i}L_R+\boldsymbol{j}M_R+\boldsymbol{k}N_R \\ \cos I'_R=\boldsymbol{i}L'_R+\boldsymbol{j}M'_R+\boldsymbol{k}N'_R \\ \cos\theta_O=L_OL'_R+M_OM'_R+N_ON'_R \\ \cos\theta_R=L_RL'_R+M_RM'_R+N_RN'_R \\ \cos\theta_{OR}=L_{OR}L'_{OR}+M_{OR}M'_{OR}+N_{OR}N'_{OR} \end{cases} \tag{12-13}$$

式(12-10)与式(12-11)~式(12-13)一起组成适合于计算机编程的衍射光学元件的实际光线追迹公式。

对于二元光学等浮雕型衍射元件,其衍射相位轮廓由相位多项式唯一决定,式(11—10)~式(12-13)可通过下述公式进一步简化:

$$\begin{cases} L_O=L_R, M_O=M_R, N_O=N_R \\ \cos I_O=\cos I_R, \cos\theta_O=\cos\theta_R, \cos\theta_{OR}=1 \end{cases} \tag{12-14}$$

注意到在以上推导过程中,我们只使用了光线交点处衍射面的法线方向余弦,并没有对面形做任何限制,因此上述光线追迹公式适用于制作在任意形状连续表面上的衍射光学元件。

2. 光程差的计算

在计算被追迹光线的波像差时,需要在累积光程中加入一个额外项 Δ_P,该项反映了光线在衍射面上 P 点衍射引起的相位改变。利用式(12-1),可将 Δ_P 表示为

$$\frac{2\pi}{\lambda'}\Delta_P=\Phi'_O-\Phi'_R=\pm(\Phi_O-\Phi_R)=\pm\frac{2\pi}{\lambda}\left\{\Omega(P)+[OP]-[RP]\right\} \tag{12-15}$$

式中使用了式(12-6)的定义,方括号代表光程。上述式中的[OP]和[RP]与点光源 R 和 O 的位置有关,可以很大甚至无穷大,造成直接计算 Δ_P 的困难。为此,引入另一个量 Δ 如下式

$$\Delta=\Delta_P-\Delta_A=\pm\mu\{\Omega(P)+([OP]-[OA])-([RP]-[RA])\} \tag{12-16}$$

如图12-1所示,点 A 是衍射面的顶点,并且 $\Omega(A)=\Omega(0,0)=0$。使用等倾弦的性质,很容易计算(12-31)中的两个光程差,即

$$[OP]-[OA]=\frac{(L_O+L_{OA})X+(M_O+M_{OA})Y+(N_O+N_{OA})Z}{(1+L_OL_{OA}+M_OM_{OA}+N_ON_{OA})}$$

$$[RP]-[RA]=\frac{(L_R+L_{RA})X+(M_R+M_{RA})Y+(N_R+N_{RA})Z}{(1+LRL_{RA}+M_RM_{RA}+NRN_{RA})} \tag{12-17}$$

式中,(L_{RA},M_{RA},N_{RA})和(L_{OA},M_{OA},N_{OA})分别是 R 点和 O 点到表面顶点 A 连线的方向余弦;(X,Y,Z)是 P 点的坐标。

用 Δ 取代 Δ_P 加入通过 P 点的光线的累积光程中并不会影响最终计算结果,因为波像差的定义是主光线和所追迹的实际光线之间的光程差,这两条光线光程中的共同项 Δ_A 将自动抵消。在这里,等倾弦的应用使波像差的计算公式对所有可能情况都适用(即点源 R 和 O 中任一个或两个都是实的或虚的光源,在有限距离或无限远位置),有效地提高了公式的通用性。

3. 近轴光线追迹公式

对式(12-10)中第二个公式以及相关的其他公式做近轴线性近似,即可导出衍射光学元件的近轴光线追迹公式。注意近轴光学或高斯光学仅适用于旋转对称光学系统。因此,当衍射面的面形和相位分布均呈旋转对称状态时,可用本节中推导的公式对含有衍射光学元件的光学系统进行近轴分析计算。在其他情况下,也可以用以下公式对非对称系统进行准近轴分析,以便对系统的一阶特性进行估算。

这里我们采用 u 和 h 表示近轴边缘光线的角度和高度。对于在子午平面上的任意光线,引入以下近轴近似:

$$X=0,Y=h+D(2),Z=D(2) \tag{12-18}$$

$$L=0,M=-u+D(2),N=1+D(2) \tag{12-19}$$

$$\boldsymbol{i}=0,\boldsymbol{j}=-hC_Y+D(2),\boldsymbol{k}=1+D(2) \tag{12-20}$$

式中,$D(2)$代表孔径坐标的二阶以上的高阶量,C_Y 是子午面上衍射面的顶点曲率。对于式(12-6)表示的相位多项式,其相对 Y 坐标的一阶导数的近轴近似可写为

$$\frac{\partial\Omega}{\partial Y}=2C_{02}h+D(2) \tag{12-21}$$

注意到物点和参考点的(X,Y)坐标不影响系统的一阶特性,在近轴近似中可以把(X_O,Y_O)和(X_R,Y_R)设置为 0。此外有

$$\begin{cases}M_R=\operatorname{sign}(R)\dfrac{h}{|Z_R|}+D(2),N_R=-\operatorname{sign}(R)\operatorname{sign}(Z_R)+D(2)\\[2ex] M_O=\operatorname{sign}(O)\dfrac{h}{|Z_O|}+D(2),N_O=-\operatorname{sign}(O)\operatorname{sign}(Z_O)+D(2)\end{cases} \tag{12-22}$$

其中,当物点 O、参考点 R 为实光源时,$\operatorname{sign}(O)$、$\operatorname{sign}(R)$的值为 1,为虚光源时,相应的值为 -1;当 Z_O、Z_R 的值大于 0 时,$\operatorname{sign}(Z_O)$、$\operatorname{sign}(Z_R)$的值为 1,小于 0 时,相应的值为-1。

将式(12-18)~式(12-22)代入衍射面的实际光线追迹公式,得到其近轴形式

$$u'=u\pm h\mu\left\{\frac{\operatorname{sign}(R)}{|Z_R|}-\frac{\operatorname{sign}(O)}{|Z_O|}-2C_{02}\right\}-hC_Y\widetilde{Q} \tag{12-23}$$

式中,

$$\begin{cases}\widetilde{Q}=-\tilde{b}+\sqrt{\tilde{b}^2-2\tilde{c}}\\ \tilde{b}=1\pm\mu\{\operatorname{sign}(R)\operatorname{sign}(Z_R)-\operatorname{sign}(O)\operatorname{sign}(Z_O)\}\\ \tilde{c}=\mu\{\mu[1-\operatorname{sign}(R)\operatorname{sign}(Z_R)\operatorname{sign}(O)\operatorname{sign}(Z_O)]\pm\\ \qquad[\operatorname{sign}(R)\operatorname{sign}(Z_R)-\operatorname{sign}(O)\operatorname{sign}(Z_O)]\}\end{cases} \tag{12-24}$$

式(12-23)和式(12-24)是适用于任何衍射面的通用形式。对于用两个相干球面波制作的平面全息光学元件的简单情况，$C_{20}=0$，$C_Y=0$。从式(12-23)可以很方便地求出该全息面的光焦度

$$\phi=\pm\mu\left\{\frac{\operatorname{sign}(R)}{|Z_R|}-\frac{\operatorname{sign}(O)}{|Z_O|}\right\} \tag{12-25}$$

对于二元光学元件，$\operatorname{sign}(O)=\operatorname{sign}(R)$，$Z_O=Z_R$。当相位分布旋转对称时，有$C_{20}=C_{02}=C_2$。不难导出这种常用的二元光学面的光焦度表达式为

$$\phi=\pm 2\mu C_2 \tag{12-26}$$

12.3 衍射光学元件在成像系统中消色差的方法

折射光学系统工作在较宽谱段范围时需要消除色差。只使用一片透镜无法消除色差，只能选择低色散材料尽量降低色散。要消除色差就要使用至少两种色散系数不同的光学材料，而这势必要增加光学系统的尺寸和重量。使用折衍混合元件可以达到消色差的目的，见图12-3。衍射光学元件与普通光学玻璃的色散特性相反，适当选择光学材料和进行折衍光焦度的分配就能达到消色差的目的。

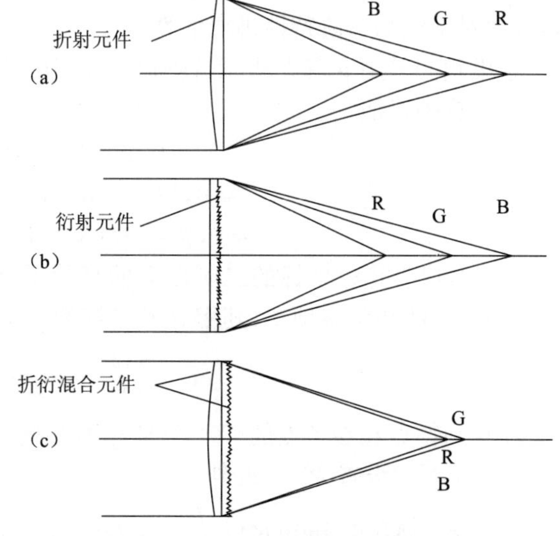

图12-3 折衍混合元件消色差示意图

按照薄透镜理论，折衍射混合单透镜的总光焦度是折射元件的光焦度和衍射元件的光焦度之和，即

$$\phi=\phi_r+\phi_d \tag{12-27}$$

按照初级像差理论，为消除色差，ϕ_r 和 ϕ_d 应满足以下关系：

$$\phi_r=\left(\frac{v_r}{v_r-v_d}\right)\phi,\ \phi_d=\left(\frac{v_d}{v_d-v_r}\right)\phi \tag{12-28}$$

式中，v_r 是折射元件材料的阿贝数；v_d 是衍射元件的阿贝数，分别用以下公式计算：

$$v_r=\frac{n_{\mathrm{M}}-1}{n_{\mathrm{S}}-n_{\mathrm{L}}},\ v_d=\frac{\lambda_{\mathrm{M}}}{\lambda_{\mathrm{S}}-\lambda_{\mathrm{L}}} \tag{12-29}$$

式中，λ_{M}、λ_{L}、λ_{S} 分别是系统的中心波长和接收谱段的长、短波长；n_{M}、n_{L}、n_{S} 分别是折射元件材料对应上述波长的折射率。

下面以一个简单的红外折衍光学透镜为例来说明用衍射元件消色差的方法。折衍射混合红外成像单透镜$f=50$ mm、$F/2.5$(有效通光孔径20 mm)，其工作波段为3～5 μm，视场为$\pm1°$，如图12-4所示。该透镜的材料为锗，第1面为球面，第2面设计成以非球面为基底的衍射面。

对于这样一个透镜，式(12-29)中$\lambda_{\mathrm{M}}=4$，$\lambda_{\mathrm{L}}=5$，$\lambda_{\mathrm{S}}=3$，故 $v_d=-2$；对于锗，$n_{\mathrm{M}}=4.024\,5$，$\lambda_{\mathrm{L}}=4.016$，$\lambda_{\mathrm{S}}=4.045\,1$，故 $v_r=103.935$。用式(12—28)计算出当 $\phi=1/f=0.02$

时，$\phi_r=0.0196224$，$\phi_d=0.0003776$；而最终的优化结果为 $\phi=0.02$，$\phi_r=0.0195988$，$\phi_d=0.0004324$。其中的些许差异是由于该元件并非理想的薄透镜以及校正高级像差等原因所致。

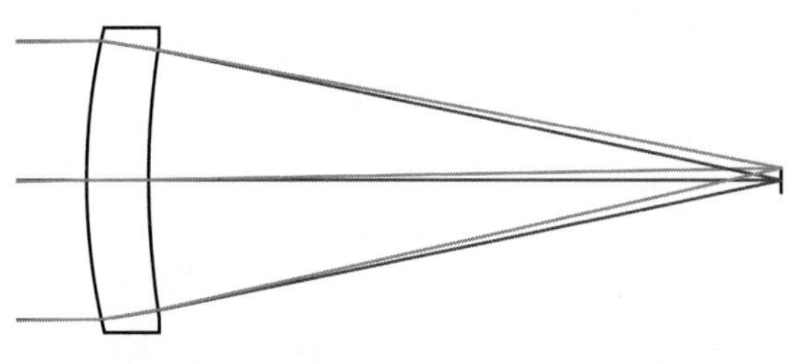

图 12-4　混合式红外光学透镜光路图

从图 12-5 给出的波像差曲线可以看出，如果第 2 面采用简单的球面，系统带有少量的球差和较大的色差；采用非球面可以完全消除球差的影响，但对影响系统像质的主要矛盾——色差没有明显的改善；在该面上加入描述衍射元件相位分布的变量进一步优化，则可以利用衍射元件特殊的色散特性，有效地校正系统色差。图 12-6 绘出了上述非球面透镜和折衍射混合透镜的轴上像点的点扩散函数，图 12-7 是两者的轴上像点的“圈内能量”(Encircled Energy：随着以光轴为中心的假想圆形接收器件的直径的增大，被其接收的有效能量占像点全部能量的百分比)曲线的比较，从中可以看出衍射元件明显地改善了像点的能量分布。

在设计中，有意把衍射面放在第二面的非球面基底上，而保持单透镜的第一面为球面。这是考虑到在透镜加工时，衍射面由其相位要求造成与球面矢高的偏离，需要用数控金刚石车床加工，无论其基底是球面或是非球面，工艺的复杂性没有很大的差别；而第一面仍可采用传统的球面研磨工艺，则可降低加工成本。

衍射元件与两种光学材料配合使用，可以校正二级光谱，实现复消色差光学系统。

当然，实际光学系统的结构通常不会是单透镜、双胶合这样的简单形式，各元件所应承担的光焦度也未必能够通过解方程计算。一般需要在光学 CAD 软件中，将衍射元件的参数(如相位多项式的系数)作为变量，与折(反)射元件的曲率半径、折射率、厚度等参数同时进行优化，综合平衡，以便得到良好的设计结果。

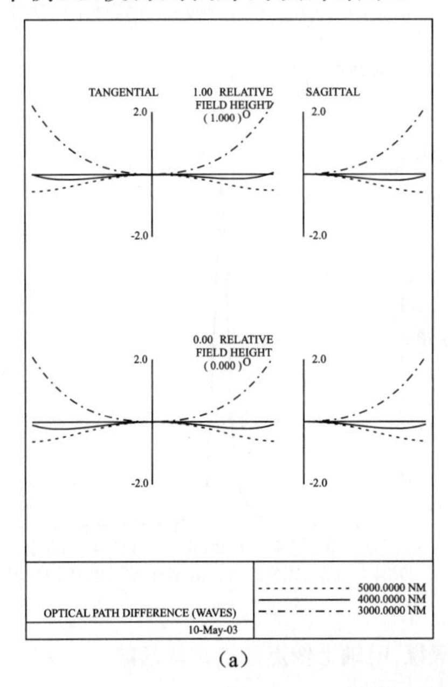

(a)

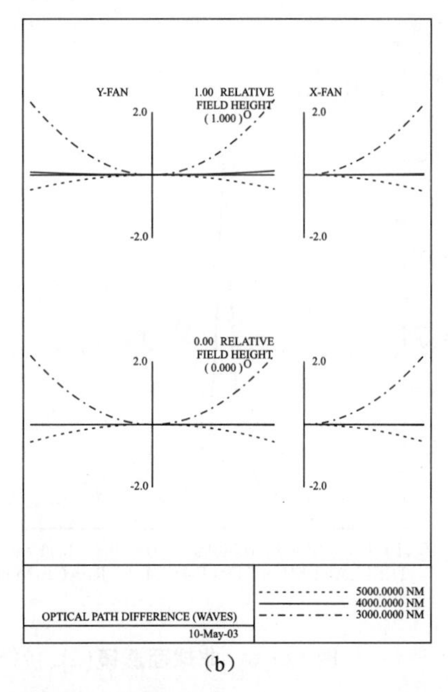

(b)

图 12-5　当第二光学面为球面(a)、非球面(b)、以非球面为基底的衍射面(c)时，透镜的波像差曲线

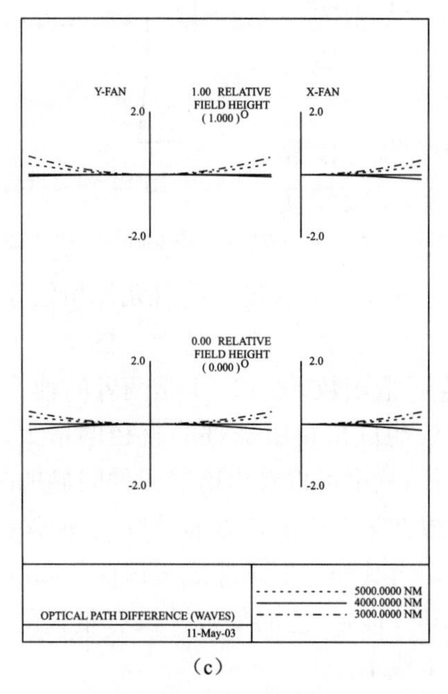

(c)

图 12-5 当第二光学面为球面(a)、非球面(b)、以非球面为基底的衍射面(c)时,透镜的波像差曲线(续)

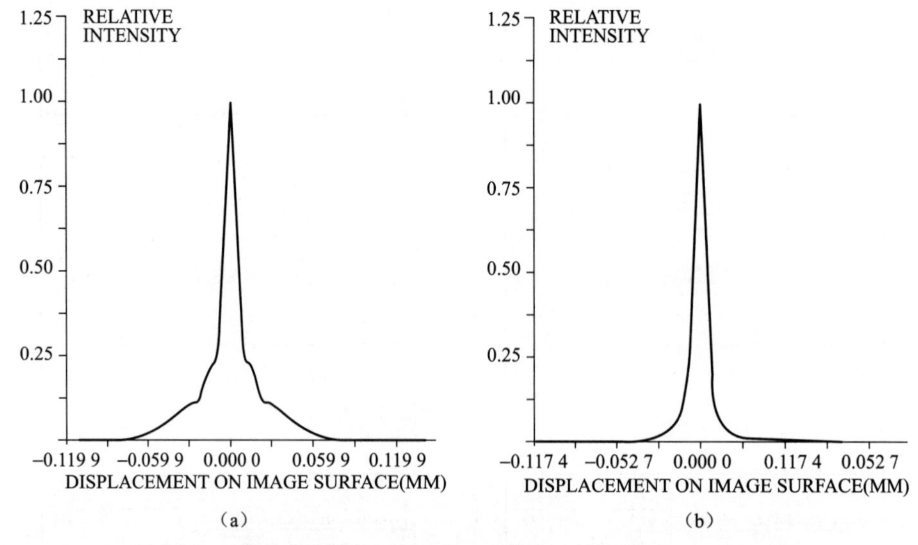

图 12-6 非球面透镜(a)、折衍混合透镜(b)轴上像点的点扩散函数

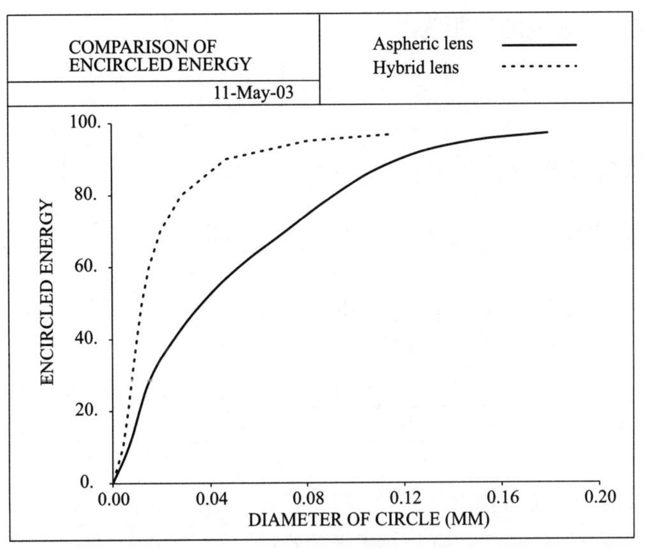

图 12-7 非球面透镜(实线)、折衍混合透镜(点线)轴上像点的“圈内能量”

12.4 衍射光学元件在成像系统中对于热像差的校正

很多光学系统需要在较大的温度范围内工作,尤其是军用和空间光学设备,其工作温度范围可达−40～60 ℃。温度变化时,光学元件的曲率、厚度、间隔以及光学材料的折射率都将发生变化。对于成像透镜来说,这些改变将导致系统焦距的改变。同时,光学系统封装材料的尺寸也将随着温度变化发生变化,如图 12-8 所示。当这两种变化不一致时就导致了离焦的发生。由于红外光学材料的折射率温度变化系数 $\mathrm{d}n/\mathrm{d}t$ 较大,环境温度对红外光学系统的影响显得尤为严重。因此在红外成像系统中经常需要加入主动或被动补偿机构,以补偿温度变化造成像面移动所引起的系统性能的降低。

第 10 章已经定义了透镜和镜筒材料的线性热膨胀系数 X_g 和 X_H,此外,定义介质的光热膨胀系数为

$$T = X_g - \frac{\mathrm{d}n/\mathrm{d}t}{n-1} \tag{12-30}$$

如图 12-9 所示,一个单透镜成像系统因温度变化而导致透镜焦距与透镜到探测器的距离不一致,即产生离焦。

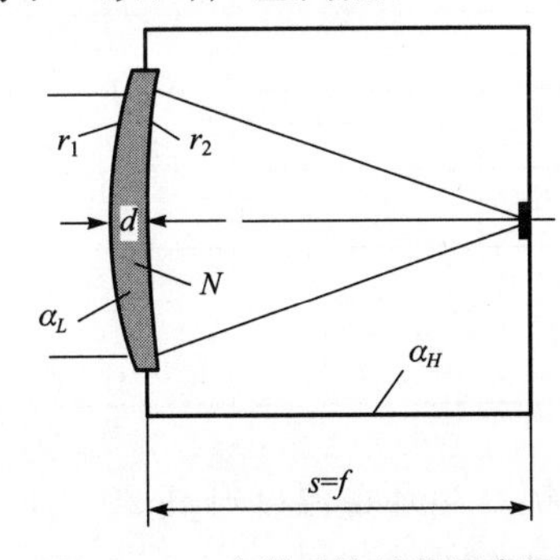

图 12-8 光学系统封装示意图

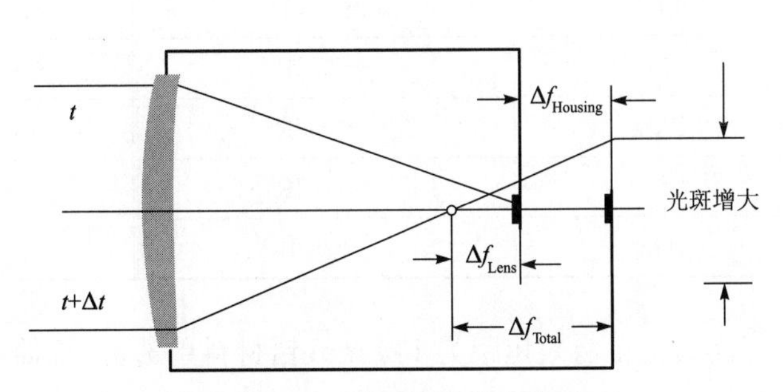

图 12-9 单透镜离焦示意图

根据薄透镜理论，单透镜的焦距为

$$\frac{1}{f}=(n-1)\left(\frac{1}{r_1}-\frac{1}{r_2}\right) \tag{12-31}$$

以简单的平凹透镜为例，$r_1=r, r_2=\infty$，$\frac{1}{f}=(n-1)\left(\frac{1}{r}-\frac{1}{\infty}\right)=\frac{n-1}{r}$，$\Rightarrow f=\frac{r}{n-1}$。透镜曲率半径是温度的函数，$r(t)=r(1+X_g\Delta t)$，故此

$$\frac{\mathrm{d}f}{\mathrm{d}t}=\frac{\mathrm{d}}{\mathrm{d}t}\left(\frac{r}{n-1}\right)=\frac{\frac{\mathrm{d}r}{\mathrm{d}t}(n-1)-\frac{\mathrm{d}}{\mathrm{d}t}(n-1)r}{(n-1)^2}$$

$$=\frac{rX_g-\frac{\mathrm{d}n}{\mathrm{d}t}\cdot\frac{r}{n-1}}{n-1}=\frac{r\left(X_g-\frac{\mathrm{d}n/\mathrm{d}t}{n-1}\right)}{n-1}=\frac{Tr}{n-1}=Tf$$

当温度变化不大时，可以写作

$$\Delta f=Tf\Delta t \tag{12-32}$$

T 为式(12-30)中定义的光热膨胀系数，它只与透镜的材料有关，而与透镜的形状无关。式(12-32)表明，一个折射光学透镜的焦距随温度的改变只与其使用的材料和透镜焦距有关，而与透镜的形状无关。

工作温度由t变为$t+\Delta t$时，由于镜筒材料的热膨胀效应，透镜与探测器的间隔s变为$s(1+X_H\Delta t)$。单(薄)透镜对无限远成像时，$s=f$，即

$$\Delta s=fX_H\Delta t \tag{12-33}$$

当Δs与Δf大小相等、符号一致时并不产生离焦，我们关心的是它们的差值

$$\Delta f_{\text{Total}}=\Delta f-\Delta s=Tf\Delta t-fX_H\Delta t\Rightarrow\Delta f_{\text{Total}}=f\Delta t(T-X_H) \tag{12-34}$$

表12-1列出了一些常用的红外光学材料的光热膨胀系数和镜筒外壳材料的膨胀系数。从中可以看出红外光学材料的光热膨胀系数为负值，而可见波段常用的光学玻璃BK7的系数却为正值，而且前者的绝对值是后者的几十甚至上百倍。也就是说当工作温度升高时，由BK7做成的透镜焦距会增大，而由红外材料做成的透镜焦距会减小。而绝大多数镜筒材料的热膨胀系数都是正的，由此不难看出为何红外成像系统热像差更严重。

表12-1 光学材料的光热膨胀系数和镜筒材料的热膨胀系数

透镜材料	光热膨胀系数 $T/\times10^{-6}$	镜筒材料	热膨胀系数 $X_H/(\text{mm}\cdot ℃^{-1}\times10^{-6})$
BK7	0.98 VIS	Aluminum	24
ZnS	−25 IR	Steel 1015	12
ZnSe	−36 IR	Invar 36	1.3
Si	−60 IR		
Ge	−126 IR		

考虑一个有效焦距为100 mm锗材料单透镜，镜筒材料为铝。当环境温度升高20 ℃时，$\Delta f=100\times20\times(-126-24)\times10^{-6}=-0.252-0.048=-0.30(\text{mm})$。

对于由多个(间距很小的)薄透镜组成的系统,总光焦度为各透镜光焦度之和 $\Phi=\sum_i \Phi_i$ 。$\frac{\mathrm{d}\Phi}{\mathrm{d}t}=\sum_i \frac{\mathrm{d}\Phi_i}{\mathrm{d}t}$,故$\frac{\mathrm{d}\Phi_i}{\mathrm{d}t}=\frac{\mathrm{d}}{\mathrm{d}t}\left(\frac{1}{f_i}\right)=-\frac{1}{f_i^2}\frac{\mathrm{d}f_i}{\mathrm{d}t}=\left(-\frac{1}{f_i^2}\right)T_i f_i=-\frac{T_i}{f_i}$,所以总的光焦度改变 $\mathrm{d}\Phi=-\sum_i \frac{T_i}{f_i}\mathrm{d}t$,总焦距改变 $\mathrm{d}f=\mathrm{d}\left(\frac{1}{\Phi}\right)=-\frac{1}{\Phi^2}\mathrm{d}\Phi=f^2\sum_i \frac{T_i}{f_i}\mathrm{d}t$ 。式中,f 为系统总的光焦距;f_i 为各个透镜的有效焦距;T_i 为各个透镜光学玻璃的光热膨胀系数。该系统的离焦量为

$$\Delta f_{\text{Total}}=\left[f^2\sum_{i=1}^{j}\left(\frac{T_i}{f_i}\right)-X_H f\right]\Delta t \tag{12-35}$$

对出两个薄透镜组成的系统来说

$$\Delta f_{\text{Total}}=f\left[f\left(\frac{T_A}{f_A}+\frac{T_B}{f_B}\right)-X_H\right]\Delta t \tag{12-36}$$

如果要使总的离焦量 $\Delta f_{\text{Total}}=0$,则

$$f_A=\frac{(T_B-T_A)}{(T_B-X_H)}f,\ f_B=\frac{(T_A-T_B)}{(T_A-X_H)}f \tag{12-37}$$

这里并没有考虑色差的校正,而假定系统是工作在单色波长下的。两片透镜光焦度的分配是为了达到消除热像差的目的。在对这样的系统进行设计优化时,要在保证各透镜光焦度的前提下改变透镜的表面曲率来消除单色像差。

图 12-10 为一个工作波长为 4 μm、焦距为 100 mm 的消热像差红外系统,由两片组成,前片为硅材料,后片为锗材料,镜筒材料为铝。由式(12-37)计算得两片透镜焦距分别为 44 mm 和−78.6 mm。在用约束条件分别保证两片透镜的光焦度不变的前提下,在 20 ℃ 工作条件下对各面曲率半径进行优化消除球差。图 12-10 下方显示为不同温度下焦点位置光斑的大小,光斑外圈为透镜的艾利衍射光斑的大小。可见在不同温度下系统成像均能达到衍射极限,达到了校正热像差的效果。

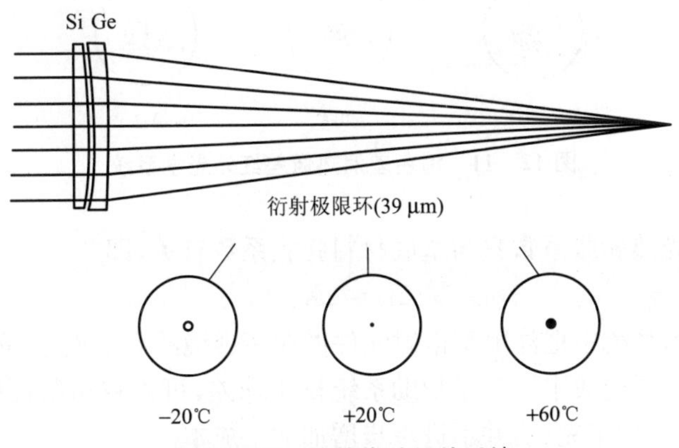

图 12-10 消热像差红外系统

如果既要消除热像差又要消除色差,则需同时满足系统总的光焦度 $\Phi=\sum_i \Phi_i$;消色差条件 $\sum_i \left(\frac{\Phi_i}{v_i}\right)=0$;消热像差条件 $\sum_i (T_i\Phi_i)=X_H\Phi$ 。要同时满足这三个条件就至少需要三个自变量,也就是需要三个 Φ_i 值。如果只使用折射元件,就至少需要三片透镜。

可以解出

$$\frac{1}{f_2}=\Phi_2=\frac{\dfrac{1/v_1}{1/v_3-1/v_1}-\dfrac{T_1-X_H}{T_3-T_1}}{\dfrac{1/v_1-1/v_2}{1/v_3-1/v_1}-\dfrac{T_1-T_2}{T_3-T_1}}\Phi \tag{12-38}$$

$$\frac{1}{f_3}=\Phi_3=\frac{1/v_1-1/v_2}{1/v_3-1/v_1}\Phi_2-\frac{1/v_1}{1/v_3-1/v_1}\Phi \tag{12-39}$$

$$\frac{1}{f_1}=\Phi_1=\Phi-\Phi_2-\Phi_3 \tag{12-40}$$

图 12-11 为一个工作波段为 3～5 μm、焦距 100 mm、F 数为 4 的消色差消热像差红外透镜，由三片组成，前片为硅($v_1=236, T_1=-60\times10^{-6}$)，中间为锗($v_2=103, T_2=-126\times10^{-6}$)，后片为硫化锌(ZnS, $v_3=110, T_3=-25\times10^{-6}$)，镜筒材料仍为铝。由式(12-38)～式(12-40)计算得三片透镜焦距分别为 57.646 mm，−92.056 mm 和 284.45 mm。初始结构可将第一片和第三片做成平凸透镜，第二片做成双凹透镜，在分别保证三片透镜光焦度不变的前提下对轴上物点进行优化消除像差。

与图 12-10 相同，图 12-11 下方显示了不同温度下焦点光斑与艾利斑直径，表明在不同温度下系统成像均能达到衍射极限，达到了消色差和热效应的效果。

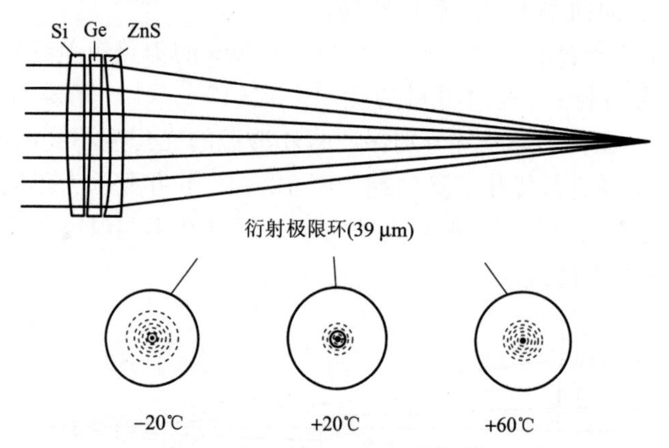

图 12-11 消色差消热像差红外光学系统

对于衍射元件，光热膨胀系数只与基底材料膨胀系数有关，即

$$T_d=2X_g \tag{12-41}$$

在图 12-11 所示系统中把浮雕型衍射元件做在锗透镜的后表面上，可以去掉第三片硫化锌透镜，从而有效降低系统成本。为了帮助系统校正球差，可以将衍射面的基底做成非球面，由数控金刚石车床一次加工完成，并不进一步增加加工成本。

当工作波段为 3～5 μm 时，衍射面的 $v_3=v_d=\dfrac{\lambda_M}{\lambda_S-\lambda_L}=-2, T_3=T_d=-2X_g=-6.2\times10^{-6}$。将此数据与第一片硅、第二片锗的 v 和 T 值代入式(12-38)～式(12-40)，计算出两片透镜和衍射面的焦距分别为 43.810 mm，−78.299 mm 和−18.332 mm。在分别保证三个元件光焦度不变的前提下对轴上物点进行优化消除像差，得到的结果如图 12-12 所示，在不同温度下系统成像均能达到衍射极限，且质量优于图 12-11 所示的纯折射系统。

这个例子表明，衍射光学元件可以有效地帮助消除热像差，简化光学系统结构。但实际系统的结构通常不会是密接双透镜、三透镜这样的简单形式，设计消色差和热像差光学系统时，各元件所应承担的光焦度也不一定能够通过解方程获得。一般还是需要通过反复优化，综合平衡，最终取得良好的设计结果。

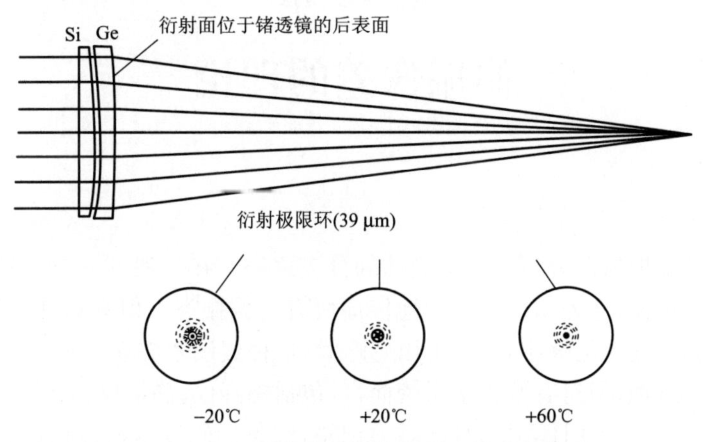

图 12－12　使用折衍混合元件消色差及热像差

第13章

偏振像差的理论

光学系统中的偏振像差分析是光学设计的分支之一。在一般的光学系统设计中，都假设光线服从几何光学规律，认为系统会均匀地传播所有的偏振态。但只有在光的两个正交偏振分量的振幅变化和波前差足够小，以致可以忽略时，这种假设才成立。对于绝大多数光学系统来讲这都是很好的近似，但对有些光学系统而言，包括椭圆仪、椭偏仪、干涉计、高精度辐射计、偏振显微镜、遥感平台、光学计算机、日光磁力记录计、条形码读卡机、有大角度入射的空间光学系统以及在宽光谱范围内工作的空间光学系统等，上述的假设并不成立，此时偏振已成为影响其光学系统性能的一个重要因素。

13.1 光的偏振

如果波的振动方向和波的传播方向相同，则这种波称为纵波；若波的振动方向和波的传播方向相互垂直，则这种波称为横波。振动方向对于传播方向的不对称性叫作偏振，它是横波区别于纵波的一个最明显的标志。

麦克斯韦的电磁理论阐明了光波是一种横波，即它的光矢量始终是与传播方向垂直的，因此光波具有偏振性。在光和物质的相互作用过程中，主要起作用的是光波中的电矢量 $\boldsymbol{E}$，所以讨论光的作用时，只需考虑电矢量 $\boldsymbol{E}$ 的振动。$\boldsymbol{E}$ 也称为光矢量，$\boldsymbol{E}$ 的振动称为光振动。如果光在传播过程中电矢量的振动只限于某一确定平面内，则这种光为平面偏振光。由于平面偏振光的电矢量在与传播方向垂直的平面上的投影为一条直线，故又称为线偏振光。

线偏振光是偏振光的一种，此外还有圆偏振光和椭圆偏振光。圆偏振光的特点是，在传播过程中，它的光矢量大小不变，而方向绕传播轴均匀转动，端点的轨迹是一个圆；椭圆偏振光的光矢量的大小和方向在传播过程中都有规律地变化，光矢量的端点沿着一个椭圆轨迹转动。

对于右手坐标系 xyz，沿 z 方向传播的任何一种偏振光，都可以表示为光矢量分别沿 x 轴和 y 轴的两个线偏振光的叠加，其中光矢量平行于入射面的光称作 p 光，光矢量垂直于入射面的光称作 s 光。

$$\boldsymbol{E}=\boldsymbol{E}_x x_0+\boldsymbol{E}_y y_0=x_0 a_1\exp[\mathrm{i}(\alpha_1-\omega t)]\cdot\boldsymbol{x}+y_0 a_2\exp[\mathrm{i}(\alpha_2-\omega t)]\cdot\boldsymbol{y} \quad (13-1)$$

式中，$\boldsymbol{x}$、$\boldsymbol{y}$ 分别为沿 x 轴和 y 轴的两个单位矢量。这两个线偏振光有确定的振幅比 $a=a_2/a_1$ 和位相差 $\delta=\alpha_1-\alpha_2$，它们决定该偏振光的偏振态。

光的偏振态的描述有两种方法，一种是 Stokes 矢量，另一种是 Jones 矢量。Stokes 矢量是由 G. G. Stokes 在 1852 年提出的。它对光的偏振态进行了现象描述，并且需要进行一组光强的测试，包括通过水平线性偏振器的光强（I_h）、通过垂直线性偏振器的光强（I_v）、通过 45°线性偏振器的光强（$I_{45°}$）、通过−45°线性偏振器的光强（$I_{-45°}$）、通过右旋圆偏振器的光强（I_R）和通过左旋圆偏振器的光强（I_L）。Stokes 矢量定义为

$$\boldsymbol{S}=\begin{bmatrix} I_h+I_v \\ I_h-I_v \\ I_{45°}-I_{-45°} \\ I_R-I_L \end{bmatrix} \tag{13-2}$$

Jones 矢量是由 R. C. Jones 在 1941 年提出的。它是在电场的振幅和位相的基础上，对光的偏振态进行了更加基本的描述。Jones 矢量定义为

$$\boldsymbol{E}_J=\begin{bmatrix} E_i \\ E_j \end{bmatrix} \tag{13-3}$$

式中，E_i、E_j 分别是电场在 i 轴、j 轴投影的复振幅。i 轴、j 轴和光的传播矢量 $\boldsymbol{k}$ 构成了一个正交的坐标系。

当描述部分偏振光或测试光的偏振态时，优先选择 Stokes 矢量；当描述偏振光的绝对位相或进行偏振光线追迹时，优先选择 Jones 矢量。

13.2　偏振像差的定义

在光学界面上非正入射的光是引起偏振像差的主要原因。所有的光学界面都会导致非正入射光波的偏振态发生变化，所以从某种程度上来说，所有的光学系统都会改变光波的偏振态。美国亚利桑那州大学 Russell A. Chipman 博士在 1989 年明确定义了偏振像差的概念。偏振像差即是光线通过光学系统时光的偏振态所发生的变化，它在光学界面上以及光在媒质中传播的过程中产生。偏振像差是几何光学中波像差的扩展，并且存在于所有的光学系统中。

光学系统的偏振称为仪器偏振。如果一个光学系统是“对偏振有严格要求”的光学系统，则仪器偏振就是非常有害的残余偏振像差。残余偏振像差和波像差一样，会降低光学系统的成像质量。仪器偏振主要来自偏振控制元件，如偏振器和延迟器，以及来自透镜、反射镜、薄膜、衍射光学元件、全息图的残余偏振。

光学元件对光的偏振态的影响相应的也有两种描述方法，一种是由 H. Mueller 在 1943 年提出的 Muller 矩阵，另一种是由 R. C. Jones 在 1942 年提出的 Jones 矩阵。

Muller 矩阵描述了光学元件对 Stokes 矢量的影响。

$$\boldsymbol{S}_{\text{out}}=\begin{bmatrix} m_{00} & m_{01} & m_{02} & m_{03} \\ m_{10} & m_{11} & m_{12} & m_{13} \\ m_{20} & m_{21} & m_{22} & m_{23} \\ m_{30} & m_{31} & m_{32} & m_{33} \end{bmatrix}\boldsymbol{S}_{\text{in}} \tag{13-4}$$

式中，$m_{i,j}$ 是实数。

Jones 矩阵描述了光学元件对 Jones 矢量的影响。

$$\boldsymbol{E}_{J,\text{out}}=\begin{bmatrix}J_{11} & J_{12}\\ J_{21} & J_{22}\end{bmatrix}\boldsymbol{E}_{J,\text{in}} \tag{13-5}$$

式中，$J_{i,j}$ 是复数。

当描述去偏振或测试光学元件的偏振时，优先选择 Muller 矩阵；当描述光学元件对绝对位相的影响或进行光线追迹时，优先选择 Jones 矩阵。在所有的算法中，琼斯矢量和琼斯矩阵是比较容易解释的。而且对于衍射计算和干涉仪，必须使用琼斯矢量和琼斯矩阵。琼斯算法是迄今为止公开发表的最为方便、实用的计算光学系统中的偏振像差的算法之一。

分析琼斯矩阵的一个重要的基础就是 Pauli 旋转矩阵 $\boldsymbol{\sigma}_1$、$\boldsymbol{\sigma}_2$、$\boldsymbol{\sigma}_3$ 和强度矩阵 $\boldsymbol{\sigma}_0$。

$$\boldsymbol{\sigma}_0=\begin{bmatrix}1 & 0\\ 0 & 1\end{bmatrix},\boldsymbol{\sigma}_1=\begin{bmatrix}1 & 0\\ 0 & -1\end{bmatrix},\boldsymbol{\sigma}_2=\begin{bmatrix}0 & 1\\ 1 & 0\end{bmatrix},\boldsymbol{\sigma}_3=\begin{bmatrix}0 & -i\\ i & 0\end{bmatrix} \tag{13-6}$$

琼斯矩阵可以表示为

$$\boldsymbol{J}=\sum_{k=0}^{3}c_k\boldsymbol{\sigma}_k=c_o\boldsymbol{\sigma}_0+c_1\boldsymbol{\sigma}_1+c_2\boldsymbol{\sigma}_2+c_3\boldsymbol{\sigma}_3=\begin{bmatrix}c_0+c_1 & c_2-\text{j}c_3\\ c_2+\text{j}c_3 & c_0-c_1\end{bmatrix} \tag{13-7}$$

式中，

$$c_0=\frac{J_{11}+J_{22}}{2},\ c_1=\frac{J_{11}-J_{22}}{2},\ c_2=\frac{J_{12}+J_{21}}{2},\ c_3=\frac{J_{12}-J_{21}}{2} \tag{13-8}$$

琼斯矩阵系数的物理意义如表 13-1 所示。

表 13-1　Jones 矩阵系数的物理意义

系　数	矩　阵	物理意义
c_0	$\boldsymbol{\sigma}_0$	$R(c_0)$:独立的偏振振幅
		$I(c_0)$:独立的偏振位相
c_1	$\boldsymbol{\sigma}_1$	$R(c_1)$:沿着轴向的线性二次衰减
		$I(c_1)$:沿着轴向的线性延迟
c_2	$\boldsymbol{\sigma}_2$	$R(c_2)$:与坐标轴成 45°方向的线性二次衰减
		$I(c_2)$:与坐标轴成 45°方向的线性延迟
c_3	$\boldsymbol{\sigma}_3$	$R(c_3)$:圆二次衰减
		$I(c_3)$:圆延迟

当光束通过偏振元件时，偏振元件将光束分为两部分，以不同的透射率和相位进行传播。这两部分光称为偏振元件的本征偏振态(本征矢量)$\boldsymbol{E}_q$ 和 $\boldsymbol{E}_r$。当光束以本征态入射时，其透射光的偏振状态不变，只是其振幅和绝对相位的变化由本征值 ξ_q 和 ξ_r 决定。本征偏振满足本征值方程

$$\boldsymbol{J}\boldsymbol{E}_q=\xi_q\boldsymbol{E}_q,\quad \boldsymbol{J}\boldsymbol{E}_r=\xi_r\boldsymbol{E}_r \tag{13-9}$$

在绝大多数情况下，本征偏振是相互正交的

$$\boldsymbol{E}_q\cdot\boldsymbol{E}_r^*=0 \tag{13-10}$$

本征值可以表达为

$$\xi_q=\rho_q\exp(\text{i}\delta_q)=c_\text{o}+\sqrt{c_1^2+c_2^2+c_3^2},\xi_r=\rho_r\exp(\text{i}\delta_r)=c_\text{o}-\sqrt{c_1^2+c_2^2+c_3^2} \tag{13-11}$$

光学元件产生的偏振像差有两种分类，即二次衰减和延迟。二次衰减 D 是指偏振元件的两个本征偏振之间的透射差的大小；延迟 δ 是指偏振元件的两个本征偏振之间的位相差的大小。其中，

$$\delta = |\delta_q - \delta_r| \tag{13-12}$$

对于一个线性延迟器，快轴的方向平行于有较低相位的本征偏振的方向。如果 $\delta_q < \delta_r$，快轴平行于 $\boldsymbol{E}_q$。对于圆延迟器和椭圆延迟器，也存在快轴本征偏振和慢轴本征偏振。

如果一个本征值 $\xi_r = 0$，那么这一元件为一理想偏振器，不论入射光是何种偏振态，元件只将其按偏振态 $\boldsymbol{E}_q$ 的形式传播。

如果本征值的振幅不相等，$\rho_q \neq \rho_r$，那么这一个元件为一个二次衰减器或部分偏振器。二次衰减 D 定义为

$$D = \frac{|\rho_q^2 - \rho_r^2|}{\rho_q^2 + \rho_r^2}, \ 0 \leqslant D \leqslant 1 \tag{13-13}$$

当 $D=0$ 时，不存在二次衰减，传递照度独立于入射偏振态，元件是一个纯粹的延迟器，而且当 $\delta=0$ 时，不存在偏振。当 $D=1$ 时，元件是一个理想的偏振器。

13.3　偏振光线追迹的方法

目前主要采用偏振光线追迹的方法来处理光学系统中的偏振像差。偏振光线追迹的方法是几种方法的集中，也是几何光线追迹方法的扩展，它对几何光线追迹方法中的相位信息进行了光线的振幅补充和偏振补充。

一个光线追迹程序中的基础计算是光线在光学系统中的传播。一条具体的光线在物空间的定义包括物坐标矢量 $\boldsymbol{h}$，瞳坐标矢量 $\boldsymbol{\rho}$ 和波长 λ。几何光线追迹会跟随这条光线通过系统，从而确定光线在每一个界面上的交点的坐标$(r_1, r_2, \cdots, r_q, \cdots, r_Q)$，在每一种介质中的传播矢量$(k_1, k_2, \cdots)$和所有光路的长度(OPL)。一条单频光线可以描述为

$$\boldsymbol{E}(r,t) = \mathrm{Re}\{\boldsymbol{E}_\mathrm{p}\exp[\mathrm{i}(\omega t - \boldsymbol{k}.\boldsymbol{r})]\} \tag{13-14}$$

式中，$\boldsymbol{k}$ 为光线的传播矢量。将振幅、相位和光沿着光路的偏振态总称为光线的“偏振”。光线的偏振由 $\boldsymbol{E}_p$ 定义，称作电场振幅矢量，也称作偏振矢量。

$$\boldsymbol{E}_p = \begin{bmatrix} E_x \\ E_y \\ E_z \end{bmatrix} \tag{13-15}$$

偏振光线追迹一个重要的任务就是计算偏振矢量沿着光路通过光学系统时所发生的变化。实现偏振光线追迹的基本条件包括系统有传播偏振态的能力；需要在入瞳处给出一个偏振态；需要确定沿着光路的偏振态以及出瞳处的偏振态；此外，应该可以确定光路偏振态的性质，包括二次衰减(大小和方向)和延迟(大小和方向)，有时这些性质用 Jones 矩阵或 Mueller 矩阵的形式来表示；还需要知道面形对偏振影响的强弱。

光学系统中引起偏振效应强弱的光学元件依次为光纤、延迟器、偏振器、电光晶体、二向色性晶体、分束器、波导、掠入射反射镜、应力双折射介质、全息图、折叠镜、二向色性滤光片、带通干涉滤光片、反射镜、透镜、增透膜、梯度折射率介质。表 13-2 列出的是在进行偏振光线追迹时需要计算或测出的一些参数。

表 13-2　进行偏振光线追迹时需要计算或测出的参数

在出瞳处(作为入射偏振态的函数)	
辐射照度	$I(\boldsymbol{\rho})$
偏振态	$S(\boldsymbol{\rho})$
干涉模式	$\lvert E_1(\boldsymbol{\rho})+E_2(\boldsymbol{\rho})\rvert^2$
在像平面上(像平面坐标 r)	
点扩散函数	$\boldsymbol{I}(\boldsymbol{r})$
平均传递系数	$\boldsymbol{T}$
像的平均 Stokes 矢量	$\boldsymbol{S}_{avg}$
像的平均 Mueller 矢量	$\boldsymbol{M}_{avg}$
偏振点扩散函数	$\boldsymbol{E}(\boldsymbol{r})$
系统测量	
光学传递函数	$\mathrm{OTF}(f_x, f_y)$
出瞳处延迟的分布	$\delta(\boldsymbol{\rho})$
出瞳处二次衰减的分布	$D(\boldsymbol{\rho})$
最大传递系数的入射态	$S_{\max}, T_{\max}$
最小传递系数的入射态	$S_{\min}, T_{\min}$

13.4　旋转对称光学面形中的偏振像差函数

系统沿着不同光路表现出的不同的偏振(偏振像差)可以用偏振像差函数来描述。利用琼斯算法时,一个光学界面沿着一条光线产生的偏振像差可以表示为该光线的物坐标矢量 $\boldsymbol{h}$,瞳坐标矢量 $\boldsymbol{\rho}$ 和波长 λ 的函数形式 $\boldsymbol{J}(\boldsymbol{h},\boldsymbol{\rho},\lambda)$,即

$$\boldsymbol{J}(\boldsymbol{h},\boldsymbol{\rho},\lambda)=\begin{bmatrix} j_{11}(\boldsymbol{h},\boldsymbol{\rho},\lambda) & j_{12}(\boldsymbol{h},\boldsymbol{\rho},\lambda) \\ j_{21}(\boldsymbol{h},\boldsymbol{\rho},\lambda) & j_{22}(\boldsymbol{h},\boldsymbol{\rho},\lambda) \end{bmatrix} \tag{13-16}$$

对于由 Q 个光学界面组成的光学系统,其偏振像差函数的表达式为

$$\boldsymbol{J}(\boldsymbol{h},\boldsymbol{\rho},\lambda)=\prod_{q=Q,-1}^{1}\boldsymbol{J}_q(\boldsymbol{h},\boldsymbol{\rho},\lambda)\boldsymbol{J}_{q,q-1}(\boldsymbol{h},\boldsymbol{\rho},\lambda) \tag{13-17}$$

式中,

$$\boldsymbol{J}_{q,q-1}(h,\rho,\lambda)=\exp\left(\frac{2\pi \mathrm{i} n l}{\lambda}\right)\boldsymbol{\sigma}_0=\exp\left(\frac{2\pi \mathrm{i} n l}{\lambda}\right)\begin{bmatrix}1 & 0\\ 0 & 1\end{bmatrix} \tag{13-18}$$

式中,l 是光线在等方介质中的传播距离;n 是等方介质的折射率;$\boldsymbol{\sigma}_0$ 为一个单位矩阵。在进行偏振光线追迹时,当系统的物坐标矢量 $\boldsymbol{h}_0$ 和波长 λ_0 已知时,偏振像差函数 $J(\boldsymbol{h}_0,\boldsymbol{\rho},\lambda_0)$ 就类似于传统光线追迹中的波像差函数。

当线性偏振光通过一个线性二次衰减器时,沿两个本征偏振方向上的振幅衰减分别为 a 和 b,则线性二次衰减器的 Jones 矩阵可以表示为

$$\boldsymbol{J}_{\text{diattenuator}}=\begin{bmatrix}a & 0\\0 & b\end{bmatrix} \tag{13-19}$$

如果用 Pauli 旋转矩阵来表示，则

$$\boldsymbol{J}_{\text{diattenuator}}=t\left(\sigma_0+\frac{1}{2}d\sigma_1\right) \tag{13-20}$$

式中，t 为 s 光和 p 光的平均振幅透射，$t=\dfrac{a+b}{2}$；d 为二次衰减的一个测试因子，$d=2\dfrac{a-b}{a+b}$。二次衰减可以表示为

$$D=\frac{A-B}{A+B} \tag{13-21}$$

式中，A 与 B 是强度传递系数，即振幅传递系数的平方。

$$A=a^2=t^2\left(1+\frac{1}{2}d\right)^2 \tag{13-22}$$

$$B=b^2=t^2\left(1-\frac{1}{2}d\right)^2 \tag{13-23}$$

当线偏振光通过一个线性延迟器时，沿两个本征偏振方向上的位相变化分别为 α 和 β，则线性延迟器的 Jones 矩阵可以表示为

$$\boldsymbol{J}_{\text{retarder}}=\begin{bmatrix}\mathrm{e}^{\mathrm{i}\alpha} & 0\\0 & \mathrm{e}^{\mathrm{i}\beta}\end{bmatrix} \tag{13-24}$$

将其转换为 Pauli 旋转矩阵的形式，则

$$\begin{aligned}\boldsymbol{J}_{\text{retarder}}&=\mathrm{e}^{\mathrm{i}\frac{1}{2}(\alpha+\beta)}\begin{bmatrix}\mathrm{e}^{\mathrm{i}\frac{1}{2}(\alpha-\beta)} & 0\\0 & \mathrm{e}^{-\mathrm{i}\frac{1}{2}(\alpha-\beta)}\end{bmatrix}\\&\approx \mathrm{e}^{\mathrm{i}\frac{1}{2}(\alpha+\beta)}\begin{bmatrix}1+\mathrm{i}\dfrac{1}{2}(\alpha-\beta) & 0\\0 & 1-\mathrm{i}\dfrac{1}{2}(\alpha-\beta)\end{bmatrix}\\&=\mathrm{e}^{\mathrm{i}\frac{1}{2}(\alpha+\beta)}\left(\sigma_0+\mathrm{i}\frac{1}{2}(\alpha-\beta)\sigma_1\right)=t\left(\sigma_0+\mathrm{i}\frac{1}{2}\delta\sigma_1\right)\end{aligned} \tag{13-25}$$

线性延迟器的 Jones 矩阵类似于线性二次衰减器的 Jones 矩阵。因此，下面对由二次衰减引起的偏振像差的讨论同样适用于由延迟引起的偏振像差。

当一束准直光通过一个平面玻璃面形时，该玻璃面形的琼斯矩阵可以表示为

$$\boldsymbol{J}_{\text{plate}}=\begin{bmatrix}\tau_s & 0\\0 & \tau_p\end{bmatrix} \tag{13-26}$$

式中，τ_s，τ_p 是玻璃面形的振幅传递系数。由 Fresnel 等式，得

$$\tau_s=\frac{2n_1\cos\alpha_1}{n_1\cos\alpha_1+n_2\cos\alpha_2},\ \tau_p=\frac{2n_1\cos\alpha_2}{n_2\cos\alpha_1+n_1\cos\alpha_2} \tag{13-27}$$

式中，α_1，α_2 分别为光线在该玻璃面形上的入射角和折射角。根据 Snell 法则

$$n_1\sin\alpha_1=n_2\sin\alpha_2 \tag{13-28}$$

将玻璃面形的 Jones 矩阵用 Pauli 旋转矩阵表示，则

$$\boldsymbol{J}_{\text{plate}}=\frac{\tau_s+\tau_p}{2}\sigma_0+\frac{\tau_s-\tau_p}{2}\sigma_1=\frac{\tau_s+\tau_p}{2}\left(\sigma_0+\frac{\tau_s-\tau_p}{\tau_s+\tau_p}\sigma_1\right) \tag{13-29}$$

建立如图 13-1 所示的用来描述光学系统的本地 x, y, z 坐标系,其 z 轴与旋转对称系统的光轴一致。二次衰减的值有正负之分,可以用二次衰减示意图来表示,如图 13-2 所示,其长度代表二次衰减值的大小,其方向代表具有较大透射率的偏振态的方向。当垂直偏振光的振幅大于水平偏振光的振幅时,二次衰减示意图中显示的二次衰减为垂直方向,如图 13-2(a)所示;当水平偏振光的振幅大于垂直偏振光的振幅时,二次衰减示意图中显示的二次衰减为水平方向,如图 13-2(b)所示。

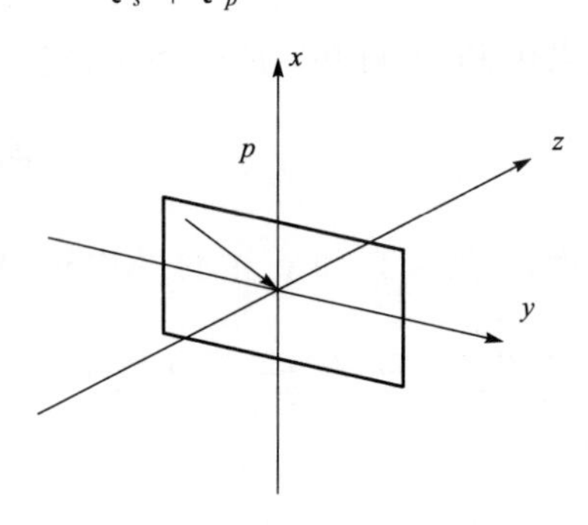

图 13-1　平面玻璃面形所在的坐标系

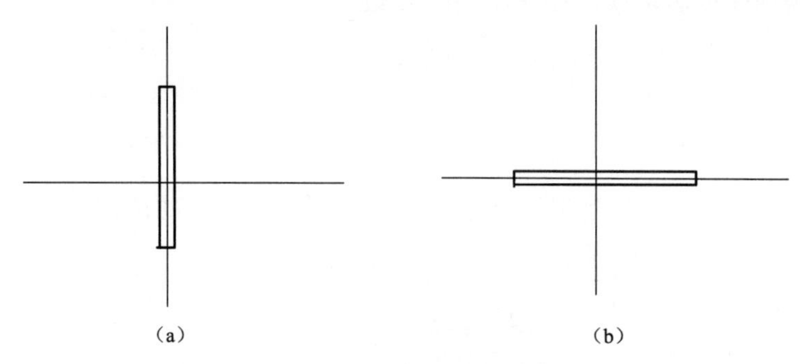

图 13-2　二次衰减示意图

在小入射角的情况下,二次衰减方向为 x 方向的平面玻璃面形的 Jones 矩阵可以进行 Taylor 展开

$$\boldsymbol{J}_{\text{vertical}}\approx(t_0+t_2\theta^2)(\sigma_0+d_2\theta^2\sigma_1) \tag{13-30}$$

同理,二次衰减为 y 方向的平面玻璃面形的 Jones 矩阵也可以进行 Taylor 展开

$$\boldsymbol{J}_{\text{horizontal}}\approx(t_0+t_2\theta^2)(\sigma_0-d_2\theta^2\sigma_1) \tag{13-31}$$

式中, t_0 是光线正入射时的透射系数; t_2 是平均透射的二次 Taylor 展开式的系数; θ 是入射角; d_2 是二次衰减的二次 Taylor 展开式的系数。

当光线的 p 偏振态相对于 y 轴旋转了 γ 角度(顺时针旋转)时,平面玻璃面形的 Jones 矩阵为

$$\boldsymbol{J}=\boldsymbol{R}^{-1}(\gamma)\begin{bmatrix}\tau_s & 0\\ 0 & \tau_p\end{bmatrix}\boldsymbol{R}(\gamma) \tag{13-32}$$

式中, $\boldsymbol{R}(\gamma)$ 为旋转矩阵

$$\boldsymbol{R}(\gamma)=\begin{bmatrix}\cos\gamma & -\sin\gamma\\ \sin\gamma & \cos\gamma\end{bmatrix} \tag{13-33}$$

将其用 Pauli 旋转矩阵表示,则

$$\begin{aligned}\boldsymbol{J}_{\text{plate}}&=\frac{\tau_s+\tau_p}{2}\left[\sigma_0+\frac{\tau_s-\tau_p}{\tau_s+\tau_p}(\sigma_1\cos2\gamma+\sigma_2\sin2\gamma)\right]\\&=(t_0+t_2\theta^2)[\sigma_0+d_2\theta^2(\sigma_1\cos2\gamma+\sigma_2\sin2\gamma)]\end{aligned} \tag{13-34}$$

当一个旋转对称光学面形作为一个二次衰减器时，对于轴上像点，其 Jones 矩阵可以表示为

$$\boldsymbol{J}=t\left[\sigma_0+\frac{1}{2}d(\sigma_1\cos2\gamma+\sigma_2\sin2\gamma)\right] \tag{13-35}$$

对于轴上物点，入射光线均在子午面内，即

$$\boldsymbol{\rho}=x\boldsymbol{x}+y\boldsymbol{y} \tag{13-36}$$

入射面的方向角 γ 等于其极坐标 ϕ，即

$$\gamma=\phi \tag{13-37}$$

入射角与极坐标半径成正比关系。二次衰减值的大小随着极坐标半径的线性增大，成二次递增的形式。因此，将 d 进行二次 Taylor 展开，则

$$d\approx d_2\theta_m^2\boldsymbol{\rho}^2 \tag{13-38}$$

$$\boldsymbol{J}=t[\sigma_0+d_2\theta_m^2\boldsymbol{\rho}^2(\sigma_1\cos2\phi+\sigma_2\sin2\phi)] \tag{13-39}$$

同理，对于弱延迟器，其琼斯矩阵的形式类似于式(13-39)，但此时 σ_1 项系数为复数。延迟的大小与入射角也成二次函数的关系。

对于通过一个旋转对称光学面形所成的轴上像点，该面形的偏振像差扩展式为

$$\boldsymbol{J}=t_0\left[\sigma_0+\frac{1}{2}(d_2+\mathrm{i}\delta_2)\theta_m^2\boldsymbol{\rho}^2(\sigma_1\cos2\phi+\sigma_2\sin2\phi)\right] \tag{13-40}$$

由于极坐标系与笛卡儿坐标系之间的关系为

$$\boldsymbol{x}=\boldsymbol{\rho}\cos\phi\ ,\ \boldsymbol{y}=\boldsymbol{\rho}\sin\phi \tag{13-41}$$

因此在笛卡儿坐标系下

$$\boldsymbol{J}=t_0\sigma_0+\frac{1}{2}(d_2+\mathrm{i}\delta_2)\theta_m^2[\sigma_1(\boldsymbol{x}^2-\boldsymbol{y}^2)+2\boldsymbol{x}\boldsymbol{y}\sigma_2] \tag{13-42}$$

对于通过旋转对称光学界面所成的轴外像点，入射角的大小在极坐标下是线性的，但在瞳面中心位置处的入射角为主光线的入射角。此时，光学界面的 Jones 矩阵的 Taylor 展开式可以表示为

$$\boldsymbol{J}=t_0\left(\sigma_0+\frac{1}{2}(d_2+\mathrm{i}\delta_2)\theta_m^2\{\sigma_1[\boldsymbol{x}^2-(y-\boldsymbol{y}_0)^2]+2\boldsymbol{x}(\boldsymbol{y}-\boldsymbol{y}_0)\sigma_2\}\right) \tag{13-43}$$

当旋转角度等于 0°时，主光线在该光学界面上的 Jones 矩阵可以表示为

$$\boldsymbol{J}_c=t_0\left[\sigma_0+\frac{1}{2}(d_c+\mathrm{i}\delta_c)\sigma_1\right] \tag{13-44}$$

式中，d_c 是主光线在该光学界面上产生的二次衰减；δ_c 是主光线在第 q 个光学界面上产生的延迟。将 $\boldsymbol{J}_c$ 进行 Taylor 展开，则

$$\boldsymbol{J}(\boldsymbol{\rho}=0,\boldsymbol{h})=t_0\left[\sigma_0+\frac{1}{2}(d_2+\mathrm{i}\delta_2)\boldsymbol{h}^2\theta_c^2\sigma_1\right] \tag{13-45}$$

式中，θ_c是主光线的入射角；h 是相对视场高度。

$$\boldsymbol{\rho}=0\Rightarrow\begin{cases}\boldsymbol{x}=0\\ \boldsymbol{y}=0\end{cases} \tag{13-46}$$

将式(13-46)代入式(13-45)，可得

$$\boldsymbol{J}(\boldsymbol{\rho}=0,\boldsymbol{h})=t_0\left[\sigma_0+\frac{1}{2}(d_2+\mathrm{i}\delta_2)y_0^2\theta_m^2\sigma_1\right] \tag{13-47}$$

由式(13－45)和式(13－47)可求得

$$\boldsymbol{y}_0 \cong \boldsymbol{h}\frac{\theta_c}{\theta_m} \tag{13-48}$$

将式(13－48)代入式(13－43)，可得

$$\boldsymbol{J}(\boldsymbol{\rho},\boldsymbol{h})=t_0\Big\{\sigma_0+\frac{1}{2}\boldsymbol{h}^2(d_2+\mathrm{i}\delta_2)\theta_c^2\sigma_1+\frac{1}{2}\boldsymbol{h}(d_2+\mathrm{i}\sigma_2)\theta_m\theta_c(\boldsymbol{y}\sigma_1+\boldsymbol{x}\sigma_2)+\frac{1}{2}(d_2+\mathrm{i}\delta_2)\theta_m^2[(\boldsymbol{x}^2-\boldsymbol{y}^2)\sigma_1+2\boldsymbol{x}\boldsymbol{y}\sigma_2]\Big\} \tag{13-49}$$

上式在极坐标系下可以表示为

$$\boldsymbol{J}(\boldsymbol{\rho},\boldsymbol{h})=t_0\Big[\sigma_0+\frac{1}{2}\boldsymbol{h}^2(d_2+\mathrm{i}\delta_2)\theta_c^2\sigma_1+\frac{1}{2}\boldsymbol{\rho}\boldsymbol{h}(d_2+\mathrm{i}\delta_2)\theta_m\theta_c(\cos\phi\,\sigma_1+\sin\phi\,\sigma_2)+\frac{1}{2}\boldsymbol{\rho}^2(d_2+\mathrm{i}\delta_2)\theta_m^2(\cos 2\phi\,\sigma_1+\sin 2\phi\,\sigma_2)\Big] \tag{13-50}$$

对于通过一个旋转对称光学面形所成的轴外像点，该面形的偏振像差扩展式可以表示为式(13—50)。当 $\boldsymbol{h}=0$ 时，式(13－50)等于式(13－40)。

13.5 旋转对称光学系统中的偏振像差函数

由 Q 个光学元件组成的旋转对称光学系统的琼斯矩阵可以表示为

$$\boldsymbol{J}_{\mathrm{sys}}=\boldsymbol{J}_q\boldsymbol{J}_{q-1}\cdots\boldsymbol{J}_3\boldsymbol{J}_2\boldsymbol{J}_1 \tag{13-51}$$

式中，$\boldsymbol{J}_q$ 是第 q 个光学界面的琼斯矩阵。对于通过该光学面形所成的轴上像点，其 Jones 矩阵的 Taylor 展开式可以表示为式(13－40)的形式，即

$$\boldsymbol{J}_q=t_q\Big[\sigma_0+\frac{1}{2}(d_{2,q}+\mathrm{i}\delta_{2,q})\theta_{m,q}^2\rho^2(\sigma_1\cos 2\phi+\sigma_2\sin 2\phi)\Big] \tag{13-52}$$

对于通过该旋转对称光学系统所成的轴上像点，光学系统的 Jones 矩阵的 Taylor 展开式可以表示为

$$\boldsymbol{J}_{\mathrm{sys}}=P_{0000}(\sigma_0+P_{1022}\rho^2(\sigma_1\cos 2\phi+\sigma_2\sin 2\phi)) \tag{13-53}$$

式中，P_{0000} 是该光学系统的透射系数，

$$P_{0000}=\prod_{q=1}^{Q}t_q \tag{13-54}$$

P_{1022} 是该光学系统的偏振散焦系数，即沿着边缘光线的总的二次衰减和延迟，

$$P_{1022}=\frac{1}{2}\sum_{q=1}^{Q}(d_{2,q}+\mathrm{i}\delta_{2,q})\theta_{m,q}^2 \tag{13-55}$$

对于通过第 q 个光学面形所成的轴外像点，该面形的 Jones 矩阵的 Taylor 展开式可以表示为式(13－50)的形式，即

$$\boldsymbol{J}_q(\boldsymbol{\rho},\boldsymbol{h})=t_q\Big[\sigma_0+\frac{1}{2}h^2(d_{2,q}+\mathrm{i}\delta_{2,q})\theta_{\mathrm{c},q}^2\sigma_1+\frac{1}{2}\rho h(d_{2,q}+\mathrm{i}\delta_{2,q})\theta_{m,q}\theta_{\mathrm{c},q}(\cos\phi\sigma_1+\sin\phi\sigma_2)+\frac{1}{2}\rho^2(d_{2,q}+\mathrm{i}\delta_{2,q})\theta_{m,q}^2(\cos 2\phi\delta_1+\sin 2\phi\sigma_2)\Big] \tag{13-56}$$

对于通过该旋转对称光学系统所成的轴外像点，光学系统的 Jones 矩阵的 Taylor 展开式

可以表示为

$$\boldsymbol{J}_{sys}=P_{0000}[\sigma_0+P_{1200}h^2\sigma_1+P_{1111}h\rho(\sigma_1\cos\phi+\sigma_2\sin\phi)+ P_{1022}\rho^2(\sigma_1\cos2\phi+\sigma_2\sin2\phi)] \tag{13-57}$$

式中，P_{1200} 是偏振 piston 系数，即沿着主光线的二次衰减和延迟的总和，

$$P_{1200}=\frac{1}{2}\sum_{q=1}^{Q}(d_{2,q}+\mathrm{i}\delta_{2,q})\theta_{c,q}^2 \tag{13-58}$$

P_{1111} 是偏振倾斜系数，

$$P_{1111}=\frac{1}{2}\sum_{q=1}^{Q}(d_{2,q}+\mathrm{i}\delta_{2,q})\theta_{m,q}\theta_{c,q} \tag{13-59}$$

13.6　薄膜设计与光学设计

光学系统中大多数的光学界面均镀有薄膜，以此来控制其透射率和反射率。这些薄膜的光学厚度通常小于几个波长，主要对光线的振幅和偏振产生影响，对光路变化的影响是次要的。因此，对偏振有严格要求的光学系统的光学设计应该与薄膜设计相结合。

光学薄膜的特性可以由光学导纳的矩阵法来计算。光学导纳定义为光的磁矢量的切向分量和电矢量的切向分量之比。当光学垂直入射时，光学导纳即为媒质的折射率。

假设平面波在 θ_i 角下从折射率为 n_0 的介质入射到薄膜上，薄膜的折射率和厚度分别为 n_1 和 h_1，薄膜下面的基片的折射率为 n_c。设薄膜第一层界面上的电场和磁场分别为 E_{I} 和 H_{I}，第二层界面上的电场和磁场分别为 E_{II} 和 H_{II}，则

$$\begin{bmatrix}E_{\mathrm{I}}\\H_{\mathrm{I}}\end{bmatrix}=\boldsymbol{M}_1\begin{bmatrix}E_{\mathrm{II}}\\H_{\mathrm{II}}\end{bmatrix} \tag{13-60}$$

其中矩阵

$$\boldsymbol{M}_1=\begin{bmatrix}\cos\delta_1 & -\dfrac{\mathrm{i}}{\eta_1}\sin\delta_1\\ -\mathrm{i}\eta_1\sin\delta_1 & \cos\delta_1\end{bmatrix} \tag{13-61}$$

称为薄膜的特征矩阵，它的重要意义在于把薄膜的两个界面的场联系起来，而它本身包含了薄膜的一切特征参数。其中，

$$\delta_1=\frac{2\pi}{\lambda}n_1h_1\cos\theta_i \tag{13-62}$$

如果入射波是 s 偏振波，则

$$\eta_1=\sqrt{\frac{\varepsilon_0}{\mu_0}}n_1\cos\theta_i \tag{13-63}$$

如果入射波是 p 偏振波，则

$$\eta_1=\sqrt{\frac{\varepsilon_0}{\mu_0}}\frac{n_1}{\cos\theta_i} \tag{13-64}$$

式中，ε_0 和 μ_0 为物理常量，$\varepsilon_0=\dfrac{1}{4\pi\times9\times10^9}\mathrm{F/m}$，$\mu_0=4\pi\times10^{-7}\mathrm{H/m}$。

对于多层膜的情况，当膜层包含 N 层膜时，有

$$\begin{bmatrix} E_{\mathrm{I}} \\ H_{\mathrm{I}} \end{bmatrix} = \boldsymbol{M}_1 \boldsymbol{M}_2 \cdots \boldsymbol{M}_N \begin{bmatrix} E_{N+1} \\ H_{N+1} \end{bmatrix} \tag{13-65}$$

式中，$\boldsymbol{M}_1, \boldsymbol{M}_2, \cdots, \boldsymbol{M}_N$ 代表不同层的特征矩阵，而整个膜系的特征矩阵 $\boldsymbol{M}$ 就是它们的连乘积

$$\boldsymbol{M} = \boldsymbol{M}_1 \boldsymbol{M}_2 \cdots \boldsymbol{M}_N \tag{13-66}$$

膜系的特征矩阵使得膜系被一个等效界面等效了，等效导纳为

$$Y = \frac{H_{\mathrm{I}}}{E_{\mathrm{I}}} \tag{13-67}$$

则膜系的振幅反射系数为

$$r = \frac{n_0 - Y}{n_0 + Y} \tag{13-68}$$

对于含有一定吸收率的介质膜，该方法同样适用，这时膜层特征矩阵中有效折射率、折射率的余弦、正弦都不再是一个实数而是一个复数。

由薄膜的特征矩阵的表达式可知，对于光的 s 偏振分量和 p 偏振分量，它们的不同之处在于系数 η 的值不同。这里，定义偏振分离的概念：

$$\Delta\eta = \frac{\eta_p}{\eta_s} = \frac{\eta/\cos\theta}{\eta \cdot \cos\theta} = \frac{1}{\cos^2\theta} = \frac{1}{1 - \dfrac{n_0^2}{n^2}\sin^2\theta_i} \tag{13-69}$$

$\Delta\eta$ 称为偏振分离，偏振分离的值越小，薄膜引起的偏振效应就越小。对于多层介质膜系，膜层间的折射率相差越小，薄膜引起的偏振效应就越小；薄膜折射率与玻璃折射率相差越小，薄膜引起的偏振效应也就越小。

当光学界面镀有折射率 $N_1 = n_1 - \mathrm{i}k_1$ 的金属膜时，光线的 p 偏振分量的反射率会增大，且 p 偏振分量的最小反射率 $R_{p0\min} \neq 0$，其对应的入射角 θ_{B} 叫作布鲁斯特角，即

$$\theta_B \approx \arccos\sqrt{\frac{[1 + 4/(n_1^2 + k_1^2)]^{1/2} - 1}{[1 + 4/(n_1^2 + k_1^2)]^{1/2} + 1}} \tag{13-70}$$

$$R_{p0\min} = \frac{k_1/n_1}{1 + \sqrt{1 + (k_1/n)^2}} \tag{13-71}$$

将 $\dfrac{k_1}{n_1}$ 定义为金属膜的偏振影响因子，当 $\dfrac{k_1}{n_1}$ 的值增加时，$R_{p0\min}$ 会增大，即偏振效应会降低。因此，对于折射率 $N = n - \mathrm{i}k$ 的金属膜，$\dfrac{k}{n}$ 的值越大，金属薄膜引起的偏振效应也就越小。

光学系统中的偏振像差分析是一项具有重要理论意义和广泛应用前景的工作。控制光学系统中偏振像差有三种有效措施：① 对膜系进行优化，选择低偏振效应的膜系，即介质膜层间的折射率差要小，金属膜层的偏振影响因子 $\dfrac{k}{n}$ 要大；② 对玻璃进行优化，选择折射率与介质膜层折射率相近的玻璃；③ 对光学系统进行结构优化，使得系统中各面形上的入射角尽可能地小一些。

第 14 章

计算机辅助装调

14.1 概述

随着科学技术的进步，人们对以空间光学系统为代表的高精度先进光学系统的性能和成像质量提出了越来越高的要求。要成功研制这些高性能、高精度的光学系统，先进的光学设计、光学加工和光学装调技术是三个必不可少的关键环节。目前，国内在光学设计和光学加工方面已经取得了显著的进步，在很多方面正在接近或赶上国际先进水平。然而，由于种种原因，与光学设计和光学加工相比，计算机辅助装调技术在我国还处于相当落后的地步。传统的主要靠技术人员经验和简单的检测装调设备进行的光学系统装调方法已无法满足大型、复杂、高精度光学系统的装调要求，这就迫切地需要一种有目的的、定量的、有序的科学装调手段。在这种情况下，光学系统计算机辅助装调技术成为解决这一问题的关键技术。该技术综合运用了现代光学测量技术、光学 CAD 技术、计算机技术、数学计算方法等多项技术，目前在国内外相关领域已经引起人们的普遍重视。

国外在计算机辅助装调方面起步较早，美国、以色列、法国、英国等在 20 世纪 80 年代就开始了这方面的研究。在很多高性能高精度的光学系统中采用了计算机辅助装调技术，例如，美国的 Hubble Space Telescope，美国的 QuickBird 望远镜系统，以色列的两镜 Cassegrain 望远镜，俄罗斯的高质量、无像散、复消色差照相机，英国的 0.5 m Ritchey-Chretien 天文望远镜，法国的 BOWEN 望远镜等。在军事防御和核技术应用领域，为了战略防御需要，发展新型空间激光武器系统，美国的空基化学激光器(SBL)研究项目也成功采用了计算机辅助装调技术。

我国在计算机辅助装调技术方面起步较晚，与国外相比，在计算机辅助装调的基础理论和软件研制方面还存在较大差距。研究大型、复杂、高精度的光学系统的计算机辅助装调技术，对我国光电仪器特别是空间技术领域具有非常重要的意义。

14.2 计算机辅助装调数学模型的建立

光学系统的失调是指光学系统初装后各元件的实际位置与设计的位置存在的偏差，它导致光学系统的成像质量下降，对光学系统进行计算机辅助装调就是根据系统像质的变化确定系统的失调量。为此需要研究光学元件的位置变化对光学系统成像质量的影响，建立失调量与像差之间的关系。

光学系统的性能由其结构参数决定，系统的像差是结构参数的函数。若系统的像差用

$F_j(j=1,2,\cdots,m)$ 表示，各元件位置结构参数用 $x_i(i=1,2,\cdots,n)$ 表示，则二者之间的函数关系可表示为

$$\begin{bmatrix} F_1 \\ \vdots \\ F_j \end{bmatrix} = \begin{bmatrix} f_1(x_1,\cdots,x_i) \\ \vdots \\ f_j(x_1,\cdots,x_i) \end{bmatrix} \tag{14-1}$$

式中，$f_j(j=1,2,\cdots,m)$ 表示像差和结构参数之间的函数关系，这是一个复杂的多元非线性方程组，这里光学系统计算机辅助装调问题变成了建立和求解非线性方程组的问题，即根据光学系统的像差 $(F_1,F_2,\cdots,F_m)$，求解上述方程得到 $(x_1,x_2,\cdots,x_n)$ 的值。但事实上我们无法给出函数 $(f_1,f_2,\cdots,f_m)$ 的数学表达式，为了能够求解该方程组，利用多元函数的 Taylor 公式，可以把非线性方程组近似地用如下线性方程组来替代：

$$F_j = F_{0j} + \frac{\partial f_j}{\partial x_1}(x_1 - x_{01}) + \cdots + \frac{\partial f_j}{\partial x_n}(x_n - x_{0n}) \tag{14-2}$$

式中，F_j 为实际系统的像差测量值；F_{0j} 为理想系统的像差残差值；$(x_{01},\cdots,x_{0n})$ 为理想系统各光学元件位置结构参数；$\left(\frac{\partial f_j}{\partial x_1},\cdots,\frac{\partial f_j}{\partial x_n}\right)$ 为像差对各位置结构参数的一阶偏微商。

由于无法求出偏微商 $\left(\frac{\partial f_j}{\partial x_1},\cdots,\frac{\partial f_j}{\partial x_n}\right)$，因而我们用像差函数对各位置结构参数的差商 $\left(\frac{\delta f_j}{\delta x_1},\cdots,\frac{\delta f_j}{\delta x_n}\right)$ 近似地代替微商，这样可以得到表示像差与位置结构参数之间关系的像差线性方程组

$$\begin{bmatrix} F_1 \\ \vdots \\ F_m \end{bmatrix} = \begin{bmatrix} F_{01} \\ \vdots \\ F_{0m} \end{bmatrix} + \begin{bmatrix} \frac{\delta f_1}{\delta x_1}\Delta x_1 + \cdots + \frac{\delta f_1}{\delta x_n}\Delta x_n \\ \vdots \\ \frac{\delta f_m}{\delta x_1}\Delta x_1 + \cdots + \frac{\delta f_m}{\delta x_n}\Delta x_n \end{bmatrix} \tag{14-3}$$

设

$$\Delta \boldsymbol{F} = \begin{bmatrix} \Delta F_1 \\ \vdots \\ \Delta F_m \end{bmatrix} = \begin{bmatrix} F_1 \\ \vdots \\ F_m \end{bmatrix} - \begin{bmatrix} F_{01} \\ \vdots \\ F_{0m} \end{bmatrix}, \Delta \boldsymbol{X} = \begin{bmatrix} \Delta x_1 \\ \vdots \\ \Delta x_n \end{bmatrix} = \begin{bmatrix} x_1 \\ \vdots \\ x_n \end{bmatrix} - \begin{bmatrix} x_{01} \\ \vdots \\ x_{0n} \end{bmatrix}, \boldsymbol{A} = \begin{bmatrix} \frac{\delta f_1}{\delta x_1} & \cdots & \frac{\delta f_1}{\delta x_n} \\ & \vdots & \\ \frac{\delta f_m}{\delta x_1} & \cdots & \frac{\delta f_m}{\delta x_n} \end{bmatrix}$$

其矩阵形式为

$$\boldsymbol{A}\Delta \boldsymbol{X} = \Delta \boldsymbol{F} \tag{14-4}$$

这就是计算机辅助装调的数学模型公式。其中，$\Delta \boldsymbol{X} = \boldsymbol{X} - \boldsymbol{X}_0$，表示光学系统中位置结构参数的变化量，即失调量。失调量通常包括光学元件的偏心、倾斜和各元件之间的轴向间隔误差等。

$\Delta \boldsymbol{F} = \boldsymbol{F} - \boldsymbol{F}_0$，表示实际系统像差与理论系统像差的差值，由实际系统的像差实测值和光学设计结果数据确定。

$$\boldsymbol{A}=\begin{bmatrix}\dfrac{\delta f_1}{\delta x_1} & \cdots & \dfrac{\delta f_1}{\delta x_n}\\ & \vdots & \\ \dfrac{\delta f_m}{\delta x_1} & \cdots & \dfrac{\delta f_m}{\delta x_n}\end{bmatrix}$$

，表示像差对失调量的灵敏度矩阵。可通过光学设计软件对无装调误差的理想系统计算预先求出。

光学系统的计算机辅助装调主要分三个步骤：光学系统像质测量、失调量求解和光学系统调整。

根据已建立的计算机辅助装调模型公式可知，要想求解光学系统的失调量 $\Delta\boldsymbol{X}$，需要完成两个环节。首先，要获取像差变化量 $\Delta\boldsymbol{F}$，实际光学系统的像差是通过光学系统测量得到的，其测量方法的选择、测量数据的形式等对下一步的计算都有重要影响。光学系统像质测量是获取与失调量相关的光学系统成像质量信息的途径，不同的像质评价方法对应不同的测量方法。计算机辅助装调常用的像质评价方法为波像差，即将实际波面和理想波面之间的光程差作为像质评价指标。一般认为，最大波像差小于 1/4 波长，则实际光学系统与理想光学系统的质量没有显著差别，这是评价高质量光学系统的一个经验准则，称为瑞利判据。

常用的波像差测量方法是干涉测量法。其优点是测量速度快，精度高，适用于各类光学系统。它可以给出多种像质评价指标，便于后期的数据处理。光学系统波像差可以用 Zernike 多项式表示，Zernike 多项式经拟合后可方便地进行计算机辅助装校数据处理和优化。干涉法是目前计算机辅助装调中采用最广泛的检测方法。

计算机通过对测得的包含光学系统失调信息的数据进行分析和优化处理，可以求解出光学系统的失调量。失调量的求解过程实质上是一个优化过程，计算机通过装调优化程序，根据像差的变化量计算出光学系统中待调整光学元件在各自由度上的最佳调整量。常用的优化方法有阻尼最小二乘法、反向优化法、下山单纯形法等。

计算机辅助装调的技术途径主要有以下几方面：

① 选择波像差作为光学系统像质评价标准，用 Zernike 多项式表示波像差，波像差的测量采用干涉法。

② 装调优化计算时，光学系统像差参数选择初级像差，对应于 Zernike 多项式的 $z_1 \sim z_8$。

③ 根据不同光学系统元件公差、失调量装调灵敏度、光机结构对调整的限制等因素选择失调量和测量视场，尽量使调整的结构参数最少。

④ 失调量的求解方法选择最小二乘法构造评价函数的遗传算法和广义逆法。

计算机辅助装调流程如图 14-1 所示。

计算机辅助装调具体步骤如下：

① 对系统进行粗装调，使其满足干涉测量的要求，能够得到有效的干涉图。

② 用光学设计软件求出灵敏度矩阵。

③ 用干涉仪测量光学系统，得到各视场波像差的干涉图，经计算机分析处理给出表示系统波像差的 Zernike 多项式的系数。

④ 进行像质评价，系统满足设计要求，则结束装调，否则进入下一步。

⑤ 根据 Zernike 多项式的系数和灵敏度矩阵，通过计算机装调优化程序，计算出系统失调量。

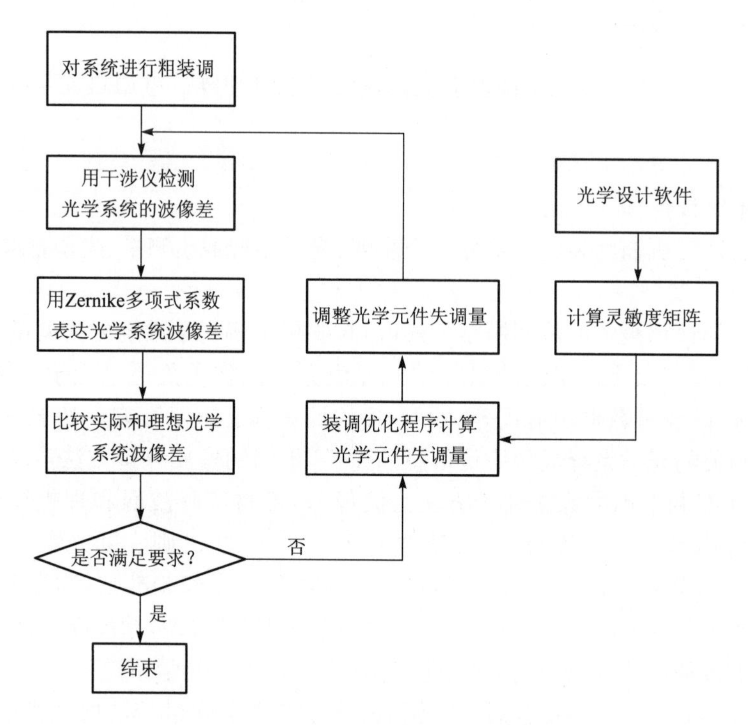

图 14－1　计算机辅助装调方案流程图

⑥ 执行调整。

⑦ 返回到第③步。

⑧ 结束。

14.3　计算机辅助装调的像差数据处理

根据计算机辅助装调数学模型 $\boldsymbol{A}\Delta\boldsymbol{X}=\Delta\boldsymbol{F}$,要求出系统的位置结构参数的变化量即失调量 $\Delta\boldsymbol{X}$,必须首先求出灵敏度矩阵 $\boldsymbol{A}$ 和与失调量相关的像差变量 $\Delta\boldsymbol{F}$,$\boldsymbol{A}$ 可通过光学设计软件对理想系统计算预先求出,而 $\Delta\boldsymbol{F}$ 需要通过对实际光学系统波像差进行测量,通常可以采用干涉测量法得到。干涉测量方法的优点是测量速度快、测量精度高、通用性好,适用于各类系统,可直接测量光学系统的波像差,并且给出定量的描述,同时,可用 Zernike 多项式拟合出被测波面得到系统波像差。

1. Zernike 多项式

Zernike 多项式是 F. Zernike 在 1934 年提出的,Zernike 多项式互为正交、线性无关,而且可以唯一地、归一化描述系统圆形孔径的波像差。对于具有圆形光瞳和圆形通光孔径的光学系统,函数系的正交性使不同的 Zernike 多项式项相互独立,有利于消除各项之间的相互干扰,同时便于将 Zernike 多项式系数与传统的像差系数对应,是描述干涉图波像差的常用方法。

n阶 Zernike 多项式 Z_n^l 具有以下两个特性:

① Zernike 多项式在连续的单位圆(波前边界)上是正交的。

$$\int_0^1\int_0^{2\pi} Z_n^l Z_{n'}^{l'}\rho \mathrm{d}\theta = \frac{\pi}{n+1}\delta_{nn'}\delta_{ll'} \tag{14-5}$$

② Zernike 多项式具有旋转对称性，当波面绕圆心旋转时，Zernike 多项式的数学形式保持不变。

这时波面可以在光轴z和子午面$y-z$构成的坐标系中描述。Zernike 多项式可以表示为两项，一项是只与半径坐标相关的径向多项式 $R_n^l(\rho)$，另一项是只与角度坐标相关的角度多项式 $\Theta_n^l(\theta)$，其极坐标表达式为

$$Z_n^l(\rho,\theta) = R_n^l(\rho)\Theta_n^l(\theta) \tag{14-6}$$

式中，n为多项式的阶数，$n=0,1,2,\cdots$；l是角度参数，与n相关，其值恒与n奇偶性相同，且$|l|\leqslant n$ 。

n阶最小指数为 $|l|$ 的径向多项式$R_n^l(\rho)$只是 ρ 的函数，且满足关系

$$R_n^l = R_n^{-l} = R_n^{|l|} \tag{14-7}$$

对于每对n和 $|l|$ 都存在 1 个多项式 $R_n^{|l|}$，因此，两个 Zernike 多项式 Z_n^l 和 Z_n^{-l} 都包含同样的多项式$R_n^{|l|}$ 项。

因为角度项是正交的，则径向多项式 $R_n^l(\rho)$也满足正交关系

$$\int_0^1 R_n^l(\rho)R_{n'}^{l'}(\rho)\rho \mathrm{d}\rho = \frac{\pi}{2(n+1)}\delta_{nn'} \tag{14-8}$$

定义 $l=n-2m$ ，则有

$$R_n^l(\rho) = R_n^{n-2m}(\rho) = \begin{cases} \sum\limits_{s=0}^{n}(-1)^s \dfrac{(n-s)!}{s!\ (m-s)!\ (n-m-s)!}\rho^{n-2s}, n-2m<0 \\ R_n^{|n-2m|}(\rho), \quad n-2m\geqslant 0 \end{cases} \tag{14-9}$$

$$\Theta_n^l(\theta) = \Theta_n^{n-2m}(\theta) = \begin{cases} \cos(n-2m)\theta, n-2m<0 \\ \sin(n-2m)\theta, n-2m\geqslant 0 \end{cases} \tag{14-10}$$

Zernike 多项式 Z_n^l 很复杂，但实数 Zernike 多项式 U_n^l 可以定义为

$$U_n^l = \begin{cases} \dfrac{1}{2}[Z_n^l + Z_n^{-l}] = R_n^l(\rho)\cos(l\theta), n-2m<0 \\ \dfrac{1}{2i}[Z_n^l - Z_n^{-l}] = R_n^l(\rho)\sin(l\theta), n-2m\geqslant 0 \end{cases} \tag{14-11}$$

并且 U_n^l 满足正交性

$$\int_0^1\int_0^{2\pi} U_n^l(\rho,\theta)U_{n'}^{l'}(\rho,\theta)\rho \mathrm{d}\theta = \frac{\pi}{2(n+1)}\delta_{nn'}\delta_{ll'} \tag{14-12}$$

根据 $R_n^l(\rho)$ 和 $\Theta_n^l(\rho)$ 表达式和 Zernike 多项式性质，就可以写出它的各项表达式。Zernike 多项式有两种形式：标准 Zernike 多项式和 Fringe Zernike 多项式。在常用的光学设计软件中，Code V 使用标准形式，Zemax 使用 Fringe 形式。由于一般用 7 级像差已可描述光学系统的成像质量，这时需要 36 项 Zernike 多项式，Fringe Zernike 多项式是标准形式的子集，有 37 项，每项都有明确的物理含义，对应不同的像差。

2. 用 Zernike 多项式表示波面

Zernike 多项式是完整的，这意味着任意k阶 $W(\rho,\theta)$ 波前可以表示为 Zernike 多项式的线性组合

$$W(\rho,\theta)=\sum_{n=0}^{k}\sum_{l=-n}^{n}C_{nl}U_{nl} \tag{14-13}$$

$W(\rho,\theta)$ 必须是实数,由于 $R_n^{|l|}$ 也是实数,C_{nl} 可以是复数,但必须满足下列关系:

$$C_{n,l}=C_{n,-l} \tag{14-14}$$

为了只取实系数项,可以用实数 Zernike 多项式 U_n^l 代替。

定义正数 $m=\dfrac{n-l}{2}$,使 $n-2m$ 总是偶数,且有 $n\geqslant l$,则式(14-9)变为

$$W(\rho,\theta)=\sum_{n=0}^{k}\sum_{m=0}^{n}A_{nm}U_{nm}=\sum_{n=0}^{k}\sum_{m=0}^{n}A_{nm}R_n^{n-2m}\begin{Bmatrix}\sin\\ \cos\end{Bmatrix}(n-2m)\theta \tag{14-15}$$

定义

$$r=\frac{n(n+1)}{2}+m+1 \tag{14-16}$$

式中,r的最大值等于 Zernike 多项式项数的总和,表示为

$$L=\frac{(k+1)(k+2)}{2} \tag{14-17}$$

式中,k为多项式阶数。当 $k=7$ 时,$L=36$,即表示 7 级像差需要 36 项 Zernike 多项式。

光学系统的波面可用 Zernike 多项式的线性组合形式表示为

$$W(\rho,\theta)=\sum_{r=1}^{L}A_rU_r(\rho,\theta) \tag{14-18}$$

式中,$U_r(\rho,\theta)$ 为 Zernike 多项式的各个项,可以通过对数据点采样和归一化处理得到;A_r 为各项系数。$U_j(\rho,\theta)$ 为已知的,若能求出 A_j ,即可确定波面,A_j 可以通过下面的计算得到。

3. 波面拟合

由于 Zernike 多项式在连续的单位圆上是正交的,而在圆内离散点上并不是正交。在实际测量中,测量点数有限,只能是离散的,所以当用像差多项式表示波面时,需要将离散形式的测量数据点拟合到波面表达式的形式 $V_r(\rho,\theta)$ 。拟合的目的是找到能最好的表示测量数据的多项式系数 B_r 。此时,式(14-13)可以表示为

$$W(\rho,\theta)=\sum_{r=1}^{L}B_rV_r(\rho,\theta) \tag{14-19}$$

式中,$V_r(\rho,\theta)$ 在N个坐标为 (ρ_i,θ_i) 的离散数据点上满足正交条件

$$\sum_{i=1}^{N}V_rV_p=F_r\delta_{rp} \tag{14-20}$$

式中,$F_r=\sum_{i=1}^{N}V_i^2$ 。

4. 多项式最小二乘拟合法

最小二乘拟合法是常用的将测量的离散数据点拟合到单位圆上的方法,定义均方差为

$$S=\frac{1}{N}\sum_{i=1}^{N}[W_i'-W(\rho_i,\theta_i)]^2 \tag{14-21}$$

式中,W_i' 为测量的第i个数据点的实际波前。

对均方差求极小值,则有

$$\frac{\partial S}{\partial B_p}=0$$

式中，$p=1,2,3,\cdots,L$ 。得

$$\sum_{j=1}^{L} B_r \sum_{i=1}^{N} V_r V_p - \sum_{i=1}^{N} W'_r V_p = 0 \tag{14-22}$$

由于 V_r 在离散数据点上满足正交性，将式(14-20)代入式(14-22)，则可得到单位圆上波像差表达式系数

$$B_p = \frac{\sum_{i=1}^{N} W'_i V_p}{\sum_{i=1}^{N} V_p^2} \tag{14-23}$$

5. Gram-Schmidt 正交化方法

Zernike 多项式在单位圆内的连续点上是正交的，在离散点上不正交。我们采用 Gram-Schmidt 正交化方法将不是正交的离散数据点拟合为正交多项式形式。

引入 Gram-Schmidt 正交化方法构造多项式，有

$$\begin{cases} V_1 = U_1 \\ V_2 = U_2 + D_{21} V_1 \\ V_3 = U_3 + D_{31} V_1 + D_{32} V_2 \\ \quad\vdots \\ V_j = U_j + D_{j1} V_1 + D_{j2} V_2 + \cdots + D_{j,j-1} V_{j-1} \end{cases} \tag{14-24}$$

式(14-24)也可以写成

$$V_r = U_r + \sum_{s=1}^{r-1} D_{rs} V_s \tag{14-25}$$

式中，$r=1,2,3,\cdots,L$ 。由于 $V_r(\rho,\theta)$ 与 $V_p(\rho,\theta)$ 正交，将式(14-25)乘以 $V_p(\rho,\theta)$，并对所有数据点求和，可得

$$\sum_{i=1}^{N} V_r V_p = \sum_{i-1}^{N} U_r V_p + D_{rp} \sum_{i=1}^{N} V_p^2 = 0 \tag{14-26}$$

整理后得到正交后多项式系数

$$D_{rp} = \frac{\sum_{i-1}^{N} U_r V_p}{\sum_{i=1}^{N} V_p^2} \tag{14-27}$$

式中，$r=2,3,4,\cdots,L$ ；$p=1,2,\cdots,r-1$。

6. Zernike 多项式线性组合计算

下一步是确定正交多项式 V_r 的系数 C_r ，作为 Zernike 多项式 U_r 的线性组合，可以写成

$$\begin{cases} V_1 = U_1 \\ V_2 = U_2 + C_{21} V_1 \\ V_3 = U_3 + C_{31} V_1 + C_{32} V_2 \\ \quad\vdots \\ V_j = U_j + C_{j1} V_1 + C_{j2} V_2 + \cdots + C_{j,j-1} V_{j-1} \end{cases} \tag{14-28}$$

式(14-28)也可以写成

$$V_r = U_r + \sum_{i=1}^{r-1} C_{ri} V_i \tag{14-29}$$

式中，$r=2,3,\cdots,L$；$C_{rr}=1$；且 $V_1=U_1$。可以得到一组新的系数 C_{ri}

$$\begin{cases} C_{21}=D_{21} \\ C_{31}=D_{32}C_{21}+D_{31} \\ C_{32}=D_{32} \\ C_{41}=D_{43}C_{31}+D_{42}C_{21}+D_{41} \\ C_{42}=D_{43}C_{32}+D_{42} \\ C_{43}=D_{43} \\ \cdots \end{cases} \tag{14-30}$$

式(14-30)可以写成一般形式

$$C_{ri} = \sum_{s=1}^{r-i} D_{r,r-s} C_{r-s,i} \tag{14-31}$$

式中，$i=1,2,3,\cdots,r-1$，$C_{rr}=1$。

将式(14-29)代入式(14-19)，得

$$W(\rho,\theta) = B_1U_1 + \sum_{r=2}^{L} B_r\left(U_r + \sum_{i=1}^{r-1} C_{ri}U_i\right) \tag{14-32}$$

式中，C_{ri} 由式(14-31)给出，则式(14-32)整理后变为

$$W(\rho,\theta) = \sum_{r=1}^{L-1}\left(B_r + \sum_{i=r+1}^{L} B_iC_{ir}\right)U_r + B_LU_L \tag{14-33}$$

将式(14-38)与式(14-18)比较，可以得到

$$A_r = B_r + \sum_{i=r+1}^{L} B_iC_{ir} \tag{14-34}$$

式中，$r=1,2,3,\cdots,L-1$；且 $A_L=B_L$。

当已知系数 B_r 和 C_r 后，即可得到 Zernike 多项式系数 A_r，这样就可以构造出波面 $W(\rho,\theta)$。

7. Zernike 多项式修正

对于一些环形入瞳的光学系统，如具有中心遮拦的折返式光学系统，由于其通光孔径已不是圆形而是圆环形，此时再用前面推导出的单位圆内的正交 Zernike 多项式表示波面必然带来很大的误差，因此需要对 Zernike 圆形多项式进行修正，使其满足在环形区域内正交。

将圆形区域(外圆)半径归一化为1，遮拦比为 $\varepsilon<1$，Zernike 环形多项式可表示为

$$W(\rho,\theta,\varepsilon) = \sum_{n=0}^{k}\sum_{m=0}^{n}\left[\frac{2(n+1)}{1+\delta_{m0}}\right]^{\frac{1}{2}} R_n^m(\rho,\theta)\left(c_{nm}\cos(m\theta)+s_{nm}\sin(m\theta)\right) \tag{14-35}$$

式中，c_{nm} 和 s_{nm} 是像差系数，进行正交化处理，当 $m=0$ 时径向多项式等于 Legendre 多项式

$$R_{2n}^0(\rho,\varepsilon) = P_n\left[\frac{2(\rho^2-\varepsilon^2)}{1-\varepsilon^2}-1\right] \tag{14-36}$$

因此，可以通过用 $\left[\dfrac{(\rho^2-\varepsilon^2)}{1-\varepsilon^2}\right]^{\frac{1}{2}}$ 替代 ρ，从圆形径向多项式得到

$$R_{2n}^0(\rho,\varepsilon) = R_{2n}^0\left[\left(\frac{\rho^2-\varepsilon^2}{1-\varepsilon^2}\right)^{\frac{1}{2}}\right] \tag{14-37}$$

令 $Q_j^0(\rho^2)=R_{2j}^0(\rho,\varepsilon)$，$h_j^0=\dfrac{1-\varepsilon^2}{2(2j+1)}$。

根据递推公式，$m=1,2,3,\cdots$ 时有

$$R_{2j+m}^m(\rho,\varepsilon)=\left[\frac{1-\varepsilon^2}{2(2j+m+1)h_j^m}\right]^{\frac{1}{2}}\rho^m Q_j^m(\rho^2) \tag{14-38}$$

其中，

$$Q_j^m(\rho^2)=\frac{2(2j+2m-1)h_j^{m-1}}{(j+m)(1-\varepsilon^2)Q_j^{m-1}(0)}\sum_{i=0}^{j}\frac{Q_j^{m-1}(0)Q_j^{m-1}(\rho^2)}{h_j^{m-1}}$$

$$h_j^m=\frac{2(2j+2m-1)Q_{j+1}^{m-1}(0)}{(j+m)(1-\varepsilon^2)Q_j^{m-1}(0)}h_j^{m-1}$$

Zernike 环形多项式与角度相关项可表示为

$$H_{2j+m}^m(\theta)=\begin{cases}\cos(m\theta),m\geqslant 0\\ \sin(m\theta),m<0\end{cases} \tag{14-39}$$

修正后的 Zernike 环形多项式为

$$G_{2j+m}^m(\rho,\theta,\varepsilon)=R_{2j+m}^m(\rho,\varepsilon)H_{2j+m}^m(\theta) \tag{14-40}$$

令 $k=\dfrac{(2j+m)(2j+m+1)}{2}+j+1$，可将 $G_{2j+m}^m(\rho,\theta,\varepsilon)$，写成 $G_k(\rho,\theta,\varepsilon)$，则有

$$W(\rho,\theta,\varepsilon)=\sum_{i=1}^{n}C_kG_k(\rho,\theta,\varepsilon) \tag{14-41}$$

式中，n 为多项式的项数；C_k 为多项式系数。当 $\varepsilon=0$ 时，修正后的 Zernike 环形多项式简化为标准 Zernike 多项式。

14.4　基于 Moore-Penrose 广义逆的失调量求解方法

光学系统计算机辅助装调是根据粗装调系统的像差求出系统的失调量，然后对系统各光学元件进行调整。因此，失调量的求解是计算机辅助装调技术中一个重要的内容。下面讨论的是基于 Moore-Penrose 广义逆的失调量求解方法。

广义逆的概念可追溯到 1903 年，I. Fredholm 最先提出了关于积分算子的伪逆问题，之后 D. Hilbert 又给出了微分算子的广义逆；1920 年，E. H. Moore 首次利用正交投影算子给出了广义逆矩阵的定义。但由于受当时计算技术的限制，在这之后的 30 年中未引起人们的重视，直到 1955 年，R. Penrose 以更明确的形式给出了 Moore 广义逆矩阵即 Moore-Penrose 广义逆的定义后，才使其研究进入了一个新时期。由于广义逆矩阵是数理统计、最优化理论、现代系统理论、近代测量等学科的重要理论基础，近年来在许多领域中的得到了广泛应用，我们将其应用于光学系统装调技术求解装调模型中的失调量。

1. 广义逆矩阵的概念

对于非奇异线性方程组

$$\boldsymbol{Ax}=\boldsymbol{b},(\boldsymbol{A}\in C_n^{n\times n}) \tag{14-42}$$

当且仅当方阵 $\boldsymbol{A}$ 是满秩时，其逆 $\boldsymbol{A}^{-1}$ 才有意义。并且 $\boldsymbol{A}$ 与 $\boldsymbol{A}^{-1}$ 满足如下关系：

$$\boldsymbol{A}^{-1}\boldsymbol{A}=\boldsymbol{AA}^{-1}=\boldsymbol{I} \tag{14-43}$$

此时方程组有唯一解 $\boldsymbol{x}=\boldsymbol{A}^{-1}\boldsymbol{b}$ 。当$\boldsymbol{A}$为长方阵时,相容线性方程组

$$\boldsymbol{Ax}=\boldsymbol{b},(\boldsymbol{A}\in C_n^{m\times n},\boldsymbol{b}\in \mathrm{R}(\boldsymbol{A})) \tag{14-44}$$

有无数解。对于不相容线性方程组

$$\boldsymbol{Ax}=\boldsymbol{b},(\boldsymbol{A}\in C_n^{m\times n},\boldsymbol{b}\notin R(\boldsymbol{A})) \tag{14-45}$$

无解,但有最小二乘解。

非奇异方阵只是矩阵的一种特殊情况。事实上,构造的灵敏度矩阵$\boldsymbol{A}$不一定是方阵,有可能为长方阵,即其行数和列数不相等,$m\neq n$ 。因此,将逆矩阵的概念推广到具有任意秩的 $m\times n$ 矩阵$\boldsymbol{A}$,都存在某种意义上的"逆矩阵"——广义逆矩阵。在此使用的就是 Moore-Penrose 广义逆,也叫伪逆,记做 $\boldsymbol{A}^{+}$。

设$\boldsymbol{A}$是$m\times n$ 矩阵,若存在一个 $n\times m$ 矩阵$\boldsymbol{G}$满足如下 4 个 Penrose 方程

$$\begin{cases}\boldsymbol{AGA}=\boldsymbol{A}\\(\boldsymbol{GA})^{\mathrm{T}}=\boldsymbol{GA}\\\boldsymbol{GAG}=\boldsymbol{G}\\(\boldsymbol{AG})^{\mathrm{T}}=\boldsymbol{AG}\end{cases} \tag{14-46}$$

则称矩阵$\boldsymbol{G}$是矩阵$\boldsymbol{A}$的 Moore-Penrose 广义逆,也叫伪逆,记作 $\boldsymbol{A}^{+}$。设$\boldsymbol{A}$是$m\times n$ 矩阵,则矩阵 $\boldsymbol{A}$ 的 Moore-Penrose 广义逆必然存在,且唯一。

2. 不相容线性方程组的极小范数最小二乘解

当不相容线性方程组

$$\boldsymbol{Ax}=\boldsymbol{b},(\boldsymbol{A}\in C_n^{m\times n},\boldsymbol{b}\notin R(\boldsymbol{A}))$$

的系数矩阵 $\boldsymbol{A}$ 不是满秩时,通常方程组最小二乘解不唯一。在实际求解过程中,我们希望能从众多的最小二乘解中找范数最小的解,即要求解问题

$$\min\|y\|_2 \tag{14-47}$$

$$\boldsymbol{y}\in\{\boldsymbol{y}:\|\boldsymbol{Ay}-\boldsymbol{b}\|=\min\|\boldsymbol{Ax}-\boldsymbol{b}\|\}$$

该问题的解称为极小范数最小二乘解。设 $\boldsymbol{A}\in C^{m\times n},b\in C^m$,则不相容线性方程组 $\boldsymbol{A}x=b$ 的唯一极小范数最小二乘解是

$$\boldsymbol{x}=\boldsymbol{A}^{+}\boldsymbol{b} \tag{14-48}$$

式中,$\boldsymbol{A}^{+}$是 Moore-Penrose 广义逆。根据上述定理,可以从计算机辅助装调模型 $\boldsymbol{A}\Delta\boldsymbol{X}=\Delta\boldsymbol{F}$ 中求解出失调量

$$\Delta\boldsymbol{X}=\boldsymbol{A}^{+}\Delta\boldsymbol{F} \tag{14-49}$$

这样只要求出灵敏度矩阵$\boldsymbol{A}$的 Moore-Penrose 广义逆 $\boldsymbol{A}^{+}$,就可以求出方程组的唯一极小范数最小二乘解,计算出系统的失调量。

计算广义逆 $\boldsymbol{A}^{+}$的方法有:利用 Hermite 标准型计算矩阵的广义逆;利用满秩分解求矩阵的广义逆;利用奇异值分解求矩阵的广义逆等。我们采用奇异值分解法,该方法对于求解不相容线性方组有较高的准确度和精密度。

3. 矩阵的奇异值分解

设$\boldsymbol{A}$是秩为$r(r>0)$ 的 $m\times n$ 矩阵,$\boldsymbol{A}^{\mathrm{T}}\boldsymbol{A}$ 的特征值为$\lambda_i(i=1,2,\cdots,n)$,且有

$$\lambda_1\geqslant\lambda_2\geqslant\cdots\geqslant\lambda_r\geqslant\lambda_{r+1}=\cdots=\lambda_n=0$$

则称

$$\sigma_i=\sqrt{\lambda_i},i=1,2,\cdots,n \tag{14-50}$$

为矩阵$\boldsymbol{A}$的奇异值。矩阵$\boldsymbol{A}$的列数为其奇异值的个数，矩阵$\boldsymbol{A}$的非零奇异值个数为 rank$\boldsymbol{A}$ 。

设$\boldsymbol{A}$是秩为$r(r>0)$的$m\times n$矩阵，$\mathrm{rank}(\boldsymbol{A}^{\mathrm{T}}\boldsymbol{A})=\mathrm{rank}\boldsymbol{A}=r$，则存在一个$m\times m$的列正交矩阵$\boldsymbol{U}$和$n\times n$的列正交矩阵$\boldsymbol{V}$，使得

$$\boldsymbol{A}=\boldsymbol{U}\begin{bmatrix}\boldsymbol{\Sigma} & 0\\ 0 & 0\end{bmatrix}\boldsymbol{V}^{\mathrm{T}} \tag{14-51}$$

成立。式中，对角矩阵$\boldsymbol{\Sigma}=\mathrm{diag}(\sigma_0,\sigma_1,\cdots,\sigma_r)$，且$\sigma_0\geqslant\sigma_1\geqslant\cdots\geqslant\sigma_r>0$，则式(14-51)为矩阵$\boldsymbol{A}$的奇异值分解。

式中，$\boldsymbol{U}$、$\boldsymbol{V}$是列正交向量，$\boldsymbol{A}$是灵敏度矩阵，表示系统像差参数与结构参数之间的关系，因此$\boldsymbol{U}$、$\boldsymbol{V}$的列分别代表像差奇异值向量和结构参数奇异值向量，$\boldsymbol{S}=\begin{bmatrix}\boldsymbol{\Sigma} & 0\\ 0 & 0\end{bmatrix}$是包含相应奇异值的对角矩阵，且这些奇异值按照递减排列，$\sigma_0\geqslant\sigma_1\geqslant\cdots\geqslant\sigma_r>0$，式中，$\sigma_i$是第$i$个奇异值。

由式(14-51)可得

$$\boldsymbol{A}\boldsymbol{v}_i=s_i\boldsymbol{u}_i \tag{14-52}$$

式中，$\boldsymbol{u}_i$、$\boldsymbol{v}_i$分别是$\boldsymbol{U}$、$\boldsymbol{V}$第i列向量，奇异值s_i代表结构参数单位调整量对像差的改变量，s_i越大，$\boldsymbol{v}_i$结构参数调整对像差$\boldsymbol{u}_i$的影响越大，即越敏感。根据这个特性，通过对灵敏度矩阵进行奇异值分解，对结构参数进行筛选，构造合理的灵敏度矩阵。

设$\boldsymbol{U}=(\boldsymbol{U}_1,\boldsymbol{U}_2)$，式中，$\boldsymbol{U}_1$为$\boldsymbol{U}$中的前$r+1$列列正交向量组构成的$m\times(r+1)$矩阵，$\boldsymbol{V}=(\boldsymbol{V}_1,\boldsymbol{V}_2)$，式中，$\boldsymbol{V}_1$为$\boldsymbol{V}$中的前$r+1$列列正交向量组构成的$n\times(r+1)$矩阵，则$\boldsymbol{A}$的广义逆为

$$\boldsymbol{A}^{+}=\boldsymbol{V}_1\boldsymbol{\Sigma}^{-1}\boldsymbol{U}_1^{\mathrm{T}} \tag{14-53}$$

代入式(14-49)可得

$$\Delta\boldsymbol{X}=\boldsymbol{V}_1\boldsymbol{\Sigma}^{-1}\boldsymbol{U}_1^{\mathrm{T}}\Delta\boldsymbol{F} \tag{14-54}$$

对于复杂的光学系统，由于系统像差与结构参数之间存在非线性，同时结构参数之间存在相关性，这种情况下求解出的$\Delta\boldsymbol{X}$值存在不确定性。根据灵敏度矩阵$\boldsymbol{A}$条件数的大小定量地判断所构造的灵敏度矩阵的状态，从而可以筛选出适合的像差参数和结构参数，消除近似相关变量，提高解的可靠性，同时简化灵敏度矩阵，加快求解精度和速度。

14.5　光学系统计算机辅助装调的数值模拟

计算机辅助装调数值模拟流程如图 14-2 所示。

首先将理想光系统人为地加入失调量，计算机通过 Zemax 光学设计软件模拟带有装调误差的粗装调系统，然后再通过自行设计和编制的计算机辅助装调流程和程序求出失调量，根据该失调量的数值对光学系统进行装调。一般情况下，用数值模拟计算的结果一次装调就可达到要求，但考虑到实际装调过程还会有调整误差，所以可能会重复此过程，直到满足系统的性能指标。

下面以甚高分辨力空间遥感器为例讨论模拟装调，该系统是一个二次成像偏场同轴消像散(TMA)系统，装调模拟数值计算中取波长 0.632 8 μm。图 14-3 为光学系统结构图。光学系统传递函数见图 14-4。

1. 装调公差分析

根据设计的理想光学系统，用光学设计软件对系统的各结构参数进行公差分析，得到主

镜、次镜和三镜的装调公差。从公差分析可以看出,主镜、次镜和三镜各有 5 个自由度的调整变量,其调整公差在μm 级,用传统的装调方法根本无法达到像质要求。

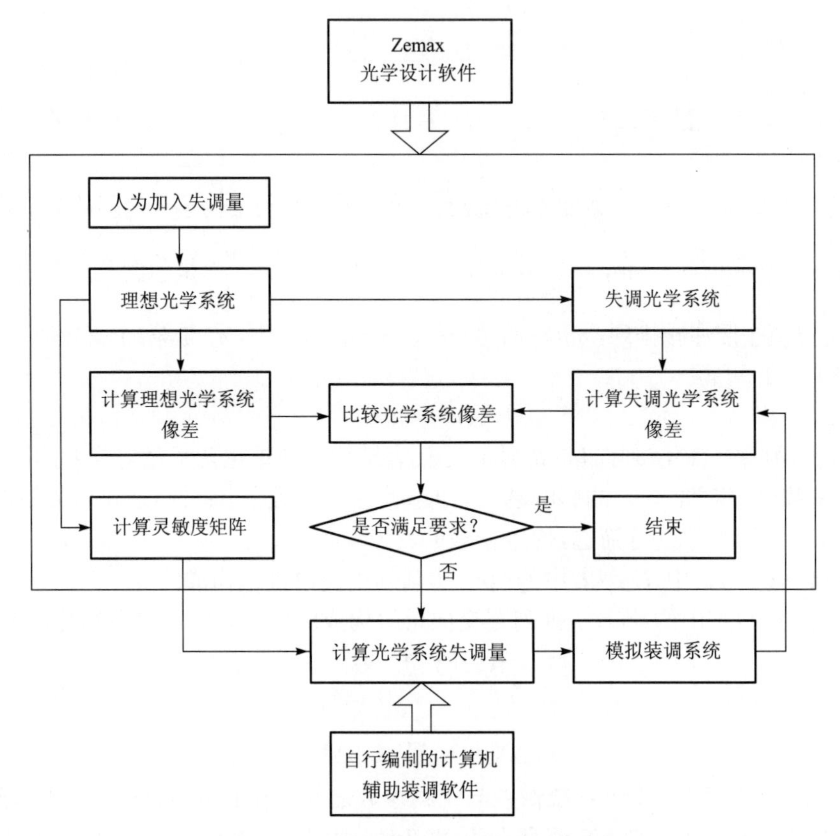

图 14-2　计算机辅助装调数值模拟流程图

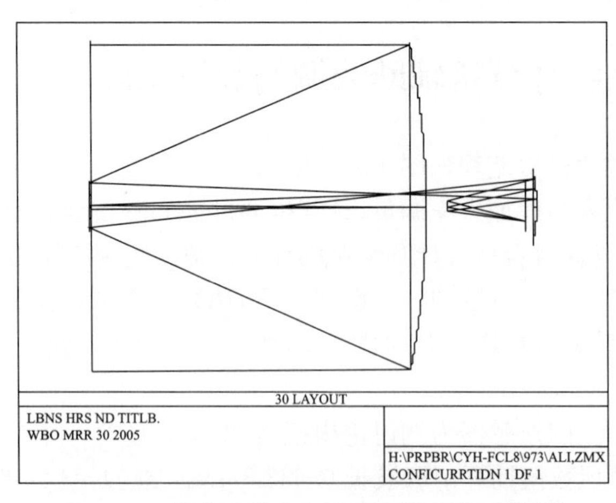

图 14-3　甚高分辨力空间遥感器光学系统结构

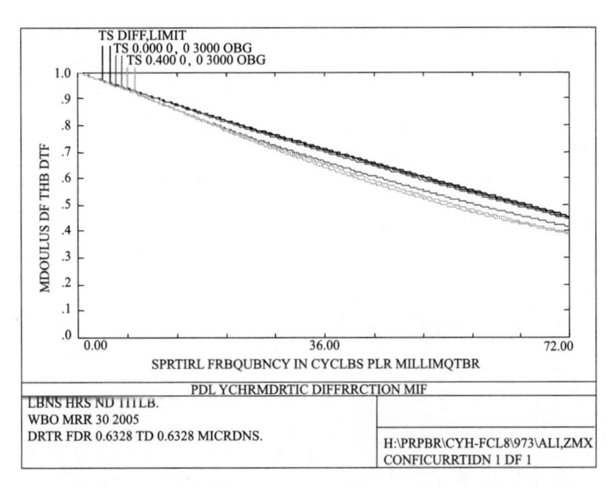

图 14－4　甚高分辨力空间遥感器光学系传递函数

在模拟装调数值计算过程中，光学系统的像质用出瞳位置的波像差表示，把波像差分解为 Zernike 多项式系数形式，就构成了波像差向量，这样装调数学模型可以改为

$$\Delta\boldsymbol{Z}=\boldsymbol{A}\Delta\boldsymbol{X}$$

式中，

$$\boldsymbol{A}=\begin{bmatrix}\dfrac{\delta z_1}{\delta x_1} & \cdots & \dfrac{\delta z_1}{\delta x_n}\\ & \cdots & \\ \dfrac{\delta z_m}{\delta x_1} & \cdots & \dfrac{\delta z_m}{\delta x_n}\end{bmatrix}$$

由于粗装调的光学系统，结构装调误差已控制在一定的范围内，所以这时系统的高级像差基本确定，要校正的主要是初级像差。全反射系统不考虑色差，畸变在干涉图中反映不出来，因此，本系统在精装调过程中主要控制的是球差、彗差、像散、离焦和像面倾斜，相对于 Zernike 多项式为 $z_1 \sim z_8$，共 8 个。

由于系统视场为环形视场，所以选择了 2 个视场点，即中心视场(0 视场)和边缘视场(1 视场)。那么像差参数就有 $z_{11} \sim z_{18}$，$z_{21} \sim z_{28}$，共 16 个。

本系统的主镜是一个直径 4 m 的分块、主动反射镜，因此在装调过程中将其固定不动。从上节公差分析可以看出，主镜、次镜和三镜的位置误差对系统像质的影响最大，每个反射镜有 6 个自由度，由于视场为环形视场，所以反射镜沿 z 轴的旋转自由度可去除，只选 5 个自由度，即反射镜沿 x，y，z 轴的平移 $\mathrm{d}x$，$\mathrm{d}y$，$\mathrm{d}z$ 和反射镜沿 x，y 轴的旋转 tx，ty，所以选择次镜和三镜各 5 个自由度，另外加上一个像面位移 $\mathrm{d}z$，共 11 个结构参数。

根据线性方程组 $\boldsymbol{Ax}=\boldsymbol{b}$ 解的误差分析可知，由于系统结构参数之间存在相关性，实际应用中需要对灵敏度矩阵进行分析，筛选出合理的结构参数。

本系统为具有中心遮拦的三镜系统，在构建灵敏度矩阵时要考虑环形入瞳遮拦比，但 Zemax 光学设计软件并没有提供该功能的宏语言命令，通过自编的宏语言程序计算实际系统的灵敏度矩阵。计算灵敏度矩阵的流程见图 14－5。

通过给每个结构参数微小变量的方式，用 Zemax 光学设计软件求出相应的波像差，再用自编的 Zemax 宏语言程序计算得到灵敏度矩阵中各项的对应值。表 14－1 为甚高分辨力空间遥感器光学系统初始灵敏度矩阵。

表 14-1　甚高分辨率空间遥感器光学系统的初始灵敏度矩阵

dz/dx		次镜调整自由度					三镜调整自由度					像面调整
		dx−2	dy−2	dz−2	tx−2	ty−2	dx−3	dy−3	dz−3	tx−3	ty−3	dz−4
0视场Zernike系数	z_{11}	−8.387 5	0	0	0	105.754 0	−0.093 5	0	0	0	0.415 0	0
	z_{12}	0	−8.391 0	−0.001 7	−105.673 5	−0.000 5	0	−0.092 0	0.009 0	−0.356 0	0	0.009 4
	z_{13}	0	0.008 5	34.644 1	0.106 5	−0.006 5	0	0.126 5	1.065 8	−1.119 0	0.000 5	−0.730 3
	z_{14}	0.137 5	0	0	0	−13.659 5	−0.028 5	0	0	0	6.677 0	0
	z_{15}	0	−0.138 5	−0.000 1	−13.663 5	−0.011 0	0	0.028 5	−0.002 3	6.686 5	0.001 5	0.003 0
	z_{16}	0	−2.907 0	0.000 6	−36.629 5	0	0	−0.032 5	0.003 2	−0.124 5	0	0.003 4
	z_{17}	−2.909 5	0	0	0	36.658 5	−0.033 0	0	0	0	0.145 0	0
	z_{18}	0	0.001 0	0	0.014 0	0	0	0	0	−0.017 0	0	−0.000 1
1视场Zernike系数	z_{21}	−8.379 5	0.009 0	−0.001 9	0.109 0	105.561 0	−0.091 0	0.002 5	0.011 9	0.081 0	0.277 0	0.012 7
	z_{22}	0.009 0	−8.384 5	−0.001 5	−105.626 5	−0.109 5	0.002 0	−0.092 5	0.008 9	−0.323 5	−0.080 5	0.009 5
	z_{23}	−0.000 5	−0.000 5	−34.642 7	−0.011 0	0.001 0	0.167 0	0.125 5	1.071 6	−1.163 5	1.553 0	−0.739 7
	z_{24}	0.143 0	0.188 5	0	18.269 0	−13.724 5	−0.029 0	−0.038 5	0.006 2	−9.005 5	6.771 0	−0.009 2
	z_{25}	0.187 0	−0.138 5	0	−13.650 0	−18.256 5	−0.038 5	0.028 5	0.001 8	6.721 5	8.988 5	−0.002 7
	z_{26}	0.003 0	−2.905 0	0.000 5	−36.613 0	−0.039 0	0.000 5	−0.033 0	0.003 1	−0.113 5	−0.028 5	0.003 4
	z_{27}	−2.903 0	0.003 0	0.000 7	0.038 5	36.589 5	−0.032 0	0.000 5	0.004 2	0.028 5	0.096 5	0.004 6
	z_{28}	−0.002 5	−0.000 5	0	−0.005 0	0.029 5	0.000 5	0	0	0.014 0	−0.046 0	0.003 0

下面对灵敏度矩阵的奇异值分解和结构参数选择进行讨论。设 $\boldsymbol{A}$ 是秩为 $r(r>0)$ 的 $m\times n$ 矩阵，$\mathrm{rank}(\boldsymbol{A}^{\mathrm{T}}\boldsymbol{A})=\mathrm{rank}\boldsymbol{A}=r$，则存在一个 $m\times m$ 的列正交矩阵 $\boldsymbol{U}$ 和 $n\times n$ 的列正交矩阵 $\boldsymbol{V}$，使得

$$\boldsymbol{A}=\boldsymbol{U}\begin{bmatrix}\boldsymbol{\Sigma} & 0\\ 0 & 0\end{bmatrix}\boldsymbol{V}^{\mathrm{T}}$$

成立，则上式为矩阵 $\boldsymbol{A}$ 的奇异值分解。

式中，$\boldsymbol{U}$、$\boldsymbol{V}$ 是列正交向量，它们的列分别代表像差奇异值向量和结构参数奇异值向量，$\boldsymbol{S}=\begin{bmatrix}\boldsymbol{\Sigma} & 0\\ 0 & 0\end{bmatrix}$ 是包含相应奇异值的对角矩阵，且这些奇异值按照递减排列，$\sigma_0\geqslant\sigma_1\geqslant\cdots\geqslant\sigma_r>0$，式中，$\sigma_i$ 是第 i 个奇异值。

由上式可得

$$\boldsymbol{A}\boldsymbol{v}_i=s_i\boldsymbol{u}_i$$

式中，$\boldsymbol{u}_i$、$\boldsymbol{v}_i$ 分别是 $\boldsymbol{U}$、$\boldsymbol{V}$ 第 i 列向量；奇异值 s_i 代表结构参数单位调整量对像差的改变量，s_i 越大，v_i 结构参数调整对像差 u_i 的影响越大，即越敏感。根据这个特性，可以对结构参数进行筛选，简化灵敏度矩阵，提高运算速度。

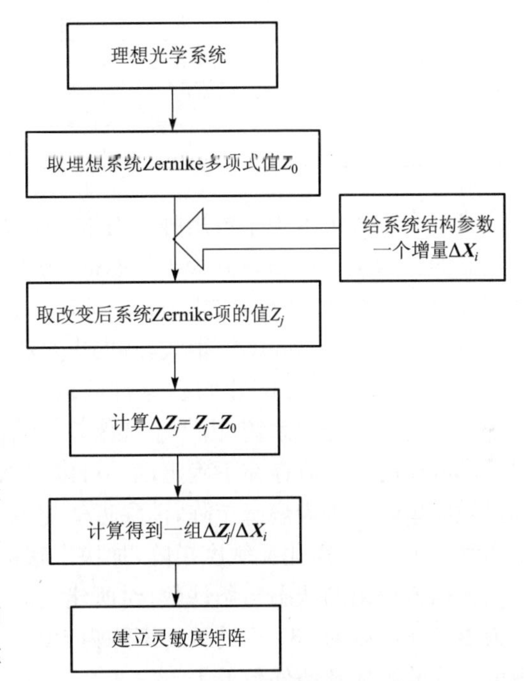

图 14-5　计算灵敏度矩阵流程图

综合分析，选择 5 项结构参数（3，4，5，9，10）作为补偿器，即 $dz-2$、$tx-2$、$ty-2$ 和 $tx-3$、$ty-3$。这样初始的 16×11 灵敏度矩阵变为 16×5 的矩阵。表 14-2 为经筛选后的光学系统的灵敏度矩阵。

表 14-2　甚高分辨力空间遥感器光学系统的灵敏度矩阵

$\Delta z/\Delta x$		次镜调整自由度			三镜调整自由度	
		$dz-2$	$tx-2$	$ty-2$	$tx-3$	$ty-3$
0 视场 Zernike 系数	z_{11}	0	0	105.7 540	0	0.415 0
	z_{12}	−0.001 7	−105.673 5	−0.000 5	−0.3 560	0
	z_{13}	−34.644 1	0.106 5	−0.006 5	−1.119 0	0.000 5
	z_{14}	0	0	−13.659 5	0	6.677 0
	z_{15}	−0.000 1	−13.663 5	−0.011 0	6.686 5	0.001 5
	z_{16}	0.000 6	−36.629 5	0	−0.124 5	0
	z_{17}	0	0	36.658 5	0	0.145 0
	z_{18}	0	0.014 0	0	−0.017 0	0
1 视场 Zernike 系数	z_{21}	−0.001 9	0.109 0	105.560 0	0.081 0	0.277 0
	z_{22}	−0.001 5	−105.630 0	−0.109 5	−0.323 5	−0.080 5

续表

$\Delta z/\Delta x$		次镜调整自由度			三镜调整自由度	
		dz−2	tx−2	ty−2	tx−3	ty−3
1视场 Zernike 系数	z_{23}	−34.642 7	−0.011 0	0.001 0	−1.163 5	1.553 0
	z_{24}	0	18.269 0	−13.725 0	−9.005 5	6.771 0
	z_{25}	0	−13.650 0	−18.256 0	6.721 5	8.988 5
	z_{26}	0.000 5	−36.613 0	−0.039 0	−0.113 5	−0.028 5
	z_{27}	0.000 7	0.038 5	36.590 0	0.028 5	0.096 5
	z_{28}	0	−0.005 0	0.029 5	0.014 0	−0.046 0

当一个方程组由于系数矩阵或右端项的微小摄动而引起解发生巨大变化时，称该方程组是病态的。为了定量描述方程组病态的程度，引入系数矩阵$\boldsymbol{A}$的条件数 cond($\boldsymbol{A}$)来表示摄动即误差对方程组 $\boldsymbol{Ax}=\boldsymbol{b}$ 解的影响。一般地，当 cond($\boldsymbol{A}$)很小时，解的失真程度小，这样的矩阵称为良态矩阵。若 cond($\boldsymbol{A}$)很大，解的失真程度也大，这样的矩阵称为病态矩阵。cond($\boldsymbol{A}$)描述了方程组 $\boldsymbol{Ax}=\boldsymbol{b}$ 的病态程度，条件数越大，病态越严重。

对于复杂的光学系统，由于系统像差与结构参数的非线性和结构参数之间相关性，这种情况下求解出的 $\Delta\boldsymbol{X}$ 值存在不确定性。可以根据灵敏度矩阵$\boldsymbol{A}$条件数的大小定量地判断所构造的灵敏度矩阵是否为病态矩阵，消除近似相关变量，从而筛选出适合的像差参数和结构参数，提高解的可靠性，简化灵敏度矩阵，加快求解精度和速度。

根据方程组的状态与条件数，对所建立的灵敏度矩阵进行分析，初始的 16×11 灵敏度矩阵为 $\boldsymbol{B}1$，筛选后的 16×5 灵敏度矩阵为 $\boldsymbol{B}2$，另外两组 16×6 灵敏度矩阵为 $\boldsymbol{B}3$ 和 $\boldsymbol{B}4$。4 组灵敏度矩阵的组成及条件数见表 14-3。

表 14-3　灵敏度矩阵的组成及条件数比较

灵敏度矩阵	$\boldsymbol{B}1$	$\boldsymbol{B}2$	$\boldsymbol{B}3$	$\boldsymbol{B}4$
补偿器序号	1,2,3,4,5,6,7,8,9,10,11	3,4,5,9,10	1,3,4,5,9,10	3,4,5,6,9,10
条件数	1.4×10^5	12.4	1.1×10^3	1.3×10^3

表 14-3 结果更加明确地验证了灵敏度矩阵 $\boldsymbol{B}2$ 是几组矩阵中状态最好的矩阵，而上面所给出的 4 组矩阵是根据奇异值分析得到的最具代表意义的矩阵。因此，确定表 14-2 所示的矩阵 $\boldsymbol{B}2$ 为本系统装调求解模型的灵敏度矩阵。

2. 地面装调模拟

用编制的广义逆求解失调量程序，求解出 3 种失调状态的失调量值以及装调后的结果，证明对于环形入瞳，此方法依然可行。3 种状态下的失调量及求解结果见表 14-4，装调前后的像差参数值见表 14-5。

表 14-4　3 种状态下的失调量及求解结果

变量	结构参数	dx−2	dy−2	dz−2	tx−2	ty−2	dx−3	dy−3	dz−3	tx−3	ty−3
3	改变量			−0.01	0.002	−0.003					
	计算值			−0.010 0	0.002 0	−0.003 0				0	0

续表

变量	结构参数	dx−2	dy−2	dz−2	tx−2	ty−2	dx−3	dy−3	dz−3	tx−3	ty−3
5	改变量			−0.01	0.003	−0.001				−0.006	0.001
	计算值			−0.010 0	0.003 0	−0.001 0				−0.006 0	0.001 0
10	改变量	0.001	−0.05	−0.2	0.001	0.002	0.05	−0.01	0.1	0.005	−0.003
	计算值			−0.202 9	−0.003 0	0.001 9				−0.002 1	−0.003 4

表 14－5　3 种状态下系统装调前后的像差参数值

变量	像差参数	$p-v(\lambda)$		rms(λ)		rms 半径/μm	
	视场	0	1	0	1	0	1
	理想状态	0.59	0.60	0.09	0.13	5.4	5.5
3	失调状态	2.27	2.69	0.51	0.63	27.7	32.9
	装调完成	0.59	0.60	0.09	0.13	5.4	5.5
5	失调状态	2.2	2.8	0.46	0.59	25.9	31.4
	装调完成	0.59	0.60	0.09	0.13	5.4	5.5
10	失调状态	25.6	25.3	7.0	7.0	425	435
	装调完成	0.55	0.62	0.087	0.15	4.98	5.76

图 14－6 分别给出了理想系统、装调前后的像质变化(取 10 个变量)。

另外,还用其他 3 组灵敏度矩阵 **B**1、**B**3 和 **B**4 进行了装调模拟,**B**1(11 个补偿器)的失调量求解结果与问题相去甚远,这更验证了病态矩阵解的不确定性。**B**3 和 **B**4(6 个补偿器)计算和模拟的结果与 **B**2 没有显著的区别,但考虑到实际装调过程增加 1 个结构调整量会大幅提高精密调整机构的复杂程度和装调设备成本,同时也增加了装调难度和装调人工成本,甚至影响到装调过程能否实现,所以应尽量简化装调参数。

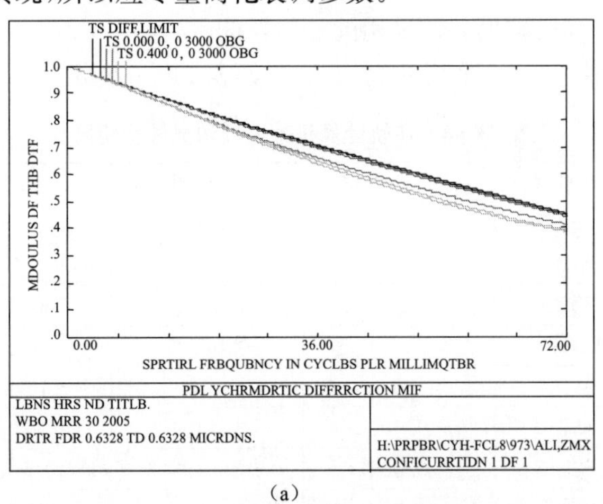

(a)

图 14－6　甚高分辨力空间遥感器光学系统装调前后的成像质量

(a) 理想系统传递函数

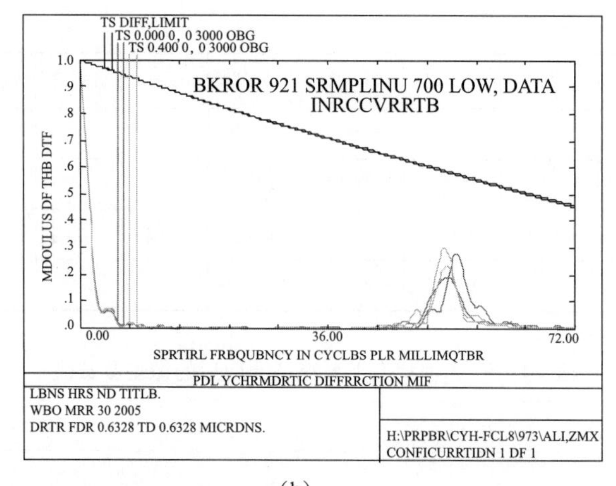

(b)

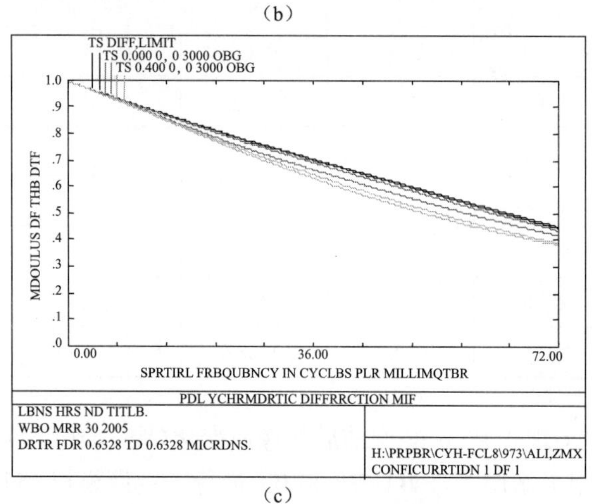

(c)

图 14-6　甚高分辨力空间遥感器光学系统装调前后的成像质量(续)

(b) 失调系统传递函数;(c) 装调后系统传递函数

3. 光学系统在轨计算机辅助调整

空间遥感器在轨计算机辅助装调采用的补偿器为:次镜沿 x,y,z 方向的平移,相对 x,y 轴的倾斜,加上像面位移 dz−4,采用的 8×6 矩阵如表 14-6 所示。

表 14-6　在轨计算机辅助装调灵敏度矩阵

x 方向平移	y 方向平移	z 方向平移	x 方向倾斜	y 方向倾斜	像面位移
dx−2	dy−2	dz−2	tx−2	ty−2	dz−4
−9.258 3	0	0	0	136.269 0	0
0	−9.253 8	−0.001 1	−136.204 3	−0.000 3	0.007 0
0	0.003 7	−25.656 5	0.052 7	−0.011 0	−0.561 5
0.150 0	0	0	0	−15.448 8	0
0	−0.151 0	−0.000 1	−15.434 5	−0.028 5	0.002 5
0	−2.629 5	−0.000 6	−38.732 3	0.000 3	0.002 1
−2.630 7	0	0	0	38.751 0	0
0	0.001 0	0	0.012 7	0	0

利用此矩阵分别对 3、5、10 个变量的情况进行了数值模拟。表 14－7 为模拟失调量与计算量的比较。表 14－8 为 3 种情况下装调前后的像质指标。图 14－7～图 14－10 为理想系统及装调前后的像质图形对照。

表 14－7　3 种状态下的模拟失调量及求解结果

变量数	结构参数	dx－2	dy－2	dz－2	tx－2	ty－2	dx－3	dy－3	dz－3	tx－3	ty－3	dz－4
3	模拟值			－0.01	0.002	－0.003						
	计算值	0.000 1	－0.000 2	－0.01	0.002	－0.003						－0.000 9
5	模拟值	0.004	－0.006	－0.02	0.003	－0.001						－0.2
	计算值	0.004	－0.006 3	－0.022 5	0.003 0	－0.001 0						－0.084 3
10	模拟值	0.001	－0.05	－0.2	0.001	0.002	0.05	－0.01	0.1	0.005	－0.003	－0.02
	计算值	0.028 4	－0.007 2	－0.187 6	－0.001 9	0.003 8						－0.795

表 14－8　3 种状态下系统装调前后的像差参数值

变量数	像差参数	波差 $p-v(\lambda)$		波差 rms(λ)		点列图 rms 半径/μm	
	视场	0	1	0	1	0	1
	理想状态	0.56	0.60	0.095	0.13	5.6	5.7
3	失调状态	2.37	2.89	0.54	0.67	29.3	32.4
	装调完成	0.55	0.61	0.094	0.13	5.5	5.7
6	失调状态	3.76	4.36	0.88	0.96	53.4	54.5
	装调完成	0.54	0.62	0.093	0.13	5.5	5.8
10	失调状态	24.9	24.7	6.8	6.9	421	422
	装调完成	0.57	0.58	0.099	0.13	5.5	5.6

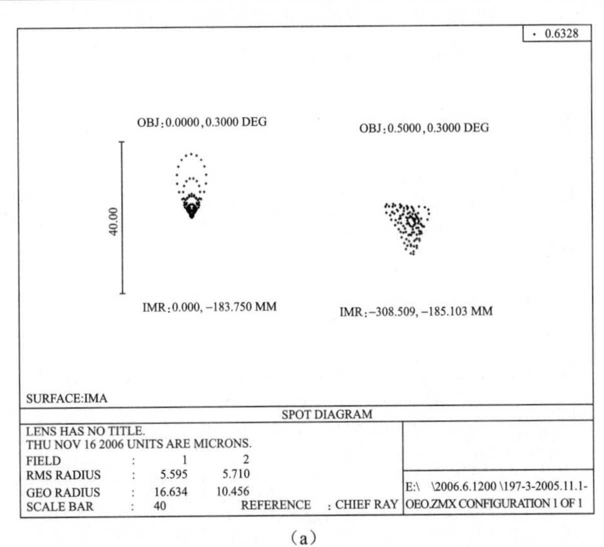

(a)

图 14－7　装调前后点列图的比较

(a) 理想状态点列图

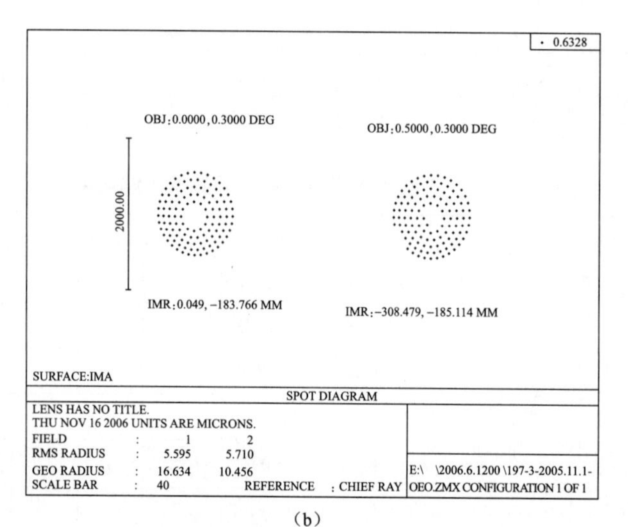

(b)

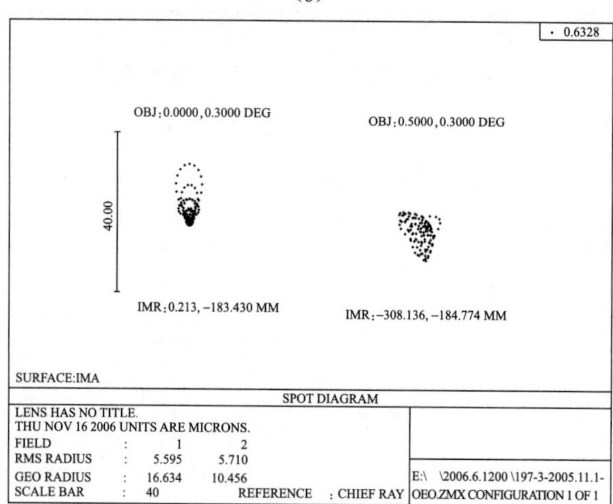

(c)

图 14-7　装调前后点列图的比较(续)

(b) 失调状态点列图;(c) 装调完成后点列图

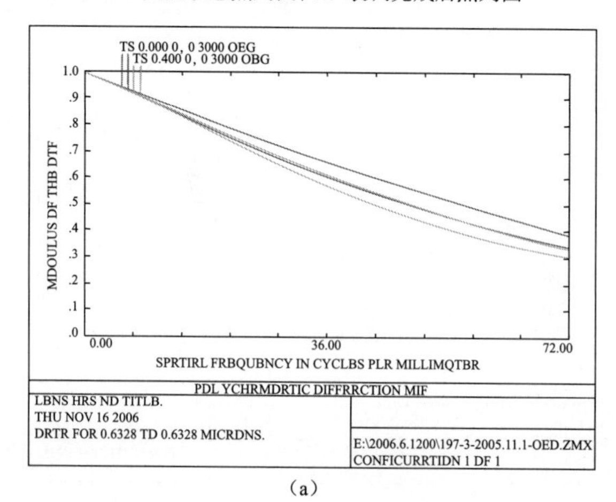

(a)

图 14-8　装调前后 MTF 的比较

(a) 理想状态 MTF

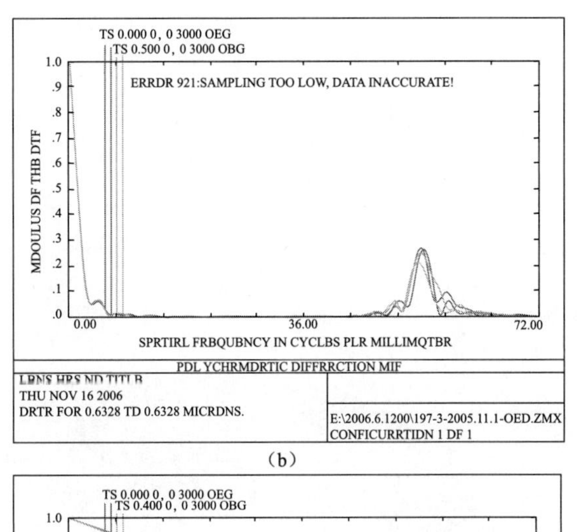

(b)

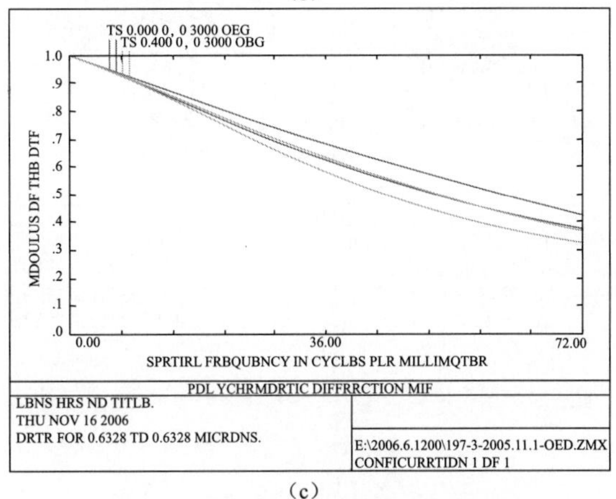

(c)

图 14-8　装调前后 MTF 的比较(续)

(b) 失调状态 MTF；(c) 装调后 MTF

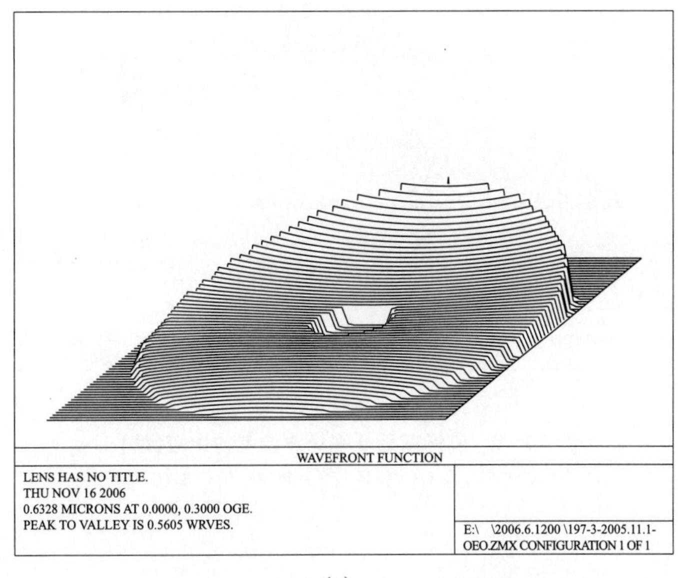

(a)

图 14-9　装调前后 0 视场波像差的比较

(a) 理想状态波像差(0 视场)

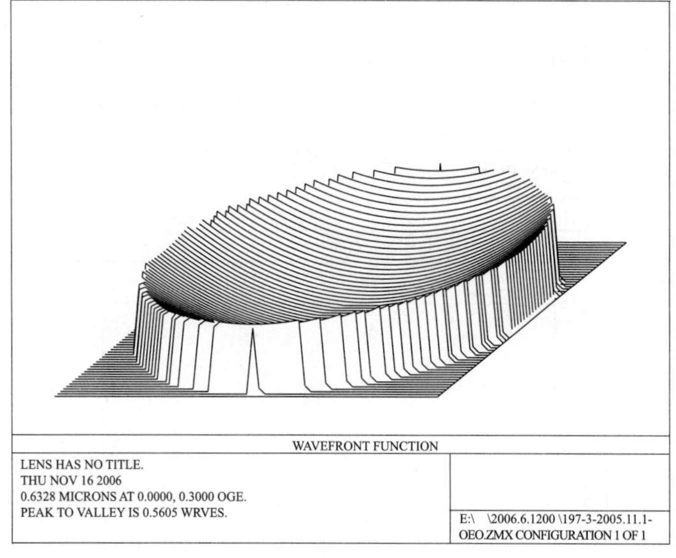

(b)

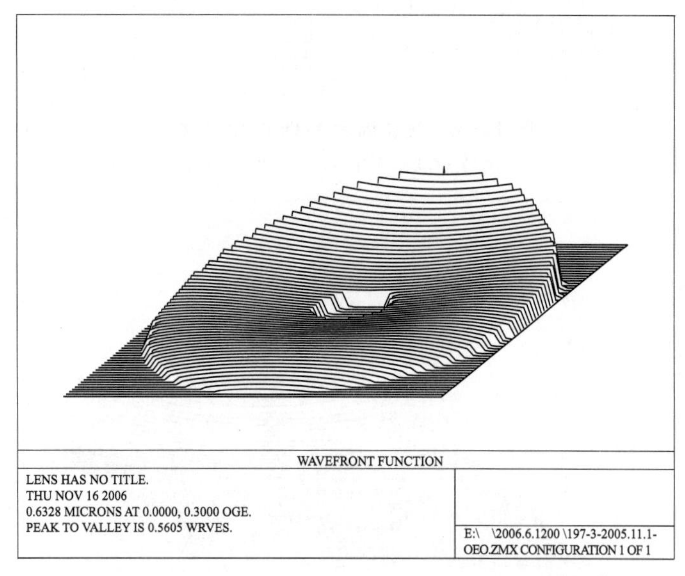

(c)

图 14-9 装调前后 0 视场波像差的比较(续)

(b) 失调状态波像差(0 视场);(c) 装调后波像差(0 视场)

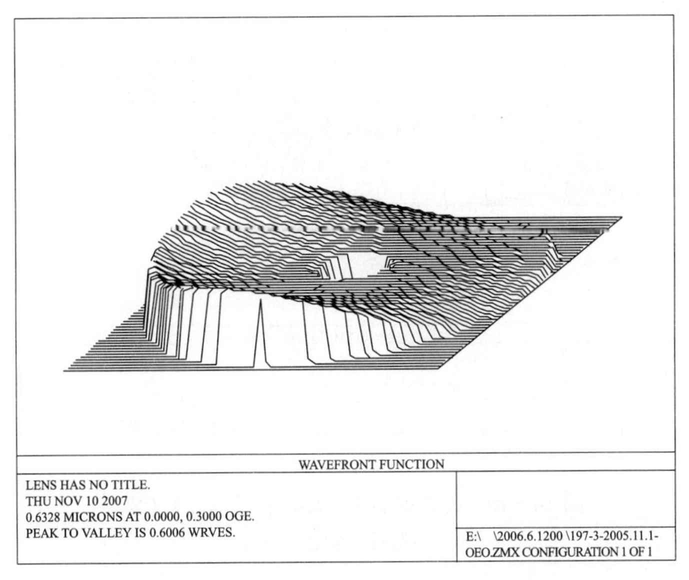

(a)

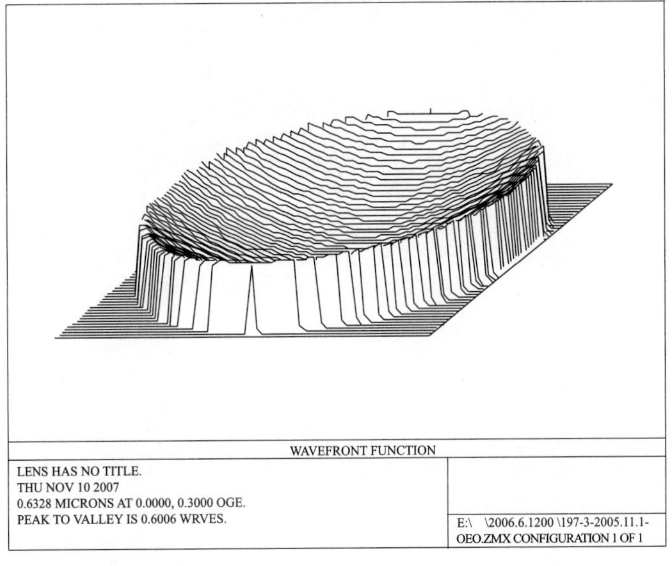

(b)

图 14-10　装调前后 1 视场波像差的比较

(a) 理想状态波像差(1 视场);(b) 失调状态波像差(1 视场)

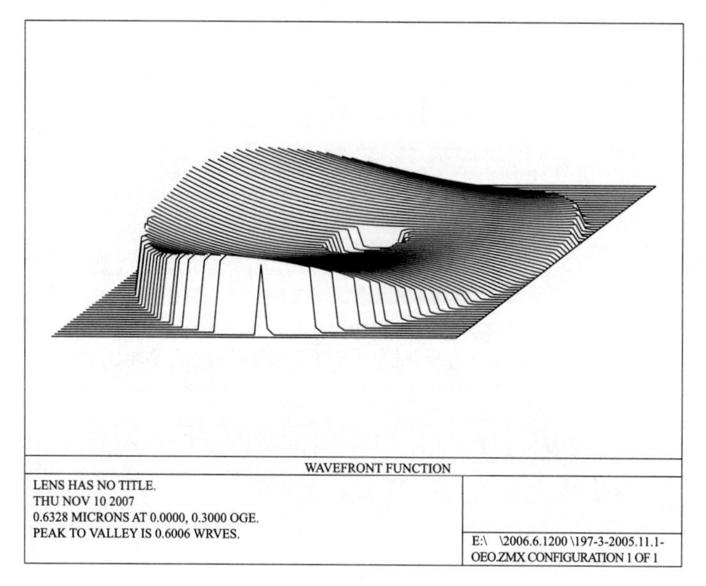

(c)

图 14 - 10　装调前后 1 视场波像差的比较(续)

(c) 装调后波像差(1 视场)

第 15 章

非成像光学

非成像光学是相对于成像光学而言的。所谓成像光学，指的是采用一个光学系统，对一个确定的物平面成一个确定的像平面，物平面和像平面之间的关系可以用物像距离、放大倍率、光阑位置等来表示。通常假定物平面上的图像是理想的，也就是没有像差的，由于光学系统有像差，在像平面上所成的图像相对于物平面上的图像来说会有两方面的变化：一是图像会产生变形，有畸变；二是图像的清晰度或对比度会下降，出现模糊。这两种变化我们统称为像差，系统成像质量的好坏可以采用第 1 章中定义的各种像质评价指标来表示，对成像光学系统来说，设计者的任务就是既要满足物像距离、放大倍率、光阑位置等光学特性参数，又要校正或消除像差，使系统的成像质量符合使用要求。而非成像光学，则通常没有一个确定的像平面，它关注的是物面辐射能量的传输和效率，对物面的辐射能量按照设计要求在像空间进行重新分配，一般要求获得最大的传输效率，并同时在像空间获得一个均匀的能量分布。

非成像光学的典型例子是常见的照明光学系统和太阳能获取系统。照明光学系统在显微镜照明、医用内窥镜照明、激光探测照明、光刻机照明、汽车前照灯等领域中有广泛的应用。同时，近年来，人类在太阳能获取方面进行了大量的研究，在太阳能电池、太阳光泵浦的激光器等方面取得了一些进展，这同样也是非成像光学研究的重点。

本章首先介绍辐射度学和光度学的一些基本概念，然后讨论典型的照明光学系统，最后介绍太阳光能量获取系统的特点。

15.1　辐射度学和光度学基本概念

非成像光学所涉及的主要是能量的接收和能量的均匀性问题，因此必须对辐射度学和光度学的基本概念有深入的了解。我们知道，物面发光体实际上是一个电磁波辐射源，光学系统可以看作是辐射能的传输系统。光学系统中传输辐射能的强弱，是光学系统除了光学特性和成像质量以外的另一个重要性能指标。研究电磁波辐射的测试、计量和计算的学科称为“辐射度学”；研究可见光的测试、计量和计算的学科称为“光度学”。我们首先讨论辐射度学和光度学基本概念。

1. 立体角

研究辐射度学和光度学需要利用一个工具——立体角。一个任意形状的封闭锥面所包含的空间称为立体角，用 Ω 表示，如图 15 - 1 所示。

假定以锥顶为球心，以 r 为半径作一圆球，如果锥面在圆球上所截出的面积等于 r^2，则该

立体角为一个“球面度”(sr)。整个球面的面积为 $4\pi r^2$,因此对于整个空间有

$$\Omega=\frac{4\pi r^2}{r^2}=4\pi \tag{15-1}$$

即整个空间等于 4π 球面度。

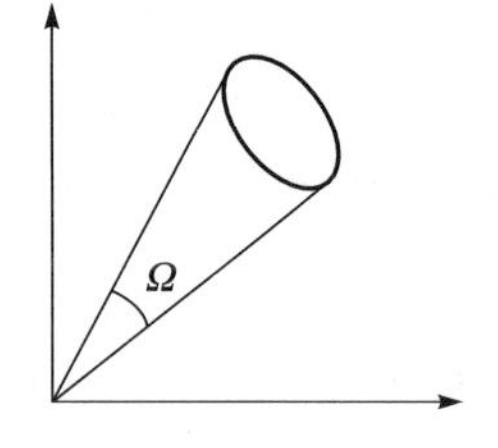

图 15-1 立体角示意图

2. 辐射通量

一个辐射体辐射的强弱,可以用单位时间内该辐射体所辐射的总能量表示,称为“辐射通量”,用符号 Φ_e 表示,辐射通量的计量单位为功率的单位瓦特。实际上,辐射通量就是辐射体的辐射功率。

3. 辐射强度

辐射通量只表示辐射体以辐射形式发射、传播或接收的功率大小,而不能表示辐射体在不同方向上的辐射特性。为了表示辐射体在不同方向上的辐射特性,在给定方向上取立体角 $d\Omega$,假设在 $d\Omega$ 范围内的辐射通量为 $d\Phi_e$,如图 15-2 所示。$d\Phi_e$ 与 $d\Omega$ 之比称为辐射体在该方向上的“辐射强度”,用符号 I_e 表示。

$$I_e=\frac{d\Phi_e}{d\Omega} \tag{15-2}$$

辐射强度的单位为瓦每球面度(W/sr)。

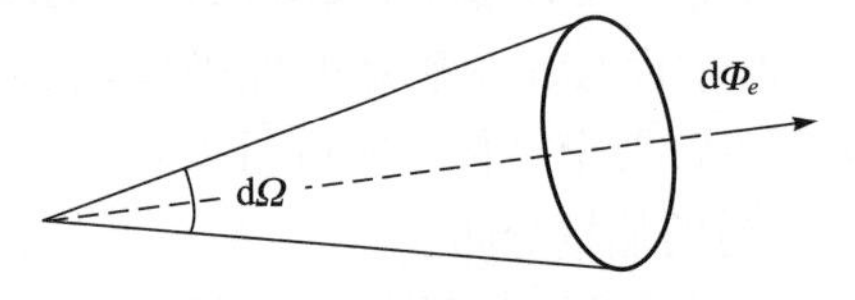

图 15-2 辐射强度示意图

4. 辐(射)出射度、辐(射)照度

辐射强度表示辐射体在不同方向上的辐射特性,但不能表示辐射体表面不同位置的辐射特性。为了表示辐射体表面上任意一点 A 处的辐射强弱,在 A 点周围取微小的面积 dS,不管其辐射方向,也不管在多大立体角内辐射,假定 dS 微面辐射出的辐射通量为 $d\Phi_e$,如图 15-3(a)所示,则 A 点的辐(射)出射度为

$$M_e=\frac{d\Phi_e}{dS} \tag{15-3}$$

$d\Phi_e$ 与 dS 之比称为“辐(射)出射度”,单位为瓦每平方米(W/m^2)。

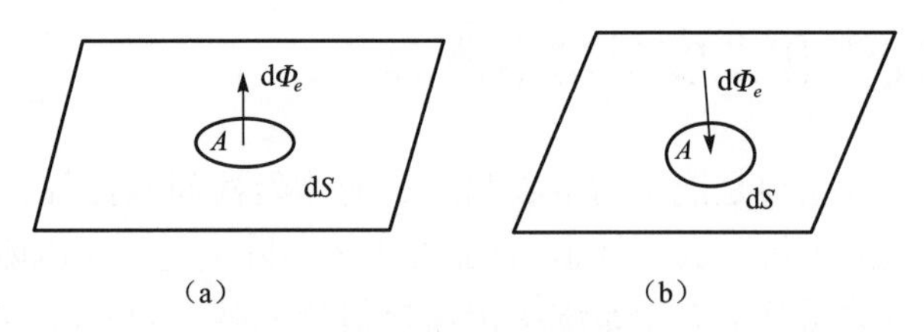

图 15-3 辐出射度和辐照度示意图

如果某一表面被其他辐射体照射,如图 15-3(b)所示。为了表示 A 点被照射的强弱,在 A 点周围取微小面积 dS,假定它接收辐射通量为 $d\Phi_e$,把微面 dS 接收的 $d\Phi_e$ 与 dS 之比称为“辐(射)照度”,用符号 E_e 表示,即

$$E_e=\frac{d\Phi_e}{dS} \tag{15-4}$$

辐(射)照度与辐(射)出射度的单位一样,也是瓦每平方米(W/m^2)。

5. 辐(射)亮度

辐(射)出射度只表示辐射表面不同位置的辐射特性,而不考虑辐射方向,为了表示辐射体表面不同位置和不同方向上的辐射特性,引入辐(射)亮度的概念,如图 15-4 所示,在辐射体表面 A 点周围取微面 $\mathrm{d}S$,在 AO 方向上取微小立体角 $\mathrm{d}\Omega$,$\mathrm{d}S$ 在 AO 垂直方向上的投影面积为 $\mathrm{d}S_e$,$\mathrm{d}S_e=\mathrm{d}S\cdot\cos\alpha$。假定在 AO 方向上的辐射强度为 I_e,I_e 与 $\mathrm{d}S_e$ 之比称为"辐(射)亮度",用符号 L_e 表示,即

$$L_e=\frac{I_e}{\mathrm{d}S_e} \tag{15-5}$$

辐(射)亮度等于辐射体表面上某点周围的微面在给定方向上的辐射强度除以该微面在垂直于给定方向上的投影面积,它代表了辐射体不同位置和不同方向上的辐射特性,单位为瓦每球面度平方米(W/(sr·m^2))。

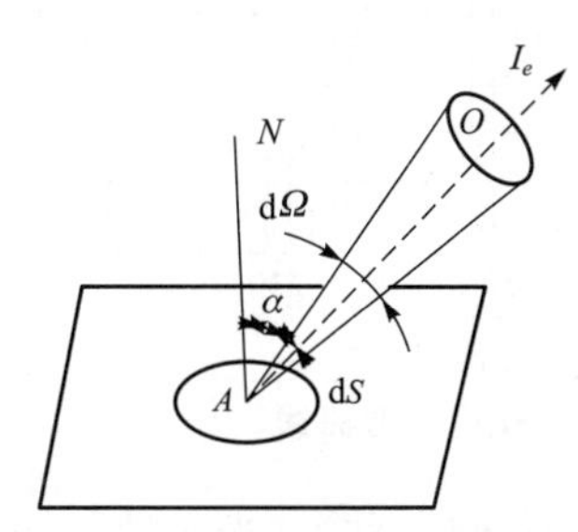

图 15-4　辐亮度示意图

6. 人眼的视见函数

当人眼从某一方向观察一个辐射体时,人眼视觉的强弱,不仅取决于辐射体在该方向上的辐射强度,同时还和辐射的波长有关。人眼只能对波长在 400~760 nm 可见光范围内的电磁波辐射产生视觉。即使在可见光范围内,人眼对不同波长光的视觉敏感度也是不一样的,对黄绿光最敏感,对红光和紫光较差,对可见光以外的红外线和紫外线则全无视觉反应。为了表示人眼对不同波长辐射的敏感度差别,定义了一个函数 $V(\lambda)$,称为"视见函数"("光谱光视效率")。国际光照委员会(CIE) 在大量测定基础上,规定了视见函数的国际标准。表 15-1 就是明视觉视见函数的国际标准。图 15-5 为相应的视见函数曲线。

表 15-1　明视觉视见函数值

颜色	波长/nm	$V(\lambda)$	颜色	波长/nm	$V(\lambda)$
violet	400	0.000 4	yellow	580	0.870 0
violet	410	0.001 2	yellow	590	0.757 0
indigo	420	0.004 0	orange	600	0.631 0
indigo	430	0.011 6	orange	610	0.503 0
indigo	440	0.023 0	orange	620	0.381 0
blue	450	0.038 0	orange	630	0.265 0
blue	460	0.060 0	orange	640	0.175 0
blue	470	0.091 0	orange	650	0.107 0
blue	480	0.139 0	red	660	0.061 0
blue	490	0.208 0	red	670	0.032 0
green	500	0.323 0	red	680	0.017 0
green	510	0.503 0	red	690	0.008 2
green	520	0.710 0	red	700	0.004 1
green	530	0.862 0	red	710	0.002 1
yellow	540	0.954 0	red	720	0.001 05

续表

颜色	波长/nm	$V(\lambda)$	颜色	波长/nm	$V(\lambda)$
yellow	550	0.995 0	red	730	0.000 52
yellow	555	1.000 0	red	740	0.000 25
yellow	560	0.995 0	red	750	0.000 12
yellow	570	0.952 0	red	760	0.000 06

7. 发光强度和光通量

假设某辐射体辐射波长为 λ 的单色光,在人眼观察方向上的辐射强度为 I_e,人眼瞳孔对它所张的立体角为 $d\Omega$,则人眼接收到的辐射通量为

$$d\Phi_e = I_e d\Omega$$

根据视见函数的意义,人眼产生的视觉强度应与辐射通量 $d\Phi_e$ 和视见函数 $V(\lambda)$成正比,因此我们用

$$d\Phi = C \cdot V(\lambda) \cdot d\Phi_e \qquad (15-6)$$

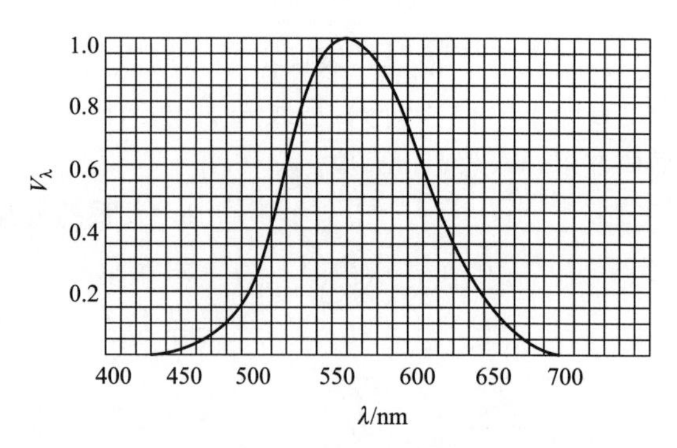

图 15-5 视见函数曲线

表示该辐射产生的视觉强度。$d\Phi$ 就是按人眼视觉强度来度量的辐射通量,称为“光通量”。公式右边的常数 C 为单位换算常数。人眼所接收的光通量 $d\Phi$ 与辐射体对瞳孔所张立体角 $d\Omega$ 之比用 I 代表,称为“发光强度”。发光强度表示在指定方向上光源发光的强弱。

$$I = \frac{d\Phi}{d\Omega}$$

同时可得

$$I = C \cdot V(\lambda) \cdot \frac{d\Phi_e}{d\Omega} = C \cdot V(\lambda) \cdot I_e \qquad (15-7)$$

发光强度的单位为坎(德拉)(cd)。如果发光体发出的电磁波频率为 540×10^{12} Hz 的单色辐射(波长 $\lambda=555$ nm),且在此方向上的辐射强度为(1/683)W/sr,则发光体在该方向上的发光强度为 1cd(坎德拉)。坎(德拉)是光度学中最基本的单位,也是七个国际基本计量单位之一。光通量 $d\Phi$ 的单位为流明(lm)。如果发光体在某方向上的发光强度为 1cd,则该发光体辐射在单位立体角内的光通量为 1 lm。Φ 和 Φ_e 之比 K 表示发光体的发光特性,K 称为发光体的“光视效能”,K 的单位为流明每瓦(lm/W),表示辐射体消耗 1 W 功率所发出的流明数。

8. 光出射度和光照度

对于具有一定面积的发光体,表面上不同位置发光的强弱可能是不一致的。为了表示任意一点 A 处的发光强弱,在 A 点周围取微小面积 dS,假定它发出的光通量为 $d\Phi$(不管它的辐射方向和辐射范围立体角的大小),如图 15-6(a)所示,A 点的光出射度表示为

$$M = \frac{d\Phi}{dS} \qquad (15-8)$$

公式所表示的光出射度,就是发光表面单位面积内所发出的光通量,与辐射度学中的辐(射)出射度相对应。反之,某一表面被发光体照明,为了表示被照明表面 A 点处的照明强弱,在 A

点周围取微小面积 $\mathrm{d}S$，它接收了 $\mathrm{d}\Phi$ 光通量，如图 15－6(b)所示，则 $\mathrm{d}\Phi$ 与 $\mathrm{d}S$ 之比称作 A 点处的"光照度"，用下式表示

$$E=\frac{\mathrm{d}\Phi}{\mathrm{d}S} \tag{15-9}$$

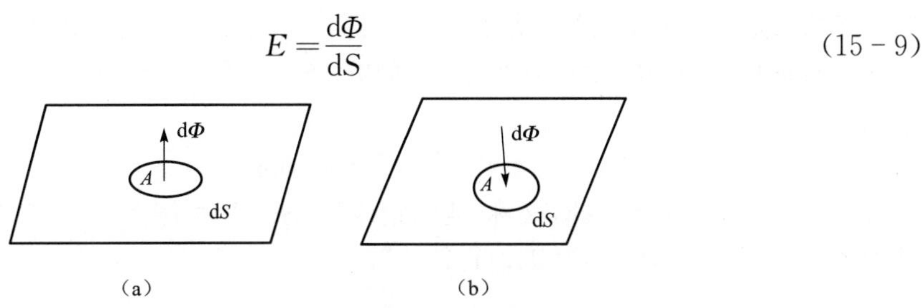

图 15－6　光出射度和光照度示意图

光照度表示被照明的表面单位面积上所接收的光通量。与辐射度学中的辐(射)照度相对应。显然，光出射度和光照度具有相同的单位，不过是一个用于发光体，而另一个用于被照明体。它们的单位是勒克斯(lx)。1 lx 等于 1 m^2 面积上发出或接收 1 lm 的光通量，即 1 lx＝ 1 $\mathrm{lm/m}^2$。

9. 光亮度

光亮度表示发光表面不同位置和不同方向的发光特性。假定在发光面上 A 点周围取一个微小面积 $\mathrm{d}S$，如图 15－7 所示。某一方向 AO 的发光强度为 I，且 $\mathrm{d}S$ 在垂直于 AO 方向上的投影面积为 $\mathrm{d}S_n$，则光亮度用下式表示

$$L=\frac{I}{\mathrm{d}S_n}=\frac{I}{\mathrm{d}S\cdot\cos\alpha}$$

光亮度的单位为坎(德拉)每平方米($\mathrm{cd/m}^2$)。同时可以得到

$$L=\frac{I}{\mathrm{d}S_n}=\frac{\mathrm{d}\Phi}{\mathrm{d}S\cdot\cos\alpha\cdot\mathrm{d}\Omega} \tag{15-10}$$

由式(15－10)可知，光亮度表示发光面上单位投影面积在单位立体角内所发出的光通量。

10. 光照度公式和发光强度的余弦定律

假定点光源 A 照明一个微小的平面 $\mathrm{d}S$，如图 15－8 所示。$\mathrm{d}S$ 离开光源的距离为l，其表面法线方向 ON 和照明方向成夹角 α，假定光源在 AO 方向上的发光强度为 I，则光源射入微小面积 $\mathrm{d}S$ 内的光通量为 $\mathrm{d}\Phi=I\mathrm{d}\Omega$，则有

$$E=\frac{\mathrm{d}\Phi}{\mathrm{d}S}=\frac{I\cos\alpha}{l^2} \tag{15-11}$$

上式就是光照度公式。从上式看出，被照明物体表面的光照度和光源在照明方向上的发光强度 I 及被照明表面的倾斜角 α 的余弦成正比，而与距离的平方成反比。

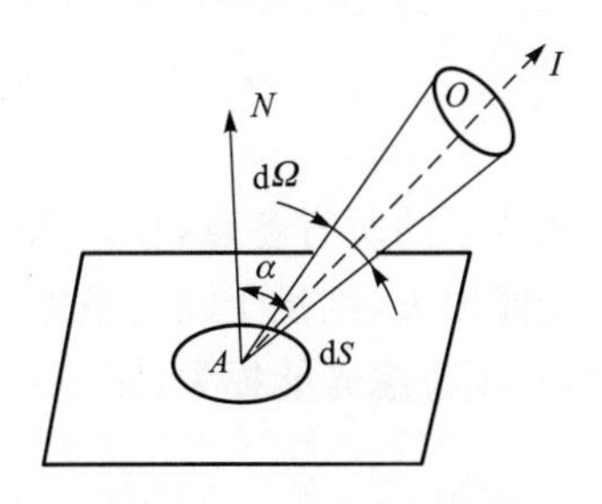

图 15－7　光亮度示意图

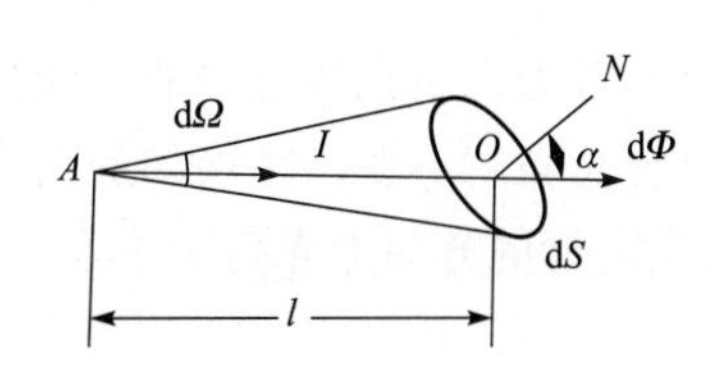

图 15－8　光照度公式示意图

大多数均匀发光的物体,不论其表面形状如何,在各个方向上的光亮度都近似一致。例如,太阳虽然是一个圆球,但我们看到在整个表面上中心和边缘都一样亮,和看到一个均匀发光的圆形平面相同,这说明太阳表面各方向的光亮度是一样的。假定发光微面 $\mathrm{d}S$ 在与该微面垂直方向上的发光强度为 I_0,如图 15-9 所示。设发光体在各方向上的光亮度一致,有

$$I = I_0 \cos\alpha \tag{15-12}$$

上式就是发光强度余弦定律,又称“朗伯定律”。该定律可用图 15-10 表示。符合余弦定律的发光体称为“余弦辐射体”或“朗伯辐射体”。

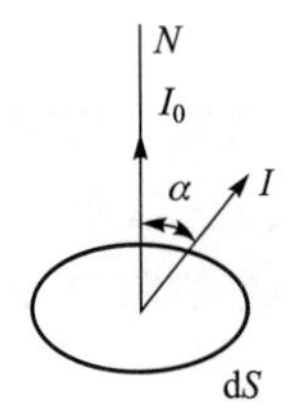

图 15-9 发光照度余弦定律示意图

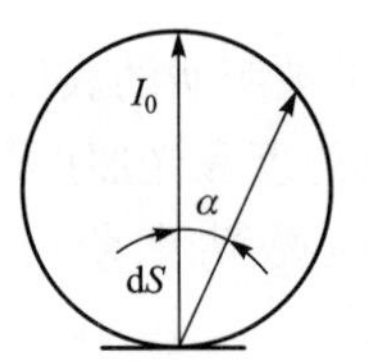

图 15-10 发光照度余弦分布示意图

假定发光面的光亮度为 L,面积为 $\mathrm{d}S$,如图 15-11 所示。在半顶角为 u 的圆锥内所辐射的总光通量为

$$\Phi = \pi L \mathrm{d}S \sin^2 u \tag{15-13}$$

如果发光面为单面发光,则发光物体发出的总光通量 Φ,相当于以上公式中 $u = 90°$,则得 $\Phi = \pi L \mathrm{d}S$,如发光面为两面发光,则 $\Phi = 2\pi L \mathrm{d}S$。

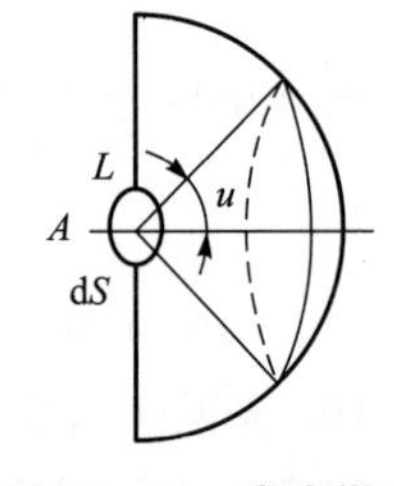

图 15-11 发光微面光通量示意图

11. 全扩散表面的光亮度

大多数物体本身并不发光,而是被其他发光体照明以后,光线在物体表面进行漫反射。如果被照明物体的表面在各方向上的光亮度是相同的,则称这样的表面为全扩散表面。全扩散表面具有余弦辐射特性。假定一个全扩散表面 $\mathrm{d}S$,它的光照度为 E,假定该全扩散表面的漫反射系数为 ρ,则

$$L = \frac{1}{\pi}\rho E \tag{15-14}$$

12. 光学系统中光束的光亮度

光学系统中光束光亮度变化的规律为

$$\frac{L_1}{n_1^2} = \frac{L_2}{n_2^2} = \cdots = \frac{L_k}{n_k^2} = L_0 \tag{15-15}$$

如果不考虑光束在传播中的光能损失,则位于同一条光线上的所有各点,在该光线传播方向上的折合光亮度不变。在均匀透明介质中,如果不考虑光能损失,则位于同一条光线上的各点,在光线进行的方向上光亮度不变。在实际光学系统中,必须考虑光能损失,则

$$L' = \tau L \left(\frac{n'}{n}\right)^2 \tag{15-16}$$

式中，τ 称为光学系统的透过率。显然 τ 永远小于1。因此，当系统物像空间介质相同时，像的光亮度永远小于物的光亮度。

13. 像平面的光照度

如图 15-12 所示，假定物平面上轴上物点 A 的光亮度为 L，且各方向上光亮度相同，光轴周围像平面的光照度公式为

$$E'_0=\tau\pi L\left(\frac{n'}{n}\right)^2\sin^2 u'_{\max} \tag{15-17}$$

在物空间和像空间折射率相等的情况下，将 $n'=n$ 代入上式 得

$$E'_0=\tau\pi L\sin^2 u'_{\max}$$

上式为轴上像点的光照度公式，如果知道了轴上点和轴外点的光照度之间的关系，就可以求得轴外点的光照度。假定物平面的光亮度是均匀的，并且轴上点和轴外点对应的光束截面积相等，即不存在斜光束渐晕，如图 15-13 所示。像平面上每一点对应的光束都充满了整个出瞳，光学系统的出瞳好像是一个发光面，照亮了像平面上的每一点。出瞳射向像平面上不同像点的光束，是由物平面上不同的对应点发出的。如果物平面的光亮度是均匀的，则出瞳射向不同方向的光束光亮度也是相同的。假定出瞳的直径和出瞳离开像平面的距离比较起来不大，即光束孔径角较小，则可以近似应用光照度公式表示像平面光照度，可得

$$\frac{E'}{E'_0}=K\cos^4\omega' \tag{15-18}$$

上式说明，随着像方视场角 ω' 的增加，像平面光照度按 $\cos\omega'$ 的四次方降低。当像方视场角 ω' 达到 60°时，边缘光照度不到视场中央的 10%，这是设计 100°～120°特广角照相物镜时所遇到的主要困难之一。在实际光学系统中，往往存在斜光束渐晕现象。假定斜光束的通光面积和轴向光束的通光面积之比为 K，则在一般系统中，K 均小于 1。因此像平面边缘光照度下降得更快。

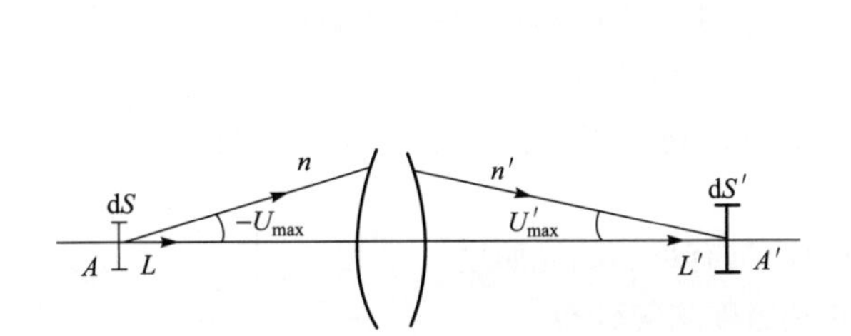

图 15-12　轴上像点光照度示意图

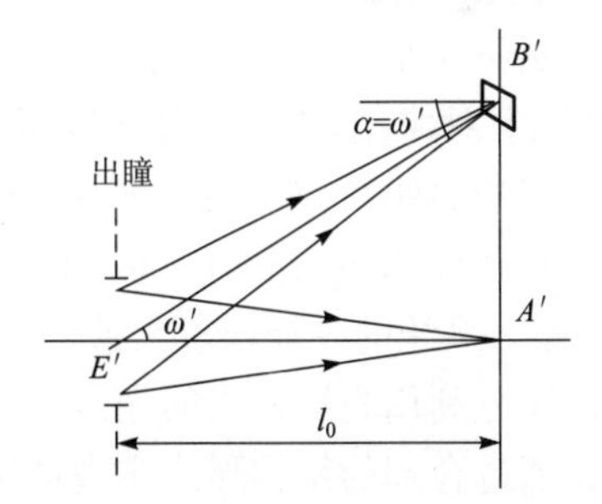

图 15-13　轴外像点光照度示意图

14. 照相物镜像平面的光照度和光圈数

照相物镜的作用是把景物成像在感光底片上。由于景物距离和物镜焦距比较，一般都达到数十倍，因此，可以认为像平面近似位于物镜的像方焦面上，得

$$E'_0=\frac{\pi}{4}\tau L\left(\frac{D}{f'}\right)^2 \tag{15-19}$$

式中，D/f' 称为物镜的相对孔径，用 A 表示，相对孔径的倒数就是 F 数，像平面光照度和相对孔径平方成比例。

15.2 照明光学系统基本组成

照明系统是非成像光学系统的典型例子,也是光学仪器系统的一个重要分支。一般来说,凡是研究对象为不发光物体的光学系统都要配备照明装置,如显微镜、投影系统、机器视觉系统、工业照明系统等。

照明系统通常包括光源、聚光镜及其他辅助透镜、反射镜。其中,光源的亮度、发光面积、均匀程度决定了聚光照明系统可以采用的形式。照明系统可采用的光源有卤钨灯、金属卤化物灯、高压汞灯、发光二极管(LED)、氙灯、电弧灯等。有些光源在其发光面内具有足够的亮度和均匀性,可以用于直接照明,但大多数情况下,光源后面需要加入由聚光镜等构成的照明光学系统来实现一定要求的光照分布,同时使光能量损失最小,这两方面是对不同照明系统进行设计时需要解决的共同问题。

对于照明光学系统的设计,可以借助于常规的光学设计软件。近年来,国际上也已经有了非常成熟的针对照明系统设计的商业软件,如 ASAP、LightTools、Tracepro 等。这些软件可以精确地定义各种实际光源的形状和发光特性,通过光线追迹,能计算出某个(或某几个)指定表面上的光照度、强度或亮度。软件优良的仿真特性也为照明系统的设计提供了良好的检验手段。

传统的成像光学旨在通过光学系统的作用,获得高质量的像,其目标专注于信息传递的真实性、高效性;而非成像光学中的照明光学系统,则其着眼点在于光能量传递的最大化,以及被照明面上的照度分布及大小。

与成像光学系统相比,照明光学系统具有以下特点:

① 照明光学系统设计时必须考虑到光源的特性,如形状、发光面积、色温、光亮度分布等,而传统的成像光学设计中一般不需考虑物空间的光分布问题。

② 照明光学系统结构形式的确定主要考虑满足不同光能大小和不同光能量分布的需要,一般情况下对像差要求并不严格,而成像系统的结构布局是从减小像差出发的。

③ 有些照明系统不构成物像共轭关系,无法采用传统成像系统的像质评价指标。一般来说,对照明光学系统设计优劣的判断通常是光能量的利用率、光照度分布是否均匀等。

对照明系统的设计要求大致如下:

① 充分利用光源发出的光能量,使被照明面具有足够的光照度。

② 通过合理的结构形式实现被照明面的光照度均匀分布。

③ 照明系统的设计应考虑到与后续成像系统配合使用的问题。比如,在投影系统中,为发挥投影物镜的作用,照明系统的出射光束应充满整个物镜口径;在显微系统中,应保证被照点处的数值孔径。

④ 尽量减少杂光并防止多次反射像的形成。

通常照明系统根据照明方式的不同可以分为两类:临界照明和柯勒照明。

第一类:临界照明

临界照明是把光源通过聚光照明系统成像在照明物面上。结构原理图如 15 - 14 所示。在这类系统中,后续成像物镜的孔径角由聚光镜的像方孔径角决定。为与不同数值孔径的物镜相配合,通常在聚光照明系统物方焦面附近设置可变光阑,以改变射入物镜的成像光束孔径角。

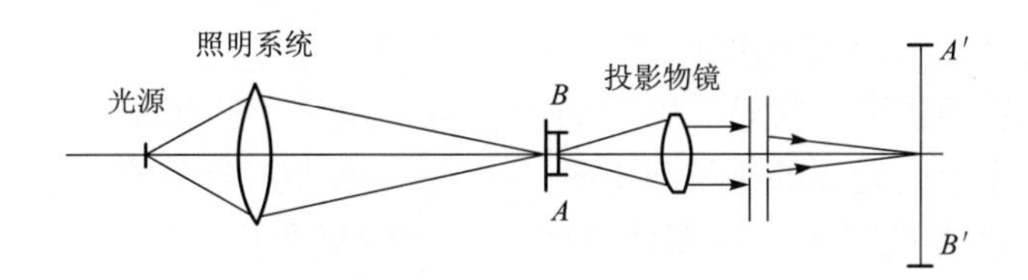

图 15-14　临界照明示意图

为保证尽可能多的光线进入后续成像系统，要求照明系统的像方孔径角 U' 大于物镜的孔径角。同时，为了充分利用光源的光能量，也要求增大系统的物方孔径角 U 。当 U 和 U' 确定以后，照明系统的倍率 β 由下式得到：

$$\beta=\frac{\sin U}{\sin U'} \tag{15-20}$$

又由于 $\beta=\dfrac{y'}{y}$ ，因此，根据投影平面的大小，利用放大率公式可以求出所需要的发光体尺寸，作为选定光源的根据。

临界照明的缺点在于当光源亮度不均匀或者呈现明显的灯丝结构时，将会反映在物面上，使物面照度不均匀，从而影响观察效果。为了达到比较均匀的照明，这种照明方式对发光体本身的均匀性要求较高，同时要求被照明物体表面和光源像之间有足够的离焦量。后续物镜的孔径角应该取大一些，如果物镜的孔径角过小，焦深会很大，容易反映出发光体本身的不均匀性。临界照明系统多用于投影物体面积比较小的情形，如电影放映机就是采用这种系统。这类系统中的照明器又有两种：一种是用反射镜，如图 15-15 所示，光源通常用电弧或短弧氙灯；另一种是用透镜组，光源通常用强光放映灯泡，如图 15-16 所示。为了充分利用光能量，一般在灯泡后放一球面反射镜，反射镜的球心和灯丝重合，灯丝经球面反射成像在原来的位置上。调整灯泡的位置，可以使灯丝像正好位于灯丝的间隙之间，如图 15-17 所示。这样可以提高发光体的平均光亮度，并且易于达到均匀的照明。

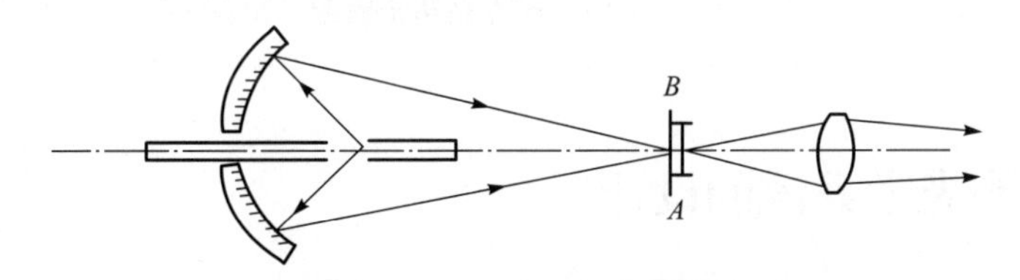

图 15-15　反射式临界照明

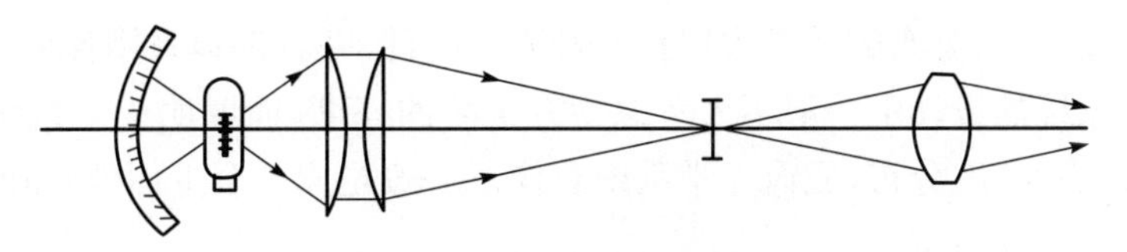

图 15-16　透射式临界照明

第二类：柯勒照明

柯勒照明是把光源的像成在后续物镜的入瞳面上，如图 15-18 所示。这类系统中，聚光照明系统的口径由物平面的大小决定,为了缩小照明系统的口径,一般尽可能使照明系统和被照物平面靠近。物镜的视场角 ω 决定了照明系统的像方孔径角 U',为了提高光源的能量利用率,也应尽量增大照明系统的物方孔径角 U 。增大物方孔径角一方面使照明系统结构复杂化,另一方面在照明系统口径一定的情况下,光源和照明系统之间的距离缩短,因此这类系统要求使用体积更小的光源,反过来这两方面也限制了 U 角的增大。

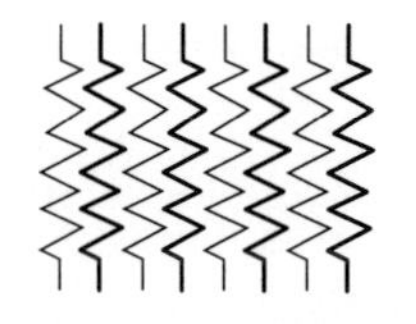

图 15-17 反射镜灯丝像示意图

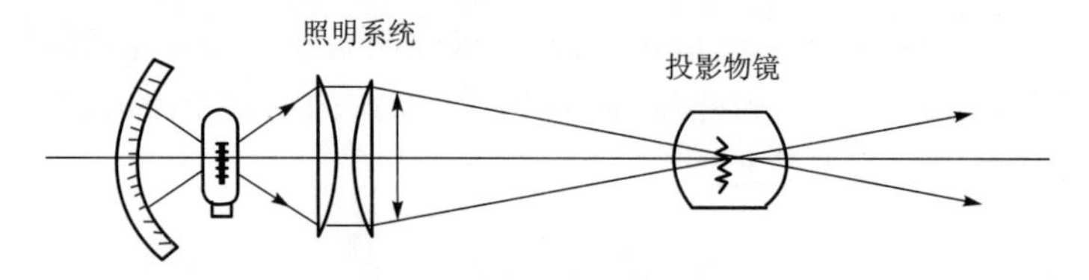

图 15-18 柯勒照明示意图

柯勒照明系统中,由于光源不是直接成像到被照明面上,因此,被照明面上可以得到较为平滑的照明,这样避免了临界照明中的不均匀性。若已知物镜光瞳直径,由式(15-20)可求照明系统的放大率,则可求出发光体的尺寸,作为光源选择的根据。在某些用于计量的投影仪中,为了避免调焦不准而引起的测量误差,和测量用显微镜物镜相似,投影物镜采用物方远心光路,如图 15-19 所示。

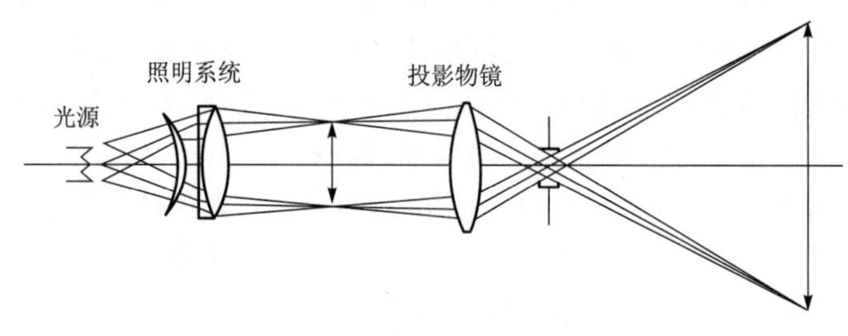

图 15-19 远心光路示意图

15.3 照明光学系统的设计

照明光学系统注重的是能量的分配而不是信息的传递,所关心的问题并不是像平面上的成像质量如何,而是被照明面上的照度分布和大小。从这个意义上来看,设计照明光学系统实质上就是根据照度大小、分布的要求去选择各种光学元件,并合理地采用各种结构形式。

在成像光学系统的设计中一般不大考虑物方空间的亮度,而照明光学系统则必须考虑光源(如灯丝)的形状和亮度分布,成像光学系统在像方一般是成一个平面像,而照明光学系统需要照亮的往往是一个立体空间。

对于系统的评价方法,成像光学系统的物像空间有着相应的点与点对应的共轭关系,故可以在视场中心和边缘选取几个抽样点,追迹光线到相应的像点,用垂轴像差、点列图或光学传递函数对系统的成像质量进行评价;而照明光学系统没有物像共轭关系,照明区域中任意一点的照度都是由光源上许多点发出的光能通过照明系统分配后叠加形成的,因此无法完全套用成像系统的分析和方法。

成像系统虽然可以非常复杂，但绝大多数情况下可以把其中的各光学面作有序排列，所有光线均按此顺序逐一通过各面。而照明光学系统的形成却是多种多样，如汽车前照灯的配光镜，通常是由许多面形大小各不相同的柱面镜组合起来的，从灯丝发出的任意一条光线通过一个柱面镜，这些柱面镜就构成了一组非顺序光学面，对非顺序光学面的数学处理和光线追迹要复杂得多。

照明光学系统的光学特性主要有两个：一个是孔径角，一个是倍率。设计时应根据系统对光能量大小及光照度分布的要求，确定照明系统的孔径角及光源的放大率，进而选定照明系统的具体形式和结构，并进行适当的像差校正。

照明系统可采用透射和反射两种不同的形式进行聚光照明。以投影仪中的透射式照明系统为例，其设计的基本步骤如下。

1. 选定光源

构成照明系统的光学系统组成是可以多种多样的，而照明光源却是它们共有的部分。光源的种类很多，有热辐射光源（如白炽灯、卤钨灯）、气体放电光源（如低压汞灯、高压钠灯、金属卤化物灯、脉冲氙灯），还有冷光源和特种光源等；光源发光体的形状也是各种各样，可以是点光源，也可以是扩展光源，可以是均匀的，也可以是非均匀的。光源的发光特性和形状都对被照明面上的光能分布有非常大的影响。

在设计一个照明光学系统时，首要任务就是要根据需求选择好光源。对光源的基本要求就是它能发射出足够的光通量。如果在规定的角度区域中的发光强度或在规定面积中的照度已经明确，那么，来自灯具的光通量就可以通过计算获得。而进入光学系统的光通量，考虑到灯具本身的光损失，必须将自灯具出射的光通量乘上一个系数。

光源的尺寸也是一个需要考虑的因素，因为这将影响到灯具的尺寸。当给定光通量输出的表面面积减小时，灯具的亮度将增高，有可能引起眩光。同时，在灯具中小光源放置的位置要比大光源严格得多，这时系统中的光学元件必须做得十分精密，这就对加工工艺提出了更高的要求。

光源的另外一个要求就是颜色，它必须与应用场合相匹配。在大部分情况下，颜色的要求并不很严格，但对于信号灯等特殊用途灯，通常对颜色有严格的限制。

2. 确定照明方式

设计者需要确定采用哪种照明方式，是临界照明还是柯勒照明。照明系统中的光学系统的设计必须以所选择的光源类型、照明方式以及照明的目的和要求为原则，要求能够充分利用光能，合理地运用光源的配光分布，而且结构上要与光源的种类配套，规格大小要与光源的功率配套。

3. 确定和设计光学系统

根据光源的发光特性（如光亮度）和像平面光照度要求，利用像平面光照度公式，求出所要求的光学系统的孔径，并进而确定系统的视场角或孔径角。按照照明系统像方孔径角与物镜相匹配的原则，确定照明系统像方孔径角 U' 。根据光源尺寸以及它与照明系统之间允许的距离确定照明系统物方孔径角 U 。由物像方孔径角计算照明系统的倍率并确定照明系统的基本形式。根据倍率和孔径角的要求进行像差校正，获得优化的结构。

与成像光学系统一样，照明系统中的光学系统也是由透镜、反射镜、平面镜等基本光学元件组成的，但大多以非球面非共轴为主，这是因为非球面非共轴光学系统在实现各种类型的光能分布时要比共轴球面系统更为便利。

与大多数成像光学系统不同，照明系统对视场边缘需要进行最佳像差校正。但是照明系统的消像差要求并不严格。考虑到光照的均匀性，只需适当减小球差。在要求比较高的情况下，还需考虑彗差和色差。

现代的照明系统中，更多地采用了非球面和反射式的聚光照明形式。采用非球面一方面可以简化系统的结构，另一方面能更好地校正像差，而反射面由于孔径角可以大于 90°，还能提高光能的利用率，获得高质量的照明。

4. 照明系统的照度计算

照明光学系统的照度分布计算是照明光学系统设计中的关键问题。有多种可取方案来计算照明光学系统的照度分布。方案的选择基本上依赖于照明光源，即光源是点光源还是扩展光源，是均匀的还是非均匀的。下面对几种方法作一下简单介绍。

(1) 光束断面积法

这种方法适用于点光源照明的光学系统，即照明光源为一点或者与光学系统的尺寸相比很小。典型的点光源有发光二极管以及激光系统(在离束腰足够远时可以认为它是点光源)。

光束断面积法是以能量守恒定律为依据的。如图 15-20所示，由光源发出的在某一微小锥形角内的光束投射到参考面上，假设其照射的面积为 dA，照度为 $E(x,y)$，当这一锥形角内的光束投射到另一表面时，设其照射面积为 dA'，照度为 $E'(x',y')$，就有下列公式

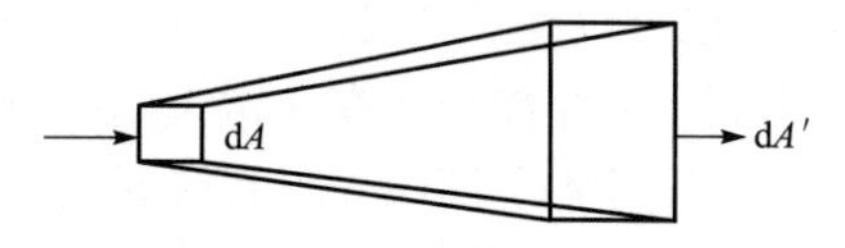

图 15-20　光束断面积法原理图

$$E(x,y)\mathrm{d}A = E'(x',y')\mathrm{d}A' \tag{15-21}$$

或者

$$E'(x',y') = E(x,y)\mathrm{d}A/\mathrm{d}A' \tag{15-22}$$

因为事先知道光源(如朗伯光源)在空间和角度上的性质，可以求出 $E(x,y)$，通过光线追迹，比值 dA/dA' 也可以算出来，从而就可以计算出照度 $E'(x',y')$。

(2) 蒙特卡罗方法

蒙特卡罗方法适用于点光源和扩展光源照明光学系统，但主要应用于扩展光源在空间或角度上有辐射变化的照明光学系统。它是通过追迹上万条光线来决定照度的，可以从光源到接收器或从接收器到光源来进行光线追迹。这种方法因需要追迹大量的光线，因此，计算所需时间相对比较长。蒙特卡罗方法还涉及抽样问题，即对光源在空间角度上进行抽样。另外，接收面是被分为矩形小方格进行考察的。光线被收集到矩形小方格内，给定照明点的照度值的准确度依赖于围绕此点的小方格所收集到的光线的数量。方格越小对照度的分布情况描述得越好，但想要获得同等的准确度，要求所追迹的光线相对多一些。

(3) 投射立体角法

投射立体角法适用于扩展光源系统，它要求扩展光源在空间上均匀分布并且是朗伯型的。如是非均匀光源须通过将其分为相对比较均匀的小区域进行分析。运用投射立体角法计算结果准确、速度快。但运用投射立体角法每次只能计算出照明面上每一给定点(观察点)的照度值。其原理如图 15-21 所示。

假定把眼睛放在照明面的观察点上，通过光学系统观察光源，观察点的照度就由通过光学系统射入眼睛的光线数量来决定，射入眼睛的光束对眼睛所形成的张角(立体角)受限于光学

系统的透镜口径和光源的尺寸大小。假设光源的亮度为 L，光束对人眼的立体角为 ω，透镜的透过率为 τ，则观察点处的照度就为 $E=c\tau L\omega$，其中，c 为光线对观察点的倾斜因子，当立体角很小时，它等于倾斜角的余弦值；当立体角较大时，它等于每条光线倾斜角的余弦值的积分。

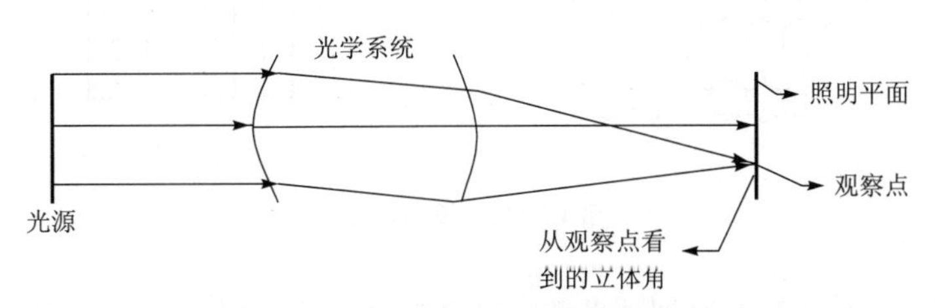

图 15-21　投射立体角法原理图

在观察点处人眼对所能看到光源部分所张的立体角与倾斜因子的乘积，我们称之为投射立体角，设符号为 Ω。此时得到观察点处的照度：$E=\tau L\Omega$。

在进行软件编制时，可根据不同的照明光源系统选用相应的方法，建立对应的数学理论模型。

15.4　均匀照明的实现

在很多情况下，对照明系统的要求是满足一定大小的照度，同时，使被照明面有均匀的光能分布。因此，如何实现均匀照明一直以来是人们研究的热点。影响光照度分布均匀性的主要原因有：光源本身的光亮度分布不均匀，照明系统结构形式及像差影响，光学系统反射、吸收、偏光的影响等。

实现均匀照明最简单的方法是在照明系统中加入磨砂玻璃或乳白玻璃，但这种方法只适用于对均匀性要求不高的系统。上面介绍到的柯勒照明是一种较为有效的均匀照明方式。聚光照明镜将光源成像到物镜的入瞳处，被照明物体经过物镜被投影到屏幕上或者进入人眼中。由于被照明面上的每一点均受到光源上的所有点发出的光线照射，光源上每一点发出的照明光束又都交会重叠到被照明面的同一视场范围内，所以整个被照明物体表面的光照度是比较均匀的。

采用柯勒照明的系统，其像平面边缘照度仍然服从 $\cos^4\omega$ 的下降规律。因此，在液晶投影仪等大视场、高光强，均匀性要求较高的现代光电仪器中，通常采用复眼透镜、光棒等匀光器件与柯勒照明系统相配合，以获得较高的光能利用率及较大面积的均匀照明。下面分别对这两种系统进行介绍。

1. 复眼透镜

复眼透镜是由一系列相同的小透镜拼合而成。小透镜的面形可为二次曲面或高次曲面，其形状可根据拼合需求进行加工。最常用的拼合方法有两种，如图 15-22 所示。图 15-22(a)是把小透镜加工成正六边形拼合而成，处于中心的小透镜称为中心透镜，其他小透镜围绕着中心小透镜一圈一圈地排列，每一圈的透镜个数为 $6n$（n 为圈的序号）。图 15-22(b)是把小透镜加工成矩形拼合而成，排列成一个 $n\times n$ 的阵列，这种复眼透镜加工难度较前者小一些，但产生均匀照明的效果不如前者。

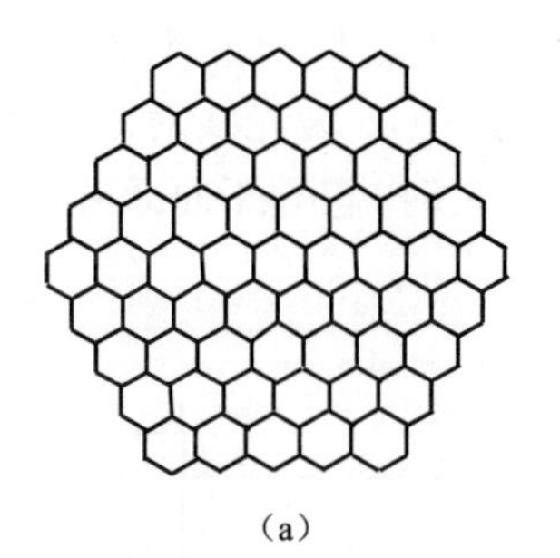

(a)

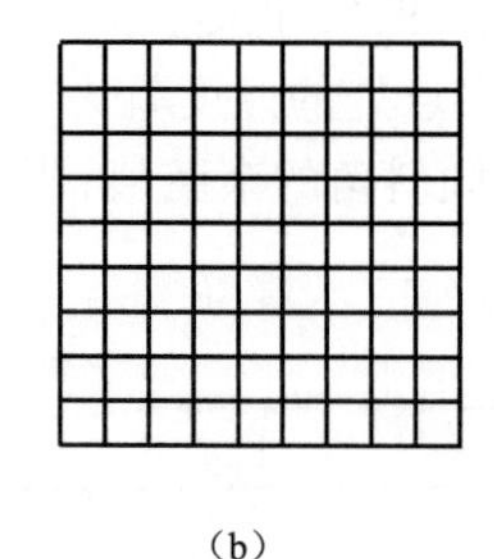

(b)

图 15-22　复眼透镜

复眼透镜照明系统的照明原理是光源通过复眼透镜后，整个照明光束被分裂为 N 个通道(N 为小透镜的总个数)，每个微小透镜对光源独立成像，这样就形成了 N 个光源的像，我们称其为二次光源。二次光源继续通过后面的光学系统后，在照明平面上相互反转重叠，互相补偿，从而能够获得比较均匀的照度分布。具体原因如下：

① 整个入射宽光束被分为了 N 个通道的细光束，显然每支细光束范围内的均匀性必然大大优于整个宽光束范围内的均匀性。

② 整个光学系统具有旋转对称结构，每支细光束范围内的细微不均匀性，由于处于对称位置的二支细光束的相互叠加，使细光束的细微不均匀性又能获得进一步的相互补偿，因而叠加后物面照度的均匀性明显好于单个通道照明的均匀性。如图 15-23 所示。

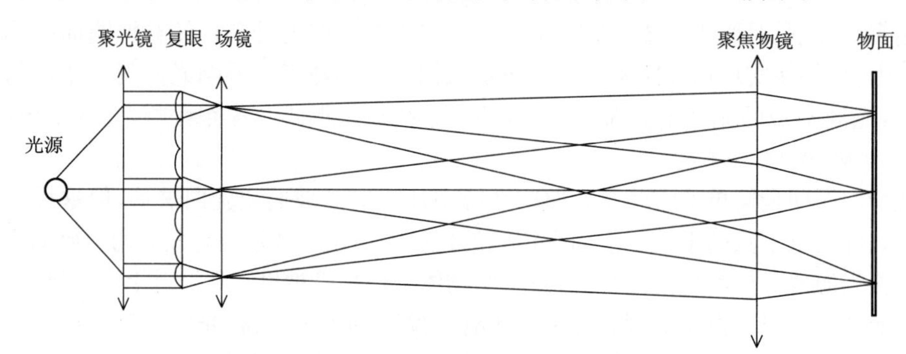

图 15-23　复眼透镜照明光学系统

在实际的应用中，复眼透镜通常采用双排复眼的形式。每排复眼透镜由一系列小透镜组合而成。两排透镜之间的间隔等于第一排复眼透镜中的各个小单元透镜的焦距。与光轴平行的光束通过第一排透镜中的每个小透镜后聚焦在第二块透镜上，形成多个二次光源进行照明；通过第二排复眼透镜的每个小透镜和聚光镜又将第一排复眼透镜的对应小透镜重叠成像在照明面上。如图 15-24 示。

这是一个典型的柯勒系统。这一系统中，由于整个宽光束被分为多个细光束照明，而每个细光束的均匀性必然大于整个宽光束范围内的均匀性，且每个细光束范围内的微小不均匀性由于处于对称位置细光束的相互叠加，使细光束的微小不均匀性获得补偿，从而使整个孔径内的光能量得到有效均匀的利用。

复眼透镜的设计是一个较为复杂的过程，主要有以下设计参数：

① 全尺寸。为充分利用光能，复眼透镜不能太小。复眼透镜的全尺寸主要由光源尺寸和

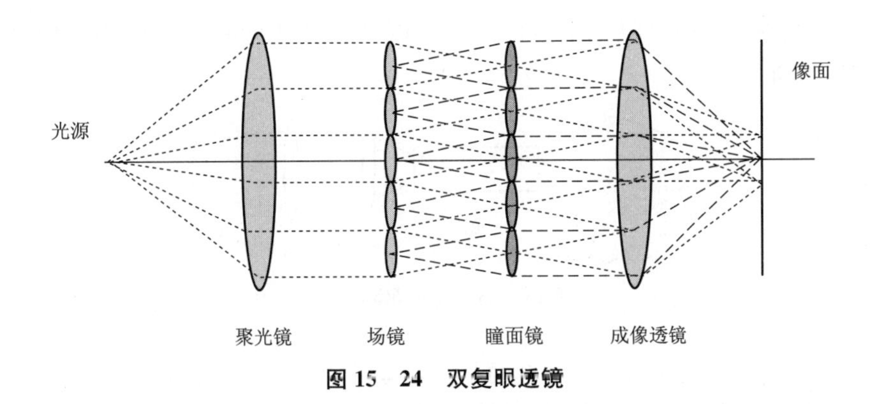

图 15－24　双复眼透镜

照明系统孔径角决定。

② 小透镜的个数及排列。应根据光源的发光特性、照明均匀性指标及要求的光斑形状确定小透镜的个数及排列。透镜个数太少会失去小透镜将宽光束分裂的作用，但个数太多会增加加工的难度和成本；同时，由于透镜像差的存在，对于均匀性的改善也是有限的。

③ 小透镜的相对孔径或焦距。由小透镜的口径及照明光束的孔径角决定。

除了上述介绍的复眼透镜，同样用于均匀照明的还有复眼反射镜。采用反射型复眼的优点在于可以减小系统体积，而且没有色差，因此在便携式光学仪器中具有广阔的应用前景。

2. 光棒照明

光棒照明是另一种有效的均匀照明器件。光棒可以是实心的玻璃棒，也可以是内镀高反射膜的反射镜组成的中空玻璃棒。前者利用全反射原理，反射效率较高，且加工方便；后者利用反射镜实现光在其内部的传输，效率较低，但由于没有玻璃材料的吸收，能量损失较小，并能允许较大角度的光线入射，可以在短长度内实现同样次数的反射，达到相同的均匀性。

如图 15－25 所示，带角度的光线射入光棒后，在光棒内部的反射次数随入射角度不同而变化，不同角度的光线充分混合，在光棒的输出面上的每个点都将得到不同角度光的照射，从而在光棒的输出端能够形成均匀分布的光场。光棒输出端每一点的光强为来自光源的不同角度光的积分，因此，光棒也被称为光积分器件。

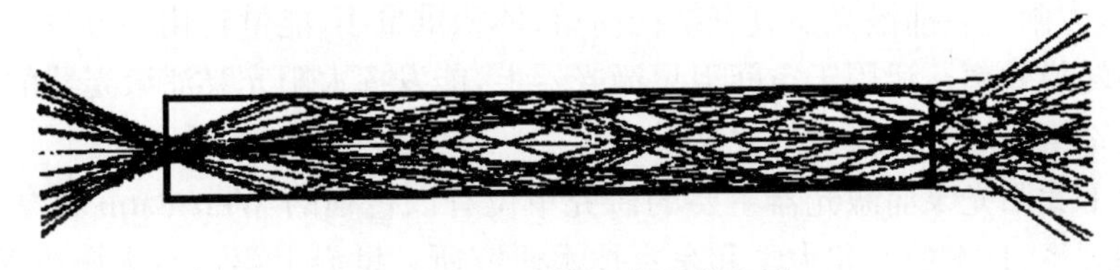

图 15－25　光棒中的光线传播

光棒端面可以设计成各种不同形状。一般来说，矩形、三角形、六角形等形式的端面可以获得较好的均匀性，而圆形端面效果较差。在很多系统里还采用具有锥度的光棒，其作用是可以改变出射光线的方向，以满足照明光束与后续系统数值孔径匹配的要求。

照明系统应用光棒实现均匀照明时，常采用椭球面反光碗加光棒的形式，如图 15－26 所示。光源位于旋转椭球面反射镜的内焦点上，光棒放在反射镜的第二焦点附近，光线进入光棒经多次反射，在末端形成均匀的照明。由于光学系统结构和光棒尺寸的限制，通常无法直接将光棒出射面放置在需照明表面上，因而在光棒后面需要引入中继的聚光镜，将光棒出射面成像在被照明物体表面。

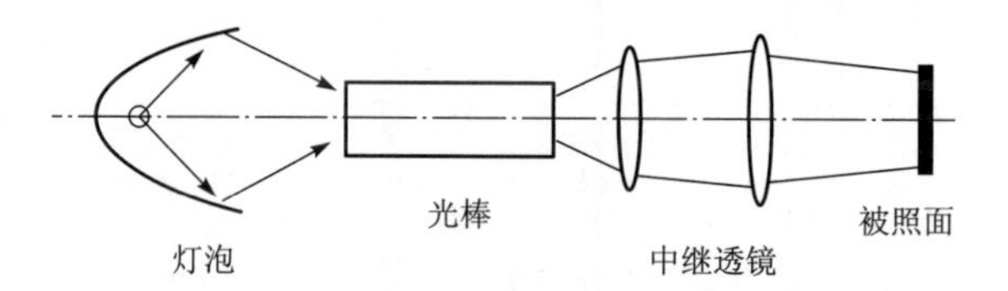

图 15-26　光棒照明光路

对于光棒的设计，主要考虑的参数有两个：一个是长度，一个是截面积。

长度的考虑应该基于系统对照明均匀性的要求。光棒长度越大，光线在其内部的反射次数越多，均匀性越好，因此为保证足够的反射，截面积较大的光棒长度也应该相应增加。但长度增加必然带来能量的衰减及系统尺寸的增大。权衡考虑，一般情况下，光棒的长度应满足光线在内部反射 3 次左右，即为较合理的设计。

截面积的大小需要从能量利用率出发。小尺寸的光棒，如果输出光束的孔径角小于后续光学系统的最大孔径角，出射的光能能全部被利用，此时适当增大截面积，能够增加进入光棒的能量，提高系统的光能利用率。但当光棒尺寸大到使出射光束孔径角大于后续系统能接收的孔径角后，如果继续加大尺寸，整个系统的能量利用率会下降。另外，如果后续光学系统只能在小于一定的数值孔径内有效工作，在进行光棒设计时也应充分考虑截面积大小与后续系统的匹配问题。

15.5　太阳光能量获取系统

近年来随着世界人口的迅速增长，自然资源极度耗竭，环境条件日益恶化，国际社会越来越重视新型能源的开发和利用。相对于其他的能源，太阳能资源丰富、清洁，分布广泛，取之不尽、用之不竭，是人类未来的主要能源之一。另外，航天技术的飞速发展使太空资源成为世界主要大国相互争夺的对象，其中太阳光泵浦激光器在航天器系统中有着重要的应用。与传统的激光器相比，太阳光泵浦激光器具有结构简单、体积重量小、能量转化环节少等优点，理论上可以达到最高转换效率。运用于空间卫星激光器上，能发挥太阳光泵浦激光器的优势，在卫星通信及外太空军事领域具有极大的发展潜力。

目前世界上太阳光泵浦激光器主要的研究单位有以色列的 Weizmann 科学研究所、美国芝加哥大学物理系、日本的东北大学和东京技术研究所。世界上第一台太阳光泵浦固体激光器是由美国的 C. G. Young 在 1965 年研制成功的，获得大约 1 W 的激光输出，太阳光到激光的转换效率 0.57%。其后，日本东北大学的 H. Arashi 等、以色列 Weizmann 科学研究所的 M. Weksler 和 J. Shwartz、以色列的 Mordechai Lando 等、美国芝加哥大学、日本东京技术研究所的 Shigeaki Uchida、Takshi Yabe 等科学家均进行了深入的研究。

太阳能获取系统是利用非成像光学系统获得太阳光能量为人类服务的典型例子。太阳能获取系统简单来说就是利用一个光学系统将太阳光能会聚到太阳光伏电池接收面或太阳能泵浦接收面上，对于这类系统，追求的目标是尽可能多地会聚太阳光能，或在出射面上得到比较均匀的光能。

Ralf Leutz 和 Akie Suzuki 对太阳能获取的非成像系统进行了研究，给出了基本的定义。如

图 15－27 所示，假设系统的入射口径面积为 S_1，出射口径面积 S_2，进入入射面的辐射通量(辐射能量)为 Φ_1，出射面的辐射通量为 Φ_2，则分别定义系统的几何光密度比 C 和光学效率 η 为

$$C=\frac{S_1}{S_2} \tag{15-23}$$

$$\eta=\frac{\Phi_2}{\Phi_1} \tag{15-24}$$

式中，S_1、S_2 的单位为平方米(m^2)；Φ_1、Φ_2 的单位为瓦特(W)。系统的光密度比，也称为光学增益，定义为

$$\eta_C=\frac{(\Phi_2/S_2)}{(\Phi_1/S_1)}=\eta C \tag{15-25}$$

如果会聚获取系统是一个理想的系统，即光学效率为 1，则几何光密度比与光密度比相等，即 $\eta_C=C$

如图 15－28 所示，系统所获取的能量由入射面的口径 a 和接收半角 θ 决定，物空间的折射率假设为 n，入射和出射面之间的介质折射率为 n'，出射面口径为 a'，则几何光密度比又可以导出为

$$C=\frac{a}{a'} \tag{15-26}$$

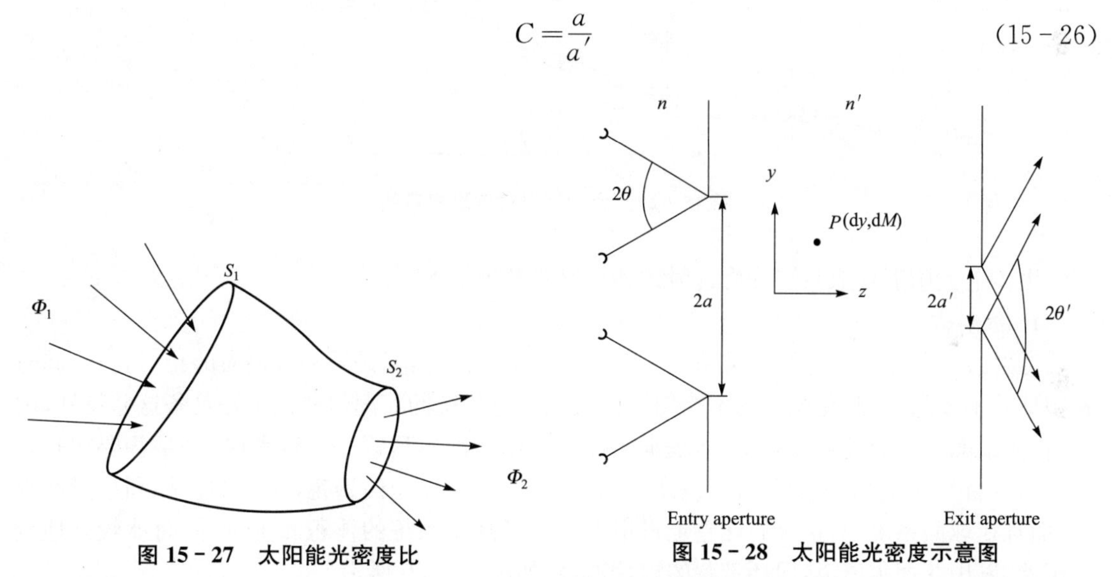

图 15－27　太阳能光密度比　　图 15－28　太阳能光密度示意图

假设以一条光线上某一点为 $P(y,z)$，其方向余弦为 (M,N)，P 沿着 y 轴的移动量为 $\mathrm{d}y$，另一个坐标移动量为 $\mathrm{d}M$，则光学扩展量(etendue)，又称为光学不变量，可以定义为

$$n\mathrm{d}y\mathrm{d}M=n'\mathrm{d}y'\mathrm{d}M' \tag{15-27}$$

对式(15－27)在 y 和 M 方向上积分，可以得到

$$4na\sin\theta=4n'a'\sin\theta'$$

几何光密度比又可写为

$$C=\frac{a}{a'}=\frac{n'\sin\theta'}{n\sin\theta} \tag{15-28}$$

当 θ' 为极限值 $\pi/2$ 时，C 取最大值，通常物空间为空气，$n=1$，因此

$$C_{\max}=\frac{n'}{\sin\theta} \tag{15-29}$$

如果考虑空间三维会聚系统,则有

$$C_{3\mathrm{D},\max}=\frac{n'}{\sin^2\theta} \tag{15-30}$$

如图15-29所示,到达地面的太阳光发散角约为$\varepsilon=0.54°$(约10mrad)。设入射的辐射能量为W,透镜的平均功率通过率为η,透镜的口径为D,焦距为f,焦面直径为d,入射面和出射面面积为S_1和S_2,则光密度比为

$$c_1=\frac{W\eta/S_2}{W/S_1}=\frac{S_1\eta}{S_2}=\frac{\pi\dfrac{D^2}{4}\eta}{\pi d^2/4}=\frac{D^2\eta}{(f\varepsilon)^2}=\frac{1}{\varepsilon^2}\left(\frac{D}{f}\right)^2\eta \tag{15-31}$$

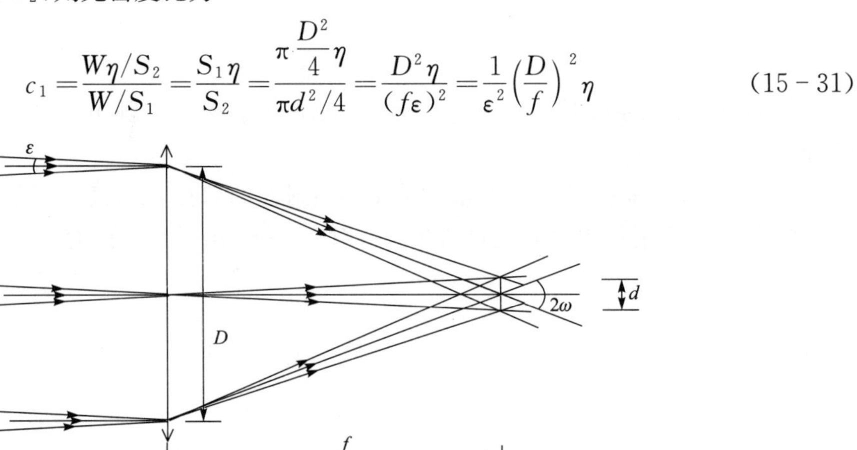

图15-29 太阳聚光镜会聚光路图

大体上太阳能获取系统分为透射式和反射式两种基本形式。

1. 透射式

透射式太阳能获取系统通常采用一个正透镜系统即可,但是希望有很大的相对孔径,同时希望球差不要过大,避免光能的不均匀性。我们知道传统的菲涅尔透镜正好具备这些特性,因此,在太阳能获取的透射式系统中,基本上都是采用菲涅尔透镜。一般来说,在某些要求孔径角和口径都很大的照明系统,如果采用一般的球面或非球面的透镜,它们的体积和重量都很大,而且在球面系统中,系统的球差也将很大。为了减少系统的体积和重量,同时能较好地校正球差,采用菲涅尔透镜,即环带状的螺纹透镜,如图15-30所示。

它的每一个环带实际上是一个透镜的边缘部分,利用改变不同环带的球面的半径,达到校正球差的目的。一般来说一个环带中只有某一个高度的光线球差为零,其他高度仍有球差,但它们的数量不会很大。由于菲涅尔透镜的表面形状比较复杂,一般直接利用玻璃压制制作,因此表面精度较差,同时存在暗区,一般不适用于第一类照明系统。

菲涅尔透镜的设计思想是将透镜分成若干个具有不同曲率的环带,使通过每一个环带透镜的光线近似会聚在同一像点上,既可校正球差,又可减小透镜的厚度和重量,这在大通光孔径的照明系统中是非常重要的。如图15-31所示。

下面讨论菲涅尔透镜的光线计算方法。如图15-32所示,D为菲涅尔透镜直径,d为基面厚度,ϕ为通光口径,菲涅尔透镜的玻璃折射率为n。

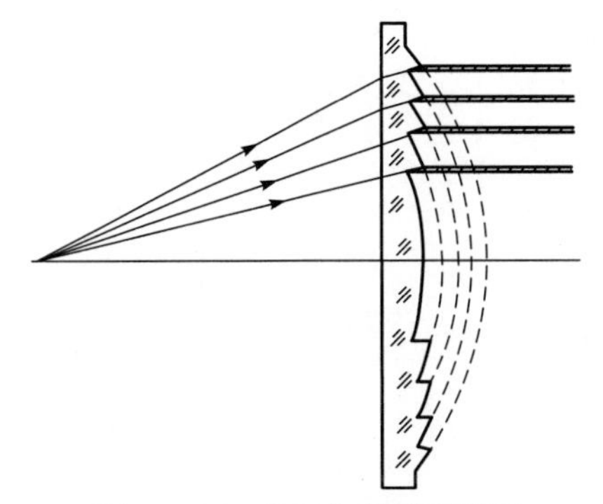

图 15-30　菲涅尔透镜示意图

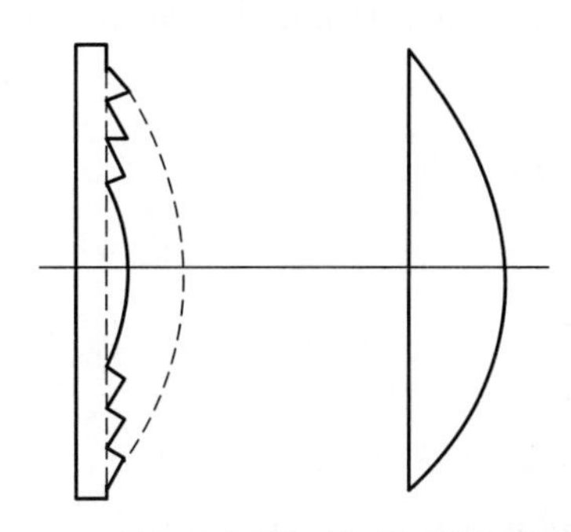

图 15-31　菲涅尔透镜减轻厚度和重量示意图

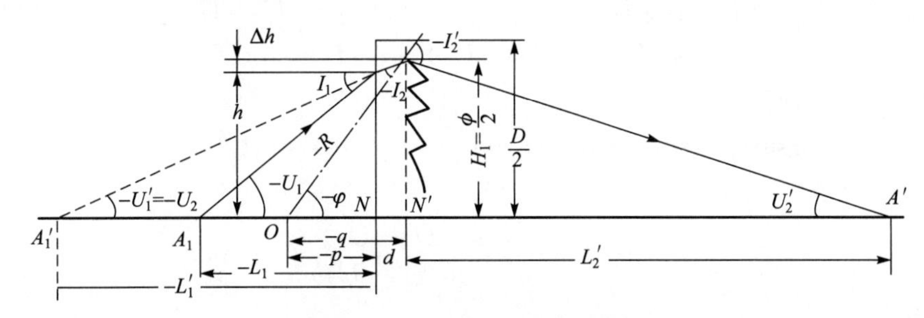

图 15-32　菲涅尔透镜光路图

设点光源在 A_1 处，距离透镜第一个面为 L_1，要求经菲涅尔透镜后成像在 A' 处，其像距为 L'_2。L'_2 代表从基面（虚线表示）到像点 A' 的距离，因透镜处于空气中，所以有

$$n_1 = n'_2 = 1$$

由图可见

$$\tan U_1 = \frac{h}{L_1}$$

其中，L_1 是设计前给定的，h 需要估计确定，确定第一环 h 值的原则是保证 $(D/2-H_1)$ 值有足够的尺寸，H_1 是菲涅尔透镜第二面上最外面一环的半径。光线在第一面（平面）上，有

$$\sin I'_1 = \frac{\sin I_1}{n}$$

式中，

$$I_1 = -U_1, I'_1 = -U'_1 = -U_2$$

而

$$L'_1 = \frac{h}{\tan U'_1}$$

光线在第二面上的投射高 H，由下式确定：

$$H = h + \Delta h = (d - L'_1)\tan(-U'_1)$$

即

$$H = (L'_1 - d)\cdot \tan U'_1$$

由 H 即可求出光线通过系统后的像方会聚角 U'_2

$$\tan U'_2 = \frac{H}{L'_2}$$

式中，L'_2 由使用要求给出。对第二个面应用折射定律，有

$$n_2 \sin I_2 = n'_2 \sin I'_2$$

因为

$$n_2 = n, n'_2 = 1$$

所以

$$n \sin I_2 = \sin I'_2$$

由图有

$$I'_2 = I_2 + U_2 - U'_2$$

将上面关系式代入 $\sin I'_2$ 得

$$\begin{aligned}\sin I'_2 &= \sin[I_2 + U_2 - U'_2] = \sin[I_2 - (U'_2 - U_2)] \\ &= \sin I_2 \cdot \cos(U'_2 - U_2) - \cos I_2 \cdot \sin(U'_2 - U_2)\end{aligned}$$

因为 $n \sin I_2 = \sin I'_2$，有

$$n \sin I_2 = \sin I_2 \cdot \cos(U'_2 - U_2) - \cos I'_2 \cdot \sin(U'_2 - U_2)$$

化简得

$$\tan I_2 = \frac{-\sin(U'_2 - U_2)}{n - \cos(U'_2 - U_2)}$$

圆心角 φ 为

$$\varphi = U_2 + I_2$$

因此，环状透镜表面得曲率半径为

$$R = \frac{H}{\sin\varphi}$$

曲率中心 O 的位置，由下面两式确定，q 和 p 的度量分别以 N' 和 N 为起始点：

$$q = \frac{H}{\tan\varphi}$$

$$p = q + d$$

菲涅尔透镜可以有两种基本形式，如图 15-33 所示。图(a)为在平凸透镜的球面上加工成环带棱镜，(b)为在平凸透镜的平面上加工成环带棱镜。现在，菲涅尔透镜通常是由聚乙烯或聚烯烃等材料热压注塑而成的薄片，也有少数采用玻璃制作。

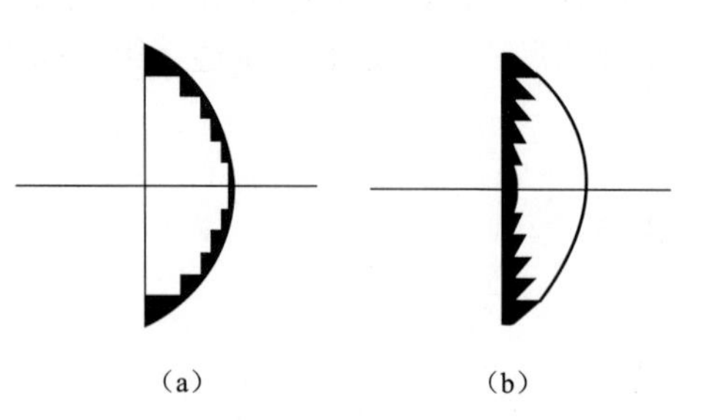

图 15-33 菲涅尔透镜两种基本形式
(a) 平凸透镜基底球面上加工；
(b) 平凸透镜平面上加工

2. 反射式

在用于太阳光泵浦的激光器系统中，多采用反射式的形式。系统以太阳光为泵浦光，将到达地球表面的太阳光会聚，达到激光器运行的阈值泵浦功率，实现激光输出。

太阳辐射到达地球大气外层的功率密度为 1 360 W/m^2，经过大气层的反射、吸收、散射等衰减，到达地球表面的太阳辐射大大减少；同时太阳光谱中，对泵浦激光有用的波长能量低，比例小。因此将大面积的太阳辐射会聚成小的光斑，以获得高密度的辐射能量，是太阳光能泵浦激光器系统中研究的重点。

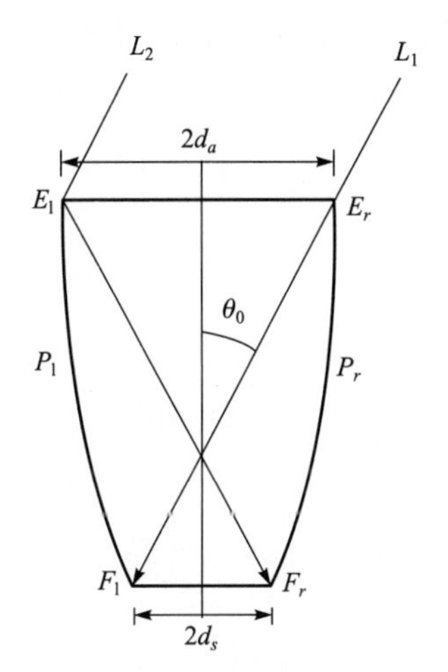

图 15 - 34　复合抛物面示意图

太阳光能泵浦激光器中，通常采用复合抛物面聚光器(Compound Parabolic Concentrator，CPC)。复合抛物面聚光器是以抛物面为母线构成的光锥，具有高反射的内壁，在接收端收集光能，光线经多次反射到达输出端，是一个理想的非成像聚光器。如图 15 - 34 所示。

复合抛物面 CPC 的特点是反射面为抛物面，根据平行于抛物线对称轴入射到抛物线的光线经反射后过抛物线焦点的原理，通过设计，使抛物线面的焦点正好处于 CPC 的出口边缘或接收体范围内，使最大入射角范围内的入射光线能从 CPC 出口射出或被接收体接收，以获得理想的会聚比。复合抛物面具有光轴对称性，在入射面处边缘光线最大的入射角为 θ_0，复合抛物面的接收角就是 $2\theta_0$，由 $+\theta_0$ 和 $-\theta_0$ 决定的两条抛物线为 P_1 和 P_r，边缘光线通过 P_1 的焦点为 F_r，通过 P_r 的焦点为 F_1，边缘光线 L_2 经过 E_1 反射后交于 F_r。为获得最大的口径，抛物线 P_1 应该设计成在 E_1 点处的切线与 y 轴平行，抛物线 P_r 也是如此。在 L_1 和 L_2 之间的任意光线经反射后到达焦点处的光程都是相等的。几何光密度为 $C= d_a/d_s$，可得

$$2d_s=\frac{2f}{1+\cos(\pi/2-\theta_0)} \tag{15-32}$$

$$\frac{d_a+d_s}{\sin\theta_0}=\frac{2f}{1+\cos(\pi-2\theta_0)} \tag{15-33}$$

式中，f 为焦距，由上式可得 $C=1/\sin\theta_0$，与前述的光密度公式一致，因为此时折射率都为 1。如图 15 - 35 所示，如果前面加一个透镜，则复合抛物面聚光器光密度比为

$$c_1=\frac{W\eta/S_2}{W/S_1}=\frac{S_1\eta}{S_2}=\frac{\pi\frac{D^2}{4}\eta}{\pi d^2/4}=\frac{D^2\eta}{(f\varepsilon)^2}=\frac{1}{\varepsilon^2}\left(\frac{D}{f}\right)^2\eta \tag{15-34}$$

$$c_2=\frac{W\eta_2/S_2}{W/S_1}=\eta_2\frac{\pi\frac{a_1^2}{4}}{\pi\frac{a_2^2}{4}}=\eta_2\left(\frac{a_1}{a_2}\right)^2=\eta_2\left(\frac{n}{\sin\omega}\right)^2=\eta_2n^2\left(1+\frac{4}{(D/f)^2}\right) \tag{15-35}$$

整个系统的光密度比为

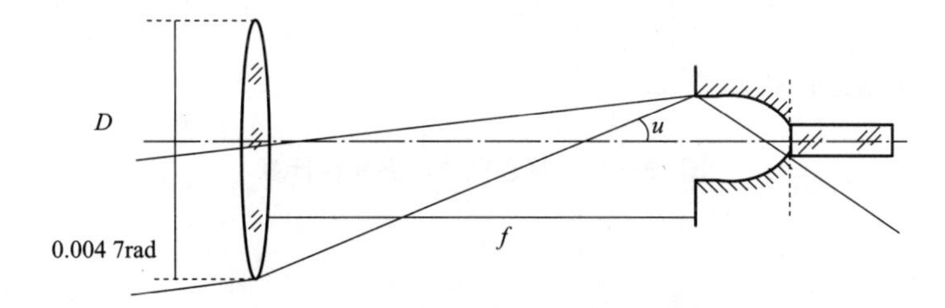

图 15 - 35　透镜和复合抛物面示意图

$$c=c_1c_2=\eta_1\frac{1}{\varepsilon^2}\left(\frac{D}{f}\right)^2\eta_2n^2\left(1+\frac{4}{(D/f)^2}\right)=\frac{\eta_1\eta_2n^2}{\varepsilon^2}[(D/f)^2+4] \tag{15-36}$$

通常根据实际需要采用线状激光棒，此时复合抛物面聚光器为一个柱面结构，如图 15-36 所示。

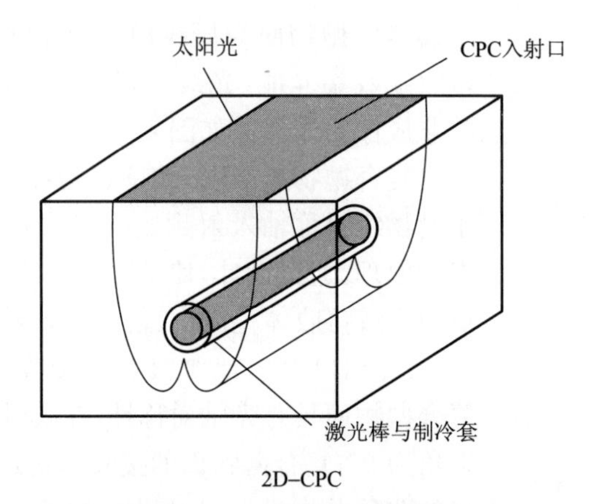

图 15-36 柱面复合抛物面聚光器

同时对于复合抛物面聚光镜，如图 15-37 所示，可以导出如下计算公式。设 CPC 出射口径为 $2a'$，最大接收角为 $\theta_{\max}$，由上图有以下几何关系：

抛物线的焦距长度

$$f = a'(1 + \sin\theta_{\max}) \tag{15-37}$$

入射孔的直径

$$a = a'/\sin\theta_{\max} \tag{15-38}$$

CPC 的长度

$$L = a'(1 + \sin\theta_{\max}) \cdot \cos\theta_{\max}/\sin\theta_{\max}^2 \tag{15-39}$$

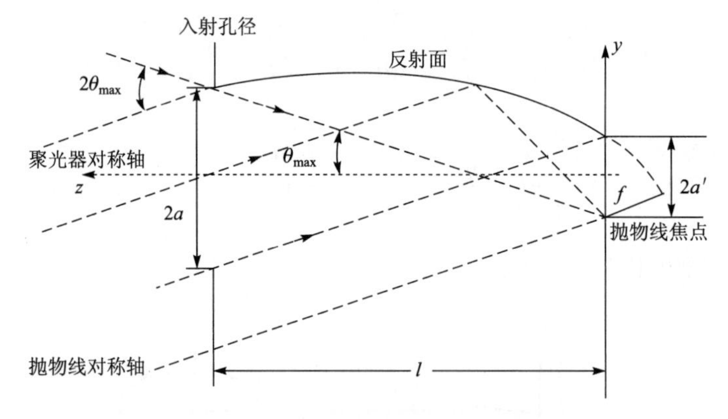

图 15-37 复合抛物面聚光镜计算

第 16 章
Zemax 光学设计软件应用

自 20 世纪 50 年代美国开始将计算机成功运用到光线追迹计算以来，光学自动设计理论不断发展，半个多世纪以来，已经出现了许多功能完善的光学设计软件。目前主流的国外软件有美国 Optical Research Associates 公司的 CODE-V、LightTools 软件，Lambda Research Corporation 的 OSLO、TracePro 软件，Focus Software Inc 开发的 Zemax 软件，英国 Kidger Optics 公司的 SIGMA 软件等。国内较有影响的光学设计软件有北京理工大学研制的 SOD88，Gold 以及中科院长春光机所开发的 CIOES 等。这些软件能够解决光学系统建模、光路追迹计算等基本问题，同时具有像质评价、照明分析、自动优化，公差分析等功能。光学自动设计软件的出现大大减轻了光学设计人员的工作强度，也有助于节省资源，缩短设计周期，为开发出高质量高效能的现代光学仪器提供了有利的手段。

近年来，Zemax 由于其优越的性价比在光学设计领域所占份额越来越大，在全球已经成为最广泛采用的软件之一。在我国，使用 Zemax 进行光学设计的技术人员也与日俱增。本章将对 Zemax 光学设计软件的基本应用进行介绍。

16.1 概述

Zemax 是 Focus Software 公司推出的一个综合性光学设计软件。这一软件集成了包括光学系统建模、光线追迹计算、像差分析、优化、公差分析等诸多功能，并通过直观的用户界面，为光学系统设计者提供了一个方便快捷的设计工具。十几年来，研发人员对软件不断开发和完善，每年都对软件进行更新，赋予 Zemax 更为强大的功能，因而被广泛用在透镜设计、照明、激光束传播、光纤和其他光学技术领域中。

Zemax 软件有两个不同版本：Zemax-SE（标准版）和 Zemax-EE（工程版）。两个版本针对不同用户的要求分别制定。其中，Zemax-EE 版本包含了 Zemax-SE 版本的所有特性，能够兼容 Zemax-SE 的文件，并在此基础上增加了一些高端的设计功能。

Zemax 采用序列（Sequential）和非序列（Non-sequential）两种模式模拟折射、反射、衍射的光线追迹。序列（Sequential）光线追迹主要用于传统的成像系统设计，如照相系统、望远系统、显微系统等。这一模式下，Zemax 以面（Surface）作为对象来构建一个光学系统模型，每一表面的位置由它相对于前一表面的坐标来确定。光线从物平面开始，按照表面的先后顺序（Surface 0，1，2，…）进行追迹，对每个面只计算一次。由于需要计算的光线少，因而这种模式下光线追迹速度很快。

许多复杂的棱镜系统、照明系统、微反射镜、导光管、非成像系统或复杂形状的物体需采用非序列模式(Non-Sequential)来进行系统建模;同时,在需考虑散射和杂散光的情况下,也不能采用序列光线追迹。这种模式下,Zemax 以物体(Object)作为对象,光线按照物理规则,沿着自然可实现的路径进行追迹,可以按任意顺序入射到任意一组物体上,也可以重复入射到同一物体上,直到被物体拦截。计算时每一物体的位置由全局坐标确定。对同一元件,可同时进行穿透、反射、吸收及散射的特性计算。与序列模式相比,非序列光线追迹能够对光线传播进行更为细致的分析,包括散射光和部分反射光。但此模式下,由于分析的光线多,计算速度较慢。

在一些较为复杂的光学系统中,可以同时使用序列和非序列光线追迹。根据需要,可以采用序列光学表面与任意形状、方向或位置的非序列组件进行结合,共同形成一个系统结构。

Zemax 中采用右手坐标系。光轴为 Z 轴,从左至右为正方向;X 轴正方向指向显示器以里;Y 轴垂直向上,如图 16-1 所示。通常,光线由物方开始传播,反射镜可以使传播方向反转。当经过奇数个反射镜时,光束的物理传播沿 $-Z$ 方向。此时,对应的厚度是负值。

Zemax 是基于 Windows 的应用程序。以 2008 年 11 月发布的 Zemax 为例,对系统的要求是:硬盘空间不能小于 200 MB,显示器分辨力至少要达到 1 024×768。需要的内存则与所设计的光学系统以及所采用的分析类型有关。对于传统的成像系统,最小只需 256 MB 内存;但在设计更为复杂的系统时(如物理光学、散射和照明分析等),至少应具备 512 MB 内存,如果能够达到 1 GB 以上则可以更好地提高软件的效率。

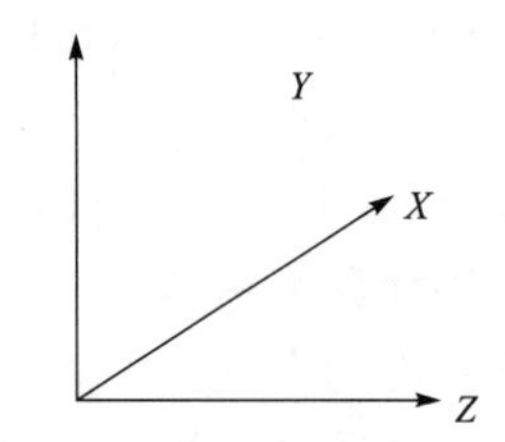

图 16-1　Zemax 坐标系统

与其他 Windows 应用程序类似,Zemax 软件属于一种交互式操作的程序。执行命令后,系统进行相应的操作并刷新内部数据。这种交互式操作是通过 Zemax 软件的用户界面来完成的。

16.2　Zemax 的用户界面

Zemax 用户界面的操作与其他 Windows 程序类似,又有其独有的特点。Zemax 通过不同类型的窗口进行人机对话,以完成相应的任务。本节将详细介绍 Zemax 的不同操作窗口。

1. 主窗口

运行 Zemax.exe 程序后,出现的就是系统的主窗口。如图 16-2 所示。

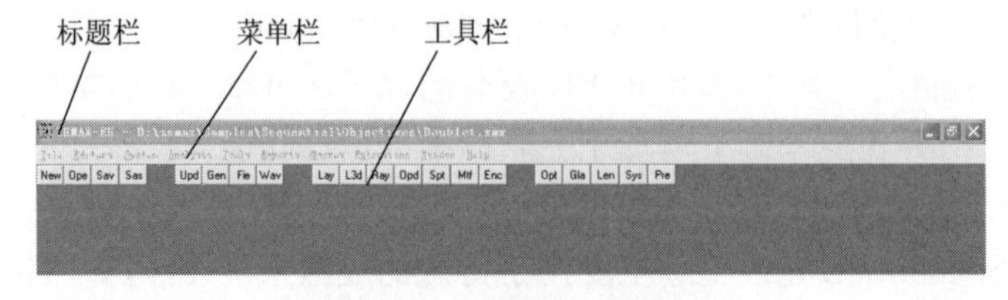

图 16-2　Zemax 主窗口

主窗口的作用是控制所有 Zemax 任务的执行。这一窗口包括了标题栏、菜单栏和工具栏。

(1)标题栏

标题栏中主要显示所用程序版本名称、透镜文件名称及其完整路径。在标题栏左侧的 Zemax 透镜小图标为视窗控制按钮，它能提供视窗的管理功能，如移动视窗、改变视窗大小等。

(2)菜单栏

菜单栏中的命令通常与当前的光学系统相联系，成为一个整体。单击任一菜单选项时，系统都会展开一个下拉菜单，显示所有与该菜单标题相关的功能选项。Zemax 的菜单操作与其他 Windows 程序菜单的操作方法类似，下面将各菜单选项的主要功能罗列如下：

文件(File)——用于镜头文件的新建(New)、打开(Open)、保存(Save)、重命名(Save As...)等。

编辑(Editors)——用于调用显示不同类型的编辑窗口。

系统(System)—— 用于整个光学系统属性的设定。

分析(Analysis)—— 分析中的功能不能改变镜头基本参数数据，而是根据这些数据进行计算以及图像显示分析。这一菜单中包含了系统结构图的显示、各种像差分析、照明分析、光线追迹等。

工具(Tools)—— 工具菜单栏中的命令提供给使用者对系统进行整体的操作。这些命令可以改变镜头数据，也可以从总体上对系统进行计算。包括优化、公差分析、玻璃库、套样板、镀膜、图形输出等。

报告(Reports)—— 用于形成透镜设计的相关文档。包括系统综合数据报告、各表面数据报告以及图像报告等。便于设计者向需求方提供相关设计文件。

宏指令(Macros)—— 为便于使用者执行一些特定的计算、分析或图像功能，Zemax 支持一种扩展的宏语言，称为 ZPL(Zemax Programming Language)。ZPL 的结构与 BASIC 相似。Macros 菜单用来编辑和运行 ZPL 宏程序。使用者编写的宏程序使用 *.zpl 扩展名，导入到 Zemax 根目录下的 Macros 文件夹并刷新后，可以在这一下拉菜单中出现程序名称并执行。

扩展命令(Extensions)——除宏语言外，Zemax 还可以和 C、C++、VB 等编程语言进行配合使用，提供程序扩展的功能，这一功能可以建立起 Zemax 与其他 Windows 应用程序的连接，并实现数据传递。扩展命令以 *.exe 可执行文件的形式存在于这一下拉菜单中。

窗口(Window)——对当前所有打开的窗口进行操作，可选择哪一个置于显示的最前面。

帮助(Help)——提供帮助文档。

大部分菜单命令都有相应的键盘快捷键。快捷键都被标注在相应菜单命令旁边。比如：打开文件可以键入 Ctrl+O。

(3)工具栏

工具栏是指主窗口菜单栏下面的一排按钮。这排按钮可以对一些常用的命令进行快速选择。所有按钮的功能在菜单中都能找到。按钮的标题使用相对应命令的三个缩写字母来表示。与菜单栏类似，根据光学系统特性的不同，工具栏显示的按钮也是不同的。将鼠标移到某一按钮处并停留数秒，即可显示这一按钮工具的注释。下面对常见的一些按钮功能进行介绍。

New——新建 Zemax 文件。

Ope——开启对话框来打开一个已经存在的 Zemax 文件。

Sav——将当前的 Zemax 文件进行存储。

Sas——将当前文件保存为另一文件名或保存在不同路径下。

Upd——这一功能按钮只更新镜头数据编辑器和附加数据编辑器中的当前数据。如果要更新全部窗口以反映最新镜头数据需选择 System 下拉菜单中的 Update all 命令。

Gen——打开 General 系统通用数据对话框,用来设定整个光学系统设计过程所需的公共数据,包括系统孔径(入瞳)大小、玻璃库、数据单位、温度压力环境等。

Fie——打开 Field Data 对话框,在此对话框中,使用者可以以角度、物高、理想像高和实际像高四种不同方式来设定 x,y 方向的视场。与此同时,各视场的渐晕系数也可以在这一对话框中进行设置。

Wav——打开 Wavelength Data 对话框,对波长、权重及主波长进行设置。

Lay——显示光学系统 yz 面(即主截面)内的二维结构图。如果是非共轴系统,将不能显示其二维图形。

L3d——以线框图的形式显示光学系统的三维结构图。

Ray——打开 Ray Fan 扇形图窗口并显示。

Opd——显示光程差 OPD 窗口。

Spt——显示当前光学系统的点列图。

Mtf——显示 FFT MTF(快速傅里叶变换 MTF)图形窗口。

Enc——显示包围圆能量分布图。

Opt——打开优化 Optimization 对话框,可以以自动或不同的循环次数进行优化。优化过程中,评价函数的起始值,当前值以及循环次数都会显示在这一对话框中。

Gla——打开玻璃库对话框。在这一对话框中,可以对已存在的玻璃目录及具体玻璃数据进行查看或编辑。使用者也可以加入自己定义的玻璃数据。

Len——打开镜头库 Lens Catalogs 对话框。通过这一对话框,使用者可以查看多个厂商提供的镜头数据。使用者还可以设定特定的条件,如焦距或入瞳范围来搜索指定厂商目录中的镜头。

Sys——打开系统数据(System Data)报告窗口。这一窗口中列出了与系统有关的参数,如入瞳/出瞳位置与大小、倍率、F 数等。

Pre——打开规格数据(Prescription Data)报告窗口。这一窗口中列出所有表面和整个系统的有关数据。

2. 编辑窗口

Zemax 的编辑窗口主要用来输入镜头和评价函数数据。每个编辑窗口类似于一个由行和列构成的电子表格，使用者可以输入数据到表格中。在 Zemax 中有 6 种不同的编辑窗口。

(1)透镜数据编辑器(Lens Data Editor)

在 Sequential 序列模式工作下，Zemax 通过 Lens Data Editor 窗口来输入构成光学系统的各表面数据。如图 16-3 所示。这些数据包括表面类型(Surf：Type)、半径(Radius)、厚度(Thickness)、玻璃(Glass)等。使用者还可以通过下拉菜单或快捷键的形式对各表面数据进行设定或求解。

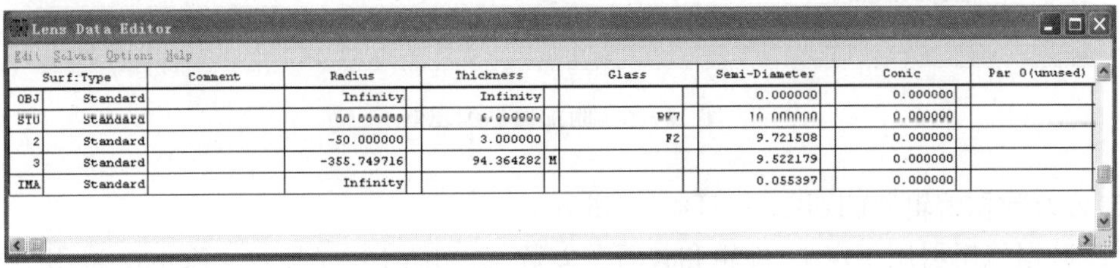

Lens Data Editor

Edit Solves Options Help

Surf:Type		Comment	Radius	Thickness		Glass	Semi-Diameter	Conic	Par 0(unused)
OBJ	Standard		Infinity	Infinity			0.000000	0.000000	
STU	Standard		50.000000	6.000000		BK7	10.000000	0.000000	
2	Standard		-50.000000	3.000000		F2	9.721508	0.000000	
3	Standard		-355.749716	94.364282	M		9.522179	0.000000	
IMA	Standard		Infinity				0.055397	0.000000	

图 16-3　透镜数据编辑器

(2)评价函数编辑器(Merit Function Editor)

如图 16-4 所示。在需要对系统进行优化时，在主窗口 Editors 菜单下，单击 Merit Function 或用 F6 快捷键可以打开这一窗口。这一窗口的作用是定义和编辑评价函数。使用者可以通过设置不同的操作数(Operand)来共同组成评价函数。这些操作数包含了系统自动优化需满足的各种目标控制条件。在优化过程中，可以根据评价函数的数值来评价系统的优劣。

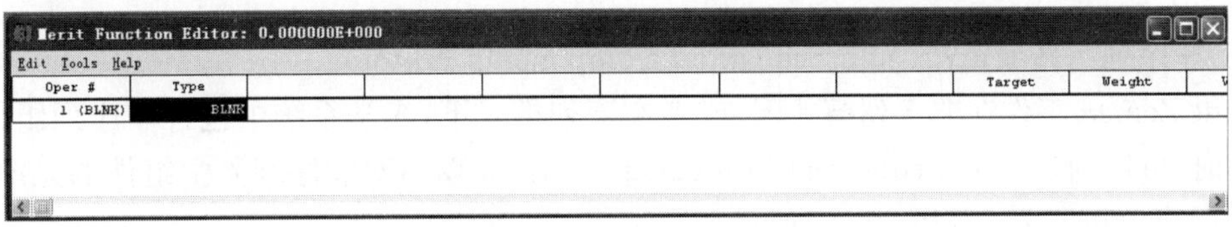

Merit Function Editor: 0.000000E+000

Edit Tools Help

Oper #	Type							Target	Weight
1 (BLNK)	BLNK								

图 16-4　优化函数编辑器

(3)多重结构编辑器(Multi-configuration Editor)

如图 16-5 所示。在设计变焦镜头和用在不同结构中的光学系统，或者对在不同波长上测试和使用的镜头进行优化时，需采用多重结构编辑器。在这一窗口中，使用者可以为多重结构系统定义多重结构参数，如设定操作数、插入/删除一个或多个结构等。

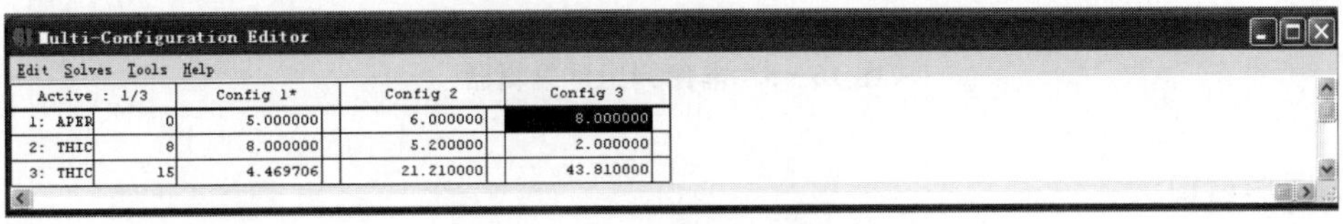

Multi-Configuration Editor

Edit Solves Tools Help

Active : 1/3		Config 1*	Config 2	Config 3
1: APER	0	5.000000	6.000000	8.000000
2: THIC	8	8.000000	5.200000	2.000000
3: THIC	15	4.469706	21.210000	43.810000

图 16-5　多重结构编辑器

(4)附加数据编辑器(Extra Data Editor)

有些复杂表面需要用很多参数来设定，仅仅采用 Lens Data Editor 表格中允许输入的参数数目是不够的。这时需要在 Extra Data Editor 中输入附加数据。附加数据编辑器如图 16－6 所示。例如,二元光学 1 表面类型(“binary optic 1”)除了要求具有 8 个高次项系数外,还需要有 200 多个附加参数来对它进行描述。这些附加参数在 Extra Data Editor 中被独立进行编辑并与 Lens Data Editor 中该表面的其他参数共同形成对表面类型的完整定义。

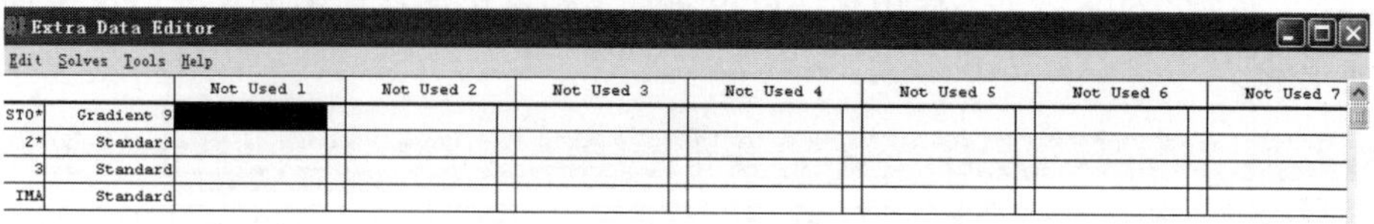

Extra Data Editor

Edit Solves Tools Help

		Not Used 1	Not Used 2	Not Used 3	Not Used 4	Not Used 5	Not Used 6	Not Used 7
STO*	Gradient 9							
2*	Standard							
3	Standard							
IMA	Standard							

图 16－6 附加数据编辑器

(5)公差数据编辑器(Tolerance Data Editor)

公差数据编辑器用于定义、编辑和查看公差数据,如图 16－7 所示。Zemax 采用不同的操作数(Operand)对不同结构参数的公差进行定义。这些操作数的类型及数值都是通过 Tolerance Data Editor 编辑器进行定义和编辑的。

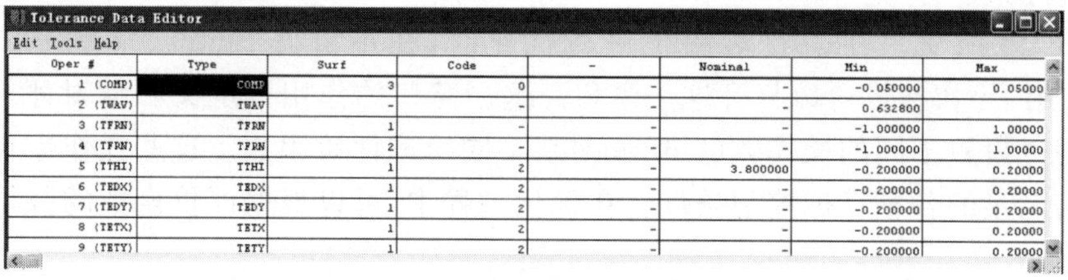

Tolerance Data Editor

Edit Tools Help

Oper #	Type	Surf	Code	-	Nominal	Min	Max
1 (COMP)	COMP	3	0	-	-	-0.050000	0.05000
2 (TWAV)	TWAV	-	-	-	-	0.632800	
3 (TFRN)	TFRN	1	-	-	-	-1.000000	1.00000
4 (TFRN)	TFRN	2	-	-	-	-1.000000	1.00000
5 (TTHI)	TTHI	1	2	-	3.800000	-0.200000	0.20000
6 (TEDX)	TEDX	1	2	-	-	-0.200000	0.20000
7 (TEDY)	TEDY	1	2	-	-	-0.200000	0.20000
8 (TETX)	TETX	1	2	-	-	-0.200000	0.20000
9 (TETY)	TETY	1	2	-	-	-0.200000	0.20000

图 16－7 公差数据编辑器

(6)非序列组件编辑器(Non-Sequential Components Editor)

如果 Zemax 工作在非序列模式下,或者在序列模式下,光学系统中包含非序列组件的表面类型时,可以通过 Non-Sequential Components Editor 窗口对非序列光学组件的光源、物体属性进行编辑和定义。如图 16－8 所示。

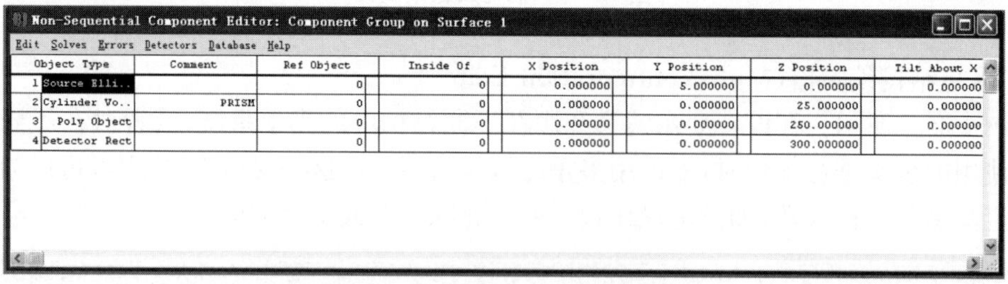

Non-Sequential Component Editor: Component Group on Surface 1

Edit Solves Errors Detectors Database Help

	Object Type	Comment	Ref Object	Inside Of	X Position	Y Position	Z Position	Tilt About X
1	Source Elli..		0	0	0.000000	5.000000	0.000000	0.000000
2	Cylinder Vo..	PRISM	0	0	0.000000	0.000000	25.000000	0.000000
3	Poly Object		0	0	0.000000	0.000000	250.000000	0.000000
4	Detector Rect		0	0	0.000000	0.000000	300.000000	0.000000

图 16－8 非序列组件编辑器

3. 图形窗口

Zemax 中采用了大量的图形窗口,这类窗口用来直观地显示图像数据和系统的分析结果。如系统二维/三维结构图(2D Layout/3D Layout)、光线扇形图(Ray fan)、光学传递函数(MTF)、点列图(Spot Diagram)、几何像分析(Geometric Image Analysis)、波像差(Wavefront Map)等,如图 16－9 所示。在图形窗口菜单中,Update 用来根据当前光学系统的数据重新进行计算并刷新窗口显示；Settings 用来打开设置对话框，对图形窗口的显示方式和内容进行设置；Print 用于窗口图形的打印输出；Windows 用于对窗口进行注释、复制、图形格式转换输出、锁定、调整显示比例等操作；Text 是在新窗口中显示图形的文本信息；Zoom 实现对图形的缩放显示。

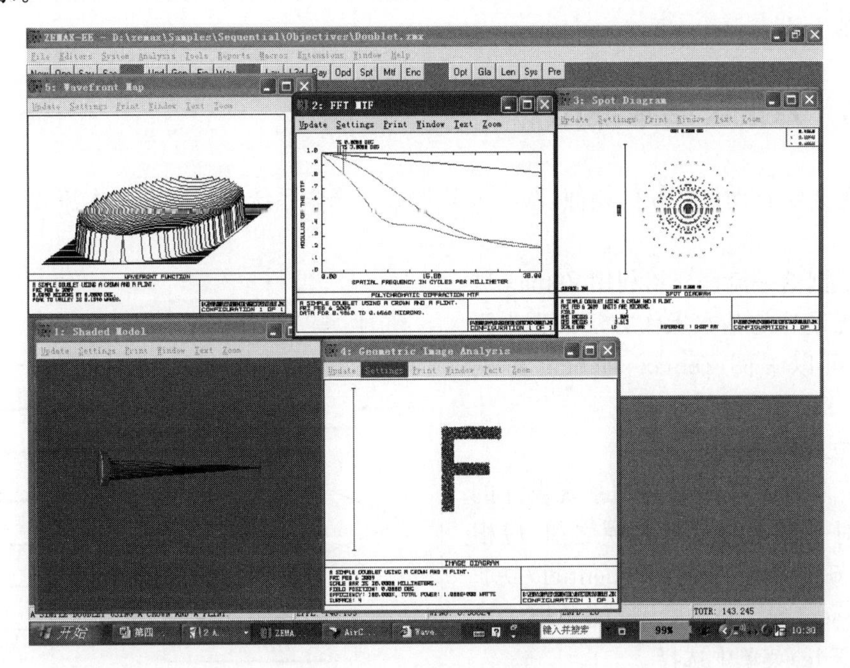

图 16-9　Zemax 图形窗口

4. 文本窗口

文本窗口用来列出光学系统的文本数据，例如，系统数据、表面数据、像差系数、计算数据等，如图 16-10 所示。Zemax 中，除主窗口 Report 报告菜单形成文本窗口外，大部分的图形窗口中都具有 Text 功能，以文本窗口的形式输出图形的相关内容。

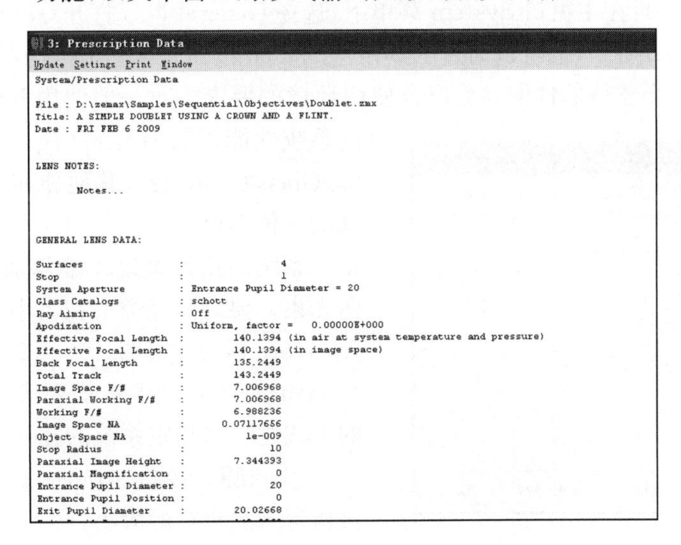

图 16-10　文本窗口

5. 对话框

Zemax通过对话框来实现对命令的定制。对话框是弹出窗口,并且一般都有OK和Cancel按钮。通过对话框,使用者可以改变选项和输入数据。如在图形窗口中,可以通过对话框改变显示的视场、表面及光线数量等。与其他窗口不同的是,对话框不能通过鼠标或键盘按钮来调整大小。

16.3 Zemax基本操作

与其他光学自动设计软件相似,Zemax软件进行光学系统设计时的基本流程如图16-11所示。

本节依据这一流程介绍利用Zemax进行光学系统设计的基本操作方法。更为详细的功能可以参阅Zemax Manual中的介绍。

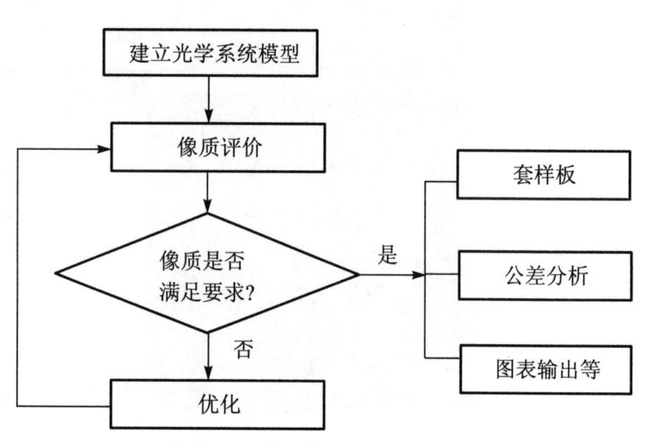

图16-11 光学CAD软件设计流程

1. 建立光学系统模型

建立光学系统模型是光学系统设计的第一步。对一个系统进行建模之前,应根据其特点,确定选择序列(Sequential)或非序列(Non-sequential)模式,这两种模式可以在文件(File)菜单中选择。

在Zemax中,光学系统建模分为两方面:系统特性参数的输入和初始结构的输入。

(1)系统特性参数输入

系统特性参数输入主要是对孔径(Aperture)、视场(Field)和波长(Wavelength)进行设定。

孔径(Aperture):在主窗口System菜单下,选择General可以打开General系统通用数据对话框,如图16-12所示(也可以通过工具栏上的Gen按钮直接打开)。这一对话框中,包含了光学系统作为一个整体的性能参数以及使用环境的要求。对一般使用者而言,主要要输入的系统性能参数有孔径(Aperture)和玻璃库名称(Glass Catalogs),其他项如无特殊要求,保持其默认值即可。

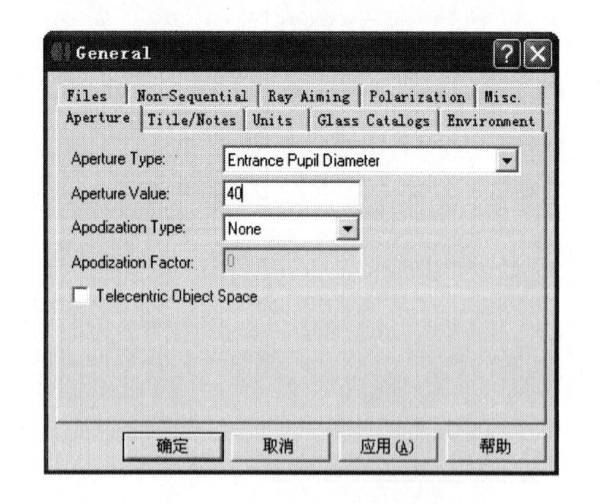

图16-12 通用数据对话框

系统的孔径确定了能够通过光学系统的轴向光束。要对孔径类型和大小进行设置,可选择Aperture标签,如图16-12示。在孔径类型Aperture Type的下拉式列表中,可以选择如下的方式之一来指定系统的孔径类型。

① 入瞳直径(Entrance Pupil Diameter):直接指定入瞳直径的大小。

② 像空间F/#(Image Space F/#):与无

限远相共轭的像空间近轴 F 数。

③ 物空间数值孔径(Object Space Numerical Aperture):物距为有限距离时,物空间边缘光线的数值孔径 $n\sin\theta_m$ 。

④ 通过光阑尺寸浮动(Float By Stop Size):入瞳大小由系统光阑的半口径决定。

⑤ 近轴工作 F/#(Paraxial working F/#):共轭像空间近轴 $F/\#$。

⑥ 物方孔径角(Object Cone Angle):物在有限距离时,物空间边缘光线的半角度。

对于同一个系统,只能选择上述孔径类型中的一种。孔径大小根据所选择的孔径类型在 Aperture Value 右侧的空格中直接输入。在选择 Float by Stop Size 类型时,由于入瞳大小由系统光阑的半口径决定,此时 Aperture Value 不可输入,显示为灰色。

Field Data

(•) Angle (Deg)　( ) Object Height　( ) Paraxial Image Height　( ) Real Image Height

Use	X-Field	Y-Field	Weight	VDX	VDY	VCX	VCY	VAN
☑ 1	0	0	1.0000	0.00000	0.00000	0.00000	0.00000	0.00000
☑ 2	0	1.5	1.0000	0.00000	0.00000	0.00000	0.00000	0.00000
☑ 3	0	2.5	1.0000	0.00000	0.00000	0.00000	0.00000	0.00000
☑ 4	0	3.5	1.0000	0.00000	0.00000	0.00000	0.00000	0.00000
☑ 5	0	5	1.0000	0.00000	0.00000	0.00000	0.00000	0.00000
☐ 6	0	0	1.0000	0.00000	0.00000	0.00000	0.00000	0.00000
☐ 7	0	0	1.0000	0.00000	0.00000	0.00000	0.00000	0.00000
☐ 8	0	0	1.0000	0.00000	0.00000	0.00000	0.00000	0.00000
☐ 9	0	0	1.0000	0.00000	0.00000	0.00000	0.00000	0.00000
☐ 10	0	0	1.0000	0.00000	0.00000	0.00000	0.00000	0.00000
☐ 11	0	0	1.0000	0.00000	0.00000	0.00000	0.00000	0.00000
☐ 12	0	0	1.0000	0.00000	0.00000	0.00000	0.00000	0.00000

OK　Cancel　Sort　Help　Set Vig　Clr Vig　Save　Load

图 16-13　视场设定对话框

视场的设定:在 Zemax 主窗口系统(System)菜单中单击 Field 或在工具栏中单击 Fie 按钮都可以打开视场设定对话框。如图 16-13 所示。

Zemax 可以以 4 种不同的方式设定视场:物方视场角(Angle)、物高(Object Height)、近轴像高(Paraxial Image Height)、实际像高(Real Image Height)。其中,Angle 是指投影到 xz 和 yz 平面上时,主光线与 z 轴的夹角,主要用在无限共轭的系统中;Object Height 指物面 x,y 方向的高度,主要用在有限共轭的系统中;Paraxial Image Height 用在近轴光学系统的设计中;Real Image Height 则在需要固定像的大小的光学系统设计中被选用。视场设定对话框如图 16-13 所示。

Zemax 允许设置 12 个视场,同时在这一对话框中可以设置每一视场的偏心与渐晕:x 向偏心 VDX、y 向偏心 VDY、x 向渐晕系数 VCX、y 向渐晕系数 VCY 和渐晕的角度 VAN。

波长的设定:在 Zemax 主窗口 System 菜单中单击 Wavelengths 或在工具栏中单击 Wav 按钮即可打开波长数据设定对话框。如图 16-14 所示。波长对话框用于设置波长,权因子和主波长。Zemax 对每个光学系统最多可以设定 12 种波长。根据不同的权因子,系统在进行点列图计算时决定不同波长的贡献。波长的单位为微米。Zemax 还提供了常用的波长列表,可通过"Select"按钮直接选取。

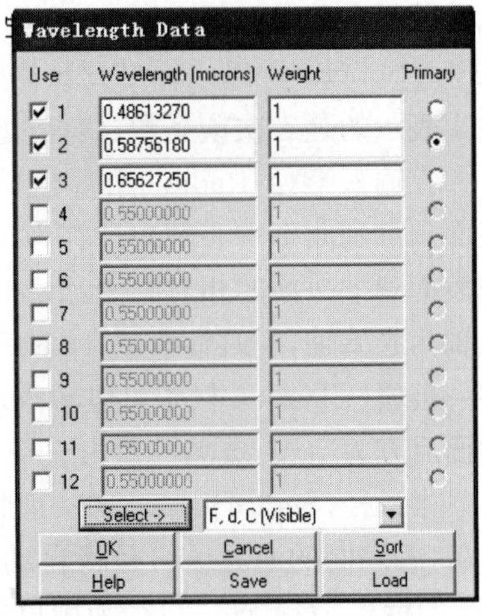

图 16-14　波长设定对话框

(2) 初始结构输入

在序列(Sequential)模式下,初始结构通过 Lens Data Editor 界面输入,如图 16-15 所示。在这一界面中,采用表格输入的方式,可以设定系统的表面(Surface)数量及序号,每一表面的面形和表面结构参数,包括半径、厚度、玻璃材料、口径及描述非标准面形的参数等。

表面数量及序号:采用 File→New 新建一个镜头文件

时,在 Lens Data Editor 中自动生成 3 个面:物面(OBJ)、光阑面(STO)、像面(IMA)。在物面和像面之间可以根据光学系统的需要加入多个表面。按键盘 Insert 键可以在当前高亮行(该行某一单元格底色显示为黑色)前面插入一个新的表面,Ctrl+Insert 键则在高亮行后面插入新的表面,按 Del 键可以删除高亮行。这些操作也可以通过 Lens Data Editor 的 Edit 菜单选项来实现。

面形(Surf:type):插入新的表面时,表面类型默认为标准面(Standard),标准面包括平面、球面和二次非球面。要改变表面面形,可以用鼠标左键双击该表面类型,或者在该表面类型上单击鼠标右键,弹出 Surface Properties 表面特性设置对话框,通过 Type 标签选择所需要的面形。

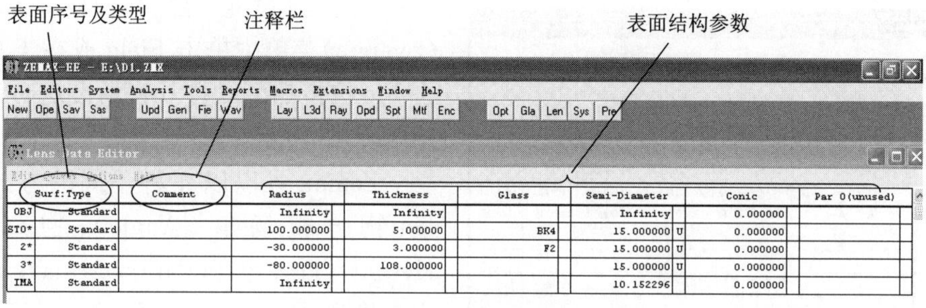

Surf:Type		Comment	Radius	Thickness	Glass	Semi-Diameter		Conic	Par 0(unused)
OBJ	Standard		Infinity	Infinity		Infinity		0.000000	
STO*	Standard		100.000000	5.000000	BK4	15.000000	U	0.000000	
2*	Standard		-30.000000	3.000000	F2	15.000000	U	0.000000	
3*	Standard		-80.000000	108.000000		15.000000	U	0.000000	
IMA	Standard		Infinity			10.152296		0.000000	

图 16-15　初始结构输入

Zemax 提供了 60 多种光学曲面面形。主要类型有球面、平面、标准二次曲面、非球面、光锥面、环形面、光栅、全息表面、菲涅尔表面、波带片等。另外,Zemax 还支持用户自定义表面(User Define Surface),运用 Zemax 的扩展功能,用户可以编写 DLL 文件与 Zemax 相连接,就可以建立自己需要的面形。

表面结构参数输入:Lens Data Editor 表格中 Radius 及其右方的所有列被用来输入各表面的结构参数。标准表面类型(Standard)需输入的结构参数有半径(Radius)、厚度(Thickness)、玻璃(Glass)、半口径(Semi-Diameter)及二次曲面系数(Conic,默认值为 0,表示是球面)。其他表面类型除了也要输入这些基本参数之外,还要在从 Par 0 开始往右的各列中输入附加参数值。这些参数的具体含义随着不同表面类型而改变。例如,"偶次非球面"(Even Sphere)除输入标准列数据外,还需输入 8 个附加参数用来描述多项式的系数,其中参数 1 表示的是二次项系数;而在"近轴面"(Paraxial)中,参数 1 用来指定表面焦距。

在输入半径(Radius)和厚度(Thickness)时应注意符号规则。其中,半径的符号规则是由表面顶点到曲率中心从左到右为正,反之为负。平面的半径值为无穷大(Infinity)。厚度指由该表面到下一面的相对距离,沿 $+z$ 方向由左向右为正。在 Zemax 中,光线角度的符号是以光轴为起始轴,逆时针为正,顺时针为负。

玻璃(Glass)一栏中可以输入玻璃牌号,也可以输入折射率和色散系数来代表玻璃。如果表面后方为空气,玻璃一栏为空格;如果为反射面,玻璃属性应输入"Mirror"。

半口径(Semi-Diameter)一般情况下都不需输入,当系统孔径(Aperture)类型和大小被设定后,各表面的通光半口径将自动生成。如果用户自行输入数值,则在半口径后会自动加上"U"的标志,表示这一口径为用户自定义。

在非序列(Non-Sequential)模式下,初始结构通过 Non-Sequential Component Editor 输入,主

要包括所有物体(Object)、光源(Source)和探测器(Detector)的结构参数和位置参数。因输入参数的方法与 Lens Data Editor 类似,在此不再赘述,具体操作可查阅 Zemax 使用手册。

系统特性参数和结构参数输入完成后,光学系统的初始结构已经构建完成。此时可以通过主窗口 Analysis 菜单中 Layout 选项,以二维/三维/线框/实体等不同方式显示系统的结构图。根据结构图,使用者可以对初始结构进行适当调整,使结构趋于合理化。

2. 像质评价

系统结构建立之后,可以利用 Zemax 软件的分析功能对其进行性能评价。

Zemax 具有非常强大的像质分析功能。主窗口中的 Analysis 下拉菜单包含了像差扇形图(Fans)、点列图(Spot Diagram)、光学传递函数(MTF)、点扩散函数(PSF)、波面图(Wavefront)等像质评价以及照度计算(Illumination)、成像分析(Image Analysis)等功能,如图 16－16 所示。一些常用的分析功能也可以通过工具栏中的图标按钮来快速选择,如 Lay(二维系统结构图)、Spt(点列图)、Enc(包围圆能量)等。选择某一项功能后,相应的分析结果以直观的图形或文本窗口的形式显示出来。使用者可以通过对这些图形和文本窗口提供的菜单命令进行操作,设置需显示或计算的内容。Zemax 中的分析窗口都具有"Update(刷新)"菜单命令,当系统特性参数或结构参数改变时,可以通过刷新命令使 Zemax 重新计算并重新显示当前窗口中的数据。

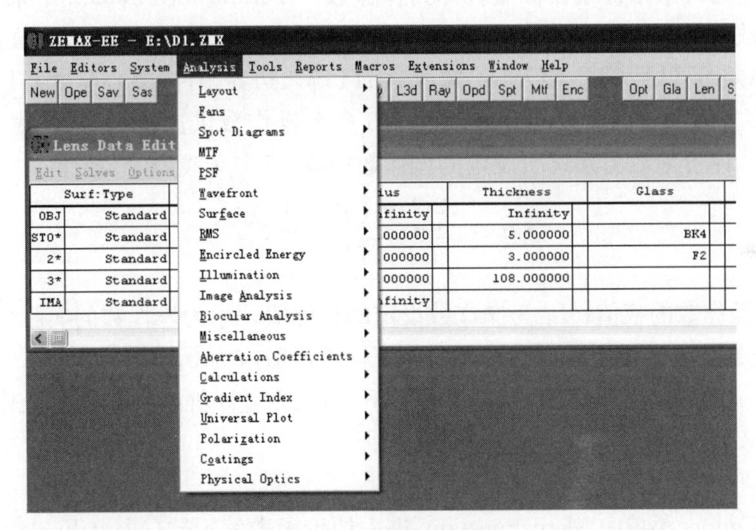

图 16－16　像质分析菜单

常用的像质分析功能有以下几种。

Layout:系统结构图。

Fans:扇形图,包括光线像差(Ray Aberration)、光程(Optical Path)、瞳面像差(Pupil Aberration)。

Spot Diagram:点列图,可以以标准(Standard)、离焦(Through Focus)、全视场(Full Field)、矩阵(Matrix)和结构矩阵(Configuration Matrix)的方式给出点列图分布图形。

MTF:计算并显示所有视场的衍射光学传递函数(采用快速傅里叶变换或惠更斯直接积分算法)或几何光学传递函数。

PSF:点扩散函数,Zemax提供了两种计算点扩散函数的方式,即快速傅里叶变换和惠更斯方法。

Wavefront:波像差。包括波像差图(Wavefront Map)、干涉图(Interferogram)、刀口分析图(Foucault Analysis)。

RMS:均方根半径。分别绘出均方根点列图半径、波像差或斯特利尔比例数与视场、焦点变化及波长的关系。

Encircled Energy:包围圆能量。显示能量分布图,以离主光线或物点的像的重心的距离为函数的包围圆能量占总能量的百分比。

3. 优化

Zemax的优化功能可以根据设定的一系列目标值去自动改变光学系统的曲率、厚度、玻璃、二次曲面系数及其他附加参数和多重结构数据等,以满足光学系统光学特性和像差的要求。在优化过程中,使用者可以根据需要,对系统设定约束条件或目标。Zemax通过构造评价函数(Merit function),并采用一定的算法计算评价函数的取值,由取值的大小判断实际系统是否满足约束条件及目标的要求。早期的Zemax中仅采用最小二乘法(Damped Least Squares,DLS)进行优化,2007年以后的版本又加入了正交下降法(Orthogonal Descent,OD),这种算法主要用在对非序列光学系统的优化中。

对系统设定的约束条件或目标值统称为操作数(Operand),在Zemax中采用四个英文字母表示。操作数包括光学特性参数(如焦距EFFL、近轴放大率PMAG、入瞳位置ENPP等)、像差参数(如球差SPHA、彗差COMA、像散ASTI等)、边界条件(中心厚度CTVA、边缘厚度ETAV等)等多方面的要求。Zemax提供了300多个操作数供选择,分别代表系统不同方面的约束和目标。评价函数由系统所设定的操作数构成,其定义式为

$$MF^2=\frac{\sum W_i(T_i-V_i)^2}{\sum W_i}$$

式中,W_i为各操作数的权值;T_i为操作数设定的目标值;V_i为操作数的实际值。显然,评价函数越小,系统越接近于设定标准。理想状态下评价函数应为0。

使用Zemax的自动优化功能时,主要有如下步骤:设置评价函数和优化操作数;设置优化变量;进行优化。

(1)设置评价函数和优化操作数

通过单击Editors菜单中Merit Function,进入评价函数编辑器(Merit Function Editor)。要对评价函数进行设置,一般情况下,建议采用默认的评价函数(Merit Function Editor→Tools→Default Merit Function)。此时,将弹出Default Merit Function对话框。如图16-17所示。

在这一对话框中,主要通过四个基本选择来构建不同类型的评价函数,即优化类型、数据类型、基准点和积分方法。优化类型中可以选择均方根(RMS)或峰谷值(PTV);数据类型可以是波像差(Wavefront)、点列图半径(Spot Radius)或者x,y方向上的点列图范围;基准点可以选择质心(Centroid)和主光线(Chief Ray)等方式;积分方法有高斯积分法(Gaussian Quadrature)和矩形(Rectangular array)法。采用这两种方法时,分别通过设置环(Rings)、臂(Arms)和网格(Grid)的数值来确定计算时光线追迹的数目。

不同的评价函数将产生不同的优化结果。评价函数的设定要求设计者具备一定的专业知

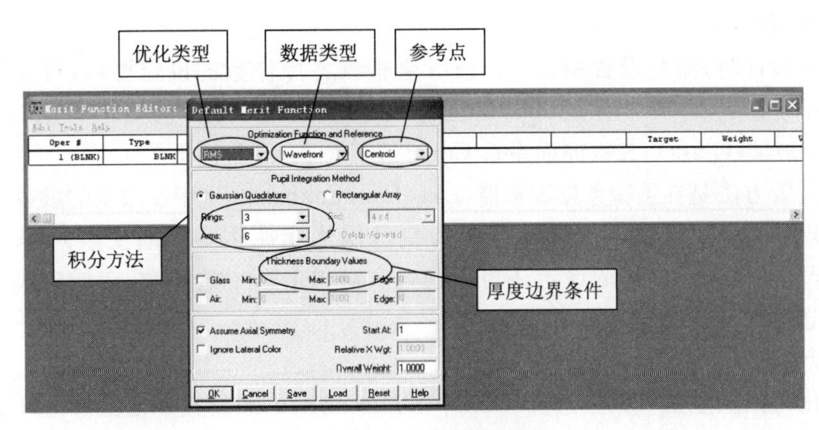

图 16-17　评价函数设置

识和实际经验，必要时应采用不同的评价函数进行结果比照，从中择优。对于初学者，推荐采用系统的默认评价函数设置。一般来说，对于小像差系统，使用波像差(Wavefront)和质心(Centroid)构建评价函数，像差较大时则采用点列图半径(Spot Radius)及主光线(Chief Ray)的评价方法。

在对话框中还可以设置玻璃和空气的厚度边界(Thickness Boundary Values)。在 Min 和 Max 中输入的是玻璃或空气允许的最小和最大中心厚度值，Edge 中则输入允许的最小边缘厚度。设置厚度边界值后，系统将自动生成每一表面相应的厚度操作数。在常规系统设计时，可直接采样这一功能确定的操作数。而在一些复杂系统(如多重结构)中，还需设计者手动输入附加的边界条件操作数。

评价函数设置完成后，单击对话框中的"OK"按钮，返回评价函数编辑器(Merit Function Editor)，此时编辑器中根据设定的评价函数列出所有自动生成的优化操作数，包括类型(Type)、目标值(Target)、权重(Weight)、实际值(Value)、贡献值(Contribute)及其他限定操作数的参数。这些自动生成的操作数主要是对系统的像差要求，设计者使用时，通常还需根据光学系统的具体要求，加入光学特性参数要求和边界条件。具体操作是将鼠标单击表格最上一行，按"Insert"键即可插入新的一行。在操作数类型(Type)中键入需控制的新操作数，并设置其目标值和权重即可。图 16-18 中，最上方一行是新加入的焦距 EFFL 操作数，下方各行则为系统自动生成的操作数。

Merit Function Editor: 7.660700E-002

Edit Tools Help

Oper #	Type		Wave					Target	Weight
1 (EFFL)	EFFL		2					100.000000	1.000000
2 (OPDX)	OPDX		1	0.000000	0.000000	0.433884	0.000000	0.000000	2.000000
3 (OPDX)	OPDX		1	0.000000	0.000000	0.781831	0.000000	0.000000	2.000000
4 (OPDX)	OPDX		1	0.000000	0.000000	0.974928	0.000000	0.000000	2.000000
5 (OPDX)	OPDX		2	0.000000	0.000000	0.433884	0.000000	0.000000	2.000000
6 (OPDX)	OPDX		2	0.000000	0.000000	0.781831	0.000000	0.000000	2.000000
7 (OPDX)	OPDX		2	0.000000	0.000000	0.974928	0.000000	0.000000	2.000000
8 (OPDX)	OPDX		3	0.000000	0.000000	0.433884	0.000000	0.000000	2.000000
9 (OPDX)	OPDX		3	0.000000	0.000000	0.781831	0.000000	0.000000	2.000000
10 (OPDX)	OPDX		3	0.000000	0.000000	0.974928	0.000000	0.000000	2.000000

图 16-18　设定优化操作数

(2)设置优化变量

进行优化设计时,需要设置变量。Zemax会根据各操作数的设定要求,自动调整这些变量,以找到最佳设计结果。变量可以是任意的光学结构参数,包括半径(Radius)、厚度(Thickness)、玻璃(Glass)、二次曲面系数Conic等。

变量的设置方法是在透镜数据编辑器(Lens Data Editor)中,选中要改变的参数,按Ctrl+Z,在参数后出现字母V,即表示此参数可作为变量供优化使用。取消变量同样可以通过按Ctrl-Z进行切换实现。变量的设定还可以通过右键单击选中的参数,在弹出式对话框中将Solve Type选为Variable来实现。

(3)进行优化

进行优化可以从主菜单栏中选择Tools→Optimization,或直接单击工具栏"Opt"按钮,将显示优化控制对话框。对话框中包括不同优化循环次数的选择按钮、操作数个数、变量数、原始评价函数值、当前评价函数值等,如图16-19所示。

一般情况下,对于优化循环次数可以选择自动(Automatic)模式,系统将一直执行优化,直到系统认为不再有明显改善为止。在优化过程中,Zemax计算并不断更新系统的评价函数,函数值可以在对话框中显示出来。优化过程所需要的运行时间取决于光学系统的复杂性、变量的个数、操作数的个数以及计算机的速度。

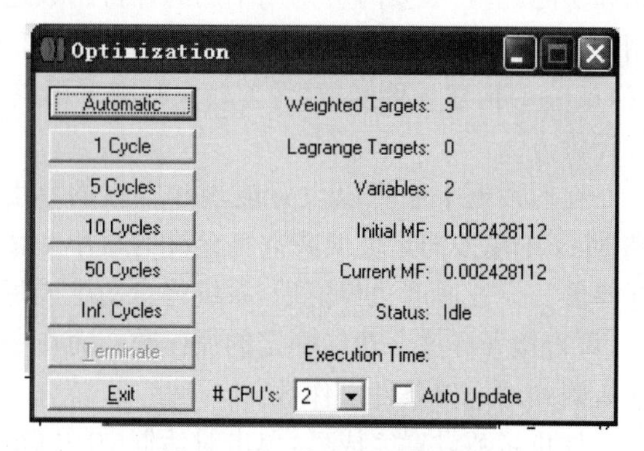

图16-19 优化控制对话框

优化控制对话框中还有一项自动更新(Auto Update),如果选中这一项,Zemax在每个优化循环结束时将自动更新和重画所有打开的窗口。若未选中,需要在优化后对各窗口进行刷新(Update)实现数据和图表的更新。

利用Zemax的优化功能时需要明确的是,这一优化功能仅仅是一个有效的工具,但不能完全依赖它将一个不合理的初始结构转化成一个合理的方案。在初始系统的确定及优化过程的控制中,光学系统设计的基础知识和实际经验依然是关键。

4. 公差分析

Zemax的公差分析可以模拟在加工、装配过程中由于光学系统结构或其他参数的改变所引起的系统性能变化,从而为实际的生产提供指导。这些可能改变的参数包括曲率、厚度、位置、折射率、阿贝数、非球面系数等结构参数以及表面或镜头组的倾斜、偏心,表面不规则度等。

与优化功能类似,公差分析中把需要分析的参数用操作数表示,如TRAD表示的是曲率半径公差。采用Zemax进行公差分析需分两步:公差数据设置,执行公差分析。

(1)公差数据设置

从Zemax主窗口的Editor菜单中选中Tolerance Data项,系统显示Tolerance Data Editor公差数据编辑窗口。这一窗口用来对光学系统不同参数的公差范围做出限定。同时,还可以定义补偿器来模拟对装配后的系统所做的调整。一般情况下,可以采用默认的公差数据设置(Tolerance Data Editor→Tools→Default Tolerances),此时将弹出Default Tolerance对话框,如图16-20所示。

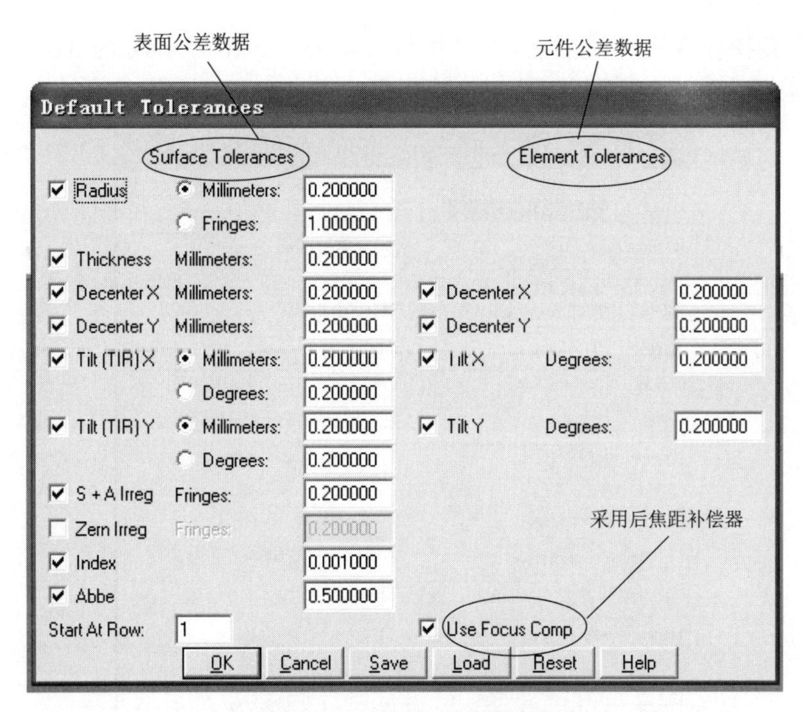

图 16 - 20　默认的公差数据设置

通过这一对话框可以对各表面或元件的公差进行设定。表面的公差数据包括半径(Radius)、偏心(Decenter)、倾斜(Tilt)、不规则度(Irregularity)及材质的折射率、阿贝数等；元件可以设置的公差只有偏心和倾斜。在每个数据右方的空格中可以设定公差的范围。对话框底部的“Use Focus Comp”为后焦距补偿，这是公差分析中默认采用的补偿器。

完成设定后，单击 OK 返回 Tolerances Data Editor 窗口。此时窗口中已经根据设定的公差数据列出了不同表面或元件的公差操作数和补偿器，如图 16 - 21 所示。每一个操作数都有一个最小值(Min)和一个最大值(Max)，此最小值与最大值是相对于标称值(Nominal Value)的差量。

Tolerance Data Editor

Edit Tools Help

Oper #	Type	Surf	Code	-	Nominal	Min	Max
1 (COMP)	COMP	3	0	-	-	-2.000000	2.000000
2 (TWAV)	TWAV	-	-	-	-	0.632800	-
3 (TRAD)	TRAD	1	-	-	92.847066	-0.200000	0.200000
4 (TRAD)	TRAD	2	-	-	-30.716087	-0.200000	0.200000
5 (TRAD)	TRAD	3	-	-	-78.197307	-0.200000	0.200000
6 (TTHI)	TTHI	1	3	-	6.000000	-0.200000	0.200000
7 (TTHI)	TTHI	2	3	-	3.000000	-0.200000	0.200000
8 (TEDX)	TEDX	1	3	-	-	-0.200000	0.200000
9 (TEDY)	TEDY	1	3	-	-	-0.200000	0.200000
10 (TETX)	TETX	1	3	-	-	-0.200000	0.200000
11 (TETY)	TETY	1	3	-	-	-0.200000	0.200000
12 (TSDX)	TSDX	1	-	-	-	-0.200000	0.200000

图 16 - 21　公差数据编辑器

根据光学系统具体特性，使用者可以对公差操作数进行修改，也可以加入新的操作数和补偿器。具体操作方法与优化评价函数编辑器(Merit Function Editor)相似，在此不再详述。

(2)执行公差分析

设定好公差操作数和补偿器后,即可执行公差分析。在 Zemax 的 Tools 菜单下选取 Tolerancing 将弹出另一对话框,如图 16-22 所示。

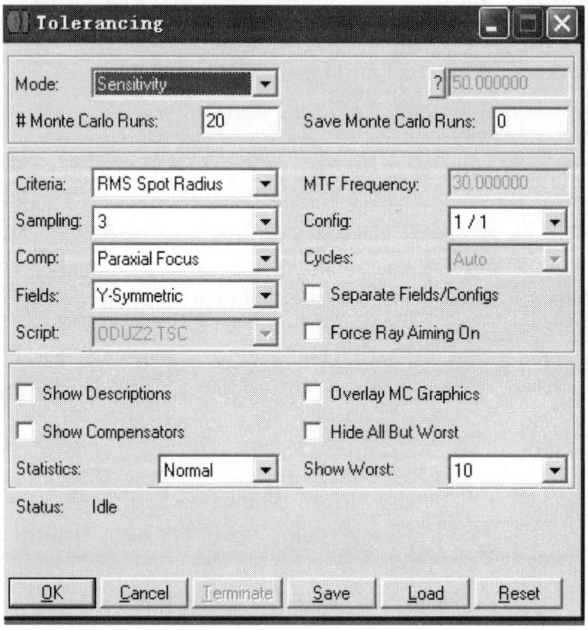

图 16-22　公差设置对话框

对话框中可以对公差评价标准(Criteria)、计算模式(Mode)、计算时采用的光线数(Sample)、视场(field)、补偿器(Compensator) 以及文本输出结果进行设置。其中主要要设置的是评价标准和计算模式两项。

公差可以采用不同的评价标准来进行分析。Criteria 中包含了 RMS 点列图半径、RMS 波像差、几何及衍射 MTF、用户自定义评价函数等。一般来说,对于像差接近衍射极限的光学系统进行公差分析时可以选用 MTF 作为评价标准,而像差较大的系统则宜选用点列图 RMS 半径。

Zemax 采用三种计算模式进行公差分析。

灵敏度分析(Sensitivity):给定结构参数的公差范围,计算每一个公差对评价标准的影响。

反向灵敏度分析(Inverse sensitivity):给出评价标准的允许变化范围,反算出各个光学面结构参数的允许公差容限。

蒙特卡罗分析(Monte Carlo):灵敏度与反向灵敏度分析都是计算每一个公差数据对评价函数的影响,而蒙特卡罗分析同时考虑所有公差对系统的影响。它在设定的公差范围内随机生成一些系统,调整所有的公差参数和补偿器,使它们随机变化,然后评估整个系统的性能变化。这一功能可以模拟生产装配过程的实际情况,所分析的结果对于大批量生产具有指导意义。

完成评价标准和计算模式的设置后,按下“OK”按钮,系统开始计算并打开新的文本窗口,显示公差分析的结果。图 16-23 为执行灵敏度分析得到的结果。窗口中列出了所有操作数取最大和最小值时评价函数的计算值,以及这一计算值与名义值的改变量。根据改变量的大小,列出了对系统性能影响最大的参数。最后是蒙特卡罗分析结果。根据这一公差分析的结果,设计者可以结合实际的加工装配水平,对个参数的公差范围进行缩紧或放松。

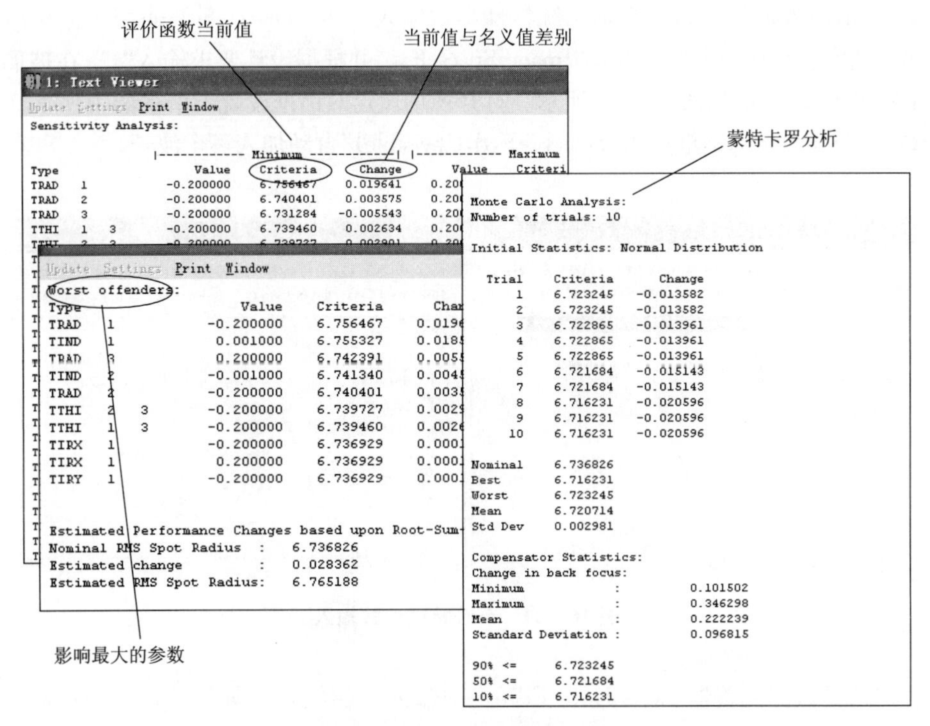

图 16-23　公差分析输出结果

16.4　应用实例

本节介绍利用 Zemax 软件具体设计一个照相物镜。

系统焦距 $f'=9$ mm，F 数为 4，视场 $2\omega=40°$。要求所有视场在 67.5 lp/mm 处 MTF>0.3。

1. 系统建模

为简化设计过程，可以从已知的镜头数据库中选择光学特性参数与拟设计系统相接近的镜头数据作为初始结构。根据技术要求，从《光学设计手册》(李士贤，郑乐年编，北京理工大学出版社，1990)中选取了一个三片式照相物镜作为初始结构，如表 16-1 所示。

表 16-1　三片式照相物镜相关参数

表面序号	半径/mm	厚度/mm	玻璃
1	28.25	3.7	ZK5
2	−781.44	6.62	
3	−42.885	1.48	F6
4	28.5	4.0	
5	光阑	4.17	
6	100.972	4.38	ZK11
7	−32.795		
$f'=74.98$ mm，$F\#$:3.5　$2\omega=56°$			

根据Zemax建模的步骤,首先是系统特性参数输入。在General系统通用数据对话框中设置孔径和玻璃库。在孔径类型中选择"Image Space F#"并根据设计要求输入"4";在玻璃库标签中键入中国玻璃库名称,如图16-24所示。打开视场设定对话框设置5个视场(0,0.3,0.5,0.7,1视场);打开波长设定对话框点击"Select→F,d,C(visible)"自动加入三个波长。

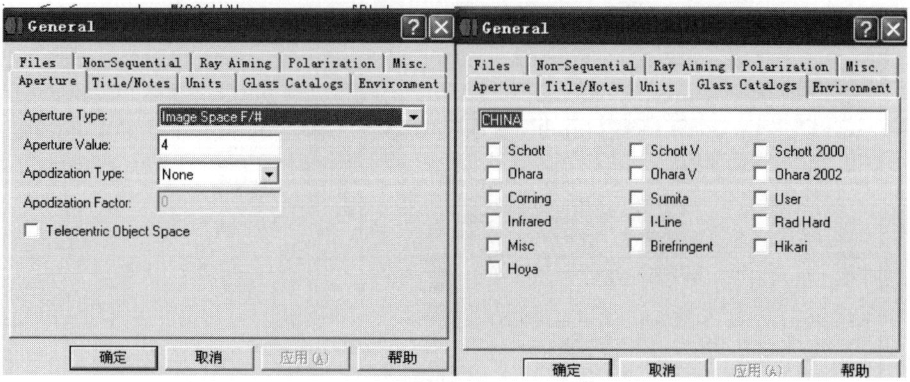

图16-24　系统特性参数输入

接着在透镜数据编辑器Lens Data Editor中输入初始结构。如图16-25所示。表格中第7面厚度为镜头组最后一面的厚度,在初始结构中并未列出。为了将要评价的像面设为系统的焦平面,可以利用Zemax的求解"Solve"功能。这一功能用于设定光学系统结构(Curvature、Thinkness、Class、Semi-Diameter、Conic、Parameter)自动求解的操作参数。双击需要设置"Solve"的单元格,将弹出"Thickness Solve on surface 7"求解对话框,如图16-26所示。根据本系统设计的要求,在对话框"Solves type"中选择"Marginal ray height",将"Height"值输入为"0",表示将像面设置在了边缘光线聚焦的像方焦平面上。对话框中"Pupil Zone"定义了光线的瞳面坐标,用归一化坐标表示。Pupil Zone值如为0,表示采用近轴光线;如为−1~+1的任意非零值,则表示采用所定义坐标上的实际边缘光线进行计算。单击"OK"按钮后,系统自动计算出最后一面与焦平面直接距离值,并在数值右方显示"M",表示这一厚度值采用的求解方法。

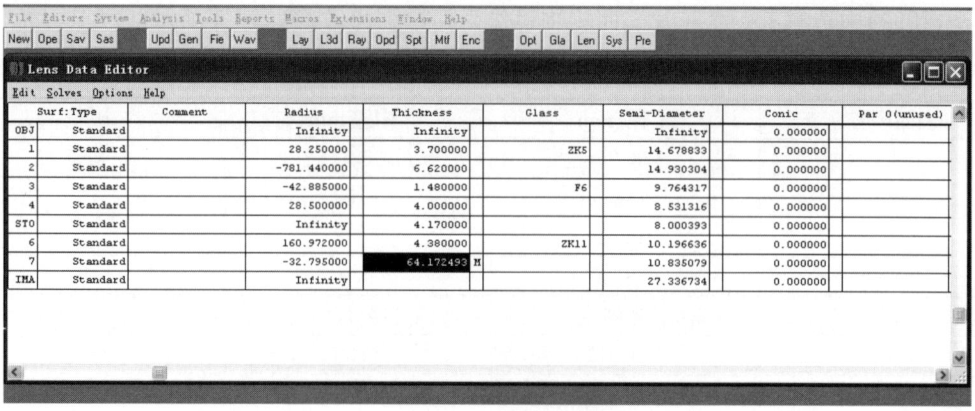

Surf:Type		Comment	Radius	Thickness	Glass	Semi-Diameter	Conic	Par 0(unused)
OBJ	Standard		Infinity	Infinity		Infinity	0.000000	
1	Standard		28.250000	3.700000	ZK5	14.678833	0.000000	
2	Standard		-781.440000	6.620000		14.930304	0.000000	
3	Standard		-42.885000	1.480000	F6	9.764317	0.000000	
4	Standard		28.500000	4.000000		8.531316	0.000000	
STO	Standard		Infinity	4.170000		8.000393	0.000000	
6	Standard		160.972000	4.380000	ZK11	10.196636	0.000000	
7	Standard		-32.795000	64.172493 M		10.835079	0.000000	
IMA	Standard		Infinity			27.336734	0.000000	

图16-25　初始结构参数

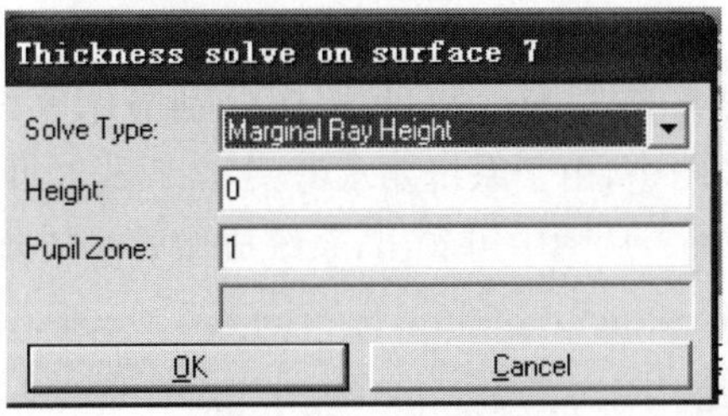

Thickness solve on surface 7

Solve Type: Marginal Ray Height

Height: 0

Pupil Zone: 1

OK　Cancel

图 16－26　厚度求解

初始结构输入后，由于系统焦距与设计要求不符，需要通过缩放功能进行调整。选择 Tools→Scale Lens，由于系统现有焦距为 74.98，要变为 9，缩放因子为 9/74.98＝0.120 032，因此在 Scale By Factor 缩放因子后面填入 0.120 032，如图 16－27 所示。单击“OK”按钮，Lens Data Editor 中的结构数据发生变化，此时系统焦距 EFFL 已经调整为 9。

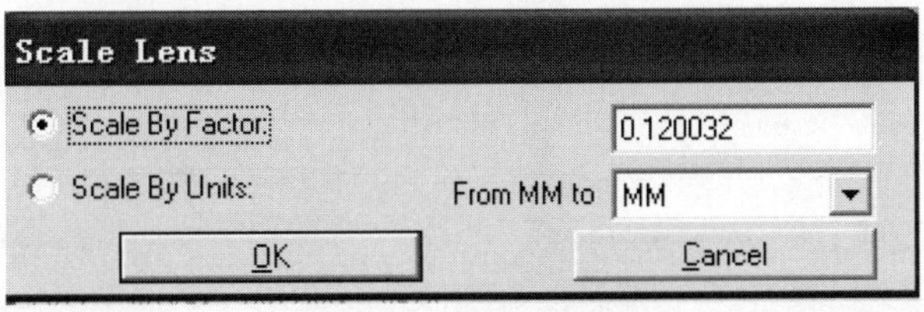

Scale Lens

Scale By Factor:　0.120032

Scale By Units:　From MM to　MM

OK　Cancel

图 16－27　缩放焦距

调整后的系统可以通过工具栏上的按钮“Lay”查看系统二维结构图。从结构图中可以看出，第一透镜口径不合理，出现前后两表面相交(第一面边缘厚度为负值)的情况。此时可以再次利用“Solves”求解功能，在 Thickness solve on surface 1 对话框中将第一面厚度 Solve Type 选择为“Edge Thickness”，并在厚度“Thickness”中输入 0.1，这表示第一面边缘厚度被控制为 0.1，系统根据这一控制自动调整第一面的中心厚度。调整前后的结构如图 16－28 所示。

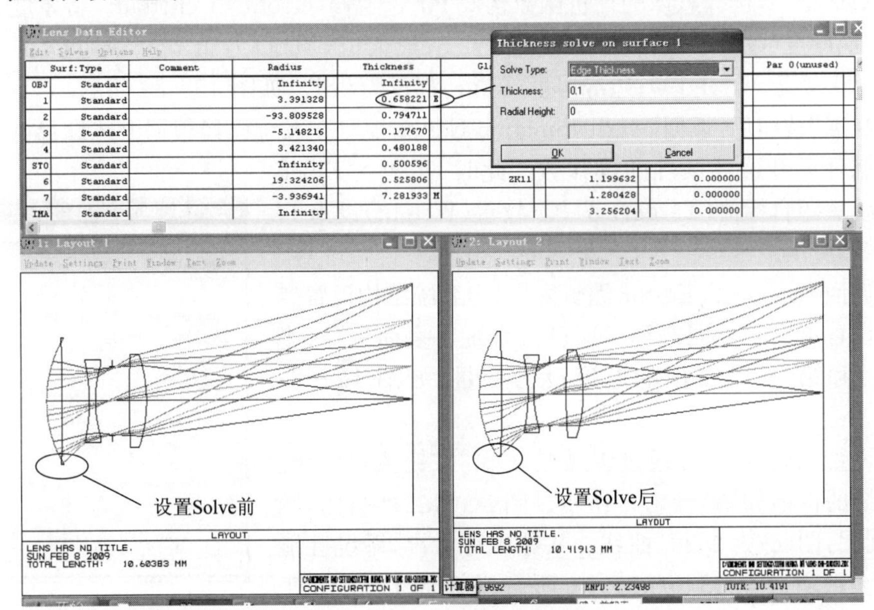

图 16－28　系统初始结构

2. 初始性能评价

结构调整完成后,可通过菜单栏 Spt、MTF 按钮分别显示系统的点列图和 MTF 曲线,如图 16-29所示。在 MTF 曲线图中,由于系统要求考察 67.5 线对处的 MTF 值,因此通过 Setting 对话框将采样频率定为 68 线对。从图中可看出,系统成像质量较差,需要进行优化。

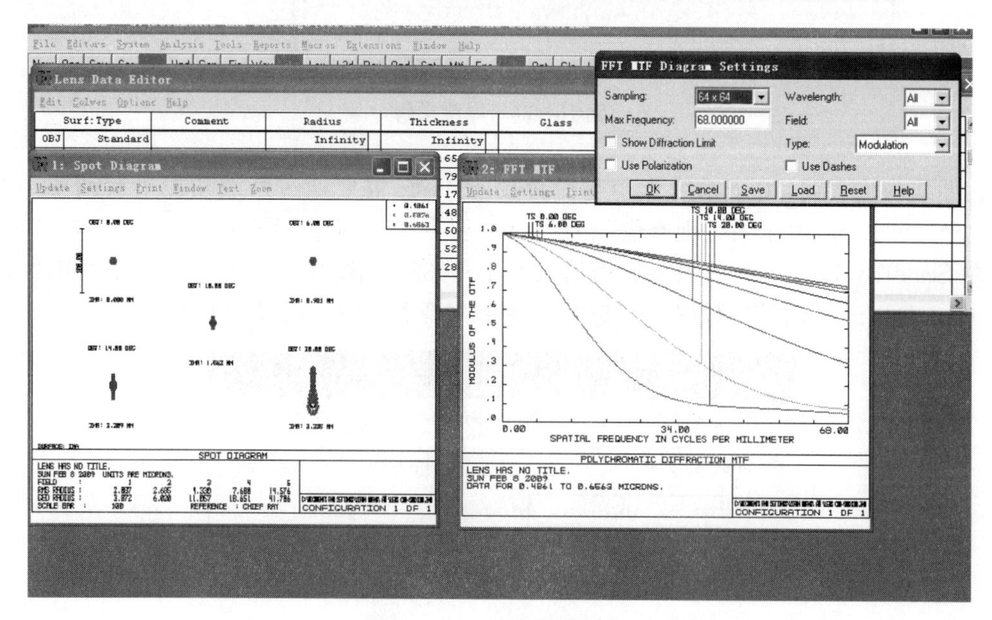

图 16-29 系统初始性能

3. 优化

进行优化之前需要设置评价函数。从主窗口 Editors 中选择 Merit Function,在新打开的评价函数编辑器(Merit Function Editor)中选择“Tools→Default Merit Function...”,在评价函数设置对话框中,选择默认的评价函数构成 PTV+Wavefront+Centroid。将厚度边界条件设置为:玻璃厚度(Glass)最小值(Min) 为 0.5,最大值(Max)为 10;空气厚度(Air)最小值(Min)0.1,最大值(Max) 100;边缘厚度(Edge)都设为 0.1。如图 15-30 所示。

单击“OK”按钮后,返回 Merit Function Editor 窗口。系统已经根据上述设置自动生成了一系列控制像差和边界条件的操作数。此时,需加入 EFFL 以控制系统焦距目标值(Target) 为 9。权重(Weight)设为 1,如图 16-31 所示。

之后返回 Lens Data Editor 编辑窗口,为系统结构设置变量。变量设置可以有不同选择。这里将系统各表面半径(光阑面除外)和第一、第二面的厚度设为变量,如图 16-32 所示。

变量设置完成后,即可通过工具栏“Opt”按钮执行优化。优化后系统的性能如图 16-33 所示。图(a)为二维结构,图(b)为点列图,图(c)为 MTF 曲线。从图中可看出,系统性能得到了较大改善。在 68 lp/mm 处,所有视场 MTF 都大于 0.4,优于系统设定的技术要求。

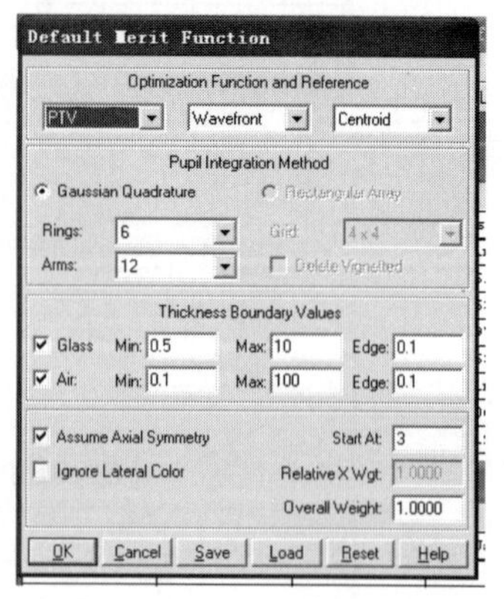

图 16-30 设置评价函数

Merit Function Editor: 1.483513E-001

Edit Tools Help

Oper #	Type	Surf						Target	Weight
1 (CTGT)	CTGT	3						0.100000	1.000000
2 (EFFL)	EFFL		2					9.000000	1.000000
3 (BLNK)	BLNK	Default merit function: PTV wavefront centroid GQ 6 rings 12 arms							
4 (BLNK)	BLNK	Default air thickness boundary constraints.							
5 (MNCA)	MNCA	1	7					0.100000	1.000000
6 (MXCA)	MXCA	1	7					100.000000	1.000000
7 (MNEA)	MNEA	1	7					0.100000	1.000000
8 (BLNK)	BLNK	Default glass thickness boundary constraints.							
9 (MNCG)	MNCG	1	7					0.500000	1.000000
10 (MXCG)	MXCG	1	7					10.000000	1.000000
11 (MNEG)	MNEG	1	7					0.100000	1.000000
12 (BLNK)	BLNK	Operands for field 1.							
13 (OPDX)	OPDX		1	0.000000	0.000000	0.339316	0.000000	0.000000	0.800000
14 (OPDX)	OPDX		1	0.000000	0.000000	0.464723	0.000000	0.000000	0.800000
15 (OPDX)	OPDX		1	0.000000	0.000000	0.663123	0.000000	0.000000	0.800000
16 (OPDX)	OPDX		1	0.000000	0.000000	0.822984	0.000000	0.000000	0.800000

Lens has no title.　EFFL: 8.88487　WFNO: 4.03294　ENPD: 2.22122　TOTR: 10.5426

图 16-31　优化操作数

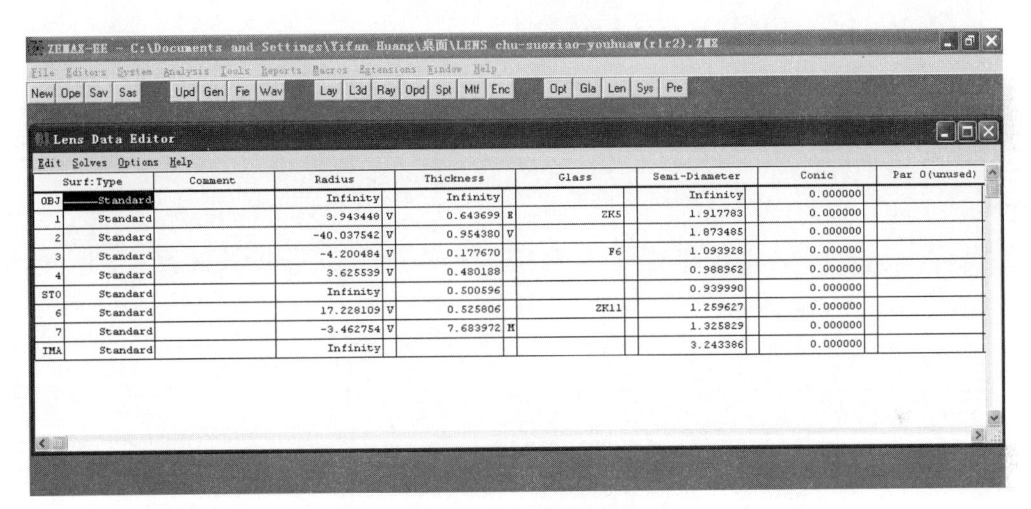
ZEMAX-EE - C:\Documents and Settings\Yifan Huang\桌面\LENS chu-suoxiao-youhuaw(r1r2).ZMX

Lens Data Editor

Edit Solves Options Help

Surf:Type		Comment	Radius		Thickness		Glass		Semi-Diameter	Conic	Par 0(unused)
OBJ	Standard		Infinity		Infinity				Infinity	0.000000	
1	Standard		3.943440	V	0.643699	E	ZK5		1.917783	0.000000	
2	Standard		-40.037542	V	0.954380	V			1.873485	0.000000	
3	Standard		-4.200484	V	0.177670		F6		1.093928	0.000000	
4	Standard		3.625539	V	0.480188				0.988962	0.000000	
STO	Standard		Infinity		0.500596				0.939990	0.000000	
6	Standard		17.228109	V	0.525806		ZK11		1.259627	0.000000	
7	Standard		-3.462754	V	7.683972	M			1.325829	0.000000	
IMA	Standard		Infinity						3.243386	0.000000	

图 16-32　变量设置

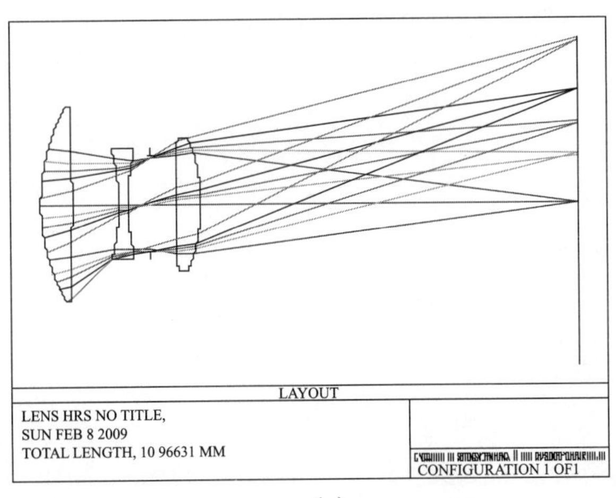

（a）

图 16-33　优化后的系统性能

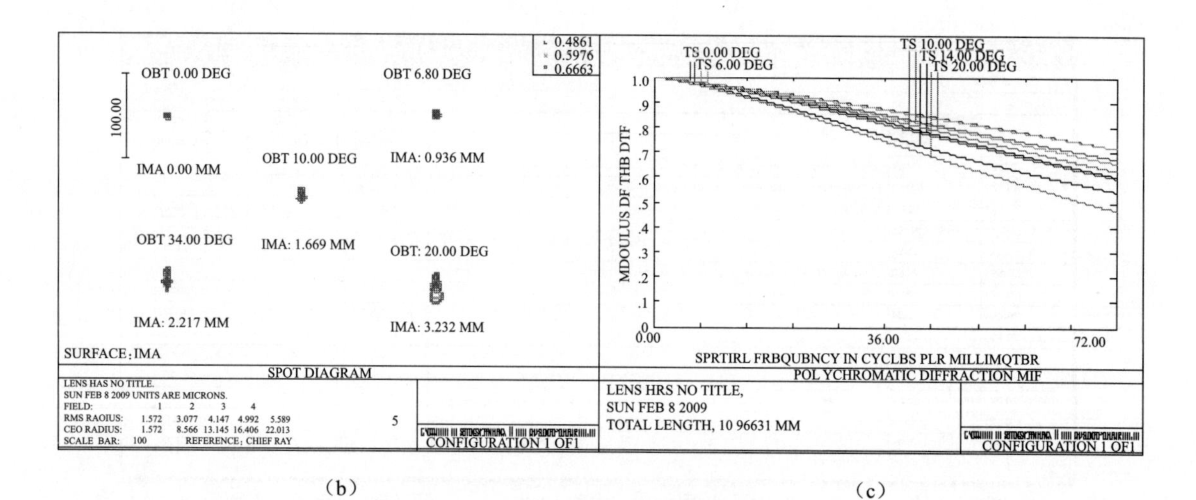

(b)　　　　　　　　(c)

图 16-33　优化后的系统性能(续)

附录1 双胶合薄透镜参数表(冕玻璃在前)

参数 n_1 / n_2		K7　1.514 7　60.6										
	C	0.015 0	0.005 0	0.002 0	0.001 0	0.000 0	−0.001 0	−0.002 5	−0.005 0	−0.010 0	−0.025 0	−0.050 0
F2	p_0	2.06	0.33	−1.08	−1.67	−2.31	−3.07	−4.32	−6.81	−13.65	−52.40	212.3
1.612 8	φ_1	1.141 6	2.085 2	2.368 2	2.462 6	2.556 9	2.651 3	2.792 8	3.028 7	3.500 4	4.915 7	7.274 5
36.9	Q_0	−1.67	−4.52	−5.40	−5.70	6.00	−6.30	−6.76	−7.53	−9.09	−13.97	−22.71
F5	p_0	2.06	0.48	−0.81	−1.35	−1.95	−2.62	−3.75	−6.01	−12.12	−47.23	−190.7
1.624 2	φ_1	1.132 2	2.013 0	2.277 2	2.365 3	2.453 4	2.541 5	2.673 6	2.893 8	3.334 2	4.655 4	6.857 3
35.9	Q_0	−1.64	−4.30	−5.12	−5.40	−5.68	−5.96	−6.39	−7.10	−8.56	−13.12	−21.27
BaF7	p_0	2.05	−1.02	−3.59	−4.68	−5.91	−7.27	−9.58	−14.23	−26.96	−101.9	−416.7
1.614 0	φ_1	1.176 6	2.353 3	2.706 4	2.824 0	2.941 7	3.059 4	3.235 9	3.630 0	4.118 4	5.883 4	8.825 2
40.0	Q_0	−1.77	5.36	−6.48	−6.86	−7.24	−7.63	−8.21	−9.19	−11.19	−17.48	−23.83
BaF3	p_0	2.05	−0.78	−3.15	−4.15	−5.28	−6.52	−8.64	−12.90	−24.54	−92.81	−378.4
1.625 9	φ_1	1.165 4	2.267 5	2.598 1	2.708 3	2.818 6	2.928 8	3.094 1	3.369 6	3.920 6	5.573 7	8.328 9
39.1	Q_0	−1.74	5.09	−6.15	−6.50	−6.86	−7.22	−7.76	−8.68	−10.55	−16.45	−27.08
ZF1	p_0	2.06	0.77	−0.28	−0.72	−1.21	−1.75	−2.67	−4.50	−9.41	−37.37	−150.5
1.647 5	φ_1	1.115 5	1.884 9	2.115 7	2.192 7	2.269 6	2.346 6	2.462 0	2.654 3	3.039 0	4.193 2	6.116 7
33.9	Q_0	−1.59	−3.99	−4.62	−4.87	−5.11	−5.36	−5.73	−6.35	−7.62	−11.58	−18.67
ZF2	p_0	2.06	0.97	0.08	−0.29	−0.70	−1.16	−1.93	−3.46	−7.56	−30.75	−123.7
1.672 5	φ_1	1.103 1	1.790 2	1.996 3	2.065 0	2.133 8	2.202 5	2.305 5	2.477 3	2.820 8	3.851 6	5.569 2
32.2	Q_0	−1.55	−3.61	−4.25	−4.47	−4.69	−4.90	−5.23	−5.79	−6.92	−10.44	−16.75
ZF3	p_0	2.07	1.26	0.60	0.32	0.01	−0.33	−0.89	−2.02	−5.03	−21.80	−87.90
1.717 2	φ_1	1.086 3	1.661 1	1.833 5	1.891 0	1.948 5	2.006 0	2.092 2	2.235 9	2.523 3	3.385 6	4.822 6
29.5	Q_0	−1.50	−3.21	−3.75	−3.93	−4.11	−4.29	−4.56	−5.02	−5.95	−8.87	−14.08
ZF5	p_0	2.07	1.38	0.81	0.58	0.32	0.03	−0.46	−1.41	−3.96	−18.10	−73.36
1.739 8	φ_1	1.079 2	1.606 6	1.764 8	1.817 6	1.870 3	1.923 1	2.002 2	2.134 0	2.397 8	3.188 9	4.507 5
28.2	Q_0	−1.48	−3.05	−3.53	−3.70	−3.86	−4.02	−4.27	−4.69	−5.55	−8.21	−12.94
ZF6	p_0	2.07	1.44	0.92	0.70	0.46	0.19	−0.25	−1.13	−3.48	−16.41	−66.77
1.755 0	φ_1	1.075 6	1.579 0	1.730 1	1.780 4	1.830 8	1.881 1	1.956 6	2.082 5	2.334 2	3.089 5	4.348 1
27.5	Q_0	−1.47	−2.96	−3.42	−3.58	−3.74	−3.89	−4.13	−4.53	−5.34	−7.87	−12.36

续表

参数 n_1 / n_2		K9 1.516 3 64.1										
	C	0.015 0	0.005 0	0.002 0	0.001 0	0.000 0	−0.001 0	−0.002 5	−0.005 0	−0.010 0	−0.025 0	−0.050 0
F2	p_0	2.05	0.94	−0.05	−0.48	−0.95	−1.48	−2.37	−4.17	−9.08	−37.69	−156.0
1.612 8	φ_1	1.052 2	1.921 8	2.082 6	2.269 6	2.356 6	2.443 5	2.574 0	2.791 4	3.226 2	4.530 5	6.704 5
36.9	Q_0	−1.40	−4.00	−4.81	−5.08	−5.35	−5.63	−6.04	−6.74	−8.15	−12.57	−20.46
F5	p_0	2.05	1.02	0.10	−0.29	−0.73	−1.22	−2.05	−3.71	−8.23	−34.50	−142.7
1.624 2	φ_1	1.049 0	1.865 0	2.109 8	2.191 4	2.273 0	2.354 6	2.477 0	2.681 0	3.089 0	4.313 1	6.353 1
35.9	Q_0	−1.39	−3.83	−4.59	−4.84	−5.10	−5.35	−5.74	−6.40	−7.72	−11.07	−19.28
BaF6	p_0	2.05	−3.45	8.65	−10.92	13.49	−16.38	−21.35	−31.51	−60.03	−236.0	—
1.607 6	φ_1	1.098 6	2.740 2	3.232 7	3.396 9	3.561 1	3.725 2	3.971 5	4.381 9	5.202 7	7.665 2	—
46.1	Q_0	−1.54	−6.56	−8.16	−8.70	−9.24	−9.79	−10.62	−12.02	−14.90	−24.02	—
BaF7	p_0	2.05	0.17	−1.53	−2.26	−3.08	−4.00	−5.57	−8.73	−17.44	−69.22	−288.1
1.614 0	φ_1	1.063 9	2.127 8	2.446 9	2.553 3	2.659 7	2.766 1	2.925 7	3.191 7	3.723 6	5.319 5	7.979 2
40.0	Q_0	−1.44	−4.64	−5.64	−5.98	−6.32	−6.66	−7.17	−8.04	−9.81	−15.37	−25.37
BaF8	p_0	2.05	0.28	−1.32	−2.00	−2.77	−3.63	−5.09	−8.05	−16.18	−64.33	−267.2
1.625 9	φ_1	1.060 2	2.062 7	2.363 4	2.463 7	2.564 0	2.664 2	2.814 6	3.065 2	3.566 5	5.070 3	7.576 6
39.1	Q_0	−1.43	−4.44	−5.39	−5.70	−6.02	−6.34	−6.83	−7.65	−9.32	−14.57	−24.00
ZF1	p_0	2.05	1.18	0.41	0.08	−0.28	−1.69	−1.38	−2.77	−6.52	−28.12	−116.2
1.647 5	φ_1	1.043 2	1.762 7	1.978 6	2.050 5	2.122 5	2.194 4	2.302 3	2.482 2	2.842 0	3.921 3	5.720 1
33.9	Q_0	−1.38	−3.52	−4.18	−4.41	−4.63	−4.86	−5.20	−5.78	−6.94	−10.60	−17.11
ZF2	p_0	2.05	1.31	0.64	0.35	0.04	−0.31	−0.91	−2.09	−5.30	−23.64	−97.77
1.672 5	φ_1	1.038 8	1.685 8	1.879 9	1.944 7	2.009 4	2.074 1	2.171 1	2.332 9	2.656 4	3.626 9	5.241 5
32.2	Q_0	−1.36	−3.28	−3.88	−4.08	−4.28	−4.49	−4.79	−5.31	−6.36	−9.63	−15.47
ZF3	p_0	2.05	1.49	0.98	0.76	0.52	0.25	−0.20	−1.10	−3.53	−17.23	−71.74
1.717 2	φ_1	1.032 8	1.579 3	1.743 2	1.797 9	1.852 6	1.907 2	1.989 2	2.125 8	2.399 1	3.218 8	4.585 1
29.5	Q_0	−1.35	−2.96	−3.46	−3.63	−3.80	−3.97	−4.22	−4.66	−5.53	−8.28	−13.45
ZF5	p_0	2.06	1.57	1.13	0.94	0.73	0.50	0.11	−0.67	−2.75	−14.45	−60.66
1.739 8	φ_1	1.030 2	1.533 7	1.684 8	1.735 1	1.785 5	1.835 8	1.911 3	2.037 2	2.289 0	3.044 3	4.303 0
28.2	Q_0	−1.34	−2.82	−3.28	−3.43	−3.59	−3.74	−3.98	−4.37	−5.18	−7.69	−12.15
ZF6	p_0	2.06	1.61	1.20	1.03	0.83	0.62	0.26	−0.46	−2.39	−13.17	−55.58
1.755 0	φ_1	1.028 9	1.510 5	1.655 0	1.703 2	1.751 3	1.799 5	1.871 7	1.992 1	2.232 9	2.955 4	4.159 4
27.5	Q_0	−1.34	−2.75	−3.19	−3.33	−3.48	−3.63	−3.85	−4.23	−5.00	−7.39	−11.64

续表

参数 n_1 / n_2	K10　1.518 1　58.9											
	C	0.015 0	0.005 0	0.002 0	0.001 0	0.000 0	−0.001 0	−0.002 5	−0.005 0	−0.010 0	−0.025 0	−0.050 0
F2	p_0	2.03	−0.01	−1.63	−2.30	−3.05	−3.88	−5.29	−8.09	−15.66	−59.03	−236.1
1.612 8	φ_1	1.195 4	2.183 3	2.479 6	2.578 4	2.677 2	2.776 0	2.924 2	3.171 2	3.665 1	5.147 0	7.616 8
36.9	Q_0	−1.82	−4.80	−5.72	−6.04	−6.35	−6.67	−7.14	−7.95	−9.58	−14.69	−23.83
F5	p_0	2.03	0.17	1.29	−1.90	−2.60	−3.34	−4.61	−7.14	−13.95	−52.85	−211.0
1.624 2	φ_1	1.181 8	2.101 1	2.376 9	2.468 9	2.560 8	2.652 8	2.790 7	3.020 5	3.480 2	4.859 2	7.157 6
35.9	Q_0	−1.78	−4.55	−5.41	−5.70	−5.99	−6.29	−6.73	−7.48	−8.99	−13.75	−22.25
BaF7	p_0	2.01	−1.75	−4.80	−6.08	−7.52	−9.17	−11.83	−17.26	−32.07	−118.8	−481.0
1.614 0	φ_1	1.246 5	2.493 1	2.867 0	2.991 7	3.116 4	3.241 0	3.428 0	3.739 6	4.362 3	6.232 8	9.349 2
40.0	Q_0	−1.97	−5.77	−6.96	−7.36	−7.77	−8.18	−8.79	−9.83	−11.95	−18.63	−30.67
BaF8	p_0	2.01	−1.44	−4.22	−5.40	−6.70	−8.16	−10.62	−15.56	−29.00	−107.4	−433.5
1.625 9	φ_1	1.230 0	2.393 1	2.742 1	2.858 4	2.974 7	3.091 0	3.265 5	3.556 3	4.137 8	5.882 5	8.790 3
39.1	Q_0	−1.92	−5.46	−6.58	−6.95	−7.33	−7.71	−8.28	−9.25	−11.23	−17.47	−28.71
ZF1	p_0	2.03	0.52	−0.66	−1.15	−1.70	−2.30	−3.32	−5.34	−10.76	−41.41	−164.7
1.647 5	φ_1	1.157 9	1.956 6	2.196 2	2.276 1	2.356 0	2.435 8	2.555 6	2.755 3	3.154 6	4.352 7	6.349 4
33.9	Q_0	−1.71	−4.11	−4.85	−5.10	−5.36	−5.61	−6.00	−6.64	−7.96	−12.07	−19.43
ZF2	p_0	2.04	0.77	−0.22	−0.64	−1.09	−1.60	−2.45	−4.13	−8.62	−33.84	−134.3
1.672 5	φ_1	1.140 4	1.850 8	2.063 9	2.134 9	2.205 9	2.277 0	2.385 5	2.561 1	2.913 6	3.981 8	5.757 6
32.2	Q_0	−1.65	−3.78	−4.44	−4.67	−4.89	−5.12	−5.46	−6.03	−7.19	−10.84	−17.35
ZF3	p_0	2.05	1.11	0.38	0.07	−0.26	−0.63	−1.25	−2.48	−5.73	−23.75	−94.40
1.717 2	φ_1	1.116 8	1.707 8	1.885 2	1.944 3	2.003 4	2.062 5	2.151 1	2.298 9	2.594 4	3.480 9	4.958 4
29.5	Q_0	−1.58	−3.34	−3.89	−4.07	−4.26	−4.44	−4.72	−5.20	−6.16	−9.16	−14.50
ZF5	p_0	2.05	1.25	0.63	0.37	0.09	−0.22	−0.75	−1.79	−4.53	−19.65	−78.39
1.739 8	φ_1	1.107 0	1.648 0	1.810 3	1.864 4	1.918 5	1.972 6	2.053 8	2.189 0	2.459 6	3.271 1	4.623 7
28.2	Q_0	−1.56	−3.16	−3.66	−3.82	−3.99	−4.16	−4.42	−4.85	−5.72	−8.45	−13.29
ZF6	p_0	2.05	1.32	0.75	0.51	0.25	−0.04	−0.52	−1.47	−3.99	−17.79	−71.18
1.755 0	φ_1	1.102 0	1.617 8	1.772 6	1.824 2	1.875 7	1.927 3	2.004 7	2.133 7	2.391 6	3.165 4	4.455 0
27.5	Q_0	−1.54	−3.06	−3.54	−3.70	−3.86	−4.02	−4.26	−4.67	−5.50	−8.09	−12.69

续表

参数 n_1 n_2		BaK1　1.530 2　60.5										
	C	0.015 0	0.005 0	0.002 0	0.001 0	0.000 0	−0.001 0	−0.002 5	−0.005 0	−0.010 0	−0.025 0	−0.050 0
F2	p_0	1.97	0.58	−0.55	−1.03	−1.56	−2.14	−3.04	−5.12	−10.49	−41.28	−166.7
1.612 8	φ_1	1.144 6	2.090 5	2.374 3	2.468 9	2.563 5	2.658 1	2.800 0	3.036 5	3.509 5	4.928 4	7.293 3
36.9	Q_0	−1.64	−4.43	−5.29	−5.58	−5.88	−6.17	−6.61	−7.35	−8.86	−13.57	−21.93
F3	p_0	1.97	0.61	−0.50	−0.97	−1.49	−2.07	−3.04	−4.99	−10.25	−40.39	−163.1
1.616 4	φ_1	1.141 6	2.068 1	2.346 0	2.438 7	2.531 3	2.624 0	2.763 0	2.994 6	3.457 8	4.847 5	7.163 8
36.6	Q_0	−1.63	−4.36	−5.21	−5.49	−5.78	−6.07	−6.50	−7.23	−8.71	−13.32	−21.52
F4	p_0	1.97	0.63	−0.45	−0.91	1.42	−1.99	−2.94	−4.84	−9.99	−39.41	−159.1
1.619 9	φ_1	1.138 7	2.046 2	2.318 5	2.409 2	2.500 0	2.590 7	2.726 8	2.953 7	3.407 5	4.768 7	7.037 5
36.3	Q_0	−1.62	−4.30	−5.13	−5.41	−5.69	−5.97	−6.39	−7.11	−8.56	−13.08	−21.12
F5	p_0	1.97	0.68	−0.38	−0.82	−1.31	−1.86	−2.78	−4.62	−9.58	−37.93	−153.0
1.624 2	φ_1	1.134 9	2.017 8	2.282 7	2.371 0	2.459 3	2.547 0	2.680 0	2.900 8	3.342 2	4.666 6	6.873 8
35.9	Q_0	−1.61	−4.21	−5.02	−5.29	−5.57	−5.84	−6.25	−6.95	−8.36	−12.76	−20.59
F7	p_0	1.97	0.67	−0.40	−0.84	−1.34	−1.89	−2.82	−4.67	−9.67	−38.19	−153.9
1.636 1	φ_1	1.130 4	1.983 7	2.239 7	2.325 0	2.410 3	2.495 6	2.623 6	2.836 9	3.263 6	4.543 5	6.676 6
35.4	Q_0	−1.60	−4.11	−4.90	−5.16	−5.42	−5.69	−6.09	−6.76	−8.13	−12.40	−20.02
BaF7	p_0	1.97	−0.52	−2.58	−3.46	−4.44	−5.53	−7.38	−11.09	−21.23	−80.57	−328.0
1.614 0	φ_1	1.180 4	2.360 0	2.715 1	2.833 1	2.951 2	3.069 2	3.246 3	3.541 4	4.131 7	5.902 4	8.853 6
40.0	Q_0	−1.74	−5.25	−6.35	−6.72	−7.09	−7.46	−8.02	−8.97	−10.90	−16.95	−27.79
BaF8	p_0	1.97	−0.37	−2.31	−3.13	−4.05	−5.07	−6.80	−10.27	−19.74	−74.95	−304.4
1.625 9	φ_1	1.169 0	2.274 4	2.606 0	2.716 5	2.827 1	2.937 6	3.103 4	3.379 8	3.932 5	5.590 5	8.354 0
39.1	Q_0	−1.71	−5.00	−6.02	−6.37	−6.72	−7.07	−7.59	−8.48	−10.30	−15.98	−26.17
ZF1	p_0	1.98	0.88	0.00	−0.37	−0.79	−1.24	−2.01	−3.54	−7.65	−30.94	−124.6
1.647 5	φ_1	1.117 8	1.888 9	2.120 2	2.197 3	2.274 4	2.351 5	2.467 1	2.659 9	3.045 4	4.202 0	6.129 6
33.9	Q_0	−1.56	−3.83	−4.53	−4.77	−5.01	−5.25	−5.61	−6.21	−7.44	−11.29	−18.13
ZF2	p_0	1.98	1.03	0.27	−0.05	−0.41	−0.80	−1.46	−2.77	−6.28	−26.04	−104.8
1.672 5	φ_1	1.105 2	1.793 6	2.000 1	2.068 9	2.137 8	2.206 6	2.309 9	2.481 9	2.826 1	3.853 7	5.579 6
32.2	Q_0	−1.53	−3.54	−4.17	−4.38	−4.59	−4.81	−5.13	−5.67	−6.77	−10.19	−16.29
ZF3	p_0	1.98	1.26	0.68	0.44	0.17	−0.13	−0.63	−1.62	−4.26	−18.93	−76.51
1.717 2	φ_1	1.088 0	1.663 7	1.836 4	1.894 0	1.951 6	2.009 1	2.095 5	2.239 4	2.527 3	3.390 9	4.830 2
29.5	Q_0	−1.47	−3.15	−3.67	−3.85	−4.03	−4.20	−4.47	−4.92	−5.83	−8.67	−13.73
ZF4	p_0	1.98	1.38	0.88	0.68	0.45	0.20	−0.22	−1.06	−3.27	−15.49	−63.08
1.728 0	φ_1	1.081 2	1.613 0	1.772 5	1.825 7	1.878 8	1.932 0	2.011 8	2.144 7	2.410 6	3.208 1	4.537 5
28.3	Q_0	−1.46	−3.00	−3.48	−3.64	−3.80	−3.97	−4.21	−4.62	−5.46	−8.07	−12.69
ZF5	p_0	1.98	1.37	0.86	0.65	0.42	0.17	−0.26	−1.11	−3.37	−15.85	−64.44
1.739 8	φ_1	1.080 7	1.608 9	1.767 4	1.820 2	1.873 0	1.925 8	2.005 1	2.137 1	2.401 2	3.193 5	4.514 0
28.2	Q_0	−1.45	−2.99	−3.46	−3.62	−3.79	−3.95	−4.19	−4.60	−5.43	−8.03	−12.63
ZF6	p_0	1.98	1.42	0.95	0.76	0.54	0.30	−0.09	−0.88	−2.96	−14.44	−58.96
1.755 0	φ_1	1.077 0	1.581 2	1.732 5	1.782 9	1.833 3	1.883 7	1.959 3	2.085 4	2.337 5	3.093 7	3.354 1
27.5	Q_0	−1.44	−2.90	−3.36	−3.51	−3.66	−3.82	−4.05	−4.44	−5.23	−7.70	−12.08

续表

参数 n_1 / n_2		BaK2　1.539 9　59.7										
n_2	C	0.015 0	0.005 0	0.002 0	0.001 0	0.000 0	−0.001 0	−0.002 5	−0.005 0	−0.010 0	−0.025 0	−0.050 0
F2	p_0	1.92	0.61	−0.44	−0.88	−1.37	−1.91	−2.82	−4.64	−9.54	−37.49	−150.6
1.612 8	φ_1	1.169 1	2.135 3	2.425 1	2.521 8	2.618 4	2.715 0	2.859 9	3.101 5	3.584 6	5.033 9	7.449 4
36.9	Q_0	−1.69	−4.50	−5.37	−5.66	−5.96	−6.25	−6.69	−7.44	−8.95	−3.65	−21.97
F5	p_0	1.92	0.68	−0.30	−0.72	−1.18	−1.69	−2.54	−4.25	−8.84	−34.92	−140.1
1.624 2	φ_1	1.157 6	2.058 1	2.328 3	2.418 3	2.508 4	2.598 4	2.733 5	2.958 6	3.408 9	4.759 6	−7.010 9
35.9	Q_0	−1.65	−4.28	−5.09	−5.36	−5.63	−5.91	−6.32	−7.02	−8.43	−12.83	−20.62
BaF7	p_0	1.91	−0.47	−2.41	−3.23	−4.15	−5.17	−6.90	−10.36	−19.77	−74.56	−301.5
1.614 0	φ_1	1.212 1	2.424 3	2.788 0	2.909 2	3.030 4	3.151 6	3.333 5	3.636 5	4.242 6	6.060 9	9.091 3
40.0	Q_0	−1.81	−5.37	−6.47	−6.85	−7.22	−7.60	−8.16	−9.12	−11.06	−17.13	−27.97
BaF8	p_0	1.91	−0.36	−2.20	−2.98	−3.85	−4.82	−6.45	−9.73	−18.62	−70.24	−283.5
1.625 9	φ_1	1.198 3	2.331 4	2.671 4	2.784 7	2.898 0	3.011 3	3.181 3	3.464 6	4.031 1	5.730 9	8.563 7
39.1	Q_0	−1.77	−5.10	−6.13	−6.48	−6.83	−7.19	−7.72	−8.61	−10.43	−16.14	−26.33
ZF1	p_0	1.92	0.86	0.02	−0.33	−0.72	−1.16	−1.88	−3.33	−7.19	−28.99	−116.2
1.647 5	φ_1	1.137 3	1.921 7	2.157 0	2.235 5	2.313 9	2.392 3	2.510 0	2.706 1	3.098 3	4.275 0	6.236 1
33.9	Q_0	−1.60	−3.88	−4.58	−4.82	−5.06	−5.30	−5.66	−6.27	−7.50	−11.33	−18.14
ZF2	p_0	1.93	0.97	0.26	−0.05	−0.39	−0.76	−1.39	−2.64	−5.98	−24.69	−98.89
1.672 5	φ_1	1.122 3	1.821 3	2.031 1	2.101 0	2.170 9	2.240 8	2.345 6	2.520 4	2.869 9	3.918 4	5.666 0
32.2	Q_0	−1.55	−3.58	−4.21	−4.42	−4.63	−4.85	−5.17	−5.71	−6.81	−10.23	−16.30
ZF3	p_0	1.93	1.21	0.65	0.41	0.15	−0.14	−0.62	−1.58	−4.12	−18.17	−73.08
1.717 2	φ_1	1.102 0	1.685 2	1.860 1	1.918 5	1.976 8	2.035 1	2.122 6	2.268 4	2.559 9	3.434 7	4.892 6
29.5	Q_0	−1.49	−3.18	−3.70	−3.87	−4.05	−4.23	−4.49	−4.94	−5.85	−8.69	−13.72
ZF4	p_0	1.93	1.33	0.85	0.65	0.43	0.18	−0.23	−1.03	−3.16	−14.88	−60.28
1.728 0	φ_1	1.094 1	1.632 2	1.793 6	1.847 4	1.901 2	1.955 0	2.035 7	2.170 3	2.439 3	3.246 4	4.591 5
28.3	Q_0	−1.47	−3.02	−3.50	−3.66	−3.82	−3.98	−4.23	−4.64	−5.48	−8.08	−12.68
ZF5	p_0	1.93	1.32	0.82	0.62	0.39	0.14	−0.27	−1.10	−3.28	−15.27	−61.77
1.739 8	φ_1	1.092 5	1.628 0	1.783 3	1.841 7	1.895 2	1.948 6	2.028 8	2.162 4	2.429 6	3.231 3	4.567 5
28.2	Q_0	−1.47	−3.01	−3.48	−3.64	−3.80	−3.96	−4.21	−4.62	−5.45	−8.04	−12.62
ZF6	p_0	1.93	1.36	0.91	0.72	0.51	0.28	−0.11	−0.87	−2.89	−13.95	−56.64
1.755 0	φ_1	1.089 2	1.599 1	1.752 0	1.803 0	1.854 0	1.905 0	1.981 5	2.108 9	2.363 8	3.128 6	4.403 3
27.5	Q_0	−1.46	−2.92	−3.37	−3.53	−3.68	−3.83	−4.06	−4.45	−5.24	−7.70	−12.06

续表

参数 n_1 / n_2		BaK3　1.546 7　62.8										
	C	0.015 0	0.005 0	0.002 0	0.001 0	0.000 0	−0.001 0	−0.002 5	−0.005 0	−0.010 0	−0.025 0	−0.050 0
F2	p_0	1.89	1.10	0.41	0.12	−0.20	−0.56	−1.16	−2.38	−5.66	−24.53	−101.2
1.612 8	φ_1	1.082 6	1.977 3	2.245 7	2.335 2	2.424 7	2.514 1	2.648 3	2.872 0	3.319 4	4.661 5	6.898 3
36.9	Q_0	−1.43	−3.99	−4.78	−5.05	−5.31	−5.58	−5.98	−6.66	−8.02	−12.25	−19.69
BaF8	p_0	1.89	0.54	−0.63	−1.13	−1.69	−2.32	−3.38	−5.50	−11.32	−45.25	−185.9
1.625 9	φ_1	1.095 6	2.131 7	2.442 5	2.546 1	2.649 7	2.753 3	2.908 8	3.167 8	3.685 8	5.239 9	7.830 1
39.1	Q_0	−1.46	−4.45	−5.38	−5.69	−6.00	−6.32	−6.79	−7.59	−9.21	−14.25	−23.23
ZF1	p_0	1.90	1.20	0.61	0.36	0.08	−0.22	−0.75	−1.78	−4.58	−20.49	−84.41
1.647 5	φ_1	1.068 0	1.804 6	2.205 6	2.099 3	2.173 0	2.246 6	2.357 1	2.541 3	2.909 6	4.014 6	5.856 2
33.9	Q_0	−1.39	−3.50	−4.15	−4.37	−4.59	−4.81	−5.14	−5.70	−6.83	−10.34	−16.55
ZF2	p_0	1.90	1.27	0.74	0.51	0.26	−0.01	−0.48	−1.41	−3.91	−18.03	−74.38
1.672 5	φ_1	1.061 0	1.721 8	1.920 1	1.986 2	2.052 2	2.118 3	2.217 4	2.382 7	2.713 1	3.704 3	5.356 4
32.2	Q_0	−1.37	−3.26	−3.84	−4.04	−4.23	−4.43	−4.73	−5.23	−6.25	−9.41	−15.00
ZF3	p_0	1.90	1.40	0.97	0.79	0.59	0.37	−0.00	−0.74	−2.72	−13.79	−57.36
1.717 2	φ_1	1.051 3	1.607 7	1.774 6	1.830 2	1.885 8	1.941 5	2.024 9	2.164 0	2.442 2	3.276 7	4.667 5
29.5	Q_0	−1.34	−2.92	−3.41	−3.58	−3.74	−3.91	−4.16	−4.58	−5.43	−8.08	−12.78
ZF5	p_0	1.90	1.47	1.09	0.93	0.76	0.56	0.24	−0.41	−2.14	−11.75	−49.30
1.739 8	φ_1	1.047 2	1.559 1	1.712 6	1.763 8	1.815 0	1.866 2	1.942 9	2.070 9	2.326 8	3.094 6	4.374 2
28.2	Q_0	−1.33	−2.78	−3.23	−3.38	−3.53	−3.68	−3.91	−4.30	−5.08	−7.51	−11.81
ZF6	p_0	1.90	1.50	1.15	1.00	0.83	0.65	0.35	−0.26	−1.87	−10.81	−45.59
1.755 0	φ_1	1.045 1	1.534 4	1.681 1	1.730 1	1.779 0	1.827 9	1.901 3	2.023 6	2.268 2	−3.002 1	4.225 2
27.5	Q_0	−1.32	−2.71	−3.13	−3.28	−3.42	−3.57	−3.79	−4.15	−4.90	−7.22	−11.31

续表

参数 n_1 / n_2		BaK5 1.566 6 58.3										
	C	0.015 0	0.005 0	0.002 0	0.001 0	0.000 0	−0.001 0	−0.002 5	−0.005 0	−0.010 0	−0.025 0	−0.050 0
F2	p_0	1.82	0.77	−0.04	−0.38	−0.75	−1.17	−1.86	−3.25	−6.95	−27.78	−110.8
1.612 8	φ_1	1.216 3	2.221 6	2.523 2	2.623 7	2.724 2	2.824 8	2.975 6	3.226 9	3.729 5	5.237 4	7.750 6
36.9	Q_0	−1.77	−4.62	−5.49	−5.79	−6.08	−6.37	−6.82	−7.56	−9.07	−13.71	−21.84
F7	p_0	1.82	0.72	−0.13	−0.48	−0.87	−1.30	−2.02	−3.46	−7.30	−28.86	−114.7
1.636 1	φ_1	1.194 0	2.095 2	2.365 6	2.455 7	2.545 8	2.635 9	2.771 1	2.996 4	3.447 0	4.798 9	7.052 0
35.4	Q_0	−1.71	−4.27	−5.05	−5.32	−5.58	−5.85	−6.25	−6.93	−8.29	−12.52	−19.98
BaF7	p_0	1.81	−0.16	−1.72	−2.37	−3.10	−3.91	−5.27	−7.99	−15.34	−57.57	−229.8
1.614 0	φ_1	1.274 3	2.548 6	2.930 9	3.058 3	3.185 7	3.313 2	3.504 3	3.822 9	4.460 1	6.371 5	9.557 8
40.0	Q_0	−1.93	−5.57	−6.69	−7.06	−7.44	−7.82	−8.39	−9.35	−11.30	−17.34	−28.01
BaF8	p_0	1.81	−0.16	−1.70	−2.35	−3.787	−3.07	−5.22	−7.91	−15.18	−56.86	−226.7
1.625 9	φ_1	1.255 5	2.442 8	2.779 0	2.917 7	3.036 4	3.155 1	3.333 2	3.630 0	4.223 7	6.004 5	8.972 7
39.1	Q_0	−1.88	−5.27	−6.32	−6.67	−7.03	−7.38	−7.92	−8.82	−10.64	−16.33	−26.40
ZF1	p_0	1.82	0.88	0.15	−0.15	−0.48	−0.84	−1.46	−2.67	−5.91	−23.98	−95.38
1.647 5	φ_1	1.174 3	1.984 3	2.227 3	2.308 3	2.389 3	2.470 3	2.591 8	2.794 3	3.199 3	4.414 3	6.439 2
33.9	Q_0	−1.65	−3.95	−4.66	−4.89	−5.13	−5.37	−5.73	−6.34	−7.56	−11.36	−18.06
ZF2	p_0	1.83	0.97	0.31	0.04	−0.26	−0.59	−1.14	−2.23	−5.14	−21.23	−84.39
1.672 5	φ_1	1.154 8	1.874 0	2.089 8	2.161 7	2.233 7	2.305 6	2.413 5	2.593 3	2.952 9	4.031 8	5.830 0
32.2	Q_0	−1.60	−3.64	−4.26	−4.47	−4.69	−4.90	−5.22	−5.76	−6.85	−10.24	−16.23
ZF3	p_0	1.83	1.14	0.62	0.40	0.17	−0.10	−0.54	−1.40	−3.69	−16.22	−64.72
1.717 2	φ_1	1.128 5	1.725 7	1.904 8	1.964 5	2.024 3	2.084 0	2.173 5	2.322 8	2.621 4	3.517 2	5.010 1
29.5	Q_0	−1.52	−3.21	−3.73	−3.90	−4.08	−4.26	−4.52	−4.97	−5.87	−8.68	−13.65
ZF5	p_0	1.83	1.23	0.78	0.59	0.38	0.15	−0.23	−0.98	−2.97	−13.78	−55.31
1.739 8	φ_1	1.117 5	1.663 7	1.827 8	1.882 2	1.936 8	1.991 4	2.073 4	2.209 9	2.483 0	3.302 3	4.667 8
28.2	Q_0	−1.49	−3.03	−3.50	−3.66	−3.82	−3.98	−4.23	−4.63	−5.46	−8.02	−12.54
ZF6	p_0	1.83	1.28	0.85	0.67	0.48	0.27	−0.09	−0.79	−2.64	−12.66	−51.03
1.755 0	φ_1	1.112 0	1.632 5	1.788 7	1.840 8	1.892 8	1.944 9	2.022 9	2.153 1	2.413 3	3.194 1	4.495 5
27.5	Q_0	−1.48	−2.94	−3.39	−3.54	−3.69	−3.85	−4.08	−4.46	−5.25	−7.69	−11.99

续表

参数 n_1 / n_2		BaK7 1.568 8 56.0										
	C	0.015 0	0.005 0	0.002 0	0.001 0	0.000 0	−0.001 0	−0.002 5	−0.005 0	−0.010 0	−0.025 0	−0.050 0
F2	p_0	1.77	0.58	−0.29	−0.66	−1.06	−1.50	−2.24	−3.70	−7.58	−29.23	−114.5
1.612 8	φ_1	1.309 1	2.390 9	2.715 5	2.823 7	2.931 9	3.040 1	3.202 4	3.472 8	4.013 8	5.636 6	8.341 3
36.9	Q_0	−2.01	−5.05	−5.98	−6.29	−6.60	−6.92	−7.39	−8.18	−9.78	−14.70	−23.28
F7	p_0	1.77	0.48	−0.47	−0.86	−1.29	−1.77	−2.56	−4.13	−8.31	−31.52	−123.0
1.636 1	φ_1	1.274 9	2.237 2	2.525 9	2.622 2	2.718 4	2.814 6	2.959 0	3.199 6	3.680 7	5.124 2	7.530 0
35.4	Q_0	−1.91	−4.63	−5.46	−5.74	−6.02	−6.30	−6.73	−7.44	−8.89	−13.35	−21.21
BaF8	p_0	1.74	−0.66	−2.47	−3.22	−4.05	−4.97	−6.53	−9.61	−17.89	−64.85	−254.4
1.625 9	φ_1	1.370 1	2.665 7	3.154 4	3.184 0	3.313 6	3.443 1	3.637 5	3.961 4	4.609 2	6.552 6	9.791 7
39.1	Q_0	−2.18	−5.86	−6.99	−7.37	−7.75	−8.14	−8.72	−9.69	−11.66	−17.79	−28.63
ZF1	p_0	1.77	0.67	−0.14	−0.47	−0.84	−1.24	−1.91	−3.24	−6.75	−26.14	−102.0
1.647 5	φ_1	1.245 4	2.104 4	2.362 1	2.448 0	2.533 9	2.619 8	2.748 6	2.963 4	3.392 9	4.681 4	6.828 9
33.9	Q_0	−1.83	−4.25	−5.00	−5.25	−5.50	−5.75	−6.13	−6.76	−8.05	−12.04	−19.05
ZF2	p_0	1.78	0.77	0.03	−0.27	−0.60	−0.96	−1.57	−2.77	−5.93	−23.27	−90.71
1.672 5	φ_1	1.216 4	1.974 1	2.201 4	2.277 1	2.352 9	2.428 7	2.542 3	2.731 7	3.110 5	4.247 0	6.141 1
32.2	Q_0	−1.75	−3.88	−4.54	−4.76	−4.98	−5.21	−5.54	−6.10	−7.25	−10.78	−17.02
ZF3	p_0	1.79	0.97	0.39	0.15	−0.11	−0.40	−0.88	−1.83	−4.31	−17.77	−69.42
1.717 2	φ_1	1.178 1	1.801 5	1.988 5	2.050 8	2.113 2	2.175 5	2.269 0	2.424 9	2.736 6	3.671 6	5.230 1
29.5	Q_0	−1.64	−3.39	−3.93	−4.11	−4.30	−4.48	−4.75	−5.22	−6.15	−9.07	−14.21
ZF5	p_0	1.79	1.08	0.57	0.37	0.14	−0.11	−0.53	−1.35	−3.50	−15.07	−59.12
1.739 8	φ_1	1.162 3	1.730 3	1.900 7	1.957 5	2.014 3	2.071 1	2.156 4	2.298 4	2.582 4	3.434 5	4.854 6
28.2	Q_0	−1.60	−3.19	−3.68	−3.84	−4.01	−4.17	−4.43	−4.85	−5.70	−8.84	−13.01
ZF6	p_0	1.79	1.13	0.66	0.47	0.25	0.02	−0.37	−1.13	−3.13	−13.84	−54.48
1.755 0	φ_1	1.154 3	1.694 7	1.856 8	1.910 8	1.964 9	2.018 9	2.100 0	2.235 0	2.505 2	3.315 7	4.666 6
27.5	Q_0	−1.58	−3.09	−3.55	−3.71	−3.87	−4.02	−4.26	−4.66	−5.47	−7.98	−12.41

续表

参数 n_1 / n_2	ZK1　1.568 8　62.9											
	C	0.015 0	0.005 0	0.002 0	0.001 0	0.000 0	−0.001 0	−0.002 5	−0.005 0	−0.010 0	−0.025 0	−0.050 0
F2	p_0	1.79	1.30	0.89	0.71	0.51	0.30	−0.07	−0.81	−2.79	−14.10	−59.38
1.612 8	φ_1	1.080 1	1.972 8	2.240 6	2.329 9	2.419 2	2.508 5	2.642 4	2.865 5	3.311 9	4.650 9	6.882 7
36.9	Q_0	−1.38	−3.86	−4.62	−4.88	−5.13	−5.39	−5.77	−6.41	−7.71	−11.69	−18.59
F7	p_0	1.79	1.24	0.76	0.56	0.34	0.09	−0.33	−1.17	−3.42	−16.25	−67.64
1.636 1	φ_1	1.072 7	1.882 4	2.025 3	2.206 3	2.287 2	2.368 2	2.489 6	2.692 1	3.096 9	4.311 5	6.335 7
35.4	Q_0	−1.36	−3.62	−4.31	−4.54	−4.77	−5.00	−5.36	−5.95	−7.14	−10.81	−17.25
BaF6	p_0	1.79	−0.57	−2.70	−3.62	−4.66	−5.82	−7.81	−11.83	−22.99	−89.81	−373.5
1.607 6	φ_1	1.155 0	2.881 0	3.398 8	3.571 4	3.744 0	3.916 6	4.175 5	4.607 0	5.470 0	8.059 0	12.374 0
46.1	Q_0	−1.59	−6.45	−7.94	−8.45	−8.96	−9.46	−10.23	−11.51	−14.11	−22.20	−36.49
BaF8	p_0	1.79	0.90	0.12	−0.21	−0.57	−0.98	−1.68	−3.07	−6.86	−28.32	−118.7
1.625 9	φ_1	1.092 8	2.126 1	2.436 1	2.539 5	2.642 8	2.746 1	2.901 1	3.159 5	3.676 2	5.226 2	7.809 6
39.1	Q_0	−1.41	−4.30	−5.19	−5.49	−5.79	−6.09	−6.54	−7.30	−8.83	−13.58	−21.91
ZF2	p_0	1.80	1.32	0.91	0.74	0.55	0.34	−0.01	−0.72	−2.61	−13.23	−55.31
1.672 5	φ_1	1.059 2	1.718 9	1.916 9	1.982 8	2.048 8	2.114 8	2.213 7	2.378 7	2.708 5	3.698 1	5.347 5
32.2	Q_0	−1.32	−3.16	−3.72	−3.91	−4.10	−4.29	−4.58	−5.06	−6.04	−9.05	−14.36
ZF3	p_0	1.80	1.40	1.05	0.90	0.74	0.57	0.27	−0.33	−1.92	−10.76	−45.38
1.717 2	φ_1	1.049 9	1.605 4	1.772 1	1.827 6	1.883 2	1.938 7	2.022 1	2.161 0	2.438 7	3.272 1	4.661 0
29.5	Q_0	−1.29	−2.83	−3.31	−3.47	−3.63	−3.79	−4.03	−4.44	−5.26	−7.81	−12.29
ZF4	p_0	1.80	1.45	1.15	1.03	0.89	0.73	0.47	−0.04	−1.40	−8.96	−38.31
1.728 0	φ_1	1.046 2	1.560 6	1.715 0	1.766 4	1.817 9	1.869 3	1.946 5	2.075 1	2.332 3	3.104 0	4.390 2
28.3	Q_0	−1.28	−2.71	−3.14	−3.29	−3.44	−3.59	−3.81	−4.19	−4.94	−7.29	−11.42
ZF5	p_0	1.80	1.44	1.13	1.00	0.86	0.70	0.43	−0.10	−1.51	−9.35	−39.78
1.739 8	φ_1	1.045 9	1.557 0	1.710 4	1.761 5	1.812 6	1.863 7	1.940 4	2.068 2	2.323 8	3.090 6	4.368 5
28.2	Q_0	−1.28	−2.70	−3.13	−3.28	−3.42	−3.57	−3.79	−4.17	−4.92	−7.26	−11.38
ZF6	p_0	1.80	1.46	1.17	1.05	0.91	0.76	0.51	0.01	−1.32	−8.69	−37.18
1.755 0	φ_1	1.043 8	1.532 5	1.679 1	1.727 9	1.776 8	1.825 6	1.898 9	2.021 1	2.265 4	2.998 4	4.219 9
27.5	Q_0	−1.28	−2.63	−3.04	−3.18	−3.32	−3.46	−3.67	−4.03	−4.75	−6.98	−10.91

续表

参数 n_1 / n_2		ZK2　1.583 1　59.3										
	C	0.015 0	0.005 0	0.002 0	0.001 0	0.000 0	−0.001 0	−0.002 5	−0.005 0	−0.010 0	−0.025 0	−0.050 0
F2	p_0	1.73	1.24	0.86	0.70	0.53	0.33	0.00	−0.65	−2.38	−12.09	−50.25
1.612 8	φ_1	1.182 0	2.158 8	2.451 9	2.549 6	2.647 3	2.745 0	2.891 5	3.135 7	3.624 1	5.089 4	7.531 6
36.9	Q_0	−1.63	−4.31	−5.12	−5.39	−5.66	−5.94	−6.35	−7.03	−8.41	−12.63	−19.88
F5	p_0	1.73	1.18	0.75	0.57	0.37	0.15	−0.22	−0.95	−2.90	−13.80	−56.67
1.624 2	φ_1	1.169 5	2.079 3	2.352 2	2.443 2	2.534 1	2.625 1	2.761 6	2.989 0	3.443 9	4.808 6	7.083 0
35.9	Q_0	−1.60	−4.09	−4.85	−5.11	−5.36	−5.62	−6.00	−6.65	−7.94	−11.92	−18.81
F7	p_0	1.73	1.09	0.51	0.39	0.16	−0.09	−0.52	−1.36	−3.62	−16.21	−65.85
1.636 1	φ_1	1.163 6	2.042 0	2.305 5	2.393 3	2.481 1	2.569 0	2.700 7	2.920 3	3.359 5	4.677 0	6.872 8
35.4	Q_0	−1.58	−3.99	−4.73	−4.98	−5.23	−5.47	−5.85	−6.47	−7.74	−11.63	−18.39
BaF7	p_0	1.73	0.82	0.09	−0.21	−0.55	−0.93	−1.56	−2.82	−6.23	−25.64	−103.5
1.614 0	φ_1	1.229 0	2.458 0	2.826 7	2.949 6	3.072 5	3.195 4	3.379 7	3.687 0	4.301 5	6.145 0	9.217 6
40.0	Q_0	−1.76	−5.14	−6.17	−6.51	−6.86	−7.20	−7.73	−8.60	−10.36	−15.75	−25.11
BaF8	p_0	1.73	0.69	−0.13	−0.48	−0.86	−1.29	−2.01	−3.44	−7.30	−29.26	−117.6
1.625 9	φ_1	1.213 8	2.361 7	2.706 0	2.820 8	2.935 6	3.050 4	3.222 6	3.509 5	4.083 4	5.805 2	8.674 8
39.1	Q_0	−1.72	−4.88	−5.85	−6.17	−6.50	−6.82	−7.32	−8.14	−9.80	−14.92	−23.86
ZF1	p_0	1.73	1.15	0.70	0.51	0.30	0.07	−0.31	−1.08	−3.10	−14.38	−58.57
1.647 5	φ_1	1.147 4	1.938 9	2.176 3	2.255 5	2.334 6	2.413 7	2.532 5	2.730 3	3.126 0	4.313 2	6.291 8
33.9	Q_0	−1.53	−3.71	−4.37	−4.60	−4.82	−5.05	−5.38	−5.95	−7.09	−10.61	−16.74
ZF3	p_0	1.74	1.24	0.85	0.69	0.52	0.32	0.00	−0.65	−2.34	−11.64	−47.50
1.717 2	φ_1	1.109 3	1.696 4	1.872 5	1.931 2	1.989 9	2.048 6	2.136 6	2.283 4	2.576 9	3.457 5	4.925 0
29.5	Q_0	−1.43	−3.04	−3.53	−3.70	−3.87	−4.03	−4.28	−4.71	−5.56	−8.21	−12.87
ZF5	p_0	1.74	1.29	0.95	0.80	0.64	0.47	0.18	−0.40	−1.91	−10.15	−41.74
1.739 8	φ_1	1.100 1	1.637 9	1.799 2	1.852 9	1.906 7	1.960 5	2.041 1	2.175 6	2.444 4	3.251 0	4.595 2
28.2	Q_0	−1.40	−2.87	−3.33	−3.48	−3.63	−3.78	−4.01	−4.40	−5.18	−7.61	−11.86
ZF6	p_0	1.74	1.32	0.99	0.86	0.71	0.54	0.27	−0.28	−1.70	−9.46	−39.08
1.755 0	φ_1	1.095 5	1.608 3	1.762 2	1.813 4	1.864 7	1.916 0	1.992 9	2.121 1	2.377 5	3.146 8	4.428 8
27.5	Q_0	−1.39	−2.79	−3.22	−3.37	−3.51	−3.66	−3.88	−4.25	−4.99	−7.30	−11.36

续表

参数 n_1 / n_2		ZK3 1.589 1 61.2										
	C	0.015 0	0.005 0	0.002 0	0.001 0	0.000 0	−0.001 0	−0.002 5	−0.005 0	−0.010 0	−0.025 0	−0.050 0
F2	p_0	1.71	1.41	1.16	1.06	0.94	0.82	0.60	0.18	−0.96	−7.34	−32.41
1.612 8	φ_1	1.124 5	2.053 8	2.332 6	2.425 5	2.518 5	2.611 4	2.750 8	2.983 1	3.447 8	4.841 8	7.165 1
36.9	Q_0	−1.46	−3.98	−4.75	−5.00	−5.26	−5.51	−5.90	−6.54	−7.83	−11.76	−18.48
F5	p_0	1.71	1.34	1.04	0.91	0.78	0.62	0.36	−0.16	−1.54	−9.29	−39.77
1.624 2	φ_1	1.116 3	1.984 7	2.245 2	2.332 1	2.418 9	2.505 8	2.636 0	2.853 1	2.287 3	4.590 0	6.761 0
35.9	Q_0	−1.44	−3.80	−4.52	−4.76	−5.00	−5.24	−5.60	−6.21	−7.42	−11.15	−17.55
F7	p_0	1.71	1.27	0.90	0.75	0.59	0.40	0.09	−0.53	−2.20	−11.54	−48.40
1.636 1	φ_1	1.112 5	1.952 2	2.204 1	2.288 1	2.372 0	2.456 0	2.582 0	2.791 9	3.211 8	4.471 3	6.570 6
35.4	Q_0	−1.43	−3.71	−4.41	−4.64	−4.88	−5.11	−5.46	−6.05	−7.24	−10.89	−17.21
BaF7	p_0	1.71	1.16	0.71	0.51	0.30	0.06	−0.34	−1.14	−3.30	−15.66	−65.21
1.614 0	φ_1	1.154 7	2.309 4	2.655 8	2.771 3	2.886 7	3.002 2	3.175 4	3.464 1	4.041 5	5.773 5	8.660 3
40.0	Q_0	−1.54	−4.69	−5.64	−5.96	−6.28	−6.60	−7.08	−7.89	−9.51	−14.45	−22.96
BaF8	p_0	1.71	1.03	0.48	0.24	−0.02	−0.31	−0.80	−1.78	−4.43	−19.55	−80.35
1.625 9	φ_1	1.145 0	2.227 8	2.552 6	2.660 9	2.769 2	2.877 5	3.039 9	3.310 6	3.852 0	5.476 1	8.183 0
39.1	Q_0	−1.52	−4.47	−5.37	−5.67	−5.97	−6.28	−6.73	−7.50	−9.03	−13.75	−21.94
ZF1	p_0	1.71	1.29	0.95	0.81	0.65	0.48	0.18	−0.40	−1.95	−10.62	−44.67
1.647 5	φ_1	1.101 8	1.861 7	2.089 7	2.165 7	2.241 7	2.317 7	2.431 7	2.621 7	3.001 7	4.141 6	6.041 5
33.9	Q_0	−1.40	−3.47	−4.10	−4.31	−4.52	−4.74	−5.05	−5.59	−6.67	−9.99	−15.74
ZF2	p_0	1.71	1.28	0.93	0.79	0.62	0.45	0.15	−0.45	−2.03	−10.83	−45.23
1.672 5	φ_1	1.091 0	1.770 5	1.974 4	2.042 3	2.110 3	2.178 2	2.280 2	2.450 1	2.789 8	3.809 1	5.508 0
32.2	Q_0	−1.37	−3.22	−3.79	−3.98	−4.17	−4.36	−4.64	−5.13	−6.10	−9.10	−14.33
ZF3	p_0	1.71	1.33	1.01	0.88	0.73	0.57	0.30	−0.23	−1.64	−9.43	−39.58
1.717 2	φ_1	1.076 3	1.645 8	1.816 6	1.873 6	1.930 5	1.987 5	2.072 9	2.215 3	2.500 1	3.354 4	4.778 2
29.5	Q_0	−1.33	−2.88	−3.35	−3.51	−3.67	−3.83	−4.07	−4.48	−5.30	−7.83	−12.27
ZF6	p_0	1.71	1.38	1.11	1.00	0.87	0.73	0.50	0.04	−1.18	−7.82	−33.30
1.755 0	φ_1	1.066 9	1.566 3	1.716 1	1.766 0	1.816 0	1.865 9	1.940 8	2.065 7	2.315 4	3.064 5	4.313 0
27.5	Q_0	−1.30	−2.66	−3.07	−3.21	−3.35	−3.49	−3.70	−4.06	−4.77	−6.99	−10.88

续表

参数 n_1 / n_2		ZK5 1.611 1 55.8										
	C	0.015 0	0.005 0	0.002 0	0.001 0	0.000 0	−0.001 0	−0.002 5	−0.005 0	−0.010 0	−0.025 0	−0.050 0
F5	p_0	1.62	1.37	1.18	1.11	1.02	0.93	0.78	0.48	−0.31	−4.62	−21.04
1.624 2	φ_1	1.294 0	2.300 6	2.602 6	2.703 3	2.804 0	2.904 6	3.055 6	3.307 3	3.810 6	5.320 6	7.837 2
35.9	Q_0	−1.87	−4.54	−5.34	−5.61	−5.88	−6.15	−6.55	−7.23	−8.58	−12.67	−19.60
F7	p_0	1.62	1.19	0.87	0.75	0.61	0.45	0.19	−0.32	−1.66	−8.99	−37.09
1.636 1	φ_1	1.282 8	2.251 1	2.541 6	2.638 4	2.735 2	2.832 1	2.977 3	3.219 4	3.703 5	5.153 0	7.576 7
35.4	Q_0	−1.84	−4.41	−5.19	−5.45	−5.72	−5.98	−6.37	−7.03	−8.35	−12.36	−19.23
BaF8	p_0	1.61	1.05	0.64	0.47	0.28	0.07	−0.27	−0.97	−2.80	−12.98	−52.56
1.625 9	φ_1	1.381 6	2.688 0	3.080 0	3.210 6	3.341 3	3.471 9	3.667 9	3.994 5	4.647 7	6.607 4	9.873 5
39.1	Q_0	−2.10	−5.57	−6.62	−6.97	−7.32	−7.67	−8.20	−9.08	−10.86	−16.23	−25.39
ZF1	p_0	1.62	1.16	0.83	0.69	0.54	0.38	0.10	−0.43	−1.84	−9.52	−46.87
1.647 5	φ_1	1.252 3	2.116 0	2.375 1	2.461 5	2.547 9	2.634 3	2.763 8	2.979 8	3.411 6	4.707 3	6.866 7
33.9	Q_0	−1.76	−4.06	−4.76	−4.99	−5.22	−5.46	−5.81	−6.40	−7.59	−11.21	−17.43
ZF2	p_0	1.62	1.08	0.69	0.53	0.36	0.17	−0.15	−0.77	−2.41	−11.28	−45.15
1.672 5	φ_1	1.222 3	1.983 7	2.212 1	2.288 2	2.364 4	2.440 5	2.554 7	2.745 0	3.125 7	4.267 7	6.171 1
32.2	Q_0	−1.68	−3.71	−4.33	−4.54	−4.75	−4.96	−5.27	−5.79	−6.85	−10.11	−15.75
ZF6	p_0	1.62	1.16	0.84	0.70	0.55	0.39	0.13	−0.40	−1.76	−9.02	36.27
1.755 0	φ_1	1.158 3	1.700 6	1.863 2	1.917 5	1.971 7	2.025 9	2.107 2	2.242 8	2.513 9	3.327 2	4.682 8
27.5	Q_0	−1.51	−2.95	−3.39	−3.54	−3.69	−3.84	−4.07	−4.44	−5.21	−7.56	−11.68

续表

参数 n_1 / n_2		ZK6　1.612 6　58.3										
	C	0.015 0	0.005 0	0.002 0	0.001 0	0.000 0	−0.001 0	−0.002 5	−0.005 0	−0.010 0	−0.025 0	−0.050 0
F5	p_0	1.62	1.46	1.34	1.29	1.23	1.17	1.07	0.86	0.32	−2.64	−13.39
1.624 2	φ_1	1.201 1	2.135 4	2.415 8	2.509 2	2.602 6	2.696 1	2.836 2	3.069 8	3.537 0	4.938 5	7.274 4
35.9	Q_0	−1.62	−4.09	−4.83	−5.08	−5.33	−5.58	−5.95	−6.57	7.82	11.60	17.96
F7	p_0	1.62	1.33	1.11	1.01	0.91	0.80	0.61	0.25	−0.73	−6.12	−26.88
1.636 1	φ_1	1.194 0	2.095 2	2.365 6	2.455 7	2.545 8	2.635 9	2.771 1	2.996 4	3.447 0	4.798 9	7.052 0
35.4	Q_0	−1.60	−3.99	−4.71	−4.95	−5.19	−5.44	−5.80	−6.41	−7.63	−11.33	−17.65
BaF8	p_0	1.62	1.28	1.02	0.91	0.79	0.66	0.43	−0.01	−1.20	−7.85	−33.84
1.625 9	φ_1	1.255 5	2.442 8	2.799 0	2.917 7	3.036 4	3.155 1	3.333 2	3.630 0	4.223 7	6.004 5	8.972 7
39.1	Q_0	−1.77	−4.91	−5.86	−6.17	−6.49	−6.81	−7.28	−8.08	−9.68	−14.52	−22.74
ZF1	p_0	1.62	1.29	1.05	0.95	0.84	0.71	0.51	0.10	−0.97	−6.85	−29.47
1.647 5	φ_1	1.174 3	1.984 3	2.227 3	2.308 3	2.389 3	2.470 3	2.591 8	2.794 3	3.199 3	4.414 3	6.439 2
33.9	Q_0	−1.55	−3.70	−4.35	−4.57	−4.79	−5.00	−5.33	−5.88	−6.99	−10.35	−16.13
ZF2	p_0	1.62	1.23	0.93	0.81	0.67	0.52	0.27	−0.22	−1.51	−8.58	−35.73
1.672 5	φ_1	1.154 8	1.874 0	2.089 8	2.161 7	2.233 7	2.305 6	2.413 5	2.593 3	2.952 9	4.031 8	5.830 0
32.2	Q_0	−1.50	−3.41	−3.99	−4.19	−4.38	−4.58	−4.87	−5.36	−6.36	−9.40	−14.67
ZF6	p_0	1.62	1.27	1.00	0.89	0.77	0.64	0.42	−0.02	−1.16	−7.32	−30.59
1.755 0	φ_1	1.112 0	1.632 5	1.788 7	1.840 8	1.892 8	1.944 9	2.022 9	2.153 1	2.413 3	3.194 1	4.495 5
27.5	Q_0	−1.38	−2.76	−3.18	−3.33	−3.47	−3.61	−3.83	−4.19	−4.91	−7.16	−11.07

续表

参数 n_1 / n_2	ZK7 1.613 0 60.6											
	C	0.015 0	0.005 0	0.002 0	0.001 0	0.000 0	−0.001 0	−0.002 5	−0.005 0	−0.010 0	−0.025 0	−0.050 0
F5	p_0	1.62	1.50	1.41	1.37	1.33	1.28	1.20	1.04	0.62	−1.73	−10.77
1.624 2	φ_1	1.132 2	2.013 0	2.277 2	2.365 3	2.453 4	2.541 5	2.673 6	2.893 8	3.334 2	4.655 4	6.857 3
35.9	Q_0	−1.44	−3.76	−4.46	−4.70	−4.93	−5.16	−5.52	−6.10	−7.28	−10.82	−16.80
F7	p_0	1.62	1.40	1.23	1.16	1.08	0.99	0.84	0.54	−0.24	−4.60	−21.52
1.636 1	φ_1	1.127 8	1.979 1	2.234 5	2.319 6	2.404 7	2.489 8	2.617 5	2.830 4	3.256 0	4.532 9	6.661 1
35.4	Q_0	−1.43	−3.68	−4.36	−4.59	−4.81	−5.04	−5.38	−5.96	−7.11	−10.59	−16.53
BaF8	p_0	1.62	1.38	1.19	1.11	1.02	0.92	0.75	0.42	−0.48	−5.52	−25.34
1.625 9	φ_1	1.165 4	2.267 5	2.598 1	2.708 3	2.818 6	2.928 8	3.094 1	3.369 6	3.920 6	5.573 7	8.328 9
39.1	Q_0	−1.53	−4.44	−5.32	−5.61	−5.91	−6.20	−6.64	−7.38	−8.86	−13.33	−20.91
ZF1	p_0	1.62	1.37	1.18	1.10	1.00	0.90	0.74	0.41	−0.48	−5.35	−24.18
1.647 5	φ_1	1.115 5	1.884 9	2.115 7	2.192 7	2.269 6	2.346 6	2.462 0	2.651 3	3.039 0	4.193 2	6.116 7
33.9	Q_0	−1.40	−3.43	−4.05	−4.25	−4.46	−4.67	−4.98	−5.50	−6.55	−9.73	−15.18
ZF2	p_0	1.62	1.32	1.07	0.97	0.86	0.74	0.53	0.12	−0.96	−6.94	−30.03
1.672 5	φ_1	1.103 1	1.790 2	1.996 3	2.065 0	2.133 8	2.202 5	2.305 5	2.477 3	2.820 8	3.851 5	5.569 2
32.2	Q_0	−1.36	−3.18	−3.74	−3.92	−4.11	−4.29	−4.57	−5.04	−5.99	−8.88	−13.88
ZF6	p_0	1.62	1.34	1.11	1.02	0.92	0.80	0.61	0.23	−0.77	−6.19	−26.81
1.755 0	φ_1	1.075 6	1.579 0	1.730 1	1.780 4	1.830 8	1.881 1	1.956 6	2.082 5	2.334 2	3.089 5	4.348 1
27.5	Q_0	−1.29	−2.62	−3.02	−3.16	−3.30	−3.44	−3.64	−3.99	−4.69	−6.85	−10.61

续表

参数 n_1 / n_2	ZK10 1.622 0 56.7											
	C	0.015 0	0.005 0	0.002 0	0.001 0	0.000 0	−0.001 0	−0.002 5	−0.005 0	−0.010 0	−0.025 0	−0.050 0
F2	p_0	1.59	1.78	1.92	1.98	2.04	2.11	2.23	2.45	3.05	6.31	18.51
1.612 8	φ_1	1.278 6	2.335 2	2.652 3	2.757 9	2.863 6	2.969 3	3.127 8	3.301 9	3.920 3	5.505 3	8.147 0
36.9	Q_0	−1.81	−4.55	−5.37	−5.65	−5.92	−6.19	−6.60	−7.28	−8.64	−12.68	−19.32
F7	p_0	1.58	1.38	1.22	1.16	1.09	1.02	0.89	0.64	−0.02	−3.63	−17.36
1.636 1	φ_1	1.248 4	2.190 8	2.473 5	2.567 7	2.661 9	2.756 2	2.897 5	3.133 1	3.604 3	5.017 8	7.373 6
35.4	Q_0	−1.73	−4.20	−4.94	−5.19	−5.44	−5.69	−6.06	−6.68	−7.94	−11.72	−18.12
BaF7	p_0	1.59	1.91	2.14	2.24	2.34	2.46	2.66	3.05	4.09	9.78	31.42
1.614 0	φ_1	1.358 0	2.716 1	3.123 5	3.259 4	3.395 2	3.531 0	3.734 7	4.074 2	4.753 2	6.790 4	10.185 6
40.0	Q_0	−2.01	−5.54	−6.59	−6.94	−7.29	−7.64	−8.17	−9.04	−10.78	−15.96	−24.46
ZF1	p_0	1.58	1.30	1.10	1.02	0.93	0.82	0.66	0.32	−0.55	−5.29	−23.33
1.647 5	φ_1	1.222 2	2.065 3	2.318 2	2.402 5	2.486 8	2.571 1	2.697 6	2.908 3	3.329 8	4.594 4	6.702 0
33.9	Q_0	−1.66	−3.87	−4.54	−4.76	−4.99	−5.21	−5.55	−6.11	−7.24	−10.67	−16.53
ZF2	p_0	1.58	1.20	0.91	0.80	0.67	0.53	0.30	−0.16	−1.36	−7.86	−32.63
1.672 5	φ_1	1.196 4	1.941 6	2.165 2	2.239 7	2.314 2	2.388 8	2.500 5	2.686 8	3.059 4	4.177 2	6.040 2
32.2	Q_0	−1.59	−3.55	−4.15	−4.35	−4.55	−4.75	−5.05	−5.55	−6.57	−9.67	−15.02
ZF3	p_0	1.59	1.17	0.87	0.75	0.61	0.46	0.22	−0.27	−1.53	−8.35	−34.13
1.717 2	φ_1	1.162 1	1.777 0	1.961 5	2.023 0	2.084 5	2.146 0	2.238 2	2.392 0	2.699 5	3.621 9	5.159 2
29.5	Q_0	−1.50	−3.12	−3.61	−3.78	−3.95	−4.11	−4.36	−4.78	−5.63	−8.24	−12.78
ZF6	p_0	1.59	1.21	0.94	0.82	0.70	0.57	0.34	−0.10	−1.24	−7.37	−30.35
1.755 0	φ_1	1.140 7	1.674 7	1.834 9	1.888 3	1.941 7	1.995 1	2.075 2	2.208 7	2.475 7	3.276 7	4.611 7
27.5	Q_0	−1.44	−2.85	−3.28	−3.42	−3.56	−3.71	−3.93	−4.29	−5.03	−7.31	−11.28

续表

参数 n_1 / n_2	ZK11 1.638 4 55.5											
	C	0.015 0	0.005 0	0.002 0	0.001 0	0.000 0	−0.001 0	−0.002 5	−0.005 0	−0.010 0	−0.025 0	−0.050 0
F2	p_0	1.55	2.14	2.57	2.74	2.93	3.14	3.49	4.18	5.97	15.52	50.25
1.612 8	φ_1	1.332 2	2.433 3	2.763 6	2.873 7	2.983 8	3.093 9	3.259 1	3.534 3	4.084 9	5.736 4	8.489 1
36.9	Q_0	−1.91	−4.70	−5.53	−5.81	−6.08	−6.35	−6.76	−7.44	−8.79	−12.75	−19.04
F4	p_0	1.54	1.92	2.19	2.30	2.42	2.55	2.77	3.21	4.34	10.40	32.67
1.619 9	φ_1	1.316 6	2.365 9	2.680 7	2.785 6	2.890 6	2.995 5	3.152 9	3.415 2	3.939 9	5.513 8	8.137 1
36.3	Q_0	−1.87	−4.54	−5.34	−5.60	−5.87	−6.13	−6.53	−7.18	−8.49	−12.35	−18.60
F5	p_0	1.54	1.81	1.99	2.07	2.16	2.25	2.40	2.71	3.50	7.77	23.51
1.624 2	φ_1	1.306 7	2.323 3	2.628 3	2.729 9	2.831 6	2.933 2	3.085 7	3.339 9	3.848 1	5.373 0	7.914 4
35.9	Q_0	−1.85	−4.44	−5.21	−5.47	−5.73	−5.99	−6.37	−7.01	−8.29	−12.07	−18.26
BaF7	p_0	1.56	2.67	3.48	3.81	4.17	4.58	5.25	6.57	10.06	28.80	97.23
1.614 0	φ_1	1.432 2	2.864 5	3.294 1	3.437 4	3.580 6	3.723 8	3.938 7	4.296 7	5.012 9	7.161 2	10.741 9
40.0	Q_0	−2.17	−5.79	−6.86	−7.21	−7.56	−7.92	−8.44	−9.32	−11.05	−16.10	−24.01
BaF8	p_0	1.55	2.00	2.33	2.47	2.62	2.78	3.06	3.60	5.04	12.83	42.00
1.625 9	φ_1	1.399 3	2.722 5	3.119 5	3.251 8	3.384 1	3.516 4	3.714 9	4.045 7	4.707 3	6.692 1	10.00
39.1	Q_0	−2.08	−5.46	−6.46	−6.79	−7.13	−7.46	−7.96	−8.79	−10.45	−15.35	−23.33
ZF2	p_0	1.53	1.24	1.04	0.95	0.86	0.76	0.60	0.27	−0.58	−5.14	−22.30
1.672 5	φ_1	1.231 4	1.998 4	2.228 5	2.305 2	2.381 9	2.458 6	2.573 7	2.705 4	3.148 9	4.299 4	6.216 9
32.2	Q_0	−1.65	−3.63	−4.23	−4.43	−4.64	−4.84	−5.14	−5.64	−6.66	−9.75	−15.03
ZF3	p_0	1.53	1.16	0.89	0.79	0.69	0.54	0.33	−0.09	−1.18	−6.99	−28.75
1.717 2	φ_1	1.190 0	1.819 7	2.008 6	2.071 6	2.134 6	2.197 5	2.292 0	2.449 4	2.764 3	3.708 8	5.283 1
29.5	Q_0	−1.54	−3.17	−3.67	−3.84	−4.00	−4.17	−4.42	−4.85	−5.69	−8.30	−12.80
ZF6	p_0	1.53	1.17	0.92	0.82	0.71	0.58	0.38	−0.02	−1.06	−6.55	−26.98
1.755 0	φ_1	1.164 5	1.709 5	1.873 1	1.927 6	1.982 1	2.036 6	−2.118 4	2.254 6	2.527 2	3.344 8	4.707 5
27.5	Q_0	−1.48	−2.89	−3.32	−3.46	−3.61	−3.75	−3.97	−4.34	−5.08	−7.35	−11.29

附录 2　双胶合薄透镜参数表(火石玻璃在前)

参数 n_1 / n_2	F2　1.612 8　36.9											
	C	0.015 0	0.005 0	0.002 0	0.001 0	0.000 0	−0.001 0	−0.002 5	−0.005 0	−0.010 0	−0.025 0	−0.050 0
K3	p_0	2.12	1.12	0.13	−0.30	−0.78	−1.33	−2.25	−4.13	−9.32	−40.20	−170.5
1.504 6	φ_1	−0.037 0	−0.894 0	−1.511 1	−1.236 8	−1.322 5	−1.408 2	−1.536 8	−1.751 0	−2.179 6	−3.465 1	−5.607 7
64.8	Q_0	1.81	4.40	5.21	5.48	5.75	6.03	6.44	7.14	8.56	13.02	21.00
K7	p_0	2.07	0.58	−0.72	−1.27	−1.89	−2.57	−3.75	−6.10	−12.52	−50.05	−206.0
1.514 7	φ_1	−0.141 6	−1.085 2	−1.368 2	−1.462 6	−1.556 9	−1.651 3	−1.792 8	−2.028 7	−2.500 4	−3.915 7	−6.274 5
60.6	Q_0	2.10	4.93	5.81	6.11	6.41	6.71	7.16	7.93	9.48	14.35	23.06
K9	p_0	2.06	1.13	0.23	−0.16	−0.60	−1.09	−1.92	−3.61	−8.26	−35.74	−150.9
1.516 3	φ_1	−0.052 2	−0.921 8	−1.182 6	−1.269 6	−1.356 6	−1.443 5	−1.574 0	−1.791 4	−2.226 2	−3.530 5	−5.704 5
64.1	Q_0	1.83	4.42	5.22	5.49	5.77	6.04	6.45	7.14	8.55	12.96	20.82
K10	p_0	2.05	0.26	−1.23	−1.86	−2.57	−3.35	−4.67	−7.33	−14.54	−56.42	−229.4
1.518 1	φ_1	−0.195 4	−1.183 3	−1.479 6	−1.578 4	−1.677 2	−1.776 0	−1.924 2	−2.171 2	−2.665 1	−4.147 0	−6.616 8
58.9	Q_0	2.25	5.21	6.14	6.45	6.76	7.07	7.55	8.35	9.97	15.07	24.18
BaK2	p_0	1.93	0.80	−0.17	−0.58	−1.03	−1.54	−2.40	−4.12	−8.78	−35.73	−146.1
1.539 9	φ_1	−0.169 1	−1.135 3	−1.425 1	−1.521 8	−1.618 4	−1.715 0	−1.859 9	−2.101 5	−2.584 6	−4.033 9	−6.449 4
59.7	Q_0	2.12	4.92	5.79	6.08	6.37	6.67	7.11	7.85	9.36	14.04	22.34
BaK3	p_0	1.90	1.23	0.61	0.34	0.04	−0.29	−0.86	−1.99	−5.11	−23.24	−97.85
1.546 7	φ_1	−0.082 6	−0.977 3	−1.247 5	−1.335 2	−1.424 7	−1.514 1	−1.648 3	−1.872 0	−2.319 4	−3.661 5	−5.898 3
62.8	Q_0	1.86	4.42	5.21	5.47	5.74	6.00	6.40	7.08	8.44	12.65	20.07

续表

参数 n_1 / n_2	F2 1.612 8 36.9											
	C	0.015 0	0.005 0	0.002 0	0.001 0	0.000 0	−0.001 0	−0.002 5	−0.005 0	−0.010 0	−0.025 0	−0.050 0
BaK5	p_0	1.83	0.91	0.16	−0.15	−0.50	−0.89	−1.55	−2.85	−6.38	−26.49	−107.6
1.560 6	φ_1	−0.216 3	−1.221 6	−1.523 2	−1.623 7	−1.724 2	−1.824 8	−1.975 6	−2.226 9	−2.729 5	−4.237 4	−6.750 6
58.3	Q_0	2.21	5.05	5.91	6.21	6.50	6.80	7.24	7.98	9.48	14.11	22.23
BaK7	p_0	1.78	0.73	−0.09	−0.43	−0.80	−1.22	−1.92	−3.31	−7.03	−27.98	−111.4
1.568 8	φ_1	−0.309 1	−1.390 9	−1.715 5	−1.823 7	−1.931 9	−2.040 1	−2.202 4	−2.472 8	−3.013 8	−4.636 6	−7.341 3
56.0	Q_0	2.45	5.48	6.41	6.72	7.03	7.34	7.81	8.60	10.20	15.11	23.68
ZK1	p_0	1.80	1.39	1.01	0.85	0.67	0.46	0.12	−0.57	−2.45	−13.30	−57.39
1.568 8	φ_1	−0.080 1	−0.972 8	−1.240 6	−1.329 9	−1.419 2	−1.508 5	−1.642 4	−1.865 5	−2.311 9	−3.650 9	−5.882 7
62.9	Q_0	1.82	4.30	5.05	5.31	5.56	5.81	6.20	6.84	8.13	12.10	19.00
ZK2	p_0	1.74	1.31	0.96	0.82	0.65	0.47	0.16	−0.45	−2.10	−11.47	−48.71
1.583 1	φ_1	−0.182 0	−1.158 8	−1.451 9	−1.549 6	−1.647 3	−1.745 0	−1.891 5	−2.135 7	−2.624 1	−4.089 4	−6.531 6
59.3	Q_0	2.07	4.74	5.55	5.83	6.10	6.37	6.78	7.46	8.84	13.05	20.30
ZK3	p_0	1.71	1.46	1.23	1.14	1.03	0.91	0.71	0.31	−0.76	−6.90	−31.34
1.589 1	φ_1	−0.124 5	−1.053 8	−1.332 6	−1.425 5	−1.518 5	−1.611 4	−1.750 8	−1.983 1	−2.447 8	−3.841 8	−6.165 1
61.2	Q_0	1.90	4.42	5.19	5.44	5.70	5.95	6.34	6.98	8.27	12.19	18.90
ZK11	p_0	1.54	2.07	2.46	2.63	2.81	3.00	3.34	3.99	5.70	4.96	49.02
1.638 4	φ_1	−0.332 2	−1.433 3	−1.763 6	−1.873 7	−1.983 8	−2.093 9	−2.259 1	−2.534 3	−3.084 9	−4.736 4	−7.489 1
55.5	Q_0	2.36	5.16	5.99	6.26	6.54	6.81	7.22	7.90	9.25	13.22	19.53

续表

参数 n_1 / n_2	F5　1.624 2　35.9										
	C	0.015 0	0.005 0	0.002 0	0.001 0	0.000 0	−0.001 0	−0.002 5	−0.005 0	−0.010 0	−0.025 0	−0.050 0
K3	p_0	2.12	1.22	0.31	−0.08	−0.52	−1.01	−1.86	−3.57	−8.28	−36.26	−153.9
1.504 6	φ_1	−0.034 7	−0.839 7	−1.081 2	−1.161 7	−1.242 2	−1.322 7	−1.443 4	−1.644 6	−2.047 1	−3.254 6	−5.266 9
64.8	Q_0	1.81	4.23	4.99	5.24	5.50	5.76	6.15	6.80	8.13	12.32	19.81
K7	p_0	2.07	0.73	−0.45	−0.95	−1.51	−2.13	−3.19	−5.31	−11.10	−44.84	−184.5
1.514 7	φ_1	−0.132 2	−1.013 0	−1.277 2	−1.365 3	−1.453 4	−1.541 5	−1.673 6	−1.893 8	−2.334 2	−3.655 4	−5.857 3
60.6	Q_0	2.07	4.71	5.53	5.81	6.09	6.37	6.79	7.51	8.95	13.50	21.62
K9	p_0	2.06	1.21	0.38	0.02	−0.38	−0.83	−1.60	−3.15	−7.41	−32.56	−137.6
1.516 3	φ_1	−0.049 0	−0.865 0	−1.109 8	−1.191 4	−1.273 0	−1.354 6	−1.477 0	−1.681 0	−2.089 0	−3.313 1	−5.353 1
64.1	Q_0	1.83	4.25	5.00	5.25	5.51	5.76	6.15	6.80	8.12	12.26	19.64
K10	p_0	2.05	0.44	−0.90	−1.47	−2.10	−2.81	−4.00	−6.38	−12.85	−50.30	−204.4
1.518 1	φ_1	−0.181 8	−1.101 1	−1.376 9	−1.468 9	−1.560 8	−1.652 8	−1.790 7	−2.020 5	−2.480 2	−3.859 2	−6.157 6
58.9	Q_0	2.21	4.96	5.82	6.11	6.40	6.69	7.13	7.88	9.39	14.13	22.61
BaK1	p_0	1.99	0.88	−0.08	−0.49	−0.94	−1.45	−2.31	−4.04	−8.73	−35.96	−148.0
1.530 2	φ_1	−0.134 9	−1.017 8	−1.282 7	−1.371 0	−1.459 3	−1.547 6	−1.680 0	−1.900 8	−2.342 2	−3.666 6	−5.873 8
60.5	Q_0	2.04	4.63	5.44	5.71	5.98	6.25	6.66	7.35	8.76	13.14	21.95
BaK3	p_0	1.90	1.26	0.66	0.41	0.12	−0.20	−0.74	−1.84	−4.83	−22.20	−93.57
1.546 7	φ_1	−0.077 4	−0.915 5	−1.166 9	−1.250 7	−1.334 5	−1.418 3	−1.544 1	−1.753 6	−2.172 6	−3.429 8	−5.525 1
62.8	Q_0	1.85	4.24	4.98	5.23	5.48	5.73	6.10	6.73	8.01	11.98	18.98
BaK5	p_0	1.83	0.93	0.20	−0.11	−0.45	−0.83	−1.47	−2.75	−6.19	−25.80	−104.8
1.560 6	φ_1	−0.201 1	−1.135 4	−1.415 8	−1.509 2	−1.602 6	−1.696 1	−1.836 2	−2.069 8	−2.537 0	−3.938 5	−6.274 4
58.3	Q_0	2.17	4.81	5.62	5.89	6.16	6.44	6.85	7.54	8.94	13.27	20.90
BaK7	p_0	1.79	0.73	−0.08	−0.42	−0.79	−1.21	−1.90	−3.29	−6.99	−27.80	−110.7
1.568 8	φ_1	−0.285 7	−1.285 9	−1.586 0	−1.686 0	−1.786 0	−1.886 0	−2.036 1	−2.286 1	−2.786 2	−4.286 5	−6.787 0
56.0	Q_0	2.38	5.19	6.05	6.34	6.63	6.92	7.35	8.09	9.57	14.15	22.18
ZK1	p_0	1.80	1.38	0.99	0.82	0.63	0.42	0.07	−0.65	−2.59	−13.80	−59.33
1.568 8	φ_1	−0.075 1	−0.911 4	−1.162 3	−1.245 9	−1.329 6	−1.413 2	−1.538 7	−1.747 7	−2.165 9	−3.420 4	−5.511 3
62.9	Q_0	1.80	4.13	4.84	5.07	5.31	5.55	5.91	6.52	7.74	11.49	18.03
ZK2	p_0	1.74	1.27	0.87	0.71	0.52	0.32	−0.02	−0.71	−2.56	−13.03	−54.76
1.583 1	φ_1	−0.169 5	−1.079 3	−1.352 2	−1.443 2	−1.534 1	−1.625 1	−1.761 6	−1.089 0	−2.443 9	−3.808 6	−6.083 0
59.3	Q_0	2.04	4.53	5.29	5.54	5.79	6.05	6.43	7.08	8.37	12.34	19.21
ZK3	p_0	1.71	1.40	1.13	1.02	0.89	0.75	0.51	0.02	−1.28	−8.71	−38.34
1.589 1	φ_1	−0.116 3	−0.984 7	−1.245 2	−1.332 1	−1.418 9	−1.505 8	−1.636 0	−1.853 1	−2.287 3	−3.590 0	−5.761 0
61.2	Q_0	1.88	4.24	4.95	5.19	5.43	5.67	6.03	6.64	7.86	11.57	17.97

续表

参数 n_1 / n_2	BaF7 1.614 0 40.0											
	C	0.015 0	0.005 0	0.002 0	0.001 0	0.000 0	−0.001 0	−0.002 5	−0.005 0	−0.010 0	−0.025 0	−0.050 0
K3	p_0	2.13	0.39	−1.33	−2.07	−2.91	−3.86	−5.48	−8.78	−17.98	−73.67	−313.3
1.504 6	φ_1	−0.045 1	−1.090 3	−1.403 8	−1.508 3	−1.612 9	−1.717 4	−1.874 1	−2.135 4	−2.658 0	−4.225 8	−6.838 7
64.8	Q_0	1.84	5.02	6.01	6.35	6.69	7.03	7.55	8.41	10.19	15.79	25.88
K7	p_0	2.07	−0.66	−3.06	−4.09	−5.24	−6.53	−8.72	−13.16	−25.37	−98.08	−406.5
1.514 7	φ_1	−0.176 6	−1.353 3	−1.706 4	−1.824 0	−1.941 7	−2.059 4	−2.235 9	−2.530 0	−3.118 4	−4.883 4	−7.825 2
60.6	Q_0	2.20	5.77	6.89	7.27	7.65	8.03	8.61	95.8	11.58	17.85	29.16
K9	p_0	2.06	0.43	−1.14	−1.82	−2.59	−3.45	−4.92	−7.92	−16.24	−66.28	−280.3
1.516 3	φ_1	−0.063 9	−1.127 8	−1.446 9	−1.553 3	−1.659 7	−1.766 1	−1.925 7	−2.191 7	−2.723 6	−4.319 5	−6.979 2
64.1	Q_0	1.87	5.05	6.05	6.39	6.72	7.06	7.58	8.44	10.20	15.75	25.71
K10	p_0	2.04	−1.35	−4.20	−5.42	−6.78	−8.29	−10.87	−16.07	−30.32	−114.5	−469.8
1.518 1	φ_1	−0.246 5	−1.493 1	−1.867 0	−1.998 7	−2.116 4	−2.241 0	−2.428 0	−2.739 6	−3.362 9	−5.232 8	−8.349 2
58.9	Q_0	2.40	6.18	7.37	7.77	8.17	8.58	9.19	10.23	12.34	19.00	31.00
BaK1	p_0	1.98	−0.22	−2.15	−2.97	−3.89	−4.29	−6.68	−10.22	−19.94	−77.49	−319.8
1.530 2	φ_1	−0.180 4	−1.360 9	−1.715 1	−1.833 1	−1.951 2	−2.069 2	−2.246 3	−2.541 4	−3.131 7	−4.902 4	−7.853 6
60.5	Q_0	2.17	5.67	6.76	7.13	7.50	7.87	8.43	9.37	11.30	17.33	28.15
BaK3	p_0	1.90	0.70	−0.40	−0.88	−1.42	−2.01	−3.04	−5.10	−10.79	−44.49	−186.0
1.546 7	φ_1	−0.101 7	−1.203 5	−1.534 0	−1.644 2	−1.754 3	−1.864 5	−2.029 8	−2.305 2	−2.856 1	−4.508 7	−7.263 1
62.8	Q_0	1.92	5.08	6.06	6.39	6.72	7.05	7.56	8.40	10.10	15.42	24.86
BaK5	p_0	1.82	0.05	−1.41	−2.03	−2.71	−3.48	−4.78	−7.38	−14.45	−55.47	−224.4
1.560 6	φ_1	−0.274 3	−1.548 6	−1.930 9	−2.050 3	−2.185 7	−2.313 2	−2.504 3	−2.822 9	−3.460 1	−5.371 5	−8.557 3
58.3	Q_0	2.37	5.99	7.11	7.49	7.86	8.24	8.81	9.77	11.71	17.74	28.39
BaK7	p_0	1.76	−0.40	−2.10	−2.81	−3.60	−4.47	−5.95	−8.90	−16.87	−62.55	−248.5
1.568 8	φ_1	−0.400 0	−1.800 0	−2.220 0	−2.360 0	−2.500 0	−2.640 0	−2.850 0	−3.200 0	−3.900 0	−6.000 0	−9.500 0
56.0	Q_0	2.70	6.65	7.87	8.28	8.69	9.10	9.72	10.76	12.87	19.39	30.90
ZK1	p_0	1.80	1.06	0.39	0.09	−0.23	−0.60	−1.22	−2.47	−5.92	−26.13	−109.8
1.568 8	φ_1	−0.098 6	−1.197 3	−1.526 9	−1.636 8	−1.746 7	−1.856 5	−2.021 3	−2.296 0	−2.845 4	−4.493 4	−7.240 1
62.9	Q_0	1.87	4.93	5.87	6.18	6.50	6.82	7.29	8.09	9.70	14.68	23.38
ZK2	p_0	1.73	0.92	0.25	−0.04	−0.36	−0.71	−1.32	−2.52	−5.79	−24.62	−101.0
1.583 1	φ_1	−0.229 0	−1.458 0	−1.826 7	−1.949 6	−2.072 5	−2.195 4	−2.379 7	−2.687 0	−3.301 5	−5.145 0	−8.217 6
59.3	Q_0	2.20	5.57	6.60	6.94	7.29	7.64	8.16	9.03	10.78	16.17	25.51
ZK3	p_0	1.71	1.23	0.81	0.63	0.43	0.21	−0.17	−0.93	−3.01	−14.98	−63.49
1.589 1	φ_1	−0.154 7	−1.309 4	−1.655 8	−1.771 3	−1.886 7	−2.002 2	−2.175 4	−2.464 1	−3.041 5	−4.773 5	−7.660 3
61.2	Q_0	1.99	5.12	6.08	6.39	6.71	7.03	7.51	8.32	9.94	14.88	23.38
ZK11	p_0	1.55	2.56	3.32	3.64	3.98	4.37	5.01	6.29	9.66	27.96	95.37
1.638 4	φ_1	−0.432 2	−1.864 5	−2.294 1	−2.437 4	−2.580 6	−2.723 8	−2.938 7	−3.296 7	−4.012 9	−6.161 2	−9.741 9
55.5	Q_0	2.62	6.24	7.31	7.67	8.02	8.38	8.90	9.78	11.51	16.57	24.50

续表

参数 n_1 / n_2	BaF8　1.625 9　39.1											
	C	0.015 0	0.005 0	0.002 0	0.001 0	0.000 0	−0.001 0	−0.002 5	−0.005 0	−0.010 0	−0.025 0	−0.050 0
K3	p_0	2.13	0.53	−1.06	−1.74	−2.25	−3.39	−4.89	−7.93	−16.40	−67.53	−286.9
1.504 6	φ_1	−0.042 5	−1.028 4	−1.324 2	−1.422 8	−1.521 4	−1.619 9	−1.767 8	−2.014 3	−2.507 2	−3.986 0	−6.450 7
64.8	Q_0	1.83	4.82	5.76	6.08	6.40	6.72	7.21	8.03	9.70	14.98	24.50
K7	p_0	2.07	−0.42	−2.62	−3.56	−4.61	−5.79	−7.79	−11.83	−22.96	−89.00	−368.3
1.514 7	φ_1	−0.165 4	−1.267 5	−1.598 1	−1.70	−1.818 6	−1.028 8	−2.001 1	−2.360 6	−2.920 6	−4.573 7	7.328 9
60.6	Q_0	2.17	5.50	6.55	6.91	7.26	7.62	8.16	9.08	10.94	18.82	27.42
K9	p_0	2.06	0.55	−0.92	−1.55	−2.27	−3.07	−4.44	−7.23	−14.96	−61.38	−259.3
1.516 3	φ_1	−0.060 2	−1.062 7	−1.303 4	−1.463 7	−1.564 0	−1.664 2	−1.814 6	−2.065 2	−2.566 5	−4.070 3	−6.576 6
64.1	Q_0	1.86	4.86	5.79	6.11	6.43	6.75	7.23	8.05	9.71	14.94	24.35
K10	p_0	2.04	−1.03	−3.63	−4.73	−5.97	−7.34	−9.68	−14.38	−27.23	−103.2	−422.5
1.518 1	φ_1	−0.230 0	−1.393 1	−1.742 1	−1.858 4	−1.974 7	−2.091 0	−2.265 5	−2.556 3	−3.037 8	−4.882 5	−7.790 3
58.9	Q_0	2.35	5.87	6.98	7.35	7.73	8.11	8.68	9.65	11.62	17.83	29.04
BaK1	p_0	1.99	−0.07	−1.87	−2.64	−3.50	−4.46	−6.09	−9.39	−18.43	−71.82	−296.2
1.530 2	φ_1	−0.169 0	−1.274 4	−1.606 0	−1.716 5	−1.827 1	−1.937 6	−2.103 4	−2.379 8	−2.932 5	−4.590 5	−7.354 0
60.5	Q_0	2.14	5.41	6.43	6.78	7.12	7.47	8.00	8.88	10.69	16.36	26.52
BaK3	p_0	1.90	0.74	−0.34	−0.80	−1.32	−1.91	−2.90	−4.91	−10.44	−43.17	−180.5
1.546 7	φ_1	−0.095 6	−1.131 7	−1.442 5	−1.546 1	−1.649 7	−1.753 3	−1.908 8	−2.167 8	−2.685 8	−4.239 9	−6.830 1
62.8	Q_0	1.90	4.87	5.80	6.11	6.42	6.73	7.21	8.00	9.61	14.64	23.59
BaK5	p_0	1.83	0.08	−1.36	−1.97	−2.65	−3.41	−4.69	−7.25	−14.22	−54.59	−220.8
1.560 6	φ_1	−0.255 5	−1.442 8	−1.799 0	−1.917 7	−2.036 4	−2.155 1	−2.333 2	−2.630 0	−3.223 7	−5.004 5	−7.972 7
58.3	Q_0	2.32	5.70	6.74	7.09	7.45	7.80	8.33	9.23	11.05	16.72	26.77
BaK7	p_0	1.77	−0.41	−2.10	−2.81	−3.60	−4.48	−5.96	−8.91	−16.87	−62.50	−248.4
1.568 8	φ_1	−0.370 1	−1.665 7	−2.054 4	−2.184 0	−2.313 6	−2.443 1	−2.637 5	−2.961 4	−3.609 2	−5.552 6	−8.791 7
56.0	Q_0	2.62	6.28	7.41	7.79	8.17	8.56	9.13	10.11	12.07	18.19	29.00
ZK1	p_0	1.80	1.03	0.32	0.02	−0.32	−0.71	−1.36	−2.67	−6.28	−27.44	−115.2
1.568 8	φ_1	−0.092 8	−1.126 1	−1.436 1	−1.539 5	−1.642 8	−1.746 1	−1.901 1	−2.159 5	−2.676 2	−4.226 2	−6.809 6
62.9	Q_0	1.85	4.73	5.62	5.92	6.21	6.51	6.96	7.72	9.25	13.98	22.30
ZK2	p_0	1.74	0.82	0.06	−0.26	−0.62	−1.02	−1.70	−3.06	−6.75	−28.00	−114.5
1.583 1	φ_1	−0.213 8	−1.361 7	−1.706 0	−1.820 8	−1.935 6	−2.050 4	−2.222 6	−2.509 5	−3.083 4	−4.805 2	−7.674 8
59.3	Q_0	2.16	5.31	6.28	6.60	6.93	7.25	7.74	8.57	10.23	15.34	24.26
ZK3	p_0	1.71	1.13	0.62	0.40	0.16	−0.12	−0.58	−1.50	−4.03	−18.63	−78.03
1.589 1	φ_1	−0.145 0	−1.227 8	−1.552 6	−1.660 9	−1.769 2	−1.877 5	−2.039 9	−2.310 6	−2.852 0	−4.476 1	−7.183 0
61.2	Q_0	1.96	4.91	5.80	6.11	6.41	6.71	7.16	7.93	9.46	14.17	22.34

续表

参数 n_1 / n_2	ZF1 1.647 5 33.9											
	C	0.015 0	0.005 0	0.002 0	0.001 0	0.000 0	−0.001 0	−0.002 5	−0.005 0	−0.010 0	−0.025 0	−0.050 0
K7	p_0	2.08	1.01	0.07	−0.33	−0.78	−1.28	−2.13	−3.82	−8.43	−35.11	−114.7
1.514 7	φ_1	−0.115 5	−0.884 9	−1.115 7	−1.192 7	−1.269 6	−1.346 6	−1.462 0	−1.654 3	−2.039 0	−3.193 2	−5.116 7
60.6	Q_0	2.02	4.32	5.03	5.27	5.52	5.76	6.13	6.75	8.01	11.96	19.02
K9	p_0	2.06	1.37	0.69	0.39	0.06	−0.31	−0.94	−2.22	−5.72	−26.25	−111.4
1.516 3	φ_1	−0.043 2	−0.762 7	−0.978 6	−1.050 5	−1.122 5	−1.194 4	−1.302 3	−1.482 2	−1.842 0	−2.921 3	−4.720 1
64.1	Q_0	1.81	3.94	4.60	4.82	5.04	5.27	5.61	6.18	7.34	10.98	17.47
K10	p_0	2.06	0.79	−0.28	−0.73	−1.23	−1.79	−2.73	−4.62	−9.72	−39.01	−158.6
1.518 1	φ_1	−0.157 9	−0.956 6	−1.196 2	−1.276 1	−1.356 0	−1.435 8	−1.555 6	−1.755 3	−2.154 6	−3.352 7	−5.349 4
58.9	Q_0	2.13	4.52	5.26	5.51	5.76	6.02	6.40	7.04	8.35	12.45	19.78
BaK1	p_0	1.99	1.09	0.30	−0.04	−0.42	−0.83	−1.54	−2.96	−6.82	−29.03	−119.7
1.530 2	φ_1	−0.117 8	−0.888 9	−1.120 2	−1.197 3	−1.274 4	−1.351 5	−1.467 1	−1.659 9	−2.045 4	−3.202 0	−5.129 6
60.5	Q_0	1.99	4.25	4.95	5.18	5.42	5.66	6.02	6.62	7.85	11.67	18.49
BaK3	p_0	1.90	1.35	0.83	0.60	0.35	0.07	−0.41	−1.36	−3.97	−19.09	−80.87
1.546 7	φ_1	−0.068 0	−0.804 6	−1.025 6	−1.099 3	−1.173 0	−1.246 6	−1.357 1	−1.541 3	−1.909 6	−3.014 6	−4.856 2
62.8	Q_0	1.82	3.92	4.57	4.79	5.00	5.22	5.56	6.11	7.24	10.74	16.93
BaK5	p_0	1.84	1.05	0.39	0.12	−0.18	−0.52	−1.09	−2.22	−5.27	−22.52	−91.73
1.560 6	φ_1	−0.174 3	−0.984 3	−1.227 3	−1.308 3	−1.389 3	−1.470 3	−1.591 8	−1.794 3	−2.199 3	−3.414 3	−5.439 2
58.3	Q_0	2.09	4.38	5.08	5.32	5.55	5.79	6.15	6.75	7.98	11.76	18.44

续表

参数 n_1 / n_2		ZF1 1.647 5 33.9										
	C	0.015 0	0.005 0	0.002 0	0.001 0	0.000 0	−0.001 0	−0.002 5	−0.005 0	−0.010 0	−0.025 0	−0.050 0
BaK7	p_0	1.79	0.85	0.12	−0.19	−0.53	−0.90	−1.53	−2.77	−6.08	−24.65	−98.32
1.568 8	φ_1	−0.245 4	−1.104 4	−1.362 1	−1.448 0	−1.533 9	−1.619 8	−1.748 6	−1.963 4	−2.392 9	−3.681 4	−5.828 9
56.0	Q_0	2.27	4.68	5.42	5.67	5.92	6.17	6.55	7.18	8.46	12.44	19.43
ZK1	p_0	1.80	1.40	1.03	0.87	0.69	0.49	0.15	−0.54	−2.40	−13.11	−56.52
1.568 8	φ_1	−0.066 0	−0.801 3	−1.021 9	−1.095 4	−1.168 9	−1.242 4	−1.352 7	−1.536 6	−1.904 2	−3.007 1	−4.845 3
62.9	Q_0	1.78	3.82	4.44	4.65	4.86	5.07	5.39	5.93	7.00	10.34	16.17
ZK2	p_0	1.74	1.26	0.86	0.69	0.50	0.29	−0.70	−0.78	−2.68	−13.43	−56.21
1.583 1	φ_1	−0.147 4	−0.938 9	−1.176 3	−1.255 5	−1.334 6	−1.413 7	−1.532 5	−1.730 3	−2.126 0	−3.313 2	−5.291 8
59.3	Q_0	1.97	4.14	4.81	5.03	5.25	5.47	5.81	6.37	7.51	11.02	17.13
ZK3	p_0	1.72	1.38	1.08	0.95	0.81	0.65	0.38	−0.16	−1.61	−9.86	−42.78
1.589 1	φ_1	−0.101 8	−0.861 7	−1.089 7	−1.165 7	−1.241 7	−1.317 7	−1.431 7	−1.621 7	−2.001 7	−3.141 6	−5.041 5
61.2	Q_0	1.84	3.90	4.53	4.74	4.96	5.17	5.49	6.02	7.10	10.40	16.15
ZK5	p_0	1.63	1.23	0.93	0.81	0.67	0.52	0.27	−0.23	−1.57	−8.92	−37.41
1.611 1	φ_1	−0.252 3	−1.116 0	−1.375 1	−1.461 5	−1.547 9	−1.634 3	−1.763 8	−1.979 8	−2.411 6	−3.707 3	−5.866 7
55.8	Q_0	2.20	4.50	5.20	5.43	5.66	5.90	6.25	6.84	8.02	11.63	17.85
ZK6	p_0	1.62	1.36	1.14	1.04	0.94	0.83	0.64	0.26	−0.74	−6.36	−28.27
1.612 6	φ_1	−0.017 43	−0.984 3	−1.227 3	−1.308 3	−1.389 3	−1.470 3	−1.591 8	−1.794 3	−2.199 3	−3.414 3	−5.439 2
58.3	Q_0	2.00	4.14	4.79	5.01	5.23	5.44	5.77	6.32	7.42	10.78	16.55
ZK7	p_0	1.62	1.42	1.25	1.18	1.09	1.00	0.85	0.54	−0.28	−4.91	−23.13
1.613 0	φ_1	−0.115 5	−0.884 9	−1.115 7	−1.192 7	−1.269 6	−1.346 6	−1.462 0	−1.654 3	−2.039 0	−3.193 2	−5.116 7
60.6	Q_0	1.84	3.87	4.49	4.70	4.90	5.11	5.42	5.94	6.98	10.16	15.60

续表

参数 n_1 / n_2	K7 1.514 7 60.6										
	C	0.015 0	0.005 0	0.002 0	0.001 0	0.000 0	−0.001 0	−0.002 5	−0.005 0	−0.010 0	−0.025 0	−0.050 0
K3	p_0	2.13	1.54	0.93	0.66	0.36	0.02	−0.56	−1.72	−4.92	−23.67	−101.4
1.504 6	φ_1	−0.027 6	−0.667 7	−0.859 7	−0.923 7	−0.987 7	−1.051 7	−1.147 7	−1.307 7	−1.627 7	−2.587 8	−4.187 9
64.8	Q_0	1.79	3.70	4.29	4.49	4.70	4.90	5.21	5.72	6.77	10.06	15.95
K7	p_0	2.08	1.21	0.43	0.09	−0.28	−0.69	−1.39	−2.80	−6.61	−28.58	−118.1
1.514 7	φ_1	−0.103 1	−0.790 2	−0.996 3	−1.065 0	−1.133 8	−1.202 5	−1.305 5	−1.477 3	−1.820 8	−2.851 5	−4.569 2
60.6	Q_0	1.98	4.03	4.66	4.88	5.09	5.31	5.64	6.19	7.31	10.82	17.09
K9	p_0	2.06	1.50	0.92	0.67	0.39	0.07	0.47	−1.55	−4.51	−21.81	−93.09
1.516 3	φ_1	−0.038 8	−0.685 8	−0.879 9	−0.944 7	−1.009 4	−1.074 1	−1.171 1	−1.332 9	−1.656 4	−2.626 9	−4.244 5
64.1	Q_0	1.79	3.70	4.29	4.49	4.69	4.89	5.20	5.71	6.75	10.01	15.82
K10	p_0	2.06	1.03	0.15	−0.22	−0.64	−1.10	−1.88	−3.43	−7.61	−31.54	−128.5
1.518 1	φ_1	−0.140 4	−0.850 8	−1.063 9	−1.134 9	−1.205 9	−1.277 0	−1.383 5	−1.561 1	−1.916 3	−2.981 8	−4.757 6
58.9	Q_0	2.08	4.19	4.85	5.07	5.30	5.52	5.86	6.43	7.59	11.21	17.70
BaK1	p_0	2.00	1.24	0.57	0.28	−0.03	−0.39	−0.99	−2.19	−5.45	−24.15	−100.1
1.530 2	φ_1	−0.105 2	−0.793 6	−1.000 1	−1.068 9	−1.137 8	−1.206 6	−1.309 9	−1.481 9	−1.826 1	−2.858 7	−4.579 6
60.5	Q_0	1.96	3.96	4.58	4.79	5.01	5.22	5.54	6.07	7.16	10.57	16.64
BaK3	p_0	1.90	1.43	0.97	0.77	0.54	0.30	−0.13	−0.97	−3.28	−16.60	−70.77
1.546 7	φ_1	−0.061 0	−0.721 8	−0.920 1	−0.986 2	−1.052 2	−1.118 3	−1.217 4	−1.382 7	−1.713 1	−2.704 3	−4.356 4
62.8	Q_0	1.80	3.68	4.26	4.45	4.65	4.85	5.14	5.64	6.65	9.80	15.37
BaK5	p_0	1.84	1.15	0.57	0.32	0.05	−0.25	−0.75	−1.76	−4.46	−19.71	−80.62
1.560 6	φ_1	−0.154 8	−0.874 0	−1.089 8	−1.161 7	−1.233 7	−1.305 6	−1.413 5	−1.593 3	−1.952 9	−3.031 8	−4.830 0
58.3	Q_0	2.03	4.06	4.68	4.89	5.11	5.32	5.64	6.17	7.26	10.63	16.60
BaK7	p_0	1.80	0.96	0.31	0.03	−0.27	−0.60	−1.16	−2.27	−5.22	−21.71	−86.85
1.568 8	φ_1	−0.216 4	−0.974 1	−1.201 4	−1.277 1	−1.352 9	−1.428 7	−1.542 3	−1.731 7	−2.110 5	−3.247 0	−5.141 1
56.0	Q_0	2.19	4.31	4.96	5.18	5.40	5.62	5.96	6.52	7.65	11.18	17.40
ZK1	p_0	1.80	1.44	1.09	0.94	0.77	0.58	0.26	−0.38	−2.12	−12.13	−52.55
1.568 8	φ_1	−0.059 2	−0.718 9	−0.916 9	−0.982 8	−1.048 8	−1.114 8	−1.213 7	−1.378 7	−1.708 5	−2.698 1	−4.347 5
62.9	Q_0	1.76	3.58	4.15	4.33	4.52	4.71	5.00	5.48	6.45	9.46	14.74
ZK2	p_0	1.74	1.29	0.90	0.73	0.55	0.34	0.00	−0.68	−2.52	−12.89	−54.07
1.583 1	φ_1	−0.131 2	−0.835 8	−1.047 2	−1.117 7	−1.188 1	−1.258 6	−1.364 3	−1.540 4	−1.892 7	−2.949 6	−4.711 1
59.3	Q_0	1.93	3.86	4.45	4.65	4.85	5.05	5.35	5.85	6.87	10.02	15.54

续表

参数 n_1 / n_2	ZF2 1.672 5 32.2										
	C	0.015 0	0.005 0	0.002 0	0.001 0	0.000 0	−0.001 0	−0.002 5	−0.005 0	−0.010 0	−0.025 0	−0.050 0
ZK3	p_0	1.72	1.39	1.08	0.95	0.81	0.65	0.38	−0.16	−1.62	−9.92	−43.00
1.589 1	φ_1	−0.091 0	−0.770 5	−0.974 4	−1.042 3	−1.110 3	−1.178 2	−1.280 2	−1.450 1	−1.789 8	−2.809 1	−4.508 0
61.2	Q_0	1.81	3.65	4.22	4.41	4.60	4.79	5.07	5.55	6.52	9.51	14.73
ZK5	p_0	1.63	1.19	0.84	0.70	0.54	0.37	0.08	−0.50	−2.03	−10.45	−43.15
1.611 1	φ_1	−0.222 3	−0.983 7	−1.212 1	−1.288 2	−1.364 4	−1.440 5	−1.554 7	−1.745 0	−2.125 7	−3.267 7	−5.171 1
55.8	Q_0	2.12	4.15	4.77	4.97	5.18	5.39	5.70	6.23	7.28	10.52	16.15
ZK6	p_0	1.63	1.31	1.05	0.94	0.82	0.69	0.46	0.01	−1.19	−7.87	−34.03
1.612 6	φ_1	−0.154 8	−0.974 0	−1.089 8	−1.161 7	−1.233 7	−1.305 6	−1.413 5	−1.593 3	−1.952 9	−3.031 8	−4.830 0
58.3	Q_0	1.94	3.85	4.43	4.62	4.82	5.01	5.31	5.80	6.79	9.82	15.08
ZK7	p_0	1.63	1.39	1.18	1.09	0.99	0.88	0.69	0.32	−0.68	−6.31	−28.51
1.613 0	φ_1	−0.103 1	−0.790 2	−0.996 3	−1.065 0	−1.133 8	−1.202 5	−1.305 5	−1.477 3	−1.820 8	−2.851 5	−4.569 2
60.6	Q_0	1.81	3.62	4.17	4.36	4.55	4.73	5.01	5.48	6.42	9.31	14.29
ZK11	p_0	1.54	1.30	1.12	1.04	0.96	0.87	0.72	0.42	−0.37	−4.71	−21.28
1.638 4	φ_1	−0.231 4	−0.998 4	−1.228 5	−1.305 2	−1.381 9	−1.458 6	−1.573 7	−1.765 4	−2.148 9	−3.299 4	−5.216 9
55.5	Q_0	2.10	4.08	4.68	4.88	5.08	5.28	5.58	6.09	7.10	10.18	15.45

续表

参数 n_1 / n_2	ZF3　1.717 2　29.5											
	C	0.015 0	0.005 0	0.002 0	0.001 0	0.000 0	−0.001 0	−0.002 5	−0.005 0	−0.010 0	−0.025 0	−0.050 0
K7	p_0	2.09	1.49	0.93	0.69	0.42	0.12	−0.39	−1.40	−4.14	−19.81	−82.94
1.514 7	φ_1	−0.086 3	−0.661 1	−0.833 5	−0.891 0	−0.948 5	−1.006 0	−1.092 2	−1.235 9	−1.523 3	−2.385 6	−3.822 6
60.6	Q_0	1.93	3.63	4.15	4.33	4.51	4.69	4.96	5.42	6.34	9.25	14.42
K9	p_0	2.06	1.68	1.25	1.07	0.86	0.62	0.22	−0.58	−2.77	−15.51	−67.43
1.516 3	φ_1	−0.032 8	−0.579 3	−0.743 2	−0.797 9	−0.852 6	−0.907 2	−0.989 2	−1.125 8	−1.399 1	−2.218 8	−3.585 1
64.1	Q_0	1.78	3.37	3.87	4.04	4.20	4.37	4.63	5.06	5.93	8.65	13.50
K10	p_0	2.07	1.36	0.73	0.47	0.17	−0.16	−0.71	−1.82	−4.80	−21.76	−89.22
1.518 1	φ_1	−0.116 8	−0.707 8	−0.885 2	−0.944 3	−1.003 4	−1.062 5	−1.151 1	−1.298 9	−1.594 4	−2.480 9	−3.958 4
58.9	Q_0	2.01	3.75	4.30	4.48	4.66	4.85	5.12	5.59	6.55	9.53	14.84
BaK1	p_0	2.00	1.47	0.98	0.76	0.53	0.27	−0.18	−1.07	−3.47	−17.15	−72.11
1.530 2	φ_1	−0.088 0	−0.663 7	−0.836 4	−0.894 0	−0.951 6	−1.009 1	−1.095 5	−1.239 4	−1.527 3	−2.390 9	−3.830 2
60.5	Q_0	1.91	3.57	4.09	4.26	4.44	4.61	4.88	5.32	6.23	9.05	14.08
BaK3	p_0	1.91	1.57	1.21	1.05	0.88	0.69	0.36	−0.30	−2.09	−12.38	−53.84
1.546 7	φ_1	−0.051 3	−0.607 7	−0.774 6	−0.830 2	−0.885 8	−0.941 5	−1.024 9	−1.164 0	−1.442 2	−2.276 7	−3.667 5
62.8	Q_0	1.77	3.34	3.83	3.99	4.16	4.32	4.57	4.99	5.83	8.47	13.14

续表

参数 n_1 / n_2	ZF3　1.717 2　29.5										
	C	0.015 0	0.005 0	0.002 0	0.001 0	0.000 0	−0.001 0	−0.002 5	−0.005 0	−0.010 0	−0.025 0	−0.050 0
BaK5	p_0	1.85	1.33	0.89	0.70	0.49	0.26	−0.14	−0.91	−3.00	−14.70	−61.01
1.560 6	φ_1	−0.128 5	−0.725 7	−0.904 8	−0.964 5	−1.024 3	−1.084 0	−1.173 5	−1.322 8	−1.621 4	−2.517 2	−4.010 1
58.3	Q_0	1.96	3.63	4.15	4.32	4.50	4.67	4.93	5.38	6.28	9.07	14.01
BaK7	p_0	1.81	1.18	0.67	0.46	0.23	−0.03	−0.46	−1.31	−3.59	−16.20	−65.60
1.568 8	φ_1	−0.178 1	−0.801 5	−0.988 5	−1.050 8	−1.113 2	−1.175 5	−1.269 0	−1.424 9	−1.736 6	−2.671 6	−4.230 1
56.0	Q_0	2.08	3.82	4.35	4.53	4.71	4.89	5.17	5.63	6.56	9.46	14.57
ZK1	p_0	1.80	1.53	1.24	1.12	0.98	0.83	0.56	0.04	−1.40	−9.60	−42.51
1.568 8	φ_1	−0.049 9	−0.605 4	−0.772 1	−0.827 6	−0.883 2	−0.938 7	−1.022 1	−1.161 0	−1.438 7	−2.272 1	−3.661 0
62.9	Q_0	1.73	3.26	3.73	3.89	4.05	4.21	4.45	4.85	5.67	8.20	12.67
ZK2	p_0	1.75	1.39	1.06	0.92	0.77	0.59	0.31	−0.27	−1.81	−10.47	−44.64
1.583 1	φ_1	−0.109 3	−0.696 4	−0.872 5	−0.931 2	−0.989 9	−1.048 6	−1.136 6	−1.283 4	−1.576 9	−2.457 5	−3.925 0
59.3	Q_0	1.87	3.47	3.96	4.12	4.29	4.46	4.71	5.13	5.98	8.61	13.24
ZK3	p_0	1.72	1.45	1.19	1.07	0.95	0.81	0.57	0.10	−1.18	−8.41	−37.09
1.589 1	φ_1	−0.076 3	−0.645 8	−0.816 6	−0.873 6	−0.930 5	−0.987 5	−1.072 9	−1.215 3	−1.500 1	−2.354 4	−3.778 2
61.2	Q_0	1.77	3.31	3.78	3.94	4.10	4.26	4.50	4.90	5.71	8.23	12.65
ZK5	p_0	1.64	1.23	0.91	0.78	0.63	0.47	0.20	−0.34	−1.77	−9.62	−40.0
1.611 1	φ_1	−0.182 8	−0.808 7	−0.996 4	−1.059 0	−1.121 6	−1.184 2	−1.278 1	−1.434 6	−1.747 5	−2.686 4	−4.251 1
55.8	Q_0	2.02	3.68	4.19	4.36	4.53	4.70	4.96	5.39	6.27	8.97	13.69
ZK6	p_0	1.63	1.34	1.09	0.98	0.86	0.73	0.51	0.08	−1.09	−7.57	−32.86
1.612 6	φ_1	−0.128 6	−0.725 7	−0.904 8	−0.964 5	−1.024 3	−1.084 0	−1.173 5	−1.322 8	−1.621 4	−2.517 2	−4.010 1
58.3	Q_0	1.87	3.45	3.93	4.09	4.26	4.42	4.66	5.07	5.90	8.46	12.91
ZK7	p_0	1.63	1.41	1.20	1.11	1.01	0.90	0.72	0.35	−0.65	−6.25	−28.27
1.613 0	φ_1	−0.086 3	−0.661 1	−0.833 5	−0.891 0	−0.948 5	−1.006 0	−1.092 2	−1.235 9	−1.523 3	−2.385 6	−3.822 6
60.6	Q_0	1.76	3.28	3.74	3.89	4.05	4.20	4.44	4.83	5.63	8.07	12.33
ZK11	p_0	1.54	1.26	1.03	0.94	0.83	0.72	0.53	0.15	−0.84	−6.27	−27.04
1.638 4	φ_1	−0.190 0	−0.819 7	−1.008 6	−1.071 6	−1.134 6	−1.197 5	−1.292 0	−1.449 4	−1.764 3	−2.708 8	−4.283 1
55.5	Q_0	1.99	3.62	4.11	4.28	4.44	4.61	4.86	5.28	6.13	8.72	13.21

续表

参数 n_1 / n_2		ZF5 1.739 8 28.2										
	C	0.015 0	0.005 0	0.002 0	0.001 0	0.000 0	−0.001 0	−0.002 5	−0.005 0	−0.010 0	−0.025 0	−0.050 0
K7	p_0	2.09	1.61	1.13	0.93	0.71	0.46	0.03	−0.82	−3.12	−16.22	−68.72
1.514 7	φ_1	−0.079 2	−0.606 6	−0.764 8	−0.817 6	−0.870 3	−0.923 1	−1.002 2	−1.134 0	−1.397 8	−2.188 9	−3.507 5
60.6	Q_0	1.91	3.46	3.94	4.10	4.26	4.43	4.68	5.09	5.94	8.58	13.28
K9	p_0	2.06	1.76	1.40	1.24	1.06	0.86	0.53	−0.16	−2.02	−12.82	−56.59
1.516 3	φ_1	−0.030 2	−0.533 7	−0.684 8	−0.735 1	−0.785 5	−0.835 8	−0.911 3	−1.037 2	−1.289 0	−2.044 3	−3.303 0
64.1	Q_0	1.77	3.23	3.69	3.84	4.00	4.15	4.38	4.78	5.57	8.06	12.50
K10	p_0	2.07	1.50	0.97	0.75	0.50	0.23	−0.24	−1.16	−3.65	−17.69	−73.56
1.518 1	φ_1	−0.107 0	−0.648 0	−0.810 3	−0.864 4	−0.918 5	−0.972 6	−1.053 8	−1.189 0	−1.459 6	−2.271 1	−3.623 7
58.9	Q_0	1.98	3.57	4.06	4.23	4.40	4.56	4.82	5.24	6.11	8.82	13.64
BaK1	p_0	2.00	1.57	1.15	0.97	0.77	0.55	0.18	−0.58	−2.61	−14.16	−60.28
1.530 2	φ_1	−0.080 7	−0.608 9	−0.767 4	−0.820 2	−0.873 0	−0.925 8	−1.005 1	−1.137 1	−1.401 2	−2.193 5	−3.514 0
60.5	Q_0	1.88	3.40	3.88	4.03	4.19	4.35	4.60	5.00	5.83	8.40	12.98
BaK3	p_0	1.91	1.63	1.32	1.19	1.04	0.87	0.59	0.02	−1.53	−10.38	−45.91
1.546 7	φ_1	−0.047 2	−0.559 1	−0.712 6	−0.763 8	−0.815 0	−0.866 2	−0.942 9	−1.070 9	−1.326 8	−2.094 6	−3.374 2
62.8	Q_0	1.76	3.20	3.64	3.79	3.94	4.10	4.32	4.71	5.48	7.89	12.17
BaK5	p_0	1.85	1.42	1.04	0.88	0.70	0.50	0.16	−0.51	−2.30	−12.31	−51.74
1.560 6	φ_1	−0.117 5	−0.663 7	−0.827 6	−0.882 2	−0.936 8	−0.991 4	−1.073 4	−1.209 9	−1.483 0	−2.302 3	−3.667 8
58.3	Q_0	1.93	3.45	3.92	4.08	4.24	4.40	4.64	5.04	5.86	8.41	12.90
BaK7	p_0	1.82	1.29	0.85	0.67	0.47	0.25	−0.12	−0.85	−2.79	−13.55	−55.45
1.568 8	φ_1	−0.162 3	−0.730 3	−0.900 7	−0.957 5	−1.014 3	−1.071 1	−1.156 4	−1.298 4	−1.582 4	−2.434 5	−3.854 6
56.0	Q_0	2.04	3.61	4.10	4.26	4.43	4.59	4.84	5.26	6.10	8.73	13.37
ZK1	p_0	1.80	1.58	1.33	1.22	1.10	0.96	0.73	0.27	−0.99	−8.19	−36.96
1.568 8	φ_1	−0.045 9	−0.557 0	−0.710 4	−0.761 5	−0.812 6	−0.863 7	−0.940 4	−1.068 2	−1.323 8	−2.090 6	−3.368 5
62.9	Q_0	1.72	3.12	3.55	3.70	3.85	3.99	4.21	4.58	5.33	7.65	11.75

续表

参数 n_1 / n_2		ZF5 1.739 8 28.2										
	C	0.015 0	0.005 0	0.002 0	0.001 0	0.000 0	−0.001 0	−0.002 5	−0.005 0	−0.010 0	−0.025 0	−0.050 0
ZK2	p_0	1.75	1.44	1.15	1.03	0.90	0.75	0.49	−0.01	−1.37	−8.98	−38.91
1.583 1	φ_1	−0.100 1	−0.637 9	−0.799 2	−0.852 9	−0.906 7	−0.960 5	−1.041 1	−1.175 6	−1.444 4	−2.251 0	−3.595 2
59.3	Q_0	1.84	3.30	3.75	3.90	4.05	4.21	4.43	4.82	5.60	8.00	12.24
ZK3	p_0	1.72	1.49	1.26	1.16	1.05	0.92	0.71	0.29	−0.86	−7.31	−32.30
1.589 1	φ_1	−0.070 0	−0.593 0	−0.749 9	−0.802 2	−0.854 5	−0.906 8	−0.985 2	−1.116 0	−1.377 5	−2.162 0	−3.469 4
61.2	Q_0	1.75	3.16	3.59	3.74	3.88	4.03	4.25	4.62	5.37	7.67	11.73
ZK5	p_0	1.64	1.29	1.00	0.88	0.74	0.60	0.35	−0.14	−1.42	−8.49	−35.74
1.611 1	φ_1	−0.166 5	−0.736 6	−0.907 7	−0.964 7	−1.021 7	−1.078 7	−1.164 2	−1.306 8	−1.591 8	−2.447 0	−3.872 3
55.8	Q_0	1.97	3.48	3.94	4.10	4.26	4.41	4.65	5.04	5.84	8.30	12.61
ZK6	p_0	1.64	1.38	1.15	1.05	0.94	0.82	0.62	0.22	0.84	−6.77	−29.80
1.612 6	φ_1	−0.117 5	−0.663 7	−0.827 6	−0.882 2	−0.936 8	−0.991 4	−1.073 4	−1.209 9	−1.483 0	−2.302 3	−3.667 8
58.3	Q_0	1.84	3.28	3.72	3.87	4.02	4.17	4.39	4.77	5.53	7.86	11.95
ZK7	p_0	1.63	1.44	1.25	1.16	1.07	0.97	0.80	0.46	−0.46	−5.63	−25.89
1.613 0	φ_1	−0.079 2	−0.606 6	−0.764 8	−0.817 6	−0.870 3	−0.923 1	−1.002 2	−1.134 0	−1.397 8	−2.188 9	−3.507 5
60.6	Q_0	1.74	3.13	3.55	3.69	3.84	3.98	4.19	4.56	5.28	7.53	11.45
ZK11	p_0	1.55	1.28	1.06	0.97	0.87	0.76	0.58	0.22	−0.73	−5.92	−25.74
1.638 4	φ_1	−0.173 0	−0.746 3	−0.918 3	−0.975 6	−1.032 9	−1.090 2	−1.176 2	−1.319 6	1.606 2	−2.466 2	−3.899 4
55.6	Q_0	1.95	3.42	3.87	4.02	4.18	4.33	4.56	4.94	5.71	8.08	12.20

续表

参数 n_1 / n_2		ZF6　1.755 0　27.5										
	C	0.015 0	0.005 0	0.002 0	0.001 0	0.000 0	−0.001 0	−0.002 5	−0.005 0	−0.010 0	−0.025 0	−0.050 0
K7	p_0	2.09	1.66	1.23	1.05	0.84	0.62	0.23	−0.55	−2.65	−14.58	−62.26
1.514 7	φ_1	−0.075 6	−0.579 0	−0.730 1	−0.780 4	−0.830 8	−0.881 1	−0.956 6	−1.082 5	−1.334 2	−2.089 5	−3.348 1
60.6	Q_0	1.90	3.37	3.83	3.98	4.14	4.30	4.53	4.83	5.73	8.24	12.71
K9	p_0	2.06	1.80	1.47	1.32	1.16	0.98	0.67	0.04	−1.67	−11.57	−51.60
1.516 3	φ_1	−0.028 9	−0.510 5	−0.655 0	−0.703 2	−0.751 3	−0.799 5	−0.871 7	−0.992 1	−1.232 9	−1.955 4	−3.159 4
64.1	Q_0	1.77	3.16	3.60	3.74	3.89	4.04	4.26	4.63	5.39	7.77	11.99
K10	p_0	2.07	1.56	1.09	0.88	0.66	0.41	−0.01	−0.85	−3.12	−15.87	−66.49
1.518 1	φ_1	−0.102 0	−0.617 8	−0.772 6	−0.824 2	−0.875 7	−0.927 3	−1.004 7	−1.133 7	−1.391 6	−2.165 4	−3.455 0
58.9	Q_0	1.97	3.48	3.94	4.10	4.26	4.42	4.66	5.07	5.89	8.46	13.03
BaK1	p_0	2.00	1.62	1.24	1.07	0.89	0.69	0.34	−0.35	−2.21	−12.78	−54.89
1.530 2	φ_1	−0.077 0	−0.581 2	−0.732 5	−0.782 9	−0.833 3	−0.883 7	−0.959 3	−1.085 4	−1.337 5	−2.093 7	−3.354 1
60.5	Q_0	1.87	3.32	3.77	3.92	4.07	4.22	4.45	4.84	5.63	8.08	12.42
BaK3	p_0	1.91	1.66	1.38	1.26	1.12	0.96	0.70	0.18	−1.26	−9.45	−42.24
1.546 7	φ_1	−0.045 1	−0.534 4	−0.681 1	−0.730 1	−0.779 0	−0.827 9	−0.901 3	−1.023 6	−1.268 2	−2.002 1	−3.225 2
62.8	Q_0	1.76	3.13	3.55	3.69	3.84	3.98	4.20	4.56	5.30	7.60	11.67
BaK7	p_0	1.82	1.34	0.94	0.77	0.59	0.39	0.05	−0.63	−2.42	−12.33	−50.84
1.568 8	φ_1	−0.154 3	−0.694 7	−0.856 8	−0.910 8	−0.964 9	−1.018 9	−1.100 0	−1.235 0	−1.505 2	−2.315 7	−3.666 6
56.0	Q_0	2.01	3.51	3.97	4.12	4.28	4.44	4.67	5.07	5.87	8.37	12.77

续表

参数 n_1 / n_2		ZF6　1.755 0　27.5										
	C	0.015 0	0.005 0	0.002 0	0.001 0	0.000 0	−0.001 0	−0.002 5	−0.005 0	−0.010 0	−0.025 0	−0.050 0
ZK1	p_0	1.81	1.60	1.37	1.27	1.16	1.03	0.81	0.38	−0.80	−7.53	−34.37
1.568 8	φ_1	−0.043 8	−0.532 5	−0.679 1	−0.727 9	−0.776 8	−0.825 6	−0.898 9	−1.021 1	−1.265 4	−1.998 4	−3.219 9
62.9	Q_0	1.72	3.05	3.46	3.60	3.74	3.88	4.09	4.44	5.16	7.38	11.28
ZK2	p_0	1.75	1.47	1.20	1.09	0.96	0.82	0.58	0.11	−1.16	−8.29	−36.24
1.583 1	φ_1	−0.095 5	−0.608 3	−0.762 2	−0.813 4	−0.864 7	−0.916 0	−0.992 9	−1.121 1	−1.377 5	−2.146 8	−3.428 8
59.3	Q_0	1.83	3.22	3.65	3.79	3.93	4.08	4.30	4.66	5.40	7.70	11.73
ZK3	p_0	1.72	1.52	1.29	1.20	1.09	0.98	0.78	0.38	−0.70	−6.78	−30.78
1.589 1	φ_1	−0.066 9	−0.566 3	−0.716 1	−0.766 0	−0.816 0	−0.865 9	−0.940 8	−1.065 7	−1.315 4	−2.064 5	−3.313 0
61.2	Q_0	1.75	3.09	3.50	3.64	3.77	3.91	4.12	4.48	5.19	7.39	11.26
ZK5	p_0	1.65	1.31	1.04	0.93	0.80	0.66	0.43	−0.03	−1.26	−7.95	−33.73
1.611 1	φ_1	−0.158 3	−0.700 6	−0.863 2	−0.917 5	−0.971 7	−1.025 9	−1.107 2	−1.242 8	−1.513 9	−2.327 2	−3.682 8
55.8	Q_0	1.95	3.38	3.82	3.97	4.12	4.27	4.49	4.87	5.62	7.97	12.06
ZK6	p_0	1.64	1.40	1.18	1.09	0.98	0.87	0.68	0.30	−0.72	−6.37	−28.33
1.612 6	φ_1	−0.112 0	−0.632 5	−0.788 7	−0.840 8	−0.892 8	−0.944 9	−1.022 9	−1.153 1	−1.413 3	−2.194 1	−3.495 5
58.3	Q_0	1.83	3.20	3.62	3.76	3.90	4.04	4.25	4.61	5.33	7.56	11.46
ZK7	p_0	1.63	1.45	1.27	1.19	1.11	1.01	0.84	0.52	−0.37	−5.32	−24.74
1.613 0	φ_1	−0.075 6	−0.579 6	−0.730 1	−0.780 4	−0.830 8	−0.881 1	−0.956 6	−1.082 5	−1.334 2	−2.089 5	−3.348 1
60.6	Q_0	1.73	3.05	3.46	3.59	3.73	3.86	4.07	4.41	5.11	7.26	11.00
ZK11	p_0	1.55	1.29	1.08	0.99	0.90	0.79	0.61	0.26	−0.66	−5.72	−25.04
1.638 4	φ_1	−0.164 5	−0.709 5	−0.873 1	−0.927 6	−0.982 1	−1.036 6	−1.118 4	−1.254 6	−1.527 2	−2.344 8	−3.707 5
55.5	Q_0	1.92	3.33	3.75	3.90	4.04	4.19	4.40	4.77	5.50	7.76	11.69

参考文献

[1] Holland L. Vacuum Deposition of Thin Films[M].London:Chapman & Hall,1956.

[2] Drude P. Theory of Optics[M].New York:Dover,1959.

[3] Ditchburn R. Light[M].New York:Wiley-Interscience,1963.

[4] Southall J. Mirrors,Prisms,and Lenses[M].New York:Dover,1964.

[5] Kingslake R. Applied Optics and Optical Engineering [M]. New York: Academic Press,1965.

[6] Levi L. Applied Optics[M].New York:Wiley,1968.

[7] Lotmar W. Theoretical Eye Model with Aspherics[J].Journal of the Optical Society of America,1971,61:1522 - 1529.

[8] Welford W. Aberrations of the Symmetrical Optical System [M]. New York: Academic,1974.

[9] Kingslake R. Lens Design Fundamentals[M].New York:Academic Press,1978.

[10] Buralli, Dake A. Optical design with diffractive lenses [M]. Sinclair Optics, design notes,1991.

[11] Glatzel Erhard. New Lenses for Microlithography [C]//1980 International Lenses Design Conference Proceeding,SPIE,1980.

[12] Shannon R. Aspheric Surfaces [M]//R Kingslake, ed. Applied Optics and Optical Engineering. vol. 8. New York:Academic Press,1980.

[13] Shannon R, James C. Wyant [M]//R Kingslake, ed. Applied Optics and Optical Engineering. vol. 8. New York:Academic Press,1980.

[14] Wetherell W. The Calculation of Image Quality[M]//R Kingslake, ed. Applied Optics and Optical Engineering. vol. 8. New York:Academic Press,1980.

[15] Kingslake R. Lens Design Fundamentals[M].New York:Academic Press,1983.

[16] Kingslake R. Optical System Design[M].New York:Academic,1983.

[17] Pulker H K. Coatings on Glass[M].Amsterdam:Elsevier,1984.

[18] O'Shea,D C. Elements of Modern Design[M].New York:John Wiley,1985.

[19] Strong John. Concepts of Classical Optics[M].New York:Freeman,1985.

[20] Siegman A. E. Lasers[M].University Science Books,1986.

[21] Jacobson M. Deposition and Characterization of Optical Thin Films [M]. New York: Macmillan,1986.

[22] Macleod H A. Thin-Film Optical Filters[M].New York:Macmillan,1986.

[23] Yoder P. Opto-Mechanical System Design[M].New York:marcel Dekker,1986.
[24] Ranourt James D. Optical Thin Films Users' Handbook[M]. New York: McGraw-Hill,1987.
[25] U S Military Handbook for Optical Design[M]. New York: Sinclair Optics, Fairport,1987.
[26] Williams C S. Introduction to the Optical Transfer Function[M].New York:John Wiley & Sons,1989.
[27] Thelen Alfred. Design of Optical Interference Coatings[M]. New York: McGraw-Hill,1989.
[28] Smith John C. Optical Scattering Measurements and Analysis[M].New York:McGraw-Hill,1990.
[29] Smith Warren J. Modern Optical Engineering[M].New York:McGraw-Hill,1990.
[30] Lakin Milton. Lens Design[M].New York:Marcel Dekker,1991.
[31] Morris G. Michael, Dale A Buralli. Diffractive and Binary Optics[M]. OSA Short Course,1992.
[32] Smith Warren J. Modern Lens Design[M].New York:McGraw-Hill,1992.
[33] Londono Carmina. Design and fabrication of Surface Relief Diffraction Optical Elements, or Kinoforms, with Examples for Optical Athermalization[M]. Tufts University,1992.
[34] Walker B H. Optical Engineering Fundamentals[M].New York:McGraw-Hill,1995.
[35] Goodman D S. General Principles of Geometrical Optics[M]//Handbook of Optics. vol. 1. New York:McGraw-Hill,1995.
[36] Walker Bruce. Optical Engineering Fundamentals[M].New York:McGraw-Hill,1995.
[37] Stover Warren J. Practical Optical System Layout[M].New York:McGraw-Hill,1997.
[38] Born M, E Wolf. Principles of Optics[M]. Cambridge: Cambridge University Press,1997.
[39] Melzer, Moffitt. Head Mounted Displays[M].New York:McGraw-Hill,1997.
[40] Mouroulis Pantazis. Visual Instrumentation[M].New York:McGraw-Hill,1999.
[41] ORA Siminar Notes. Design of Efficient Illumination Systems[M].ORA,Pasadena,CA,1999.
[42] Ray Sidney F. Applied Photographic Optics Lenses and Optical Systems for Photography,Film,Video and Electronic Imaging. 2d ed. . Focal Press.
[43] Riedel Max J. Optical Design Fundamentals for Infrared Systems[M]. tutorial texts in optical engineering; v. TT20,SPIE.
[44] The Photonics Directory,Laurin Publishing Co. (annual).
[45] 袁旭沧 . 应用光学[M].北京:国防工业出版社,1988.
[46] 胡玉禧,安连生 . 应用光学[M].合肥:中国科技大学出版社,1996.
[47] 母国光,战元龄 . 光学[M].北京:人民教育出版社,1981.
[48] 袁旭沧 . 光学设计[M].北京:北京理工大学出版社,1988.
[49] 袁旭沧 . 现代光学设计方法[M].北京:北京理工大学出版社,1995.

[50] 王子余. 几何光学与光学设计[M].杭州:浙江大学出版社,1989.
[51] 安连生,李林,李全臣. 应用光学[M].北京:北京理工大学,2002.
[52] 李林,安连生. 计算机辅助光学设计的理论与应用[M].北京:国防工业出版社,2002.
[53] 李林,林家明,王平,等. 工程光学[M].北京:北京理工大学出版社,2003.
[54] 李士贤,李林. 光学设计手册[M].北京:北京理工大学出版社,1996.
[55] 李林. 现代仪器设计(现代光学设计篇)[M].北京:科学出版社,2003.
[56] 赵达尊. 波动光学[M].北京:北京理工大学出版社,1979.
[57] 顾德门 J W. 傅里叶光学导论[M].詹达三,等,译. 北京:科学出版社,1979.
[58] 王琦. 计算光学传递函数的一个新方法[M].光学学报,1982(4).
[59] 南京大学数学系计算数学专业. 光学系统自动设计中的数值方法[M].北京:国防工业出版社,1976.
[60] 万耀青. 最优化计算方法常用程序汇编[M].北京:工人出版社,1983.
[61] Rimmer M P, Bruegge T J, Kuper T G. MTF optimization in lens design[J]. SPIE, 1990,1354:83-91.
[62] Macdonaid J. The calculation of the optical transfer function[J]. Optica Acta, 1971, 18(4):269-290.
[63] Kirkpatrick S, Gelatt C D, Vecchi J M P. Optimization by simulated annealing[J]. Science, 1983(220).
[64] Vanderbit D, Louie S G. A Monte Carlo simulated annealing approach to optimization over continuous variables[J]. J. Comp. Phys., 1983(56).
[65] Viswanathan V K, Bohachevsky I O, Cotter T P. An attempt to develop an intelligent lens design program[J]. SPIE, 1985, 554:10-17.
[66] Sturlesi D, O'Shea D C. The search for a global minimum in optical design[J]. SPIE, 1989, 1168:92-106.
[67] Sturlesi D, O'Shea D C. Future of global optimization in optical design[J]. SPIE, 1990, 1354:54-68.
[68] Rao S S. Optimization theory and applications[M]. 2ed.. Wiley Eastern, 1984.
[69] Hearn G K. Generalized simulated annealing optimization used in conjunction with damped least squares techniques[J]. SPIE, 1986, 766:283-284.
[70] Weller S W. Simulated annealing-What good is it[J]. SPIE, 1987, 818:265-280.
[71] Hearn G K. Design optimization using generalized simulated annealing[J]. SPIE, 1987, 818:258-264.
[72] Kider M, Leamy P. The existence of local minimum in lens design[J]. SPIE, 1990, 1354:69-76.
[73] Forbes G W, Jones A E W. Towards global optimization with adaptive simulated annealing[J]. SPIE, 1990, 1354:144-151.
[74] Dekkers A, Aarts E. Glabal optimization and SA. Math[J]. Programming, 1991, 50:367-393.
[75] Hopfield J J. Neural networks and physical systems with emergent collective

computation abilities[J].PNAS,USA,1982,79:2554 - 2558.
[76] Hopfield J J. Neuron with graded response have collective computational properties like those of two-state neurons[J].PNAS,USA,1984,81:3088 - 3092.
[77] Hopfield J J, Tank D. Neural computation of decisions in optimization problems[J]. Biol. Cybern. ,1985,52:141 - 152.
[78] Tank D, Hopfield J J. Simple neural optimization networks: An A/D converter, signal decision network, and a linear programming circuit[J]. IEEE Trans.. CAS, 1986, 33: 533 -541.
[79] Hopfield J J, Tank D W. Computing with neural circuits-a model[J].Science,1986,223: 625 - 633.
[80] 陈国良．神经计算及其在组合优化中的应用[J].计算机研究与发展,1992.
[81] 刘军,兰家隆,李丹．三维限制 TSP 的模拟退火算法[J].电子科技大学学报,1992(3).
[82] Tatian B. Nonlinerity and lens design[J].SPIE,1990,1354:154 - 164.
[83] 王东生．神经网络及其应用[M].合肥:中国科技大学出版社,1992.
[84] Aiyer S V B. A theoretical investigation into the performance of the Hopfield model[J]. IEEE Trans,1990,1:204 - 215.
[85] 焦李成．神经网络的应用与实现[M].西安:西安电子科技大学出版社,1995.
[86] Matthew P R. A tolerancing procedure based modulation transfer function[J]. SPIE, 1978(147).
[87] Brag C P. The development of focus determination for a lens tolerancing computer program[J].SPIE. 1978,(147).
[88] 南京大学．概率统计基础和概率统计方法[M].北京:科学出版社,1979.
[89] Ginsberg R H. Outline of tolerancing[J].Optical Engineering,1981(3).
[90] Chirkov V M, Tsesnek L S, Pozdnov S V. Use of computers to calculate tolerances on the parameters of complex optical systems[J].The optical society of America,1982.
[91] Skarma K D, Tha S. Tolerances on lens parameters: a study[J].Applied Optics,1984,23(12).
[92] 陶凤翔．光学仪器的像质和公差的关系[J].光学技术,1986(3).
[93] 陶凤翔,裴云天．统计试验法在确定光学仪器公差中的应用[J].应用光学,1986.
[94] 徐钟济．蒙特卡罗方法[M].上海:上海科学技术出版社,1985.
[95] 林大键．光学系统偏心公差的计算方法[J].光学学报,1982,2(1).
[96] Grey D S. Athermalization of Optical Systems [J]. Journal of Optical Society of American,1948,38(6):542 - 546.
[97] Baak T. Thermal Coefficient of Refractive Index of Optical Glasses [J]. Journal of Optical Society of American,1959,59(7):851 - 857.
[98] Rogers P J. A Comparison Between optimized Spherical and Aspheric Optical System for the Thermal Infrared[J].SPIE,1978,147:141 - 148.
[99] Straw K. Control of thermal focus shift in plastic-glass lenses. SPIE,1980,237.
Jamieson T H. Thermal effects in optical systems[J].Optical Engineering,1981,20(2):

156－160.

[100] Povey V. Athermalisation Techniques in Infra Red Systems[J]. SPIE,1986,655:142－153.

[101] Philip M P, Madgwick P. A high performance athermalised dual field of view I. R. telescope[J].SPIE,1988,1013:92－99.

[102] Garcia-Nunez D S, Michika D. The design of athermal infrared optical systems[J]. SPIE,1989,1049:82－85.

[103] Benham P,Kidger M. Optimization of athermal systems[J].SPIE,1990,1354.

[104] 李林,王烜．环境温度对光学系统影响的研究及无热系统设计的现状与展望[J].光学技术,1997(5).

[105] 程正兴．数据拟合[M].西安:西安交通大学出版社,1986.

[106] 乔亚天．梯度折射率光学[M].北京:科学出版社,1991.

[107] 张思炯,傅瑞斯,王涌天．梯度折射率介质的近轴光线追迹[J].云光技术,1996,28(3).

[108] 陈宗简．金相显微镜[M].北京:机械工业出版社,1982.

[109] 电影镜头设计组．电影摄影物镜光学设计[M].北京:中国工业出版社,1971.

[110] S M Ellis. Combiners for head-up display[P].U. K:Patent,1980.

[111] W C Sweatt. Describing holographic optical elements as lenses[J].Journal of Optical Society of America,1977,67(6):803－808.

[112] B Veldkamp, G. J. Swanson. Binary optics: a new approach to optical design and fabrication[J].Optics News,1988,12:29－30.

[113] T Gale, M Rossi, et al.. Fabrication of continuous-relief micro-optical elements by direct laser writing in photoresists[J].Optical Engineering,1994,33(11):3556－3566.

[114] Xie Yongjun, Lu Zhenwu, Li Fengyou, et al. Lithographic fabrication of large diffractive optical elements on a concave lens surface[J].Optics Express,2002,10(20):1043－1047.

[115] 金国藩,严瑛白,邬敏贤．二元光学[M].北京:国防工业出版社,1998.

[116] T Stone, N George. Hybrid diffractive-refractive lenses and achromats[J]. Applied Optics,1988,27(14):2960－2971.

[117] M D Missing, Morris G M. Diffractive optics applied to eyepiece design[J]. Applied Optics,1995,34(14):2452－2461.

[118] Weng Zhicheng,Zhang Xin, Cong Xiaojie. Design of zoom lens with binary optics[J]. SPIE,1995,2539:118－127.

[119] Zhang Huijuan,Wang Zhaoqi,Zhao Qiuling,et al,Hybrid diffractive-refractive head-mounted display with reflective relay system using micro-liquid crystal on silicon[J]. SPIE,2002,4927:788－793.

[120] Wang Zhaoqi,Zhang Huijuan,Fu Rulian,et al,Hybrid diffractive-refractive ultra-wide angle eyepieces[J].Optik,2002,113(4):159－162.

[121] 崔庆丰．用二元光学元件实现消复色差[J].光学学报,1994,14(8):877－881.

[122] Weng Zhicheng,Lu Zhenwu,Zhang Xin,Lightweight remote-sensing CCD camera with

binary optical element[J].SPIE,1998,3482:616-626.

[123] Wang Yongtian, Cui Fang, Sun Yunan, et al. A new approach for the fabrication of diffractive optical elements with rotationally symmetric phase distribution[J]. SPIE, 1997,3348:94-97.

[124] Clark P P, Londono C. Production of kinoforms by single point diamond machining[J]. Optics News,1989,15:353-358.

[125] Wood A P. Using hybrid refractive-diffractive elements in infrared objectives[J]. SPIE,1990,1354:316-322.

[126] Riedl M J. Predesign of diamond turned diffractive/refractive elements for IR objectives[J].SPIE Critical Review,1992,CR41:140-156.

[127] Wood A P, Rogers O J. Hybrid optics in dual waveband infrared systems[J]. SPIE, 1998,3482:602-613.

[128] Wang Yongtian, Zhang Sijiong, Macdonald J. Ray tracing and wave aberration calculation for diffractive optical elements[J]. Optical Engineering,1996,35(7):2021-2025.

[129] Hayford M J. Optical design of holographic optical element(HOE) construction optics [J].SPIE,1985,554:502-509.

[130] Wang Yongtian, Hopkins H H. Ray-tracing and aberration formulae for a general optical system[J].Journal of Modern Optics,1992,39(9):1897-1938.

[131] Buralli D A, Morris G M. Design of diffractive singlets for monochromatic imaging [J].Applied Optics,1991,30:2151-2158.

[132] 刘莉萍,王涌天,李荣刚,等. 制作在非球面基底上的红外衍射光学元件[J].红外与毫米波学报,2004,23(4),308-312.

[133] Riedl M J. Optical Design Fundamentals for Infrared Systems[M]. Washington: SPIE Press,2001.

[134] Behrmann G P, Bowen J P. Influence of temperature on diffractive lens performance [J].Applied Optics,1993,32(14):2483-2489.

[135] J. R. 柯顿,A. M. 马斯登. 光源与照明[M].陈大华,等译. 上海:复旦大学出版社,2000.

[136] 车念曾,闫达远. 辐射度学和光度学[M].北京:北京理工大学出版社,1990.

[137] 吴继宗,叶关荣. 光辐射测量[M].北京:机械工业出版社,1992.

[138] 庞蕴凡. 视觉与照明[M].北京:中国铁道出版社,1993.

[139] 周太明. 光源原理与设计[M].上海:复旦大学出版社,1993.

[140] 安连生,李国栋. 照明光学系统照度分布的计算机模拟分析[J].光学技术,1998(6).

[141] 谷里. 汽车前灯光强分布计算[J].照明工程学报,1998,12(4).

[142] 宋万生. 高均匀照明系统光学设计讨论[J].应用光学,1982(1).

[143] 袁樵,朱明华. 计算机辅助前照灯设计中的光线跟踪算法[J].照明工程学报,2000(6).

[144] Welford W T, Winston R. High Collection Nonimaging Optics[M]. CA: Academic Press,1989.

[145] Cassarly W J, Davenport J M. Fiber Optic Lighting: The Transition from Specialty Applications to Mainstream Lighting[J].SAE,1999,01:03 - 04.
[146] Bortz J, Shatz N, Winston R. Advanced Nonrotationally Symmetric Reflector for Uniform Illumination of Rectangular Apertures[J].SPIE 1999,3781:110 - 119.
[147] Palmer J. Frequently Asked Questions[OL]. www. optics. arizona. edu/Palmer/rpfaq/rpfaq. htm.
[148] Palmer J M. Radiometry and Photometry: Units and Conversions[M]//Handbook of Optics. 2nd ed.. vol. 3, chap. 7, New York: McGraw-Hill, 2000, 7. 1 -7. 20.
[149] Goodman D. Geometric Optics [M]//OSA Handbook of Optics. 2nd ed.. vol. 1, chap. 1. New York: McGraw-Hill, 1995.
[150] Born M, Wolf E. Principles of Optics[J].Cambridge Press,1980:522 - 525.
[151] Ries H . Thermodynamic Limitations of the Concentration of Electromagnetic Radiation[J]. J. Opt. Soc. Am. 1982,72(3):380 - 385.
[152] Koch D G. Simplified Irradiance/Illuminance Calculations in Optical Systems [J]. SPIE,1992,1780:226 - 242.
[153] Rabl A, Winston R. Ideal Concentrators for Finite Sources and Restricted Exit Angles [J].Appl. Optics,1976,15:2880 - 2883.
[154] Harting E, Mills D R, Giutronich J E. Practical Concentrators Attaining Maximal Concentration[J].Opt. Lett,1980,5(1):32 - 34.
[155] Luque A. Quasi-Optimum Pseudo-Lambertian Reflecting Concentrators: An Analysis [J].Appl. Opt. ,1980,19(14):2398 - 2402.
[156] Ashdown I . Non-imaging Optics Design Using Genetic Algorithms [J]. J. Illum. Eng. Soc. ,1994,3(1):12 - 21.
[157] Shatz N E, Bortz J C. Inverse Engineering Perspective on Nonimaging Optical Design [J].SPIE,1995,2538:136 - 156.
[158] Gilray C, Lewin I. Monte Carlo Techniques for the Design of Illumination Optics[J]. IESNA Annual Conference Technical Papers 1996,6:65 - 80.
[159] Shatz N, Bortz J, Dassanayake M. Design Optimization of a Smooth Headlamp Reflector to SAE/DOT Beam-Shape Requirements[J].SAE,1999.
[160] Rykowski R, Wooley C B. Source Modeling for Illumination Design. 3130B - 27, SPIE (July 27 - 28,1997).
[161] Vogl T P, Lintner L C, Pegis R J, et al. Semiautomatic Design of Illuminating Systems [J].Appl. Opt. 1972,11(5):1087 - 1090.
[162] Williamson D E . Cone Channel Condensor [J]. J. Opt. Soc. Am. 1952, 42 (10): 712 -715.
[163] McIntire W R. Truncation of Nonimaging Cusp Concentrators[J].Solar Energy,1979, 23:351 - 355.
[164] Bloisi F, Cavaliere P, De Nicola S, et al. Ideal Nonfocusing Concentrator with Fin Absorbers in Dielectric Rhombuses[J].Opt. Lett. 1987,12(7):453 - 455.

[165] Edmonds I R. Prism-Coupled Compound Parabola: A New Look and Optimal Solar Concentrator[J].Opt. Lett. ,1986,11(8):490 - 492.
[166] Kuppenheimer J D . Design of Multilamp Nonimaging Laser Pump Cavities [J]. Opt. Eng. ,1988,27(12):1067 - 1071.
[167] Collares-Pereira M, Rabl A, Winston R. Lens-Mirror Combinations with Maximal Concentration[J].Appl. Opt. ,1997,16(10):2677 - 2683.
[168] Gush H P. Hyberbolic Cone-Channel Condensor[J].Opt. Lett. ,1978,2:22 - 24.
[169] O'Gallagher J,Winston R,Welford W T . Axially Symmetric Nonimaging Flux Concentrators with the Maximum Theoretical Concentration Ratio[J].J. Opt. Soc. Am. A,1987,4(1): 66 - 68.
[170] Winston R. Dielectric Compound Parabolic Concentrators[J]. Appl. Opt. , 1976, 15 (2):291 - 292.
[171] Hull J R . Dielectric Compound Parabolic Concentrating Solar Collector with a Frustrated Total Internal Reflection Absorber[J].Appl. Opt. ,1989,28(1):157 - 162.
[172] Winston R . Light Collection Within the Framework of Geometrical Optics [J]. J. Opt. Soc. Am. ,1970,60(2):245 - 247.
[173] Jenkins D, Winston R, Bliss R, et al. Solar Concentration of 50,000 Achieved with Output Power Approaching 1kW[J]. J. Sol. Eng. ,1996,118:141 - 144.
[174] Ries H,Segal A,Karni J. Extracting Concentrated Guided Light[J]. Appl. Opt. ,1997, 36(13):2869 - 2874.
[175] Winston R, Welford W T. Geometrical Vector Flux and Some New Nonimaging Concentrators[J].J. Opt. Soc. Am. ,1979,69(4):532 - 536.
[176] Ning X, Winston R, O ' Gallagher J. Dielectric Totally Internally Reflecting Concentrators[J].Appl. Opt. ,1987,26(2):300 - 305.
[177] Timinger A,Kribus A,Doron P, et al. Optimized CPC-type Concentrators Built of Plane Facets[J].SPIE,1999,3781:60 - 67.
[178] Rice J P,Zong Y,Dummer D J. Spatial Uniformity of Two Nonimaging Concentrators [J].Opt. Eng. ,1997,36(11):2943 - 2947.
[179] Emmons R M,Jacobson B A, Gengelbach R D, Winston R. Nonimaging Optics in Direct View Applications[J].SPIE,1995,2538:42 - 50.
[180] Leviton D B, Leitch J W. Experimental and Raytrace Results for Throat-to-Throat Compound Parabolic Concentrators[J].Appl. Opt. 1986,25(16):2821 - 2825.
[181] Moslehi B,Ng J,Kasimoff I,Jannson T. Fiber-Optic Coupling Based on Nonimaging Expanded-Beam Optics[J].Opt. Lett. ,1989,14(23):1327 - 1329.
[182] Rabl A. Solar Concentrators with Maximal Concentration for Cylindrical Absorbers [J].Appl. Opt. 1976,15(7):1871 - 1873(1976).
[183] Bortz J,Shatz N,Ries H. Consequences of Etendue and Skewness Conservation for Nonimaging Devices with Inhomogeneous Targets[J].SPIE,1997,3139:28.
[184] Shatz N E,Bortz J C,Ries H,et al. Nonrotationally Symmetric Nonimaging Systems that

Overcome the Flux-Transfer Performance Limit Imposed by Skewness Conservation. SPIE, 1997,3139:76 - 85.

[185] Shatz N E,Bortz J C, Winston R. Nonrotationally Symmetric Reflectors for Efficient and Uniform Illumination of Rectangular Apertures[J].SPIE,1998,3428:176 - 183.

[186] Feuermann D,Gordon J M,Ries H. Nonimaging Optical Designs for Maximum-Power-Density Remote Irradiation[J]. Appl. Opt. ,1998,37(10):1835 - 1844.

[187] Erismann F. Design of Plastic Aspheric Fresnel Lens with a Spherical Shape [J].Opt. Eng.

[188] Goldenberg J F, McKechnie T S. Optimum Riser Angle for Fresnel Lenses in Projection Screens[J].U. S. Patent 1989,4,824:227.

[189] Ralf Leutz,Akio Suzuki. Nonimaging Fresnel Lenses[M].New York:Springer,2001.